U0209987

目　　录

前　　言

我国地域辽阔，湖泊众多，巨大的地形地貌阶梯分布及鲜明的亚洲季风气候特点，决定了我国湖泊空间分布具有鲜明的区域特色，也使我国成为世界上湖泊类型最多的国家之一。我国湖泊范围分布广，地域特色明显，湖泊科学研究在国际上具有极其重要的地位。

湖泊水量变化是流域水量平衡的重要体现，主要反映气候降水情况和有效湿度的变化。不同湖泊的水量变化往往不同，即使是距离相近的湖泊也不同。单个湖泊的水量变化受全球、区域、局部多种因素叠加影响，特别是易受人类活动干扰，而区域性湖泊水量的同步变化可以过滤掉个别湖泊受局部因素影响导致的水量变动，从而反映较大范围的气候变化，因此，建立区域性乃至全球性的古湖泊数据库可以实现这一目标。全球最早的古湖泊数据库始于 20 世纪 70 年代后期的非洲古湖泊研究，并在 80 年代后期发表全球牛津湖泊数据库，此后相继有欧洲古湖泊数据库、苏联和蒙古古湖泊数据库问世。这些古湖泊数据库在重建大陆尺度的晚更新世以来大气环流、对比和评价全球古气候模拟等方面发挥了积极的作用。

中国晚第四纪古湖泊数据库工作始于 20 世纪 90 年代中后期，当时全球古湖泊数据库内中国区域只有南京大学方金琪编写的几个湖泊点，在东亚地区基本空白。本书编写者先后在瑞典隆德大学、德国马克斯-普朗克生物地球化学研究所与国际知名学者 Sandy Harrison 合作，编写了《中国古湖泊数据库（第一版）》，收集了当时我国不同气候区的古湖泊演化特征和已有成果，从 120 多个湖泊资料点中筛选出能够反映气候变化、具有 30000 年以来湖泊记录、能够覆盖我国各个气候区域的 42 个湖泊点进行编写，并于 2001 年在马克斯-普朗克生物地球化学研究所以英文出版。数据库资料涵盖时间长度达 30000 年（0～30000a B.P.），湖泊水位变化的时间分辨率约为 500 年。逐个湖泊资料在相同标准下进行定量转化、空间作图和时间序列分析，在综合分析各湖泊地质、地貌、生物、考古及历史记录资料的基础上，建立了包括湖泊水深和湖面高度变化的数据档案。

21 世纪以来，我国的第四纪湖泊地质学家继续在不同地区进行了大量的湖泊钻孔、剖面研究，采用新的方法和技术，积累和发表了沉积、古生物、地球化学等多方面的研究成果，提供了最新的古湖泊水量变化信息。我国不同地貌单元和不同气候区的湖泊沉积钻孔和剖面研究已具一定规模，第一版中国晚第四纪古湖泊数据库急需更新，从而为继续开展中国古湖泊地质证据的系统化研究提供依据。特别是中国大暖期气候与环境碳专项项目的实施，使得古湖泊数据库的更新编撰成为可能。《中国晚第四纪古湖泊数据库（第二版）》可以全面重建与我国不同区域湖泊与水量变化相关的古环境演变过程，对气候环境变化成因和预测模型提供长时间尺度的水分信息和验证依据，通过对比、评价古气候模拟探讨季风古气候环境演变机制，同时也可以为湖泊学家提供系统的湖泊环境演变背景资料，为湖泊现代环境的研究提供参考。

内 容 简 介

本书立足于中国近年来大量的湖泊第四纪地质证据，综合我国古湖泊演化特征和现有成果，并参考建立全球第四纪湖泊数据库的国际标准，本着气候意义的代表性、湖泊资料的可靠性以及年代数据的准确性等基本要求，根据各个湖泊的地质、地貌、生物、考古以及历史记录等综合文献，收集和编辑晚第四纪以来湖泊的相对湖水深度或湖面高度变化的数据档案，并开展空间数据分析，以提供东亚区域大陆空间尺度上的基础性资料，提升古湖泊数据库验证古气候模拟的能力，为更好开展古气候模拟与地质数据比较研究服务。

本书适合湖泊沉积与环境演化、第四纪专业相关人员阅读参考。

图书在版编目（CIP）数据

中国晚第四纪古湖泊数据库/薛滨，于革，张风菊编著. —2版. —北京：科学出版社，2016

ISBN 978-7-03-051247-5

Ⅰ. ①中… Ⅱ. ①薛… ②于… ③张… Ⅲ. ①晚第四纪–古湖泊–数据库–中国 Ⅳ. ①P343.3

中国版本图书馆 CIP 数据核字（2016）第 314125 号

责任编辑：王腾飞 冯 钊 / 责任校对：贾娜娜 王晓茜
责任印制：张 伟 / 封面设计：许 瑞

科学出版社 出版
北京东黄城根北街 16 号
邮政编码：100717
http://www.sciencep.com

北京教图印刷有限公司 印刷
科学出版社发行 各地新华书店经销

*

2016年12月第 一 版 开本：787×1092 1/16
2016年12月第一次印刷 印张：29 5/8
字数：702 500

定价：179.00 元

（如有印装质量问题，我社负责调换）

中国晚第四纪古湖泊数据库

（第二版）

薛 滨 于 革 张风菊 编著

本书相关项目

国家自然科学基金：基于古湖泊数据库的晚第四纪湖泊水量空间格局分析及对古气候模拟验证研究（41372185），中国东部典型湖泊碳埋藏过程、机制及区域碳埋藏规律研究（41573129）

科技部基础性工作专项：中国湖泊沉积物底质调查（2014FY110400）

中国科学院战略性先导科技专项项目“大暖期中国环境格局”子课题（12.6.2）：大暖期中国湿地和湖泊碳储量估算”（XDA05120602）

科 学 出 版 社

北 京

第1章　中国晚第四纪古湖泊数据库：背景与方法

1.1　研究背景、基础和研究内容

1.1.1　国内外古湖泊数据库的研究

利用地质资料验证古气候模拟试验是过去全球变化研究的重要方向，例如，国际地圈-生物圈计划（IGBP）的全球分析，解释和建模（GAIM）计划（TEMPO Members，1996），美国国家科学基金会的古环境资料测试地球系统模型（TEMPO）计划（Prentice and Webb，1998），国际古气候模拟比较计划（PMIP）（Joussaume and Taylor，1995）。特别是20世纪90年代开始进行的PMIP计划，旨在通过对比不同气候模式对晚第四纪特征时期，如末次冰盛期（LGM）和全新世中期等的模拟结果以及模拟结果和地质记录的差异，来评估模式的敏感性和精确度（靳立亚和Otto Bliesner，2009）。当模拟结果与地质记录一致时，模拟试验为地质过程提供物理机制的解释；而当二者不一致时，反过来地质记录可为模拟试验提供重新设计、修改试验等有关反馈信息（Yu，1996；Qin et al.，1998），最终实现对气候变化尽可能准确的预测。上述计划也同时促进了区域和大陆尺度的古气候、古环境资料的对比分析和古环境研究计划的开展，如全球古湖泊数据库计划（GLSDB）、全球古植被制图计划（BIOME6000）、粉尘指标和记录制图计划（DIRTMAP）、末次冰盛期赤道陆相记录集成计划（LGMTD）等大型研究计划的实施（刘艳和Harrison，2008），同时发展了模式资料和气候代用资料对比研究的统计方法（靳立亚和Otto Bliesner，2009）。多模式模拟结果的集成分析及模式结果之间的对比、模式与代用资料的对比研究取得了显著进展。

过去20多年来，国际古气候模拟研究已经取得大量的成果，并正在对古气候、古环境研究产生重要的影响。我国科学家参加PMIP框架下的模拟研究，对LGM、中全新世等时期中国和东亚开展数值模拟（陈星等，2000；姜大膀等，2002；刘健等，2002；刘晓东等，1996；王会军和曾庆存，1992；于革等，2000；赵平等，2003；郑益群等，2004），模拟结果和湖泊、冰川冻土、黄土和花粉植被等地质记录综合对比，温度场和降水场与东亚气候空间格局基本一致。但总的来说，我国科学家在古气候记录研究和古气候模拟研究结合方面，工作做的不是太多（丁仲礼和熊尚发，2006），不少模拟结果与湖泊等代用气候资料恢复的记录仍然有出入（Jiang et al.，2011；靳立亚和Otto Bliesner，2009），甚至明显不一致。气候模拟急需可进行对比分析的空间化地质数据，比如古湖泊数据库提供的空间半定量、定量的降水、有效降水（*P-E*）资料等。

单个湖泊钻孔或剖面记录在恢复古气候记录时难免会有局限，有可能受局部因素的影响。要获得大范围降水和湿度的气候记录，必须依靠一个区域内多个湖泊水位同步变化的信息。区域性湖泊水位的同步变化可以过滤掉单个湖泊受局部因素的影响，从而反映较大范围的气候变化。建立区域性乃至全球性的古湖泊数据库是古湖泊数据集成研究的重要方法，可较客观地提供区域乃至全球气候变化的信息（Harrison and Winkler，1992；Kohfeld and Harrison，2000）。英国剑桥大学的 Dick Grove 和 Alayne Street 于 20 世纪 70 年代中后期开始从事非洲古湖泊数据库的研究（Street and Grove，1976），并在 80 年代后期完成“牛津湖泊数据库”（*Oxford Lake Level Data Base*）（Street et al.，1989），该数据库以全球范围为尺度，但限于当时的资料积累仅收集了内陆封闭湖泊的资料。通过资料和模型的研究，人们进一步认识到湖泊的湖面变化可以反映气候变化（Harrison and Digerfeldt，1993；Digerfeldt，1986；Mason et al.，1994），特别是 PMIP 计划，推进了全球第四纪湖泊数据库的建设，现已完成“欧洲古湖泊数据库”（*European Lake Status Data Base*）（Yu and Harrison，1995）、“前苏联和蒙古古湖泊数据库”（*Former Soviet Union and Mongolian Lake Status Data Base*）（Tarasov et al.，1994）、“非洲和北美古湖泊数据库”（Kohfeld and Harrison，2000；Jolly et al.，1998）。此外，根据 1998 年以前出版的湖泊地质资料而编撰形成的《中国古湖泊数据库（第一版）》，于 2001 年在德国马克斯-普朗克研究所出版（Yu et al.，2001）。

《中国古湖泊数据库（第一版）》收录了 1998 年以前出版的 42 个湖泊点的晚第四纪地质资料（表 1.1），于 2001 年编辑完成（Yu et al.，2001）。作为我国区域范围内系统性空间分布的地质资料，提供了湖泊水量每千年变化的空间信息（Xue and Yu，2000；薛滨和于革，2005；薛滨等，2001）。我国一些从事古气候模拟的研究学者，如陈星等（2002）、郑益群等（2002）、Jiang 等（2011）在对 LGM、6ka B.P.[①]东亚季风气候与植被影响模拟，LGM 中国 PMIP 古气候模拟比较分析时，均参照了该数据库。根据数据模拟之间的比较研究发现，模拟的古气候与由重建资料得到的古气候相比仍有一定的差别，甚至有时无法对比，如 Jiang 等（2011）通过古气候模拟研究得出青藏高原及新疆北部大部分地区在 LGM 时气候偏干旱，而第一版古湖泊数据库引用的湖泊地质资料则显示，此时该区大部分湖泊处于湿润的高湖面时期。古气候模拟的研究学者认为无法很好对比的一个重要原因是，现有的部分模式没能考虑一些关键的物理过程，在古气候模拟中，由于重建资料非常少，只能用现代资料代替地质资料做模拟的边界条件，如冰川规模、植被状况、海冰覆盖等，边界条件的潜在影响可能会被忽视；另一原因是地质资料的缺乏和验证能力的不足，地质资料本身不完善。因为对于大多数反演的地质资料来说，它们都是一个点上的反演值，具有许多局部特征，如何将模拟的大范围结果与单点资料空间集成后的数据进行比较，也是验证古气候模拟的一个值得探讨的问题。

表 1.1 《中国古湖泊数据库（第一版）》收录的湖泊

湖泊	纬度/°N	经度/°E	海拔/m a.s.l.	记录长度/a B.P.	具体完成者
艾丁湖	42.67	89.27	−155	50000	GY and SPH
阿克赛钦湖	35.20	79.83	4840	35000	GY and SPH
阿其克库勒湖	37.07	88.37	4250	17000	GY and SPH
阿什库勒	35.73	81.57	4683	16000	GY and SPH

① a B.P.绝对年代，a 是公元年的意思，ka 是千年的意思，B.P.是 before the present，现代的科学放射性年代以距今（1950 年）为起点，下同。

续表

湖泊	纬度/°N	经度/°E	海拔/m a.s.l.	记录长度/a B.P.	具体完成者
白碱湖	39.15	104.17	1282	39000	BX，GY and SPH
白素海	42.58	115.9	2000	13250	BX and SPH
巴里坤湖	43.70	92.80	1575	37000	GY and SPH
班戈错	31.75	89.57	4520	20500	GY and SPH
班公错	33.70	79.42	4241	39600	GY and SPH
贝力克库勒湖	36.72	89.05	4680	13000	GY and SPH
大鬼湖	22.85	120.85	2150	2600	BX and SPH
察尔汗盐湖	36.93	94.99	2675	38000	GY and SPH
查干淖尔湖	43.27	112.9	920	18000	BX，GY and SPH
柴窝堡湖	43.50	87.90	1092	30000	GY and SPH
七彩湖	23.75	121.23	2890	4700	BX and SPH
错那湖	32.03	91.47	4590	35000	GY and SPH
大柴旦小柴旦盐湖	37.83	95.23	3110	24800	GY and SPH
洱海	25.84	99.98	1974	23000	BX，GY and SPH
额吉诺尔	45.23	116.5	829.2	15200	BX，GY and SPH
抚仙湖-星云湖	24.5	102.88	1720	40000	GY and SPH
苟弄错	34.35	92.2	4670	20000	GY and SPH
红山湖	37.45	78.99	4870	17200	GY and SPH
呼伦湖	48.90	117.40	545	34000	BX and SPH
吉兰泰盐湖	39.75	105.7	1023	17200	BX，GY and SPH
龙泉湖	30.87	112.33	150	9600	BX and SPH
罗布泊	40.29	90.80	780～795	20800	BX，GY and SPH
玛纳斯湖	45.45	86	251	32000	GY and SPH
曼兴湖	22	100.6	1160	27400	BX，GY and SPH
南村古湖	24.75	110.4	160	6400	BX，GY and SPH
宁晋泊	37.25	114.75	26	18000	BX，GY and SPH
北甜水海	35.70	79.37	4800	18000	GY and SPH
萨拉乌苏古湖	37.7	108.6	1300	220000	GY and SPH
杀野马湖	28.83	102.2	2400	7700	BX and SPH

续表

湖泊	纬度/°N	经度/°E	海拔/m a.s.l.	记录长度/a B.P.	具体完成者
头渚古湖	23.82	120.89	650	30000	GY and SPH
乌兰乌拉湖	34.8	90.5	4854	18500	GY and SPH
乌鲁克库勒湖	35.67	81.62	4687	7000	GY and SPH
小沙子湖	36.97	90.73	4106	13000	GY and SPH
金川西大甸子	42.33	126.37	614	10200	BX，GY and SPH
兴凯湖	45.2	132.2	69	64000	BX and SPH
扎布耶湖	31.35	84.07	4421	37600	GY and SPH
扎仓茶卡	32.60	82.38	4328	26000	GY and SPH
兹格塘错	32.08	90.83	4560	21000	GY and SPH

注：GY：于革，中国科学院南京地理与湖泊研究所；BX：薛滨，中国科学院南京地理与湖泊研究所；SPH：Sandy P. Harrison，马克思-普朗克生物地球化学研究所

造成中国古湖泊数据库验证能力不足的很大原因在于先前所用资料偏老。《中国古湖泊数据库（第一版）》建立在1998年以前的资料，当时只有42个湖泊点被收录，空间网格点分布不足导致统计分析能力偏弱。而最近10多年来，我国第四纪地质学家在不同地区进行了大量的湖泊钻孔/剖面研究，积累和发表了大量的沉积、古生物、地球化学等多方面成果（环境代用指标分析更为丰富，有的已经进行了定量研究），加上测年手段和方法的改进（AMS^{14}C测年、年代校正、碳库效应分析等），提供了具有更为精确年代控制的古湖泊水量变化的气候信息。初步判断我国不同地貌单元和不同气候区可纳入数据库的湖泊点达到近90个，具备了更新古湖泊数据库的基础，为系统开展古湖泊资料与古气候模拟的对比研究提供了可能。因此，针对我国空间古湖泊数据与古气候模拟结合的薄弱环节，建立新一版的中国晚第四纪古湖泊数据库，并开展空间数据分析，能提供东亚区域大陆空间尺度上的基础性资料，提升古湖泊数据库验证古气候模拟的能力，并为更好开展古气候模拟与地质数据比较研究服务。

1.1.2 研究内容

根据我国不同气候区的近10多年来的湖泊第四纪地质资料，综合研究各个湖泊的地质、地貌、生物、考古以及历史记录等文献，在我国湖泊第四纪多年成果积累的基础上，结合第一版古数据库资料重新分析，按照全球湖泊数据库的统一标准，建立中国晚第四纪湖泊数据库。中国第四纪湖泊数据库作为大陆空间尺度上的基础性资料，能提供系统化的湖泊资料，能够进一步重建晚第四纪以来的典型气候阶段的水汽空间分布变化，成为探讨中国和东亚地区气候与环境变化过程和动力机制的基本资料和依据。本书收录了89个晚第四纪以来的湖泊点资料。

目前来看，古数据库在对晚第四纪以来冬夏季风进退、西风带干湿变化、太平洋季风与印度季风的强弱变化、太平洋副热带高压位置变化等大气环流变化的重建和论证方面已经显示出系统数据的重要应用前景（Yu et al.，2000；Xue and Yu，2000）。

1.2　数据来源和研究方法

1.2.1　数据库资料来源

数据库的资料主要以《中国古湖泊数据库（第一版）》资料以及近 10 多年来公开发表的文献为基础（详细见每个湖泊点后的参考文献）。为了资料的完整性及准确性，同时需要追踪原作者的一些详细资料，这主要通过与研究者联系获得。

1.2.2　重建古湖泊水量的证据

湖泊水位、湖泊面积、湖泊深度及湖水咸淡等变化数据是建立在对逐个湖泊地貌、沉积、生物、地球化学等湖泊记录的系统分析上。在收入数据库之前，首先检查每个湖泊记录是否尽可能系统排除受非气候因素（构造、河流等）或非直接气候因素（冰川、海面等）影响的湖泊水位变化。这样湖泊水量可以反映流域的降水（*P*）和有效降水（*P-E*）等气候变化。

用来重建古湖泊水深变化的证据主要来源于综合的沉积记录，包括湖泊沉积物的性质变化（岩性、粒径、有机含量、化学成分等）、沉积结构变化（纹层的出现或缺失、湖相层空间分布、沉积透镜体和间断面、二次沉积、沉积速率等）（Digerfeldt，1986；Harrison and Digerfeldt，1993）；古生物记录也是重要的恢复湖泊水深、湖面升降的证据（水生动植物化石、水生孢粉、淡水硅藻及藻类、介形虫和软体动物等生物组合）（Harrison and Digerfeldt，1993）。一些湖面高度或湖水深度变化可以从地貌（古岸线高度、水下阶地深度等）、考古证据（居住点沉没的垂直和水平距离）和历史记录等获得，湖盆内多个湖泊钻孔的相关分析也可获得古湖泊面积变化的范围。我国西部的许多湖泊为咸水湖，化学沉积的矿物类型变化可反映出湖水古盐度的变化，进而可近似地指示古湖泊水量的变化。

确定每个湖泊水量变化事件至少要根据两种或两种以上的独立证据，如湖相沉积变化和水生植物组合变化，并取得一致的对古水量的解释。图 1.1 给出了中国内蒙古南部巴彦查干湖全新世以来湖面变化的沉积地层、水生藻类及碳酸盐矿物组合的主要证据。在 12465～11110 cal. a B.P.①，该湖为砂砾、粉砂、砂质粉砂层，表明此时湖水位较低，该层淡水浅水藻类盘星藻（*Pediastrum*）含量极低，也表明此时期湖水较浅。在 11110～7920 cal. a B.P.，该湖为粉砂质黏土夹暗灰色粉砂层，岩性变化表明湖水深度较下覆层增加，盘星藻（*Pediastrum*）含量的增加，和湖水深度增加一致。碳酸盐矿物为方解石，不含白云石，表明当时湖水较淡，水位较深。在 7920～6505 cal. a B.P.，该湖为粉砂质黏土层，岩性变化表明湖水深度较下覆层增加，盘星藻（*Pediastrum*）含量为剖面最大值，和水深变深一致。碳酸盐矿物仍为方解石，不含白云石，和较深的湖水环境一致。在 6505～4550 cal. a B.P.，该湖仍为粉砂质黏土沉积，碳酸盐矿物中白云石的出现表明湖水盐度增大，水位下降。盘星藻（*Pediastrum*）含量的下降，和水深变浅一致。在 4550～2595 cal. a B.P.，该湖为灰

① cal 即 calender 的意思，也就是日历年龄距今多少年，下同。

色黏土沉积，该处岩性变化及沉积速率的突变（0.004cm/a）表明在该处可能存在一沉积间断。盘星藻（*Pediastrum*）含量在该层基本消失，同时碳酸盐矿物中白云石含量增加并逐渐成为主要的蒸发盐矿物，表明湖水位较前期仍继续下降。2595 cal. a B.P.以来该湖为砂质粉砂层，含一薄层砂砾，岩性变化表明湖水深度较下覆层下降，盘星藻（*Pediastrum*）在该层仍极低，和浅水环境一致。因此，该湖泊在晚冰期以来至少发生了 5 次较明显的湖泊水位变化，这些湖泊沉积物和生物组合变化是建立该湖泊水位变化数据档案的主要依据。

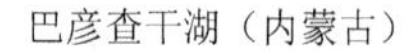

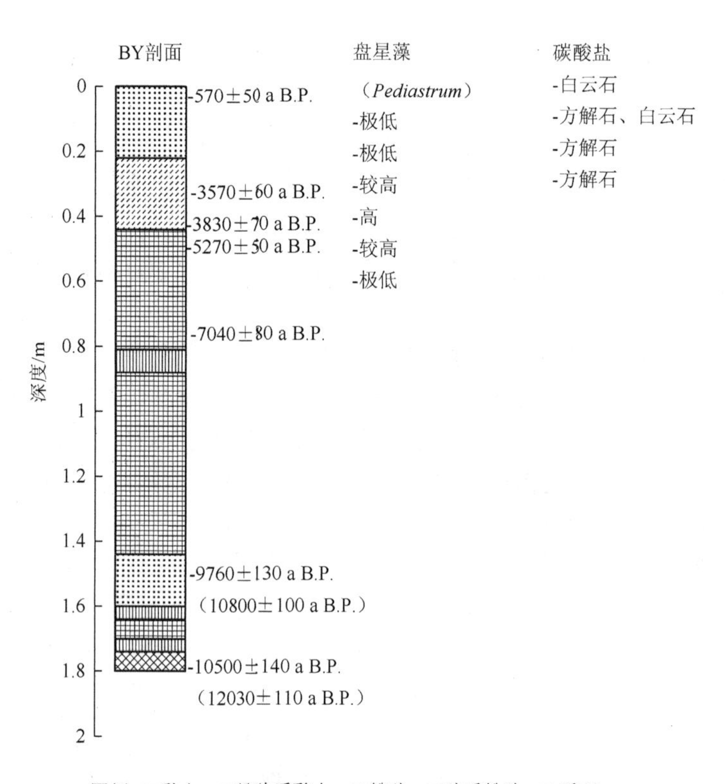

图 1.1 建立中国古湖泊数据库的例子——巴彦查干湖的岩性、藻类、年代及碳酸盐变化是建立全新世以来湖泊水位水深变化的主要依据

1.2.3 湖泊水量的量化

数据库将湖泊各种地质证据转化成相对现代湖面高程、面积、深度、盐度的湖泊水量指标。最终根据这些指标的综合判断，划分出湖泊状况（lake status）的数字化等级。根据每个湖泊在地质时期出现的最小和最大记录，每个古湖泊不同水位状况可分别数字化为从 0（湖泊干枯），1（最低水位），2（次一级低水位），…，N（最大高度水位）。每级水位之间并非是线性关系，而是定性的不同水位变化的记录。由于在同样的气候条件下，不同的湖盆大小和形状对水位变化幅度反应不一样，因此，数据库中水位记录的详细程度，各个古湖泊都不尽相同，例如，有些湖泊仅仅能分辨 2 级变化（最高水位和最低水位），

而有些湖泊可分辨多至 7 级甚至更多。在一般情况下，尽管不同证据的精度不一样，但所恢复的水位变化应基本相同，当然也有可能出现不一致的情况。一般在没有充分证据支持或否定下，湖泊数据库尽可能如实地保留这些记录，并做出合理恰当的解释。

在恢复湖泊原始水位变化过程的基础上，为了制图的需要数据库还根据不同水位记录在整个湖泊历史中出现的频率，采用了三级重新分类。基于类比和模拟现代湖泊，对闭合的内陆湖盆分为 0～30%、30%～85%、85%～100%高、中、低三级水位，OLLDB（Street-Perrot et al.，1989），对温带湖盆则采用了与之相适应的 0～25%、25%～75%、75%～100%高、中、低三级水位，ELSDB（Yu and Harrison，1995）和 FSUDB（Tarasov et al.，1994）。计算每个湖泊的古水量相对现代的距平值，分别得到五级指示盆地的干湿变化：湿润（+2）、较湿润（+1）、无变化（0）、较干燥（–1）和干燥（–2）。

1.2.4　年代学及其可靠性评价

各个古湖泊水位记录的年代利用了多种测年方法，包括放射性碳、热释光年代学、铀系年代学以及相对年代学方法，如火山灰年代学、孢粉年代学、沉积地层学和考古年代等。根据湖泊地貌和湖泊沉积主要反映百年至千年的气候记录，我们采用了 500 年间隔作为湖泊水量变化的基本时间单位。每个 500 年的年代采用在测年数据的基础上，用沉积速率线性内插确定，并配合其他相关年代加以验证。

由于这些测年方法各异，许多年代的精度存在着不同的误差。数据库要求对每一个年代方法客观地记录。另外，一个钻孔/剖面上测年数据的多少和距离的远近也是评价年代可靠性的重要参数。在一个钻孔或剖面内，评价测年数据与湖泊水位变化事件的远近采用了 Webb 的 1～7 级可靠性评价方法（Webb，1985）。该方法自 COHMAP 计划（1988）采用以来得到了较广泛的应用。它们的可靠性依次从第 1 级到第 7 级。

（1）如果上下层位有两个年代数据限定，湖泊水位变化事件可根据以下判断：

第 1 级：两个年代距离该事件都在 2ka B.P. 以内；

第 2 级：一个年代距离该事件在 2ka B.P.以内，另一个距离该事件在 2～4ka B.P.；

第 3 级：两个年代距离该事件都在 2～4ka B.P.；

第 4 级：一个年代距离该事件在 2～4ka B.P.，另一个距离该事件在 4～6ka B.P.；

第 5 级：两个年代距离该事件都在 4～6ka B.P.；

第 6 级：一个年代距离该事件在 4～6ka B.P.，另一个距离该事件在 6～8ka B.P.；

第 7 级：两个年代距离该事件都在 8ka 以外。

（2）如果只有上层位或下层位一个年代数据限定，湖泊水位变化事件根据以下判断：

第 1 级：所测年代距离该事件在 0.25ka B.P. 以内；

第 2 级：所测年代距离该事件在 0.25～0.5ka B.P.；

第 3 级：所测年代距离该事件在 0.5～0.75ka B.P.；

第 4 级：所测年代距离该事件在 0.75～1ka B.P.；

第 5 级：所测年代距离该事件在 1～1.5ka B.P.；

第 6 级：所测年代距离该事件在 1.5～2ka B.P.；

第 7 级：所测年代距离该事件在 2ka B.P.以外。

对定性的湖泊资料进行定量和半定量数字化，并对测年数据进行可靠性判定，这些数据库就可以较方便地为不同精度的研究进行资料筛选和使用。

1.2.5 数据库内容和文件结构

本书收集和编辑了 89 个湖泊，这些湖泊点的基本资料见表 1.2 及图 1.2。

表 1.2 《中国晚第四纪古湖泊数据库（第二版）》收录的湖泊

湖泊	省份	纬度/°N	经度/°E	海拔/m a.s.l.	现代面积/km^2	记录长度/cal.a B.P.
兴凯湖	黑龙江	45.20	132.20	69	4525?	64000
大布苏湖	吉林	44.75～44.83	123.60～123.70	122	36	18350
二龙湾玛珥湖	吉林	42.30	126.36	724	0.3	38900
哈尼湖	吉林	42.21～42.23	126.05～126.63	900	16.8	13640
西大甸子湖	吉林	42.33	126.37	614	—	11890
巴汗淖	内蒙古	39.30	109.27	1278	—	11000
巴彦查干湖	内蒙古	41.65	115.21	1355	—	44300
白碱湖	内蒙古	39.05～39.15	104.08～104.18	1282	—	44300
白素海	内蒙古	42.58	115.90	2000	—	16100
泊江海子	内蒙古	39.76～39.80	109.28～109.37	1365	1.2?	6535
查干错	内蒙古	43.27	112.90	920	21	21355
岱海	内蒙古	40.46～40.61	112.55～112.78	1220	—	35000
额吉诺尔	内蒙古	45.21～45.26	116.45～116.55	829.2	10	17820
呼伦湖	内蒙古	48.50～49.33	116.96～117.80	540	1750.98	15304
黄旗海	内蒙古	40.78～40.90	113.01～113.38	1268	110	158000
吉兰泰盐湖	内蒙古	39.60～39.70	105.58～105.75	1023.5	—	60000
调角海子湖	内蒙古	41.30	112.35	2015	0.3	13405
萨拉乌苏古湖	内蒙古	37.70	108.60	1300	—	150000
硝池	山西	34.87～35.05	110.95～111.01	320	20?	13010
花海	甘肃	39.96～40.81	97.02～98.53	1115	—	15475
青土湖	甘肃	39.10	103.60	1302	—	＞11160
三角城古湖	甘肃	38.20	102.95	—	—	＞18800
阿其克库勒湖	新疆	36.96～37.16	88.30～88.55	4250	345	20100
阿什库勒湖	新疆	35.73	81.57	4683	10.50?	19345
艾比湖	新疆	44.57～45.13	82.58～83.26	195	890	15446
艾丁湖	新疆	42.53～42.71	89.16～89.66	154.4	5（3）？	53280
巴里坤湖	新疆	43.60～43.73	92.73～92.95	1580	＜100	41500
贝里克库勒湖	新疆	36.72	89.05	4680	4.4?	14890
博斯腾湖	新疆	41.93～42.23	86.68～87.43	1048	1000	16854
柴窝堡湖	新疆	43.50	87.90	1092	29	30000

续表

湖泊	省份	纬度/°N	经度/°E	海拔/m a.s.l.	现代面积/km^2	记录长度/cal.a B.P.
罗布泊	新疆	39.90～40.83	90.17～91.41	780	—	25230
玛纳斯湖	新疆	45.66～45.95	85.66～86.25	251	750	36800
乌鲁克库勒湖	新疆	35.67	81.62	4687	15	7900
乌伦古湖	新疆	46.98～47.42	87.02～87.58	478.6	927(1062.30)?	10250
乌兰乌拉湖	新疆	34.80	90.50	4854	545(655.25)?	22250
安固里淖	河北	41.33～41.45	114.30～114.40	1313	47.6	9530
白洋淀	河北	38.78～38.97	115.80～116.10	5	—	11700
宁晋泊	河北	37.00～37.50	114.66～115.25	24～32	—	30000
固城湖	江苏	31.23～31.30	118.88～118.95	5	81（24.5）？	18010
大九湖	湖北	31.50	110.50	1760	10	15753
龙泉湖	湖北	32.87	112.33	150	—	11260
南村湖	广西	24.75	110.40	160	—	7330
湖光岩	广东	21.15	110.28	—	2.3	62130
大鬼湖	台湾	22.85	120.85	2150	0.1087	2615
嘉明湖	台湾	23.30	121.00	3310	0.009	4000
七彩湖	台湾	23.75	121.23	2890	0.3	5355
头诸古湖	台湾	23.82	120.89	650	—	34565
大海子	四川	27.50	102.40	3660	0.15?	14590
杀野马湖	四川	28.83	102.20	2400	0.04	8975
滇池	云南	24.66～25.03	102.60～102.78	1886	297	11360
洱海	云南	25.60～25.96	100.01～100.30	1973.7	149.8	38070
抚仙湖	云南	24.37～24.63	102.81～102.95	1720	211	＞40000
星云湖	云南	24.28～24.38	102.75～102.80	1740	35	
曼兴湖	云南	22.00	100.60	1160	1.5	32115
曼阳湖	云南	22.10	100.50	1181	1.5	57250
纳帕海	云南	27.5	99.5	3200	＜5	63400
杞麓湖	云南	24.13～24.21	102.71～102.81	1797	36.86	16260
天才湖	云南	26.60	99.70	3898	0.02	11940
阿克赛钦湖	西藏	35.13～32.28	79.73～79.91	4840	160?	39580
昂仁湖	西藏	29.30	87.18	4300	4	13245
班戈错	西藏	31.50～32.00	89.57～90.00	4520	135.4	24045
班公错	西藏	33.67～33.73	79.0～79.83	4241	412	43620
北甜水海	西藏	35.70	79.37	4797～4800	8	21020
布南湖	西藏	35.98	90.11	4874	50	10596
沉错	西藏	28.88～28.98	90.46～90.58	4420	39.1	50000
错鄂湖	西藏	31.40～31.53	91.47～91.55	4515	61.3	24000
错那湖	西藏	31.91～32.13	91.41～91.55	4583	174	39725
苟弄错	西藏	34.63	92.15	4670	2.9	＞23000
红山湖	西藏	37.45	78.99	4870	4.3	20250
曼冬错	西藏	33.50～33.56	78.80～79.00	4310	61.6	早全新世

续表

湖泊	省份	纬度/°N	经度/°E	海拔/m a.s.l.	现代面积/km²	记录长度/cal.a B.P.
拿日雍措	西藏	28.30	91.57	4750	26.7	7335
佩枯措	西藏	28.76～29.01	85.50～85.70	4580	250	127000
仁措	西藏	30.70	96.70	4450	6	22030
色林错	西藏	31.57～31.90	88.51～89.35	4552	2196.2	16000
龙木错	西藏	34.62	80.47	5004	98.7	
松西错	西藏	34.60	80.25	5058	24.5	15000
希门错	西藏	33.38	101.67	4020	3.8	39350
小沙子湖	西藏	36.97	90.73	4106	25	17360
扎布耶湖	西藏	31.25～31.50	83.95～84.01	4421	243	128000
扎仓茶卡	西藏	32.60	82.38	4328	110	32200
扎日南木错	西藏	30.73～31.08	85.33～85.90	4613	996（1147）？	7820
兹格塘错	西藏	32.00～32.15	90.73～90.95	4560	187	24000
察尔汗盐湖	青海	36.63～37.22	93.72～96.25	2675	460	46975
茶卡盐湖	青海	36.63～36.75	99.01～99.20	3200	106	22865
大柴旦	青海	37.78～37.90	95.16～95.28	3148	104～114（35~45）？	29195
小柴旦	青海	37.45～37.53	95.43～95.58	3118	69	
达连海	青海	36.20	100.40	2850	—	30000
冬给措纳湖	青海	35.21～35.39	98.33～98.71	4090	230	21970
尕海湖	青海	37.10	97.50	2848	32.05	12710
更尕海	青海	36.19	100.10	2860	2	16750
乱海子	青海	37.59	101.35	3200	1.5	51970
青海湖	青海	36.53～37.23	99.60～100.78	3193.4	4473	45000

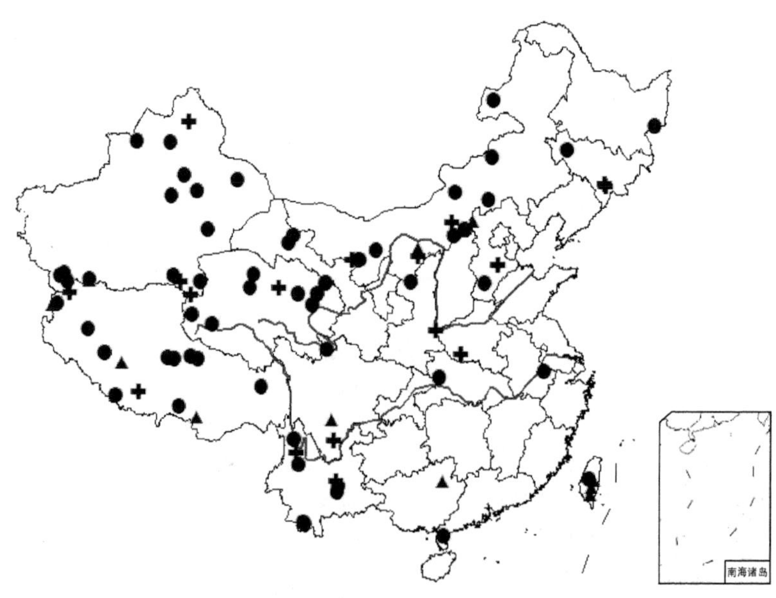

图 1.2　《中国晚第四纪古湖泊数据库（第二版）》收录的湖泊及记录长度示意图

● >15ka B.P.　✚ 10～15ka B.P.　▲<10ka B.P.

《中国晚第四纪古湖泊数据库（第二版）》与其他 20 世纪 90 年代完成的数据库（ELSDB，FSUDB）一样，采用了统一的数据库内容和结构，即同时具有每个湖泊的文献档案和所有湖泊总结性的数据表格，便于用户使用和查询。资料用 ASCII 格式可以输入网络，因此，使用者既可以采用数据库的文献资料，也可以通过互联网获取到相应的计算机资料。

数据库的文献档案以文字描述为主，易于资料查询；总结表格以数字记录为主，易于计算机化使用。在文献档案中，记录了各个时期每个湖泊水位变化的证据。多数湖泊还绘制出了主要钻孔地层、生物组合以及年代的简图和恢复的水位变化曲线图。每个文档同时列出了相应数据化的水位等级、年代资料以及文献来源。湖泊数据库的总结性表格由 5 类数据组成：（1）原始资料信息表，包括各个湖泊的地理位置，湖盆参数、地质、地貌背景、水位记录长度和主要证据、年代测定、资料来源等；（2）距今 30ka B.P. 来每 0.5a 间隔的湖泊水位表，用数字 0，1，…，*N* 表示从最低到最高水位；（3）三级重新分类的湖泊水位表；（4）每个湖泊的 ^{14}C 测年数据表；（5）每个湖泊的年代数据的可靠性表，包括 1～5 级测年方法评价和 1～7 级测年数据距离的判定。

参考文献

安成邦，陈发虎. 2009. 中东亚干旱区全新世气候变化的西风模式——以湖泊研究为例. 湖泊科学，21（3）：329-334.

陈星，于革，刘健. 2000. 中国 21kaB.P. 气候模拟的初步试验. 湖泊科学，12（2）：154-164.

陈星，于革，刘健. 2002. 东亚中全新世的气候模拟及其温度变化机制探讨. 中国科学 D 辑：地球科学，32（4）：335-345.

丁仲礼，熊尚发. 2006. 古气候数值模拟：进展评述. 地学前缘，13（1）：21-31.

冯晓华，阎顺，倪健，等. 2006. 新疆北部平原湖泊记录的晚全新世湖面波动及环境变化. 科学通报，51（增刊 I）：49-55.

黄赐璇，冯・康波・艾利斯，李栓科. 根据孢粉分析论青藏高原西部和北部全新世环境变化. 微体古生物学报，1996，13（4）：423-432.

姜大膀，王会军，郎咸梅. 2002. 末次盛冰期气候模拟及青藏高原冰盖的可能影响. 第四纪研究，22（4）：323-331.

靳立亚，Otto Bliesner B L. 2009. 近 10 年来“国际古气候模拟比较计划（PMIP）”回顾和未来古气候模拟研究热点. 第四纪研究，29（6）：1015-1024.

李秉孝，蔡碧琴，梁青生. 1989. 吐鲁番盆地艾丁湖沉积特征. 科学通报，34（8）：608-610.

李栓科. 1992. 中昆仑山区封闭湖泊面波动及其气候意义. 湖泊科学，4（1）：19-30.

刘健，于革，陈星，等. 2002. 中全新世和末次盛冰期东亚古气候的模拟. 自然科学进展，12（7）：713-720.

刘晓东，安芷生，李小强. 1996. 最近 18ka 中国夏季风气候变迁的数值模拟研究//刘东生，安芷生，吴锡浩. 黄土第四纪地质全球变化（第四集）. 北京：科学出版社：142-150.

刘艳，Harrison S P. 2008. 古气候模拟进展. 地球物理学进展，23（6）：1791-1796.

王富葆，曹琼英，刘福涛. 1990. 西昆仑山南麓湖泊和水系的近期变化. 第四纪研究，10（4）：316-325.

王会军，曾庆存. 1992. 9000 年前古气候的数值模拟研究. 大气科学，16（3）：313-321.

吴锡浩，安芷生，王苏民，等. 1994. 中国全新世气候适宜期东亚夏季风时空变迁. 第四纪研究，（1）：24-37.

薛滨，于革，王苏民. 2001. 中国不同区域 30000aB.P.以来湖泊水量变化特征. 第四纪研究，21（6）：567.

薛滨，于革. 2005. 中国末次冰盛期以来湖泊水量变化及古气候变化机制解释. 湖泊科学，1：35-40.

杨保，施雅风. 2003. 40-30ka B.P.中国西北地区暖湿气候的地质记录及成因探讨. 23（1）：60-68.

于革，陈星，刘健，等. 2000. 末次盛冰期东亚气候的模拟和诊断初探. 科学通报，45（20）：2153-2159.

于革，王苏民. 1998. 欧亚大陆湖泊记录和两万年来大气环流变化. 第四纪研究，（4）：360-367.

赵平，陈隆勋，周秀骥，等. 2003. 末次盛冰期东亚气候的数值模拟. 中国科学 D 辑：地球科学，33（6）：557-562.

郑益群，于革，王苏民，等. 2002. 区域气候模式对末次盛冰期东亚季风气候的模拟研究. 中国科学 D 辑：地球科学，32（10）：871-880.

郑益群，于革，薛滨，等. 2004. 6ka 东亚区域气候模拟及其变化机制探讨. 第四纪研究，24（1）：28-38.

Digerfeldt G. 1986. Studies on past lake-level fluctuations//Berglund B. Handbook of Holocene Palaeoecology and Palaeohydrology. New York：John Wiley & Sons：127-144.

Harrison S P，Digerfeldt G. 1993. European lakes as palaeohydrological and palaeoclimatic indicators.Quaternary Science Reviews，12：233-248.

Harrison S P，Winkler M. 1992. A new global lake-level database：advert and appeal for assistance. Royal Society of Canada，Bullitin.

Hoelzmann P，Jolly D，Harrison S P，et al. 1998. Mid-Holocene land-surface conditions in northern Africa and Arabian peninsula：A data set for AGCM sensitivity experiments. Global Biogeochemical Cycles，12：35-51.

Jiang D B，Lang X M，Tian Z P. 2011. Last glacial maximum climate over China from PMZP simulations. Palaeogeography，Palaeoclimatology，Palaeoecology，309：347-357.

Jolly D，Harrison S P，Damnati B，et al. 1998. Simulated climate and biomes of Africa during the late quaternary：Comparison with pollen and lake status data. Quaternary Science Reviews，17：629-657.

Joussaume S，Taylor K E. 1995. Status of the paleoclimate modeling intercomparison project（PMIP）//Proceedings of the First International AMIP Scientific Conference. Washington DC，World Climate Research Project（WCRP）Report，92：425-430.

Kohfeld K，Harrison S P. 2000. How well can we simulate past climates? Evaluating the models using global palaeoenvironmental datasets. Quaternary Science Reviews，19：321-346.

Mason I M，Guzkowska M A J，Rapley C G，et al. 1994. The response of lake levels and area to climatic change. Climate Change，27：161-197.

Prentice I C，Webb Ⅲ T. 1998. Global palaeovegetation data for climate-biosphere model evaluation. GAIM Report（IGB.P.）.

Qin B，Harrison S P，Kutzbach J E. 1998. Evaluation of modelled regional water balance using lake status data：A comparison of 6ka simulations with NCAR CCM0and CCM1. Quaternary Science Reviews，17：535-548.

Street F A，Grove A T. 1976. Environmental and climatic implications of late Quaternary lake-level fluctuations in Africa. Nature，261（5559）：385-390.

Street F A，Marchand D S，Roberts N，et al. 1989. Global lake-level variations from 18，000 to 0 years ago：A palaeoclimatic analysis. Technical Report，U.S. DOE/ER/60304-H1 TR046. Washington：U.S. Department of Energy：181.

Tarasov P E，Harrison S P，Saarse L，et al. 1994. Lake status records from the former Soviet Union and Mongolia：Data base documentation. NOAA Paleoclimatology Publications Series Report：1-274.

TEMPO Members. 1996. Potential role of vegetation feedback in the climate sensitivity of high-latitude regions：A case study at 6000 years B.P.. Global Biogeochemical Cycles，10：727-736.

Webb T. 1985. A global paleoclimatic data base for 6000 yr B.P. Technical Report，DOE/EV/10097-6，Washington：US Department of Energy：155.

Xue B，Yu G. 2000. The Change in atmospheric circulation since Last Interstadial as indicated by the lake-status record in China. Acta Geologia Sinica，74（4）：836-845.

Yu G. 1996. Lake-level records and palaeoclimates of northern Eurasia. LUNDQUA Thesis，37：1-17.

Yu G，Harrison S P. 1995. Lake status records from Europe：Data base documentation. Boulder：NOAA Paleoclimatology Publications Series Report 3：451.

Yu G，Harrison S P. 1996. An evaluation of the simulated water balance of Eurasia and northern Africa at 6000 yr B.P. using lake status data. Climate Dynamics，12：723-735.

Yu G，Harrison S P，Xue B. 2001. Lake status records from China：Data base documentation. Academic Report in Max-Planck-Institute，No.4. Jena，Germany.

Yu G，Xue B，Wang S M，et al. 2000. Lake-level records and the LGM climate in China. Chinese Science Bulletin，45（3），250-255.

第 2 章　东北平原与山地湖区湖泊

湖 区 概 况

东北平原与山地湖区系指我国黑龙江、吉林和辽宁等省境内的湖泊，该湖区面积大于 $1km^2$ 的湖泊共 425 个，合计 $4699.7km^2$，约占全国湖泊总面积的 5.8%。其中面积大于 $10.0km^2$ 的湖泊 65 个，合计 $3623.5km^2$，占本区湖泊总面积的 77.1%（马荣华等，2011）。本湖区的湖泊成因多与地壳沉陷、地势低洼、排水不畅和河流摆动有关。它们具有面积小、湖盆坡降平缓、现代沉积物深厚、湖水浅和矿化度高等特点。分布于山区的湖泊，其成因多与火山活动关系密切，是本区湖泊的又一重要特色，如岩溶堰塞形成的镜泊湖、五大连池等（王苏民和窦鸿身，1998）以及由火山作用形成的四海龙湾、二龙湾等玛珥湖。此外，在大片沼泽湿地上，也有一些大小不等的湖泊，当地称之为泡子或咸泡子，此类湖泊均较浅，含盐量较高（金相灿等，1995）。湖区地处温带湿润半湿润的大陆性季风气候区，夏季温和多雨，冬季寒冷干燥，湖水结冰期长，因此大多平原湖泊呈现湖沼相伴而生，汛期是湖，枯期为沼，湖、沼难分的特点（王苏民和窦鸿身，1998）。

在气候变化和人类活动的影响下，东北平原与山地湖区湖泊环境状况也发生了较大变化，特别是土地开垦、毁林开荒和毁草开荒导致的环境变化相当严重。如松嫩平原西部过去近 50 年的时间里耕地净增加了 $29.65\times10^4hm^2$，而沼泽湿地面积减少了 62.54%，草地净减少了 $70.29\times10^4hm^2$，其中仅吉林省白城市 1958～1981 年就有 1/3 的草原垦为农田，造成了大面积土地盐碱化（刘殿伟等，2006；张艳红等，2001）。同时，人类活动诸如围湖造田、治河束水等也加剧了湖泊干涸萎缩，湖泊的盐沼化使得湖泊矿化度升高，威胁水生生物生存，破坏水生生态系统平衡。据调查发现，松嫩平原湖群中的很多湖泊已经干涸消亡，尚存的湖泊也大部分出现湖泊萎缩，或改为他用（桂智凡等，2010）。20 世纪 50 年代初，白城地区境内天然植被完好，野生生物种类繁多，而到了 80 年代，这些物种数量急剧减少，甚至濒危灭绝（张艳红等，2001）。此外，湖泊富营养化也是东北平原与山地湖区面临的又一难题。该区富营养化湖泊比例高达 96%（杨桂山等，2010）。肖海丰等（2011）对松嫩平原 27 个湖泊的营养状态研究表明除牛心套宝泡为中营养湖泊外，其余均为富营养性湖泊。

参 考 文 献

桂智凡，薛滨，姚书春，等. 2010. 东北松嫩平原区湖泊对气候变化响应的初步研究. 湖泊科学，22（006）：852-861.

黄赐璇，冯•康波•艾利斯，李栓科. 1996. 根据孢粉分析论青藏高原西部和北部全新世环境变化. 微体古生物学报，13(4)：423-432.

金相灿，刘鸿亮，屠清瑛，等. 1995. 中国湖泊富营养化. 北京：中国环境出版社：133-134.

李秉孝，蔡碧琴，梁青生. 1989. 吐鲁番盆地艾丁湖沉积特征. 科学通报，（8）：10-13.

李栓科. 1992. 中昆仑山区封闭湖泊湖面波动及其气候意义. 湖泊科学，4（1）：19-30.

李元芳，张青松，李炳元，等. 1994. 青藏高原西北部 17000 年以来的介形类及环境演变. 地理学报，49（1）：46-54.

刘殿伟，宋开山，王丹丹，等. 2006. 近 50 年来松嫩平原西部土地利用变化及驱动力分析. 地理科学，26（3）：277-283.

马荣华，杨桂山，段洪涛，等. 2011. 中国湖泊的数量、面积与空间分布. 中国科学 D 辑：地球科学，41（3）：394-401.

王富葆，曹琼英，刘福涛. 1990. 西昆仑山南麓湖泊和水系的近期变化. 第四纪研究，（4）：316-325.
王苏民，窦鸿身. 1998. 中国湖泊志. 北京：科学出版社.
肖海丰，薛滨，姚书春，等. 2011. 松嫩平原湖泊水质演化研究. 湿地科学，9（2）：120-124.
杨桂山，马荣华，张路，等. 2010. 中国湖泊现状及面临的重大问题与保护策略. 湖泊科学，22（6）：799-810.
张艳红，邓伟，翟金良. 2001. 松嫩平原西部湖泡水环境问题，成因与对策. 干旱区资源与环境，15（1）：31-36.

2.1 黑龙江省湖泊

兴凯湖（44.53°～45.35°N，131.96°～132.85°E，海拔 69m a.s.l.）是位于中俄边界的淡水湖。该湖由大小两湖组成，其中南面的大兴凯湖（44°32′～45°21′N，131°58′～132°51′E，海拔约 69m a.s.l.）最大水深约 10m，平均水深 4～5m，湖泊面积 4380km^2（我国境内面积约 1080km^2）；北岸的小兴凯湖，东西长 35km，南北宽 4km，面积为 145km^2，平均水深 2m，最大水深 3m。1942 年前，兴凯湖全湖流域面积为 22400km^2，修建分洪道后现今湖泊流域面积为 36400km^2，以湖东北角松阿察河为唯一出水口。兴凯湖地区春夏季盛行西南风，秋冬季多西北风，年平均温度 2.9～3.1℃，湖面多年平均降水量 567.5mm，多年平均蒸发量 587.2mm。湖盆为构造成因，晚更新世后构造运动相对较弱，对水位变化基本无影响（裘善文等，1988）。本区地带性植被为阔叶混交林，以蒙古栎为主（吴健和沈吉，2009，2010a，2010b；裘善文等，2007；朱芸等，2011）。

对兴凯湖的研究主要有裘善文等（1988，2007）对湖泊北部（中国境内）低缓湖积平原处的残遗沙堤地貌特征的研究；吴健和沈吉（2009，2010a，2010b）对兴凯湖长 269cm 岩心（XK-1）粒度、磁化率、有机碳氮同位素及水生花粉的分析，并认为低的磁化率对应沉积物较粗的低湖面时期；朱芸等（2011）对湖北平原残遗沙堤剖面（湖岗剖面）进行了光释光（OSL）测年，并揭示了近 200ka 兴凯湖湖泊环境演化；张淑芹等（2004）对兴凯湖北岸一深 1.5m 的泥炭剖面（XKH）花粉的研究；高磊等（2014）对兴凯湖古湖岸堤沉积物石英光释光测年进行了研究；陈皎杰等（2014）对小兴凯湖内一根长 6m 的钻孔（XKH1）进行了沉积物颜色、粒度、古地磁和总有机碳、总氮等分析，重建了 24ka 以来兴凯湖区域古环境和古气候演化历史。

裘善文等（1988，2007）对湖泊北部（中国境内）低缓湖积平原处的残遗沙堤地貌特征的研究重建了古湖泊水位变化。现存有 5 道沙堤，自湖岸向内陆呈同心弧状平行排列。但遗憾的是，沙堤顶部海拔在原文中未给出，也未给出水位的相对变化，因此我们无从判断各沙堤形成时湖泊的对应海拔。我们基于沙堤距现代湖岸线距离及 XK-1 孔岩性、磁化率及水生花粉等重建了古湖泊深度的相对变化。年代学基于 2 道沙堤及 1 湖相沉积物样品的热释光测年数据，XK-1 孔的 3 个 AMS^{14}C 测年数据，同时还对最新形成沙堤的考古材料进行了放射性测年，使建立的年代学更具可靠性。吴健和沈吉（2009，2010a，2010b）对 XK-1 孔的岩性描述略有不同，我们以新近发表的文献为准。因 XKH1 孔中各指标描述均较粗略，我们在此主要以 XK-1 孔年代及各指标反映的兴凯湖水位变化为主，参考其他钻孔/剖面数据，大致定性推测古湖泊的水位变化。

据朱芸等（2011）的研究，兴凯湖在近 200ka B. P.左右开始扩张，北部岸线长期稳定在荒岗—南岗内侧沿线一带，183ka 后湖水快速退缩，约在 136ka 北部岸线远离荒岗—南岗，乌苏里—兴凯拗陷内出现相当大的湖侵，兴凯湖扩张至二道岗沿线，直到 130ka 湖水再次退缩，130～25ka 兴凯湖北部和东北部岸线在二道岗以内波动，期间在末次冰期早期梅利古诺夫卡河口兴凯湖湖岸附近的钻孔中出现一层含磨圆较好的砂砾和卵石的石英-长石海滩砂，指示出现了 1 次新的湖侵，但是可能受后期更大湖侵的破坏，在北岸未能有湖岗记录保存下来。此后，湖盆和周围山麓地带的沉积物地层中出现了 1 个由湖退的部分冲刷作用造成的明显分界，在盆地北部湖退伴随着广大的低地沼泽出现。24ka 左右，湖泊再次扩张，北部和东北部岸线长期稳定在太阳岗内侧沿线一带，乌苏里—兴凯拗陷中的钻孔记录也显示末次冰期晚期出现了大规模湖侵，除现在的河流外，别拉亚河和穆棱河分别在东部和西部流入湖泊。在太阳岗形成期间，出现了 1 次短期较大幅度的湖侵，并在湖退后残留成小兴凯湖。15ka 以后，湖水再次快速退缩，北岸退至太阳岗内侧波动。最后一次湖退阶段开始于 8.5～5ka，在 3.2～2.8ka 结束，这次湖退幅度较小，东北部湖岸退移距离最大，向北逐渐变小。此后至今，兴凯湖再次稳定扩张，湖泊东部和北部周边出现大面积沼泽。总体来说，近 200ka 兴凯湖北部和东北部湖岸线阶段性向南退缩，期间至少出现了 4 次大规模湖侵和 3 次湖退，即在 193～183ka B. P.、136～130ka B. P.、24～15ka B. P. 以及 3ka 至今为湖泊稳定扩张期，各期结束后湖水快速大幅退缩。

高磊等（2014）在大湖岗选择了 2 个地层出露较好的剖面 DHG1 和 DHG2，对这 2 个剖面的 13 个样品进行了光释光（OSL）测年，并对其中的 2 个炭屑样品进行了 ^{14}C 测年。DHG1 和 DHG2 剖面顶部为现代土壤层，植被发育；下部为古土壤层和砂层，砂层主要是细砂物质，分选性好，具清晰的斜层理，为典型的风成岸堤沉积结构。其中在 DHG1 剖面处采集 9 个 OSL 样品（编号为：DHG1-1、DHG1-2、…、DHG1-9）和 2 个炭屑样品，在 DHG2 剖面处采集 4 个 OSL 样品（编号为：DHG2-1、DHG2-2、DHG2-3、DHG2-4）。DHG1 剖面自上而下 1.5m、2.5m、3.5m、4.5m、5.0m、6.0m、7.0m、8.0m 和 9.0m 处样品的 OSL 年代分别为 0.51±0.04ka、0.50±0.04ka、0.52±0.04ka、0.60±0.05ka、0.90±0.08ka、1.00±0.10ka、0.88±0.08ka、1.10±0.09ka 及 1.24±0.10ka，7.5m 及 8.0m 处碳屑样品的 ^{14}C 校正年代分别为 760～920cal. a B.P.及 925～960cal. a B.P.。DHG2 剖面自上而下 3.0m、5.0m、7.0m 及 9.0m 处样品的 OSL 年代分别为 0.60±0.06ka、1.11±0.10ka、0.81±0.07ka 及 1.14±0.11ka。因此，高磊等（2014）认为兴凯湖大湖岗可能形成于距今 1.24～0.50ka 前，这和朱芸等（2011）研究认为大湖岗形成于约 3ka B.P.的结论并不一致。考虑到高磊等（2014）剖面中碳屑样品的 ^{14}C 年代与同层位样品 OSL 年代的一致性，我们认为高磊等（2014）中给出的大湖岗形成年代可能更可靠。

位于现代湖泊湖岸线东北 16km 的第 5 道沙堤（最外层 1 个，即荒岗—南岗剖面）长 70～150m，宽 6～10m。其沉积物为分选性及磨圆度均较好的中粒砂，倾斜层理清晰可见。岩性及层理均表明此为滨岸沉积。沉积物中至少存在 12 个明显的古土壤层，表明湖滨沙为间断堆积。对位于年代最新及次新古土壤层间深度为 1.15m 的样品进行热释光测年，其年代为 63900±3190a B.P.。由此可知，在约 63000a B.P.前，湖泊范围比现今要大得多。尽管古土壤层的出现说明当时湖水位稍有波动，但滨湖沉积物厚度较大，总体上湖泊面积仍较大。

第 4 道沙堤距现代湖岸线 12km，长 9.5km，宽 30～50m，高 1.5～3m。沉积物为细中砂，但未对其地层进行详细研究，其年代也未测定。裘善文等（1988）认为该沙堤代表了继第 5 道沙堤后的湖泊低水位时期。该沙堤发育较差，表明该低水位时期持续时间较短。据推测该沙堤形成年代为 50000～35000a B.P.。而对于该沙堤范围较小、高度较低及保存较差的另一解释是其形成于第 5 道沙堤之前，随后由于湖水位增高而被破坏重塑。

对距第 5 道沙堤外围 5km 处的一 2m 深剖面进行研究，其岩性为灰到棕色砂。1.75m 处样品热释光测年为 63000±3100a B.P.。该湖相沉积物和沙堤间确切的地层关系我们无从得知，但从该测年数据中可知在 63000a B.P.时湖泊面积仍较今大。

距现代滨线 5～10km 处的第 3 道沙堤（二道岗）发育较好，该沙堤长 76km，宽 60～100km，高 2～3m。其沉积物为中、细砂，分选性及磨圆度均较好，只知其形成于外层沙堤之后，但并无测年数据，裘善文等（1988）推测其形成于末次间冰期。

第 2 道沙堤（太阳岗）仅出现在盆地东北部。其最东部边缘距现代滨线 2～3km，随着其距湖岸距离缩减，最终和第一道沙堤连为一体。该沙堤长 27km，宽 10～20km，相对高度 12～14m，沉积物仍为分选性及磨圆度较好的中砂质细砂。沉积物中仍无测年数据。

第 1 道沙堤（大湖岗）长 87.5km，宽 10～20m，高 6～10m，和现今湖岸线接近。沉积物为分选性及磨圆度较好的 6 层细砂，剖面厚 11.8m，以古土壤层为分界点，对其中一砂层（2.01m）样品进行热释光测年，其年代为 12190±610a B.P.。顶部考古发掘的 ^{14}C 测年为 5430a B.P.。第 1 道沙堤的存在表明在冰消期及早-中全新世时湖水位较今高。约 12200a B.P.时湖水位约高出现代湖面 4m，随后继续升高，形成了上覆层厚约 2m 的湖滨沉积物。沙堤发育结束年代在 5430a B.P.或更早。约 5400a B.P.后无证据表明湖水位曾高于现代。

XK-1 孔钻自湖北部距湖北岸 18km，水深 6.6m 处。岩心底层 2.69～2.35m 为粉质泥，其中 263～254cm 夹细砾石，沉积物中粗粒物质含量较高（＞64μm 颗粒含量高达 6%），对应于较浅的湖水环境。同时，该层磁化率较低（约 $15\times10^{-8}m^3/kg$），表明当时沉积水动力较强，钻孔位置离湖岸较近，和湖水较浅一致（吴健和沈吉，2009）。该层 2.58m 处有机质 AMS^{14}C 测年年代为 26700±130a B.P.（31510cal.a B.P.），经该测年数据及上覆层测年数据间沉积速率外推，得到该层沉积年代为 27200～25635a B.P.（31970～30540cal.a B.P.）。

XK-1 孔岩心 2.35～2.14m 为粉砂质泥沉积，含少量细砾石，即吴健和沈吉（2009）岩性图中所述的含细砾石砂。沉积物中粗粒物质含量较高（＞64μm 颗粒含量高达 7%），表明湖水深度较下覆层继续下降，磁化率也为整个岩心剖面最低值（$5\sim10\times10^{-8}m^3/kg$），和浅水环境一致。对该层 2.23m 处有机质 AMS^{14}C 测年年代为 25080±110a B.P.（30030cal.a B.P.），经该层测年数据及下覆层测年数据外推得该层形成年代为 25635～24660a B.P.（30540～29650cal.a B.P.），而经与岩心顶层测年数据间沉积速率外推得出的该层沉积年代为 25635～24235a B.P.（30540～28970cal.a B.P.）。

XK-1 孔岩心 2.14～1.84m 为细粉砂质泥沉积，粗粒物质含量减少（＞64μm 颗粒含量小于 1%）表明湖水较下覆层加深，同时磁化率增加（$20\times10^{-8}m^3/kg$）也与此对应，但该层不含水生藻类盘星藻（*Pediastrum*）及水生花粉中狐尾藻（*Myriophyllum*），表明湖水位仍不高。经沉积速率（0.01cm/a）内插，得到该层上界年代约为 21295a B.P.（25440cal.a B.P.）。

XK-1 孔岩心 1.84～1.40m 仍为细粉砂质泥沉积，沉积物中粗粒物质含量较低（＞64μm 颗粒含量几乎为零），但水生藻类盘星藻（*Pediastrum*）在该段大量出现表明湖水深度较上阶段大幅增加，该层磁化率仍相对较高（约 $20\times10^{-8}m^3/kg$），对应于较深的湖水环境。经沉积速率（0.01cm/a）内插，得到该层形成年代为21295～17025a B.P.（25440～20260cal.a B.P.）。

XK-1孔岩心1.40～1.10m沉积物为细粉砂质泥，水生藻类盘星藻（*Pediastrum*）含量下降和水位下降一致，水生花粉中狐尾藻（*Myriophyllum*）初期时含量较高，随后开始下降甚至消失，和变浅的湖水环境一致。同时磁化率仍较高（约$20\times10^{-8}m^3/kg$）也对应于较深的湖水环境，经内插，得到该层沉积年代在17025～14115a B.P.（20260～16730cal.a B.P.）。

XK-1孔岩心1.10～0.90m为细粉砂质泥沉积，水生花粉中狐尾藻（*Myriophyllum*）含量增加表明湖水深度较下覆层加深，该层沉积年代为14115～12170a B.P.（16730～14380cal.a B.P.）。

XK-1孔岩心0.90～0.78m沉积物为砂质泥，该层粗砂含量为剖面最大值（>8%）表明湖水深度降低，水生花粉狐尾藻（*Myriophyllum*）含量下降及磁化率低值（$15\sim20\times10^{-8}m^3/kg$），也与此对应。该层沉积年代为12170～11000a B.P.（14380～12965cal.a B.P.）。

XK-1孔岩心0.78～0.31m沉积物为细粉砂质泥，沉积物粗砂含量下降（>64μm颗粒含量小于1%）表明湖水深度较下覆层增加，磁化率增加（约$20\times10^{-8}m^3/kg$）也与此对应，同时水生花粉狐尾藻（*Myriophyllum*）含量增加也对应于湖面升高。该层形成年代为11000～6450a B.P.（12965～7435cal.a B.P.）。

XK-1孔岩心0.31～0.10m沉积物为含砂粉砂沉积，即吴健和沈吉（2009）岩性图中所述的中粉砂质泥，岩性变化表明湖水深度较上阶段降低，磁化率下降（$10\times10^{-8}\sim15\times10^{-8}m^3/kg$）及水生花粉狐尾藻（*Myriophyllum*）消失也与此对应，该层沉积年代为6450～4410a B.P.（7435～4965cal.aB.P.）。

顶层10cm受人类活动影响较大（吴健和沈吉，2009，2010a，2010b），因此我们未对该时期湖水位变化进行量化。

XKH1孔距离湖南岸的大湖岗约1.3km，钻探总进尺15m，由于6m以下取心率较低，因此只对6m以上的沉积物进行分析（陈皎杰等，2014）。岩心6.0～4.92m为青灰色粉砂及砂质粉砂层，沉积物色度（a^*）较低（<0），表明此时湖泊底层水处于还原环境（陈皎杰等，2014），湖水深度相对较深。该层5.2066m处样品通过古地磁对比得到的年龄为20.74ka B.P.，上覆层4.5868m处样品通过古地磁对比得到的年龄为18.18ka B.P.，经这2个年代沉积速率内插，得到该层沉积年代为24～19.56ka B.P.。

XKH1孔岩心4.92～3.75m为黄色-灰黑色粉砂，a^*值较上阶段增加，表明湖水深度较前期下降。该层4.5868m及3.8172m处样品通过古地磁对比得到的年龄分别为18.18ka B.P.和14.89ka B.P.。该层沉积年代为19.56～14.6ka B.P.。

XKH1孔岩心3.75～2.6m为青灰色粉砂及砂质粉砂层，a^*值较上阶段下降，表明此时湖泊又变为还原环境，湖水深度增加。3.031m处样品通过古地磁对比得到的年龄为11.91ka B.P.，上覆层2.1064m处样品通过古地磁对比得到的年龄为8.58ka B.P.，经这2个年代间沉积速率内插，得到该层沉积年代为14.6～10.36ka B.P.。

XKH1孔岩心2.6～1.17m为黄色-青灰色-灰黑色粉砂和泥沉积，a^*值较上阶段增加（约等于0），表明湖水深度较前期下降。该层2.1064m及1.4559m处样品通过古地磁对比得到的年龄分别为8.58ka B.P.和5.66ka B.P.。该层沉积年代为10.36～4.38ka B.P.。

XKH1孔岩心顶部1.17m为黄褐色-灰黄色粉砂，a^*值较上阶段增加（>0），表明湖水深度较前期继续下降。该层 0.9559m 及 0.1029m 处样品通过古地磁对比得到的年龄分别为 2.65ka B.P.和 0.55ka B.P.。该层为 4.38ka B.P.以来的沉积。

以下是对该湖泊进行古湖泊重建、量化水量变化 9 个标准：（1）很低，现代湖水位及晚全新世高于现代湖水位的沙堤的消失，XK-1 孔中含大量粗砂的粉砂沉积，XKH1 孔的黄褐色-灰黄色粉砂，a^*为正值；（2）低，XK-1 孔中的粉砂质泥沉积，磁化率较低（5×10^{-8}～$10\times10^{-8}m^3/kg$），不含水生花粉狐尾藻（*Myriophyllum*）；（3）较低，XK-1 孔中的粉砂质泥，磁化率相对较低（$15\times10^{-8}m^3/kg$），不含水生花粉狐尾藻（*Myriophyllum*）；（4）中等，XK-1 孔中的细粉砂质泥，磁化率较高（约 $20\times10^{-8}m^3/kg$），不含水生花粉狐尾藻（*Myriophyllum*）；（5）较高，XK-1 孔中的砂质泥沉积，含少量水生花粉狐尾藻（*Myriophyllum*）；（6）高，XK-1 孔中的细粉砂质泥，含大量水生花粉狐尾藻（*Myriophyllum*）；（7）很高，XK-1 孔中的细粉砂质泥，含少量水生花粉狐尾藻（*Myriophyllum*）及少量水生藻类盘星藻（Pediastrum）；（8）极高，XK-1 孔中的细粉砂质泥，含少量水生花粉狐尾藻（*Myriophyllum*）及大量水生藻类盘星藻（*Pediastrum*）；（9）最高，湖泊面积较今大的滩脊。

兴凯湖各岩心年代数据、OSL 测年年代、通过古地磁对比得出的年代及兴凯湖古湖泊水位水量变化见表 2.1～表 2.4，图 2.1 为兴凯湖岩心岩性变化图。

表 2.1　兴凯湖各岩心年代数据

测年数据/a B.P.	校正年代/cal.a B.P.	测年方法	测年材料	剖面/钻孔
63900±3190		TL 测年	砂	距第 5 道沙堤顶部 1.15m
63000±3100		TL 测年	砂	距第 5 道沙堤西南 5km 的湖区平原剖面 1.75m
26700±130	31510	AMS^{14}C 测年	258cm，有机质	XK-1 孔
25080±110	30030	AMS^{14}C 测年	223cm，有机质	XK-1 孔
12190±610		TL 测年	砂	距第 1 道沙堤顶部 2.01m
5430±		放射性 ^{14}C 测年		第 1 道沙堤顶部的考古材料
4410±40	4965	AMS^{14}C 测年	10cm，有机质	XK-1 孔
	760～920	放射性 ^{14}C 测年	7.5m，碳屑	大湖岗剖面
	925～960	放射性 ^{14}C 测年	8.0m，碳屑	大湖岗剖面

注：校正年代参考吴健和沈吉（2009，2010a，2010b）及高磊等（2014）

表 2.2　OSL 测年年代

样品编号	年代/ka B.P.	深度/m	剖面
H2-3	191.9±7.8	3.12	荒岗—南岗
H1-2	183.8±9.6	4.25	荒岗—南岗
H2-2	183.8±8.8	1.82	荒岗—南岗
H2-1	162.7±7.7	1.27	荒岗—南岗
H1-1	135.9±9.1	1.52	荒岗—南岗
E1-2	135.0±7.8	2.57	二道岗
E1-1	128.4±7	1.52	二道岗
T1-5	47.7±2.2	5.47	太阳岗
T1-4	37.6±1.3	4.62	太阳岗
T1-3	28.0±1.2	3.70	太阳岗
T1-2	24.2±1.2	3.07	太阳岗
T1-1	16.2±1.1	0.97	太阳岗

续表

样品编号	年代/ka B.P.	深度/m	剖面
D1-3	2.9±0.1	4.95	大湖岗
D1-2	2.3±0.1	2.95	大湖岗
D2-3	2.0±0.2	3.17	大湖岗
D2-2	1.6±0.1	2.27	大湖岗
D2-1	0.9±0	0.57	大湖岗
D1-1	0.7±0.1	0.85	大湖岗
DHG1-1	1.24±0.10	9.0	大湖岗
DHG2-1	1.14±0.11	9.0	大湖岗
DHG2-3	1.11±0.10	5.0	大湖岗
DHG1-2	1.10±0.09	8.0	大湖岗
DHG1-4	1.00±0.10	6.0	大湖岗
DHG1-5	0.90±0.08	5.0	大湖岗
DHG1-3	0.88±0.08	7.0	大湖岗
DHG2-2	0.81±0.07	7.0	大湖岗
DHG2-4	0.60±0.06	3.0	大湖岗
DHG1-6	0.60±0.05	4.5	大湖岗
DHG1-7	0.52±0.04	3.5	大湖岗
DHG1-9	0.51±0.04	1.5	大湖岗
DHG1-8	0.50±0.04	2.5	大湖岗

表 2.3　古地磁对比得出的年代

深度/m	年代/ka B.P.	剖面/钻孔
5.2066	20.74	XKH1
4.5868	18.18	XKH1
3.8172	14.89	XKH1
3.031	11.91	XKH1
2.1064	8.58	XKH1
0.9559	2.65	XKH1
0.1029	0.55	XKH1

表 2.4　兴凯湖古湖泊水位水量变化

年代	水位水量
64000a B.P.前～63000aB.P.	最高（9）
31970～30540cal.a B.P.	较低（3）
30540～29650cal.a B.P.	低（2）
29650～25440cal.a B.P.	中等（4）
25440～20260cal.a B.P.	极高（8）
20260～16730cal.a B.P.	很高（7）
16730～14380cal.a B.P.	高（6）

续表

年代	水位水量
14380～12965cal.a B.P.	较高（5）
12965～7435cal.a B.P.	高（6）
7435～4965cal.a B.P.	低（1）

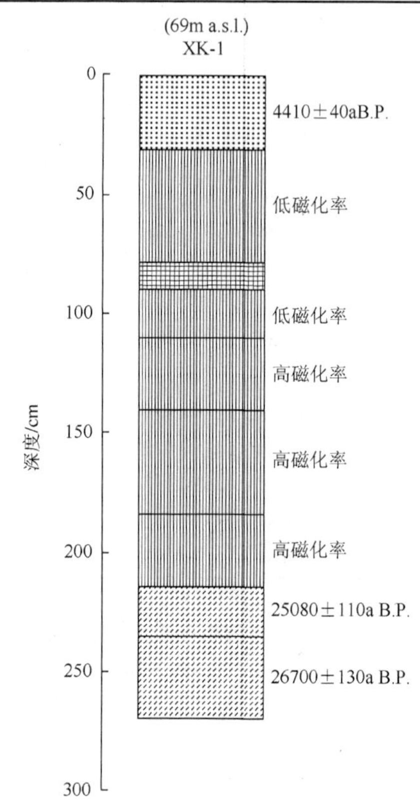

图 2.1 兴凯湖岩心岩性变化图

参 考 文 献

陈皎杰，刘焱光，葛淑兰，等. 2014. 末次盛冰期以来兴凯湖的古环境演变——基于地磁场长期变化的年龄框架. 第四纪研究，34（3）：528-539.

高磊，隆浩，沈吉，等. 2014. 古湖岸堤沉积物石英光释光测年研究：以中国东北兴凯湖为例. 湖泊科学，26（5）：651-660.

裘善文，万恩璞，李凤华，等. 2007. 兴凯湖北部平原的发展与湿地的形成. 湿地科学，5（2）：153-158.

裘善文，万恩璞，汪佩芳. 1988. 兴凯湖湖岸线的变迁及松阿察河古河源的发现. 科学通报，12：937-940.

王洪道，顾丁锡，刘雪芬，等. 1987. 中国湖泊水资源. 北京：农业出版社，149.

吴健，沈吉. 2009. 兴凯湖沉积物磁化率和色度反映的 28ka B.P.以来区域古气候环境演化. 海洋地质与第四纪地质，29（3）：123-131.

吴健，沈吉. 2010a. 兴凯湖沉积物粒度特征揭示的 27.7ka B.P.以来区域古气候演化. 湖泊科学，22（1）：110-118.

吴健，沈吉. 2010b. 兴凯湖沉积物有机碳和氮及其稳定同位素反映的 28kaB.P.以来区域古气候环境变化. 沉积学报，28（2）：365-372.

张淑芹，邓伟，阎敏华，等. 2004. 中国兴凯湖北岸平原晚全新世花粉记录及泥炭沼泽形成. 湿地科学，2（2）：110-115.

朱芸，沈吉，雷国良，等. 2011. 湖岗光释光测年揭示的近 200ka 兴凯湖湖泊环境演化. 科学通报，56（24）：2017-2025.

2.2　吉林省湖泊

2.2.1　大布苏湖

大布苏湖（44.75°～44.83°N，123.60°～123.70°E，海拔 122m a.s.l.）位于一封闭湖盆。现代湖泊面积为 36km^2，平均水深 2m。湖水主要由降水、径流及地下水补给。流域面积约为 230km^2，年均降雨量约为 400mm，其中超过 70%的降水集中在夏季，湖水呈碱性。湖盆位于中国东北主要构造带松辽低地，基岩主要是古近纪、新近纪及第四纪砂岩和泥岩。

目前对大布苏湖的研究主要有沈吉等（1997，1998）对盆地内 T2 阶地长 8.1m 剖面岩性、碳酸盐δ^{18}O、有机质δ^{13}C 及碳酸盐含量的研究；李志民等（2000）对大布苏湖东侧湖滩 SNQD-2 岩心中 9.6m 以上部分粒度的分析；介冬梅等（2001）对 SNQD-2 岩心中 9.6m 以上部分碳酸盐沉积相及碳酸盐含量的研究，基于湖泊阶地及钻孔研究，我们可大致重建古湖泊水位变化。

盆地内发现有两个阶地，可作为过去湖泊高水位的证据。较高阶地（T2）位于现代湖泊周围，其顶部高出现代湖水位约 25m；较低阶地（T1）主要位于湖泊东部，其高出现代湖水位约 5m。在 T2 阶地处取得一长 8.1m 的剖面，根据对其岩性、碳酸盐δ^{18}O、有机物δ^{13}C 及碳酸盐含量的研究，其所记录的沉积年代可追溯至 15400～2000a B.P.（18350～2000cal.a B.P.）（沈吉等，1997，1998）。较低的 T1 阶地尚未研究。原作者认为温度是控制湖水和碳酸盐 ^{18}O 平衡的主要因素（较低的δ^{18}O 对应于较高的湖水温度），并且有机物 ^{13}C 的变化可反映古植被和古气候的相互作用（δ^{13}C 的低值对应冷湿的气候环境）（沈吉等，1997，1998）。尽管湖泊碳酸盐中的 ^{18}O 既来自于降水，也来自于地表径流，但δ^{18}O 的变化在一定程度上却能反映出湖泊水深变化，特别是对于干旱的内陆湖泊而言。仅靠 ^{18}O 变化（特别是现代湖泊同位素变化）来判别湖泊水深变化显然是不够的。至于温度对无机碳酸盐 ^{18}O 变化以及对水深变化的影响目前尚不清楚。

基于 T2 阶地剖面及 SNQD-2 岩心沉积物岩性、碳酸盐含量变化可重建古湖泊水深变化，部分判断我们参照了原作者的说法。对于 T2 阶地剖面，在原文中的岩性描述和其剖面图中显示的不太一致。我们所用的岩性变化主要是根据原作者的描述，同时也参考了原剖面图。T2 阶地剖面中有 2 个放射性 ^{14}C 测年数据，一个源于 7.6～7.8m 处的有机物样品，其年代为 14700±1800a B.P.（17463cal.a B.P.），另一个是在约 0.8m 处的样品，其年代为 2175±60a B.P.（2185cal.a B.P.）。SNQD-2 岩心含 2 个 AMS^{14}C 年代数据（4.6m 处样品年代数据为 4230±100a B.P.，校正年代为 4603cal.a B.P.；3.2m 处样品年代数据为 3470±85a B.P.，校正年代为 3606cal.a B.P.）和 2 个常规 ^{14}C 测年数据（9.6m 处样品测年为 9735±725a B.P.，校正年代为 10449cal.a B.P.；8m 处样品的测年年代为 7225±140a B.P.，校正年代为 7967cal.a B.P.）。年代学主要是基于 T2 阶地剖面两测年数据沉积速率（约 0.045cm/a）的线性内插及 SNQD-2 岩心测年数据。T2 阶地剖面年代与原作者所述的细微差别在于原作者对剖面边界年代的描述过于笼统。在沈吉等（1998，1997）研究中，4.0m 和 3.95m 处的年代存在明显不一致。

T2 阶地剖面底部 8.1～7.8m 为灰绿色到灰黑色黏质粉砂沉积，含水平层理，说明当时湖水较深。碳酸盐含量较低（0.1%～0.3%），和湖水较深一致。经外推，得到该层沉积年代为 15420～14880a B.P.（18350～17685cal.a B.P.）。

7.8～7.5m 为灰绿色到灰黑色粉质黏土，含水平层理，说明湖水较上一阶段略微加深。碳酸盐含量处于整个剖面的最低值（约 0.05%），和水深增加对应。经内插，得到该层沉积年代为 14880～14340a B.P.（17685～17020cal.a B.P.）。

7.5～7.3m 为灰绿色到灰黑色黏质粉砂，含水平层理，说明水深较下覆层略微变浅。碳酸盐含量的增加（0.1%～0.5%）和水深变浅相吻合。经内插，得到该层沉积年代为 14340～13980a B.P.（17020～16580cal.a B.P.）。

沈吉等（1998）在其文中描述的剖面 7.3～6.0m 处沉积物为灰绿色到灰黑色富有机质的黏质粉砂，但沈吉等（1998，1997）所给出的图中对应为粉质黏土到黏质粉砂沉积，水平层理的消失说明湖水变浅。有机质及碳酸盐含量的增加（平均为 4%～5%，最大可达 9.82%）和湖水变浅一致。该层年代为 13980～11640a B.P.（16580～13700cal.a B.P.）。

6.0～4.85m 为棕黑色粉质黏土和黏质粉砂，尽管在图中显示岩性无明显变化，但原作者认为细粒沉积物含量的增加说明湖水加深。碳酸盐含量的减少（约 0.4%）与此一致。该层沉积年代为 11640～9470a B.P.（13700～11150cal.a B.P.）。

原文中 4.85～4.2m 描述为灰黄色粉砂，但图中显示沉积物为粉质黏土到黏质粉砂。根据原文描述，岩性变化对应于湖水变浅，同时碳酸盐含量增加（1%～5%）也说明了这一点。该层沉积年代为 9470～8300a B.P.（11150～9715cal.a B.P.）。

4.2～4.0m 为灰黄色粉砂，尽管和下伏层描述的岩性一致，但图形显示的岩性变化对应于湖水变浅。该层碳酸盐含量增加（约 5%）和湖水变浅一致。经内插，得到该层沉积年代大致为 8300～7940a B.P.（9715～9270cal.a B.P.）。

4.0～3.35m 为灰黑色粉质黏土，说明湖水变深。碳酸盐含量的减少（3%～0.4%）与此对应。该层沉积年代为 7940～6770a B.P.（9270～7830cal.a B.P.）。

3.35～0.2m 为淡灰黄色粉砂夹粉质黏土，含波状或水平层理及砂质透镜体，表明湖水变浅。尽管原作者认为图中显示该层含两个粉砂亚层，但多个粉砂亚层的存在使我们有理由相信图中所示岩性不可靠。碳酸盐含量在 1%～10%变化，但平均含量较高（约为 4%），对应于湖水变浅。该层沉积年代为 6770～1090a B.P.（7830～855cal.a B.P.）。

剖面最顶部为现代土壤层。

大布苏湖东侧湖滩 SNQD-2 钻孔 9.6～7.3m 处沉积物为湖相蓝灰色黏土夹砂质黏土，表明当时湖水较深。碳酸盐含量较高（25%～50%），以方解石为主，也对应于较深的湖水环境。对该层 9.6m 及 8.0m 处样品的常规 ^{14}C 测年年代分别为 9735±725a B.P.（树轮校正年代为 10449cal.a B.P.）和 7225±140a B.P.（树轮校正年代为 7967cal.a B.P.）。经沉积速率（1.01mm/a）内插，得到该层沉积年代为 9735～6125a B.P.（10450～7267cal.a B.P.）。

7.3～5.2m 沉积物为灰色砂质粉砂及黏质粉砂，为水下砂坪相沉积，岩性变化表明湖水深度下降。碳酸盐含量的降低（约 13%）也与此对应。该层含介形类及腹足类碎片，经沉积速率内插，得到该层沉积年代为 6125～4760a B.P.（7267～5400cal.a B.P.）。其中 7～7.03m 为灰黄色粉砂质砂沉积，表明湖水深度在 6370～6345a B.P.（7005～6975cal.a B.P.）降低幅度较大，湖水较浅。

5.2～3.2m 为灰黑色粉砂质砂、砂质粉砂、黏土质粉砂及粉砂质黏土的泥坪相沉积，对应于湖水加深。碳酸盐含量的升高（15%～30%）也表明湖水深度的增加。对该层 4.6m 及 3.2m 处样品的 AMS^{14}C 测年年代分别为 4230±100a B.P.（树轮校正年代为 4603cal.a B.P.）和 3470±85a B.P.（树轮校正年代为 3606cal.a B.P.），因此该层沉积年代为 4760～3470a B.P.（5400～3606cal.a B.P.）。

3.2～2.4m 为蓝灰色粉砂质砂夹砂质粉砂的水下砂坪相沉积，岩性变化表明湖水较上一阶段有所下降。碳酸盐含量的降低（10%左右），也与湖水变浅一致。该层沉积年代为 3470～3035a B.P.（3606～2700cal.a B.P.）。

2.4～0m 为灰黄色细砂和粉砂质砂的砂坪相沉积，岩性变化表明湖水较上覆层略有变浅。碳酸盐含量较上覆层无明显变化，但碳酸盐中白云石的出现和湖水深度降低一致。经沉积速率（0.89mm/a）内插得到该层沉积年代为 3035～0a B.P.（2700～0cal.a B.P.）。

以下是对该湖泊进行古湖泊重建、量化水量变化的 5 个标准：（1）很低，现代湖泊水位及 T2 阶地沉积终止，SNQD-2 岩心中的砂坪相沉积；（2）低，T2 剖面中的灰黄色粉砂，含砂质透镜体，碳酸盐含量为 1%～5%，SNQD-2 岩心中的水下砂坪相沉积；（3）中等，T2 阶地剖面中的灰绿色、灰黑色黏质粉砂，碳酸盐含量为 4%～5%，SNQD-2 岩心中的泥坪相沉积；（4）高，T2 阶地剖面中的粉质黏土及黏质粉砂，碳酸盐含量为 0.4%～3%，SNQD-2 岩心中的湖相沉积；（5）很高，灰绿色、灰黑色黏质粉砂和粉质黏土，含水平层理，碳酸盐含量为 0.05%～0.5%。

大布苏湖各岩心年代数据、水位水量变化见表 2.5～表 2.6，岩心岩性变化如图 2.2 所示。

表 2.5　大布苏湖各岩心年代数据

样品编号	放射性 ^{14}C 测年数据/a B.P.	校正年代/cal.a B.P.	深度/m	测年材料	剖面/钻孔
	14700±1800	17463	7.6～7.8	有机物	T2 阶地剖面
	2175±60	2185	0.8	有机物	T2 阶地剖面
SNQD^{14}C$_1$	3470±85	3606	3.2	AMS^{14}C	SNQD-2 钻孔
SNQD^{14}C$_2$	4230±100	4603	4.6	AMS^{14}C	SNQD-2 钻孔
SNQD^{14}C$_5$	7225±140	7967	8	常规 ^{14}C	SNQD-2 钻孔
SNQD^{14}C$_6$	9735±725	10449	9.6	常规 ^{14}C	SNQD-2 钻孔

注：SNQD-2 钻孔 AMS^{14}C 测年在北京大学 ^{14}C 实验室进行，常规 ^{14}C 测年在东北师范大学 ^{14}C 实验室进行；T2 阶地剖面年代校正软件为 Calib6.0，SNQD-2 钻孔校正年代参考原文中的树轮校正年代

0 表 2.6　大布苏湖古湖泊水位水量变化

年代	水位水量
18350～17685cal.a B.P.	很高（5）
16580～13700cal.a B.P.	中等（3）
13700～11150cal.a B.P.	高（4）
11150～10450cal.a B.P.	低（2）
10450～7260cal.a B.P.	高（4）
7260～5400cal.a B.P.	低（2）
5400～3600cal.a B.P.	中等（3）

续表

年代	水位水量
3600～2700cal.a B.P.	低（2）
2700～0cal.a B.P.	很低（1）

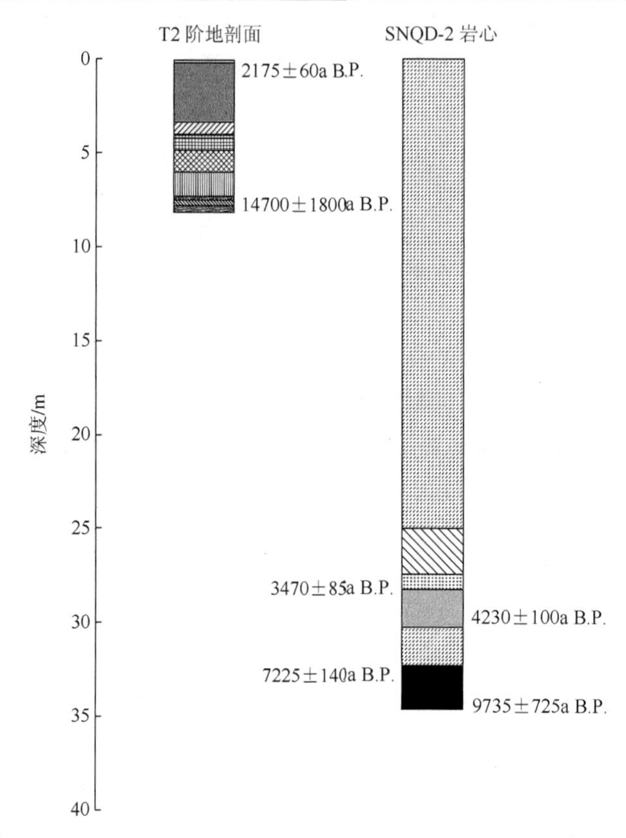

图例

- 空气
- 细砂和粉质砂
- 蓝灰色粉砂质砂夹砂质粉砂
- 灰黄色粉砂
- 灰黄色粉砂
- 灰绿色到灰黑色富有机质的黏质粉砂
- 灰绿色到灰黑色粉质黏土，含水平层理
- 湖相蓝灰色黏土夹砂质黏土
- 现代土壤层
- 亮灰黄色粉砂夹粉质黏土，含波状或水平层理及砂质透镜体
- 灰黑色粉质黏土
- 灰黑色粉砂质砂、砂质粉砂、黏土质粉砂及粉砂质黏土
- 棕黑色粉质黏土和黏质粉砂
- 灰色砂质粉砂及黏土质粉砂
- 灰绿色到灰黑色黏质粉砂，含水平层理

图 2.2　大布苏湖岩心岩性变化图

参 考 文 献

介冬梅，吕金福，李志民，等. 2001. 沉积岩心大布苏湖全新世的碳酸盐含量与湖面波动. 海洋地质与第四纪地质，21（2）：77-82.

李志民，吕金福. 2001. 大布苏湖地貌-沉积类型与湖泊演化. 湖泊科学，13（2）：103-110.

李志民，吕金福，冷雪天，等. 2000. 大布苏湖全新世沉积岩心的粒度特征与湖面波动. 东北师大学报自然科学版，32（2）：117-122.

沈吉，吴瑞金，安芷生. 1998. 大布苏湖沉积剖面有机碳同位素特征与古环境. 湖泊科学，10（3）：8-10.

沈吉，吴瑞金，羊向东，等. 1997. 大布苏湖沉积剖面碳酸盐含量、氧同位素特征的古气候意义. 湖泊科学，9（3）：217-222.

2.2.2　二龙湾玛珥湖

二龙湾玛珥湖（42.30°N，126.36°E，海拔 724m a.s.l.）位于吉林省辉南县东南龙岗火山群中，是形成于早更新世中晚期的玛珥湖，距四海龙湾约 30km，湖水四周被火山碎屑岩垣呈环状包围，湖泊汇水区面积 0.4km^2，湖水面积 0.3km^2，最大水深 36m。气候受东亚季风影响，干湿季节明显，年平均气温 3.7℃，年平均降水量 775mm。区域植被类型为温带针阔叶混交林。受人类活动影响，原始森林仅出现在 800m 以上的山地，其下大部分地方为天然或人工形成的阔叶混交林、栎树林、山杨林（刘玉英，2009）。

近来对二龙湾玛珥湖的研究相对较多，如 Wang 等（2012）关于浮游与底栖硅藻的比例对二龙湾有机碳同位素的影响进行了探讨；游海涛等（2015）对二龙湾玛珥湖年纹层湖泊沉积物元素的 X 射线荧光光谱进行了分析，并对元素进行因子分析，提取出了控制沉积物化学组成的三个主要因子；在湖泊水深 36m 处钻得一长 23.91m 的岩心，其中有 410 段厚度从 0.1～150cm 不等的渐变层和 4 层火山灰层，刘玉英（2009）认为渐变层是极短时间内（几年）高降雨或融雪事件造成的，因此除沉积厚度较大的两层（18.96～17.156m 和 63～214cm）外，我们也未将其他渐变层沉积年代单独给出。游海涛和刘嘉麒（2012）对该岩心孢粉及稳定有机碳同位素 $\delta^{13}C_{org}$ 进行了研究，结合岩性变化，得出了古湖泊 14ka B.P. 以来环境的演化。去掉渐变层，我们基于剖面岩性变化及水生花粉含量变化，可大致重建古湖泊水位变化。年代学主要基于岩心中的 17 个 AMS^{14}C 年代数据。

对于封闭的二龙湾玛珥湖来说，其沉积物来自地表径流搬运来的流域盆内物质和风力运送的外源物质（刘玉英，2009），而大于 63μm 的粗颗粒物质应主要源于地表径流对盆内碎屑的侵蚀作用，因此，我们认为粗粒沉积的出现对应于降水量较大的高湖面时期，而细粒沉积则对应于降水量较小的相对低湖面时期。

岩心底层 23.91～18.96m 为粗粒碎屑沉积，表明当时湖泊水位较高。该层几乎不含水生或湿生花粉，和较高的湖水位一致。22.804m 及 19.90m 处块状样品 AMS 年代分别为 32180a B.P.（37485cal.a B.P.）和 28750a B.P.（33692cal.a B.P.），经这两处沉积速率（0.085cm/a）外推，得到该层形成年代为 32990～27760a B.P.（38900～32470cal.a B.P.）。

17.156～8.848m 为细粒碎屑沉积，沉积粒径的变小（中值粒径在 7～9μm）表明湖泊水位有所下降。湿生花粉莎草科（Cyperaceae）（9×10^4 粒/g）及水生香蒲（*Typha*）（3×10^3 粒/g）的出现也对应于湖水的变浅。该层 17.10m、15.86m、14.64m、13.70m、11.764m、10.687m 及 9.187m 处块状样品的 AMS 测年年代分别为 26960a B.P.（31342cal.a B.P.）、23040a B.P.（27154cal.a B.P.）、22340a B.P.（27154cal.a B.P.）、20980a B.P.（25183cal.a B.P.）、18400a B.P.（21838cal.a B.P.）、16230a B.P.（19352cal.a B.P.）和 14180a B.P.（16917cal.a B.P.），表明该层沉积年代为 27000～13980a B.P.（31350～16670cal.a B.P.）。

8.848～6.32m 为碎屑夹有机质沉积，沉积粒径仍较小（中值粒径约为 7μm），表明湖水深度较下覆层略微变浅。同时湿生花粉莎草科（Cyperaceae）含量略微增加（约 1×10^5 粒/g），顶部水生香蒲（*Typha*）含量也较高（5×10^3 粒/g），也对应于湖水深度下降。7.992m 处块状样品 AMS 年代为 13470a B.P.（16034cal.a B.P.），经与上下层沉积速率内插，得到该层形成年代为 13980～9820a B.P.（16670～11220cal.a B.P.）。

6.32～0m 为有机质夹碎屑层，其中 6.32～0.63m（2400～800a B.P.）为渐进层。沉积物中值粒径的增加（8～15μm，平均值为 10.77μm）表明湖水深度较下覆层增加。该层几乎不含湿生花粉莎草科（Cyperaceae）及水生香蒲（*Typha*），也和较深的湖水环境一致。该层 6.24m、5.03m、4.132m、2.646m 及 0.44m 处块状样品 AMS 年代分别为 9650a B.P.（10992cal.a B.P.）、7760a B.P.（8516cal.a B.P.）、6200a B.P.（7088cal.a B.P.）、2865a B.P.（2996cal.a B.P.）和 545a B.P.（575cal.a B.P.）。2.47m 及 2.155m 处树叶 AMS 年代分别为 2415a B.P.（2445cal.a B.P.）和 1615a B.P.（1490cal.a B.P.），经内插，得到该层为 9820a B.P.（11220cal.a B.P.）以来的沉积。

以下是对该湖泊进行古湖泊重建、量化水量变化的 4 个标准：（1）低，碎屑夹有机质沉积，含大量莎草科（Cyperaceae）和香蒲（*Typha*）花粉；（2）较低，细粒碎屑沉积，含大量莎草科（Cyperaceae）和香蒲（*Typha*）花粉；（3）中等，有机质夹碎屑层，含少量莎草科（Cyperaceae）和香蒲（*Typha*）花粉；（4）高，粗粒碎屑沉积，几乎不含莎草科（Cyperaceae）和香蒲（*Typha*）花粉。

二龙湾玛珥湖各岩心年代数据、水位水量变化见表 2.7 和表 2.8，岩心岩性变化图如图 2.3 所示。

表 2.7　二龙湾玛珥湖各岩心年代数据

样品编号	AMS^{14}C 测年/a B.P.	校正年代/cal.a B.P.	深度/m	测年材料
Poz-11753	32180	37485	22.804	块状样品
Poz-11005	28750	33692	19.90	块状样品
Poz-11752	26960	31342	17.10	块状样品
Poz-10919	23040	27154	15.86	块状样品
Poz-11045	22340	27154	14.64	块状样品
Poz-11751	20980	25183	13.70	块状样品
Poz-11750	18400	21838	11.764	块状样品
Poz-11749	16230	19352	10.687	块状样品
Poz-11044	14180	16917	9.187	块状样品
Poz-11747	13470	16034	7.992	块状样品
Poz-11743	9650	10992	6.24	块状样品
Poz-11004	7760	8516	5.03	块状样品
Poz-11746	6200	7088	4.132	块状样品
Poz-10988	2865	2996	2.646	块状样品
B2-0-63	2415	2445	2.47	树叶
B2-0-31.5	1615	1490	2.155	树叶
Poz-11744	545	575	0.44	块状样品

注：Poz 样品由波兰波兹南生命科学大学放射性碳实验室测定，B2 样品由北京大学加速质谱实验室分析测定，校正年代参照刘玉英（2009）给出

表 2.8　二龙湾玛珥湖古湖泊水位水量变化

年代	水位水量
38900～32470cal.a B.P.	高（4）
32470～31350cal.a B.P.	渐变层，无量化
31350～16670cal.a B.P.	较低（2）
16670～11220cal.a B.P.	低（1）
11220～2400cal.a B.P.	中等（3）
2400～800cal.a B.P.	渐变层，无量化
800～0cal.a B.P.	中等（3）

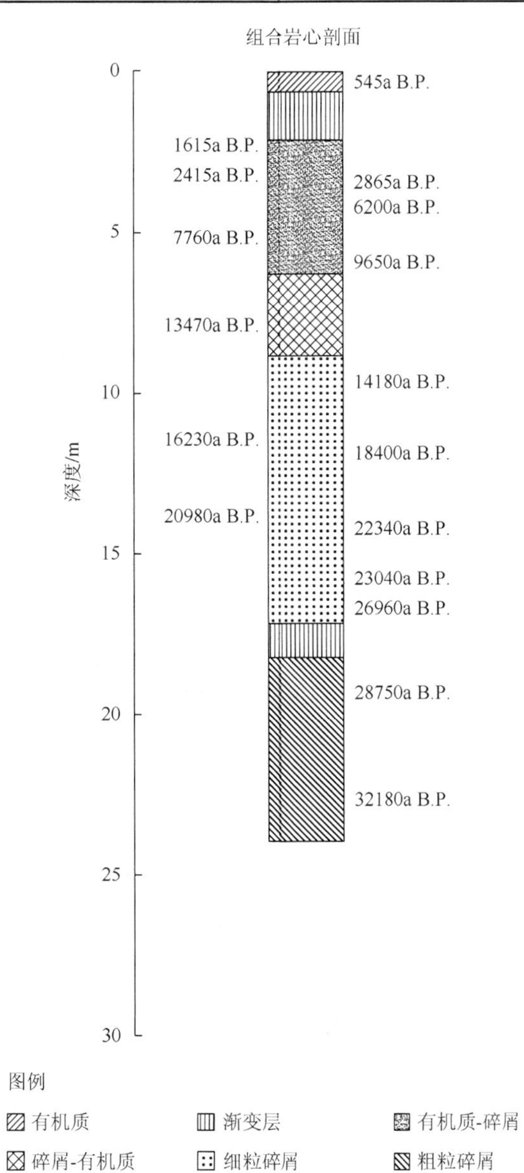

图 2.3　二龙湾玛珥湖岩心岩性变化图

参 考 文 献

刘玉英，张淑芹，刘嘉麒，等. 2008. 东北二龙湾玛珥湖晚更新世晚期植被与环境变化的孢粉记录. 微体古生物学报，25（3）：274-280.
刘玉英. 2009. 晚更新世晚期以来二龙湾玛珥湖植被与环境演化研究. 长春：吉林大学.
游海涛，刘嘉麒. 2012. 14ka B.P. 以来二龙湾玛珥湖沉积物记录的高分辨率气候演变. 科学通报，57（24）：2322-2329.
游海涛，孙春青，李全林，等. 2015. 二龙湾玛珥湖年纹层湖泊沉积物元素的 X 射线荧光光谱分析. 核技术，38（2）：3-11.
Luo W，Mackay A W，Leng M J，et al. 2013. The influence of the ratio of planktonic to benthic diatoms on lacustrine organic matter $d^{13}C$ from Erlongwan，maar Lake，Northeast China. Organic Geochemistry，54（12）：62-68.
Wang L，Rioual P，Panizzo V N，et al. 2012.A 1000-yr record of environmental change in NE China indicated by diatom assemblages from maar lake Erlongwan. Quaternary Research，78（1）：24-34.

2.2.3 哈尼湖

哈尼湖（42.21°～42.23°N，126.05°～126.63°E，海拔 900m a.s.l.）位于吉林柳河县内，处在哈尼河的源头区。湖泊面积 16.8km²，汇水面积约 30km²，全新世以来发育了丰厚的泥炭层，湖区年均温度 4.1℃，年均降水量 743.3mm（喻春霞等，2008），植被类型以温带针阔叶混交林为主。

在湖泊中钻得一长 9.1m 的岩心，其沉积年代约为 12000a B.P.（13650cal.a B.P.）（喻春霞等，2008）。喻春霞等（2008）及崔美玲（2006）分别对该岩心 8.37～3.04m 及 3.6～0m 孢粉进行了分析。根据岩心水生植物花粉及岩性变化，我们可重建古湖泊水深的相对变化，年代学则基于该岩心中 11 个 AMS^{14}C 测年数据。

岩心底部 8.37～8.18m 为灰绿色黏土沉积，表明当时为较深的水环境，9m 及 8.2m 处样品的 AMS 测年年代分别为 11930±172a B.P.（13639cal.a B.P.）和 11122±90a B.P.（13027cal.a B.P.），经内插，得到该层沉积年代为 11930～11000a B.P.（13640～13000cal.a B.P.）。

8.18～7.8m 为褐色-黑褐色黏土质泥炭层，且湿生花粉莎草科含量极低，岩性变化表明湖水位在 11000～10730a B.P.（13000～12540cal.a B.P.）较下覆层变浅。

7.8～5.03m 沉积物为黑色或褐色泥炭层，表明湖水位较下覆层有所下降，其中 7.8～7.43m（10730～10385a B.P.，12540～12090cal.a B.P.）及 6～5.9m（8350～8120a B.P.，9350～9040cal.a B.P.）为两火山泥灰层。该层莎草科含量较高，同时水生香蒲及眼子菜也有出现，表明该时期湖水位相对较高。该层 7.45m、6.25m、6m、5.7m 处样品的 AMS 测年年代分别为 10399±89a B.P.（12110cal.a B.P.）、9604±80a B.P.（10957cal.a B.P.）、8352±76a B.P.（9354cal.a B.P.）及 7658±64a B.P.（8414cal.a B.P.），经沉积速率内插，得到该层沉积年代为 10730～7380a B.P.（12540～8110cal.a B.P.）。

5.03～4.95m 为黏土质淤泥沉积，黏质沉积物的出现表明湖水位较下覆层有所加深。该层 4.95m 处样品 AMS 测年年代为 7354±63a B.P.（8078cal.a B.P.）。该层沉积年代为 7380～7350a B.P.（8110～8080cal.a B.P.）。

4.95～3.6m 为黑褐-棕褐色泥炭沉积，泥炭层的出现表明湖泊又恢复至较浅的水环境。该层含少量莎草科花粉，对应于较浅的湖水环境。经沉积速率（0.0542cm/a）内插，得到该层沉积年代为 7350～5112a B.P.（8080～5630cal.a B.P.）。

3.6～2.8m 为褐色-棕褐色-黑褐色泥炭层，水生花粉中莎草科、蓼科、香蒲等淡水生植物含量较高，表明当时湖泊水位相对较高。该层 3.5m 处样品 AMS 测年年代为 4679±53a B.P.（5436cal.a B.P.），用该测年数据及上覆层年代数据内插，得到该层沉积年代为 5112～3784a B.P.（5630～4060cal.a B.P.）。

2.8～0.98m 仍为泥炭沉积，湿生花粉莎草科、香蒲、蓼属等近乎消失，表明湖水位较上阶段下降。该层 2m 处样品 AMS 测年年代为 2455±46a B.P.（2488cal.a B.P.）。该层沉积年代为 3784～994a B.P.（4060～900cal.a B.P.）。

顶层 0.98m 仍为泥炭沉积，湿生植物香蒲、莎草、蓼属又开始少量出现，表明自 994a B.P.（900cal.a B.P.）以来湖泊水位较下覆层有所升高。

以下是对该湖泊进行古湖泊重建、量化水量变化的 6 个标准：（1）极低，泥炭沉积，不含水生花粉；（2）低，泥炭沉积，含少量水生花粉；（3）较低，泥炭沉积，水生花粉含量较多；（4）中等，黏质泥炭沉积；（5）较高，黏质淤泥沉积；（6）高，黏土沉积。

哈尼湖岩心年代数据、水位水量变化见表 2.9 和表 2.10，岩心岩性变化图如图 2.4 所示。

表 2.9　哈尼湖各岩心年代数据

AMS 测年数据/a B.P.	校正年代/cal.a B.P.	深度/m
11930±172	13639	9
11122±90	13027	8.2
10399±89	12110	7.45
9604±80	10957	6.25
8352±76	9354	6
7658±64	8414	5.7
7354±63	8078	4.95
4679±53	5436	3.5
2455±46	2488	2*
1380±88	1247	1.35*
806±40	730	0.8*

注：带*的校正年代为校正软件 Calib6.0 获得，其余校正年代参考原文献

表 2.10　哈尼湖古湖泊水位水量变化

年代	水位水量
13640～13000cal.a B.P.	高（6）
13000～12540cal.a B.P.	中等（4）
12540～12090cal.a B.P.	火山灰沉积，未量化
12090～9350cal.a B.P.	较低（3）
9350～9040cal.a B.P.	火山灰沉积，未量化
9040～8110cal.a B.P.	较低（3）
8110～8080cal.a B.P.	较高（5）
8080～5630cal.a B.P.	低（2）
5630～4060cal.a B.P.	较低（3）
4060～900cal.a B.P.	极低（1）
900～0cal.a B.P.	低（2）

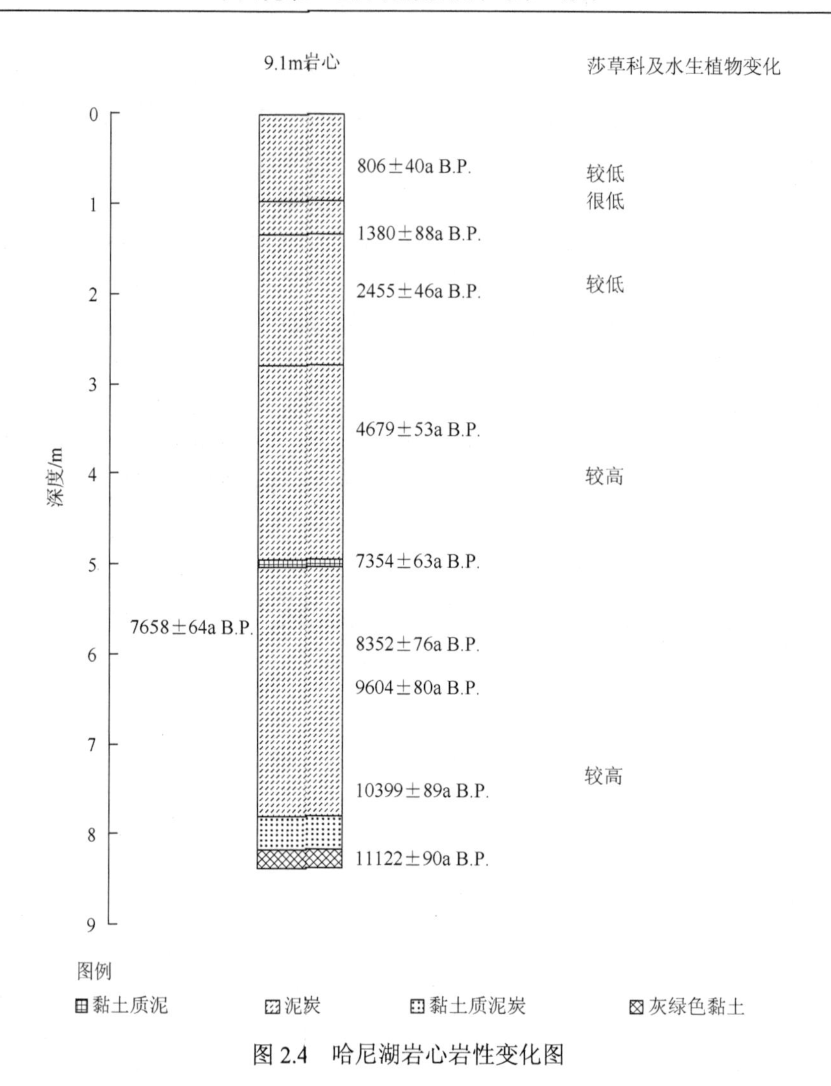

图 2.4　哈尼湖岩心岩性变化图

参 考 文 献

崔美玲，罗运利，孙湘君. 2006. 吉林哈尼湖钻孔 5000 年以来的古植被气候变化指示. 海洋地质与第四纪地质，26（5）：117-122.

喻春霞，罗运利，孙湘君. 2008. 吉林柳河哈尼湖 13.1～4.5cal.ka B. P.古气候演化的高分辨率孢粉记录. 第四纪研究，28（5）：929-937.

2.2.4　西大甸子湖

西大甸子湖（42.33°N，126.37°E，约 614m a.s.l.）是位于东北长白山的泥炭沼泽地。泥沼地面积为 1.1km²，四周被平均海拔约 800m a.s.l.的群山环抱。盆地由火山构造作用形成，基岩为火山岩。受季风影响，该区年均温度为 2.5℃（孙湘君和袁绍敏，1990）。

在西大甸子沿西南—东北方向钻得 4 个岩心（X_1、X_2、X_3 及 X_1C），沉积研究表明其泥炭层直接上覆于湖相沉积物之上，泥炭层平均深 5～6m。孙湘君和袁绍敏（1990）对孔 X_1 和 X_1C 进行了深入研究。其中，孔 X_1 深 12m，孔 X_1C 深 13.5m，两孔距离较近且岩性相同（孙湘君和袁绍敏，1990）。在盆地北部又钻得长 3.2m 和 3.7m 的两孔（X_2 和 X_3），但未有其岩性描述。孔 X_3 中仅含一个放射性 ^{14}C 测年数据，且将其与花粉年代比对明显偏老。孔 X_1 和孔 X_1C 底部 1.5m 的花粉组合研究表明其沉记录可至约 10220a B.P.（11890cal.a B.P.）。孔 X_1C 含五个放射性 ^{14}C 测年数据，其中 13.50～13.38m 样品测年数据明显早于其下覆层年代数据而未采用。年代学基于孔 X_1C 的 4 个放射性 ^{14}C 年代数据。

岩心底部（孔 X_1C 13.5～7.5m，孔 X_1 12.0～7.5m）为湖相灰黑色淤泥沉积，含黏土、粉砂及植物碎屑。水生植物花粉丰度较低（莎草科含量＜5%），和较深的湖水环境一致。13.25～13.00m 及 8.50～8.25m 样品的放射性 ^{14}C 年代分别为 9970±160a B.P.（11589cal.a B.P.）和 6860±130aB.P.（7724cal.a B.P.）。经沉积速率（1.53mm/a）外推，得到该层沉积年代为 10220～6290a B.P.（11890～7010cal.a B.P.）。而经 8.50～8.25m 处测年数据及 6.25～6.0m 测年数据间沉积速率（2.18mm/a）内插得出的该层上边界年代为 6460a B.P.（7310cal.a B.P.）。

岩心 7.5～7.24m 为浅黄色黏质硅藻土，岩性变化表明水深较上一阶段有所增加，同时较低的烧失量（孙湘君和袁绍敏，1990）也与此对应。硅藻组合以深水种 *Fragilaria construens var venter* 和 *var binodis* 为主，对应于湖水加深。经外推知该层对应年代为 6290～6120a B.P.（7010～6800cal.a B.P.）。而经 8.25～8.50m 和 6.0～6.25m 沉积速率（2.18mm/a）内插得出的该层年代为 6460～6340a B.P.（7310～7185cal.a B.P.）。

岩心 7.24～5.95m 为黄棕-黑棕色黏土和粉砂，其间夹杂植物碎屑，并含砾石和火山灰层。岩性的变化说明湖水较下覆层变浅。但该层水生植物花粉含量较低（莎草科含量为 5%～15%），表明湖水深度仍相对较深。该层 6.25～6.00m 样品放射性 ^{14}C 测年为 5830±160a B.P.（6654cal.a B.P.），经内插得该层上边界年代为 5750a B.P.（6570cal.a B.P.）。

顶层 5.95～0m 为泥炭沉积，表明湖水自 5750a B.P.（6570cal.a B.P.）后继续变浅，水生植物花粉含量的大幅度增加（莎草科含量达 4%～80%）和浅水环境一致。

以下是对该湖泊进行古湖泊重建、量化水量变化的 3 个标准：（1）低，泥炭沉积；（2）中等，黏土和粉砂沉积；（3）高，黏质硅藻土沉积。

西大甸子湖各岩心年代数据、水位水量变化见表 2.11 和表 2.12，岩心性变化图如图 2.5 所示。

表 2.11 西大甸子湖各岩心年代数据

放射性 ^{14}C 测年数据/a B.P.	校正年代/cal.a B.P.	深度/m	测年材料	剖面/钻孔
12510±150	14618	3.1～3.2		X_3（年代偏老未采用）
9970±160	11589	13.25～13.0	粉砂和黏土	X_1C
6860±130	7724	8.50～8.25	粉砂和黏土	X_1C

续表

放射性 ^{14}C 测年数据/a B.P.	校正年代/cal.a B.P.	深度/m	测年材料	剖面/钻孔
6030±230	6871	13.50～13.38	粉砂和黏土	X_1C（年代偏小）
5830±160	6654	6.25～6.0	粉砂和黏土	X_1C
3070±95	3232	3.25～3.0	泥炭	X_1C

注：校正年代数据由校正软件 Calib6.0 获得

表 2.12　西大甸子湖古湖泊水位水量变化

年代	水位水量
11890～7010cal.a B.P.	中等（2）
7310～7185cal.a B.P.	高（3）
7185～6570cal.a B.P.	中等（2）
6570～0cal.a B.P.	低（1）

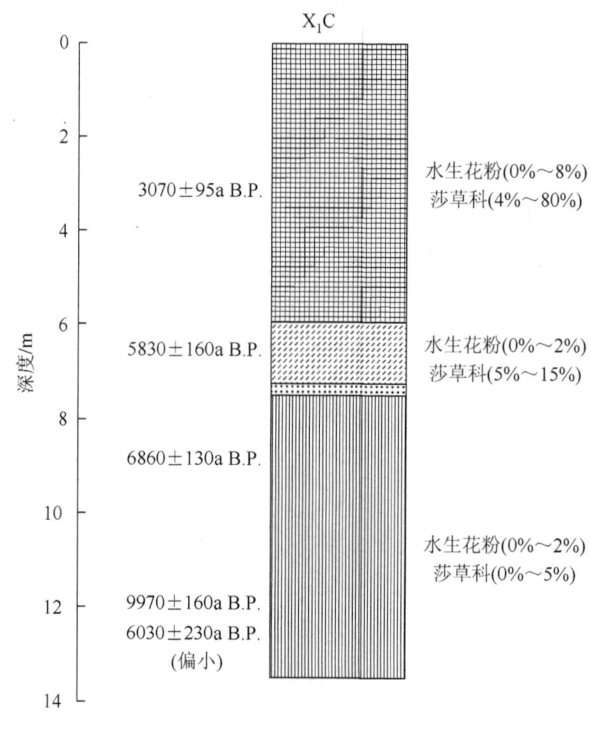

图 2.5　西大甸子湖岩心岩性变化图

参 考 文 献

孙湘君，袁绍敏. 1990. 据花粉资料推断吉林金川地区最近一万年的植被演化//刘东生. 黄土·第四纪地质·全球变化（第 2 集）. 北京：科学出版社：46-57.

第 3 章　蒙新高原湖区湖泊

湖 区 概 况

蒙新高原湖泊系指在行政区划上属于我国内蒙古自治区、山西省、陕西省、甘肃省和新疆维吾尔自治区 5 省（自治区）的湖泊。该湖区面积大于 $1km^2$ 的湖泊共 514 个，合计 $12589.9km^2$，占全国湖泊总面积的 15.5%（马荣华等，2011）。湖区地貌以波状起伏的高原或山地与盆地相间分布的地形结构为特征，河流和潜水向洼地中心汇聚，一些大中型湖泊往往成为内陆盆地水系的尾闾和最后归宿地，形成众多内陆湖（王苏民和窦鸿身，1998），仅个别湖泊如额尔齐斯河上游的哈纳斯湖、黄河河套地区的乌梁素海等为外流湖。此外，由于入湖河流易于改道，致使有些湖泊兼具游移性质。该湖区地处内陆，由于气候寒冷干旱，降水较少（年降水量一般在 400mm 以下，多数低于 250mm），蒸发强烈（年蒸发量高达 2000～3000mm），导致湖水不断浓缩，发育成咸水湖或盐湖。其中，在沙漠地区发育的风成湖，具有面积小、湖水浅、补给水量少、湖水易浓缩等特点，常随水源的多少而变化，雨季成湖，旱季干涸（王苏民和窦鸿身，1998）。

近年来特别是 20 世纪 50 年代以来，随着人类活动如大量围垦和拦截地表水流等强度增加，致使湖泊水环境发生了剧烈变化，湖泊萎缩，水量锐减以及水质咸化、矿化度上升、荒漠化等问题日益严重（王苏民和窦鸿身，1998）。50 年代，新疆维吾尔自治区境内 $5km^2$ 以上湖泊总面积为 $9700km^2$，至 80 年代初仅为 $4628km^2$，缩减了一半多。内蒙古自治区全区 50 年代初 $1km^2$ 以上湖泊总面积为 $5261km^2$（中蒙界湖贝尔湖除外），80 年代缩减为 $4244km^2$，减少了近 1/5（金相灿，1995）。内蒙古自治区岱海湖面积由 70 年代的 160 多 km^2 缩减到目前的 $86.9km^2$（马荣华等，2011；孙占东等，2006）。已干涸的著名湖泊罗布泊，湖水面积最大时达到 5000 多 km^2，在 20 世纪 40 年代湖泊面积尚有 $3006km^2$，1962 年减少到 $66km^2$，并于 1972 年干涸（王根绪等，1999）。玛纳斯湖湖面面积在 1959 年近 $550km^2$，1972 年干涸。台特玛湖也已干涸（夏军等，2003）。20 世纪 80 年代艾比湖的面积较 50 年代缩减了近一半。由于大量开采地下水，柴窝堡湖 2008 年水位较 1971 年下降了 2.2m（马龙等，2011），而矿化度则由 1996 年的 3.62g/L 上升到 2006 年的 5.16g/L（柴政等，2008）。我国历史上著名的游移湖居延海，1958 年时东、西居延海湖泊面积分别为 $35.5km^2$ 和 $267km^2$，而 1961 年时西居延海已完全干涸，东居延海也数次出现干涸现象（王苏民和窦鸿身，1998）。同时，蒙新湖区由于过度放牧与垦地，造成草场退化、沙化、水土流失等生态环境问题，仅塔里木河下游 1988～2000 年天然草地就减少了 $10675hm^2$，至 2000 年，该区域沙化土地面积超过 90%，其中重度沙化土地面积 $701560.2hm^2$，占整个下游土地面积的 52.71%（钱亦兵等，2006）。

参 考 文 献

柴政，玉米提，哈力克，等. 2008. 新疆柴窝堡水源地地下水超采引发的环境问题. 水土保持研究，15（5）：132-135.

金相灿. 1995. 中国湖泊环境（第一册）. 北京：海洋出版社：17-26.
马龙，吴敬禄，吉力力・阿不都外力. 2011. 30多年来柴窝堡湖演化特征及其环境效应. 干旱区地理，34（4）：649-653.
马荣华，杨桂山，段洪涛，等. 2011. 中国湖泊的数量、面积与空间分布. 中国科学D辑：地球科学，41（3）：394-401.
钱亦兵，樊自立，雷加强，等. 2006. 近50年新疆水土开发及引发的生态环境问题. 干旱区资源与环境，20（3）：58-63.
孙占东，王润，黄群. 2006. 近20年博斯腾湖与岱海水位变化比较分析. 干旱区资源与环境，20（5）：56-60.
王根绪，程国栋，徐中民. 1999. 中国西北干旱区水资源利用及其生态环境问题. 自然资源学报，14（2）：109-116.
王苏民，窦鸿身. 1998. 中国湖泊志. 北京：科学出版社.
夏军，孙雪涛，谈戈. 2003. 中国西部流域水循环研究进展与展望. 地球科学进展，18（1）：58-67.

3.1　内蒙古自治区湖泊

3.1.1　巴汗淖

巴汗淖（39.30°N，109.27°E，海拔1278m a.s.l.）是位于内蒙古鄂尔多斯高原中部的封闭湖泊，由风蚀和流水侵蚀洼地发展而来。现代湖盆面积为26.5km^2。湖盆封闭，基底为连续而完整的下白垩统砂岩。湖水主要由大气降水补给，此外浅层潜水和泉水也为湖泊提供一定的水源。湖区气候寒冷干燥，年均温度为6～9℃，年均降雨量200～300mm，潜在蒸发量为2500～3000mm。巴汗淖附近现代植被为沙蒿-禾草草原，其中沙蒿和针茅占优势。湖泊主要沉积盐类有天然碱、泡碱、针碳钠钙石、水碱、钙水碱等（郭兰兰等，2007）。

湖心一长5.3m的钻孔岩心提供了全新世以来湖泊沉积变化记录。基于钻孔岩性、水生花粉、有机含量及碳氧同位素变化可重建古湖泊深度及盐度变化。年代学的建立基于岩心中的16个放射性^{14}C测年数据。

钻心底部（530～435cm）为灰黑色细砂-中粗砂沉积，表明当时湖水较浅甚至干涸。有机碳同位素$\delta^{13}C_{org}$较低（约–25‰），表明湖泊中挺水植物比重较大（郭兰兰等，2007），和浅水环境相一致。该层不含水生花粉，分别对527cm、506cm和487cm处样品进行放射性^{14}C测年得出其年代分别为24290±537a B.P.（29145cal.a B.P.）、27850±280a B.P.（32135cal.a B.P.）和13910±70a B.P.（16990cal.a B.P.）。经外推可知，该层对应年代在9660a B.P.（11000cal.a B.P.）之前。

上覆435～350cm为黑色湖相黏土沉积，沉积物粒径减小，表明湖水深度较下覆层大幅增加。同时，有机碳同位素$\delta^{13}C_{org}$值增加（约–23‰）表明湖泊中沉水植物数量增加，对应于水深的增加。对该层431cm、415cm、385cm处的样品进行放射性^{14}C测年，对应年代分别为9338±57a B.P.（10545cal.a B.P.）、9303±64a B.P.（10472cal.a B.P.）和8850±40a B.P.（9960cal.a B.P.），经外推得该层年代为9660～8310a B.P.（11000～9280cal.a B.P.）。

350～300cm为黑色粉砂质黏土层，沉积物粒径的增加（50μm）表明湖水较上一阶段变浅。同时，有机碳同位素$\delta^{13}C_{org}$值降低（约–24‰），说明沉水植物含量降低，也对应于湖水的变浅。对该层345cm和327cm处两样品进行放射性^{14}C测年，其年代分别为9038±57a B.P.（10207cal.a B.P.）和7960±40a B.P.（8837cal.a B.P.），因此，经外推得该层形成年代为8310～7835a B.P.（9280～8700cal.a B.P.）。

300～230cm为灰黑色富碳酸盐黏土质纹层，沉积物粒径的减小（25μm）表明湖水较上阶段加深，但该层有机碳同位素$\delta^{13}C_{org}$值平均值仍较低（约–25‰），可能为陆源沉积增加所致（郭兰兰等，2007）。对该层 283cm 和 250cm 处样品进行放射性 ^{14}C 测年，其年代分别为 8631±52a B.P.（9613cal.a B.P.）和 8130±50a B.P.（9072cal.a B.P.）。经外推得该层年代为 7835～7510a B.P.（8700～8350cal.a B.P.）。

230～80cm 为湖相棕红色粉砂质黏土，粒径在 100μm 左右波动，沉积物颜色及粒径变化表明湖水变浅，$\delta^{13}C_{org}$ 值较低（约–25‰）也对应于较浅的湖水环境。该层含有 5 个放射性 ^{14}C 测年数据，测年点在 81cm、103cm、133cm、167cm、227cm，其对应年代分别为 5440±40a B.P.（6244cala B.P.）、5549±42a B.P.（6346cal.a B.P.）、6538±44a B.P.（7465cal.a B.P.）、6340±40a B.P.（7250cal.a B.P.）和 7500±40a B.P.（8334cal.a B.P.）。经外推得该层年代为 7510～5435a B.P.（8350～6240cal.a B.P.）。

顶部 80～0cm 为棕色中粗砂，为风成沉积，说明自 5435a B.P.（6240cal.a B.P.）后湖泊就已干涸。孢粉分析也表明该时期为荒漠草原，气候干旱，降水稀少。

以下是对该湖泊进行古湖泊重建、量化水量变化的 6 个标准：（1）极低或干涸，风成沙沉积；（2）低，灰黑色细砂-中粗砂沉积，无水生花粉；（3）较低，湖相棕红色粉砂质黏土；（4）中等，黑色粉砂质黏土；（5）较高，湖相黑色黏土沉积；（6）高，灰黑色富含碳酸盐黏土质纹层。

巴汗淖各岩心年代数据、水位水量变化见表 3.1 和表 3.2，岩心岩性变化图如图 3.1 所示。

表 3.1　巴汗淖各岩心年代数据

样品编号	放射性 ^{14}C 测年数据/a B.P.	校正年代/cal.a B.P.	深度/cm	测年材料
AA51964	24290±537	29145	527	沉积物全样
AA51965	27850±280	32135	506	沉积物全样
Beta-171828	13910±70	16990	487	沉积物全样
AA51966	9338±57	10545	431	沉积物全样
AA51967	9303±64	10472	415	沉积物全样
Beta-171829	8850±40	9960	385	沉积物全样
AA51968	9038±57	10207	345	沉积物全样
Beta-171830	7960±40	8837	327	沉积物全样
AA51969	8631±52	9613	283	沉积物全样
Beta-171831	8130±50	9072	250	沉积物全样
Beta-181619	7500±40	8334	227	沉积物全样
Beta-181620	6340±40	7250	167	沉积物全样
AA56714	6538±44	7465	133	沉积物全样
AA56715	5549±42	6346	103	沉积物全样
Beta-181621	5440±40	6244	81	沉积物全样

注：放射性 ^{14}C 测年数据中 Beta 编号由美国贝塔分析实验室（Beta Analytic Inc.）完成，AA 编号由亚利桑那大学 NSF AMS Facility 实验室测试完成，校正年代由校正软件 Calib6.0 获得

表 3.2　巴汗淖古湖泊水位水量变化

年代	水位水量
11000cal.a B.P.	低（2）
11000～9280cal.a B.P.	较高（5）
9280～8700cal.a B.P.	中等（4）
8700～8350cal.a B.P.	高（6）
8350～6240cal.a B.P.	较低（3）
6240～0cal.a B.P.	干涸（1）

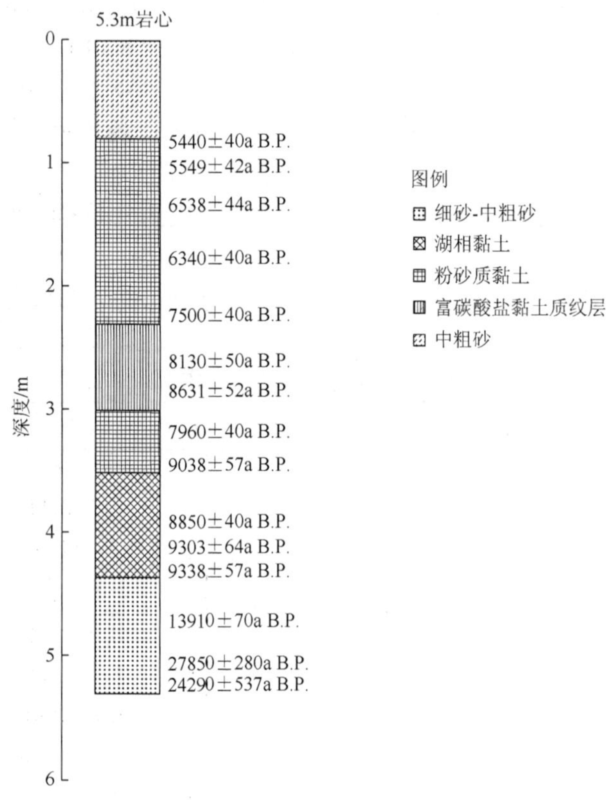

图 3.1　巴汗淖岩心岩性变化图

参 考 文 献

郭兰兰，冯兆东，李心清，等. 2007. 鄂尔多斯高原巴汗淖湖泊记录的全新世气候变化.科学通报，52（5）：584-590.

黄昌庆，冯兆东，马玉贞，等. 2009. 巴汗淖孢粉记录的全新世环境变化.兰州大学学报，45（4）：7-12.

3.1.2　巴彦查干湖

巴彦查干湖（41.65°N，115.21°E，1355m a.s.l.）是位于内蒙古南部的封闭湖泊，1959年时湖泊面积约为 15km^2，现在由于人类用水量的增加导致湖泊基本干涸，仅在夏季降水较多时在湖中央出现一些小块的水体。巴彦查干湖年降水量在 300～400mm，绝大部分集中在夏季，年平均温度约3℃。湖盆周围的基岩为侏罗纪玄武岩（姜文英等，2010；Jiang et al.，2006；Jiang and Liu，2007）。

在湖中央下挖一深1.8m的探槽BY。基于该剖面岩性（姜文英等，2010；Jiang et al.，2006；Jiang and Liu，2007；Guiot et al.，2008）、水生藻类（Jiang et al.，2006；Guiot et al.，2008）及碳酸盐矿物组合（姜文英等，2010；Jiang and Liu.，2007）变化可重建古湖泊约10525a B.P.（12465cal. a B.P.）以来的古水位变化。剖面中含7个TOC样品的AMS^{14}C年代数据和两个眼子菜种子的AMS^{14}C年代数据，其中眼子菜种子的AMS^{14}C年代数据因偏老而未采用，年代学基于剖面中7个TOC的AMS ^{14}C年代数据。

岩心1.8～1.5m为粉砂、砂质粉砂层，底部含约5cm厚砂砾沉积，表明此时湖水位较低。该层淡水浅水藻类盘星藻（*Pediastrum*）含量极低，1.78～1.80m处TOC和眼子菜种子的AMS^{14}C测年年代分别为10500±140a B.P.（12421cal. a B.P.）和12030±110a B.P.（14068cal. a B.P.），经该TOC年代数据与上覆层年代沉积速率（0.067cm/a）内插，得到该浅水时期对应年代为10525～9785a B.P.（12465～11110cal. a B.P.）。

1.5～0.79m为粉砂质黏土夹暗灰色粉砂层，岩性变化表明湖水深度较下覆层增加。盘星藻（*Pediastrum*）含量的增加（平均约2×10^4粒/mL），也与湖水深度的增加。碳酸盐矿物为方解石，不含白云石，表明当时湖水较淡，水位较深。1.48～1.50m处TOC的AMS^{14}C测年年代为9760±130a B.P.（11066cal. a B.P.），而同一深度处眼子菜种子的AMS^{14}C测年年代为10800±100a B.P.（12876cal. a B.P.），经TOC测年年代与上覆层年代沉积速率（0.026cm/a）内插，得到该层沉积年代为9785～7155a B.P.（11110～7920cal. a B.P.）。

0.79～0.55m为粉砂质黏土层，该处盘星藻（*Pediastrum*）含量为剖面最大（平均约6×10^4粒/mL），和水深变深一致。碳酸盐矿物仍为方解石，不含白云石，表明湖水较深。该层0.76～0.78m处TOC的AMS^{14}C测年年代为7040±80a B.P.（7829cal. a B.P.），经与上覆层年代数据沉积速率（0.017cm/a）内插，得到该层沉积年代为7115～5740a B.P.（7920～6505cal. a B.P.）。

0.55～0.44m仍为粉砂质黏土沉积，碳酸盐矿物中白云石的出现表明湖水盐度增大，水位下降。盘星藻（*Pediastrum*）含量的下降（平均约2×10^4粒/mL）和水深变浅一致。该层0.46～0.48m处TOC的AMS^{14}C测年年代为5270±50a B.P.（6024cal. a B.P.），经该测年数据与上覆层年代数据沉积速率（0.417cm/a）内插得出该层顶部年代为4550a B.P.（5135cal. a B.P.），而与下覆层沉积速率（0.017cm/a）外推得出的该层顶部年代为5095a B.P.（5845cal. a B.P.）。

0.44～0.22m为灰色黏土沉积，岩性变化及沉积速率的突变（0.004cm/a）表明在该处可能存在一沉积间断。盘星藻（*Pediastrum*）含量在该层基本消失，同时碳酸盐矿物中白云石含量增加并逐渐成为主要碳酸盐矿物，表明湖水位较前期仍继续下降。该层0.40～0.42m及0.34～0.36m处TOC的AMS^{14}C测年年代分别为3830±70a B.P.(4246cal. a B.P.)和3570±60a B.P.（3841cal. a B.P.），经沉积速率（0.011cm/a）内插，得出该层顶部年代约为2420a B.P.（2595cal. a B.P.）。

顶层0.22m为砂质粉砂层，含一薄层砂砾，岩性变化表明湖水深度较下覆层下降，盘星藻（*Pediastrum*）含量仍极低，和浅水环境一致。该层 0～0.02m 处 TOC 的 AMS^{14}C 测年年代为 570±50a B.P.（584cal. a B.P.），该层为 2420a B.P.（2595cal. a B.P.）以来的沉积。

以下是对该湖泊进行古湖泊重建、量化水量变化的指标：（1）很低，砂质粉砂沉积，含砂砾层，藻类中基本不含盘星藻（*Pediastrum*）；（2）低，灰色黏土沉积，盘星藻（*Pediastrum*）含量很低，碳酸盐矿物主要为白云石；（3）中等，粉砂质黏土沉积，盘星藻（*Pediastrum*）含量相对较高，碳酸盐矿物含少量白云石；（4）较高，粉砂质黏土夹暗灰色粉砂沉积，盘星藻（*Pediastrum*）含量相对较高，碳酸盐矿物为方解石；（5）高，粉砂质黏土沉积，盘星藻（*Pediastrum*）含量较高，碳酸盐矿物为方解石。

巴彦查干湖岩心年代数据、水位水量变化见表 3.3 和表 3.4，岩心岩性变化图如图 3.2 所示。

表 3.3　巴彦查干湖各岩心年代数据

样品编号	AMS^{14}C 年代/a B.P.	校正年代/cal. a B.P.	深度/m	测年材料
GifA-102468	570±50	584	0～0.02	TOC
GifA-102467	3570±60	3841	0.34～0.36	TOC
GifA-40002/SMAC-506	3830±70	4246	0.40～0.42	TOC
GifA-40001/SMAC-505	5270±50	6024	0.46～0.48	TOC
GifA-102466	7040±80	7829	0.76～0.78	TOC
GifA-102462	9760±130	11066	1.48～1.50	TOC
GifA-102619	10800±100	12876	1.48～1.50	眼子菜种子
GifA-102464	10500±140	12421	1.78～1.80	TOC
GifA-102463	12030±110	14068	1.78～1.80	眼子菜种子

注：校正年代根据 Jiang 等（2006）给出

表 3.4　巴彦查干湖古湖泊水位水量变化

年代	水位水量
12465～11110cal. a B.P.	很低（1）
11110～7920cal. a B.P.	较高（4）
7920～6505cal. a B.P.	高（5）
6505～6025cal. a B.P.	中等（3）
6025～4250cal. a B.P.	沉积间断？未量化
5135～2595cal. a B.P.	低（2）
2595～0cal. a B.P.	很低（1）

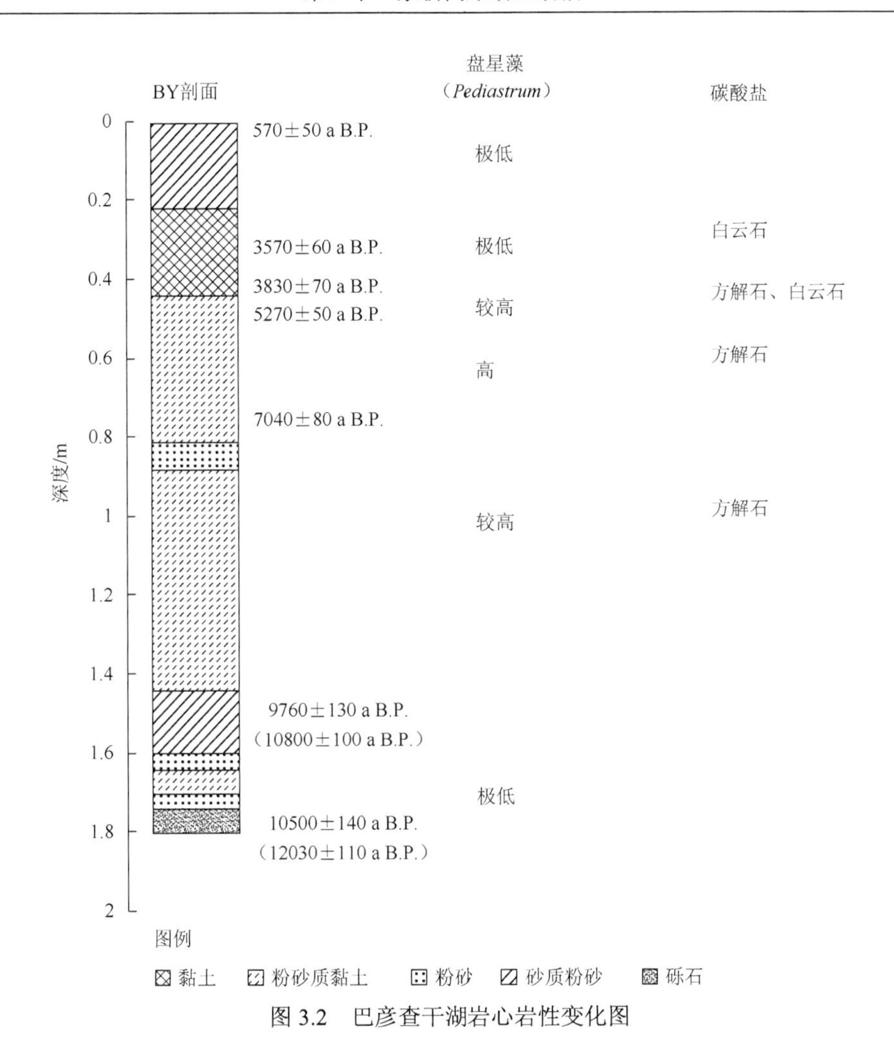

图 3.2　巴彦查干湖岩心岩性变化图

参 考 文 献

姜文英，吴海斌，储国强，等. 2010. 内蒙古巴彦查干湖白云石的成因及其环境意义. 第四纪研究，30（6）：1116-1120.

Guiot J，Wu H B，Jiang W Y，et al. 2008. East Asian Monsoon and paleoclimatic data analysis：A vegetation point of view. Climate of the Past Discussions，4（1）：213-231.

Jiang W Y，Guo Z T，Sun X J，et al. 2006. Reconstruction of climate and vegetation changes of Lake Bayanchagan（Inner Mongolia）：Holocene variability of the East Asian monsoon. Quaternary Research，65（3）：411-420.

Jiang W Y，Liu T S. 2007. Timing and spatial distribution of mid - Holocene drying over northern China：Response to a southeastward retreat of the East Asian Monsoon. Journal of Geophysical Research：Atmospheres（1984—2012），112（D24）：177-180.

3.1.3　白碱湖

白碱湖（39.05°～39.15°N，104.08°～104.18°E，海拔 1282m a.s.l.）是位于腾格里沙漠的封闭古湖（Pachur et al.，1995；张虎才和 Wünnemann，1997）。盆地现为盐沼环境，地表以下 1m 处蓄积有半咸水，流域范围大于 91000km²。湖盆为构造成因，在盆地南部新构造运动的痕迹明显，而北部很弱，对晚第四纪的湖泊记录构造运动没有太大的影响。

该盆地被南部的祁连山、东部的贺兰山及西部和北部的雅布赖山、戈壁高原包围。盆地基岩为前寒武系和古生界变质岩和结晶岩与中生界、古近系和新近系及第四系灰岩和砂岩组成。仅有三条长年河流流入湖泊：石羊河、黑河和疏勒河，均发源于祁连山；也有一些夏季发育的间歇性河流补给该湖泊。祁连山在海拔 4900～5500m a.s.l.处冰川发育。区域气候受控于东亚季风，年降水约 115mm，年蒸发约 2600mm。

在高出现代盐沼 4～31m 的位置发育了一系列湖相阶地，指示白碱湖盆地曾经为一大古湖。此外，在湖盆底部有 3 个钻孔（B100、断头梁、土墩槽）及盆地内两个剖面（张家坑剖面和马岗剖面）的岩性更为详细地记录了湖水深度变化的历史。年代学根据阶地剖面上 15 个放射性 ^{14}C 测年数据、B100 孔 7 个数据、断头梁开挖剖面 5 个数据、土墩槽开挖剖面 3 个数据、张家坑剖面 4 个数据及马岗剖面 4 个数据。

在盆地北部有 6 个保存完好的湖相阶地，指示了过去 40000a B.P.以来的湖泊高水位历史（Pachur et al.，1995；张虎才和 Wünnemann，1997）。这些阶地为堆积阶地，可见软体动物壳体及湖滩相沉积，堆积于砂质湖相碳酸盐沉积之上。表 3.5 为这 6 个阶地的信息。

表 3.5　盆地北部 6 个保存完好的湖相阶地

阶地	海拔/（m a.s.l.）	拔湖/m	^{14}C 年代	资料来源/说明
T1	1312	30	没有测年	文献 1
高于 T2.1	1309	27	33500±1085；32435±840	文献 1；文献 2　T2.1
高于 T2.1	1309	27	32270±1236	文献 1；文献 2　T2.2
T2.1	1306	24	30330±560；27200±975；23370±380	文献 1；文献 2　T2.3
T2.2	1304	22	23130±590；16540±120；12817±140	文献 1
T2.3	1280.2		22886±180	文献 2；但文字中为现代湖底探槽剖面年龄数据
T3	1296	14	没有测年	文献 1
T4	1295	13	5250±70；5510±60	文献 1；文献 2
T5	1290	8	3660±55	文献 1；文献 2
T6	1286	4	1910±60；1405±60	文献 1；文献 2

注：文献 1：Pachur et al.，1995；文献 2：张虎才和 Wünnemann，1997

除了阶地外，湖泊内还存在 9 级岸堤（隆浩等，2007），其中有 8 个为全新世形成，表明全新世时湖泊存在高水位。每一级岸堤面上均为破碎小砾石，夹螺壳沉积，对每级岸堤面下挖 50cm 地层中原生的螺壳进行的 AMS^{14}C 测年及各岸堤海拔见表 3.6。

表 3.6　湖泊中的 9 级岸堤

岸堤	海拔/m a.s.l.	拔湖/m	^{14}C 年代/ka B.P.	校正年代/cal.ka B.P.
B1	1308	26	6.7～5.8	7.6～6.6
B2	1302	20	5.5～5.2	6.3～5.9
B3	1301	19	4.5	5.17
B4	1300	18	3.6	4.0
B5	1298	16	1.9～2.4	2.4～1.8
B6	1296	14	1.5	1.4
B7	1295	13	—	—
B8	1294	12	—	—

不同文献中对阶地的命名不尽相同，对阶地特征以及对测年样品采集位置的描述也不是非常一致，只能假定在一些堆积阶地上（如阶地 T2.2）湖相砂质碳酸盐测试出的较老的年代位于阶地的底部，这样才能综合所有作者关于盆地内湖水位的解释。然而即使做这样的假设，也不是阶地上所有年代数据与原作者所做的湖水位解释相一致。我们尽量根据已有数据做出一致的解释，并列出与原解释不一致的地方。

这些阶地下伏地层为砂质湖相碳酸盐层，具典型的湖滨相特征。沉积物约高出现湖水位 31m，表明原来湖泊范围可能非常大。“高于 T2.1”的 3 个 ^{14}C 测年样品很可能来自 T1 湖滩阶地和 T2.1 湖滩阶地之间出露的砂质碳酸盐层内，这些年代数据表明该层砂质碳酸盐层形成于 33500～32270a B.P.（38600～37285cal.a B.P.），最高一级阶地（T1）海拔约 1312m a.s.l.（高出现湖底 30m），为含软体动物的湖滩相砂砾石。该层沉积没有测年数据，但是鉴于其高出砂质碳酸盐层，故该最高级阶地形成时间早于 32000a B.P.（37200cal.a B.P.）。

从最高级阶地往下的第二级阶地（T2），海拔为 1304～1309m a.s.l.（高出现代湖底 22～27m），离开湖底岸约 1200m，是所有阶地中最具代表性、最清楚的，因此认为其代表相对较长时间的高水位时期（Pachur et al.，1995；张虎才和 Wunnemann，1997）。该阶地由三道沙堤组成（T2.1、T2.2、T2.3），测年表明，最外侧沙堤（T2.1）形成于 30330～23370a B.P.（34980～28310cal.a B.P.），在这一相对稳定的高水位时期，湖泊水位高出现代湖水位 24m，湖泊面积约达 16200km²。在 T2.2 沙堤上有 3 个年代数据：23130±590a B.P.（27749cal.a B.P.）、16540±120a B.P（19743cal.a B.P.）和 12817±140a B.P.（15431cal.a B.P.），这些数据表明该 T2.2 阶地沙堤形成时间接近 T2.1 沙堤形成的时间，并持续到约 13000a B.P.（15500cal.a B.P.）。这种现象似乎并不可能，尤其是在钻孔中有 18000a B.P.（约 20500cal.a B.P.）前后气候显著变干的证据。如果我们假定 T2.2 底部年代（23130a B.P.（27800cal.a B.P.））测定的是下伏砂质碳酸盐湖相沉积物，那么根据 T2.1 的年代和 T2.2 底部的年代（约 23000a B.P.（27700cal.a B.P.）），可以解释为在 T2.1 形成到结束为连续的湖相沉积，但海拔相对较低。T2.2 湖岸沙堤的形成可以解释为环境条件的再次湿润，且湖水位高出现代水位约 22m。^{14}C 年代数据表明，该期沙堤形成在 16540～12817a B.P.（17740～15430cal.a B.P.），在此期间湖水位可能低于 T2.2 湖岸沙堤的高度（即 1304m）。Pachur 等（1995）认为 T2.2 湖岸沙堤约形成于 13000a B.P.（15500cal.a B.P.）之后，但并没有解释为何没用其中相对老一些的年龄数据。

三级阶地（T3）海拔为 1296m a.s.l.，为含大量软体的湖滨砂坝，该阶地没有测年数据，但应较 T2.2 形成时间年轻（即晚于 12000a B.P.（15000cal.a B.P.））。

T4 阶地约为 1295m a.s.l.，也为湖滨砂砾石沉积。该阶地蜗牛壳和碳酸盐分别测得年代为 5250±70a B.P.（6055cal.a B.P.）和 5510±60a B.P.（6300cal.a B.P.），表明湖水位在 5600～5000a B.P.（6300～6000cal.a B.P.）高出现代水位 10m。

T5 阶地海拔约为 1290m a.s.l.（高出现湖底 8m）。其中蜗牛壳测得年龄为 3660±55a B.P.（3971cal.a B.P.），表明湖泊在 3600～3700a B.P.（4000～3840cal.a B.P.）时水位相对较高时期。

T6 阶地海拔约为 1286m a.s.l.（高出现代湖底 4m）。这一阶地由湖相碳酸盐层组成，没有测年数据，但附近相同海拔高度的剖面放射性碳测年结果为 1910±60a B.P.（1834cal.a B.P.）和 1405±60a B.P.（1321cal.a B.P.），表明这一高出现湖底约 3m 的高水位时期为 2000～1400a B.P.（1900～1300cal.a B.P.）。

假设在形成这些阶地之间的时段内湖泊为低水位，该湖过去 33500a B.P.（38600cal.a B.P.）的湖水位记录呈波动但总体逐渐下降的变化。因而，该湖泊在 33500a B.P.（38600cal.a B.P.）前水位较高（1312m a.s.l.），沉积了砂质碳酸盐；在 30330～23370a B.P.（34980～28310cal.a B.P.）升高（1306～1308m a.s.l.）；在 16000～12000a B.P.（17000～15000cal.a B.P.）湖泊再升高至 1304m a.s.l.。尽管只有 T4 阶地有测年数据，但其他三级阶地均指示了全新世的高水位，这些阶地显示在 5500～5000a B.P.（6300～6000cal.a B.P.）时，湖泊水位在 1295m a.s.l.，最新一级阶地形成于 2000a B.P.（1 900cal.a B.P.）后，约高出现代湖底 3m。

在盆地内共有 3 个钻孔（开挖剖面）和两个剖面。70m 长孔 B100 位于现代湖底中心部位，海拔约 1280m a.s.l.，钻孔位置可能代表白碱古湖的沉积中心，应保存了湖泊深水沉积的记录。该钻孔沉积记录了过去 19000a B.P.（23000cal.a B.P.）以来及 27000a B.P.（31 700cal.a B.P.）以前的时段，27000～19000a B.P.（31700～23000cal.a B.P.）的记录由于钻孔物质的缺失而没有保存下来。另外两个钻孔（3.8m 长的断头梁孔及 3.3m 长的土墩槽孔）取自盆地的北部，海拔约 1266m a.s.l.（马玉贞等①，手稿），为 39000～23000a B.P.（44300～28000cal.a B.P.）的沉积记录。另外两个 2.6m 长剖面（张家坑剖面和马岗剖面）位于盆地的西侧，海拔约 1295m a.s.l.，记录了 12000～5800a B.P.（15000～6600cal.a B.P.）的沉积。

在孔 B100，约 11m 以下没有放射性碳年代数据。13.8～11m 的沉积段为风成沙，表明当时湖盆非常干旱；11～7.8m 为湖相黏土质粉砂，反映开始出现湖泊沉积。在 9.3m 和 8.2m 处 ^{14}C 测年分别为 35660±420a B.P.（40658cal.a B.P.）（AMS）和 27150±615a B.P.（31767cal.a B.P.），该孔 B100 另有一个 AMS^{14}C 测年深度为 7.0m，年代为 31060±220a B.P.（35661cal.a B.P.），用这两个 AMS 年代之间的沉积速率（0.0129cm/a）计算，该湖相层形成时代为 39000～27000a B.P.（44300～31700cal.a B.P.）。上覆沉积（7.8～6.0m）为河流相砂砾石，夹极薄层砂质粉砂，盆地中部河流相的沉积表明湖泊水位在约 27000a B.P.（31700cal.a B.P.）大幅度下降。6.0～3.2m 没有沉积物的描述。上覆沉积物（3～2.5m）为含软体动物化石黏土质粉砂，表明湖泊相对较深，但可能较 39000～27000a B.P.（44300～31700cal.a B.P.）略浅一些。2.9m 处样品 ^{14}C 测年为 18620±325a B.P.（22220cal.a B.P.），这一期沉积形成时间早于 18000a B.P.（22000cal.a B.P.）（Pachur 等，1995）。上覆沉积（2.5～1.15m）为分选好的风成细砂、中砂，反映湖盆在 18000a B.P.（22000cal.a B.P.）后再次变干。1.15～1.0m 为湖相砂质碳酸盐层，表明该湖再次回到湖相沉积环境，沉积物含砂质碳酸盐可以对应浅水的湖相环境。用上覆沉积段的沉积速率（0.00988cm/a）进行推算，该期沉积形成时间为 9200～7600a B.P.（10180～8480cal.a B.P.）。上覆沉积物（1.0～0.25m）为砂质碳酸盐夹白垩纪沉积物，氯化钠及石膏含量的增加指示湖水的变浅。在该层 0.9m 及 0.57m 处测得年代分别为 6655±100a B.P.（7343cal.a B.P.）和 3315±130a B.P.（3600cal.a B.P.），用这两个年代之间的沉积速率外插，得到该期浅水沉积时间为 7600～75a B.P.（8480～75cal.a B.P.）。最上部沉积（0.0～0.25m）为含盐黏土，较高的含盐量指示 75a B.P.（75cal.a B.P.）后湖水的进一步变浅。

很难把孔 B100 的记录与阶地的记录进行对比分析。孔 B100 底部的湖相沉积（39000～

① 马玉贞，张虎才，李吉均. 腾格里沙漠晚更新世湖相沉积孢粉植物群与气候环境演变初探（手稿）。

27000a B.P.，即 44300～31700cal.a B.P.）可能对应阶地下伏的湖滨砂质碳酸盐沉积（33500～32270a B.P.，即 38600～37285cal.a B.P.）以及 T1 阶地的形成。T2.1 阶地形成指示的 30000～23000a B.P.（35000～28000cal.a B.P.）以及 T2.2 阶地底部的 23000a B.P.（27700cal.a B.P.）年代数据，可以对应孔 B100 早于 18000a B.P.（22000cal.a B.P.）的湖相沉积时代。但在钻孔中并没有 16540～12800a B.P.（19740～15400cal.a B.P.）的湖相沉积（对应 T2.2 阶地）。然而湖泊沉积物表明，9200a B.P.（10180cal.a B.P.）后有三期湖水变浅的时期，可以分别对应没有测定年代的 T3 阶地、T4 阶地、T5 阶地以及 T6 阶地。

断头梁孔的底部沉积（3.8～3.53m）为黄褐色砾石，指示湖盆的浅水环境，该期沉积形成时间在 42000a B.P.之前（马玉贞等，手稿）（46000cal.a B.P.）。上覆沉积物（3.53～2.2m）为浅灰色湖相黏土夹富碳酸盐湖相粉砂质黏土，沉积物的特性对应于相对较深的湖泊环境，沉积物中见淡水介形类 *Limnocythere inopinata*，也与相对深水的环境一致（Pachur 等，1995）。在 3.1～3.2m 和 2.75～2.7m 两处样品测得年代分别为 38650±970a B.P.（43070cal.a B.P.）和 35020±810a B.P.（40080cal.a B.P.），表明该深水时期为 42000～31000a B.P.（46000～36000cal.a B.P.）。2.2～1.35m 为含软体动物的灰白色黏土夹富碳酸盐粉砂质黏土沉积，尽管岩性的变化不大，但软体动物化石可以指示水深较前期略有减小，该期沉积时间为 31000～23410a B.P.（36000～30400cal.a B.P.）。上覆沉积物（1.35～0.69m）为含软体动物化石的砂砾石层，对应湖滨或近岸沉积，表明 23410a B.P.（30400cal.a B.P.）后湖水进一步变浅。0.69～0.25m 为富碳酸盐黏土质粉砂，岩性的变化表明湖泊在 17820a B.P.（25700cal.a B.P.）后某个时间开始变深。最上部沉积（0.25～0m）为含软体动物化石的砂砾石沉积，反映湖泊再次变浅，用该孔的两个年龄之间的沉积速率计算，得到该变浅的时期开始于 14000a B.P.（22700cal.a B.P.）。

如果不假定相对较大的地貌变化存在的话，很难把断头梁孔的岩性记录与盆地内位置更低处的沉积相一一对应。但是该孔所指示的湖水变化过程与时间却与阶地的记录惊人的一致。最初的深水相（42000～31000a B.P.，即 46000～36000cal.a B.P.）可以与最高级阶地（35000～32000a B.P.，即 40000～37200cal.a B.P.）下伏的砂质碳酸盐沉积指示的早期深水相相一致；以后的变浅（31000～23400a B.P.，即 36000～30400cal.a B.P.）也对应 T2.1 阶地的形成。再以后的变浅时期（23400～17800a B.P.，即 30400～25700cal.a B.P.）可以对应 T2.1 阶地和 T2.2 阶地形成之间的湖泊退缩期。湖水的再次变深（17800～14000a B.P.，即 25700～22700cal.a B.P.）可以对应 T2.2 阶地的形成（16000～12800a B.P.，即 17740～15430cal.a B.P.）。最后一期湖水变浅对应 T2.2 阶地形成之后的时期。

在土墩槽孔 2.1m 以下没有测年数据。2.4～2.1m 为含软体动物化石粉砂质砂，显示浅水沉积的特征。上覆沉积（2.1～1.9m）为湖相粉砂质黏土，指示湖水变深，在深度约 2m 处 ^{14}C 测年为 38860±920a B.P.（43200cal.a B.P.），指示这一深水时期为 40000～38000a B.P.（44000～42300cal.a B.P.）。1.9～1.8m 为含软体动物化石湖滨砂砾石沉积，指示湖泊在 38000～37000a B.P.（42300～41500cal.a B.P.）变浅。上覆沉积层（1.8～1.1m）为含软体动物化石粉砂质砂，对应近岸的沉积环境，表明湖泊较前期有所变深。1.69～1.79m 处 ^{14}C 测年为 36625±1630a B.P.（41050cal.a B.P.），得到略变深的时期为 37000～26000a B.P.（41500～31000cal.a B.P.）。上覆沉积（1.1～0.35m）为粉砂质黏土、粉砂，指示湖泊进一步变深，在约

1.05m 处 ^{14}C 测年为 25920±900a B.P.（30257cal.a B.P.），用这个年龄与下伏地层年龄内插，得到湖水变深的时间为 26000～15000a B.P.（31000～19300cal.a B.P.）。0.0～0.35m 沉积物由小砾石和粉砂组成，属洪积成因，这种岩性的变化反映湖水位在 15000a B.P.（19300cal.a B.P.）之后大幅度的下降。尽管土墩槽孔与断头梁孔位于盆地的相同部位，具有相同的海拔高程，但很难将两孔的岩性记录相对应。鉴于 ^{14}C 测年数据较少，年代也接近 ^{14}C 沉积物全样测年可靠性的极限，所以，我们根据这些孔仅能判断盆地内最早湖泊较深水位的波动过程。

3.7m 深的张家坑剖面和马岗剖面（1295m a.s.l.）为粉砂夹薄层黏土质粉砂沉积，这种岩性反映相对较深的湖泊环境。两个剖面共有 8 个放射性 ^{14}C 测年数据，反映 13000～5800a B.P.（15400～6600cal.a B.P.）的沉积。在附近湖泊相砂砾石层的瓣鳃类化石 ^{14}C 测年为 8720±105a B.P.（9746cal.a B.P.），与湖泊在早全新世水位较高的解释相吻合。该剖面位置的海拔高程与 T4 阶地一致，与 T3 阶地仅相差 1m。该剖面沉积物与 T4 阶地的形成时代（5600～5000a B.P.，即 6300～6000cal.a B.P.）相比显然太老，但与 T3 阶地相一致。因此，张家坑剖面和马岗剖面的记录表明 T3 阶地（没有测年数据）形成在 13000～5800a B.P.（15000～6600cal.a B.P.）的某段时间内，这也与该剖面位置介于已有测年的 T2.2 阶地和 T4 阶地之间相一致。

以下是对该湖泊进行古湖泊重建、量化水量变化的 9 个标准：（1）极低，现代湖泊环境，孔 B100 中的洪积、风成堆积（反映钻孔所在位置已干涸）；（2）很低，T6 阶地（1286m a.s.l.）；（3）低，T5 阶地（1290m a.s.l.）；（4）相对低，T4 阶地（1295m a.s.l.）；（5）中等，T3 阶地（1296m a.s.l.）、张家坑剖面和马岗剖面在 1295m a.s.l.的薄层黏土质粉砂沉积；（6）相对高，断头梁孔的砂砾石沉积，对应 T2.1 和 T2.2 形成时期之间的浅水时期（低于 T2.2 阶地）；（7）高，T2.2 阶地（1304m a.s.l.）、断头梁孔的含碳酸盐黏土质粉砂；（8）很高，T2.1 阶地、断头梁孔中含软体动物化石灰色湖相黏土；（9）极高，T1 阶地下伏砂质碳酸盐沉积、断头梁孔的浅灰色湖相黏土沉积、孔 B100 中的湖相粉砂。

白碱湖各岩心年代数据、水位水量变化见表 3.7 和表 3.8，岩心岩性变化图如图 3.3 所示。

表 3.7　白碱湖各岩心年代数据

样品编号	放射性 ^{14}C 年代/a B.P.	校正年代/cal.a B.P.	深度/m	测年材料	剖面/岩心
Hv 18934	38860±920	43200	ca 2	瓣鳃类壳体	土墩槽
	38650±970	43070	3.2～3.1	湖相碳酸钙	断头梁
Lu 9310/N102	36625±1630	41050	1.69～1.79	瓣鳃类壳体	土墩槽
	35660±420	40658	9.3		孔 B100
Lu 9324/N112	35020±810	40080	2.75～2.7	泥灰质湖相沉积	断头梁
Lu 934/N14	33500±1085	38604		瓣鳃类壳体	高于 T2.1
Lu 9323/N111	33265±800	38258		泥灰质湖相沉积	断头梁
Lu 9315/N123	32435±840	36990		瓣鳃类壳体	高于 T2.1
Lu 935/N18	32270±1236	37285		瓣鳃类壳体	高于 T2.1
	31060±220	35661	7.0		孔 B100
Ld 9310/N115	30360±175	34891		瓣鳃类壳体	断头梁
Lu 936/N19	30330±560	34980		瓣鳃类壳体	T2.1
Lanzhou Univ.	27200±975	32142		瓣鳃类壳体	T2.1

续表

样品编号	放射性 ^{14}C 年代/a B.P.	校正年代/cal.a B.P.	深度/m	测年材料	剖面/岩心
Hv 19982	27150±615	31767	8.2	碳酸盐	孔 B100
Hv 19981	26900+1055/–890	31582	6.7	碳酸盐	孔 B100
Ld 9311/N114	26749±164	31198	1.55～1.5	泥灰质湖相沉积	断头梁
Lanzhou univ.	25920±900	30257	ca 1.05	瓣鳃类壳体	土墩槽
Hv 19664	23370±380	28314		瓣鳃类壳体	T2.1
Lanzhou Univ.	23130±590	27749		湖相碳酸盐	T2.2（主湖岸）
Lu 9305/N221	22886±180	27515		泥灰质湖相沉积	干盐湖开掘剖面 1.8m 深
Hv 19980	18620±325	22220	2.9	湖相碳酸盐	孔 100
Hv 18936	16540±120	19743		湖相碳酸盐	T2.2（主湖岸）
Lu/N 153	12817±140	15431		湖相碳酸盐	T2.2（主湖岸）
Lu 9321/N42	12235±90	14214		泥质灰湖相沉积	张家坑剖面
Lu 9319/N41	12185±90	14163		泥质灰湖相沉积	张家坑剖面
Lu 9320/N43	10875±70	12764		泥质灰湖相沉积	张家坑剖面
Lu 931	8720±105	9746		砂砾石湖岸瓣鳃类壳体	近张家坑
Lu 937/N21	8565±140	9600		蜗牛壳	马岗
Ld 9301/N32	8211±115	9225		有机质	马岗
Hv 18933	7285±100	8133		湖相碳酸盐	马岗
Hv 19979	6655±100	7343	0.9	碳酸盐	孔 B100
Lu 938/N31	5825±160	6651		蜗牛壳	马岗
Lu 9322/N211	5510±60	6300		湖相碳酸盐	T4
Lu 933/N16	5250±70	6055		蜗牛壳	T4
Ld 9302/N91	4645±120	5315		泥炭	八挂庙
Lu 932/N17	3660±55	3971		蜗牛壳	T5
Hv 19978	3315±130	3600	0.57	碳酸盐	孔 B100
Ld 9303/N92	2561±85	2575		泥炭	八挂庙
Lu 9318/N20	1910±60	1834	剖面底部	湖相碳酸盐	T6
Hv 18937	1405±60	1321	剖面顶部	湖相碳酸盐	T6

注：年代校正由校正软件 Calib6.0 获得

表 3.8　白碱湖古湖泊水位水量变化

年代	水位水量
44300～37200cal.a B.P.	极高（9）
37200～28000cal.a B.P.	很高（8）
28000～23000cal.a B.P.	极低（1）
23000～22000cal.a B.P.	很高（8）
22000～17000cal.a B.P.	极低（1）
19740～15400cal.a B.P.	高（7）
15400～6600cal.a B.P.	中等（5）
15400～10180cal.a B.P.	极低（1）
10180～8480cal.a B.P.	中等（5）
8480～6300cal.a B.P.	极低（1）
7300～4100cal.a B.P.	相对低（4）

续表

年代	水位水量
5800～3800cal.a B.P.	低（3）
4000～1300cal.a B.P.	很低（2）
75～0cal.a.B.P.	极低（1）

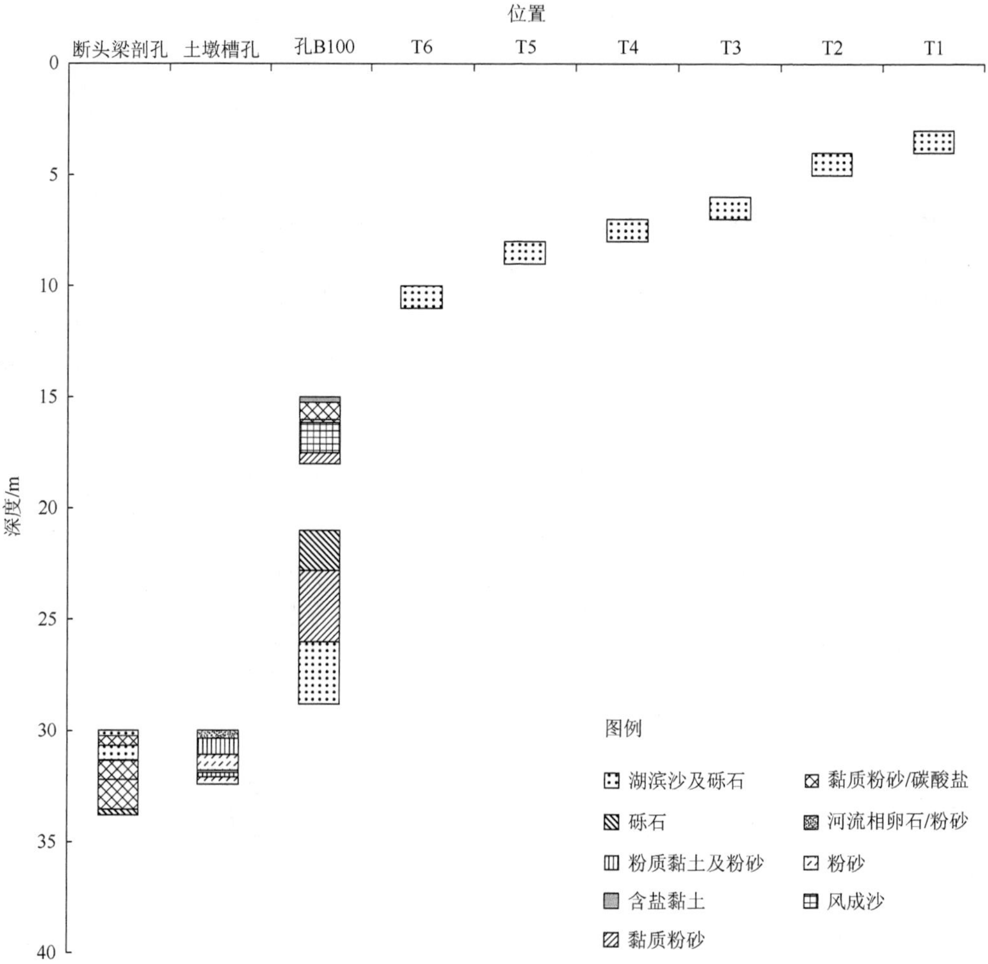

图 3.3 白碱湖岩心岩性变化图

参 考 文 献

刘文浩，范育新，张复，等. 2014. 白碱湖地区中更新世高湖岸的地质证据和初步年代结果//全国第四纪学术大会.

隆浩，王乃昂，李育，等. 2007. 猪野泽记录的季风边缘区全新世中期气候环境演化历史.第四纪研究，7（3）：71-381.

张虎才，Wünnemann B. 1997. 腾格里沙漠晚更新世以来湖相沉积年代学及高湖面期的初步确定. 兰州大学学报（自然科学版），33（2）：87-91.

Pachur H J，Wünnemann B，Zhang H C. 1995. Lake evolution in the Tengger Desert，Northwestern China，during the last 40000 years. Quaternary Research，44：171-180.

Wünnemann B，Pachur H J，Jijun L，et al. 1998. The chronology of Pleistocene and Holocene lake level fluctuations at Gaxun

Nur/Sogo Nur and Baijian Hu in Inner Mongolia，China（unpublished manuscript）.

3.1.4 白素海

白素海（湖）（42.58°N，115.90°E，海拔约 2000m a.s.l.）坐落在大青山东麓，盆地极小，湖泊封闭，由直接降水及少数溪流补给，盆地基岩为古近纪和新近纪玄武岩。

在湖岸钻取了两个钻孔，位置相近。孔 A 长 285cm，孔 B 165cm（A、B 为本书编写者为区分方便而定名），分别记录了距今约 13250a B.P.（16100cal.a B.P.）和 7500a B.P.（约 8300cal.a B.P.）的沉积（崔海亭和孔昭宸，1992；崔海亭等，1993）。其中，孔 A 有软体动物组合及植物大化石的记录。重建湖水深度的变化基于两个钻孔的综合判识以及孔 A 的软体动物组合及植物大化石记录；年代学主要建立在孔 A 中的 7 个放射性 ^{14}C 测年数据及孔 B 中的 5 个年代数据的基础上。

孔 A 的底部（285～180cm）为灰黑色湖相黏土沉积，含有球蚬（*Sphaerium* sp.）和微小圆扁旋螺（*Hippeutis minutes*），植物残体以芦苇根茎为主（*Phragmites*），并含有少数轮藻（*Chara*），软体贝壳的出现及芦苇等植物大化石的大量存在对应了浅水湖泊的特征。约 280cm 及 210cm 处 ^{14}C 测年分别为 13020±60a B.P.（15752cal.a B.P.）和 9845±90a B.P.（10825cal.a B.P.），表明这一期沉积时间为 13250～8500a B.P.（16100～8710cal.a B.P.）。如果采用上覆泥炭测年所计算的沉积速率（0.27mm/a），孔 A 该沉积年代的上限应为 8820a B.P.（9840cal.a B.P.）。

孔 A 180～100cm 及 B 孔 165～100cm 为泥炭层，表明湖面明显变浅，仅有少量软体动物碎壳，表明从湖相环境转换为泥炭沉积环境。崔海亭和孔昭宸（1992）在该泥炭层中区分出两个次级沉积单元：下部泥炭藓（*Sphagnum*）比例高，而上部缺失，但其他藓类丰富，他们认为泥炭藓的消失指示在沼泽发育过程中湖泊进一步变浅。但在本书的研究中，并没有把泥炭藓的消失与否作为衡量湖水深度变化的标志。孔 A 165cm 和 120cm 处 ^{14}C 测年分别为 8270±70a B.P.（9256cal.a B.P.）和 6625±60a B.P.（7507cal.a B.P.），孔 B 约 162cm 和 117.5cm 处 ^{14}C 测年分别为 7475a B.P.（8289cal.a B.P.）和 6050a B.P.（6885cal.a B.P.），孔 A 泥炭层的上限年代变幅为 5890a B.P.（6730cal.a B.P.）（使用该两个 ^{14}C 年代间的沉积速率 0.27mm/a 推算）至 4950a B.P.（5710cal.a B.P.）（使用上覆地层的沉积速率 0.46mm/a 外推），孔 B 泥炭层的上限年代变幅为 5490a B.P.（8380cal.a B.P.）（使用泥炭层内部的沉积速率 0.31mm/a 推算）至 5170a B.P.（6330cal.a B.P.）（使用上覆地层的沉积速率 0.30mm/a 推算）。

两孔深度 100cm 以上是湖相绿灰色粉砂和黏土，岩性的这种变化表明湖水深度再次加大。下部粉砂含量更高，孔 B100～66cm 是一明显的粉砂富集层，剖面向上由粉砂质黏土逐渐过渡为纯黏土沉积，对应湖水的逐渐变深，孔 A 的生物记录表明最初有大量的球蚬（*Sphaerium* sp.）和白小旋螺（*Gyraulis alba*）壳，出现芦苇根茎（*Phragmites*）和轮藻（*Chara*），与湖水变浅一致。这些指示生物在 0～30cm 逐渐减少，不见大型植物残体，软体动物含量减少，指示了湖水一定程度的变深。孔 A 约 80cm、40cm 和 5cm 处 ^{14}C 测年结果分别为 4515±80a B.P.（5137cal.a B.P.）、3640±40a B.P.（3986cal.a B.P.）和 1435±60a B.P.（1341cal.a B.P.），孔 B 约

85cm、44cm 和 18cm 处测年结果分别为 4680a B.P.（5398cal.a B.P.）、3330a B.P.（3548cal.a B.P.）和 1695a B.P.（1617cal.a B.P.）。通过孔 A 这些年龄数据的内插，表明湖水深度最大的时期（缺失植物大化石）开始于约 3010a B.P.（3230cal.a B.P.）。

钻孔位置所在地点沉积的停止表明湖泊在过去几百年变得更小，孔 A 的顶部有现代植物根系，最上部沉积单元 ^{14}C 年代沉积速率的外推表明，湖泊从约 1120a B.P.（960cal.a B.P.）开始从钻孔位置处退出，但孔 B 同样的分析表明，湖泊退出钻孔处的时间约为 560a B.P.（560cal.a B.P.）。

以下是对该湖泊进行古湖泊重建、量化水量变化的 4 个标准：（1）极低，钻孔处缺失沉积；（2）低，泥炭沉积；（3）中等，绿灰色黏土或粉砂质黏土，出现软体动物壳及大量的植物大化石；（4）高，绿灰色黏土相对少量软体动物壳，植物大化石缺失。

白素海各岩心年代数据、水位水量变化见表 3.9 和表 3.10，岩心岩性变化图如图 3.4。

表 3.9 白素海各岩心年代数据

放射性 ^{14}C 年代数据/a B.P.	校正年代/cal.a B.P.	深度/cm	测年材料	剖面/钻孔
13020±60	15752	ca 280	黏土	孔 A
9845±90	10825	ca 210	黏土	孔 A
8270±70	9256	ca 165	泥炭	孔 A
7475±?	8289	ca162	泥炭	孔 B
6625±60	7507	ca 120	泥炭	孔 A
6050±?	约 6885	ca 117.5	泥炭	孔 B
4680±?	约 5398	ca 85	有机质	孔 B
4515±80	5137	ca 80	有机质	孔 A
3640±70	3986	ca 40	有机泥	孔 A
3330±?	约 3548	ca 44	泥	孔 B
1695±?	约 1617	ca 18	泥	孔 B
1435±60	1341	ca 5	有机泥	孔 A

注：孔 A 校正年代数据由校正软件 Calib6.0 获得，孔 B 年代因数据欠缺而未进行校正

表 3.10 白素海古湖泊水位水量变化

年代	水位水量
16100～8710cal.a B.P.	中等（3）
9840～5710cal.a B.P.	低（2）
6730～3230cal.a B.P.	中等（3）
3230cal.a B.P.～560a B.P.	高（4）
960～0cal.a B.P.	极低（1）

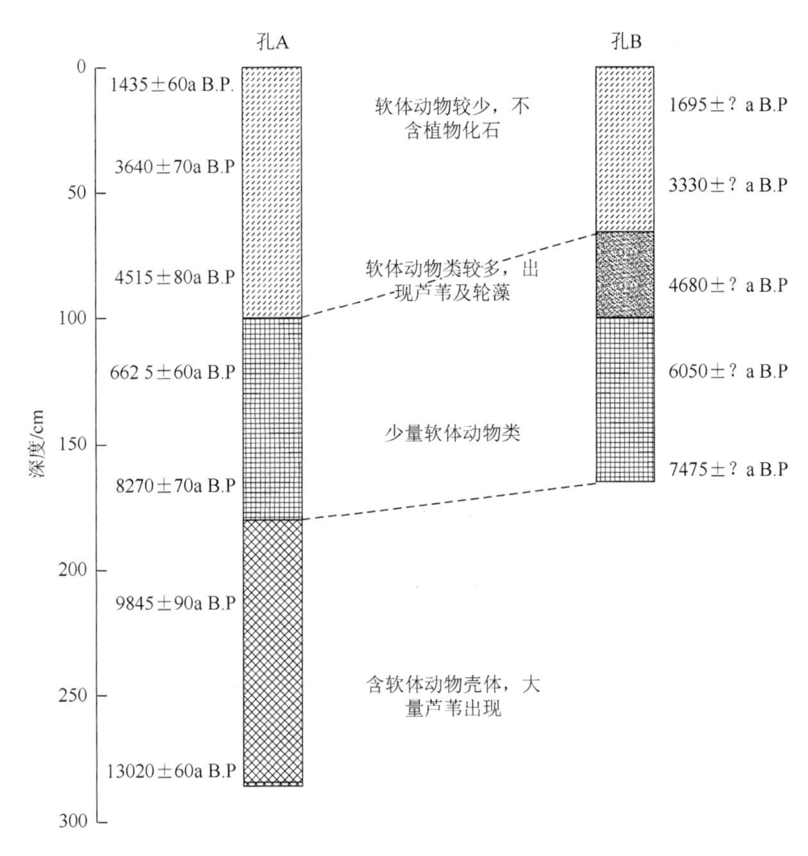

图 3.4　白素海岩心岩性变化图

参 考 文 献

崔海亭，孔昭宸. 1992. 内蒙古东中部地区全新世高温期气候变化的初步分析//施雅风，孔昭宸. 中国全新世大暖期气候与环境. 北京：海洋出版社：72-79.

崔海亭，吴万里，宋长青. 1993. 内蒙古大青山地区全新世环境的重建//张兰生. 中国生存环境历史演变规律研究（一）. 北京：海洋出版社：285-295.

3.1.5　泊江海子

泊江海子（39.76°～39.80°N，109.28°～109.37°E，海拔 1365m a.s.l.）位于内蒙古自治区东胜区西南约 100km，其北部有库布齐沙漠，南有毛乌素沙地，受风沙活动影响较大。2012 年，湖泊仅西部湖区有水，水域面积约为 1.2km^2，平均水深 0.5m（姜雅娟等，2014），湖泊流域总面积约为 362km^2，湖区有 5 条间歇性河流，但大部分在下游断流。湖泊年均温度约为 5.5℃，年均降雨量为 350mm，而蒸发量高达 2400～2600mm（杨志荣和张梅青，1997）。本区属暖温带典型草原，并向西部荒漠草原过渡，植被以本氏针茅及百里香为主，个别地点生长有杜松。

杨志荣和张梅青（1997）通过泊江海子湖滨人工开挖的探井剖面岩性及孢粉分析重建了近 800 年来湖泊环境的演化。翟秋敏等（2000）通过对湖滨一长 1.58m 岩心粒度变化研究，重建了古湖泊近600年来的水位变化。隆浩等（2007）对泊江海子PJHZ剖面沉积特征进行了研究，其记录的沉积年代大致约为4985a B.P.（5770cal.a B.P.）。姜雅娟等（2014）对钻于现代泊江海子西部湖区北侧的岩心（BJH01孔）粒度、烧失量以及孢粉等代用指标进行了研究，重建了泊江海子地区冰消期以来的气候和环境变化。但考虑到这两个岩心年代尺度较短，因此我们在此采用隆浩等（2007）所描述的剖面进行古湖泊水位的量化与重建。年代学基于PJHZ剖面中的4个^{14}C测年数据。

PJHZ剖面底部2.9～1.565m为风成沙沉积，表明此时湖泊已从钻孔处撤出，湖水位较低或干涸，经上覆沙层沉积速率（0.176cm/a）外推，得到该风成沙形成年代为5740～4985a B.P.（6535～5770cal.a B.P.）。

1.565～1.535m为灰绿色湖相黏土和粉砂层，表明此时湖水位有所回升，水深增加。该层底部湖相淤泥样品的^{14}C测年年代为4958±84a B.P.(5745cal.a B.P.)，经上覆1.235～0.9m沉积速率（0.13cm/a）外推，得到该层沉积年代为4985～4960a B.P.（5770～5745cal.a B.P.）。

1.535～1.235m为第二个风成沙沉积层，表明湖泊在4960～4790a B.P.（5745～5545cal.a B.P.）深度降低或干涸。

1.235～0.9m为湖相黏土和粉砂沉积，沉积物岩性变化表明此时湖泊又恢复至较深水环境。该层底部和顶部湖相淤泥样品^{14}C测年年代分别为4793±74a B.P.（5547cal.a B.P.）和4536±70a B.P.（5145cal.a B.P.），相应的该湖相层沉积年代为4790～4535a B.P.（5545～5145cal.a B.P.）。

0.9～0.5m为含少量黏土和粉砂的砂层，表明湖水位较下覆层下降。该层沉积年代为4535～4140a B.P.（5145～4140cal.a B.P.）。

0.5～0.4m为第三个风成沙层，0.4m处一骨头样品的^{14}C测年年代为4085±67a B.P.（4580cal.a B.P.），经沉积速率（0.176cm/a）外推，得到该层形成年代为4140～4085a B.P.（4635～4580cal.a B.P.）。

0.4～0.3m为灰黑色湖相层，湖相沉积的出现表明湖泊开始处于深水环境。经沉积速率（0.13cm/a）外推，得到该层沉积年代为4085～4010a B.P.（4580～4505cal.a B.P.）。

顶层0.3m为第四个风成沙层，表明近4010a B.P.（4505cal.a B.P.）以来湖泊又开始处于低水位或干涸状态。

BJH01孔岩心长4.38m，底部4.38～4.12m为含砾青灰色砂层，沉积物组成以砂为主，且平均粒度较大（约为120μm）。该阶段粒度特征与现代风成沙的特征基本一致，表明此时钻孔处可能为风成环境，湖泊此时并未到达该钻孔位置。经上覆层年代间沉积速率外推，得到该层沉积年代为11565～11145a B.P.（14125～13445cal.a B.P.）。

4.12～3.84m为青灰色砂层，沉积物组成仍以砂为主，且平均粒度较大（为52～195μm）。该阶段粒度特征介于现代风成沙与湖相沉积特征之间，反映钻孔位置可能为冲洪积相沉积环境。经上覆层年代间沉积速率外推，得到该层沉积年代为11145～10700a B.P.（13445～12720cal.a B.P.）。

3.84～1.3m为粉砂沉积层，且沉积物平均粒度减小（为23～58μm），沉积物岩性及粒度变化表明此时钻孔处可能为湖泊沉积环境，水位相对较高。该层3.52～3.54m、3.06～3.08m、2.66～2.68m、2.30～2.32m、1.90～1.92m及1.56～1.58m处沉积物样品的AMS^{14}C

年代分别为 10205±35a B.P.（11910cal.a B.P.）、9470±35a B.P.（10711cal.a B.P.）、8735±50a B.P.（9709cal.a B.P.）、8450±45a B.P.（9479cal.a B.P.）、8080±30a B.P.（9012cal.a B.P.）及 7625±35a B.P.（8415cal.a B.P.），通过外推得到该层沉积年代为 10700～7300a B.P.（12720～8120cal.a B.P.）。

1.3～0.84m 为青灰色砂层，沉积物平均粒度增加（约为 60μm），表明湖泊水位较前期降低，采样位置或转变为湖滨沉积环境。该层 1.06～1.08m 及 0.84～0.86m 处沉积物样品的 AMS^{14}C 年代分别为 7020±35a B.P.（7865cal.a B.P.）及 6285±35a B.P.（7216cal.a B.P.），通过外推得到该层沉积年代为 7300～6280a B.P.（8120～7210cal.a B.P.）。

顶部 0.84m 为粉砂层，沉积物平均粒度变小（约为 15μm），表明钻孔处可能重新形成湖泊沉积环境，水位升高。0.66～0.68m 及 0.38～0.4m 处样品的 AMS^{14}C 年代分别为 1755±35a B.P.（1662cal.a B.P.）及 1205±25a B.P.（1129cal.a B.P.），经这两个年代间沉积速率内插，得到该层为 2090a B.P.（1985cal.a B.P.）以来的沉积。但从下覆层 0.84～0.86m 处沉积物样品的年代来看，该层沉积年代应为 6280a B.P.（7210cal.a B.P.）。推断造成该年代差距的原因可能是该岩心 6280～2090a B.P.（7210～1985cal.a B.P.）的沉积缺失，即存在沉积间断现象。结合 PJHZ 剖面中存在的 4 个风成沙及 3 个湖相或湖滨相沉积层，可以初步判断在 6280～2090a B.P.（7210～1985cal.a B.P.）泊江海子应该发生过较大规模的湖退，使得湖水面退至现代钻孔位置以下，且该湖退阶段紧接着后期（2090a B.P.，即校正年代为 1985cal.a B.P.）的湖侵，侵蚀环境下不但没有保存当时的沉积物，还可能侵蚀掉了之前的湖相沉积层。

以下是对该湖泊进行古湖泊重建、量化水量变化的标准：（1）低，PJHZ 剖面及 BJH01 孔中的风成沙沉积；（2）中等，PJHZ 剖面中含少量黏土和粉砂的砂层，BJH01 孔中的砂层；（3）高，PJHZ 剖面中的湖相黏土和粉砂沉积，BJH01 孔中的粉砂沉积。

泊江海子各岩心年代数据、水位水量变化见表 3.11 和表 3.12，岩心岩性变化图如图 3.5 所示。

表 3.11　泊江海子各岩心年代数据

样品编号	放射性碳测年/a B.P.	校正年代/cal.a B.P.	测年材料	深度/m	剖面/钻孔
	4958±84	5745	湖相淤泥	1.535	PJHZ 剖面
	4793±74	5547	湖相淤泥	1.235	PJHZ 剖面
	4536±70	5145	湖相淤泥	0.9	PJHZ 剖面
	4085±67	4580	骨头	0.4	PJHZ 剖面
BA121591	10205±35*	11910	沉积物	3.52～3.54	BJH01 孔
BA121590	9470±35*	10711	沉积物	3.06～3.08	BJH01 孔
BA121589	8735±50*	9709	沉积物	2.66～2.68	BJH01 孔
BA121588	8450±45*	9479	沉积物	2.30～2.32	BJH01 孔
BA121587	8080±30*	9012	沉积物	1.90～1.92	BJH01 孔
BA121586	7625±35*	8415	沉积物	1.56～1.58	BJH01 孔
BA121585	7020±35*	7865	沉积物	1.06～1.08	BJH01 孔
BA130067	6285±35*	7216	沉积物	0.84～0.86	BJH01 孔
BA130066	1755±35*	1662	沉积物	0.66～0.68	BJH01 孔
BA130065	1205±25*	1129	沉积物	0.38～0.4	BJH01 孔

注：*为 AMS^{14}C 测年数据，PJHZ 剖面测试在兰州大学进行，BJH01 孔测年地点未知，校正年代由校正软件 Calib6.0 及 Calib7.0 获得

表 3.12　泊江海子古湖泊水位水量变化

年代	水位水量
14125～13445cal.a B.P.	低（1）
13445～12720cal.a B.P.	中等（2）
12720～8120cal.a B.P.	高（3）
8120～7210cal.a B.P.	中等（2）
7210～6535cal.a B.P.	缺失
6535～5770cal.a B.P.	低（1）
5770～5745cal.a B.P.	高（3）
5745～5545cal.a B.P.	低（1）
5545～5145cal.a B.P.	高（3）
5145～4140cal.a B.P.	中等（2）
4635～4580cal.a B.P.	低（1）
4580～4505cal.a B.P.	高（3）
4505～1985cal.a B.P.	低（1）
1985～0cal.a B.P.	高（3）

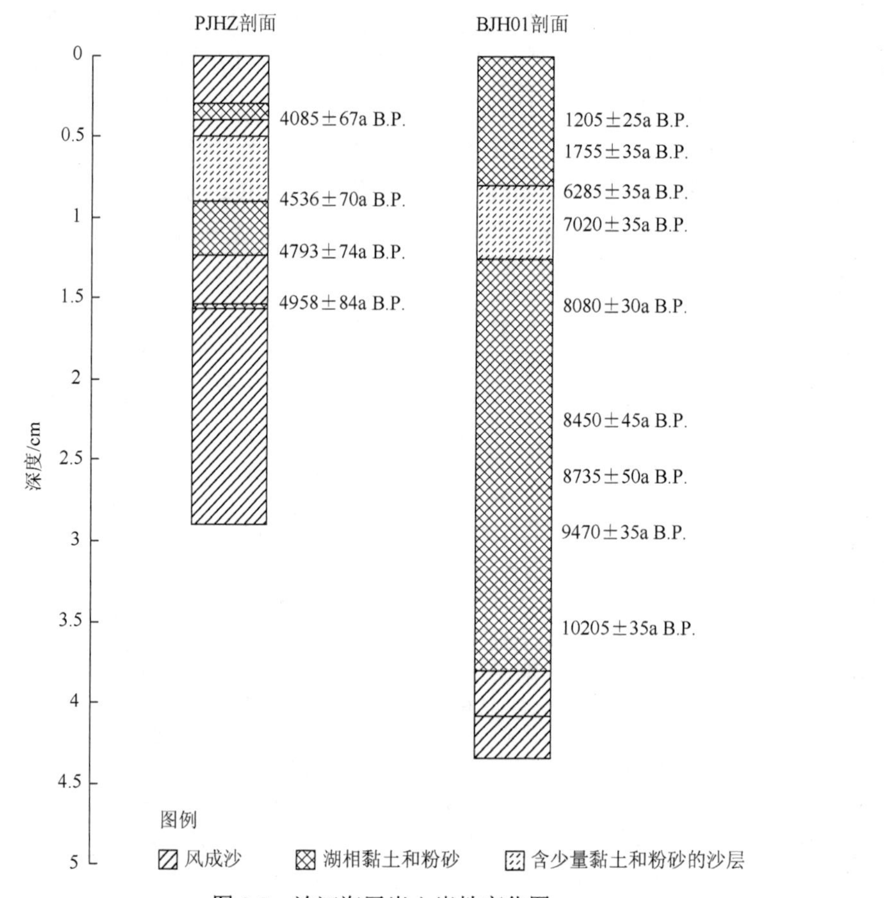

图 3.5　泊江海子岩心岩性变化图

参考文献

姜雅娟，王维，马玉贞，等. 2014. 内蒙古鄂尔多斯高原泊江海子全新世气候变化初步研究. 第四纪研究，34（3）：654-665.
隆浩，王乃昂，李育，等. 2007. 毛乌素沙地北缘泊江海子剖面粒度特征及环境意义.中国沙漠，27（2）：187-193.
杨志荣，张梅青. 1997. 鄂尔多斯泊江海子地区 800 余年来的气候与环境变化.湖南师范大学自然科学学报，20（4）：74-81.
翟秋敏，邱维理，李容全，等. 2000. 内蒙古安固里淖—泊江海子全新世中晚期湖泊沉积及其气候意义.古地理学报，2（2）：84-91.

3.1.6 查干淖尔湖

查干淖尔湖（又名呼日查干淖尔湖和库尔查干诺尔，43.86°～43.96°N，114.76°～115.00°E）是位于内蒙古的盐湖。湖泊面积 109.3km^2，分为东、西两湖，两湖中有人工土坝相隔，水流连通。东湖为淡水湖，海拔 1015m a.s.l.，面积约 26.0km^2；西湖海拔 1009m a.s.l.，现已干涸，湖盆裸露，面积约 83.3km^2。湖水依赖地表径流和大气降水补给，主要水源来自于东部流入东湖的高格斯台河和南部流入西湖的恩格尔河，流域面积为 1.4×10^{4}km^2，为相对封闭的湖泊（江南等，2016）。查干淖是组成古查干淖尔湖 16 个湖泊中面积最大的盐湖（呼舒淖、呼果淖、哈勒覆殊音淖、姆音淖、乌兰淖、温多查布淖、南查干淖等）。在早中全新世，该古湖最大面积为 2640km²（郑喜玉等，1992），而现今区域内所有湖泊面积仅为 156km²，流域面积为 2800km²。盆地为西南—东北走向，由构造作用形成，基岩为白垩纪砂石和泥石。

野外调查发现，查干淖尔湖泊周围存在 3 级湖岸堤，表明古湖泊高水位的存在。这 3 级湖岸堤的海拔分别为 1018m a.s.l.、1023m a.s.l.和 1026m a.s.l.，对这 3 级湖岸堤中的湖滨砂进行 OSL 测年，其年代分别为 2.42±0.15ka B.P.、4.26±0.29ka B.P.及 6.83±0.37ka B.P.，表明在 6.83～4.26ka B.P.时查干淖尔古湖高湖面稳定在 1023～1026m a.s.l.，比现代湖面约高 7m，4.26ka B.P.以来湖面持续下降。此外，刘美萍和哈斯（2015）利用 DEM 模型恢复得到的对应时期古湖面积分别是 270km^2、230km^2 和 120km^2。

对已干涸的查干淖尔湖西湖进行浅井揭露，浅井剖面（Cg）深 97cm，其沉积记录可至约 2000a B.P.（江南等，2016）。在湖心附近采得一长 23.41m 的钻心（孔 83-CK1），该岩心岩性变化所记录年代可追溯至约 20000a B.P.（郑喜玉等，1992）。我们根据 83-CK1 孔岩性特别是碎屑和化学沉积物变化以及 Cg 孔岩性及粒度变化，重建了古湖泊水深相对变化。年代学基于 83-CK1 岩心的 3 个放射性 ^{14}C 测年数据（徐昶，1993）以及 Cg 孔的 7 个放射性 ^{14}C 测年数据。

83-CK1 孔底部 23.41～20.93m 为具水平层理的褐色粉质黏土沉积，岩性及水平层理的存在说明当时湖泊为较深的淡水环境。对 19.6m 和 10.3m 处的样品进行放射性 ^{14}C 测年，其对应年代分别为 16309±121a B.P.（19415cal.a B.P.）和 12554±80a B.P.（14678cal.a B.P.），经沉积速率（2.48mm/a）外推，得到该深水环境对应年代为 17850～16850a B.P.（21355～20090cal.a B.P.）。

83-CK1 孔 20.93～20.07m 为黑色淤泥，沉积物中有机质含量的增加及水平层理的消失对应湖水变浅，但仍为淡水环境。经沉积速率外推，得到该层沉积年代为 16850～16500a B.P.

（20090～19655cal.a B.P.）。

83-CK1 孔 20.07～19.71m 为灰白色天然碱，这种到化学沉积物的转变表明大约16500a B.P.（19655cal.a B.P.）后湖水进一步变浅。

83-CK1 孔 19.71～19.01m 为黑色淤泥，含硝酸盐晶体，大量碎屑沉积物的出现说明湖水开始变深，但硝酸盐晶体的存在表明湖水深度增加不大，指示中等深度的水环境。对19.6m 的样品进行放射性 ^{14}C 测年，其年代为 16309±121a B.P.（19415cal.a B.P.），表明该沉积阶段对应年代为 16350～16070a B.P.（19470～19115cal.a B.P.）。

83-CK1 孔 19.01～15.71m 为灰白色至黑灰色天然碱，碎屑沉积到化学沉积物的转变说明在 16070～14740a B.P.（19115～17455cal.a B.P.）湖水变浅，该层上部含两个泥质黏土薄层，说明水深在一段时期内曾增加或处于向有机质含量较高的上覆层的过渡阶段。但由于不知道该泥质黏土的对应深度，因此未对该过渡阶段进行量化。

83-CK1 孔 15.71～14.61m 为黑色淤泥沉积，碎屑沉积物的出现表明湖水加深。该层对应年代大致为 14740～14290a B.P.（17455～16875cal.a B.P.）。

83-CK1 孔 14.61～13.65m 为灰白色天然碱，并含泥质薄夹层，该化学沉积物的大量出现说明水深变浅，但泥质夹层的存在表明水深变化并不明显。该阶段沉积时间为14290～13910a B.P.（16875～16385cal.a B.P.）。

83-CK1 孔 13.65～12.39m 沉积物为黑色淤泥，并含有天然碱，岩性变化说明水深略有增加。该时期对应年代为 13910～13400a B.P.（16385～15740cal.a B.P.）。

83-CK1 孔 12.39～9.39m 沉积物为灰白色天然碱，该层底部含三个淤泥薄层，表明湖水由较深向较浅水环境转变，但遗憾的是该淤泥层的具体深度并未给出。10.3m 处样品的放射性 ^{14}C 测年为 12554±80a B.P.（14678cal.a B.P.）。通过对该年代数据及上覆层年代数据间沉积速率内插，得到该层上界年代大致为 10560a B.P.（12170cal.a B.P.）。

83-CK1 孔 9.39～8.04m 沉积物为黑色含天然碱的淤泥，岩性变化表明湖水较下覆层变深。8.94m 处样品放射性 ^{14}C 测年所对应年代为 9569±80a B.P.（10928cal.a B.P.），假定钻心上部沉积物为现代沉积，通过对该年代数据及岩心顶部沉积速率（0.93mm/a）内插，得到该黑色淤泥层沉积年代为 10560～8610a B.P.（12170～9830cal.a B.P.）。

83-CK1 孔 8.04～7.64m 为灰白色天然碱，表明水深较上阶段变浅。该层对应年代大致为 8610～8180a B.P.（9830～9340cal.a B.P.）。

83-CK1 孔 7.64～7.0m 为含硝酸盐晶体的黑色淤泥沉积，说明湖水加深。该层年代为8180～7490a B.P.（9340～8555cal.a B.P.）。

83-CK1 孔 7.0～6.64m 为灰白色天然碱，说明水深变浅。该阶段对应年代为 7490～7110a B.P.（8555～8115cal.a B.P.）。

83-CK16.64～5.04m 为天然碱和黑色淤泥的夹层，碎屑沉积物的大量出现表明湖水加深，但天然碱的存在表明水深增加幅度并不大。该层沉积年代为 7110～5390a B.P.（8115～6160cal.a B.P.）。

83-CK1 孔 5.04～4.34m 为灰白色天然碱，同时也存在一些较薄的淤泥夹层，说明水深较下覆层有所变浅，该阶段对应年代为 5390～4650a B.P.（6160～5305cal.a B.P.）。该阶段岩性变化所指示的较浅湖水环境与湖岸阶地所指示的湖泊在 6.83～4.26ka B.P.为深水环境相悖，很可能是测年误差导致的。

83-CK1 孔 4.34～4.0m 为含无水芒硝的黑色淤泥沉积，说明水深略有增加。该阶段沉积于 4650～4280a B.P.（5305～4890cal.a B.P.）。

83-CK1 孔 4.0～3.64m 为淡灰色天然碱，说明湖水较下覆层变浅。该阶段对应年代大体为 4280～3900a B.P.（4890～4450cal.a B.P.）。

83-CK1 孔 3.64～3.14m 为含天然碱晶体的黑色淤泥沉积，说明湖水深度略有增加。该层对应年代为 3900～3360a B.P.（4450～3840cal.a B.P.）。

83-CK1 孔 3.14～2.84m 为灰到灰白色天然碱沉积，表明水深较下覆层变浅。该阶段对应年代为 3360～3040a B.P.（3840～3470cal.a B.P.）。

83-CK1 孔 2.84～2.14m 沉积物为灰绿色黏土，说明水深较下覆层有较大幅度增加，其所对应年代为 3040～2290a B.P.（3470～2615cal.a B.P.）。

83-CK1 孔 2.14～0m 为黄棕色泥沙和粉质黏土沉积，说明湖水变浅，但该层沉积相尚不清楚。原作者认为该层为河-湖相沉积，但河-湖相沉积对应于湿润环境，这与晚全新世以来该湖泊面积大量缩减的事实不相符。

Cg 孔底部 0.97～0.55m 为灰绿色黏土质粉砂沉积，粒度偏细（平均粒径为 6.41Φ），表明湖水水位相对较高，孢粉组合中莎草科含量相对较低（＜2%），也表明此时湖水深度相对较大。该层 0.97m、0.93m、0.86m、0.75m 处全有机样品的 ^{14}C 年代分别为 2850±35a B.P.（2962cal.a B.P.）、2665±25a B.P.（2769cal.a B.P.）、2360±30a B.P.（2375cal.a B.P.）及 2115±25a B.P.（2087cal.a B.P.）。经内插，得到该层沉积年代为 2850～1980a B.P.（2962～1932cal.a B.P.）。

Cg 孔 0.55～0.30m 为含黏土的粉砂及中细砂层，沉积物粒径的增大（平均粒径为 5.40Φ）表明湖泊水位较前期下降，孢粉组合中莎草科含量的增加（3.25%）也表明湖泊深度下降。该层 0.51m 处全有机样品的 ^{14}C 年代为 1950±35a B.P.（1901cal.a B.P.）。经内插，得到该层沉积年代为 1980～1730a B.P.（1932～1630cal.a B.P.）。

Cg 孔顶部 0.3m 为黄色/灰色黏土质粉砂层，沉积物粒径的下降（平均粒径为 6.61Φ）表明湖水深度较上阶段有所增加，孢粉组合汇总莎草科含量的下降（3%）也和湖水深度增加一致。该层 0.27m 及 0.01m 处全有机样品的 ^{14}C 年代分别为 1630±30a B.P.（1533cal.a B.P.）和 760±30a B.P.（691cal.a B.P.）。经内插，得到该层为 1730a B.P.（1630cal.a B.P.）以来的沉积。

以下是对该湖泊进行古湖泊重建、量化水量变化的 8 个标准：（1）很低，83-CK1 孔的天然碱沉积；（2）低，83-CK1 孔的含淤泥层天然碱沉积；（3）较低，83-CK1 孔的含天然碱有机淤泥质；（4）中等，83-CK1 孔的含硝酸盐晶体有机淤泥质沉积；（5）较高，83-CK1 孔的含无水芒硝有机淤泥质；（6）高，83-CK1 孔的有机泥质沉积；（7a）很高，83-CK1 孔的粉质黏土，Cg 孔的含黏土粉砂及中细砂；（7b）很高，83-CK1 孔的粉质黏土，Cg 孔的黏土质粉砂；（8）极高，83-CK1 孔的黏土沉积。

查干淖尔湖各岩心年代数据、水位水量变化见表 3.13 和表 3.14，岩心岩性变化图如图 3.6 所示。

表 3.13　查干淖尔湖各岩心年代数据

样品编号	放射性 ^{14}C 测年数据/a B.P.	校正年代/cal.a B.P.	深度/m	测年材料	钻孔/剖面
	16309±121	19415	19.6	有机物	83-CK1 孔
	12554±80	14678	10.3	有机物	83-CK1 孔
	9569±80	10928	8.94	有机物	83-CK1 孔
Cg-b09-97	2850±35	2962	0.97	全有机质	Cg 孔
Cg-b09-93	2665±25	2769	0.93	全有机质	Cg 孔
Cg-b09-86	2360±30	2375	0.86	全有机质	Cg 孔
Cg-b09-75	2115±25	2087	0.75	全有机质	Cg 孔
Cg-b09-51	1950±35	1901	0.51	全有机质	Cg 孔
Cg-b09-27	1630±30	1533	0.27	全有机质	Cg 孔
Cg-b09-0-1	760±30	691	0～0.02	全有机质	Cg 孔

注：年代校正软件为 Calib6.0 及 Calib7.1

表 3.14　查干淖尔湖古湖泊水位水量变化

年代	水位水量
21355～20090cal.a B.P.	很高（7）
20090～19655cal.a B.P.	高（6）
19655～19470cal.a B.P.	很低（1）
19470～19115cal.a B.P.	中等（4）
19115～17455cal.a B.P.	很低（1）
17455～16875cal.a B.P.	高（6）
16875～16385cal.a B.P.	低（2）
16385～15740cal.a B.P.	较低（3）
15740～12170cal.a B.P.	低（2）
12170～9830cal.a B.P.	较低（3）
9830～9340cal.a B.P.	很低（1）
9340～8555cal.a B.P.	中等（4）
8555～8115cal.a B.P.	很低（1）
8115～6160cal.a B.P.	较低（3）
6160～5305cal.a B.P.	低（2）
5305～4890cal.a B.P.	较高（5）
4890～4450cal.a B.P.	很低（1）
4450～3840cal.a B.P.	较低（3）
3840～3470cal.a B.P.	很低（1）
3470～2962cal.a B.P.	极高（8）
2962～1932cal.a B.P.	很高（7b）
1932～1630cal.a B.P.	很高（7a）
1630～0cal.a B.P.	很高（7b）

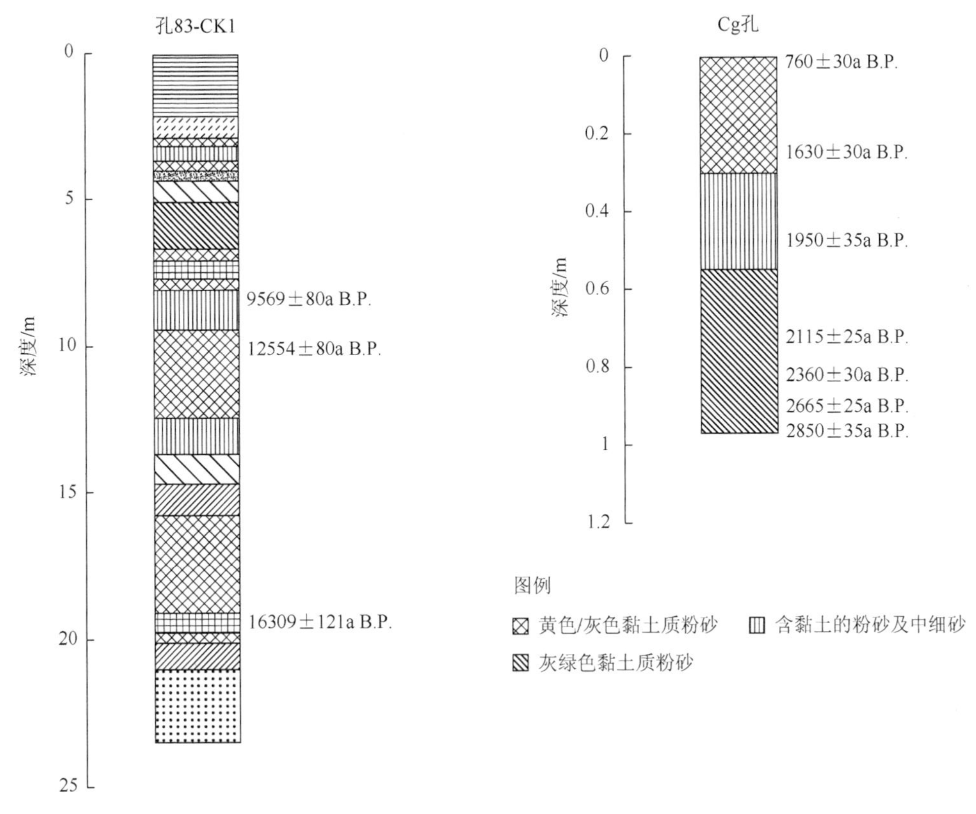

图3.6 查干淖尔湖岩心岩性变化图

参 考 文 献

江南，王永，董进，等. 2016. 内蒙古查干淖尔湖2000a以来气候环境演变的沉积记录. 地质通报，6：12.

刘美萍，哈斯. 2015. 中全新世以来查干淖尔古湖面波动. 中国沙漠，(2)：306-312.

徐昶. 1993. 中国盐湖黏土矿物研究. 北京：科学出版社：1-280.

郑喜玉，张明刚，董继和，等. 1992. 内蒙古盐湖研究. 北京：科学出版社：1-296.

3.1.7 岱海

岱海（40.46°～40.61°N，112.55°～112.78°E，海拔1220m a.s.l.）是一个内陆湖，位于NEE和NW断层所控制的断裂盆地。湖泊面积160km²，流域面积2289km²。湖泊最大水深16m，平均水深7.41m，盐度为3.9g/L。湖水主要由降水及20多条河流补给（王苏民等，1990）。湖区年均降雨量350～450mm，年均蒸发量1938mm（Sun et al.，2009），盆地基岩为古近纪和新近纪玄武岩及太古代变质岩。钻孔研究显示，在深度为 100～240m 处存在湖相地层，说明岱海历史较长，可追溯至上新世（李容全等，1990）。

岱海湖水位波动对历史时期气候变化反应敏感（王苏民等，1990）。1875 年后湖水位开始下降，到 1879 年时湖泊面积仅为 60km²。自 1879 年后湖水位开始上升，湖泊面积到 1896 年时增至 91km²，到 20 世纪初甚至超过 200km²。1927～1929 年由于气候持续干旱，致使湖泊面积锐减，1929 年仅为 50km²，20 世纪 40 年代和 50 年代湖水位又开始上升，到 50 年代湖泊面积增至 200km²，过去 30 年间湖水位年平均约下降 2.84m。

近来对岱海的研究较多，早期如王苏民等（1990，1991）及李华章等（1992）对岱海阶地剖面及湖泊钻孔 DZ1 沉积特性的研究，近来如曹建廷等（2001）对湖泊 DH 岩心有机碳同位素、碳酸盐、介形类及 Sr/Ca 值等指标的综合分析，讨论岱海小冰期以来的气候环境演化过程；沈吉等（2000，2001）及 Shen 等（2002）通过湖泊东南部 1.5m 长岩心的介形类 Sr/Ca 值定量研究恢复了湖水古盐度变化，用以指示古湖水位变化；Sun 等（2006，2009）及孙千里等（2010）通过对湖心钻孔 DH-99B 岩心及阶地剖面的研究重建了古湖泊水位及水深变化；许清海等（2003）及 Xiao 等（2004）对孔 DH-99B 的平行孔 DH-99A 的孢粉分析重建了全新世以来古湖泊的降水及温度变化；Peng 等（2005）根据 DH-99B 孔及 DH-99A 孔岩心粒度变化分析了古湖泊降水量变化；杜青松等（2013）对先前钻孔的研究进行归纳总结，从空间尺度、时间尺度与其他研究结果的对比以及代用指标与气候要素的关系研究等方面总结了全新世以来高原湖泊岱海沉积与环境演变的主要研究成果。

湖周围有两处阶地（T2 和 T1），表明全新世时湖泊高水位的存在，并且湖泊存在三次湖侵，尤以发生在约 10000a B.P.时的那次最为清晰（王苏民等，1990）。T2 阶地海拔为 1260～1270m a.s.l.，说明当时湖水位较今高 40～50m，相应的湖泊面积约为 431km²。王苏民和冯敏（1991）及李华章等（1992）最早分别对 T2 阶地剖面中的弓坝河水库剖面、五间窑剖面、土城子剖面、石门水库 T2 剖面及牛路剖面（王苏民和冯敏，1991）和目花河剖面、淤土堡剖面和弓沟沿剖面（李华章等，1992）进行了研究。后来 Sun 等（2009）对岱海周围的弓沟沿剖面、弓坝河水库剖面、东河沿剖面、土城子剖面Ⅰ、土城子剖面Ⅱ、目花河剖面、目花河口剖面、淤土堡剖面（上部）及淤土堡剖面（下部）进行了研究，考虑到王苏民和冯敏（1991）及李华章等（1992）研究中年代数据的缺乏及精度不够，因此我们只将其研究列于书中作为参考，在最后研究湖泊水位量化时，我们采用 Sun 等（2009）的最新文献资料。

弓沟沿剖面（Sun et al.，2009）：位于岱海盆地西南二级阶地上，海拔 1261m a.s.l.，剖面厚 7.4m。底部 7.40～7.00m 为黄色河流相中粗砂沉积，上覆 1m 厚的灰色含泥质粉细砂层，向上为 0.4m 厚的黑色含泥质褶皱，代表湖水位逐渐加深，再向上 5.80～4.35m 为黄色河流相含砾粗砂，表明湖泊水位下降；4.35～1.9m 为浅灰色含粉砂泥，向上逐步过渡为黑色淤泥，2.8m 处淤泥 ^{14}C 测年年代为 7240±40a B.P.（8070cal.a B.P.），表明 7240a B.P.（8070cal.a B.P.）后湖水位逐渐加深；1.9～1.4m 为黄色河流相中粗砂，表明水位下降；剖面顶部为 1.1m 深黄土及 0.3m 耕作土层。

弓沟沿剖面（李华章等，1992）：对该剖面研究不充分。已有证据显示，该剖面底部沉积物为湖相淤泥层，上覆第一个泥炭沉积薄层的放射性 ^{14}C 测年年代为 8490±110a B.P.

（9468cal.a B.P.），表明在8500a B.P.（9500cal.a B.P.）前湖泊水位较高，且自约8490a B.P.（9468cal.a B.P.）水位开始下降。上覆沉积物为湖相粉质黏土夹黏质粉砂层，含蜗牛壳，表明湖水变深。上覆第二个泥炭沉积薄层的放射性 ^{14}C 测年年代为 4515±90a B.P.（5100cal.a B.P.），表明在约4500a B.P.（5100cal.a B.P.）时湖泊水位又开始下降。

弓坝河水库剖面（Sun et al.，2009）：位于弓沟沿剖面下约200m，海拔1259m a.s.l.，剖面厚度为8.0m。底层为3m厚的黄色河流相中细砂及粗砂沉积，顶部过渡为粉细砂，代表湖泊低水位时期，上覆0.7m厚的泥炭夹灰色粉砂及淤泥层，再向上变为0.9m厚黄色河流相细-中砂，该层底部样品 ^{14}C 测年年代为9650±40a B.P.（11130cal.a B.P.），表明自9650a B.P.（11130cal.a B.P.）后湖水位进一步下降；其上覆层为1.4m厚的浅灰色含泥粉细砂，向上1m下部为灰色含粉砂泥，中夹20cm厚黑色淤泥，上部为浅灰黄色砂的沉积，该层淤泥 ^{14}C 测年年代为 7780±40a B.P.（8541cal.a B.P.），表明约在 7800a B.P.（8540cal.a B.P.）时湖水位相对较高；剖面最顶层为0.70m的黄土层及0.30m的耕作土层。

弓坝河水库剖面（王苏民和冯敏，1991）：底层为河流相砂质砾石。上覆层为湖相粉砂和粉质黏土，含水平层理及交错层理，再往上是一泥炭沉积薄层，其放射性 ^{14}C 测年年代为 9600±150a B.P.（10885cal.a B.P.），说明全新世第一次的湖侵发生在 9600a B.P.（10885cal.a B.P.）前，且在约9600a B.P.（10885cal.a B.P.）时湖水位开始下降。泥炭层的上覆层为粉砂和粉质黏土沉积，再往上为代表浅水环境的含蜗牛贝壳及植物根系的粉质黏土层。其上覆层为第二个泥炭沉积层，其放射性 ^{14}C 测年年代为4410±100a B.P.（5072cal.a B.P.），代表湖水继续变浅的时期。厚0.5～1.0m的粉质黏土层上覆于第二个泥炭层之上，表明湖水至4410a B.P.（5072cal.a B.P.）后有所加深。该剖面最顶层为现代土壤层。

东河沿剖面（Sun et al.，2009）：位于弓坝河水库上游约600m，海拔1262m a.s.l.，剖面厚2.50m。基本为粉砂与淤泥互层。剖面底层2.5～2.15m为含泥粉砂，上覆2.15～2.00m为黑色淤泥层，往上为深0.50m的灰色含泥粉细砂层，上覆1.50～1.40m为黑色淤泥层，其中1.5m处样品 ^{14}C 年代为7875±40a B.P.（8681cal.a B.P.），表明湖水位在7875～7500a B.P.（8680～7020cal.a B.P.）时水深较大；再上覆1.40～0.95m为黄色粉砂层，1m处样品 ^{14}C 年代为5765±30a B.P.（6571cal.a B.P.），表明7500～5700a B.P.（7020～6515cal.a B.P.）水位下降；0.95～0.65m为灰色淤泥层，0.7m处样品 ^{14}C 年代为5415±30a B.P.（6236cal.a B.P.），表明在5700～5400a B.P.（6515～5770cal.a B.P.）湖泊水位上升；0.65～0.35m为灰色含泥粉细砂，该层0.4m处样品 ^{14}C 年代为3230±30a B.P.(3433cal.a B.P.)，表明在5400～3200a B.P.（5770～2965cal.a B.P.）湖水位又有所下降；顶层0.35m为耕作土层。

五间窑剖面（王苏民和冯敏，1991）：岱海二级阶地上，底层为河流相砂质砾石，上覆3m厚的湖相粉质黏土和黏土层，含水平层理。该湖相沉积底部放射性 ^{14}C 测年年代为10080±120a B.P.（11654cal.a B.P.）。再上覆约3m厚的湖相粉砂及黏质粉砂沉积层，含波状及交错层理，说明湖水较下覆层有所变浅。该剖面顶层为泥炭沉积层，但遗憾的是该层没有测年数据。

土城子剖面Ⅰ（Sun et al.，2009）：位于岱海盆地南岸，海拔1259m a.s.l.，剖面厚度4.6m。剖面底层（4.60～4.20m）为灰色淤泥层，4.5m 处样品 ^{14}C 测年年代为 13025±40a B.P.（15746cal.a B.P.），表明湖泊在13280～12260a B.P.（16100～14700cal.a B.P.）时水位较高；

上覆4.20～2.55m为黄色含砾粉细砂，2.7m处样品 ^{14}C 测年年代为8420±40a B.P.（9463cal.a B.P.），表明在12260～8290a B.P.（14700～9285cal.a B.P.）湖泊水位降低；2.55～2.3m为灰黑色薄层泥质条带，泥质沉积的出现说明湖水位增加，经沉积速率（0.117cm/a）内插，得到该深水期对应年代为8290～8070a B.P.（9285～9000cal.a B.P.）；向上2.3～1.9m为黄色粉细砂层，1.9m处样品 ^{14}C 测年年代为7735±30a B.P.（8515cal.a B.P.），表明湖水位在8070～7735a B.P.（9000～8515cal.a B.P.）下降；上覆层1.9～1.5m为灰黑色薄层泥质条带，表明湖水位在7735～7390a B.P.（8515～8040cal.a B.P.）升高；上覆1.5～0.6m为黄色含砾中细砂，表明湖水位在7390～6620a B.P.（8040～6970cal.a B.P.）下降；剖面顶部0.6m为黄土及表层耕土。

土城子剖面Ⅱ（Sun et al.，2009）：位于剖面Ⅰ以南的阶地上，海拔1262m a.s.l.，剖面厚度2.5m。底部2.50～1.90m为黄色砂层；上覆1.90～1.40m为黄色粉砂与灰色泥质互层，再向上1.40～0.50m为灰色含粉砂泥；顶层0.50m为黄土及表层耕土，其中0.50m处样品 ^{14}C 测年年代为4680±30a B.P.（5395cal.a B.P.），表明湖泊在4680a B.P.（5395cal.a B.P.）前水位较高，且此后水位开始下降。

土城子剖面（王苏民和冯敏，1991）：底部为湖相泥质粉砂层，上覆一泥炭沉积薄层（未进行测年），表明湖水变浅。泥炭层上部为较薄的湖相黏质粉砂沉积层，再往上又为泥炭沉积层，该泥炭层放射性 ^{14}C 测年年代为8670±110a B.P.（9715cal.a B.P.）。继该浅水环境后是三次代表湖泊深-浅波动交替的湖相粉砂/黏质粉砂和泥炭交替沉积层。最近一次（第五次）泥炭沉积放射性 ^{14}C 测年年代约为5890±100a B.P.（6708cal.a B.P.）。该剖面顶部为厚0.5～1.0m的粉质黏土层，含蜗牛壳，表明自5890a B.P.（6708cal.a B.P.）后湖水开始变浅。

石门子T2剖面（王苏民和冯敏，1991）：底层（8.5～7m）为变质岩，上覆沉积物（7～6.5m）为河流砂质砾石。剖面6.5～5.7m为湖相黏质粉砂。通过对约5m和1.8m处测年数据间沉积速率外推，得到该湖相层沉积年代为9860～9022a B.P.（10695～10115cal.a B.P.）。剖面5.7～3.8m为湖相黏质粉砂和粉砂沉积，含蜗牛壳体，对该层约5m处的蜗牛壳进行放射性 ^{14}C 测年，其年代为8570±140a B.P.（9605cal.a B.P.），说明湖水在9022～7790a B.P.（10115～8730cal.a B.P.）时有所变浅。上覆沉积物（3.8～2.3m）为湖相黏质粉砂层，含波状层理及交错层理，蜗牛壳体的消失表明湖水在这一时期加深。经内插，得到该层沉积年代为7790～6820a B.P.（8730～7640cal.a B.P.）。上覆层（2.3～1.5m）为湖相黏质粉砂及粉砂沉积，含蜗牛壳，对该层约1.8m处蜗牛壳样品进行放射性 ^{14}C 测年，其年代为6500±370a B.P.（7279cal.a B.P.），说明6820a B.P.（7640cal.a B.P.）后湖水变浅。剖面1.5～0.8m处为砂质砾石，最顶部为次生黄土沉积层。

牛路剖面（王苏民和冯敏，1991）：在海拔约1270m a.s.l.处为一孤立古土壤层，其放射性 ^{14}C 测年年代为2920±90a B.P.（3065cal.a B.P.），其下覆层为次生黄土沉积，再往下为湖相沉积物。该剖面无详细研究记录，仅有资料研究表明该剖面3000a B.P.（3100cal.a B.P.）前为浅水环境。

目花河剖面（Sun et al.，2009）：位于岱海盆地东部，海拔1256m a.s.l.。剖面7.10m以下为黄色河流相砂，7.10～6.70m为灰/浅灰色泥，7m处样品 ^{14}C 测年年代为13160±40a B.P.（15964cal.a B.P.），经与上覆层沉积速率（0.031cm/a）内插，得到该层沉积年代为13480～12190a

B.P.（16480～14420cal.a B.P.）；6.70～6.10m 为黄色粉砂，表明湖泊水位在 12190～10250a B.P.（14420～11320cal.a B.P.）时有所下降；6.10～5.80m 为青灰色泥，6m 处样品 ^{14}C 测年年代为 9930±40a B.P.（11322cal.a B.P.），表明湖泊在 10250～9280a B.P.（11320～9775cal.a B.P.）时水位较高；5.80～2.90m 为含螺壳化石的灰/浅灰色含泥粉砂；2.90～1.90m 为黄色河流相砂；顶部 1.9m 为黄土及耕作土层，表明湖泊在约 9280a B.P.（9775cal.a B.P.）后水位持续下降。

目花河口剖面（Sun et al.，2009）：位于岱海盆地东部，海拔 1243m a.s.l.，剖面厚 8.70m。底部 8.7～4.5m 为三个代表湖泊水位浅-深交替波动的粉砂/河流相砂-淤泥交替沉积，其中第二次淤泥沉积的上下限年代分别为 10340±40a B.P.（12212cal.a B.P.）和 7900±40a B.P.（8695cal.a B.P.），最近一次粉砂沉积结束年代为 7350±40a B.P.（8123cal.a B.P.），最近一次淤泥沉积结束年代为 5755±30a B.P.（6556cal.a B.P.），表明湖泊水位在 10340～7900a B.P.（12210～8695cal.a B.P.）及 7350～5755a B.P.（8120～6555cal.a B.P.）时水位较高，在 7900～7350a B.P.（8695～8120cal.a B.P.）时则相对较低；上覆 4.50～0.3m 为河流相砂及细粉砂层；顶层 0.3m 为黄色细中砂及耕土层，表明湖水位自 5755a B.P.（6555cal.a B.P.）后开始下降。

目花河剖面（李华章等，1992）：底部为湖相沉积物，上覆层为河流相沙层。对该层一孤立蜗牛壳样品的放射性 ^{14}C 测年年代为 4790±80a B.P.（5489cal.a B.P.），表明自 4800a B.P.（5500cal.a B.P.）后湖水位开始降低。

淤土堡剖面（上部）（Sun et al.，2009）：海拔 1261m a.s.l.，厚度为 8.6m。整个剖面基本以砂质沉积为主，其中底层 8.60～7m 为砂及粉细砂沉积；上覆 7.00～5.80m 为黄色粉细砂夹灰色含泥粉砂；5.80～0.90m 为黄色细中砂；0.90～0.40m 为灰色致密粉细砂；顶层 0.40m 为表层耕作土，但遗憾的是该剖面不含测年数据。

淤土堡剖面（下部）（Sun et al.，2009）：位于岱海盆地东北部，海拔 1254m a.s.l.，剖面厚度为 7.20m。底部 7.20～6.50m 为黄色河流相细中砂；上覆 6.5～6.05m 为含粉砂泥；6.05～5.75m 为灰黑色淤泥，6m 处样品 ^{14}C 测年年代为 11910±40a B.P.（13761cal.a B.P.），通过与上覆层年代沉积速率（0.104cm/a）内插，得到该层形成年代为 12150～10675a B.P.（14070～12210cal.a B.P.）；5.75～5.45m 为灰褐色含泥粉细砂，5.5m 处样品 ^{14}C 测年年代为 9440±50a B.P.（10668cal.a B.P.），表明湖泊在 10675～9190a B.P.（12210～10360cal.a B.P.）时水位下降；5.45～5.05m 为黑色淤泥，顶部有薄层砂；向上 5.05～4.85m 为灰色粉砂层；向上 4.85～4.25m 为黑色淤泥与黄色粉砂互层，4.8m 处样品 ^{14}C 测年年代为 12305±40a B.P.（14290cal.a B.P.）；上覆 4.25～3.85m 为黄色粉砂，4m 处样品 ^{14}C 测年年代为 10945±40a B.P.（12802cal.a B.P.）；上覆 3.85～3.45m 为黑色淤泥；向上 3.45～2.85m 为灰色泥质与黄色粉砂互层；2.85～1.50m 为灰色富有机质粉砂，2.5m 处样品 ^{14}C 测年年代为 11340±40a B.P.（13219cal.a B.P.）；顶部 1.5m 为黄色河流相中粗砂。

淤土堡剖面（李华章等，1992）：底部沉积物为河流沙/风成沙沉积，上覆层为一孤立的泥炭薄层，该泥炭层样品的放射性 ^{14}C 测年年代为 11615±170a B.P.（13484cal.a B.P.），表明在约 11600a B.P.（13500cal.a B.P.）时湖水位达到约 1260m a.s.l.；其上覆沉积物为湖相淤泥，说明 11600a B.P.（13500cal.a B.P.）后湖水位又进一步升高。

上述所有剖面沉积特征表明，在 11600a B.P.（13500cal.a B.P.）前湖泊水位较低，到 11600a B.P.（13500cal.a B.P.）时湖泊水位开始升高，达到约 1260m a.s.l.，且 11600a B.P.

（13500cal.a B.P.）后湖水位继续升高，一度超过 1260m a.s.l.。

弓沟沿剖面及土城子剖面的泥炭沉积、石门 T2 剖面的湖相黏质粉砂层之上的湖滨蜗牛壳均说明在 8700～7800a B.P.（9700～8700cal.a B.P.）时湖泊水位开始下降。石门 T2 剖面的湖相黏质粉砂及粉砂沉积的出现及蜗牛壳的消失均表明湖水在 7800～6820a B.P.（8700～7640cal.a B.P.）时变深。在 6820～5900a B.P.（7640～6700cal.a B.P.），石门 T2 剖面表明湖泊水深略微变浅，但从土城子剖面的沉积证据来看，当时湖泊水位仍高于 2170m a.s.l.。在约 5890a B.P.（6708cal.a B.P.）时湖泊水位约为 2170m a.s.l.。从土城子剖面、弓沟沿剖面、目花河剖面的沉积来看，湖水位在 5890～4800a B.P.（6708～5500cal.a B.P.）时又开始升至 2170m a.s.l.以上。弓沟沿剖面及弓坝河水库剖面的泥炭沉积显示在 4800～4400a B.P.（5500～5100cal.a B.P.）（由弓坝河水库剖面得知）时湖水又开始变浅。王苏民等（1990）认为弓坝河水库剖面的沉积显示 4400a B.P.（5100cal.a B.P.）后湖泊水位升高。T2 前缘陡崖表明湖水位下降，牛路剖面沉积表明该水位下降的年代为 4000～3000a B.P.（5700～3100cal.a B.P.）。

经对上述所有剖面的研究，淤土堡剖面（下部）、土城子 I 剖面、目花河剖面及目花河口剖面（Sun et al.，2009）的湖相沉积均表明岱海在 13500～10700a B.P.（16500～12200cal.a B.P.）湖泊面积较大，湖水较深，但弓坝河水库剖面（Sun et al.，2009）的河流相沉积却显示此时湖水位较低，不及 1254m a.s.l.。据 Sun 等（2009）推测，当时湖泊高出现代湖水位 25～28m（1245～1248m a.s.l.），水深可达 58m。10700～10250a B.P.（12200～11320cal.a B.P.）时弓坝河水库剖面、土城子剖面 I 、目花河剖面及目花河口剖面（Sun et al.，2009）中的河流相砂质沉积物表明湖水位下降，且低于 1235m a.s.l.。Sun 等（2009）认为当时湖水位仅高出现代 10～13m（1230～1233m a.s.l.），湖水深度约在 44m。在 10250～9280a B.P.（11320～9775cal.a B.P.）时，目花河剖面、东河沿剖面、淤土堡剖面（下部）（Sun et al.，2009）的湖相沉积、弓沟沿剖面（李华章等，1992）的湖相淤泥层、弓坝河水库剖面（王苏民和冯敏，1991）的湖相沉积均表明湖水位再次升高，但土城子剖面 I 的河流相沉积仍显示低水位。Sun 等（2009）估计当时水位高出现代约 35m（1255m a.s.l.），水深约为 62m。随后湖水位开始下降，仅在目花河口剖面见湖相淤泥沉积，表明在 9280～7350a B.P.（9775～8120cal.a B.P.）时湖水位大幅下降，曾一度降至高出现代约 15m（1235m a.s.l.）。7350～5700a B.P.（8120～6500cal.a B.P.），弓坝河水库剖面、目花河口剖面（Sun et al.，2009）及石门 T2 剖面（王苏民等，1991）、弓沟沿剖面（李华章等，1992）湖相沉积的出现表明湖水位升高，但东河沿剖面、弓沟沿剖面（Sun et al.，2009）的河流相沉积却显示此时湖水面下降，当时的湖泊水位应低于 1259m a.s.l.。Sun 等（2009）估计当时水位高出现代水位 35m（1255m a.s.l.），湖水最大深度达 65m。5700～3200a B.P.（6500～2965cal.a B.P.）时湖相沉积在东河沿剖面和土城子剖面 II（Sun et al.，2009）、土城子剖面（王苏民和冯敏，1991）及弓沟沿剖面和目花河剖面（李华章等，1992）的出现，表明湖水位很高，同时考古显示，岱海流域仰韶文化后期（约 5000a B.P.）遗迹表明当时水位海拔为 1200～1300m a.s.l.，而随后的龙山文化遗迹表明水位海拔高度在 1300～1400m a.s.l.，也表明湖泊水位升高（Sun et al.，2006），高出现代水位约 40m（1260m a.s.l.），自 3200aB.P.以来的所有剖面均表明湖水位降低。

在 T1 阶地顶部及 T2 阶地基底沉积物间存在 5～10m 的倾斜面。T1 阶地顶部高出现代湖泊水位7～12m，当时湖泊面积约为209km²。对该阶地并无详细研究，但石门水库剖面（王苏民等，1990）和芦苇荡剖面（李华章等，1992）沉积证据均表明当时为高水位时期。石门水库剖面存在湖相黏土和粉砂沉积物，T1阶地顶部的泥炭薄层存在两个放射性^{14}C测年数据，分别为2440±80a B.P（2535cal.a B.P.）和2115±80a B.P.（2123cal.a B.P.）。芦苇荡剖面湖相粉砂层之上也为泥炭薄层，其测年年代为1990±75a B.P.（1975cal.a B.P.）。石门水库T1剖面和芦苇荡剖面均表明早期的湖泊高水位（约2500a B.P.前超过现代7～12m多）发生在2500～2000a B.P.（2500～2000cal.a B.P.）的湖退（7～12m）之后。

岱海西部（水深未知）至深80m的钻孔（DZ1）沉积年代可代表末次间冰期。水深16m的DH-99B孔沉积年代约为末次盛冰期，岱海东南部水深12.6m的孔沉积年1.5m深岩心记录的沉积年代可至5000a B.P.（沈吉等，2000）。根据DZ1孔岩心岩性、介形类、自生矿物变化、1.5m深岩心岩性及盐度变化，结合岱海阶地剖面及DH-99B孔孢粉、粒度及碳酸盐变化可推知湖泊水位变化，并遵从原作者描述，重建了岱海古湖泊水深相对变化情况。年代学基于各剖面及岩心中的测年数据，而淤土堡剖面（下部）由于年代倒转较严重，因此在量化时未采用该剖面年代数据。

王苏民等（1990）根据花粉组合状况认为DZ1孔底层（80～45m）的沉积年代为末次间冰期。该层可分为五个亚层：

80.0～71.0m为绿灰色黏质粉砂夹灰黄色粉砂沉积，介形虫以*Cytherissa lacustris*为主，同时还含有浅水种的*Ilyocypris gibba*和*Ilyocypris bradyi*（Sars）。自生矿物为细碎屑、菱铁矿及碳酸盐颗粒，表明湖泊在该时期水深较浅（第一阶段）。

上覆71.0～61.0m以黑色黏土为主，同时还含有一些碳酸盐夹层，代表一种典型的深水环境。介形类为适于温暖气候下的深水种，包括*Cytherissa lacustris*及*Limnocythere*。自生矿物为黄铁矿和黏土矿物，含少量菱铁矿及碳酸盐颗粒。菱铁矿及碳酸盐颗粒含量的减少以及黄铁矿的出现与湖水变深相吻合。王苏民和冯敏（1992）认为该时期的湖水处于整个研究阶段的最高值（第二阶段）。

61.0～55.0m处沉积物为绿灰色黏土和灰黄色黏质粉砂，介形类以*Limnocythere*为主，包括*Ilyocypris gibba*和*Ilyocypris bradyi*（Sars），自生矿物菱铁矿及碳酸盐颗粒增加，表明湖水较上一阶段有所变浅（第三阶段）。

上覆层（55.0～54.0m）为灰黄色富砾石粉砂沉积，说明湖水进一步变浅，该层不含介形类，和水深变浅相一致（第四阶段）。

54.0～45.0m为层状黏土沉积，说明湖水加深。介形类以*Cytherissa lacustris*（Sars），*Candona* spp.及*Limnocythere* spp.幼虫为主，且自生矿物为黏土矿物，含少量菱铁矿及碳酸盐颗粒。菱铁矿及碳酸盐颗粒含量的下降及黄铁矿的出现均表明湖水变深（第五阶段）。

45.0～14.4m为末次冰期沉积物（王苏民等，1990）。沉积物颗粒较粗，且颜色较浅，说明湖水较浅。该层又可分为4个亚层。

根据花粉组合及沉积速率推算，45.0～34.0m处为早武木冰期沉积物（王苏民等，1990），沉积物岩性为灰黄色含砾泥质粉砂，粉砂及淤泥。该层不含介形类，说明湖水较浅，自生矿物为白云石、方解石及针铁矿，和湖水变浅一致（第六阶段）。

34.0～26.0m为灰色到灰黄色黏质粉砂夹粉砂沉积，含层状木炭，岩性变化说明湖水略有加深。但介形类以 *Potamocypris villosa* 和 *Ilyocypris bradyi*（Sars）为主，对应变浅的湖水环境。自生矿物为细粒碎屑矿物、菱铁矿及碳酸盐颗粒或菱铁矿和黏土矿物，也对应于湖水的变浅。约 30.5m 处样品的放射性 ^{14}C 测年年代为 25690±1240a B.P.（30348cal.a B.P.），经外推，得到该层沉积年代为 31845～21430a B.P.（35000～25235cal. a B.P.）。

26.0～19.0m 为黄灰色黏质粉砂，含一些泥炭薄层及植物残遗，对应于湖水变浅。自生矿物以细粒碎屑矿物、菱铁矿及碳酸盐颗粒为主。介形类以浅水种 *Ilyocypris* 为主，如 *Potamocypris villosa*、*Oligotherm Candona neglecta*，微咸种 *Eucypris inflata*。*Eucypris inflata* 的出现说明当时水深比现代还低（全新世时无微咸种介形类），但比早武木冰期时要高（当时沉积物中不含介形类）。经内插，得到该层沉积年代为 21430～14800a B.P.（25235～17285cal.a B.P.），与王苏民和冯敏（1991）所描述的时间（20000～14500a B.P.）大体一致。

19.0～14.4m 沉积物为黑灰色黏质粉砂夹黄灰色粉砂，自生矿物以自生矿物的碎屑、菱铁矿及碳酸盐颗粒为主，介形类包括 *Limnocythere* 和 *Ilyocypris*，表明湖水深度增加。经内插得出该层沉积年代大致为 14800～10440a B.P.（17285～12060cal.a B.P.）。

14.4～6.0m 沉积物为富有机质黏土、黏质粉砂及粉质黏土沉积，说明湖水加深。自生矿物组合为黏土矿物及菱铁矿。碳酸盐含量的降低也和湖水加深相吻合。介形类以适于暖湿气候的单一深水种 *Limnocythere*（幼虫）或 *Limnocythere inopinata* 为主，同时该层部分层段介形类消失。介形类的消失表明湖水淡化或湖水太深以至于其无法生存（王苏民等，1990）。同时，王苏民等还指出湖水的淡化（＜180mg/L）可能是导致介形类消失的主要原因。对该层约 10.5m 处样品的放射性 ^{14}C 测年数据显示，其年代为 6750±120a B.P.（7632cal.a B.P.），相应的沉积年代大体为 10000～4000a B.P.（王苏民等，1990）（12060～4360cal.a B.P.）。该层可以和 T2 阶地相对应。根据岩性变化，该层又可以分为三个亚层（介形类及自生矿物的研究不够充分，因此未用它们作为主要证据）。

（1）14.4～13m 沉积物为黑灰色黏土，说明湖水较上一阶段有所加深。介形类以单一 *Limnocythere*（幼虫）为主，和湖水加深相吻合。经内插，得到该层沉积年代大体为 10440～9120a B.P.（12060～10470cal.a B.P.）。

（2）13～11.8m 为灰色到灰黄色粉质黏土夹黏质粉砂，对应于湖水的变浅。经内插，得到该层沉积年代为 9120～7980a B.P.（10470～9100cal.a B.P.）。

（3）11.8～10m 为黑色黏土沉积，表明湖水较下覆层有所加深。经外推得出的该层沉积年代为 7980～6276a B.P.（9100～7060cal.a B.P.）。

（4）10～8m 为灰色到灰黄色粉质黏土及黏质粉砂，对应于湖水的变浅。但该层不含介形类，说明湖水仍处于较深的环境（王苏民等，1990）。经外推，得到该层沉积年代为 6276～4380a B.P.（7060～4790cal.a B.P.）。

（5）8～6m 为灰色黏土，对应于湖泊水深增加，介形类以单一 *Limnocythere inopinata* 为主，和水深增加一致。该层沉积年代开始于约 4380a B.P.（4790cal.a B.P.）。假定该钻孔顶部为现代沉积，且未遭侵蚀，则其沉积结束于约 4000a B.P.（王苏民和冯敏，1991）（4360cal.a B.P.）。

岩心 6～5.5m 为灰黄色黏质粉砂夹粉砂沉积，岩性变化表明湖水变浅。对该层介形类无详细研究，但自生矿物以自生矿物的碎屑、菱铁矿及碳酸盐颗粒为主，和浅水环境相一致。经10.5m及钻心顶部年代间沉积速率内插得出的该层沉积年代大致为4000～3535a B.P.（4360～4000cal.a B.P.）。

5.5～3m为灰色黏土及粉质黏土沉积，说明湖水变深。该层不含介形类，和湖水变深相吻合（王苏民和冯敏，1991），但矿物组合和下覆层相比无明显变化。该层很可能对应于T1阶地沉积，该层沉积年代为3535～1930a B.P.（4000～2180cal.a B.P.）。

顶部3～0m为灰黄色至黄色黏质粉砂和粉砂沉积，表明湖水较上一阶段变浅。介形类为单一*Ilyocypris*和极少量*Limnocythere*。*Ilyocypris*的出现对应于湖水变浅。自生矿物以湖滨相的白云石、方解石及针铁矿为主，也表明自1930a B.P.（2180cal.a B.P.）后湖水变浅。

位于现代水深16m的DH-99B孔所记录的沉积年代约为末次盛冰期（孙千里等，2010）。但由于直接反映水位变化的资料不足，因此我们只是根据岩心岩性变化粗略给出各段所反映的可能水位变化，并和其他阶地剖面及钻心进行比对。岩心12.87～12.26m为含淤泥的灰色细-中粒砂，表明当时湖水位较低，12.54m处有机质AMS年代为16210±110a B.P.（19358cal.a B.P.），因此该湖泊低水位对应年代为18850～14000a B.P.（22600～16600cal.a B.P.）。12.26～9.8m为灰色粉质黏土，含纹层，岩性变化表明湖水位较下覆层加深，11.8m、10.14m、10.9m及9.9m处有机质AMS年代分别为10290±140a B.P.（12083cal.a B.P.）、6593±34a B.P.（7498cal.a B.P.）、8920±100a B.P.（9936cal.a B.P.）和5420±150a B.P.（6202cal.a B.P.）（9.9m处有机质另一AMS年代为5370±90a B.P.（6120cal.a B.P.）），该层沉积速率（约0.024cm/a）较小，经外推，得到该层沉积年代为13970～5360a B.P.（16600～6150cal.a B.P.）。9.8～4.3m为灰色粉质黏土，8m及6m处的有机质AMS年代分别为4860±70a B.P.（5600cal.a B.P.）（8m处有机质另外两个年代为4830±80a B.P.（5525cal.a B.P.）和4730±70a B.P.（5455cal.a B.P.））和3470±120a B.P.（3775cal.a B.P.），沉积速率（0.150cm/a）在该层发生较大变化，根据Sun等（2006）研究发现，该处是由岱海沉积环境发生变化所致，而非出现沉积间断。该层沉积年代为5360～2340a B.P.（6150～2540cal.a B.P.）。顶层4.3～0m为褐色-灰黄色含腐殖淤泥，表明湖水水位较下覆层继续下降。4m及2m处有机质AMS年代分别为2310±70a B.P.（2318cal.a B.P.）和1550±70a B.P.（1447cal.a B.P.），该层为2340a B.P.（2540cal.a B.P.）以来的沉积。

岱海东南部水深12.6m处钻取1.5m长岩心，沈吉等（2000）通过介形类壳体Sr/Ca值定量恢复了近5000年来古湖泊盐度变化，结合岩心岩性及介形类变化可指示古湖泊水位的变化。岩心底部1.5～1.16m为灰色粉砂质泥沉积，介形类以广盐种*Limnocythere inopinata*、*limnocythere* cf.*inopinata*、*Limnocythere sanctipatricci*为主，说明当时湖水水位不是很高，估算该阶段湖水盐度较高（平均为3.939g/L），与较浅水环境一致，该层1.5m及1.32m处有机质^{14}C测年年代分别为5000±180a B.P.（5813cal.a B.P.）和4400±140a B.P.（5056cal.a B.P.），经内插，得到该段形成时期为5000～3870a B.P.（5810～4380cal.a B.P.）。

上覆1.16～1.00m为灰黄色粉砂质泥与泥质粉砂互层，该时期内湖泊盐度为最低值（2.5g/L），表明该时期湖水盐度较低，水深较深，同时该层极低的介形类含量与湖水深度增加一致。该层沉积年代为3870～2910a B.P.（4380～3115cal.a B.P.）。

1.00～0.74m为灰黄色泥质粉砂沉积，湖泊盐度的大幅增高（最高达5.138g/L，平均约为3.75g/L），表明湖泊较下覆层变浅，湖面收缩，0.86m及0.72m处有机质^{14}C测年年代分别为 2263±114a B.P.（2267cal.a B.P.）和 1895±92a B.P.（1830cal.a B.P.），经内插，得到该层沉积年代为 2910～1950a B.P.（3115～1890cal.a B.P.）。

顶层 0.74～0m 为灰黄色粉砂质泥与含腐殖质泥，湖水盐度总体增加（平均约为 4g/L），表明湖水位继续降低，介形类 *limnocythere* cf.*inopinata* 含量的增加也与此对应，0.32m 及 0.18m 处有机质 ^{14}C 测年年代分别为 842±75a B.P.（794cal.a B.P.）和 300±18a B.P.（394cal.a B.P.），表明该层为 1950a B.P.（1890cal.a B.P.）以来的沉积。

以下是对该湖泊进行古湖泊重建、量化水量变化的 9 个标准：（1）很低，DZ1 孔中的砾石沉积，不含介形虫，自生矿物中含白云石；（2）低，DZ1 孔中的灰黄色及黄色黏质粉砂和粉砂沉积，介形类含肥胖真星介；（3）较低，DZ1 孔中的灰黄色及黄色黏质粉砂和粉砂沉积，介形类含 *Ilyocypris*，自生矿物中含白云石，1.5m 长岩心中的灰黄色粉砂质泥与含腐殖质泥，介形类含 *limnocythere* cf.*inopinata*；（4）中等，DZ1 孔中的灰黄色及黄色黏质粉砂及粉砂沉积，介形类含 *Ilyocypris*，自生矿物中白云石消失，出现碳酸盐；（5）较高，T1 阶地湖水位，1227～1232m a.s.l.；（6）高，湖泊阶地所显示的水位约为 1235m a.s.l.；（7）很高，湖泊阶地所显示的水位约为 1245m a.s.l.；（8）极高，湖泊阶地所显示的水位约为 1255m a.s.l.；（9）最高，湖泊阶地所显示的水位约为 1260m a.s.l.，DZ1 孔的层状黏土及碳酸盐沉积。

岱海岩心年代数据、水位水量变化见表 3.15 和表 3.16，岩心岩性变化图如图 3.7 所示。

表 3.15　岱海各岩心年代数据

样品编号	^{14}C 测年数据/a B.P.	校正年代/cal.a B.P.	深度/m	测年材料	剖面/钻孔
	25690±1240	30348	约 30.5	灰色黏土	DZ1 孔
	16210±110	19358	12.54	有机质	DH-99B，AMS
	13160±40	15964	7		目花河剖面（Sun et al.，2009）
	13025±40	15746	4.5		土城子剖面 I
	12305±40	14290	4.8		淤土堡剖面（下部）
Tka-12101	11910±40	13761	6		淤土堡剖面（下部）
	11615±170	13484		泥炭	淤土堡剖面（李华章和冯敏，1992）
	11340±40	13219	2.5		淤土堡剖面（下部）
	10945±40	12802	4		淤土堡剖面（下部）
	10340±40	12212	7		目花河口剖面（Sun et al.，2009）
	10290±140	12083	11.80	有机质	DH-99B，AMS
	10080±120	11654		淤泥	五间窑 T2 剖面（王苏民和冯敏，1991）
	9930±40	11322	6		目花河剖面（Sun et al.，2009）
Tka-12000	9650±40	11130	4.3		弓坝河水库剖面（Sun et al.，2009）
	9600±150	10885		泥炭	弓坝河水库 T2 剖面（王苏民和冯敏，1991）
	9440±50	10668	5.5		淤土堡剖面（下部）

续表

样品编号	^{14}C 测年数据/a B.P.	校正年代/cal.a B.P.	深度/m	测年材料	剖面/钻孔
Tka-12207	8920±100	9936	10.90	有机质	DH-99B，AMS
	8670±110	9715		泥炭	土城子 T2 剖面（王苏民和冯敏，1991）
	8570±140	9605		蜗牛壳	石门水库 T2 剖面（王苏民和冯敏，1991）
	8490±110	9468		泥炭	弓沟沿剖面(李华章等，1992)
	8420±40	9463	2.7		土城子剖面 I
	7900±40	8695	5.7		目花河口剖面（Sun et al.，2009）
	7875±40	8681	1.5		东河沿剖面
	7780±40	8541	1.5		弓坝河水库剖面（Sun et al.，2009）
	7735±30	8515	1.9		土城子剖面 I
	7350±40	8123	5.4		目花河口剖面（Sun et al.，2009）
	7240±40	8070	2.8		弓沟沿剖面(Sun et al.，2009)
	6750±120	7632	约 10.5	灰黑色黏土	孔 DZ1
NUTA-2724	6593±34	7498	9.89	有机质	DH-99A（对应于 DH-99B 孔的 10.14m），AMS
	6500±370	7279		蜗牛壳	石门水库 T2 剖面（王苏民和冯敏，1991）
	5890±100	6708		泥炭	土城子 T2 剖面（王苏民和冯敏，1991）
	5765±30	6571	1		东河沿剖面
	5755±30	6556	4.5		目花河口剖面（Sun et al.，2009）
	5415±30	6236	0.7		东河沿剖面
Tka-12099	5420±150	6202	9.90	有机质	DH-99B，AMS
Tka-12100	5370±90	6120	9.90	有机质	DH-99B，AMS
	5000±180	5813	1.5	有机质	1.5m 深岩心
Tka-12001	4860±70	5600	8.00	有机质	DH-99B，AMS
Tka-11999	4830±80	5525	8.00	有机质	DH-99B，AMS
	4790±90	5489		蜗牛壳	目花河剖面(李华章等，1992)
Tka-12098	4730±70	5455	8.00	有机质	DH-99B，AMS
	4680±30	5395	0.5		土城子剖面 II
	4515±90	5100		泥炭	弓沟沿剖面(李华章等，1992)
	4410±100	5072		泥炭	弓坝水库 T2 剖面（王苏民和冯敏，1991）
	4400±140	5056	1.32	有机质	1.5m 深岩心
	3800±130	4181		有机质	1.5m 深岩心

续表

样品编号	^{14}C 测年数据/a B.P.	校正年代/cal.a B.P.	深度/m	测年材料	剖面/钻孔
Tka-12156	3470±120	3775	6.00	有机质	DH-99B，AMS
	2920±90	3065		古土壤	牛路 T2 剖面（王苏民和冯敏，1991）
	2440±80	2535		泥炭	石门水库 T1 剖面
Tka-11998	2310±70	2318	4.00	有机质	DH-99B，AMS
	2263±114	2267	0.86	有机质	1.5m 深岩心
	2115±80	2123		泥炭	石门水库 T1 剖面
	1990±75	1975		泥炭	芦苇荡剖面
	1895±92	1830	0.72	有机质	1.5m 深岩心
Tka-12097	1550±70	1447	2.00	有机质	DH-99B，AMS
	1316±85	1218		有机质	1.5m 深岩心
	842±75	794	0.32	有机质	1.5m 深岩心
	300±18	394	0.18	有机质	1.5m 深岩心

注：DH-99B 校正年代数据遵从原文，其余校正年代数据由校正软件 Calib6.0 获得

表 3.16　岱海古湖泊水位水量变化

年代	水位水量
间冰期	
阶段一	中等（4）
阶段二	最高（9）
阶段三	中等（4）
阶段四	很低（1）
阶段五	最高（9）
末次冰期	
阶段六	很低（1）
ca 35000～25235cal. a B.P.	中等（4）
25235～17285cal.a B.P.	低（2）
17285～16500cal.a B.P.	中等（4）
16500～12200cal.a B.P.	高（6）
12200～11320cal.a B.P.	较高（5）
11320～9775cal.a B.P.	极高（8）
9775～8120cal.a B.P.	高（6）
8120～43800cal.a B.P.	极高（8）
4380～3115cal.a B.P.	最高（9）
3115～0cal.a B.P.	较低（3）

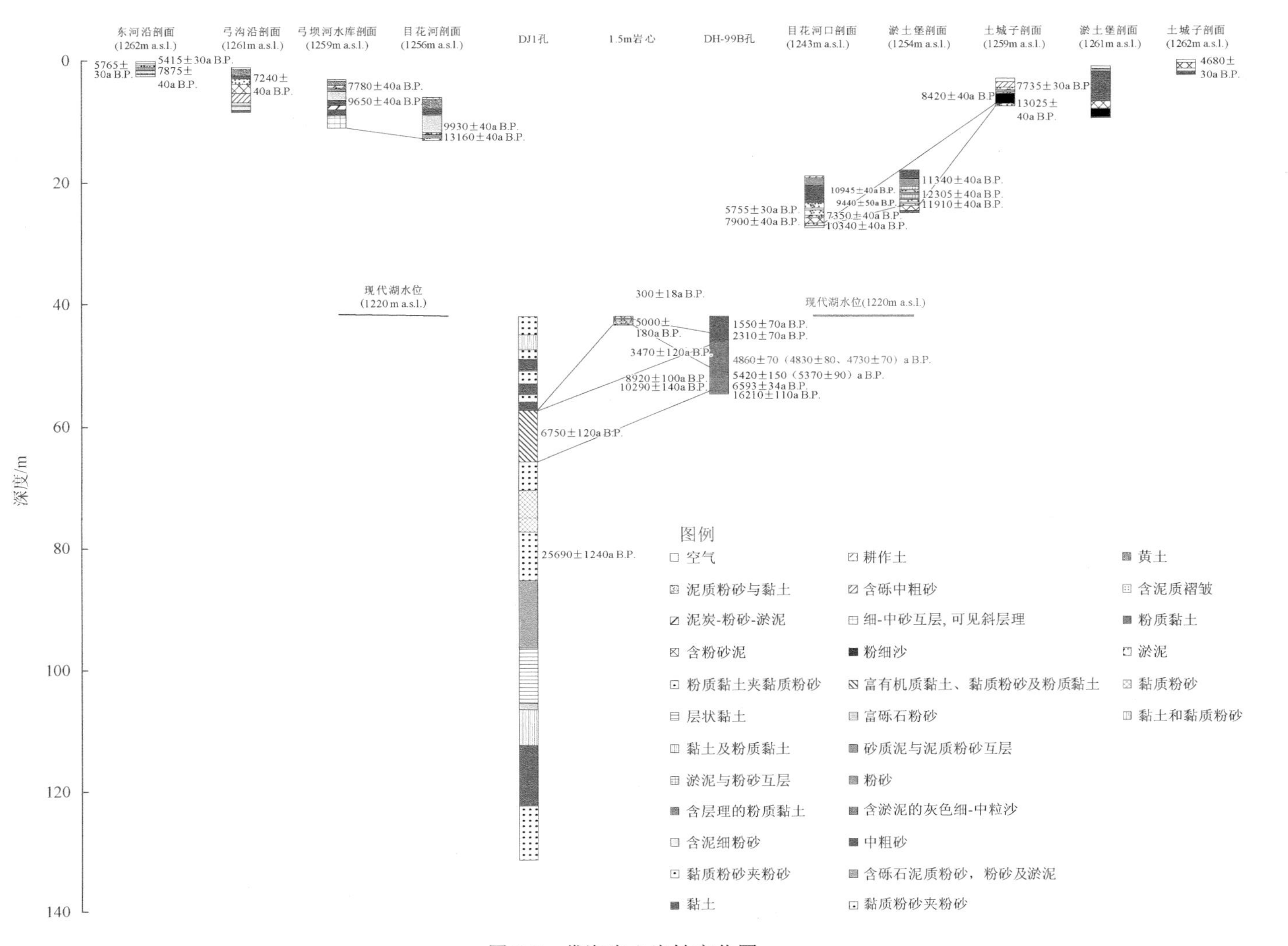

图 3.7　岱海岩心岩性变化图

参 考 文 献

曹建廷，沈吉，王苏民，等. 2001.内蒙古岱海地区小冰期气候演化特征的地球化学记录. 地球化学，30（3）：231-235.
曹建廷，沈吉，王苏民，等. 2001.内蒙古岱海地区小冰期气候演化特征的地球化学记录. 地球化学，30（3）：231-235.
曹建廷，沈吉，王苏民. 1999. 内蒙古岱海气候环境演变的沉积记录. 地理学与国土研究，15（3）：82-86.

杜青松，常诗楠，李志华，等. 2013. 全新世以来岱海湖泊沉积与环境演变. 西北地质，3：140-147.

李华章，刘清泗，汪家兴. 1992. 内蒙古高原黄旗海、岱海全新世湖泊演变研究. 湖泊科学，（1）：31-39.

李容全，郑良美，朱国荣. 1990. 内蒙古湖泊与环境变迁. 北京：北京师范大学出版社.

沈吉，王苏民，Matsumoto R，等. 2000. 内蒙古岱海古盐度复原初探. 科学通报报，45（17）：1885-1889.

沈吉，王苏民，Matsumoto R，等. 2001. 内蒙古岱海古水温定量恢复及其古气候意义. 中国科学 D 辑：地球科学，31（12）：1017-1023.

孙千里，肖举乐，刘韬. 2010. 岱海沉积物元素地球化学特征反映的末次冰期以来季风/干旱过渡区的水热条件变迁. 第四纪研究，30（6）：1121-1130.

王苏民，冯敏. 1991. 内蒙古岱海湖泊环境变化与东南季风强弱的关系. 中国科学，35（6）：722-734.

王苏民，吴瑞金，蒋新禾. 1990. 内蒙古岱海末次冰期以来的环境变迁与古气候. 第四纪科学，（3）：223-232.

许清海，肖举乐，中村俊夫，等. 2003. 孢粉资料定量重建全新世以来岱海盆地的古气候. 海洋地质与第四纪地质，23（4）：99-108.

Peng Y J，Xiao J L，Nakamura T，et al. 2005. Holocene East Asian monsoonal precipitation pattern revealed by grain-size distribution of core sediments of Daihai Lake in Inner Mongolia of north-central China. Earth and Planetary Science Letters，233：467-479.

Shen J，Matsumoto R，Wang S M，et al. 2002. Quantitative reconstruction of the lake paleotempreature of Daihai Lake，Inner Mongolia，China and its signification in paleoclimate. Science in China（series D），45（9）：792-800.

Sun Q L，Wang S M，Zhou J，et al. 2009. Lake surface fluctuations since the late glaciation at Lake Daihai，North central China：A direct indicator of hydrological process response to East Asian monsoon climate. Quaternary International，194，45-54.

Sun Q L，Zhou J，Shen J，et al. 2006. Environmental characteristics of Mid-Holocene recorded by lacustrine sediments from Lake Daihai，north environment sensitive zone，China. Science in China（Series D）Earth Sciences，49（9）：968-981.

Xiao J L，Xu Q H，Nakamura T，et al. 2004. Holocene vegetation variation in the Daihai Lake region of north-central China：A direct indication of the Asian monsoon climatic history. Quaternary Science Reviews，23：1669-1679.

3.1.8　额吉淖尔

额吉淖尔（45.21°～45.26°N，116.45°～116.55°E，海拔 829.2m a.s.l.）古的硫酸盐型封闭盐湖。湖泊面积 10km^2，周围遍布干盐湖沉积（主要为芒硝），绵延至 16km^2。湖水深度随季节在 0.05～0.3m 变化。湖水由降水及地下水补给，年降雨量为 250～300mm，蒸发量约 2000mm。盆地面积 700km^2，由构造作用形成，但近来构造运动并不明显。盆地基岩为古近纪和新近纪泥岩、晚白垩纪砂岩及泥岩、二叠纪变质岩。第四纪沉积物主要为 80～110m 的砂岩和砂质砾岩（郑喜玉等，1992）。

现代湖泊边缘存在三个嵌入式湖相阶地，表明过去湖水水位较今高。上覆于古近纪和新近纪泥岩之上的最老阶地为砂和砾石沉积，次老阶地为细湖滨砂沉积，最新阶地为砂质黏土沉积。在形成现代湖床的富盐层下还可见与两较新阶地相同的沉积物。但遗憾的是没有关于这些阶地的测年数据。

在现代湖泊中心处钻得一长 11.04m 的钻心（额吉淖尔 83-CK_1），其沉积年代约为 15160a B.P.（17820cal.a B.P.）（郑喜玉等，1992）。基于岩心岩性、碎屑沉积及化学沉积物变化可重建古湖泊水深相对变化。年代学基于岩心中两个放射性 ^{14}C 测年数据。

岩心底部 11.04～10.0m 为灰色泥质粉砂和细砂沉积，对应于较浅的湖水环境（郑喜玉等，1992)，其沉积年代可能和次老阶地同期。7.8m 和 3.0m 处样品的放射性 ^{14}C 测年年代分别为 12074±139a B.P.（14058cal.a B.P.）和 7503±864a B.P.（8482cal.a B.P.），经沉积速率（1.05mm/a）外推，得到该层形成年代为 15160～14170a B.P.（17820～16615cal.a B.P.）。

10.0～7.65m 处沉积物为灰-灰绿色黏土，岩性的变化说明湖水较下覆层开始变深。该层可能对应于最新阶的地沉积。经外推可得该层对应年代为 14170～11930a B.P.（16615～13885cal.a B.P.）。

7.65～3.09m 为含石膏晶体的灰色芒硝。芒硝的出现表明当时湖水较浅，该层对应年代为 11930～7590a B.P.（13885～8585cal.a B.P.）。由于该层年代数据源于其上覆层及下覆层测年数据内插，因此年代推算精度不高。

3.09～2.89m 为含芒硝晶体的黑色淤泥层，岩性变化说明湖水深度有所增加，3.0m 处样品放射性 ^{14}C 测年数据为 7503±864a B.P.（8482cal.a B.P.），经该测年数据及岩心顶部（假定为现代沉积物）测年沉积速率（0.40mm/a）内插，得到该层沉积年代为 7590～7230a B.P.（8585～8170cal.a B.P.）。

2.89～2.47m 为芒硝沉积，表明水深较下覆层变浅，该层对应年代为 7230～6180a B.P.（8170～6985cal.a B.P.），从芒硝的覆盖范围可大致推断出当时湖泊面积约为 26km²。

顶层 2.47～0m 为岩盐层含薄层的淤泥，说明水深自约 6180a B.P.（6985cal.a B.P.）后继续变浅，现今在盆地中部仍可见岩盐沉积。

以下是对该湖泊进行古湖泊重建、量化水量变化的 5 个标准：（1）很低，岩盐沉积；（2）低，芒硝沉积；（3）中等，含芒硝或石膏晶体的黑色淤泥沉积；（4）高，粉砂和细砂沉积；（5）很高，灰到灰绿色黏土沉积。

额古诺尔各岩心年代数据、水位水量变化见表 3.17 和表 3.18，岩心岩性变化如图 3.8 所示。

表 3.17　额吉淖尔各岩心年代数据

放射性 ^{14}C 测年数据/a B.P.	校正年代/cal.a B.P.	深度/m	测年材料
12074±139	14058	约 7.8	黏土
7503±864	8482	约 3.0	淤泥

注：校正年代由校正软件 Calib6.0 获得

表 3.18　额吉淖尔古湖泊水位水量变化

年代	水位水量
17820～16615cal.a B.P.	高（4）
16615～13885cal.a B.P.	很高（5）
13885～8585cal.a B.P.	低（2）
8585～8170cal.a B.P.	中等（3）
8170～6985cal.a B.P.	低（2）
6985～0cal.a B.P.	很低（1）

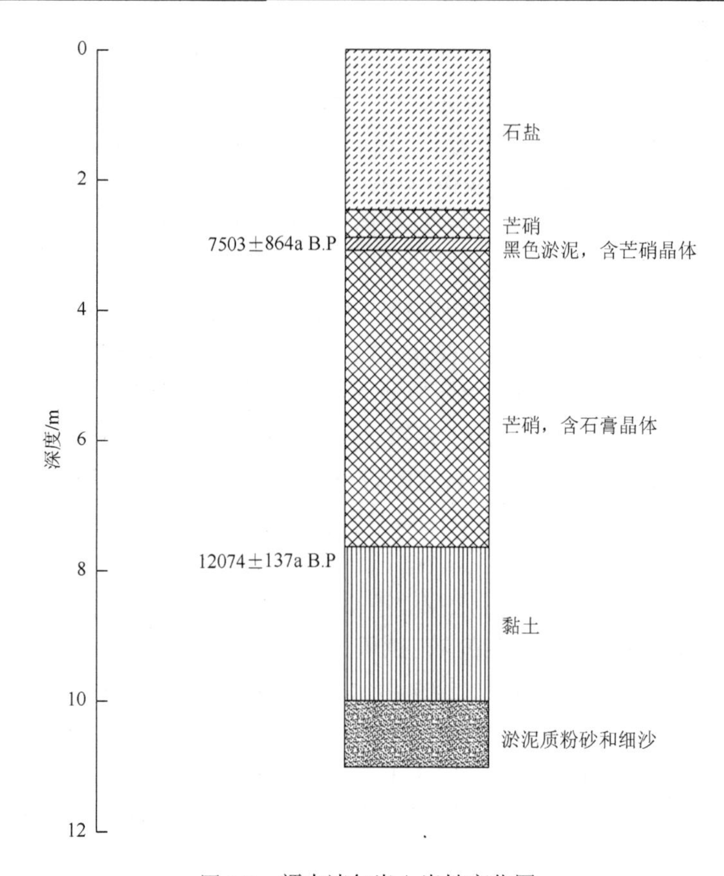

图 3.8　额吉淖尔岩心岩性变化图

参 考 文 献

郑喜玉，张明刚，董继和，等. 1992. 内蒙古盐湖. 北京：科学出版社：1-296.

3.1.9　呼伦湖

呼伦湖（48.50°～49.33°N，116.96°～117.80°E，海拔 540m a.s.l.）是中国第五大淡水湖，也是中国纬度最北的大湖。2010 年时湖泊面积 1750.98km²，最大水深 3.4m，蓄水量 $47.34\times10^8m^3$。湖泊由降水及 80 多条河流补给，其中最大的三条是克鲁伦河、乌尔逊河和海拉尔河，克鲁伦河发育于蒙古境内，乌尔逊河流经中蒙边界的贝尔湖，该湖的唯一出流是额尔古纳河。区域构造属新华夏体系，受控于两条 NNE 向断层，盆地内出露地层主要是中生界和新近系砂岩、泥岩、砾岩夹煤系地层。第四系河湖相地层也广泛出露在盆地及河谷中。

和中国大多数湖泊不一样，呼伦湖在 20 世纪主要表现为湖水的总体上升。据历史记载，该湖在 1900 年近乎干涸，湖水位在 1900 年到 1962 年从约 536.5m a.s.l.上升到 545.0m a.s.l.。由于在连接海拉尔河的达兰鄂罗木河修建水库，湖水位从 1962～1982 年下降到 542.9m a.s.l.。湖水位在 20 世纪 80 年代呈上升趋势，曾达 545m a.s.l.，而近十年来湖水位又开始下降，现在水位约 540m a.s.l.。

环呼伦湖没有连续的湖相阶地，但在 550m a.s.l.～560m a.s.l.的几处地点发现了不连续的阶地。在乌尔逊河谷高出现今湖泊 10m 处发现滨湖沼泽沉积，遗憾的是没有年代数据。在湖泊北岸航运站附近剖面 550m a.s.l.处见湖相贝壳堆积，剖面的贝壳样 ^{14}C 测年为 4790±100a B.P.（5518cal.a B.P.）。在高于现今湖面 20m 处的湖泊西南巴隆萨波剖面见湖相粉泥夹植物根系，该剖面有 5 个灰色湖相粉泥与灰黄色近岸相砂互层的旋回，近顶部的泥质沉积中的炭屑 ^{14}C 测年结果为 11410±210a B.P.（13273cal.a B.P.）。因此，这些零星的湖相沉积表明了至少两次存在高湖面，即 11500a B.P.（13273cal.a B.P.）前后高 20m 和 4800a B.P.（5518cal.a B.P.）前后高 10m（王苏民和吉磊，1995）。巴隆萨波剖面的高湖面证据表明在第一次高湖面前还有 4 次同样规模的湖侵存在。

位于现湖泊北部，海拔约 545m a.s.l.的东露天煤矿剖面厚度 14.6m 处记录了该湖 34000～3000a B.P.（38500～3800cal.a B.P.）的沉积历史（王苏民和吉磊，1995）。在湖盆中心钻得一 1.7m 长岩心 HL06，不同学者分别从孢粉组合（Wen et al.，2010）、介形类组合及其壳体化学特性（Zhai et al.，2011）与沉积物组成和中值粒径（Xiao et al.，2009）等方面进行了研究。其所记录的沉积年代可至 12000cal.a B.P.。东露天煤矿剖面有 11 个放射性碳测年数据，其中 10 个连续、无倒转，并且和盆地内其他剖面的测年数据相吻合。有一个年代偏老的数据（91HLD52）测定的是古人类活动处的炭屑样品，可能是污染所致，因此在建立该剖面的年代序列时没有用该数据。HL06 孔含 13 个 AMS^{14}C 测年数据，湖泊水位变化是根据两个剖面沉积学、硅藻、介形类及水生花粉的记录，并结合周边地貌证据；湖泊水位变化的年代根据东露天煤矿剖面的 10 个放射性碳测年数据、HL06 孔的 13 个测年数据以及盆地内的其他 3 个放射性碳测年数据（王苏民和吉磊，1995；黎兴国，1984）。

东露天煤矿剖面的底部（14.6～12.5m）沉积了一套河流相砂砾石层，直接覆盖在侏罗系基岩上，接触部位见猛犸象和披毛犀骨架及古树墩。其中猛犸象的 ^{14}C 测年结果为 33760±1700a B.P.（38414cal.a B.P.），古树墩为 28900±1300a B.P.（33352cal.a B.P.）（黎兴国，1984）。剖面西南可见与该砂砾石层呈相变关系的泥炭层（孤山剖面），测年结果为 19900±575a B.P.（23703cal.a B.P.），这表明东露天煤矿剖面的底部砂砾石层为末次冰期的沉积。根据东露天煤矿的钻孔调查，这套冲洪积砂砾石堆积在盆地内广泛分布，表明呼伦湖在末次冰期时可能还未成湖。

剖面 12.5～9.24m 处岩性为湖相粉泥，发育薄层互层层理或纹理。12.15m 处 ^{14}C 测年结果为 12700±230a B.P.（15144cal.a B.P.）。岩性的突变表明约 12850a B.P.（15304cal.a B.P.）湖泊快速形成，并且湖水较深，也有可能是在晚冰期存在一个沉积间断。硅藻浓度大（3.1～4.6×10^6 个/g，最大 9.2×10^6 个/g），硅藻组合以 *Melosira granulata* 为主，整个单元浮游硅藻比例较高（*Cyclotella comta* 和 *Coscinodiscus lacustris*，分别是 1.1×10^6 个/g 和 2.2×10^4 个/g，对应于湖泊水深较大）。然而硅藻组合的变化可以反映次一级湖泊水深的变化：12.50～12.45m 处浮游硅藻种属占优势，12.45～10.85m 处虽然硅藻浓度仍然很高（3.9×10^6 个/g），附生种属（*Fragilaria* spp）在一定时期内占据优势。硅藻种属的这种变化反映了湖水水位一定程度地下降。10.85～9.24m 浮游硅藻再次占优势，表明湖水深度再次加大。

12.15m、9.75m 和 9.47m 处样品 ^{14}C 测年结果分别为 12700±230a B.P.（15144cal.a B.P.）（91HLD6）、11750±550a B.P.（14045cal.a B.P.）（91HLD36）和 11300±225a B.P.（13146cal.a B.P.）（91HLD33）。根据这 3 个年代数据，发现 12850～12830a B.P.（15304～1528 1cal.a B.P.）湖水深度较大，12830～12185a B.P.（15281～14549cal.a B.P.）湖水略变浅，12185～11200a B.P.（14549～13038cal.a B.P.）湖水再次加深。其中最后一次湖水加深可以对应巴隆萨波剖面 11500a B.P.（约 13300cal.a B.P.）前后的湖相沉积，表明当时湖水位至少高出现今湖面 15m，湖面积有现在的 3 倍多（王苏民和吉磊，1995）。东露天煤矿剖面这期总体高湖面存在两次水深的变化，与巴隆萨波剖面的记录相一致。

9.24～8.35m 为灰色粉砂质泥夹薄层浅灰色细砂，局部见一些含植物残体的薄层富有机质腐泥，见脉状、波状层理及透镜状层理，砂粒磨圆度较高、分选性较好，反映该层沉积为滨湖环境。硅藻浓度峰值达 9.4×10^6 个/g，以附生种属（*Fragilaria* spp.）为主，也对应了湖水的变浅。根据上下单元放射性碳测年结果，这一期沉积发生在 11200～10900a B.P.（13038～12619cal.a B.P.）。

8.35～7.76m 为灰白色细砂，见上叠波痕层理、平行层理和交错层理、透镜状层理。沉积岩性和构造表明可能属湖滩或三角洲前缘沉积，湖水可能进一步变浅。湖泊硅藻缺失，也对应了湖水深度变小。这一期沉积发生在 10900～10600a B.P.（12619～12341cal.a B.P.）。

7.76～6.80m 为灰色粉泥夹薄层细砂，局部见一些含植物残体的薄层富有机质腐泥。岩性的这种变化说明沉积环境又回到近岸相的湖泊沉积，湖水深度再次变大。硅藻浓度达 15×10^6 个/g，附生种 *Fragilaria* spp.和 *Melosira granulata* 在 7.76～7.30m 为优势种，在 7.30～6.88m 处浮游硅藻 *Coscinodiscus lacustris* 和 *Cyclotella comta*、*C.stelligera* 的浓度达 6.6×10^6 个/g，和 *Melosira granulata* 共同占优势，而 *Fragilaria* spp.明显减少。硅藻组合的变化反映了湖水的逐渐加深。6.9m 处样品的 ^{14}C 测年结果为 10280±265a B.P.（11937cal.a B.P.），表明在 10600～10450a B.P.（12341～12125cal.a B.P.）湖水较深，在 10450～10300a B.P.（12125～11802cal.a B.P.）湖水深度进一步加大。

上覆沉积层的底部有一明显的侵蚀冲刷面，侵蚀面上为灰黄色含细砾粗砂，同一层位还见大量石器、陶片、碎砖及瓣鳃类化石。丰富的人类遗物说明该剖面处为一居住点，也说明湖水位在 10300a B.P.（11802cal.a B.P.）后有所下降。

6.80～4.20m 为浅灰黄色细砂，见板状交错层理、槽状交错层理、平行层理和风蚀充填构造。高角度倾斜的前积纹层为风成沙丘的主要特征，这种风成沙沉积表明湖水位较低。该层沉积的下部硅藻缺失，上部硅藻含量极少（0.897×10^3 个/g～5.0×10^6 个/g），而且都是附生种属和底栖种属（*Fragilaria* spp，*Epithemia sorex*，*Epithemia zebra*，*Navicula tuscula*，*Navicula radiosa*，*Rhopalodia gibba*），很可能来源于侵蚀出露的近岸沉积物。该段沉积发生在 10300～7200a B.P.（11802～8302cal.a B.P.）。

4.20～2.70m 为暗灰色泥质粉砂，含丰富的贝壳及植物残体，在该段沉积的底部见密集分布的较大个体的瓣鳃类化石。沉积特性反映该处为湖滨沼泽堆积环境。本段见水生花粉如 *Typha*、*Sparganium*、*Myriophyllum*，也对应了相对较浅的湖滨沼泽环境。硅藻浓度较高（最大 2×10^6 个/g），4.20～3.80m 处以浮游硅藻（*Coscinodiscus lacustris*）为主，3.8～2.7m 处附生种（*Fragilaria* spp.）占优势。3.90m 和 3.60m 处 ^{14}C 测年结果分别为 7070±200a B.P.

（7898cal.a B.P.）和6710±200a B.P.（7604cal.a B.P.），表明该段沉积发生在7200～5800a B.P.（8302～6678cal.a B.P.）。

2.70～2.20m为浅灰黄色细砂，含植物碎屑。沉积特性表明该处为风成沙丘环境，可能属沙丘间沼泽堆积，反映了湖泊在5800a B.P.（6678cal.a B.P.）后进一步变浅。硅藻组合也以浮游种（*Epithemia sorex*，*E. zebra*，*Navicula tuscula*，*N. Radiosa*，*Rhopalodia gibba*）为主，与沉积特性反映的湖水变浅一致。结合上覆地层中2.10m处^{14}C测年结果为5270±80a B.P.（6061cal.a B.P.），经内插，得到该段沉积时间为5800～4800a B.P.（6678～6164cal.a B.P.）。

2.20～0.68m是灰黄色细砂，局部含细砾，其中夹几层成壤化的浅褐色细砂，发育板状交错层理、平行层理和上叠交错层理。高角度的前积层（近30°）及残留砾石是风成沙丘的特征，说明湖泊已经从该煤矿剖面处退出，硅藻及湿生花粉的缺失和上述解释也相吻合。该段沉积时间为4800～3000a B.P.（6164～3804cal.a B.P.）。

顶部（0.68～0m）是一层古土壤。古土壤的存在也说明呼伦湖在3000a B.P.（3804cal.a B.P.）后为持续的低湖面。但是，航运站剖面中比现今湖面高出5m的浅水贝壳沉积，似乎也是该时期的堆积。目前还很难搞清楚这两处同期沉积为何高度迥异。

HL06剖面底部1.7～1.28m沉积物为浅灰绿色淤泥，对应于相对较深的湖水环境。介形类组合中以淡水种*D. stevensoni*（258～2384瓣/g）为主，且不含沿岸种介形虫，说明当时湖水深度较大。该层Sr/Ca值较低，对应较淡的深水环境。该层1.49～1.5m处有机质样品的AMS^{14}C测年结果为9268±38a B.P.（10467cal.a B.P.）。经内插，得到该层沉积年代为10560～7895a B.P.（12097～8760cal.a B.P.）。

1.28～1.09m仍为浅灰绿色淤泥沉积，但介形虫*D. stevensoni*含量下降，而淡水/微咸种*Ilyocypris* spp含量升高（39瓣/g），表明湖水盐度较下覆层增加，湖水深度略有变浅。同时，沿岸种*Ps. albicans*和*C. subellipsoida*的出现也与此对应。该层1.09～1.1m、1.19～1.2m及1.29～1.3m处有机质样品的AMS放射性碳测年年代分别为6338±35a B.P.（7248cal.a B.P.）、7285±30a B.P.（8096cal.a B.P.）及8003±38a B.P.（8877cal.a B.P.），经沉积速率内插，得到该层年代为7895～6290a B.P.（8760～7175cal. a B.P.）。

1.09～0.9m处沉积物为浅灰色泥和砂质淤泥。岩性变化表明湖水深度较下覆层降低。该层介形类组合中*D. stevensoni*逐渐消失，而生活于较浅且微咸水环境中的*L. inopinata*含量大增（6188～7166瓣/g），同时沿岸种介形类含量增加，表明湖水深度降低。水生植物花粉出现和湖水变浅相吻合。经内插，得到该层沉积年代为6290～4620a B.P.（7175～5329cal. a B.P.）。

0.9～0.75m为砂质淤泥沉积。砂质成分含量的增加说明湖水继续变浅。介形类组合中沿岸种达到剖面最大值，和湖水变浅相吻合。对该层0.79～0.8m及0.89～0.9m处有机质样品的AMS^{14}C测年年代分别为4034±30a B.P.（4498cal.a B.P.）及4575±31a B.P.（5296cal.a B.P.），经内插，得到该层形成年代为4620～3850a B.P.（5329～4240cal. a B.P.）。

0.75～0.51m处沉积物岩性和下覆层相同，但介形类组合中沿岸种*Ps. Albicans*大幅减少至消失，和水深增加一致。该层0.59～0.6m及0.69～0.7m处有机质样品的AMS测年年代分别为3222±29a B.P.（3429cal.a B.P.）和3630±27a B.P.（3926cala B.P.），经内插，得到该层形成年代为 3850～2645a B.P.（4240～2826cal. a B.P.）。

0.51～0.37m 处沉积物仍为砂质淤泥。介形类中沿岸种 *Ps. Albicans* 含量的增多（101 瓣/g）表明湖水较上阶段变浅。该层 0.49～0.5m 处有机质样品的 AMS 测年年代为 2543±22a B.P.（2720cal.a B.P.），表明该层沉积年代为 2645～2040a B.P.（2826～1687cal. a B.P.）。

顶层 0.37～0m 为黑灰色淤泥沉积。沉积物中砂质成分的减小表明湖水深度开始增加。同时介形类中沿岸种 *Ps. Albicans* 含量降低，说明湖水开始加深。该层 0～0.01m 及 0.19～0.2m 处有机质样品的 AMS 测年年代分别为 685±21a B.P.（660cal.a B.P.）及 1335±22a B.P.（1278cal.a B.P.），表明该层为近一千多年来的沉积。

在以下是对该湖泊进行古湖泊重建、量化水量变化的 9 个标准：（1）最低，东露天剖面的河流相或风成沙质沉积，剖面处古土壤的存在说明该处可能为人类居住点；（2）极低，东露天剖面处的湖滩相砂质沉积；（3）低，HL06 孔中的砂质淤泥沉积，介形类以沿岸种为主，含较多水生花粉；（4）较低，东露天煤矿剖面有大量附生硅藻的沼泽沉积，有水生花粉，HL06 孔中的浅灰色泥和砂质淤泥，介形类以 *L. inopinata* 为主，含沿岸种介形虫；（5）中等，HL06 孔中的淤泥沉积，含少量沿岸种介形类；（6）较高，剖面处近岸沉积，大量附生硅藻，HL06 孔中的淤泥沉积，介形类组合中不含沿岸种；（7）高，东露天剖面处粉泥沉积，无纹理发育；（8）极高，东露天剖面的粉泥沉积，纹理发育，硅藻组合中浮游种和附生种共生；（9）最高，东露天剖面的粉泥沉积，纹理发育，浮游硅藻占优势，高出现湖泊 15m 的湖相沉积。航运站剖面高出现湖泊 5m 的地貌证据由于不与东露天煤矿剖面同期沉积吻合，故在重建湖泊水位时难以一致考虑；20 世纪的湖水位也没有进行数字化，主要是部分时代的水位变化受到了人类活动的影响。

呼伦湖各岩心年代数据、水位水量变化见表 3.19 和表 3.20，岩心岩性变化图如图 3.9 所示。

表 3.19　呼伦湖各岩心年代数据

样品编号	^{14}C 年代/a B.P.	校正年代/cal.a B.P.	深度/m	测年材料	钻孔/剖面
E8010	33760±1700	38414		猛犸象粪化石	东露天煤矿剖面底部
E8006	28900±1300	33352		古树墩	东露天煤矿剖面底部
91HLD52	21000±625	25176	6.7	炭屑	东露天煤矿剖面，年代偏老
91HLG	19900±575	23703	1.2	泥炭	孤山剖面
91HLD6	12700±230	15144	12.15	有机质黏土	东露天煤矿剖面
91HLD36	11750±550	14045	9.75	有机质黏土	东露天煤矿剖面
91HLB6	11410±210	13273	1.2	粉泥	巴隆萨波剖面
91HLD33	11300±225	13146	9.47	有机质黏土	东露天煤矿剖面
92HLD222	10280±285	11937	6.9	有机质黏土	东露天煤矿剖面
PLD-7499	9268±38	10467	1.49～1.5	有机质	HL06（AMS）

续表

样品编号	^{14}C 年代/a B.P.	校正年代 /cal.a B.P.	深度/m	测年材料	钻孔/剖面
PLD-7929	8003±38	8877	1.29～1.3	有机质	HL06（AMS）
PLD-7498	7285±30	8096	1.19～1.2	有机质	HL06（AMS）
LT35	7070±200	7898	3.9	贝壳	东露天煤矿剖面
LT32	6710±200	7604	3.6	泥炭	东露天煤矿剖面
PLD-7928	6338±35	7248	1.09～1.1	有机质	HL06（AMS）
PLD-7496	5304±27	6088	1.01～1.02	有机质	L06（AMS）
LT18	5270±80	6061	2.1	贝壳	东露天煤矿剖面
91HLH2	4790±100	5518	2.2	贝壳	航运站剖面
PLD-7927	4575±31	5296	0.89～0.9	有机质	HL06（AMS）
PLD-7926	4034±30	4498	0.79～0.8	有机质	HL06（AMS）
PLD-7495	3630±27	3926	0.69～0.7	有机质	HL06（AMS）
PLD-7925	3222±29	3429	0.59～0.6	有机质	HL06（AMS）
LT2	3080±80	3264	0.34	古土壤	东露天煤矿剖面
PLD-7494	2543±22	2720	0.49～0.5	有机质	HL06（AMS）
PLD-7493	1611±22	1481	0.34～0.35	有机质	HL06（AMS）
PLD-7491	1335±22	1278	0.19-0.2	有机质	HL06（AMS）
PLD-7489	685±21	660	0～0.1	有机质	HL06（AMS）

注：AMS 测年在日本 Paleo Labo Co.，Ltd 进行，校正软件为 Calib 6.0

表 3.20　呼伦湖古湖泊水位水量变化

年代	水位水量
34000～33500a B.P.	极低（1）
33500～29000a B.P.	没有数字化
29000～28000a B.P.	极低（1）
28000～21500a B.P.	没有数字化
21500～19500a B.P.	极低（1）
19500～12850a B.P.	没有数字化
15304～15281cal.a B.P.	最高（9）
15281～14549cal.a B.P.	极高（8）
14549～13038cal.a B.P.	最高（9）
13038～12619cal.a B.P.	高（7）
12619～12341cal.a B.P.	低（2）
12341～11802cal.a B.P.	较高（6）
11802～8302cal.a B.P.	极低（1）
8760～7175cal.a B.P.	中等（5）
7175～5329cal.a B.P.	较低（4）
5329～4240cal.a B.P.	低（3）

续表

年代	水位水量
4240～2826cal.a B.P.	中等（5）
2826～1687cal.a B.P.	较低（4）
1687～0cal.a B.P.	中等（5）

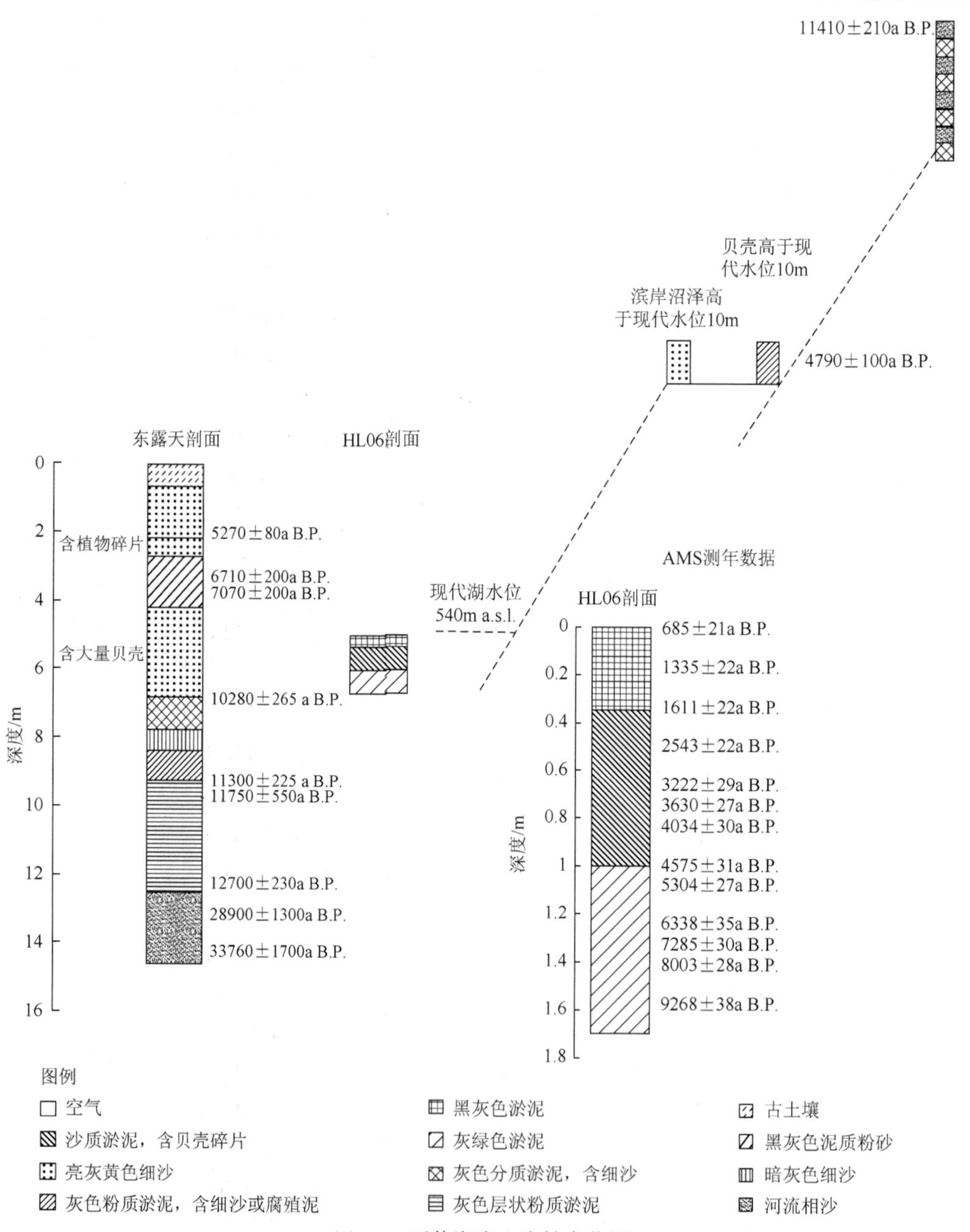

图 3.9　呼伦湖岩心岩性变化图

参 考 文 献

黎兴国. 1984. 内蒙古扎赉诺尔东露天矿剖面晚更新世地层年代学的初步研究//第一次全国 14C 学术会议文集. 北京：科学出版社：136-140.

王苏民，吉磊. 呼伦湖. 1995. 合肥：中国科技大学出版社：125.

Wen R L，Xiao J L，Chang Z G，et al. 2010. Holocene climate changes in the mid-high-latitude-monsoon margin reflected by the pollen record from Hulun Lake，northeastern Inner Mongolia. Quaternary Research，73：293-303.

Xiao J L，Chang Z G，Wen R L，et al. 2009. Holocene weak monsoon intervals indicated by low lake levels at Hulun Lake in the monsoonal margin region of northeastern Inner Mongolia，China. The Holocene，19（6）：899-908.

Zhai D Y，Xiao J L，Zhou L，et al. 2011. Holocene East Asian monsoon variation inferred from species assemblage and shell chemistry of the ostracodes from Hulun Lake，Inner Mongolia. Quaternary Research，75：512-522.

3.1.10　黄旗海

内蒙古黄旗海（即黄旗湖）（40.78°～40.90°N，113.01°～113.38°E，海拔 1268m a.s.l.）为位于内蒙古高原南缘的相对封闭的湖泊。40～22ka B.P.湖泊面积平均为 482km²，1967 年为 112.67km²，1989 年缩至 55km²（申洪源等，2005a），现在湖泊面积约为 110km²（王永等，2010）。湖水由地表径流及大气降水补给，湖区多年平均降雨量 250～520mm，蒸发量 1964mm，湖泊已在 2006 年干涸，成为一季节性湖泊（王永等，2010）。流域面积为 4511km²（王涛，1992；李华章等，1992；李栓科和王涛，1993）。黄旗海盆地由构造作用形成，受控于北东及北西走向的断层，但它的成因与先存的晚中生代盆地有关，晚中新世及上新世的玄武岩喷发导致湖盆封闭。更新世以后新构造作用开始减弱（李容全等，1990）。第四纪沉积物达 224m（李栓科和王涛，1993）。露头基岩主要是玄武岩。

对黄旗海的早期研究包括李栓科和王涛（1993）及李华章等（1992）对湖泊周围八台沟剖面、白土湾剖面、庙子沟剖面、大河湾剖面和赞达营剖面的研究，详细记录了约 11634cal.a B.P.到全新世中期湖泊水位的波动状况；王涛（1992）对一玄武岩山上的滨线进行了研究。近年来又有一些学者对湖泊钻孔及湖泊周围地貌进行了研究，如申洪源等（2005a）对湖泊沙砾堤的研究；张静然（2010）对地质历史时期湖面涨缩遗留下来的多级古湖岸堤和湖相沉积物（郝家村剖面（HJC、H9B）、大九号剖面（RHT、RHT2）、谷力脑包沟剖面（G 系列）及小孤山进行了研究；李军和余俊青（2002）对黄旗海 11m 长的 HQH4 孔介形类及其壳体稳定同位素进行研究；刘子亭等（2008）对 HQH4 剖面烧失量进行了研究；王小燕（2000）对 HQH4 孔有机质及有机碳同位素进行了研究；申洪源等（2005b，2006，2010）对黄旗海 H3 剖面泊沉积物粒度、$\delta^{13}C_{org}$ 值、不同粒级沉积物 Rb、Sr 含量及磁化率进行了研究；孙倩等（2010）对黄旗海 H3 剖面 Rb、Sr 分布及碳酸盐含量进行了研究；王永等（2010）对湖心深 2.3m 的 HQ 剖面粒度及孢粉组合等进行了分析；张静然等（2011）研究了 H3 孔不同化学元素在湖泊沉积物各粒级组分的丰度变化，认为指示重矿物丰度的 Zr、Ti 与指示轻矿物丰度的 Ba、Rb 及元素比值 Zrc/（Rbc+Bac）、Zrc/Rbc 与 Ti、Zr 的粒度效应 Tic/Tif、Zrc/Zrf 可反映湖泊涨缩信息；徐佳佳等（2012）对黄旗海 H6 剖面粒度及地化指标进行分析，揭示了古湖泊全新世以来的环境演化；董进等（2012，2014）通过对黄旗海东南部和西北部人工挖掘的 2 条深度分别为 115cm、105cm 的剖面（HQE 和 HQW 剖面）粒度及磁化率进行了研究，分析了近千年来黄旗海的气候变化；彭学敏（2014）利用全新世以来黄旗海古湖泊演化的地貌遗迹、沉积记录及测年数据，恢复了全新世各典型时段古湖面高度和湖泊面积，结果表明：黄旗海流域全新世 10.0～8.0ka B.P.、8.0～6.0ka B.P.和 3.0～2.0ka B.P. 3 个典型阶段对应的高程分别为 1298～1304m a.s.l.、1321～1325m a.s.l.和 1288～1292m a.s.l.，分别高出当前湖面高度（1268m a.s.l.，原文中给出的现代湖泊海拔为 1264m a.s.l.）30～36m、53～57m 和 20～24m，重建的古湖面面积分别为 385～396km^2、530～546km^2 和 301～313km^2；Hao 等（2014）通过对黄旗海 8.2m 长岩心中的孢粉进行分析，探讨了 8600cal.a B.P.以来该地区的植被变化；郝彩等（2016）通过对内蒙古黄旗海陈家村剖面（CJC 剖面）进行 AMS^{14}C 测年，建立了 14.5cal.ka B.P.以来的年代框架，综合粒度、磁化率及地球化学指标分析其环境变化；Feng 等（2016）通过对黄旗海沉积物岩心的粒度分析，反演了 1600 年以来该地区的土壤侵蚀情况。

基于上述剖面岩性、介形类以及有机质同位素等指标变化，我们重建了约 158ka B.P.以来黄旗海水深的相对变化。年代学基于各个剖面中的放射性碳测年数据、AMS^{14}C 年代数据、释光测年数据及一个 TL 测年数据，同时参照各作者描述，晚全新世湖泊水位的相对变化则基于盆地古文化遗迹的分布（李栓科等，1993；李华章等，1992）。

位于黄旗海湖滩东南缘的小孤山（顶部海拔 1388m a.s.l.）保存有多级阶地，且在不同的高度上沿山体发育有一系列湖蚀崖，表明当时黄旗海曾为一高湖面。最高级湖蚀崖的海拔约为 1368m a.s.l.，另外两级湖蚀崖海拔分别为 1360m a.s.l.和 1340m a.s.l. 左右（张静然，2010）。但遗憾的是各级残留阶地和湖蚀崖均无测年数据。位于流域西部的礼拜寺北山还存有湖泊沙砾堤，其高度为 1310～1318m，根据测定结果认为其为 40～22ka B.P. 湖泊高水位时期的沉积产物（申洪源等，2005）。

八台沟剖面（40°46′42″N，113°26′51″E）位于湖泊东南部，顶部海拔 1358m a.s.l.，厚约 10.0m。该剖面含 4 个放射性碳测年（李栓科和王涛，1993；李华章等，1992）。庙子沟剖面位于湖泊南部，厚 8.5m，顶部海拔 1348m a.s.l.。对该剖面一烧制器具进行的 TL 测年年代为约 5000a B.P.（李栓科和王涛，1993）。赞达营剖面（40°57′21″N，113°13′18″E）位于湖泊北部，厚约 8m，顶部海拔 1309m a.s.l.。该剖面含 2 个放射性碳测年数据（李栓科和王涛，1993；李华章等，1992）。大河湾剖面（40°47′08″N，113°22′02″E）位于湖泊南部，厚 7m，顶部海拔 1301m a.s.l.。该剖面含 3 个放射性碳测年数据（李栓科和王涛，1993；李华章等，1992）。白土湾剖面（40°48′07″N，113°11′08″E）位于湖泊西南端，厚约 5m，顶部海拔为 1300m a.s.l.。该剖面仅在深 2.5m 处的古土壤层有一个放射性碳测年数据（李栓科和王涛，1993；李华章等，1992）。在盆地一小型玄武岩山上还存在滨线，为带状湖相碳酸盐沉积，沉积物中含有 2 个放射性碳测年数据（王涛，1992）：一个数据来自于孤山（40°46′40″N，113°25′43″E，海拔 1340m a.s.l.），另一个来自于前固里淖山（40°51′02″N，113°10′18″E，海拔 1310m a.s.l.）。

谷力脑包沟剖面（40°49′41.7″N，113°09′17.3″E）位于黄旗海西南山脚谷力脑包沟附近，湖相沉积一直延伸至海拔 1374m a.s.l.处。该剖面含一系列阶地及天然暴露剖面，其中 G1 剖面厚约 0.5m，海拔 1374m a.s.l.，据估计当时湖泊面积约为 2529km²（张静然，2010），此时应为黄旗海地质历史时期的最高湖面，由 G2 释光测年推知该时期在 158ka B.P.早期甚至更早；G2 剖面厚约 1.1m，位于 G1 正下方 6m 处，海拔 1370m a.s.l.，该剖面处含一个释光测年年代（153.1±12.6ka B.P.，考虑到长石的污染，张静然（2010）将其视作最小年龄）；G3 剖面位于 G2 剖面下左移约 2m 处，厚约 0.5m，该剖面含 5 个释光年龄；G4 剖面厚约 2m，顶部海拔约为 1367m a.s.l.，该剖面含 3 个释光年龄；G5 剖面厚约 1.65m，顶部海拔约为 1360m a.s.l，含 2 个释光年龄；G6 剖面为当地人工采沙暴露的一个剖面，厚约 1.8m，顶部海拔 1340m a.s.l.，该剖面含 5 个释光年代；G7 剖面位于采沙场的沙坑距 G6 剖面右边 200m 左右处，剖面厚约 2.5m，海拔 1337m a.s.l.，该剖面含 2 个释光年龄；G8 剖面靠近铁路线，剖面厚约 3.5m，顶部海拔约 1325m a.s.l.，据估计其对应湖泊面积约为 1050km²，该剖面含 2 个释光年龄（70.8±10.6ka B.P.和 97.2±14.8ka B.P.）（张静然，2010），表明在 71ka B.P.后湖泊水位已经下降到了 1325m a.s.l.左右的高度。

G3 剖面、G5 剖面、G8 剖面底部沉积物均为灰色中粗砂沉积，该层在 G3 剖面出现在 0.6～1.1m 处（海拔 1368.4～1367.9m a.s.l.），G5 剖面为 0.95～1.65m（海拔 1359.05～1358.35m a.s.l.），G8 剖面处的 1.9～3.2m（海拔 1323.1～1321.8m a.s.l.），G8 剖面中中粗砂沉积物的出现表明当时湖泊水位已降至 1321.8m a.s.l.以下。G3 剖面 1m 处样品的释光测年年代为 154.7ka B.P.（考虑到长石的污染，张静然（2010）认为此为其最小年龄，G2 剖面、G4 剖面、G5 剖面下同），经上覆层与该测年结果与沉积速率外推，得到该层对应年代为 158～140ka B.P.（或之前），G5 剖面 1.55m 处样品的释光测年年代为 105.7±10.3ka B.P.，G8 剖面 3.2m 及 1.9m 处样品的释光测年年代分别为 97.2±14.8 和 75.3±11.2ka B.P.。G2 剖面 1～1.1m（海拔 1368.9～1368m a.s.l.）为棕色黏土质粉砂沉积，G4 剖面 0.43～1.93m（海拔 1368.57～1365.07m a.s.l.）为中细砂沉积，其 0.85m 处样品的释光测年年代为 85.1±1ka B.P.。G2 剖面 0.35～1m（海拔 1369.65～1369m a.s.l.）处为青灰色粉砂质黏土沉积，代表湖水深度增加的时期，该层 0.7m 处样品的释光测年年代为 153.1±12.6ka B.P.，但该层只存在一个测年数据，因此我们无法给出其具体的沉积年代，其上覆 0～0.35m（海拔 1369.65～1367m a.s.l.）为中粗砂沉积，代表湖水位下降的时期。G3 剖面上覆 0.3～0.6m（海拔 1368.7～1368.4m a.s.l.）为灰色黏土质粉砂沉积，表明湖水深度增加，该层 0.55m 处样品释光测年年代为 139.9±16.4ka B.P.，经与 0.15m 处样品年代（136.9±12.7ka B.P.）沉积速率内插，得到该层年代为 140～138ka B.P.。G4 剖面上覆 0.1～0.43m（海拔 1368.9～1368.57m a.s.l.）为粉砂沉积，其上部 0.1m 为现代土壤层，但该剖面仅含一个测年数据，因此我们无法判断其沉积年代。G5 剖面上覆 0.8～0.95m（海拔 1359.2～1359.05m a.s.l.）为灰白色中细砂沉积，上覆层 0.4～0.8m（海拔 1359.6～1359.2m a.s.l.）为粗砂沉积，表明此时湖水位在 1359m a.s.l.以下，上部 0.4m 为现代土壤层，该剖面也只有一个测年数据。G8 剖面上覆 1.4～1.9m（海拔 1323.6～1323.1m a.s.l.）为粗砂沉积，代表了湖水位继续下降的时期，经 1.9m 与 3.2m 处样品测年结果及沉积速率外推得该沉积年代为 66.9～75.3ka B.P.；上覆 0.7～1.4m（海拔 1323.6～1324.3m a.s.l.）为中粗砂沉积，该层沉积年代为 55～66.9ka B.P.，顶部 0.7m 为现代土壤层，表明湖水已从该剖面撤出。由于测年数据的限制，我们无法细分 158ka B.P.以来湖水水位波动的次级变化，但从总体看来，自 158～75.3ka B.P.

以来湖泊水位呈下降趋势，且在约 75ka B.P.时湖泊水位已跌至 1325m a.s.l.以下。

HJC 剖面（40°50′2.6″N，113°22′45.3″E）位于黄旗海南部湖积平原上的赫家村村后，剖面厚约 3.4m，顶部海拔 1277m a.s.l.。该剖面含 8 个释光年龄（张静然，2010），其中剖面底部 3.02～3.4m（海拔 1223.98～1223.6m a.s.l.）为灰黄色黏土质粉砂。该层 3.3m 处样品的释光测年年代为 45.9±4.7ka B.P.，用该测年数据及 3m 处样品测年数据外推得到该层年代为 35～50ka B.P.。上覆层 3.02～2.96m（海拔 1223.98～1224.04m a.s.l.）为深褐色的中粗砂，分选较差，层理不发育，对应湖泊变浅，该层 3m 处释光样品测年年代为 34.6±3.5ka B.P.，从年代数据及所对应海拔得知自 75ka B.P.以来湖泊水位持续下降，35ka B.P.水位降至 1274m a.s.l.以下。

HJC 剖面 2.96～2.25m（海拔 1274.04～1274.75m a.s.l.）为青灰色黏土，无层理构造，沉积物粒径在整个剖面中最细，分选性好，说明当时湖水较深，该层 2.47m 和 2.75m 处样品释光测年年代分别为 8.7±0.8ka B.P.和 10.2±1.0ka B.P.，经该两个测年数据外推的该层沉积年代为 7.4～11.4ka B.P.。2.25～1.67m 为棕灰色粉砂，粒径总体变粗，偶夹毫米级砂砾，说明湖水变浅，该层 1.7m、2m、2.2m 处样品的年代分别为 2.2±0.2ka B.P.、4.3±0.3ka B.P.和 6.7±0.7ka B.P.，经这 3 个年代及沉积速率外推得出该层沉积年代为 1.8～7.4ka B.P.。1.67～1.48m 为两层古土壤夹一层棕灰色细砂，该层无测年数据。经上覆层与下覆层测年数据内插得出该层沉积年代为 1.8～1.2ka B.P.。剖面顶部的 1.4m 为洪积物与冲积物块状堆积，无层理，偶含有毫米级砂砾。该层底部一释光样品测年年代为 0.93±0.07ka B.P.，该层沉积年代为 1.2～0.88ka B.P.，表明当时湖水已经完全退出了剖面所在的位置。

H9B 剖面距 HJC 剖面 300m，剖面顶部海拔 1285m a.s.l.，该剖面 2.8m 处含一个释光样品，测年年代为 11.0±1.0ka B.P.（张静然，2010），表明其为早全新世沉积物。该剖面对应于 HJC 剖面深湖相沉积层，表明当时湖水位应达 1282.2m a.s.l.。

大九号剖面（40°45′51.8″ N，113°17′53.5″ E）位于黄旗海湖滩南缘，海拔约为 1343m a.s.l.。在该露头的 RHT 剖面有 5 个释光测年数据，RHT2 剖面有 3 个释光测年数据（张静然，2010）。这两个剖面和谷力脑包沟剖面中的 G6 剖面、G7 剖面及小孤山 1340m a.s.l.湖蚀崖高度大致相当，且均为湖滨相沉积物。RHT 剖面 0.8m、1m、1.3m、1.5m 及 1.7m 处样品的释光测年年代分别为 12.6±1.1ka B.P.、14±1.3ka B.P.、13.8±1.1ka B.P.、11.3±0.9ka B.P.和 16.3±1.9ka B.P.；G6 剖面 0.6m、1.2m、1.65m 及 2.2m 处样品的测年年代分别为 9.5±0.8ka B.P.、10.2±0.8ka B.P.、7.4±0.6ka B.P.及 34.5±3ka B.P.；G7 剖面 2.4m 处样品的释光测年年代为 11.9±1ka B.P.；RHT2 剖面 0.6m、0.85m 及 1.5m 处样品的释光测年年代分别为 14.1±1.2ka B.P.、10.2±1.1ka B.P.及 13.8±1.9ka B.P.。尽管这些剖面中测年数据存在明显的倒转现象（特别是 G6 剖面 1.65m 处，原因不详），但可以肯定的是其对应年代大致为 10～16ka B.P.，说明黄旗海地区在末次冰消期时湖泊的水位开始上涨，且达到了 1340m a.s.l.的高度，当时对应的湖泊面积可达 1370km^2（张静然，2010）。

庙子沟剖面、赞达营剖面、大河湾剖面及白土湾剖面基底沉积物均为河流相/冲积相的砂质砾石（李栓科和王涛，1993；李华章等，1992），而八头沟剖面为河流砂（李栓科和王涛，1993）或河流相/冲积相的砂质砾石（李华章等，1992），尽管剖面图显示（李栓科等，1993）除庙子沟剖面外其余剖面均为砂沉积，但我们认为李栓科和王涛（1993）在其文献中所描述的岩性还是正确的。该层在八台沟剖面出现在10～9.2m处（海拔1348～1348.8m a.s.l.，即最低海拔处），在白土湾剖面出现在5～2.5m（海拔1295～1297.5m a.s.l.，亦即最低海拔处），在赞达营剖面出现在8～6.8m（海拔1301～1302.2m a.s.l.处），在大河湾剖面出现在7～6.5m（海拔1294～1294.5m a.s.l.处），在庙子沟剖面出现在8.5～7.4m（海拔1339.5～1340.6m a.s.l.处）。大河湾剖面海拔1294～1294.5m a.s.l.处砂质砾石的出现说明当时湖泊水位应低于1294m a.s.l.。李华章等（1992）认为当时湖水特别浅，甚至可能干涸。白土湾剖面砂质砾石层顶部的古土壤测年年代为10040±130a B.P.（11634cal.a B.P.）。对大河湾剖面砂质砾石上覆层的泥炭进行的放射性碳测年年代为8795±110a B.P.（9860cal.a B.P.）。由于我们没有发现关于该河流相沉积底层的相关证据，因此认为大河湾剖面在10000～8800a B.P.（11630～9860cal.a B.P.）时的沉积可能是在10000a B.P.（11634cal.a B.P.）后因河流侵蚀而被冲走，且河流相沉积顶层可能出现在不同高度。李华章等（1992）认为，由于古土壤的形成需要一定的时间（如1000年），因此，古土壤的测年年代为10040a B.P.（11634cal.a B.P.）应表明基底砾石层形成在约11000a B.P.（12634cal.a B.P.）之前，也就是说湖水位较低或干涸的年代出现在11000a B.P.（12634cal.a B.P.）之前或晚更新世，而结束于约10000a B.P.（11634cal.a B.P.）。

八台沟剖面、赞达营剖面及白土湾剖面的湖相粉质黏土沉积的出现说明当时此处为高湖面时期。该粉质黏土沉积层在八台沟剖面出现在9.2～9.0m（海拔1348.8～1349m a.s.l.），在赞达营剖面6.8～5.0m（海拔1302.2～1304m a.s.l.）为黏土及粉质黏土沉积，在白土湾剖面2.5～1.3m（海拔1275.5～1298.7m a.s.l.）为粉质黏土沉积，含水平层理，和该剖面海拔最低相对应，同时也说明当时为深水环境。在白土湾剖面海拔1349m a.s.l.处出现湖相沉积物，说明当时湖水位必高于1350m a.s.l.（刘清泗和李华章，1992）。该沉积年代为10000～9900a B.P.（11634～11510cal.a B.P.）。而庙子沟剖面7.4～4m（海拔1340.6～1344m a.s.l.）为河流相沉积，大河湾剖面6.5～5.5m（1294.5～1295.5m a.s.l.）为近岸泥炭沉积，至于这两个剖面中为什么不存在湖相沉积物的确切原因尚不清楚。我们推测其原因可能有以下两点：湖相沉积物因侵蚀而被搬走或该两层基底沉积物和其他三个剖面基底沉积物不对应，但没有证据能证实该推测的正确性。

白土湾剖面1.3～0m（海拔1298.7～1300m a.s.l.）、八台沟剖面9.0～6.8m（海拔1349～1351.2m a.s.l.）、赞达营剖面5.0～3.8m（海拔1304～1305.2m a.s.l.）均为河流砂沉积，说明9900a B.P.后湖泊水位已降至1304m a.s.l.以下。尽管李栓科和王涛（1993）认为白土湾剖面的河流砂沉积说明在早全新世时湖水位下降，但由于该剖面无测年数据因此无法知道其精确年代。可能该河流砂沉积阶段等同于所有剖面顶部的河流砂沉积，且其可能还带走了一些该层下覆层的沉积物。

赞达营剖面上覆沉积物（3.8～3.4m）（海拔1305.2～1305.6m a.s.l.）为湖相淤泥，说明当时湖泊水位已上升至1306m a.s.l.以上。对该层一样品进行放射性碳测年，其年代为9778±135a B.P.（11172cal.a B.P.），说明该沉积阶段年代可能为9800～9500a B.P.（11427～11087cal. a B.P.）。但庙子沟剖面和八台沟剖面中仍为河流相沉积物，因此，庙子沟剖面和八台沟剖面记录给出了湖水位上升的上限（湖水位应在1306～1339m a.s.l.）。赞达营剖面的湖相泥土沉积可能对应于白土湾剖面2.5～1.3m（海拔1275.5～1298.7m a.s.l.）处的粉质黏土沉积。低洼的大河湾剖面中不存在该湖相沉积阶段，其原因尚不清楚，可能与后期侵蚀有关。

赞达营剖面 3.4～2.0m（海拔 1305.6～1307m a.s.l.）为河流相砂沉积，说明湖泊水位在约 9500a B.P.（11087cal. a B.P.）后下降（<1306m a.s.l.）。对前固里淖堡剖面海拔 1310m a.s.l. 处的碳酸盐样品进行放射性碳测年，其年代约为 9043±145a B.P.（10144cal.a B.P.），说明湖水位在 9100a B.P.（10144cal. a B.P.）时约为 1310m a.s.l.。该碳酸盐薄层应沉积于湖水位下跌时期，因为若湖水位处于该高度的话，玄武岩就会被波浪侵蚀（王涛，1992）。

八台沟剖面 6.8～6.5m（海拔 1351.2～1351.5m a.s.l.）处沉积物为湖相粉质黏土，而在赞达营剖面，该湖相沉积物出现在剖面 2.0～1.5m 处（海拔 1307～1307.5m a.s.l.），说明约在 9000a B.P.（9898cal. a B.P.）后湖泊水位升至约 1350ma.s.l.。

八台沟剖面 6.5～6.3m（海拔 1351.5～1351.7m a.s.l.）及赞达营剖面 1.5～1.4m（海拔 1307.5～1307.6m a.s.l.）处均为灰黑色泥炭层，其年代分别为 8546±180a B.P.（9545cal.a B.P.）和 8455±174a B.P.（9474cal.a B.P.）。同时，黑色泥炭层也出现在大河湾剖面 6.5～5.5m 处（海拔 1294.5～1295.5m a.s.l.），其直接上覆于基底砂质砾石层之上。对大河湾剖面的剖面底部及顶部样品进行放射性碳测年，其年代分别为 8795±110a B.P.（9860cal.a B.P.）和 8504±166a B.P.（9474cal.a B.P.），表明大河湾剖面的泥炭沉积与八台沟剖面及赞达营剖面的泥炭沉积同步。大河湾剖面中泥炭沉积物的出现表明湖泊水位在 8800～8500a B.P.（9860～9474cal. a B.P.）突然降至约 1295m a.s.l.。该剖面在 10000～8800a B.P.（11630～9860cal.a B.P.）发生沉积间断的原因我们至今尚不清楚。

大河湾剖面 5.5～3.8m（海拔 1295.5～1297.2m a.s.l.）为黏土和粉质黏土沉积，说明 8500a B.P.（9470cal.a B.P.）后湖水变深（至少大于 1297m a.s.l.）。该黏土及粉质黏土的上覆层为河流相砂沉积，其上覆层为泥炭沉积，对泥炭层（1.8～1.6m）（海拔 1299.2～1299.4m a.s.l.）一样品进行放射性碳测年，其年代为 5050±159a B.P.（5831cal.a B.P.），说明大河湾剖面的湖相沉积开始于 8500a B.P.（9470cal.a B.P.）后，结束于约 5100a B.P.（5900cal.a B.P.）之前。八台沟剖面 6.3～1.9m（海拔 1351.7～1356.1m a.s.l.）有关于湖水位波动的详细记录。而大河湾剖面因资料不充分而不能将该黏土及粉质黏土层细分。一个可能的原因是大河湾剖面过于和缓，导致湖水位变动时岩性变化不明显。

八台沟剖面 6.3～5.5m（海拔 1351.7～1352.5m a.s.l.）为灰黄色砂夹一些湖相粉砂/粉质砂沉积层，说明湖水位远高于 1297m a.s.l.，且在 8500～8000a B.P.（9474～8676cal. a B.P.）时很可能近 1353m a.s.l.。

八台沟剖面 5.5～4.0m（海拔 1352.5～1354m a.s.l.）处为灰黄色沙沉积，而赞达营剖面 1.4～0m（海拔 1307.6～1309m a.s.l.）为河流沙沉积，说明自 8000a B.P.（8676cal. a B.P.）后湖泊水位下降。我们认为该层可能是近岸沉积或河流沉积，但鉴于原文作者未给出八台沟剖面该层的沉积相，因此也无法将该层与赞达营剖面顶层的河流砂沉积进行比对，可能所有剖面的顶部河流砂沉积相都相同。八台沟剖面的该层沉积物反映出湖泊水位当时已跌至 1353m a.s.l.以下。

孤山剖面海拔 1350～1360m a.s.l.处的碳酸盐沉积样品测年年代为 7605±105a B.P.（8392cal.a B.P.），说明在约 7605a B.P.（8392cal. a B.P.）时湖泊水位升至 1350～1360m a.s.l.。但此时的高水位在八台沟剖面中却无对应，可能该高水位持续时间较短，八台沟剖面该时期的沉积物被5.5～4.0m（海拔1352.5～1354m a.s.l.）处的沉积沙所搬走。

八台沟剖面4.0～3.8m（海拔1354～1354.2m a.s.l.）为湖相黏土和粉质黏土沉积，说明湖水位又升至1354m a.s.l.以上。该层一样品的放射性碳测年数据为7175±105a B.P.（7990cal.a B.P.）。该层相应的沉积年代为7200～7100a B.P.（7990～7811cal. a B.P.）

八台沟剖面3.8～3.6m处（海拔1354.2～1354.4m a.s.l.）为河流砂沉积，说明在7100～6500a B.P.（7811～7632cal. a B.P.）时湖水位下降。

八台沟剖面3.6～3.0m沉积物（海拔1354.4～1355m a.s.l.）为湖相黏土及粉质黏土，说明湖水在此阶段变深。3.0～3.1m处样品的放射性碳测年年代为6199±87a B.P.（7094cal.a B.P.）。该层相应的沉积年代为6500～6100a B.P.（7632～7094 cal. a B.P.）。

八台沟剖面3.0～1.9m（海拔1355～1356.1m a.s.l.）为湖相泥质黏土、粉质黏土及河流相粉质砂、砂的夹层，说明6100～5400a B.P.（7094～6166cal. a B.P.）后湖水位略有波动且稍微下降，但仍接近1357m a.s.l.。

八台沟剖面1.9～1.8m处（海拔1356.1～1356.2m a.s.l.）为泥炭沉积层，其放射性碳测年年代为5381±94a B.P.（6124cal.a B.P.），该层相应的沉积年代为5400～5300a B.P.（6166～6082cal. a B.P.）。

八台沟剖面顶部1.8m（海拔1356.2～1358m a.s.l.）主要是河流相粉质砂或砂沉积，说明湖泊水位在5300a B.P.（6082cal. a B.P.）后有所下降。在大河湾剖面3.8～1.8m（海拔1297.2～1299.2m a.s.l.）也为河流砂沉积，说明在5300～5100a B.P.(6082～5831cal. a B.P.）时湖水位跌至1297m a.s.l.以下。

大河湾剖面1.8～1.6m（海拔1299.2～1299.4m a.s.l.）为灰黑色泥炭沉积，测得其放射性碳年代为5050±159a B.P.（5831cal.a B.P.），说明在5100～5000a B.P.（5831～5000cal. a B.P.）时存在一次湖侵过程，当时湖水位可能为1300m a.s.l.。庙子沟剖面4.0～3.0m（海拔1344～1345m a.s.l.）处的近岸泥质粉砂直接上覆于河流/冲积砂或砂质砾石之上。对该沉积表面一人类器具进行的TL测年年代约为5000a B.P.，说明该时期的高水位出现在5000a B.P.左右，因为当时人类活动经常局限在湖岸附近（李栓科和王涛，1993）。但很难解释这两层沉积年代相同但高度差别却很大的原因，可能是TL测年年代不准。

大河湾剖面顶部1.6m以上（海拔1299.4～1301m a.s.l.）为河流/风成沙和砂质砾石，说明湖水位在5000a B.P.后有所回落。

HQH4孔底部11～8.075m为灰黑色砾石、粗砂及灰褐色、褐色泥质粉细砂，偶见砂质淤泥，岩性表明该处当时为湖滨岸或浅湖沼沉积环境。该层$\delta^{13}C_{org}$值较高（>−24‰），和较低的湖面一致。经上覆层沉积速率外推知该层沉积年代大致为10910a B.P.(12613cal. a B.P.）之前。

8.075～5.345m为湖相淤泥沉积，湖相沉积物的出现表明湖水较上覆层有所增加。$\delta^{13}C_{org}$值的减小和湖水深度增加相对应。该层7.55m处样品的放射性碳测年年代为9812±280a B.P.（11317cal.a B.P.），经沉积速率（0.405mm/a）内插，得到该层沉积年代为10910～5190a B.P.（12613～5875cal. a B.P.）。根据该层介形类变化又可分出次一级湖水位变化：8.075～7.825m处介形类以适宜于中等盐度环境的胖真星介为主，说明当时为半咸水环境，对应于中等深度的水环境，同时，川蔓藻在该层的出现也表明当时湖水深度小于4m；7.825～6.455m 处介形类组合中胖真星介丰度降低而淡水/微咸种双折土星介丰度增大，表明湖水盐度降低，深度增加，川曼藻含量的降低也对应于湖水深度的增加；6.455～5.345m 处介形类以喜淡种具尾玻璃介为主，其随湖水盐度增大而减少，反映湖水盐度经历了先降低后增加的过程。

5.345～2.615m 为浅灰褐色黏土沉积，同时 $\delta^{13}C_{org}$ 值较下覆层降低，和湖水深度的增加吻合。该层介壳的 $\delta^{18}O$ 值降低，对应于湖水盐度降低，深度增大，介形类丰度降低，可能与湖水深度增大，不宜于介形类的生存有关。该层 4.725m 处样品的放射性碳测年年代为3890±180a B.P.（4345cal.a B.P.），经沉积速率内插，得到该层沉积年代为 5190～2150a B.P.（5875～2405cal.a B.P.）。

2.615～1.065m 为橄榄灰色、灰褐色、浅灰褐色淤泥，含一定破碎介壳，$\delta^{13}C_{org}$ 值的增加表明湖水深度减小，经沉积速率（1.09mm/a）内插，得到该层沉积年代为 2150～875a B.P.（2405～979cal.a B.P.）。

1.065～0m 为黑色、深灰色、灰色、灰褐色腐泥和黏土沉积，岩性变化表明湖水深度略有增加。该层介形类丰度较上覆层有所增加，且以双折土星介为主，和湖水深度的增加对应。经沉积速率（1.09mm/a）内插，得到该层沉积年代为 875～0a B.P.（979～0cal.a B.P.）。

H3 剖面底部 3.14～2.78m 为湖相青灰色淤泥沉积。该层 $\delta^{13}C_{org}$ 值较低（–24‰），对应于较深的水环境，沉积物粒度 C-M 图分析表明，该层 *C* 值较低，而 *M* 值较高（申洪源等，2006），与深水环境相吻合。同时，该层沉积物中 Rb/Sr 值较低，对应于湖水的高水位时期。该层底部样品的 OSL 测年年代为 7990±390a B.P.（^{14}C 年代为 8253±77a B.P.），2.84m 及 3.1m 处样品的放射性碳测年年代分别为 7816±120（8698cal.a B.P.）和 8253±77a B.P.（9229cal.a B.P.），经该 OSL 测年年代及上覆层 OSL 测年年代内插，得到该层年代为 7954～5748a B.P；经放射性碳测年沉积速率内插，得到该层沉积年代为 8320～7350a B.P.（9310～8420cal.a B.P.）。

2.78～1.94m 为青灰色/暗灰色淤泥及黄棕色风成粉砂沉积，岩性变化表明湖水较下覆层略变浅，$\delta^{13}C_{org}$ 值的略微增加（–23.7‰）和湖水深度的减小一致。沉积物粒度曲线表明该层存在河流及风力沉积（申洪源等，2006）。Rb/Sr 值的升高反映出湖水深度的降低。该层 2.6m 处样品的放射性碳测年年代为 5962±160a B.P.（6806cal.a B.P.），经 OSL 测年得出该层沉积年代为 5748～4254a B.P.，经放射性碳测年得出的年代为 7350～4020a B.P.（8420～4570cal.a B.P.）。

1.94～1.5m 为风力堆积的粉砂与粗砂沉积，岩性变化表明湖水进一步变浅。$\delta^{13}C_{org}$ 值的升高（–22.8‰）与此对应。Rb/Sr 值的继续升高也反映出湖水深度的再度降低。该层 1.52m 处样品的 OSL 测年年代为 2190±220a B.P.，1.78m 处样品的 ^{14}C 测年年代为 3553±76a B.P.（3839cal.a B.P.），经沉积速率内插，得到该层年代为 4254～2119a B.P.，经放射性碳测年得出的年代为 4020～2730a B.P.（4570～2555cal.a B.P.）。

剖面上部 1.5m 处植物根系较多，堆积混杂且可能受到人工扰动（申洪源等，2005b），因此，未对上部剖面进行研究。

CJC 剖面厚约 11.65m（未见底），底部 11.65～6.5m 以土黄色粉砂沉积为主，同时含少量灰黑色黏土质粉砂，Fe^{3+}/Fe^{2+}值较低，表明当时湖泊处于氧化环境，对应于较浅的水环境。同时，该层碳酸盐含量相对较高，也表明当时湖水盐度较大，水深较浅，有利于碳酸盐沉积。该层 9.8m 及 8.8m 处沉积物样品的 AMS^{14}C 年代分别为 11450±35a B.P.（13368cal.a B.P.）和 10965±40a B.P.（12890cal.a B.P.），经这两个年代间沉积速率外推，得到该层沉积年代为 12350～9850a B.P.（14250～11790cal.a B.P.）。

CJC 剖面 6.5～4.2m 以灰黑色黏土质粉砂为主，同时含少量土黄色粉砂，Fe^{3+}/Fe^{2+}值较上阶段变化不大，但碳酸盐含量降低，表明湖水盐度较前期减小，湖泊水位略有升高。上覆层 3.9m 处沉积物样品的 AMS^{14}C 年代为 6630±40a B.P.（7522cal.a B.P.），经该年代数据与下覆层年代间沉积速率内插，得到该层沉积年代为 9850～6895a B.P.（11790～7850cal.a B.P.）。

CJC 剖面 4.2～1.65m 为灰黑色粉砂质黏土沉积，同时含少量土黄色粉砂，有大量适应深水环境的螺类，Fe^{3+}/Fe^{2+}值较上阶段增加，表明湖泊还原性增强，湖水深度增加。同时，该阶段碳酸盐含量降低，也表明湖泊水位升高，致使湖水淡化、盐度降低，不利于碳酸盐的沉淀。该层 3.9m 及 3.0m 处沉积物样品的 AMS^{14}C 年代分别为 6630±40a B.P.（7522cal.a B.P.）和 5075±25a B.P.（5829cal.a B.P.），经内插得到该层沉积年代为 6895～2745a B.P.（7850～3290cal.a B.P.）。

CJC 剖面顶部 1.65m 处沉积物为灰褐色粉砂及黏土质粉砂，Fe^{3+}/Fe^{2+}值较上阶段下降，表明湖水氧化性增强，水深变浅，同时碳酸盐含量升高，也对应于湖水盐度增加、水深变浅。该层 0.45m 处沉积物样品的 AMS^{14}C 年代为 1890±20a B.P.（1848cal.a B.P.）。经外推，得到该层为 2745a B.P.（3290cal.a B.P.）以来的沉积。

考古证据表明湖水位自 5000a B.P.至今一直处于下降状态（王涛，1992；李华章等，1992；李栓科和王涛，1993）。人类活动也仅限于湖泊附近地带，一定时期内人类古器物分布所处的较低海拔一般也就代表了当时湖泊水位所能达到的最高位置。在海拔 1300～1310m a.s.l.处发现了战国时期（475～221B.C.）的文化遗迹，说明当时湖泊水位已跌至 1300m a.s.l.以下。宋朝时期的文化遗物只存在于海拔 1280～1290m a.s.l.处，而元朝（1271～1368A.D.）遗物存在于海拔 1270～1280m a.s.l.，在海拔 1270m a.s.l.处发现了明朝和清朝（1368～1911A.D.）的文化遗物。

以下是对该湖泊进行古湖泊重建、量化水量变化的 6 个标准：（1）很低，所有剖面中的河流相沉积，HJC 剖面的冲洪积沉积或湖滨沉积，或明清时期古文化遗物所代表的水位，包括现今湖泊水位；（2）低，所有剖面中的河流相沉积，流域西部礼拜寺北山的湖泊沙砾堤，宋元时期的古遗迹所反映的湖泊水位；（3）中等，大河湾剖面的湖相沉积物及同时期的赞达营剖面和八台沟剖面的河流相沉积，RHT 剖面、G6 剖面、G7 剖面、RHT2 剖面中的湖滨相沉积；（4）高，赞达营剖面的湖相沉积及八台沟剖面的河流相沉积；（5）很高，八台沟剖面的湖相沉积，G3 剖面、G4 剖面、G5 剖面、G1 剖面的河流相沉积；（6）极高，G2 剖面中的湖相沉积。

黄旗海各岩心年代数据、释光年龄、TL 测年数据、水位水量变化见表 3.21～表 3.24，岩心岩性变化图如图 3.10 所示。

表 3.21　黄旗海各岩心年代数据

样品编号	^{14}C 年代/a B.P.	校正年代/cal.a B.P.	深度/m	测年材料	剖面/钻孔
CJC-980	11450±35	13368±119	9.80	沉积物	陈家村剖面
CJC-880	10965±40	12890±93	8.80	沉积物	陈家村剖面
B4	10040±130	11634	约 1297.5	古土壤中的有机质	白土湾剖面
	9812±280	11317	7.55	碳酸盐样品	HQH4 孔
Z5	9778±135	11172	约 1305.5m a.s.l.	淤泥	赞达营剖面
—	9043±145	10144	约 1310m a.s.l.	泥灰	前固里淖堡剖面
D0	8795±110	9860	约 1294.5m a.s.l.	泥炭	大河湾剖面
8-9	8546±180	9545	约 1351.6m a.s.l.	泥炭	八台沟剖面
D1	8504±166	9474	约 1295.5m a.s.l.	泥炭	大河湾剖面
Z9	8455±174	9474	约 1307.5m a.s.l.	泥炭	赞达营剖面
Kf03049	8253±77	9229	3.10		H3 剖面
Kf03050	7816±120	8698	2.84		H3 剖面
—	7605±105	8392	约 1350～1360m a.s.l.	泥灰	孤山剖面
8	7175±105	7990	约 1354m a.s.l.	淤泥	八台沟剖面
CJC-390	6630±40	7522±37	3.90	沉积物	陈家村剖面
8	6199±87	7094	约 1355m a.s.l.	淤泥	八台沟剖面
Kf03051	5962±160	6806	2.60		H3 剖面
8	5381±94	6124	约 1356.1～1356.2m a.s.l.	泥炭	八台沟剖面
CJC-300	5075±25	5829±56	3.00	沉积物	陈家村剖面
D4	5050±159	5831	约 1299.2m a.s.l.	泥炭	大河湾剖面
	3890±180	4345	4.725	碳酸盐样品	HQH4 孔
Kf03052	3553±76	3839	1.78		H3 剖面
CJC-45	1890±20	1848±20	0.45	沉积物	陈家村剖面

注：陈家村剖面校正年代参照原作者给出，其余年代由校正软件 cal.6.0 给出

表 3.22　黄旗海各岩心释光年龄（OSL）

编号	深度/m	年龄/ka B.P.	剖面
H2003215	1.52	2. 190±220	H3 剖面
H2003214	3.15	7. 990±390	H3 剖面
HJC-1	3.30	45.9±4.7	
HJC-2	3.00	34.6±3.5	
HJC-3	2.75	10.2±1.0	
HJC-4	2.47	8.7±0.8	
HJC-5	2.20	6.7±0.7	
HJC-6	2.00	4.3±0.3	
HJC-7	1.70	2.2±0.2	
HJC-8	1.41	0.93±0.07	
H9B-1	2.80	11.0±1.1	

续表

编号	深度/m	年龄/ka B.P.	剖面
RHT-1	1.70	16.3±1.9	
RHT-2	1.50	11.3±0.9	
RHT-3	1.30	13.8±1.1	
RHT-4	1.00	14.0±1.3	
RHT-5	0.80	12.6±1.1	
RHT2-1	1.50	13.8±1.9	
RHT2-2	0.85	10.2±1.1	
RHT2-3	0.60	14.1±1.2	
G2-1	0.70	153.1±12.6	
G3-1	1.00	154.7±19.6	
G3-3	0.55	139.9±16.4	
G3-5	0.15	136.9±12.7	
G4-3	0.85	85.1±7.0	
G5-1	1.55	105.7±10.3	
G6-1	2.2	34.5±3.0	
G6-2	1.65	7.4±0.6	
G6-3	1.20	10.2±0.8	
G6-4	0.60	9.5±0.8	
G7-1	2.40	11.9±1.0	
G8-1	3.20	97.2±14.8	
G8-2	1.90	75.3±11.2	

注：李栓科和王涛（1993）给出的海拔数据较笼统，因此我们又重新进行了计算

表 3.23　黄旗海岩心 TL 测年数据

TL 测年数据/a B.P.	深度/m a.s.l.	测年材料	剖面
5000±	1345	古器具	庙子沟剖面

表 3.24　黄旗海古湖泊水位水量变化

年代	水位水量
158kaB.P.前	极高（6）
158～75.3ka B.P.	很高（5）
75.3～35ka B.P.	极低（1）
35～22ka B.P.	低（2）
22～10ka B.P.	中等（3）
11634a B.P.	很低（1）
11634～11510a B.P.	很高（5）
11510～11427cal. a B.P.	中等（3）
11427～11087cal. a B.P.	高（4）
11087～9898cal. a B.P.	中等（3）
9898～9860cal. a B.P.	很高（5）
9860～9474cal.a B.P.	中等（3）
9474～8676cal. a B.P.	高（4）

续表

年代	水位水量
8676～8392cal. a B.P.	中等（3）
约 8392cal. a B.P.	很高（5）
8392～7990cal.a B.P.	中等（3）
7990～7811cal.a B.P.	很高（5）
7811～7632cal.a B.P.	中等（3）
7632～7094cal.a B.P.	很高（5）
7094～6166cal.a B.P.	高（4）
6166～6082cal. a B.P.	很高（5）
6082～5831cal.a B.P.	低（2）
5831～5000cal. a B.P.	中等（3）
5000～2400cal.a B.P.	低（2）
2400～2200cal.a B.P.	中等（3）
2200～1000cal.a B.P.	低（2）
1000～0cal.a B.P.	很低（1）

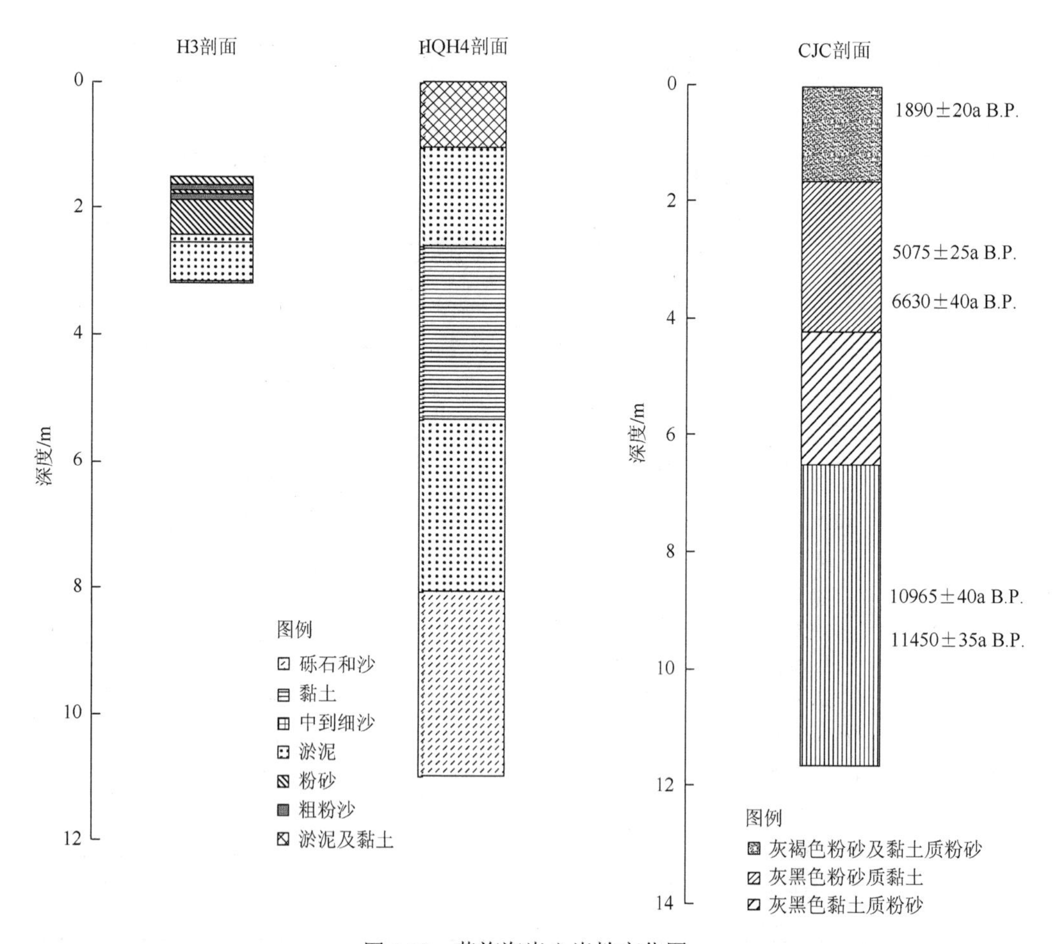

图 3.10 黄旗海岩心岩性变化图

参考文献

董进，王永，张世红，等. 2012. 内蒙古黄旗海近源，远源沉积物环境磁学对比研究. 中国科学D辑：地球科学（中文版），42（7）：1026-1036.

董进，王永，张世红，等. 2014. 内蒙古黄旗海全新世湖泊沉积物粒度分析及其沉积学意义. 地质通报，33（10）：1514-1522.

郝彩，王永，董进. 2016. 14.5cal. ka B.P. 以来黄旗海沉积物环境指标特征及其反映的环境变化. 干旱区资源与环境，（2）：139-146.

郝彩. 2015. 内蒙古察哈尔右翼前旗黄旗海1.4万年以来环境变迁研究. 北京：中国地质大学（北京）.

李华章，刘清泗，汪家兴. 1992. 内蒙古高原黄旗海、岱海全新世湖泊演变研究. 湖泊科学，4（1）：31-39.

李军，余俊青. 2002. 黄旗海介形类及其壳体稳定同位素环境记录. 盐湖研究，10（2）：13-18.

李容全，郑良美，朱国荣. 1990. 内蒙古高原湖泊与环境变迁. 北京：北京师范大学出版社：19-201.

李栓科，王涛. 1993. 全新世内蒙南缘黄旗海湖面的波动.湖泊科学，5（4）：324-333.

刘清泗，李华章. 1992. 中国北方农牧交错带全新世环境变迁（黄旗海-岱海地区）//周廷儒，张兰生. 中国北方农牧交错带全新世环境演变及预测. 北京：地质出版：16-54.

刘子亭，余俊清，张保华，等. 2008. 黄旗海岩芯烧失量分析与冰后期环境演变. 盐湖研究，16（4）：1-5.

彭学敏. 2014. 全新世以来典型时段季风边缘区黄旗海古水文重建研究. 南昌：江西师范大学.

申洪源，贾玉连，郭峰. 2010. 内蒙古黄旗海湖泊沉积物磁化率特征及其环境意义. 乾旱區地理，33（2）：151-157.

申洪源，贾玉连，李徐生，等. 2006a. 内蒙古黄旗海不同粒级湖泊沉积物Rb、Sr组成与环境变化放射性碳测年. 地理学报，61（11）：1208-1217.

申洪源，贾玉连，魏灵. 2005a. 末次冰期间冰阶（40～22kaB.P.）内蒙古黄旗海古降水量研究. 沉积学报，23（3）：523-530.

申洪源，贾玉连，张红梅，等. 2006b. 内蒙古黄旗海湖泊沉积物粒度指示的湖面变化过程. 干旱区地理，29（4）：457-462.

申洪源，张红梅，贾玉连. 2005b. 内蒙古黄旗海湖泊沉积物$\delta^{13}C_{org}$记录的环境演变信息. 海洋地质与第四纪地质，25（4）：35-40.

孙倩，贾玉连，申洪源，等. 2010. 内蒙古黄旗海全新世湖泊沉积物中Rb，Sr分布及其环境意义. 古地理学报，12（4）：444-450.

王涛. 1992. 内蒙古黄旗海全新世环境演化//周廷儒，张兰生. 中国北方农牧交错带全新世环境演变及预测. 北京：地质出版：128-139.

王小燕. 2000. 黄旗海湖积物中有机质及有机碳同位素古气候意义的研究.西宁：中国科学院青海盐湖研究所.

王永，姚培毅，迟振卿，等. 2010. 内蒙古黄旗海全新世中晚期环境演变的沉积记录. 矿物岩石地球化学通报，29（2）：149-156.

徐佳佳，贾玉连，赖忠平，等. 2012. 黄旗海湖泊沉积记录的早中全新世大湖期环境的差异性. 沉积学报，30（4）：731-738.

张静然，贾玉连，申洪源，等. 2011. 湖泊沉积物不同粒级组分的元素含量特征及其环境指示意义——以内蒙古黄旗海为例. 沉积学报，29（2）：381-387.

张静然. 2010. 末次间冰期以来季风边缘区黄旗海高湖面释光年代学及其环境意义. 南昌：江西师范大学.

Chen L，Shen H Y，Jia Y L，et al. 2008. Environmental change inferred from Rb and Sr of lacustrine sediments in Huangqihai Lake，Inner Mongolia. Journal of Geograpy Science，18：373-384.

Feng M，Wang Q，Hao Q，et al. 2016. Determinants of soil erosion during the last 1600years in the forest–steppe ecotone in Northern China reconstructed from lacustrine sediments. Palaeogeography，Palaeoclimatology，Palaeoecology，449：79-84.

Hao Q，Liu H，Yin Y，et al. 2014. Varied responses of forest at its distribution margin to Holocene monsoon development in northern China. Palaeogeography，Palaeoclimatology，Palaeoecology，409：239-248.

3.1.11　吉兰泰盐湖

吉兰泰盐湖（39.60°～39.70°N，105.58°～105.75°E，海拔1023.5m a.s.l.）位于一封闭盆地。干盐湖面积为17.81km²，湖泊由降水和地下水补给。盐湖地区年均温度为8.6°C，多年平均降雨量107.8mm，而蒸发量高达2956.8mm（春喜，2006），由此造成湖泊日渐干涸并最终被沙所覆盖。当降雨较多时，盆地低洼处中心仍可见一些高浓度盐水蓄积（耿侃和陈育峰，1990）。盆地面积 2000km²，湖盆由构造作用形成。基岩主要为古生代变质岩，此外盆地西北部可见古近系和新近系砂岩和泥岩，东部见侏罗系/白垩系及古近系和新近系砂岩和泥岩（郑喜玉等，1992）。

对吉兰泰盐湖的研究包括早期耿侃和陈育峰（1990）对盆地西北—东南走向横断面的 7 个钻孔地层序列研究；郑喜玉等（1992）对近湖心处长 17.93m 钻心（孔 83-CK_1）沉积序列的研究；近年来王飞跃（2001）通过遥感解译对盐湖西南部存在的三道古湖堤进行了分析；春喜等（2006，2008）对吉兰泰盐湖西南湖岸堤及周围湖相与风成沙交替沉积的 BS4 剖面和 BS10 剖面的沉积序列进行研究，同时还对取自湖心的两个剖面点 S43 和 S44 的沉积物岩性进行了剖析；庞西磊和胡东生（2009）通过地质调查及孔 83-CK_1 的研究反演了晚第四纪以来湖泊水位的变化；Chen 等（2008）通过吉兰泰盐湖地貌及湖相沉积研究古湖面的变化；于志同等（2012）通过对该湖深 28.01m 的 JLT-2010 岩心 7.87m 以上蒸发盐矿物、碳酸盐矿物、碎屑岩矿物等的研究，结合 AMS^{14}C 测年得出湖泊 13.8ka B.P.以来古环境的演化；贾宛娜等（2015）通过吉兰泰盐湖钻孔 JLT11-A 孔沉积岩心的矿物分析，结合地层盘星藻的含量探讨了末次冰盛期时湖泊的状态和古气候特征；Wei 等（2016）通过水量平衡方法计算出了不同湖岸线时的古湖泊面积。基于上述不同指标的研究，我们综合分析了古湖泊水位变化，年代学基于各岩心的 AMS^{14}C 或 OSL 测年数据。

根据盆地西北—东南走向横断面的 7 个钻孔（150/CK85、150/CK53-3、122/CK69、134/CK69、118/CK85、118/CK53-1、114/CK49）可重建干盐湖沉积的地层年代（耿侃和陈育峰，1990）。尽管由于沉积交错及较老沉积物的侵蚀与覆盖，导致出现沉积无规律的现象，但这些孔的沉积序列却很清晰。基底沉积物为粉质黏土，向上为黏土。碎屑沉积物的出现表明该处曾为淡水湖，同时粉质黏土向黏土的转变反映湖水变深。盆地中心上覆层为芒硝，碎屑沉积向化学沉积物的转变及其沉积范围的缩小表明当时湖水很浅，湖泊面积很小。向上粉质黏土沉积物的重现则表明湖水深度再度增加。细砂质透镜体及该粉质黏土沉积物可作为该深水环境时对应湖岸线范围的标记。上覆层芒硝的出现意味着湖水变浅。上覆层粉质黏土的出现则对应着湖水的加深，向上沉积物中石膏和岩盐的出现则说明湖水变浅。上覆层岩盐的出现表明湖水进一步变浅。再向上为含较多石膏的 2 个岩盐透镜体，说明水深略有增加。顶部沉积物为岩盐，耿侃和陈育峰（1990）认为沉积物形成于全新世。但遗憾的是所有这 7 个孔均无放射性 ^{14}C 测年数据。

盐湖西南部三道古湖堤（Ⅰ、Ⅱ、Ⅲ）的存在分别对应当时古湖泊的高水位时期。据王飞跃（2001）的研究，湖堤带Ⅲ由数条湖堤组成，因沉积年代久远已不完整，据推测，其形成于 130～75ka B.P.的高湖面时期；湖堤带Ⅱ（海拔约 1070m a.s.l,）在距湖堤带Ⅲ约 5000m 处，推测其形成年代为 40～25ka B.P. ；湖堤带Ⅰ（海拔约 1054m a.s.l.）在距湖堤带Ⅱ约 6500m，螺壳化石的 ^{14}C 年龄约为 1 万年左右，因此此层为早全新世沉积物。

吉兰泰盐湖西北和西南存在海拔高度为 1070～1080m a.s.l.、1060m a.s.l.、1050m a.s.l.、1044m a.s.l.和 1035m a.s.l.的 5 级湖岸线（春喜，2006；Chen et al.，2008），可作为古

湖泊高水面存在的证据。海拔 1070～1080m a.s.l.和 1060m a.s.l.处湖岸堤沉积物的 OSL 测年结果分别为 60～52.6ka.B.P.和 52ka.B.P.，表明吉兰泰盐湖在 60～50ka.B.P.曾出现高水位，春喜（2006）估计当时湖面比现在吉兰泰盐湖面高 57m，湖泊水深达到 60m，且当时的吉兰泰盐湖与河套古湖连为一体，形成面积达 34000km^2 的大湖，当时应是历史上古湖泊面积最大的时期。Wei 等（2016）通过水量平衡计算出 1080m a.s.l.湖岸线时对应的古湖泊面积大于 34000km^2，对应湖泊容量约为 16000×10^{8}m^3。海拔 1050m a.s.l.处湖岸堤保存完整，由海拔在 1050～1055m.a.s.l.的两道次级岸堤组成。其中 1055m a.s.l.和 1052m a.s.l.次级湖岸沉积物 OSL 测定年代分别为 36.9ka B.P.和 19.6ka B.P.，表明在 40～20ka B.P.吉兰泰盐湖古湖水位高于现代 30～32m，春喜（2006）估计当时统一大湖面积为 23000km^2。在 20～10ka B.P.吉兰泰盐湖周围没有发现指示高湖面的湖岸堤和湖滨沉积，因此春喜（2006）认为末次冰盛期湖面处于低水位，且吉兰泰盐湖-河套古湖可能在此时解体。海拔 1044m a.s.l.处湖岸堤沉积物的 OSL 年代为 7ka B.P.，海拔 1048～1038m a.s.l.处的沙嘴不同剖面点沉积物的 OSL 测年为 9.4～7.2ka B.P.，放射性 ^{14}C 测年为 9.1～8.6cal.ka B.P.，表明早全新世时期湖泊水位在 1044～1048m a.s.l.，高于现代水位 25～21m，据估计，此时吉兰泰盐湖与河套古湖相连，且当时大湖面积约为 20000km^2。海拔 1035m a.s.l.处的岸堤为一砂坝-潟湖类湖岸堤，该湖岸堤不含测年数据，据估计此后吉兰泰盐湖-河套古湖解体，再也没有合并为一大湖（春喜，2006；Chen et al.，2008）。

耿侃和陈育峰（1990）认为该横断面地层的存在表明吉兰泰盐湖是在全新世以碎屑沉积为主的淡水湖逐渐转化为以硫酸盐、硫酸岩盐、岩盐为主的盐湖（耿侃和陈育峰，1990）。根据不同盐类的沉积范围可大致推测全新世时湖泊的大小。淡水湖相沉积表明在早全新世时湖泊面积大于 600km^2。在距现代干盐湖北部 1km 及东部 2km 处的较粗糙湖滩砂中存在大量蜗牛壳体，分别对这两处样品测年得知其对应年代分别为 9959±130a B.P.（11515cal.a B.P.）和 9940±130a B.P.（11568cal.a B.P.）（耿侃和陈育峰，1990）。硫酸盐沉积（芒硝）对应时期（早中—晚全新世）的湖泊面积为 224km^2。硫酸岩盐（石膏-岩盐）沉积范围表明在晚中—晚全新世时湖泊面积为 102.4km^2。而岩盐沉积的范围反映在晚全新世时湖泊面积仅为 55km^2（耿侃和陈育峰，1990）。

在近湖心处采得一长 17.93m 的钻心（孔 83-CK$_1$），同样记录了横断面钻孔的地层序列（郑喜玉等，1992）。对 14.4m 和 10.4m 处样品分别进行放射性 ^{14}C 测年，其对应年代分别为 13709a B.P.（16460cal.a B.P.）和 9782a B.P.（11190cal.a B.P.）。

孔 83-CK$_1$ 底部沉积物（17.93～16.71m）为红色至红棕色黏土。上覆层（16.71～14.91m）为分选较好的灰色黏土沉积。这两层碎屑物质含量较高（>90%），表明当时湖水盐度较低。这两层可能对应于横断面孔中的最底部两层（粉质黏土和黏土）。经对沉积速率（1.02mm/a）外推，得到该淡水环境的年代为 17170～14210a B.P.（21110～17130cal.a B.P.）。

83-CK$_1$ 孔 14.91～10.30m 为灰黄-黄棕色粉质黏土，其间夹扁平状的石膏晶体。碎屑物质含量的降低（55%～90%）及石膏晶体的出现说明湖水较上覆层变浅。该层很可能对应于横断面钻孔的最底部芒硝层。该浅水环境年代为 14210～9680a B.P.（17130～

11060cal.a B.P.）。

83-CK_1孔 10.30～7.76m 为灰色至灰绿色粉砂。碎屑物质含量增加（约 90%），说明湖水变深，该层可能对应于横断面孔最底部芒硝层之上的粉质黏土沉积。经沉积速率（1.02mm/a）推算，得到该层年代为 9680～7200a B.P.（11060～8350cal.a B.P.）。这和盆地早全新世最晚淡水环境时期形成的贝壳湖滩相沉积年代数据一致。

83-CK_1孔 7.76～5.61m 为含芒硝和石膏的黑色淤泥。碎屑沉积物含量的降低（50%～85%）及芒硝的出现（10%～60%）表明湖水变浅。该层对应于横断面孔的顶部芒硝沉积层。该层沉积年代为 7200～5280a B.P.（8350～6040cal.a B.P.）。

83-CK_1孔 5.61～4.61m 处沉积物为含少量粉砂和石膏的芒硝，粉砂的出现说明较上一阶段湖水有所加深，该层可能对应于横断面孔中的粉质黏土层。该层沉积年代为 5280～4340a B.P.（6040～4960cal.a B.P.）。

顶部沉积物（4.61～0m）以岩盐为主。岩性变化表明湖水变浅。该层最底部含一些碎屑沉积物和芒硝，往上则分别过渡为石膏晶体和岩盐沉积。该层很可能对应于横断面孔顶部形成于晚全新世的石膏-岩盐层和岩盐层。该浅水阶段对应年代为 4340～0a B.P.（4960～0cal.a B.P.）。当时湖泊最大水深为 2m，根据岩盐沉积范围推知湖泊面积最大为 55km²（耿侃和陈育峰，1990）。

分别在盐湖中心及北部海拔 1024m a.s.l.处挖两个剖面 S43 和 S44。S43 剖面深度为 350cm，底部 300～350cm 为黑色黏土层，水平层理发育，表明湖泊当时为稳定的深水环境；该层 330cm 处 ^{14}C 样品的年代为 4701±67a B.P.（5461cal.a B.P.）。据春喜等（2008）给出的岩性图，该层可能对应于 83-CK_1孔中的淤泥及含粉砂的芒硝石膏沉积。上覆层 300～250cm 为鳞片状、粒状芒硝石膏层，岩性变化表明湖泊在 4700a B.P.（5460cal.a B.P.）后深度降低，且湖泊可能在此进入成盐阶段。顶部 300cm 为呈粒状晶体石盐层，岩盐的出现表明湖水深度进一步降低。S44 剖面 215cm 以下为青灰色和浅红色黏土，对应于较深的湖泊环境；该层 270cm 处样品 ^{14}C 年代为 4796±72a B.P.（5440cal. a B.P.），可能对应于 S43 剖面的黑色黏土层。上覆层（215～205cm）为黑色黏土层，表明湖泊深度较上覆层略有增加。顶部 140cm 为黄色风成沙沉积，对应于极低的湖水环境。

钻自湖心附近的 JLT-2010 孔 7.87～6.67m 为浅灰褐色砂及浅灰绿色泥质粉砂沉积，碎屑岩含量较高（95%），碳酸盐及蒸发盐含量较低（约 5%），表明当时湖水深度相对较高，水体较淡，湖泊处于淡水—微（半）咸水阶段。下覆 9.36～9.38m 处有机质样品的 AMS^{14}C 年代为 14886±50a B.P.（18196cal.a B.P.），经该年代数据及上覆层 4.74～4.76m 处有机质样品的年代数据（9246±35a B.P.，10396cal.a B.P.）间沉积速率（0.082cm/a）内插，得到该层对应年代为 13055～11590a B.P.（15660～13640cal.a B.P.）。

6.67～5.78m 为浅灰绿色泥质粉砂沉积，碎屑岩含量下降（66%），而碳酸盐矿物及蒸发盐含量增加（分别为 16%和 18%），且蒸发盐矿物主要为石膏（平均约为 13%），石盐含量约为 5%，矿物组合变化表明湖水深度较下覆层下降，湖水盐度有所升高，湖泊处于咸水湖阶段。经沉积速率（0.082cm/a）内插，得到该层沉积年代为 11590～10500a B.P.（13640～12135cal.a B.P.）。

5.78～5.12m 处沉积物为灰褐色细砂夹石盐碎屑，矿物组合中碎屑岩含量及碳酸盐含量均下降（分别为 20%～45%和<2%），而蒸发盐矿物含量（60%）、石膏（22%）及石盐（17%）含量的增加及钙芒硝的出现（平均约为 19%）表明湖水深度大幅下降，湖泊主要处于硫酸盐沉积阶段。经沉积速率（0.082cm/a）内插，得到该层沉积年代为 10500～9700a B.P.（12135～11020cal.a B.P.）。

5.12～4.65m 为粉砂质泥夹中细粒石盐沉积，岩性变化表明湖水深度较前期有所增加，但仍相对较低。矿物组合中蒸发盐矿物含量下降（<30%），以少量石膏和石盐为主，钙芒硝消失，同时碎屑岩矿物和碳酸盐含量增加（分别为 51%和 20%），和水深增加一致。4.74～4.76m 处有机质样品的 AMS^{14}C 年代为 9246±35a B.P.（10396cal.a B.P.），经该年代数据与上覆层年代数据间沉积速率（0.061cm/a）内插，得到该层沉积年代为 9700～9080a B.P.（11020～10210cal.a B.P.）。

4.65～3.24m 为粉砂质泥夹中细-中粗粒石盐沉积。矿物组合以蒸发盐矿物为主（约 86%），且盐类矿物以钙芒硝为主（约 41%），同时含少量石膏（19%）和石盐（14%），碎屑岩矿物含量较低（12%），同时碳酸盐几乎消失，表明湖水深度较下覆层变浅，湖水盐度进一步升高，达到硫酸盐沉积阶段。3.38～3.4m 及 3.26～3.28m 处有机质样品的 AMS^{14}C 年代分别为 7015±40a B.P.（7845cal.a B.P.）和 6468±40a B.P.（7364cal.a B.P.）。该层沉积年代为 9080～6400a B.P.（10210～7290cal.a B.P.）。

3.24m 以上主要为中细-中粗粒石盐层，偶见薄层粉砂质泥，主要矿物为蒸发盐矿物（90%），碎屑岩矿物和碳酸盐矿物仅为 10%左右，且蒸发盐以石盐（74%）和石膏（14%）为主，表明此时湖泊已为氯化物沉积阶段。2.72～2.74m、2～2.01m、0.67～0.69m 及 0.06～0.08m 处有机质样品的 AMS^{14}C 年代分别为 5311±20a B.P.(6065cal.a B.P.)、5156±20a B.P.（5920cal.a B.P.）、3415±35a B.P.（3650cal.a B.P.）和 1593±20a B.P.（1472cal.a B.P.）。经内插，得到该层为 6400a B.P.（7290cal.a B.P.）以来的沉积。

JLT11-A 岩心位于湖心处，钻孔深 62.29m，对该岩心的研究主要集中在 13.85～8.7m（贾宛娜等，2015）。岩心 13.85～10.32m 处岩性为粉细砂和砂质黏土互层，矿物组合中以碎屑岩和碳酸盐为主（分别为 85%和 10%），蒸发盐矿物（主要为石盐和石膏）含量仅占 5%左右，表明当时湖水较深。该阶段有少量淡水藻类盘星藻出现，也表明湖水较淡，水深较高。下覆层 14.21m 处样品的 AMS^{14}C 年代为 20650±70a B.P.（24879cal.a B.P.），上覆层 5.97m 处样品的 AMS^{14}C 年代为 8625±25a B.P.（9558cal.a B.P.），经这两个年代数据间沉积速率内插，得到该层沉积年代为 20125～14975a B.P.（24210～17645cal.a B.P.）。

JLT11-A 岩心 10.32～8.7m 岩性为深灰色细砂和黑色淤泥沉积，矿物组合中碎屑岩和碳酸盐含量下降（分别为 68%和 5%），而蒸发盐（主要为石盐和石膏）含量增加（约为 25%），表明湖水盐度较前期增加，湖水深度下降。该层沉积年代为 14975～12610a B.P.（17645～14635cal.a B.P.）。

以下是对该湖泊进行古湖泊重建、量化水量变化的 7 个标准：（1）很低，83-CK$_1$ 孔和 JLT-2010 孔的岩盐沉积；（2）低，83-CK$_1$ 孔的泥质黏土夹芒硝和石膏沉积，JLT-2010 孔的粉砂质泥夹芒硝和石膏沉积；（3）较低，83-CK$_1$ 孔含芒硝的粉质黏土沉积，JLT-2010 孔的含芒硝的灰褐色细砂夹石盐碎屑沉积；（4）中等，JLT-2010 孔不含芒硝的粉砂质泥沉积，含少量石膏和石盐；（5）较高，83-CK_1 孔、JLT11-A 孔和 JLT-2010 孔的粉砂、泥质粉砂或粉质黏土，碎屑物质含量较高（90%），不含盐类物质，湖泊面积约 20000km^2；（6）高，海拔 1048～1038m a.s.l.的湖岸堤，湖泊面积约 23000km^2；（7）很高，海拔 1070～1080m a.s.l.的湖岸堤，湖泊面积约 34000km^2。

吉兰泰盐湖各岩心年代数据、OSL 测年、水位水量变化见表 3.25～表 3.27，岩心岩性变化图如图 3.11 所示。

表 3.25　吉兰泰盐湖各岩心年代数据

样品编号	^{14}C 年代/a B.P.	校正年代/cal.a B.P.	深度/m	测年材料	剖面/钻孔
JLT-15-16	20650±70	24879	14.21		JLT11-A
	8625±25	9558	5.97		JLT11-A
	14886±50	18196	9.36～9.38	有机质	JLT-2010
	13709±	16460（春喜等，2008）	14.4	有机质	孔 83-CK_1
	9959±130	11515		蜗牛贝壳	现代湖区东部湖滩沉积物
	9940±130	11568		贝壳	现代湖泊北部湖滩沉积物
	9782±	11190（春喜等，2008）	10.4	有机质	孔 83-CK_1
JLT-8-30	9246±35	10396	4.74～4.76	有机质	JLT-2010
LUG06-79/LZU	8177±126	9106（春喜，2006）		壳体	吉兰泰盐湖东北 1048m 沙嘴
LUG06-104/LZU	7844±145	8652（春喜，2006）		有机质	吉兰泰盐湖东北 1048m 沙嘴
JLT-6-27	7015±40	7845	3.38～3.4	有机质	JLT-2010
JLT-6-21	6468±40	7364	3.26～3.28	有机质	JLT-2010
JLT-5-25	5311±20	6065	2.72～2.74	有机质	JLT-2010
JLT-4-31	5156±20	5920	2～2.01	有机质	JLT-2010
LUG052109/LZU	4701±67	5641（春喜等，2008）	3.3	全有机质	
LUG052111/LZU	4796±72	5440（春喜等，2008）	2.7	全有机质	
JLT-2-11	3415±35	3650	0.67～0.69	有机质	JLT-2010
JLT-1-8	1593±20	1472	0.06～0.08	有机质	JLT-2010

注：JLT-2010 岩心 AMS^{14}C 年代测试在新西兰国家同位素测试中心拉夫特放射性碳实验室完成，JLT11-A 孔 AMS^{14}C 年代测试在北京大学年代实验室进行测定，校正年代由校正软件 Calib6.0 和 Calib7.1 得出

表 3.26　吉兰泰盐湖 OSL 测年

样品编号	年代/ka B.P.	测年材料	剖面
JLT040920-20（3）/KLDD	60.34±4.62	湖滨砂	吉兰泰盐湖西北 1080m 湖岸堤
JLT040920-30（4）/KLDD	52.61±4.01	湖滨砂砾石	吉兰泰盐湖西北 1070m 湖岸堤
JLT040919-30/KLDD	52.05±3.79	湖滨砂	吉兰泰盐湖西北 1060m 岸堤
JLT040806-90/LDI	36.86±2.76	粗砂	吉兰泰盐湖西南 1055m 次岸堤
JLT040920-30（9）/KLDD	19.57±1.41	湖滨砂	吉兰泰盐湖东北 1052m 次岸堤
L2005-18/KLDD	9.39±0.76	湖滨砂砾石	吉兰泰盐湖南 1038m 沙嘴
L2005-7/KLDD	9±0.71	湖滨砂	吉兰泰盐湖北 1044m 岸堤
JLT040916-50/KLDD	8.82±0.76	湖滨砂砾石	吉兰泰盐湖南 1038m 沙嘴
L2005-6/KLDD	8.46±0.67	湖滨粗砂	吉兰泰盐湖东北 1048m 沙嘴
JLT040804-60/KLDD	7.19±0.5	湖滨砂砾石	吉兰泰盐湖东北 1048m 沙嘴
JLT040923-35（4）/KLDD	7.05±0.65	湖滨砂砾石	吉兰泰盐湖北 1044m 岸堤

表 3.27　吉兰泰盐湖古湖泊水位水量变化

年代	水位水量
60～50ka B.P.	很高（7）
50～40ka B.P.	未量化
40～20ka B.P.	高（6）
24210～17130cal.a B.P.	较高（5）
17130～15660cal.a B.P.	较低（3）
15660～13640cal.a B.P.	较高（5）
13640～12135cal.a B.P.	中等（4）
12135～11020cal.a B.P.	较低（3）
11020～10210cal.a B.P.	中等（4）
10210～6040cal.a B.P.	低（2）
6040～4960cal.a B.P.	中等（3）
4960～0cal.a B.P.	很低（1）

参考文献

春喜. 2006. 晚第四纪吉兰泰盐湖古湖面与环境变化研究. 兰州：兰州大学：1-151.

春喜，王宗礼，夏敦胜，等. 2008. 吉兰泰盐湖的形成及指示的环境意义. 盐湖研究，16（3）：11-18.

耿侃，陈育峰. 1990. 吉兰泰盐湖形成、发展及演化. 地理学报，45（3）：341-349.

贾宛娜，黄小忠，范育新，等. 2015. 末次冰盛期时吉兰泰盐湖的湖泊状态与古气候特征. 中国沙漠，（3）：602-609.

庞西磊，胡东生. 2009. 近 22ka 以来吉兰泰盐湖的环境变化及成盐过程. 中国沙漠，29（2）：193-199.

王飞跃. 2001. 吉兰泰盐湖演变卫星雷达遥感研究. 国土资源遥感，4（50）：35-39.

于志同，刘兴起，王永，等. 2012. 13.8ka 以来内蒙古吉兰泰盐湖的演化过程. 湖泊科学，24（4）：629-636.

郑喜玉，张明刚，董继和，等. 1992. 内蒙古盐湖. 北京：科学出版社：1-296.

Chen F H，Fan Y X，Chun X，et al. 2008. Preliminary research on Megalake Jilantai-Hetao in thearid areas of China during the Late Quaternary. Chinese Science Bulletin，53（11）：1725-1739.

Wei G，Rao Z，Dong J，et al. 2016. Late Quaternary climatic influences on megalake Jilantai–Hetao，North China，inferred from a water balance model. Journal of Paleolimnology，2016，55（3）：223-240.

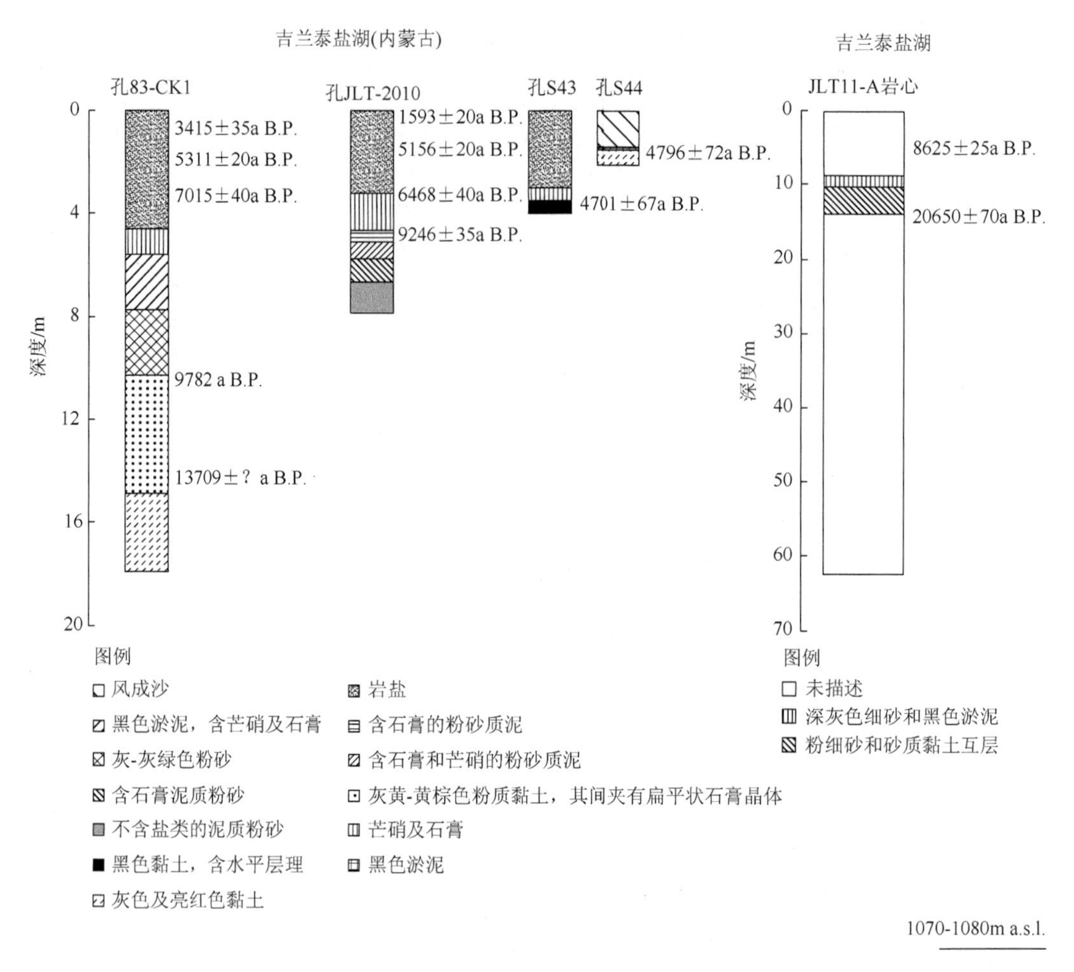

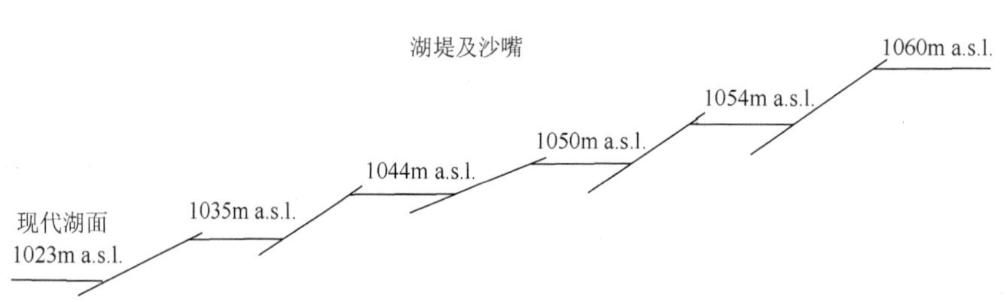

图 3.11　吉兰泰盐湖岩心岩性变化图

3.1.12　调角海子湖

调角海子湖（41.30°N，112.35°E，海拔 2015m a.s.l.）位于大青山中部的一小型封闭盆地。湖泊面积约为 0.3km^2。湖水较浅，主要由降水及一些河流补给。流域面积为 0.6～0.9km^2。区域年平均降雨量为 350mm 左右，年平均气温约 0℃，属山地草甸草原（杨志荣，1998）。区域冬季寒冷，降水主要集中在夏季。盆地基岩为古近系和新近系玄武岩。

湖泊演化历史在探坑剖面（杨志荣，1998）和 DJ 孔（宋长青等，1996）中都有所记载。探坑剖面深约 144cm，钻自湖泊东北湖积平原靠近湖边处；DJ 孔长约 240cm，取自近岸带。两孔记录的沉积年代可至约 11000a B.P.（13400cal.a B.P.）。探坑剖面放射性 ^{14}C 测年数据较多，湖泊水深的相对变化主要是基于探坑剖面岩性及水生花粉变化，并结合 DJ 孔岩性及水生花粉的变化状况。年代学根据探坑剖面的 13 个放射性 ^{14}C 测年数据及 DJ 孔的 4 个放射性 ^{14}C 测年数据。

整个探坑剖面反映的是一种浅湖或湖滨相沉积环境（杨志荣，1998）。该剖面含 3 个古沙楔，说明地层在 25～46cm、50～62cm 及 61～102cm 处曾发生崩裂。前两个沙楔被黑色粉砂充填，后一个填充物为黄色粉砂。通过测定其周围沉积物放射性 ^{14}C 年代我们可得出这三个古沙锲的年代。杨志荣（1998）认为这三个沙楔形成于极冷环境（比现在低 3～4℃），其年代分别不大于 3325a B.P.（3553cal.a B.P.）、6330a B.P.（6965cal.a B.P.）和 7060a B.P.（7859cal.a B.P.）。同时，杨志荣通过测量每一沙楔的大小，认为他们形成时间在 50～60 年。3 次短期湖泊退出该剖面引起沙楔崩裂的痕迹依旧清晰可辨。

探坑剖面底层沉积物（144～128cm）为湖相淤泥，表明湖泊面积较今大。对该层约 141cm 及 132cm 处样品进行放射性 ^{14}C 测年，其年代分别为 11400±135a B.P.（13268cal.a B.P.）和 10955±135a B.P.（12860cal.a B.P.），相应的该层沉积年代为 11500～10750a B.P.（13405～12680cal.a B.P.）。

探坑剖面 128～118cm 为含蜗牛壳体的粉砂和细砂沉积，表明湖水较上一阶段变浅。该层沉积年代为 10750～10150a B.P.（12680～11765cal.a B.P.）。

探坑剖面 118～106cm 为粉质黏土，表明湖水较下覆层加深，蜗牛壳含量的下降也对应于湖水的变深。对该层约 117cm 和 108cm 处样品进行放射性 ^{14}C 测年，其年代分别为 10115±120a B.P.（11688cal.a B.P.）和 10015±120a B.P.（11604cal.a B.P.），相应的沉积层沉积年代为 10150～10000a B.P.（11765～11585cal.a B.P.）。

探坑剖面 106～90cm 为含蜗牛壳体的粉砂和细砂，岩性变化表明湖水又开始变浅。蜗牛壳体含量的增加也和湖水变浅一致。该层沉积年代为 10000～9300a B.P.（11585～10560cal.a B.P.）。

探坑剖面 90～82cm 处为泥炭沉积层，表明湖水进一步变浅。水生花粉莎草科的出现也说明这一点。对约 88cm 及 63～64cm 处样品放射性 ^{14}C 测年年代分别为 9230±110a B.P.（10446cal.a B.P.）和 7060±95a B.P.（7859cal.a B.P.）。经线性内插，得到该层沉积年代为 9300～8650a B.P.（10560～9810cal.a B.P.）。

探坑剖面 82～75cm 为粉砂和细砂，说明湖泊变深，莎草科的消失也与此对应。该层沉积年代为 8650～8000a B.P.（9810～9075cal.a B.P.）。

探坑剖面 75～50cm 处为第二个泥炭层，表明湖水较下覆层变浅。同时，该层出现水生花粉，如莎草科、香蒲及藜属植物，和湖水变浅相对应。对该层深 63～64cm 和 51～52cm 处的样品进行放射性 ^{14}C 测年，其年代分别为 7060±95a B.P.（7859cal.a B.P.）和 6330±90a B.P.（7286cal.a B.P.），该层年代为 8000～6300a B.P.（9075～6965cal.a B.P.）。102～61cm 和 62～50cm 处沙楔的存在说明湖泊在 7060～7000a B.P.（7860～7800cal.a B.P.）及 6330～6270a B.P.（7286～7226cal.a B.P.）时水深又进一步减小。

探坑剖面 50～41cm 为粉砂及细砂沉积，对应于湖泊水深增加。该层不含水生花粉，和湖水加深一致。该层沉积于 6300～4300a B.P.（6965～5025cal.a B.P.）。

探坑剖面 41～25cm 处出现第 3 个泥炭沉积层，对应于湖水的变浅。该层含水生花粉莎草科的出现，和水深变浅一致。对该层 40cm、30cm 和 25～26cm 处样品进行放射性 ^{14}C 测年，其年代分别为 4280±80a B.P.（4810cal.a B.P.）、3670±75a B.P.（4032cal.a B.P.）和 3325±70a B.P.（3553cal.a B.P.）。该层沉积年代为 4300～3300a B.P.（5025～3500cal.a B.P.）。

探坑剖面 46～25cm 处为一沙楔，表明 3325～3265a B.P.（3553～3493cal.a B.P.）时湖水进一步变浅。

探坑剖面 25～15cm 为粉质黏土沉积，表明湖泊恢复至较深水环境。该层不含水生花粉，和湖水加深一致。该层沉积年代为 3300～3100a B.P.（3500～3280cal.a B.P.）。

探坑剖面顶部（15～0cm）为含大量木炭的细砂沉积，说明湖水较下覆层变浅。约 13cm、8cm 及 4cm 处样品的放射性 ^{14}C 测年数据分别为 3045±70a B.P.（3229cal.a B.P.）、2835±70a B.P.（2971cal.a B.P.）和 2170±70a B.P.（2167cal.a B.P.）。该层沉积年代为 3100～2000a B.P.（3280～1365cal.a B.P.）。

可能由于侵蚀的原因，造成 2000a B.P.（1365cal.a B.P.）后的地层缺失。

DJ 孔底部（240～221cm）为粉砂和砂沉积，说明湖水位在 10200a B.P.（12680cal.a B.P.）前较低。

DJ 孔 221～197cm 处沉积物为灰黄色粉质黏土，岩性的变化说明湖水较上阶段加深，但有机质含量较高（约为 20%），同时该层不含水生花粉，说明湖水仍相对较浅。217～221cm 及 127～130cm 处样品的放射性 ^{14}C 测年数据分别为 10175±120a B.P.（11774cal.a B.P.）和 7040±170a B.P.（7880cal.a B.P.），经过对这两个数据沉积速率的外推，得到该层沉积年代为 10200～9400a B.P.（12680～10825cal.a B.P.）（该层可能和调角剖面 118～90cm 处沉积物相对应）。

DJ 孔 197～165cm 为较硬的灰绿色粉质黏土沉积，说明湖水初始阶段较深，且随后又出现指示湖水变浅的沉积物。该层仍不含水生花粉，有机质含量处于整个剖面的最低值，和水深增加相对应。该深水环境对应年代为 9400～8300a B.P.（10825～9450cal.a B.P.），且在约 8300a B.P.（9450cal.a B.P.）后湖水开始变浅（该层和调角剖面 90～78cm 处沉积物吻合度不高）。

DJ 孔 165～135cm 为灰黑色粉质黏土，含大量贝壳，岩性的变化表明湖水变浅，但较 8300a B.P.（9450cal.a B.P.）时深。该层仍不含水生花粉。贝壳类的出现说明湖水仍较浅。经对泥炭层两测年数据沉积速率外推，得到该层沉积年代为 8300～7250a B.P.（9450～8160cal.a B.P.）（该层可能和调角剖面 78～67cm 相对应）。

DJ 孔 135～71cm 处为泥炭沉积，表明湖水较下覆层变浅。该层出现莎草科花粉，和水深变浅一致。对 76～79cm 和 127～130cm 处样品进行的放射性 ^{14}C 测年数据分别为 6240±80a B.P.（7130cal.a B.P.）和 7040±170a B.P.（7880cal.a B.P.）。该层沉积年代为 7250～6140a B.P.（8160～7035cal.a B.P.）（该层对应于调角剖面 67～50cm 的泥炭沉积）。

DJ 孔 71～45cm 为灰色粉质黏土，对应于湖水加深。水生花粉莎草科的消失也证明了这一点。经过对 127～130cm 和 3～5cm 处测年数据及沉积速率内插，得到该层沉积年代为 6140～4500a B.P.（7035～5090cal.a B.P.）（该层可能对应于调角剖面 50～41cm 处的沉积物）。

DJ 孔 45～19cm 为灰黄色黏质粉砂，说明在 4500～3200a B.P.（5090～3455cal.a B.P.）湖水变浅。莎草科含量的增加及毛茛科的出现和湖水变浅一致（该层可能对应于调角剖面 41～25cm 处的泥炭沉积）。

DJ 孔顶层 19～0cm 处沉积物为灰黄色粉质黏土，说明湖水略微加深。莎草科及毛茛科的消失也和水深增加一致。对 3～5cm 处样品进行放射性 ^{14}C 测年，其年代为 2380±90a B.P.（2513cal.a B.P.）。该层沉积年代为 3200～2300a B.P.（3455～2260cal.a B.P.）（该层和调角剖面 25～0cm 处沉积物并不对应）。

以下是对该湖泊进行古湖泊重建、量化水量变化的 7 个标准：（1）很低，沙楔的出现；（2）低，两孔中的泥炭沉积；（3）较低，调角剖面的泥炭沉积，DJ 孔中的黏质粉砂和粉质黏土沉积；（4）中等，两孔中的粉砂和细砂沉积；（5）较高，调角剖面中的粉砂和细砂沉积，DJ 孔中的粉质黏土沉积；（6）高，两孔中的黏质粉砂及粉质黏土沉积；（7）很高，调角剖面的湖相淤泥沉积。

调角海子湖各岩心年代数据、水位水量变化见表 3.28 和表 3.29，岩心岩性变化图如图 3.12 所示。

表 3.28 调角海子湖各岩心年代数据

^{14}C 测年数据/a B.P.	校正年代/cal.a B.P.	深度/cm	测年材料	剖面/钻孔
11400±135	13268	约 141	有机物	调角剖面
10955±135	12860	约 132	有机物	调角剖面
10175±120	11774	217～221	有机物	DJ 孔
10115±120	11688	约 117	有机物	调角剖面
10015±120	11604	约 108	有机物	调角剖面
9230±110	10446	约 88	有机物	调角剖面
7060±95	7859	63～64	泥炭	调角剖面
7040±170	7880	127～130	泥炭	DJ 孔
6330±90	7286	51～52	泥炭	调角剖面
6240±80	7130	76～79	泥炭	DJ 孔
4280±80	4810	约 40	有机物	调角剖面
3670±75	4032	约 30	有机物	调角剖面
3325±70	3553	25～26	泥炭	调角剖面
2380±90	2513	3～5	有机物	DJ 孔
3045±70	3229	约 13	有机物	调角剖面
2835±70	2971	约 8	有机物	调角剖面
2170±70	2167	约 4	有机物	调角剖面

注：调角剖面样品测年在北京大学 ^{14}C 实验室测定，校正软件为 Calib6.0

表 3.29 调角海子湖古湖泊水位水量变化

年代	水位水量
13405～12680cal.a B.P.	很高（7）
12680～11765cal.a B.P.	中等（4）
11765～11585cal.a B.P.	高（6）
11585～10560cal.a B.P.	较高（5）

续表

年代	水位水量
10560～9810cal.a B.P.	较低（3）
9810～9075cal.a B.P.	较高（5）
9075～8160cal.a B.P.	较低（3）
8160～7860cal.a B.P..	低（2）
7860～7800cal.a B.P.	很低（1）
7800～7286cal.a B.P.	低（2）
7286～7226cal.a B.P.	很低（1）
7226～7035cal.a B.P.	低（2）
7035～5025cal.a B.P.	较高（5）
5025～3500cal.a B.P.	较低（3）
3500～3493cal.a B.P.	很低（1）
3493～3280cal.a B.P.	高（6）
3280～1365cal.a B.P.	较高（5）

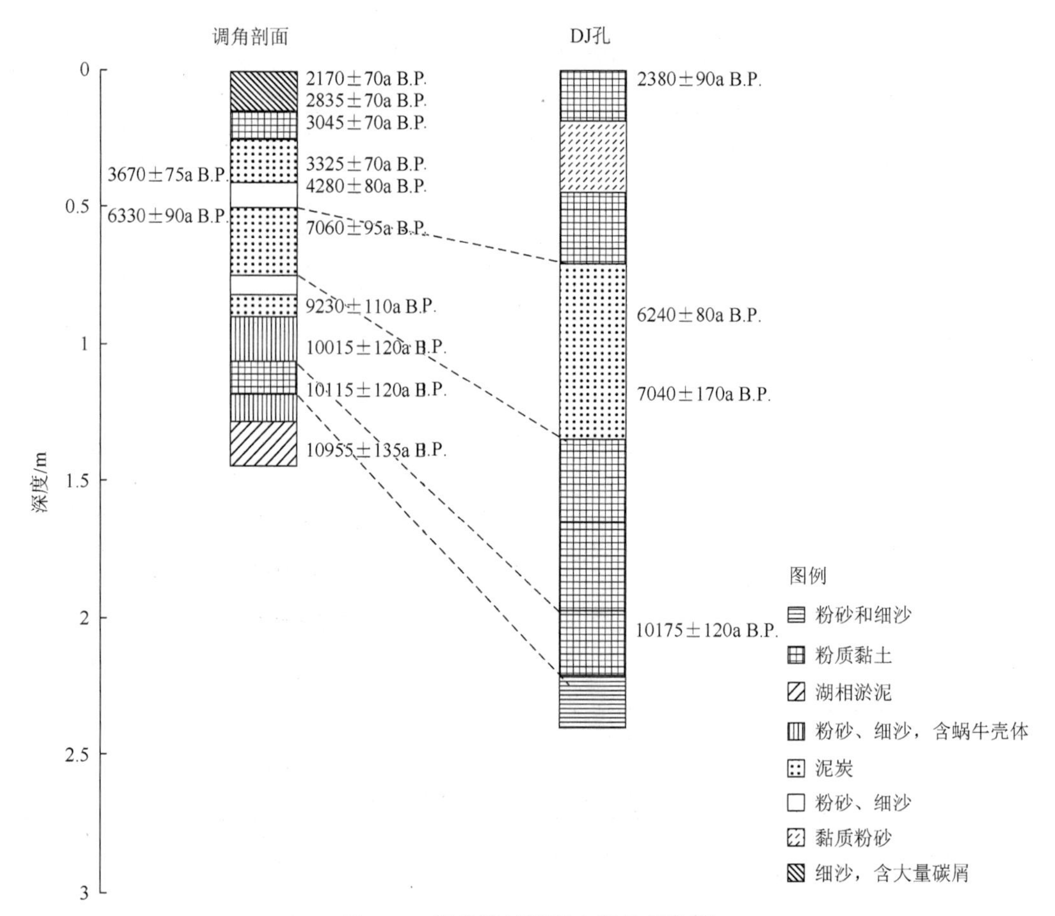

图 3.12　调角海子湖岩心岩性变化图

参考文献

宋长青，王琫瑜，孙湘君. 1996. 内蒙古大青山DJ钻孔全新世古植被变化指示. 植物学报，38（7）：568-575.
杨志荣. 1998. 大青山调角海子地区全新世低温波动研究. 地理研究，17（2）：138-143.

3.1.13　萨拉乌苏古湖

萨拉乌苏古湖（37.70°N，108.60°E，海拔1300m a.s.l.）是鄂尔多斯高原南部的一个大型古湖（蒙古高原南部）。古湖面积约达100km^2，位于黄土高原（萨拉乌苏以南）和鄂尔多斯高原上毛乌素沙漠（萨拉乌苏以北）的边界带，对气候变化极为敏感（董光荣等，1983；郑洪汉，1989）。该古湖盆地为构造断陷成因，基岩为石炭系红色砂岩。盆地被黄河支流萨拉乌苏河疏干。黄河流经鄂尔多斯高原的绝大部分区域，由于黄河向南流，萨拉乌苏河汇入黄河。萨拉乌苏河切穿该古湖盆地的湖相沉积，形成60～70m高的阶地（董光荣等，1983；郑洪汉，1989）。过去2000年的新构造运动导致从湖相或河流相沉积变成河流侵蚀，然而，一般认为在晚更新世构造运动很弱，或者没有。现在古湖盆地的主要沉积为河流阶地顶部的风成沙丘及萨拉乌苏河谷的河流相砂（董光荣等，1983）。区域气候为半干旱，年均温度为4～14℃，年降雨量250～450mm（高尚玉等，1985）。

Chadin和Licent（1924）研究了上更新统萨拉乌苏河湖相地层，其中见大量的动物遗存和石器。关于上更新统的河湖相地层，后来又有很多的研究，这些地层剖面已成为华北上更新统的典型剖面（中国地质学会，1956）。关于该盆地晚第四纪的历史，也有很多研究（裴文中和李有恒，1964；祁国琴，1975；袁宝印，1978；董光荣等，1983；袁宝印，1988；郑洪汉，1989；苏志珠和董光荣，1994）。在晚更新世早期，萨拉乌苏湖相地层为河流相沉积与风成沉积互层，然后盆地封闭，湖泊形成，在晚更新世中期为稳定的湖泊环境，晚更新世的后期为风成沉积，在全新世早期与中期，又为湖相沉积，晚更新世的沉积特征是河流沉积与风成沉积交替出现。因此，萨拉乌苏古湖发育于气候湿润的晚更新世中期，早—中全新世，沙漠从萨拉乌苏地区退出（袁宝印，1988；郑洪汉，1989；孙继敏等，1996）。萨拉乌苏河在2300a B.P.重新建立，从此把盆地彻底疏干。

萨拉乌苏河存在多个剖面，其中研究较多的主要是位于萨拉乌苏河岸滴哨沟湾高60m的滴哨沟剖面，位于酒坊台附近萨拉乌苏河左岸、距滴哨沟剖面东北约5km处的酒坊台剖面（JFT）（1283m a.s.l.）及位于萨拉乌苏河中游米浪沟湾村NE约500m河流左岸的米浪沟剖面，不同学者先后对以上剖面的地层、矿物学及地球化学等进行了分析，现简述如下。

滴哨沟剖面，位于萨拉乌苏河岸滴哨沟湾高60m的典型阶地剖面，为晚更新世早期以来的沉积。在20世纪80年代前，关于该剖面的工作主要为地层学，即关于动物群的生物地层学。近期的工作主要为矿物学（卢小霞，1985）和地球化学（高尚玉等，1985；张丽等，2016）方面的工作，并根据^{14}C（黎兴国等，1984；苏志珠和董光荣，1994）和热释光（郑洪汉，1989；李保生等，1993；孙继敏等，1996；苏志珠和董光荣，1997）测年建立了地层年代。酒坊台剖面（JFT）（顶部海拔1283m a.s.l.）位于酒坊台附近萨拉乌苏河左岸，距滴哨沟剖面东北约 5km，距米浪沟剖面下游约 2km，该剖面厚约 61.61m，其沉积记录大致为 150ka B.P.；米浪沟剖面位于萨拉乌苏河中游米浪沟湾村 NE 约 500m 的河流左岸，剖面顶部海拔约 1290m a.s.l.，厚约 83m，为中更新世-全新世沉积。湖泊状况的变化主要根据各剖面的岩性、黏土矿物组合、地球化学、软体动物组合及介形类的存在与否。对于湖泊水量状况变化的解释参照原作者的重建（郑洪汉，1989；孙继敏等，1996；闵隆瑞等，2009；刘凯等，2010；李保生等，2001）。年代学根据该剖面 16 个放射性 ^{14}C 年龄（黎兴国等，1984；苏志珠和董光荣，1994；李保生等，2001）和 10 个 TL 年龄（郑洪汉，1989；孙继敏等，1996；苏志珠和董光荣，1997；李保生等，2001）及 8 个 OSL 测年数据（刘凯等，2010），当年代出现不一致时，我们倾向于采用最新发表的文献年代数据。

滴哨沟剖面最初由郑洪汉（1989）描述，孙继敏等（1996）对剖面做了更加详细的描述。该剖面综合描述如下：59.3m 以下出露石炭纪红色砂岩。底部（59.3～44.3m）由黄色具交错层理的风成细砂沉积（59.3～52.5m、51.5～49.2m、47.0～46.0m）和灰白色具层理的河流相粉砂（52.5～51.5m、49～47.0m、46.0～44.3m）互层组成。著名的萨拉乌苏哺乳动物化石主要产于 49.2～47.0m 的河流相沉积物中（Chadin and Licent，1924）。58.0～58.5m 和 44.5～45.0m 处 TL 测年分别为 216000±22000a B.P.和 177000±14000a B.P.，反映该河流-风成相沉积发生在 220000～170000a B.P.。

44.3～22.4m 为湖相黏土，反映湖盆开始封闭。没有地貌证据表明湖盆封闭的原因，但是，湖泊环境维持了相当长时间的事实表明，气候条件较今天湿润。黏土矿物组合中以高岭石为主，也对应于湿润的环境条件（卢小霞，1985），对应 SiO_2/Al_2O_3 值的相对低值（<12）（高尚玉等，1985）。根据岩性的变化，该层又可分为 3 个亚层：该层底部（44.4～26.8m）为灰绿色、灰黄色粉砂、黏土质粉砂，具水平层理。水平层理的出现指示深水环境。44.0～44.5m、43.0～43.5m 和 37.5～38.0m 处 TL 测年结果为 136000±15200a B.P.、124900±15200a B.P. 和 93000±14000a B.P.，反映该深水湖泊形成在 170000～89000a B.P.。湖相层的中部（26.8～25.0m）为一层具水平层理的粉砂，含淡水螺壳，尽管水平层理指示相对深水的环境，但沉积物中见螺壳反映湖泊较前有所变浅。用 37.5～38.0m 和 23.0m 的 TL 年龄计算的沉积速率（0.021cm/a）内插，得到该亚层的沉积时代为 89000～80000a B.P.。该层上部（25.0～22.4m）为砂和粉砂沉积，见低角度微斜层理，为近岸沉积的特征，表明湖泊水深进一步减小。约 23.0m 处 TL 测年为 70900±6200a B.P.，反映该近岸相沉积时代为 80000～70000a B.P.。

22.4～4.0m 为细砂，分选好，见陡倾角（20°～31°）前积层理及交错层理，具典型风成沉积的特征。黏土矿物为伊利石，高岭石和蒙脱石消失，与风成沉积的特征一致（卢小霞，1985）。相对较高的 SiO_2/Al_2O_3 值（17～20）对应干旱的气候环境（高尚玉等，1985）。风成沉积的出现反映湖泊较前有较大幅度的减小，甚至已经干涸。在这个以风成沉积为主的沉积层内区分出了两层湖相砂质粉砂层（孙继敏等，1996），均为以高岭石为主的黏土矿物组合及低的 SiO_2/Al_2O_3 值（<15）。两个湖相层中的下面一层（13.9～13.5m）为灰绿色砂质粉砂，含大量淡水螺壳，反映相对浅水的环境。在 13.60～13.65m 处样品 ^{14}C 测年为 30240±1280a B.P.（34438cal.a B.P.），指示该浅水期发生在 31400～30000a B.P.（35500～

34400cal.a B.P.）。上面一层湖相沉积（10.5～12.0m）也是灰绿色砂质粉砂，但不含淡水螺壳，表明湖水较第一次湖相沉积时偏深。在10.5m和11.5m处样品^{14}C测年为27940±600a B.P.（32425cal.a B.P.）和28170±1080a B.P.（32852cal.a B.P.），反映其第二期湖相沉积时代为27900～28300a B.P.（32400～33060cal.a B.P.）。

4.0～1.80m为湖相灰蓝色具水平层理黏土质粉砂，反映在风成环境后再次为深水湖泊环境。该层黏土矿物以高岭石为特征，SiO_2/Al_2O_3值较低（＜10），这与湖相环境相一致。该层底界有3个^{14}C测年，分别为9700±120a B.P.（11014cal.a B.P.）、9600±100a B.P.（10938cal.a B.P.）和9500±100a B.P.（10858cal.a B.P.），顶界测得年代为5070±100a B.P.（5736cal.a B.P.）。因此，这一深水湖相环境的时代为10000～5000a B.P.（11000～5700cal.a B.P.）（郑洪汉，1989；孙继敏等，1996）。

1.65～1.80m为泥炭沉积，见大量芦苇*Phragmites*根系，为沼泽沉积的特征，反映湖泊在5000a B.P.（5700cal.a B.P.）后变浅。

1.65～1.50m为灰蓝色具水平层理的黏土质粉砂，有大量软体螺壳，再次反映为湖泊环境。该层底部和顶部^{14}C测年分别为4700±100a B.P.(5438cal.a B.P.)和3800±100a B.P.(4169cal.a B.P.)，指示该层沉积的时期为4700～3800a B.P.（5440～4170cal.a B.P.）。

最上部1.5～0m为浅黄色砂质粉砂，具典型的河流相层理构造，表明湖泊开口，通过萨拉乌苏河外流。黏土矿物组合中不见高岭石，同时SiO_2/Al_2O_3值增加（约17），对应干旱的环境。该层顶部^{14}C测年为2300±90a B.P.（2326cal.a B.P.）。在2300a B.P.（2330cal.a B.P.）后沉积停止，萨拉乌苏河切穿前期湖泊沉积。这种由沉积转变为河流侵蚀反映在2300a B.P.（2330cal.a B.P.）后鄂尔多斯高原的再次抬升（董光荣等，1983；孙继敏等，1996）。

闵隆瑞等（2009）描述的酒坊台剖面（JFT）（顶部海拔1283m a.s.l.）底部（61.61～59.56m）由黄土组成，含较多的钙质结核，顶部为红棕色古土壤层，该层底部OSL测年年代大于130ka B.P.，闵隆瑞等（2009）推测该层底界年代约为150ka B.P.。但由于年代数据缺乏，我们未给出59.56～31.3m处相应的沉积年代。

59.56～48.45m为湖沼相黄褐色、灰褐色粉砂质黏土与灰黄色、杂色黏土质粉砂互层，夹多层红棕色薄层古土壤，底部为黄棕色粉细砂层，表明湖泊开始形成。该层含软体动物化石，底部见介形类，含淡水-微咸水*Leucocythere plethora*及少量淡水浅湖-湖滨相*Ilyocypris biplicata*，表明湖水位仍较低。

48.45～45.45m为黄色粉砂层，含较多钙质结核，岩性变化表明湖泊水位极低或已干涸，与该层介形类化石的消失一致。

45.45～38.05m为湖沼相黄褐色黏土质粉砂夹细砂和钙板层，含软体动物化石，具冻融褶皱，介形类见少量*Leucocythere plethora*，表明湖水位较下覆层有所升高。

38.05～31.3m为黄褐色中、细砂层，具水平层理和交错层理，为河流与风成堆积物，表明湖水位下降。该层不含介形类化石，与较浅的湖水环境一致。

31.3～26.79m为湖相灰褐色、灰绿色黏土质粉砂层，岩性变化表明湖泊深度较前期增加。该层含软体动物化石，与水深增加一致。介形类组合中含淡水种*Cyclocypris serena*、*Ilyocypris biplicata*、*Ilyocypris dunschanensis*、*Candoniella suzini*、*Candoniella albicins*（淡

水浅湖-湖滨相）等，该层顶部一 OSL 测年年代不小于 80ka B.P.，一 TL 测年年代为 82250±8500a B.P.，上覆层一 TL 测年年代为 75080±7400a B.P.，因此该层顶部年代约为 75ka B.P.。

26.79～14.1m 为沼泽相灰黄色粉细砂层夹灰褐色粉砂层，具水平层理和交错层理，夹钙板层。该层近底部含披毛犀化石，不含介形类化石，对应于水深变浅的湖泊环境，底部一 TL 测年年代为 75080±7400a B.P.。该层沉积在 75～60ka B.P.。

14.1～6.91m 为湖相灰绿、灰黄色粉细砂层，具水平层理，底部为中、细砂层。顶部和中部发育冻融褶皱，含软体动物化石，介形类组合为 *Candoniella albicins*、*Candona kirgizica*、*Cypria subeiensis*（淡水种）等，与湖水加深一致。该层近顶部一样品 TL 测年年代为 19570±366a B.P.，因此该层沉积年代为 60～20ka B.P.。

6.91～1.6m 为灰黄色粉细砂层夹灰褐色粉砂层和钙板层，具水平层理和交错层理，表明湖泊又恢复至浅水沼泽相沉积，介形类有 *Cyprinotus* sp.、*Eucyprisinflata*、*Leucocythere plethora* 等，对应于湖水变浅。该层近顶部一样品 TL 测年年代为 14458±867a B.P.。

剖面顶部为 1.6m 厚土壤化的褐色粉、细砂层，属于全新世以来的沉积。

刘凯等（2010）对该酒坊台剖面上部 12m 作了更加详细地描述：12～11.1m 为灰黄色/灰色细砂，含水平层理及斜层理；11.1～10.6m 为湖相灰绿色含黏土粉砂，湖相沉积物的出现表明湖水较下覆层加深，该层可能对应于滴哨沟剖面 13.9～13.5m 处含大量淡水螺壳的灰绿色砂质粉砂，10.85m 处样品的 OSL 测年年代为 38.02±2.35ka B.P.；上覆 10.6～8.55m 为灰黄色细砂，底部见黄色透镜体，表明湖水水位下降，该层 10.1m 处样品 OSL 测年为 40±3.02ka B.P.；上覆 8.55～8m 为湖相灰色含黏土细砂，可能对应于滴哨沟剖面 10.5～12.0m 处不含螺壳的灰绿色砂质粉砂，该层 8.3m 处样品的 OSL 测年为 44.12±3.19ka B.P.；上覆 8～0.5m 为浅黄色或灰黄色细砂，上部含锈斑及黑色有机质，层理发育，同时在 5.20m 处存在一层钙板。该层 7.7m、6m、3.1m、0.74m 及 0.44m 处样品的 OSL 测年分别为 29.5±1.97ka B.P.、20.16±1.59ka B.P.、12.37±0.74ka B.P.、7.09±0.57ka B.P.及 0.87±0.06ka B.P.，经沉积速率外推，得到该层形成年代为 30.31～2.11ka B.P.。顶层 0.5m 为灰褐色砂质古土壤，有机质含量较高，沉积序列表明在约 40ka B.P.以前湖泊尚未形成，在 40～30ka B.P. 湖泊发育，但其间夹有一短暂的湖泊水位下降或干涸的过程，30ka B.P.后风成沙的存在表明湖泊干涸。

李保生等（2001）通过对米浪沟湾剖面晚更新世-全新世沙丘与河湖相-古土壤互为叠覆的地层研究认为，该剖面自 15ka B.P.以来存在 27 个古风成沙、河湖相与古土壤的沉积旋回；温小浩等（2007，2009）对 13.63～28.42m 沉积物进行了研究，其对应年代为 23～59ka B.P.，该层包含 19 个层位，其中含 9 层棕黄色分选均匀的古流动沙丘沙，4 层暗灰黄色河流相粉砂质细砂-极细砂或细砂与粉砂质极细砂互层，4 层暗灰色湖沼相粉砂-极细砂或粉砂质极细砂，2 层暗灰褐色古土壤、粉砂质极细砂层。沉积物岩性变化对应于湖水深度的多次变化。该剖面共含 5 个 ^{14}C 测年数据及 4 个 TL 测年数据，但由于作者未给出相应沉积物对应剖面的深度，因此很难给出各阶段湖泊水位变化的具体情况。

以下是对该湖泊进行古湖泊重建、量化水量变化的 7 个标准：（1）很低，风成沉积或现代环境；（2）低，泥炭沉积；（3）相对低，近岸湖相砂、粉砂沉积，低角度层理；（4）湖相砂质粉砂，含大量软体螺壳；（5）相对高，湖相砂质粉砂，不含软体螺壳；（6）高，具水平层理粉砂质黏土、黏土，见软体动物化石；（7）很高，具水平层理粉砂质黏土、黏土，不见软体动物化石。

萨拉乌苏古湖各岩心年代数据、热释光年龄、OSL 测年、水位水量变化见表 3.30～表 3.33，岩心岩性变化图如图 3.13 所示。

表 3.30 萨拉乌苏古湖各岩心年代数据

样品编号	^{14}C 年代/a B.P.	校正年代/cal.a B.P.	深度/m	测年材料	剖面
47LS2DRI 102695	43407±3874	48037	27.06	有机碳	米浪沟剖面
39LS2DRI 102693	33050±1322	37991	21.90	化石贝壳	米浪沟剖面
	30240±1280	34438	ca 13.60～13.65		滴哨沟剖面
37FL2DRI 102690	28170±1080	32792	17.20	有机碳	米浪沟剖面
	8170±1080	32852	ca 11.5		滴哨沟剖面
	27940±600	32425	ca 10.5		滴哨沟剖面
35LS2DRI 102688	24150±690	29028	16.30	化石贝壳	米浪沟剖面
31S2DRI 102683	19570±366	23266	13.84	有机质	米浪沟剖面
	9700±120	11014	ca 4.0～3.5		滴哨沟剖面
	9600±100	10938	ca 4.0～3.5		滴哨沟剖面
	9500±100	10858	ca 4.0～3.5		滴哨沟剖面
	5070±100	5736	ca 1.8		滴哨沟剖面
	4700±100	5438	ca 1.6		滴哨沟剖面
	3800±100	4169	ca 1.5		滴哨沟剖面
	2300±90	2326	ca 0.5		滴哨沟剖面

注：滴哨沟剖面校正年代数据由校正软件 Calib6.0 获得，其余由原参考文献得出

表 3.31 萨拉乌苏古湖各岩心热释光年龄（TL）

样品编号	年代/a B.P.	深度/m	剖面
	216000±22000	ca 58.0～58.5	滴哨沟剖面
	177000±14000	ca 44.5～45.0	滴哨沟剖面
	136000±15200	ca 44.0～44.5	滴哨沟剖面
	124900±15200	ca 43.0～43.5	滴哨沟剖面
	93000±14000	ca 37.5～38.0	滴哨沟剖面
	70900±6200	ca 23.0	滴哨沟剖面
50D2TGD782	58850±5800	28.42	米浪沟剖面

续表

样品编号	年代/a B.P.	深度/m	剖面
42D2TGD793	51900±6150	24.23	米浪沟剖面
38D2PKG588	34480±3800	19.25	米浪沟剖面
30D2XAL892	20380±2080	13.19	米浪沟剖面

表 3.32　萨拉乌苏古湖各岩心 OSL 测年

样品编号	年代/ka B.P.	深度/m	剖面
JFT4-01	44.12±3.19	8.3	酒坊台剖面
JFT4-03	40±3.02	10.1	酒坊台剖面
JFT5-01	38.02±2.35	10.85	酒坊台剖面
JFT3-03	29.5±1.97	7.7	酒坊台剖面
JFT3-01	20.16±1.59	6	酒坊台剖面
JFT1-06	12.37±0.74	3.1	酒坊台剖面
JFT1-03	7.09±0.57	0.74	酒坊台剖面
JFT1-02	0.87±0.06	0.44	酒坊台剖面

表 3.33　萨拉乌苏古湖泊水位水量变化

年代	水位水量
220000～150000a B.P.	没有进行湖泊水量量化（在古湖形成前）
150000～89000a B.P.	很高（7）
89000～80000a B.P.	高（6）
80000～70000a B.P.	相对低（3）
70000～35500a B.P.	很低（1）
35500～34400cal.a B.P.	中等（4）
34400～33060cal.a B.P.	很低（1）
32400～33060cal.a B.P.	相对高（5）
33060～11014cal.a B.P.	很低（1）
11014～5700cal.a B.P.	很高（7）
5700～5440cal.a B.P.	低（2）
5440～4170cal.a B.P.	高（6）
4170～100cal.a B.P.	没有进行湖泊水量量化（河流相沉积及河流侵蚀）
0a B.P.	很低（1）

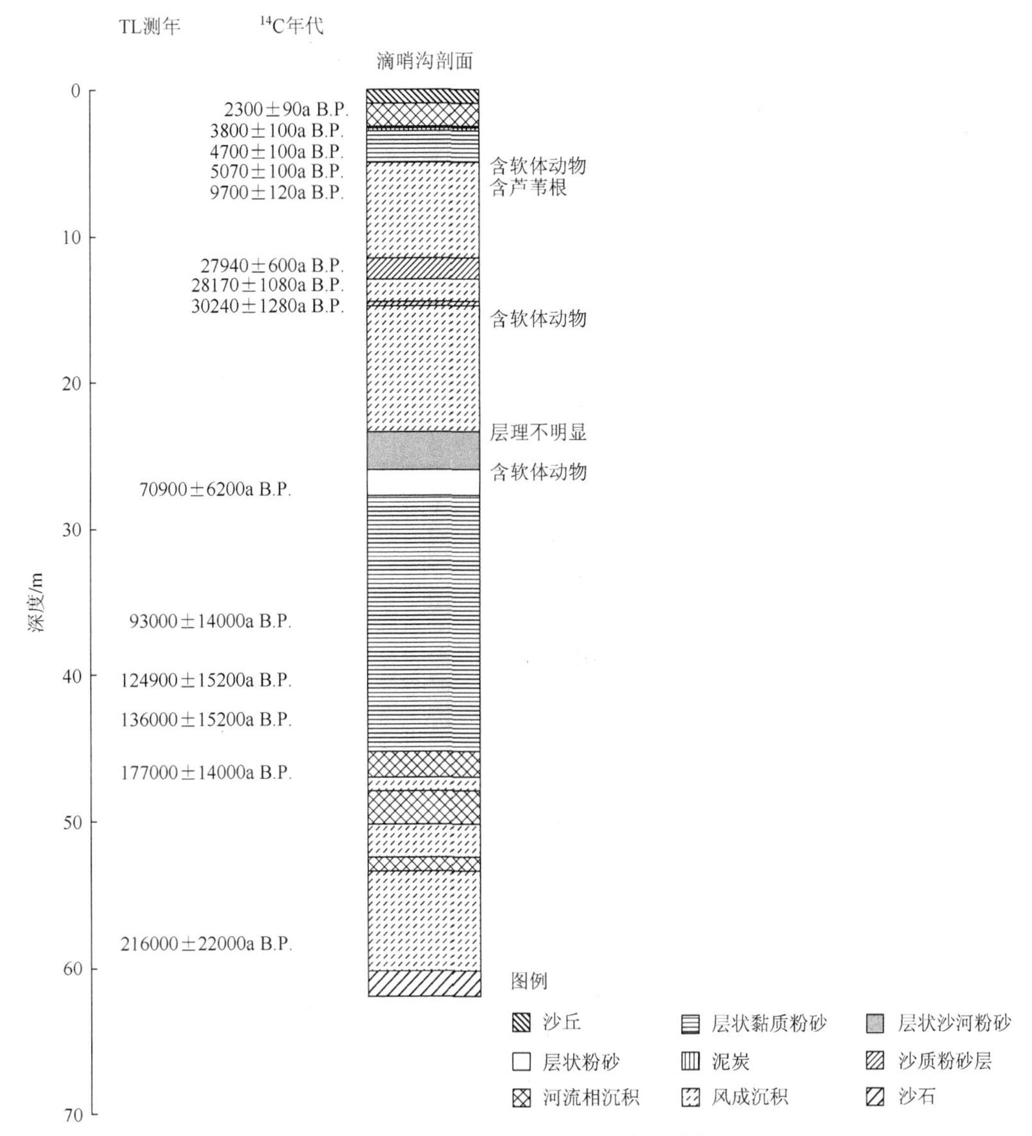

图 3.13　萨拉乌苏古湖岩心岩性变化图

参 考 文 献

董光荣，李保生，高尚玉. 1983. 由萨拉乌苏河地层毛乌素沙漠的变迁. 中国沙漠，3（2）：9-14.

高尚玉，董光荣，李保生，等. 1985. 萨拉乌苏河第四纪地层中化学元素的迁移和聚集与古气候关系.地球化学，(3)：269-276.

李保生，董光荣，吴正，等. 1993. 我国北方上更新统城川组的建立. 地质论评，39（2）：91-100.

李保生，吴正，范安康，等. 2001. 中国季风沙区晚更新世以来环境及其变化. 地质学报，75（1）：127-137.

黎兴国，刘光联，许国英. 1984. 河套人及萨拉乌苏文化的年代//第一次全国 ^{14}C 学术会议文集. 北京：科学出版社. 149-153.

刘凯，赖忠平，樊启顺，等. 2010. 萨拉乌苏地区末次冰期酒坊台剖面光释光年代及其环境意义. 盐湖研究，18（3）：1-8.

卢小霞. 1985. 萨拉乌苏河地区黏土矿物组合分析与古气候的关系. 中国沙漠，5（2）：27-35.

闵隆瑞，朱关祥，关友义. 2009. 内蒙古萨拉乌苏河流域第四系更新统上部萨拉乌苏阶基本特征剖析.中国地质，36（6）：1208-1217.

牛东风，李保生，温小浩，等. 2011. 萨拉乌苏河流域 MGS1 层段微量元素记录的全新世千年尺度的气候变化. 地质学报，85（002）：300-308.
裴文中，李有恒. 1964. 萨拉乌苏河系的初步探讨. 古脊椎动物与古人类，8（2）：99-118 .
祁国琴. 1975. 内蒙古萨拉乌苏河流域第四纪哺乳动物化石.古脊椎动物与古人类，13（4）：239-249.
司月君，李保生，温小浩，等. 2012. 萨拉乌苏河流域 MGS4 层段记录的末次冰期早冰阶气候波动. 中国沙漠，4：007.
苏志珠，董光荣. 1994. 内蒙古萨拉乌苏河地区第四纪研究的新进展. 干旱区地理，17（4）：9-14.
苏志珠，董光荣. 1997. 萨拉乌苏地层年代的再次确定. 沉积学报，15（4）：159-163.
孙继敏，丁仲礼，袁宝印，等. 1996. 再论萨拉乌苏组的地层划分及其沉积环境. 海洋地质与第四纪地质，16（1）：23-31.
王丰年，李保生，牛东风，等. 2012. 萨拉乌苏河流域 MGS1 层段粒度与 $CaCO_3$ 记录的全新世千年尺度的气候变化. 中国沙漠，32（2）：331-339.
王丰年，李保生，王江龙，等. 2012. 萨拉乌苏河流域 MGS2 层段粒度与 $CaCO_3$ 记录的千年尺度气候变化. 地理科学，32（5）：596-602.
温小浩，李保生，章典，等. 2007. 萨拉乌苏河流域末次间冰阶气候——以米浪沟湾剖面为例. 地质学报，81（4）：553-562.
温小浩，李保生，郑琰明，等. 2009. 萨拉乌苏河流域米浪沟湾剖面主元素记录的末次间冰阶气候波动.中国沙漠，29（5）：835-844.
袁宝印. 1978. 萨拉乌苏组的沉积环境与地层划分问题. 地质科学，（3）：220-234.
袁宝印. 1988. 中国北部晚更新世气候地貌及其古环境意义. 北京大学学报（自然科学版），24（2）：235-239.
张丽，王鹏，徐荣海，等. 2016. 金属元素及其质量分数比值与湖泊古环境记录——以萨拉乌苏河滴哨沟湾全新世沉积为例. 兰州大学学报：自然科学版，52（2）：196-204.
郑洪汉. 1989. 中国北方晚更新世河湖相地层与风积黄土. 地球化学，（4）：343-351.
中国地质学会编辑委员会编. 1956. 中国区域地层表（草案）. 北京：科学出版社.
Chadin T D，Licent F. 1924. On the discovery of a Palaeolithic industry in northern China. Bulletin of the Geological Society of China，3（1）：45-50.

3.2 山西省湖泊

硝池（34.87°～35.05°N，110.95°～111.01°E，海拔约 320m a.s.l.）位于山西运城的封闭湖盆，湖泊面积 20km²，过去几十年来，受人类活动影响湖泊现已干涸。湖水主要由苏水河和青龙河补给，湖水偏咸。盆地由构造作用形成，基岩为前寒武系变质岩、砂岩、泥岩及页岩。

采自湖泊中部一长 2.8m 岩心（X1 孔）记录的沉积年代可至 11140a B.P.前（吴艳宏等，2001）。基于岩心岩性和介形类变化可重建古湖泊水深的相对变化。年代学基于 5 个放射性碳测年数据。

岩心底部 2.8～2.58m 为绿灰色淤泥，夹少量灰黑色淤泥，介形类中多盐-高盐介形类 *Eucypris inflata* 丰度较高，而 *Limnocythere dubiosa*（适于生活在中等半咸水-高半咸水环境）含量较低，和较深湖水环境的生物特征一致，Mg/Ca 值及 Sr/Ca 值较高（Mg/Ca 值约为 1，Sr/Ca 值在 10～20），表明湖水盐度相对较低，和较深的湖水环境一致。

岩心底部 2.8～2.20m 为绿灰色淤泥，夹少量灰黑色淤泥，介形类 *Ilyocypris bradi*（适于流动水体的浅水环境）的出现说明当时湖水较浅，同时咸水种 *Eucypris inflata* 丰度较高，说明湖水盐度较大。Mg/Ca 值及 Sr/Ca 值的低值（Mg/Ca<0.5，Sr/Ca<10）也与此对应。2.76～2.78m 样品的放射性 ^{14}C 测年年代为 11143±850a B.P.（13010cal.a B.P.），经该测年

数据和上覆层测年数据间沉积速率（0.035cm/a）内插，得到该层沉积年代为11140～9500a B.P.（13010～10960cal.a B.P.）。

岩心2.2～1.3m为灰黑色淤泥和淡灰棕色淤泥的夹层，含水平层理，说明湖水较下覆层加深。该层Mg/Ca值及Sr/Ca值略微增加，且介形类*Ilyocypris bradi*和*Eucypris inflata*的消失也对应于较深的水环境。该层顶部样品的放射性^{14}C测年年代为6930±100a B.P.（7775cal.a B.P.），相应的该层沉积年代为9500～7000a B.P.（10960～7775cal.a B.P.）。

岩心1.3～0.8m为灰黑色、淡灰棕色淤泥与灰色粉砂和粉质淤泥的夹层，含水平层理，岩性变化说明湖水略微变浅，介形类*Ilyocypris bradi*和*Eucypris inflata*的再次出现也与湖水变浅一致，但该层Mg/Ca值及Sr/Ca值变化不明显。对0.94～0.96m处样品进行放射性^{14}C测年，其年代为5020±80a B.P.（5759cal.a B.P.），说明该层沉积年代为7000～4630a B.P.（7775～5260cal.a B.P.）。

0.8～0.08m为灰棕色淤泥和粉砂的夹层，介形类组合中*Eucypris inflata*消失且*Ilyocypris bradi*丰度降低，表明湖水较上阶段变深。该层Mg/Ca值及Sr/Ca值增加（Mg/Ca值约为1，Sr/Ca值为10～30）。0.65～0.67m处样品的放射性^{14}C测年年代为4270±90a B.P.（4790cal.a B.P.），经该测年数据及上覆层测年数据间沉积速率（0.022cm/a）内插，得到该层沉积年代为4630～1500a B.P.（5260～1525cal.a B.P.）。

顶部0.08～0m为绿灰色淤泥沉积，介形类*Eucypris inflata*丰度较高且*Ilyocypris bradi*含量也增加，说明湖水较下覆层变浅。0.06～0.08m处样品的放射性^{14}C测年年代为1580±75a B.P.（1467cal.a B.P.），经内插，得到该层沉积年代为1500～0a B.P.（1525～0cal.a B.P.）。

以下是对该湖泊进行古湖泊重建、量化水量变化的4个标准：（1）很低，介形虫*Eucypris inflata*丰度较高，且含有一定量的*Ilyocypris bradi*；（2）低，含少量介形类*Eucypris inflata*和*Ilyocypris bradi*；（3）中等，介形类中不含*Eucypris inflata*且*Ilyocypris bradi*含量下降；（4）高，不含介形类*Eucypris inflata*和*Ilyocypris bradi*。

硝池各岩心年代数据、水位水量变化见表3.34和表3.35，岩心岩性变化图如图3.14所示。

表3.34　硝池各岩心年代数据

样品编号	^{14}C 测年/a B.P.	校正年代/cal.a B.P.	深度/m	测年材料
X7	11143±850	13010	2.7～2.8	淤泥
X5	7592±85	8413	1.44～1.56	淤泥
X1	6930±100	7775	1.26～1.31	淤泥
X2	5020±80	5759	0.94～0.96	淤泥
X3	4270±90	4790	0.65～0.67	淤泥
X4	1580±75	1467	0.06～0.08	淤泥

注：^{14}C测年在中国科学院湖泊与环境国家重点实验室测定，年代校正软件为Calib6.0

表 3.35　硝池古湖泊水位水量变化

年代	水位水量
13010～10960cal.a B.P.	低（2）
10960～7775cal.a B.P.	高（4）
7775～5260cal.a B.P.	低（2）
5260～1525cal.a B.P.	中等（3）
1525～0cal.a B.P.	很低（1）

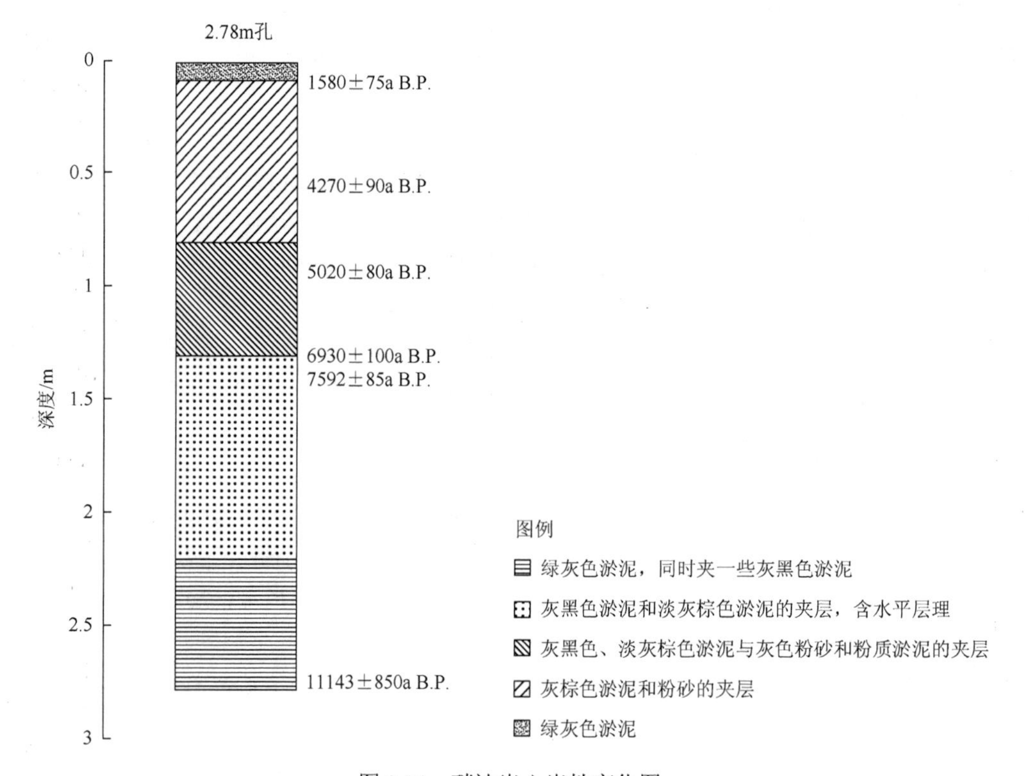

图 3.14　硝池岩心岩性变化图

参考文献

吴艳宏，吴瑞金，王强，等. 2001. 运城盆地 11kaB.P.以来气候环境变迁与湖面波动. 海洋地质与第四纪地质，21（2）：83-86.

3.3　甘肃省湖泊

3.3.1　花海

花海（39.96°～40.81°N，97.02°～98.53°E，最深处海拔 1115m a.s.l.）位于河西走廊西

玉门市东北约 90km 处，现已成为一干涸湖盆。湖泊是河流的尾闾湖，流域面积约 14400km^2，湖水主要由河流的入湖水量补给。湖区年平均温度 8℃，年降雨量 56mm，蒸发量 3000mm（王乃昂等，2011）。流域岩性除变质岩、火成岩外，主要为碎屑岩、灰岩及碎屑岩夹灰岩等。盆地为第四纪疏松堆积，厚约数十米至三百米不等，主要包括中、晚更新世洪积层、晚更新世和全新世冲积洪积层、湖相沉积层等，地貌上表现为坡积洪积平原、洪积冲积平原、湖积平原等，呈环状分布（王晨华，2006）。盆地中部湖积平原大多为红柳灌丛沙堆所占，地面起伏不平，发育石膏灰棕漠土、草甸土、沼泽土等。在盆地最低处芒硝矿的露天开采处，清楚显示了晚第四纪湖泊沉积气候地层剖面（王乃昂等，2011）。

野外考察发现，花海湖泊退缩过程中遗留下多道堤岸，证明了当时高水位的存在。在花海芝硝矿东北发现三级阶地（T1、T2、T3），前缘陡坎高约 2m，陡坎上有大量石膏、土质松散堆积物。T1 阶地表面为沙所覆盖，向下挖 0.8m 未见湖积物；T2 阶地前缘挖深 0.95m 出现基岩，主要为砂砾石层，未见湖相地层；T3 阶地宽约 330m，其上为湖积物。花海东南岸最外围一道岸堤，地貌类型呈明显的环行沙垄，海拔 1230m a.s.l. 左右。在西南岸的喷泉、东北岸的沙枣园也存在高湖面痕迹，海拔都在 1225m a.s.l.左右，按此等高线计算出的湖泊面积约为 445km^2（胡刚等（2003）；王乃昂等（2000）的为 405km^2）。但遗憾的是，这些阶地并无测年数据，因此无法确定其高水位对应的年代。湖泊西北岸的黄墩子风蚀土丘（海拔 1224m a.s.l.）为灰绿色/灰黄色及红褐色的滨湖相堆积，近顶部可见芦苇根系。该灰绿色湖相地层含 5 个 ^{14}C 测年数据，最下部 2.2m 的 ^{14}C 测年为 9690±130a B.P.（11005cal.a B.P.），1.6m 处为 4510±90a B.P.（5098cal.a B.P.），0.8m 处为 3480±80a B.P.（3767cal.a B.P.），0.15m 为 2820±70a B.P.（2927cal.a B.P.），近顶部芦苇根的年龄为 2370±130a B.P.（2434cal.a B.P.）（王乃昂等，2000；胡刚等，2003；王晨华，2006）。

在花海湖盆最低洼处（亦即湖水最深处）有一深 17.25m 的钻心，王乃昂等（2011）及 Wang 等（2012，2013）根据沉积物岩性特征及地球化学指标建立了晚冰期以来花海沉积的年代框架，并根据芒硝矿物变化讨论了花海湖泊的温度变化；李卓仑等（2013，2014）及 Li 等（2016）对该岩心沉积物中盐类矿物含量及化学元素进行了分析，重建了花海古湖泊早全新世以来的湖水盐度的变化。王晨华（2006）对硝矿剖面 8.5m 以上岩心地球化学特征进行了研究；胡刚等（2001，2002）根据沉积物粒度特征确定了剖面古风成沙的存在。他们对同一岩心岩性的描述及所得年代数据有所差异，我们以王乃昂等（2011）测得的新年代为准。根据岩心岩性及地球化学指标可重建古湖泊水深及盐度变化。我们关于古湖泊的水位变化主要建立在 8.05m 以上部分。年代学主要基于剖面 8.05m 以上的 8 个 AMS 年代数据及 4 个普通 ^{14}C 测年数据。

岩心 8.05m 以下几乎全为芒硝层（仅含两层厚约 0.4m 及 0.2m 的灰黑色亚黏土层），代表了湖水位较低时期。经上覆层年代数据外推，该层为 12920a B.P.（15475cal.a B.P.）之前的沉积。

岩心 8.05～7.35m 处沉积物为灰绿色或深灰黑色黏土质粉砂，含少量芒硝，具硫化氢气味。沉积物颜色表明，湖泊当时处于一种还原状态，对应于较深的水环境，但该层 Sr/Ba

值较高（最高达约 12%），表明湖水盐度较大，湖水仍相对较浅。岩心 8.63m 及 7.35m 处淤泥及水草样品 ^{14}C 年代分别为 13080±55a B.P.（15816cal.a B.P.）和 12730±155a B.P.（15065cal.a B.P.），经内插，得到该层沉积年代为 12920～12730a B.P.（15475～15065cal.a B.P.）。

7.35～6.3m 为具水平薄层理的灰黄色、灰黑色黏土质粉砂，层理的出现表明湖水深度较上覆层有所增加，该层 Sr/Ba 值下降（<5%）对应于湖水盐度下降，水深增加。6.8m 处水草籽、6.83m 处水草及 6.5m 处水草的普通 ^{14}C 测年年代分别为 12200±160a B.P.（14336cal.a B.P.）、11940±160a B.P.（13782cal.a B.P.）和 11900±340a B.P.（14050cal.a B.P.），6.73m 处草籽的 AMS 测年年代为 11910±40a B.P.（13761cal.a B.P.），经沉积速率内插，得到该层形成年代为 12730～11890a B.P.（15065～13745cal.a B.P.）。

6.3～5.25m 为深棕色、紫褐色黏土质粉砂夹细砂层，偶见菱板状石膏片，沉积物颜色变化表明湖水处于氧化环境，较高的沉积速率（2.1cm/a）表明该层为冲洪积相沉积，表明当时湖泊水位极低。同时，石膏的出现也对应于湖水盐度增大，深度降低。同时 Sr/Ba 值增大（平均约 8%），说明湖水盐度增大，和湖水变浅相吻合，半咸水种介形类胖真星介（*Eucypris inflata*）的出现与此对应。经下覆层年代数据外推，得到该层沉积年代为 11890～11850a B.P.（13745～13695cal.a B.P.）。

5.25～4.53m 为灰黄色风成粉细砂层，风成沉积的出现表明 11850～11820a B.P.（13695～13660cal.a B.P.）时湖泊已干涸。

4.53～3.73m 为浅棕色或褐色黏土质粉砂，沉积物颜色变化表明当时湖泊应处于氧化环境，较高的沉积速率（4cm/a）表明该层为冲洪积相沉积，对应于较低的湖泊水位。直立、斜立小型菱板状石膏及白色盐薄层的沉淀和结晶的出现也和浅水环境对应，3.73m 处草籽的 AMS^{14}C 测年年代为 11800±60a B.P.（13627cal.a B.P.），表明该层沉积结束于 11800a B.P.（13625cal.a B.P.）。

3.73～3.08m 为湖相灰/灰白色黏土质粉砂，具有水平层理，表明湖水较下覆层加深，沉积物颜色变化也表明湖泊为还原环境，水深较高。矿物分析表明，该阶段的盐类矿物主要为碳酸盐矿物（16%左右），硫酸盐（石膏）占 3%，且几乎不含卤化物，也表明此阶段湖水盐度较前期下降，水位升高。3.08m 处草籽的 2 个 AMS 测年和 1 个普通 ^{14}C 测年分别为 10660±40a B.P.（12614cal.a B.P.）、10530±70a B.P.（12497cal.a B.P.）和 10520±45a B.P.（12497cal.a B.P.），相应的该层对应年代为 11800～10600a B.P.（13625～12500cal.a B.P.）。

3.08～2.38m 为具水平层理的灰白色黏土质粉砂层。矿物研究表明该阶段以硫酸盐矿物为主（含量平均在 22%），而碳酸盐矿物含量下降（14%），表明此时期湖泊盐度较前期增加，湖水水位下降。上覆层 0.75m 处淤泥 ^{14}C 年代为 7290±165a B.P.（8100cal.a B.P.），经沉积速率内插，得到该层沉积年代为 10600～9300a B.P.（12500～11500cal.a B.P.）。

2.38～0.73m 为灰色、灰白色黏土质粉砂互层。该阶段矿物以碳酸盐矿物为主（约 17%），此外，还含有少量硫酸盐（5%）和极少量的岩盐（1%），矿物组合的变化表明该时期湖水盐度较上阶段下降，湖水位升高。元素分析表明，该阶段钾钠比值（K/Na 值）平均约为 1.8，较 11800～10600a B.P.（13625～12500cal.a B.P.）时期偏低（该时期 K/Na 值平均约为 2.5），可能反映出此阶段较 11800～10600a B.P.（13625～12500cal.a B.P.）时湖水盐度低，水位相对较高（李卓仑等，2013）。该层沉积年代为 9300～7260a B.P.（11500～8060cal.a B.P.）。

上覆 0.73～0.37m 为浅红色或褐黄色黏土质粉砂，含植物碎屑及昆虫等，0.73m 及 0.38m 洪泛堆积物 ^{14}C 年代分别为 1890±80a B.P.（1842cal.a B.P.）和 290±70a B.P.（385cal.a B.P.），表明该层形成年代为 1900～300a B.P.（1840～400cal.a B.P.）。

岩心 7260～1900a B.P.（8060～1840cal.a B.P.）沉积的缺少，可能是晚全新世干旱化趋势增加，入湖水量减少，造成沉积间断所致（Wang 等，2013；王乃昂等，2011；李卓仑等，2013，2014）。但湖泊西北岸的黄墩子风蚀土丘（海拔 1224m a.s.l.）的灰绿色/灰黄色及红褐色滨湖相堆积表明湖泊在 9690～2370a B.P.（11005～2434cal.a B.P.）时湖泊水位曾高出现代 9m。

顶层 0.37m 为风成沙沉积，代表 300a B.P.（400cal.a B.P.）湖泊接近或已经干涸。

以下是对该湖泊进行古湖泊重建、量化水量变化的 6 个标准：（1）无湖泊，风积-冲积物；（2）很低，芒硝沉积；（3）低，黏土质粉砂夹细砂，含石膏，沉积速率较高，且 Sr/Ba 值较高；（4）较低，具水平层理的黏土质粉砂，含大量石膏；（5）中等，具水平层理的黏土质粉砂，矿物组合以碳酸盐为主，Sr/Ba 值和 K/Na 值较高；（6）高，含水平层理的黏土质粉砂，矿物组合以碳酸盐为主，K/Na 值较低。

花海各岩心年代数据、水位水量变化见表 3.36 和表 3.37，岩心岩性变化图如图 3.15 所示。

表 3.36　花海各岩心年代数据

样品编号	^{14}C 年代/a B.P.	校正年代/cal. a B.P.	深度/m	测年材料	岩心
BA06293	14380±250	17466	10.44	淤泥	17.25m 钻心
LD0619	14105±55	17197	10.44	淤泥	17.25m 钻心
BA06294	13970±55	17017	9.75	淤泥	17.25m 钻心
LUG01-42	13740±120	16869	9.25	淤泥	17.25m 钻心
BA06297	13080±55	15816	8.63	淤泥	17.25m 钻心
LUG98-81	12730±155	15065	7.35	水草	17.25m 钻心
LUG99-46	12200±160	14336	6.8	水草籽	17.25m 钻心
LUG99-116	11940±160	13782	6.83	水草	17.25m 钻心
BA00069	11910±40	13761	6.73	草籽	17.25m 钻心*
LUG99-45	11900±340	14050	6.65	水草	17.25m 钻心
BA06288	11800±60	13627	3.73	草籽	17.25m 钻心*
BA04210	10660±40	12614	3.08	草籽	17.25m 钻心*
BA00068	10530±70	12497	3.08	草籽	17.25m 钻心*
BA06289	10520±45	12497	3.08	草籽	17.25m 钻心

续表

样品编号	^{14}C 年代/a B.P.	校正年代/cal. a B.P.	深度/m	测年材料	岩心
LUG-0014	7290±165	8100	0.75	淤泥	17.25m 钻心
LUG00-15	1890±80	1842	0.73	泛洪堆积物	17.25m 钻心
LUG98-97	290±70	385	0.38	泛洪堆积物	17.25m 钻心

注：带*的为 AMS 测年，其余为普通 ^{14}C 测年，校正年代由校正软件 Calib 6.0 获得

表 3.37　花海古湖泊水位水量变化

年代	水位量化
ca15475cal.a B.P.前	很低（2）
15475～15065cal.a B.P.	低（3）
15065～13745cal.a B.P.	中等（5）
13745～13695cal.a B.P.	低（3）
13695～13660cal.a B.P.	无湖泊（1）
13660～13625cal.a B.P.	低（3）
13625～12500cal.a B.P.	中等（5）
12500～11500cal.a B.P.	较低（4）
11500～8060cal.a B.P.	高（6）
8060～1840cal.a B.P.	未量化
1840～0cal.a B.P.	无湖泊（1）

参考文献

胡刚，王乃昂，高顺尉，等. 2002. 郭剑英花海湖泊全新世古风成砂的发现及其古环境解释. 中国沙漠，22（2）：159-165.

胡刚，王乃昂，罗建育，等. 2001. 李巧玲花海湖泊古风成砂的粒度特征及其环境意义. 沉积学报，19（4）：642-647.

胡刚，王乃昂，赵强，等. 2003. 花海湖泊特征时期的水量平衡. 冰川冻土，25（5）：485-490.

李卓仑，陈晴，王乃昂，等. 2013. 河西走廊花海古湖泊全新世白云石的发现及其环境意义. 湖泊科学，25（4）：558-564.

李卓仑，王乃昂，李育，等. 2014. 花海古湖泊外源碎屑矿物含量揭示的河西走廊早、中全新世降水变化. 中国沙漠，34（6）：1-6.

李卓仑，王乃昂，李育，等. 2013. 河西走廊花海古湖泊早、中全新世湖水盐度变化及其环境意义. 冰川冻土，35（6）：1481-1489.

李卓仑，张乃梦，王乃昂，等. 2014. 晚冰期以来河西走廊花海古湖泊演化过程及其对气候变化的响应. 中国沙漠，34（2）：342-348.

王晨华. 2006. 花海湖泊环境变化的地球化学记录研究. 兰州：兰州大学博士学位论文.

王乃昂，李卓仑，李育，等. 2011. 河西走廊花海剖面晚冰期以来年代学及沉积特征研究. 沉积学报，29（3）：552-560.

王乃昂，王涛，高顺尉，等. 2000. 河西走廊末次冰期芒硝和砂楔与古气候重建. 地学前缘，7（增刊）：589-66.

Li Z，Cheng H，Li Y. 2016. Early–middle Holocene hydroclimate changes in the Asian monsoon margin of northwest China inferred from Huahai terminal lake records. Journal of Paleolimnology，55（3）：289-302

Wang N，Li Z，Li Y，et al. 2012. Younger Dryas event recorded by the mirabilite deposition in Huahai lake，Hexi Corridor，NW China. Quaternary International，250：93-99.

Wang N，Li Z，Li Y，et al. 2013. Millennial-scale environmental changes in the Asian monsoon margin during the Holocene，implicated by the lake evolution of Huahai Lake in the Hexi Corridor of northwest China. Quaternary International，313：100-109.

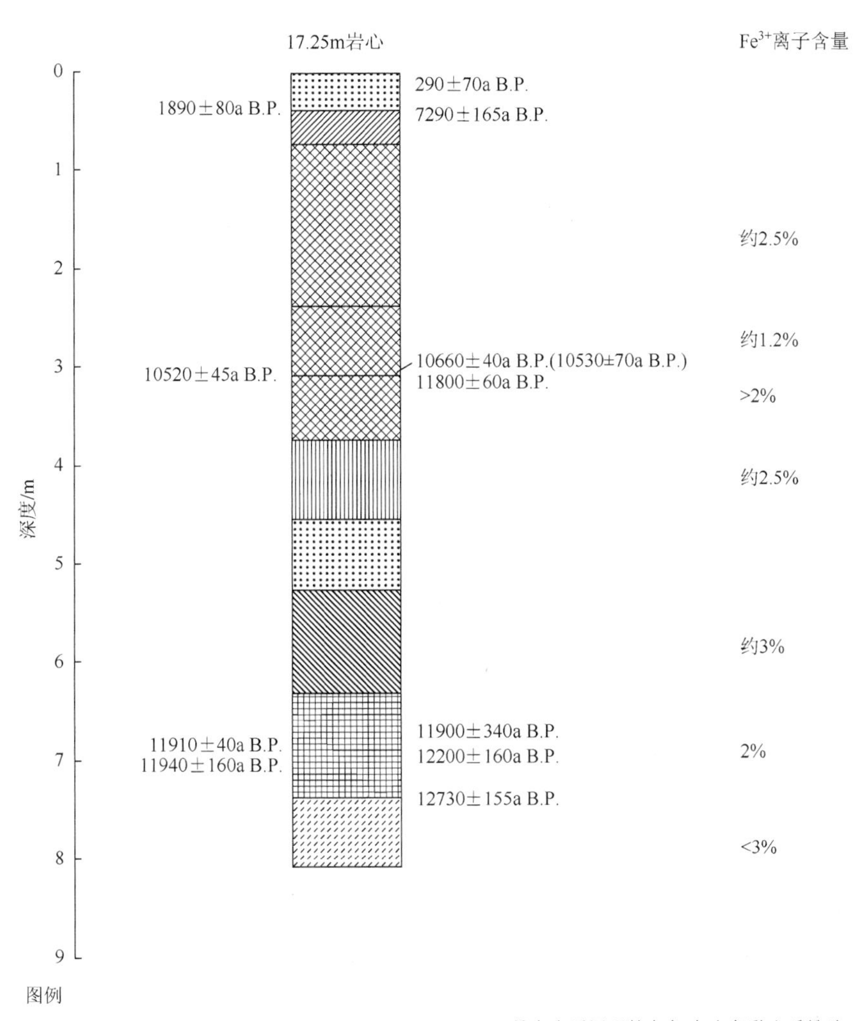

图 3.15　花海岩心岩性变化图

3.3.2　青土湖

青土湖（39.10°N，103.60°E，海拔 1302m a.s.l.）位于腾格里沙漠西北缘，甘肃省民勤县东北 70km 处，属于石羊河干三角洲。青土湖历史上曾是古潴野泽湖群的一部分。北魏后期（即公元 5、6 世纪），古潴野泽分化解体为休潴泽（西海，青土湖前身）和潴野泽（东海，今白碱湖）两个独立水域。附近民勤气象站（1367m a.s.l.）记录的该区平均气温 7.8℃，年降雨量 110mm，而蒸发量 2600mm，且降雨主要集中在夏季。自 20 世纪 50 年代以来，由于大量农业灌溉截流了入湖的大部分水源，致使湖泊日益收缩，青土湖现已完全干涸，大部分已经被流沙覆盖或垦殖，仅残留一些盐碱滩地（赵强等，2005，2007）。

在青土湖区海拔 1309m a.s.l.处取得深 6.92m 剖面 QTL（39.05°N，103.66°E）（赵强等，

2005，2007，2008 称为 ZY 剖面），其沉积年代可至全新世之前。此外，在青土湖近湖心位置钻有一岩心 ZK1，该岩心长 14.17m，沉积年代大致为 145ka B.P.。根据 QTL 剖面及 ZK1 岩心沉积特征变化，我们可大致重建古湖泊水位变化。QTL 剖面中有 5 个 AMS 测年数据和 6 个常规测年数据，其中隆浩等（2007）给出的剖面 5.37m 处年代数据（8412±62a B.P.）和赵强等（2005，2007）给出的深度不符（赵强等（2005，2007）给出的深度约在 4.7m），我们在此采用隆浩等（2007）给出的年代数据。ZK1 岩心有 6 个 OSL 年代数据。年代学主要基于 QTL 剖面中的 11 个测年数据及 ZK1 岩心中的 6 个 OSL 年代数据。

QTL 剖面底层 6.92～5.76m 为黄色沙层，赵强等（2007）通过与现代风成沙粒度频率曲线相比，发现相似度较高，认为该沙层为湖泊完全干枯下的风力堆积，由此可知在 9995a B.P.（11160cal.a B.P.）之前为干涸湖盆。

QTL 剖面 5.76～4.94m（赵强等（2005，2007）给出的为 5.76～4.78m）为灰色砂质黏土沉积，湖相沉积的出现表明湖泊已经形成，且湖水相对较深。该层 5.37m 处淤泥的放射性测年年代为 8412±62a B.P.（9412cal.a B.P.），5m 处螺壳样品的 AMS 测年年代为 6910±40a B.P.（7752cal.a B.P.），经该两个年代数据间沉积速率外推，得到该层形成年代为 9995～6670a B.P.（11160～7500cal.a B.P.）。

QTL 剖面 4.94～4.46m（赵强等（2005，2007）给出的为 4.78～4.46m）为灰白色沙层沉积，表明在 6665～6580a B.P.（7500～7480cal.a B.P.）湖水位再次干涸，湖面退出剖面所在位置。

QTL 剖面 4.46～3.2m 为灰白色湖相砂质黏土沉积，湖相沉积的再次出现表明湖泊恢复至深水环境。该层 4.45m 及 4.25m 处螺壳 AMS 测年年代分别为 6550±40a B.P.（7468cal.a B.P.）和 5920±40a B.P.（6732cal.a B.P.）；4.25m 和 3.6m 处淤泥样品的常规放射性测年年代分别为 5960±65a B.P.（6803cal.a B.P.）和 4530±80a B.P.（5143cal.a B.P.）；上覆层 3.15m 螺壳样品 AMS 测年年代为 4160±40a B.P.（4791cal.a B.P.），经沉积速率内插，得到该层形成年代为 6580～4200a B.P.（7480～4830cal.a B.P.）。

QTL 剖面 3.2～2.18m 为黑色/灰黑色泥炭与灰绿色/灰白色湖相沉积夹杂，含植物残体，偶见磨圆度较差的砾石，岩性变化表明湖水深度较下覆层下降。该层 3.15m 及 2.62m 处螺壳样品 AMS 测年年代分别为 4160±40a B.P.（4791cal.a B.P.）和 3140±40a B.P.（3383cal.a B.P.）；而 3.15m、2.9m 及 2.5m 处泥炭样品的常规 ^{14}C 测年年代分别为 4130±110a B.P.（4632cal.a B.P.）、3300±90a B.P.（3541cal.a B.P.）和 2470±90a B.P.（2546cal.a B.P.），经两 AMS 测年沉积速率（0.052cm/a）外推得出该层形成年代为 4250～2290a B.P.（4920～2215cal.a B.P.），而经常规 ^{14}C 测年沉积速率（0.048cm/a）得出的该层形成年代为 4300～1800a B.P.（4850～1750cal.a B.P.）。

QTL 剖面 2.18～0m 为粉砂质黏土及黏土沉积，其中顶层为灰黄色、褐黄色砂质黏土或黏土质粉砂，中间夹杂植物碎屑及昆虫等（赵强等（2005，2007）给出的顶层 2.42～0m 为含植物根系的泥炭及细砂夹粉砂、粉砂质黏土层）。尽管描述略有差异，但总体来看该层受人类活动影响显著，因此，我们未对该阶段湖泊水位进行量化。

ZK1 孔底部 14.17～11.7m 以灰黄-灰绿色黏土层为主，含大量钙质结核，局部夹黑色有机质条带，推测为湖泊收缩导致植物死亡、埋藏后形成，为暴露的还原环境，因此该层可能为滨湖沼泽相。该层 14.1m 及 11.7m 处样品的 OSL 年代分别约为 145.1±6.2kaB.P. 和 138.5±6.7kaB.P.，因此该层沉积年代为 145.2～138.5kaB.P.。

ZK1 孔 11.7～8.02m 以棕黄色细砂、粉砂沉积为主，含有大量砾石。该层沉积物粒径相对较大（大多约为 100μm），表明此时物源区偏近，湖浪作用较强，河水注入量较前期增大，推测该层为滨湖亚相。该层 9.24m 处样品的 OSL 年代为 128.4±8.6kaB.P.，经与上覆层年代间沉积速率内插，得到该层沉积年代为 138.5～125kaB.P.。

ZK1 孔 8.02～2.72m 为夹少量砾石的细砂及黏土层沉积。该层沉积物粒径相对较大（大多约为 100μm），为水动力较强的滨湖环境的产物。该层 7.53m 及 7.32m 处样品的 OSL 年代分别为 123.6±6kaB.P.和 123.3±6kaB.P.，经内插得到该层沉积年代为 125～40kaB.P.。

ZK1 孔 2.72～1.1m 为灰黄色粉砂层，粒径以 80μm 为主，沉积物粒径的下降表明湖泊水动力较上阶段减弱，湖水变浅。该层沉积年代为 40～10.7kaB.P.。

ZK1 孔顶部 1.1m 以棕黄、灰黄泥质粉沙为主，发育弱水平层理，有黏土互层，推测为湖心带沉积，该层顶部被地表风积沙覆盖，反映现代湖泊逐渐退缩、干涸。1m 处样品的 OSL 年代为 8.9±0.4kaB.P.。该层为 10.7kaB.P.以来的沉积。

以下是对该湖泊进行古湖泊重建、量化水量变化的 3 个标准：（1）无湖泊 QTL 剖面的砂沉积；ZK1 孔的滨湖/滨湖沼泽相沉积；（2）低，QTL 剖面的泥炭与湖相沉积夹层；（3）高，QTL 剖面的湖相砂质黏土沉积，ZK1 孔的湖心带沉积。

青土湖各岩心年代数据、OSL 测年、水位水量变化见表 3.38～表 3.40，岩心岩性变化图如图 3.16 所示。

表 3.38 青土湖各岩心年代数据

^{14}C 测年/a B.P.	校正年代（据隆浩等（2007）/cal.a B.P.	深度/m	测年材料	剖面
2470±90	2546	2.5	泥炭有机质（常规）	QTL 剖面
3140±40	3383	2.62	螺壳（AMS）	QTL 剖面
3300±90	3541	2.9	泥炭有机质（常规）	QTL 剖面
4130±110	4632	3.15	泥炭有机质（常规）	QTL 剖面
4160±40	4791	3.15	螺壳（AMS）	QTL 剖面
4530±80	5143	3.6	湖相淤泥（常规）	QTL 剖面
5960±65	6803	4.25	湖相淤泥（常规）	QTL 剖面
5920±40	6732	4.25	螺壳（AMS）	QTL 剖面
6550±40	7468	4.45	螺壳（AMS）	QTL 剖面
6910±40	7752	5	螺壳（AMS）	QTL 剖面
8412±62	9412	5.37	湖相淤泥（常规）	QTL 剖面

注：常规测年在兰州大学年代实验室进行，AMS 测年在北京大学年代实验室进行

表 3.39 OSL 测年年代

样品编号	年代/ka B.P.	深度/m	钻孔
ZK1-0-4-OSL-1	8. 9±0. 4	1. 00	ZK1 孔
ZK1-26-OSL-1	123. 3±6. 0	7. 32	ZK1 孔
ZK1-26-OSL-2	123. 6±6. 0	7. 53	ZK1 孔
ZK1-29-OSL-1	128. 4±8. 6	9. 24	ZK1 孔
ZK1-32-OSL-1	138. 5±6. 7	11. 70	ZK1 孔
ZK1-38-OSL-1	145. 1±6. 2	14. 10	ZK1 孔

表 3.40 青土湖古湖泊水位水量变化

年代	水位水量
11160cal.a B.P.前	无湖泊（1）
11160～7500cal.a B.P.	高（3）
7500～7480cal.a B.P.	无湖泊（1）
7480～4830cal.a B.P.	高（3）
4830～2215cal.a B.P.	低（2）
2215～0cal.a B.P.	受人类活动影响未量化

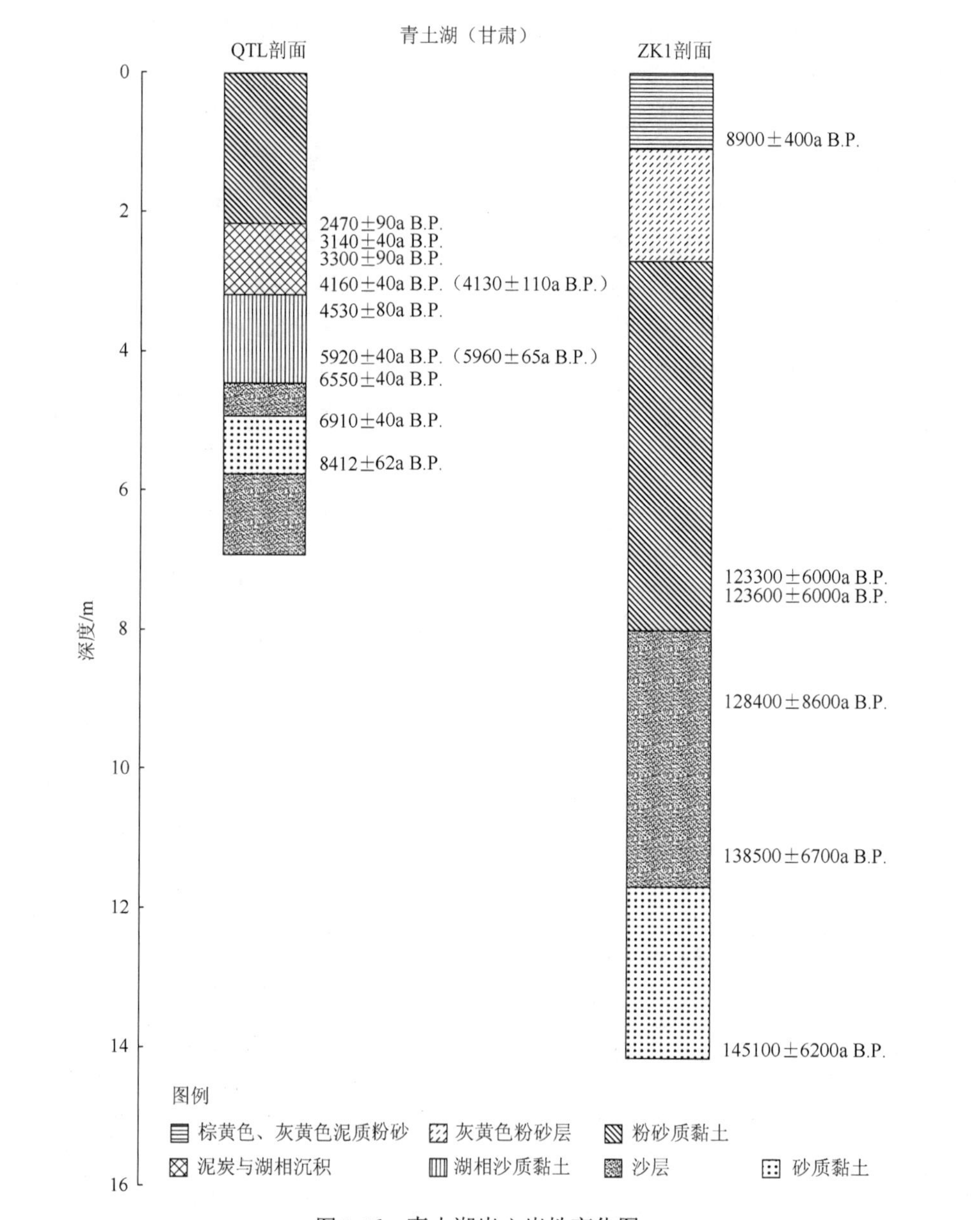

图 3.16 青土湖岩心岩性变化图

参 考 文 献

隆浩，马海州，王乃昂，等. 2007. 腾格里沙漠西北缘湖泊沉积记录的全新世中期气候环境，海洋地质与第四纪地质，27（3）：105-111.
王丽媛，程捷，辛蔚，等. 2013. 腾格里沙漠西北缘青土湖中更新世晚期以来沉积环境变迁. 现代地质，27（4）：949-958.
赵强，李秀梅，王乃昂. 2008. 末次冰消期以来民勤盆地沉积地层记录及年代学研究. 地层学杂志，32（1）：27-32.
赵强，王乃昂，李秀梅. 2007. 末次冰消期以来古猪野泽湖相地层沉积学及湖面波动历史. 干旱区资源与环境，21（12）：161-169.
赵强，王乃昂，李秀梅，等. 2005. 青土湖地区 9500a B.P.以来的环境变化研究. 冰川冻土，27（3）：352-359.

3.3.3　三角城古湖

三角城古湖泊（38.20°N，102.95°E，海拔—）位于民勤县红沙梁西部，属石羊河古尾闾湖泊的边缘地区，现已干涸。湖区年均温度为 7.8℃。由于深居西北内陆，石羊河流域降水稀少，平均年降雨量仅为 115mm，而年蒸发量达到 2644mm。历史上三角城存在一范围较广的统一大湖，且湖泊面积大约为 2130km^2，随后湖泊变成几个分隔的碳酸盐湖或沼泽，并逐渐干涸（张成君等，2004）。

在三角城海拔 1325m a.s.l.处钻得一探井剖面，剖面深 7.2m 左右，其沉积年代可至 15750a B.P.（18800cal.a B.P.）前（Shi et al.，2002）。对于干旱区的三角城古湖，外来输入的物质较少，湖泊沉积物中有机质主要源于湖泊中的沉水植物或挺水植物（张成君等，2000），因此有机质碳同位素 δ^{13}C 变化可反映古湖泊水生植物的变化，进一步反映了当时湖泊水位的变化。根据剖面岩性变化，结合有机质碳同位素 δ^{13}C 变化，可重建古湖泊水位变化，剖面中有 10 个 ^{14}C 测年数据，最顶层两个年代数据因倒转而未采用，因此年代学基于剖面中的其余 8 个 ^{14}C 测年数据。

剖面 7.2～6m 为风成相或河流相的砂沉积，表明湖泊在 15750a B.P.（18800cal.a B.P.）前尚未形成。

6～4.62m 为粉质黏土和风成沙互层沉积，湖相沉积的出现表明湖泊开始形成，且当时湖水位相对较低，有机质碳同位素 δ^{13}C 较低（平均约为–25‰），和较低的湖水位一致。该层 4.62m 处样品的 ^{14}C 年代为 10700±260a B.P.（12477cal.a B.P.），经内插得到该层沉积年代为 15750～10700a B.P.（18800～12477cal.a B.P.）。

4.62～2.66m 为粉砂质黏土及有机质黏土沉积，沉积物岩性变化表明湖水位较下覆层增加，有机质碳同位素 δ^{13}C 较高（平均约为–20‰），表明当时湖泊沉水植物含量丰富，也和较深的湖水环境一致。据张成君等（2004）研究认为，该时期三角城存在一范围较广的统一大湖，且湖泊面积大约 2130km^2。该层顶部样品的 ^{14}C 年代为 6400±75a B.P.（7110cal.a B.P.），经内插得到该层形成年代为 10700～6400a B.P.（12477～7110cal.a B.P.）。

2.66～1.04m 为风成细砂及粉质黏土互层沉积，细砂的出现表明湖水较下覆层有所变浅，有机质碳同位素 δ^{13}C 仍较高（平均为–10‰～–20‰），表明当时湖水位仍相对较高。上覆层 1m 处样品的 ^{14}C 年代为 2430±50a B.P.（2450c al.a B.P.），经沉积速率内插，得到该层对应年代为 6400～2600a B.P.（7110～2480cal.a B.P.）。

顶层 1.04m 为砂及夹砾石中粗砂沉积，沉积岩性的变化表明 2600a B.P.后（2480cal.a B.P.）湖泊已退出剖面位置，湖水位大幅下降，湖泊很浅或消失。

以下是对该湖泊进行古湖泊重建、量化水量变化的 4 个标准：（1）无湖泊，风成或河流相砂沉积；（2）低，风成沙和粉质黏土互层沉积，$\delta^{13}C$ 较低；（3）中等，风成沙和粉质黏土互层沉积，$\delta^{13}C$ 较高；（4）高，粉砂质黏土及有机质黏土沉积，$\delta^{13}C$ 较高。

三角城古湖各岩心年代、水位水量变化见表 3.41 和表 3.42，岩心岩性变化图如图 3.17 所示。

表 3.41　三角城古湖各岩心年代数据

^{14}C 测年/a B.P.	校正年代/cal.a B.P.	深度/m	备注
15750±450	18804*	6	
10700±260	12477*	4.6	
8140±140	8650	3.4～3.5	
7860±135	8402	3.1～3.16	
6400±75	7110	2.66～2.72	
3930±60	4176	1.68～1.76	
3660±95	3835	1.3～1.48	
2430±50	2450*	1	
6990±130	7578	0.4～0.43	年代倒转未采用
5020±130	5604	0～0.1	年代倒转未采用

注：带*的校正年代由校正软件 Calib6.0 得出，其余校正年代参考张成君给出（与张成君私下通信）

表 3.42　三角城古湖泊水位水量变化

年代	水位水量
18800cal.a B.P.前	无湖泊（1）
18800～12477cal.a B.P.	低（2）
12477～7110cal.a B.P.	高（4）
7110～2480cal.a B.P.	中等（3）
2480～0cal.a B.P.	无湖泊（1）

参考文献

Shi Q，Chen F H，Zhu Y，et al. 2002. Lake evolution of the terminal area of Shiyang River drainage in arid China since the last glaciation. Quaternary International，93-94：31-43.

张成君，陈发虎，尚华明，等. 2004. 中国西北干旱区湖泊沉积物中有机质碳同位素组成的环境意义——以民勤盆地三角城古湖泊为例. 第四纪研究，24（1）：88-94.

张成君，陈发虎，施祺，等. 2000. 西北干旱区全新世气候变化的湖泊有机质碳同位素记录——以石羊河流域三角城为例. 海洋地质与第四纪地质，20（4）：93-97.

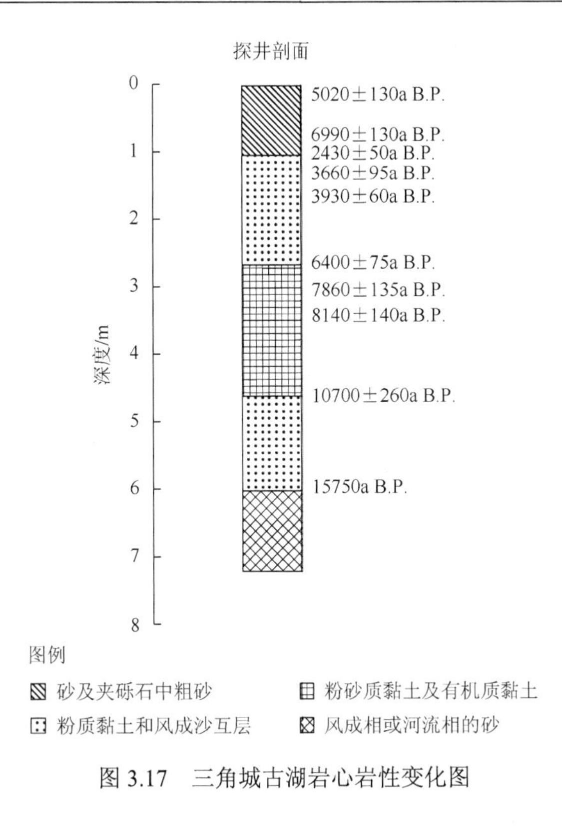

图3.17　三角城古湖岩心岩性变化图

3.4　新疆维吾尔自治区湖泊

3.4.1　阿其克库勒湖

阿其克库勒湖（36.96°～37.16°N，88.30°～88.55°E，4250m a.s.l.）是位于昆仑山中部库木库勒盆地的封闭盐湖。库木库勒是由断陷形成的构造盆地。由于长期的剥蚀作用，在该构造盆地中形成了包括阿其克库勒湖在内的一些子水系。已知库木库勒盆地面积为45000km^2，但阿其克库勒湖的流域面积目前尚不清楚（黄赐璇等，1996）。1970年湖泊面积为395km^2，但由于长期干旱，1986年后湖泊面积缩减至345km^2（李栓科，1992）。南部有一些溪流注入该湖。湖水主要由径流及冰雪融水补给（李栓科和张青松，1991）。湖水平均深9.8m（王洪道等，1987），盐度为78.473g/L，pH为8.55～8.66（李栓科，1992）。库木库勒盆地主要是以驼绒藜属为主的高山荒漠植被（黄赐璇等，1996）。盆地气候偏冷干，年平均气温为–5～–6℃，年平均降雨量100～300mm（黄赐璇等，1996）。

两湖相阶地的存在表明湖泊曾出现高水位。较高级阶地位于湖岸东南5km处，海拔4290m a.s.l.（高出现代湖水位40m），在该阶地取得一深1.55m的沉积剖面（D剖面，李栓科和张青松，1991；李栓科，1992）。另一阶地位于现代湖岸东南1km处，海拔4255m a.s.l.（高出现代水位5m），在该阶地取得一5m深的沉积剖面（李栓科（1992）称为B剖面；李栓科和张青松（1991）称为E剖面）。在现代湖盆的东部有一宽度大于10km的湖相低地，海拔比现代湖泊略高几米，在离湖泊8km海拔为4251～4255m a.s.l.处的低地取得第三个剖面（E 剖面）（黄赐璇等，1996）。基于剖面中保存的湖岸线及沉积物岩性、水生花粉、水生植物变化等重建了 16800a B.P.（19900cal.a B.P.）以来湖泊的水深和面积相对变化情况。年代学基于三个 ^{14}C 测年数据（李栓科和张青松，1991；黄赐璇等，1996）。

5m 深的 B 剖面提供了关于湖泊沉积物的最早记录。底部 5.0～3.7m 为砂沉积，含交错层理和波状层理，可能为河流相沉积（李栓科和张青松，1991），据此估计当时湖水位应低于 4250m a.s.l.甚至更低。

3.7～1.3m 为粉砂和细砂，含薄层交错层理。李栓科和张青松（1991）认为是湖口三角洲沉积，且当时湖水位应高于 4254m a.s.l.。

1.3～0.2m 为湖相层状黏土，表明当时湖泊为深水环境。对上覆层（0.15～0.2m）一样品进行放射性 ^{14}C 测年，测得其对应年代为 16765±149a B.P.（19921cal.a B.P.），据此推知当时的深水环境对应年代约在 16800a B.P.（19900cal.a B.P.）之前。李栓科（1992）估计当时湖泊水位为 4255m a.s.l.，湖泊面积为 640km^2。由于沉积物为层状黏土，因此当时水深必大于 5～10m。李栓科对 16800a B.P.（19900cal.a B.P.）前的湖水水位及湖面积的推算应当是最保守的。

0.2～0.15m 为含大量水生植物的黏土沉积，说明自 16800a B.P.（19900cal.a B.P.）后湖水开始变浅，上覆层（0.15～0m）为湖相砂质黏土沉积，代表湖水的进一步变浅。

4290m a.s.l.阶地处的 D 剖面提供了盆地中全新世以来的湖泊环境变化。D 剖面底层 1.55～0.8m 为湖滨相粗质中粒砂沉积，该阶段湖水位在 4288～4289m a.s.l.，上覆 0.8～0.2m 为灰白色或灰黄色湖相层状粉砂质黏土或黏土，且含有水生植物碎片，岩性变化及层理的存在表明当时湖泊为深水环境。对 0.22～0.38m 处一样品进行放射性 ^{14}C 测年，其对应年代为 6705±108a B.P.（7592cal.a B.P.）。根据沉积厚度并假定沉积速率稳定，李栓科（1992）认为这一深水阶段对应年代为 7000～6500a B.P.（7900～7400cal.a B.P.），并且估计当时湖水位比现代高 40m，湖泊面积为 860km^2。同样，层状沉积物的存在表明这也应当是最小估计，上覆沉积物（0.2～0m）为风成沙，说明自约 6500a B.P.（约 7400cal.a B.P.）后湖水水位降至 4290m a.s.l.以下。

从湖相低地至现代湖区东面的东部剖面记录了湖泊晚全新世以来的沉积变化。0.37m 以下的基底层为黄色砂沉积，代表了一种较浅的湖水环境。0.37～0.10m 为湖相灰白色层状粉质黏土沉积，表明湖水深度较上覆层加大，0.37～0.22m 处含大量水生植物碎屑，0.22～0.10m 水生植物碎屑消失，但花粉中含狐尾藻属。对 0.1～0.2m 处的一样品进行放射性 ^{14}C 定年，得出其对应年代为 4705±108a B.P.（5454cal.a B.P.），表明当时的深水环境对应年代约在 4700a B.P.（5454cal.a B.P.）之前。该层顶部的水位和现代相当，但采样点在距现代湖泊边缘 8km 处，且存在层状沉积物，因此当时湖水深度应高于现代，且湖泊面积要比现代大。顶层 0.1m 为湖滨砂沉积，表明湖水在约 4700a B.P.（5454cal.a B.P.）后开始变浅。

以下是对该湖泊进行古湖泊重建、量化水量变化的 5 个标准：（1）低，4250m a.s.l. 的现代湖泊水位；（2）较低，低水位在 4254～4255m a.s.l.；（3）中等，水位在 4260m a.s.l.；（4）高，水位位于 4285～4290m a.s.l.；（5）很高，水位在 4290m a.s.l.以上。尽管能估计剖面中大多层沉积物所对应的最低水位，但缺少沉积层间的测年数据。

阿其克库勒湖各岩心年代数据、水位水量变化见表 3.43 和表 3.44，岩心岩性变化图如图 3.18 所示。

表 3.43　阿其克库勒湖各岩心年代数据

^{14}C 年代/a B.P.	校正年代/cal. a B.P.	深度/m	测年材料	剖面
16765±149	19921	0.2～0.15	水生植物	B 剖面
6705±108	7592	0.22～0.38	黏土	D 剖面
4705±108	5454	0.1～0.2	粉质黏土	东部剖面

注：样品测年在中国科学院地理所 ^{14}C 测年实验室完成，年代校正软件为 Calib 6.0

表 3.44　阿其克库勒古湖泊水位水量变化

年代	水位水量	备注
?	较低（2）	保守估计水位为 454m a.s.l.
ca 20100～19900cal.a B.P.	中等（3）	保守估计水位为 4260m a.s.l.
?	较低（2）	水位为 4255m a.s.l.
?	高（4）	水位为 4288～4289m a.s.l.
ca 7900～7400cal.a B.P.	很高（5）	水位 4295～4300m a.s.l.
ca 5800～5450cal.a B.P.	较低（2）	保守估计水位为 4255m a.s.l.
0cal.a B.P.	低（1）	

参 考 文 献

黄赐璇，冯·康波·艾利斯，李栓科. 1996. 根据孢粉分析青藏高原西部和北部全新世环境. 微体古生物学报，13（4）：423-432.
李栓科. 1992. 中昆仑山区封闭湖泊湖面波动及其气候意义. 湖泊科学，4（1）：19-30.
李栓科，张青松. 1991. 中昆仑山区距今一万七千年以来湖面波动研究. 地理研究，10（2）：27-37.
王洪道，顾丁锡，刘雪芬，等. 1987. 中国湖泊资源. 北京：农业出版社：149.

3.4.2　阿什库勒湖

阿什库勒湖（35.73°N，81.57°E，海拔 4683m a.s.l.）是位于昆仑山中部阿什库勒盆地的一封闭湖泊，该盆地位于青藏高原北部，人烟稀少（李栓科，1992）。阿什库勒盆地由断陷形成。火山活动和第四纪作用造就了该区域一系列湖泊水文状况各异的湖盆（李栓科和张青松，1991），阿什库勒湖就是其中之一。阿什库勒盆地面积约为 760km^2（李栓科，1992），流域面积不详。北部有一些季节性溪流注入该湖。湖盆基岩为火成岩。湖水主要由径流及冰雪融水补给（李栓科和张青松，1991）。湖泊为盐水湖，pH 为 9.28（李栓科，1992）。1970 年湖泊面积为 11km^2，由于长期干旱，到 1986 年时湖泊面积已缩减至 10.5km^2（李栓科，1992）。该区年平均气温为−5～−6℃，平均降雨量 100～300mm，偏干冷（黄赐璇等，1996）。

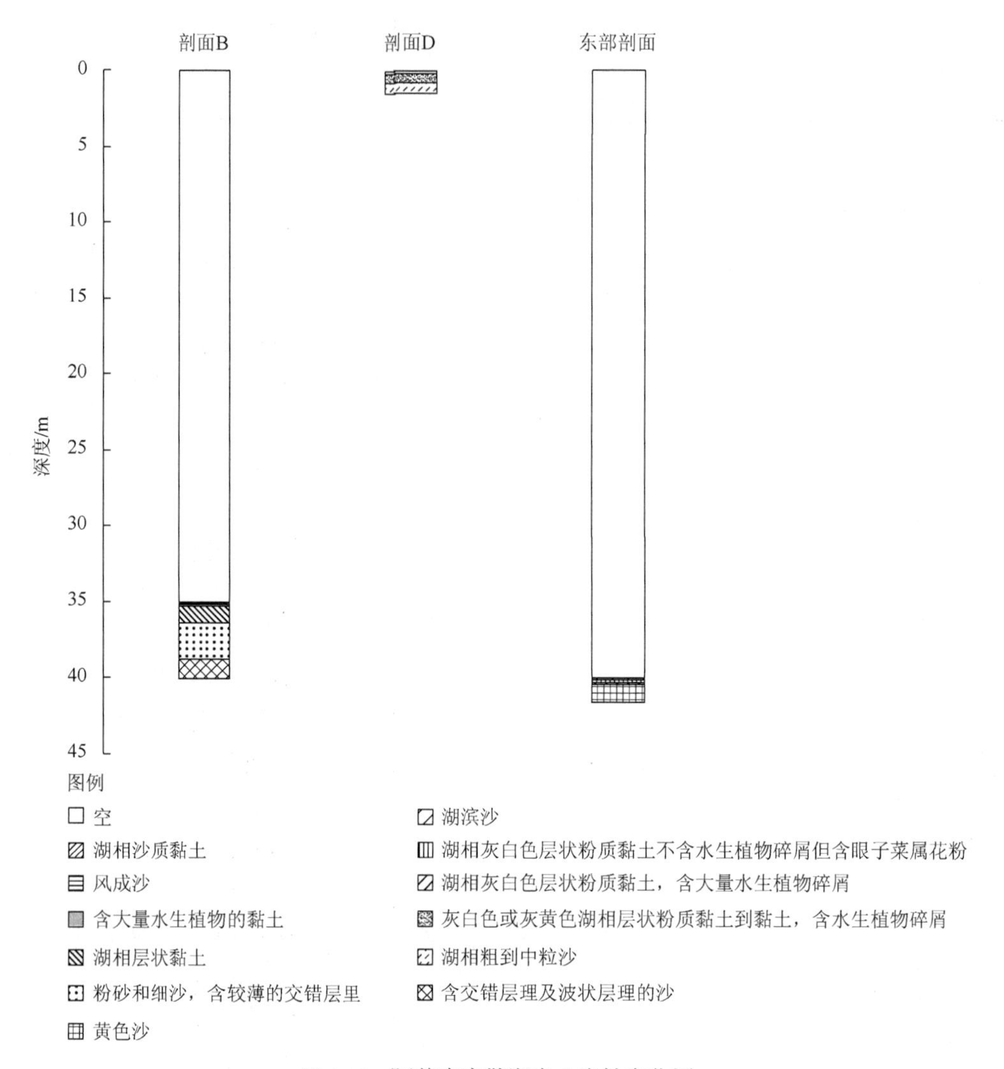

图 3.18　阿其克库勒湖岩心岩性变化图

高出现代湖泊水位 7m（海拔 4690m a.s.l.）和 3～3.5m（海拔 4686m a.s.l.）的两湖相阶地的存在可作为过去湖泊高水面的证据。在距湖泊西部边缘 1km 处高 3～3.5m 的阶地取得一 3m 深的沉积剖面（李栓科（1992）称为剖面 A；李栓科和张青松（1991）称为剖面 E），通过对沉积剖面岩性、地球化学指标、硅藻组合及水生植物的研究可了解 15800～11600a B.P.（19345～13480cal.a B.P.）时湖泊面积及水深的相对变化（李栓科和张青松，1991；李栓科，1992）。年代学基于 A 剖面的 2 个 ^{14}C 测年数据（李栓科，1992）。

A 剖面 2.3m 以下为均质湖相黏土，该层 pH（8.1～8.5）相对较高而有机质含量（1.0%～5.0%）相对较低，表明该时期内湖水盐度较高，限制了生物活动（李栓科和张青松，1991），对应于较浅的湖水环境，但当时湖泊水位至少应高于 4684m a.s.l.（也就是高于现代水位）。该层含扰动过的层理并呈现褶曲形态，明显受到多年冻土的后沉积改造作用。改造作用很可能发生在末次冰盛期，且当时湖水深度不大。

2.3～0.8m 为层状湖相黏土，对应于相对稳定的深水环境，湖水 pH 为 8.1～7.7，有机质含量较高（5.0%～7.0%），表明当时湖泊为淡水环境且有生物活动（李栓科和张青松，1991）。硅藻组合以适于淡水环境的扁圆卵形藻（*Cocconeis placentula*）为主（李栓科和张青松，1991）。对 2m 处的样品进行放射性 ^{14}C 测年，其相应年代为 15256±100a B.P.（18582cal.a B.P.），因此该深水沉积环境对应年代为 15800～13100a B.P.（19345～15520cal.a B.P.）。

0.8～0.08m 岩性较下覆层无明显变化，但湖水 pH（8.1～8.4）升高，有机质含量（5.0%～3.0%）减少，表明湖水盐度增大，湖泊生物量下降，表明湖水自 13100a B.P.（15520cal.a B.P.）后开始变浅。硅藻组合中除了宜于淡水的吐丝舟形藻（*Navicula tuscula*）外，还有生活在微咸水环境中的菱形细齿藻（*Nitzschia denticula*）、平行棒杆藻（*Rhopalodia parallela*）和弯楔藻（*Rhoicosphenia curvata*）。微咸水硅藻的大量出现和相对较浅的湖水环境一致。经放射性碳测年数据间沉积速率（0.0551cm/a）内插，得到该层沉积年代为 13100～11700a B.P.（15520～13685cal.a B.P.）。

0.08～0.05m 为含水生植物碎屑的黏土沉积，水生植物的大量出现表明湖泊水深开始下降。0.08～0.05m 处一样品的放射性 ^{14}C 测年年代为 11743±260a B.P.（13648cal.a B.P.），经外推，得到该层沉积年代为 11780～11700a B.P.（13685～13610cal.a B.P.）。

顶部 0.05m 为湖相粉质黏土，说明在 11700～11650a B.P.（13610～13480cal.a B.P.）时湖水加深。硅藻组合中以扁圆卵形藻（*Cocconeis placentula*）、吐丝舟形藻（*Navicula tuscula*）、菱形细齿藻（*Nitzschia denticula*）、平行棒杆藻（*Rhopalodia parallela*）及弯楔藻（*Rhoicosphenia curvata*）为主，淡水藻（*Cocconeis placentula*、*Navicula tuscula*）的增多和水深的增加相一致。

李栓科（1992）认为，高 3～3.5m 阶地在 12000a B.P.（约 14000cal.a B.P.）时对应的水位大约在 4686m a.s.l.，且当时湖泊面积为 16km^2，比现在大 5.5km^2。A 剖面沉积物表明这一湖相沉积发生在较早时期，很可能在湖水较浅而冰川永冻层较发育的末次冰盛期。

高出现代水位 7m，海拔 4690m a.s.l.的 B 剖面为均质湖相黏土沉积，表明当时为较深的湖水环境。李栓科（1992）认为当时水位比现代高 7～8m。湖泊面积为 40km^2。该层没有测年数据，但分别在 0.5～0.6m、0.8～0.9m 和 1.5～1.7m 处发现了冰川永冻层，说明存在三次永冻层和湖相沉积的交替沉积。李栓科（1992）将最近一次交替沉积和 A 剖面中永冻层进行了比较，认为该剖面的湖相沉积发生在 15800a B.P.（19345cal.a B.P.）之前。

11600a B.P.（13400cal.a B.P.）后湖泊水深变化的相关记录缺失，已知现在水位为 4683m a.s.l.（李栓科，1992）。

以下是对该湖泊进行古湖泊重建、量化水量变化的 6 个标准：（1）低，现代湖泊水位 4683m a.s.l.；（2）较低，海拔 4686m a.s.l.阶地的湖相含水生植物碎屑的黏土沉积；（3）中等，海拔 4686m a.s.l.阶地的湖相粉质黏土沉积，含适于淡水、微咸水环境的硅藻；（4）高，海拔为 4686m a.s.l.的阶地中 pH 大于 8.0，有机质含量低于 5%的湖相层状黏土沉积，硅藻组合为淡水和微咸水种；（5）较高，海拔为 4686m a.s.l.的阶地中 pH 小于 8.0，有机质含量在 5%以上的湖相层状黏土沉积；（6）很高，海拔 4690m asl.高 7～8m 阶地的湖相黏土沉积。

阿什库勒湖各岩心年代数据、水位水量变化见表 3.45 和表 3.46，岩心岩性变化图如图 3.19 所示。

表 3.45　阿什库勒湖各岩心年代数据

^{14}C 年代/a B.P.	校正年代/cal. a B.P.	深度/m	测年材料	剖面
11743±260	13648	0.08～0.05	水生植物	A 剖面
15256±100	18582	2.0	黏土	A 剖面

注：样品测年在中国科学院地理所 ^{14}C 实验室进行，校正年代由校正软件 Calib6.0 获得

表 3.46　阿什库勒古湖泊水位水量变化

年代	水位水量
?	很高（6）
?	低（1）冰川永冻层存在
ca 19345～15520cal.a B.P.	高（5）
ca 15520～13685cal.a B.P.	较高（4）
ca 13685～13610cal.a B.P.	较低（2）
ca 13610～13480cal.a B.P.	中等（3）
0a B.P.	低（1）

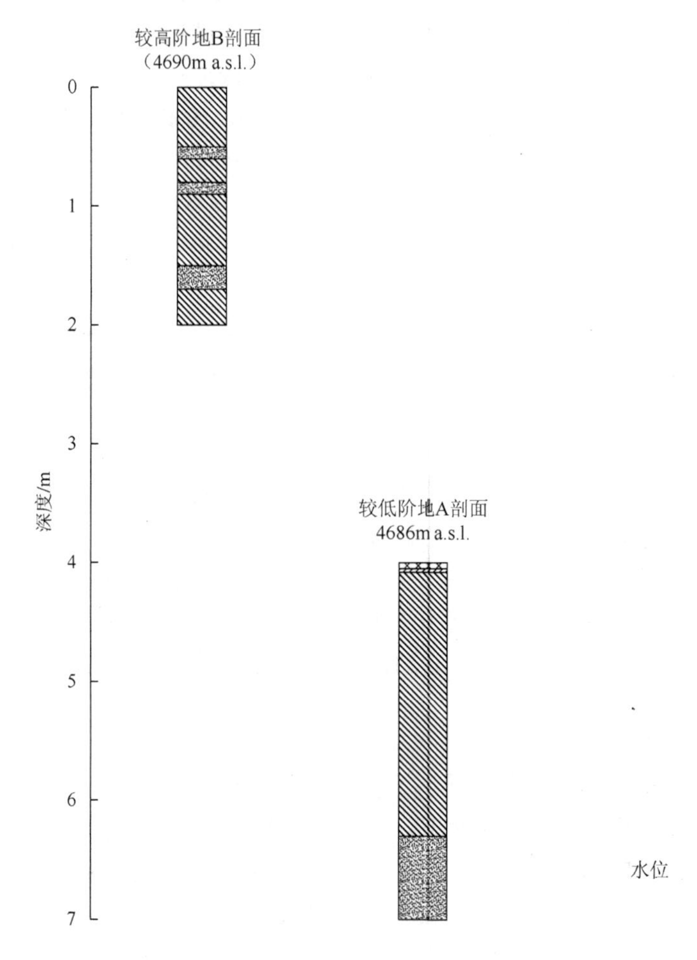

图 3.19　阿什库勒湖岩心岩性变化图

参考文献

黄赐璇，冯·康波·艾利斯，李栓科. 1996. 根据孢粉分析青藏高原西部和北部全新世环境. 微体古生物学报，13（4）：423-432.
李栓科. 1992. 中昆仑山区封闭湖泊湖面波动及其气候意义. 湖泊科学，4（1）：19-30.
李栓科，张青松. 1991. 中昆仑山区距今一万七千年以来湖面波动研究. 地理研究，10（2）：27-37.

3.4.3　艾比湖

艾比湖（44.57°～45.13°N，82.58°～83.26°E，海拔 195m a.s.l.）位于新疆西部的准噶尔地区，湖盆封闭，湖水较浅且为盐湖。盆地由断陷形成。基岩为古生代砂岩。湖水平均深度为 1.4m，最大水深 3m，矿化度为 100～136g/L（张庆等，2010），流域面积 50621km^2。区域平均气温 4℃，年均降雨量约 95mm，而年均蒸发量高达 1315mm（杨川德和邵新媛，1993）。湖水主要由源于天山北坡的三条河流自南部补给（杨川德和邵新媛，1993）。近几十年来，受气候变化及人类活动影响，艾比湖气候恶化，干旱少雨，致使沙尘暴和浮尘活动频繁（张庆等，2010），湖泊面积剧减。1956 年前湖泊总径流量为 19.2×10^{8}m^3，但到了 20 世纪 50 年代以后，农业灌溉占用大量入湖河水，致使入湖水量几近中断（买买提，1988）。湖泊面积在 20 世纪 50 年代前为 1200km^2（阎顺等，2003），而 1950～1977 年湖泊面积则从 1070km^2 急速降至 522km^2（格丽玛，2006），1987 年湖泊面积为 542km^2（Yu and Shen，2010；尚华明等（2008）给出的数据为 499km^2），现在湖水面积约为 890km^2（王银山等（2009）据 2004 年陆地卫星数据给出）。

对艾比湖地貌和湖泊面积变化的研究，包括最早的买买提（1988）对一套侵蚀阶地的湖岸线研究；文启忠和乔玉楼（1990）对湖泊面积的研究；吴敬禄（1995）对湖相阶地和湖泊面积的研究；柏春广和穆桂金（1999）对湖积堤及湖成阶地进一步地系统研究。在湖泊沉积以及重建湖泊水位变化的历史研究方面，吴敬禄（1995）和吴敬禄等（2003）分别对自然剖面 AZ 和底部追加研究；文启忠和乔玉楼（1990）对阶地剖面 AAZ 进行的研究；阎顺和穆桂金（2003）对 Ash 浅孔沉积、粒度（苗壮等，2003）、碳同位素及碳酸盐（谢宏琴等，2005）等多方面研究；此外，Ma 等（2011）对长 AB01 钻孔、吴敬禄等（2004）对 AB02 钻孔中介形虫壳体碳氧同位素研究；Wang 等（2013）对长 400cm 的 A-01 孔孢粉进行了研究，重建了一万多年来该地区古环境的演变历史，从而实现多方位、多角度对艾比湖不同时期湖水变化的研究。

盆地内一些保存完好的滨线可作为过去高湖面的证据。买买提（1988）研究了分别高出现代湖水位 24.78m、29.01m 和 54.84m 的 3 个侵蚀阶地，并粗略估计这 3 次的湖泊高水位时期湖泊面积分别是现在的 3.5 倍、4 倍及 5.7 倍。同时买买提还绘出了分别高出现代湖水位约 7.52m、9.88m、12.04m 及 15.18m 的 4 个构造阶地，并根据每一阶地表面水位（201.52m a.s.l.、203.88m a.s.l.、206.04m a.s.l.和 209.88m a.s.l.）估计当时湖泊对应面积分别为 1344.7km^2、1471km^2、1578km^2 和 2260km^2。但遗憾的是在这些阶地中并无测年数据。

吴敬禄（1995）考察了较低处湖相阶地的地貌特征，并研究了其相应年代。高出现代湖水位 6m 的最低处构造阶地保存完好，表面宽 50～300m。吴敬禄估计当时滨线对应湖泊面积约为 1340km^2，从顶部阶地样品测年来看，其年代约为 2700±180a B.P.（2805cal. a B.P.）。高出现代湖水位 17m 的较低阶地表面破损，宽约 1000m。从该阶地沉积物的放射性 ^{14}C 测年（4500～6000a B.P.）来看，该岸线形成于 4500a B.P.前（文启忠和乔玉楼，1990），当时湖泊面积约为 2330km^2（吴敬禄，1995）。高出现代湖水位 26m 的阶地现已被开垦为农田，阶地表面被间断性侵蚀。当时湖泊面积约为 3000km^2（吴敬禄，1995）。该阶地中无测年数据，但吴敬禄（1995）根据高出现代湖水位 17m 阶地底部释光测年数据（8000±600a B.P.）（8977cal.a B.P.）（文启忠和乔玉楼，1990）推测其形成于约 8000a B.P.（9000cal.a B.P.）后。

柏春广和穆桂金（1999）对艾比湖湖积堤及湖成阶地进行了系统研究，展现了艾比湖湖面的变化过程。他们认为，在湖泊西北岸至少存在 11 道湖积堤，按海拔从低到高依次称为 B_0～B_{11}，其中 B_0 海拔为 197～198m，B_1 为 203m，B_2 为 209m，B_3～B_5 海拔均在 212m 以下，B_6 为 217m，B_7 为 220m，B_8、B_9 海拔均为 226～230m，B_{10} 海拔为 238m。B_{10} 底层黏土有机质 ^{14}C 测年年龄为 4550±72a B.P.（5152cal.a B.P.），B_9 夹层中有机质 ^{14}C 年龄为 2440±100a B.P.（2534cal.a B.P.），同一夹层螺壳 AMS^{14}C 测年年龄为 2860±90a B.P.（3011cal.a B.P.），代表了近 5000 年来艾比湖水的变化过程。由于湖周围各地湖成阶地的表现很不一致，且各学者的实地调查具有地段性，因此柏春广和穆桂金（1999）、买买提·依明（1988）、文启忠和乔玉楼（1990）、吴敬禄（1995）对湖成阶地的划分也不尽相同。据柏春广和穆桂金（1999）的研究，艾比湖周围存在 8 处明显阶地（T_1～T_8），其海拔分别为 198m、203m、209m、217m、227m、238m、260m 和 280m。其中，T_1 对应于湖积堤 B_0，T_2 对应于 B_1，T_3 对应于 B_2、B_3、B_4 和 B_5，T_4 对应于 B_6 和 B_7，T_5 对应于 B_8 和 B_9，T_6 对应于 B_{10}。据柏春广和穆桂金（1999）所述，海拔 280m 的阶地 T_8 所对应的湖泊面积远大于 3000km^2，而海拔 238m 处 B_{10} 底层 ^{14}C 测年年龄为 4550±72a B.P.(5152cal.a B.P.)，因此 T_8 阶地代表了更早时期的湖水状况，但因缺少精确测年数据，我们无法得知其具体年代。

在 16m 阶地处取得一深 4.5m 的剖面（AAZ 剖面），是人工挖掘的用来作为和湖泊联通的渠道（文启忠和乔玉楼，1990）。另外，在距湖泊边缘 1000m 处的 5m 高阶地（海拔 200m）处还取得一深 3.32m 的自然剖面（AZ 剖面）（吴敬禄，1995），它所记录的沉积年代约为 13000a B.P.（15440cal. a B.P.）。在艾比湖西侧钻得一长的 4.32m 岩心，其记录的年代约为 10.03ka B.P.（11.46cal .ka B.P.）（吴敬禄等，2003）。Wang 等（2013）还对湖泊西部另外一长 400cm 的岩心（A-01 岩心）进行了研究，其沉积年代大致可追溯至 24200a B.P.（28323cal.a B.P.）。此外，湖泊西南 1.8m 深的 Ash 孔则代表了近 2500 年来的沉积（阎顺等，2003；苗壮等，2003；谢宏琴等，2005），基于沉积物岩性、介形虫、软体动物及水生花粉组合变化，可重建湖泊水深及盐度的相对变化（文启忠和乔玉楼，1990；吴敬禄，1995）。年代学基于两剖面湖相沉积物中的 6 个放射性 ^{14}C 测年、AAZ 剖面木炭层的释光测年数据、Ash 孔中的 2 个 AMS^{14}C 年代数据、4.32m 深剖面中的 3 个 AMS^{14}C 年代数据以及 A-01 岩心中的 8 个 AMS^{14}C 年代数据。

AAZ 剖面底部（4.8～4.15m）为灰蓝色湖相黏土，湖相沉积物的出现说明当时湖水较深。该层无测年数据，但经上覆层沉积速率外推知该层年代大体为 13060～12000a B.P.（15446～13993cal. a B.P.）。

上覆 4.15～3.8m 为黑色泥质黏土，说明湖水变浅。对约 4.14m 处样品进行放射性 ^{14}C 测年，其年代为 11880±500a B.P.（13971±1315cal. a B.P.）。该层沉积年代为 12000～11270a B.P.（13993～13211cal. a B.P.）。

3.8～2.0m 为黑色到灰蓝色湖相黏土，说明水深较上一阶段加深。水生植物香蒲的出现对应于中等深度的水环境。经内插，得到该层沉积年代为 11270～8050a B.P.（13211～9188cal. a B.P.）。

2.0～1.8m 处沉积物为黑色泥质黏土，说明自约 8050a B.P.（9188cal. a B.P.）后湖水开始变浅。香蒲含量的增加对应湖水较下覆层变浅。经沉积速率内插，得到该层沉积年代大体为 8050～7330a B.P.（9188～8741cal. a B.P.）。

1.8～1.7m 处沉积物为黑色到灰蓝色湖相黏土，说明湖水较下覆层加深。香蒲含量的减少也和此对应。经内插知该层沉积年代为 7330～7150a B.P.（8741～8517cal. a B.P.）。

1.7～1.4m 为黑色泥质黏土沉积，说明湖水较上一阶段变浅。香蒲含量的增加也对应较浅的水环境。对 1.6m 处样品进行放射性 ^{14}C 测年，其年代为 7330±460a B.P.（8294cal.a B.P.），说明该层沉积年代为 7150～6750a B.P.（8517～6939cal. a B.P.）。

木炭层（1.4～1.3m）的出现表明当时已为陆相环境，湖泊已从该点退出。对该层一样品进行释光测年，其年代为 6600±700a B.P.，说明该层形成年代为 6750～6310a B.P.（6939～6338cal. a B.P.）。

1.3～0.9m 处沉积物为灰蓝色湖相黏土，说明湖水变深。香蒲的消失也和此吻合。经沉积速率内插，得到该层沉积年代为 6310～4660a B.P.（6338～4244cal. a B.P.）。

0.9～0.7m 为泥炭层，说明湖水变浅。对 0.8m 处样品进行放射性 ^{14}C 测年，其年代为 3440±340a B.P.（3721cal.a B.P.）。该泥炭层形成于 4660～2220a B.P.（4244～2307cal. a B.P.）。

0.7～0.6m 出现第二个木炭层，说明 2220a B.P.（2307cal. a B.P.）后气候干旱。对 0.65m 处样品进行释光测年，其年代为 1600±340a B.P.。该层形成年代为 2220～1430a B.P.（2307～1430cal. a B.P.）。

在 0.6～0.25m 处存在第二个泥炭层，说明自 1430a B.P.（1430cal. a B.P.）后湖水有所加深，但香蒲含量的增加说明当时湖水仍较浅。对 0.5m 处样品进行放射性 ^{14}C 测年，其年代为 1500±130a B.P.（1427cal. a B.P.）。

顶部（0.25～0m）为木炭沉积，表明当时湖泊变干。对该层一样品进行释光测年，其年代小于 30a B.P.，说明该层为近期沉积。

AZ 剖面底部（3.30～3.12m）为灰白色层状湖相粉砂，层状沉积物的出现表明当时湖水较深。介形虫组合以淡水-深水种 *Candoniella allicans*、*C.* spp 和 *Potamocypris* spp 为主，和较深的水环境相一致。该层没有测年数据，但经上覆层测年数据沉积速率外推可知其形成年代为 10400～9930a B.P.（11210～10703cal.a B.P.）。

上覆 3.12～2.72m 处沉积物为淡灰色粉质黏土，层理的消失表明湖水较上一阶段变浅。软体动物组合以纹沼螺和 *Planorbarus corneus* 为主，对应于较浅的水环境（吴敬禄，1995）。

介形虫组合和下覆层相似。经外推，得到该层沉积年代大致为 9930～8960a B.P.（10703～9574cal.a B.P.）。

2.72～2.52m 为灰色粉质黏土沉积。该层含大量介形虫，以 *Candoniella allicans* 和 *Cypridopsis ofesa* 壳为主。*Cypridopsis ofesa* 的出现说明湖泊当时为较浅的淡水环境（吴敬禄，1995）。经外推，得到该层形成年代大体为 8960～8000a B.P.（9574～9010cal.a B.P.）。

2.52～2.22m 处沉积物为淡灰色层状粉质黏土，对应于湖水变深，该层不含介形虫，且花粉数量也较少，可能是湖水太深的缘故。经外推，得出该层年代为 8000～7300a B.P.（9010～8164cal.a B.P.）。

2.22～2.21m 为黑色碳酸盐质层状黏土，说明湖水较下覆层加深，该层不含介形虫和水生花粉。对该层一样品的放射性 ^{14}C 测年为 7310±100a B.P.（8150cal. a B.P.）。经内插，知该层形成年代大致为 7310a B.P.（8150cal.a B.P.）。

2.21～1.81m 为黑色到灰色层状粉质黏土，对应于湖水变浅。该层含少量介形虫及花粉，说明湖水仍较深。经外推，得出该层对应年代为 7300～6290a B.P.（8136～7008cal.a B.P.）。

1.81～1.61m 为淡灰色粉质黏土。层理的消失表明湖水继续变浅。水生花粉中出现香蒲也说明这一点。经内插，得到该层沉积年代为 6290～5810a B.P.（7008～6443cal.a B.P.）。

1.61～0.89m 为淡黄色黏质粉砂夹钙质薄层，说明湖水变浅且盐度增大。介形类组合以 *Candoniella allicans* 和 *Ilyocypris fadyi* 为主，*Ilyocypris fadyi* 的出现说明湖泊仍为淡水湖。经内插，得到该层形成年代为 5810～4100a B.P.（6443～4413cal.a B.P.）。

0.89～0.83m 为淡黄色粉砂，为近岸沉积。该层不含介形类，可能是因为湖水太浅所致。经内插，得到该层沉积年代为 4100～3950a B.P.（4413～4243cal.a B.P.）。

0.83～0.73m 处沉积物为黑色到淡灰色黏质粉砂，夹钙质薄层，说明湖水较上一阶段加深。介形虫以淡水种 *Cyprideis littoralis* 为主，和湖水加深对应。该层沉积年代为 3950～3710a B.P.（4243～3961cal.a B.P.）。

0.73～0.63m 为灰色沙夹细砾石沉积，说明约 3710a B.P.后（3961cal.a B.P.）湖水变浅。

0.63～0.34m 处沉积物为暗白色层状粉质黏土，说明湖水变深。介形虫以淡水种 *Cyprideis littoralis* 为主，对应于湖水变深。该层沉积年代为 3470～2700a B.P.（3679～2861cal.a B.P.）。

0.34～0.30m 为深灰色泥夹细砂沉积。层理的消失，有机质含量的增加及粗碎屑物质的出现都表明湖水变浅。该层含水生植物香蒲，同时也含少量介形虫 *Cyprideis littoralis*。香蒲的出现及 *Cyprideis littoralis* 含量的减少和水深变浅相一致。对 0.34～0.30m 处样品进行放射性 ^{14}C 测年，其年代为 2700±180a B.P.（2805cal.a B.P.）。该层沉积年代为 3470～2700a B.P.（2861～2748cal.a B.P.）。

顶部沉积物（0.30～0m）为黑色粉砂质泥，同时含大量芦苇根，应为滨湖沉积，说明 2700a B.P.（2748cal. a B.P.）后湖水进一步变浅。

27m 阶地处的 AAZ 剖面湖相沉积记录较好，在 13000～4600a B.P.（15440～4200cal. a B.P.）含 4 个测年数据，而 17m 阶地处的 AZ 剖面在早中全新世和 AAZ 剖面地层相似，但只含一个放射性 ^{14}C 测年数据（其年代大多是根据沉积速率外推/内插算出的）。但 AZ 剖面含 5800a B.P.（6440cal.a B.P.）至今的湖相地层，因此它能记录约 5800a B.P.（6440cal.a B.P.）

后的湖泊状况。在20世纪50～80年代，湖水位迅速下降，但由于人为因素扰动，我们未对这一时期湖水位进行量化。

艾比湖西南部1.8m长Ash浅孔代表了近2500年来的沉积。根据沉积物的沉积相和孢粉组合（阎顺等，2003）、粒度组成及有机地化分析（苗壮等，2003）、总有机碳含量及其碳同位素、碳酸盐矿物含量及Mg/Ca值（谢宏琴等，2005），并结合^{14}C测年资料分析，得出近2500年来由于气候波动引起艾比湖水位的波动变化。

岩心底部1.8～1.74m为土黄色含砂黏土，$\delta^{13}C_{org}$值偏轻（平均为–23.47‰），表明当时湖泊水生藻类含量较低，而挺水植物发育（谢宏琴等，2005），对应于较浅的湖水环境。湖水碳酸盐矿物的Mg/Ca值较高，和较浅的水环境相吻合，经测年数据外推得到该层沉积年代为2373～2318aB.P.（2100～2050cal.a B.P.）。

上覆1.74～0.33m处沉积物为灰黑色黏土沉积，含水平层理。岩性变化表明湖水深度增加。该层$\delta^{13}C_{org}$值偏重（平均为0.52‰），表明该时期内水生藻类发育，和深水环境一致。碳酸盐矿物的Mg/Ca值降低，同时出现香蒲花粉，对应于湖水深度增加，盐度减小。对该层1.25～1.35m及0.7～0.8m处样品进行AMS^{14}C测年，其年代分别为1910±50a B.P.（1718cal.a B.P.）和1400±70a B.P.（1295cal.a B.P.）。该层形成年代为2318～101aB.P.（2050～970cal.a B.P.）。

顶层0.33～0m为土黄色细砂或黏土沉积，岩性变化表明湖水深度降低。此阶段$\delta^{13}C_{org}$值持续变轻并达到最低值（–25.03‰），说明湖水水位降低。湖水碳酸盐矿物的Mg/Ca值的升高，和水深变浅盐度增加一致，经外推，得到该层约为1010a B.P.（970cal.a B.P.）以来的沉积。

Ma等（2011）通过对长1.2m的AB01孔岩性、碳酸盐碳氧同位素及有机质^{13}C研究分析，吴敬禄等（2004）根据1.2m深钻孔剖面AB02沉积物介形虫壳体的$\delta^{18}O$、$\delta^{13}C$值及其$\delta^{13}C_{org}$值等环境代用指标变化得出1500年以来艾比湖湖水深度波动变化，这些研究表明：850～650a B.P.为艾比湖湖水深度较低时期，550～200a B.P.时艾比湖为湖水位较高时期。

长4.32m岩心剖面紧挨现湖岸，由于在铁路建设中被破坏，因此吴敬禄等（2003）只对其下部的4.32～2.1m部分进行有机质碳同位素$\delta^{13}C$及碳酸盐同位素变化研究。

底部4.32～3.81m为青灰色泥，有机质碳同位素$\delta^{13}C$偏低（平均约–25‰），对应于较深的湖水环境（吴敬禄等，2003）。对该层4.1m处样品的AMS^{14}C测年年龄为9850±130a B.P.（11350cal.a B.P.），经该测年数据及下覆层年代数据沉积速率外推得出该层沉积年代为10240～9340a B.P.（11.46～10.6cal .ka B.P.）。

3.81～3.45m处沉积物仍以青灰色泥为主，且在3.76～3.77m存在薄层泥炭，其上部还覆有一薄层腹足类壳体堆积层，岩性变化说明湖水较上覆层变浅。该层有机质碳同位素$\delta^{13}C$的增加（平均约–24‰）和湖水变浅相一致。对该层3.76m处样品的AMS ^{14}C测年年龄为9250±130a B.P.（10520cal.a B.P.），经沉积速率内插，得到该层形成年代为9340～8880a B.P.（10.6～10cal ka B. P.）。

3.45～2.65m为粉砂夹泥质粉砂沉积层，表明湖水位较下覆层继续下降，经内插，得到该层沉积年代为8880～7915a B.P.（10～8.8cal ka B. P.）。

2.65～2.1m 为灰色粉砂质泥夹两薄层泥潭沉积，岩性变化表明湖水较上覆层加深，对该层 2.22m 处样品的 AMS ^{14}C 测年年龄为 7400±110a B.P.（8320cal.a B.P.），经外推得出该层形成年代为 7915～7255a B.P.（8.8～8cal. ka B.P.）。

A-01 岩心取自湖泊西部，该沉积岩心记录了湖泊过去约 24200a B.P.（28323cal.a B.P.）以来的变化历史。岩心底部（400～380cm）为砂和砾石的混合层，该层很可能为河流相沉积，表明湖泊在此时可能尚未形成。该层沉积物中花粉含量较低（仅为其他沉积层的 1%～2%），且基本不含水生花粉，表明此阶段湖泊水位极低。该层底部 399～400cm 处有机质样品的 AMS^{14}C 年代为 24220±580a B.P.（28323cal.a B.P.），上覆层 347～348cm 处有机质样品的 AMS^{14}C 年代为 10512±65a B.P.（12468cal.a B.P.），经这两个年代内插得出的该层沉积年代为 24220～19080a B.P.（28323～22375cal.a B.P.）。该层沉积速率仅为 0.0033cm/a，因此，初步判断该层可能存在沉积间断。

上覆 380～338cm 为灰色砂质粉砂层，同时含类似现代干湖沼沉积的粒状构造，表明此时艾比湖可能为一浅水沼泽环境。该层花粉浓度较上覆层增加，且出现湿生花粉黑三棱（*Sparganium*）、眼子菜属（*Potamogeton*）以及 *Poaceae*-S type，表明湖泊沉积环境较上阶段转好。该层 347～348cm 处有机质样品的 AMS^{14}C 年代为 10512±65a B.P.（12468cal.a B.P.），上覆层 296～297cm 处有机质样品的 AMS^{14}C 年代为 4736±49a B.P.（5480cal.a B.P.），经这两个年代间沉积速率内插，得到该层沉积年代为 19080～9435a B.P.（22375～11160cal.a B.P.）。

338～300cm 为灰色粉砂层，岩性变化表明湖泊水深较上阶段增加。花粉含量开始出现大幅增加（平均 10000 粒/g），且花粉组合中黑三棱（*Sparganium*）及 *Poaceae*-S 消失，同时莎草科（Cyperaceae）开始出现，也对应于湖水加深。该层沉积年代为 9435～5130a B.P.（11160～5960cal.a B.P.）。

300～226cm 仍为灰色粉砂层，该层花粉浓度较高（平均 26089 粒/g），且花粉组合中湿生花粉黑三棱（*Sparganium*）、眼子菜属（*Potamogeton*）及莎草科（Cyperaceae）几近消失，可能与湖水深度较上阶段进一步增加，不再适合湿生花粉生长有关。该层 240～241cm 处有机质样品的 AMS^{14}C 年代为 3677±47a B.P.（4014cal.a B.P.），经与上覆层年代间沉积速率内插，得到该层沉积年代为 5130～3290a B.P.（5960～3540cal.a B.P.）。

226～216cm 为黑色砂层，岩性变化表明湖水深度较下覆层下降。该层花粉浓度急剧下降（平均为 3056 粒/g）且几乎不含水生花粉，也对应于湖泊环境恶化，湖水变浅。经内插，得到该层沉积年代为 3290～3020a B.P.（3540～3210cal.a B.P.）。

顶层（216～0cm）为灰色粉质黏土层，岩性变化表明湖水深度较上阶段加深。花粉浓度的增加（平均＞20000 粒/g）及湿生花粉 Poaceae-S type 及莎草科（Cyperaceae）含量的增加表明湖水深度较前阶段增加。该层 199～200cm 处有机质样品的 AMS^{14}C 年代为 2582±65a B.P.（2668cal.a B.P.），143～144cm 处有机质样品的 AMS^{14}C 年代为 2339±45a B.P.（2359cal.a B.P.），105～106cm 处有机质样品的 AMS^{14}C 年代为 2671±47a B.P.（2786cal.a B.P.），7～8cm 处有机质样品的 AMS^{14}C 年代为 1859±45a B.P.（1794cal.a B.P.）。该层为 3020a B.P.（3210cal.a B.P.）以来的沉积。

以下是对该湖泊进行古湖泊重建、量化水量变化的 9 个标准：（1）极低，17m 阶地处的木炭层，或 6m 阶地处的湖滩砂沉积；（2）很低，6m 阶地处的粉砂沉积；（3）低，6m 阶地处的粉质泥夹芦苇根，Ash 孔中的土黄色细砂或黏土沉积；（4）较低，6m 阶地处的淤泥沉积，Ash 孔中的灰黑色黏土沉积，含香蒲；（5）中等，6m 阶地处的非层状黏质粉砂，介形类含 *littoralis* 或 *fadyi*；（6）较高，6m 阶地处的层状黏质粉砂；（7）高，17m 阶地处的泥质黏土，含香蒲；（8）很高，17m 阶地处的黏土沉积，含香蒲；（9）极高，17m 阶地处的黏土沉积，无香蒲。

艾比湖各岩心年代数据、水位水量变化见表 3.47 和表 3.48，岩心岩性变化图如图 3.20 所示。

表 3.47　艾比湖各岩心年代数据

放射性 ^{14}C 测年/a B.P.	校正年代/cal. a B.P.	深度/m	测年材料	剖面
11880±500	13971	4.14	泥质黏土	AAZ 剖面
7330±460	8294	1.60	泥质黏土	AAZ 剖面
7310±100	8150	2.22～2.21	有机物	AZ 剖面
3440±340	3721	0.8	泥炭	AAZ 剖面
2700±180	2805	0.34～0.30	有机物	AZ 剖面
1500±300	1427	0.5	泥炭	AAZ 剖面
AMS^{14}C 测年/a B.P.	校正年代/cal. a B.P.	深度/m	测年材料	剖面
9850±130	11350	4.10	有机质	4.32m 深剖面
9250±130	10520	3.76	有机质	4.32m 深剖面
7400±110	8320	2.22	有机质	4.32m 深剖面
1400±70	1295	0.70～0.8	有机质	Ash 剖面
1910±50	1718	1.25～1.35	有机质	Ash 剖面
24220±580	28323	3.99～4.00	有机质	A-01 岩心
10512±65	12468	3.47～3.48	有机质	A-01 岩心
4736±49	5480	2.96～2.97	有机质	A-01 岩心
3677±47	4014	2.40～2.41	有机质	A-01 岩心
2582±65	2668	1.99～2.00	有机质	A-01 岩心
2339±45	2359	1.43～1.44	有机质	A-01 岩心
2671±47	2786	1.05～1.06	有机质	A-01 岩心
1859±45	1794	0.07～0.08	有机质	A-01 岩心
TL 测年数据/aB.P.		深度/m	测年材料	剖面
6600±700		1.4～1.3	木炭	AAZ 剖面
1600±340		0.7～0.6	木炭	AAZ 剖面
＜30		0.25～0	木炭	AAZ 剖面

注：4.32m 深剖面年代校正参考吴敬禄等（2003），其余测年年代的校正采用校正软件 Calib6.0

表 3.48　艾比湖古湖泊水位水量变化

年代	水位水量
15446～13993cal. a B.P.	极高（9）
13993～13211cal. a B.P.	高（7）
13211～9188cal. a B.P.	很高（8）
9188～8741cal. a B.P.	高（7）
8741～8517cal. a B.P.	很高（8）
8517～6939cal. a B.P	高（7）
6939～6338cal. a B.P.	极低（1）
6338～4244cal. a B.P.	很高（8）；17m 阶地形成，湖泊面积为 2330km^2
6443～4413cal.a B.P.	中等（5）
4413～4243cal.a B.P.	很低（2）
4243～3961cal.a B.P.	中等（5）
3961～3679cal.a B.P.	很低（2）
3679～2861cal.a B.P.	较高（6）；6m 高阶地形成，湖泊面积为 1340km^2
2861～2748cal.a B.P.	较低（4）
2748～2318cal.a B.P.	低（3）
2318～1010cal.aB.P.	中等（4）
1010～0cal.a B.P.	低（3）
1950～1982 AD	人为扰动较大，水位极低，未量化

参 考 文 献

柏春广，穆桂金. 1999. 艾比湖的湖岸地貌及其反映的湖面变化. 干旱区地理，22（1）：36-40.

买买提·依明. 1988. 艾比湖第四纪以来的环境变化. 干旱区地理，11（3）：20-24.

苗壮，穆桂金，阎顺，等. 2003. 艾比湖 Ash 浅孔沉积信息揭示的环境演变过程. 干旱区地理，26（4）：367-371.

尚华明，魏文寿，袁玉江，等. 2008. 艾比湖胡杨宽度年表建立及其环境意义. 中国沙漠，28（05）：815-820.

王银山，于恩涛，何雪芬，等. 2009. 艾比湖湿地主要盐生植物叶片稳定碳同位素组成研究. 水土保持研究，16（5）：245-250.

文启忠，乔玉楼. 1990. 新疆地区 13000 年来的气候序列初探. 第四纪研究，（4）：363-370.

吴敬禄，刘建军，王苏民. 2004. 近 1500 年来新疆艾比湖同位素记录的气候环境演化特征. 第四纪研究，24（5）：585-590.

吴敬禄，沈吉，王苏民，等. 2003. 新疆艾比湖地区湖泊沉积记录的早全新世气候环境特征. 中国科学 D 辑：地球科学，33（6）：569-575.

吴敬禄，王洪道，王苏民. 1993. 全新世艾比湖流域不同时段降水量的估算. 湖泊科学，5（4）：299-306.

吴敬禄，王苏民，王洪道. 1996. 新疆艾比湖全新世以来的环境变迁与古气候. 海洋与湖沼，27（5）：524-530.

吴敬禄. 1995. 新疆艾比湖全新世沉积特征及古环境演化. 地理科学，15（1）：39-46.

谢宏琴，贾国东，彭平安，等. 2005. 艾比湖二千余年来环境演变的地球化学记录. 干旱区地理，28（2）：205-209.

阎顺，穆桂金，远藤邦彦，等. 2003. 2500 年来艾比湖的环境演变信息. 干旱区地理，26（3）：228-232.

阎顺，穆桂金. 2003. 2500 年来艾比湖的环境演变信息. 干旱区地理，26（3）：227-232.

杨川德，邵新媛. 1993. 艾比湖//杨川德，邵新媛. 亚洲中部湖泊近期变化. 北京：气象出版社，53-68.

张庆，黄若行，袁新春. 2010. 艾比湖 1961—2001 年的演化特点及机制分析. 沙漠与绿洲气象，4（2）：51-53.

Ma L，Wu J，Yu H，et al. 2011. The Medieval Warm Period and the Little Ice Age from a sediment record of Lake Ebinur，northwest China . Boreas，40：518-524.

Wang W，Feng Z，Ran M，et al. 2013. Holocene climate and vegetation changes inferred from pollen records of Lake Aibi，northern Xinjiang，China：A potential contribution to understanding of Holocene climate pattern in East-central Asia. Quaternary International，311：54-62.

Yu G，Shen H. 2010. Lake water changes in response to climate change in northern China：Simulations and uncertainty analysis[J]. Quaternary International，212（1）：44-56.

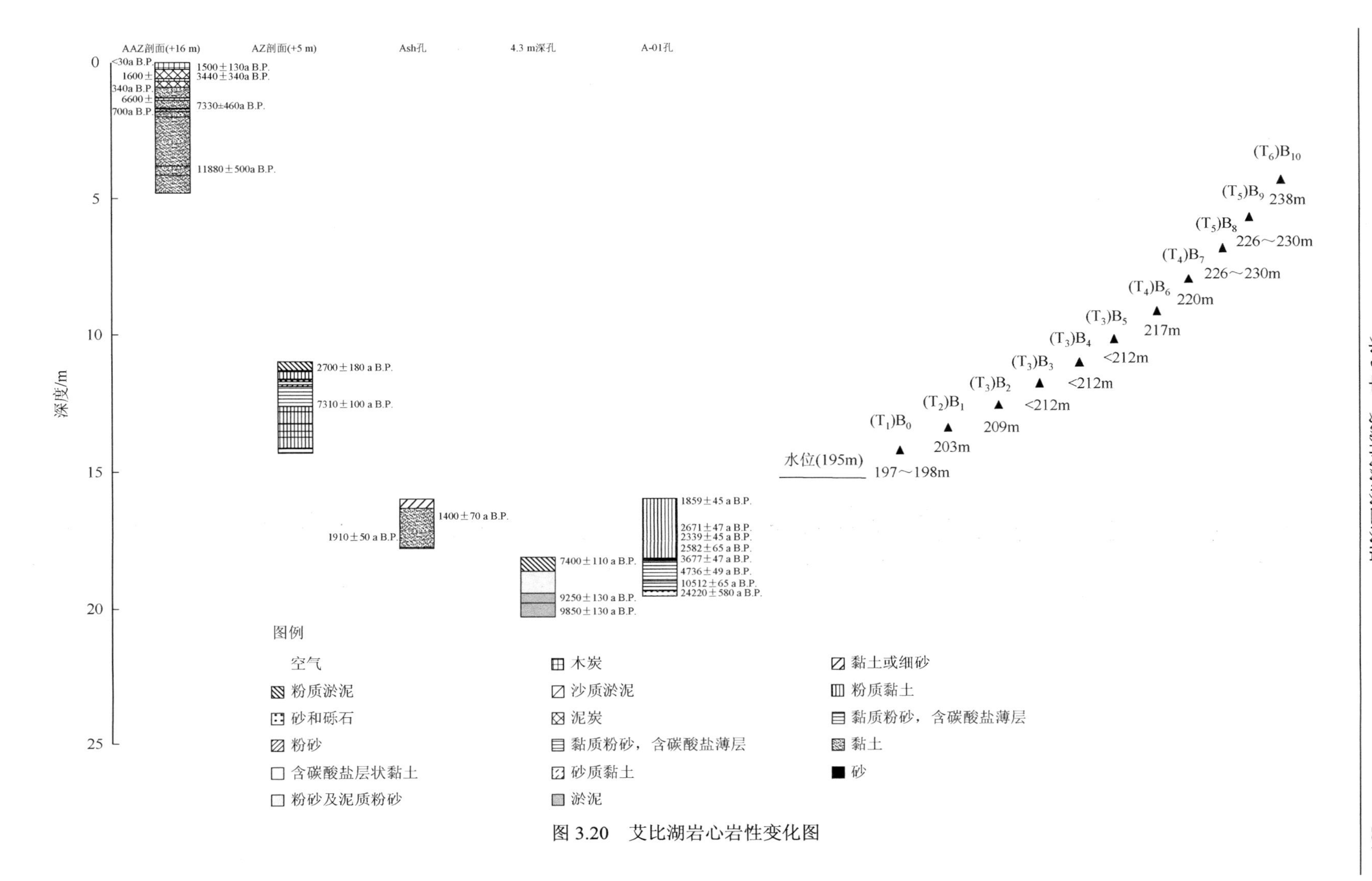

图 3.20　艾比湖岩心岩性变化图

3.4.4　艾丁湖

艾丁湖（42.53°～42.71°N，89.16°～89.66°E，海拔 154.4m a.s.l.）是位于新疆吐鲁番盆地的封闭盐湖。盆地坡度较大，并被高山环绕（最高处海拔达 5445m a.s.l.）。在 100km 水平距离内海拔高差达到 5600m。盆地由断陷形成，有 8 条河流注入艾丁湖。湖水由这些河流的地表径流及地下水补给（杨发相等，1996）。湖水盐度很高，通常大于 200g/L（杨发相等，1996）。据王亚俊和吴素芬（2003）的研究，艾丁湖至少在上新世末已经存在，且为淡水湖，中更新世以来湖泊逐渐由淡水湖变为咸水，直至盐湖。在约 24.9ka B.P.时，艾丁湖面积为 2500～3000km^2，全新世早期湖泊面积约为 1400km^2，而到全新世晚期时湖泊面积缩小为 300km^2，20 世纪 40 年代湖泊面积约 150km^2，1958 年湖泊面积约为 22km^2，20 世纪 70 年代湖泊面积约为 60km^2，1993 年湖泊面积约为 10km^2，1994 年则不足 3km^2。这固然是干旱区湖泊长期变化趋势，但与此同时，诸多人类活动，如对入湖径流的扰动，也对湖水面积及水深变化产生很大影响。湖区现今气候较暖干，平均温度为 14℃，区域平均降雨量约为 5mm，但蒸发量（3.189×10^3mm）却是降雨量的 200～600 倍（杨发相等，1996）。艾丁湖地区有少量盐生植物盐节木（*Halocnemum strobilaceum*）、黑果枸（*Lycium ruthenicum*）、骆驼刺（*Alhagi gagnebin*）、盐爪爪（*Kalidiumfoloatum*）、柽柳（*Tamarix* spp.）以及芦苇（*Phragmites communis*）等，总盖度不高，为 10%～15%（赵凯华等，2013）。

李秉孝等（1989）对位于艾丁湖北部边缘 500m 处的一 51m 长岩心（86CK1 孔）进行了研究，该岩心的沉积记录至少可追溯至更新世末期。同时，赵凯华等（2013）对位于艾丁湖湖区东北方向的两个剖面（剖面 I 和剖面 II）进行了研究，剖面 I 位于艾比湖立碑处 200m，剖面深 46cm，剖面 II 位于艾比湖立碑处东北方向的路边，离湖心稍远，剖面深 134cm，两个剖面所处地貌环境相似，沉积环境一致，其沉积记录可至中全新世。基于 86CK1 孔矿物岩性、矿物学及地球化学特征，以及剖面 I 和剖面 II 的粒度与孢粉分析，重建了艾丁湖水深及盐度变化（李秉孝等，1989；赵凯华等，2013）。86CK1 孔 16.63m 以下没有进行放射性 ^{14}C 测年，其被认为是中晚更新世的沉积物，16.63m 以上有 4 个放射性 ^{14}C 测年数据，代表了近 5 万年来的沉积变化。剖面 I 含有一个 AMS^{14}C 测年数据，剖面 II 含有 3 个 AMS^{14}C 测年数据。

86CK1 孔底部至 16.63m 沉积物分别为湖相黏土（51.01～42.54m）、泥沙（42.54～37.91m）、黏土（37.91～32.20m）、泥沙（32.20～25.81m）、沙（25.81～24.11m）、粉质黏土（24.11～22.0m）、沙（22.0～20.0m）和泥沙（20.0～16.63m）。尽管不同深度的岩性变化可以反映出水深的相应变化，但 16.63m 以下的每一层都不包含岩盐。因此，李秉孝等（1989）认为 16.63m 以下的沉积物表明约 5 万年前艾丁湖为一淡水湖。

16.63～14.11m 为湖相粉质黏土，表明此时为较深的湖水环境。该层含 5%的蒸发盐，说明湖水呈微咸状态。14.6m 处样品的放射性 ^{14}C 测年年代为 39700±4870a B.P.（43065cal.a B.P.）。经该测年数据和上覆层测年数据间沉积速率（0.0209cm/a）外推，该层底部边界年代约为 49420a B.P.（53280cal.a B.P.），同时经内插可知该层顶部年代为 37360a B.P.（41195cal.a B.P.）。因此，该微咸湖水阶段对应年代为 49420～37360a B.P.（53280～

41195cal.a B.P.)。

14.11～11.60m 为粉砂和砂沉积。李秉孝等（1989）认为该层是由河水入湖时携带物质堆积而成，表明此时湖水较上覆层变浅。该层不含岩盐，和淡水环境下的河流沉积物一致。经沉积速率内插，得到该层沉积年代为 37360～24900a B.P.（41195～29160cal.a B.P.），但实际上可能沉积得比这更快。

11.60～8.36m 为湖相粉质黏土，说明湖水较上覆层加深。该剖面含有 20%的蒸发盐（包括石膏和芒硝），说明湖水盐度较大。该层 11.6m 和上覆层 7.8m 处样品的放射性 ^{14}C 测年年代分别为 24900±1240a B.P.（校正年代 29158cal.a B.P.）和 15700±300a B.P.（校正年代 18967cal.a B.P.）。该微咸水阶段对应年代为 24900～17090a B.P.（29160～20445cal.a B.P.）。

8.36～7.81m 为湖相黏土沉积，说明湖水进一步加深。该层岩盐含量为 10%，岩盐含量的降低表明湖水变淡，和湖水深度的增加一致。经沉积速率（0.0402cm/a）内插，得到该层沉积年代代为 17090～15720a B.P.（20445～18965cal.a B.P.）。

7.81～6.97m 处沉积物为湖相粉质黏土，岩性变化表明湖水开始变浅。岩盐含量（40%）的增加同水深的降低一致。该层沉积年代为 15720～14330a B.P.（18965～16710cal.a B.P.）。

6.97～6.27m 为湖相黏土沉积，表明水深增加。该层岩盐含量为 10%～15%，同湖水变深变淡相一致。上覆层沉积物 4.9m 处样品的放射性 ^{14}C 测年年代为 10900±420a B.P.（12626cal.a B.P.），经该测年数据及 7.8m 处的样品放射性 ^{14}C 测年数据间沉积速率（0.0604cm/a）内插，得到该深水环境对应年代为 14340～13170a B.P.（16710～14825cal.a B.P.）。

6.27～4.95m 为湖相粉质黏土，说明湖水开始变浅，岩盐含量增加至 20%～60%，对应于湖水的变浅。通过内插得到该层沉积年代为 13170～11000a B.P.（14825～12625cal.a B.P.）。

石膏层（4.95～4.3m）的出现说明约 11000a B.P.（12625cal.a B.P.）后湖水进一步变浅，其中岩盐所占比例可达 70%，对应于相对较浅的湖水环境。通过 4.90m 处样品的放射性 ^{14}C 测年和岩心顶部（假定为现代沉积物）间沉积速率（0.045cm/a）的内插，得到这层沉积年代为 11000～9560a B.P.（12625～10970cal.a B.P.）。

4.3～4.0m 处粉质黏土沉积物的出现表明水深在约 9560a B.P.（10970cal.a B.P.）后又开始增加，岩盐含量（25%）的减少对应于湖水深度的加大。通过内插得到该层沉积年代为 9560～8890a B.P.（10970～10200cal.a B.P.）。

4.0～2.97m 为钙芒硝，岩盐含量（70%）的增加同相对较浅的湖水环境一致。通过内插得到该层对应年代为 8890～6600a B.P.（10200～7575cal.a B.P.）。

2.97～2.32m 为芒硝，表明湖水进一步变浅，岩盐含量（90%）的进一步增加对应于水深较浅的盐湖环境，经内插得到该层沉积年代为 6600～5160a B.P.（7575～5920cal.a B.P.）。

2.32～1.1m 处钙芒硝的出现表明湖水深度较下覆层开始加大，李秉孝等（1989）认为钙芒硝形成于湖水盐度小于 210g/L 的环境而芒硝则形成于湖水盐度不低于 472g/L 的环境。该层蒸发盐含量降至 50%～60%，对应于湖水盐度的降低和水量的增多，经内插得到该层沉积年代为 5160～2440a B.P.（5920～2805cal.a B.P.）。

1.1～0.47m 为氯酸盐和石膏沉积，说明湖水变浅，盐岩含量（80%）的增加同湖水盐度增大及湖水变浅相对应。经内插，得到该层沉积年代为 2440～1040a B.P.（2805～1200cal.a B.P.）。

最上部 0.47m 沉积物为氯酸盐和石膏盐壳，表明约 1040a B.P.（1200cal.a B.P.）后湖泊变干。

剖面Ⅱ底部 134～95cm 为黄棕色黏土及细砂土沉积，沉积物平均粒径为 7.36ϕ，表明此时期湖泊水动力条件较弱，湖水相对较浅。该层底部 130～134cm 处全样样品的 AMS^{14}C 年代为 5099±30a.B.P.（校正年代 5785±45cal. a B.P.）。假定剖面顶部为现代沉积物，经内插，得到该层沉积物形成年代为 5100～3650a.B.P.（5785～4165cal.a.B.P.）。

剖面Ⅱ中 95～55cm 为细砂土及黏土质细砂含盐颗粒沉积，沉积物平均粒径为 6.6ϕ，表明湖泊水动力较上阶段增加，水深增加，经沉积速率内插，得到该层沉积物形成年代为 3650～2100a.B.P.（4165～2410cal.a.B.P.）。

剖面Ⅱ中 55～30cm 为黏土质细砂含盐颗粒，其沉积物平均粒径为 6.04ϕ，表明湖泊水动力较下覆层增加，湖水加深。同时，与该层相对应的剖面Ⅰ底部（46～28cm）为粉砂土沉积，且剖面Ⅰ中出现的水生植物花粉类型如黑三棱属等，也表明此阶段湖水相对较深。剖面Ⅰ底部 41～46cm 处全样样品的 AMS^{14}C 年代为 1944±25a.B.P.(校正年代 2015±65cal. a B.P.)。假定剖面Ⅰ顶部为现代沉积物，该层沉积物形成年代为 2100～1160a.B.P.（2410～1300cal.a.B.P.）。

剖面Ⅱ中 30～14cm 为粉砂土及粉砂土含盐颗粒沉积，其沉积物平均粒径为 6.61ϕ，表明湖泊水动力较下覆层减弱，湖水位下降。同时，与剖面Ⅱ相对应的剖面Ⅰ（28～10cm）为黑色含盐粉砂土沉积，且剖面Ⅰ孢粉组合中莎草科花粉浓度较下覆层下降，也表明湖水较上阶段变浅。经内插，得到该层沉积年代为 1160～560a.B.P.（1300～465cal.a.B.P.）。

剖面Ⅱ中 14～9cm 为粉砂沉积，且该层沉积物平均粒径为 5.82ϕ，表明此阶段湖泊水动力条件较强，水深增加。同时，剖面Ⅰ（10～8cm）为粉砂土沉积，盐类粉砂土的消失也对应于湖水深度的增加。经内插，得到该层沉积年代为 560～350a.B.P.（465～370cal.a.B.P.）。

剖面Ⅱ顶部 9cm 为细砂及粉砂土沉积，该层沉积物平均粒径为 5.73ϕ，为整个剖面粒径最大，表明此阶段湖泊水动力条件较强，水深继续增加。剖面Ⅰ顶部 8cm 为粉砂土沉积。剖面Ⅰ中莎草科花粉浓度较高，达到剖面峰值，且含一定量的水生植物孢粉香蒲，也对应于湖泊水深增加。该层为 350a B.P.（370cal.a.B.P.）以来的沉积。

以下是对该湖泊进行古湖泊重建、量化水量变化的 8 个标准：（1）极低，86CK1 岩心处出露岩壳；（2）很低，86CK1 孔为氯酸盐和石膏沉积，岩盐含量大于 80%；（3）低，86CK1 孔为芒硝或石膏沉积，岩盐含量为 70%～80%；（4）较低，86CK1 孔为钙芒硝沉积，岩盐含量为 50%～70%；（5）中等，86CK1 孔为粉质黏土沉积，岩盐含量为 20%～60%；（6）较高，86CK1 孔为黏土或粉质黏土沉积，岩盐含量小于 15%；（7）高，湖泊为淡水湖时 86CK1 岩心处的河流相沉积；（8）很高，86CK1 孔为黏土或粉质黏土，无岩盐。

艾丁湖各岩心年代数据、水位水量变化见表 3.49 和表 3.50，岩心岩性变化如图 3.21 所示。

表 3.49　艾丁湖各岩心年代数据

放射性 ^{14}C 年代/a B.P.	校正年代/cal.a B.P.	深度/m	测年材料	钻孔
39700±4870	43065	14.6	黏土和粉砂	孔 86CK1
24900±1240	29158	11.6	黏土和粉砂	孔 86CK1
15700±300	18967	7.8	黏土和粉砂	孔 86CK1
10900±420	12626	4.9	黏土和粉砂	孔 86CK1
AMS^{14}C 年代/a B.P.	校正年代/cal.a B.P.	深度/m	测年材料	钻孔
5099±30a.B.P.	5785±45cal. a B.P.	1.30～1.34	全样	剖面Ⅱ
1944±25a.B.P.	2015±65cal. a B.P.	0.41～0.46	全样	剖面Ⅰ

注：剖面Ⅰ及剖面Ⅱ校正年代由赵凯华等（2013）给出，其余校正年代数据由校正软件 Calib6.0 获得

表 3.50　艾丁湖古湖泊水位水量变化

年代	水位水量
约 50000a B.P.前	很高（8）
53280～41195cal.a B.P.	较高（6）
41195～29160cal.a B.P.	高（7）
29160～20445cal.a B.P.	中等（5）
20445～18965cal.a B.P.	较高（6）
18965～16710cal.a B.P.	中等（5）
16710～14825cal.a B.P.	较高（6）
14825～12625cal.a B.P.	中等（5）
12625～10970cal.a B.P.	低（3）
10970～10200cal.a B.P.	中等（5）
10200～7575cal.a B.P.	较低（4）
7575～5920cal.a B.P.	低（3）
5920～2805cal.a B.P.	较低（4）
2805～1200cal.a B.P.	很低（2）
1200～0cal.a B.P.	极低（1）

参 考 文 献

李秉孝，蔡碧琴，梁青生. 1989. 吐鲁番盆地艾丁湖沉积特征. 科学通报，(8)：10-13.
王亚俊，吴素芬. 2003. 新疆吐鲁番盆地艾丁湖的环境变化. 冰川冻土，25（2）：229-231.
杨发相，穆桂金，赵兴有. 1996. 艾丁湖萎缩与湖区环境变化分析. 干旱区地理，19（1）：73-77.
赵凯华，杨振京，张芸，等. 2013. 新疆艾丁湖区中全新世以来孢粉记录与古环境. 第四纪研究，33（3）：526-535.

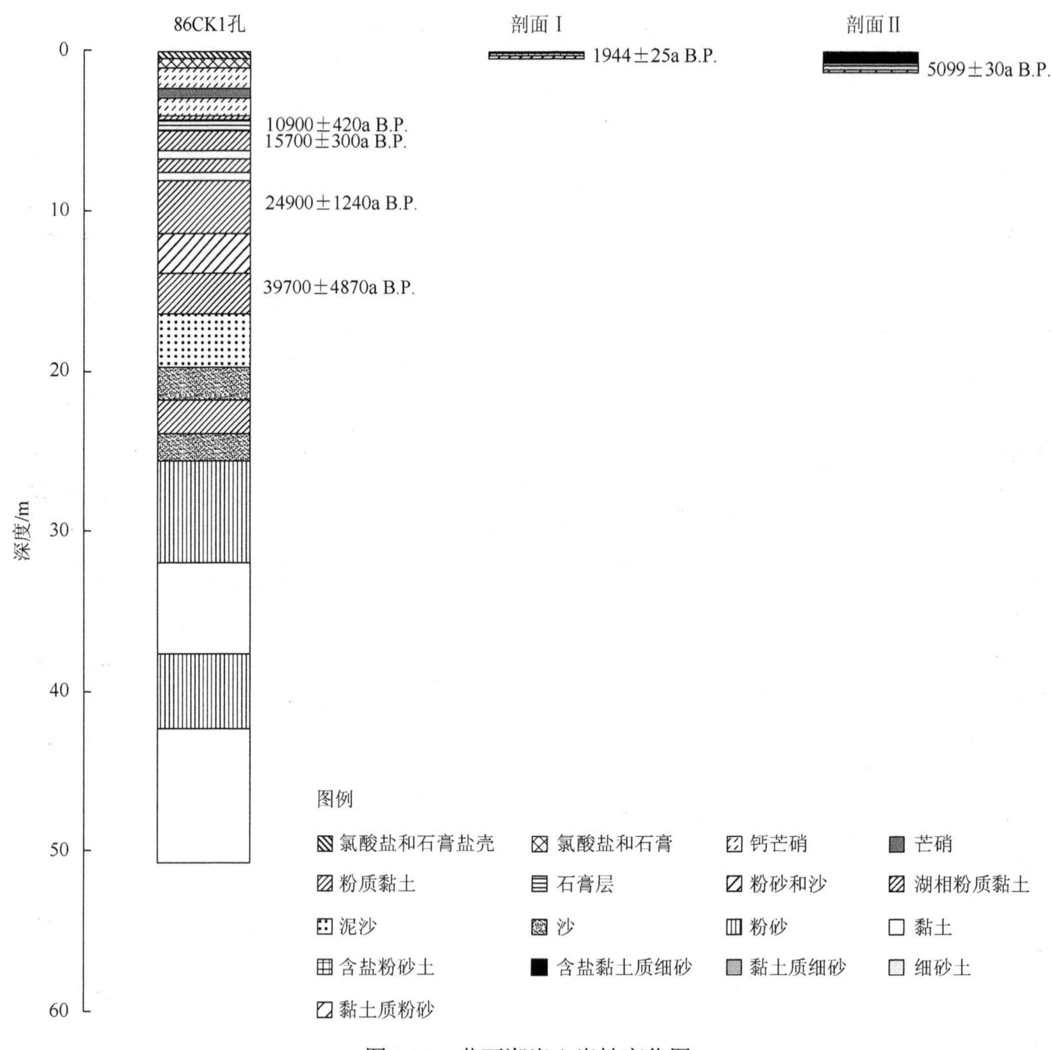

图 3.21 艾丁湖岩心岩性变化图

3.4.5 巴里坤湖

巴里坤湖（43.60°～43.73°N，92.73°～92.95°E，海拔 1580m a.s.l.）（薛积彬等，2008，2011）是内陆新疆东天山北麓大型封闭咸水湖。在南部高山有永久性冰雪覆盖，北坡高程达 2200～3800m，南坡为 2500～4300m。由超过 60 条从高山发育的小河溪流补给水磨河，并最终汇入该湖，湖水补给来源中有约 50%为径流，另外 50%为冰雪融水。古时的巴里坤湖面积约 800km^2，1984 年时湖水面积还剩 112km^2，到 2005 年时已不到 100km^2，平均水深为 0.6m，最大水深约 1m（薛积彬等，2008）。湖区气候干旱（年降雨量为 202mm，而年蒸发量高达 1638mm，年平均气温 1.1℃）（薛积彬等，2008）。湖泊有石膏及芒硝沉积（韩淑媞等，1993；Zhong et al.，2010）。

巴里坤盆地为断陷成因，基底岩石为砂岩（韩淑媞和董光荣，1990）。自早更新世以来盆地即有湖泊存在，在盆地中部第四系的湖相沉积物约有 330m 厚。第四纪构造活动的

时间量级为 10^5～10^6 年，所以盆地的边缘未发育第四纪早、中、晚期的湖相沉积。在早全新世仍有断陷运动，导致全新世湖相阶地不对称地抬升。根据新疆地质矿产勘查开发局的内部资料，在高出现今湖水位 1.25～2.2m 的“隆起的堆积沙堤”反映了晚全新世持续的构造运动。韩淑媞和董光荣（1990）认为这些隆起的堆积沙堤是近期湖水下降的证据，并非由于构造引起，因此，他们认为中-晚全新世的记录也没有受到构造运动的影响。关于巴里坤盆地周围山区的冰进，韩淑媞和董光荣（1990）认为属新冰期和小冰期，但并没有具体的测年数据。假定冰进与湖水位的上升均受控于湿冷的气候，这些冰进与巴里坤湖的高水位可互相对应，但是并没有证据表明冰川的前进直接影响了湖泊的水量平衡，而且韩淑媞和董光荣（1990）以及李志中（1992）认为湖水位的变化直接受控于气候的变化。因此，尽管巴里坤湖的记录可能一定程度上受到构造运动的影响，也有山地气候变化驱动的冰川活动的影响，但是我们还是尊重原作者的意见，并且认为这种非直接气候因素，即构造和冰川的影响，在过去约 35000 年内相对来说并不太重要，湖泊的记录可以解释为盆地水量平衡变化的直接记录。

根据韩淑媞和董光荣（1990）的剖面图，见一系列湖泊阶地，最高海拔分别为 1576m a.s.l.、1578m a.s.l.、1585m a.s.l.（T1）、1597m a.s.l.（T2）、1600m a.s.l.（T3）、1604m a.s.l.（T4）、1608m a.s.l.和 1615m a.s.l.，代表全新世不同时期的高水位。但这些阶地并没有测年数据，韩淑媞和董光荣（1990）根据湖泊钻孔记录的气候变化与阶地进行对照，推测了阶地的年代。关于这些阶地的名字、高程及可能的年代，不同文献得出的结果并不一致。我们把这些有关的信息做一归纳，但在进行古湖泊水量量化时并没有作为考虑的证据。

巴里坤湖钻心研究主要包括韩淑媞和袁玉江（1990）对位于湖泊西北部的孔 ZK00A（长 13.6m）岩性及介形类的分析；韩淑媞和董光荣（1990）对湖盆中心孔 ZK0024（长 10.76m）岩性、介形类及地球化学的分析；李志飞等（2008）、陶士臣等（2010）及 An 等（2012）对巴里坤湖 BLK06E 孔上部 4.46m 处岩心粒度、磁化率、碳酸盐及孢粉进行的研究；An 等（2013）又对该岩心 584～328cm 处的孢粉进行了分析，重建了该地区晚第四纪以来（30.7～9.0cal ka B.P.）的环境变化；薛积彬等（2008，2011）及 Zhong 等（2010）对湖中距北岸约 4km 处一人工剖面（BLK-1）沉积物粒度、碳氧同位素、磁化率和 $CaCO_3$ 含量等的研究；汪海燕等（2014）对巴里坤湖区从湖泊边缘到湖心建立的 7 个剖面沉积物的（编号为 1#～7#）沉积特性及年代进行了研究，重建了全新世中期 8000 年以来的湖面变化；孙博亚等（2014）对位于巴里坤湖南岸古湖岸线上的人工挖掘剖面 BLK-1*（原文中为 BLK-1 剖面，为了便于区分，我们在此重命名为 BLK-1*剖面）中的有机碳同位素（$\delta^{13}C_{org}$）、磁化率和粒度进行了测定和分析，结合光释光年龄标定，重建了该地区 14ka B.P. 以来的气候变化；唐晓宏等（2012）、钟巍等（2013）、谭玲玲等（2015）及陈永强等（2015）对位于巴里坤湖中部的人工开挖剖面 BLK-1**（原文中为 BLK-1 剖面，为了便于区分，我们在此重命名为 BLK-1**剖面）的有机碳氮同位素（$\delta^{13}C$ 和 $\delta^{15}N$）及地化元素进行分析，重建了近 9.0cal.ka B.P. 以来巴里坤湖地区的气候环境变化；Zhao 等（2015）对位于湖泊中部的岩心 BLK11A 孔粒度及孢粉进行了研究，重建了 LGM 时期以来该地区的古气候变化。

最高级阶地（T1615 和 T1608）可能是同一阶地由于后期的构造运动而残留下来的（韩

淑堤和董光荣，1990）。T1615 阶地底部为小圆砾石，上覆湖相黏土、砂。T4 阶地（1604m a.s.l.）顶部由湖相黏土和砂质黏土组成，韩淑堤和董光荣（1990）认为这一期阶地形成在 7000～8000a B.P.（9000～7800cal.a B.P.），相应湖水位高出现代湖泊约 29m。T3 阶地（1600m a.s.l.）由灰白色湖相粉砂质黏土组成，韩淑堤和董光荣（1990）认为这一期阶地形成时间为 6000～5000a B.P.（6900～5700cal.a B.P.），相应湖泊约高出现在 25m。T2 阶地（1597m a.s.l.）由棕黑色湖相黏土组成，顶部夹一层砂层，据韩淑堤和董光荣（1990）研究，该期阶地约形成于 3000a B.P.（约 3200cal.a B.P.），湖泊水位高出现在 22m。T1 阶地（1585m a.s.l.）顶部由灰白色湖相粉砂质黏土组成，顶部夹一层砂层，韩淑堤和董光荣（1990）认为这一期阶地形成于 1700a B.P.（约 1600cal.a B.P.），相应湖泊约高出现在 10m。还有两个未定名的低级阶地，海拔约 1578m a.s.l.和 1576m a.s.l.，韩淑堤和董光荣（1990）认为其中高一级的阶地形成于 1700～100a B.P.（1600～100cal.a B.P.），低一级的阶地形成于 100～50a B.P.（100～50cal.a B.P.）。现代湖水位（1575m a.s.l.）为全新世以来的最低水位。

关于这些湖相阶地的信息，可以归纳为表 3.51。

表 3.51　巴里坤湖湖相阶地信息表

阶地（据剖面图）	阶地（据文字）	海拔/m 高出现湖面（据文字）	阶地最高海拔/m a.s.l. 从剖面图量算	阶地顶部海拔/m a.s.l. 列于剖面图	指示的高出现代湖水位/m	估计年代/a B.P.
T1615			1615	—	40	最老
T1608			1608	1608	33	同 T1615，由于断陷导致高程的不同
T4			1604	1604	29	7000～8000
T3	t2-2	17～1.5m（1592～1576.5m a.s.l.）	1600	1600	25	6000～5000
T2	t2-1	2.2～1.8（1577.2～1576.8m a.s.l.）	1597	1597	22	3000
T1	t1	1.25（1576.25m a.s.l）	1585	—	10	1700
未定名			1578	1564	3	1700～100
未定名			1576	—	1	100～50
现代湖泊			1575	—	0	0

巴里坤湖 1#剖面位于巴里坤湖西南 6km，剖面底部（200～190cm）为淡灰黑色砂质黏土沉积，含碳化植物根茎及弱土壤团粒结构，沉积物特征表明此时期该位置为湖泊沼泽相沉积，表明此时巴里坤湖水深较浅，面积相对较小。190cm 处样品的 OSL 年代为 13900±890a B.P.，经与上覆层年代间沉积速率内插，得到该层沉积年代为 15265～13900a B.P.。上覆层（190～140cm）为淡黄色砂砾石层，含少量黏土，该层磁化率与区域冲积扇前缘磁化率值相当，因此该层可能为冲积扇前缘与滨湖交互相沉积，表明此时期巴里坤湖面积较前阶段有所增加，但依然为小湖时期，冲积扇深入湖区。150cm 处样品的 OSL 年代为 8430±580a B.P.，经与上覆层年代间沉积速率内插，得到该层沉积年代为 13900～7945a B.P.。上覆层（140～50cm）为淡黄色砂质黏土，夹多层灰黑色、淡绿色砂

质黏土层，且黏土质粉砂具微层理，含微小的石膏晶粒，因此该层为浅湖相沉积，表明此时巴里坤湖水深增加，湖泊面积扩大。60cm 处样品的 OSL 年代为 4080±260a B.P.，经与上覆层年代间沉积速率内插，得到该层沉积年代为 7945～3290a B.P.。上覆层（50～20cm）为黑色黏土层，无明显层理，具土壤结构，因此该层可能为湖泊沼泽相，表明湖泊水位较上阶段下降。经内插，得到该层沉积年代为 3290～930a B.P.。顶层 20cm 为灰色粉砂质黏土，含微层理。该层具土壤结构且植物根系发育，表明此时湖泊已经完全退出该区域，10cm 处样品的 OSL 年代为 140±20a B.P.。该层为 9300a B.P.以来的沉积。

巴里坤湖 2#剖面位于巴里坤湖西南岸 3km 处，剖面底部（160～150cm，未见底）为灰绿色黏土沉积，具不明显微细层理，且含微细石膏晶体，表明该层为浅湖相沉积，因此，此时期巴里坤湖水较深，面积扩张至该处，150cm 处样品的 OSL 年代为 4690±450a B.P.，经与上覆层年代间沉积速率外推，得到该层沉积年代为 5230～4690a B.P.。上覆层（150～20cm）为淡黄色黏土夹薄层细砂，含微细层理。该位置处为浅湖-滨湖相沉积，表明此时巴里坤湖较上阶段湖面缩小，但该位置仍为湖泊覆盖。120cm 处样品的 OSL 年代为 3070±170a B.P.，假定顶部为现代沉积物，经 120cm 及顶部年代间沉积速率内插，得到该层形成年代为 4690～510a B.P.。顶部 20cm 为灰黑色黏土层，底部见细砂层，含大量现代植物根系，具土壤团粒结构，表明此时期巴里坤湖面积进一步缩小，湖泊已完全退出该位置。该层为 510a B.P.以来的沉积。

巴里坤湖 3#剖面位于巴里坤湖南岸 3km，剖面底部（200～140cm）为淡黄色砂砾石层夹薄层砂或黏土层，含少量黏土。该层磁化率较高，可能对应于冲积扇前缘相，表明此阶段巴里坤湖水深相对较浅，160cm 处样品的 OSL 年代为 3400±240a B.P.，经与上覆层年代间沉积速率外推，得到该层沉积年代为 3830～3185a B.P.。上覆层（140～30cm）为灰黄色砂质黏土或黏土质粉砂，具微碳化植物根茎，且土壤团粒结构明显。该层为湖泛草原沉积，50cm 处样品的 OSL 年代为 2210±190a B.P.，经与上覆层年代间沉积速率内插，得到该层沉积年代为 3185～770a B.P.。顶层 30cm 为灰黄色砂质黏土沉积，含大量现代植物根系，表明该层为现代草原土壤，因此，此时湖泊已退出该位置，20cm 处样品的 OSL 年代为 50±10a B.P.。

巴里坤湖 4#剖面位于巴里坤湖南岸 1.5km 处，剖面底部（130～15cm）为淡黄色黏土夹薄层细砂层，含微细层理，且含小石膏晶体。该层为滨湖相沉积，表明在此时期湖泊仍能够到达该位置。120cm 及 60cm 处样品的 OSL 年代分别为 4160±180a B.P.和 2510±160a B.P.，经这两个年代间沉积速率外推，得到该层沉积年代为 4435～1270a B.P.。顶部 15cm 为淡灰黑色砂质黏土，含大量现代植物根系，为现代湖泛草原土壤层，表明此时期湖泊退出该位置，10cm 处样品的 OSL 年代为 400±30a B.P.。该层为 1270a B.P.以来的沉积。

巴里坤湖 6#剖面位于红山农场北，处于全新世以来巴里坤湖周缘的冲积扇扇端部位。剖面厚 1.6m，底部（160～140cm）是淡黄色细沙层，含微层理；上部（140～20cm）为砂砾石层，顶部 20cm 为黄色砂层。该剖面不含年代数据，因此，无法判断各层形成的具体时间。巴里坤湖 7#剖面位于东黑沟冲积扇扇端，剖面厚 2m，下部（200～100cm）为冲积扇前缘砂砾石层，经上覆层年代间沉积速率内插，得到该层沉积年代为 6000～3635a B.P.。中部（100～80cm）是黄土层，该层 90cm 和 30cm 处样品的 OSL 年代分别为 3400±160a B.P.

和 1980±270a B.P.。经内插，得到该层沉积年代为 3635～3165a B.P.。顶部 20cm 为耕作土层，为 3165a B.P.以来的沉积。巴里坤湖 8#剖面（薛积彬和钟巍，2011）位于东黑沟冲积扇扇中，剖面厚 2m，底部（180～10cm）为冲积扇前缘砂砾石层，顶部 10cm 为砂质草场。该剖面 130cm 及 30cm 处样品的 OSL 年代分别为 8600±500a B.P.和 3090±250a B.P.。三个剖面位置均处于全新世巴里坤湖外围，控制了巴里坤湖全新世大湖期边界。

长 13.6m 的孔 ZK00A 为约 37000a B.P.（41500cal.a B.P.）以来的沉积记录（韩淑堤和袁玉江，1990），长 10.76m 的孔 ZK0024 为 25000a B.P.（29000cal.a B.P.）以来的记录（韩淑堤和董光荣，1990）。这两个钻孔可以根据岩性相对比（韩淑堤等，1993）。孔 ZK00A 有介形类的记录（韩淑堤等，1993）。遗憾的是，在韩淑堤等（1993）文献中图上仅画了两个种属（*Eucypris inflata* 和 *Leucocythere mirabilis*），且在该孔大部分深度介形类均缺失或者丰度极少，因此，很难把介形类的出现及丰度与岩性记录一同考虑。但是，似乎介形类组合的变化与沉积后期作用的改造有关，如盐度较高的环境可以溶蚀介形类的壳体。尽管我们也对介形类记录进行了归纳，但我们还是主要根据岩性和地球化学来解释湖水位的变化。在韩淑堤等（1993）文中孔 ZK00A 共对 43 个样品进行了放射性 ^{14}C 测年，其中 7 个样品在中国社会科学院考古研究所测试，但没有这些年代的数据资料，其他 36 个样品在广州地理研究所测试，并被韩淑堤和袁玉江（1990）及韩淑堤等（1993）文中引用。BLK06E 孔中含 14 个放射性测年数据，但因岩心描述较为笼统，湖水位变化记录不甚详细，我们只把其年代作为参考。BLK-1 孔中有 6 个放射性测年，薛积彬等（2008）将其岩心及测年数据与 ZK00A 进行比对，但遗憾的是，在韩淑堤等（1993）文中仅列出了 26 个年代数据，其他数据在韩淑堤和袁玉江（1990）文中的剖面图上表示出来。但是，在该文中不同处给出的年代有较多的不一致，而且与韩淑堤等（1993）及薛积彬等（2008）文中列出的年代也不一致，但和 BLK06E 孔测年相对一致。因此，不可能对孔 ZK00A 重建完整而且精确的年代学序列，我们仅使用韩淑堤等（1993）文中孔 ZK00A 有详细记录的 26 个年龄数据来重建该孔的年代学序列。在孔 ZK0024 还有两个 ^{14}C 年代（韩淑堤和董光荣，1990），这两个年代也用来建立钻孔的年代学。所有的年代（包括我们不能协调使用的那些数据）均列于表 3.51。

孔 ZK00A 底部 13.6～13.0m 处沉积物为灰色及褐色黏土、细粉砂。该层为湖相成因，反映盆地内为相对深水的湖泊环境。在该底部沉积物中不见介形虫，仅在约 13.2m 处一个样品含少量肥胖真星介 *Eucypris inflata*（指示相对咸水的环境）。目前并不清楚如何解释这一单个介形虫记录。13.6m 处 ^{14}C 测年为 36700±829a B.P.（41473cal.a B.P.），13.30m 处样品测得年代为 35100±740a B.P.（40122cal.a B.P.），用这两个年代之间的沉积速率计算，得到该深水期结束时间为 33500a B.P.（38770cal.a B.P.）。有一个 ^{14}C 年龄正好在该段沉积物的顶部位置，年龄为 33710±170a B.P.（38390cal.a B.P.），与我们上述计算年代一致。因此，我们认为这一最初的相对深水期发生在 37000～33600a B.P.（41500～38400cal.a B.P.）。

13.0～12.70m 为褐黄色钙质黏土。碳酸盐含量的增加指示湖水深度的减小。该层没有介形类记录。然而，沉积物中见水生花粉（没有给出种属），与湖水深度的减小相一致。该层底部（13.0m）的 ^{14}C 测年为 33710±170a B.P.（38390cal.a B.P.），顶部（12.70m）的

^{14}C 测年为 32850±670a B.P.（37662cal.a B.P.）。经内插，得到该浅水期形成在 33600～32850a B.P.（38400～37660cal.a B.P.）。

12.70～12.10m 为绿灰色粉砂质黏土。岩性的变化对应湖水的增加。水生花粉含量的减少也与这种解释一致。介形类组合为低丰度肥胖真星介 *Eucypris inflata*，正如钻孔底部非钙质粉砂黏土层的分布。12.10m 处样品的 ^{14}C 测年为 31950±110a B.P.（36529cal.a B.P.），根据这个年代及上覆沉积的年代数据之间的沉积速率（0.041cm/a）内插，得到这一期深水期地时间为 32850～32000a B.P.（37660～36500cal.a B.P.）。

12.10～11.50m 为粉砂质黏土夹微砾石。细砾石可以指示湖水的变浅。介形类的记录变化不大，仍然为低丰度的肥胖真星介 *Eucypris inflata*。在该层 11.50m 处测得年代为 30490a B.P.（ca 35000cal.a B.P.），表明这一湖水减小的时期为 32000～30500a B.P.（36500～35000cal.a B.P.）。

孔 ZK00A（11.50～7.90m）以及孔 ZK0024（10.76～9.62m）上覆沉积为湖相黏土。较深钻孔（ZK0024）沉积物的颜色较相对浅水区钻孔（ZK00A）偏暗，描述成灰色、黄色湖相黏土。岩性的变化指示了湖水深度的加大。孔 ZK00A 层底、顶部测年分别为 30490a B.P.（ca 35000cal.a B.P.）及 24100a B.P.（ca 28570cal.a B.P.），在孔 ZK0024 的顶部测年为 24310±225a B.P.（29027cal.a B.P.），因此两个钻孔中这一相对深水期结束的时间相似。孔 ZK0024 没有介形类的记录，而孔 ZK00A 的介形类开始没有什么变化，即为连续的低丰度肥胖真星介 *Eucypris inflata*，在约 10.5m 处一个样品中见肥胖真星介 *Eucypris inflat* 和丰度较高的疑湖花介 *Leucocythere mirabilis*（10.5～10.0m），后者较前者环境中盐度较低。然而，在后面的样品内，疑湖花介 *Leucocythere mirabilis* 减少而肥胖真星介 *Eucypris inflata* 丰度明显增加。在 10.1～9.3m，肥胖真星介 *Eucypris inflata* 丰度低，而疑湖花介 *Leucocythere mirabilis* 缺失。该层的最上部介形类组合为高丰度的肥胖真星介 *Eucypris inflata* 及疑湖花介 *Leucocythere mirabilis* 的继续缺失。这种介形类的记录表明，最初 30500～28700a B.P.（35000～33200cal.a B.P.）为中等盐度环境，在 28700a B.P.（ca 33200cal.a B.P.）为相对淡水环境，在 28000a B.P.（32500cal.a B.P.）盐度变高，28000～26600a B.P.（32500～31070cal.a B.P.）为中等盐度环境，在 26600～24100a B.P.（31070～28570cal.a B.P.）盐度再次升高。但是，这些盐度的变化在岩性、地球化学的记录上并没有得到反映，所以也很难解释为何有如此多的盐度变化。

孔 ZK00A 上覆 7.90～6.42m 为灰色、黄色细砂质黏土沉积。岩性的变化指示湖水深度的减小。介形虫组合起初为低丰度的肥胖真星介 *Eucypris inflata*（7.90～7.00m），然后为高丰度的肥胖真星介 *Eucypris inflata*（7.00～6.42m）。在孔 ZK0024（9.62～9.2m）岩性过渡为粉砂质黏土，也指示湖水深度的减小。这两个钻孔岩性的差异在于孔 ZK0024 较孔 ZK00A 更加偏湖盆中心，即水深更大。孔 ZK0024 的沉积物记录指示，先是浅水环境，然后为黏土沉积，指示为深水环境（9.2～8.6m），然后又回到黏土质粉砂，指示为浅水环境（8.6～8.22m）。在孔 ZK00A 砂质黏土沉积的底部（7.9m）和顶部（6.42m）分别测年为 24100±？（ca 28570cal.a B.P.）和 20730±500a B.P.（24798cal.a B.P.）。孔 ZK0024 该段沉积深度与年代和孔 ZK00A 的记录也基本一致，即发生在 23500～20160a B.P.（28000～24300cal.a B.P.）。而孔 ZK0024 中反映的总体浅水中间的一段深水期发生在 22500～20700a B.P.

（24800～21230cal.a B.P.）。鉴于孔 ZK0024 年代数据较少，两孔记录的浅水期时间上存在几百年的差异，因此，也不可能把这浅水期作为单独的一段来处理。

上覆沉积（孔 ZK00A，6.42～5.60m；孔 ZK0024，8.22～7.84m）为湖相黏土，见纹理。该层在孔 ZK00A 中描述为灰白色黏土，夹薄层带状盐层，对应碳酸钙含量的峰值。岩性和地球化学的特征表明湖水相对较浅，但是，由于没有砂粒物质，湖泊可能较前期还是略深。水生花粉的出现也和这种解释相吻合；介形类的记录表明肥胖真星介 *Eucypris inflata* 的丰度较高，与浅水、咸水的环境相对应。这一相对浅的时期为 20730～17800a B.P.（24800～21230cal.a B.P.）。

上覆沉积物（孔 ZK00A，5.60～4.20m；孔 ZK0024，7.84～7.48m）为灰色、黄色湖相黏土。沉积物颜色发生变化，并且没有带状盐层，对应水深的加大，时间为 17800a B.P.（21230cal.a B.P.）后。孔 ZK00A 底部（>5m）含极其丰富的肥胖真星介 *Eucypris inflata*，但是上部（4.20～5.0m）为中等或高丰度的疑湖花介 *Leucocythere mirabilis*，与湖水变淡变深相一致。

上覆沉积物（孔 ZK00A，4.20～2.62m；孔 ZK0024，7.48～6.80m）为粉砂质黏土。相对中心部位的钻孔（ZK0024）沉积物中含碳酸盐结核，而浅水孔（ZK00A）沉积物有机含量较多（颜色灰黑色）。沉积物见碳酸盐及有机质与变浅的环境解释一致。介形类组合特征为丰度较低的疑湖花介 *Leucocythere mirabilis*。该层与前段相比，介形虫丰度降低并最终消失，对应湖水变浅。该层底部（4.2m）、顶部（2.62m）测年年代分别为 14360±410a B.P.（17648cal.a B.P.）及 12150±240aB.P.（14250cal.a B.P.）。

上覆沉积物（孔 ZK00A，2.62～1.75m；孔 ZK0024，6.80～6.62m）为灰白色含芒硝泥、黏土。沉积物中见芒硝，指示 12150a B.P.（14250cal.a B.P.）后湖水盐度大幅增加，湖水变浅。大量的年龄数据表明，孔 ZK00A 该芒硝层沉积持续到 8450a B.P.（ca 9500cal.a B.P.）。湖泊中心部位芒硝层薄，表明变浅最明显是在该阶段的早期。在后期，在孔 ZK00A 有芒硝沉积，而在孔 ZK0024 中为粉砂质黏土（6.62～5.83m）和含丰富的植物残体（5.83～5.60m）。这种沉积层序表明湖水有一定程度的增加，尽管植物残体的存在反映这种湖水深度的增加并不大。根据孔 ZK0024 的两个 ^{14}C 年代数据，估算芒硝沉积开始与结束的时间与测年更加丰富的孔 ZK00A 的年代序列相差约 4000 年。根据孔 ZK00A 芒硝层开始与结束的测年数据进行估算，假定该层对应孔 ZK0024 浅水期的开始与结束，得到最初显著的浅水期（孔 ZK0024 芒硝层的形成）发生在 12150～11550a B.P.（14250～13500cal.a B.P.），略微变浅的时期（有机粉砂黏土沉积）发生在 11550～9160a B.P.（13500～10400cal.a B.P.），最后的浅水时期（富植物层）发生在 9160～8450a B.P.（10400～9500cal.a B.P.）。

上覆沉积（ZK00A 孔，1.75～1.50m；孔 ZK0024，5.60～2.90m）为湖相淤泥。岩性的变化反映湖泊再次为淡水环境，湖水深度变大。在湖中心部位孔 ZK0024 出现 *Candoniella leatea*（5.60～2.90m），该介形类为淡水-半咸水属种，表明湖水变淡。根据孔 ZK00A 的年代数据，认为该淡水期发生在 8450～7500a B.P.（9500～8570cal.a B.P.），孔 ZK0024 该层顶部（2.90m）测得年代为 7495±65a B.P.（8294cal.a B.P.），表明该期结束的年代基本接近孔 ZK00A。

上覆沉积（孔 ZK00A，1.50～1.20m；孔 ZK0024，2.9～1.5m）为芒硝淤泥沉积。岩

性的变化指示盐度的增加，湖水再次变浅。介形虫 *Candoniella leatea* 在孔 ZK0024 该（2.90m 以上）芒硝泥层中缺失，对应湖水变浅。根据孔 ZK00A 沉积物的放射性测年，得到该时期沉积发生在 7500～6500a B.P.（8570～7330cal.a B.P.）。

上覆沉积（孔 ZK00A，1.20～0.78m；孔 ZK0024，1.5～0.8m）为黑色、灰色湖相泥，不含芒硝。岩性的这种变化表明湖水变淡，相对较深。孔 ZK0024 的介形类组合为 *Candoniella leatea*，对应湖水的淡化及水深的加大。孔 ZK00A 该层顶部（0.78m）测年为 4130±116a B.P.（4617cal.a B.P.）。

最上部沉积（孔 ZK00A，0.78～0.02m；孔 ZK0024，0.8～0.0m）为芒硝淤泥，反映 4130a B.P.后盐度的增加，湖水的变浅。孔 ZK00A 约 0.36m 处测得年代为 1218±80a B.P.（1131cal.a B.P.），也证实了该咸水环境持续了几千年。孔 ZK00A 位置处现在已干涸，在该钻孔顶部为薄层盐壳堆积。

BLK06E 孔位于湖泊南部，长 8.63m，An 等（2013）对该岩心 5.84～3.28m 处孢粉进行了分析。该段岩心含 6 个 AMS^{14}C 年代，5.839m、4.784m、4.40m、3.473m、3.253m 及 3.246m 处样品的年代分别为 26630±120a B.P.（30867cal.a B.P.）、22740±110a B.P.（27108cal.a B.P.）、14730±90a B.P.（17846cal.a B.P.）、10500±60a B.P.（12457cal.a B.P.）、7975±40a B.P.（8855cal.a B.P.）及 8520±50a B.P.（9501cal.a B.P.）。该岩心底部 5.84～4.73m 为粉砂沉积，顶部 4.73～3.28m 为粉砂和砂沉积，孢粉组合中 5.84～4.43m 含湿生花粉莎草科（Cyperaceae），而顶部 4.43～3.28m 莎草科含量消失，可能表明 15350～8815a B.P.（18640～9955cal.a B.P.）（对应于 4.43～3.28m）湖水较 26630～15350a B.P.（30867～18640cal.a B.P.）（对应于 5.84～4.43m）浅。由于缺少其他可指示巴里坤湖水位变化的指标，我们在此无法根据该段岩心对巴里坤湖进行更详细的湖水位量化。

李志飞等（2008）对 BLK06E 孔上部 4.46m 处粒度及碳酸盐含量进行了研究。巴里坤湖碳酸盐主要为自生（李志飞等，2008；薛积彬和钟巍，2008），且碳酸盐含量的低值对应于大量淡水注入的高水位时期（李志飞等，2008），因此可用碳酸盐含量表征湖泊水位变化。BLK06E 孔 4.46～3.36m 为粉砂夹砾石层，沉积物中值粒径较高（平均约为 20μm），表明当时该采样点距湖岸较低，湖水位较低，同时碳酸盐含量较高，和较浅的湖水环境一致。该层 4.46m 处样品测年年代为 14730±90a B.P.（17846cal.a B.P.）。该层形成年代为 14730～8585a B.P.（17845～9600cal.a B.P.）。

BLK06E 孔 3.36～2.44m 为浅色黏土沉积，黏土沉积的出现对应于湖水的加深。中值粒径的减小（约 10μm）及碳酸盐含量的降低和湖水深度增加一致。该层 3.25m 处块状样品的年代为 8520±50a B.P.（9501cal.a B.P.），经该测年数据及上覆层沉积速率内插，得到该层形成年代为 8585～8035cal.a B.P.（9600～8780cal.a B.P.）。

BLK06E 孔 2.44～0.72m 为黑色黏土，沉积物颜色变化表明湖水深度继续升高，中值粒径较下覆层无明显变化（约 10μm），碳酸盐含量的降低及水生花粉狐尾藻属的出现均对应于湖水深度略有增加。该层沉积物中有一粒径突增阶段，可能对应于短暂的湖水位降低过程。该层 2.33m、2.15m、1.66m、1.62m、0.82m 及 0.76m 处样品测年分别为 7810±50a B.P.（8587cal.a B.P.）、7445±50a B.P.（8273cal.a B.P.）、6090±50a B.P.（7001cal.a B.P.）、4554±76a B.P.（5153cal.a B.P.）、3078±5a B.P.（3286cal.a B.P.）及 3041±53a B.P.

（3235cal.a B.P.），经相邻测年数据内插，得到该层对应年代为 8035～3015a B.P.（8780～3200cal.a B.P.）。

BLK06E 孔 0.72～0.47m 为粉砂质黏土，岩性变化表明湖水深度较下覆层下降，碳酸盐含量的升高也与此相对应。该层 0.71m 及 0.52m 处样品测年分别为 2785±48a B.P.（2886cal.a B.P.）及 2309±50a B.P.（2378cal.a B.P.），0.69m 处陆生有机测年为 1945±50a B.P.（1887cal.a B.P.），经沉积速率内插，得到该层沉积年代为 3015～2185a B.P.（3200～2245cal.a B.P.）。

BLK06E 孔 0.47～0m 为含芒硝颗粒的黏土沉积，芒硝沉积的出现表明湖水深度较下覆层下降。0.23m 处样品测年为 1762±50a B.P.（1688cal.a B.P.）。该层为 2185a B.P.（2245cal.a B.P.）以来的沉积。

BLK-1 孔底部（2.5～1.88m）为含石膏及芒硝的灰绿色/灰褐色黏土-粉砂，该层可能对应 ZK00A 孔 2.62～1.75m 处的灰白色含芒硝泥、黏土沉积，石膏及芒硝的出现表明当时湖水深度不大，同时，δ^{18}O 值较高，对应于较浅的湖水环境。稳定氮同位素（δ^{15}N）在该阶段相对较低（约 9‰），钟巍等（2013）认为这可能与湖泊水位下降、垂直混合作用加强、湖水中 DIN 含量上升和生物的硝化作用显著有关。该层 2.1～2.15m 处有机质样品放射性 ^{14}C 测年年代为 8111±72a B.P.（9063cal.a B.P.），经该测年数据及上覆层年代沉积速率外推，得到该层沉积年代为 9600～7135a B.P.（10670～8010cal.a B.P.）。

BLK-1 孔 1.88～1.12m 为褐色/灰白色黏土，含石膏及芒硝。该层可能对应于 ZK00A 孔 1.50～1.20m 处的芒硝淤泥沉积。沉积物粒径的减小表明湖水深度较下覆层增加，同时，δ^{18}O 值较下覆层减小，和湖水深度增加一致。δ^{15}N 在该阶段较下覆层增加（约 14‰），钟巍等（2013）认为这与湖泊高水位、减弱的湖水垂直交换和生物的反硝化增强有关。该层 1.37～1.40m 处有机质样品放射性 ^{14}C 测年为 5166±65a B.P.（5884cal.a B.P.），经沉积速率外推，得到该层形成年代为 7135～4110a B.P.（8010～4745cal.a B.P.），但经上覆层测年数据间沉积速率得出的该层上边界年代为 4515a B.P.（5180cal.a B.P.）。

BLK-1 孔 1.12～0.4m 为褐色色/灰黑色/灰白色黏土-粉砂。该层可能对应于 ZK00A 孔 1.20～0.78m 处的灰色/黑色淤泥沉积。石膏及芒硝的消失表明湖水较下覆层加深，同时该层中值粒径的减小，δ^{18}O 含量大幅下降，与湖水深度增加一致。δ^{15}N 总体上较上阶段变化不大，仍相对较高（约 13‰），也对应于较深的湖水环境（钟巍等，2013）。该层 1.05～1.08m、0.77～0.8m 及 0.5～0.52m 处有机质样品放射性 ^{14}C 测年分别为 4340±60a B.P.（4942cal.a B.P.）、3422±60a B.P.（3697cal.a B.P.）及 2245±58a B.P.（2237cal.a B.P.）。经内插，得到该层沉积年代为 4515～1755a B.P.（5180～1630cal.a B.P.）。

BLK-1 孔 0.4～0.2m 为黑色淤泥层，表明湖水深度较下覆层降低。该层可能对应于 ZK00A 孔 0.78m 以上的芒硝淤泥沉积。沉积物中值粒径的增大及 δ^{18}O 的增大和湖水位下降一致。δ^{15}N 在该阶段下降（约 10‰），也和湖水深度下降一致。该层形成年代为 1755～1730a B.P.（1630～1615cal.a B.P.）。

BLK-1 孔 0.2～0m 为褐色/灰黑/灰白色黏土-粉砂，岩性变化表明湖水深度增加，同时中值粒径及 δ^{18}O 的降低也说明湖水位升高。δ^{15}N 在该阶段较下覆层增加（约 12‰），但钟巍等（2013）认为该层 δ^{15}N 的高值反映的是人类活动加剧下湖泊中氮素的改变，而不是湖泊水位的变化。该层 0.16～0.19m 及 0.04～0.07m 处有机质样品放射性 ^{14}C 测年年代分别为 1590±65a B.P.（1481cal.a B.P.）和 907±63a B.P.（825cal.a B.P.），经测年数据间沉积速率内插，得到该层约为 1730a B.P.（1615cal.a B.P.）以来的沉积。

BLK-1*剖面位于巴里坤湖南岸古湖岸线上，为人工挖掘探槽，深度 2m。剖面底部（2.0～1.5m）为浅灰色松散砂砾石层。该层段的磁化率值与区域冲积扇磁化率值相当，因此判断该层为巴里坤湖早期冲积扇远端沉积，表明此时湖泊范围相对较小，尚未到达此位置。该层 1.9～2.0m 及 1.4～1.5m 处样品的 OSL 测年年代分别为 13.9±0.89ka B.P.和 8.43±0.58ka B.P.。该层沉积年代为 13.9～8.43ka B.P.。

BLK-1*剖面 1.5～0.4m 为灰绿色、黄绿色砂质泥层或泥质砂层，具水平层理或波状层理，含细小的石膏晶粒，该段沉积物可能为盐湖相沉积，表明此时巴里坤湖扩展到该剖面所在位置，向目前巴里坤湖南侧扩展了至少 5km。该层 0.5～0.6m 处样品的 OSL 测年年代为 4.08±0.26ka B.P.，经与上覆层年代间沉积速率内插，得到该层沉积年代为 8.43～1.55ka B.P.。

BLK-1*剖面顶层 0.4m 为黑色黏土层，无层理，具土壤团粒结构、多虫孔及碳化植物根茎。该层可能为湖滨沼泽相沉积，表明此时期湖泊范围缩小，并逐渐退出该剖面位置。该层 0.2～0.3m 及 0～0.1m 处样品的 OSL 测年年代分别为 0.28±0.03ka B.P.和 0.14±0.02ka B.P.。经内插，得到该层为 1.55ka B.P.以来的沉积。

BLK11A 孔长 62.53m，Zhao 等（2015）主要对上部 7.2～2.94m 粒度及孢粉进行了分析。BLK11A 孔 7.2～7.09m 为灰色黏土沉积，孢粉组合中含水生花粉香蒲（*Typha*），表明此时湖泊水位相对较高。根据下覆层 7.41m 处黏土样品的 AMS^{14}C 年代（28400±140a B.P.，32315cal.a B.P.）及上覆层 6.42m 处有机大化石样品的 AMS^{14}C 年代（18150±70a B.P.，22000cal.a B.P.）间沉积速率内插，得到该层沉积年代为 26230～25090a B.P.（30125～28980cal.a B.P.）。

上覆层 7.09～7.06m 为灰色粉砂含石膏沉积层，石膏的出现表明此时湖泊水位较下覆层变浅，孢粉组合中水生花粉香蒲（*Typha*）的消失也和湖水变浅一致。该层形成年代为 25090～24780a B.P.（28980～28670cal.a B.P.）。

7.06～6.62m 为灰色粉砂黏土层，岩性变化表明该阶段湖泊水位较前期加深，同时孢粉组合中含湿生花粉莎草科（Cyperaceae），也和湖水深度增加一致。该层沉积年代为 24780～20220a B.P.（28670～24080cal.a B.P.）。

6.62～5.95m 为灰色黏质粉砂沉积，岩性变化表明湖水深度较上阶段下降，孢粉组合中湿生花粉莎草科（Cyperaceae）的消失也和湖水变浅一致。该层 6.42m 处有机大化石样品的 AMS^{14}C 年代为 18150±70a B.P.（22000cal.a B.P.），经该年代数据及上覆层 5.69m 处炭化种子样品年代（15820±60a B.P.，19070cal.a B.P.）间沉积速率内插，得到该层沉积年代为 20220～16650a B.P.（24080～20110cal.a B.P.）。

5.95～5.48m 为灰黑色粉质黏土层，岩性变化表明湖水深度较上阶段增加，孢粉组合中湿生花粉莎草科（Cyperaceae）的再次出现也和湖水深度增加一致。该层 5.69m 及 5.65m 处炭化种子及黏土样品的 AMS^{14}C 年代分别为 15820±60a B.P.（19070cal.a B.P.）和 15630±60a B.P.（18870cal.a B.P.）。该层沉积年代为 16650～14910a B.P.（20110～

17950cal.a B.P.）。

5.48～5.2m 为灰绿色砂层，岩性变化表明湖水深度较上阶段下降，孢粉组合中湿生花粉莎草科（Cyperaceae）的消失也和湖水变浅一致。该层沉积年代为 14910～13725a B.P.（17950～16435cal.a B.P.）。

5.2～3.35m 为绿灰色黏土层，岩性变化表明湖水深度较上阶段增加，孢粉组合中莎草科（Cyperaceae）及香蒲（*Typha*）的再次出现也和湖水深度增加一致。该层 4.79m、4.53m 及 4.37m 处炭化种子及木炭样品的 AMS^{14}C 年代分别为 11770±40a B.P.（13590cal.a B.P.）、11480±40a B.P.（13330cal.a B.P.）及 11520±50a B.P.（13364cal.a B.P.）。该层沉积年代为 13725～9635a B.P.（16435～10980cal.a B.P.）。

3.35～2.94m 为灰黑色粉砂层，岩性变化表明湖水深度较前阶段下降，孢粉组合中仍含有少量莎草科（Cyperaceae）及香蒲（*Typha*），表明湖水深度下降幅度相对较小。该层沉积年代为 9635～8860a B.P.（10980～10000cal.a B.P.）。

以下是对该湖泊进行古湖泊重建、量化水量变化的 9 个标准：（1）极低，孔 ZK00A 及孔 ZK0024 均有芒硝淤泥沉积，BLK-1 孔的芒硝及石膏黏土-粉砂，BLK06E 中的粉砂砾石层；（2）很低，孔 ZK00A 芒硝沉积，孔 ZK0024 浅水含大量植物残体沉积，BLK-1 孔的芒硝及石膏黏土，BLK06E 孔含芒硝的黏土沉积；（3）低，孔 ZK00A 芒硝沉积、孔 ZK0024 有机粉砂质黏土沉积，BLK06E 孔的粉砂质黏土沉积，BLK-1 孔的淤泥沉积；（4）相对低，粉砂质黏土夹细砾石或黏土夹砂沉积，BLK-1 孔的粉砂-黏土沉积；（5）中等，孔 ZK00A 碳酸钙沉积；（6）相对高，带状钙质黏土在两孔中均有沉积；（7）高，孔 ZK00A 粉砂质黏土，富有机质，孔 ZK0024 粉砂质黏土夹碳酸盐结核；（8）很高，粉砂质黏土或黏土夹粉砂，BLK06E 孔的浅色黏土沉积；（9）极高，所有孔的湖相黏土。

巴里坤湖各岩心年代数据、光释光测年数据、AMS^{14}C 年代水位水量变化见表 3.52～表 3.55，岩心岩性变化图如图 3.22 所示。

表 3.52　巴里坤湖各岩心年代数据表

样品编号	放射性 ^{14}C 年代/a B.P.	校正年代/cal.a B.P.	深度/m	测年材料	钻孔	备注
	36700±829	41473	13.60	黏土	孔 ZK00A	文献 3
	35100±740	40122	13.30	粉砂质黏土	孔 ZK00A	文献 3，文献 2
	33710±170	38390	13.00	钙质黏土	孔 ZK00A	文献 3，（文献 2 为 33780）
	32850±670	37662	12.70	钙质黏土	孔 ZK00A	文献 3，（文献 2 为 32840）
	31950±110	36529	12.10	粉砂质黏土	孔 ZK00A	文献 3
	31432±?				孔 ZK00A	文献 2
	30490±?		11.50	粉砂质黏土	孔 ZK00A	文献 3，文献 2
	29470±?		11.50	粉砂质黏土	孔 ZK00A	文献 3，文献 2
	29340±?		11.10	粉砂质黏土	孔 ZK00A	文献 3，（文献 2 为 29342）
	28847±?				孔 ZK00A	文献 2，（文献 2 为 28849）

续表

样品编号	放射性 ^{14}C 年代/a B.P.	校正年代 /cal.a B.P.	深度/m	测年材料	钻孔	备注
	27350±600	32010	10.30	黏土	孔 ZK00A	文献 3，（文献 2 为 27370）
	26618±670	31303	8.90	粉砂和黏土	孔 ZK00A	文献 3
	26413±？				孔 ZK00A	文献 2，（文中又为 26410）
	25670±？				孔 ZK00A	文献 2
	24489				孔 ZK00A	文献 2
	24310±225	29027	约 9.9	黏土	孔 K0024	文献 1
	24100±？		7.90	黏土	孔 ZK00A	文献 3
	23120±？				孔 ZK00A	文献 2
	21774±？				孔 ZK00A	文献 2（文中又为 21770）
	20730±500	24798	6.42	砂质黏土	孔 ZK00A	文献 3
	20200±？				孔 ZK00A	文献 2
	17800±470	21232	5.60	含纹理黏土	孔 ZK00A	文献 3（文献 2 为 17860）
	16356±390	19540	5.00	粉砂质淤泥	孔 ZK00A	文献 3
	16176±360	19396	5.00	粉砂质淤泥	孔 ZK00A	文献 3
	15829±？				孔 ZK00A	文献 2
	15170±？				孔 ZK00A	文献 2
OZL036	14730±90	17846	4.46	块状样	BLK06E	
	14360±410	17648	4.20	黏土	孔 ZK00A（文字中为 1436±410）	文献 3，文献 2
	13978±？				孔 ZK00A	文献 2
	13814±？				孔 ZK00A	文献 2
	12747±？				孔 ZK00A	文献 2
	12530±？		2.84	粉砂质黏土	孔 ZK00A	文献 3，文献 2
	12150±240	14250	2.62	粉砂质黏土	孔 ZK00A	文献 3
	12070±280	14195	2.51	芒硝黏土	孔 ZK00A	文献 3
	10870±？				孔 ZK00A	文献 2
	10084±？		2.20	黏土质芒硝	孔 ZK00A	文献 3，文献 2
	9370±160	10671	2.00	黏土质芒硝	孔 ZK00A	文献 3
	8970±？				孔 ZK00A	文献 2
LAMS07-003	8520±50	9501	3.25	块状样	BLK06E	
	8446±160	9402	1.70	芒硝黏土	孔 ZK00A	文献 3
	8190±？				孔 ZK00A	文献 2
05-37-1	8111±72	9063	2.10～2.15	全有机	BLK-1	
LAMS07-002	7810±50	8587	2.33	块状样	BLK06E	

续表

样品编号	放射性 ¹⁴C 年代/a B.P.	校正年代/cal.a B.P.	深度/m	测年材料	钻孔	备注
	7495±65	8294	约 2.90	淤泥	孔 ZK0024（文中为 7486±65 和 7495±250）	文献 1
LAMS07-006	7445±50	8273	2.15	块状样	BLK06E	
LAMS09-11	7020±40	7851	2.32	孢粉浓缩物	BLK06E	
	6618±89	7537	1.20～1.25	淤泥	孔 ZK00A（文字中为 6668±89）	文献 3，文献 2
LAMS07-005	6090±50	7001	1.66	块状样	BLK06E	
	5000±?		1.04	黏土	孔 ZK00A	文献 3
05-39	5166±65	5884	1.37～1.40	全有机	BLK-1	
LUG06-66	4554±76	5153	1.42	块状样	BLK06E	
05-40	4340±60	4942	1.05～1.08	全有机	BLK-1	
	4130±116	4617	0.78	淤泥	孔 ZK00A	文献 3，（文献 2 为 4180）
05-41-2	3422±60	3697	0.77～0.80	全有机	BLK-1	
	3270±?				孔 ZK00A	文献 2
LUG06-65	3078±5	3286	0.82	块状样	BLK06E	
LUG06-64	3041±53	3235	0.76	块状样	BLK06E	
LUG06-63	2785±48	2886	0.71	块状样	BLK06E	
LUG06-63	2785±48	2886	0.71	块状样	BLK06E	
	2640±?				孔 ZK00A	文献 2
	2370±?				孔 ZK00A	文献 2
	2310±?				孔 ZK00A	文献 2
LUG06-62	2309±50	2378	0.52	块状样	BLK06E	
05-42-1	2245±58	2237	0.50～0.52	全有机	BLK-1	
LAMS07-008	1945±50	1887	0.69	陆生植物残体	BLK06E	
LUG06-61	1762±50	1688	0.23	块状样	BLK06E	
	1700±65	1610		与隆起的堆积沙堤有关的年龄		文献 1
	1218±80	1131	0.02～0.36	芒硝	孔 ZK00A	文献 3
05-43	1590±65	1481	0.16～0.19	全有机	BLK-1	
05-44-1	907±63	825	0.04～0.07	全有机	BLK-1	

注：文献 1：韩淑媞和董光荣（1990）；文献 2：韩淑媞和袁玉江（1990）；文献 3：韩淑媞等（1993）

表 3.53　BLK01 剖面光释光测年数据（孙博亚等，2014）

BLK01-1	0.14±0.02ka B.P.	0～0.1m	38～63μm 石英
BLK01-2	0.28±0.03ka B.P.	0.2～0.3m	38～63μm 石英
BLK01-3	4.08±0.26ka B.P.	0.5～0.6m	38～63μm 石英

续表

BLK01-4	8.43±0.58ka B.P.	1.4～1.5m	38～63μm 石英
BLK01-5	13.9±0.89ka B.P.	1.4～1.5m	38～63μm 石英

表 3.54　BLK11A 孔 AMS^{14}C 年代（Zhao et al.，2015）

BLK11A-269	8860±40a B.P.	1000cal.a B.P.	293cm	有机质黏土
BLK11A-400	11520±50a B.P.	13364cal.a B.P.	437cm	木炭
BLK11A-415	11480±40a B.P.	13330cal.a B.P.	453cm	木炭
BLK11A-439	11770±40a B.P.	13590cal.a B.P.	479cm	炭化种子
BLK11A-456	12750±50a B.P.	15190cal.a B.P.	497cm	有机黏土
BLK11A-519	15630±60a B.P.	18870cal.a B.P.	565cm	有机黏土
BLK11A-523	15820±60a B.P.	19070cal.a B.P.	569cm	炭化种子
BLK11A-591	18150±70a B.P.	22000cal.a B.P.	642cm	植物大化石
BLK11A-680	28400±140a B.P.	32315cal.a B.P.	741cm	有机黏土

表 3.55　巴里坤湖古湖泊水位水量变化

年代	水位水量
41500～38400cal.a B.P.	很高（8）
38400～37660cal.a B.P.	中等（5）
37660～36500cal.a B.P.	很高（8）
36500～35000cal.a B.P.	相对低（4）
35000～28570cal.a B.P.	极高（9）
28570～24800cal.a B.P.	相对低（4）
24800～21230cal.a B.P.	相对高（6）
21230～17650cal.a B.P.	极高（9）
17650～ca 14250cal.a B.P.	高（7）
14250～13500cal.a B.P.*	极低（1）
13500～10400cal.a B.P.	低（3）
10400～9500cal.a B.P.	很低（2）
9500～8570cal.a B.P.	极高（9）
8570～7330cal.a B.P.	极低（1）
7330～5180cal.a B.P.	极高（9）
5180～4620cal.a B.P.	极低（1）
4620～1630cal.a B.P.	极高（9）
1630～1615cal.a B.P.	低（3）
1615～0cal.a B.P.	相对低（4）

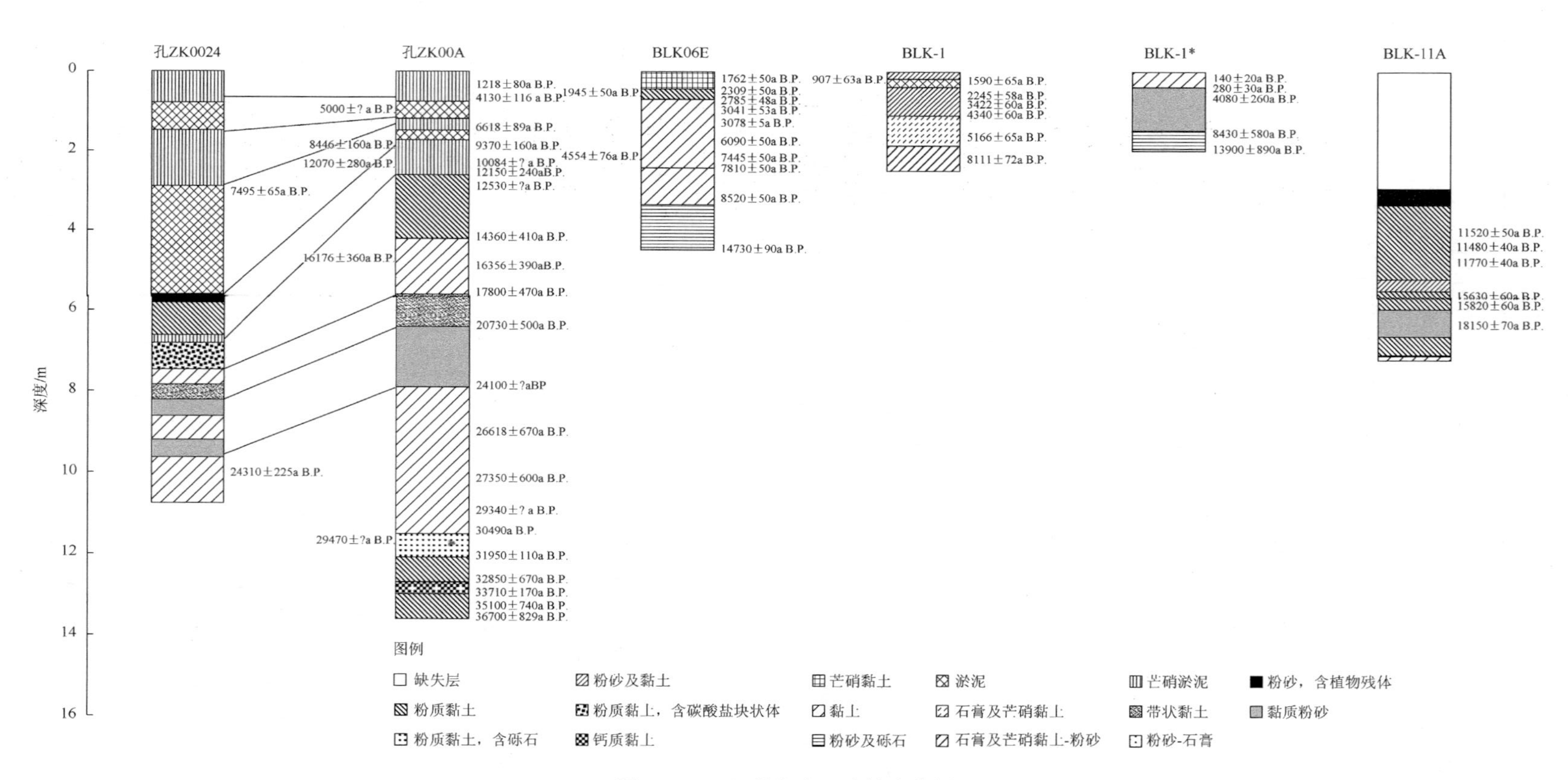

图 3.22　巴里坤湖岩心岩性变化图

参考文献

陈永强，钟巍，谭玲玲，等. 20105. 西风区湖泊沉积物中砷元素对气候环境变化的响应研究——以新疆巴里坤湖为例. 华南师范大学学报（自然科学版），（6）：83-90.

韩淑提，董光荣. 1990. 巴里坤湖全新世环境演变的初步研究. 海洋地质与第四纪地质，10：91-98.

韩淑提，吴乃琦，李志中. 1993. 晚更新世北疆内陆型气候环境变迁. 地理研究，12（2）：47-54.

韩淑提，袁玉江. 1990. 新疆巴里坤湖 3.5 万年以来气候变化序列. 地理学报，45（3）：350-362.

李志飞，吕雁斌，陶士臣，等. 2008. 新疆东部全新世气候变化特征-以巴里坤为例. 海洋地质与第四纪地质，28（6）：107-112.

李志中. 1992. 新疆巴里坤湖 400 年来湖泊沉积的地球化学特征与意义. 干旱区资源与环境，6（3）：28-38 .

孙博亚，岳乐平，赖忠平，等. 2014. 14ka B.P. 以来巴里坤湖区有机碳同位素记录及古气候变化研究. 第四纪研究，34（2）：418-424.

谭玲玲，钟巍，薛积彬，等. 2015. 新疆巴里坤湖全新世湖泊沉积物中 Zr/Rb 比值特征及其环境意义. 干旱区资源与环境，（11）：109-114.

唐晓宏，钟巍，尹焕玲. 2012. 新疆巴里坤湖 9.0cal kaB.P. 以来沉积物地球化学元素分布特征与古气候环境演化. 华南师范大学学报：自然科学版，44（2）：134-140.

陶士臣，安成邦，陈发虎，等. 2010. 孢粉记录的新疆巴里坤湖 16.7cal ka BP 以来的植被与环境. 科学通报，55（11）：1026-1035.

汪海燕，岳乐平，李建星，等. 2014. 全新世以来巴里坤湖面积变化及气候环境记录. 沉积学报，32（1）.

薛积彬，钟巍，赵引娟，等. 2008. 东疆北部全新世气候不稳定性的湖泊沉积记录. 中国沙漠，28（4）：648-656.

薛积彬，钟巍. 2008. 新疆巴里坤湖全新世环境记录及区域对比研究. 第四纪研究，28（4）：610-620.

薛积彬，钟巍. 2011. 新疆巴里坤湖全新世气候环境变化与高低纬间气候变化的关联. 中国科学 D 辑：地球科学，41（1）：61-73.

钟巍，张进，尹焕玲，等. 2013. 新疆巴里坤湖全新世湖泊沉积物稳定氮同位素的气候与环境意义研究. 华南师范大学学报：自然科学版，45（6）：182-188.

An C B，Lu Y，Zhao J，et al. 2012. A high-resolution record of Holocene environmental and climatic changes from Lake Balikun（Xinjiang，China）：Implications for central Asia. The Holocene，22（1）：43-52.

An C B，Tao S C，Zhao J，et al. 2013. Late Quaternary（30.7-9.0cal ka B.P.）vegetation history in Central Asia inferred from pollen records of Lake Balikun，northwest China. Journal of paleolimnology，49（2）：145-154.

Xue J B，Zhong W. 2011. Holocene climate variation denoted by Barkol Lake sediments in northeastern Xinjiang and its possible linkage to the high and low latitude climates. Science China（Earth Science）. 54（4）：603-614.

Zhao Y，An C B，Mao L，et al. 2015. Vegetation and climate history in arid western China during MIS2：New insights from pollen and grain-size data of the Balikun Lake，eastern Tien Shan. Quaternary Science Reviews，126：112-125.

Zhong W，Xue J B，Li X D，et al. 2010. A Holocene Climatic Record Denoted by Geochemical Indicators from Barkol Lake in the Northeastern Xinjiang，N W China. Geochemistry International，48（8）：792-800.

3.4.6 贝里克库勒湖

贝里克库勒湖（36.72°N，889.05°E，海拔 4680m a.s.l.）是位于昆仑山中部库木库勒盆地的封闭湖泊。库木库盆地是一较大的构造盆地，长期的剥蚀造就了一系列包括贝里克库勒在内的小湖盆。贝里克库勒流域面积尚不清楚，但已知库木库盆地面积为 45000km^2（黄赐璇等，1996）。两条季节性河流自西南注入该湖泊。湖水主要由径流及盆地冰雪融水补给（李栓科和张青松，1991）。湖泊面积在 1976 年时为 5.0km^2，但由于长期干旱致使 1986 年时湖泊面积缩减至 4.4km^2（李栓科，1992）。湖水盐度为 2.523g/L，pH 为 9.53（李栓科，1992）。库木库勒盆地植被类型为高山荒漠型值被，以藜科中的驼绒藜属为主（黄赐璇等，1996）。盆地气候较冷干，年均温度为−5～−6℃，年均降雨量为 100～300mm（黄赐璇等，1996）。

在盆地内有两湖相阶地，分别高出现代湖水位 25m 和 2～3m，代表了湖泊过去高水位的存在。在距湖泊边缘东南 1.5km 处的 25m 高阶地（海拔 4705m a.s.l.，高出现代湖水位 25m）处取得一 6m 深的沉积剖面（李栓科和张青松，剖面 C，1991；李栓科，1992，称为剖面 F）。其沉积年代可至约 12400a B.P.（约 14500cal.a B.P.）。至今保存相对完好的湖岸线可用来估算特定时期的湖泊面积（李栓科，1992）。基于剖面 C 岩性、水生花粉组合及水生植物变化可重建古湖泊水深相对变化（李栓科和张青松，1991；李栓科，1992）。年代学基于剖面 C 中 2 个放射性 ^{14}C 测年数据（李栓科和张青松，1991）。

剖面 C 底部 5.0～6.0m 为粉砂和细砂，含交错层理及波状层理，为河流相沉积（李栓科和张青松，1991）。该时期湖水位应在 4699m a.s.l.以下甚至更低。

5.0～4.5m 为湖相黏土层，含大量水生植物。岩性变化说明湖水变深，水生花粉以狐尾藻（*Myriophyllum*）及冰沼草（*Scheuchzeria*）为主，和较深的水环境一致。对 4.75m 处样品进行放射性 ^{14}C 测年，其年代为 12253±280a B.P.（14333cal.a B.P.）。经对该测年数据及剖面另一湖相沉积层 1.6m 处测年数据（6311±77a B.P.，7285cal.a B.P.）间沉积速率外推，得到该层沉积年代为 12735～11750a B.P.（14890～13775cal.a B.P.）。但由于这两湖相沉积层中夹一冲积沙层，因此假定沉积速率恒定似乎不妥。

李栓科（1992）认为该湖相层上界海拔为 4700m a.s.l.，形成于高出现代湖水位 20m 的高水位时期。他估计当时对应湖泊面积为 18km^2。但盆地在海拔 4700m a.s.l.处并无湖岸线（只在海拔 4705m a.s.l.处存在阶地），另外，黏土层只有在水深至少为 0.5～1m 时（海拔为 4701m a.s.l.）才可能形成，因此我们推测湖泊面积在当时应大于 18km^2。

4.5～2.0m 为灰白色粉砂和细砂沉积物。该层不含水生植物及有机质，为冲积相沉积（李栓科，1992），这时对应的湖水位可能在 4700m a.s.l.以下。

2.0～1.0m 为层状湖相黏土，含水生植物碎屑，说明湖水开始加深。对 1.6m 处样品进行放射性 ^{14}C 测年，其年代为 6311±77a B.P.（7285cal.a B.P.）。李栓科（1992）及李栓科和张青松（1991）认为该层年代为 7000～6000a B.P.（8000～7000cal.a B.P.）。按湖相黏土一般沉积速率来算，这个年代似乎可信。黄赐璇等（1996）将含高含量艾属及低含量藜科的该层与花粉组合类似的阿其克库勒湖对比，并基于阿其克库勒沉积物中的 2 个中全新世放射性 ^{14}C 测年数据也得出贝里克库勒湖中的相黏土层沉积年代为 7000～6000a B.P.（8000～7000cal.a B.P.）。但需要说明的是，阿其克库勒湖沉积物中的两个测年数据来自不同的湖相沉积层，且中间夹有风成沉积物，因此直接将阿其克库勒湖沉积物中的年代学沉积速率应用于贝里克库勒湖不太精确。经沉积速率（0.053cm/a）内插得出的该层年代为 5180～7065a B.P.（8180～5940cal.a B.P.），但该测年数据似乎有点偏老，湖相层理形成应比此速率要快。

顶层 1.0m 为湖相粉质黏土和黏土，为近岸沉积（李栓科和张青松，1991），表明自 6000a B.P.（约 7000cal.a B.P.）后湖水位大致或略高于 4705m a.s.l.。沉积中止后湖水位又跌至 4705m a.s.l.以下，经与阿其克库勒湖花粉年代对比，其对应年代应为 5500a B.P.（约 6500cal.a B.P.）（黄赐璇等，1996），而经两放射性 ^{14}C 测年数据及按沉积速率外推得出的该层对应年代为 3300a B.P.（3705cal.a B.P.）。

基于沿盆地 4705m a.s.l.等高线处间断湖岸线，李栓科（1992）认为顶部海拔 4704m a.s.l.，高出现代湖水位 24m 时期的湖泊面积为 26km^2，其对应年代为 7000～6000a B.P.（8000～

7000cal.a B.P.）（李栓科，1992）。考虑到层状沉积物形成于水深大于 1m 的环境，我们认为该层状沉积形成期间湖水位应高于 4704～4705m a.s.l.。因此在 7000～6000a B.P.（8000～7000cal.a B.P.）湖泊面积也应大于 26km^2。其上覆层的近岸沉积应形成于水位约 4705m a.s.l.处。因此，李栓科（1992）对于湖泊面积为 26km^2 的估计更可能对应于顶层沉积物形成时的湖泊面积。

在湖区还存在有一高于现代湖水位 2～3m 的阶地，该阶地保存完好，说明其形成年代距今较近。李栓科和张青松（1991）认为它代表了近 1200 年来湖泊的高水位时期。通过阶地位置可清楚判定其年代在 5500a B.P.（约 6500cal.a B.P.）后，该阶地可能形成于 1200a B.P.（约 1200cal.a B.P.）或之前。

以下是对该湖泊进行古湖泊重建、量化水量变化的 4 个标准：（1）低，25m 高阶地处的河流相沉积，现代湖水位，或高于现代湖水位 2～3m 的阶地；（2）较低，25m 高阶地处的粉砂质黏土和粉砂近岸沉积；（3）中等，25m 高阶地处的湖相黏土沉积，含大量水生植物碎片；（4）高，25m 高阶地处的湖相层状黏土沉积，含大量水生植物碎片。

贝里克库勒湖各岩心年代数据、水位水量变化见表 3.56 和表 3.57，岩心岩性变化图如图 3.23 所示。

表 3.56　贝里克库勒湖各岩心年代数据表

放射性 ^{14}C 测年/a B.P.	校正年代/cal.a B.P.	深度/m	测年材料	剖面
12253±280	14333	4.75	水生植物	剖面 C
6311±77a	7285	1.6	黏土	剖面 C

注：样品测年在中国科学院地理科学与资源研究所进行，年代校正基于校正软件 Calib6.0 获得

表 3.57　贝里克库勒古湖泊水位水量变化表

年代	水位水量
14890cal. a B.P.前	低（1）
14890～13775cal.a B.P.	中等（3）
13775～8180cal.a B.P.	低（1）
8180～5940cal.a B.P.	高（4）
5940～3705cal.a B.P.	较低（2）
3705～0cal.a B.P.	低（1）

参考文献

黄赐璇，冯·康波·艾利斯，李栓科. 1996. 根据孢粉分析论青藏高原西部和北部全新世环境变化. 微体古生物学报，13（4）：423-432.

李栓科. 1992. 中昆仑山区封闭湖泊湖面波动及其气候意义. 湖泊科学，4（1）：19-30.

李栓科，张青松. 1991. 中昆仑山区距今一万七千年以来湖面波动研究. 地理研究，10（2）：27-37.

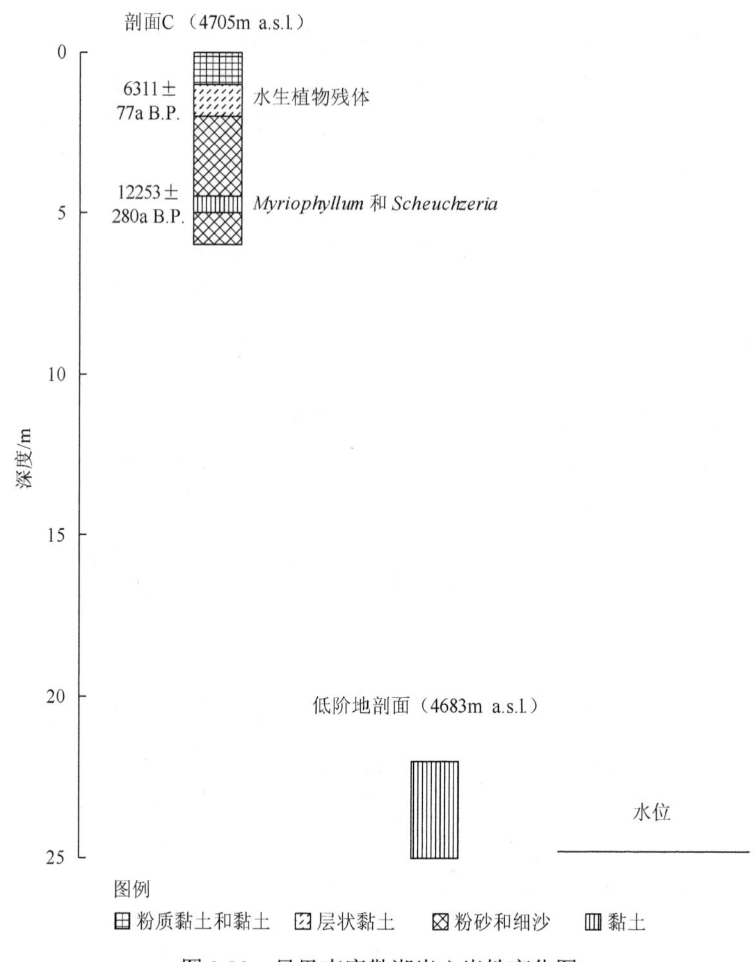

图 3.23 贝里克库勒湖岩心岩性变化图

3.4.7 博斯腾湖

博斯腾湖（41.93～42.23°N，86.68～87.43°E，海拔 1048m a.s.l）位于新疆塔里木地区，湖泊面积 1000km^2，流域面积为 55600km^2（张家武等，2010）。盆地由断陷作用形成。湖水平均深度 8m，最大水深 16.2m。博斯腾湖主要由开都河补给，其他一些补给河流属于季节性河流。湖区有一出口孔雀河，自湖泊西南经过铁门关折而向东流向罗布泊地区。湖区被荒漠植被所覆盖，以麻黄和藜属植物为主（许英勤，1998）。水生植物为芦苇和香蒲（杨川德和邵新媛，1993）。

湖区处于典型的内陆干旱气候区，附近的博湖县气象站多年平均降水量仅为 76mm，但年蒸发量高于 2000mm（黄小钟等，2008）。区域平均温度为 7.9℃。湖泊总径流量为 25.48×10^{8}m^3（包括地表径流 24.01×10^{8}m^3，地下水补给 0.53×10^{8}m^3，降水 0.94×10^{8}m^3），出水量为 26.12×10^{8}m^3（包括地表出流 10.1×10^{8}m^3，下渗 0.62×10^{8}m^3，湖面蒸发 15.4×10^{8}m^3），因此湖泊水量处于负平衡状态（亏损 0.64×10^{8}m^3）。由于长期干旱，湖泊水位在 1956 年时为 1048.32m，湖水盐度为 0.4g/L；但到了 1982 年时水位减少至 1047.41m，湖水盐度变为 1.8g/L（杨川德和邵新媛，1993）；近年来，由于降水增加，湖泊水位升高，2002 年时水位超过 1049m（王润等，2006），湖泊矿化度有所降低，目前为 1g/L 左右（陈硕，2009）。

不同学者从不同方面对博斯腾湖水位及面积变化进行了研究。早期的如许英勤（1998）及钟巍（1999）从地球化学及水生花粉组合等对该湖泊进行了研究；杨美临（2008）着重对湖区 BSTC001 孔（张成君等（2007）及任雅琴等（2014）称之为 BSTC2000 孔）硅藻组合进行了研究；张成君等（2007）对 BSTC2000 孔（即 BSTC001）9.53m 长岩心进行了碳酸盐矿物组成、Ca/Sr 值、有机质 TOC、C/N 值和 C/S 值分析，并结合 BSTC2000 孔岩心附近的 XBWu46 孔沉积物剖面的孢粉资料分析了 8500a B.P.以来的古气候变化及古湖泊水位波动特征；任雅琴等（2014）从有机质饱和烃及有机质碳同位素组成（$\delta^{13}C_{org}$）对 BSTC2000 孔进行了研究，重建了博斯腾湖从早全新世晚期以来古生态环境和湖泊水文的变化历史；黄小忠（2006）、陈发虎等（2006，2007）对博斯腾湖中心长 6.9m 的 BST04H 孔岩心沉积年代以及孢粉、碳酸盐含量、粒度、磁化率等多指标进行了分析；Mischke 和 Wünnemann（2006）通过对博斯腾湖 XBWu46 孔介形类碳氧同位素及 Mg/Ca 值、Sr/Ca 值进行研究，分析了该湖泊盐度及水位变化，认为由于钻点位置距开都河河口距离不同而造成湖水水深较大时对应湖水盐度也较高；Wünnemann 等（2006）则对 XBWu46 孔碎屑组成、自生方解石、TOC、Sr/Ca 值及介形类组成进行了研究；罗兰等（2016）对采自博斯腾湖西岸的剖面（BST）中的沉积物磁性特征进行了研究。基于不同学者对不同钻孔的综合分析，特别是描述较为详细的 3.5m 阶地剖面及 BSTC001 孔，我们重建了博斯腾湖晚更新世特别是全新世以来湖泊水深及盐度变化情况。年代学主要根据各作者所给出的 ^{14}C 测年和 OLS 测年数据间内插（外推）得出，同时参考原作者给出的年代数据，当出现不一致时，我们倾向于采用较新文献的年代数据。

在湖泊西部 2km，位于海拔 1048m a.s.l.处的湖泊阶地采得深 3.5m 剖面沉积物（钟巍，1988），其基底为湖相黑色淤泥沉积物（3.5～3.1m），说明当时湖水略浅。该层 $\delta^{13}C$ 值略高（+0.2‰），说明湖泊为盐湖，该层不含水生花粉。对上覆层 3.0m 处样品进行放射性 ^{14}C 测年，其年代为 11700±300a B.P.（13559cal.a B.P.），说明该层形成于 11415a B.P.（14218cal. a B.P.）之前。经对上覆层沉积速率外推知该层底部沉积年代约为 12550a B.P.（16854cal. a B.P.）。

剖面 3.1～2.87m 为黄色湖相粉质黏土沉积，有机黏土含量的减少表明湖水深度增加。该层含少量水生花粉，$\delta^{13}C$ 值的减少（–5‰～–7‰）说明湖水又变为淡水环境，和水深增加一致。经内插，得到该层沉积年代为 11415～10760a B.P.（14218～12702cal. a B.P.）。

剖面 2.87～2.73m 为黑色泥炭层，说明湖水变浅。水生花粉以香蒲和莎草科为主，和湖水变浅一致。同时，$\delta^{13}C$ 值的增大（0‰～0.5‰），也对应于水深较浅的盐水环境。对 2.80m 处样品进行放射性 ^{14}C 测年，其年代为 10560±310a B.P.（12241cal.a B.P.）。该层沉积年代为 10760～10330a B.P.（12702～11934cal. a B.P.）。

剖面 2.73～2.50m 为粉质黏土沉积，说明约 10330a B.P.（11934cal. a B.P.）后湖水开始变深。该层含少量水生花粉，$\delta^{13}C$ 值相对较低（–4‰～–5‰），对应湖水变淡。经对沉积速率内插，得到该层形成年代为 10330～9575a B.P.（11934～10925cal. a B.P.）。

剖面 2.50～2.15m 为黑色淤泥，富含有机质，说明湖水变浅。水生花粉中香蒲（8.6%）和莎草科（9.3%）含量较高，和浅水环境一致。$\delta^{13}C$ 值增加（–1‰～–4‰），说明湖水盐度增加。经内插，得到该层沉积年代为 9575～8420a B.P（10925～9388cal. a B.P.）。

剖面 2.05～2.15m 处出现第二个泥炭层，说明湖水继续变浅。香蒲和芦苇含量较高（禾本科，约 47.1%），表明为滨岸沉积。$\delta^{13}C$ 值增大（–1‰），对应湖水变浅，盐度增加。对 2.10m 处样品进行放射性 ^{14}C 测年，其年代为 8260±300a B.P.（9169cal.a B.P.）。经内插，得到该层沉积年代为 8420～7910a B.P.（9388～8794cal. a B.P.）。

剖面 2.05～1.64m 为湖相粉质黏土，说明湖水加深。该层含少量水生花粉（香蒲占 1.4%，莎草科 0.7%），和湖水变深一致。经对沉积速率内插，得到该层对应年代为 7910～5180a B.P.（8794～5722cal.a B.P.）。该层底部（2.05～1.90m）$\delta^{13}C$ 值较高（+1‰～–1‰）；中部（1.90～1.70m）$\delta^{13}C$ 值为中等水平（–1‰～–3‰）；上部（1.70～1.64m）$\delta^{13}C$ 值较低（–3‰～–6‰），说明湖水逐渐变淡，且湖水逐步加深。经内插，得到这三个亚层对应年代分别为 7910～6860a B.P.（8794～7670cal.a B.P.）、6860～5460a B.P.（7670～6171cal.a B.P.）和 5460～5180a B.P.（6171～5722cal. a B.P.）。

剖面 1.64～1.54m 处出现了第三个泥炭层，说明湖水变浅。香蒲和芦苇（禾本科，约 47.1%）含量较高，对应于滨岸沉积。同时，$\delta^{13}C$ 值增加（–3‰～–2‰），说明湖水盐度增大。对 1.6m 处样品进行放射性 ^{14}C 测年，其年代为 4760±360a B.P.（5422cal.a B.P.）。该层沉积年代为 4470～5180a B.P.（5722～5064cal. a B.P.）。

剖面 1.54～1.24m 为湖相粉质黏土，表明湖水深度加大。该层含少量水生花粉，$\delta^{13}C$ 值增大（–1‰～+1‰），表明仍为盐湖环境。经对沉积速率内插，得出该层沉积年代为 4470～3010a B.P.（5064～3275cal.a B.P.）。

剖面 1.24～1.16m 为第 4 个泥炭层沉积，说明湖水较下覆层变浅。$\delta^{13}C$ 值相对较高（+1‰），说明湖水盐度较高。1.2m 处样品的放射性 ^{14}C 测年年代为 2820±50a B.P.（3036cal.a B.P.）。该层沉积年代为 3010～2720a B.P.（3275～2930cal. a B.P.）。

剖面 1.16～1.00m 为砂质粉砂黏土，说明较上一阶段湖水变深。该层含少量水生植物花粉，$\delta^{13}C$ 值有所下降（–3‰～–1‰），但对应湖水仍较浅。经对沉积速率内插，得到该层沉积年代为 2720～2340a B.P.（2930～2509cal. a B.P.）。

剖面 1.0～0.3m 为粉质黏土沉积，说明自约 2720a B.P.（2930cal. a B.P.）后湖水变深。$\delta^{13}C$ 值的减小（–3‰～–6‰）和湖水变深相一致。香蒲、莎草科及芦苇含量的增加（禾本科，约 42.7%）说明湖泊面积变大。经内插，得到该层沉积年代为 2340～590a B.P.（2509～664cal. a B.P.）。

剖面 0.3～0.05m 为暗黑色淤泥，说明湖水变浅。水生花粉以芦苇为主（17%），对应浅水区的扩大。$\delta^{13}C$ 值较高（+1.5‰），说明湖泊为盐湖环境。对 0.20m 处样品进行放射性 ^{14}C 测年，其年代为 340±100a B.P.（400cal.a B.P.）。该层沉积年代在 590a B.P.（664cal. a B.P.）后。

剖面顶部 0.05m 为盐壳，可能形成于 20 世纪 50～80 年代湖水位约下降 1m 时。

BSTC001 孔位于湖泊西部水深 5.5m 处，岩心底部（9.54～8.8m）为灰色泥炭、细砂及深灰色中粗砂沉积，含植物叶片及云母片（张成君等（2007）及任雅琴等（2014）给出的 BSTC2000 孔 9.53～8.5m 为细砂-粗砂夹 3 层泥炭沉积），为典型河流相沉积，表明湖泊尚未形成。该层硅藻浓度极低，对应湖水较浅。经 8.65m 处样品测年数据（7364±37a B.P.，树轮校正年代为 8125cal.a B.P.）及其平行钻孔 XBWu46 孔 6.22m（对应该孔深度为 6.22m）样品年代（4949±33a B.P，树轮校正年代为 5670cal.a B.P.）间沉积速率外推，得到该层形成于约 8300cal.a B.P.之前。

BSTC001 孔 8.8～8.65m 为青灰色粉砂质黏土及灰黑色泥质粉砂，湖相沉积的出现表明湖水深度增加，硅藻组合中以营底栖附生及喜碱性水体的 *Mastogloia smithii* 为主，说明湖水深度仍相对较浅。对该层 8.65m 处植物残体的 AMS 测年为 7364±37a B.P.（树轮校正年代为 8125cal.a B.P.）。该层沉积年代为 8300～8100cal.a B.P.。

BSTC001 孔 8.65～8.3m 为青灰色粉砂质黏土，粉砂含量的减少表明湖水深度较下覆层有所增加。该层硅藻组合中浮游种 *Amphora* 和 *Fragilaria* 丰度增加而 *Mastogloia smithii* 含量下降，和水深增加一致。经沉积速率（0.11cm/a）内插，得到该层沉积年代为 8100～7800cal.a B.P.。

BSTC001 孔 8.3～6.5m 为浅黄棕色粉砂质黏土与泥质粉砂的夹层（张成君等（2007）及任雅琴等（2014）给出的 BSTC2000 孔 8.5～6.5m 为浅黄棕色、青灰色粉砂质黏土夹泥质粉砂层）。岩性变化表明湖水较下覆层略微变浅。硅藻组合中 *Amphora* 和 *Fragilaria* 丰度的逐渐降低及 *Mastogloia smithii* 含量的逐渐升高表明湖水盐度增加，湖水变浅。该层 Mg/Ca 值较低而 Ca/1000Sr 值较高（平均约 0.3），对应于淡水环境；同时，C/S 值较低（5～15），和较深水时的还原环境对应。经 8.65m 处样品年代及其平行钻孔 XBWu46 孔 6.22m（对应该孔深度为 6.22m）处沉积速率内插，得到该层沉积年代为 7800～5900cal.a B.P.。

BSTC001 孔 6.5～4.9m 为灰色、青灰色黏土沉积（张成君等（2007）及任雅琴等（2014）给出的 BSTC2000 孔 6.5～4.75m 为浅灰色泥沉积），表明湖水较下覆层加深。硅藻组合中 *Mastogloia smithii* 含量下降，而淡水浮游种 *Fragilaria*、*Achnanthes* 以及 *Navicula* 丰度增加，对应湖水变淡变深。Ca/1000Sr 值升高（平均约 0.4），而 C/S 值较下覆层变化不大（平均约为 10），说明湖水略为加深，其平行钻孔 XBWu46 孔 6.22m 及 4.02m（对应该孔深度为 6.22m 和 4.1m）处植物残体的 AMS 测年分别为 4949±33a B.P 和 3866±33a B.P.（树轮校正年代为 5670cal.a B.P.和 4320cal.a B.P.）。该孔 5.14m 处植物残体的 AMS 测年年代为 4426±26a B.P.（树轮校正年代为 4965cal.a B.P.）。经沉积速率（0.157cm/a）外推，得到该层沉积年代为 5900～4800cal.a B.P.。

张成君等（2007）及任雅琴等（2014）给出的 BSTC2000 孔 4.75～4.25m 为灰白色粉砂质黏土夹粉砂及泥质粉砂沉积，Ca/1000Sr 值下降（平均约 0.1），同时 C/S 值较高（25），表明湖水盐度较大，且为较浅的还原环境。该层形成年代为 4700～4400cal.a B.P.。

张成君等（2007）及任雅琴等（2014）给出的 BSTC2000 孔 4.25～3.6m 为浅黄棕色泥质粉砂及深灰色黏土沉积，岩性变化表明湖水深度增加。Ca/1000Sr 值上升（平均约 0.3），同时 C/S 值下降（0.5），和湖水深度增加一致。该层 3.66m 处草籽的 AMS 测年为 3590±25a B.P.（校正年代为 3386cal.a B.P.）。该层沉积年代为 4400～3800cal. a B.P.。

张成君等（2007）及任雅琴等（2014）给出的 BSTC2000 孔 3.6～2.6m 为粉砂质碳酸盐淤泥，Ca/1000Sr 值下降（平均约 0.1），C/S 值升高（平均约为 20），和湖水变浅吻合。

经沉积速率内插，得到该层年代为 3800～2800cal. a B.P.。

杨美临（2008）给出的 BSTC001 孔 4.9～2.55m 为灰棕色、浅黄棕色粉砂质黏土及泥质粉砂，含大量螺壳，岩性变化表明湖水变浅。硅藻组合中以喜碱性种 *M.mithii*、*C.radios*、*N.obtong* 为主，表明湖水盐度增加，水深变浅。但在该层 4.15～3.15m 处 *M.mithii* 含量下降，而以淡水种 *A.levanderi* 为主，表明该阶段存在短暂湖水加深过程。平行钻孔 XBWu46 孔 4.02m（对应该孔深度为 4.1m）处植物残体的 AMS 测年为 3866±33a B.P.（树轮校正年代为 4320cal.a B.P.）。该孔 3.68m 处植物残体的 AMS 测年为 3590±27a B.P.（树轮校正年代为 3900cal.a B.P.）。该层形成于 4800～2700cal.a B.P.。

张成君等（2007）及任雅琴等（2014）给出的 BSTC2000 孔 2.6～1.5m 为粉砂和粉砂质淤泥，C/S 值下降（0.5～1），对应于湖水的加深，同时 Ca/Sr 值升高（0.3～0.4），和湖水变淡、水深增加吻合。经内插，得到该层沉积年代为 2800～2200cal.a B.P.。

杨美临（2008）给出的 BSTC001 孔 2.55～0.26m 为青灰色、粉灰色至棕灰色黏土及粉砂质黏土，偶见小螺壳。岩性变化说明湖水开始加深。硅藻组合中 *Fragilaria* 和 *Amphora* 丰度增加同时 *Mastogloia smithii* 含量下降，表明湖水盐度降低，和深度增加对应。该孔 1.45m 处植物残体的 AMS 测年年代为 2099±24a B.P.（树轮校正年代为 2060cal.a B.P.）。经平行钻孔 XBWu46 孔 4.02m（对应该孔深度为 4.1m）及 XBWu46 孔 0.13m（对应该孔深度为 0.22m）处样品年代沉积速率内插，得到该层沉积年代为 2700～120cal.a B.P.。

张成君等（2007）及任雅琴等（2014）给出的 BSTC2000 孔 1.5～0m 为粉砂和泥质沉积物，该层 C/S 值较高（平均约为 10），对应于湖水变浅。同时，该层 Ca/Sr 值降低（0.1～0.2），也和湖水变浅相吻合。据考古发现，自公元 300～400 年以来有大量旱灾记载，同时伴随着楼兰、精绝等古城的衰亡（侯灿，1984）。对该层 1.32m 处草籽的 AMS 测年为 2100±25a B.P.（校正年代为 2079cal.a B.P.）。该层为 2200cal.a B.P.以来的沉积。

杨美临（2008）给出的 BSTC001 孔顶部 0.26m 为棕色、浅棕色泥质粉砂及粉砂质黏土，含较多水草，且有小螺壳，岩性变化表明湖水变浅。硅藻组合中以 *Mastogloia smithii* 为主，和湖水变浅吻合。平行钻孔 XBWu46 孔 0.13m（对应该孔深度为 0.22m）处有机质的 AMS 测年为 100±25a B.P.（树轮校正年代为 65cal.a B.P.）。该层为 120cal.a B.P.以来的沉积。

位于湖泊东部深水区的 BST04H 孔底部 6.78～5.57m 为中粗砂沉积，中间夹小段泥和粉砂，表明湖水较低，湖泊尚未形成，但中间存在湖泊水深增加的短暂时期。该层沉积年代约在 9600cal.a B.P.之前。

BST04H 孔 5.57～4.3m 为黏度较大的碳酸盐淤泥沉积，湖相沉积物的出现表明湖泊开始形成。但淡水藻类盘星藻（*pediastrum*）含量较低（498 粒/g），说明湖水深度仍不大。该层 4.457m、5.021m、5.561m 处全有机质样品的 AMS 测年分别为 6440±40a B.P.、7490±40a B.P.、6337±28a B.P.、8650±40a B.P.（对应的校正年代分别为 7350cal. a B.P.、8280cal. a B.P.、7265cal. a B.P.、9635cal.a B.P.），相应的该层沉积年代为 9600～6800cal. a B.P.。

BST04H 孔 4.3～3.46m 为粉砂质黏土沉积，岩性变化表明湖水较下覆层加深。盘星藻（*pediastrum*）含量升高（2356 粒/g），对应于湖水深度加大。3.964m 处陆生植物残体的 AMS 测年为 4780±40a B.P.（校正年代为 5525cal. a B.P.），经沉积速率内插，得到该层形成于 6800～5380cal.a B.P.。

BST04H孔3.46～2.5m为青灰色碳酸钙淤泥沉积。该层盘星藻（*pediastrum*）含量继续升高，其中*P.simplex*和*P.duplex*浓度分别达4379粒/g和3482粒/g，对应于湖水的继续加深。该层2.658m、3.095m及3.353m处全有机的AMS测年年代分别为4830±40a B.P.（校正年代为4945cal.a B.P.）、5310±40a B.P.（6070cal.a B.P.）（对该深度处水生植物残体的AMS测年为5195±40a B.P.，校正年代为5945cal.a B.P.）和5350±40a B.P.（6100cal.a B.P.）（该深度陆生植物残体的AMS^{14}C测年为4105±40a B.P.，校正年代为4125cal.a B.P.）。该层沉积年代为5380～4100cal.a B.P.。

BST04H孔2.5～1.29m为粉砂质黏土沉积。盘星藻含量达剖面最大值（9889粒/g），说明湖水继续加深。介形类以淡水种玻璃介幼虫为主，和水深较高一致。该层1.447m、1.945m、2.383m全有机的AMS测年年代分别为2370±40a B.P.（2410cal.a B.P.）、2865±40a B.P.（2970cal.a B.P.）及3690±40a B.P.（3995cal.a B.P.）（该深度处水生植物残体的AMS^{14}C测年为3702±29a B.P.，校正年代为4035cal.a B.P.）。该层形成于4100～2060cal.a B.P.。

BST04H孔1.29～0.6m为碳酸钙淤泥沉积。该层盘星藻含量下降（587粒/g），对应于湖水变浅。该层0.704m全有机的AMS测年为3040±40a B.P.（校正年代3252cal.a B.P.），经内插，得到该层沉积年代为2060～1720cal.a B.P.。

BST04H孔顶部0.6～0m仍为碳酸钙淤泥。该层盘星藻浓度较下覆层增加，说明湖水较下覆层有所加深。该层0.307m处全有机样品的AMS^{14}C测年为1470±40a B.P.（1485cal.a B.P.），0.572m处全有机样AMS测年为2690±40a B.P.（2805cal.a B.P.）。该层为1720cal.a B.P.以来的沉积。

陈发虎等（2006）通过对BST04H的孢粉组合、碳酸盐含量和粒度等多指标的分析，也认为约8000cal.a B.P.前为风成沙沉积，湖泊尚未形成，约8000cal.a B.P.以后现代湖泊开始形成，且6000～1500cal.a B.P.时盘星藻含量较高，表明湖水较深，同时A/C值较高，表明流域湿度增加，和较深的湖水环境相吻合。这和黄小忠（2006）的研究结果较为一致。

Mischke（2006）通过对博斯腾湖西部水深5.88m处BXWu46孔介形类及Mg/Ca值、Sr/Ca值进行研究，分析了该湖泊盐度及水位的变化。结合Wünnemann等（2006）的研究，其所反映的湖水水位波动大致如下：岩心底部9.25～8.49m为河流相粗砂沉积，分选性较差，含大量石英及不透明矿物，表明当时湖水位极低，上部湖相碳酸盐及硅藻、介形类壳体的出现表明湖泊开始形成。该层形成年代大体在8500～7800cal.a B.P.。上覆8.49～6.15m为含螺壳的浅灰色钙质淤泥沉积，碎屑输入量减少，同时Sr/Ca值增加，介形类*F.caudata*丰度的增加和湖水深度加深一致，*Cyprideis torosa*及雄性*L. inopinata*的增多表明湖水盐度增大，对应于湖水加深，沿岸种*D. stevensoni*含量的降低也说明这一点。其中在7.81～7.62m处沿岸种*D.stevensoni*含量升高，同时*Cyprideis torosa*及雄性*L. inopinata*丰度的下降，对应于该时期内湖水变淡变浅。该层沉积年代为7800～5600cal.a B.P.。上覆6.15～5.0m仍为钙质淤泥沉积，但碎屑物质增多，表明湖水变浅，同时Sr/Ca值降低，表明湖水变淡，微咸种*C. torosa*的消失也说明湖水盐度降低，湖水变淡变浅，沿岸种*D. stevensoni*丰度的增加也和水深变浅相吻合。该层沉积年代为5600～4900cal.a B.P.。上覆5～4.1m为灰色粉砂质、含黏土的淤泥沉积，岩性及碎屑物质含量减少，说明湖水水位升高，同时Sr/Ca值增加及微咸种*C. torosa*丰度的增加表明湖水盐度增加及湖水变深。沿岸

种 *D. stevensoni* 丰度的减小也与此对应。该层形成年代为 4900～4300cal.a B.P.。上覆 4.1～2.8m 为含螺壳的浅灰色钙质淤泥沉积，Sr/Ca 值降低，该层 *F.caudata* 的消失，深水种 *Candona neglecta* 丰度的下降及沿岸种 *D.stevensoni* 丰度的增加均表明湖水变浅。但在该层 3.69～3.39m 及 3.19～3.03m 处 *Candona neglecta* 及 *Cyprideis* 含量较高，说明当时湖水水位略深。该层沉积年代为 4300～3000cal.a B.P.。上覆 2.8～2.18m 岩性较下覆层无变化，但 *Candona neglecta* 丰度较大，而沿岸种 *D. stevensoni* 丰度减小，同时 Sr/Ca 值升高，说明该时期湖水加深。该层沉积年代为 3000～2400cal.a B.P.。顶部 2.18～0.13m 岩性和下覆层相同，*Candona neglecta* 丰度降低，沿岸种 *D. stevensoni* 丰度增大，说明湖水变浅。但该层 2.07～1.82m、1.62～1.52m、1.28～0.71m 及 0.35～0.13m 处 *Candona neglecta* 丰度较高，说明当时湖水波动加深。该层形成年代为 2400～100cal.a B.P.。顶部为近百年来的沉积，由于受人类影响较大，因此未进行研究。

对于 Mischke 和 Wünnemann（2006）与 Wünnemann 等（2006）等就 XBWu46 孔中盐度与湖水深度间反常关系的问题，何晶（2010）从钻孔位置的差异性及样品分辨率不同两个方面做了解释：XBWu46 孔接近湖岸河流入湖口处，湖面的下降会导致其位置与外来水源地补给距离缩短，而造成水体淡化加强，同时样品分辨率不同也会导致环境事件的丢失。

BST 剖面位于博斯腾湖西岸的一荒地中，距博斯腾湖湖岸最近 12km，剖面厚 3.15m，底层 3.15～2.5m 为青灰色黏土层，且含泥球和螺壳，为明显的湖相沉积，表明该阶段博斯腾湖水体较深，面积较大，湖泊扩张至此处。上部 2.5～1.07m 为砂质沉积物，含大量植物残体，顶部 1.07m 为含大量植物残体的块状沉积物，含水量较低，顶部 0.25m 可见白色氯化钠晶体。剖面岩性变化反映博斯腾湖水位逐渐下降、湖面不断萎缩的过程，但由于缺少该剖面的年代数据，我们很难判断湖面退缩的具体时间。

以下是对该湖泊进行古湖泊重建、量化水量变化的 7 个标准：(1)低，海拔 1048m a.s.l. 阶地处的盐壳，对应湖泊水位为 1047m a.s.l.。BSTC001 剖面灰色泥炭、细砂及深灰色中粗砂沉积；BST04H 孔中的中粗砂沉积；XBWu46 孔的河流相粗砂沉积，分选性较差，含大量石英及不透明矿物。(2)较低，3.5m 深剖面泥炭沉积，δ^{13}C 值为−3‰～+1‰。BSTC001 孔为粉砂质黏土及泥质粉砂，含大量螺壳，硅藻组合中以喜碱性种为主，Ca/1000Sr 值较低（平均约 0.1），C/S 值较高（平均约为 20）；XBWu46 孔中为含螺壳的浅灰色钙质淤泥沉积，介形类以沿岸种 *D.stevensoni* 为主。(3)中等，3.5m 深剖面淤泥沉积，δ^{13}C 值为−4‰～+1‰。BSTC001 孔的黏土及粉砂质黏土，偶见小螺壳，硅藻组合中浮游和附生/底栖种并存，C/S 值较高（平均约为 10），同时 Ca/Sr 值较低（0.1～0.2）；XBWu46 孔中的含螺壳钙质淤泥沉积，沿岸种介形类含量高，同时含少量浮游种。(4) 较高，3.5m 深剖面砂质粉砂黏土，δ^{13}C 值为−3‰～−1‰。BSTC001 孔为粉砂质黏土与泥质粉砂的夹层，硅藻组合浮游和附生/底栖种并存，Ca/1000Sr 值较高（平均约 0.3），同时 C/S 值也相对较高（5～15）；BST04H 孔的粉砂质黏土沉积，盘星藻（*pediastrum*）含量相对较低（约 2500 粒/g）；XBWu46 孔为含螺壳的浅灰色钙质淤泥，介形类中微咸种 *C. torosa* 和沿岸种 *D. stevensoni* 并存。(5) 高，3.5m 深剖面粉质黏土，δ^{13}C 值为−1‰～+1‰。BSTC001 孔的黏土沉积，硅藻组合中含少量沿岸种和大量淡水浮游种，Ca/1000Sr 值较高（平均约 0.4），C/S 值相对较高（平均约为 10）；BST04H 孔的碳酸钙淤泥沉积，盘星藻（*pediastrum*）含量相对较高（约4000粒/g）；XBWu46中的钙质淤泥沉积，介形类含大量沿岸种 *D. stevensoni*，不含微咸种 *C. torosa*。（6）很高，3.5m深剖面粉质黏土，$\delta^{13}C$ 值为–3‰～–1‰。BSTC001孔的泥质粉砂及深灰色黏土沉积，Ca/1000Sr值较高（平均约0.3），C/S值较低（0.5），硅藻组合中含少量沿岸种和大量浮游种；BST04H孔的粉砂质黏土沉积，含大量盘星藻（近10000粒/g）；XBWu46中的灰色粉砂质、含黏土的淤泥，介形类含大量微咸种 *C. torosa* 及少量沿岸种 *D. stevensoni*。（7）极高，3.5m深剖面粉质黏土，$\delta^{13}C$ 值为–7‰～–3‰。BSTC001孔的粉砂质黏土，C/S值较低（0.5～1），Ca/1000Sr值较高（0.3～0.4），硅藻组合中以浮游种 *Fragilaria* 和 *Amphora* 为主；BXWu46孔浅灰色钙质淤泥沉积，介形类以深水种 *Candona neglecta* 为主。

博斯腾湖各岩心年代数据、OSL测年、水位水量变化见表3.58～表3.60，岩心岩性变化图如图3.24所示。

表3.58 博斯腾湖各岩心年代数据表

样品编号	放射性 ^{14}C 测年/a B.P.	校正年代/cal.a B.P.	深度/m	测年材料	剖面	备注
	11700±300	13559	3.0	黏土	3.5m深剖面	
	10560±310	12241	2.80	泥炭	3.5m深剖面	
LAMS05095	8650±40	9635	5.561	全有机	BST04H	AMS测年
	8260±300	9169	2.10	泥炭	3.5m深剖面	
LAMS05094	7490±40	8280	5.021	全有机	BST04H	AMS测年
KIA 13117	7368±36	8135	8.8～8.82	植物残体	XBWu46	AMS测年
KIA18573BSTC 20000609	7365±35	8184	8.46	叶片	BSTC2000	AMS测年
KIA18573	7364±37	8125	8.65	植物残体	BSTC001孔	AMS测年
LAMS05093	6440±4	7350	4.457	全有机	BST04H	AMS测年
KIA25466	6337±28	7265	5.021	全有机	BST04H	AMS测年
LAMS05092	5800±40	6585	3.964	全有机	BST04H	AMS测年
LAMS05091	5350±40	6100	3.353	全有机	BST04H	AMS测年
LAMS05090	5310±40	6070	3.095	全有机	BST04H	AMS测年
LAMS05096	5195±40	5945	3.095	水生植物残体	BST04H	AMS测年
KIA 13116	4949±33	5670	6.2～6.22	植物残体	XBWu46	AMS测年
LAMS05098	4780±40	5525	3.964	陆生植物残体	BST04H	AMS测年
	4760±360	5422	1.6	泥炭	3.5m深剖面	
KIA18574	4426±26	4965	5.14	植物残体	BSTC001孔	AMS测年
KIA18574BSTC 20000609	4425±25	5006	5.14	草籽	BSTC2000	AMS测年
LAMS05089	4380±40	4945	2.658	全有机	BST04H	AMS测年
LAMS05097	4105±40	4125	3.353	陆生植物残体	BST04H	AMS测年
KIA 13115	3866±30	4303	4～4.02	植物残体	XBWu46	AMS测年
KIA25464	3702±29	4035	2.383	水生植物残体	BST04H	AMS测年

续表

样品编号	放射性 ^{14}C 测年/a B.P.	校正年代/cal.a B.P.	深度/m	测年材料	剖面	备注
LAMS05088	3690±40	3995	2.383	全有机	BST04H	AMS 测年
KIA18575BSTC 20000609	3590±25	3386	3.66	草籽	BSTC2000	AMS 测年
KIA18575	3590±27	3900	3.68	植物残体	BSTC001 孔	AMS 测年
LAMS06027	3040±40	3252	0.704	全有机	BST04H	AMS 测年
LAMS05087	2865±40	2970	1.945	全有机	BST04H	AMS 测年
	2820±150	3036	1.20	泥炭	3.5m 深剖面	
LAMS050852	690±40	2805	0.572	全有机	BST04H	AMS 测年
LAMS05086	2370±40	2410	1.447	全有机	BST04H	AMS 测年
KIA18576BSTC 20000609	2100±25	2079	1.32	草籽	BSTC2000	AMS 测年
KIA18576	2099±24	2060	1.45	植物残体	BSTC001 孔	AMS 测年
Beta 143708	1970±40	1919	0.48～0.49	有机质	XBWu46	AMS 测年
LAMS05084	1470±40	1485	0.307	全有机	BST04H	AMS 测年
KIA 13184	1207±23	1120	0.91～0.93	植物残体	XBWu46	AMS 测年
Beta 143707	840±40	749	0.41～0.42	有机质	XBWu46	AMS 测年
	340±100	400	0.20	淤泥	3.5m 深剖面	
	220±40	180	0.25	全有机	BT04C	AMS 测年
KIA 13113	102±24	126	0.13～0.15	有机质	XBWu46	AMS 测年

注：BSTC001 孔年代校正为树轮校正，BST04H 孔为 OXCal3.10 校正，XBWu46 孔采用 CALIB 4.4 校正，BSTC2000 孔测量得到的年代结果用 CAL IB rev 5. 01 软件校正，3.2m 深剖面用 Calib6.0 校正

表 3.59　OSL 测年

年代/a B.P.	深度/m	测年材料	钻孔
8530±1940	5.7～5.75	风成沙	BST04C
14710±1728	6.15～6.2	风成沙	BST04C
9140±2070	5.57～5.62	风成沙	BST04H
17290±1990	6.78～6.9	风成沙	BST04H

注：OSL 释光测年在中国科学院寒区旱区环境与工程研究所释光实验室进行

表 3.60　博斯腾湖古湖泊水位水量变化

年代	水位水量
16854～14218cal.a B.P.	中等（3）
14218～12702cal.a B.P.	极高（7）
12702～11934cal.a B.P.	较低（2）
11934～10925cal.a B.P.	极高（7）
10925～9600cal.a B.P.	中等（3）
9600～8300cal.a B.P.	低（1）

续表

年代	水位水量
8300～8100cal.a B.P.	较低（2）
8100～7800cal.a B.P.	高（5）
7800～5900cal.a B.P.	较高（4）
5900～4800cal.a B.P.	高（5）
4800～4400cal.a B.P.	低（1）
4400～3800cal.a B.P.	很高（6）
3800～2800cal.a B.P.	较低（2）
2800～2200cal.a B.P.	极高（7）
2200～0cal.a B.P.	中等（3）
1950～1980 A.D.	低（1）

参考文献

陈发虎，黄小忠，杨美临，等. 2006. 亚洲中部干旱区全新世气候变化的西风模式——以新疆博斯腾湖记录为例. 第四纪研究，26（6）：881-887.

陈发虎，黄小忠，张家武，等. 2007. 新疆博斯腾湖记录的亚洲内陆干旱区小冰期湿润气候研究. 中国科学D辑：地球科学，37（1）：77-85.

陈硕. 2009. 新疆博斯腾湖沉积岩芯介形虫组合与碳氧同位素揭示的全新世气候变化研究. 兰州：兰州大学硕士学位论文：1-71.

何晶. 2010. 新疆博斯腾湖沉积岩芯揭示的全新世气候变化. 兰州：兰州大学硕士学位论文：1-65.

侯灿. 1984. 论楼兰城的发展及其衰废. 中国社会科学，2：155～171.

黄小忠，陈发虎，肖舜，等. 2008. 新疆博斯腾湖沉积物粒度的古环境意义初探. 湖泊科学，20（3）：291-297.

黄小忠. 2006. 新疆博斯腾湖记录的亚洲中部干旱区全新世气候变化研究. 兰州：兰州大学博士学位文：1-193.

罗兰，武胜利，刘强吉. 2016. 博斯腾湖湖岸沉积物磁化率和粒度特征分析. 水土保持研究，23（2）：346-351.

任雅琴，王彩红，李瑞博，等. 2014. 有机质饱和烃和$\delta^{13}C_{org}$. 记录的博斯腾湖早全新世晚期以来生态环境演变. 第四纪研究，34（2）：425-433.

王润，孙占东，高前兆. 2006. 2002年前后博斯腾湖水位变化及其对中亚气候变化的响应. 冰川冻土，2006，28（3）：324-329.

许英勤. 1998. 新疆博斯腾湖地区全新世以来的孢粉组合与环境. 干旱区地理，21（2）：43-49.

杨川德，邵新媛. 1993. 博斯腾湖//杨川德，邵新媛. 1993. 亚洲中部湖泊近期变化. 北京：气象出版社：69-79.

杨美临. 2008. 博斯腾湖多代用指标（侧重硅藻）记录的全新世气候变化模式. 兰州：兰州大学博士论文：1-273.

张成君，郑绵平，Prokopenko，等. 2007. 博斯腾湖碳酸盐和同位素组成的全新世古环境演变高分辨记录及与冰川活动的响应. 地质学报，81（12）：1658-1671.

张家武，王君兰，郭小燕，等. 2010. 博斯腾湖全新世岩芯沉积物碳酸盐氧同位素气候意义. 第四纪研究，30（6）：1078-1087.

钟巍. 1999. 南疆博斯腾湖末次冰消期新仙女木事件的记录. 湖泊科学，11（1）：28-32.

Huang X Z，Chen F H，Fan Y X，et al. 2009. Dry late-glacial and early Holocene climate in arid central Asia indicated by lithological and palynological evidence from Bosten Lake，China.Quaternary International，194：19-27.

Mischke S，Wünnemann B. 2006. The Holocene salinity history of Bosten Lake（Xinjiang，China）inferred from ostracod species assemblages and shell chemistry：Possible palaeoclimatic implications. Quaternary International，154：100-112.

Wünnemann B，Mischke S，Chen F H. 2006. A Holocene sedimentary record from BostenLake，China. Palaeogeography，Palaeoclimatology，Palaeoecology，234：223-238.

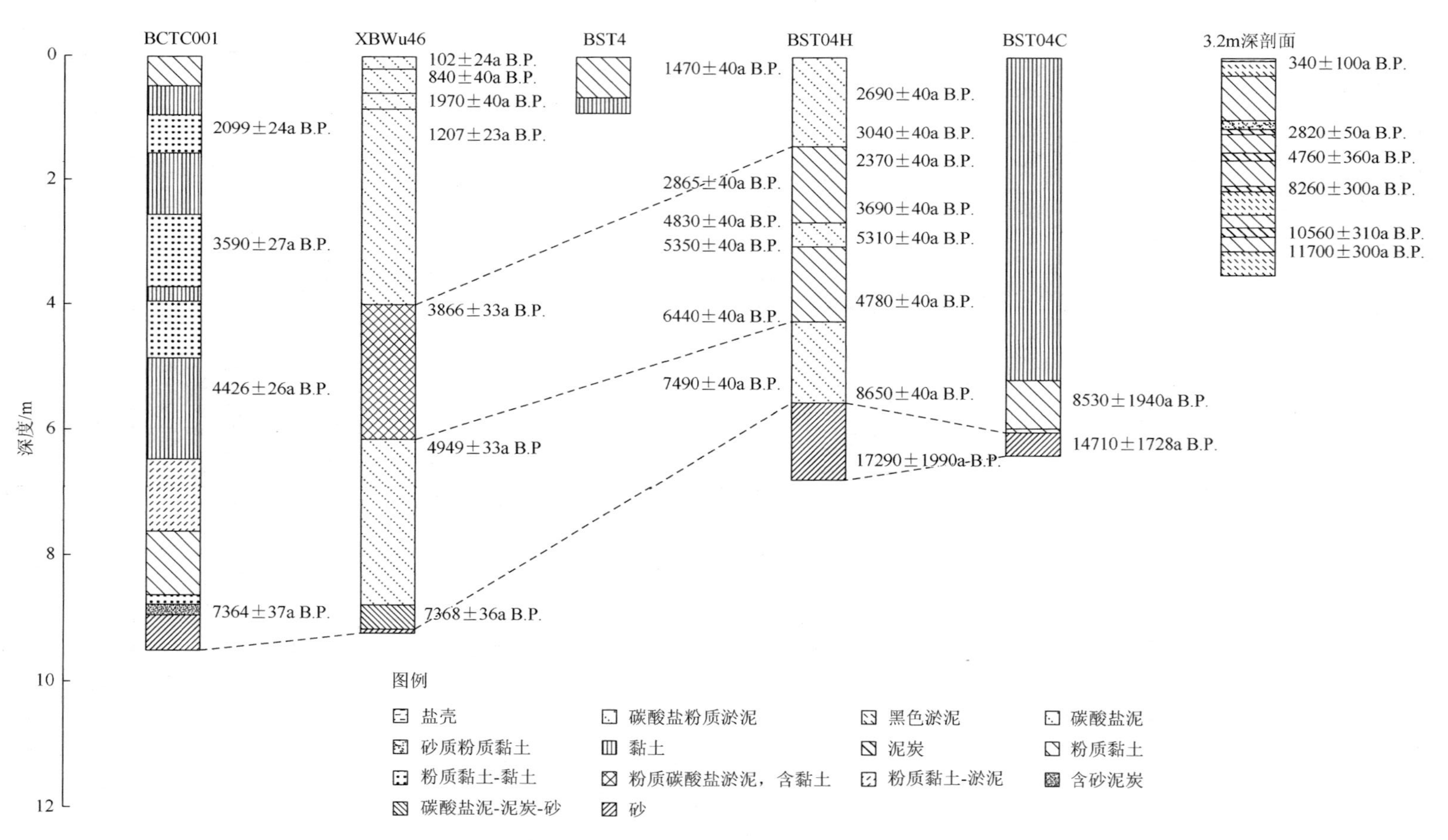

图 3.24　博斯腾湖岩心岩性变化图

3.4.8　柴窝堡湖

柴窝堡湖（43.50°N，87.90°E，海拔 1092m a.s.l.）是位于新疆天山北坡柴窝堡盆地的封闭淡水湖泊。盆地由断陷作用形成，基岩为石炭纪-二叠纪碎屑岩，同时还含有一些碳酸盐及火成岩（施雅风等，1990）。柴窝堡湖 1971 年面积为 $30km^2$，对应水位为 1903.86m a.s.l.；2008 年湖泊水位下降至 1901.66m a.s.l.，相应的湖泊面积缩减至 $27km^2$（Ma et al.，2013）。湖泊平均水深约为 2m，最大水深为 4m，矿化度为 6.8g/L，pH 平均为 9.04（Ma et al.，2013）。柴窝堡湖属于山间集水洼地型湖，湖泊水源来自山区地表径流及地下水渗流补给，集水面积约 $1960.8km^2$（李均力等，2015）。湖泊主要由径流及高山（最高海拔达 5445m a.s.l.）的冰雪融水补给。湖区年均气温为 5.0℃，年降雨量 64mm，年蒸发量 2716mm（马龙等，2012）。柴窝堡盆地被温暖的沙漠植被覆盖，以藜科（包括梭梭属、假木贼属、小莲属及驼绒藜属）、麻黄、霸王属和柽柳（含红砂属）为主（李文漪和阎顺，1990）。

在高于现代水位的不同海拔处发现了 3 个含湖相沉积物的非连续侵蚀阶地 T1、T2 和 T3。他们分别高出现代水位 1～2m、7～8m 及 25～28m（王靖泰和焦克勤，1989）。阶地沉积物对应年代为湖水位较今高的晚冰期和全新世间（王靖泰和焦克勤，1989）。

T3 阶地顶部海拔 1117m a.s.l.，湖泊西南 20m 有一高 25m 的自然切面（T3-SW）穿过该阶地。剖面 5～25m 处为冰融水及河流砂沉积，2～5m 处为湖相黏土沉积，顶部 0～2m 处为湖滨沙及砾石沉积。对湖相黏土层中深 3.0m 和 4.3m 的两样品进行放射性 ^{14}C 测年，得出其对应年代分别为 12240±120a B.P.（14248cal.a B.P.）和 15030±140a B.P.（18262cal.a B.P.）。经沉积速率（0.0466cm/a）外推知该剖面湖相沉积层对应年代为 17600～10100a B.P.（20425～11160cal.a B.P.）。王靖泰和焦克勤（1989）认为湖岸线在 1117m a.s.l.时湖泊面积可能为 $330km^2$。

通过岩性变化可重建湖相沉积阶段的水深变化。T3-SW 剖面湖相沉积层底部（5.0～4.5m）为蓝灰色黏土，表明当时水深较大，该层对应年代为 17600～15460a B.P.（20425～18880cal.a B.P.）。上覆沉积物（4.5～3.8m）为含大量植物残体的黑色黏土，有机质含量的增加及植物残体的出现表明湖泊在 15460～13960a B.P.（18880～16720cal.a B.P.）时变浅。上覆沉积物（3.8～3.0m）为蓝灰色黏土，说明在 13960～12240a B.P.（16720～14250cal.a B.P.）水深又有所增加。3.0～2.8m 处沉积物为黑色粉质黏土，粗糙碎屑物的出现表明水深较下覆层变浅，该层对应年代为 12240～11810a B.P.（14250～13630cal.a B.P.）。2.8～2.4m 处沉积物为蓝灰色黏土，说明水深又增加，该层沉积年代为 11810～10950a B.P.（13630～12395cal.a B.P.）。最上层沉积物（2.4～2.0m）为粉质黏土，对应于湖水变浅，该层对应年代为 10950～10100a B.P.（12395～11160cal.a B.P.）。

约 10100a B.P.（11160cal.a B.P.）水位降至现代水位以下，形成了 T3 阶地。随后进入全新世时水位又开始上涨，致使一些湖相沉积在 T3 阶地坡脚堆积。T2 阶地中也含有这些湖相沉积物。位于现代湖泊东北的 T3-NE 剖面表面的钙质结核（8320±80a B.P.和 9650±130a B.P.，校正年代分别为 9290cal.a B.P.和 10456cal.a B.P.）提供了湖退及随后湖进的详细年代。这些结核和 T3 阶地土壤层形成年代大体一致，因此在 9700a B.P.（10500cal.a B.P.）

前的一段时间，湖水水位一定降至 1117m a.s.l.以下，且再也没达到过这个高度。

T2 阶地顶部水位为 1101～1105m a.s.l.。位于现代湖泊东北 1300m，海拔 1101m a.s.l. 的 T2 阶地一剖面（T2 NE-a）底部为 1.35m 深的灰色湖相黏土沉积，上覆层为 0.65m 深的黑色湖相淤泥，顶部为 1m 深的泥炭层。岩性变化表明灰色湖相黏土层沉积时所对应的湖水深度要比含较多有机质的黑色湖相淤泥层大。1.1m、1.4m、1.90m 及 2.44m 处样品放射性 ^{14}C 测年对应年代分别为 6958±217a B.P.（7813cal.a B.P.）、8180±120a B.P.（9118cal.a B.P.）、9470±80a B.P.（7813cal.a B.P.）及 10600±100a B.P.（12535cal.a B.P.），说明灰色湖相黏土层形成于 10700～8820a B.P.（14400～9915cal.a B.P.），而含有机质的黑色淤泥层形成年代为 8820～6760a B.P.（9915～7675cal.a B.P.）。泥炭层中含有 4 个放射性 ^{14}C 测年数据，表明其沉积年代为 1660～6760a B.P.（7675～1650cal.a B.P.）。泥炭层层厚不均，通常认为它形成于水位下降时的阶地顶部（王靖泰和焦克勤，1989）。T2 阶地剖面表明，在 10700～6760a B.P.（14400～7675cal.a B.P.）水位要比现代水位高出 8m 以上。T2 NE-a 剖面湖相黏土层中的测年数据表明形成 T3 剖面的湖水位下降时期可能要比通过 T3 剖面沉积速率外推出的时间要早，且在早全新世湖水水位就已经开始上升。

在距湖泊东北 1200m 处的 T2 阶地（1105m a.s.l.）存在第 2 个剖面（T2 NE-b）。该剖面基底沉积物为湖相黏土，其沉积年代为 14800±100a B.P.（17908cal.a B.P.）。该层相当于 T3 阶地处的湖相黏土沉积，且表明 T2 阶地中含更老的湖相沉积物。较新的湖相黏土层覆盖在底层黏土之上，这些黏土层没有测年数据，但通常认为其形成年代和 T2 NE-a 剖面中记录的早全新世湖进时黏土的沉积年代一致。T2 阶地表层被 5m 厚的泥炭层所覆盖。靠近泥炭层底部的一样品放射性 ^{14}C 测年年代为 6690±200a B.P.（7595cal.a B.P.）。泥炭层被认为是水位下降，T2 阶地被侵蚀时形成的。因此，T2 NE-b 剖面泥炭层形成年代表明在 6760a B.P.（7675cal.a B.P.）时湖水位下跌，且很可能比现代水位还要低。

随后水位的升高导致了 T2 阶地坡脚湖相沉积物的堆积。这些湖相沉积物出露在 T1 阶地中。T1 阶地顶部海拔为 1094m a.s.l.，含两个剖面。在湖泊西南 20m 的 T1 阶地顶部的湖相黏土中取得一样品，对其进行放射性 ^{14}C 测年知其沉积年代为 2834±57a B.P.（2935cal.a B.P.）。距湖泊东北 700m 的 T1 阶地第二个剖面底部为灰色湖相黏土，上覆层沉积 1m 厚的泥炭。分别对泥炭层一样品和黏土层中的两个样品进行放射性 ^{14}C 测年，得出其对应年代分别为 2281±130a B.P.（2307cal.a B.P.）、3033±118a B.P.（3195cal.a B.P.）和 3830±70a B.P.（4248cal.a B.P.）。泥炭层厚度不等，大致形成于水位降至 T1 阶地海拔以下时（王靖泰和焦克勤，1989）。对 T1 阶地的研究表明，在 4000～2800a B.P.（5000～2900cal.a B.P.）湖水水位比现今高 1～2m，自 2800a B.P.（2900cal.a B.P.）后水位再次下降。

阶地测年数据总结见表 3.61。

表 3.61　柴窝堡湖各阶地测年数据表

阶地	剖面	顶部海拔/m a.s.l.	^{14}C 测年/a B.P.	估计湖泊水位/m a.s.l.
T1	T1 SW 剖面 T1 NE 剖面 T1 NE 剖面	1093～1094	2834±57，3033±118，3830±70	1～2

续表

阶地	剖面	顶部海拔/m a.s.l.	^{14}C 测年/a B.P.	估计湖泊水位/m a.s.l.
T2	T2 NE-a 剖面	1101～1102	6958±217，8180±120，9470±80，10600±100	7～8
	T2 NE-b 剖面	1105	6690±200，14800±100	13
T3	T3 NE 剖面	1117	8320±80，9650±130	25
	T3 SW 剖面	1117～1120	12240±120，15030±140	25～28

柴窝堡盆地北部有两个钻孔（CK1、CFK），位于现代湖泊西南 7km 处。在海拔 1114.762m a.s.l.处取得一长 500m 的钻心（CK1），该钻心沉积记录可追溯至更新世（Zhang and Wen，1990）。CK1 孔中湖相和河流冲积沉积物记录了湖泊水深的长期变化状况。尽管我们有该钻心沉积的确切年代，但在本书中并未采用该孔沉积信息来表征湖泊水深的变化。在 CK1 孔东北 300m 处钻得一 14.6m 长的钻孔（孔 CFK），该孔提供了过去 30000 年的湖泊变化情况（施雅风，1990）。基于该孔岩性变化、介形类组合状况（黄宝仁，1990）及水生植物的出现/消失（李文漪和阎顺，1990），可重建湖泊水深的相对变化。钻孔有两个全新世放射性 ^{14}C 测年数据，其中一个是对 80cm 厚的样品的测年，因此其年代数据并不可靠。年代学基于一个放射性 ^{14}C 测年数据（王靖泰和焦克勤，1989；Gu et al.，1990）和古地磁测年（李文漪和阎顺，1990），并假定通过 CK1 孔顶部放射性 ^{14}C 年代的测定能得出钻心顶部对应的年代。

CK1 孔为湖相沉积物（102.1～83.94m、66.93～51.89m、42.4～34.64m 及 23.35～13.4m）和河流冲积物（550.68～102.1m、83.94～66.93m、51.89～42.4m、34.64～23.35m 及 13.4～0m）的交替沉积。湖相沉积物对应水位比现今高的时期，而河流冲积物则对应水位与现今持平甚至低于现代的时期。CK1 孔中含有 8 个 U 系测年年代和 3 个放射性 ^{14}C 测年数据，其中 3 个 U 系测年年代和一个 ^{14}C 测年数据因数据偏小而未被采用。年代学基于 5 个 U 系测年年代和 2 个放射性 ^{14}C 测年数据。

第一个湖积层（102.1～83.94m）为层状灰蓝色黏土和粉质黏土，代表较深的水环境。介形类组合在 101.1～102.1m 处以适于生活在淡水和微咸水的 *Candona* spp.、*Ilyocypris biplicata*、*Limnocythere dubiosa* 及 *L. sancti-patricii* 为主（黄宝仁，1990）。中间层（93.0～93.20m）以淡水种 *Paracypricercus levis* 为主（黄宝仁，1990）。81～82m 和 87～91m 处两样品的 U 系年代分别为 303000±70000a B.P.和 211000±73000a B.P.，87～91m 处年代显然过小（Gu et al.，1990）。通过 81～82m 处测年数据及上覆层沉积速率外推知该湖相沉积年代约在 310000a B.P.之前。

第二个湖相沉积层（66.93～51.89m）为黄色和蓝色黏土及粉质黏土，该层未出现介形类。53.0m 及 57.7m 处样品的 U 系测年年代分别为 67000±8000a B.P.和 211000±90000a B.P.。67000±8000a B.P.的测年数据应该偏小（Gu 等，1990）。通过对 53.0m 处样品测年数据（211000±90000a B.P.）和上覆层 23～24m 测年数据（62000±7000a B.P.）沉积速率（0.0215cm/a）内插，得到该层沉积年代为 251000～194000a B.P.。

第三个湖积层（34.64～42.4m）为灰色黏土及粉质黏土。39.6～39.85m 处介形类组合

以 *Paracypricercus levis*、*Candona neglecta*、*Candoniella albicans*、*C. mirabilis* 和 *Ilyocypris biplicata* 为主，表明当时为一淡水环境（黄宝仁，1990）。该层无测年数据，经上下层已知U系年代的内插得知该层沉积年代为147000～110500a B.P.。

第四个湖积层（23.35～13.4m）岩性变化较大，该层不含介形类。23～24m、16.0m和14.0m处样品U系测年对应年代分别为62000±7000a B.P.、31000±3000a B.P.和20000±2000a B.P.，同时，16.0m处一样品的放射性 ^{14}C 测年为23821±766a B.P.（28531cal.a B.P.）。考虑16m处U系测年和 ^{14}C 测年结果的不一致性，我们仅采用U系测年来建立该层年代序列。该层可以分为五个亚层：第一个亚层（23.35～21.68m）为黄色湖相黏土沉积，并含有细砂质透镜体（约2cm厚），对应于较深的湖水环境，该层沉积年代为62000～54400a B.P.；第二个亚层（21.68～19.97m）为黑色细砂和黄色黏土层，表明湖水较上覆层变浅，该亚层对应年代为54400～47370a B.P.；第三个亚层（19.97～18.11m）为灰蓝色层状黏土，表明湖水加深，该层沉积年代为47370～39700a B.P.；第四个亚层（18.11～16.0m）为棕黄色黏土沉积，层理的消失对应于水深变浅，该层沉积年代为39700～31000a B.P.；第五个亚层（16.0～13.4m）为灰绿色层状粉质黏土，层理的再次出现说明水深较下覆层加深，该层沉积年代为31000～16700a B.P.。

CK1孔最上部沉积物（13.4～0.2m）为河流冲积砂、砾石及石块。顶部20cm发育现代土壤。对0.35m和0.7～1.3m处样品分别进行放射性 ^{14}C 测年，其年代分别为3696±90a B.P.（4062cal.a B.P.）和3852±245a B.P.（4238cal.a B.P.），表明该河流冲积物形成于约3700a B.P.（4000cal.a B.P.）前。顶层现代土壤的发育说明当时的低水位一直持续至今。

总的来说，尽管CK1孔不能提供近年来湖泊水位变化的高分辨率详细记录，但它表明在水位较今高的第四纪时期湖水存在多次波动。特别是在310000a B.P.前、251000～194000a B.P.、147000～110500a B.P.和62000～16700a B.P.水位变化阶段的存在。最后一阶段湖相沉积表明随时间推移湖水水深经历了一系列变化。然而，由于测年数据较少且U系测年数据的不确定性，年代只能进行大体估计。因此我们试图将这些记录所反映的湖泊水深变化与CFK孔所反映的湖泊水深变化相互比对，以期获得较准确信息。

CKF孔沉积物记录了过去30000年来的水深变化（施雅风等，1990）。钻心底层（14.6～12.61m）为湖相黏土。该层根据岩性变化及生物的微构造又可分为以下几个亚层：第一个亚层（14.6～14.2m）为灰色粉质黏土，第二个亚层（14.2～12.61m）为蓝灰色层状黏土，第三个亚层（12.61～12.21m）为暗黄色粉质黏土。岩性变化反映湖泊经历了从较浅到较深又到较浅的波动变化。由于该层没有放射性 ^{14}C 测年数据，因此无法判断各亚层对应的年代。考虑到该层上部有数米厚的河流冲积物沉积，因此通过上覆湖相层沉积速率的外推算出的年代可靠性不大。钻心的11个古地磁样品表明在孔底部存在Laschamp极性倒转（约30ka B.P.）（李文漪和阎顺，1990），说明该湖相沉积于约30000a B.P.并持续了一段时间。

CKF孔12.21～3.6m为粗-细砂、砾石及卵石。施雅风等（1990）认为它们为河流冲积物沉积。该层上边界一样品的放射性 ^{14}C 测年数据为9860±295a B.P.（11371cal.a B.P.），因此在9860a B.P.（11371cal.a B.P.）前湖泊水位应较低。

上覆沉积物（3.6～3.0m）为黑色湖相砂和粉砂，岩性特征对应于较浅的滨湖沉积。

由于钻孔在距现代湖泊 7km 处，因此当时水位仍高于现代水位。假定 CFK 孔顶部土壤形成时间和 CK1 孔顶部土壤形成时间一致（约 3700a B.P.，4000cal.a B.P.），经底部沉积物放射性 ^{14}C 测年数据及顶部年代数据（3700a B.P.）沉积速率（0.058cm/a）内插，得到该层沉积年代为 9860～8830a B.P.（11370～10140cal.a B.P.）。由于 CK1 孔和 CFK 孔顶部都比现代湖泊水位高 7m，钻孔处浅水环境对应水位也应高出现代至少 7m。该沉积物对应 T2 阶地早全新世的湖相沉积，该湖相沉积也说明当时水位高出现代至少 7m。

CKF 孔 3.0～1.1m 为黑色湖相黏土。岩性变化表明湖水加深。水生香蒲的出现也说明沉积物从滨湖沉积向浅水沉积转变。该层年代为 8830～5550a B.P.（10140～6250cal.a B.P.）。

CKF 孔 1.1～0.35m 为暗黄色湖相粉质黏土。粉砂粒物质的出现表明水深变浅。该层对应年代为 5550～3700a B.P.（6250～4720cal.a B.P.）。

CFK 孔湖相沉积物序列变化（浅-较深-较浅）同 T2 阶地湖相沉积物序列变化吻合，但变化时间却不一致。这在一定程度上也反映出 CFK 孔年代学的不精确。

假定剖面顶部土壤形成年代与 CK1 孔顶部土壤形成年代一致。两钻孔处土壤层的发育表明在过去 3700a B.P.（4720cal.a B.P.）水位比钻孔处要低。这和 T1 阶地显示的晚全新世水位增加幅度仅为 1～2m 相一致。

尽管近年来对柴窝堡湖的研究较多，如马龙等（2012，2013）对位于湖心的 CW01 孔（50cm）和 CW02 孔（65cm）粒度及元素地球化学特征进行了研究；Ma 等（2013）对柴窝堡湖心钻孔的有机碳及其同位素进行了研究；李均力等（2015）对柴窝堡湖近 50 年来湖泊水面变化的时间序列进行了分析，但这些研究时间尺度均较短（150 年左右），很难根据这些进行柴窝堡古湖泊水位的重建。因此，我们在此对这些研究不再赘述，且在最后研究柴窝堡古湖泊水位量化时，不参考这些研究资料。

以下是对该古湖泊进行古湖泊重建、量化水量变化的 7 个标准：（1）很低，低于现代湖泊水位；（2）低，现代湖泊水位；（3）较低，T1 阶地湖相沉积（高出现代水位 1～2m）；（4）中等，T2 阶地的有机淤泥沉积（高出现代水位 7～8m）；（5）较高，T2 阶地处的黏土沉积（高出现代水位 7～8m）；（6）高，T3 阶地有机浅水沉积（高出现代水位 25m）；（7）很高，T3 阶地非有机蓝灰色黏土沉积（高出现代水位 25m）。

柴窝堡湖各岩心年代数据、U 系测年、水位水量变化见表 3.62～表 3.64，岩心岩性变化图如图 3.25 所示。

表 3.62　柴窝堡湖各岩心年代数据表

样品编号	放射性 ^{14}C 测年/a B.P.	校正年代/cal.a B.P.	深度/m	测年材料	钻孔/剖面
LB-127	23821±766	28531	16.0	黏土	孔 CK1（由于和 U 系测年不一致而未被采用）
LB	15030±140	18262	4.3	黏土	T3 阶地剖面（SW）
LB	14800±100	17908	约 5	黏土	T2 阶地剖面（NE-b）
LB	12240±120	14248	3	黏土	T3 阶地剖面（SW）
LB	10600±100	12535	2.44	黏土	T2 阶地剖面（NE-a）
GC-87086	9860±295	11371	3.6	砂	孔 CKF
LB	9650±130	10456	约 2	钙质结核	T3 阶地剖面（NE）

续表

样品编号	放射性 ^{14}C 测年/a B.P.	校正年代/cal.a B.P.	深度/m	测年材料	钻孔/剖面
LB	9470±80	10710	1.9	黏土	T2 阶地剖面（NE-a）
LB	8320±80	9290	约 0.5	钙质结核	T3 阶地剖面（NE）
LB	8180±120	9118	1.4	淤泥	T2 阶地剖面（NE-a）
LB	6958±217	7813	1.1	淤泥	T2 阶地剖面（NE-a）
LB	6690±200	7595	约 3	泥炭	T2 阶地剖面（NE-b）
LB	6640±80	7540	0.9	泥炭	T2 阶地剖面（NE-a）
LB-156	5705±142	6535	2.85～3.6	黏土	孔 CKF（样品误差太大也未采用）
LB	4228±113	4738	0.7	泥炭	T2 阶地剖面（NE-a）
LB-154	3852±245	4238	0.7～1.3	黏土	孔 CK1
LB	3830±70	4248	约 0.5	黏土	T1 剖面（NE）
LB	3740±60	4083	0.5	泥炭	T2 阶地剖面（NE-a）
LB-153	3696±90	4062	0.35	黏土	孔 CK1
LB	3033±118	3195	约 1.2	黏土	T1 阶地剖面（NE）
LB	2834±59	2935	约 0.5	黏土	T1 阶地剖面（SW）
LB	2281±130	2307	约 1.5	黏土	T1 阶地剖面（NE）
LB	1600±178	1538	0.3	泥炭	T2 阶地剖面（NE-a）

注：LB 表示 ^{14}C 测年在原中国科学院兰州冰川冻土研究所实验室进行，GC 表示 ^{14}C 测年在中国科学院地球化学研究所实验室进行，校正年代由校正软件 Calib6.0 获得

表 3.63　柴窝堡湖 U 系测年

年代/a B.P.	深度/m	测年材料	钻孔
303000±70000	81～82	碳酸盐	孔 CK1
211000±90000	57.7	碳酸盐	孔 CK1
211000±73000	87～91	碳酸盐	孔 CK1（可能年代偏轻）
67000±8000	53.0	碳酸盐	孔 CK（可能年代偏轻）
62000±7000	23～24	碳酸盐	孔 CK1
31000±3000	16.0	碳酸盐	孔 CK1
20000±2000	14.0	碳酸盐	孔 CK1
2500±？	1.25～1.35	碳酸盐	孔 CK1（由于和 ^{14}C 测年不一致而未采用）

注：样品测年在中国科学院地球化学研究所完成

表 3.64　柴窝堡湖古湖泊水位水量变化

年代	水位水量
约 30000a B.P.	较高（5）
20425～18880cal.a B.P.	很高（7）
18880～16720cal.a B.P.	高（6）
16720～14250cal.a B.P.	很高（7）

续表

年代	水位水量
14250～13630cal.a B.P.	高（6）
13630～12395cal.a B.P.	很高（7）
12395～11160cal.a B.P.	高（6）
？～14400cal.a B.P.	很低（1）
14400～9915cal.a B.P.	较高（5）
9915～7675cal.a B.P.	中等（4）
7675～5000cal.a B.P.	很低（1）
5000～2900cal.a B.P.	较低（3）
2900～100cal.a B.P.	很低（1）
2900～0cal.a B.P.	低（2）

参考文献

黄宝仁. 1990. 柴窝堡盆地第四纪介形类分析//施雅风，文启忠，曲耀光. 新疆柴窝堡盆地第四纪气候环境变迁和水文地质条件. 北京：海洋出版社：75-84.

李均力，胡汝骥，黄勇，等. 2015. 1964—2014 年柴窝堡湖面积的时序变化及驱动因素. 干旱区研究，32（3）：417-427.

李文漪，阎顺. 1990. 柴窝堡盆地第四纪孢粉学研究//施雅风，文启忠，曲耀光. 新疆柴窝堡盆地第四纪气候环境变迁和水文地质条件. 北京：海洋出版社：46-74.

马龙，吴敬禄，吉力力. 2012. 新疆柴窝堡湖沉积物中环境敏感粒度组分揭示的环境信息. 沉积学报，30（5）：945-954.

马龙，吴敬禄，吉力力. 2013. 新疆柴窝堡地区沉积物元素地球化学特征及其环境意义. 自然资源学报，28（7）：1221-1231.

施雅风，文启忠，曲耀光. 1990. 新疆柴窝堡盆地第四纪气候环境变迁和水文地质条件. 北京：海洋出版社：1-15，25-37，38-45.

王靖泰，焦克勤. 1989. 柴窝堡-达坂城区域地貌、第四纪沉积物及湖面变化//施雅风，文启忠，曲耀光. 新疆柴窝堡盆地第四纪气候环境变迁和水文地质条件.北京：海洋出版社：11-21.

Ma L，Wu J，Abuduwaili J. 2013. Climate and environmental changes over the past 150 years inferred from the sediments of Chaiwopu Lake，central Tianshan Mountains，northwest China. International Journal of Earth Sciences，102（3）：959-967.

3.4.9　罗布泊

罗布泊（也称罗布诺尔：39.90°～40.83°N，90.17°～91.41°E，海拔 780m a.s.l.）位于塔里木盆地的东部，是盆地的最低部位。罗布泊流域面积约 300000km^2，盆地为构造成因，形成于上新世/第四纪，基岩主要为砂岩，自上新世以来罗布泊盆地始终是塔里木盆地的沉降中心，盆地内的钻孔调查表明罗布泊盆地的湖相沉积达数百米，湖泊在整个第四纪都稳定存在（阎顺等，1998）。现在罗布泊没有湖泊，是一个干盐湖，被厚 20～40cm 的盐壳覆盖（王富葆等，2008）。在唐代（618～907 A.D.）前，罗布泊由三个湖泊组成：台特玛湖（88km^2，湖底海拔 807m a.s.l.），喀拉和顺湖（1100km^2，海拔 788m a.s.l.）和罗布泊（5350km^2，海拔 778m a.s.l.）。罗布泊是这三个湖泊中海拔最低的湖泊，另两个湖泊与它由一些自然通道相连。罗布泊的补给来源主要是孔雀河，台特玛湖由塔里木河补给，喀拉和顺湖由车尔臣河补给，这些河流在塔里木盆地内最后都干枯了。自唐代以来，由于该区气候的干化以及灌溉的增加，这些河流水量减少，湖泊在 20 世纪完全变干（杨川德

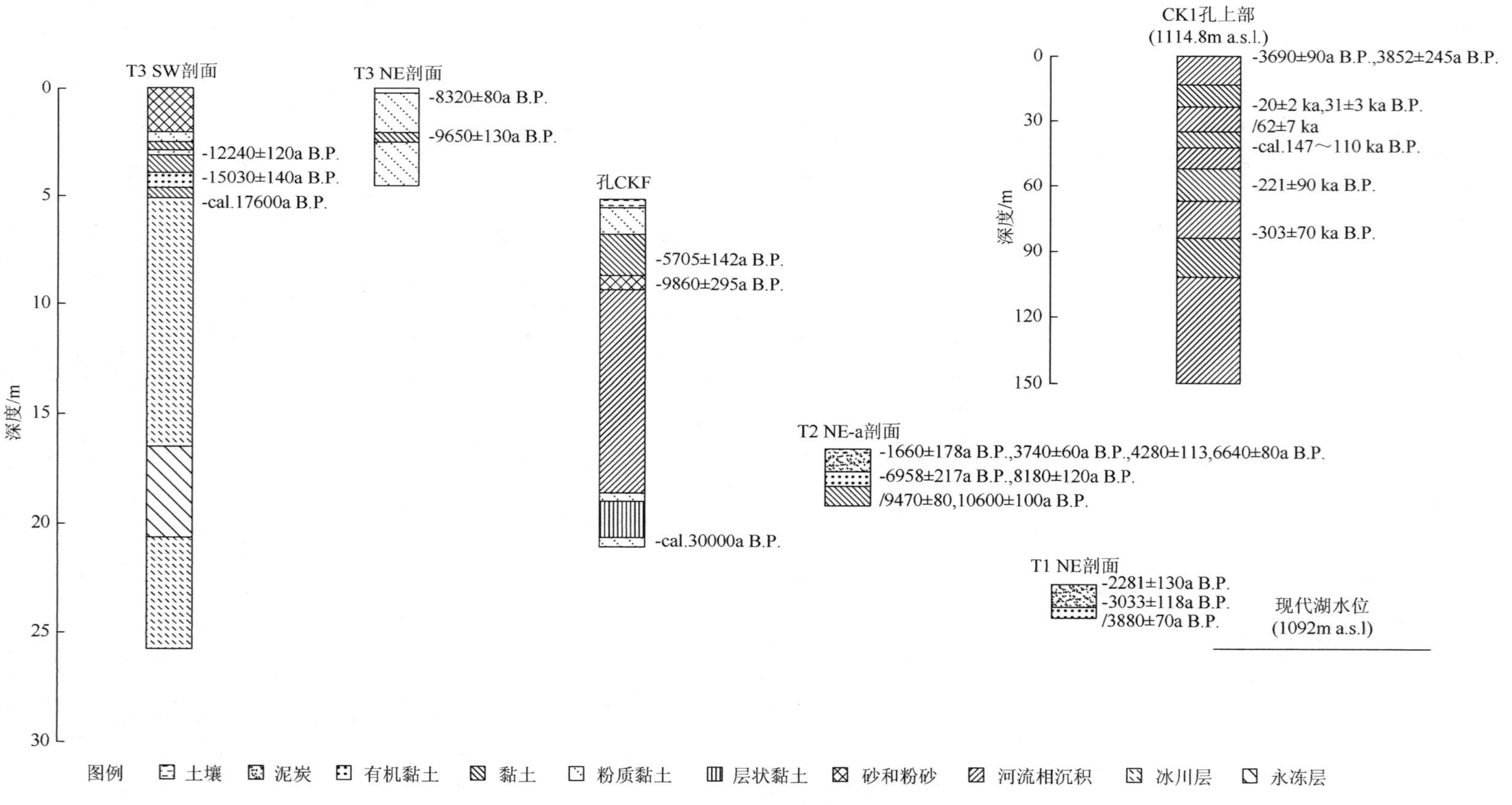

图 3.25 柴窝堡湖岩心岩性变化图

和邵新媛，1993)，湖泊干涸前面积为 5400km^2（王富葆等，2008)。尽管盆地周边的山地发育冰川，但冰川的融水对湖泊的水量平衡贡献并不大。据若羌县气象站 1961～1990 年的记录，多年平均降雨量为 24.8mm，年蒸发量 2902mm，年均气温 11.5℃（王富葆等，2008)。由于巨大的流域范围，在这样的降水条件下有可能维持面积达 5000km^2 的浅水湖泊（杨川德和邵新媛，1993)。盆地内风成沉积广布，湖泊边缘山麓地区可见红柳、芦苇等耐盐耐旱植物（常秋芳和常宏，2013)。

据王富葆等（2008）研究，湖泊北岸和东岸发育三级湖积台地，表明地质历史时期古湖泊高水位的存在。三级湖积台地高度分别为 783～785m、789m 和 810～820m，相应的湖面积分别为 9250km^2、20000km^2 和大于 55000km^2。据释光年代和 ^{14}C 年代及地层对比，它们分别形成于 7.0～7.5ka B.P.、约 30ka B.P.和 90～130ka B.P.。

对罗布泊地区钻孔研究较多，研究的时间尺度涵盖更新世、全新世和人类历史时期。早期如阎顺等（1998）对干盐湖中心的 K1 孔研究；严富华等（1983）对 L4 孔岩性及水生花粉研究；郑绵平等（1991）及吴玉书（1994）对 F4 孔岩性、水生花粉及介形类研究；王宁等（2009）对深 1050m 的 LS2 孔上部 105m 岩性、碳酸盐等的研究，其沉积年代可至约中更新世；罗超等（2007，2008）对罗布泊地区罗北洼地 CK-2 钻孔自顶部到 10.35m 岩心的粒度、磁化率、碳酸盐含量及色度等进行了分析；Yang 等（2013）对 CK-2 孔孢粉进行了研究；朱青等（2009）对罗布泊西湖钻孔岩性及粒度的研究，其沉积记录可至约全新世时期；马春梅等（2008）对西湖岩心深 0.65～0.85m 处沉积物粒度、微体古生物化石、地球化学元素等分析，认为在中世纪暖期时湖泊为淡水至半咸水的暖湿环境；华玉山等（2009）对罗布泊“大耳朵”剖面深 2.13m 的 L07-10 沉积剖面的研究；Zhang 等（2012）对罗布泊沉积物进行了 OSL 测年和放射性 ^{14}C 年代研究，表明对于罗布泊而言，OSL 测年结果要比放射性 ^{14}C 年代结果更可靠；林景星等（2005)、Chang 等（2012)、常秋芳和常宏（2013）用环境磁学方法分别对罗布泊第四纪、晚中新世以及近 7.1 Ma 以来的气候变化做了初步研究。吕凤琳等（2015）对罗北凹地 LDK01 孔沉积物粒度、磁化率和地球化学等进行了分析。尽管对罗布泊钻孔研究较多，但真正能用于反映古湖泊水位变化的岩心资料却相对有限，我们把关于罗布泊岩心研究的所有文献均列于节后，此处只对最终用于湖泊水位量化的岩心进行详细描述。

K1 孔深 100.2m，位于罗布泊干盐湖的中心部位，记录了早更新世以来的岩性和花粉历史。K1 孔下部（100.2～66.2m）是早更新世的沉积，由绿灰色、棕灰色泥岩组成；中部（66.2～17.4m）是中更新世的沉积，最初是绿灰色、灰绿色含膏泥岩，然后是灰绿色泥岩夹杂石膏堆积，这种岩性特征表明中更新世罗布泊地区相对干旱（阎顺等，1998)；上部（17.4～0m）由棕色与灰色黏土组成，表明晚更新世环境变湿。K1 孔顶部 6m 有 3 个放射性 ^{14}C 测年，说明是过去 26000 年的沉积。尽管钻孔显示岩性从黏土到砂到富盐层的变化显著（阎顺等，1998)，反映了湖水深度的相应变化，然而文献中的信息并不足以建立水深变化的详细记录。

L4 孔和 F4 孔位于罗布泊盆地的中部，相距约 20km，分别为距今约 20800 年和 19670 年的沉积记录。L4 孔深 8.83m，位于罗布泊干盐湖的南部边缘；F4 孔深 4.5m，位于干盐湖的东部。F4 孔有 4 个放射性 ^{14}C 测年，L4 孔有 3 个，两孔的地层均较复杂，很难直接相关联，部分原因是不同研究人员及对不同岩心的研究程度不一致，也可能由于低平的罗布泊盆地的地貌变化导致湖盆形态在地质时期的变化。在此，我们根据这两个钻孔建立了一个综合的气候驱动的湖水深度随时间变化的记录。湖水深度的变化根据两个钻孔的岩性及水生花粉记录以及 F4 孔的介形类记录，结果与原作者的解释基本一致。年代学建立在 F4 孔的 4 个放射性 ^{14}C 测年数据及 L4 孔的 3 个年代数据基础上。

底部 8.83～8.5m 仅在 L4 孔有记录，岩性为黑色淤泥，表明盆地为湖相环境。沉积物颜色呈黑色，表明富有机质，湖泊并不太深，水生花粉香蒲 *Typha* 的出现与浅水湖泊环境相一致。近底部（8.83～8.5m）放射性 ^{14}C 测年年代为 20780±300a B.P.（24807cal.a B.P.）。根据这个年龄及该孔 3.1m 处年龄的内插，得到这一期的沉积时间为 20800～20470a B.P.（25230～24380cal.a B.P.）。

上覆 8.5～8.1m 也是在 L4 孔中有记录，岩性为黑色淤泥质粉砂，这种岩性的变化表明湖泊深度变小，花粉谱中也见到一些香蒲 *Typha*。这一期沉积的内插年代为 20470～19650a B.P.（24380～23360cal.a B.P.）。

L4 的 8.1～4.1m 及 F4 的 4.5～2.13m 由黏土质粉砂和粉砂质黏土组成，含碳酸盐和石膏，且含量变化明显。每个钻孔又可区分出三个沉积单元。L4 的地层层序是灰黄色、灰黑色粉砂质黏土（8.1～5.2m：19650～13680a B.P.（23360～15935cal.a B.P.））；往上是灰黑色粉砂（5.2～4.8m：13680～12860a B.P.（15935～14910cal.a B.P.））；最后是灰黄色粉砂（4.8～4.1m：12860～11420a B.P.（14910～13120cal.a B.P.））。这种层序似乎代表最初的湖水变深，然后是湖水的逐渐变浅。F4 孔似乎也是湖水变浅的层序，底部（4.5～3.75m：19670～16930a B.P.（23560～20120cal.a B.P.））部分见纹层，灰红色至棕黄色的杂色，含碳酸盐黏土-粉砂黏土，有少量楔状石膏，咸水种介形类化石 *Cyprideis littoralis*（Brady）反映湖水已咸化；3.75～2.75m（16930～13280a B.P.（20120～15530cal.a B.P.））为棕色黏土粉砂与含石膏黏土；最上部（2.75～2.13m：13280～11020a B.P.（15530～12685cal.a B.P.））为棕色含石膏粉砂黏土。可能由于原作者对术语使用上的不同表达，两孔不同沉积层的岩性描述并不统一，但对两孔沉积层序的变化描述是相同的，沉积记录表明湖水变浅开始于 19650a B.P.（23360cal.a B.P.），结束于 11420a B.P.（13120cal.a B.P.）（L4）～11020a B.P.（12685cal.a B.P.）（F4）。

两个钻孔的上覆沉积段均显示湖水进一步变得更浅，F4 孔（2.13～1.87m：11020～10080a B.P.（12685～11500cal.a B.P.））作者描述为灰绿色含膏黏土，含分散石膏板晶、高镁方解石、白云石和分散状石盐。矿物的特点表明湖水盐度有显著的增加，湖水位极低，咸水种介形类化石（*Cyprideis littoralis*（Brady），*Cyprinotus* sp.和 *Eucypsis inflata*（Sars））也对应这种高盐、浅水的环境。L4 孔（4.1～3.1m）为黏土质粉砂夹细砂薄层，砂层的出现对应了湖水的变浅。3.1m 处 ^{14}C 测年年代为 9360±120a B.P.（10558cal.a B.P.），该浅水期为 12440～9360a B.P.（13120～10560cal.a B.P.）。因此，尽管两孔之间的岩性明显不同，但层序及湖水深度变化的时间明显一致。

F4 孔（1.87～0.78m：10080～6390a B.P.（11500～7150cal.a B.P.））为细粒（黏土或淤泥）含膏堆积，这种岩性和矿物的变化表明湖水深度的增加，咸水种介形虫也在本段消失。吴玉书（1994）把本段沉积划分出 5 个亚层，为黏土与含膏淤泥的沉积物互层堆积，每个亚层均描述为暗色、黑色、灰黑色、灰褐色，含石膏板晶，缺咸水种介形类化石，没有颜色、矿物及介形类化石的明显变化，因此本段沉积也不大可能指示大幅度的湖水深度变化。该段沉积也可对应L4孔（3.1～2.7m：9360～7920a B.P.（10560～8900cal.a B.P.）），为灰黑色淤泥沉积。

L4孔（2.7～2.4m）是淡黄色细砂，岩性的变化指示湖水明显的变浅，年龄内插的结果表明该沉积时期为7920～6840a B.P.（8900～7650cal.a B.P.），但在F4孔并没有该段沉积的记录，可能与湖盆局部地貌变化有关。

上覆沉积物（F4孔：0.78～0.23m，6390～3115a B.P.（7150～3680cal.a B.P.）；L4孔：2.4～1.7m，6840～4330a B.P.（7650～4750cal.a B.P.））为粉砂质黏土或黏土质粉砂，F4孔的沉积物记录为含膏碳酸盐。仅依靠L4孔有记录的砂层并不代表气候波动导致的沉积，但从淤泥黏土到粉砂质黏土的岩性过渡则可以指示湖水的变浅。

上覆沉积物（1.7～1.3m）仅在L4孔中有记录，为黑色淤泥，含石膏颗粒，岩性变化表明湖泊深度增加，1.5m处 ^{14}C 测年年代为3610±90a B.P.（3921cal.a B.P.）。该淤泥层的顶部年代为2890a B.P.（3090cal.a B.P.）。

上覆沉积物（1.3～0.7m）仅在L4孔中有记录，为黑色淤泥质粉砂，表明湖水再次变浅。假定该孔顶部为现代沉积，该沉积段沉积时间为 2890～1690a B.P.（3090～1830cal.a B.P.）。

上覆沉积物（0.7～0.4m）仅在L4孔中有记录，为黄色黏土质粉砂，岩性的变化以及颜色变化反映有机含量减少，反映湖水深度加大。该期沉积时间为1690～960a B.P.（1830～1045cal.a B.P.）。

两孔的最顶部（F4孔：0.23～0m；L4孔：0.4～0m）均为石盐堆积，盐壳的存在表明湖泊已经成为干盐湖，湖泊的突然变浅或许可解释4330～960a B.P.（4750～1045cal.a B.P.）时F4孔沉积物的缺失，而L4孔有这段时间的沉积记录。根据L4的年代数据，盐壳形成在约960a B.P.后（1045cal.a B.P.），这与罗布泊盆地的历史记载相一致。

L07-10剖面底部（2.13～1.38m）为黑色淤泥层，湖水总盐度偏低（18%～12%），表明湖水较深。1.38～1.71m及2.02～2.13m处样品 ^{14}C 测年年代分别为10325±45a B.P.（12110cal.a B.P.）和11795±50a B.P.（13623cal.a B.P.），经沉积速率外推，得到该层沉积年代为11950～9870a B.P.（13780～11640cal.a B.P.）。

1.38～0.36m为盐土混合层，盐类物质的出现表明湖水深度较下覆层降低，湖水总盐度从底层的13%增加至顶层的38%，对应于湖水盐度的逐渐增加，湖泊水位的逐次下降。该层0.93～1.05m及0.54～0.73m处样品 ^{14}C 测年年代分别为6865±40a B.P.(7702cal.a B.P.)及5385±85a B.P.(6148cal.a B.P.)，经外推，得到该层形成年代为9870～4240a B.P.(11640～4945cal.a B.P.)。用该层沉积速率外推得出的下边界年代为8490a B.P.（9830cal.a B.P.）。

顶层0.36m为氯化物盐壳沉积，含盐量为97%，为干盐湖沉积。该层为4240a B.P.（4945cal.a B.P.）以来的沉积。

LS2孔底部115～103m为黏土沉积，含少量粉砂，为浅湖相沉积环境；103～82m处沉积物粒度加粗，以粉砂及细砂为主，黏土含量较低，为滨湖相沉积环境，表明湖水位较下覆层下降；82～67m处沉积物以粉砂为主，黏土含量的升高及细砂含量的下降对应于湖水深度的增加，为滨湖相-浅湖相沉积；67～57m 处沉积物以粉砂-细砂为主，黏土含量较低，为滨湖相沉积环境；57～46m 处沉积物以黏土为主，粉砂及细砂含量的下降表明湖水深度有所增加，岩性以浅湖相为主；46～18m 处沉积物以粉砂-细砂为主，表明湖泊又回落至滨湖相沉积，湖水位下降；顶层 18m 以细-中砂为主，粉砂及黏土含量均较低，岩性由湖滨相向风成相转变，湖水位极低。钻心沉积序列表明湖泊在中更新世至今经历了浅湖相-滨湖相-浅湖相-滨湖相沉积和晚更新世至今的滨湖相向风成相沉积环境演变的过程。但遗憾的是，该剖面中并不含测年数据，因此我们无法给出具体的湖泊水位变化过程。

LDK01 钻孔 781.5～760.00m、710.28～694.39m、642.79～395.95m 为砾岩、含砾粗砂岩沉积，表明当时湖水较浅；760.00～710.28m 和 694.39～642.79m 为湖相黏土粉砂沉积，表明这两个时期湖水相对较深；395.95～304.59m 为近陆源滨浅湖相的含膏砂砾岩沉积，在 316m 处出现菱镁矿，表明此时湖泊盐度较高，湖水较浅。304.59～207.03m 为湖相石膏质黏土和黏土质粉砂岩，表明此时湖泊水位较上阶段升高，但仍相对较浅。207.03～82.50m 为钙芒硝沉积，表明湖水面积较上阶段萎缩；82.50～50.80m 为灰褐色黏土粉砂沉积，同时含中细晶石膏，说明水体咸化程度较前一时期变淡，湖盆水体增加。顶部 50.80m 为黏土质钙芒硝和含膏粉砂黏土沉积，表明湖泊较之前萎缩，湖水咸化，并最终形成干盐湖。但由于该沉积岩心不含年代数据，因此，很难给出具体的湖泊水位变化时间。

以下是对该湖泊进行古湖泊重建、量化水量变化的 5 个标准：（1）极低，石盐堆积；（2）低，F4 孔石膏、白云石及石盐堆积，咸水种介形虫，L4 孔的砂层；（3）中等，两孔中的泥质粉砂沉积；（4）高，两孔中的粉砂质黏土或黏土质粉砂沉积；（5）极高，两孔中的黏土、淤泥沉积。

罗布泊各岩心年代数据、水位水量变化见表 3.65 和表 3.66，岩心岩性变化图如图 3.26 所示。

表 3.65　罗布泊各岩心年代数据表

放射性 ^{14}C 年代/a B.P.	校正年代/cal.a B.P.	深度/m	测年材料	钻孔/剖面
26172±479	30783	ca 6.0	黏土	K1
23668±347	28580	5.5	黏土	K1
20780±300	24807	8.83～8.5	泥	L4
17480±300	20807	3.9	黏土	F4
11795±50	13623	2.02～2.13		L07-10
10325±45	12110	1.38～1.71		L07-10
9360±120	10558	3.1	泥	L4
9220±174	10390	1.15	黏土	K1
8000+165/−160	8877	1.3	泥	F4
7705±150	8546	1.0	泥	F4
6865±40	7702	0.93～1.05		L07-10

续表

放射性 ^{14}C 年代/a B.P.	校正年代/cal.a B.P.	深度/m	测年材料	钻孔/剖面
5385±85	6148	0.54～0.73		L07-10
4725+150/−145	5388	0.5	黏土	F4
3610±90	3921	1.5	泥	L4

注：校正年代由校正软件 Calib6.0 获得

表 3.66　罗布泊古湖泊水位水量变化

年代	水位水量
25230～24380cal.a B.P.	极高（5）
24380～23360cal.a B.P.	中等（3）
23360～12685cal.a B.P.	高（4）
12685～10560cal.a B.P.	低（2）
11500～7150cal.a B.P.	极高（5）
7650～3090cal.a B.P.	高（4）
4750～3090cal.a B.P.	极高（5）
3090～1830cal.a B.P.	中等（3）
1830～1045cal.a B.P.	高（4）
1045～0cal.a B.P.	极低（1）

参考文献

常秋芳，常宏. 2013. 罗布泊 Ls2 孔近 7.1 Ma 以来沉积物的环境磁学研究. 第四纪研究，33（5）：876-888.

华玉山，蒋平安，武红旗，等. 2009. 罗布泊“大耳朵”地区 L07-10 剖面沉积特征及其环境指示意义. 新疆农业大学学报，32（5）：36-39.

林景星，张静，剧远景，等. 2005. 罗布泊地区第四纪岩石地层，磁性地层和气候地层. 地层学杂志，29（4）：317-322.

吕凤琳，刘成林，焦鹏程，等. 2015. 亚洲大陆内部盐湖沉积特征，阶段性演化及其控制因素探讨——基于罗布泊 LDK01 深孔岩心记录. 岩石学报，（9）：2770-2782.

罗超，彭子成，杨东，等. 2008. 多元地球化学指标指示的 32～9ka BP 罗布泊地区环境及其对全球变化的响应. 37（2）：139-148.

罗超，杨东，彭子成，等. 2007. 新疆罗布泊地区近 3.2 万年沉积物的气候环境记录. 第四纪研究，27（1）：114-121.

马春梅，王富葆，曹琼英，等. 2008. 新疆罗布泊地区中世纪暖期及前后的气候与环境[J]. 科学通报，53（16）：1942-1952.

王富葆，马春梅，夏训诚，等. 2008. 罗布泊地区自然环境演变及其对全球变化的响应. 第四纪研究，28（1）：150-153.

王宁，刘卫国，常宏，等. 2009. 中更新世以来新疆罗布泊地区气候演化过程. 海洋地质与第四纪地质，29（2）：131-137.

吴玉书. 1994. 新疆罗布泊 F4 浅坑孢粉组合及意义. 干旱区地理，7（1）：4-29.

闫顺，穆桂金，许英勤，等. 1998. 新疆罗布泊地区第四纪环境演变. 地理学报，53（4）：332-340.

严富华，永英，麦学舜. 1983. 新疆罗布泊罗 4 井的孢粉组合及其意义. 地震地质，5（4）：75-80.

杨川德，邵新媛. 1993. 亚洲中部湖泊近期变化. 北京：气象出版社：92-99.

郑绵平，齐文，吴玉书，等. 1991. 晚更新世以来罗布泊盐湖的沉积环境和找钾前景初析. 科学通报，（23）：1810-1813.

朱青，王富葆，曹琼英，等. 2009. 罗布泊全新世沉积特征及其环境意义. 地层学杂志，33（3）：283-290.

Chang H，An Z，Liu W，et al. 2012. Magnetostratigraphic and paleoenvironmental records for a Late Cenozoic sedimentary sequence drilled from Lop Nor in the eastern Tarim Basin. Global and Planetary Change，80：113-122.

Chao L，Zicheng P，Dong Y，et al. 2009. A lacustrine record from Lop Nur，Xinjiang，China：Implications for paleoclimate change during Late Pleistocene. Journal of Asian Earth Sciences，34（1）：38-45.

Ma C M，Wang F B，Cao Q Y，et al. 2008. Climate and environment reconstruction during the medieval warm period in Lop Nur of Xinjiang，China. Chinese Science Bulletin，53（19）：3016-3027.

Yang D，Peng Z，Luo C，et al. 2013. High-resolution pollen sequence from Lop Nur，Xinjiang，China：Implications on environmental changes during the late Pleistocene to the early Holocene. Review of palaeobotany and palynology，192：32-41.

Zhang J F，Liu C L，Wu X H，et al. 2012. Optically stimulated luminescence and radiocarbon dating of sediments from Lop Nur（Lop Nor），China. Quaternary Geochronology，10：150-155.

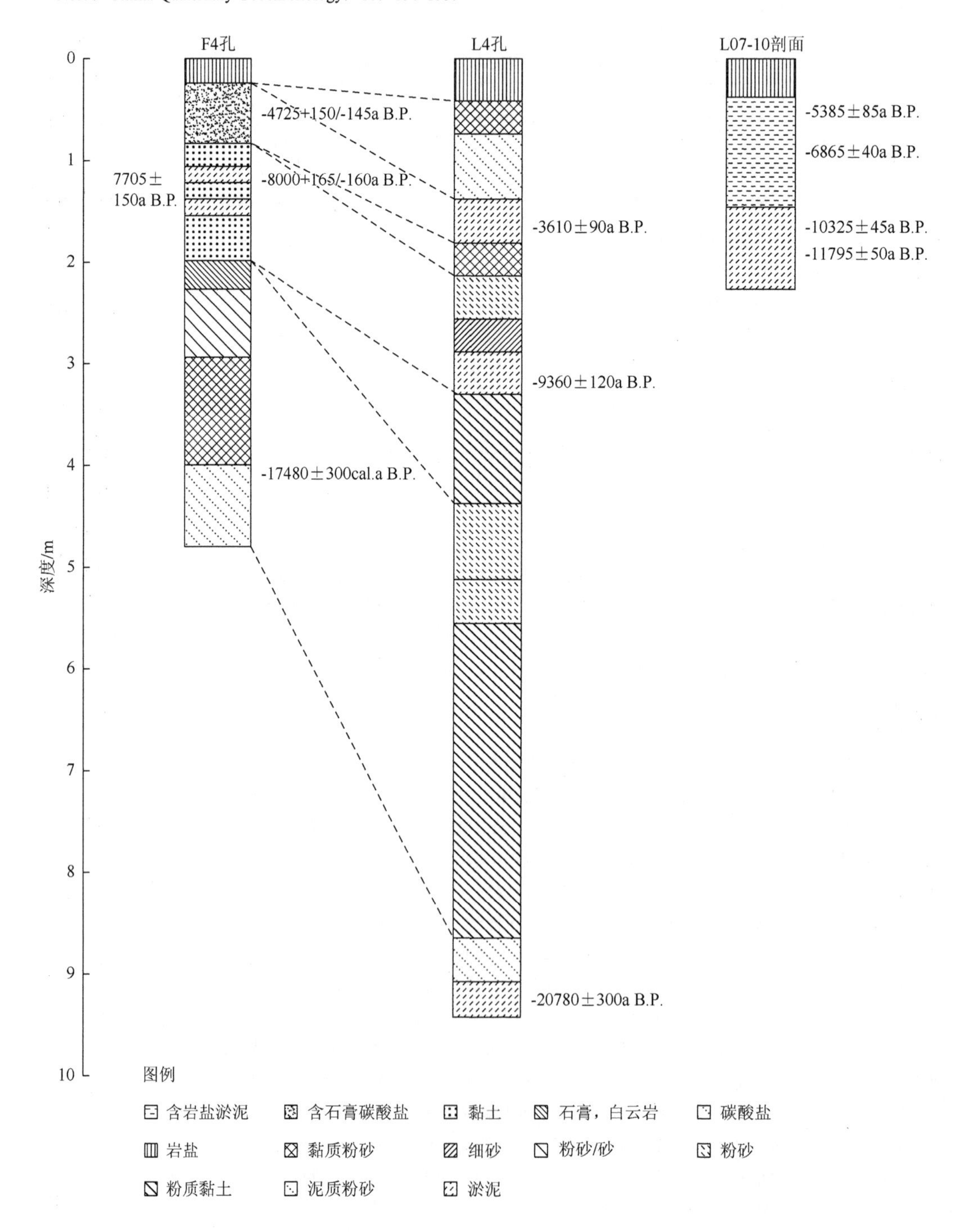

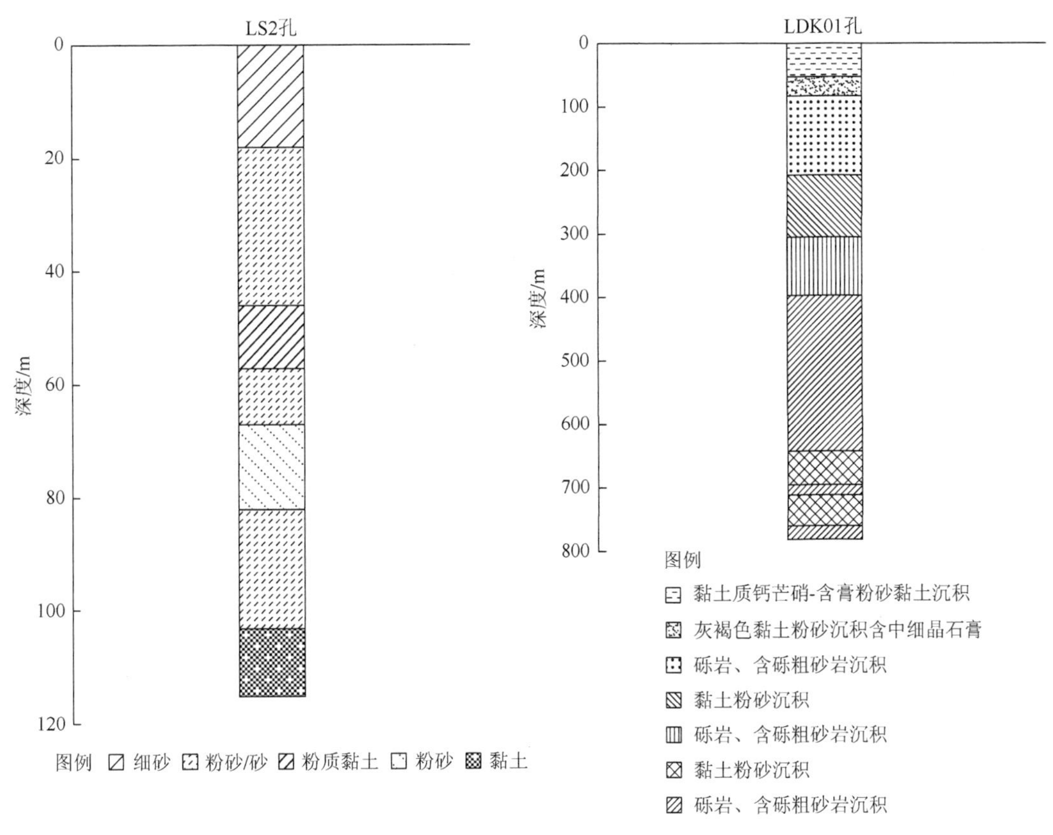

图 3.26　罗布泊岩心岩性变化图

3.4.10　玛纳斯湖

玛纳斯湖（45.66°～45.95°N，85.66°～86.25°E，海拔 251m a.s.l.）为新疆西部准噶尔盆地中现已干涸的盐湖。准噶尔盆地被北部的阿尔泰山、南部的天山，西部一系列海拔约 3000m a.s.l.山地与高原所环绕。这些山地的基岩为花岗岩、泥盆系和石炭系的沉积岩及中生界灰岩，盆地为第四系沉积物覆盖。玛纳斯盆地位于准噶尔盆地中部，为断陷成因（林瑞芬等，1996）。玛纳斯湖流域面积很大，约 11000km^2，一直延伸到天山，并包括准噶尔盆地中部大部分范围。玛纳斯湖由玛纳斯河补给，该河发育于天山北麓，长 400 多 km，从西南流入湖盆。玛纳斯河大部分由天山上部的季节性冰川融水补给，也有局地降水补给，没有明显的地下水补给（黄培佑和黄丕振，1987）。地貌调查表明，早期的玛纳斯湖受阿尔泰山的一些河流补给（新疆综合考察队等，1978），部分水量来自于一些小的淡水封闭湖的渗漏（如阿里克湖，Rhodes et al.，1996）。自 20 个世纪 50 年代后期以来，由于灌溉用水的大量增加，玛纳斯河水的大部分被截流。1957 年湖水深度约 6m（257m a.s.l.），面积约 750km^2（林瑞芬等，1996）。湖泊自 1960 年开始干涸（黄培佑和黄丕振，1987）。近年来，由于气候变化和合理利用水源，玛纳斯湖又重新出现了季节性蓄水。

现代玛纳斯湖形似履状，北东—南西向延伸约 50km，东西宽 10～15km。受西风带主导的温带大陆性气候影响，玛纳斯湖年均气温为 7～8℃，年均降雨量 100～200mm，年均蒸发量 3110mm，湖水 pH 为 6.87，矿化度 328g/L，属硫酸镁亚型盐湖（宋木等，2013）。玛纳斯湖区植被为典型的荒漠植被，以藜科和蓼科为主，典型属种有猪毛菜属（*Salsola*）、梭梭柴属（包括 *Halocnemum*，*Halostachys* 和 *Kalidium*）、沙拐枣属（*Calligonum*）等（黄培佑和黄丕振，1987）。

玛纳斯湖在过去范围相当大，现代盐坪西南约 20km 处出露的湖相地层中的碳酸盐沉积物经 ^{14}C 测年为 5310±95a B.P.（6100cal.a B.P.），反映湖泊在中全新世很大（Rhodes et al.，1996）。根据卫星影像可发现玛纳斯湖以前可能与位于西—西南 180～200km 的艾比湖相连（Rhodes et al.，1996），但在野外并没有发现两个湖泊相连的证据。尽管艾比湖周围有早中全新世的岸线，但在玛纳斯湖周围并没有明显的残留岸线特征。根据在现已干涸的湖心部位钻取的 3 个钻孔，孙湘君等（1994）、林瑞芬等（1996）、Rhodes 等（1996）、Wei 和 Gasse（1999）先后恢复了晚第四纪玛纳斯湖的变化历史。宋木等（2013）对玛纳斯湖西岸的三处晚全新世湖滨沉积物钻孔进行了有机地球化学分析，研究表明玛纳斯湖长链烯酮含量的高低指示着湖水位的高低，但这三处钻孔并无年代数据，因此无法用于古湖泊水位变化研究。我们对玛纳斯湖水位的量化主要依据位于湖心的三个长钻孔。

这三个 5m 长钻孔（LM-Ⅰ、LM-Ⅱ和 LM-Ⅲ）之间相距不到 1m。三孔的岩性相似，很容易进行地层对比。LM-Ⅱ孔已做了岩性、矿物学、有机含量和地球化学、硅藻组合及氧碳同位素等研究（林瑞芬等，1996；Rhodes et al.，1996；Wei and Gasse，1999）。根据这些代用指标，可了解玛纳斯湖盆地过去的环境变化以及湖泊范围的变化（Rhodes et al.，1996）。LM-Ⅰ孔进行了花粉分析，并由此恢复了盆地的古植被和古气候历史（孙湘君等，1994）。

在 LM-Ⅱ孔中共有 8 个全样的 AMS^{14}C 测年，孔 LM-Ⅰ和 LM-Ⅲ各有一个常规 ^{14}C 测年数据（孙湘君等，1994；林瑞芬等，1996；Rhodes 等，1996）。孔 LM-Ⅱ近底部（4.66～4.68m）碳酸盐 AMS^{14}C 年代为 32100±750a B.P.（36803cal.a B.P.），该测年数据已接近目前所能测到的 ^{14}C 衰变量下限，因而作者评估了其可靠性。孙湘君等（1994）并没有用这个数据来建立钻孔的年代地层学，而倾向于用钻孔上部的全新世内年代之间的沉积速率来外推钻孔的年代底界，由此得到钻孔的年代底界为 14000a 前。林瑞芬等（1996）和 Rhodes 等（1996）认为，该年代（32100a B.P.，36803cal.a B.P.）和钻孔 LM-Ⅲ相同部位深 4.684m 处年代 37800±1500a B.P.（42110cal.a B.P.）大致在一个量级。尽管他们也考虑到该年代可能太老，但仍采用了该年代，并把玛纳斯湖的沉积记录推到 38000a B.P.（约 42300cal.a B.P.）以前。

我们根据具有一致性的指示湖泊变化的证据，如岩性、矿物、有机含量、地球化学和水生花粉等来重建湖水深度和盐度的变化历史。由于硅藻在钻孔中仅偶然出现，可能反映的是流域水化学变化，并不具备代表性，因此，我们没有用硅藻来指示水深和盐度的变化。大部分湖泊沉积物为钙质沉积，其中方解石和文石的相对含量变化可以指示湖泊沉积的盐度变化（林瑞芬等，1996）。方解石为主的碳酸盐沉积反映了相对淡水的环境，而文石为主的碳酸盐沉积则指示湖水偏咸。稳定碳同位素也可以用来进行环境的解释。在干旱气候条件下的封闭湖泊中，$\delta^{13}C$（$^{13}C/^{12}C$）的变化反映了水体蒸发的程度，进而指示湖水的盐度变化。$\delta^{13}C$ 高值指示较咸的水体环境，而低值对应偏淡水条件（张秀莲，1985；Gasse et al.，1987；Wei and Gasse，1999）。光学显微镜鉴定出的无定形有机质（AOM）与木质纤维素有机质（LOM）的相对含量变化，可以用来指示藻类和高等植物的贡献大小（Talbot and Livingstone，1989），因而AOM/LOM值的变化间接地指示了湖水深度及藻类生产量的变化，而AOM高值指示相对深水的环境。本书建立的钻孔年代学是采用了近底部两个可靠的年龄（32100a B.P.（36803cal.a B.P.）和37800a B.P.（42110cal.a B.P.））。在4m附近的两个年龄，不仅年代倒转而且偏差范围叠置。我们采用了其中的一个（10120±100a B.P.（11695cal.a B.P.），3.979～3.999m）建立年表，主要考虑这个年龄误差较小。

不同学者给出的地层和岩性描述有一些不同，特别是Rhodes等（1996）文中的地层柱状图有一段地层在4.76～4.90m为空白，被解释为钻孔材料缺失，而不是沉积间断。钻孔的另两段（3.12～3.24m和2.14～2.33m）被描述为"受污染"，原因在于钻孔施工过程中的沉积物污染或扰动。然而，林瑞芬等（1996）并没有提及这些地层缺失或受污染，而给出了正常的地层描述。在孙湘君等（1994）、林瑞芬等（1996）和Rhodes等（1996）的分析结果描述中均包含这些层段。因此，我们认为所谓对钻孔物质的扰动影响极小，并不影响钻孔的记录。此外，不同文献中某个层段的深度值彼此也不相同（甚至有50cm的差距），在同一文献中也有一些差异（5～10cm）。由于Rhodes等（1996）的地层最详细，因此在此采用了他们的层段的深度，同时用林瑞芬等（1996）文中的信息进行相应的补充。

底部沉积（孔LM-Ⅱ中4.60～4.98m，孔LM-Ⅰ中4.70m以下）为湖相成因粉砂质黏土。细碎屑物质含量60%～80%，对应相对深水的环境。蒸发盐（如氯化物）含量极少（<3%），也与这种淡水环境对应。沉积物中碳酸盐矿物主要为方解石，与相对淡水深水的环境相一致。碳酸盐矿物含量向上增加，并在4.67m处达到最大（约28%）。在这一底部沉积层中有AOM，表明由于藻类光合作用，碳酸盐的沉积作用加强，这种水生藻类组合也支持了湖水既淡且深的解释。而LOM含量向上增加，表明流域内来源物质的增加，湖水深度有变浅的趋势。相对低的$\delta^{13}C$值（–6‰～–5‰）也对应淡水及相对较深的环境。水生花粉见香蒲（*Typha*）和黑三棱（*Sparganium*）。孔LM-Ⅱ该层4.664～4.684m处放射性^{14}C测年年代为32100±750a B.P.（36803cal.a B.P.），孔LM-Ⅲ 4.684m测得年代为37800±1500a B.P.（42110cal.a B.P.），如果这两个年代均可靠的话，则这一湖水较深的时期发生在约32000a B.P.（36800cal.a B.P.）前。

上覆沉积（孔LM-Ⅱ中4.18～4.60m）为红色-棕色斑状黏土。沉积物主要由碎屑矿物组成（59%～87%），碳酸盐矿物含量相对较低（<10%）。在4.60～4.40m处，极细颗粒物质（6～14μm）增加。林瑞芬等（1996）和Rhodes等（1996）把这种细粒物质解释为风成物质的输入。4.30m处及4.22m处粗粒石英和长石砂被认为河流物质输入的增加，可能为突发性洪水带来的（Rhodes et al.，1996）。风成尘暴带来的细颗粒以及粗粒的河流相物质并不能指示湖水深度的变化。不过，物源成分的变化也可以用来判识水深的变化。特别是沉积物颜色及斑状结构，可以指示沉积物的氧化环境，对应相对浅水的环境及可能干旱的气候条件。该层的有机组分主要为再沉积的高等植物有机物（LOM）和极少量的藻类有机物，这和变浅的湖水环境也较一致。$\delta^{13}C$值的增加（–3‰）指示盐度的变大。陆相花粉浓度很低（<2000粒/cm^3），且没有水生花粉出现，可以反映湖泊变浅甚至干涸。该层具有间断性的沉积特征，反映了湖泊的间歇性干涸。沉积物中见大量的石膏及石盐，也和浅水环境的解释相吻合。在近底部年代32100a B.P.（36803cal.a B.P.）（4.664～4.684m）和上覆沉积层内年代10120a B.P.（11695cal.a B.P.）（3.979～3.999m）之间沉积速率极低

（0.00312cm/a），可能暗示此时处于沉积间断时期，反映了干旱的气候环境。所有上述证据表明玛纳斯湖曾经为干盐湖，或至少间歇性干化。要确定该湖干化的时代还很难，沉积物的出露和氧化以及河流相沉积可以指示为间断沉积，也可以指示湖泊变干后沉积物被风力作用搬运改造。根据上覆沉积层内年代数据之间的沉积速率（0.00132cm/a），上覆沉积仅开始于约 11600a B.P.（13530cal.a B.P.）。因此，该期干旱环境既可能从 32000～11600a B.P.（36800～13530cal.a B.P.）持续相当长的时间，也可能相当短。Rhodes 等（1996）认为该干旱期处于末次冰盛期，但是如果作为晚冰期来处理，可能更合理些。我们只能期待有更多的年代数据测试，否则很难对该干盐湖期的年代有一定论。

棕色-灰色碳酸盐黏土（孔 ML-II 中 4.03～4.18m），反映为湖泊环境。该层近底部碳酸盐峰值达 17%，蒸发盐矿物含量极低（2%～3%），对应为淡水环境。碳酸盐矿物组合主要为方解石，文石相对含量很少，与相对偏淡的环境相一致。无定形有机质含量增加，对应为湖相沉积环境。δ^{13}C 值降低（–8‰～–3‰），反映湖水淡化，水深加大。陆相花粉浓度虽然仍偏低，但与下伏地层相比有所增加，花粉浓度的增加并见水生花粉（香蒲和黑三棱），对应湖水深度的增加。据 Rhodes 等（1996）的地层分析，该段沉积具水平层理，与相对深水的环境相一致。然而 Rhodes 等（1996）认为这种水平层理有些不太清楚，且沉积物颜色呈斑状。因此，该层湖相环境与最初的湖相环境并不相同，该层的水平层理仅反映湖水深度较前期变大，但斑状的沉积物颜色表明湖水深度并没有最初的湖相沉积所代表的时期大。此外，沉积物中文石的出现（底部湖相沉积物中基本未见文石）表明湖泊也没有前期湖相沉积时水深大。我们认为，这种斑状颜色也可能为沉积后作用形成的，文石的数量变化也较小，该时期可能与最初的水深环境相差不大。该层与上覆沉积层之间过渡层段（3.979～3.999m）的 ^{14}C 测年年代为 10120±100a B.P.（11695cal.a B.P.），表明该层沉积约形成在 10350a B.P.（12100cal.a B.P.）以前。

4.03～3.98m 处沉积物由细砂与暗色淤泥组成。砂层可以解释为河流物质地输入。这种短暂而清楚的淡水环境，也与非常低的 δ^{18}O 值（–10.45‰）相一致，蒸发浓缩效应极弱。该层反映一极短的时段，大致在 10350～10100a B.P.（12100～11600cal.a B.P.），湖泊水深不大。

3.98～3.40m 为湖相碳酸盐黏土，质软（灰泥）。碳酸盐矿物含量在该层进一步增加，稳定同位素记录与碳酸盐矿物记录相一致。该层可区分出三期：早期水深增大，中期湖水深度达到最大，第三期水深减小。底部（3.98～3.86m）沉积物由无纹理或纹理发育较差的橄榄色灰色黏土灰泥组成，沉积物的碳酸盐矿物含量增加（从 5%～20%），方解石是蒸发盐矿物的主要形式，碳酸盐矿物含量的增加且以方解石为主，均与水深的增加相一致。在该期底部出现含量较低（＜2%）的水生花粉香蒲和黑三棱，随后基本消失，这与水深逐渐加大也较一致。中部（3.86～3.70m）沉积物由暗色、细纹理黏土灰泥组成，沉积物见纹理与水深增加相一致，碳酸盐矿物含量继续增加，方解石仍为主要成分，因此，碳酸盐的矿物组合也对应了湖水深度的加大。沉积物有机含量高，既有无定形成分，也有木质纤维素有机质，对应相对深水的环境。上部（3.70～3.40m）为纹理不发育的橄榄色-灰色黏土灰泥，碳酸盐含量继续增加，但是主要组分为文石，文石比例的增加反映湖水浓缩程度的加大，也即湖水变浅。透明木质纤维素有机质层的增加指示流域内风化物质的增加，间接指示湖水深度降低。Rhodes 等（1996）认为与有机质共生的黄铁矿指示滞水、氧化条件差的水体环境，也可能对应浅水环境。根据该层底界处年代（3.979～3.999m）10120±100a B.P.（11695cal.a B.P.）（H-689）及深度 3.596～3.616m 处年代 7210±100a B.P.（8022cal.a B.P.）（H-605），推断早期沉积发生在 10120～9160a B.P.（11695～10450cal.a B.P.），第二期为 9160～7930a B.P.（10450～8920cal.a B.P.），晚期为 7930～5630a B.P.（8920～6050cal.a B.P.）。

上覆沉积（孔 ML-II 中 3.40～3.15m）由砂质黏土和粗砂组成，夹一些数厘米厚的暗色砂带。该层被解释为河流相沉积，代表了湖泊显著的退缩。砂粒成分主要为石英和长石，为山区长距离搬运带来。黏土矿物主要为碎屑伊利石，对应流域内风化沉积的特征，沉积物的矿物组成表示为河流成因。δ^{18}O 值指示淡水输入的大量增加，也可认为是突发性河水所致。沉积物中无水生花粉但出现蒸发盐矿物及有机质，与河流相的沉积特征相吻合。在该层最低部（约 3.38m）见石膏，对应湖泊退缩时相应的水体蒸发浓缩。在 3.244～3.264m 处测得一 ^{14}C 年代为 4500±80a B.P.（5097cal.a B.P.）（H-690）。根据该年代与上覆、下伏沉积层内年代之间的沉积速率进行内插，认为该期河流相沉积发生在 5630～3700a B.P.（6050～4230cal.a B.P.）。这种河流相沉积也可能是相对快速堆积的产物，如果用上覆沉积层沉积速率进行外推，得到该期河流沉积发生在 4250a B.P.（4760cal.a B.P.）以前。

孔 ML-II 中 3.15～2.40m 由碳酸盐黏土组成，交替出现模糊到极清晰的薄层理，夹薄层河流相砂层。该具层理的黏土层反映为相对深水环境，而无明显层理的黏土层则指示浅水环境，河流相砂对应湖水极浅。砂层没有在 Rhodes 等（1996）的沉积岩性柱状图上标出，但主要出现在 3.10m、2.90～2.80m 和 2.50～2.40m（林瑞芬等，1996）。根据沉积柱状图，暗色薄层理黏土出现在 3.12～2.96m 和 2.74～2.80m。出版文献的描述与地层柱状图有明显的不一致，因此难以把矿物、有机成分和稳定同位素等的变化与地层岩性的变化一一对应。然而，碳酸盐矿物含量从该层底部到 2.90m 处呈总体上升趋势，与具层理湖相沉积的特征相吻合。碎屑有机质及碎屑矿物的最大值出现在 2.81m 处，对应河流相砂层沉积（2.90～2.80m）。碳酸盐矿物含量在该层下部最大，达 30%～40%，从 2.80m 处往上减少，对应该层上部无层理的湖相沉积。δ^{18}O 的最高值出现在 2.70～2.50m 的无层理黏土层中。总的来说，该层沉积可以解释为最初的相对深水环境，然后为一短暂的河流相时期，第二个湖相环境的开始与最后均为河流相沉积。在 2.82～2.84m 处 ^{14}C 年代为 3440±120a B.P.（3712cal.a B.P.），反映该期沉积时代为 4250～2580a B.P.（4250～2365a B.P.（4760～2310cal.a B.P.））。如果忽略第一个 3.10m 处砂质沉积指示的河流相时期，则第一期具层理沉积物的深水环境发生在 4250～3615a B.P.（4760～3940cal.a B.P.）；反映显著湖泊退缩的第一个河流相时段在 3615～3365a B.P.(3940～3615cal.a B.P.)；在 3615～3215a B.P.（3615～3410cal.a B.P.）又回到了具层理黏土沉积的深水环境；无层理黏土层沉积的浅水环境的沉积时代为 3215～2615a B.P.（3410～2630cal.a B.P.）；最后一个河流相环境发生在 2615～2365a B.P.（2630～2310cal.a B.P.）。

在 2.40m 处为一明显的高石盐含量区，然后过渡为上覆沉积。Rhodes 等（1996）认为该石盐沉积来源于在前期河流相沉积之后，湖泊水位回升，湖周围盐壳的溶解。

上覆沉积 2.40～2.05m 为暗色腐泥。碳酸盐矿物含量降至<15%，方解石是碳酸盐沉

积的主要特征矿物。岩性指示为相对深水的环境特征。沉积有机质主要为无定形有机质，与相对深水的环境相一致。沉积物颜色及总有机碳含量的突然增加表明沉积物有机组成比例较大，对应 Rhodes 等（1996）的解释，即该层沉积形成在厌氧低水环境，这种环境既可以反映湖水极深，也可以指示水体咸化。根据首次出现的硅藻和金藻沉积来看，硅藻为中盐度（*Nitzschia* spp.，*Fragilaria fasciculata*）和高盐度属种（*Amphora holsatica*，*A. coffaeformis*，*Mastogloia pumila*，*M. aquilegia*）的组合，指示了咸水或极浅的水体环境，反映了厌氧环境为盐度增加所致，并非水深极大。然而，硅藻的组合特征并不能和岩性指示的深水环境相吻合，因此，我们认为最初的高盐度环境是湖水位上升盐壳溶解的结果，而相对低的碳酸盐含量也有利于保存硅质微体化石。

2.05～1.75m 为灰色、富碳酸盐、无层理湖相黏土，石盐的含量低，因此低水为有氧环境，沉积有机质含量减小。碳酸盐含量的增加导致了硅藻的缺失。沉积物变化并不能指示湖水深度的变化，因而不作为一期湖泊水位变化处理。该层底部（2.035～2.05m）^{14}C 年代为 1905±50a B.P.（1832cal.a B.P.），而上层底部（1.713～1.728m）年代为 1140±50a B.P.（1065cal.a B.P.），因此其年代为 1910～1210a B.P.（1850～1135cal.a B.P.）。

1.75～1.67m 为暗色腐泥，与 2.40～2.05m 处的沉积相似。该层沉积对应了一石盐含量的峰值，反映其又回到厌氧的水体环境，水体盐度的增加主要与石盐的突然输入有关。硅藻的组合与高盐度的水体环境相一致。但没有明显的理由说明为何会有石盐突然进入湖泊，沉积物的变化也不能指示湖水深度的变化。

最上部沉积物（1.67～0m）为蒸发岩沉积，为一蒸发浓缩的层序特征，从富芒硝沉积到石膏和无水芒硝沉积，最后到钻孔顶部的纯石盐堆积。这种蒸发岩层序反映湖水的浓缩，并最终变干。该层 1.52～1.54m 处 ^{14}C 年代为 330±80a B.P.（396cal.a B.P.），用这个年代与下伏沉积层内年代内插，发现湖泊从 925a B.P.（885cal.a B.P.）开始干化。由于蒸发盐壳一般形成较快，因此对蒸发盐底界年代的估算可能偏老。

以下是对该湖泊进行古湖泊重建、量化水量变化的 6 个标准：（1）很低，蒸发盐沉积；（2）低，代表河流相沉积于湖泊的沉积层；（3）相对低，干盐湖沉积；（4）中等，湖相粉砂质黏土、黏土，无水平层理；（5）高，湖相黏土，偶见水平层理；（6）很高，具水平层理湖相黏土。

玛纳斯湖各岩心年代数据、水位水量变化见表 3.67 和表 3.68，岩心岩性变化图如图 3.27 所示。

表 3.67　玛纳斯湖各岩心年代数据表

样品编号	放射性 ^{14}C 年代/a B.P.	校正年代/cal.a B.P.	深度/m	测年材料	钻孔
H-693	37800±1500	42110	4.684	碳酸盐	孔 LM Ⅲ
H644	32100±750	36803	4.664～4.684	碳酸盐	孔 LM Ⅱ*
H-689	10120±100	11695	3.979～3.999	碳酸盐	孔 LM Ⅱ*
H-566	10030±560	11625	4.005～4.015	有机质	孔 LM Ⅱ，没有用于建立年代学，反转*
H-605	7210±100	8022	3.596～3.616	碳酸盐	孔 LM Ⅱ*
	5310±95	6100		碳酸盐	现代盐坪西南 20km 出露的湖相地层

续表

样品编号	放射性 ^{14}C 年代/a B.P.	校正年代/cal.a B.P.	深度/m	测年材料	钻孔
H-690	4500±80	5097	3.244～3.264	碳酸盐	孔 LM Ⅱ*
H-604	3440±120	3712	2.82～2.84	碳酸盐	孔 LM Ⅱ*
H-601	1905±50	1832	2.035～2.05	有机质	孔 LM Ⅱ*
H-602	1140±50	1065	1.713～1.728	有机质	孔 LM Ⅱ*
H-603	330±80	396	1.52～1.54	有机质	孔 LM Ⅰ

注：标*为 AMS 测年，校正年代数据由校正软件 Calib6.0 获得

表 3.68 玛纳斯湖古湖泊水位水量变化

年代	水位水量
36800cal.a B.P.前	中等（4）
36800～13530cal.a B.P.	相对低（3）（备注：年代极其不准确）
13530～12100cal.a B.P.	中等（4）
12100～11600cal.a B.P.	低（2）
11695～10450cal.a B.P.	中等（4）
10450～8920cal.a B.P.	很高（6）
8920～6050cal.a B.P.	高（5）
6050～4760cal.a B.P.	低（2）
4760～3940cal.a B.P.	很高（6）
3940～3615cal.a B.P.	低（2）
3615～3410cal.a B.P.	高（5）
3410～2630cal.a B.P.	中等（4）
2630～2310cal.a B.P.	低（2）
2310～885cal.a B.P.	中等（4）
885～0cal.a B.P.	很低（1）

参考文献

黄培佑，黄丕振. 1987. 新疆玛纳斯湖的干涸对周围植被的影响初探. 干旱区地理，10（4）：30-36.

林瑞芬，卫克勤，程致远，等. 1996. 新疆玛纳斯湖沉积柱样的古气候古环境研究. 地球化学，25（1）：63-71.

宋木，刘卫国，郑卓，等. 2013. 西北干旱区湖泊沉积物中长链烯酮的古环境意义. 第四纪研究，33（6）：1199-1210.

孙湘君，杜乃秋，翁成郁，等. 1994. 新疆玛纳斯湖盆周围近 14000 年以来的古植被古环境. 第四纪研究，（3）：239-248.

新疆综合考察队等编著. 1978. 新疆地貌. 北京：科学出版社.

张秀莲. 1985. 碳酸盐中氧碳稳定同位素与古盐度古温度的关系. 沉积学报，3（4）：17-30.

中国科学院新疆综合考察队. 1978. 新疆地貌. 北京：科学出版社.

Gasse J C，Fontes J C，Plaziat P，et al. 1987. Biological remains，geochemistry and stable isotope for the reconstruction of environmental and hydrological changes in the Holocene lakes from North Sahara. Palaeogeography，Palaeoclimatology，Palaeoecology，60：1-46.

Rhodes T E，Gasse F，Lin R F，et al. 1996. A Late Pleistocene-Holocene lacustrine record from Lake Manas，Zunggar（Northern Xinjiang，Western China）. Palaeogeography，Palaeoclimatology，Palaeoecology，120（1）：105-121.

Talbot M R，Livingstone D A. 1989. Hydrogen index and carbon isotopes of lacustrine organic matter as lake level indicators. Palaeogeography，Palaeoclimatology，Palaeoecology，70（1）：121-137.

Wei K F，Gasse F. 1999. Oxygen isotopes in lacustrine carbonates of West China revisited：implications for post glacial changes in summer monsoon circulation. Quaternary Science Reviews，18（12）：1315-1334.

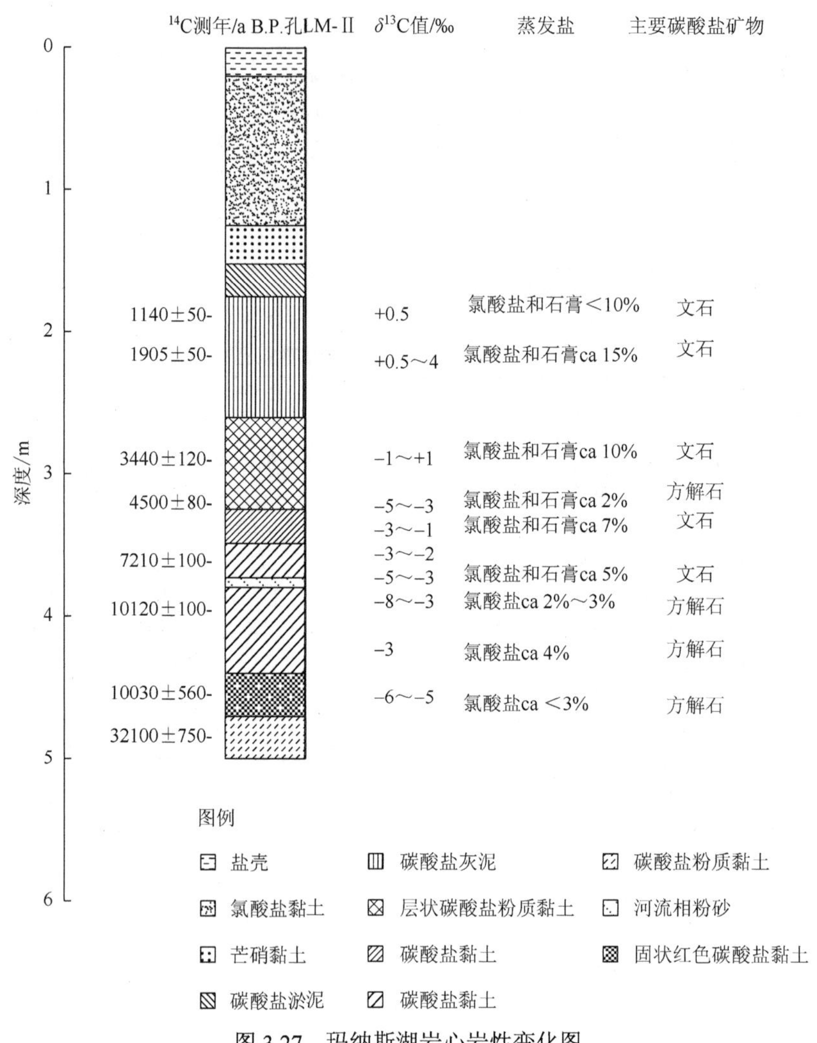

图 3.27　玛纳斯湖岩心岩性变化图

3.4.11　乌鲁克库勒湖

乌鲁克库勒湖（35.67°N，81.62°E，海拔 4687m a.s.l.）位于青藏高原北部昆仑山中部的阿什库勒盆地，地处偏僻，为一封闭盐水湖泊（李栓科，1992）。阿什库勒盆地由断陷形成，盆地面积 740km^2（李栓科，1992）。第四纪火山活动使湖盆进一步分割成若干独立的湖盆，乌鲁克库勒湖就是其中之一。盆地基岩为火成岩。南部一些季节性河流注入该湖。湖水主要由径流及发源于阿什库勒盆地南坡的冰雪融水补给（李栓科和张青松，1991）。湖泊面积在 1970 年时为 15.5km^2，但由于长期干旱，到 1986 年时缩减至 15km^2（李栓科，1992）。湖泊 pH 为 9.22（李栓科，1992）。流域年平均温度为−6～−5℃，年平均降雨量为 100～300mm，气候偏干冷。

在现代湖泊西部有一湖相阶地，说明在早—中全新世湖泊水位较高。阶地顶部海拔为 4691.4m a.s.l.。本书对其 3m 深沉积剖面（李栓科称为剖面 C（1992）；李栓科和张青松（1991）称为剖面 D）进行了研究，基于该剖面岩性及水生植物化石变化可重建古湖泊水深的相对变化（李栓科和张青松，1991；李栓科，1992）。

剖面C中0.4m处水草碎屑放射性^{14}C年代为6505±707a B.P.（7395cal.a B.P.），说明该阶地形成年代约在6500a B.P.（7400cal.a B.P.）前。剖面C中仅有这一个测年数据。当时湖泊最低水位可能为4691m a.s.l.，最小面积为18km^2，比现在面积大3km^2。

剖面C（2.05m以下）为砂层，含交错层理及微层理（倾角<10°）。该层为河流相沉积（李栓科，1992），且当时湖泊水位在4689m a.s.l.以下。上覆层（2.05～1.60m）为湖滨相砂质黏土，为近岸沉积（李栓科，1992）。湖泊水位大致为4690m a.s.l.。上覆层（1.60～1.15m）为湖相黏土层，含微层理，为深水沉积（李栓科，1992），说明湖水深度增加。1.15～0.8m处层理的消失表明湖水变浅。0.8～0.4m处沉积物为湖相粉质黏土，表明湖水较下覆层略加深。该层含水草碎屑，为近岸沉积。顶层（0～0.4m）为粉砂沉积，为湖滨相沉积（李栓科，1992）。

根据附近阿什库勒湖间冰期两沉积年代（16000～11000a B.P.）沉积速率，李栓科（1992）将该沉积速率用于乌鲁克库勒湖，并通过剖面岩性变化找出不同湖水位时期所对应的年代。阿什库勒湖和乌鲁克库勒湖同属阿什库勒盆地，且它们相距仅5km，因此李栓科（1992）认为相同气候条件下两湖泊的沉积速率应大致相同。但实际上，阿什库勒湖在全新世水位变化并不如乌鲁克库勒湖明显，且阿什库勒湖在冰消期也没出现类似乌鲁克库勒湖泊的高水位。另外，阿什库勒湖水主要源于阿什库勒盆地北坡，而乌鲁克库勒湖则源于南坡，因此两湖泊水位波动变化可能并不一致。在此我们未采用李栓科（1992）中所述的年代数据。

湖泊东北有3～5级湖岸堤。最高岸堤高出现代湖泊水位1.8～2.0m，最低岸堤高出现代湖泊水位0.5m。但遗憾的是未对它们进行测年。通常认为它们形成于近千年来湖水位高出现代约2m时（李栓科，1992）。

以下是对该湖泊进行古湖泊重建、量化水量变化的2个标准：（1）低，现代湖水位4687m a.s.l.及高出现代湖水位0.5m和2m的湖岸堤；（2）高，高出现代湖水位4.4m的湖相阶地。基于剖面C岩性变化本可建立较详细的水深变化状况，但由于年代数据匮乏，只得作罢。

乌鲁克库勒湖各岩心年代数据、水位水量变化见表3.69和表3.70，岩心岩性变化图如图3.28所示。

表3.69 乌鲁克库勒湖各岩心年代数据表

放射性^{14}C测年/a B.P.	校正年代/cal.a B.P.	深度/m	测年材料	剖面
6505±77	7395	0.4	水草碎屑	剖面C

注：样品测年在中国科学院地理科学与资源研究所进行，校正软件为Calib6.0

表3.70 乌鲁克库勒古湖泊水位水量变化

年代	水位水量
ca 7900～7400cal.a B.P.	高（2）
0a B.P.	低（1）

参考文献

李栓科. 1992. 中昆仑山区封闭湖泊湖面波动及其气候意义. 湖泊科学，4（1）：19-30.

李栓科，张青松. 1991. 中昆仑山区距今一万七千年以来湖面波动研究. 地理研究，10（2）：27-37.

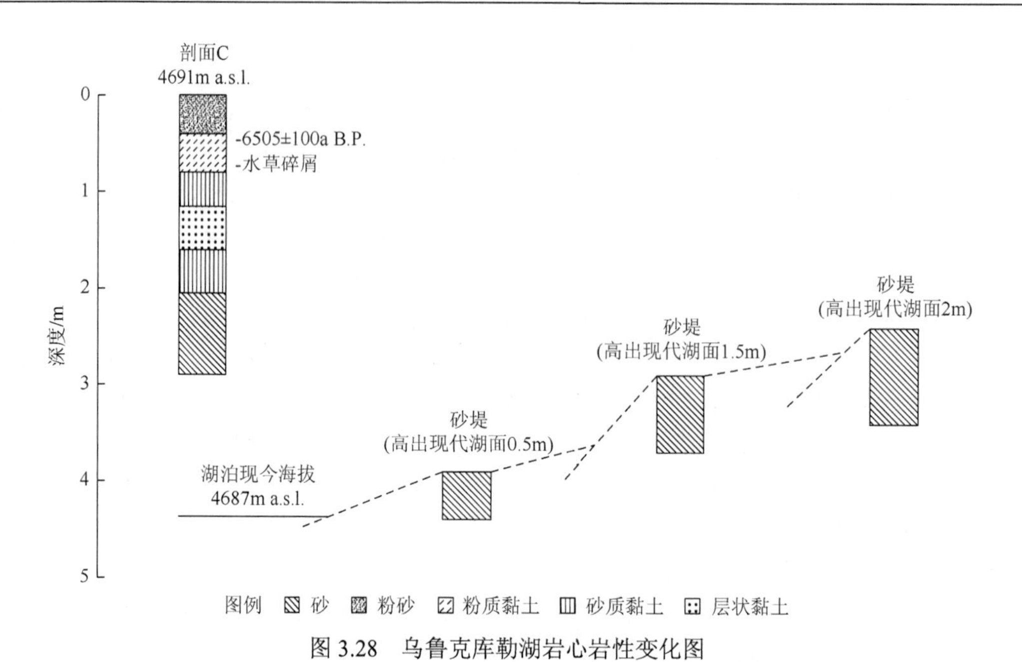

图 3.28　乌鲁克库勒湖岩心岩性变化图

3.4.12　乌伦古湖

乌伦古湖（46.98°～47.42°N，87.02°～87.58°E，海拔 478.6m a.s.l.）是位于新疆准噶尔盆地的封闭古湖，湖水介于淡水和微咸水间。湖盆由两个次级盆地构成：南部盆地（吉力湖）和北部盆地（布伦托湖），由 7km 长的库依尔尕河相连。乌伦古盆地由断陷形成，基岩为古近纪和新近纪泥岩和砂岩。受构造活动、气候变化和额尔齐斯河汇水的影响，在第四纪中晚期曾出现了比现在湖泊面积大 2～3 倍的古大湖（蒋庆丰等，2016）。1957 年以前，在天然状态下，乌伦古湖为水位 484.0m，湖面积 863.60km^2，矿化度 2.72g/L 的微咸湖泊；吉力湖水位 486.0m，湖面积为 198.70km^2，历史上为矿化度小于 0.5g/L 的淡水，两湖合计面积为 1062.30km^2，大小湖水位差为 2m，大湖水量来自吉力湖经由库依尔尕河进入（程艳等，2016）。由于农用灌溉拦截了乌伦古河水入湖致使 1987 年湖水水位较 1957 年低 4.5m，年均径流量减少 6.4×10^{8}m^3（李文朝和杨清心，1993）。湖区年均温度 3.4℃，年降雨量 116.5mm，而蒸发量则为 1844.4mm（蒋庆丰等，2007）。乌伦古盆地被荒漠植被覆盖，湖泊 0.3～5m 深处主要水生植物为轮藻，1～2.6m 处主要为金鱼藻，0.3～4m 处主要为眼子菜属，0～4m 处主要为芦苇（李文朝和杨清心，1993）。

不同学者分别从多个方面对乌伦古湖岩心进行了研究，如羊向东和王苏民（1994，1996）对在距南部子湖盆边缘约 50m 湖泊低洼处东南钻得的长 21.45m 岩心的岩性及水生花粉变化进行了分析；蒋庆丰等（2006，2007）对采自湖泊中部长 2.25m 岩心（WLG-2004）的粒度、介形类、壳体碳氧同位素及孢粉等变化进行了研究；肖霞云等（2006）对 WLG-2004 孔孢粉进行了研究；Liu 等（2008）对 WLG-2004 孔岩心地球化学及孢粉特征进行了研究，同时还对 WLG-2004 孔的平行孔（长 20cm）年代进行了测定；刘宇航等（2012）对乌伦古湖 WLG10C 孔岩心进行了环境磁学分析，重建了该地区全新世以来的气候环境变化；蒋庆丰等（2016）对现代乌伦古湖附近出露的古湖相沉积剖面（WLGP）的 AMS^{14}C 的测年、粒度、总有机碳、总有机氮以及碳酸盐等环境代用指标进行了分析，重建了 MIS-3 晚期以来乌伦古湖古环境的变化。

在距南部子湖盆边缘约 50m 湖泊低洼处东南钻得的长 21.45m 的岩心其沉积年代约为全新世（羊向东和王苏民，1994，1996）；采自湖泊中部长 2.25m 岩心的沉积年代约为 10250cal.a B.P.（蒋庆丰等，2006，2007）。采自距离乌伦古湖和吉力湖湖区约 10km 的乌伦古湖沉积剖面 WLGP（47.086°N，87.477°E，海拔高程 520m）为当地砖窑厂开挖出露的自然剖面，剖面高约 5.6m，顶部 0～0.44m 为风化层，其中 0.41～0.44m 为砂质含砾层；中部 0.45～2.10m 为粗、细砂交替的滨岸相或河流相沉积砂层；下部 2.11～5.60m 为湖相沉积层。蒋庆丰等（2016）对底部的湖相沉积层粒度、TOC、TN 及碳酸盐矿物含量进行了分析，重建了 MIS-3 晚期以来古湖泊水位的变化。基于这几个钻孔/剖面的岩性、介形类、碳酸盐矿物含量及水生花粉等变化可重建古湖泊水深及盐度的相对变化。年代学基于 21.45m 长岩心中的 2 个 ^{14}C 测年数据、2.25m 长岩心中的 6 个 AMS^{14}C 测年数据（蒋庆丰等，2006，2007；肖霞云等，2006）及 WLGP 剖面中的 3 个 AMS^{14}C 测年数据（蒋庆丰等，2016）。

21.45m 的岩心底部（15.20m 以下）为棕色及红色黏质粗糙的中粒砂和砾石，直接上覆于古近系和新近系基岩之上。通常认为该层是古湖泊形成之前的陆相河流冲积物（羊向东和王苏民，1994）。

上覆 15.2～14.7m 为湖相层状灰色粉质淤泥，岩性特征表明当时湖水较深。水生花粉中轮藻（*Chara*）和眼子菜属（*Potamogeton*）含量较少，和湖水较深相一致。介形类以 *Ilycoypris gibba* 和 *Leucocythere dosotubersa*（耐盐度＜1.78g/L）为主，反映湖水为淡水环境。该层不含测年数据。

14.7～14.0m 为泥沙沉积，沉积物粒度较粗，反映出当时湖水较浅。该层不含水生花粉和介形类。

岩心 14.0～13.3m 处为湖相层状粉质淤泥沉积，表明湖水较下覆层加深，花粉中 *Chara* 的出现也说明这一点。介形类以 *Ilycoypris gibba* 和 *Leucocythere dosotubersa* 为主，说明湖水为淡水环境。该层也未进行 ^{14}C 测年，但据艾比湖花粉和放射性定年的相关关系（文启忠和乔玉楼，1990）推测该层年代为 12000～10000a B.P.（羊向东和王苏民，1994）。

13.3～5.7m 为泥质细砂，说明 10000a B.P.后湖水开始变浅，介形类以 *Limnocythere dubiosa* 和 *Cyprideis torosa* 为主，对应于盐湖环境。据艾比湖花粉和放射性定年关系推知，该层沉积年代为 10000～7000a B.P.（杨向东和王苏民，1994）。

5.0～5.7m 为黑色泥炭层。该层含大量水生花粉及植物碎屑，花粉以香蒲（*Typha*）和黑三棱（*Sparganium*）为主，岩心 5m 以上未见介形类。5.10m 处样品的 ^{14}C 测年年代为 5390±300a B.P.（6219cal.a B.P.），说明该浅水阶段年代为 7000～5300a B.P.（7000～6105cal.a B.P.）。该层上界年代经沉积速率（0.089cm/a）内插得出。

5.0～1.8m 为湖相泥质粉砂和细砂，为近岸沉积环境。该层有少量香蒲（*Typha*）出现，说明湖水较浅。经内插，得到该层形成年代为 5300～2320a B.P.（6105～2515cal.a B.P.）。

1.8～1.5m 为分选性较好的细砂，代表湖滨相的沉积环境，水生花粉的消失和极不稳定的湖水环境相一致。该层形成年代为 2320～2020a B.P.（2515～2175cal.a B.P.）。

1.5～1.1m 为灰黑色淤泥，岩性变化表明水深增加。水生花粉以香蒲（*Typha*）、黑三棱（*Sparganium*）和眼子菜属（*Potamogeton*）为主，与水深增加一致。该层沉积年代为2020～1650a B.P.（2175～1725cal.a B.P.）。

上覆1.1～0.4m为层状黏质粉砂沉积，说明在约1650a B.P.（1725cal.a B.P.）后湖水深度进一步加深。水生花粉以眼子菜属（*Potamogeton*）为主，同时香蒲（*Typha*）的消失也对应于湖水加深。该层0.55m处样品的^{14}C测年年代为1160±30a B.P.（1109cal.a B.P.）。

顶部0.4m以上为灰黑色淤泥沉积，层理的消失表明湖水较下覆层变浅。水生花粉以香蒲（*Typha*）和黑三棱（*Sparganium*）为主，和湖水变浅的结论一致。该层沉积在约1020a B.P.（940cal.a B.P.）后。

近几十年来由于人工灌溉及农业活动拦截了大量入湖水流，使得钻孔点处变成了湖泊低洼地。

2.25m长岩心底部（2.25～2.02m）为灰绿色黏土质粉砂沉积，介形类中含大量喜浅水种球星介未定种（*Cyclocypris* sp.）和少量浅水种土星介（*Ilyocypris* Brady&Norman），表明此时为湖泊水位较低、湖面较小的浅湖时期。同时，在2.22m还出现了高盐度种的雄性特异湖浪介（*Limnocythere inopinata*），也说明当时湖水盐度较高，水位较低。水生植物孢粉中含大量香蒲（*Typha*）及黑三棱属（*Sparganium*），和较浅的湖水环境一致。该层可能对应于21.45m长岩心中13.3～5.7m处的淤泥质细砂沉积。对该层2.03m处样品的AMS^{14}C测年年龄为7432±33a B.P.(8262cal.a B.P.)，经沉积速率外推，得到该层对应年代为9380～7340a B.P.（10250～8170cal.a B.P.）。

上覆2.02～1.96m为灰黑色黏土质粉砂，介形类组合中球星介（*Cyclocypris* sp.）和土星介（*Ilyocypris* Brady&Norman）以及淡水种的玻璃介（*Candona* Baird）的增加均表明湖水水深较下覆层增加，湖水淡化。水生植物孢粉中香蒲（*Typha*）含量的下降及黑三棱属（*Sparganium*）含量的增加也与此对应。经内插，得到该层形成年代为7340～6810a B.P.（8170～7630cal.a B.P.）。

1.96～1.6m为浅灰色粉砂沉积，介形类中球星介（*Cyclocypris* sp.）、土星介（*Ilyocypris* Brady & Norman）和玻璃介（*Candona*，Baird）等逐渐消失，对应于湖水加深，水生植物孢粉中黑三棱属（*Sparganium*）含量的降低也与此对应（蒋庆丰等，2007）。对该层1.79m处有机质样品的AMS^{14}C测年年代为5310±31a B.P.（6086cal.a B.P.）。经该测年与上覆层测年数据沉积速率内插，得到该层形成年代为6810～4640a B.P.（7630～5250cal.a B.P.）。

1.6～1.22m处岩性和下覆层相同，介形类组合中淡水-半咸水种达尔文属（*Darwinula*，Brady & Robertson）的出现表明湖水盐度增加，水位降低，同时，水生植物孢粉中盘星藻（*Pediastrum*）的大幅出现也和湖水深度降低一致。该层沉积年代为4640～3290a B.P.（5250～3640cal.a B.P.）。

1.22～0.8m处岩性仍为浅灰色粉砂，介形类中达尔文介（*Darwinula* Brady &Robertson）的消失表明湖水盐度降低，水深增加，同时，水生植物孢粉中盘星藻（*Pediastrum*）含量的下降表明湖水深度较下覆层有所增加。该层1.15m及0.97m处有机质样品的AMS测年年代分别为3040±30a B.P.（3265cal.a B.P.）和2466±29a B.P.（2560cal.a B.P.），得到该层相应的沉积年代为3290～2040a B.P.（3640～2100cal.a B.P.）。

剖面0.8～0.5m为浅灰色粉砂沉积，水生植物孢粉中盘星藻（*Pediastrum*）含量的增多表明水深降低。对该层0.53m处样品的AMS^{14}C测年年代为1371±29a B.P.(1295cal.a B.P.)，经该测年与上覆层测年沉积速率内插，得到该层形成年代为 2040～1300a B.P.（2100～1255cal.a B.P.)。

0.5～0.1m 处岩性和下覆层相同，介形类组合中淡水-半咸水种达尔文介（*Darwinula* Brady&Robertson）百分含量的逐渐上升指示湖泊盐度增加，水位下降。水生植物孢粉中盘星藻（*Pediastrum*）含量的增加也与此对应。对该层0.27m处有机质样品的AMS^{14}C测年年代为1026±28a B.P.（945cal.a B.P.)。该层相应的沉积年代为1300～380a B.P.（1255～350cal.a B.P.)。

顶部0.1m处岩性仍为浅灰色粉砂，顶层介形类中玻璃介（*Candona* Baird）的增多可能和20世纪六七十年代实施的"引额济乌"工程引入大量额尔齐斯河水有关（蒋庆丰等，2007)。

WLGP剖面底部（5.6～3.59m）为青灰色黏土质粉砂沉积，在5.6～5.3m处可见贝壳。该层沉积物粒径较小，黏土等细颗粒含量高（中值粒径均值为24.3μm)，表明该时期为相对稳定的深湖相沉积环境。TOC、TN及碳酸盐矿物含量相对较高（平均含量分别为1.3%、0.3%和 11.8%)，表明当时水生植物等湖泊生物生长好，初级生产力高，导致水体的CO_2降低，使湖水中方解石等处于过饱和状态，导致碳酸盐的沉积（蒋庆丰等，2016)，也和较深的湖水环境一致。5.6m及4.09m处沉积物样品的AMS^{14}C测年年代分别为32479±135a B.P.（36360cal.a B.P.）和27211±106a B.P.（31155cal.a B.P.)，经这两个年代数据间沉积速率外推，得到该层沉积年代为32480～25465a B.P.（36360～29430cal.a B.P.)。

WLGP剖面3.59～3.03m为灰褐色黏土质粉砂，该阶段湖泊沉积物粒径较大，砂等粗颗粒含量升高（中值粒径平均增大至 53.6μm)，表明湖水深度较上阶段下降，TOC、TN及碳酸盐含量的降低（分别为0.5%、0.2%和9.0%）也和水深下降一致。该层没有测年数据，经下覆层及上覆层年代间沉积速率内插，得到该层沉积年代为 25465～16080a B.P.（29430～18270cal.a B.P.)。

WLGP剖面3.03～2.11m为青灰色黏土质粉砂。该层湖泊沉积物粒径变小，砂含量降低（中值粒径为27.5μm)，表明湖水深度较下覆层增加，TOC、TN及碳酸盐含量的升高（分别为0.9%、0.3%和12.8%)，也和水深增加一致。2.53m处沉积物样品的AMS^{14}C年代为10828±70a B.P.(12728cal.a B.P.)。该层沉积年代为16080～6415a B.P.(18270～7405cal.a B.P.)。该剖面在此阶段指示的较深的湖水环境和取自湖心的2.25m长岩心揭示的9380～7340a B.P.（10250～8170cal.a B.P.）时期的低水位不相符。

以下是对该湖泊进行古湖泊重建、量化水量变化的4个标准：（1）低，WLG-2004孔中的灰绿色黏土质粉砂，介形类组合中含大量 *Cyclocypris* sp.和少量 *Ilyocypris* Brady&Norman；（2）较低，WLG-2004岩心中的灰黑色黏土质粉砂，介形类组合为 *Cyclocypris* sp.、*Ilyocypris* Brady&Norman和 *Candona* Baird，或含大量 *Darwinula* Brady&Robertson；（3）中等，WLG-2004岩心中的浅灰色粉砂沉积，介形类组合中含少量 *Darwinula* Brady&Robertson；（4）高，WLG-2004 岩心中的浅灰色粉砂沉积，不含球星介（*Cyclocypris* sp.)、土星介（*Ilyocypris* Brady&Norman)、玻璃介（*Candona* Baird）及 *Darwinula* Brady&Robertson 等介形类。

乌伦古湖各岩心年代数据、水位水量变化见表3.71和表3.72，岩心岩性变化图如图3.29所示。

表 3.71　乌伦古湖各岩心年代数据表

样品编号	放射性 ^{14}C 测年/a B.P.	校正年代/cal.a B.P.	深度/m	测年材料	剖面
	32479±135	36360	5.6	沉积物	WLGP 剖面
	27211±106	31155	4.09	沉积物	WLGP 剖面
	10828±70	12728	2.53	沉积物	WLGP 剖面
NUTA2-9326	7432±33	8262	2.03	有机质	2.25m 长岩心
	5390±300	6219	5.10	泥炭	21.45m 长岩心
NUTA2-9322	5310±31	6086	1.79	有机质	2.25m 长岩心
NUTA2-9329	3161±30	3389	1.43	有机质	2.25m 长岩心
NUTA2-9321	3040±30	3265	1.15	有机质	2.25m 长岩心
NUTA2-9327	2466±29	2560	0.97	有机质	2.25m 长岩心
NUTA2-9328	1371±29	1295	0.53	有机质	2.25m 长岩心
	1160±30	1109	0.55	有机质	21.45m 长岩心
B.P.NUTA2-9319	1026±28	945	0.27	有机质	2.25m 长岩心

注：21.45m 岩心样品测年在黄土与第四纪地质国家重点实验室进行，年代校正软件为 Calib6.0；2.25m 岩心样品测年在日本名古屋大学加速器质谱实验室完成，校正年代据蒋庆丰等（2006，2007）；WLGP 剖面测年在中国科学院广州地球化学研究所 AMS^{14}C 制样实验室和北京大学核物理与核技术国家重点实验室联合完成，校正年代由 Calib7.0 给出

表 3.72　乌伦古湖泊水位水量变化

年代	水位水量
10250～8170cal.a B.P.	低（1）
8170～7630cal.a B.P.	较低（2）
7630～5250cal.a B.P	高（4）
5250～3640cal.a B.P	中等（3）
3640～2100cal.a B.P.	高（4）
2100～1255cal.a B.P.	中等（3）
1255～350cal.a B.P.	较低（2）
350～0cal.a B.P.	受人为因素影响未量化

参 考 文 献

程艳，李森，杨世田，等. 2016. 乌伦古湖水盐特征变化及其成因分析. 新疆环境保护，38（1）：1-7.

蒋庆丰，刘兴起，沈吉. 2006. 乌伦古湖沉积物粒度特征及其古气候环境意义. 沉积学报，24（6）：877-882.

蒋庆丰，钱鹏，周侗，等. 2016. MIS-3 晚期以来乌伦古湖古湖相沉积记录的初步研究. 湖泊科学，28（2）：444-454.

蒋庆丰，沈吉，刘兴起，等. 2007. 乌伦古湖介形组合及其壳体同位素记录的全新世气候环境变化. 第四纪研究，27（3）：382-391.

李文朝，杨清心. 1993. 乌伦古湖水生植被研究. 海洋与湖沼，24（1）：98-108.

刘宇航，夏敦胜，周爱锋，等. 2012. 乌伦古湖全新世气候变化的环境磁学记录. 第四纪研究，32（4）：803-811.

文启忠，乔玉楼. 1990. 新疆地区 13000 年来的气候序列初探. 第四纪研究，（4）：363-370.

肖霞云，蒋庆丰，刘兴起，等. 2006. 新疆乌伦古湖全新世以来高分辨率的孢粉记录与环境变迁. 微体古生物学报，23（1）：77-86.

杨川德，邵新媛. 1993. 乌伦古湖//亚洲中部湖泊近期变化. 北京：气象出版社：80-91.

羊向东，王苏民. 1994. 一万多年来乌伦古湖地区花粉组合及其古环境. 干旱区研究，11（2）：7-10.

羊向东，王苏民. 1996. 呼伦湖、乌伦古湖全新世植物群发展与气候环境变化. 海洋与湖沼，27（1）：67-72.

Jiang Q F，Shen J，Liu X Q，et al. 2007. A high-resolution climatic change since Holocene inferred from multi-proxy of lake sediment in westerly area of China. Chinese Science Bulletin，52（14）：1970-1979.

Liu X Q，Herzschuh U，Shen J，et al. 2008. Holocene environmental and climatic changes inferred from Wulungu Lake in northern Xinjiang，China. Quaternary Research，70：12-425.

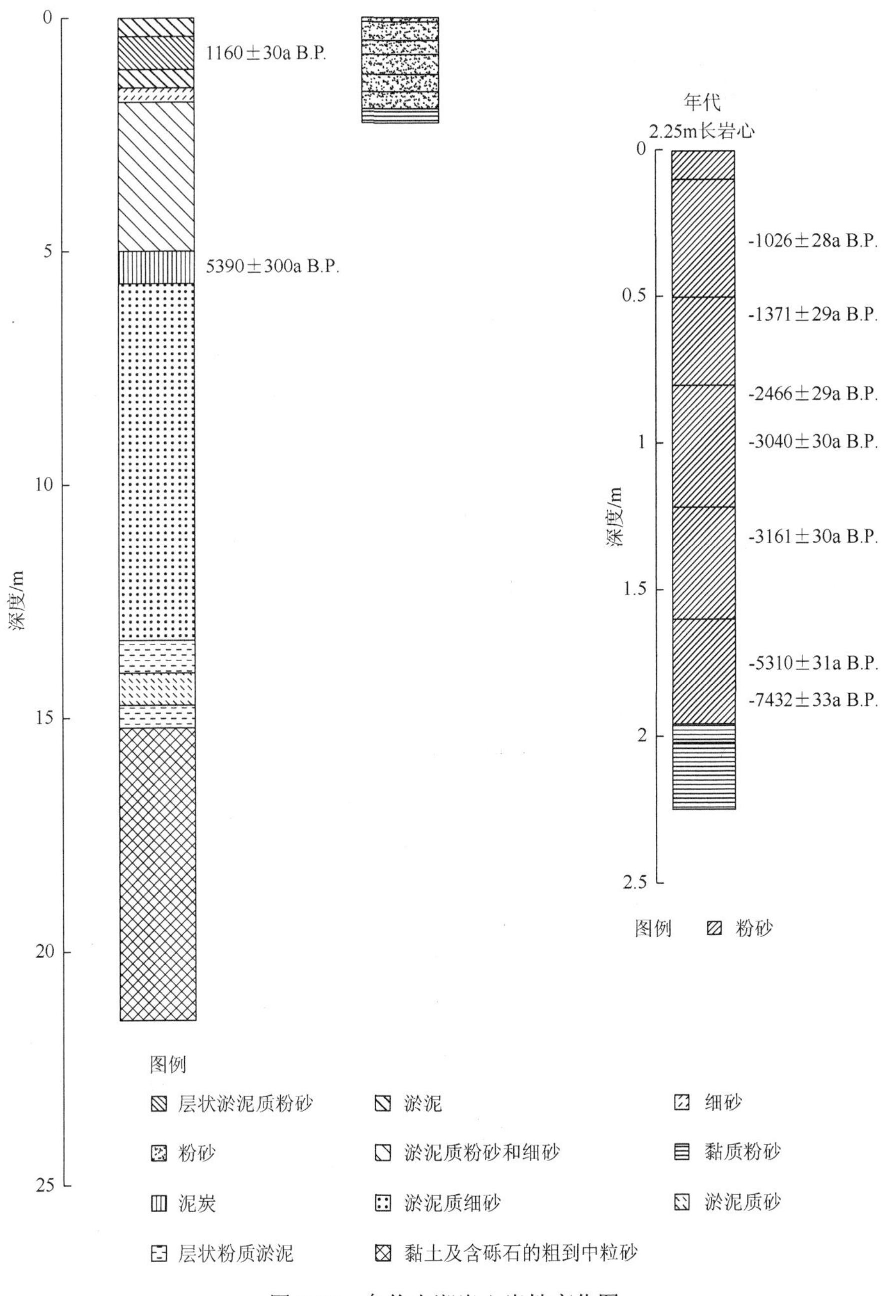

图 3.29　乌伦古湖岩心岩性变化图

3.4.13 乌兰乌拉湖

乌兰乌拉湖（34.80°N，90.50°E，海拔 4854m a.s.l.）位于青藏高原北部可可西里的封闭湖盆，湖盆由断陷形成（胡东生，1995），湖泊为半咸水湖。乌兰乌拉湖是由北湖、西湖和东湖 3 个湖以环状排列而成，总体呈北西西向展布。湖泊长 46.4km，宽 11.73km，2012 年湖泊面积为 655.25km^2（姜丽光等，2014），但湖水深度不详。据在水深 6.9m 处采得的钻孔推测湖水最大深度至少为 6.9m（胡东生，1995）。湖水主要由径流、高山冰雪融水、大气降水和中—新生代碎屑岩系的泉线涌水补给。区域年平均气温为−5.2℃，湖盆区多年平均年降雨量为 311.6mm，年蒸发量约 1350mm，气候偏干冷。湖水化学类型为硫酸钠亚型，矿化度为 10.92g/L，密度为 1.006g/cm^3，pH 为 7.98（姜丽光等，2014）。植被以高山草甸、草原和荒漠植被为主，主要为藜科、麻黄及艾属植物（山寿发等，1996）。

高出现代湖泊水位 150cm 和 50cm 处湖滩岩沙堤的存在表明在末次盛冰期及晚冰期间湖泊为高水位（胡东生，1995）。分别对 150cm 处湖滩岩沙堤剖面Ⅲ及 50cm 处湖滩岩沙堤剖面Ⅱ的地层进行研究。同时，还对高于现代湖水位 20cm 的剖面Ⅰ进行了研究，该剖面位于湖湾近水边滩。在湖心 6.9m 和 6m 处分别钻得长 60cm（胡东生，1995）和 65cm 岩心（山寿发等，1996），其沉积年代可至约 11500a B.P.（13500cal.a B.P.）。基于地貌学及岩性和水生花粉可重建古湖泊水深的相对变化（胡东生，1995；山寿发等，1996）。年代学基于早全新世 5 个放射性 ^{14}C 测年（胡东生，1995；山寿发等，1996）。钻孔顶部假定为现代沉积，全新世年代由钻心放射性年代内插得出（山寿发等，1996），结果和中国西部花粉年代一致（孔昭宸和杜乃秋，1991；施雅风等，1992）。

间断性分布于湖泊周围的高出现代湖泊水位 150m 的湖滩岩沙堤（胡东生，1995）表明在末次盛冰期时湖泊为高水位。剖面Ⅲ基底 20cm 以下为砾石及砂沉积，其上为棕色湖相淤泥及黏土。水位下降后形成湖相滩岩。该湖相沉积层一样品的放射性 ^{14}C 年代为 18217±390a B.P.（21532cal.a B.P.），说明该高水位对应年代为 18000a B.P.（21500cal.a B.P.）前。

间断分布于湖泊周围高出现代湖水位 50cm 的第二个滩岩脊表明第二次高湖面的存在（胡东生，1995）。距湖泊边缘 160m 的沉积剖面Ⅱ为浅棕色湖质淤泥（厚 20cm）凝结形成的湖滩岩。对该层一样品进行放射性 ^{14}C 测年，其年代为 10997±252a B.P.（12899cal.a B.P.），说明该层年代约为 11000a B.P.（13000cal.a B.P.）。

在湖湾近水边滩处取得剖面Ⅰ，其顶部高出现代湖水位 20cm。基底层（10～30cm）为湖相粉砂，含灰蓝色和棕色层理。上覆 5～10cm 为灰色湖相泥质粉砂，其上 3～5cm 为姜黄色湖滨沙，顶部 1～2cm 为石盐层（胡东生，1995）。基底沉积物及上覆湖相粉砂层表明当时湖泊水位至少高出现代 15cm。顶部湖相泥质粉砂层中一样品的放射性 ^{14}C 年代为 12359±25a B.P.（14462cal.a B.P.）。因此，该高湖水位在约 12000a B.P.（14000cal.a B.P.）就已结束，但期间湖水位状况尚不清楚。

湖泊中心处两钻孔年代涵盖了晚冰期和全新世。对于 60cm 长的岩心，我们只知其基底层（50～60cm）为黑色湖相淤泥（胡东生，1995），该层年代为 11313±212a B.P.

（13154cal.a B.P.）。

65cm 长岩心 44cm 以下沉积物为灰黑色湖相黏土（山寿发等，1996），表明当时为较深的湖水环境，水生花粉香蒲的出现（60～55cm 及 50～40cm）与此一致。深 62cm 处样品的放射性 ^{14}C 年代为 11195±344a B.P.（13105cal.a B.P.）。该层很可能和 60cm 长岩心基底沉积物对应，因此推测该层湖相沉积的年代也应在 11000a B.P.（13000cal.a B.P.）前。同时也说明该层和高于现代湖水位 50cm 处的湖滩沙堤剖面的沉积时间相同。

44～22cm 为浅灰及淡棕色黏土夹层，表明湖水较下覆层加深。水生花粉的消失可能也和水深的增加相关。经内插知该层年代为 8000～4000a B.P.（9300～4650cal.a B.P.）。山寿发等（1996）根据花粉组合状况推测该深水环境对应于中全新世。

22cm 以上为湖相粉砂，说明自约 4000a B.P.（4650cal.a B.P.）后湖水变浅。顶层 10cm 大量二角盘星藻（*Pediastrum boryanum*）的出现说明自约 1800a B.P.（2100cal.a B.P.）后湖水进一步变浅。

胡东生（1995）利用乌兰乌拉湖及其附近湖泊点重建了末次盛冰期以来可可西里地区的水量平衡变化。乌兰乌拉湖冰盛期湖岸线和周围 100km 内湖泊相似：苟纠麦尕沟湖阶地剖面高于现代湖泊 42～57cm 处为湖相粉砂和黏土层，其 ^{14}C 年代为 18530±415a B.P.（22252cal.a B.P.），上覆风成粉砂和砂；西金乌兰湖阶地剖面高于湖水位 55cm 处为湖相淤泥，上覆层为石盐，湖相淤泥 U 系年龄为 22100±1840a B.P.（胡东生，1995）。胡东生（1995）认为整个可可西里地区在 22000～18000a B.P.普遍存在高湖面时期。

乌兰乌拉湖约 12000a B.P.（14000cal.a B.P.）的高水位可以和附近（100km 内）两湖泊相对应：取自节约湖水深 80cm 处的近岸沉积岩心 0～24cm 处为湖相蓝灰色和黄棕色带状淤泥及细小砾石，24～30cm 为湖相蓝灰色黏土。对 24～30cm 处样品进行放射性测年，其年代为 13409±569a B.P.（15910cal.a B.P.）（胡东生，1995）。海丁诺尔湖高出现代湖水位 100cm 的另一沉积剖面 0.1～0.3cm 为黄棕色湖相泥质粉砂、下覆湖相黑色粉砂（0.3～1.0cm）及灰棕色中粒砂（1.0cm 下）。0.3～1.0cm 处样品放射性测年为 13618±299a B.P.（16324cal.a B.P.）。胡东生（1995）认为它们可作为可可西里地区晚冰期曾出现高湖面的证据。

乌兰乌拉湖约 11000a B.P.（13000cal.a B.P.）时的高湖面可以和卓乃湖与苍措湖对应（胡东生，1995）。卓乃湖高出现代湖水位 50cm 处的沉积剖面显示，剖面 0～48cm 为棕色湖相泥质粉砂和淤泥沉积，且含大量眼子菜（*Potamogeton*）植物残体；48～63cm 为黑色湖相粉砂层，该层仍含眼子菜（*Potamogeton*）植物；63cm 以下为基岩。48～63cm 处样品的放射性测年为 10124±228a B.P.（11860cal.a B.P.）。深 10cm 的苍措盐湖中心剖面沉积如下：底部 5～10cm 为湖相泥土层，上覆 2cm 厚的红棕色粉砂，顶部为 3cm 厚的石膏沉积。对剖面 5～10cm 处样品进行放射性 ^{14}C 测年，其年代为 9810±210a B.P.（11316cal.a B.P.）（胡东生，1995）。胡东生（1995）认为，上述沉积物表明在早全新世及以前可可西里地区为高湖面。

以下是对该湖泊进行古湖泊重建、量化水量变化的 5 个标准：（1）低，近湖心岩心中的湖相粉砂层，含大量二角盘星藻（*Pediastrum boryanum*），水位和现代相当；（2）较低，近湖心岩心中的粉砂沉积，不含二角盘星藻（*Pediastrum boryanum*），或剖面 I 中的灰色泥质粉砂沉积，高出现代湖水位 15cm；（3）中等，湖心岩心中的非层状黑色淤泥或湖相黏土，对应于高出现代湖水位 50cm 的湖滩沙堤；（4）较高，湖心岩心中的层状湖相淤泥或黏土；（5）高，高出现代湖水位 150cm 的湖滩沙堤。

乌兰乌拉湖各岩心年代数据、水位水量变化见表 3.73 和表 3.74，岩心岩性变化图如图 3.30 所示。

表 3.73　乌兰乌拉湖各岩心年代数据表

放射性 ^{14}C 测年/a B.P.	校正年代/cal.a B.P.	深度/cm	测年材料	剖面/钻孔
10997±252	12899	20	湖滩岩	剖面Ⅱ
11313±212	13154	50～60	淤泥	60cm 长的孔
11195±344	13105	62	植物残体	65cm 长的孔
12359±253	14462	5～10	泥质粉砂	剖面Ⅰ
18217±390	21532	10	湖滩岩	剖面Ⅲ

注：实验样品标号未给出；样品测年在中国科学院青海盐湖研究所进行，校正年代数据由校正软件 Calib6.0 获得

表 3.74　乌兰乌拉湖古湖泊水位水量变化

年代	水位水量
22250～21500cal.a B.P.	高（5）
？～14400cal.a B.P.	较低（2）
13200～9300cal.a B.P.	中等（3）
9300～4650cal.a B.P.	较高（4）
4650～2100cal.a B.P.	较低（2）
2100～0cal.a B.P.	低（1）

参考文献

胡东生. 1995. 可可西里地区湖泊演化. 干旱区地理，18（1）：60-67.

姜丽光，姚治君，刘兆飞，等. 2014. 1976～2012 年可可西里乌兰乌拉湖面积和边界变化及其原因. 湿地科学，12（2）：155-162.

孔昭宸，杜乃秋. 1991. 中国西部地区晚全新世以来的植被和气候变化//梁名胜，张吉林. 中国海陆第四纪对比研究. 北京：科学出版社：173-186.

李炳元. 1996. 可可西里地区现代气候和地貌//李炳元. 青海可可西里地区自然环境. 北京：科学出版社：4-13.

李元芳，张青松，李炳元. 1995. 西藏西部地区晚更新世以来的介形虫及其环境演化//中国青藏高原研究会. 青藏高原与全球变化研讨会论文集. 北京：气象出版社：52-69.

山寿发，孔昭宸，杜乃秋. 1996. 过去两万年来气候和环境变化的湖泊记录：古植被与环境变化//李炳元. 青海可可西里地区自然环境. 北京：科学出版社：197-206.

施雅风，孔昭宸，王苏民，等. 1992. 中国全新世大暖气鼎盛阶段的气候与环境的基本特征//施雅风，孔昭宸. 中国全新世大暖气鼎盛阶段的气候与环境. 北京：海洋出版社：1-18.

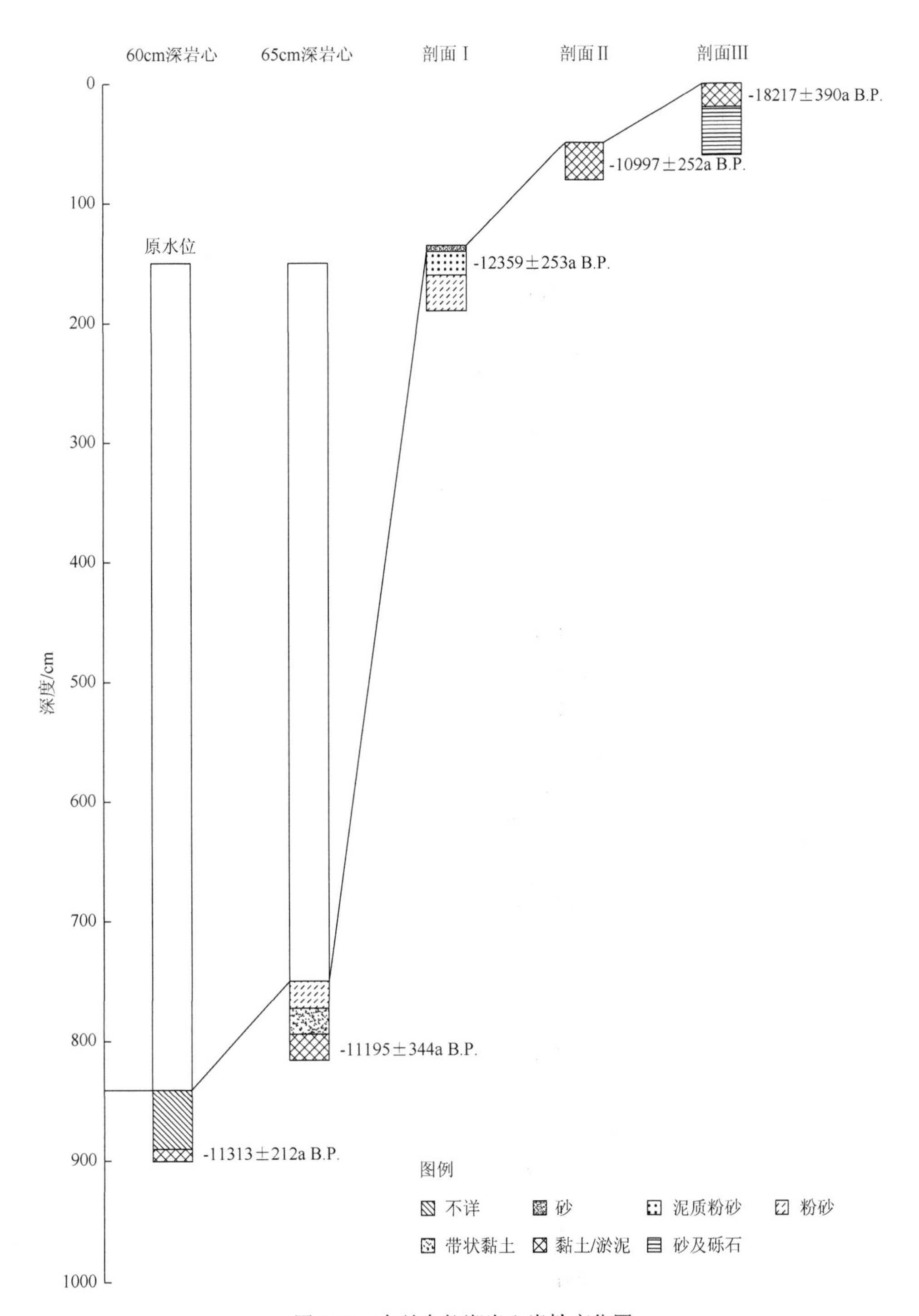

图 3.30　乌兰乌拉湖岩心岩性变化图

第4章　东部平原湖区湖泊

湖区概况

东部平原湖区是指分布在长江中、下游平原以及长江三角洲地区，其次在淮河中游及黄河与长江之间的大运河沿线所分布的大小湖泊（本书将台湾地区的湖泊也放在本章）。本区是我国湖泊分布密度最大的地区，大于 $1km^2$ 的湖泊共 634 个，湖泊总面积 $21053.1km^2$，分别占全国湖泊总数量和总面积的 23.5%和 25.9%，其中大于 $10.0km^2$ 的湖泊 138 个，合计面积 $19412.0km^2$，占本区总湖泊面积的 92.2%（马荣华等，2011）。该区位于暖温带和亚热带季风区，气候温暖湿润，降水丰沛，水源补给充足，同时大多数湖泊通过河流排泄洪水，属于吞吐性湖泊，河湖关系十分密切（金相灿等，1995）。湖泊大多较浅，其平均水深普遍在 1～6m，如五大淡水湖中的太湖平均水深仅 1.89m，巢湖平均水深 2.69m（Xue and Yao，2011），洪泽湖平均水深 1.77m（何华春等，2005）。湖区生物物种繁多，分布较广，湖泊生产力较高，种群类型和生态结构复杂多样。

同时，东部平原湖区也是我国开发历史较早的区域，特别是近 20 年来随着该地区经济高速发展，泥沙的日益淤积及围湖造田过度发展日趋严重，使湖泊数量和面积锐减。曾经号称“八百里洞庭”的洞庭湖现在面积仅为 $2614km^2$，鄱阳湖面积也由 1949 年的 $5200km^2$ 减少到目前的 $3207km^2$，洪湖地区由于 20 世纪三次大规模围垦，特别是 1955 年在新滩口建闸以后，也由一个吞吐湖变成了半封闭型湖泊（杨汉东和蔡述明，1995）。长江中下游地区有 1/3 以上的湖泊面积被围垦，因此消亡的湖泊达 1000 余个。被誉为“水乡泽国”的江苏省境内自 1957 年以来，因围湖造田所削减的湖泊面积达 1500 多 km^2，消亡的湖泊达 40 多个。仅太湖流域建圩湖泊就达 498 个，受围垦的湖泊 239 个，减少湖泊面积约 $529km^2$（杨桂山等，2010）。湖北省曾有“千湖之省”的美誉，20 世纪 50 年代末湖泊数目约为 1066 个，至 80 年代初尚剩约 309 个，而目前面积大于 $1km^2$ 湖泊仅剩 188 个，面积大于 $10km^2$ 的湖泊仅剩 45 个（姜加虎和王苏民，2004；马荣华等，2011）。同时，蓬勃兴起的乡镇工业、农药、化肥、城市污水排放以及大规模的湖泊养殖等，使湖泊营养盐增加，湖泊富营养化日趋严重。在五大淡水湖中，太湖、洪泽湖和巢湖已达富营养程度，鄱阳湖、洞庭湖目前虽维持中营养水平，但氮、磷含量偏高，正处于向富营养过渡阶段（韦立峰，2006）。武汉城市湖泊东湖由于人口激增，城市化加剧，造成每年积累在东湖的氮和磷分别为 323.2t 和 17.7t，从而加速了东湖富营养化，使水生植被退化严重（李植生等，1990）。由于工业废水和生活污水的排放，华北地区的南四湖总磷的含量也已由 20 世纪初的 0.01～0.043mg/L 上升到 2000 年的 0.19mg/L，无机氮的浓度则由 1980 年的 0.159mg/L 上升到 2001 年的 3.92mg/L（杨丽原等，2007）。2007 年，太湖梅梁湾藻类水华的大规模爆发及引起的污水团事件，震惊了中外。

参考文献

何华春，丁海燕，张振克，等. 2005. 淮河中下游洪泽湖湖泊沉积物粒度特征及其沉积环境意义. 地理科学，25（5）：590-596.
姜加虎，王苏民. 2004. 长江流域水资源、灾害及水环境状况初步分析. 第四纪研究，24（5）：512-517.
金相灿，刘鸿亮，屠清瑛，等. 1995. 中国湖泊富营养化. 北京：中国环境出版社：133-134.
李植生，梁小民，陈旭东，等. 1990. 东湖水化学现状//刘建康. 东湖生态学研究（二）. 北京：科学出版社：36-74.
马荣华，杨桂山，段洪涛，等. 2011. 中国湖泊的数量、面积与空间分布. 中国科学 D 辑：地球科学，41（3）：394-401.
韦立峰. 2006. 浅谈水体富营养化的成因及其防治. 中国资源综合利用，24（8）：25-27.
杨桂山，马荣华，张路，等. 2010. 中国湖泊现状及面临的重大问题与保护策略. 湖泊科学，22（6）：799-810.
杨汉东，蔡述明. 1995. 洪湖垦殖剖面的地球化学特征. 海洋与湖沼，26（3）：269-274.
杨丽原，沈吉，刘恩峰，等. 2007. 南四湖现代沉积物中营养元素分布特征. 湖泊科学，19（4）：390-396.
Xue B，Yao S C. 2011. Recent sedimentation rates in lakes in lower Yangtze River basin. Quaternary International，244（2）：248-253.

4.1　河北省湖泊

4.1.1　安固里淖

安固里淖（41.33°～41.45°N，114.30°～114.40°E，海拔 1313m a.s.l）是位于张北县西北 30km 的河北坝上地区最大的内陆湖，湖泊面积 47.6km^2，流域面积 483km^2。安固里淖为一浅水湖，湖水微咸，平均水深为 2～4m，最大深度为 6m（翟秋敏和郭志永，2004）。东岸有黑水河注入湖泊，无泄水口。湖区属于中温带大陆性半干旱季风气候，多年平均气温为 2.6℃，年平均降雨量 401.6mm，蒸发量 1500～2000mm。湖水依赖地表径流及湖面降水补给。湖盆呈浅碟状，湖底平坦（姜家明等，2004）。湖中有芒硝沉积（翟秋敏等，2000）。

大量地貌调查提供了一些湖泊水深变化信息。安固里淖东岸分布有宽阔的湖积平原，出露的湖积平原物质从下到上粒径由大到小，反映了由粗到细的湖侵顺序。湖泊北岸有一段花岗片麻岩湖岸，发育三级湖蚀台地（T_1、T_2、T_3），其分别高出现代湖面 6.1m、11.4m、28m。在安固里淖东岸还发育有 3 条（$S_{Ⅰ}$、$S_{Ⅱ}$、$S_{Ⅲ}$）大规模古湖岸沙砾堤，大致平行湖岸延伸数千米。其中 $S_{Ⅰ}$是由 5 条子堤组成的复合岸堤，其对应的古湖面高度依次为 1.35m、2.1m、2.8m、3.4m、3.75m。$S_{Ⅰ\text{-}2}$和 $S_{Ⅰ\text{-}3}$后有湖相沉积，在 $S_{Ⅰ\text{-}2}$和 $S_{Ⅰ\text{-}3}$地表下 10～13cm 及 2～4cm 处分别进行 ^{14}C 测年，测得其对应年代分别为 510±30a B.P.和 650±50a B.P.。$S_{Ⅱ}$也是复合岸堤，形态不完整，对应湖面高度为 6m。$S_{Ⅲ}$位于湖积平原前缘陡坡处，坝顶高出现湖面 12m，向湖一侧坝脚高出湖面 11.4m，代表古湖面高度。堤脚附近淤泥样品 ^{14}C 测年为 5300±200a B.P.。

据李容全等在湖东北岸旧局子西南湖滩打钻揭示出的湖侵层序分析，10108～8840a B.P. 安固里淖湖面从高于现代约 4m 上升至约 7m，平均上升速率为 0.24cm/a；7300～6230a B.P.，湖泊东岸宽阔的湖积平原及黄石崖带 T_3 湖蚀台地表明当时湖面高出现代 28m，为相对深水环境；6230a B.P.后湖水退出南口房一带，湖底出露形成洪积平原并为入湖河流所切割，说明湖水开始变浅；5300a B.P.前后，湖东岸 $S_{Ⅲ}$沙砾堤及黄石崖一带 T_2 湖蚀平台的出现说明该时期湖面较稳，或略有回升；复合岸堤 $S_{Ⅰ}$、$S_{Ⅱ}$的形成，特别是 $S_{Ⅰ}$各子堤的形成则明显反映出自 5300a B.P.后湖面的波动下降。

湖心附近一长 1.6m 的沉积物柱状岩心（孔 A）记录了近 8000 年来湖泊水深的变化情况。钻心沉积物以灰色淤泥和亚黏土为主。年代学主要根据剖面中的 3 个放射性 ^{14}C 年代。

底部沉积物（61～53cm）为黄灰色粉砂和亚黏土，含大量粉砂和极细砂，岩性特征表明当时为一浅水环境。通过对 58～63cm 一样品进行 ^{14}C 测年得出其对应年代为 8435±65a B.P.（9452cal.a B.P.），通过对该测年数据及上层一测年数据沉积速率内插得到该层对应年代为 8400～7306a B.P.（9530～8240cal.a B.P.）。

上覆沉积物（53～45.5cm）为湖相浅灰色粉砂质淤泥，水平层理发育。该层黏土含量最高，达 43.5%，在高于现代湖面 20m 古湖滩中存在湖相淤泥，说明当时水位至少比现在高 20m，为全新世以来的最大水深。同时，一些地球化学证据也说明当时气候温暖湿润，降雨充沛。湖泊东岸宽阔的湖积平原及黄石崖带 T_3 湖蚀台地的存在也证明当时湖水较深。经对沉积速率内插知该层对应年代为 7306～6117a B.P.（8240～7030cal.a B.P.），对应于 7000～6000a B.P.的大暖期鼎盛阶段（megathermal maximum）。

上覆沉积（45.5～25cm）为浅灰色粉砂质淤泥，含水平纹理，但纹层中粗颗粒含量较高，说明水深较上一时期变浅，这与湖岸地貌反映的湖面下降、湖积平原为入湖河流切割的现象一致。同时对该层易溶盐沉积的研究也表明当时湖水盐度加大，对应于水深变浅。对该层 41.5cm 处样品进行放射性 ^{14}C 测年为 5575±85a B.P.（6382cal.a B.P.），对该数据及上层测年数据的沉积速率进行内插可知该层年代为 6117～4725a B.P.（7030～5380cal.a B.P.）。

上覆沉积物（25～15cm）为棕灰色亚黏土，含较多砂砾，略有层理，黏土含量增加，达 37.6%，粉砂减少，细砂和中粗砂也减少，但仍占较大比例，说明水深较上一阶段加深，但比 7306～6117a B.P.时浅。易溶盐含量的减少也对应于湖泊的加深。该层 23.5m 处样品的放射性 ^{14}C 测年数据为 4635±195a B.P.（5291cal.a B.P.），经该测年数据及下覆层测年数据的外推知该层对应年代为 4725～2990a B.P.（5380～3380cal.a B.P.）。

上覆沉积物（15～3cm）为棕灰色含砾亚黏土，层理发育较差，黏土含量较上段减少，粉砂和极细砂含量增加，但以细砂和中粗砂为主，说明水深较上层变浅。该层对应年代为 2990～598a B.P.（3380～675cal.a B.P.）。

顶部（3～0cm）沉积物为黄棕色粉砂，无层理发育，含盐量增加，说明自 598a B.P.以来水深进一步变浅。该层对应现代水动力状况。根据在湖区采得的一长 66cm 沉积柱状岩心，基于沉积物粒度变化、碳酸盐矿物含量（姜加明等，2004）及有机碳同位素（$\delta^{13}C_{org}$）（马龙和吴敬禄，2009）等指标可进一步将近 400 年来水深变化分为以下三个阶段：①66～36cm（377～210a B.P.），该阶段沉积物粒径较粗，黏土和粉砂含量较低，碳酸盐矿物含量较高，说明该时期水深较浅，有机碳同位素（$\delta^{13}C_{org}$）偏负，说明水生植物中挺水植物发育，对应于较浅的水环境。②35～20cm（210～112a B.P.），沉积物粒径变细，粉砂和黏土含量增高，TOC 及碳酸盐含量较低，说明湖泊扩张，湖水加深，同时有机碳同位素（$\delta^{13}C_{org}$）平均值达到该剖面最大值，说明沉水植物发育，对应于水深加深。③19～0cm（112～0aB.P.），该阶段沉积物粒度再次变粗，粉砂和黏土含量下降，TOC 及碳酸盐含量增加，说明水深再度变浅，同时有机碳同位素（$\delta^{13}C_{org}$）总体偏负，说明水生植物中以挺水植物为主，对应于较浅的水环境。

以下是对该湖泊进行古湖泊重建、量化水量变化的 6 个标准：（1）极低，黄棕色粉砂，无层理；（2）低，黄灰色亚黏土；（3）较低，棕灰色含砾亚黏土，层理较差；（4）中等，浅灰色粉砂质淤泥，具隐形水平层理，湖底出露，形成洪积平原并为入湖河流所切割；（5）较高，棕灰色亚黏土为主，含砂砾，有均匀层理；（6）高，浅灰色粉砂质淤泥，水平层理发育，湖泊东岸宽阔的湖积平原及黄石崖带 T_3 湖蚀台地的存在。

安固里淖各岩心年代数据、水位水量变化见表 4.1 和表 4.2，岩心岩性变化图如图 4.1 所示。

表 4.1　安固里淖各岩心年代数据

放射性 ^{14}C 年代/a B.P.	校正年代/cal.a B.P.	深度/cm	测年材料	钻孔
4635±195	5291	23.5	黏土	孔 A
5575±85	6382	41.5	粉砂质淤泥	孔 A
8435±65	9452	60.5	亚黏土沉积	孔 A

表 4.2　安固里淖古湖泊水位水量变化

年代	水位水量
9530～8240 cal.a B.P.	低（2）
8240～7030 cal.a B.P.	高（6）
7030～5380 cal.a B.P.	中等（4）
5380～3380 cal.a B.P.	较高（5）
3380～675 cal.a B.P.	较低（3）
675～0 cal.a B.P.	极低（1）

参 考 文 献

姜加明，吴敬禄，沈吉. 2004. 安固里淖沉积物记录的气候环境变迁. 地理科学，24（3）：346-351.

马龙，吴敬禄. 2009. 安固里淖湖积物中总有机碳含量及其碳同位素的环境意义. 自然资源学，24（6）：1099-1104.

邱维理，翟秋敏，唐海波，等. 1999. 安固里淖全新世湖面变化及其环境意义. 北京师范大学学报，35（4）：542-548.

翟秋敏. 2001. 全新世安固里淖易溶盐沉积与环境. 古地理学报，3（1）：91-96.

翟秋敏，郭志永. 2002. 坝上高原安固里淖全新世沉积地球化学特征与环境变化. 古地理学报，4（4）：55-60.

翟秋敏，郭志永. 2004. 安固里淖自生碳酸盐碳氧同位素组成与环境. 河南大学学报，34（2）：59-63.

翟秋敏，李容全，郭志永. 2002. 坝上高原安固里淖粒度年纹层与环境变化. 地理科学，22（3）：331-335.

翟秋敏，邱维理，李容全，等. 2000. 内蒙古安固里淖-泊江海子全新世中晚期湖泊沉积及其气候意义. 古地理学报，2（2）：84-91.

4.1.2　白洋淀

白洋淀（38.78°～38.97°N，115.80°～116.10°E，海拔约 5m a.s.l.）是位于河北平原中部的一淡水湖，由 143 个湖泊组成，湖泊总面积 366km^2，湖水平均深度为 2.0m。从地貌上来说，白洋淀位于太行山东部的永定河和滹沱河冲积扇的低地。八条发源于太行山的河流注入白洋淀，在距现代湖泊 200km 处有一出口经赵王新河最终注入渤海。白洋淀湖盆位于冀中盆地，而冀中盆地在晚新近纪之前就已蓄水。现代白洋淀是人类在太行山麓形成

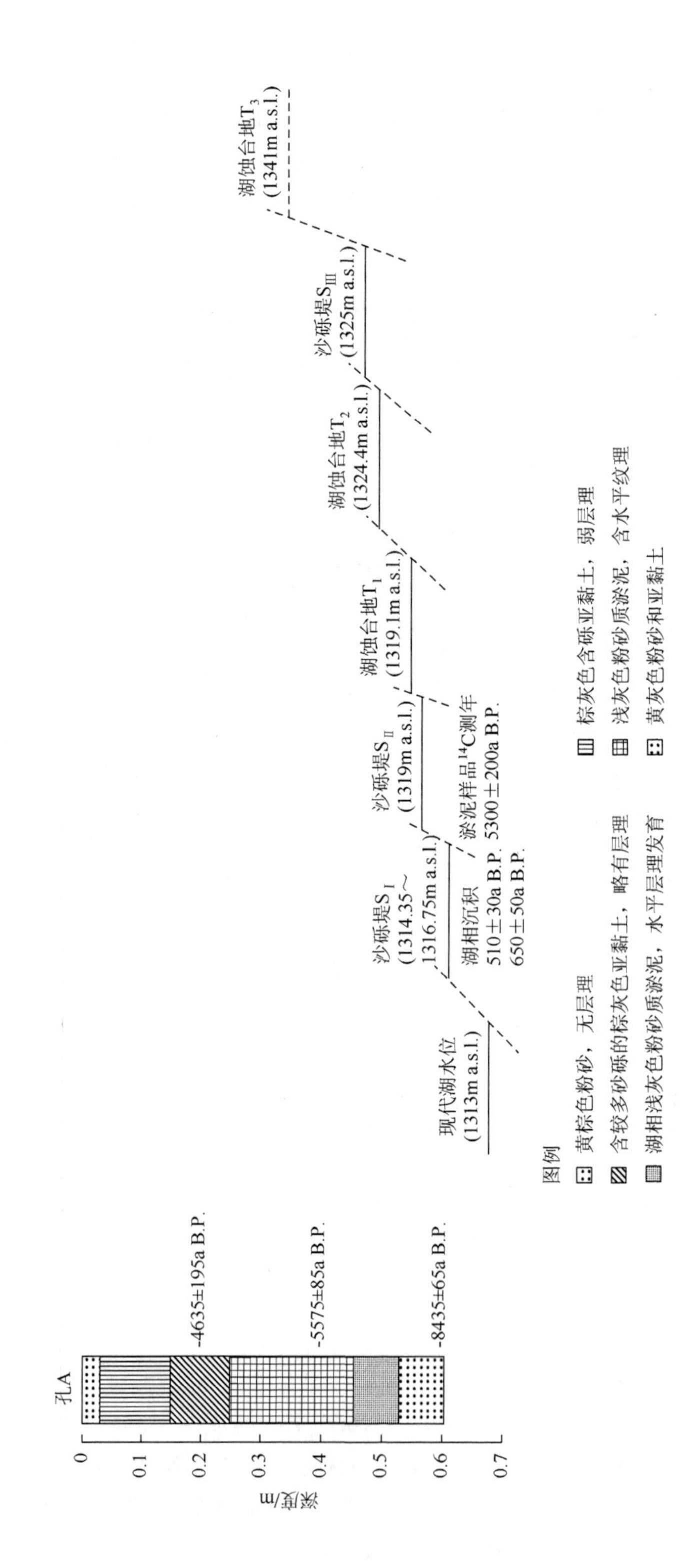

图 4.1　安固里淖岩心岩性变化图

于早第四纪的河流-冲积扇的低地筑坝而成。由此可见，白洋淀经历了较长的地质历史时期（王会昌，1983）。

在现代白洋淀洼地的西部选取老河头剖面（深度 6.1m，海拔约 10m a.s.l.），通过对该剖面岩性、粒度及磁化率的分析等可重建 21320a B.P.（25458cal.a B.P.）以来的湖泊水位变化（杨慧君等，2015）。在梁庄村附近的现代湖岸南部采得一钻孔（白-4 孔），从其所记录的年代可大致推测白洋淀历史时期的发展变化。钻孔长 26m，钻点位置水位小于 7m a.s.l.。许清海等（1988）对岩心 6.36m 以上沉积物进行了详细研究，其沉积物与花粉记录年代可追溯至 11000a B.P.（13000cal.a B.P.）前。许清海等在其文献中并未对 6.36m 以下沉积物进行描述。王会昌（1983）和吴忱（1992）还描述了其他一系列地质钻孔，但他们只是粗略描述了白洋淀的面积变化情况。我们根据杨慧君等（2015）所描述的剖面岩性和粒度变化及许清海等（1988）所描述的剖面岩性及水生花粉组合变化，结合盆地其他钻孔岩性变化（王会昌，1983；吴忱，1992），重建了白洋淀 21320a B.P.（25458cal.a B.P.）以来的湖泊水深变化情况。湖泊水位在晚第四纪很可能受到海平面变化的影响。但海平面变化的详细情况现已熟知，即在 10ka B.P.前的晚第四纪海平面达最高值，且一直到 6ka B.P.海平面都较稳定，随后海平面开始下降（杨怀仁和谢志仁，1984），因此这并不影响我们对由气候变化造成的湖泊水位变化的判断。年代学基于白-4 孔的 3 个放射性年代数据。

老河头剖面 6.1～5.15m 为黄色黏土质粉砂和粉砂质黏土，说明当时沉积作用以微弱的流水作用和风力作用为主，湖水水位较浅。该层 6.1m 及 5.15m 处沉积物样品的 AMS^{14}C 年代分别为 21320±90a B.P.（25458cal.a B.P.）和 17570±60a B.P.（20978cal.a B.P.）。该层沉积年代为 21320～17570a B.P.（25458～20978cal.a B.P.）。

老河头剖面 5.15～3.88m 为黏土质粉砂和粉砂层，岩性变化表明湖水水位较前期下降。该段粒径较上一阶段偏粗，表明该阶段风力堆积加强。该层 4.36m 处沉积物样品的 AMS^{14}C 年代为 12330±40a B.P.（14490cal.a B.P.），经该年代数据与上覆层年代间沉积速率内插，得到该层沉积年代为 17570～9885a B.P.（20978～11255cal.a B.P.）。

老河头剖面 3.88～3.35m 为黏土质粉砂和黑色黏土沉积，岩性变化表明湖水较之前面积扩大，水位升高，沉积环境以河湖相沉积为主。该层 3.63m 处沉积物样品的 AMS^{14}C 年代为 8610±35a B.P.（9573cal.a B.P.），经该年代数据与上覆层年代间沉积速率内插，得到该层沉积年代为 9885～7650a B.P.（11255～8480cal.a B.P.）。

老河头剖面 3.35～2.99m 为粉砂和黏土质粉砂层，表明此时期风力作用加强，湖水水位下降。该层沉积年代为 7650～6410a B.P.（8480～7080cal.a B.P.）。

老河头剖面 2.99～2.00m 为黑色黏土沉积，岩性变化表明湖水水位较上阶段加深，该层 2.00m 处沉积物样品的 AMS^{14}C 年代为 3010±25a B.P.（3219cal.a B.P.）。该层沉积年代为 6410～3010a B.P.（7080～3219cal.a B.P.）。

老河头剖面 2.00～1.10m 为褐色粉砂质黏土和黄色粉砂层，岩性变化表明水位较前期下降，沉积环境以流水沉积为主，期间有泛滥性洪水出现。该层 1.10m 处贝壳样品的 AMS^{14}C 年代为 1355±20a B.P.（1293cal.a B.P.）。该层沉积年代为 3010～1355a B.P.（3219～1293cal.a B.P.）。

老河头剖面顶部 1.1m 为黄色粉砂和粉砂质黏土，黏土和粉砂含量的减少及砂含量的增加表明该层水深较上阶段继续下降。该层为 1355a B.P.（1293cal.a B.P.）以来的沉积。

白-4 孔 6.36～5.06m 沉积物为棕灰色黏土质粉砂，同时还含有些许细砂、浅棕黄色细砂。在白-4 孔南侧的高阳孔为河流相浅棕黄色细砂、粉砂及粉质黏土沉积（吴忱，1992）。对白-4 孔 6.15～6.0m 处样品进行放射性 ^{14}C 测年，其年代为 11280±350a B.P.（13210cal.a B.P.）。该层不含水生植物花粉，且蕨类和藻类植物含量稀少，偶见水龙骨科（Polypodiaceae）及双星藻属（*Zygnema*）孢子，说明湖水位在 10000a B.P.（11700cal.a B.P.）前很低。王会昌（1983）推测在该时期白洋淀为河流相沉积。

白-4 孔 5.06～4.21m 沉积物为灰色粉砂质黏土，但高阳孔仍为浅棕黄色细砂、粉砂及粉质黏土（吴忱，1992）。该层含一些水生植物花粉，如香蒲（*Typha*）、莎草科（Cyperaceae），同时含大量环纹藻属（*Concentricystes*）和双星藻属（*Zygnema*）孢子，说明此层代表湖泊开始形成。盆地低部的安兴县孔 7-5（36.45～38.34m）、孔 7-6（44.80～45.40m），高阳县的孔 7-9（46.25～53.23m），雄县的孔 II-6（32.78～19.20m）在早全新世表现为灰绿色、灰黑色湖相黏土或泥砂质黏土沉积。据王会昌（1983）对相关地质钻孔的研究，该时期湖泊面积比现今湖泊面积要大。该层年代为 10000～9000a B.P.（11700～10500cal.a B.P.）。

白-4 孔中 4.21～2.63m 为灰黄色黏质粉砂和细砂沉积，而高阳孔岩性仍保持不变。该层顶部出现了在强水动力环境中生存的丽蚌属（*Lamprotula* spp.）壳，说明该层为河流相沉积。许清海等（1988）认为白洋淀区大部分时期为河流相，对应于湖水变浅。对该层顶部丽蚌属壳进行放射性 ^{14}C 测年，其年代为 7600±200a B.P.（8405cal.a B.P.）。该层沉积年代为 9000～7500a B.P.（10500～8200cal.a B.P.）。

白-4 孔 2.63～0.40m 为灰色泥质粉砂黏土沉积，而高阳孔则为黑灰色粉砂质黏土和黏土沉积。沉积物粒径的减小及丽蚌属（*Lamprotula* spp.）的消失均表明当时为湖水较深的静水环境。水生花粉狐尾藻（*Myriophyllum*）及香蒲（*Typha*）含量增加，且水蕨属（*Ceratopteris*）含量较高（67.6%），和湖水加深相吻合。对 0.5m 处样品进行放射性 ^{14}C 测年，其年代为 3725±170a B.P.（4082cal.a B.P.），说明该层沉积年代为 7500～3000a B.P.（8200～3800cal.a B.P.）。钻孔研究发现该时期湖泊面积最大，如永勤县永-6 号孔 6.08～19.07m 为湖相泥质砂黏土，雄县 II-6 孔还含贝壳类沉积，肃宁县肃开-3 孔 10.00～9.40m 也为湖相沉积（王会昌，1983）。考古研究也表明，新石器时代中期及晚期（7500～4000a B.P.）白洋淀地区气候温暖湿润，水资源丰富，留下了众多古人类文化遗址。在前仰韶时代（7500～6800a B.P.）及仰韶时代晚期（5500～5000a B.P.）和龙山时代（4600～4000a B.P.）湖区积水充裕，适于人类居住，但在仰韶时代早期（6800～6000a B.P.）、中期（6000～5500a B.P.）及末期（5000～4600a B.P.）湖水增多，水面扩大，此时为湖面最高时期。这个时期许多高岗地及台地被水淹没，造成遗址数目偏少（李月丛等，2000）。

顶部 0.40～0m 为灰色粉砂质黏土。水生植物从水蕨属（*Ceratopteris*）占优势转变为以狐尾藻属（*Myriophyllum*）和芦苇（*reed*）为主，说明在 3000～0a B.P.（3800～0cal.a B.P.）湖水变浅（许清海等，1988）。该浅水沉积阶段从历史记录及历史遗迹中也可找到证据（王会昌，1983）。

以下是对古湖泊进行重建、量化水量变化的 5 个标准：（1）低，河流相沉积，白-4 孔中的灰棕色黏土质粉砂、细砂，老河头剖面为粉砂和黏土质粉砂；（2）较低，老河头剖面的粉砂和粉砂质黏土；（3）中等，白-4 孔灰色粉砂质黏土，老河头剖面的黏土质粉砂和粉砂质黏土；（4）较高，老河头剖面的黏土质粉砂和黏土；（5）高，白-4 孔灰色泥质粉砂黏土，盆地湖相沉积物增多，老河头剖面的黏土沉积。

白洋淀各岩心年代数据、水位水量变化见表 4.3 和表 4.4，岩心岩性变化图如图 4.2 所示。

表 4.3　白洋淀各岩心年代数据

样品编号	放射性 ^{14}C 测年/a B.P.	校正年代/cal.a B.P.	深度/m	测年材料		剖面
BA111331	1355±20	1293	1.10	贝壳	AMS	老河头剖面
BA10307	3010±25	3219	2.00	沉积物	AMS	老河头剖面
	3725±170	4082	约 0.5	泥质粉砂黏土	白-4 孔	
	7600±200	8405	约 2.7	丽蚌属壳	白-4 孔	
BA111336	8610±35	9573	3.63	沉积物	AMS	老河头剖面
	11280±350	13210	6.15～6.0	泥质黏土质粉砂、细砂	白-4 孔	
BA10313	12330±40	14490	4.36	沉积物	AMS	老河头剖面
BA10314	17570±60	20978	5.15	沉积物	AMS	老河头剖面
BA111338	21320±90	25458	6.10	沉积物	AMS	老河头剖面

注：白-4 孔校正年代由校正软件 Calib6.0 得出，老河头剖面校正年代根据原文给出

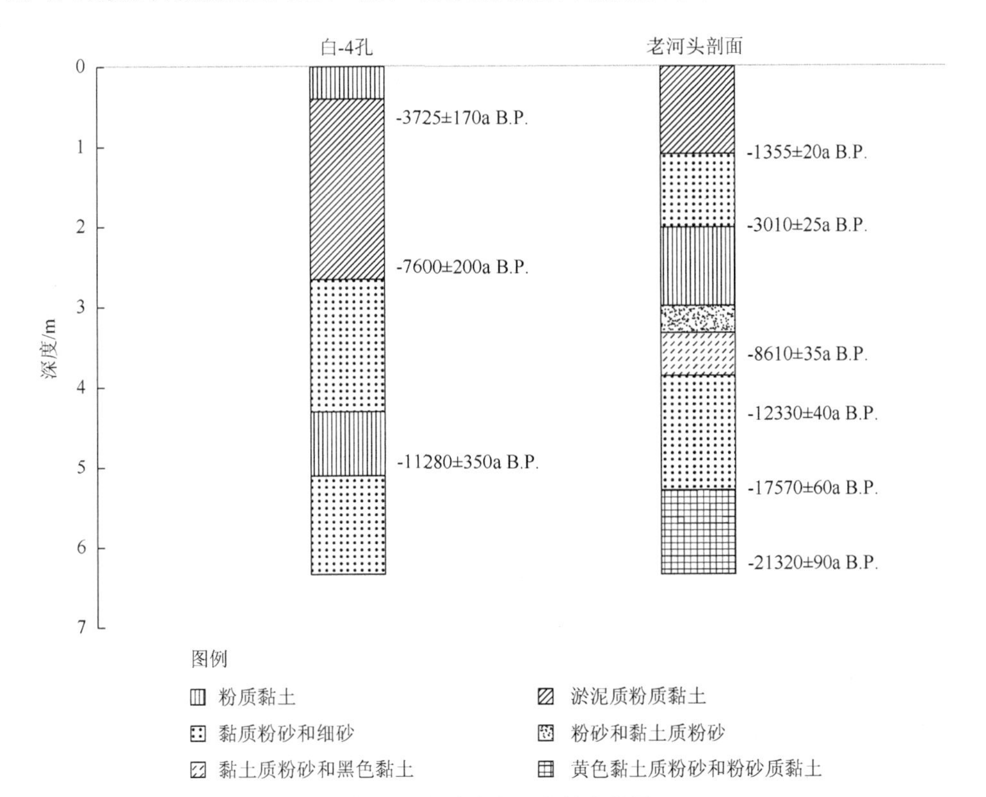

图 4.2　白洋淀岩心岩性变化图

表 4.4 白洋淀古湖泊水位水量变化

年代	水位水量
25458～20978cal.a B.P.	中等（3）
20978～11700cal.a B.P.	低（1）
11700～10500cal.a B.P.	中等（3）
10500～8480cal.a B.P.	较高（4）
8480～7080cal.a B.P.	低（1）
7080～3219cal.a B.P.	高（5）
3219～1293cal.a B.P.	中等（3）
1293～0cal.a B.P.	较低（2）

参 考 文 献

李月丛，张翠莲，段宏振，等. 2000. 白洋淀地区环境变迁与史前文化. 同济大学学报（社会科学版），11（4）：22-27.

王会昌. 1983. 一万年来白洋淀的扩张与收缩. 地理研究，2（3）：8-17.

吴忱. 1992. 华北平原四万年来自然环境演变. 北京：中国科学技术出版社.

许清海，陈淑英，孔昭宸，等. 1988. 白洋淀地区全新世以来植被演替和气候变化初探. 植物生态学与地植物学学报，12（4）：143-151.

杨怀仁，谢志仁. 1984. 中国东部近 20000 年来的气候波动与海面升降运动. 海洋与湖沼，15（1）：1-13.

杨慧君，王永，迟振卿，等. 2015. 河北白洋淀老河头剖面 25.5kaB.P. 以来气候环境变化的沉积记录. 现代地质，29(2)：291-298.

4.1.3 宁晋泊

宁晋泊（37.00°～37.50°N，114.66°～115.25°E，海拔 24～32m a.s.l.）位于河北平原南部，四周被太行山环绕。盆地由构造作用形成。盆地先前为位于漳河冲积扇和滹沱河低地的浅淡水湖。几百年来，由于气候变化和人类活动的影响，湖泊曾一度萎缩，到 1839 年时彻底干涸（郭盛乔和薛滨，1999）。现今盆地除洪水季节蓄积少量淡水外也为干涸盆地。先前湖泊由两条河流补给：南部的漳河和北部的滹沱河，同时还有一些源于太行山的小河也注入该河。宁晋泊有一外流出口经滏阳河注入渤海，至今在洪水季节仍是如此。滏阳河穿过太行山，流经北京平原地区 300km，最终注入渤海。宁晋泊地区为季风气候，年均降雨量为 500mm，其中绝大部分集中于夏季，年均温度为 12～13℃，夏季平均气温为 26.7℃（郭盛乔，1998）。

郭盛乔（1998，1999，2001，2005）对现已干涸的宁晋泊湖区中部一 10m 深露头的湖相沉积地层年代及距该露头 20m 远的南王庄地上凿孔（深 42.8m）岩性、水生花粉、介形类及碳酸盐矿物等进行了研究；王成敏和郭盛乔（2005）对南王庄露头剖面样品年代进行了详细测定。尽管地上凿孔沉积的上部 1m 是人为开凿的，在该露头中不存在，但该露头和南王庄地上钻孔地层大致相同。基于两剖面岩性变化、水生花粉组合、软体动物的出现（消失）及地上钻孔上部 6m 介形类组合状况（郭盛乔，1998），可重构古湖泊水深的相对变化（郭盛乔，1998，1999）。郭盛乔等（2001）与王成敏等（2005）、郭盛乔等（2005）对露头剖面岩性描述有所差距，我们以新近发表的文献为准。年代学基于郭盛乔（1998）、郭盛乔和薛滨（1999）给出的露头剖面的 4 个放射性 ^{14}C 测年数据及王成敏和郭盛乔（2005）

给出的露头剖面的 5 个放射性 ^{14}C 测年数据，同时参考露头剖面 12 个 OSL 测年数据及 8 个 TL 测年数据，得到南王庄露头剖面年代可追溯至约 30ka B.P.。由于钻孔顶部人为作用的影响，露头剖面深度与地上钻孔剖面深度有 1m 之差。在盆地东部采得的第二个钻孔，尽管在该孔中有一个放射性测年数据，但并未对该孔进行详细描述（郭盛乔，1998）。

南王庄地上钻孔底部沉积物（42.8～37.0m）为灰绿色粉砂。岩性及香蒲的出现表明该层为湖相沉积。

南王庄地上钻孔 37.0～23.6m 为棕-灰绿色黏土，含水平层理，说明湖水较上一阶段加深，同时，香蒲的消失也和较深的湖水环境相一致。

南王庄地上钻孔 23.6～18.1m 为棕色黏土和粉砂，含水平层理。粉砂含量的增加对应于湖水变浅。该层含软体动物壳，也和湖水变浅一致。该层偶尔可见香蒲。

南王庄地上钻孔 18.1～13.9m 为灰棕-灰白色中-粗砂沉积，分选性较差。该层含细砾石和方解石沉积。矿物学分析认为不稳定性矿物的大量出现表明该矿物沉积较快，且未经风化。岩性和矿物分析表明该层为冲积成因（郭盛乔，1998）。钻孔冲积扇沉积物的存在表明当时为干湖盆。陆地花粉组合以非树栖类群为主。郭盛乔（1998）、郭盛乔和薛滨（1999）认为该层约形成在末次冰盛期，但据王成敏和郭盛乔（2005）的测年数据，该层至少应为 3.0ka B.P.之前的沉积。

南王庄地上钻孔 13.9～6.6m 为灰棕色到灰绿色粉质黏土和粉砂，含水平层理。岩性及层理的出现表明湖泊又恢复至湖相环境。水生花粉中开始以香蒲为主，后被泽泻科（0%～20%）替代，继而又以眼子菜科为主。这和湖水逐渐变深相一致。据郭盛乔（1998）推测，该层形成于晚冰期，和测年结果一致。

南王庄露头剖面 12.9～11.25m 为灰黄色、锈黄色黏土质粉砂沉积，具水平层理，其顶部含有灰黑色淤泥质粉砂。该层碳酸盐含量较高（平均 17.8%），表明当时湖水深度不大。该层底界 12.8～12.9m 处样品的 OSL 测年为 30.06±2.44ka B.P.，用该测年数据及上覆层一测年数据（22.2±1ka B.P.）间沉积速率内插，得出该层形成年代为 30～25.31ka B.P.。

露头剖面上覆 11.25～5.57m 仍为灰黄色、锈黄色黏土质粉砂层，其中上部 6.4～5.57m 为灰绿色、棕黄色粉砂质黏土，具水平层理。根据碳酸盐含量又可将该层分为以下几个亚层：11.25～9.7m 碳酸盐的低含量（14.2%）表明当时湖泊水位较高，10.14～10.26m 处样品的 OSL 测年为 22.2±1ka B.P.，经该测年数据及 8.19～8.26m 样品 OSL 测年数据（17.23±0.47ka B.P.）内插，得到该沉积形成年代为 25.31～20.94ka B.P.。该层 9.8～9.9m 处淤泥的放射性 ^{14}C 测年在 22000a B.P.前，和 OSL 测年较一致。9.7～8.05m 碳酸盐含量继续下降（9.84%），对应湖水位继续升高。该层 8.19～8.26m 样品 OSL 测年为 17.23±0.47ka B.P.。该层沉积年代为 20.94～16.8ka B.P.。8.05～5.57m 碳酸盐含量大幅增加（20%～30%），郭盛乔等（2001）认为此时对应于气候干旱，湖水收缩。但从沉积物岩性变化及地上钻孔水生花粉眼子菜的出现，我们认为此时应为湖泊继续扩张期。对该层 5.6m 及 5.5～5.57m 样品的放射性 ^{14}C 测年分别为 9750±350a B.P.（11232cal.a B.P.）及 9726±508a B.P.（11240cal.a B.P.），表明该层沉积年代为 16.8～11.2ka B.P.。

南王庄地上钻孔 6.6～5.2m（露头剖面为 5.57～4.2m）为黑色、黑灰色泥质黏土，含水平层理。黏土含量的增加表明湖水较下覆层继续加深。水生花粉中泽泻科消失，眼子菜科含量增加（10%～20%），和湖水加深相对应。露头中碳酸盐含量较低（4.67%），和水深增加一致。香蒲丰度大体可反映湿地边缘的范围。介形类组合以玻璃介（*Candona*）为主，和较深水环境一致。该层顶部 5.4～5.2m 明显可见含大量钙质结节层，且这些层中有一富含软体动物壳的 10cm 厚薄层。尽管该层介形虫种类较少，但含能反映不同水深状况的典型种属，因此可清晰识别其对应的水深情况。有机质含量的增加、钙质结节的存在及大量软体动物壳的出现均表明当时为一浅水环境。该层顶部介形虫以土星介（*Ilyocypris*）为主，和湖水变浅对应。露头剖面 5.6m、4.2m 及 4.9～5.12m 处放射性年代分别为 9750±350a B.P.（11232cal.a B.P.）、5277±157a B.P.（6016cal.a B.P.）及 8075±600a B.P.（9064cal.a B.P.）；5.22～5.34m、4.92～4.75m 及 4.25～4.41m 处样品的 OSL 测年为 11.06±0.59ka B.P.、8.13±0.65ka B.P.及 3.58±0.2ka B.P.；4.35～4.45m 处样品的 TL 测年年代为 3240±315a B.P.，经三个放射性 ^{14}C 测年得出的最初深水环境年代为 11200～5980a B.P.（11200～6770cal.a B.P.），经三个 OSL 测年得出的该阶段年代为 11.2～4.31ka B.P.，而以软体动物壳出现为标志的浅水环境年代为 5980～5275a B.P.（6770～6015cal.a B.P.，OSL 对应年代为 4.31～2.73ka B.P.，在此我们以 ^{14}C 年代为准）。对巨鹿剖面一样品进行放射性 ^{14}C 测年，其年代为 7050±110a B.P.（7859cal.a B.P.），说明上述推论合理。钻孔西部 200m 和 20km 处最后浅水相沉积的年代相同且沉积有大量睡莲及香蒲，和渐浅的水环境一致。

露头剖面 4.0～4.2m 为黄色到锈黄色钙质粉砂黏土，含不连续水平层理。该层含软体动物且在南王庄剖面中不存在，但在 30cm 厚的赵霍陀剖面可见。非连续沉积特征表明该层不太可能为湖相沉积。

露头剖面 3.67～4.0m 和南王庄孔 4.67～5.2m 均为灰到黑色泥质黏土，含大量有机质及植物根系残遗。该层含大量软体动物壳。岩性变化表明该层为湖相沉积，但湖水较浅。碳酸盐含量的增加（15.77%）也与此对应。对该层露头剖面 3.67m、4.0m 及 3.96～4m 处样品进行放射性 ^{14}C 测年，其对应年代分别为 1925±131a B.P.（1851cal.a B.P.）、2642±96a B.P.（2708cal.a B.P.）及 264±296a B.P.（年代明显偏小，未采用）。3.85～3.98m 及 3.55～3.72m 样品的 OSL 测年年代分别为 2.6±0.14ka B.P.及 2.48±0.24ka B.P.；3.81～3.91m 处样品的 TL 测年年代为 2700±247a B.P.。经该层两放射性 ^{14}C 年代外推，得到该层沉积年代为 2640～1930a B.P.（2710～1850cal.a B.P.）；经该层 OSL 测年数据内插，得到该层形成年代为 2.63～2.54ka B.P.。

露头剖面 3.67～3.1m（地上钻孔 4.1～4.67m）为棕黄色黏土沉积，含水平层理及薄纹层，表明湖水较下覆层加深。水生花粉以眼子菜为主，和湖水变深相对应。该层未对介形类组合进行描述。露头剖面 3.55～3.72m 及 3.15～3.29m 处样品的 OSL 测年年代分别为 2.48±0.24ka B.P.及 1.75±0.13ka B.P.，经这两年代数据外推，得到该层沉积年代为 2.54～1.54ka B.P.。若按露头剖面顶部年代约为 220a B.P.（270cal.a B.P.），通过与下覆层测年年代内插得知该层沉积年代为 1930～1660a B.P.（1850～1605cal.a B.P.）。

露头剖面 3.1～0.85m（地上钻孔 1.85～4.1m）为层状棕色粉质黏土，含水平层理。粉砂含量的增加说明湖水略微变浅。但介形类仍以玻璃介（*Candona*）为主，且该层不含水生花粉，说明湖水仍较深。2.73～2.9m 及 2.48～2.65m 的 OSL 测年年代分别为 1.55±0.05ka B.P.和 1.47±0.11ka B.P.。2.85～2.95m、2.45～2.55m、1.65～1.75m、1.18～1.28m 及 0.65～0.75m

处样品的TL测年分别为1750±155a B.P.、1200±120a B.P.、1170±120a B.P.、630±62a B.P.、370±35a B.P.。经OSL测年得出该层沉积年代为1.54～0.92ka B.P.，经TL测年数据得出的该层上边界年代为450a B.P.，经^{14}C测年数据内插得出的该层年代为1660～615a B.P.（1605～635cal.a B.P.）。

顶部沉积物（露头剖面0～0.85m，地上钻孔1～1.85m）为棕色黏土和粉砂质黏土，含大量植物根系残遗及软体动物壳体，层理的消失及植物根系残遗、软体动物壳体的出现表明湖水变浅。介形类组合以土星介（*Ilyocypris*）为主，和湖水变浅一致。0.3～0.4m样品的TL测年结果为310±35cal.a B.P.，据历史考证，该层顶部年代为220a B.P.（270cal.a B.P.）。该层年代为615～220a B.P.（635～270cal.a B.P.）。

以下是对该湖泊进行古湖泊重建、量化水量变化的5个标准：（1）很低，湖泊中部干涸湖盆；（2）低，钙质结节及软体动物壳的大量出现，介形类含土星介（*Ilyocypris*）；（3）较低，有机含量丰富的泥质黏土，含大量软体动物，或有机粉质黏土层，含土星介（*Ilyocypris*）介形类；（4）中等，粉质黏土层，含玻璃介（*Candona*）或指示中等水深的水生花粉眼子菜科（Potamogetonaceae），根据碳酸盐含量可分为，（4-1）中等，碳酸盐含量为17.8%，（4-2）中等，碳酸盐含量为14.2%，（4-3）中等，碳酸盐含量为9.84%，（4-4）中等，沉积物渐变为粉质黏土，碳酸盐含量较高（20%～30%）；（5）高，黏土沉积，含水平层理及纹层，水生花粉中不含泽泻科（Alismataceae）而含眼子菜科（Potamogetonaceae），介类虫以玻璃介（*Candona*）为主。

宁晋泊各岩心年代数据、OSL测年、TL测年、水位水量变化见表4.5～表4.8，岩心岩性图如图4.3所示。

表4.5　宁晋泊各岩心年代数据

样品编号	放射性^{14}C测年/a B.P.	校正年代/cal.a B.P.	深度/m	测年材料	剖面
C8	＞22000		9.8～9.9	淤泥	露头剖面
C7	＞19500		8.8～8.9	淤泥	露头剖面
	9750±350	11232	5.6	有机质	露头剖面
C6	9726±508	11240	5.5～5.57	淤泥	露头剖面
C5	8075±600	9064	4.9～5.12	淤泥	露头剖面
	7050±110	7859		有机质	巨鹿剖面
	5277±157	6016	4.2	有机质	露头剖面
	2642±96	2708	4.0	有机质	露头剖面
	1925±131	1877	3.67	有机质	露头剖面
C3	264±296		3.96～4	淤泥	露头剖面
C1	220	270	0		露头剖面

注：C1、C6样品由中国地质科学院水文地质环境地质研究所测定；C5在中国科学院湖泊与环境国家重点实验室完成；C7、C8在中国地质调查局青岛海洋地质研究所实验室完成；年代校正C1参考王成敏和郭盛乔（2005），其余由校正软件Calib6.0获得

表4.6　南王庄露头剖面OSL测年

年代/ka B.P.	深度/m	测年材料
30.06±2.44	12.8～12.9	锈黄色粉砂
22.2±1	10.14～10.26	浅灰褐色粉质黏土
17.23±0.47	8.19～8.26	浅灰褐色粉质黏土
13.55±0.55	6.55～6.71	灰褐色粉质黏土

续表

年代/ka B.P.	深度/m	测年材料
11.06±0.59	5.22～5.34	灰色淤泥质土
8.13±0.65	4.75～4.92	深灰色淤泥质土
3.58±0.2	4.25～4.41	灰黑色淤泥
2.6±0.14	3.85～3.98	深灰色淤泥
2.48±0.24	3.55～3.72	浅灰黄色黏土
1.75±0.13	3.15～3.29	黄褐色粉质黏土
1.55±0.05	2.73～2.9	黄褐色粉质黏土
1.47±0.11	2.48～2.65	黄褐色粉质黏土

注：样品测年在中国地质科学院水文地质环境地质研究所光释光实验室完成

表 4.7　南王庄露头剖面 TL 测年

年代/a B.P.	深度/m	测年材料	剖面
3240±315	4.35～4.45	黏土	南王庄露头剖面
2700±247	3.81～3.91	黑色淤泥	南王庄露头剖面
1750±155	2.85～2.95	黏土	南王庄露头剖面
1200±120	2.45～2.55	亚黏土	南王庄露头剖面
1170±120	1.65～1.75	亚黏土	南王庄露头剖面
630±62	1.18～1.28	亚黏土	南王庄露头剖面
370±35	0.65～0.75	黏土	南王庄露头剖面
310±35	0.3～0.4	黏土	南王庄露头剖面

注：TL 测年在中国地质科学院水文地质环境地质研究所释光实验室完成

表 4.8　宁晋泊古湖泊水位水量变化

年代	水位水量
约 30ka B.P.	很低（1）
30～25.31ka B.P.	中等（4-1）
25.31～20.94ka B.P.	中等（4-2）
20.94～16.8ka B.P.	中等（4-3）
16.8～11.2ka B.P.	中等（4-4）
11200～6770cal.a B.P.	高（5）
6770～6015cal.a B.P.	低（2）
6015～2710cal.a B.P.	很低（1）
2710～1850cal.a B.P.	较低（3）
1850～1605cal.a B.P.	很高（5）
1605～635cal.a B.P.	中等（4）
635～270cal.a B.P.	较低（3）
270～0cal.a B.P.	很低（1）

参考文献

郭盛乔. 1998. 宁晋泊地区 10 万年来的环境变迁. 中国科学院南京地理与湖泊研究所，未出版博士论文.

郭盛乔，薛滨. 1999. 私人通讯.

郭盛乔，王苏民，杨丽娟. 2005. 末次盛冰期华北平原古气候古环境演化. 地质评论，51（4）：423-427.
郭盛乔，杨丽娟，夏威岚，等. 2001. 宁晋泊沉积剖面碳酸盐含量及其古气候意义. 上海国土资源，22（6/2）：7-10.
王成敏，郭盛乔. 2005. 华北平原石家庄东南部宁晋泊地区湖相地层的年龄测定. 地质通报，24（7）：655-659.

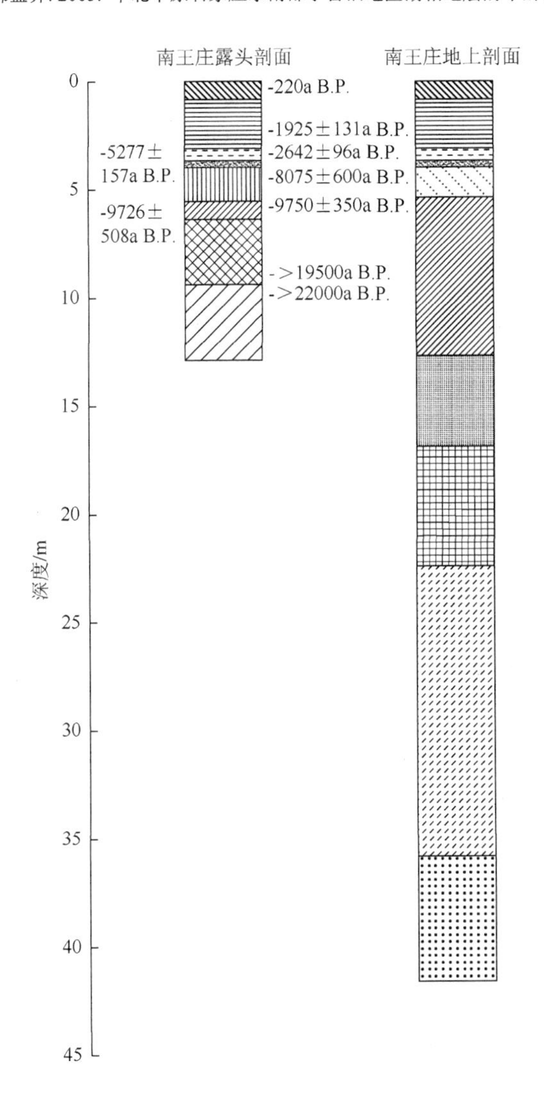

图例

- 黏土及粉质黏土
- 棕色粉质黏土，含水平层理
- 棕黄色黏土，含水平层理
- 灰色及黑色泥质黏土，含大量有机质及植物根残体
- 黄色锈黄色石灰质粉质黏土，含不连续水平层理
- 黑色及深灰色泥质黏土，含大量有机质及软体动物壳
- 黑色及深灰色泥质黏土，含水平层理
- 灰棕色机修黄色黏质粉砂，含水平层理
- 灰黄色及锈黄色黏质粉砂，含水平层理
- 灰棕色及灰白色中到粗砂，分选较差，含小砾石及钙质结核
- 棕色黏土及粉砂，含水平层理
- 灰绿色黏土，含水平层理
- 灰绿色粉砂

图 4.3　宁晋泊岩心岩性变化图

4.2 江苏省湖泊

固城湖（31.23°～31.30°N，118.88°～118.95°E，海拔约 5m a.s.l.）位于江苏省高淳县境内。1959 年其湖泊面积为 80.7km^2，但由于围垦致使其面积在 1980 年面积缩减为 24.5km^2。湖泊平均水深 1.56m，最大水深 4.4m，矿化度为 112.4mg/L。年均温度 15.5℃，年均降雨量为 1105.1mm，蒸发量 940.7mm。主要入湖河流为水阳江及青弋江水系，长江高水位期部分河水可倒灌入湖。湖泊为外流湖，出口经一小河注入长江。湖盆由构造作用形成，其东西边界分别受控于茅山断层和六合—江浦断层。湖盆形成时间较短，第四纪沉积物仅约 20m 厚，湖区周围地质为奥陶纪石灰岩和页岩及第四纪沉积物。

孔 GS1 钻自湖泊围垦区西部海拔约 5.5m a.s.l.处，该处在未开垦前大致位于湖泊中心位置。孔长 19.3m，其岩性记录的年代大致为 15300～6300a B.P.（18000～7405cal.a B.P.）（王苏民等，1996；羊向东等，1996）。受诸如围垦及修坝筑渠等人类活动影响，6300a B.P.（7405cal.a B.P.）之后的地层已经缺失。基于该岩心岩性、水生花粉及硅藻组合变化，我们重建了 6300 a B.P.（7405cal.a B.P.）之前的湖泊水深相对变化。年代学基于该孔的 4 个放射性碳测年。

GS1 孔底部 19.3～18.83m 为棕黄色河流相砂质砾石，说明在约 15400a B.P.（18010cal.a B.P.）之前湖泊尚未形成。

18.83～16.0m 处沉积物为湖相绿灰色粉质黏土，直接上覆于河流相沉积物之上，说明当时存在一次快速湖侵。硅藻丰度较低，偶见附生种或半-浮游种（*Melosira granulata*，*Hantzschia amphixys* 和 *Achnanthes* sp.），说明当时湖水较浅，经外推得到该层沉积年代为 15400～13000a B.P.（18010～15010cal.a B.P.）（王苏民等，1996）。

16.0～14.1m 为湖相绿灰色粉质黏土沉积，硅藻丰度仍较低，但仍有一定程度增加，主要以附生种（*Melosira granulata*，*Hantzschia amphixys* 等）及浮游种（*Cyclotella Stylorum*）为主，硅藻组合的这种变化对应于湖水的加深。总有机碳含量的增加，说明湖泊保存有机质能力提高，也和湖水深度增加相吻合（王苏民等，1996）。15.08m 处样品的 AMS^{14}C 测年年代为 12190±80a B.P.（14034cal.a B.P.），相应的该层沉积年代为 13000～11400a B.P.（15010～12995cal.a B.P.）。

14.1～12.3m 为湖相灰黑色黏土，沉积物粒径变细，说明湖水较上一阶段继续加深，但硅藻组合和下覆层无明显变化，且丰度仍较低。该层沉积年代为 11400～9800a B.P.（12995～11085cal.a B.P.）。

12.3～12.2m 为一明显的冲积层。该层沉积物含砂量较高，且存在倾斜层理及蜗牛壳体碎片。该冲积相沉积形成于 9800～9600a B.P.（11085～10980cal.a B.P.）时的海侵时期（王苏民等，1996；沈吉等，1997）。

12.2～4.0m 为灰色及灰黑色黏土和粉质黏土的薄夹层，含几厘米或几毫米的层理，说明湖水较深，硅藻丰度较高（1.5×10^6 粒/克），其中滨海浮游种及淡水种（*Conscinodiscus curvatulus*，*C. diviscus*，*C. asterompha*，*Cyclotella stylorum* 和 *C. striata*）互为消长，和深水环境一致。分别对 11.77m、8.35m 及 4.35m 处样品进行放射性碳测年，其年代分别为

9365±95a B.P.（10526cal.a B.P.）、7545±155a B.P.（8324cal.a B.P.）和 6895±135a B.P.（7763cal.a B.P.），说明该深水沉积阶段在一定程度上受海侵影响，其年代为 9600～6800a B.P.（10980～7715cal.a B.P.）。

6.85～5m 处沉积物为灰色黏土，含水平层理，但比 9.8～6.85m 处黏土和粉砂夹层要薄，对应于湖水的加深，代表浅水相沉积的蜗牛壳体及钙质凝结物消失，同时水生花粉 *Typha*、*Myriophyllum* 及 *Potamogetonaceae* 含量也较低，和湖水变深相吻合。但 6.85m 以上硅藻浓度下降及其他化学指标均表明自此湖水开始变浅。经内插，得到该层沉积年代为 7300～7000a B.P.（8115～7855cal.a B.P.）。

5～4m 处沉积物为灰色到灰黑色含薄层理的黏土和粉质黏土，蜗牛壳体及钙质凝结物的出现及水生花粉含量的增加说明湖水较上一阶段变浅。该层沉积年代为 7000～6800a B.P.（7855～7715cal.a B.P.）。

4～2.5m 为灰黑色层状黏土及粉质黏土沉积，对应于较深的湖水环境。该层水生花粉含量较少，也对应于湖水较深。硅藻丰度在该层迅速降低，仅含少量淡水种（*Melosira granulata*，*Eumtia* sp.，*Cyclotella Stylorum*，*Hantzschia amphixys*，*Gomphenema* sp.，*Meridon* sp.及 *Diploneis evalis*），表明湖水在该阶段受海侵影响，其年代为 6800～6600a B.P.（7715～7505cal.a B.P.）（王苏民等，1996）。

2.5～1.8m 为棕色黏质粉砂沉积，含钙质凝结物，沉积物粒度变粗及水生花粉含量的增加均表明湖水在该阶段变浅。硅藻类型及丰度较下覆层无明显变化。该浅水沉积阶段年代为 6600～6300a B.P.（7505～7405cal.a B.P.）。

顶部 1.80m 以上为人为土壤层，GS1 孔 6300a B.P.（7405cal.a B.P.）至今地层的缺失可能是由于侵蚀或人类活动影响的结果（姚书春等，2007）。

在古湖泊水量量化过程中，因 9800～7300a B.P.（11085～8115cal.a B.P.）存在湖侵过程，因此未对其进行水深相对变化的量化。

以下是对其他阶段该湖泊重建、量化水量变化的 6 个标准：（1）很低，钻孔点无湖相沉积物；（2）低，灰色及灰黑色含薄夹层的黏土及粉质黏土，同时含蜗牛壳体及钙质凝结物；（3）中等，绿灰色粉质黏土沉积，硅藻含量较低，仅含附生种；（4）较高，绿灰色粉质黏土沉积，硅藻含量较低，含浮游种；（5）高，湖面下降时的灰黑色黏土沉积；（6）很高，灰色黏土沉积，含水平层理，硅藻为浮游种，且含量较低。

固城湖各岩心年代数据、水位水量变化见表 4.9 和表 4.10，岩心岩性变化图如图 4.4 所示。

表 4.9 固城湖各岩心年代数据

放射性 ^{14}C 测年/a B.P.	校正年代/cal.a B.P.	深度/m	测年材料	剖面/钻孔
6895±135	7763	4.35	有机泥	GS1 孔
7545±155	8324	8.35	有机泥	孔 GS1
9365±95	10526	11.77	有机泥	孔 GS1（AMS）
12190±80	14034	15.08	有机泥	GS1 孔（AMS）

注：年代校正软件为 Calib6.0

表 4.10　固城湖古湖泊水位水量变化

年代	水位水量
18010cal.a B.P.前	很低（1）
18010～15010cal.a B.P.	中等（3）
15010～12995cal.a B.P.	较高（4）
12995～11085cal.a B.P.	很高（6）
11085～8115cal.a B.P.	受海平面上升及海侵影响未量化
8115～7855cal.a B.P.	高（5）
7855～7715cal.a B.P.	低（2）
7715～7505cal.a B.P.	很高（6）
7505～7405cal.a B.P.	低（2）

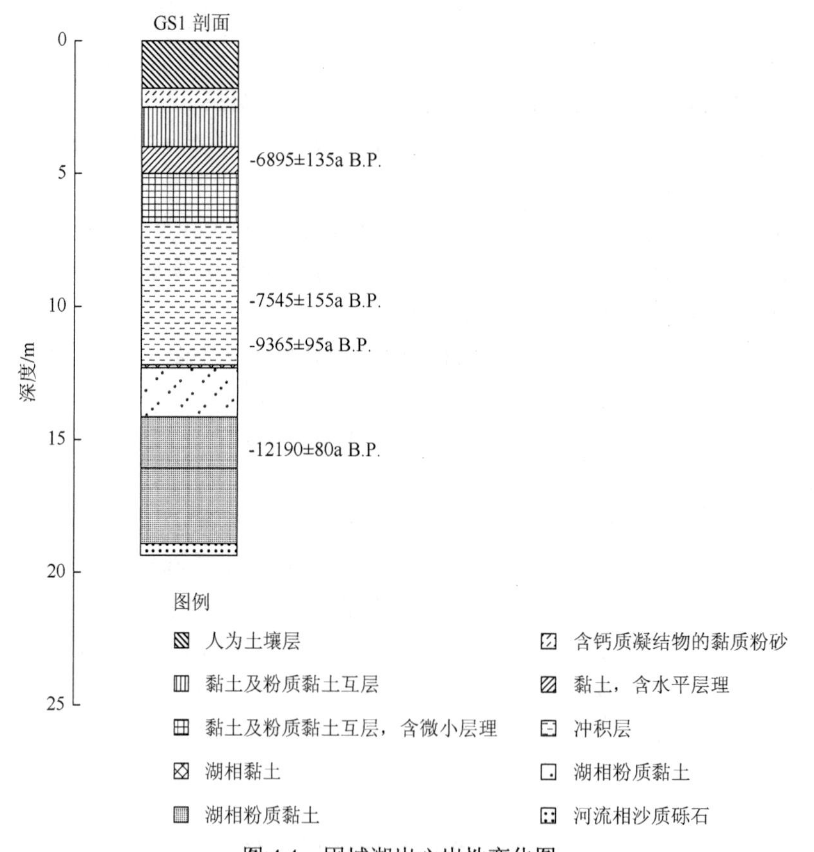

图 4.4　固城湖岩心岩性变化图

参 考 文 献

沈吉，王苏民，刘松玉. 1997. 固城湖 9.6kaB.P.发生的一次海侵记录. 科学通报，42（17）：1459-1461.

王苏民，羊向东，马燕，等. 1996. 江苏固城湖 15ka 来的环境变迁与古季风关系探讨. 中国科学，26（2）：137-141.

羊向东，王苏民，童国榜. 1996. 江苏固城湖区一万多年来的孢粉植物群及古季风气候变迁. 植物学报，38（7）：576-581.

姚书春，王小林，薛滨. 2007. 全新世以来江苏固城湖沉积模式初探. 第四纪研究，27（3）：365-370.

4.3　湖北省湖泊

4.3.1　大九湖

大九湖（31.50°N，110.50°E，海拔 1760m a.s.l.）位于神农架山区的泥炭沼泽。盆地内最高山海拔约 2600m a.s.l.。流域面积为 16km^2，湖沼面积 10km^2。湖区主要由降水、一些溪流及地下水补给。年均温度为 7.2℃，年平均降雨量为 1500mm，且全年降雨分布较均匀。出口经盆地西北的一碳酸盐井下和地下水相连。一般认为盆地是构造成因，基岩为古生代到三叠纪的变质岩及沉积岩。

关于大九湖全新世湖泊及环境演变的过程，不同学者分别从不同方面予以研究。周明明和李文漪（1993）对盆地中部的孔 2 中的岩性及水生花粉进行了研究；朱诚等（2006）对大九湖 2.97m 深剖面（海拔 1760m a.s.l.）花粉变化进行了研究，恢复了晚冰期以来的气候变化；马春梅等（2008）对大九湖 2.97m 深剖面从地球化学角度进行了分析；刘会平等（2001）对钻自海拔 1700m a.s.l.的孔 II 孢粉进行了分析；李杰等（2013）对长 6m 的 DJH-1 孔孢粉进行了分析；郑朝贵等（2008）则从大九湖邻区的考古遗址印证了当时古气候变化的特点。尽管他们的研究角度迥异，但对晚冰期以来大九湖湖水位及气候变化的结论基本一致。我们根据不同时间钻取的不同岩心并综合原作者观点对大九湖沉积物进行了分析，得出晚冰期大九湖水位的波动情况。

在盆地中间采得较早的 3 个钻孔（孔 1、孔 2 和孔 3），孔 1 和孔 2 长大约 3.8m，孔 3 长约 3m，尽管不清楚这 3 个钻孔的海拔高度，但从与孔 4 岩心及孔 II 岩心的沉积比较，我们认为这三个孔对应海拔高度应较孔 4 低，而较孔 II 高（即海拔高度为 1700～1760m a.s.l.）。尽管未对孔 3 进行研究，但从岩心剖面上来看，它和孔 2 岩性相同（周明明和李文漪，1993）。较新的岩心钻自海拔 1760m a.s.l.处，岩心长为 2.97m（暂称为孔 4）。分别对孔 1、孔 2 及孔 4 进行了放射性 ^{14}C 测年，孔 2 沉积年代大致为 9000a B.P.（10000cal.a B.P.），孔 4 记录年代约为 13300a B.P.（15750cal.a B.P.）。基于孔 2 中沉积物岩性及水生花粉变化，同时结合孔 4 中沉积物地球化学及孢粉记录，我们重建了古湖泊水深的相对变化。孔 1 中含 2 个测年数据，孔 2 中含 3 个测年数据（周明明和李文漪，1993），孔 4 中含 10 个测年数据（朱诚等，2006）。年代学基于孔 2 中的 3 个放射性 ^{14}C 测年数据（其包含孔 2 中底部 1 个测年数据），孔 4 中的 10 个放射性 ^{14}C 测年数据及孔 I 、孔 II 、孔 III 中的 14 个 ^{14}C 年代。我们关于古湖泊水量量化主要参考朱诚等（2006）新近给出的年代数据。

孔 1 和孔 2 底部 3.8～3.0m 均为灰绿色粉砂质砾石及粉砂质黏土，上部夹一些泥炭。周明明和李文漪（1993）认为该层沉积物最初为河流/洪水相沉积，随后演变为冲积/沼泽相沉积。对孔 2 中约 3m 处样品进行放射性 ^{14}C 测年，其年代约为 8980±110a B.P.（10001cal.a B.P.），说明在 9000a B.P.（10001cal.a B.P.）前湖泊为一干湖盆或水位极低。

孔 1 和孔 2 岩心 3.0～2.8m 处沉积物均为湖相淤泥，表明湖泊开始形成。毛茛科及蓼属植物开始出现，说明当时湖水较浅。莎草科丰度较低（约 1×10^{3}g/cm^2·a），也和浅水环境一致。经对 3m 及 2m 处测年数据内插，得到该层沉积年代为 9000～8030a B.P.（10000～

8945cal.a B.P.）。经对孔 1 中深 1.95m 处测年数据（4920±90a B.P.）（校正年代 5736cal.a B.P.）及 1.0m 处测年数据（3235±80a B.P.）（校正年代 3482cal.a B.P.）外推得出该层沉积年代为 6790～6440a B.P.（8225～7750cal.a B.P.），和孔 2 中的年代出入较大。我们认为由于孔 2 中的测年位置距该层较近，因此可信度也更高。

孔 1 和孔 2 中 2.8～2.5m 处沉积物均为富含有机质的粉质黏土（粉砂质黏土，并含泥炭沉积），说明自 8030a B.P.（8945cal.a B.P.）后湖水进一步变浅。蓼属植物含量的减少及莎草科含量的增加（2×10^3～12×10^3g/cm^2·a）也对应于湖水的变浅。

孔 2 中 2.5～2.3m 为淤泥沉积，说明湖水较上一阶段变深。该淤泥沉积在孔 3 中也有出现，但孔 1 中岩性却未发生变化。原作者认为孔 2 和孔 3（考虑到不可能了解盆地内所有的区域情况）中淤泥沉积的出现说明湖泊扩张且低洼处开始积水（周明明和李文漪，1993）。对该层钻孔中岩性不一致的一个可能解释是湖水补给量并不如第一次淤泥沉积时多。另外，湖泊存在出水口，因此湖水位也不可能太高。但对该出水口并无更多研究。孔 2 沉积物中出现睡莲属，对应于湖水的加深（周明明和李文漪，1993）。蓼属含量增加，莎草科含量略微减少（约为 4×10^3g/cm^2·a），也和水深增加相吻合。但孔 1 中不存在淤泥沉积，说明当时湖水仍较浅。经对孔 2 年代数据内插，得到该层底部和顶部年代分别为 6600a B.P.（7355cal.a B.P.）和 5650a B.P.（5440cal.a B.P.）。经对上覆泥炭层两年代数据外推得出的该层顶部年代为 4810a B.P.（5440cal.a B.P.）。由于泥炭沉积于 6440a B.P.（7750cal.a B.P.）后，因此该层沉积年代应为 6600～5650a B.P.（7355～5440cal.a B.P.）。

孔 1 和孔 2 顶部 2.3～0m 为泥炭沉积，说明湖水变浅。睡莲的消失、蓼属含量的降低及莎草科含量的稍微增多（2×10^3～6×10^3g/cm^2·a）和水深变浅相对应。分别对约 2.0m 及 0.95m 处样品进行放射性 ^{14}C 测年，其年代分别为 4220±80a B.P.（4710cal.a B.P.）和 2165±90a B.P.（2155cal.a B.P.）。该层沉积年代为 4810～0a B.P.（5440～0cal.a B.P.）。

孔 4 底部 2.97～2.03m 为含灰黑色黏土的泥炭及泥炭沼泽土，多腐根系，说明当时湖水相对较浅。水生植物花粉（主要为莎草科）浓度较高（56720 粒/cm^3），和相对较浅的湖水环境一致。对该层 2.96～2.97m、2.80～2.81m、2.50～2.51m 及 2.20～2.21m 处泥炭进行放射性 ^{14}C 测年，其年代分别为 13290±35a B.P.（15753cal.a B.P.）、12650±35a B.P.（14935cal.a B.P.）、12400±35a B.P.（14347cal.a B.P.）及 10790±35a B.P.（12826cal.a B.P.），经沉积速率（0.12mm/a）内插，得到该层沉积年代为 13290～9692a B.P.（15753～11280cal.a B.P.）。

2.03～1.79m 处沉积物为青灰色黏土沉积，沉积岩性的变化说明湖水深度较下覆层增加，经沉积速率内插，得到该层沉积年代为 9692～8228a B.P.（11280～9218cal.a B.P.）。

岩心深度 1.79～1.43m 为灰黑色泥炭层，黏土的消失表明湖水较下覆层变浅。水生植物花粉（主要为莎草科）浓度较低（26510 粒/cm^3），与此对应，该层 1.70～1.71m 处泥炭样品测年年代为 7740±30a B.P.（校正年代 8530cal.a B.P.），经沉积速率内插得知该层形成于 8228～6387a B.P.（9218～7530cal.a B.P.）。

1.43～1.13m 处沉积物岩性和下覆层相同，但水生植物花粉（主要为莎草科）浓度较高（74890 粒/cm^3），说明湖水较下覆层有所加深。该层 1.40～1.41m 处样品的 ^{14}C 测年年代为 6560±40a B.P.（7458cal.a B.P.），相应的该层形成年代为 6387～3695a B.P.（7530～

4051cal.a B.P.）。

1.13～0.33m 为黑色泥炭层，岩性仍无明显变化，水生植物花粉（主要为莎草科）浓度的大幅下降（21210 粒/cm^3）对应于湖水的变浅。该层 1.10～1.11m、0.80～0.81m、0.50～0.51m 及 0.25～0.26m 处样品的 ^{14}C 测年年代分别为 3490±30a B.P.（3807cal.a B.P.）、2780±30a B.P.（2886cal.a B.P.）、1940±30a B.P.（1895cal.a B.P.）及 510±30a B.P.（527cal.a B.P.），经沉积速率外推，得到该层沉积年代为 3695～991a B.P.（4051～990cal.a B.P.）。

顶部 0.33m 为黑色泥炭表土层，该层受人为活动影响比较大，因此对此段水位变化不予考虑。

刘会平等（2001）对海拔 1700m a.s.l.处的三个钻孔岩性及花粉组合进行了研究（为便于和上文中的孔 1、孔 2、孔 3 区别，我们把刘会平等（2001）文中的孔 1-3 分别称为孔Ⅰ、孔Ⅱ、孔Ⅲ），其中孔Ⅰ位于盆地北部，深 3.5m；孔Ⅱ深 3.4m，位于盆地中部；孔Ⅲ位于盆地南部，深 2.25m。

孔Ⅱ底部 3.4～3.2m（孔Ⅰ底部 3.5～3.2m）为亚黏土或粉砂黏土，表明湖水深度相对较高。孔Ⅰ底界年代为 12300±300a B.P.（14357cal.a B.P.），孔Ⅱ底部年代为 12500±250a B.P.（14722cal.a B.P.），表明该深水环境对应年代为 12500～10450a B.P.（14720～12030cal.a B.P.）。孔Ⅱ中 3.2～3.0m（孔Ⅰ中 3.2～2.7m）为淤泥质黏土，沉积物粒径的减小表明湖水较上阶段有所加深。孔Ⅰ中 2.7m 处年代为 7350±180a B.P.（8155cal.a B.P.），孔Ⅱ中 3m 处年代为 9450±200a B.P.（10728cal.a B.P.），表明该深水阶段对应年代为 10450～7350a B.P.（12030～8155cal.a B.P.）。孔Ⅱ中 3.0m 以上（孔Ⅰ中 2.7m 以上，孔Ⅲ整个岩心）基本为黏质泥炭和泥炭层，泥炭沉积的出现表明湖水深度下降。孔Ⅰ中 2.1m 及 1.2m 处样品年代分别为 4320±210a B.P.（4940cal.a B.P.）和 2170±150a B.P.（2166cal.a B.P.）；孔Ⅱ中 2.5m、2m、1.8m、1.2m 及 1m 处年代分别为 6620±180a B.P.（7505cal.a B.P.）、4500±180a B.P.（5198cal.a B.P.）、4000±210a B.P.（4421cal.a B.P.）、2520±190a B.P.（2595cal.a B.P.）、1950±100a B.P.（1920cal.a B.P.）；孔Ⅲ中 2.25m、1.98m 及 1.02m 处样品年代分别为 5100±210a B.P.（5874cal.a B.P.）、4800±180a B.P.（5479cal.a B.P.）、2300±150a B.P.（2364cal.a B.P.），表明 7350a B.P.（8155cal.a B.P.）以来湖水位相对较低。

以下是对该湖泊进行古湖泊重建、量化水量变化的 3 个标准：（1）低，所有孔的泥炭沉积，孔 1 及孔 2 水生花粉以莎草科为主，孔 4 水生花粉含量较低；（2）中等，孔 2 中的淤泥沉积，孔 1 及孔 4 中为泥炭沉积，孔Ⅱ及孔Ⅰ为粉质黏土或亚黏土，孔 4 中水生花粉含量相对较高；（3）高，孔 1 和孔 2 均为淤泥沉积，莎草科含量较低，孔Ⅱ及孔Ⅰ为淤泥质黏土，孔 4 为黏质泥炭沉积。

大九湖各岩心年代数据、水位水量变化见表 4.11 和表 4.12，岩心岩性变化图如图 4.5 所示。

表 4.11　大九湖各岩心年代数据

样品编号	放射性 ^{14}C 测年/a B.P.	校正年代/cal.a B.P.	深度/m	测年材料	钻孔
XLLQ1641	13290±35	15753	2.96～2.97	泥炭	孔 4
XLLQ1640	12650±35	14935	2.80～2.81	泥炭	孔 4
XLLQ1639	12400±35	14347	2.50～2.51	泥炭	孔 4

续表

样品编号	放射性 ^{14}C 测年/a B.P.	校正年代/cal.a B.P.	深度/m	测年材料	钻孔
XLLQ1638	10790±35	12826	2.20～2.21	泥炭	孔 4
	12500±250	14722	3.4		孔 II
	12300±300	14357	3.5		孔 I
	9450±200	10728	3		孔 II
	8980±110	10001	约 3.0	有机物	孔 2
XLLQ1637	7740±30	8530	1.70～1.71	泥炭	孔 4
	7350±180	8155	2.7		孔 I
	6620±180	7505	2.5		孔 II
XLLQ1636	6560±40	7458	1.40～1.41	泥炭	孔 4
	5100±210	5874	2.25		孔III
	4920±90	5736	约 1.95	泥炭	孔 1
	4800±180	5479	1.98		孔III
	4500±180	5198	2		孔 II
	4320±210	4940	2.1		孔 I
	4220±80	4710	约 2.0	泥炭	孔 2
	4000±210	4421	1.8		孔 II
XLLQ1635	3490±30	3807	1.10～1.11	泥炭	孔 4
	3235±80	3482	约 1.0	泥炭	孔 1
XLLQ1634	2780±30	2886	0.80～0.81	泥炭	孔 4
	2520±190	2595	1.2		孔 II
	2300±150	2364	1.02		孔III
	2170±150	2166	1.2		孔 I
	2165±90	2155	约 0.95	泥炭	孔 2
XLLQ1633	1940±30	1895	0.50～0.51	泥炭	孔 4
XLLQ1632	510±30	527	0.25～0.26	泥炭	孔 4

注：孔 4 及孔 I 、孔 II 、孔III年代校正软件为 Calib5.0，其余年代校正数据由校正软件 Calib6.0 获得

表 4.12　大九湖古湖泊水位水量变化

年代	水位水量
15753～11280cal.a B.P.	中等（2）
11280～9218cal.a B.P.	高（3）
9218～7530cal.a B.P.	低（1）
7530～4051cal.a B.P.	中等（2）
4051～0cal.a B.P.	低（1）

参考文献

李杰，郑卓，Cheddadi R，等. 2013. 神农架大九湖四万年以来的植被与气候变化. 地理学报，68（1）：69-81.

李文漪，刘光琇，周明明. 1992. 湖北北部全新世大暖气时的植被和环境//施雅风，孔昭宸. 中国全新世大暖期气候与环境. 北京：海洋出版社，94-99.

刘会平，唐晓春，孙东怀，等. 2001. 神农架大九湖 12.5kaB.P.以来的孢粉与植被序列. 微体古生物学报，18（1）：101-109.

马春梅，朱诚，郑朝贵，等. 2008. 晚冰期以来神农架大九湖泥炭高分辨率气候变化的地球化学记录研究. 科学通报，(S1)：26-37.

郑朝贵，朱诚，钟宜顺，等. 2008. 重庆库区旧石器时代至唐宋时期考古遗址时空分布与自然环境的关系. 科学通报，53（S1）：93-111.

周明明，李文漪. 1993. 神农架大九湖全新世植被与环境//李文漪，姚祖驹. 中国北、中亚热带晚第四纪植被与环境研究. 北京：海洋出版社，33-45.

朱诚，马春梅，张文卿，等. 2006. 神农架大九湖 15.753kaB.P.以来的孢粉记录和环境演变.第四纪研究，26（5）：814-826.

朱芸，陈晔，赵志军，等. 2009. 神农架大九湖泥炭藓泥炭 α-纤维素 δ^{13}C 记录的 1000～4000a B.P. 间环境变化. 科学通报，54（20）：3108-3116.

Ma C M，Zhu C，Zheng C G. 2008. High-resolution geochemistry records of climate changes since late-glacial from Dajiuhu peat in Shennongjia Mountains，Central China. Chinese Science Bulletin，53：28-41.

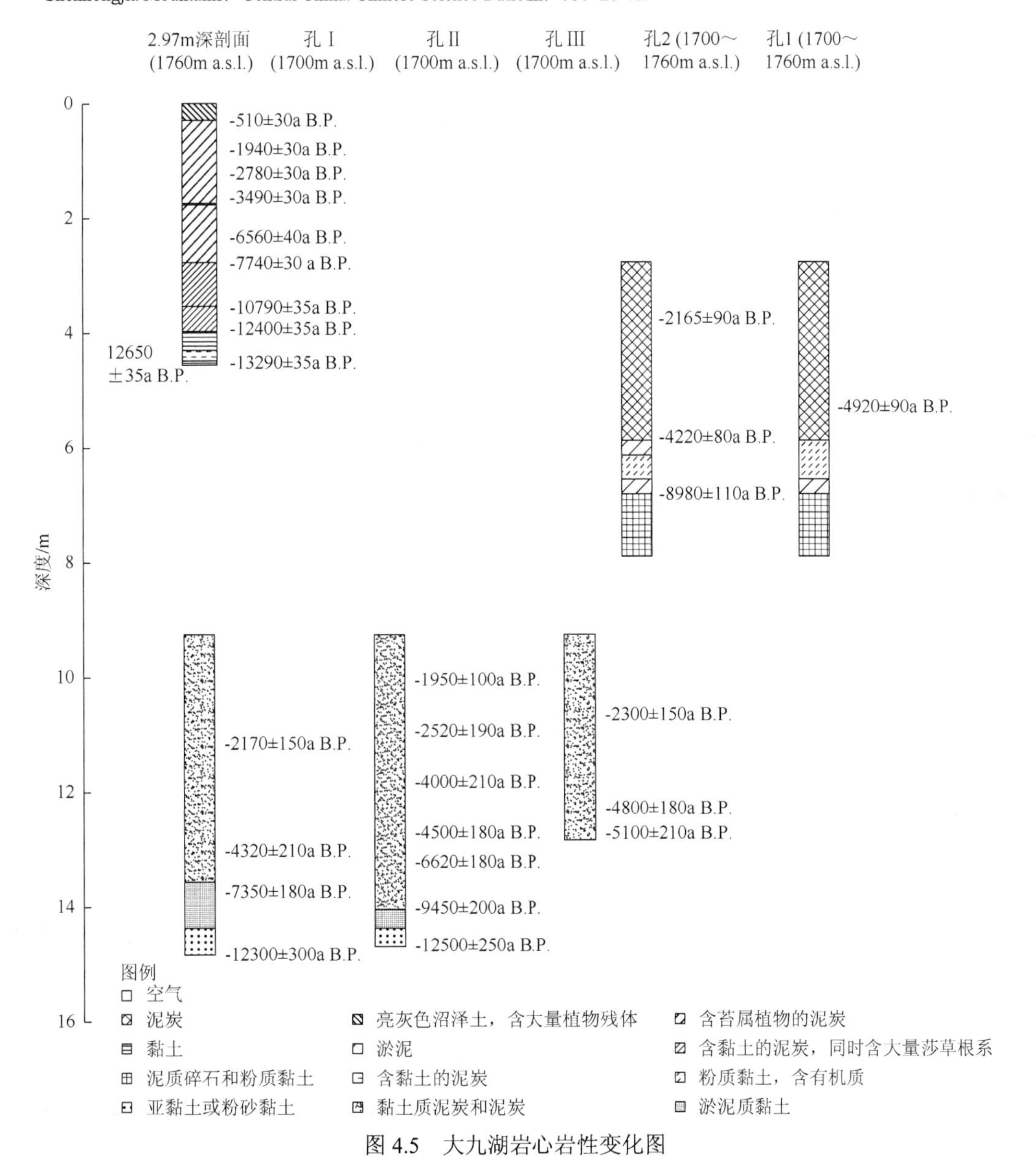

图 4.5　大九湖岩心岩性变化图

4.3.2　龙泉湖

龙泉湖（32.87°N，112.33°E，海拔 150m a.s.l.）在 20 世纪 50 年代前为一沼泽地，后经人工改造成农用地（李文漪等，1992）。先前沼泽地面积近 500m^2，湖泊无地表径流汇入，湖水主要源于周围海拔约 200m a.s.l.的山丘补给。湖泊周围年降雨量为 900～1400mm。

在古湖中心两相邻处钻得两孔 LC1 和 LC2（李文漪等，1992；刘光琇，1993），其中 LC1 深 4.0m，其岩性记录年代约为 7000a B.P.；孔 LC2 深 5.72m，其岩性和水生花粉记录年代约为 10000a B.P.。基于两孔岩性、水生花粉及沉积速率变化可重建龙泉古湖水深的相对变化。刘光琇（1993）文中放射性 ^{14}C 测年的表格中所述孔 LC2 岩性与花粉图谱中所述略有不同。我们根据其描述进行综合分析得出一可信的岩性变化，使其和孔 LC1 岩性描述相符。孔 LC1 中只有一个放射性 ^{14}C 测年数据，而孔 LC2 中则有 7 个放射性 ^{14}C 测年数据（刘光琇，1993）。

孔 LC2 底部（5.6～5.72m）砂层最底部样品年代为 21910±200a B.P.（26318cal.a B.P.）。该层和上覆 5.1～5.2m 处沉积速率较低，仅为 0.009mm/a，表明期间可能存在沉积间断。尽管刘光琇（1993）采用了该测年数据，我们认为其并不可靠。因此我们只采用了 LC2 孔的 6 个放射性测年数据和 LC1 孔的一个测年数据。李文漪等（1992）和刘光琇（1993）所述的放射性测年数据存在一些差异，但总体上无碍年代学的建立。我们采用新近刘光琇（1993）给出的数据。

LC2 孔底部 5.72～5.4m 为黑色砂沉积，说明当时湖水较浅。水生花粉中莎草科（8%～20%）含量较高，并含一定量香蒲（<20%），和较浅的湖水环境一致。该层有一测年数据为 21910±200a B.P.（26318cal.a B.P.），但我们认为该数据偏老。经上覆层测年数据间沉积速率（0.91mm/a）外推，得到该层沉积年代在 9600a B.P.（11260cal.a B.P.）之前。

LC2 孔 5.4～5.0m 为黑色粉砂沉积，沉积物粒径变小，表明湖水较下覆层加深。该层未对水生花粉进行分析。分别对 5.1～5.2m 和 4.9～5.05m 样品进行放射性 ^{14}C 测年，其对应年代分别为 9320±215a B.P.（10662cal.a B.P.）和 9155±195a B.P.（10245cal.a B.P.），相应的该层沉积年代为 9600～9160a B.P.（11260～10300cal.a B.P.）。

LC2 孔 5.0～3.4m 为灰色黏土沉积，沉积物岩性变化表明水深进一步增加，水生花粉中香蒲含量波动不大（<20%），而莎草科含量相对较低（5%～10%）。与岩心底层沉积物相比，莎草科含量的减少和水深的增加一致。3.9～4.05m 处样品的放射性 ^{14}C 测年为 8110±160a B.P.（9017cal.a B.P.）。经内插知该层沉积年代为 9160～7440a B.P.（10300～8325cal.a B.P.）。

LC2 孔 3.4～2.3m 为灰黄色黏土沉积，沉积物颜色的变化表明流域外源输入物质增加，对应于湖水变浅。尽管该层莎草科含量无明显变动，但香蒲含量明显增多（>20%），和湖水变浅一致。2.9～3.05m 处样品的放射性 ^{14}C 测年年代为 7000±140a B.P.（7816cal.a B.P.）。该层形成年代为 7440～5200a B.P.（8325～5910cal.a B.P.）。同期形成的 LC1 孔 4.0～2.3m 处也为灰色黏土沉积。

孔 LC2 中 2.3～1.0m 为灰黑色黏土，LC1 岩心 2.3～1.0m 处为蓝灰色黏土，两孔中沉积物颜色的变化都表明湖水较下覆层变深。LC2 孔水生花粉中莎草科含量略有增加（5%～20%），但香蒲含量减少（＜25%），对应于水深的增加。分别对孔 LC2 中 1.9～2.05m 和 0.9～1.05m 处两样品进行放射性 ^{14}C 测年，其年代分别为 4410±180a B.P.（5020cal.a B.P.）和 2280±180a B.P.（2276cal.a B.P.）。该深水沉积年代为 5200～2300a B.P.（5910～2345cal.a B.P.）。

LC1 和 LC2 孔顶部（1～0m）均为泥炭层，表明自约 2300a B.P.（2345cal.a B.P.）后湖水变浅，该层顶部还有现代土壤发育。

以下是对该湖泊进行古湖泊重建、量化水量变化的 5 个标准：（1）很低，泥炭沉积；（2）低，黑色砂沉积，香蒲含量＜20%；（3）中等，黑色粉砂沉积；（4）高，LC1 孔中的灰色黏土沉积及 LC2 孔的灰黄色黏土沉积，香蒲含量＞20%；（5）很高，LC1 孔中的蓝灰色黏土沉积，LC2 孔中的灰黑色黏土沉积，香蒲含量＜25%。

龙泉湖各岩心年代数据、水位水量变化见表 4.13 和表 4.14，岩心岩性变化图如图 4.6 所示。

表 4.13　龙泉湖各岩心年代数据

样品编号	放射性 ^{14}C 测年/a B.P.	校正年代/cal.a B.P.	深度	测年材料	钻孔/剖面
CG1979	21910±200	26318	5.6～5.72	粉砂	LC2
CG1994	9320±215	10662	5.1～5.2	粉砂	LC2
CG1978	9155±195	10245	4.9～5.05	粉砂	LC2
CG1993	8110±160	9017	3.9～4.05	灰色黏土	LC2
CG1977	7000±140	7816	2.9～3.05	灰色黏土	LC2
CG1992	4410±180	5020	1.9～2.05	灰色黏土	LC2
CG1976	2280±80	2276	0.9～1.05	泥炭	LC2
BK860756	935±175	906	2.1～2.3	灰黑色黏土	LC1

注：校正年代由校正软件 Calib6.0 获得

表 4.14　龙泉湖古湖泊水位水量变化

年代	水位水量
11260cal.a B.P.前	低（2）
11260～10300cal.a B.P.	中等（3）
10300～8325cal.a B.P.	很高（5）
8325～5910cal.a B.P.	高（4）
5910～2345cal.a B.P.	很高（5）
2345～0cal.a B.P.	很低（1）

参考文献

李文漪，刘光琇，周明明. 1992. 湖北西部全新世暖期植被与气候//施雅风，孔昭宸. 中国全新世大暖期气候与环境. 北京：海洋出版社：94-99.

刘光琇. 1993. 江汉平原龙泉湖末次冰期以及冰期后的植被与环境//李文漪，姚祖驹. 中国北中亚热带晚第四纪植被与环境研究. 北京：海洋出版社：54-61.

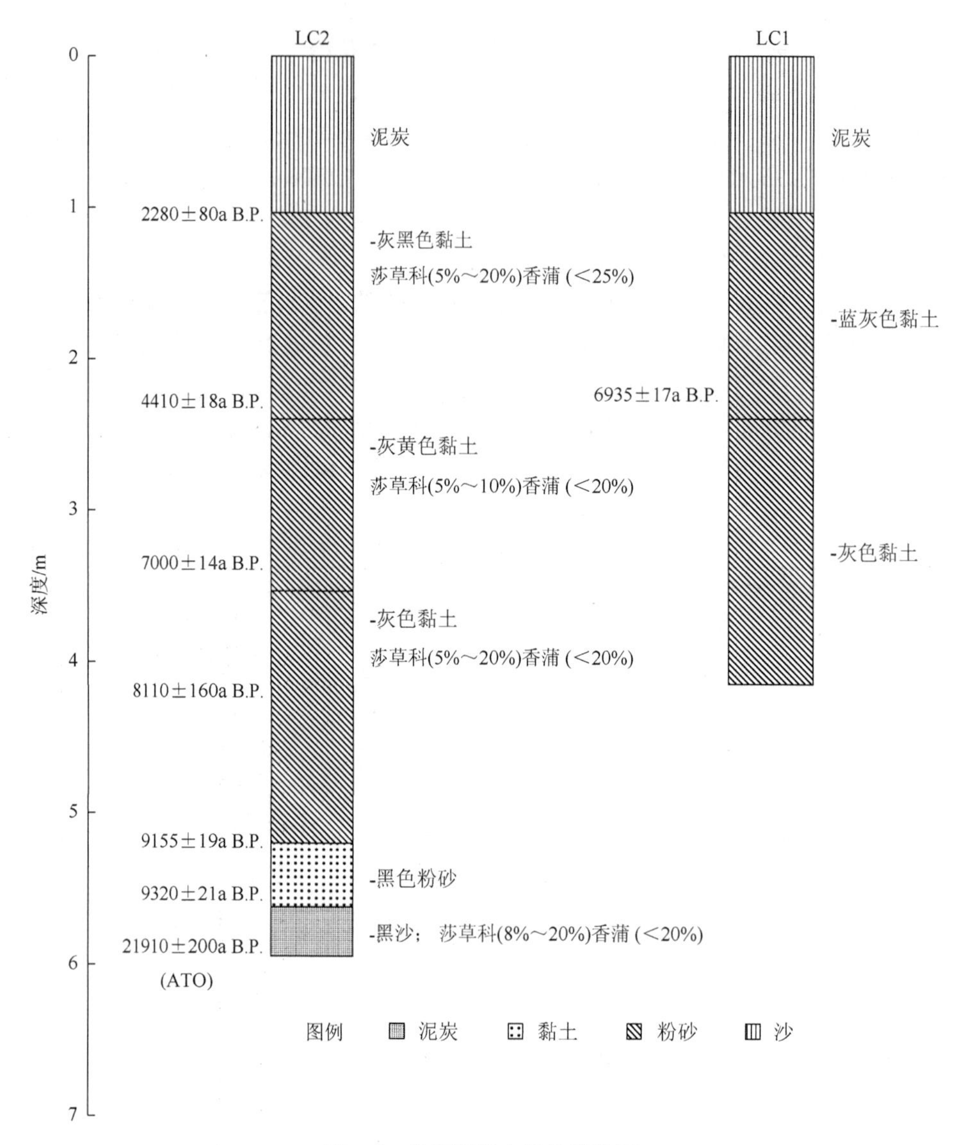

图 4.6　龙泉湖岩心岩性变化图

4.4　广西壮族自治区湖泊

南村古湖（24.75°N，110.40°E，海拔 160m a.s.l.）是一小型湖泊，现已被人为开垦为农地。基于泥炭沉积范围估计湖泊开垦前面积近 2.5km^2（姚祖驹和梁玉莲，1993）。湖泊无地表径流汇入，湖水主要来源于附近山上（海拔约 200m a.s.l.）溪流。湖区年平均降水 1560～2060mm，且 60%以上集中于夏季，年均蒸发量为 1255mm。盆地基岩为砂岩、页岩及碳酸盐。根据花粉记录（特别是禾本科及松树的增加）及历史记载，姚祖驹和梁玉莲（1993）认为自约 2400a B.P.后盆地内受人类活动影响剧烈。

横穿原古湖泊取得 5 个剖面（孔 1、孔 4、孔 9、孔 6 及孔 5），其沉积记录可至约 6400a B.P.（7330cal.a B.P.）（姚祖驹和梁玉莲，1993）。所有剖面均未见底。长 2.45m 的孔 9 钻自横断面中部，有其岩性及花粉分析资料，该孔含 4 个放射性 ^{14}C 测年数据。其他剖面均采自湖泊边缘地带，未有详细描述。长约 2.2m 的孔 4 有两个放射性 ^{14}C 测年数据。地层剖面的泥炭层底部和顶部还有两个测年数据，但尚不清楚他们属于哪个岩心。古湖泊水量变化的重建基于钻孔岩性变化及孔 9 中水生花粉的变化。

孔 9 中底层 2.45～2.36m（孔 4 中 2.20～1.90m）为灰黄色湖相黏土沉积，表明此时湖水较深。孔 9 花粉含量中莎草科较少（通量约 250g/cm^2·a），和此时较深的湖水环境相吻合。孔 9 中深 2.45m 处样品的放射性 ^{14}C 年代为 5875±74a B.P.（6680cal.a B.P.），经该数据及 2.1m 处样品年代间沉积速率线性内插知该层沉积年代为 5880～5580a B.P.（6680～6370cal.a B.P.）。但孔 4 中基底样品的放射性测年数据为 5300±92a B.P.（6097cal.a B.P.）。经对该数据及 1.6m 处年代内插得出的该湖相黏土沉积的上边界年代约为 4540a B.P.（5120cal.a B.P.）。

孔 9 中 2.36～2.15m（孔 4 中 1.90～1.75m）为黑色淤泥，有机质含量的增加表明湖水较下覆层变浅。孔 9 花粉中莎草科含量略有增加（约 250g/cm^2·a），对应于水深的变浅。经内插知孔 9 中该层年代为 5580～4900a B.P.（6370～5640cal.a B.P.），孔 4 中该层年代为 4540～4160a B.P.（5120～4635cal.a B.P.）。

孔 9 中 2.15～1.2m 处及孔 4 中上覆 1.75～1.00m 处的泥炭沉积表明湖泊进一步变浅。钻孔研究发现，越靠近湖泊边缘泥炭沉积层越薄。对孔 9 花粉研究发现，莎草科含量增多（100～500g/cm^2·a），和湖水变浅相符。孔 9 中深 2.1m 处样品放射性年代为 4735±108a B.P.（5468cal.a B.P.）。经内插，得到该层形成年代为 4900～1205a B.P.（5640～1150cal.a B.P.）。孔 4 中深 2.2m 和 1.6m 处样品放射性 ^{14}C 测年分别为 5300±92a B.P.（6097cal.a B.P.）和 3780±103a B.P.（4150cal.a B.P.），据此推算孔 4 该泥炭层沉积年代为 4160～2260a B.P.（4635～2200cal.a B.P.）。但据泥炭层顶部和底部（属于哪个孔尚不清楚）测年数据所得出的泥炭层沉积年代则为 6400～1630a B.P.（7330～1525cal.a B.P.）。

孔 9 中 1.2～1.1m（孔 4 中 1.00～0.75m）为黑色淤泥层，表明湖水较下覆层开始加深。孔 9 花粉中莎草科含量下降（约 200g/cm^2·a），和湖水变深一致。孔 9 中该层经沉积速率内插知该层年代为 1205～1120a B.P.（1150～1070cal.a B.P.），孔 4 该层沉积年代为 2260～1626a B.P.（2200～1390cal.a B.P.）。

孔 9 中顶层 1.1m（孔 4 中 0.75～0m）为灰黑棕色黏土，孔 9 花粉中莎草科含量继续下降（约 250g/cm^2·a）。分别对孔 9 中 1.15m 和 0.05m 处样品进行放射性 ^{14}C 测年，其年代分别为 1165±33a B.P.（1110cal.a B.P.）和 235±42a B.P.（295cal.a B.P.），表明该层沉积年代为 1120～0a B.P.（1070～0cal.a B.P.）。沉积速率的明显加大（下覆层为 0.3mm/a，而该层为 0.96mm/a）说明人类活动显著。

至于钻孔中的三个放射性测年序列不一致的原因我们尚不清楚。从剖面沉积记录及年代学我们大致可知：（1）6400～1205a B.P.（7330～1150cal.a B.P.）为低水位；（2）1205～1120a B.P.（1150～1070cal.a B.P.）为中等水位；（3）1120a B.P.（1070cal.a B.P.）后为高水位。过去 1000～2000 年湖泊受人类活动影响显著，但似乎对水位变化并无太大影响。

南村古湖各岩心年代数据、水位水量变化见表 4.15 和表 4.16，岩心岩性变化图如图 4.7 所示。

表 4.15　南村古湖各岩心年代数据

样品编号	放射性 ^{14}C 测年/a B.P.	校正年代/cal.a B.P.	深度/m	测年材料	钻孔
GL-82066	6400±115	7331	泥炭层底部		
ZD2-340	5875±74	6680	2.45	黏土	孔 9
ZD2-345	5300±92	6097	2.2	黏土	孔 4
ZD2-341	4735±108	5468	2.1	泥炭	孔 9
ZD2-344	3780±103	4150	1.6	泥炭	孔 4
GL-82006	1630±100	1525	泥炭层顶部		
ZD2-342	1165±33	1110	1.15	黏土	孔 9
ZD2-343	235±42	295	0.05	黏土	孔 9

注：校正年代由校正软件 Calib6.0 获得

表 4.16　南村古湖古湖泊水位水量变化

年代	水位水量
7330～1150cal.a B.P.	低（1）
1150～1070cal.a B.P.	中等（2）
1070～0cal.a B.P.	高（3）

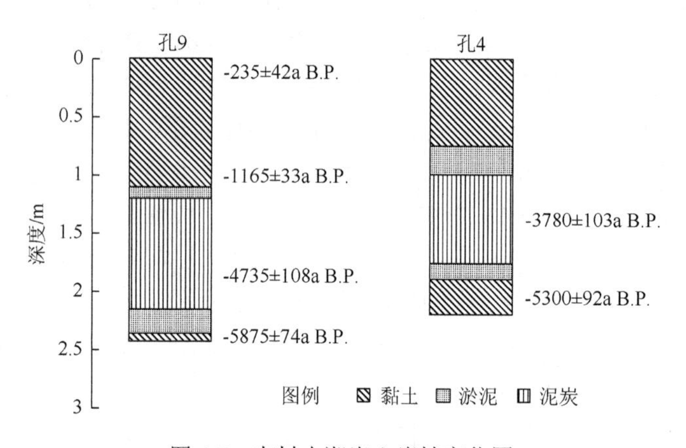

图 4.7　南村古湖岩心岩性变化图

参 考 文 献

姚祖驹，梁玉莲. 1993. 桂林南村 6 千年以来的植被与环境变化//李文漪，姚祖驹. 中国北中亚热带晚第四纪植被与环境研究. 北京：海洋出版社：110-120.

4.5　广东省湖泊

湖光岩玛珥湖（21°9′N，110°17′E）位于广东省湛江市区西南方约 20km 处，是雷琼新生代火山区中一个典型的玛珥湖。湖泊封闭无外流，东西方向最长 1.9km，南北方向最宽为 1.4km。湖泊由面积较大的西湖及面积稍小的东湖组成，湖水面积 2.3km^2，汇水盆地面积约 3.5km^2。湖泊最大水深约 22m，平均水深 12m 左右。湖区年均温度 22～23℃，年均降雨量 1600mm 以上，80%集中于 4～9 月。湖盆周围为相对高程为 10～20m 的火山角砾岩、块岩、凝灰岩组成的火口垣，湖区植被类型为半常绿季雨林（刘强等，2005；吕厚远等，2003）。

湖光岩有 HUG A～HUG G 共 7 个连续的沉积岩心，Mingram 等（2004）对其岩心的孢粉、磁化率、含水量等指标进行了分析，揭示了湖光岩 78000 年来的古气候变化；王淑云等（2007）对湖光岩深 24.28m 的 HUG-B 孔（因顶部 0.5m 缺失，故实际长度 23.8m）顶部 8m 孢粉进行了分析，揭示了湖光岩全新世以来的气候变化；王文远等（2000）通过 HUG-B 孔 9.9～6.82m 岩心生物硅、TOC 含量的变化反演了末次冰消期湖区的古环境变化；刘强等（2005）基于湖光岩有机质主要源于外源有机质输入，认为有效降水量（即降水量与蒸发量之差）的变化是湖光岩地区 C3/C4 植物相对生物量变化的主要原因，且有机质 δ^{13}C 的变化在一定程度上可反映湖面的波动变化，即 δ^{13}C 的高值表明湖光岩玛珥湖湖面下降，致使大量 C_4 草本植物生长在暴露的湖滨岸（刘强等，2005），反之则代表高湖面时期。另外，吴旭东等（2011，2012）及 Wu 等（2012）还对钻自西湖水深 16.2m 处的 8.55m 长岩心的粒度、磁化率等以及 9.26m 长岩心的（该岩心和 8.55m 长岩心为平行钻孔）叶绿素 a 的浓度等进行了研究；Shen 等（2013）对这两个岩心及表层沉积物 Ti 含量进行了研究，反演了古植被变化；匡欢传等（2013）对一长 22m 岩心的正构烷烃以及高碳数正构烷烃单体化合物稳定碳同位素（δ^{13}C）进行了分析，探讨了末次盛冰期和全新世大暖期湖光岩玛珥湖古植被状况及相关的古气候特点；柏杨等（2014）对采自湖泊西南水深 10m 处的岩心（HGY-2、HGY-6、HGY-7）中的叶蜡烷烃及碳同位素进行了分析，探讨了该湖区约 3.5ka B.P.以来的植被变化历史；Hu 等（2015）对 HGY-2 岩心的 GDGTs 进行了研究，重建了 3.7～0.3ka 的区域古温度变化；谢曼曼等（2015）对湖光岩一 2m 长岩心的元素进行了分析，获得了 1200 年以来各地球化学元素与古气候变化的关系。考虑到各代用指标量化湖泊水位变化时的代表性问题以及各岩心的年代尺度问题，我们在此仅采用 HUG-B 孔岩性、有机质 δ^{13}C 变化及岩心藻类变化进行湖光岩古湖泊水位的量化。年代学基于岩心的 17 个 AMS 年代数据。

岩心 24.28～23.33m 为均匀藻类腐殖黑泥沉积，中间夹大量棕色层，含树皮状植物残体，有机质 δ^{13}C 较低（平均值为–27.2‰），和较深的湖水环境一致。同时，该层不含淡水藻类盘星藻（*Pediastyum*），也说明当时湖水较深，不合适藻类生长。经上覆层年代数据外推，得到该层沉积年代为 62630～58900a B.P.（62130～58640cal.a B.P.）。

23.33～20.53m 为均匀的藻类腐殖黑泥沉积，有机质 δ^{13}C 的增加（平均值为–21.6‰）表明湖水深度较下覆层下降。该层仍不含淡水藻类盘星藻（*Pediastyum*），表明当时湖水仍相对较深。22.34m 处树叶样品的 AMS 年代为 55000+3420/–2390a B.P.（55000cal.a B.P.），经与上覆层年代沉积速率（0.0254cm/a）内插，得到该层对应年代为 58900～47890a B.P.（58640～48350cal.a B.P.）。

20.53～18.51m 为均匀的藻类腐殖黑泥沉积，中间夹大量的棕色层，含有再沉积的树皮状植物残留物。有机质 δ^{13}C 的下降（平均值为–25.8‰）表明湖水深度较下覆层有所增加。19.6m 及 19.03m 处树叶样品的 AMS 年代分别为 44230+690/−640a B.P.（44930cal.a B.P.）和 41650+1190/−1030a B.P.（43150cal.a B.P.），经沉积速率（0.017cm/a）内插，得到该层对应年代为 47890～38600a B.P.（48350～40590cal.a B.P.）。

18.51～8.95m 为均匀的藻类腐殖黑泥，有机质 $\delta^{13}C$ 较高（平均值为−17.6‰），对应于湖水变浅，淡水藻类盘星藻的出现（约 20000 粒/g）也与此对应。17.6m、15.66m、14.05m、11.37m 及 10.1m 处树叶样品的 AMS 年代分别为 33250+300/−290a B.P.（36100cal.a B.P.）、28320+380/−360a B.P.（31720cal.a B.P.）、23740±140a B.P.（27140cal.a B.P.）、17790±100a B.P.（21150cal.a B.P.）和 14750+100/−90a B.P.（17652cal.a B.P.），经沉积速率（0.0472cm/a）内插，得到该层对应年代为 38600～12870a B.P.（40590～14930cal.a B.P.）。

8.95～4.41m 为均匀的藻类腐殖黑泥。该层有机质 $\delta^{13}C$ 波动较大，但总体呈下降趋势（平均值为−19.8‰），对应于湖水深度增加。该层盘星藻（*Pediastyum*）含量在 8.95～6m 时含量较低（约 10000 粒/g），而在 6～4.41m 时相对较高（最高 60000 粒/g），表明湖水深度在 7220～3670a B.P.（7900～4000cal.a B.P.）时较 12870～72200a B.P.（14930～7900cal.a B.P.）时浅。该层 8.8m、8.07m、6.89m、6.71m 及 6.2m 处树叶样品的 AMS 年代分别为 12620+70/−60a B.P.（14580cal.a B.P.）、11055±55a B.P.（13019cal.a B.P.）、7880+230/−220a B.P.（8636cal.a B.P.）、7670±100a B.P.（8415cal.a B.P.）和 7535±35a B.P.（8366cal.a B.P.）。该层对应年代为 12870～3670a B.P.（14930～4000cal.a B.P.）。

4.41～0m 为均匀的藻类腐殖黑泥，有机质 $\delta^{13}C$ 的逐渐增加（平均值为−21.3‰）表明湖水深度较下覆层下降。该层明显偏高的沉积速率（0.1168cm/a）也对应于湖水深度的下降，同时盘星藻（*Pediastyum*）在该层含量仍较高（约 15000 粒/g），也对应于较浅的湖水环境。该层 4.34m、2.9m、1.66m 及 0.99m 处树叶样品的 AMS 年代分别为 3520±60a B.P.（3830cal.a B.P.）、2295±25a B.P.（2338cal.a B.P.）、1225±25a B.P.（1175cal.a B.P.）和 550±20a B.P.（545cal.a B.P.）。该层为 3670a B.P.（4000cal.a B.P.）以来的沉积。

以下是对该湖泊进行古湖泊重建、量化水量变化的 5 个标准：（1）低，藻类腐殖黑泥、有机质 $\delta^{13}C$ 较高，淡水藻类盘星藻（*Pediastyum*）含量较低；（2）较低，藻类腐殖黑泥、有机质 $\delta^{13}C$ 相对较高，淡水藻类盘星藻（*Pediastyum*）含量较高；（3）中等，藻类腐殖黑泥、有机质 $\delta^{13}C$ 相对较高，淡水藻类盘星藻（*Pediastyum*）含量较低；（4）较高，藻类腐殖黑泥、有机质 $\delta^{13}C$ 相对较低，不含淡水藻类盘星藻（*Pediastyum*）；（5）高，藻类腐殖黑泥、有机质 $\delta^{13}C$ 较低，不含淡水藻类盘星藻（*Pediastyum*）。

湖光岩 AMS^{14}C 测年数据、水位水量变化见表 4.17 和表 4.18，岩心岩性变化图如图 4.8 所示。

表 4.17　湖光岩 AMS^{14}C 测年数据

年代/a B.P.	校正年代/cal.a B.P.	深度/m	材料	岩心
55000+3420/−2390	55000	22.34	种子	HUG-B
44230+690/−640	44930	19.6	树叶	HUG-B
41650+1190/−1030	43150	19.03	树叶	HUG-B
33250+300/−290	36100	17.6	树叶	HUG-B
28320+380/−360	31720	15.66	树叶	HUG-B

续表

年代/a B.P.	校正年代/cal.a B.P.	深度/m	材料	岩心
23740±140	27140	14.05	树叶	HUG-B
17790±100	21150	11.37	树叶	HUG-B
14750+100/–90	17652	10.1	树叶	HUG-B
12620+70/–60	14580	8.8	树叶	HUG-B
11055±55	13019	8.07	树叶	HUG-B
7880+230/–220	8636	6.89	树叶	HUG-B
7670±100	8415	6.71	树叶	HUG-B
7535±35	8366	6.2	树叶	HUG-B
3520±60	3830	4.34	树叶	HUG-B
2295±25	2338	2.9	树叶	HUG-B
1225±25	1175	1.66	树叶	HUG-B
550±20	545	0.99	树叶	HUG-B

注：校正年代根据 Mingram 等（2004）给出

表 4.18　湖光岩古湖泊水位水量变化

年代	水位水量
62130～58640a B.P.	高（5）
58640～48350a B.P.	较高（4）
48350～40590a B.P.	高（5）
40590～14930a B.P.	低（1）
14930～7900a B.P.	中等（3）
7900～4000a B.P.	较低（2）
4000～0a B.P.	低（1）

参考文献

柏杨，欧阳婷萍，贾国东. 2014. 湖光岩玛珥湖晚全新世人类活动的叶蜡烷烃及其碳同位素沉积记录. 热带地理，34（2）：156-164.

匡欢传，周浩达，胡建芳，等. 2013. 末次盛冰期和全新世大暖期湖光岩玛珥湖沉积记录的正构烷烃和单体稳定碳同位素分布特征及其古植被意义. 第四纪研究，33（6）：1222-1233.

刘强，顾兆炎，刘嘉麒，等. 2005. 62kaBP 以来湖光岩玛珥湖沉积物有机碳同位素记录及古气候环境意义. 海洋地质与第四纪地质，25（2）：115-126.

吕厚远，刘嘉麒，储国强，等. 2003. 末次冰期以来湛江湖光岩玛珥湖孢粉记录及古环境变化. 古生物学报，42（2）：284-291.

王淑云，吕厚远，刘嘉麒，等. 2007. 湖光岩玛珥湖高分辨率孢粉记录揭示的早全新世适宜期环境特征. 科学通报，52（11）：

1285-1291.

王文远，刘嘉麒，彭平安，等. 2000. 热带湖光岩玛洱湖记录的末次冰消期东亚夏季风两步式的变化[J]. 科学通报，5（8）：860-864.

吴旭东，沈吉，汪勇. 2011. 广东湛江湖光岩玛珥湖全新世磁化率变化特征及其环境意义. 热带地理，31（4）：346-352.

吴旭东，沈吉. 2012. 广东湖光岩玛珥湖沉积物漫反射光谱数据反映的全新世以来古环境演化. 湖泊科学，24（6）：943-951.

谢曼曼，孙青，王宁，等. 2015. 1200 年来湖光岩玛珥湖高分辨率元素地球化学记录. 第四纪研究，35（1）：152-159.

Hu J，Zhou H，Peng P，et al. 2015. Reconstruction of a paleotemperature record from 0.3-3.7 ka for subtropical South China using lacustrine branched GDGTs from Huguangyan Maar. Palaeogeography，Palaeoclimatology，Palaeoecology，435：167-176.

Mingram J，Schettler G，Nowaczyk N，et al. 2004. The Huguang maar lake—a high-resolution record of palaeoenvironmental and palaeoclimatic changes over the last 78，000 years from South China. Quaternary International，122（1）：85-107.

Shen J, Wu X, Zhang Z, et al. 2013. Ti content in Huguangyan maar lake sediment as a proxy for monsoon-induced vegetation density in the Holocene. Geophysical Research Letters，40（21）：5757-5763.

Wu X，Zhang Z，Xu X，et al. 2012. Asian summer monsoonal variations during the Holocene revealed by Huguangyan maar lake sediment record. Palaeogeography，Palaeoclimatology，Palaeoecology，323：13-21.

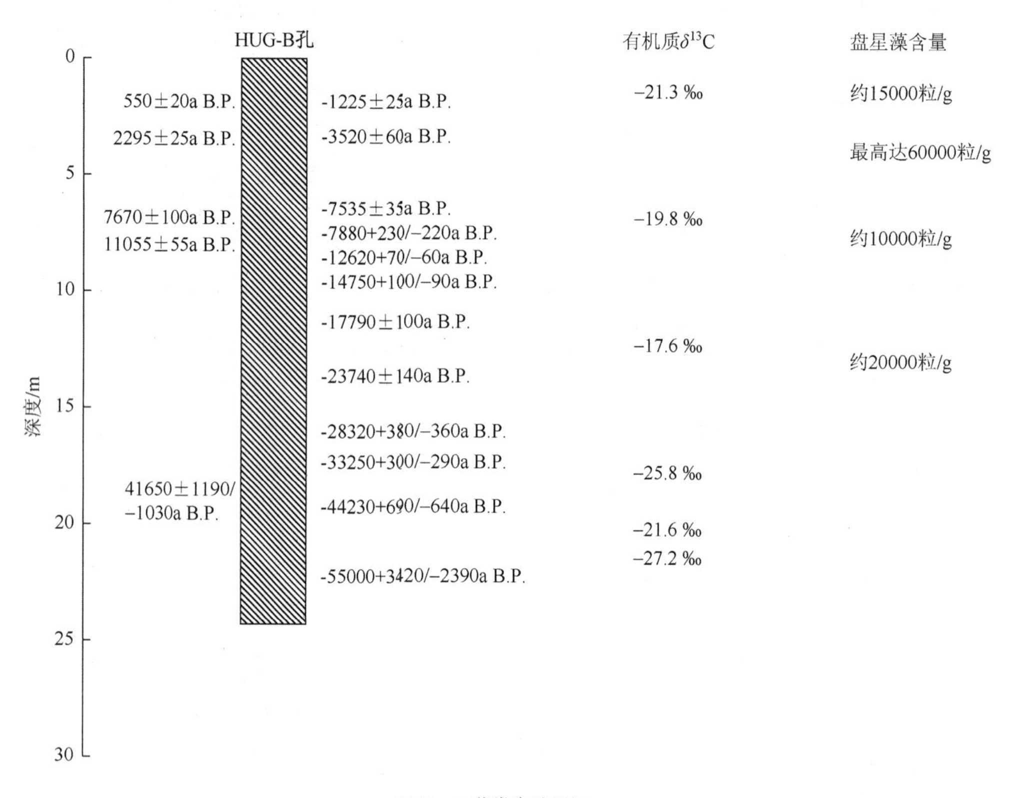

图 4.8　湖光岩岩心岩性变化图

4.6　台湾省湖泊

4.6.1　大鬼湖

大鬼湖（22.85°N，120.85°E，海拔 2150m a.s.l.）位于台湾中部的中央山脉，湖泊面积仅 0.1087km^2，受人类活动影响不显著（罗建育等，1996）。湖泊最大水深 40m，平均水深 15.4m，温跃层以下的湖水长期处于缺氧环境。湖水主要由降水及流域（约 0.9km^2）的地表径流补给，无出流。湖水位在干季和雨季约在 2m 上下波动。湖盆由构造作用形成，但近来构造运动并不明显。盆地基岩为中新世泥岩及板岩。区域多年平均气温为 13℃，年均降水量 4200mm，湖盆周围为苔藓覆盖的高山森林植被。

在湖中心水深 30m 处钻得一长 93cm 的岩心，其岩性记录可追溯至 2600 年前（罗建育等，1996）。湖泊沉积物中未见年纹层，但明显可见水平层理，说明 2600 多年来湖水一直较深。湖泊沉积物分为明显的两类：深黑色/褐色沉积物及白色/浅白色沉积物，且两层界限非常清晰。黑色沉积物平均粒径为 52μm，碳（变化幅度为 10%～20%，平均 16.3%）和硫（0.15%）含量相对较高；浅色沉积物粒径较细（平均 9.9μm），碳和硫的含量相对较低（碳的波动范围为 2%～3%，平均 3.5%；硫平均含量为 0.026%）。在浅色层的底部可见小树枝及其他碎屑物。罗建育等（1996）认为黑色沉积物形成于缺氧的深水环境（水深大体和现在相当），而浅色沉积物则形成于干冷的湖水较浅期。基于沉积物组成的元素分析，罗建育和陈镇东（1998）认为浅色沉积物形成时的水深比黑色沉积物形成时的水深至少低 2m。考虑到湖水较深，若湖泊深处曾为好氧环境，则说明湖水深度必发生过大幅变动。因此，我们认为沉积物从黑色到浅色的转变所反映出的湖水位波动变化要远比罗建育和陈镇东（1998）所认为的大得多。

大鬼湖水深变化的年代学主要基于 AMS^{14}C 和 ^{210}Pb 测年数据。^{210}Pb 测年表明岩心上部沉积速率为 0.48mm/a，经沉积速率外推得出的沉积年代与 47～48cm 处样品的 AMS^{14}C 测年结果一致。岩心下部含 5 个 AMS^{14}C 测年数据且下部沉积速率相对稳定（0.024～0.036cm/a），但我们所用的年代学是基于两个已知测年数据的线性内插，而非平均沉积速率。

黑色沉积物存在于岩心的 93～84cm、83～79cm、78～75cm、74～65cm、62～59cm、57～52cm 及 48～0cm 处，其对应年代分别为 2615～2240cal.a B.P.、2200～2035cal.a B.P.、1990～1870cal.a B.P.、1825～1525cal.a B.P.、1445～1360cal.a B.P.、1305～1100cal.a B.P. 和 950～0cal.a B.P.。岩心其余层位为白色沉积物，代表湖水较浅时期。

以下是对该湖泊进行古湖泊重建、量化水量变化的 2 个标准：（1）低，灰白色沉积物；（2）高，黑色沉积物。

大鬼湖各岩心年代数据、水位水量变化见表 4.19 和表 4.20，岩心岩性变化图如图 4.9 所示。

表 4.19　大鬼湖各岩心年代数据

树轮校正年代/cal.a B.P.	深度/cm	测年材料
2200±82	83	有机质（AMS）
1660±76	70	有机质（AMS）
1290±66	57～56	有机质（AMS）
1120±64	52～53	有机质（AMS）
930±64	47～48	有机质（AMS）

表 4.20　大鬼湖古湖泊水位水量变化

年代	水位水量
2615～2240cal.a B.P.	高（2）
2240～2200cal.a B.P.	低（1）
2200～2035cal.a B.P.	高（2）
2035～1990cal.a B.P.	低（1）
1990～1870cal.a B.P.	高（2）
1879～1825cal.a B.P.	低（1）
1825～1525cal.a B.P.	高（2）
1525～1445cal.a B.P.	低（1）
1445～1360cal.a B.P.	高（2）
1360～1305cal.a B.P.	低（1）
1305～1100cal.a B.P.	高（2）
1100～950cal.a B.P.	低（1）
950～0cal.a B.P.	高（2）

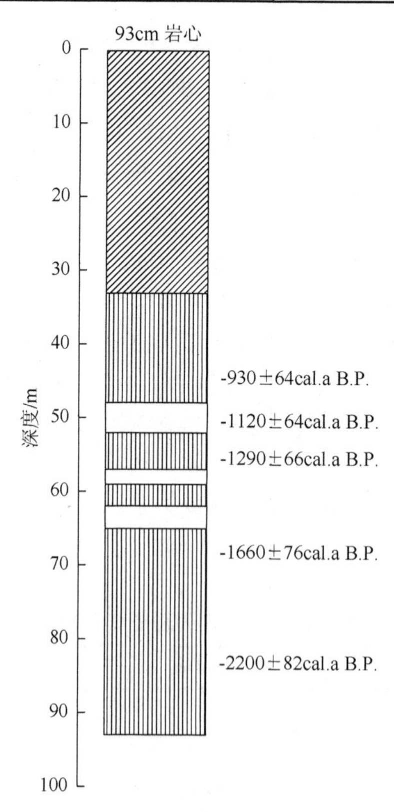

图 4.9　大鬼湖岩心岩性变化图

参 考 文 献

罗建育. 1996. 台湾高山湖泊沉积物之元素分布与古气候. 中山大学博士学位论文.

罗建育，陈镇东，万政康. 1996. 台湾大鬼湖的古气候研究. 中国科学，26（4）：474-480.

罗建育，陈镇东. 1998. 台湾大鬼湖沉积物元素分布所反映的古环境意义. 湖泊科学，10（3）：13-17.

4.6.2　嘉明湖

嘉明湖（23.30°N，121.00°E，海拔 3310m a.s.l.）位于台湾中部的中央山系，是一个受人类扰动较小的亚高山湖泊。湖泊面积 0.009km^2，最大水深约 8m（罗建育和陈镇东，1997）。湖水主要由降水及地表径流补给，无出流，流域面积约 0.257km^2。湖盆封闭，由构造作用形成，基岩为始新世板岩和砂岩。湖区年平均温度约为 9.6℃，年降雨量约为 3270mm，主要集中在夏季及秋季。湖泊海拔高度超过林线，湖区周围植被主要是禾本科和莎草科。

冬季时在水深约 1m 处钻得一长 137cm 的钻心，其岩性记录可至约 4000cal.a B.P.前。基于该钻孔岩性、有机质含量及沉积速率变化，并参考罗建育和陈镇东（1997）的描述，我们重建了该湖泊水深的相对变化。年代学基于罗建育和陈镇东（1997）所述的 6 个放射性 ^{14}C 测年的树轮校正年龄及 ^{210}Pb 测年结果。

^{210}Pb 测年结果表明，湖泊现代沉积速率为 0.21±0.05mm/a，和经岩心顶部放射性 ^{14}C 测年得出的沉积速率一致。岩心 0～45cm、45～73cm 及 73～111cm 处的沉积速率分别为 0.21±0.01mm/a、2.0±1.1mm/a 及 0.22±0.01mm/a（罗建育和陈镇东，1997）。

岩心底层（137～122cm）为松软的湖相沉积物（罗建育和陈镇东，1997）。该层无其他描述，顶部样品的放射性 ^{14}C 测年年代约为 3976±61cal.a B.P.，相应的该层沉积年代约在 4000cal.a B.P.前。

122～111cm 为砾石沉积，在砾石下部有一层较薄的黑炭。该层可能是一次火灾后的沉积，其沉积年代约为 4000cal.a B.P.（罗建育和陈镇东，1997）。

111～100cm 为黑灰色细粉砂，中值粒径大约为 20μm，分选系数相对较高（为 1.3～1.5），说明沉积物分选较差。有机质含量相对偏低（约 4%），表明当时湿度较低，植被稀疏，湖泊保存有机质能力较低，对应于较浅的水环境（罗建育和陈镇东，1997）。该阶段沉积速率偏低，仅为 0.42mm/a，反映当时入湖碎屑物质较少，湖水补给量偏低，对应于浅水环境。对该层底部样品进行放射性 ^{14}C 测年，其年代为 4084±66cal.a B.P.，经对该数据及上覆层邻近测年数据间沉积速率内插，得到其沉积年代为 4000～3740cal.a B.P.。

100～45cm 为黑灰色细粉砂，中值粒径及分选系数均减小（中值粒径约 15μm，分选系数为 1.0～1.3），反映出湖水加深。有机质含量的增加（＞5%）也说明这一点。该层上部沉积速率较高（约 2mm/a），沉积速率的增加及较好的分选性均表明湖水较上一阶段加深。91cm、73cm、60cm 及该层顶部样品的树轮校正年代分别为 3459±79cal.a B.P.、2341±68cal.a B.P.、2292±72cal.a B.P.和 2137±93cal.a B.P.，相应的该层沉积年代为 3740～2130cal.a B.P.。

45～30cm 为黑灰色细粉砂，中值粒径及分选系数较下覆层沉积物变化明显，但有机质含量降低（2%～3%），沉积速率也开始下降（0.21mm/a），说明湖水开始变浅。由 ^{210}Pb 得出的沉积速率推知该层沉积年代为 2130～1420cal.a B.P.。

30～15cm 为灰色粉砂，粒度较粗，且中值粒径较下覆层增加（20μm），分选系数也明显增大（约 1.5），岩性的变化表明湖水变浅。有机质含量较上一阶段无明显变化。该层沉积速率变化情况尚不清楚。沉积物粒度的变粗，岩性分选较差的特点均表明当时为一浅水环境。该层沉积年代为 1420～710cal.a B.P.。

顶层 15～0cm 沉积物为灰色粉砂，粒度仍较粗，中值粒径明显增大（约 30μm），有机质含量下降（约 2%），表明湖水继续变浅。但该层分选系数变化不大（约 1.5），沉积速率变化情况也不清楚。该层沉积年代为 710～0cal.a B.P.。

以下是对该湖泊进行古湖泊重建、量化水量变化的 4 个标准：（1）低，粒度较粗的粉砂沉积，有机质含量较低（2%），沉积速率也较低；（2）中等，粒度较粗的粉砂沉积，有机质含量增加（2%～3%）；（3）较高，细粉砂沉积，有机质含量＜4%；（4）高，细粉砂沉积，有机质含量较高（＞4%），且沉积速率也较高。由于资料欠缺，因此未对 4000cal.a B.P. 前的湖泊水深进行量化。

嘉明湖各岩心年代数据、水位水量变化见表 4.21 和表 4.22，岩心岩性变化图如图 4.10 所示。

表 4.21　嘉明湖各岩心年代数据

放射性 ^{14}C 测年（树轮校正年龄）/a B.P.	深度/cm	测年材料
4084±66	111	有机质（AMS）
3976±61	122	有机质（AMS）
3459±79	91	有机质（AMS）
2341±68	73	有机质（AMS）
2292±72	60	有机质（AMS）
2137±93	45	有机质（AMS）

表 4.22　嘉明湖古湖泊水位水量变化

年代	水位水量
4000～3740cal.a B.P.	较高（3）
3740～2130cal.a B.P.	高（4）
2130～1420cal.a B.P.	较高（3）
1420～710cal.a B.P.	中等（2）
710～0cal.a B.P.	低（1）

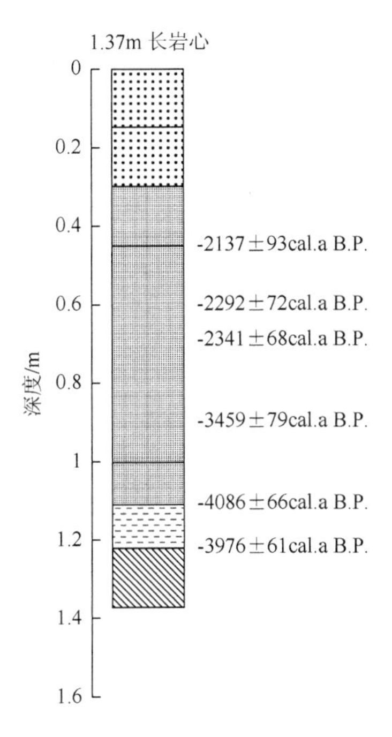

图 4.10　嘉明湖岩心岩性变化图

参 考 文 献

罗建育. 1996. 台湾高山湖泊沉积物之元素分布与古气候. 中山大学博士论文.

罗建育，陈镇东. 1997. 台湾高山湖泊沉积记录指示的近 4000 年气候与环境变化. 中国科学 D 辑：地球科学，27（4）：366-372.

4.6.3　七彩湖

七彩湖（23.75°N，121.23°E，海拔 2890m a.s.l.）位于台湾中部的中央山脉，是一未受人类影响的高山湖泊（Liu et al.，1994）。七彩湖盆地内有两条相距约 60m 的湖泊：较大湖泊面积为 22000m^2，较小湖泊面积为 6000m^2。近年来较小湖泊湖水渐浅、面积缩小，但尚未干涸。湖水由降雨直接补给。盆地基岩为中央山系变质带片岩，湖区周围植被为铁杉-云杉属（*Tsuga-Picea*）。

在较小湖泊已干涸部分采得一348cm深钻孔，该钻孔沉积记录可追溯至5300年前(^{14}C测年为 4700a B.P.)（与刘平妹私下交流）。根据沉积物岩性及水生花粉的出现/消失，结合其他学者的研究重建了湖泊的水深变化。本书中的年代学基于 Liu 等（1994）文中给出的 4 个放射性年代数据。

岩心底部 348～317cm 为略带白色的淤泥沉积。沉积物粒径较细（平均直径为 10～20μm），表明当时为一深水环境。蓼属植物（*Polygonum*）丰度较大，为 5%～10%，同时还含有毛茛科（Ranunculaceae）和稀疏的莎草科（Cyperaceae），均对应于当时的深水环境。上覆层底部一样品（317～312cm）的放射性 ^{14}C 测年为 4300±50a B.P.（4840±50cal.a B.P.），同时，220～230cm 处样品的放射性 ^{14}C 测年为 3240±40a B.P.（3467±40cal.a B.P.），经外推，得到该深水环境沉积年代为 4700～4340a B.P.（5355～4880cal.a B.P.）。

317～100cm 为泥炭沉积，表明湖水较下覆层变浅，沉积物中非有机成分较下覆层粒度加粗（平均直径为 30～40μm），同时，水生植物花粉消失，也对应于湖水变浅。对 220～230cm 和 170cm 处样品进行放射性 ^{14}C 测年，其对应年代分别为 3240±40a B.P.（3467±40cal.a B.P.）和 2650±60a B.P.（2763±60cal.a B.P.）。经沉积速率（0.93mm/a）外推，得到该层形成年代为 4340～1900a B.P.（4880～1870cal.a B.P.）。

100～0cm 为灰色淤泥，岩性变化表明湖水加深。沉积物无机成分平均粒径变小（15～40μm），对应于湖水深度的增加。但该层仍不含水生花粉，说明该层深度不及下覆略带白色的淤泥层沉积时大。该层底部 10cm 含粉质离散透镜体（Liu et al.，1994），可能是湖水位升高时在暴雨侵蚀下将陆源物质搬运入湖而成（刘平妹私下交流）。35cm 处一样品的放射性 ^{14}C 测年数据为 1000±90a B.P.（946±90cal.a B.P.），因此该湖相环境形成年代为 1900～0a B.P.（1870～0cal.a B.P.）。

以下是对该湖泊进行古湖泊重建、量化水量变化的 3 个指标：（1）低，泥炭沉积；（2）中等，灰色淤泥沉积；（3）高，略显白色的淤泥沉积。

七彩湖各岩心年代数据、水位水量变化见表 4.23 和表 4.24，岩心岩性变化图如图 4.11 所示。

表 4.23　七彩湖各岩心年代数据

样品编号	放射性 ^{14}C 年代/a B.P.	校正年龄/cal.a B.P.	深度/cm	测年材料
NTU-1746	4300±50	4840±50	312～317	泥炭
NTU-1733	3240±40	3467±40	220～230	泥炭
NTU-1729	2650±60	2763±60	170	泥炭
NTU-1732	1000±90	946±90	35	木头

注：校正年代参考刘平妹和黄淑玉（1994）

表 4.24　七彩湖古湖泊水位水量变化

年代	水位水量
5355～4880cal.a B.P.	高（3）
4880～1870cal.a B.P.	低（1）
1870～0cal.a B.P.	中等（2）

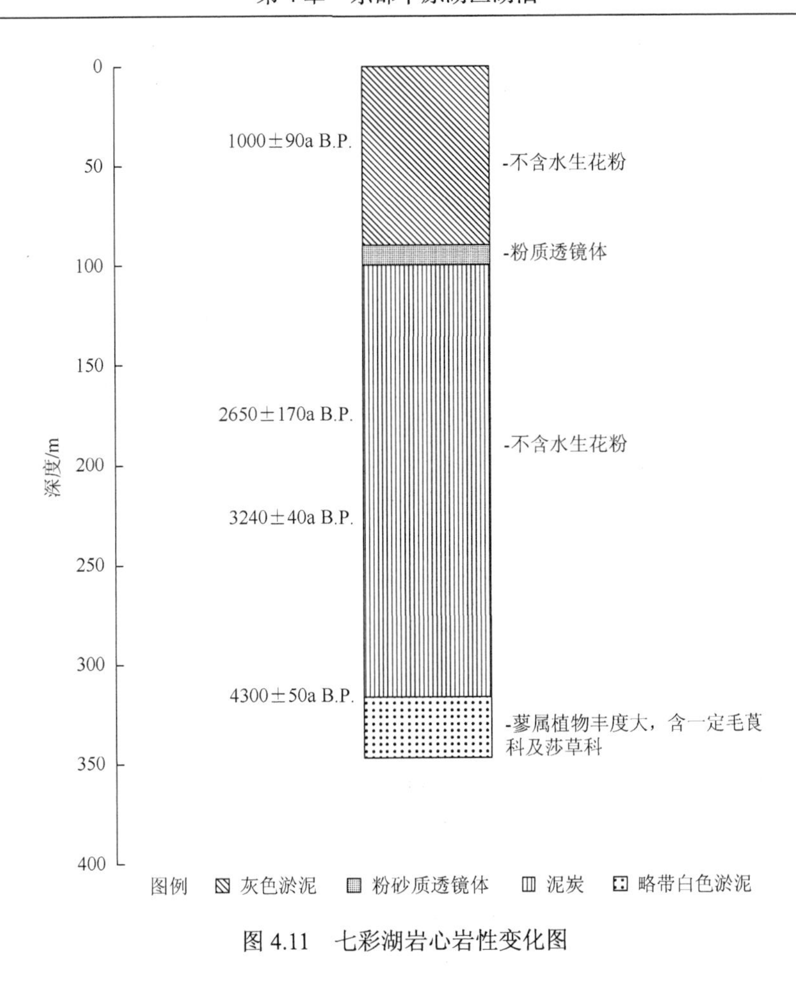

图 4.11　七彩湖岩心岩性变化图

参 考 文 献

Liu P M，Huang S Y. 1994. A 5000-year pollen record from Chitsai Lake，Central Taiwan. Terrestrial，Atmospheric and Ocean Sciences，5（3）：411-419.

4.6.4　头渚古湖

头渚古湖（23.82°N，120.89°E，海拔 650m a.s.l.）位于台湾中部的一个小山区。湖泊约在 1500a B.P.干枯（Liew et al.，1998）。据盆地内泥炭及腐泥沉积的分布，古湖的面积约 0.1km^2。头渚盆地属晚更新世的构造断陷成因，基岩是古近系和新近系板岩（Liew et al.，1998）。盆地位置受太平洋季风的影响，气候温暖湿润，年均温 19.2℃，年降水量 2341mm，年蒸发量 1098mm（Liew et al.，1998）。流域的植被类型为常绿阔叶林，以楠木（*Machilus*）和栲树（*Castanopsis*）为主（Huang et al.，1997）。

盆地中部钻取了一约 40m 长的钻孔，上部约 17m 记录了 30000a B.P.来的沉积历史（Huang et al.，1997；Liew et al.，1998）。钻孔上部 16.90m 有一个 AMS^{14}C 测年及 15 个常规 ^{14}C 测年。钻孔岩性主要由泥炭组成，其中有一些腐泥层和 2～4cm 厚的薄层黏土。

根据陆相花粉组合、沉积速率、烧失量指示的有机质含量以及黏土层出现的频率，Huang 等（1997）和 Liew 等（1998）探讨了古气候和古环境的变化。黏土层被认为是碎屑堆积所致，来源于夏季降水较多时流域的侵蚀（Huang et al.，1997）。因此，沉积物中黏土层出现的频率可以指示特别强的降水发生的频率，代表了短期的侵蚀事件。根据花粉和岩性资料，Huang 等（1997）和 Liew 等（1998）认为末次冰期时（ca 25000～12000a B.P.）由于冬季风的强盛影响，环境总体较干冷，他们同时也发现在晚冰期（ca 12000～10000a B.P.）环境突然变暖变湿，全新世由于夏季风的加强达到最盛。

Huang 等（1997）和 Liew 等（1998）都没有对腐泥层的环境意义作进一步探讨。我们认为，钻孔沉积中分散状腐泥的出现表明，尽管头渚盆地大部分时间为泥炭地，但在某些时段水面开阔。根据从腐泥到泥炭的岩性变化，结合烧失量及沉积速率的记录，本书重建了头渚盆地过去 30000 年来湖水深度的变化。与 Liew 等（1998）的推测一样，我们假定黏土层代表短期侵蚀事件，并不指示湖水深度的变化。

钻孔底部（ca 17.2～14.1m）为含两层黏土的泥炭沉积，反映了相对较浅的湖水环境。烧失量达到 60%～90%的高值，也与浅水环境的解释相一致。16.80～16.90m 及 15.87～15.97m 处样品 ^{14}C 测年分别为 29300±300a B.P.（33926cal.a B.P.）和 28000±250a B.P.（32230cal.a B.P.），根据这两个年龄之间的沉积速率（0.0715cm/a）外推，该段沉积时代为 30000～25460a B.P.（34565～28900cal.a B.P.）。但是根据上面（15.87～15.97m）的年龄和 11.77～11.87m 的年龄 18130±160a B.P.（21733cal.a B.P.）之间沉积层的沉积速率（0.0415cm/a）推算，该期沉积到 23620a B.P.（27570cal.a B.P.）结束。尽管沉积物有几次变化，沉积速率也有不同，因此用前者最底部两个年龄推算得出的 25460a B.P.（28900cal.a B.P.）的上限年龄更可能是泥炭停止沉积的时间。

14.1～14.0m 是腐泥沉积，这种岩性的变化反映水深的短暂加大。烧失量（50%）指示的有机质含量减少与湖水变深推论也相一致。根据下伏地层沉积速率的外推，这段沉积时间为 25460～25320a B.P.（28900～28730cal.a B.P.），如果用该层上下最近年龄内插，得到这段沉积时代为 23620～23370a B.P.（27570～27310cal.a B.P.）。

14.0～13.6m 为泥炭沉积。岩性的变化表明湖水深度再次变浅，增加的烧失量（90%）也与这种解释一致。根据下部泥炭沉积速率外推，得到这一浅水时期发生在 25320～24760a B.P.（28730～28000cal.a B.P.）。若用上下相对较远，但离本层最近的 ^{14}C 年龄做内插，得到这一期沉积时代为 23370～22410a B.P.（27310～26290cal.a B.P.）。

13.6～12.7m 为腐泥，这种岩性的变化反映湖泊水深的加大。烧失量（20%～55%）指示的有机质含量减少与湖水变深相一致。用最下部泥炭沉积速率外推，得到这一期相对深水环境发生在 24760～23500a B.P.（28000～26360cal.a B.P.）。用内插法得到这一期的沉积时代为 22410～20240a B.P.（26290～23985cal.a B.P.）。

12.7～12.0m 为泥炭沉积。岩性的变化表明湖水深度再次变浅，烧失量的增加（55%～85%）也与这种解释一致，根据下部泥炭沉积速率外推，得到这一浅水时期发生在 23500～22520a B.P.（26360～25080cal.a B.P.），但用上下相对较远，但离本层最近的 ^{14}C 年龄做内插得到的年代为 20240～18550a B.P.（23985～22190cal.a B.P.）。

12.0～11.6m 为腐泥，这种岩性的变化反映湖泊水深的加大。烧失量（20%～55%）

指示的有机质含量减少与湖水变深也相一致。11.77～11.87m 处有一个 ^{14}C 测年为 18130±160a B.P.（21733cal.a B.P.），用这一年龄和下面 28000a B.P.（32230cal.a B.P.）之间沉积物的沉积速率推算，得到该腐泥层开始沉积的年龄为 18550a B.P.（22190cal.a B.P.）；用这一年龄和上覆地层单元顶部年龄为约 12350±90a B.P.（14483cal.a B.P.）（9.3～9.41m）之间的沉积速率（0.0426cm/a）推算，得到该腐泥层沉积中止在约 17620a B.P.（21085cal.a B.P.），因此，岩性证据表明在以 18000a B.P.（21600cal.a B.P.）居中前后的 900～1000 年（500～600 年）气候较冰期内其他时间湿润。

11.6～8.4m 为泥炭层，其中有一黏土出现在泥炭的顶部。岩性的这种变化以及有机质含量的增加（65%～95%）表明再次变成浅水环境。该泥炭层顶部 9.3～9.41m 及 8.61～8.70m 处 ^{14}C 测年分别为 12350±90a B.P.（14483cal.a B.P.）和 12100±90a B.P.（13965cal.a B.P.），根据这两个年龄中后一个年龄以及下伏腐泥层年龄代表的地层沉积速率（0.0426cm/a）推算，得到腐泥往泥炭过渡的年龄为 17620a B.P.（21085cal.a B.P.），发现泥炭的沉积速率非常高（0.28cm/a）。据泥炭中两个年龄的推算并内插，泥炭沉积开始于 13150a B.P.（16140cal.a B.P.），结束于 12000a B.P.（13780cal.a B.P.），根据该层两个年龄中前一个年龄以及上覆泥炭层的一个年龄 10450±70a B.P.（12332cal.a B.P.）计算的沉积速率（0.0442cm/a），得到该泥炭层停止堆积的时间在 11510a B.P.（13400cal.a B.P.）。因此，两种推算方法得出的泥炭停止堆积时间吻合较好，但开始堆积的时间有较大差别。据泥炭自身年代数据得出的泥炭开始时间较晚，可能年代偏年轻。泥炭层的沉积速率有显著的增加，这种泥炭沉积速率的增加与整个钻孔向上变浅的趋势也相吻合。

8.4～8.3m 为腐泥，岩性的这种变化反映短暂存在的湖水加深的环境。该沉积时代始于 12000a B.P.（13780cal.a B.P.）～11510a B.P.（13400cal.a B.P.）的某个时间，结束于约 11290a B.P.（13170cal.a B.P.）。

8.3～0.3m 是泥炭堆积，至少夹 5 个薄层黏土层。这种岩性的变化与湖水变浅相一致，尽管黏土层的烧失量较低（<30%），但泥炭的有机质含量较高（60%～95%），对应浅水的环境。该泥炭层有 11 个放射性 ^{14}C 测年数据，最上面一个样品（0.3～0.4m）^{14}C 测年为 1840±50a B.P.（1788cal.a B.P.）。这些 ^{14}C 年代之间计算出的沉积速率变化范围为 0.131～0.0979cm/a，也与相对浅水环境有关。但沉积速率并没有系统地变化，可以指示相应湖泊水深的变化。该期泥炭层的沉积时代为 11290～1800a B.P.（13170～1700cal.a B.P.）。

在描述最上部沉积物（0.30～0m）时，Huang 等（1997）和 Liew 等（1998）有明显的不一致。Huang 等描述最上部 30cm 由腐泥到泥炭，再到腐泥，最后是泥炭的沉积变化，这可能说明湖水的波动，并且有两个短暂的湿润环境。Liew 等的文中最上部 30cm 是一土壤层覆盖在薄层腐泥层上。我们认为，腐泥层的出现表明湖水的再次加深，土壤是湖泊在约 1500a B.P.（1470cal.a B.P.）后干枯形成的，没有充分的证据表明湖泊的干化是由于自然原因或人为所至。因此，本书暂不考虑这段湖水水位的重建。

以下是对该湖泊进行古湖泊重建、量化水量变化的 2 个标准：（1）低水位，泥炭堆积，烧失量高（50%～90%）；（2）高水位，腐泥，中等烧失量值（20%～50%）。根据古湖泊数据库的统一设置，这里的等级 1 和等级 2 分别对应数据库中的 1 和 3。

头渚古湖各岩心年代数据、水位水量变化见表 4.25 和表 4.26，岩心岩性变化图如图 4.12 所示。

表 4.25　头渚古湖各岩心年代数据

放射性 ^{14}C 年代/a B.P.	校正年代/cal.a B.P.	深度/m	测年材料
29300±300	33926	16.80～16.90	泥炭混合样
28000±250	32230	15.87～15.97	泥炭混合样
18130±16	21733	11.77～11.87	腐泥混合样
12350±90	14483	9.3～9.41	泥炭混合样
12100±90	13965	8.61～8.70	泥炭混合样
10450±70	12332	7.89～7.96	泥炭混合样
9720±60	11156	7.0～7.1	泥炭混合样
9600±130	10907	7.05～7.07	AMS 年代
8780±60	9755	6.1～6.2	泥炭混合样
8270±70	9256	5.35～5.45	泥炭混合样
7370±60	8182	4.73～4.83	泥炭混合样
6480±60	7380	4.2～4.3	泥炭混合样
5640±60	6429	3.1～3.2	泥炭混合样
4230±50	4689	1.72～1.82	泥炭混合样
2230±50	2239	0.8～0.9	泥炭混合样
1840±50	1788	0.3～0.4	泥炭混合样

注：校正年代数据由校正软件 Calib6.0 获得

表 4.26　头渚古湖古湖泊水位水量变化

年代	水位水量
34565～28900cal.a B.P.	低（1）
28900～27310cal.a B.P.	高（3）
28730～26290cal.a B.P.	低（1）
28000～23985cal.a B.P.	高（3）
26360～22190cal.a B.P.	低（1）
22190～21085cal.a B.P.	高（3）
21085～13400cal.a B.P.	低（1）
13780～13170cal.a B.P.	高（3）
13170～1700cal.a B.P.	低（1）
1700～1470cal.a B.P.	高（3）
1470cal.a B.P.	没有进行湖水状况数字化

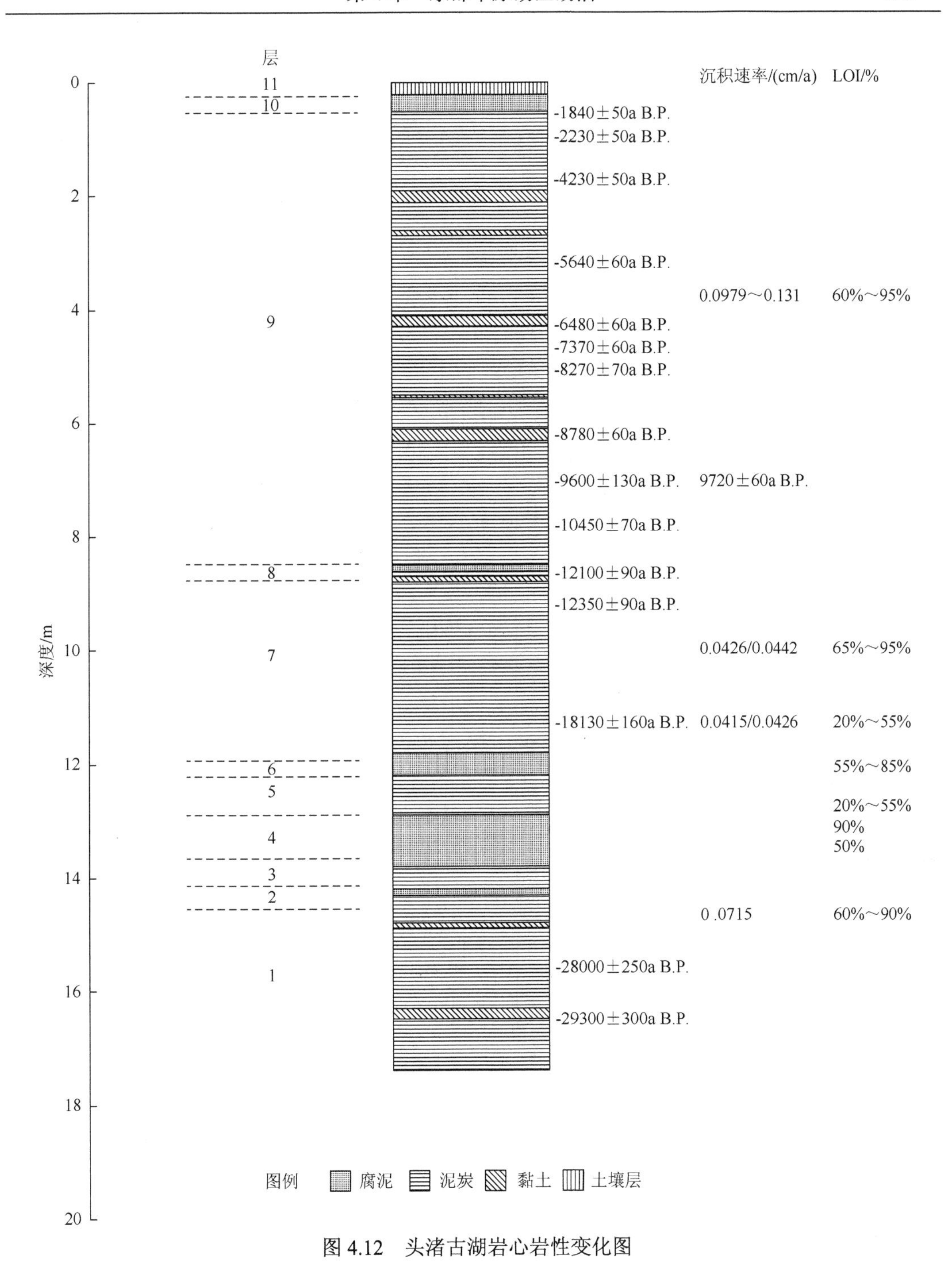

图 4.12　头渚古湖岩心岩性变化图

参 考 文 献

Huang C Y，Liew P M，Zhao M X，et al. 1997. Deep sea and lake records of the Southeast Asian paleomonsoons for the last 25 thousand years. Earth and Planetary Science Letters，146：59-72.

Liew P M，Kuo C M，Huang S Y，et al. 1998. Vegetation change and terrestrial carbon storage in eastern Asia during the Last Glacial Maximum as indicated by a new pollen record from central Taiwan. Global and Planetary Change，16-17：85-95.

第 5 章　云贵高原湖区湖泊

湖 区 概 况

云贵高原湖区是指云南省、贵州省和四川省境内的大小湖泊。云贵高原湖区是拥有湖泊数量和面积最少的湖区，面积大于 1km^{2}的湖泊仅 65 个，合计面积 1240.3km^2，分别仅占全国湖泊总数量和总面积的 2.4%和 1.5%（马荣华等，2011）。自中新世晚期以来，该区新构造运动强烈，地貌结构由广泛的夷平面、高山深谷和盆地等交错分布构成，湖泊的空间分布格局受构造和水系影响较大。该区纬度较低，在印度洋季风气候影响下，降水季节性明显，多发育吞吐性淡水湖，湖泊入湖水流较多，而出流较少，水资源丰富，湖水清澈，矿化度较低（王苏民和窦鸿身，1998）。湖泊一般具有水深岸陡的形态特征，如抚仙湖平均水深 89.6m，最大水深 155m，是我国目前已知的第二深水湖泊，其他湖泊如泸沽湖、阳宗海、洱海、程海等的平均水深也都在 10.0m 以上（王苏民和窦鸿身，1998）。湖泊换水周期较长，生态系统脆弱，一旦遭到破坏很难恢复。此外，该地区岩溶地貌发育，经溶蚀作用形成的岩溶湖也较为典型，如我国最大的岩溶湖——草海就分布在此（王苏民和窦鸿身，1998）。受人类活动影响加剧，该湖区湖泊水环境问题也日益突出。据调查显示，该湖区富营养化湖泊所占比例已占所调查湖泊的 61.5%，典型湖泊滇池的 TN 浓度和 TP 浓度在 1998～2008 年的 20 年间分别升高了 1.75 倍和 1.78 倍，星云湖 TN 浓度和 TP 浓度则升高了 1.6 倍和 3.5 倍（杨桂山等，2010）。营养盐污染的加剧，还造成湖泊中水生浮游藻类数量明显增多，湖泊透明度下降。抚仙湖、星云湖、阳宗海、异龙湖、洱海、程海和邛海透明度均下降显著，其中程海透明度下降了近 70%，而洱海中总磷和汞的含量也严重超标，使洱海从原来的贫营养湖泊变成了中营养湖泊（于洋等，2010）。2008 年，阳宗海的砷浓度最高达 0.134mg/L，使其彻底丧失了其作为宜良县备用水源地的湖泊功能和水产养殖功能（王振华等，2011）。泸沽湖、抚仙湖周围人口分布较少，水质较为清洁，属于贫营养湖泊，但抚仙湖周边近年来的开发加速也已经对其水质产生了影响（潘继征等，2008）。

参 考 文 献

马荣华，杨桂山，段洪涛，等. 2011. 中国湖泊的数量、面积与空间分布. 中国科学 D 辑：地球科学，41（3）：394-401.

潘继征，熊飞，李文朝，等. 2008. 云南抚仙湖透明度的时空变化及影响因子分析. 湖泊科学，20（5）：681-686.

王苏民，窦鸿身. 1998. 中国湖泊志. 北京：科学出版社.

王振华，何滨，潘学军，等. 2011. 云南阳宗海砷污染水平、变化趋势及风险评估. 中国科学：化学，（3）：556-564.

杨桂山，马荣华，张路，等. 2010. 中国湖泊现状及面临的重大问题与保护策略. 湖泊科学，22（6）：799-810.

于洋，张民，钱善勤，等. 2010. 云贵高原湖泊水质现状及演变. 湖泊科学，22（006）：820-828.

5.1　四川省湖泊

5.1.1　大海子

大海子（27.50°N，102.40°E，海拔 3660m a.s.l.）位于中国西南的四川省境内，是一未受人类扰动的亚高山湖泊。湖盆封闭，湖泊面积较小，为 0.15km^2。流域最高山海拔 4359m a.s.l.。流域内冰川形成于第四纪，且湖盆也是由冰川作用形成（李旭和刘金陵，1988），但不存在现代冰川作用。湖水主要由径流补给。区域气候同时受东南季风和西南季风影响，降水较集中。盆地基岩为碎屑岩，不存在碳酸盐（李旭和刘金陵，1988）。

在湖泊中部采得一深 7.5m 的钻心，其记录的沉积年代约为 12350a B.P.（14590cal.a B.P.）。基于岩心岩性、有机质含量及硅藻组合状况可重建古湖泊水深的相对变化。年代学基于岩心 3 个放射性 ^{14}C 测年数据。

岩心底部 7.5～7.3m 为灰色黏土沉积，含硅藻，有机质含量（10%，由烧失量得出）及植物碎屑含量均较低。硅藻以浮游种 *Melosira* sp.、附生/底栖种 *Fragilaria construens* 及 *Fragilaria virceus* 为主。该层近顶部一样品的放射性 ^{14}C 测年数据为 12159±189a B.P.（14297cal.a B.P.），经对该测年数据及约 3.9m 处测年数据沉积速率外推，得到该层沉积年代为 12350～12040a B.P.（14590～14200cal.a B.P.）。李旭和刘金陵（1988）给出的该层年代数据较笼统，为 12400～12000a B.P.（14600～14200cal.a B.P.）。

岩心 7.3～6.0m 处沉积物为灰黑色硅藻土，植物碎屑含量略有增加，有机质含量也稍有增多（约 20%）。硅藻组合以浮游种 *Melosira* sp.、*Tabellaria flocculosa* 及 *T.viscens* 为主。浮游种含量的增加说明湖水加深。经内插，得到该层沉积年代为 12040～10000a B.P.（14200～11660cal.a B.P.）。

6.0～0.9m 为黑色硅藻土，含植物碎屑。有机质含量的增加（40%）说明湖水稍微变浅。硅藻组合以浮游种 *Melosira* sp.及附生/底栖种 *Fragilaria construens*、*F. vircens* 为主。附生/底栖种的出现和湖水变浅一致。分别对约 3.9m 和 3.1m 处样品进行放射性 ^{14}C 测年，其年代分别为 6671±174（7560cal.a B.P.）和 5447±256a B.P.（6220cal.a B.P.）。该层年代为 10000～1940a B.P.（11660～2535cal.a B.P.）。

尽管岩性剖面显示在约 1.5m 处黏土含量开始增加，但李旭和刘金陵（1988）描述 0.9m 以上沉积物整体为黑色硅藻土，且含植物碎屑。沉积物粒径变粗（李旭和刘金陵，1988），对应于湖水变浅。该层有机质含量和下覆层无明显变化，硅藻组合中 *Melosira* sp.含量减少，而附生/底栖种 *Fragilaria construens*、*F. vircens* 增加，和水深变浅一致。该层沉积年代为 1940～0a B.P.（2535～0cal.a B.P.）。

以下是对该湖泊进行古湖泊重建、量化水量变化的 4 个标准：（1）低，粗粒硅藻土，有机质含量较高（40%），*Melosira* sp.较少而 *Fragilaria* 较多；（2）中等，黑色硅藻土，高有机质含量（40%），硅藻中含 *Melosira* sp.和 *Fragilaria*；（3）较高，黏土沉积，富含硅藻，有机质含量较低（10%），硅藻中含 *Melosira* sp.和 *Fragilaria*；（4）高，黑色硅藻土沉积，有机物含量 20%～30%，硅藻为浮游种。

大海子各岩心年代数据、水位水量变化见表 5.1 和表 5.2，岩心岩性变化图如图 5.1 所示。

表 5.1 大海子各岩心年代数据

放射性 ^{14}C 测年/a B.P.	校正年代/cal.a B.P.	深度/m	测年材料
12159±189	14297	7.3～7.4	有机物
6671±174	7560	约 3.9	有机物
5447±256	6220	约 3.1	有机物

注：校正年代由校正软件 Calib6.0 获得

表 5.2 大海子古湖泊水位水量变化

年代	水位水量
14590～14200cal.a B.P.	较高（3）
14200～11660cal.a B.P.	高（4）
11660～2535cal.a B.P.	中等（2）
2535～0cal.a B.P.	低（1）

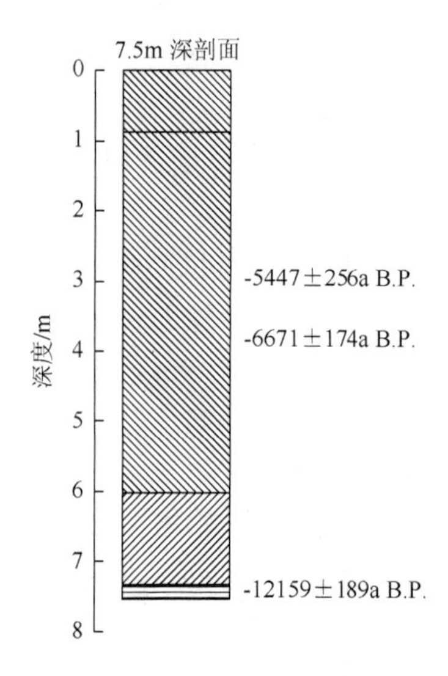

图例 黑色硅土，含植物碎屑 黑色硅土，含植物碎屑 灰黑色硅土 灰色黏土，含硅藻

图 5.1 大海子岩心岩性变化图

参 考 文 献

李旭，刘金陵. 1988. 四川西昌螺髻山全新世植被与环境变化. 地理学报，43（1）：44-51.

5.1.2 杀野马湖

杀野马湖（28.83°N，102.20°E，海拔 2400m a.s.l.）位于四川省西南部。1987 年 9 月湖泊面积为 0.04km^2，平均水深 10m（Jarvis，1993）。湖泊是由先前河道因断层作用堵塞而成（Jarvis，1993）。该地区多地震。当前湖水主要由大气降水和流域内其他河流补给，受东南季风及西南季风影响，湖区 80%降雨主要集中于夏季，多年平均降雨量为 800～1200mm。冬季受西藏高压和内蒙古高压影响降雨较少。

在湖泊中心相邻处钻得两钻心，孔 1 长 11m，孔 2 长 9m。由于运输中钻孔顶部 1m 混有松散沉积物而未对其进行分析研究(Jarvis,1993)。尽管对两孔都进行了取样，但 Jarvis（1993）只给出了孔 1 中的地层和孢粉年代。我们认为该两孔的沉积记录可能相似。孔 1 沉积年代可至约 10800a B.P.（13000cal.a B.P.）。基于岩性及烧失量重建的水深相对变化绝大部分都忠于原作者。年代学基于孔 1 中 5 个放射性 ^{14}C 测年数据。

底层 11.0～9.2m 为细碎屑腐殖淤泥及灰色黏土，烧失量相对较低（约 20%），岩性及烧失量变化对应于较深的湖水环境。10.5m 处样品的放射性 ^{14}C 年代为 10070±90a B.P.（11630cal.a B.P.）。经该数据及 7.85～7.8m 处样品年代（7790±60a B.P.，校正年代 8572cal.a B.P.）数据间沉积速率（0.906mm/a）线性内插，得到该层沉积年代为 10800～9100a B.P.（13000～10720cal.a B.P.）。

9.2～7.85m 为细碎屑腐殖淤泥沉积，烧失量增加（达 30%～50%）。岩性变化及有机质含量的增加均对应于湖水变浅。经内插知该层年代为 9100～7800a B.P.（10720～9065cal.a B.P.）。

7.85～7.8m 为黄色黏土，岩性变化说明湖水较下覆层加深，该层烧失量却很高（60%），和湖水深度增加相矛盾。考虑到该层较薄，沉积物颜色和近地表物质一致，且上覆层反映是一浅水环境，因此我们认为该黄色黏土层很可能是随后湖水位下降时陆源侵蚀入湖形成的。

7.8～6.75m 为苔藓泥炭层，表明湖水变浅，该层烧失量达 65%，和水深下降一致。由下覆黏土向该泥炭沉积的转变很突然。Javis（1993）考虑到陆生花粉在整层中并无明显变化，因此他推测在约 7530a B.P.（8975cal.a B.P.）时湖水的突然变浅是由于构造运动（地震）造成的，从腐殖淤泥到黏土再到苔藓泥炭层的沉积也是由构造活动引起的。但泥炭层沉积持续了近 1500 年（7530～6060a B.P.，即 8975～7085cal.a B.P.），表明湖泊低水位持续时间较长，这很可能和湖区水量长期处于负平衡有关。陆生花粉显示，在 7700～5300a B.P.（9100～6100cal.a B.P.）时植物从湿生到硬叶植物转变，说明初始阶段湖泊水深变浅是由自然原因造成的，但随后的持续低水位则应归因于气候变化。

6.75～4.43m 仍为苔藓泥炭，但该层含大量细碎屑腐殖淤泥，腐殖淤泥含量的增加表明湖水较上阶段加深。同时烧失量减小（50%），和水深增加对应。该层 6.2m 和 4.45m 处样品的放射性 ^{14}C 年代分别为 5290±100a B.P.（6092cal.a B.P.）和 2840±60a B.P.（2937cal.a B.P.）。经沉积速率（0.714mm/a）内插，得到该层形成年代为 6100～2800a B.P.（7085～2900cal.a B.P.）。此外，在该层 5.40m、5.20m 和 4.60m 处还分别有黄色黏土、细砂和粗砂薄层沉积，该三小层沉积物烧失量均较高。Jarvis（1993）认为这是流域短暂侵蚀造成而非湖水位波动形成的。

4.43～3.6m 处沉积物为碎屑腐殖淤泥，粒度较细，说明湖水较下覆层进一步加深。然而该层烧失量却大幅增加（60%～70%），明显和水深增加相悖。经研究发现，烧失量的增加和岸栖植被增多同时发生，因此这可能由当地植被变化造成。经 4.45m 和 2.35m 处测年数据间沉积速率（1.16mm/a）内插知该层年代为 2800～2110a B.P.（2900～2145cal.a B.P.）。

3.6～3.0m 为碎屑腐殖淤泥，粒径较粗，粗粒物质含量的增加对应于水深降低，该层烧失量较高(70%)，和湖水变浅一致。该层年代为 2110～1590a B.P.(2145～1585cal.a B.P.)。

3.0～2.34m 为细粒碎屑腐殖淤泥，表明湖水深度增加。同时烧失量的降低（60%）也与此对应。2.35m 处样品的放射性 ^{14}C 年代为 1030±50a B.P.（978cal.a B.P.）。经内插，得到该层年代为 1590～1000a B.P.（1585～970cal.a B.P.）。

顶层 2.34～1.0m 为含黄色层状黏土的细粒碎屑腐殖淤泥，Jarvis（1993）把黏土层的出现解释为人类活动导致侵蚀加剧。该层烧失量波动较大，其中在黄色黏土层中达最大值。和约 1000a B.P.（970cal.a B.P.）相比，烧失量的增加可能只是反映由于侵蚀作用增强致使湖泊输入物增多，而和水深变化并无太大关联。

以下是对该湖泊进行古湖泊重建、量化水量变化的 4 个标准：（1）很低，构造作用后湖泊低水位时的苔藓泥炭沉积；（2）低，苔藓泥炭沉积，同时含细粒碎屑腐殖淤泥；（3）中等，碎屑腐殖淤泥，粒径较粗；（4）高，碎屑腐殖淤泥，粒径较细。由于不能判别构造作用前后究竟哪段时间水位更低，因此未对约 7530a B.P.（8975cal.a B.P.）前进行湖泊水位量化。在假定岩性变化是人类活动导致的基础上，我们把 1000a B.P.（970cal.a B.P.）后这段时间的水深变化看作是 1590～1000a B.P.（1585-970cal.a B.P.）水深变化的继续。

杀野马湖各岩心年代数据、水位水量变化见表 5.3 和表 5.4，岩心岩性变化图如图 5.2 所示。

表 5.3　杀野马湖各岩心年代数据

放射性 ^{14}C 测年/a B.P.	校正年代/cal.a B.P.	深度/m
10770±90	12718	约 10.5
7790±60	8572	7.85～7.8
5290±100	6092	约 6.2
2840±60	2937	约 4.45
1030±50	978	约 2.35

注：校正年代由校正软件 Calib6.0 获得

表 5.4　杀野马湖古湖泊水位水量变化

年代	水位水量
8975cal.a B.P.前	未量化
7530～6060a B.P.	很低（1）
7085～2900cal.a B.P.	低（2）
2900～2145cal.a B.P.	高（4）
2145～1585cal.a B.P.	中等（3）
1585～0cal.a B.P.	高（4）

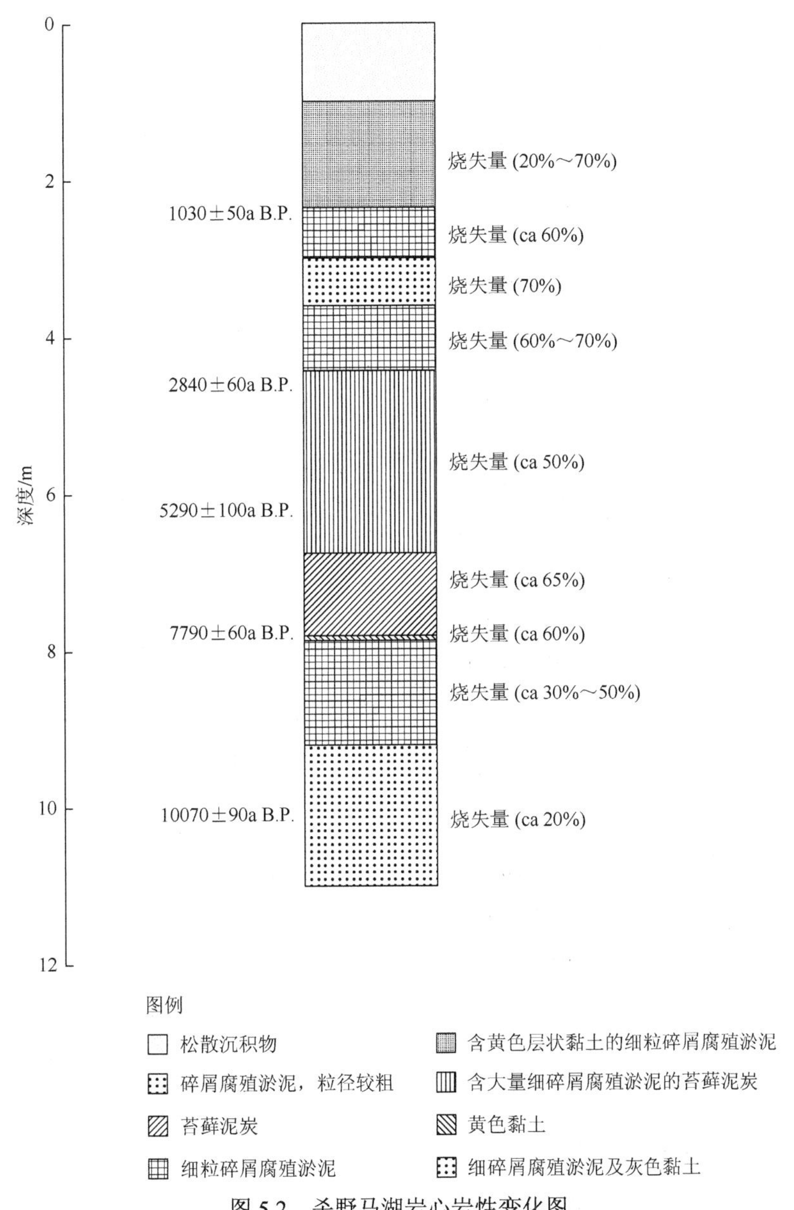

图 5.2　杀野马湖岩心岩性变化图

参 考 文 献

Jarvis D I. 1993. Pollen evidence of changing Holocene Monsoon climate in Sichuan Province，China. Quaternary Research，(39)：325-337.

5.2　云南省湖泊

5.2.1　滇池

滇池（24.66°～25.03°N，102.60°～102.78°E，海拔 1886m a.s.l.）是中国西南部最大的淡水湖，湖泊面积 297km^2。位于湖泊北端的一自然沙嘴（海埂）将滇池湖分隔成两部分：北部被称为草海（25°00′N，102°35′E），南部被称为滇池（外海）。在两湖间有一自然通道相连。孙湘君和吴玉书（1987）认为沙嘴是在全新世长期东向风作用下形成的，且只有在清朝时（300～400a B.P.）它才曾露出水面。对于该沙嘴并无其他详细记录。超过20条河流流入滇池湖。湖区只有一个出口海口河，它位于湖泊西南部，最终注入金沙江。湖泊流域面积2920km^2（Zhang et al.，2009），最大水深10.3m，平均水深4.4m（国家环保局（SEPA），2000），年均气温14.4℃，年均降雨量1036mm（王小雷等，2011）。滇池盆地受北—南向的西山断层控制，为断裂盆地。它形成于晚新生代，其沉积物厚达1000m，直接上覆于早寒武纪页岩上（孙湘君和吴玉书，1987；乔玉楼，1987）。近年来随着城镇化的迅速发展，大量工业废水、农业退水及生活污水流入湖中，导致湖泊的富营养化状况极为严重（王小雷等，2011；Zhang et al.，2009）。

对滇池古湖泊水深相对变化研究包括较早的孙湘君和吴玉书（1987）对钻自草海1.1m水深处长6.65m的孔DZ18岩性、藻类组合及水生花粉的研究，对钻自滇池中部水深约4m处长4m的孔D93-1的岩性及藻类研究；周建民等（2002）对湖心区深6.5m的ZK6孔岩性、磁化率、沉积物化学特性及孢粉进行了研究；陈荣彦等（2008）对滇池剖面沉积物粒度、磁化率、δ^{18}O、δ^{13}C同位素等进行了测定分析；王小雷等（2011）对滇池沉积物柱心DC1现代沉积速率及粒度变化进行了研究。

在草海湖钻得18个3～7m长的钻孔，岩心显示，最顶部沉积物为数十米到约4m厚的棕色淤泥沉积，富含植物碎屑，中部为黏土含量增加的淤泥沉积，岩心底部3～5m处为粉砂和细砂沉积（孙湘君和吴玉书；乔玉楼，1987）。尽管18个钻孔中有6个有放射性^{14}C测年数据，但对每一个岩心的岩性及其所处相对高度并无记载。只有长6.65m的钻自草海1.1m水深处的孔DZ18有详细的研究记录，其沉积年代可至约10520a B.P.（11930cal.a B.P.）（孙湘君和吴玉书（1987）用DZ18孔顶部4m处沉积速率所算出的沉积年代为13000a B.P.）。钻自滇池中部水深约4m处的孔D93-1长4m，其藻类记录可至约13000a B.P.（15865cal.a B.P.）。周建民等（2002）根据ZK6孔古地磁年代及孢粉年代数据给出了晚更新世以来湖泊水位的大致变化。基于岩性、藻类组合及水生花粉变化，结合孙湘君和吴玉书对DZ18孔的研究及孔DC93-1盘星藻含量变化可重建古湖泊水深的相对变化。

孔DZ18中有11个放射性^{14}C测年数据，其中5个我们认为不尽合理而未采用。DZ18孔中2.9～3.05m处的测年数据（2396±240a B.P.，2437cal.a B.P.）存在逆转，从沉积速率及邻近年代来看，年代过新（乔玉楼，1987）。4.9～5.45m、5.43～6.0m、5.6～6.0m及6～6.5m处的测年数据（13900±1400a B.P.，14770cal.a B.P.；10870±540a B.P.，11737cal.a B.P.；9770±100a B.P.，11079cal.a B.P.和9510±180a B.P.，10800cal.a B.P.）是根据钻心近半米处的样品测得的，也存在逆转现象，因而也不可靠。乔玉楼（1987）在重建滇池古环境时也未采用。尽管DZ18孔中5.05～5.25m处的测年数据（9386±300a B.P.，10253cal. a B.P.）因和据顶部4m沉积速率测得的年代不一致而在重建滇池湖古环境时未被乔玉楼（1987）采用，但从该孔底部4m处岩性变化来看，该年代是可取的。根据该数据和3.9～4.05m处的测年数据（8420±250a B.P.，9287cal.a B.P.）所得出的沉积速率（1.19mm/a）和滇池现代沉积物相同岩性沉积速率相同（吴艳宏等，1998）。DZ18孔顶部4m处沉积速率仅约为0.45mm/a。

吴艳宏等（1998）给出的滇池 1948 年后的沉积速率为 1.78mm/a，过去 250 年来的沉积速率为 1mm/a；陈荣彦等（2008）给出的近 700 年来滇池的平均沉积速率为 1.37mm/a；王小雷等（2011）用质量深度代替深度计算出滇池沉积物柱心 DC1 自 1954 年、1963 年、1975 年及 1986 年以来到 2007 年的平均沉积速率分别为 0.062g/（cm^2/a）、0.051g/（cm^2/a）、0.049g/（cm^2/a）及 0.043g/（cm^2/a）。

年代学基于 DZ18 孔中的 6 个放射性 ^{14}C 测年数据及 DC93-1 孔的 4 个放射性 ^{14}C 测年数据（吴艳宏等，1998）。

草海 DZ18 孔底部沉积物（6.5～5.05m）为粉质黏土或黏质粉砂。该层有机质含量较低，说明当时湖水较深。藻类组合为少量的盘星藻及极少量的转板藻。和现代湖泊表面藻类组合（盘星藻的高含量反映滇池水深至少为 5～7m，继而因湖水变浅而减少；转板藻、双星藻及绿藻则出现在水深低于 3m 处）相比，孙湘君和吴玉书（1987）认为在 DZ18 孔处草海水深至少应为 6.5m，因为盘星藻不可能生活在水深太浅的地方，极少量的转板藻可能是从水深较浅处搬运而来的。DZ18 孔中偶见睡莲，且莎草科含量也较低（＜50 粒/cm^2·a），和较深的水环境一致。对该层 5.05～5.25m 处样品进行放射性 ^{14}C 测年，其年代为 9386±300a B.P.（10253cal.a B.P.）。经外推，得到该层沉积年代为 10520～9300a B.P.（11360～10170cal.a B.P.）。孙湘君和吴玉书（1987）及乔玉楼（1987）用 DZ18 孔顶部 4m 处沉积速率所算出的沉积年代在 10000a B.P.（11000cal.a B.P.）之前。

DZ18 孔 5.05～4.1m 为有机质黏土，有机质含量的增加说明湖水变浅。莎草科含量略有增加（＜50～＜100 粒/cm^2·a，最大值为 1200 粒/cm^2·a），且睡莲含量也增加，和湖水变浅相吻合。该层盘星藻含量很多，难以统计，和滇池湖水深 5～7m 处的现代情形类似。浅水种转板藻及双星藻的缺乏也说明了这一点。对 3.9～4.05m 处样品进行放射性 ^{14}C 测年，其年代为 8420±250a B.P.（9287cal.a B.P.）。该层沉积年代为 9300～8500a B.P.（10450～9390cal.a B.P.）。

DZ18 孔 4.1～3.3m 为棕色淤泥沉积，富含植物碎屑。有机质含量的增加对应于湖水的变浅。同时盘星藻的消失及转板藻、双星藻、绿藻在该层的出现说明湖水变浅幅度较大。尽管睡莲含量无明显变化，莎草科的大幅增多（＜50～＜400 粒/cm^2·a）也对应于湖水的变浅。对水深 3.5～3.7m 处的样品进行的放射性 ^{14}C 测年数据为 7930±100a B.P.（8782cal.a B.P.）。经内插，得到该层沉积年代为 8500～7330a B.P.（9390～8190cal.a B.P.）。

DZ18 孔 3.3～1.85m 为棕色淤泥，富含植物碎屑。尽管岩性及藻类组合无明显变化，但莎草科含量（＜50～600 粒/cm^2·a）及水生花粉（睡莲）均达到剖面最大值（孙湘君和吴玉书，1987），说明湖水进一步变浅。对该孔 3.2～3.05m 及 2.9～2.8m 处样品的放射性 ^{14}C 测年数据分别为 6978±240（7845cal.a B.P.）和 6140±100a B.P.（7022cal.a B.P.）。经内插，得到该层沉积年代为 7330～3760a B.P.（8190～4180cal.a B.P.）。

DZ18 孔 1.85～0m 处沉积物岩性和藻类组合较下覆层并无明显变化，但水生花粉（偶见睡莲）含量下降，说明湖水较上一阶段有所加深。对 1.05～0.9m 处样品进行放射性 ^{14}C 测年，其年代为 1737±200a B.P.（1696cal.a B.P.）。该层对应年代为 3760～0a B.P.（4180～0cal.a B.P.）。

滇池中部的 DC93-1 孔底部（4.0～2.75m）为灰色黏土及粉质黏土沉积，盘星藻含量较低，表明湖水太深以至于盘星藻不能生存。对该层 3.95m 处样品进行放射性 ^{14}C 测年，其年代为 12900±1200a B.P.（15560cal.a B.P.）。经对该数据及上覆层测年数据间沉积速率的内插，得到该层沉积年代为 11300～7175a B.P.（15865～8190cal.a B.P.）。

上覆 2.75～1.4m 为粉质黏土及黏质粉砂。盘星藻含量为剖面最大值，说明湖水深度为 5～7m，和现代水深接近。对约 2.65m 和 1.7m 处样品进行放射性 ^{14}C 测年，其年代分别为 6700±160a B.P.（7574cal.a B.P.）和 4540±220a B.P.（5222cal.a B.P.）。经对 1.7m 处测年数据及上覆层测年数据线性内插，得到该层对应沉积年代为 7175～3720a B.P.（8190～4185cal.a B.P.）。

1.4m 以上为粉质黏土及黏质粉砂沉积，盘星藻含量的下降说明湖水又恢复到较深阶段。对约 0.65m 处样品的放射性 ^{14}C 测年数据为 1670±140a B.P.（1590cal.a B.P.）。该层沉积年代为 3720～0a B.P.（4185～0cal.a B.P.）。

周建民等（2002）通过对 ZK6 孔沉积物化学特性、磁化率及孢粉研究认为，在晚更新世末期对应滇池湖泊面积较小，湖水较浅。早全新世时（11000～7500a B.P.）湖水开始加深，湖面开始扩大；全新世中期（7500～3000a B.P.）湖泊进一步扩大，水深进一步增加；而到了晚全新世（3000a B.P.以来），湖水开始变浅，湖面积缩小，和现代水深接近，与草海 DZ18 孔所反映的古湖泊水位变化明显不一致。

陈荣彦等（2008）对滇池剖面沉积物质量磁化率、$\delta^{18}O$、$\delta^{13}C$ 同位素、粒度、矿物成分、黏土矿物元素等进行测定，并利用 ^{210}Pb 测年，恢复了滇池地区近 700 年来的气候变化与人类活动共同作用下湖泊水位的变化。他认为滇池在 1327～1559a B.P.及 1787a B.P.至今为高湖面时期，1559～1787a B.P.为低湖面时期，但考虑到人为因素的影响，我们并未采用其进行湖泊水位量化。

以下是对该湖泊进行古湖泊重建、量化水量变化的 4 个标准：（1）低，DZ18 孔中的淤泥沉积，富含植物碎片，不含盘星藻，但转板藻、双星藻及绿藻含量较高，且水生花粉含量较高，DC93-1 孔中盘星藻含量较高；（2）中等，DZ18 孔中的富含植物碎片的淤泥沉积，不含盘星藻，但转板藻、双星藻及绿藻含量较高，水生花粉含量下降；（3）高，DZ18 孔中的富含有机质黏土，盘星藻含量较高，而转板藻、双星藻含量较低；（4）很高，DZ18 孔和 DC93-1 孔中的粉质黏土及黏质粉砂沉积盘星藻含量较低。

滇池各岩心年代数据、水位水量变化见表 5.5 和表 5.6，岩心岩性变化图如图 5.3 所示。

表 5.5　滇池各岩心年代数据

样品编号	放射性 ^{14}C 测年/a B.P.	树轮校正年代（乔玉楼，1987）/cal.a B.P.	Calib 6.0 校正年代/cal.a B.P.	深度/m	测年材料	钻孔
1215	23200±800		27696	5.9～6.2	黏土	草海 DZ8 孔
1216	16920±500		20318	4.9～5.1	黏土	草海 DZ12 孔
1213-2	15000±500	15870±1014		5.85～6.15	泥炭	草海 DZ13 孔
1214	14700±500	15600±1014		5.0～5.3	淤泥	草海 DZ10 孔

续表

样品编号	放射性 ^{14}C 测年/a B.P.	树轮校正年代（乔玉楼，1987）/cal.a B.P.	Calib 6.0 校正年代/cal.a B.P.	深度/m	测年材料	钻孔
854-11	13900±1400	14770±2800		4.9～5.45	淤泥	草海 DZ18 孔
854-11	12900±1200		15560	3.95	黏土	滇池 DC93-1 孔
1212-2	10870±540	11737±1087		5.43～6.0	淤泥	草海 DZ18 孔
1212-2	9770±100	11079		5.6～6.0	淤泥	草海 DZ18 孔
1212-2	9510±180	10800		6.0～6.5	淤泥	草海 DZ18 孔
1212-1	9386±300	10253±612		5.05～5.25	淤泥	草海 DZ18 孔
1213-1	8765±280	9632±573		3.65～3.15	泥炭	草海 DZ13 孔
854-9	8420±250	9287±514	9358	3.9～4.05	泥炭土	草海 DZ18 孔
854-9	7930±100			3.5～3.7	泥炭土	草海 DZ18 孔
854-7	6978±240	7845±495		3.05～3.2	泥炭土	草海 DZ18 孔
854-7	6700±160		7574	2.65	黏土	滇池 DC93-1 孔
854-7	6140±100		7022	2.8～2.9	泥炭土	草海 DZ18 孔
854-7	4540±220		5222	1.7	黏土	滇池 DC93-1 孔
1131	4100±100	4840±230		3.0～3.2	淤泥	草海 DZ14 孔
1213-3	3400±145	3670±300		0.5～0.78	黏土	草海 DZ13 孔
854-7	2396±240	2437±490		2.9～3.05	泥炭土	草海 DZ18 孔
854-3	1737±200	1696±412		0.9～1.05	泥炭土	草海 DZ18 孔
854-3	1670±140		1590	0.65	黏土	滇池 DC93-1 孔

注：文中所给出的校正年代有树轮年代时采用树轮校正年代，没有时采用 Calib6.0 软件校正得出的年代

表 5.6　滇池古湖泊水位水量变化

年代	水位水量
11360～10170cal.a B.P.	很高（4）
10450～9390cal.a B.P.	高（3）
9390～8190cal.a B.P.	中等（2）
8190～4180cal.a B.P.	低（1）
4180～0cal.a B.P.	中等（2）

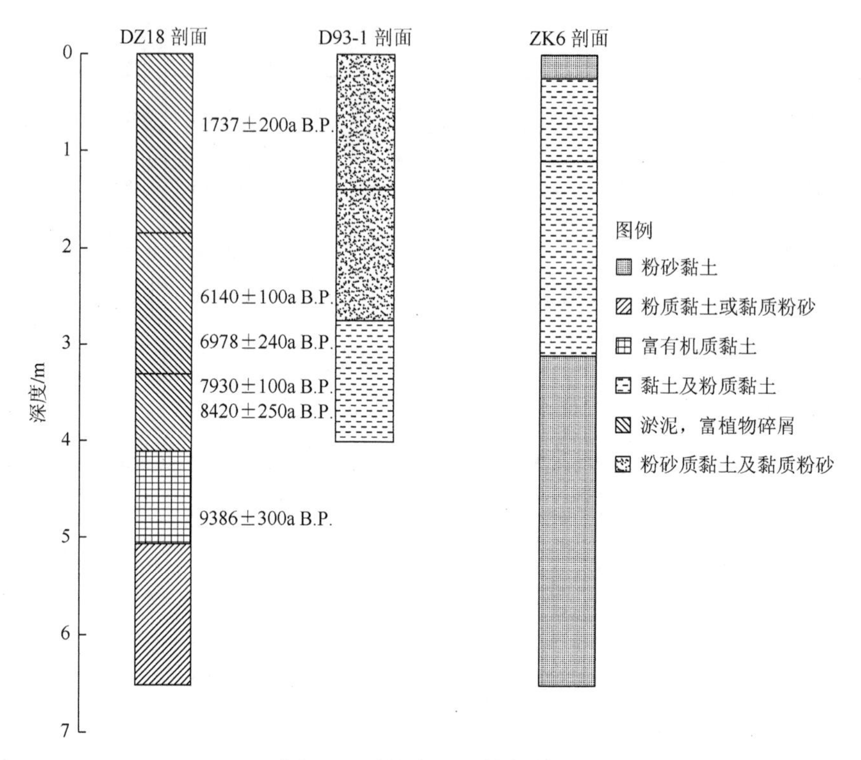

图 5.3　滇池岩心岩性变化图

参 考 文 献

陈荣彦，宋学良，张世涛，等. 2008. 滇池 700 年来气候变化与人类活动的湖泊环境响应研究. 盐湖研究，16（2）：7-12.

乔玉楼. 1987. 云南湖泊沉积物放射性 ^{14}C 年代学研究及其意义//中国-澳大利亚第四纪学术讨论会论文集.（1984）（中-澳第四纪研究委员会主编）. 北京：科学出版社：68-75.

孙湘君，吴玉书. 1987. 云南滇池地区全新世以来植被环境变迁历史//中国-澳大利亚第四纪学术讨论会论文集.（1984）（中-澳第四纪研究委员会主编）. 北京：科学出版社：28-41.

王小雷，杨浩，赵其国，等. 2011. 云南滇池近现代沉积速率及气候干湿变化的粒度记录. 地理研究，30（1）：161-171.

吴艳宏，吴瑞金，薛滨，等. 1998. 13kaB.P.以来滇池地区古环境演化. 湖泊科学，10（2）：5-9.

周建民，田升平，东野脉兴，等. 2002. 滇池晚更新世末期以来湖积环境分析. 化工矿产地质，24（3）：129-135.

Zhang Y，Gao X，Zhong Z Y，et al. 2009. Sediment accumulation of Dianchi Lake determined by 137Cs dating. Geography Science Journal，19：225-238.

5.2.2　洱海

洱海（25.60°～25.96°N，100.01°～100.30°E，海拔 1973.7m a.s.l.）位于云贵高原的西部，湖泊呈南北向狭长形，长约 42.58km，平均宽度 5.85km，面积为 149.8km^2（羊向东等，2005）。湖泊为淡水湖，最大水深 20.7m，平均水深 10.2m，南部相对偏浅。湖泊由北岸的弥苴河及南边的波罗江补给，另外还有数十条溪流注入，唯一一条出流是经西洱河汇入澜沧江。流域面积 2785km^2（羊向东等，2005）。盆地属断陷湖盆，呈 NNW—SSE 分布，形成于早更新世，盆地西部下伏基岩为前寒武纪变质岩，奥陶纪砂岩、页岩和碳酸盐岩在东部也有出露（朱海虹等，1989；张振克等，1998；张振克，1999）。流域气候属低纬高原亚热带季风气候，年平均温度 15.1℃，年降雨量 1060mm，主要集中于 5～10 月（沈吉等，2004）。

环洱海没有连续的湖泊阶地，但在几处高出现代湖泊水位的地点发现不连续的湖相沉积。在湖西岸 1.5km 处，高出现湖水位 2～3m 有指示近岸标志的螺壳沉积，螺壳的测年为 470±150a B.P.（488cal.a B.P.）（GC-631），表明湖泊水位在 470a B.P.（488cal.a B.P.）较现在高 2～3m。在湖泊西岸高出现湖面 1～2m 的沙坝（沙村沙坝），三个螺壳样品分别测得年代为 2230±90a B.P.（GC-1177）（2182cal.a B.P.）、1840±100a B.P.（GC-634）（1765cal.a B.P.）和 1250±80a B.P.（GC-1072）（1173cal.a B.P.），表明湖水位在 2230～1250a B.P.（2180～1170cal.a B.P.）高出现在 1～2m（朱海虹，1989）。在盆地西部山麓的泥炭沉积物（高过现湖水位 36m，离现湖泊西岸约 4km）^{14}C 测年为 3650±150a B.P.（4015cal.a B.P.）（GC-630）（朱海虹，1989）。虽然这层泥炭不能直接指示湖水位，但却可以反映在 3650a B.P.（4015cal.a B.P.）前后偏湿润的环境条件。

洱海盆地也有一些钻孔有关于湖泊环境长期变化的资料。较早的为盆地南部 4 个长孔，为末次冰期以来的沉积（孔 ZK14、孔 ZK18、孔 ZK26 和孔 ZK27）（朱海虹，1989）。孔 ZK14 位于湖泊的西南，靠近下关，海拔约 2000m a.s.l.；孔 ZK18 和孔 ZK27 位于湖泊的正南方，海拔 2010m a.s.l.；孔 ZK26 位于湖泊南部偏东约 10km 的风仪县境内，海拔约 2020m a.s.l.。这些钻孔共有 7 个 ^{14}C 年代，距湖边 2～10km，海拔也高出现代湖泊。钻孔的湖泊沉积表明湖泊当时范围远大于现在。

在现代湖底还有 7 个钻孔（孔 Er1、孔 Er2、孔 Er4、孔 Er48、孔 EH 和两个未定名的钻孔）（朱海虹，1989），记录了盆地全新世以来的沉积历史，其中 5 个钻孔（孔 Er1、孔 Er2、孔 Er4、孔 EH 和孔 Er48）研究得更详细一些。孔 Er1（深 2.8m）和孔 Er2（深 3.1m）实际上是两个相邻的钻孔，位于湖泊内部金梭岛以西湖心水深 4.6m 处，两孔岩性一致可以作为一个钻孔来处理（孔 Er）。该孔记录了约 11300a B.P.（13000cal.a B.P.）以来的岩性、软体动物和硅藻的历史（张振克等，1998；张振克，1999）。孔 Er4（深 1m）钻自湖泊北部水深 4.3m 处，孔 Er48（深 1.6m）水深 8.7m，位于现代湖泊的南部，这两个钻孔的岩性描述没有孔 Er 详细，也没有关于水生生物组合变化的定量记录。孔 EH（深 6.62m）位于湖泊北部水深 10.8m，记录的沉积年代约为 10820a B.P.（12950cal.a B.P.）（周静等，2003；沈吉等，2004）。另两个未定名的钻孔没有岩性方面的资料，但有两个 ^{14}C 年代。这两个钻孔位于近沙村附近的湖湾内，水深小于 2m（朱海虹，1989）。在湖底沉积钻孔中共有 8 个 ^{14}C 年代数据（朱海虹，1989；张振克等，1998；张振克，1999）。

对洱海沉积岩心的最新研究主要包括陈敬安等（2000）对 0.83m 长岩心 EH911208-3-5 粒度进行的分析；沈吉等（2004）和周静等（2003）对洱海北部水深 10.8m 处的 EH 孔（6.61m）岩心粒度、孢粉及藻类等的研究；羊向东等（2005）对 EH 孔顶部 4.8m 粒度、磁化率及孢粉等的分析以及 Xu 等（2015）对洱海水深 12m 处沉积岩心（EH11-2A）孢粉、粒度等指标的分析研究等。

洱海湖泊水深的变化根据上述这些钻孔的岩性、硅藻组合及淡水藻类变化，也参照了原作者的解释（张振克等，1998；张振克，1999；周静等，2003；沈吉等，2004）。其中，周静等（2003）根据湖泊沉积物粒度及淡水藻类盘星藻（*Pediastraceae*）的含量变化得出的湖泊水位变化和沈吉等（2004）根据沉积物硅藻组合变化得出的湖水位变化差距较大，考虑到盘星藻在水深 5～6m 时含量较高，而在水深较大时含量则下降，且现在湖泊平均水深为 10.2m，因此我们认为盘星藻（*Pediastraceae*）的高含量对应于湖水相对较浅时期，而其低含量则反映了湖水较深的时期。10820a B.P.（12950cal.a B.P.）之前的湖水位变化我们主要参照张振克等（1998，1999）给出，10820a B.P.（12950cal.a B.P.）之后的湖水位变化我们主要参照沈吉等（2004）给出。

孔 ZK26（深 24m）由以下层序构成：底部砂（22～24m）、湖相黏土（21.5～22m）、砂（20～21.5m）、湖相黏土（15～20m）、砾石（14～15m）、砂（10.5～14m）、湖相黏土（9.5～10.5m）、砾石（6～9.5m）和湖相黏土（0～6m）。这种层序表明了 4 期高出现代的湖水位（对应于湖相黏土层），期间夹杂冲积/洪积活动（对应于砾石和砂）。遗憾的是，仅在 20.29～21.02m 处有一个湖相沉积层内炭屑测得年代为 34090±3800a B.P.（38071cal.a B.P.），这个年代代表了最早的湖相扩张时期。

孔 ZK14（深 18m）的湖相沉积物层序为：粉砂质黏土（17～18m）、黏土（16～17m）、砂质黏土（10～16m）、粉砂质黏土（3～10m）、砂（2～3m）和粉砂质黏土（0～2m）。16.08～16.28m 和 4.64～4.94m 处测年为 23050±1300a B.P.（27425cal.a B.P.）和 21650±830a B.P.（25982cal.a B.P.），表明洱海在 23000a B.P.（27425cal.a B.P.）之前到 21600a B.P.（25980cal.a B.P.）之后湖泊明显扩张。

孔长 44m 的孔 ZK18 底部为砾石（44～36m），该砾石层中的一个有机黏土薄层 ^{14}C 年代为 22265±1070a B.P.（26736cal.a B.P.）。上覆沉积（36～29m）为砂，这两沉积段为非湖相层。在这个高海拔地点出现非湖相沉积，而同期沉积在孔 ZK14 为湖相沉积，反映了当时洱海的最大湖泊扩张范围仅到孔 ZK18 位置。上覆沉积（24～29m）为湖相粉砂质黏土，这一相对较高海拔处钻孔湖相沉积的出现表明湖水位显著的升高。该段沉积物的底部 ^{14}C 年代为 18700±560a B.P.（22377cal.a B.P.），表明该期湖水位的增加约于 18700a B.P.（22380cal.a B.P.）开始。再往上沉积物由湖相黏土（20～24m）、粉砂质黏土（15～20m）、砂（12～15m）、黏土（10.5～12m）和粉砂质黏土（0～10.5m）组成，但没有测年数据，沉积物的特征表明该处为连续的湖相或近湖相沉积。

同样，在孔 ZK27 中可以见到孔 ZK18 的沉积层序。在孔 ZK27 中两个 ^{14}C 年代可以提供该段沉积后期的年代序列。孔 ZK27 深 16m，由以下层序构成：底部是砾石，往上湖相粉砂质黏土、黏土（11.2～12m）、砂质黏土（8～11.5m）、黏土（4～8m）和粉砂质黏土（0～4m）。最下部黏土（11.7～11.3m）测得 ^{14}C 年代为 17030±510a B.P.（20382cal.a B.P.），另外一个样品在上部粉砂质黏土（3.4～2.9m）中的 ^{14}C 年代为 11610±300a B.P.（13447cal.a B.P.）。年代的测试结果表明孔 ZK18 和孔 ZK26 指示湖泊的扩张时代从 18700a B.P.（22380cal.a B.P.）到 11600a B.P.（13450cal.a B.P.）后。

孔 Er 底部（310～288cm）为暗灰色黏土质粉砂、粉砂，岩性的这种特征对应为中等深度的湖泊环境，硅藻组合主要以浮游种属 *Cyclotella* sp.（40%～50%）为主，也对应中等水深的环境。该沉积段没有 ^{14}C 年代。然而，根据上覆地层两个年代数据（7754±45a B.P.，8513cal.a B.P.，1.98～2.03m，；5825±40a B.P.，6632cal.a B.P.，1.44～1.48cm）之间沉积速率（0.28mm/a）的外推，得到该期沉积时间为11680～10900a B.P.（12340～11580cal.a B.P.）。

孔Er上覆沉积段（288～240cm）为暗灰色黏土、黏土质粉砂和粉砂，岩性没有大的变化，但浅水螺壳方形田螺双旋亚种（*Viviparus quadratus dispiralis*）的出现反映湖泊变浅，硅藻也以附生属种*Melosira granulata*为主，对应湖水深度的降低。该时期内插后的年代为10900～9180a B.P.（11580～9900cal.a B.P.）。

孔Er240～210cm为暗灰色黏土质粉砂、粉砂，螺壳数量减少，主要为代表稍高水位的螺蛳未定种*Margarya* sp.，湖泊的水深有所加大，硅藻组合中*Melosira granulata*略有减少，而*Cyclotella* sp.有所增加，也与上述湖水变深的解释相吻合。该段沉积发生在9180～8100a B.P.（9900～8860cal.a B.P.）。

孔Er 210～200cm为暗灰色黏土质粉砂、粉砂，仅含极少量螺壳。尽管岩性没有变化，但螺壳数量的减少表明湖泊水深的进一步加大，硅藻组合为丰富的*Cyclotella* sp.（45%～60%）和极少量的附生硅藻*Fragilaria pinnata*（ca1%），这种硅藻的组合特征也标志湖水深度的增加。该层顶部^{14}C测年为7754±45a B.P.（8513cal.a B.P.），这一期沉积时间为8100～7800a B.P.（8860～8550cal.a B.P.）。

孔Er 200～160cm为暗灰色黏土质粉砂、粉砂，含大量螺壳方形田螺双旋亚种（*Viviparus quadratus dispiralis*）。尽管岩性没有什么变化，但螺壳数量的增加指示了湖泊水位的变浅。硅藻组合中浮游种*Cyclotella* sp.减少（25%～40%），附生种*Fragilariapinnata*（1%～6%）的出现也与湖水变浅的解释相吻合。这一期沉积时间为7800～6330a B.P.（8550～7120cal.a B.P.）。在西部湖湾未定名的一个钻孔中，有一泥炭层测得年代为6550±200a B.P.（7396cal.a B.P.）。该孔位于浅水区，较孔Er更靠近湖泊边缘，其泥炭层也同样可以对应孔Er螺壳富集层所指示的湖水位的下降。

孔Er 160～102cm为暗灰色黏土质粉砂、粉砂，偶见螺壳。螺壳含量的变化指示了湖水位的增加。浮游种*Cyclotella* sp.的增加（50%～60%，仅一个样品35%）以及附生种*Fragilaria pinnata*的减少（<1%）对应了湖水深度的增加。144～148cm及0.98～1.02m处样品测得年代分别为5825±40a B.P.（6632cal.a B.P.）和4473±40a B.P.（5161cal.a B.P.），反映该期沉积时间为6330～4500a B.P.（7120～5200cal.a B.P.）。

孔Er 102～90cm为褐色-灰褐色粉砂、黏土质粉砂，含螺壳方形田螺双旋亚种（*Viviparus quadratus dispiralis*）。大量螺壳的出现表明湖水变浅。*Cyclotella* sp.的减少（30%～40%）以及*Fragilaria pinnata*的增加（1%～3%）也与这种解释相一致。假定钻孔顶部为现代沉积，用该层底部年龄所计算的沉积速率（0.22mm/a），可推知该层沉积时代为4500～4030a B.P.（5200～4640cal.a B.P.）。在西部湖湾未定名的一个钻孔中，有一泥炭层测得年代为4590±140a B.P.（5270cal.a B.P.），因为该孔位于浅水区，较孔Er更靠近湖泊边缘。泥炭层的出现同样指示湖水位的下降。

孔Er 90～78cm为褐色-灰褐色黏土质粉砂，偶见螺蛳未定种*Margarya* sp.。岩性的变化并不太大，但螺蛳未定种*Margarya* sp.的出现（方形田螺双旋亚种*Viviparus quadratus dispiralis*的减少）表明湖泊水深加大，浮游种*Cyclotella* sp.的增加（40%～45%）以及附生种*Fragilariapinnata*的减少（<1%）对应湖水深度的加大。该期沉积时间为4030～3490a B.P.（4640～4025cal.a B.P.）。这一期高水位对应湖泊西侧高出现湖泊水位36m，测年年代

为 3650a B.P.（4015cal.a B.P.）的泥炭堆积，反映盆地环境较为湿润。

孔 Er 78～52cm 为褐色粉砂质黏土，偶见螺蛳未定种 *Margarya* sp.，无论岩性或螺的数量种类均无变化。然而，硅藻组合的变化，特别是 *Cyclotella* sp.的减少（25%～40%）以及浮游种 *Fragilaria pinnata* 的增加（3%～8%）表明湖水变浅。该期沉积时间为 3490～2330a B.P.（4025～2680cal.a B.P.）。

孔 Er 52～44cm 为褐色粉砂质黏土，偶见螺蛳未定种 *Margarya* sp.，岩性或螺的数量种类均无大的变化。浮游硅藻 *Cyclotella* sp.的增加（45%～65%）以及附生硅藻 *Fragilaria pinnata* 的减少（<1%）反映湖水加深。该期沉积时间为 2330～1970a B.P.（2680～2270cal.a B.P.）。

孔 Er 44～28cm 为褐色粉砂质黏土，偶见螺蛳未定种 *Margarya* sp.。因此岩性或螺的数量种类均无大的变化。浮游硅藻 *Cyclotella* sp.的减少（25%～45%）以及附生硅藻 *Fragilaria pinnata* 的增加（1%～3%）表明湖泊变浅。该期沉积时间为 1970～1250a B.P.（2270～1445cal.a B.P.）。

孔 Er 28～18cm 为褐色粉砂质黏土，偶见螺蛳未定种 *Margarya* sp.。因此岩性或螺的数量种类均无大的变化。浮游硅藻 *Cyclotella* sp.的增加（45%～55%）以及极少量的附生硅藻 *Fragilaria pinnata*（<1%）表明湖泊变浅。该期沉积时间为 1250～800a B.P.（1445～930cal.a B.P.）。

孔 Er 顶部（18～0cm）为褐色粉砂质黏土，偶见螺蛳未定种 *Margarya* sp.，岩性或螺的数量种类与下部基本相同。浮游硅藻 *Cyclotella* sp.的减少（ca 35%）以及附生硅藻 *Fragilaria pinnata* 的增加（2%～6%）表明湖泊变浅。该期沉积时间为 800～0a B.P.（930cal.a B.P.）。尽管在离湖泊西岸 1500m 高出现湖水位 2～3m 处有螺壳堆积，测年为 470a B.P.（488cal.a B.P.），但在钻孔中没有岩性、软体动物、硅藻属种的变化指示湖水在该时间有所上升。

另外，孔 Er4 及孔 Er48 也记录了晚全新世湖水深度的变化。Er4 孔的钻孔部位水深与孔 Er 近似，底部（100～70cm）沉积物为灰褐色泥，见螺壳；70～50cm 为灰褐色中、粗砂，含大量螺壳，表明水深下降，60cm 处一螺壳样测年为 3130±220a B.P.（3313cal.a B.P.）；50～0cm 为灰褐色泥，螺壳数量较少，表明湖水深度变大。3130a B.P.（3310cal.a B.P.）前后的浅水记录也可对应孔 Er 的记录。

孔 Er48 底部沉积物（160～135cm）为泥，夹细砾石；135～55cm 为灰色泥夹螺壳，沉积物变细指示湖水的变深，在 90～110cm 处的螺壳样测年为 4680±170a B.P.（5335cal.a B.P.），用这个年代和上覆沉积层 50～60cm 处的年代 2530±130a B.P.（2604cal.a B.P.）计算得到的沉积速率（0.021cm/a）推算，得到该层泥沉积形成时间为 6400～2500a B.P.（7460～2600cal.a B.P.）；55～30cm 为粉砂、细砂含螺壳，岩性的变化表明水深的减小，50～60cm 处螺壳样测年结果为 2530±130a B.P.（2604cal.a B.P.），该期湖水变浅发生时间为 2530～1340a B.P.（2600～1420cal.a B.P.）；30～0cm 为灰色泥，表明湖泊自 1340a B.P.（1420cal.a B.P.）后再次变深。该孔晚全新世的湖水深度变化与孔 Er 的记录较一致，然而在从浅到较深，到浅，再到较深的时间并不相同，我们认为这与该孔研究深度不够以及年代地层仅根据两个测年数据外推而不够精确有关。

孔 EH 底部（6.61～6.21m）为暗灰色粉砂质泥，水生花粉中见少量莎草科，淡水藻类盘星藻（*Pediastraceae*）含量较高（3000～9000 粒/g），对应于湖水较浅期。硅藻组合中浮游硅藻（*Euplanktonic*）含量较低（50%～75%）而沿岸底栖类硅藻（*Littoral epipelic*）含量较高（30%～40%），和较浅的湖水环境一致。6.61m 处样品 AMS^{14}C 测年年代为 10820±80a B.P.（12950cal.a B.P.），经该测年数据与上覆 5.5m 处样品年代 9120±240a B.P.（10169cal.a B.P.）沉积速率内插，得到该层形成年代为 10820～10210a B.P.（12950～11950cal.a B.P.）。

孔 EH 6.21～5.5m 为暗灰色粉砂质泥及棕黄色黏土，盘星藻（*Pediastraceae*）含量的降低（2000～3000 粒/g）对应于湖水深度的增加，同时底栖类硅藻（*Littoral epipelic*）含量仍较高（30%～40%），和较浅的湖水环境一致。该层 5.5m 处样品 AMS^{14}C 测年为 9120±240a B.P.（10169cal.a B.P.），表明该层沉积年代为 10210～9120a B.P.（11950～10170cal.B.P.）。

孔 EH 5.5～4.8m 为暗灰色粉砂质泥，浮游类硅藻（*Euplanktonic*）含量升高（＞80%）及沿岸底栖类硅藻（*Littoral epipelic*）含量的下降（＜15%）表明湖水较下覆层加深。盘星藻（*Pediastraceae*）含量较低（平均约 2500 粒/g）也与此对应。该层 4.8m 处样品 AMS^{14}C 测年为 8840±90a B.P.（9930cal.a B.P.），表明该层形成年代为 9120～8840a B.P.（10170～9930cal.a B.P.）。

孔 EH 4.8～4.5m 为暗灰色粉砂质泥，该层底栖类硅藻（*Littoral epipelic*）含量仍较低（＜15%），表明湖水深度较大；同时，盘星藻（*Pediastraceae*）的几近缺失也和较深的湖水深度一致。该时期对应年代为 8840～8300a B.P.（9930～9370cal.a B.P.）。

孔 EH 4.5～3.96m 为暗灰色粉砂质泥，硅藻组合较下覆层无明显变化，但盘星藻（*Pediastraceae*）含量略有增加（＜2800 粒/g），表明湖水深度较下覆层有所下降，但仍相对较深。该层形成年代为 8300～7455a B.P.（9370～8355cal.a B.P.）。

孔 EH 3.96～2.5m 处沉积物仍为暗灰色粉砂质泥，浮游硅藻（*Euplanktonic*）含量略有下降（约 60%）而沿岸底栖类硅藻（*Littoral epipelic*）含量上升（20%～40%），表明湖水位较下覆层有所下降；盘星藻（*Pediastraceae*）含量在经历了短时间下降后达到剖面最大值（约 4000 粒/g），也和较浅的湖水环境一致。该层 3.6m 处样品 AMS^{14}C 测年为 6860±80a B.P.（7682cal.a B.P.），经沉积速率内插，得到该层上下边界年代分别为 5595a B.P.（6370cal.a B.P.）和 7455a B.P.（8355cal.a B.P.）。

孔 EH 2.5～0.6m 为暗灰色粉砂质泥及暗灰色黏土质粉砂，沿岸底栖类硅藻（*Littoral epipelic*）含量下降（＜15%）及浮游硅藻（*Euplanktonic*）含量的上升（＞80%）表明湖水深度继续增加；水生花粉狐尾藻（*Myriophyllum*）含量的增加及盘星藻（*Pediastraceae*）的几乎消失和水深增加一致。1.2m 及 0.6m 处样品 AMS^{14}C 测年分别为 2590±80a B.P.（2650cal.a B.P.，另一样品测年为 2690±80a B.P.（2806cal.a B.P.）和 1940±70a B.P.（1878cal.a B.P.，另一样品测年为 1890±70a B.P.，1812cal.a B.P.）。该层沉积年代为 5595～1915a B.P.（6370～1845cal.a B.P.）。

孔 EH 顶层 0.6m 为棕色/棕黄色黏土沉积，浮游硅藻（*Euplanktonic*）含量的增加（＞90%）及底栖类硅藻（*Littoral epipelic*）含量减少（＜10%）表明湖水加深；水生花粉狐尾藻（*Myriophyllum*）含量的增加及极少量的盘星藻（*Pediastraceae*）含量也与此对应。

但由于该层受人类活动影响较强烈，因此在最后我们并未对 1915a B.P.（1845cal.a B.P.）以来水位变化进行量化。

以下是对该湖泊进行古湖泊重建、量化水量变化的 8 个标准：（1）很低，孔 Er 沉积物中大量的浅水螺壳（*Viviparus*），硅藻组合中 *Cyclotella* sp.＜40%、*Fragilaria pinnata*＞1%，孔 EH 沉积物硅藻组合中沿岸底栖类含量较高（30%～40%），同时淡水藻类盘星藻含量较高；（2）低，孔 Er 沉积物中一定数量螺壳（*Margarya* sp.），孔 EH 沉积物硅藻组合中沿岸底栖类含量较高（30%～40%），盘星藻含量相对较高（平均约 2500 粒/g）；（3）较低，孔 Er 偶见相对深水螺壳（*Margarya* sp.），硅藻组合中 *Cyclotella* sp.＜45%、*Fragilari pinnata*＞1%，孔 EH 沉积物硅藻组合中沿岸底栖类含量较低（15%），同时含少量盘星藻（*Pediastraceae*）；（4）中等，孔 Er 偶见相对深水螺壳（*Margarya* sp.），硅藻组合中 *Cyclotella* sp.＞45%、*Fragilaria pinnata*＜1%，孔 EH 沉积物硅藻组合中沿岸底栖类含量较低（15%），同时几乎不含盘星藻（*Pediastraceae*）；（5）较高，孔 Er 不见螺壳，硅藻组合中 *Cyclotella*＞45%；（6）高，孔 ZK14 的湖相沉积；（7）很高，孔 ZK18 和孔 ZK27 的湖相沉积；（8）极高，孔 ZK26 的湖相沉积。

洱海各岩心年代数据、水位水量变化见表 5.7 和表 5.8，岩心岩性变化图如图 5.4 所示。

表 5.7　洱海各岩心年代数据

样品编号	放射性 ^{14}C 年代/a B.P.	校正年代/cal.a B.P.	深度/m	测年材料	钻孔
GC-635	34090±3800	38071	20.29～21.02	炭屑	ZK26
GC-628（2）	23050±1300	27425	16.08～16.28	黏土	ZK14
GC-830（2）	22265±1070	26736	38.54～38.84	有机黏土	ZK18
GC-628（1）	21650±830	25982	4.64～4.94	有机黏土	ZK14
GC-830（1）	18700±560	22377	27.85～29.25		ZK18
GC-825（2）	17030±510	20382	11.3～11.7	黏土	ZK27
GC-825（1）	11610±300	13447	2.9～3.4	黏土	ZK27
Tka-12201	10820±80	12950	6.61		
Tka-12200	9300±120	10490	5.5		
Tka-12220	9120±240	10169	5.5		
Tka-12199	8840±90	9930	4.8		
	7754±45	8513	1.98～2.03	有机质	孔 Er
Tka-12198	6860±80	7682	3.6		
GC-1178	6550±200	7396	ca 0.6～0.8	泥炭	近沙村砂坝湖湾钻孔
	5825±40	6632	1.44～1.48	有机质	孔 Er
Tka-12001	5370±110	6118	2.3		
Tka-12197	5360±130	6148	2.3		

续表

样品编号	放射性 ^{14}C 年代/a B.P.	校正年代/cal.a B.P.	深度/m	测年材料	钻孔
Tka-12197	4680±170	5335	0.9～1.1	螺壳	孔 48
GC-632	4590±140	5270	ca 0.5	泥炭	近沙村砂坝湖湾钻孔
	4473±40	5161	0.98～1.02	有机质	孔 Er
GC-630	3650±150	4015			湖泊西岸高出现湖水位 36m
	3130±220	3313	0.6	螺壳	孔 4
Tka-12218	2690±80	2806	1.2		
Tka-12196	2590±80	2650	1.2		
	2530±130	2604	0.5～0.6	螺壳	孔 48
GC-1177	2230±90	2182		螺壳	湖泊西岸沙村沙坝
Tka-12195	1940±70	1878	0.6		
Tka-12217	1890±70	1812			
GC-634	1840±100	1765		螺壳	湖泊西岸沙村沙坝
GC-1072	1250±80	1173		螺壳	湖泊西岸沙村沙坝
GC-631	470±150	488		螺壳	离现湖泊西岸 1500m

表 5.8　洱海古湖泊水位水量变化

年代	水位水量
ca38070cal.a B.P.	极高（8）
27400～22380cal.a B.P.	高（6）
22380～13450cal.a B.P.	很高（7）
13450～12950cal.a B.P.	相对高（5）
12950～11950cal.a B.P.	很低（1）
11950～10170cal.B.P.	低（2）
10170～9930cal.a B.P.	较低（3）
9930～9370cal.a B.P.	中等（4）
9370～8355cal.a B.P.	较低（3）
8355～6370cal.a B.P.	很低（1）
6370～1845cal.a B.P.	中等（4）
1845～0cal.a B.P.	未量化

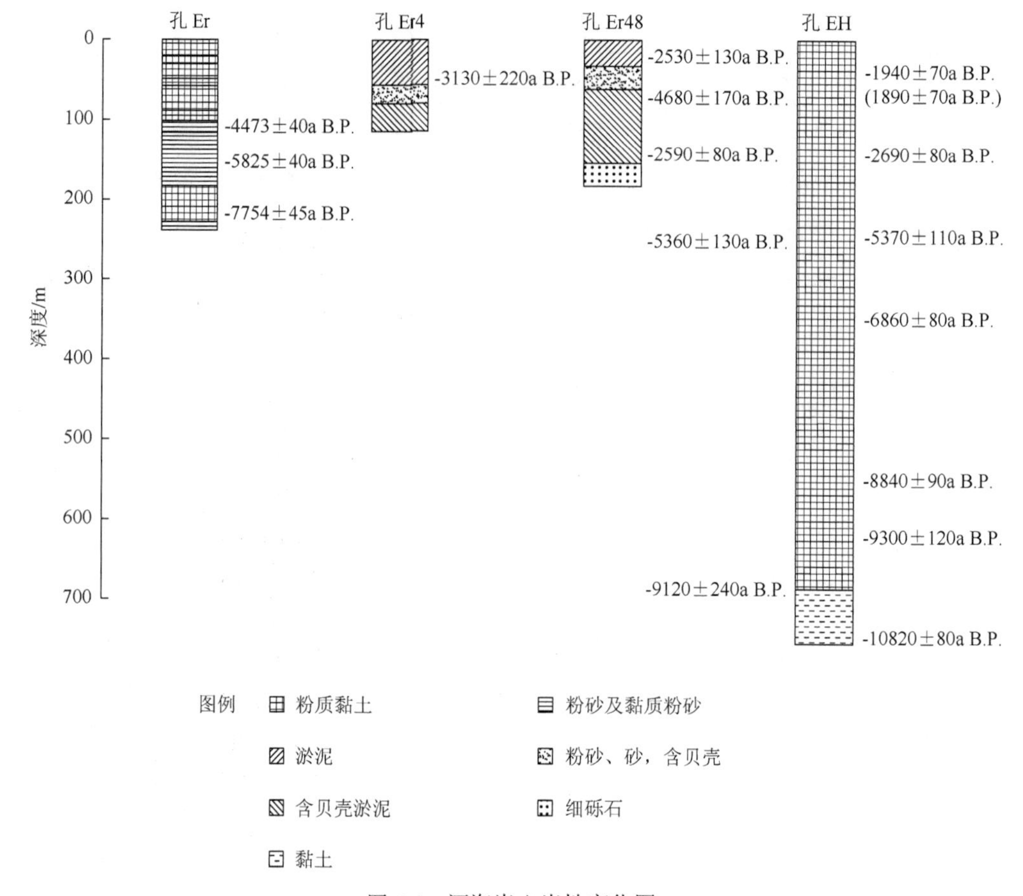

图 5.4　洱海岩心岩性变化图

参 考 文 献

陈敬安，万国江，徐经意. 2000. 洱海沉积物粒度记录与气候干湿变迁沉积学报，18（3）：341-345.

沈吉，杨丽原，羊向东，等. 2004. 全新世以来云南洱海流域气候变化与人类活动的湖泊沉积记录. 中国科学 D 辑：地球科学，34（2）：130-138.

羊向东，沈吉，Jones R T，等. 2005. 云南洱海盆地早期人类活动的花粉证据. 科学通报，50（3）：238-245.

张振克. 1999. 中国历史时期湖泊沉积与环境变化. 中国科学院南京地理与湖泊研究所博士学位论文.

张振克，吴瑞金，王苏民，等. 1998. 近 8kaB.P.来云南洱海地区气候演化的有机碳同位素记录. 海洋地质与第四纪地质，18（3）：23-29.

周静，王苏民，吕静. 2003. 洱海地区一万多年以来气候环境演化的湖泊沉积记录. 湖泊科学，15（2）：104-111.

朱海虹. 1989. 云南断陷湖泊环境与沉积. 北京：科学出版社：1-279.

Xu H，Zhou X，Lan J，et al. 2015. Late Holocene Indian summer monsoon variations recorded at Lake Erhai，Southwestern China. Quaternary Research，83（2）：307-314.

5.2.3　抚仙湖和星云湖

抚仙湖（24.37°～24.63°N，102.81°～102.95°E，海拔 1720m a.s.l.）和星云湖（24.28°～24.38°N，102.75°～102.80°E，海拔约 1740m a.s.l.）是位于云南中部大构造

盆地中相邻小湖盆的两个淡水湖，其中抚仙湖位于澄江盆地（面积 10446km^2），星云湖位于偏西南的江川盆地（325km^2）。两个湖泊均通过小河流流入南盘江，最终汇入中国南海。澄江盆地和江川盆地周边被高山（2500～2600m a.s.l.）环绕。然而，两个湖泊的分水岭高程仅为 1740～1750m a.s.l.（即高出现今湖面 10～20m），在夏季洪水季节，湖水从星云湖流向抚仙湖（朱海虹，1989）。地貌及沉积证据表明在早全新世时这两个湖泊相连成一个大湖（朱海虹，1989；NIGL，1990；周明富等，1992）。因此，我们把两个湖盆作为一个来对待。抚仙湖最大水深 155m，平均水深 89.6m，面积 211km^2。抚仙湖中部约 123m 为褐色黏土沉积（朱海虹，1989），介形虫组合（120m 以下）为深水底栖种及浮游种，包括 *Fuxianhucyfhere inflata*、*Candona fuxianbuensis*、*Neochinocyfhere globra* 和 *Candona spinta*（NIGL，1990）。星云湖最大水深 12m，平均水深 6.6m，面积 35km^2。湖泊主要由降水带来的径流补给（朱海虹，1989）。星云湖下伏基岩主要为灰岩，区域气候温暖湿润，年均温度 12～16℃，年降雨量约 1000mm（周明富等，1992）。植被类型为亚热带常绿阔叶林（NIGL，1990）。

对抚仙湖-星云湖湖盆的演化已经有了一些研究，在江川盆地西侧海拔 1820m a.s.l.处一不知名的露天煤矿开挖出的湖泊阶地剖面揭示了早期的湖泊沉积，该剖面为 40000～18000a B.P.（40000～22000cal.a B.P.）的记录（朱海虹，1989）。在抚仙湖和星云湖间分水岭处的牛摩村剖面为湖相阶地，记录了晚冰期约 12000a B.P.（约 14000cal.a B.P.）以来的历史（朱海虹，1989），阶地顶部海拔 1745m a.s.l.，距抚仙湖约 500m。另两个位于抚仙湖北岸 6～7km 处的湖泊阶地剖面（澄江县剖面、小珑村剖面）也记录了晚冰期 12000～11000a B.P.（14000～13000cal.a B.P.）以来的历史（朱海虹，1989）。高一级阶地海拔为 1750m a.s.l.（澄江县剖面），次一级阶地海拔为 1740m a.s.l.（小珑村剖面）。湖底几个钻孔也记录了晚全新世以来的沉积历史，其中对 3 个短柱岩心进行了详细研究（孔 80-36、孔 965、孔 80-16）（朱海虹，1989；周明富等，1992）。孔 80-36 长 1.6m，取自水深 75m 处；孔 965 长 1.8m，取自水深 123m 处；孔 80-16 长 1.85m，取自水深 150m 处。另两个钻孔（孔 972 取自水深 83m 处，孔 017 取自水深 104m 处）有关于沉积物碳酸盐含量变化的记录。湖泊水深的变化根据岸线证据以及钻孔岩性、碳酸盐含量及介形虫组合的变化，对湖水位的变化也参照朱海虹（1989）及 NIGL（1990）的解释。

盆地内共有 15 个放射性 ^{14}C 年代数据（朱海虹，1989；周明富等，1992）。有 6 个来自钻孔样品，3 个为湖泊阶地样品，另外 3 个来自盆地内的考古点。孔 965 两个富碳酸盐样品年龄倒转（4635±110a B.P.和 5530±150a B.P.）。朱海虹（1989）和周明富等（1992）认为这些样品受流域内老碳的污染，年龄可能偏老，但是其他钻孔及阶地剖面的样品有理由相信是可靠的。考古点的年代样品是根据高出现湖水位 85～110m 处沉积物中部的软体动物壳体测定的（2429±150，3060±160 和 7030±240a B.P.）。虽然这些年代并不可能直接指示湖水位的变化，但是这些数据可以说明在中全新世至晚全新世湖水位低于高出现水位 85m 的位置（朱海虹，1989）。

位于海拔 1820m 处的一个不知名煤矿的湖泊阶地底部为古近系和新近系煤系地层，往上沉积物为 2～3m 厚的湖相粉砂、黏土夹三层黑色泥炭层（朱海虹，1989；周明富等，1992）。最下部、中部及上部泥炭分别测得年代大于 40000a B.P.、30200±1500a B.P.

（34617cal.a B.P.）和 19478±500a B.P.（23285cal.a B.P.）。因此，该剖面的记录表明在 40000～19000a B.P.（＞40000～23000cal.a B.P.）的一段时间内为高湖水位，其中有三个湖泊水位回落的间断（40000a B.P.前、30200a B.P.（46173cal.a B.P.）和 19500a B.P.（23300cal.a B.P.））。该剖面顶部海拔 1820m a.s.l.（高出现湖水位 100m），因此，在该剖面沉积湖相粉砂和黏土沉积时，湖水位至少高出现在 100m，而泥炭层则没有指示湖泊水位的意义。

12m 高的牛摩村剖面是位于抚仙湖与星云湖之间的分水岭地带的湖相阶地，海拔 1745m a.s.l.，底部（11.5m 以下）出露灰白色砾石，可能属洪积成因。上覆沉积物（11.5～10.2m）为湖相黑色黏土，表明当时湖泊水位大于 1735m a.s.l.。该层测得 ^{14}C 年代为 11831±415a B.P.（13975cal.a B.P.），说明这一期深水相发生在 11800a B.P.（13975cal.a B.P.）前。上覆沉积物（10.2～8.4m）为灰黄色砂质黏土、细砂，属典型的浅水沉积，反映在 11800a B.P.（13975cal.a B.P.）后湖水深度变小。上覆沉积物（8.4～7.0m）为粗砂、砾石，具交错层理，标志湖滩相沉积，湖水位约 1738m a.s.l.。最上部沉积物（7.0m 以上）为砾石、砂，属河流相-三角洲相沉积，因此该层沉积物代表湖水位可能接近 1738m a.s.l.。但遗憾的是，该层沉积没有年代资料，然而沉积物的厚度说明至少是几百年的沉积。该剖面顶部沉积物间断表明在约 11000a B.P.（13000cal.a B.P.）后湖水位降落到约 1738m a.s.l.以下。

抚仙湖北岸的澄江县剖面和小珑村剖面的地层特征相似，也接近牛摩村剖面的地层层序。底部沉积为洪积砾石层，上覆地层为黑色湖相黏土，在澄江县剖面该层一木头样测得年代为 12200±300a B.P.（14295cal.a B.P.），而小珑村剖面有机样年龄为 11995±420a B.P.（14088cal.a B.P.），表明这一期深水环境发生在 11800a B.P.（13975cal.a B.P.）前，而牛摩村剖面甚至更早，在 12200a B.P.（14295cal.a B.P.）（即这一深湖相环境出现在 12200～11800a B.P.（14295～13975cal.a B.P.））。但遗憾的是，在这两个剖面中的黑色黏土没有绝对深度数据，因此不可能用已有资料做出对湖水高程更精确的估计。根据当时岸线距现代湖泊北岸 6～7km，距西南湖岸 2～3km，推断湖泊在 12200～11800a B.P.（14295～13975cal.a B.P.）面积可达 350km^2（朱海虹，1989；NIGL，1990）。

早中全新世没有沉积记录，同时，在湖泊阶地中缺乏该时段的沉积表明湖泊水位低于 1740m a.s.l.，但湖泊内部软体动物壳体的测年结果为 7000～2400a B.P.（朱海虹等，1989），表明此时湖泊仍然存在于盆地中。

湖底沉积钻孔则记录了晚全新世以来的湖泊环境，这些钻孔的沉积层序相似，底部是灰色黏土（孔 80-16：0.85～1.85m，孔 965：1.0～1.8m，孔 80-36：0.8～1.6m），表明为中等水深环境。但是，孔 80-16（–150m）的介形类组合并不包含在现代湖泊水深 120m 处发现的深水底栖、浮游种，说明当时的水位比现代至少浅 30m（NIGL，1990）。孔 972 和孔 017 中该灰色黏土层 $CaCO_3$ 含量的高值（平均 19.8%）表明流域干旱的气候状况，碳酸盐的输入增加（NIGL，1990）对应湖泊水深减少。孔 80-16（0.85～1.85m）、孔 965（1.10～1.80m）和孔 80-36（0.8～1.6m）三个样品测得年代分别为 3095±190a B.P.（3272cal.a B.P.）、3403±130a B.P.（3676cal.a B.P.）及 2751±140a B.P.（2958cal.a B.P.）。这一时期相对浅水的环境发生在 3500～2700a B.P.（3700～2900cal.a B.P.）。

上覆沉积物为褐色黏土（孔 80-16：0.85～0.35m，孔 965：1.0～0m，孔 80-36：0.8～0.3m），颜色从灰色变成褐色，$CaCO_3$ 含量减少（5%），指示湖水深度增加。沉积物也与现代湖底的沉积相似，介形类组合为与现代一致的深水底栖、浮游种，包括 *Fuxianhucyfhereinflata*、*Candona fuxianbuensis*、*Neochinocyfhere globra* 和 *Candona spinta*，与湖水深度增加也一致。孔 80-16（0.35～0.85m）处放射性 ^{14}C 测年为 2197±80a B.P.（2173cal.a B.P.）。这一期深水湖相环境发生在 2700～1900a B.P.（2900～1800cal.a B.P.）。

上覆沉积段在除最深孔之外的所有钻孔中均为粉砂（孔 80-16：0.3～0.35m，孔 80-36：0.25～0.27m）。这种岩性的变化，并且仅仅出现在相对浅水的钻孔中，表明湖泊深度的减少。用下伏沉积段两个 ^{14}C 测年间沉积速率（0.083cm/a）外推，得到这一变浅时间为（1900～1800a B.P.）（1800～1700cal.a B.P.）。

三个钻孔最上部沉积物均为褐色黏土（孔 80-16：0.3～0m，孔 80-36：0.25～0m），反映在约 360a B.P.（1700cal.a B.P.）后又恢复到和现代一样的深水环境。

以下是对该湖泊进行古湖泊重建、量化水量的 7 个标准：（1）极低，湖泊钻孔中湖相沉积、高碳酸盐含量、缺少深水介形类属种；（2）较低，孔 80-36 和孔 965 中的粉砂沉积；（3）低，孔 80-16、孔 80-36 和孔 965 中褐色黏土、介形类组合类似现代湖泊的沉积特征；（4）中等，在海拔 1740～1750m a.s.l.的湖泊阶地上，海拔 1735m a.s.l.处的近岸沉积、河流相-三角洲相沉积；（5）高，海拔 1745m a.s.l.阶地的湖相黏土沉积；（6）较高，海拔 1820m a.s.l.阶地的泥炭；（7）极高，海拔 1820m a.s.l.阶地的湖相粉砂和黏土。

抚仙湖和星云湖各岩心年代数据、水位水量变化见表 5.9 和表 5.10，岩心岩性变化图如图 5.5 所示。

表 5.9　抚仙湖和星云湖各岩心年代数据

样品编号	放射性 ^{14}C 年代/a B.P.	校正年代/cal.a B.P.	深度/m	测年材料	剖面/钻孔	备注
	＞40000			泥炭	煤矿 1820m 阶地剖面下部	
	30200±1500	34617		泥炭	煤矿 1820m 阶地剖面中部	
	19478±500	23285		泥炭	1820m 阶地剖面上部	
GC-599	12200±300	14295		黑色黏土	澄江县 1750m 阶地剖面	
GC-597	11995±420	14088		木头	1740m 小珑村阶地剖面	
GC-598	11831±415	13975			1745m 牛摩村阶地剖面	
GC-705	5526±150	6316	0.3～1.0	褐色黏土	孔 965	年代偏老没有使用
GC-704	4635±110	5313	0～0.3	褐色黏土	孔 965	年代偏老没有使用
GC-600	3095±190	3272	0.85～1.85	灰色黏土	孔 80～16	
GC-601	3403±130	3676	1.10～1.80	灰色黏土	孔 965	
GC-706	2751±140	2958	0.8～1.6	灰色黏土	孔 80～36	
GC-707	2197±80	2173	0.35～0.85	褐色黏土	孔 80～16	

注：校正年代数据由校正软件 Calib6.0 获得

表 5.10 抚仙湖和星云湖古湖泊水位水量变化

年代	水位水量
ca＞40000a B.P.	较高（6）
40000～34620cal.a B.P.	极高（7）
ca 34620cal.a B.P.	较高（6）
34620～23300cal.a B.P.	极高（7）
ca 23300cal.a B.P.	较高（6）
23300～23000cal.a B.P.	极高（7）
23000～14295cal.a B.P.	没有数字化
14295～13975cal.a B.P.	高（5）
13975～13000cal.a B.P.	中等（4）
13000～3700cal.a B.P.	没有记录
3700～2900cal.a B.P.	极低（1）
2900～1800cal.a B.P.	较低（3）
1800～1700cal.a B.P.	低（2）
1700～0cal.a B.P.	较低（3）

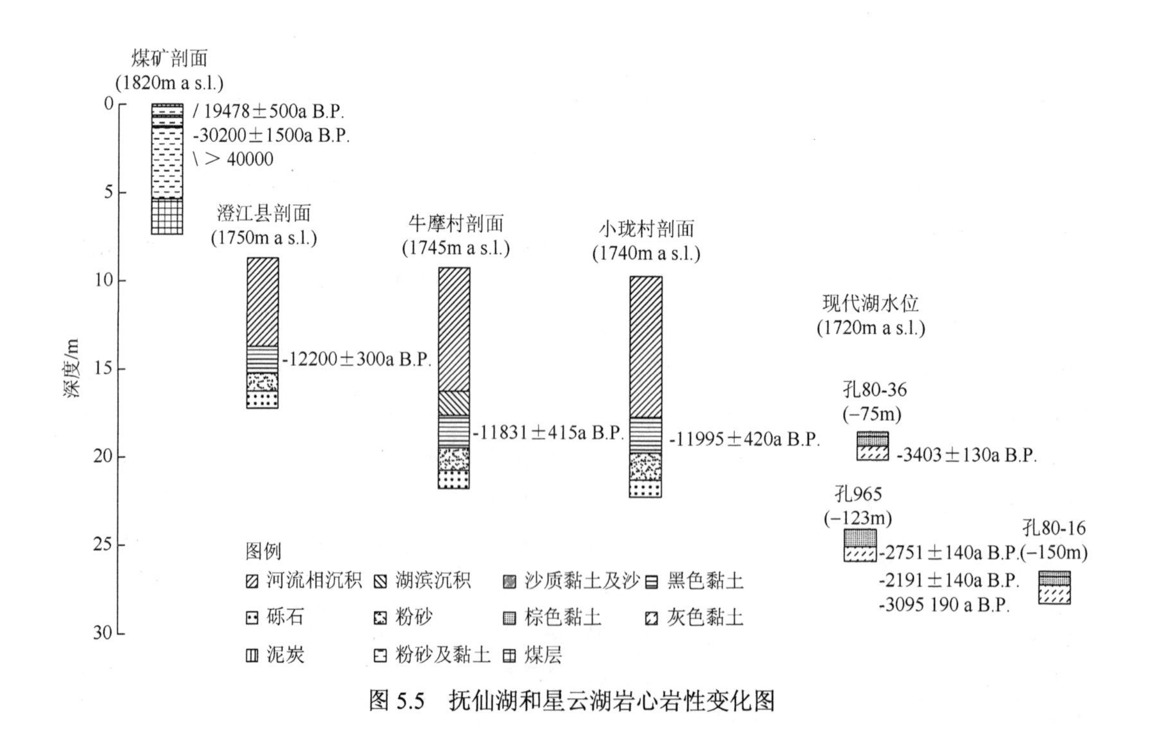

图 5.5 抚仙湖和星云湖岩心岩性变化图

参考文献

中国科学院南京地理与湖泊研究所（NIGL）. 1990. 抚仙湖. 北京：海洋出版社：1-21.

周明富，沈承德，黄宝林，等. 1992. 5万年来抚仙湖的变浅及澄江盆地新构造运动的 ^{14}C 年代学研究//刘东生，安芷生. 黄土第四纪地质全球变化（第三集）. 北京：科学出版社：155-160.

朱海虹. 1989. 云南断陷湖泊环境与沉积. 北京：科学出版社：1-513.

5.2.4　曼兴湖

曼兴湖（22.00°N，100.60°E，海拔 1160m a.s.l.）位于中国西南云贵高原南部的勐遮盆地，勐遮盆地由构造作用形成，为一平坦的山间盆地。盆地面积为 450km^2，最高山海拔超过 2100m a.s.l.。盆地基岩为麻粒岩、页岩及砂岩（刘金陵和唐领余，1987）。除曼兴湖外，盆地周围还有许多其他小河流。曼兴湖面积为 1.5km^2，最大水深 11m（唐领余，1992）。湖水由流域内溪流补给。湖水先前注入流沙河，后来为便于灌溉，在湖泊出口处修筑了堤坝（唐领余，1992）。区域夏季受亚洲西南季风（印度季风）影响，冬季受东亚冬季风影响（西伯利亚高压），年均温度 18.3℃，年均降雨量 1274mm。湖区植被类型为常绿林，盆地北部分布有亚热带常绿林，而在盆地南部 30～60km 处还分布有热带雨林（唐领余，1992）。

在湖泊西部水深 3m 处采得一长 5m 的岩心（孔 M）（唐领余，1992），其沉积年代约为 27400a B.P.（32115cal.a B.P.）。基于岩性及沉积速率的变化可重建湖泊水深的相对变化，年代学基于岩心 7 个放射性 ^{14}C 测年数据。

岩心底部 5.0～3.75m 为黑色淤泥沉积。沉积物中有机质含量为 21%～50%，说明湖泊当时为中等水深环境。水生花粉中只见莎草科（Cyperaceae）和蓼属（*Polygonum*）。5.0m 和 4.5m 处样品的放射性 ^{14}C 测年年代分别为 27360±850a B.P.（32115cal.a B.P.）和 26280±590a B.P.（30614cal.a B.P.）。经沉积速率（0.046cm/a）外推，得到该层上边界年代为 24660a B.P.（28360cal.a B.P.）。用该层 4.5m 处年代数据及上覆层一测年数据（20650±440a B.P.，校正年代 24736cal.a B.P.）沉积速率（0.0178cm/a）内插得出的该层顶部年代为 22050a B.P.（26205cal.a B.P.）。由此可知，该沉积始于约 27400a B.P.（32115cal.a B.P.），而止于 24660～22050a B.P.（28360～26205cal.a B.P.）。

3.75～3.4m 为黑色淤泥沉积，有机质含量降低（13%～21%），而石英砂含量增加，表明湖水较下覆层略变浅，但水生花粉含量并无明显变化。对该层 3.5m 处样品进行放射性 ^{14}C 测年，其年代为 20650±440a B.P.（24736cal.a B.P.）。经该数据及下覆层 4.5m 处年代数据沉积速率（0.0178cm/a）内插，得到该层上边界年代为 20090a B.P.（24150cal.a B.P.）。

3.4～3.3m 为石英砂。岩性变化表明当时湖水极浅，甚至干涸。该层不含水生花粉，和浅水或干涸条件下沉积物的氧化作用一致。上覆层 3.0m 处一样品的放射性 ^{14}C 测年年代为 11870±380a B.P.（14061cal.a B.P.），经沉积速率（0.01389cm/a）内插，得到该层顶部年代为 14030a B.P.（16690cal.a B.P.）。极低的沉积速率表明在该沉积层中必存在沉积间断，这也和湖泊的干涸相一致。该层年代为 20000～14000a B.P.（24150～16690cal.a B.P.）。

3.3～2.5m 为黑色有机淤泥，表明自约 14000a B.P.（16690cal.a B.P.）后恢复至湖相沉积环境。水生花粉组合为莎草科（Cyperaceae）和蓼属（*Polygonum*），和该湖相沉积环境一致。

2.5～2.25m 为湖相黑色淤泥，夹杂细砂和粉砂。粗粒物质的增加及有机质含量的降低（该层为 27%，而下覆层则为 68%）表明湖水变浅。该层水生花粉含量较下覆层无明显变化。经内插知该层年代为 8270～6470a B.P.（9680～7490cal.a B.P.），而经上覆层近底部两个放射性 ^{14}C 测年数据沉积速率的外推，得出该层上部边界年代为 7460a B.P.（8766cal.a B.P.）。

上覆 2.25～0.6m 为有机湖相淤泥层，有机质含量的增加（75%）及砂和粉砂的消失说明湖水又恢复到较深水环境。该层水生花粉含量无明显变化。分别对 2.0m、1.75m 和 1.0m 样品进行放射性 ^{14}C 测年，其对应年代分别为 4670±180a B.P.（5300cal.a B.P.）、1880±140a B.P.（1834cal.a B.P.）及 1660±150a B.P.（1592cal.a B.P.）。经外推知该层年代始于 7460～6470a B.P.（8766～7490cal.a B.P.）且一直持续到约 1540a B.P.（1460cal.a B.P.）。

顶部 0.6～0m 为黑色有机淤泥，并夹杂有细砂和粉砂，粗粒物质的增加及有机质含量的减少（60%）说明湖水至 1540a B.P.（1460cal.a B.P.）后开始变浅。

以下是对该湖泊进行古湖泊重建、量化水量变化的 3 个标准：（1）低，石英砂沉积，且存在沉积间断；（2）中等，中等含量有机质的湖相淤泥，含少量砂和粉砂；（3）高，黑色有机淤泥，有机质含量高，不含粗粒物质。

曼兴湖各岩心年代数据、水位水量变化见表 5.11 和表 5.12，岩心岩性变化图如图 5.6 所示。

表 5.11　曼兴湖各岩心年代数据

样品编号	放射性 ^{14}C 测年/a B.P.	校正年代/cal.a B.P.	深度/m	测年材料
M18	27360±850	32115	5.0	有机质
M16	26280±590	30614	4.5	有机质
M12	20650±440	24736	3.5	有机质
M10	11870±380	14061	3.0	有机质
M6	4670±180	5300	2.0	有机质
M5	1880±140	1834	1.75	有机质
M2	1660±150	1592	1.0	有机质

注：校正年代由校正软件 Calib6.0 获得

表 5.12　曼兴湖古湖泊水位水量变化

年代	水位水量
32115～26205cal.a B.P.	高（3）
26205～24150cal.a B.P.	中等（2）

续表

年代	水位水量
24150～16690cal.a B.P.	低（1）
16690～9680cal.a B.P.	高（3）
9680～7490cal.a B.P.	中等（2）
7490～1460cal.a B.P.	高（3）
1460～0cal.a B.P.	中等（2）

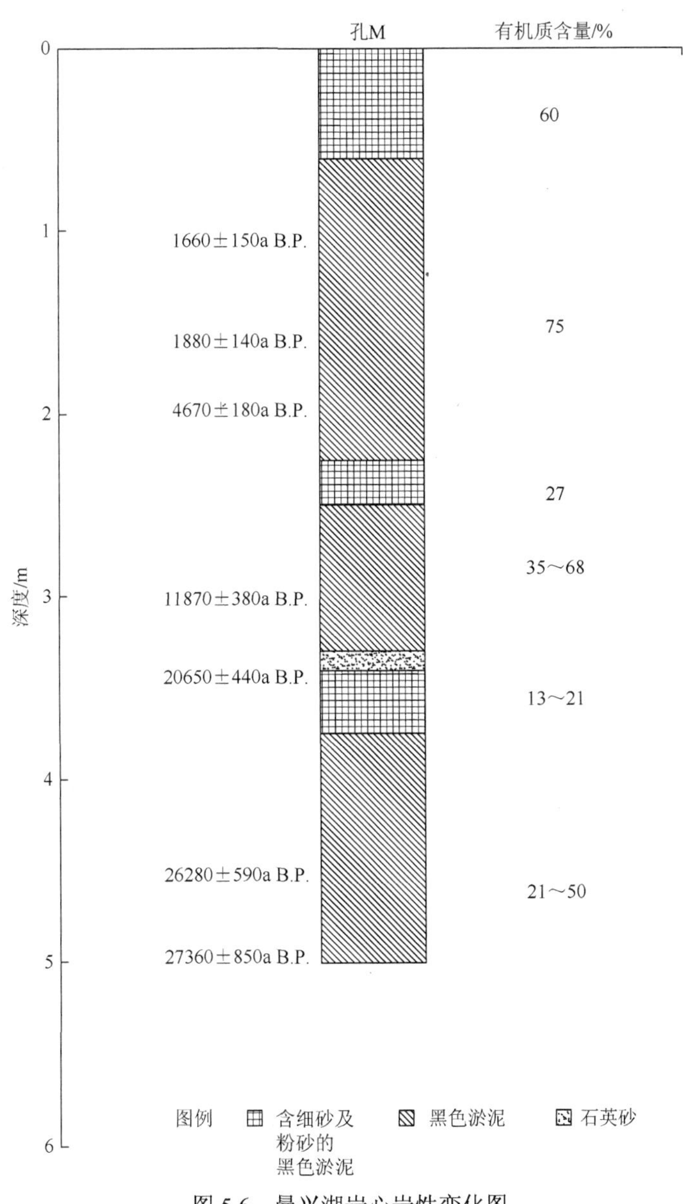

图 5.6　曼兴湖岩心岩性变化图

参 考 文 献

刘金陵，唐领余. 1987. 云南勐遮盆地晚更新世植被及其环境变迁//中澳第四纪研究委员会主编. 中国-澳大利亚第四纪学术讨论会论文集. 北京：科学出版社：43-55.

唐领余. 1992. 云南勐海地区四万年以来植被史与气候. 微体古生物学报，9（4）：433-455.

5.2.5 曼阳湖

曼阳湖（22.10°N，100.50°E，海拔约 1181m a.s.l.）位于中国西南云贵高原的勐遮盆地，是一个小型的浅水湖。勐遮盆地位于云贵高原南侧，为构造成因的山间盆地，地形较平坦。盆地内最高山海拔在 2100m a.s.l.以上，盆地面积约为 450km^2，基岩为麻粒岩、页岩及砂岩（刘金陵和唐领余，1987）。包括曼阳湖在内盆地内有近十条小型湖泊。湖泊面积约为 1.5km^2，最大水深 2m（刘金陵和唐领余，1987）。湖水主要由降水及流域内一些小河流补给。先前湖水主要外流至流沙河，而现今受人为影响则流入西部的人工灌渠。区域气候夏季受亚洲西南季风（印度季风）影响，冬季则受控于西伯利亚高压（东亚冬季风）（唐领余，1992）。年平均气温 18.3℃，年均降雨量 1274mm。盆地北部为典型的亚热带常绿林，而在盆地南部 30～60km 处则为典型的热带雨林（唐领余，1992）。

在湖泊南部水深 1.3m 处钻得一 3m 长的钻心（孔 N），其岩性记录年代为 42000～9250a B.P.（45500～12760cal.a B.P.）（刘金陵和唐领余，1987；唐领余，1992）。经放射性 ^{14}C 测年，该岩心中不存在全新世沉积物，但作者并未给出原因。湖泊现代沉积物为黑色淤泥，但由于缺少测年数据，致使对现代沉积物的认识也仅限于此。基于岩心岩性及水生花粉变化，我们重建了古湖泊水深的相对变化。据乔玉楼（1987）和唐领余（1992）所述，在该孔中存在 3 个放射性 ^{14}C 测年数据，钻孔底部沉积年代在 42000a B.P.（45500cal.a B.P.）之前，超出了放射性 ^{14}C 测年的范围；唐领余（1992）用 42000a B.P.（45500cal.a B.P.）来内插该孔边界年代显然不太准确。年代学基于该孔的 2 个放射性 ^{14}C 测年数据。

岩心底部 3.0～2.5m 处沉积物为湖相黑色淤泥，含植物残体，莎草科的出现（约 2.5×10^3 粒/cm^3）说明当时湖水较浅。该层底部一样品的放射性 ^{14}C 测年年代在 42000a B.P.（45500cal.a B.P.）前，经两测年数据沉积速率外推，得到该层沉积年代为 52400～45210a B.P.（57250～49835cal.a B.P.）。

2.5～2.2m 为棕色砂质黏土及黏质砂沉积，含大量树木根系，树木根系可能是从流域搬运而来。岩性变化说明湖水变浅，水生花粉的消失也说明这一点。经外推，得到该层沉积年代在 45210～40900a B.P.（49835～45385cal.a B.P.）。

2.2～1.5m 处沉积物为黑色湖相淤泥（唐领余，1992），含大量树木根系及植物残体，岩性变化说明湖水开始变深，莎草科含量（2×10^3～6×10^3 粒/cm^3）和底层（3～2.5m）相似。水生花粉 *Impatiens*、*Potamogetons*、*Sagittaria* 及 *Alisma* 的出现也可反映湖水的加深。*Alisma* 和 *Impatiens* 可能是由近岸搬运而来。对深 2.1～1.9m 处样品的放射性 ^{14}C 测年年代为 38020±1500a B.P.（42421cal.a B.P.），相应的该层沉积年代为 40900～30830aB.P.（45385～35005cal.a B.P.）。

1.5～0m 为含细砂及粉砂的黑色湖相淤泥，含一些芦苇根系，表明湖水变浅。莎草科含量的增加（1×10^3～15×10^3 粒/cm^3）及 *Potamogeton* 和 *Sagittaria* 的消失也证实了这一点。对该层 0.8～0.7m 处样品进行放射性 ^{14}C 测年，其年代为 20040±900a B.P.（23885cal.a B.P.）。由该数据及下覆层测年数据间沉积速率推知的该层沉积年代为 30830～9250a B.P.（35005～12763cal.a B.P.）。在 0.95 和 0.3m 处存在两层较薄的细砂层（未给出相应的深度范围），可能代表两次湖水较浅或侵蚀加强的时期。该两层沉积年代分别在约 22900a B.P.（26850cal.a B.P.）和 13570a B.P.（17210cal.a B.P.）。

以下是对该湖泊进行古湖泊重建、量化水量变化的 3 个标准：（1）低，砂质黏土及黏质砂沉积；（2）中等，黑色淤泥沉积，含莎草科；（3）高，黑色淤泥沉积，含莎草科及一些水生花粉；22900a B.P.（26850cal.a B.P.）～13570a B.P.（17210cal.a B.P.）可能侵蚀较强，因此未量化。

曼阳湖各岩心年代数据、水位水量变化见表 5.13 和表 5.14，岩心岩性变化图如图 5.7 所示。

表 5.13 曼阳湖各岩心年代数据

样品编号	放射性 ^{14}C 测年/a B.P.	校正年代/cal.a B.P.	深度/m	测年材料
Gc-852-1	＞42000	45500	3.0	有机物
Gc-852-2	38020±1500	42421	2.1～1.9	有机物
Gc-852-3	20040±900	23885	0.8～0.7	有机物

注：校正年代由校正软件 Calib6.0 获得，受校正软件限制，该校正年代数据精度较低

表 5.14 曼阳湖古湖泊水位水量变化

年代	水位水量
57250～49835cal.a B.P.	中等（2）
49835～45385cal.a B.P.	低（1）
45385～35005cal.a B.P.	高（3）
35005～12763cal.a B.P.	中等（2）

参 考 文 献

刘金陵，唐领余. 1987. 云南勐遮盆地晚更新世植被与环境//中-澳第四纪研究协会主编. 中-澳第四纪学术讨论会文集. 北京：科学出版社：43-55.

乔玉楼. 1987. 云南湖泊沉积物 ^{14}C 年代学研究及其意义//中-澳第四纪研究协会主编. 中-澳第四纪学术讨论会文集. 北京：科学出版社：68-75.

唐领余. 1992. 云南勐海地区四万年以来植被史与气候. 微体古生物报，9（4）：433-455.

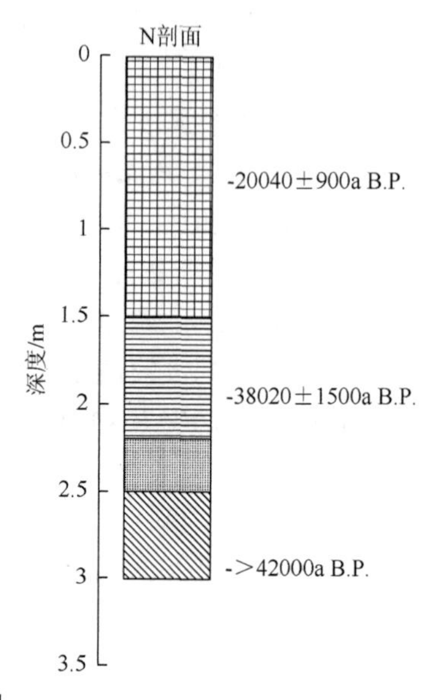

图 5.7　曼阳湖岩心岩性变化图

5.2.6　纳帕海

纳帕海（27.5°N，99.5°E，海拔 3200m a.s.l.以上）位于云贵高原滇西北横断山脉腹地，湖水面积不足 5km^2，大部分已干涸，变成草地和可通行的沼泽地。湖盆成因主要与碳酸盐岩类地层经流水的长期溶蚀有关。该区气候主要受西南季风和东亚季风的综合控制，年均降雨量 619.9mm，主要集中于 7～9 月份，年均温度在 5.4℃。湖水主要由降雨、地表径流、冰融水和地下水补给（殷勇等，2001；刘占红等，2004）。

对纳帕海的研究主要是基于在距湖心 1km 处钻取的长 28.81m 岩心（DJ981 孔），殷勇等（2002a；2010b）对该岩心沉积环境及有机碳及其同位素、氢指数及磁化率等进行了研究，并认为枯水期时由于浅水和湿生草本植物的大量发育，造成有机碳同位素 δ^{13}C 偏低，反之亦然。因此，有机碳同位素 δ^{13}C 的低值与高值在一定程度上可反映湖水位的低值及高值。刘占红等（2004）对该岩心上部 6.37m 处岩性及硅藻进行了详细描述。整个岩心中共含三个测年数据，湖泊水位变化主要参照原文中作者的描述，6.06m 以上主要参照刘占红等（2004）文中关于岩心硅藻变化给出，年代学主要基于岩心的测年数据内插（外推）得出。

底层 28.79～21.49m 处沉积物为粉砂夹少量黏土和砂砾，见大量腹足类和瓣腮类，为湖滨-泥滩相沉积环境，表明当时湖泊水位较低；有机碳同位素 δ^{13}C 较低（平均约 27%），表明水生及湿生植物含量较高，和较浅的湖水环境一致。该层沉积年代为56050～43600a B.P.（63400～49700cal.a B.P.）。

21.49～17.75m为粉砂夹少量黏土和砂砾，沉积物中粉砂含量的增加及砂砾含量的降低，对应于湖水深度的增加；有机碳同位素$\delta^{13}C$的升高（平均约为25%），也表明水深较上阶段增加，但湖水仍相对较浅。该层形成年代为43600～37230a B.P.（49700～42700cal.a B.P.）。

17.75～14.99m处沉积物中以粉砂为主，夹少量黏土和砂砾，含大量腹足类和瓣腮类碎片，岩性表明为湖沼相沉积环境，表明湖水位较下伏层下降，有机碳同位素$\delta^{13}C$的下降（平均约为26%）也和水深下降一致。该层16.6m处一样品的放射性测年年代为35270±140a B. P.（40533cal.a B.P.）。该层沉积年代为37230～32520a B.P.（42700～37500cal.a B.P.）。

14.99～6.06m为细粒黏土，夹少量细粉砂，岩性变化表明湖水深度较下覆层大幅增加，为半深湖-深湖相环境，同时，有机碳同位素$\delta^{13}C$增高（平均约为23.6%）。层顶部盘星藻的出现也表明湖水较深。该层沉积年代为32520～17300a B.P.（37500～20750cal.a B.P.）。

6.06～5.72m处沉积物以灰褐色、灰绿色黏土为主，顶部夹透镜状砂砾层，硅藻组合以沿岸-底栖类为主（包括短逢藻、羽纹藻、桥弯藻、窗纹藻），表明湖水深度不是很大，但淡水种羽纹藻的出现表明湖泊为淡水环境。同时，浮游硅藻直链藻及针杆藻的少量出现也表明当时湖水深度仍相对较高，有机碳同位素$\delta^{13}C$仍相对较高（约为23%），与湖水深度较大一致。经沉积速率外推，得到该层沉积年代为17300～16720a B.P.（20750～20120cal.a B.P.）。

5.72～5.05m处岩性仍为灰褐色、灰绿色黏土，顶部夹透镜状砂砾层，但粉砂和细砂含量的增加表明沉积物粒径增大，湖水变浅。同时，该层硅藻含量极低，偶见个别窗纹藻或化石碎片零星分布，表明湖水较下覆层大幅下降，有机碳同位素$\delta^{13}C$的降低（约为25%）对应于湖水深度的下降。经内插，得到该层沉积年代为16720～15580a B.P.（20120～18860cal.a B.P.）。

5.05～3.49m为灰绿色黏土夹砂砾、灰绿色粉砂和粗砂。该层硅藻含量较下覆层有所增加，且以附着类窗纹藻和羽纹藻为主，但浮游硅藻在该层缺失，表明湖水深度较下覆层有所增加，但仍相对较浅，有机碳同位素$\delta^{13}C$的低值（约为27%）也对应于较浅的水环境。该层3.75m及4.05m处样品的年代数据分别为11220±130a B. P.（13048cal.a B.P.）和13880±130a B. P.（16984cal.a B.P.），因此，该层形成年代为15580～10440a B.P.（18860～12140cal.a B.P.）。

3.49～1.6m处沉积物下部为灰绿色黏土，上部为条带状绿色泥，中间夹灰绿色含砂砾泥土及褐色砂砾。该层硅藻组合中仍以沿岸-底栖类为主（包括短逢藻、羽纹藻、桥弯藻、窗纹藻），同时出现浮游硅藻直链藻及针杆藻，表明湖水深度增加。有机碳同位素$\delta^{13}C$的升高（约为25.5%）与此对应。该层形成年代为10440～4800a B.P.（12140～5560cal.a B.P.）。在2.38～1.6m处浮游硅藻含量达较高值，表明湖水在7120～4800a B.P.（8280～5560cal.a B.P.）时湖水深度略有增加。

顶部 1.6m 处沉积物下部为含草根、砂的褐色黏土夹灰色粗砂，上部为褐色黏土和斑点状褐色黏土，岩性变化表明 4800a B.P.（5560cal.a B.P.）以来湖水变浅，有机碳同位素 $\delta^{13}C$ 的降低（约为 28%）及硅藻的缺失也表明湖水逐渐变浅并干涸。

以下是对该湖泊进行古湖泊重建、量化水量变化的 5 个标准：（1）低，含草根、砂的褐色黏土夹灰色粗砂层；（2）较低，灰褐色、灰绿色黏土夹透镜状砂砾沉积或粉砂夹少量黏土和砂砾沉积，有机碳同位素 $\delta^{13}C$ 及硅藻含量均较低，含大量腹足类和瓣腮类碎片；（3）中等，灰绿色黏土夹砂砾、灰绿色粉砂和粗砂沉积或粉砂夹黏土及砂砾沉积，有机碳同位素 $\delta^{13}C$ 较低，硅藻中不含浮游硅藻；（4）较高，含砂砾泥及砂砾的黏土沉积，有机碳同位素 $\delta^{13}C$ 较高，硅藻中含浮游硅藻；（5）高，黏土夹少量细粉砂沉积，有机碳同位素 $\delta^{13}C$ 较高，含大量浮游硅藻。

纳帕海放射性 ^{14}C 测年、水位水量变化见表 5.15 和表 5.16，岩心岩性变化图如图 5.8 所示。

表 5.15　纳帕海放射性 ^{14}C 测年

年代/a B. P.	校正年代/cal.a B.P.	深度/m	岩心
35270±140	40533	16.6	DJ981
13880±130	16984	4.05	DJ981
11220±130	13048	3.75	DJ981

注：年代校正软件为 Calib6.0

表 5.16　纳帕海古湖泊水位量化

年代/cal.a B.P.	水位量化
63400～49700	较低（2）
49700～42700	中等（3）
42700～37500	较低（2）
37500～20750	高（5）
20750～20120	较高（4）
20120～18860	中等（3）
18860～12140	较低（2）
12140～8280	较高（4）
8280～5560	高（5）
5560～0	低（1）

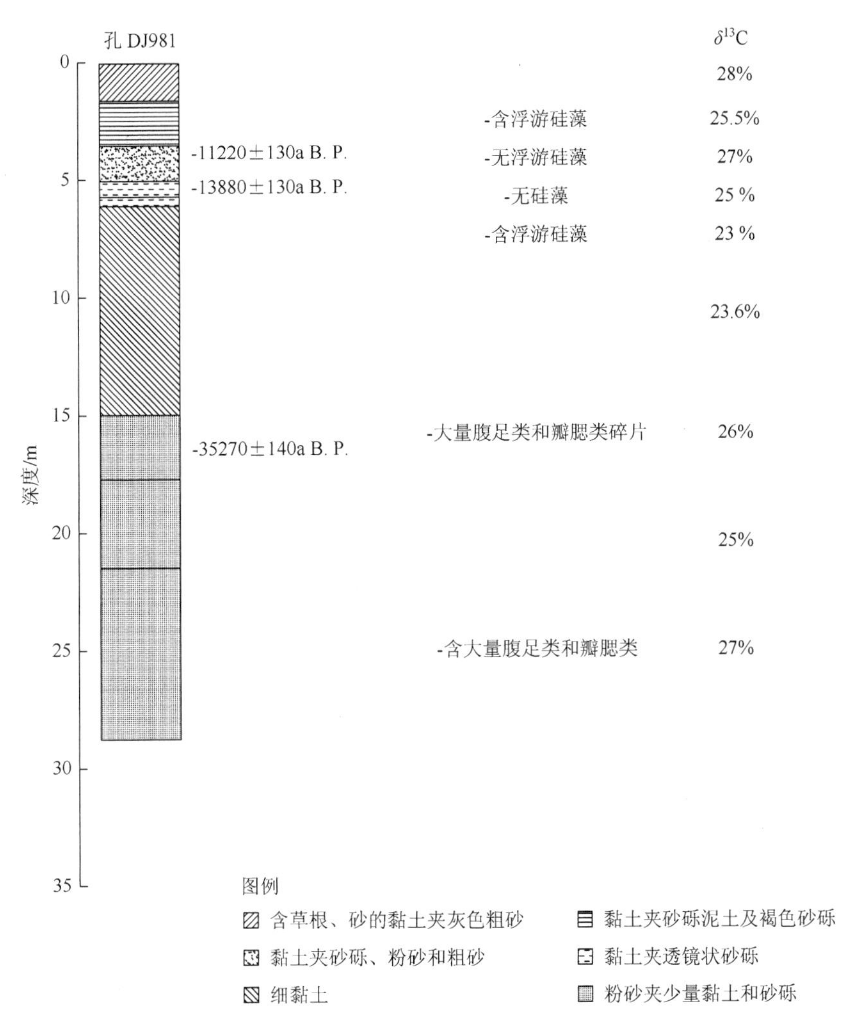

图 5.8　纳帕海岩心岩性变化图

参 考 文 献

刘占红，谢曼平，方念乔，等. 2004. 云南中甸纳帕海 16 000 年以来硅藻植物群的演化及其古环境意义.地质科技情报，23（3）：35-46.

殷勇，方念乔，超涌，等. 2001. 云南中甸纳帕海古环境演化的有机碳同位素记录.湖泊科学，13（4）：289-295.

殷勇，方念乔，盛静芬，等. 2002a. 云南中甸纳帕海湖泊记录指示的 57ka 环境演化.海洋地质与第四纪地质，22（4）：99-105.

殷勇，方念乔，王倩，等. 2002b. 云南中甸纳帕海湖泊沉积物的磁化率及环境意义.地理科学，22（4）：413-419.

5.2.7　杞麓湖

杞麓湖（24.13°～24.21°N，102.71°～102.81°E，海拔 1797m a.s.l.）位于云贵高原西部。湖泊面积 36.86km^2，平均水深 4m，最大水深 6.8m。三条主河流及一些间歇性河流注入该湖泊，同时湖水还依赖于 36 个温泉补给（每秒输水量大于 10L）。湖泊唯一出口经东岸排水口流入南盘江河。在明朝之前湖泊输水量较小，随着开挖程度加大致使输水量也渐增，在 20 世纪，其输水量达到 $1\times10^7m^3$/年（宋学良等，1994）。湖泊滞水时间为 2 年。湖泊流域面积 354km^2，湖区年均温度约 15.6ºC，年平均降雨量 881mm，约 82.5%集中于 5～10 月，年均蒸发量约 710mm。杞麓湖位于封闭的高山盆地，它的形成与小江断裂带有关。流域基岩为晚震旦纪石英砂岩及白云岩、晚古生代石灰岩及白云岩、晚三叠纪砂岩、页岩和晚/中侏罗纪砂岩。出露最广的地层为晚震旦纪及晚/中侏罗纪碎屑岩及碳酸盐岩，但在东部也有二叠纪玄武岩分布（宋学良等，1994）。

通海县年鉴表明，湖泊排水口发现于 1263A.D，后被挖掘以提高其排水能力，致使湖泊水位降低。据估计，在 1284A.D.湖水位约在 1807m a.s.l.，1382A.D.为 1801m a.s.l.，1479A.D.为 1799.5m a.s.l.。自明朝后（350a B.P.）湖水位一直保持在 1797m a.s.l.（宋学良等，1994）。

在湖心水深 4.5m 处钻得一 11m 深岩心（16-Ⅵ-87），其记录年代大致在 30000a B.P.（约 35000cal.a B.P.）前。基于剖面岩性、水生花粉、硅藻组合及自生矿物变化状况我们重建了湖泊水深的相对变化。

钻孔剖面有 10 个放射性 ^{14}C 测年数据，其中 8 个是沉积物全样测年结果，另外两个则是分别对软体动物壳及陆生植物树枝的测年结果。对剖面顶部沉积物进行 ^{210}Pb 测年，全样年代已经对因硬水效应造成的测年误差进行了校正，校正标准为 7.38m 处的植物树枝年龄。经两测年数据 13420±200a B.P.（9.01～9.19m）（16177cal.a B.P.）和 11790±70a B.P.（5.81～5.99m）（13621cal.a B.P.）沉积速率线性内插，得到该植物树枝年龄为 12540a B.P.（15165cal.a B.P.），但其实际年代为 10740±120a B.P.（12667cal.a B.P.），说明硬水效应造成的误差约为 1800 年（宋学良等，1994）。7.38m 以下的年代学基于全样校正年代（所测年代减去 1800 年）内插。7.38m 以上的年代学基于 AMS 测年年代及 0.85m 处经 ^{210}Pb 测年外推得出的年代数据（240a B.P.）内插得到。

底部 11～9.0m 处沉积物为含粉砂的灰色黏土，有机碳 C_{org} 含量较低（约 3.6%），同时碳酸盐含量也较低（2.1%），且主要是原生的（陆生碎屑含量较高）。湖泊生物种群主要是鱼类而非微小底栖生物，对应于较深的湖水环境。水生花粉较匮乏，偶见深水种的狐尾藻属（*Myriophyllum*）。10.99～10.81m 及 9.19～9.09m 处样品的放射性测年数据分别为 30960±860a B.P.（35414cal.a B.P.）及 13420±200a B.P.（16177cal.a B.P.）（减去硬水效应影响后年代分别为 29160a B.P.（33614cal.a B.P.）和 11620a B.P.（14377cal.a B.P.））；10.27～10.06m 处样品的放射性测年数据表明沉积在 40000a B.P.之前（减去硬水效应影响后在 38200a B.P.之前）。通过对这些测年数据及剖面唯一 AMS^{14}C 测年数据沉积速率的线性内插，得到湖泊最初高水位时期对应年代至少为 30000～11570a B.P.（35000～13000cal.a B.P.）。较低的沉积速率可能是由于沉积间断所致。若用 AMS^{14}C 测年数据及 9.19～9.09m 处样品测年数据间的沉积速率外推该层的形成年代，得到其结果为 12600～11570a B.P.（16260～14280cal.a B.P.）。

岩心 9.0～6.0m 处岩性较下覆层无变化，仍为含粉砂的灰色黏土，生物种群仍为鱼类，表明湖水仍然较深。浮游硅藻中含 *Cyclotella radiosa*[Grunow]Lem.，*Stephanodiscus rotula*

[Kutz]Hendey，*Cyclostephanos dubis*[Fricke]Round，*Aulacoseira granulata*[Ehr]Simonsen，说明湖水较上一阶段加深。在该层两样品中发现了非连续的自生蓝铁矿及细粒黄铁矿的集合体，反映当时为厌氧环境，对应于较深的水环境。狐尾藻（*Myriophyllum*）含量较高（超过 500 粒/cm^3），泽泻属（*Alisma*）含量也较高（914 粒/cm^3，可能是流水搬运而来的）。9.19～9.09m 处样品的放射性测年年代为 13420±200a B.P.（校正年代为 11620a B.P.），7.39～7.36m 处一木头测年年代为 10740±120a B.P.（12667cal.a B.P.），经对 AMS^{14}C 测年数据及 0.85m 处 ^{210}Pb 测年外推数据（240a B.P.）线性内插，得到该层沉积年代为 11570～8520a B.P.（14280～10050cal.a B.P.）。

6.0～3.0m 处沉积物为灰色钙质黏土及有机绿黄色淤泥，有机质含量 C_{org} 及碳酸盐含量均较高（分别为 19.3%及 37.9%）。岩性变化表明湖水水深大幅下跌。不连续硅藻记录表明附生种（*Fragilaria pinnata* Ehr. *pinnata*、*F. pinnata* var. *lancettula*（Schum）Hust.、*Opephora martyi* Herib. var. *martyi*、*Pinnularia* sp、*Staurosira* sp. Q.）从该层 5m 处开始增加，和水深变浅吻合。介形类开始出现，和鱼类共同构成生物群落。介形类主要以底栖种（*Candona perisena*、*Metacandona grammata* 和 *Variocythere multiporma*）为主，和较浅的平静水环境相一致（宋学良等，1994）。水生花粉浓度达剖面最大值（泽泻属（*Alisma*）含量达最高值，为 1300～1900 粒/cm^3，狐尾藻属（*Myriophyllum*）含量也较高，最大达 1313 粒/cm^3），说明湖泊较浅。经内插，得到该层沉积年代为 8520～3675a B.P.（10050～4335cal.a B.P.）。

3.0～0.85m 仍为灰色钙质黏土及有机绿黄色淤泥沉积，硅藻及介形类也和下覆层无明显区别，但鱼类化石消失，一些腹足类壳体的出现说明当时湖水仍较浅。但水生花粉中泽泻属（*Alisma*）及狐尾藻（*Myriophyllum*）含量的下降说明湖水较上覆层略微加深。经内插，得到该层沉积年代为 3675～240a B.P.（4335～240cal.a B.P.）。在 700～600a B.P.，人为活动并未对湖水深度变化造成影响。

最顶层（0.85～0m）为红色铁质黏土沉积。该层平均沉积速率较高，达 3.5mm/a，约为全新世的 5.8 倍。总磷的堆积速率约为全新世的 17 倍。岩性的变化、偏高的沉积速率及磷浓度的增大表明人类活动加剧且湖泊在最近开始出现富营养化（宋学良等，1994），并非湖水深度发生变化。这和通海县统计年鉴中所记载的自 350a B.P.以来湖泊周围人口迅速增多相对应。

以下是对该湖泊进行古湖泊重建、量化水量变化的 4 个标准：（1）低，有机绿黄色淤泥沉积，泽泻属（*Alisma*）及狐尾藻属（*Myriophyllum*）含量较高，有机质含量及碳酸盐含量也较高，生物群落中以附生硅藻及底栖介形类为主；（2）中等，有机绿黄色淤泥沉积，偶见泽泻属（*Alisma*），含狐尾藻属（*Myriophyllum*）及腹足类壳体；（3）较高，灰色粉质黏土沉积，有机质含量及碳酸盐含量均较低；（4）高，灰色粉质黏土沉积，有机质含量及碳酸盐含量均较低，含浮游硅藻。

杞麓湖各岩心年代数据、^{210}Pb 测年（1987 年前）结果、水位水量变化见表 5.17～表 5.19，岩心岩性变化如图 5.9 所示。

表 5.17　杞麓湖各岩心年代数据

样品编号	放射性 ^{14}C 测年/a B.P.	减去硬水效应后的年龄/a B.P.	Calib6.0 校正年龄/cal.a B.P.	深度/m	测年材料	备注
GC-87045	＞40000	＞38200		10.06～10.27	有机质	年代偏老，硬水效应
PITT-0217	30960±860	29160	35414	10.81～10.99	有机质	年代偏老，硬水效应
PITT-0215	11790±70		13621	5.81～5.99	有机质	年代偏老，硬水效应
PITT-0216	13420±200	11620	16177	9.01～9.19	有机质	年代偏老，硬水效应
AA-3070	10740±120	10740	12667	7.36～7.39	木头	AMS 测年
PITT-0214	5450±40		6247	2.81～2.99	有机质	年代偏老，硬水效应
GC-88036	4700±15		5352	4.23～4.39	有机质	
AA3069	3570±65		3846	6.60	软体动物壳	年代偏新
GC-88035	2560±120		2611	2.03～2.17	有机质	年代偏老，硬水效应
GC-88034	2020±100		1955	1.23～1.39	有机质	年代偏老，硬水效应

表 5.18　杞麓岩心 ^{210}Pb 测年结果（1987 年前）

1 年	0～2cm
4.05 年	4～6cm
8.55 年	8～10cm
14.51 年	13～14cm
20.94 年	17～18cm
28.95 年	21～22cm
39.33 年	25～26cm
52.19 年	29～30cm
68.67 年	30～34cm
109.58 年	38～42cm

表 5.19　杞麓湖古湖泊水位水量变化

年代	水位水量
16260cal.a B.P. 前	因年代序列框架不确定而未量化
16260～14280cal.a B.P.	较高（3）
14280～10050cal.a B.P.	高（4）
10050～4335cal.a B.P.	低（1）
4335～240cal.a B.P.	中等（2）

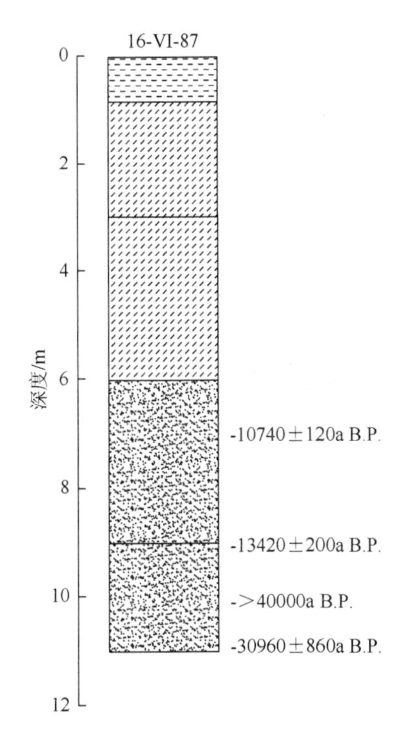

图例　铁质黏土　钙质黏土及绿黄色淤泥　含粉砂黏土

图5.9　杞麓湖岩心岩性变化图

参考文献

宋学良，吴遇安，蒋志文，等. 1994. 云南中部石灰岩地区高原湖泊古湖沼学研究. 昆明：云南科技出版社.

Brenner M，Dorsey K，Song X L，et al. 1991. Paleolimnology of Qilu Hu，Yunnan Province，China. Hydrobiologia，214（1）：333-340.

5.2.8　天才湖

天才湖（26.60°N，99.70°E，海拔3898m a.s.l.）位于云南省西北部，青藏高原东南边缘横断山地向云贵高原过渡的地带，为一开口的高山冰蚀湖，湖泊面积约0.02km^2，最大水深7m，湖水靠湖面降水、季节性溪流及流域内的坡地漫流、泉水等补给，湖泊西侧、南面和南偏东各有一条入湖溪流，北面有一出水口，流向地才湖。湖区年均降雨量约为910mm，年均温度2.5℃。天才湖位于树线附近，湖泊周围生长着以云杉、冷杉为主的寒温带针叶林，山顶为石滩冻荒漠和高山草甸（韩艳等，2011）。

在湖中心水深6.8m处钻取一深9.26m的岩心（TCK，Xiao等（2014）将其称为TCK1，且岩心长度写为9.27m），其记录了全新世以来湖泊沉积的变化，基于岩心岩性、沉积物粒度、硅藻及孢粉的变化，我们重建了古湖泊的水深变化，年代学基于岩心中的10个AMS年代数据内插（外推）得出。

岩心底部（9.26～8.705m）为深黑色腐质淤泥。由于天才湖为一开口湖，当降雨量增加时，水动力较强，水流携带入湖的颗粒物较粗，湖泊中的细颗粒物质来不及沉积就随出湖水流走，因此湖中沉积较粗颗粒物质，沉积物中值粒径较大，对应于湖水位较高的时期，反之，则对应于水位下降时期。

岩心分析表明，TCK 孔顶部 0.96m 处主要为黑色有机质淤泥；底部 9.26～0.96m 为深黑色腐质淤泥与深黑色含粉砂腐质淤泥交替沉积，其中深黑色泥出现层位分别为 9.26～8.705m（10230～9790a B.P.（11940～11235cal.a B.P.））、7.995～6.925m（9130～7740a B.P.（10300～8760cal.a B.P.））、5.865～2.645m（6340～2600a B.P.（7225～2710cal.a B.P.））、2.235～1.835m（2100～1670a B.P.（2130～1660cal.a B.P.））、1.515～0.965m（1300～750a B.P.（1280～780cal.a B.P.））及 0.565～0.205m（360～130a B.P.（430～160cal.a B.P.））。岩心以细粒沉积物为主，沉积物中值粒径较小，对应于降水量较少的湖水位下降时期，而岩心其余层段以粗粒沉积为主，沉积物中值粒径较大，对应于湖水位相对较深的时期。据此，我们可粗略得出古湖水位变化：（1）较低水位，深黑色泥沉积；（2）较高水位，深黑色含粉砂泥沉积。

天才湖各岩心年代数据、水位水量变化见表 5.20 和表 5.21，岩性变化图如图 5.10 所示。

表 5.20　天才湖各岩心年代数据

样品编号	AMS^{14}C 测年/a B.P.	校正年代（据韩艳等，2011）/cal.a B.P.	深度/m	测年材料
TCK1-10	10230±50	11942	9.26	植物残体
TCK1-9	9440±50	10669	8.26	叶片
TCK1-8	8910±40	10048	7.81	叶片
TCK1-7	6460±40	7361	5.96	叶片
TCK1-6	4510±35	5127	4.39	树皮、叶片
TCK1-5	3290±35	3530	3.38	叶片
TCK1-4	2985±35	3166	2.96	腐木、叶片
TCK1-3	2175±35	2211	2.3	树枝、树皮
TCK1-2	1255±30	1222	1.47	叶片
TCK1-1	385±30	467	0.6	树皮、叶片

表 5.21　天才湖古湖泊水位水量变化

年代	水位水量
11940～11235cal.a B.P.	相对低（1）
11235～10300cal.a B.P.	相对高（2）
10300～8760cal.a B.P.	相对低（1）
8760～7225cal.a B.P.	相对高（2）
7225～2710cal.a B.P.	相对低（1）
2710～2130cal.a B.P.	相对高（2）
2130～1660cal.a B.P.	相对低（1）
1660～1280cal.a B.P.	相对高（2）

续表

年代	水位水量
1280～780cal.a B.P.	相对低（1）
780～430cal.a B.P.	相对高（2）
430～160cal.a B.P.	相对低（1）
160～0cal.a B.P.	相对高（2）

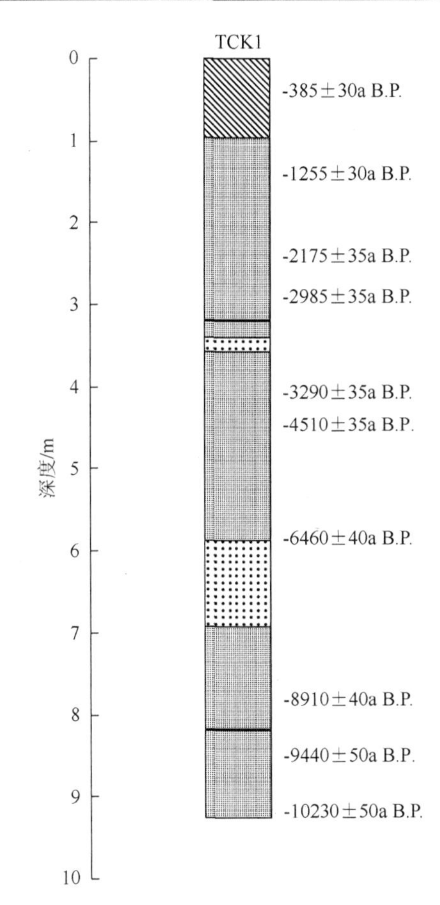

图 5.10　天才湖岩心岩性变化图

参 考 文 献

韩艳，肖霞云，羊向东，等. 2011. 全新世以来滇西北地区天才湖粒度特征及古降水. 第四纪研究，31（6）：999-1010.

Xiao X，Haberle S G，Yang X，et al. 2014. New evidence on deglacial climatic variability from an alpine lacustrine record in northwestern Yunnan Province，southwestern China. Palaeogeography，Palaeoclimatology，Palaeoecology，406：9-21.

第 6 章　青藏高原湖区湖泊

湖 区 概 况

青藏高原地区湖泊系指行政区划上属于青海省和西藏自治区辖境内的大小湖泊。该区是地球上海拔最高、数量最多和面积最大的高原内陆湖区。大于 1km^2 的湖泊共 1055 个，合计面积 41831.7km^2，分别占全国湖泊总数量和总面积的 39.2%和51.4%，其中大于 10.0km^2 的湖泊 389 个，合计面积 39603.7km^2（马荣华等，2011）。该区湖泊深居高原腹地，以内陆湖为主，且多为内陆河流的尾闾或汇水中心。在干旱半干旱气候条件下，该区湖泊多表现为封闭的咸水湖或盐湖。湖水主要由冰雪融水补给。由于本区湖泊位于我国人口密度最小、城市化水平最低、人类经济活动影响最小的地区，因此该区湖泊富营养化程度相对较低。但在区域暖干化的气候背景下，湖水入不敷出，湖泊干化、萎缩显著，如青海湖水位由 1960 年的 3196.32m 降至 2001 年的 3192.91m，42 年间下降了 3.41m（王黎军，2003）；可可西里地区的苟仁错 1990 年时湖面积 2315km^2，平均水深 113m，至 1998 年已完全干涸；玛多县境内原有 4077 个小湖，现近半数已干枯（张运林和施晶晶，2001）；面积 600km^2 的赤布张错现已解体萎缩成 4 个串珠状湖泊；雀莫错湖水也已减少了 1/2；鄂陵湖、扎陵湖水位也下降了 2m 以上（董锁成等，2002）。同时，人为不合理地开垦、过度放牧、人为围垦大量滩地等，也造成大量盐湖地区的生态环境逐渐受到破坏，土壤侵蚀、土地沙化严重，湖泊生物多样性遭到破坏。

参 考 文 献

董锁成，周长进，王海英. 2002. “三江源”地区主要生态环境问题与对策. 自然资源学报，17（6）：713-720.

马荣华，杨桂山，段洪涛，等. 2011. 中国湖泊的数量、面积与空间分布. 中国科学 D 辑：地球科学，41（3）：394-401.

王黎军. 2003. 青海湖水位下降的成因分析与对策. 青海大学学报（自然科学版），21（5）：28-31.

张运林，施晶晶. 2001. 中国西部地区湖泊资源的保护与利用. 生态经济，9：14-22.

6.1　西藏自治区湖泊

6.1.1　阿克赛钦湖

阿克赛钦湖（35.13°～35.28°N，79.73°～79.91°E，海拔 4840m a.s.l.）是位于青藏高原西部昆仑山西侧的盐水湖。湖盆位于一构造盆地中，湖泊面积 18800km^2，最高水位 4935m a.s.l.（王富葆等，1990）。该构造盆地包括一些诸如由断陷形成的郭扎错、阿克赛钦湖、甜水海、北甜水海、苦水海等现代湖盆。尽管构造运动在该地区仍较强烈，但与气候变化相较而言，其对湖泊水系的影响显得微乎其微。在第四纪早期，阿克赛钦湖是构成现代阿克赛钦湖、甜水海、北甜水海及苦水海统一古湖的一部分（王富葆等，1990；

李炳元等，1991）。据该统一古湖海拔 4880～4890m a.s.l.处不连续的湖岸线范围估计，当时湖泊面积约为 2650km^2（王富葆等，1990），且其流域面积基本等同于整个构造盆地的面积（约 18800km^2）。但郭扎错却似乎从未和该古湖连在一起。基于一个大于 45000a B.P.的 ^{14}C 测年数据，王富葆等（1990）认为该古湖早在 45000 年之前就已经存在。湖泊为淡水湖且外流至喀拉喀什河。

约 45000a B.P.后，由于气候干旱，湖泊水位开始下降，并且导致一些湖泊的消失。阿克赛钦湖本来和甜水海通过一条河流相连，但早全新世后由于阿克赛钦湖水位降至 4845m a.s.l.以下致使连通中断（王富葆等，1990）。由于甜水海（830m a.s.l.）和北甜水海（4800m a.s.l.）间断性外流至苦水海，因此他们仍是该水系的一部分。阿克赛钦湖（4840m a.s.l.）在北甜水海东南 65km，甜水海东南 40km 处。阿克赛钦湖和构造盆地中的其他湖泊都不相连，其 45000a B.P.以来的历史记载表明它与盆地中其他湖泊是分开的。

在 20 世纪早期，Sven（1922）对阿克赛钦湖进行了研究，他当时把阿克赛钦湖称为亚洲的白色沙漠，因为当时该湖泊已经接近干涸。现在阿克赛钦湖面积约为 160km^2（王洪道等在其 1987 年著作中描述为 158km^2，而王富葆等在其 1990 年文献中描述为 192km^2，我们采用的是李世杰 1991 年发表文章中的数据），最大水深为 12.6m。湖水来源于径流及高山的冰雪融水。湖水盐度为 54.26g/L（李世杰等，1991）。湖底沉积物为棕黄色砂质黏土（王富葆等，1990），湖盆基岩为侏罗纪—白垩纪砾岩及砂岩（王富葆等，1990）。盆地低洼处气候极端干冷，年平均气温–5℃，年平均降雨量 20～40mm（王富葆等，1990），而蒸发量则高达 2500mm（李元芳等，1994）。最大降雨量（400～500mm）出现在盆地北部边缘的昆仑山（李炳元等，1991）。

在海拔 4845m a.s.l.（比现代湖水位高 5m）和海拔 4850m a.s.l.（比现代湖水位高 10m）处发现湖相阶地残遗，他们间断性地散布于湖泊的东部、西部和北部。然而研究发现，同一海拔处的沉积剖面却未必形成于同一时期，这很可能是湖底沉积物的侵蚀残遗。通过对海拔 4850m a.s.l.处西北剖面和东北剖面及海拔 4845m a.s.l.处的北部剖面沉积物的研究，可知其沉积年代大致为 35000a B.P.（王富葆等，1990；李世杰等，1991）。基于地貌学、岩性及水生植物的研究，王富葆等（1990）及李世杰等（1991）重建了古湖泊水位的变化。年代学基于剖面的 8 个 ^{14}C 测年数据。

深 10m 的西南剖面海拔 4850m a.s.l.，其底部沉积物为灰色层状湖相黏土，表明当时湖泊为深水环境。分别对 9m 和 10m 处的层状黏土样品进行放射性 ^{14}C 测年，测得其对应年代分别为 33065±585a B.P.（37753cal.a B.P.）和 34735±820a B.P.（39578cal.a B.P.），表明该层沉积年代为 33000～35000a B.P.（37750～39580cal.a B.P.）。且当时湖水位必高于 4842m a.s.l.，且沉积厚度较大，湖泊面积也较现在大（王富葆等，1990；李世杰等，1991）。上覆层（8～9m）为近岸湖相砂沉积，表明约 33000a B.P.（37753cal.a B.P.）后水位已跌至 4842m a.s.l.以下；8m（0～8m）以上为湖滩相的砾石和砂，说明湖水位在一定时期内又有所回升。

东北剖面深 3m，海拔为 4850m a.s.l.，为湖相沉积。剖面底部沉积物（2.5～3.0m）为灰色黏土，表明当时湖水较深。2.5m 和 1.25m 处样品的放射性 ^{14}C 测年年代分别为 22520±690a B.P.（26871cal.a B.P.）和 18520±305a B.P.（22028cal.a B.P.）。经沉积速率

（0.03125cm/a）外推，得到该层沉积年代为 24210～22520a B.P.（28810～26870cal.a B.P.）。当时水位应该大于 4848m a.s.l.，甚至更高。但当时并未出现层状沉积物，说明湖水深度不及 35000～33000a B.P.（35980～37750cal.a B.P.）时高。上覆 2.5～2.4m 为水生植物残体层，说明自 22520a B.P.（26870cal.a B.P.）后湖水变浅。水生植物的出现表明沉积物为近岸沉积，湖水位约为 4848m a.s.l.。上覆 2.4～2.1m 为灰色黏土，说明在 22200～21570a B.P.（26485～25320cal.a B.P.）时湖水开始变深；2.1～1.8m 处为水生植物沉积，因此在 21570a B.P.（25320cal.a B.P.）时湖水再次变浅；1.8～1.5m 处为黑色层状黏土沉积，说明 20300～19340a B.P.（24160～22995cal.a B.P.）时湖水加深。水生植物的消失对应于湖水深度的增加。而层状沉积物的出现则表明相比于 24210～22520a B.P.（28810～26870cal.a B.P.）时湖水水位较高，甚至有可能达到 35000～33000a B.P.（35980～37750cal.a B.P.）的水位。1.5～0.2m 为非层状黏土，表明湖水水位自 19345a B.P.（22990cal.a B.P.）后开始变浅。剖面 1.0～0.2m 处含大量水生植物，说明在 18025～16450a B.P.（21060～17960cal.a B.P.）湖水进一步变浅。顶部（0.2m 以上）为泥沙沉积，表明湖水在 16450a B.P.（17960cal.a B.P.）后继续变浅。0.1m 处样品放射性 ^{14}C 测年年代为 16235±120a B.P.（19251cal.a B.P.）。

深 5m 的北部剖面海拔为 4848m a.s.l.，为湖相灰色粉砂质黏土沉积，并含不连续层理。岩性分析表明该阶段湖水较深，沉积物中有少量水生植物，且含眼子菜属（*Potamogeton* spp.），对应于较深的湖水环境。对 0.1m、2.6m 及 2.8m 处的样品进行放射性 ^{14}C 测年，得出其对应年代分别为 13920±400a B.P.（16772cal.a B.P.）、15720±200a B.P.（18997cal.a B.P.）和 15960±240a B.P.（19071cal.a B.P.），说明该湖相沉积年代为 13900～18600a B.P.（16770～19885cal.a B.P.），且当时水位大于 4845m a.s.l.甚至更高。把该层沉积看作是东北剖面顶部非层状黏土和粉砂的远源相沉积似有不妥。

在湖泊北部低地有四个砂砾脊（王富葆等，1990），代表了四次较高水位的时期，但遗憾的是对这些砂砾脊并无测年数据。最高砂砾脊高出现代湖水位 25m（王富葆等，1990），其他几个水位稍低。通过对比附近湖盆湖岸线测年间的关系，王富葆等（1990）认为他们形成于 16000～13000a B.P.（19000～15900cal.a B.P.）。然而这些沙脊似乎在冰盛期时处在湖岸线位置。尽管北部剖面中在 16000～13000a B.P.（19000～15900cal.a B.P.）时有湖相沉积记录，但由于不存在层状沉积物，因此湖水位高于 4850m a.s.l.的可能性不大。东北剖面海拔 4848m a.s.l.和 4848.5m a.s.l.处的层状沉积物只有在水深大于 10m 时才有可能发生，因此在 20300～19340a B.P.（24160～22995cal.a B.P.）时湖水位必定大于 4858m a.s.l.（也就是比现代水位高 18m，或可能是砂砾脊所显示的 25m）。

王富葆等（1990）通过地貌学分析认为现在的湖泊面积比历史上任何一时期都要小。

以下是对该湖泊进行古湖泊重建、量化水量变化的 7 个标准：（1）很低，现代湖泊水位；（2）低，西北剖面近岸砂沉积或湖滩相沉积；（3）较低，东北剖面中的水生植物沉积，湖泊水位约 4848m a.s.l.；（4）中等，东北剖面中的粉砂沉积及北部剖面中的非层状沉积物；（5）较高，东北剖面中的非层状沉积物及水生植物残遗；（6）高，东北剖面中的非层状沉积物；（7）很高，东北剖面及西北剖面中的层状沉积物。

阿克赛钦湖各岩心年代数据、水位水量变化见表 6.1 和表 6.2，岩心岩性变化图如图 6.1 所示。

表 6.1　阿克赛钦湖各岩心年代数据

放射性 ^{14}C 年代/a B.P.	校正年代/cal.a B.P.	深度/m	测年材料	剖面
33065±585	37753	9	黏土	西北部剖面
34735±820	39578	10	黏土	西北部剖面*
22520±690	26871	2.5	水生植物残体	东北剖面
18520±305	22028	1.25	黏土	东北剖面*
16235±120	19251	0.1	粉砂	东北剖面*
15960±240	19071	2.8	粉质黏土	北部剖面
15720±200	18997	2.6	粉质黏土	北部剖面
13920±400	16772	0.1	粉质黏土	北部剖面

注：带*的三个年代数据是在兰州大学地质科学与矿产资源学院 ^{14}C 测年实验室测定，其余的在南京大学地理与海洋科学学院 ^{14}C 测年实验室完成，年代校正软件为 Calib6.0

表 6.2　阿克赛钦湖古湖泊水位水量变化

年代	水位水量
39580～37750cal.a B.P.	很高（7）
37750～？ cal.a B.P.	低（2）
？～28810cal.a B.P.	无记录
28810～26870cal.a B.P.	高（6）
26870～26485cal.a B.P.	较低（3）
26485～25320cal.a B.P.	高（6）
25320～24160cal.a B.P.	较低（3）
24160～22995cal.a B.P.	很高（7）
22995～21060cal.a B.P.	高（6）
21060～17960cal.a B.P.	较高（5）
17960～16770cal.a B.P.	中等（4）
16770～100cal.a B.P.	无记录
0cal.a B.P.	很低（1）

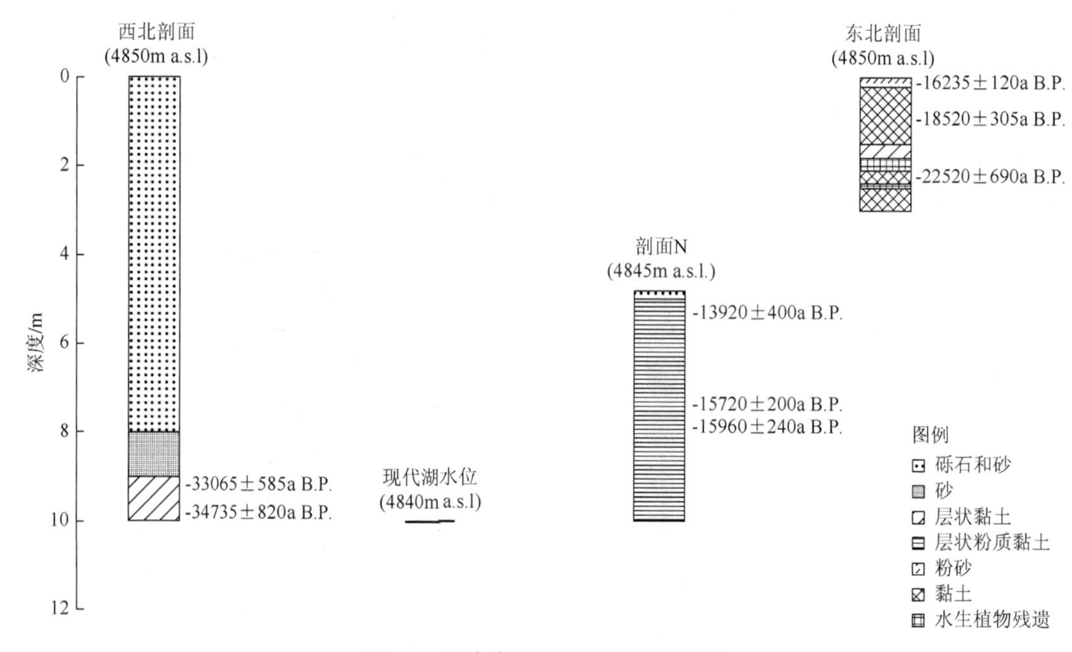

图 6.1　阿克赛钦湖岩心岩性变化图

参 考 文 献

李炳元，张青松，王富葆. 1991. 喀喇昆仑山—西昆仑山地区湖泊演化. 第四纪研究，（1）：64-71.

李世杰，郑本兴，焦克勤. 1991. 西昆仑山南坡湖相沉积和湖泊演化的初步研究. 地理学报，4：306-314.

李元芳，张青松，李炳元，等. 1994. 青藏高原西北部 17000 年以来的介形类及环境演变. 地理学报，49（1）：46-54.

王富葆，曹琼英，刘福涛. 1990. 西昆仑山南麓湖泊和水系的近期变化. 第四纪研究，316-325.

王洪道，顾丁锡，刘雪芬，等. 1987. 中国湖泊水资源. 北京：农业出版社：149.

Sven H. 1992. Formation of Pangong-tso，Southern Tibet. Stockholm，7（8）：511-525.

6.1.2　昂仁湖

昂仁湖（29.30°N，87.18°E，海拔 4300m a.s.l）位于青藏高原南部的冈底斯山南坡，为一半盐湖。盆地由断陷作用形成。基岩为三叠纪砂岩、板岩及火成岩（李升峰，1996）。湖泊封闭，面积为 4km^2。湖水主要由盆地径流及冰雪融水补给，pH 为 9.0。湖区气候偏冷干，昂仁湖附近两气象站（89.2°N，89.6°E，海拔 4000m a.s.l；28.58°N，86.62°E，海拔 4300m a.s.l）记录的年平均气温为 4.7℃和 0.7℃，年平均降雨分别为 288mm 和 236mm，而年均蒸发量则高达 2569mm 和 2340mm（李升峰，1996）。盆地植被类型为高山草甸，以禾本科为主。

地貌调查显示，在高出现代湖水位 30m、25～20m 及 15～10m 处存在三个保存完好的湖相阶地。在第二个湖相阶地中取得一深 10m 的沉积剖面 NE，阶地顶部海拔高出现代湖泊 25m。前人对该沉积剖面的岩性、地球化学（同位素分析）及硅藻组合进行了分析（李升峰，1996，1999，2001；彭金兰和李升峰，2003）。在湖泊西岸第二个阶地取得第二个剖面（西部剖面），深 13m（李升峰，1996）。两剖面记录的沉积年代可至约 11100a B.P.

（约 13200cal.a B.P.）（李升峰，1996）。李升峰（1996）利用$\delta^{13}C$来指示昂仁湖湖水盐度的变化，因为它反映了由水生生物产生的 CO_2 及湖水和大气 CO_2 交换导致的总溶解有机碳含量的变化。在干旱的封闭湖盆中，$\delta^{13}C$（$^{13}C/^{12}C$）的变化可反映湖水深度及盐度的变化（张秀莲，1985；Gasse 等，1987）。根据李升峰（1996，1999，2001）及彭金兰等（2003）所描述的岩性、硅藻组合及水生化石等变化，我们可重建古湖泊水深的相对变化。年代学基于东北岸阶地 10m 深剖面及西部剖面 7 个放射性 ^{14}C 测年数据。

阶地 10m 深的剖面 NE 底部直接上覆于板岩基底之上（10.0～9.2m，李升峰（1996）在原文中除去剖面顶部 2m 的非湖相沉积后所给出的深度为 8.0～7.2m）。9.2～7.25m 为棕色湖相砾石及砂质黏土沉积，含微层理（微倾斜层理，说明沉积物形成于一微倾斜表面，且为近岸沉积），对应于较浅的水环境。该层不含硅藻，但含螺旋状软体动物壳，也对应于较浅的水环境。$\delta^{13}C$ 值较高（2.33‰～4.29‰），说明湖水盐度较大，和湖泊较浅相一致。该层没有测年数据，经对上覆层沉积速率外推知该层的沉积年代可能为 11095a B.P.（13245cal.a B.P.）（李升峰，1996）。

7.25～6.10m 处沉积物为浅灰色砂质粉砂，含 1mm 厚层理，表明湖水变深，$\delta^{13}C$ 值的减小（1.32‰）对应于湖水变淡，水深增加。该层含少量浮游及底栖硅藻，如 *Cyclotella stelligera*、*C.ocellata*、*C.commensis*、*Rhopalodia gibba* 和 *Stephanodiscus astraea*，也和湖水变深相吻合。对 6.88m 处样品进行放射性 ^{14}C 测年，其年代为 10714±95a B.P.（12685cal.a B.P.），估算该层沉积年代为 11095～9970a B.P.（13245～11500cal.a B.P.）。

6.10～6.00m 仍为层状砂质粉砂沉积，但硅藻组合中滨岸硅藻含量增加，包括 *Fragilaria construens* 和 *Epithemia sorex*，说明湖水变浅。该层含大量水生植物残叶及树枝化石，也对应于湖水的变浅。对该层 4.05m 处样品进行放射性 ^{14}C 测年，其年代为 9920±80a B.P.（11423cal.a B.P.）。该层沉积物形成年代为 9970～9870a B.P.（11500～11380cal.a B.P.）。

6.00～5.82m 为暗蓝色粉砂质砂，含微层理，说明湖水变浅。该层含软体动物螺壳，和湖水变浅一致。大量硅藻残片的出现说明当时水动力较强，为近岸沉积。该层$\delta^{13}C$ 值较高（3.69‰），说明湖水盐度较大，对应于湖水的变浅。对 5.9m 处样品进行放射性 ^{14}C 测年，其年代为 9834±85a B.P.（11297cal.a B.P.）。该层沉积年代为 9870～9745a B.P.（11380～11205cal.a B.P.）。

5.82～4.90m 为白色层状粉质黏土，含 0.4～0.7mm 厚层理，表明湖水变深。腹足类的消失也与此相对应。硅藻组合以浮游/底栖种 *Cyclotella ocellota* 为主，和湖水变深相一致。该层$\delta^{13}C$ 值较低（1.96‰），说明当时湖水为一淡水环境，和水深加深相吻合。对 5.6m 处样品进行放射性 ^{14}C 测年，其年代为 9614±85a B.P.（10958cal.a B.P.）。该层沉积年代为 9745～8740a B.P.（11205～10130cal.a B.P.）。

4.90～4.48m 为暗黄色粉砂质砂，含砾石，岩性变化及砾石的出现说明湖水变浅。硅藻组合以底栖和近岸种为主，包括 *Navicula schonfeldii*、*N. diluviana*、*Fragilaria pinnata*、*F. brevistiata* 和 *F. lapponica*，同时，$\delta^{13}C$ 值较高（2.67‰），和湖水变浅相一致。该层沉积年代为 8740～8600a B.P.（10130～9640cal.a B.P.）。

4.48～4.04m 为暗灰色层状砂质粉砂，纹层较薄，厚度仅 0.65～1.0mm，对应于湖水变深。该层$\delta^{13}C$ 值较低（1.64‰），说明气候湿润，湖水较淡，和水深增加相吻合。硅藻组合中以浮游/底栖种 *Cyclotella ocellata* 为主，也反映湖水变深。经沉积速率内插得出的该层沉积年代为 8600～8060a B.P.（9640～9120cal.a B.P.）。

4.04～3.90m 处沉积物岩性无明显变化，且层理厚度也保持不变（0.65mm），但$\delta^{13}C$略有增加，为 2.2‰，说明湖水略有变浅。硅藻组合中附生种和底栖种增加，包括 *Mastogloia elliptica*、*M. smithii*、*Fragilaria lapponica* 和 *Amphora ajajensis*，但 *Cyclotella spp.*减少，和湖水变浅吻合。硅藻组合的变化表明 8060～7850a B.P.（9120～8955cal.a B.P.）湖水稍微变浅。

3.90～2.60m 为暗白色层状砂质粉砂，含 0.8～1.0mm 厚的纹层，纹层厚度的增加表明湖水变浅。该层$\delta^{13}C$值较高，达 2.32‰～3.09‰，说明湖水盐度较下覆层高。硅藻组合以 *Mastogloia elliptica*、*M. smithii*、*Cyclotella ocellata* 和 *C.* spp.为主。李升峰（1996）在该层不同样品中又发现了两个不同的硅藻属。浮游/底栖种 *Cyclotella* spp.分别在深度 3.767m、3.617m、3.449m、3.403m、3.265m 和 2.78m 含量较高，说明分别在 7640a B.P.（8795cal.a B.P.）、7460a B.P.（8620cal.a B.P.）、7275a B.P.（8420cal.a B.P.）、7230a B.P.（8370cal.a B.P.）、7090a B.P.（8205cal.a B.P.）和 6615a B.P.（7635cal.a B.P.）湖水水位波动上升。而在该层其他部分硅藻则以附生微咸种 *Mastogloia* spp.为主，对应于较浅的水环境（李升峰，1996）。经内插知该层沉积年代为 7850～6430a B.P.（8955～7380cal.a B.P.）。

2.6～2.0m 为暗白色和暗灰色层状砂质粉砂，纹层厚度的增加（1.2～1.4mm）表明湖水变浅。该层硅藻组合以附生和底栖的 *Epithemia zebra*、*Fragilaria brevistriata* 和 *F. construens* 为主，且 *Cyclotella* spp.在 2.60～2.12m 处含量减少，到 2.12～2.0m 处消失，也表明湖水变浅。该层$\delta^{13}C$值较高（2.78‰～3.70‰），说明湖水盐度增大。对该层 2.45m 和 2.15m 处样品分别进行放射性 ^{14}C 测年，测定年代分别为 6304±70a B.P.(7245cal.a B.P.）和 6079±75a B.P.（6969cal.a B.P.），由此估算该层沉积年代为 6430～5970a B.P.（7380～6380cal.a B.P.）。

顶部 2.0～0m 处沉积物为河流相砂和砾石（1.5m 厚），上部为 0.5m 厚的土壤层，湖相沉积的消失说明自 5970a B.P.（6380cal.a B.P.）后湖水水位跌至 4277m a.s.l.以下。

剖面 W 基岩上覆层（10.75～8.80m）为棕色砾石、砂及淡水螺旋状软体动物壳。该层对应于剖面 NE 中 7.2～5.25m 处的棕色砾石层。8.80～7.80m 处为浅黄色层状砂质粉砂，含螺旋状软体动物壳，对应于剖面 NE 中 5.25～4.10m 处的层状砂质粉砂。7.80～7.20m 处含 5cm 厚的树枝残体，上部为木头。该层为陆相沉积，说明其是在湖边缘由碎屑堆积而成的。该层对应于剖面 NE4.0～4.1m 处的含水生植物残叶及陆相树枝残体的砂质粉砂层。7.2～2.0m 为灰白色层状粉砂层，很可能对应于剖面 NE4.0～0m 处的粉砂质砂、砂质粉砂层。该层底部并未出现如剖面 NE 中粉质砂沉积的 2 个交替沉积层，说明剖面 NE 高于现代湖水位，20.52～20.10m 及 19.18～19.0m 处的两处粉质砂为湖泊近岸沉积，但这并没有影响西部剖面的深水沉积环境。剖面 NE 中的树枝残体层高出现代湖水位 19.0～18.6m，而西部剖面中的树枝残体层则高出现代湖水位 15.8～15.2m。同为近岸沉积，但却出现在不同水位处，其原因应为后期侵蚀。西部剖面顶部 2.0～0.8m 为河流相砂和砾石，其上 0.2～0.8m 为砾石及石头，顶部 0～0.2m 被土壤覆盖。该陆相沉积及土壤层是在大约 6000a B.P.（6400cal.a B.P.）后湖水从阶地退出后形成的。对 0.5m 处的螺旋状软体动物壳进行放射性 ^{14}C 测年，其年代为 3693±170a B.P.（4068cal.a B.P.）。

以下是对该湖泊进行古湖泊重建、量化水量变化的 5 个标准：（1）低，湖相砾石沉积，含砂质黏土或河流相砂、砾石，螺旋状软体动物壳；（2）较低，粉质砂沉积，硅藻组合为底栖及沿岸种，或含倾斜层理的砂质粉砂沉积，硅藻组合以附生及底栖种为主；（3）中等，含较薄层理的砂质粉砂，硅藻组合以附生/底栖种为主；（4）较高，含较薄层理的砂质粉砂，硅藻组合以浮游/底栖种为主；（5）高，层状粉砂质黏土，硅藻组合以浮游/底栖种为主。粉质砂及硅藻组合在浮游种和底栖种及附生种和底栖种间变动，表明湖水位在中等和较低（2/3）之间波动。

昂仁湖各岩心年代数据、水位水量变化见表 6.3 和表 6.4，岩心岩性变化图如图 6.2 所示。

表 6.3　昂仁湖各岩心年代数据

放射性 ^{14}C 测年/a B.P.	校正年代/cal.a B.P.	深度/m	测年材料	剖面	备注
10714±95	12685±169	4.88	螺旋状软体动物壳	剖面 NE	AMS^{14}C 测年
9920±80	11423±222	4.05	木头	剖面 NE	AMS^{14}C 测年
9921±158	11553±483	4.05	木头	剖面 NE	
9834±85	11297±210	3.90	螺旋状软体动物壳	剖面 NE	AMS^{14}C 测年
9614±85	10958±240	3.60	螺旋状软体动物壳	剖面 NE	AMS^{14}C 测年
6304±70	7245±94	0.45	螺旋状软体动物壳	剖面 NE	AMS^{14}C 测年
6079±75	6969±193	0.15	螺旋状软体动物壳	剖面 NE	AMS^{14}C 测年
3693±107	4068±248	0.5	螺旋状软体动物壳	剖面 W	

注：6 个 AMS 测年在美国亚利桑那州大学进行，2 个普通年代数据在南京大学地理与海洋科学学院进行，cal.年代采用校正软件 Calib 6.0 获得

表 6.4　昂仁湖古湖泊水位水量变化

年代	水位水量
13245cal.a B.P.前	低（1）
13245～11500cal.a B.P.	较高（4）
11500～11380cal.a B.P.	中等（3）
11380～11205cal.a B.P.	较低（2）
11205～10130cal.a B.P.	高（5）
10130～9640cal.a B.P.	较低（2）
9640～9120cal.a B.P.	较高（4）
9120～8955cal.a B.P.	中等（3）
8955～7380cal.a B.P.	在较低和中等间波动（2/3）
7380～6380cal.a B.P.	较低（2）
6380～0cal.a B.P.	低（1）

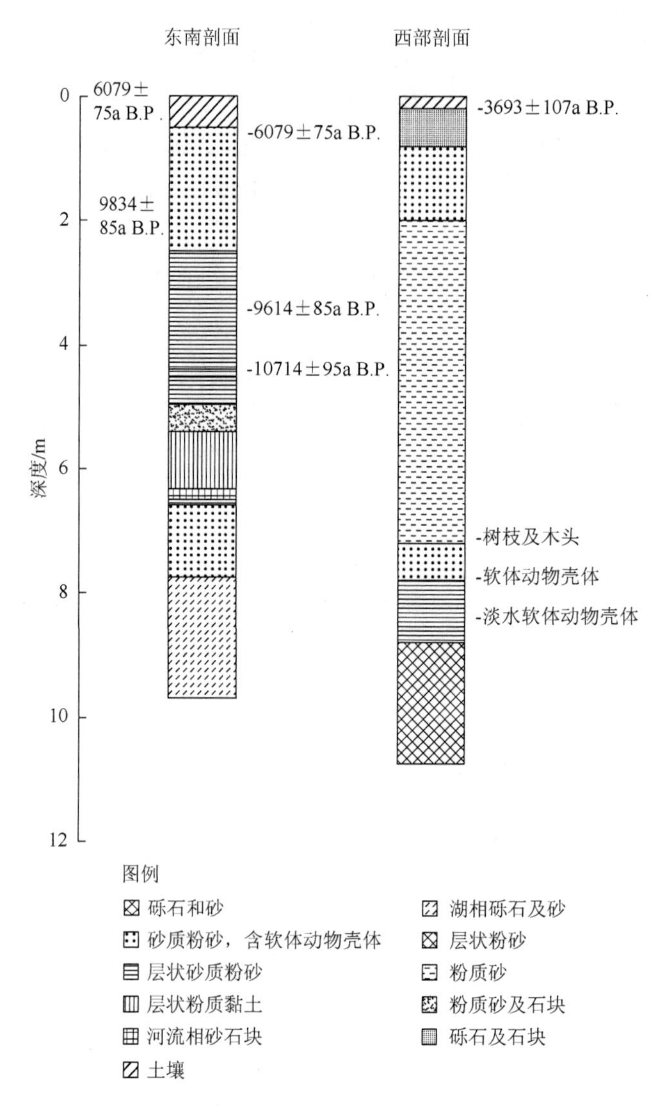

图 6.2 昂仁湖岩心岩性变化图

参 考 文 献

李升峰. 1996. 青藏高原南部一万一千年来硅藻植物群演替与古湖泊古气候演变研究. 南京大学博士学位论文：159.

李升峰，王富葆，张捷，等. 1999. 西藏昂仁湖全新世硅藻记录与环境演变. 科学通报，44（3）：320-323.

李升峰，张建新，张兆干，等. 2001. 化石硅藻新指标在西藏昂仁湖环境演变中的应用. 古生物学报，40（1）：143-152.

彭金兰，李升峰. 2003. 西藏昂仁湖全新世湖相纹层介形类. 科学技术与工程，3（4）：349-355.

张秀莲. 1985. 碳酸盐岩中氧、碳稳定同位素与古盐度、古水温的关系. 沉积学报，3（4）：17-30.

Gasse，F，Fontes J C，Plaziat J C，et al. 1987. Biological remains，geochemistry and stable isotope for the reconstruction of environmental and hydrological changes in the Holocene lakes from North Sahara. Palaeogeography，Palaeoclimatology，Palaeoecology，60：1-46.

6.1.3 班戈错

班戈错（31.50°～32.00°N，89.57°～90.00°E，海拔 4520m a.s.l.）是位于青藏高原内部的盐湖，在晚更新世以前与色林错为统一大湖，之后两湖分离，以一 EW 向窄水道相连（吕鹏等，2003）。班戈错由三个子湖（湖Ⅰ、湖Ⅱ、湖Ⅲ）通过狭窄的河渠相连（郑绵平等，1989），湖Ⅰ位于上游，水位 4525m a.s.l.，无水流注入，但其湖水却注入湖Ⅱ（湖水水位为 4522m a.s.l.），同时湖Ⅱ的湖水又反过来注入湖Ⅲ（湖水位 4520m a.s.l.），东南部有一小河也注入湖Ⅲ，这是除降水和泉水补给外的唯一地表径流。湖水深为 0.3m（湖Ⅰ）～1.0m（湖Ⅲ）。湖Ⅰ和湖Ⅱ都是季节性干涸的河流，但湖Ⅲ却常年有水。水量最大时，湖Ⅰ、湖Ⅱ、湖Ⅲ面积分别为 5.4km^2、50km^2 和 80km^2。班戈错为一盐湖，湖Ⅰ、湖Ⅱ、湖Ⅲ含盐量分别为 168.7g/L、235～258g/L 和 189～403g/L，pH 为 9～9.56、9 和 9～10.2（郑绵平等，1989）。赵元艺等（2006）对班戈错近 50 年来湖岸线及湖面高程变化的研究表明，在 1959～1973 年湖泊处于持续收缩状态，1973～2001 年湖面总体上升，之后又略有下降。湖中心现代沉积物为含芒硝的碳酸盐黏土，近岸带为含芒硝的碳酸盐砂石及砾石（郑绵平等，1989），这三个盐湖就嵌在该干盐湖中。干盐湖的存在表明过去湖泊比现在要大。班戈错湖盆被高山环绕（最高海拔 6440m a.s.l.），盆地由中生代断陷形成，基岩为白垩纪砾岩、砂岩和板岩。流域年平均温度 1.5℃，年平均降雨量 308.3mm，蒸发量 2238.6mm，气候偏冷湿（郑绵平等，1989）。

郑绵平等（1989）在盆地内发现了三级阶地，其中最高级阶地 T3 是由侵蚀作用形成的倾斜侵蚀面（均夷作用形成的表面），湖泊水位高出现代 100～150m；第二个阶地（T2）为构造成因，呈倾斜状，高出现代水位 10～80m，且其上部边缘紧邻 T3 阶地；最低阶地 T1 也是由构造作用形成的，从现代湖滩延伸至高出现代水位 10m 的地方，并和 T2 阶地相连。两个相对较低的阶地都覆有一系列亚平行的滩脊，这样的滩脊在 T2 阶地至少有 29 个，T1 阶地中则至少含有 21 个。赵希涛等（2011）将班戈错阶地分为六级，第六级阶地 T6 分布在班戈湖Ⅱ西岸及湖Ⅲ南岸海拔 4640～4680m a.s.l.（高出现代湖水位 120～160m）处；第五级阶地 T5 为土黄色砂质黏土或砂砾石沉积，分布于湖Ⅱ北岸与西岸及湖Ⅲ西岸海拔 4610～4640m a.s.l.（高出现代湖水位 90～120m）处；第四级阶地沉积土黄色砂质黏土、砂及砂砾石，分布在湖Ⅱ东北岸及湖Ⅲ南岸剖面，海拔 4570～4605m a.s.l.（高出现代湖水位 50～85m）；第三级阶地 T3 为土黄色砂质黏土及砂砾石沉积，分布于海拔 4550～4570m a.s.l.（高出现代湖水位 30～50m）的湖Ⅱ西岸、东北岸，其湖相沉积物直接上覆于基岩及残坡积物之上；第二级阶地 T2 沉积物以白色水菱镁矿为主，偶夹少量黏土或砂砾，海拔高度为 4525～4550m a.s.l.（高出现代湖水位 5～30m）的湖Ⅱ和湖Ⅲ之间；第一级阶地 T1 沿着切割阶地的冲沟一直延伸至 T4 后缘，海拔 4590m a.s.l.（高出现代湖水位 70m），沉积物为青灰色黏土质砂或黏土。

经过对一系列钻孔和地质剖面的研究，已对由构造作用形成的较低阶地有了初步认识（郑绵平等，1989），然而郑绵平等（1989）所描述的剖面中有四个位置点仍无法定位，在湖Ⅰ东北的Ⅱ阶地（Ⅱ-4 剖面）处发现了一个长 3.57m 的剖面。湖Ⅰ中剖面顶部海拔高出现代湖泊水位 55m（4580m a.s.l.）。剖面涵盖整个湖相沉积物，但无测年数据，据推测为中更新世沉积。阶地 1 中有 3 个钻孔/剖面（B1 孔、CK2 孔及班戈错湖Ⅱ阶地剖面）。

B1 孔是在 T1 阶地至湖Ⅲ西部间取得的，尽管未给出其顶部海拔，但估计它比现代水位（4525m a.s.l.）高 3～5m。B1 孔长 959m，其中 805m 以下为白垩纪沉积物，钻孔其余沉积物表明从中新世到晚第四纪班戈错地区为连续的湖相沉积环境（郑绵平等，1989）。尽管最上部沉积物（湖滩砂和砾石）未进行测年，但推测其应沉积于末次冰期。钻孔中没有全新世沉积物。在高于现代水位处出现湖滩相沉积，说明冰期时水位比现在要高。

在湖Ⅱ边缘处的 T1 阶地处采得一长 11.8m 的钻孔（CK2 孔），它的沉积记录可追溯至大约 20000a B.P.（24000cal.a B.P.）（郑绵平等，1989）。钻孔顶部海拔为 4525m a.s.l.。通过对钻孔岩性变化及地球化学的分析，可重建 20000 年来湖泊水深及盐度的相对变化。地球化学分析可揭示菱镁矿和方解石相对丰度的变化。菱镁矿形成于高碱度高 pH（9～12）的环境，而方解石则形成于低碱度低 pH 的环境（郑绵平等，1989）。因此，高含量的菱镁矿对应于相对较浅的湖水环境，而高含量的方解石则指示相对较深的湖水环境。反映水深变化的年代源于 CK2 孔的 4 个放射性 ^{14}C 测年数据。

CK2 孔底部沉积物（11.8～11.6m）为灰黄色湖相碳酸盐黏土，该层 $MgCO_3$ 含量＜5%，$CaCO_3$ 含量为 6%，较细的沉积物粒度及高含量的方解石表明当时为淡水环境，且湖水较深。上覆 11.6～11.48m 为灰黄色黏质细砂和砾石，岩性变化表明水深较上覆层有所下降，但 $MgCO_3$ 含量和 $CaCO_3$ 含量未出现较大变化。11.48～11.27m 为灰黄色湖相碳酸盐黏土，表明水深开始较上阶段增加，$MgCO_3$ 值仍较低（＜5%），$CaCO_3$ 含量增加至 20%，表明湖水变淡，和水深增加一致。经上覆层放射性 ^{14}C 测年数据间沉积速率（0.0264cm/a）外推，得到该层沉积于 20100 年前。该深水沉积可能对应于 B1 孔顶部冰川期的湖滨砂和砾石沉积，当时湖水位为 4525m a.s.l.。CK2 孔最大水深为 11～12m。

11.27～7.9m 为黑色含芒硝或无水芒硝及碳酸盐泥质黏土。芒硝的出现表明湖水盐度加大，黑色泥质有机物的出现对应于相对较浅的湖水环境。根据地球化学特征又可将该层分为若干亚层：11.27～10.7m 处沉积物中 $MgCO_3$ 含量为 5%，$CaCO_3$ 为 20%；10.7～9.8m 处，$MgCO_3$ 含量为 10%～40%，而 $CaCO_3$ 为 10%；9.8～9.0m 处，$MgCO_3$ 含量为 40%～60%，而 $CaCO_3$ 为 5%；9.0～8.61m 处，$MgCO_3$ 含量为 5%，$CaCO_3$ 为 10%。上部沉积物（8.61～7.9m）中 $MgCO_3$ 含量为 10%～40%，$CaCO_3$ 为 3%～6%。这种变化反映至 9m 处湖水盐度逐步变大，随后又渐变小，再略微增大的变化过程。分别对 10.4m 处和 8.55m 处样品进行放射性 ^{14}C 测年，其对应年代分别为 16800±210a B.P.（19916cal.a B.P.）和 9795±115a B.P.（11140cal.a B.P.），对测年数据内插知第一个浅水且稍微偏淡水的环境发生在 20100～17940a B.P.（24045～21340cal.a B.P.），第二个浅水但盐度略微增加的阶段对应年代为 17940～14530a B.P.（21340～17070cal.a B.P.）。湖水最浅阶段对应年代为 14530～11500a B.P.（17070～13275cal.a B.P.），处于浅水但盐度降低阶段对应年代为 11500～10020a B.P.（13275～11425cal.a B.P.），盐度较高的湖水环境对应年代为 10020～9440a B.P.（11425～10755cal.a B.P.）。

7.9～7.4m 为黑色含芒硝的泥灰岩，沉积物岩性及沉积物有机特性的变化说明和下覆层相比湖水变浅。$MgCO_3$ 含量的增加（50%）及 $CaCO_3$ 含量的减少（<3%）也证明了这一点。该层对应年代为 9440～9200a B.P.（10755～10460cal.a B.P.）。

7.4～6.6m 为黑色含芒硝及碳酸盐的泥质黏土沉积，泥质黏土的出现说明湖水开始变深，同时 $MgCO_3$ 含量的降低（20%）及 $CaCO_3$ 含量的增加（>6%）也说明湖水变淡。该层沉积年代为 9200～8800a B.P.（10460～9985cal.a B.P.）。

6.6～6.0m 为黑色含芒硝的泥灰岩，说明 8800～8500a B.P.（9985～9630cal.a B.P.）水深变浅。$MgCO_3$ 的高含量（60%）及 $CaCO_3$ 含量的降低（<3%）也说明湖水盐度加大，湖水变浅。

6.0～5.4m 为黑色含芒硝及碳酸盐的泥质黏土，说明 8500～8200a B.P.（9630～9275cal.a B.P.）湖水加深。$MgCO_3$ 含量的减少（<10%）及 $CaCO_3$ 含量的增加（>6%）对应于湖水变淡，水深增加。

5.4～5.2m 为黑色含芒硝的泥灰岩，说明在 8200～8100a B.P.（9275～9155cal.a B.P.）湖水又开始变浅。高含量的 $MgCO_3$（60%）及低含量的 $CaCO_3$（<3%）也对应于湖水盐度增大，水深减小。

5.2～4.58m 为黑色含芒硝及碳酸盐的泥质黏土，说明在 8100～7830a B.P.（9155～8790cal.a B.P.）水深再次增加。相对较少的 $MgCO_3$（约 20%）及增多的 $CaCO_3$（10%）对应于湖水变淡变深。

4.58～2.82m 为黑色含芒硝的泥灰岩，说明水深较下覆层变浅。$MgCO_3$ 含量的增加（40%～50%）及 $CaCO_3$ 含量的降低（<3%）对应于湖水盐度加大，和水深变浅一致。3.0m 处样品的放射性 ^{14}C 测年年代为 7042±105a B.P.（7853cal.a B.P.），基于这一数据和上下层放射性 ^{14}C 测年数据进行内插，得出这层年代为 7830～6780a B.P.（8790～7570cal.a B.P.）。

2.82～2.57m 为黑色含芒硝及碳酸盐的泥质黏土，说明在 6780～6420a B.P.（7570～7180cal.a B.P.）水深增加，但这层 $MgCO_3$ 含量及 $CaCO_3$ 含量无明显变化。

2.57～0.1m 为灰白色含芒硝的泥灰岩，岩性变化表明大约 6420a B.P.（7180cal.a B.P.）后水深开始变浅，$MgCO_3$ 含量较高（>20%，最大可达 60%），而 $CaCO_3$ 含量较低（<3%），说明湖水盐度较大，和水深较浅一致。$MgCO_3$ 含量的变动似乎反映其他蒸发岩（硼酸盐、钠盐）的出现或消失，而非水深的大幅波动。1.22m 处样品的放射性 ^{14}C 测年年代为 4425±30a B.P.（5076cal.a B.P.）。

顶部 0.1m 为较粗糙的灰黄色碳酸盐砂质黏土。郑绵平等（1989）认为该层属于近岸沉积，表明 370a B.P.（415cala B.P.）后湖水变得很浅。

以下是对该湖泊进行古湖泊重建、量化水量变化的 6 个标准：（1）很低，CK2 孔中的粗砂质黏土；（2）低，泥灰土，$MgCO_3$ 含量>20%；（3）较低，碳酸盐泥质黏土且 $MgCO_3$ 含量>40%；（4）中等，碳酸盐泥质黏土，$MgCO_3$ 含量为 10%～40%；（5）高，碳酸盐泥质黏土且 $MgCO_3$<10%；（6）很高，CK2 孔中为湖相碳酸盐黏土，$MgCO_3$ 含量<5%，且 B1 孔在海拔 4525m a.s.l.处为湖滨相沉积。

班戈错各岩心年代数据、水位水量变化见表 6.5 和表 6.6，岩心岩性变化图如图 6.3 所示。

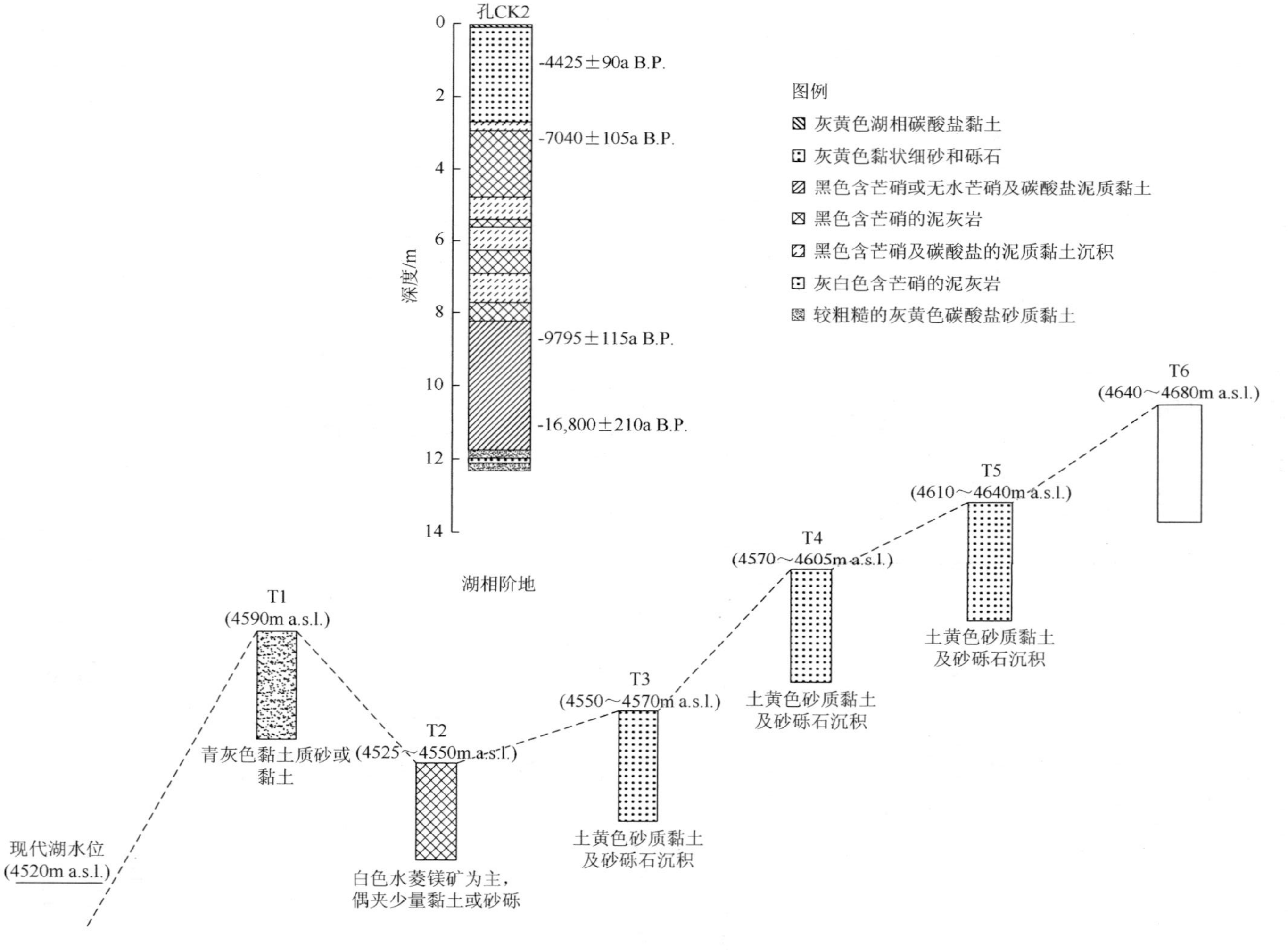

图 6.3　班戈错岩心岩性变化图

表 6.5　班戈错各岩心年代数据

放射性 ^{14}C 年代/a B.P.	校正年代/cal.a B.P.	深度/m	测年材料	钻孔
16800±210	19916	10.40	碳酸盐	CK2 孔
9795±115	11140	8.55	泥灰岩	CK2 孔
7040±105	7853	3.0	黏土	CK2 孔
4425±90	5076	1.22	黏土	CK2 孔

注：样品 ^{14}C 测年在中国科学院南京地理与湖泊研究所湖泊与环境国家重点实验室进行，年代的校正采用校正软件 Calib6.0

表 6.6　班戈错古湖泊水位水量变化

年代	水位水量
24045cal.a B.P.前	很高（6）
24045～21340cal.a B.P.	高（5）
21340～17070cal.a B.P.	中等（4）
17070～13275cal.a B.P.	较低（3）
13275～11425cal.a B.P.	高（5）
11425～10755cal.a B.P.	中等（4）
10755～10460cal.a B.P.	低（2）
10460～9985cal.a B.P.	中等（4）
9985～9630cal.a B.P.	低（2）
9630～9275cal.a B.P.	高（5）
9275～9155cal.a B.P.	低（2）
9155～8790cal.a B.P.	中等（4）
8790～7570cal.a B.P.	低（2）
7570～7180cal.a B.P.	较低（3）
5076～415cal.a B.P.	低（2）
415～0cal.a B.P.	很低（1）

参 考 文 献

吕鹏，曲永贵，李庆武，等. 2003. 藏北地区色林错、班戈错湖盆扩张及现代裂陷活动. 吉林地质，22（2）：15-19.

赵希涛，赵元艺，郑绵平，等. 2011. 班戈错晚第四纪湖泊发育、湖面变化与藏北高原东南部末次大湖期湖泊演化. 球学报，32（1）：13-26.

赵元艺，赵希涛，郑绵平，等. 2006. 西藏班戈错近 50 年来的湖面变化. 地质学报，80（6）：876-884.

郑绵平，向军，魏新俊，等. 1989. 青藏高原盐湖. 北京：科学技术出版社：112-191

6.1.4　班公错

班公错（即班公湖，33.67°～33.73°N，79.0°～79.83°E，海拔 4241m a.s.l.）是位于青藏高原西部昆仑山和喀喇昆仑山间的封闭湖泊，湖盆由中生代断陷形成，在第四纪晚期构造活动相对稳定（李炳元等，1991）。湖泊东西长 159km，南北宽 2.6km，湖泊面积 412km^2，平均水深 18m（王洪道，1987），湖泊由源于高山上的几条河流补给，最终汇入盆地东部（李元芳等，1991，1994）。这些高山海拔为 6200～6800m a.s.l.，且在海拔 6000m a.s.l.以上终年有积雪覆盖。湖泊西部基本无水汇入，因此东西部盐度差别很大，东部盐度为 0.72g/L，而西部则为 19.61g/L。湖区多年平均温度为 0℃，年平均降雨量 60.4mm，蒸发量 2465.3mm，气候偏冷干（李元芳等，1991）。盆地植被类型为高山荒漠植物，以藜科、禾本科、菊科及莎草科为主（黄赐璇等，1989）。

地貌学研究发现，在现代湖泊东部存在一系列阶地，这些阶地是由湖水位下降时湖底沉积物经侵蚀形成的（李炳元等，1991）。最高阶地位于湖泊东部约 100km 处，其顶部高出现代湖水位至少 100m。阶地中存在灰白色湖相黏土沉积物，李炳元等（1991）认为当时湖泊面积约为 970km^2（约为现代湖泊面积的 1.5 倍），且当时长木错、阿布错和爱雍错可能是连在一起的，现在他们是相互独立的湖泊，但遗憾的是并没有关于这些阶地的测年数据。

第二个湖泊阶地在塔古图穷，位于现代湖泊 30km 处（李元芳等，1991；黄赐璇等，1989）。阶地底部海拔 4300m a.s.l.，顶部海拔 4319.5m a.s.l.（比现代湖泊水位高 78.5m），阶地沉积物外露在水平距离 150m 的自然切割面上，因此从塔古图穷阶地底部以上形成了一长 19.5m 的综合剖面（剖面Ⅰ），剖面对应年代为 40000～24000a B.P.（44000～30000cal.a B.P.）（李元芳等，1991；黄赐璇等，1989）。距现代湖泊 20km 处的第二个剖面（剖面Ⅱ）沉积物年代为 40000～18000a B.P.（44000～21600cal.a B.P.）（李炳元等，1991）。对剖面Ⅱ最上部阶地沉积物进行放射性 ^{14}C 测年，其对应年代为 18187±167a B.P.（21787cal.a B.P.），表明形成塔古图穷阶地的湖水退缩发生在约 18000a B.P.（21600cal.a B.P.）后。

塔古图穷剖面Ⅰ的底部沉积物为灰色湖相粉质黏土（自剖面底部 0～2m），沉积岩性表明当时阶地处于较深水环境。介形类以生活在淡水或微咸水环境且在浅水或泥底中也能生存的广适种 *Leucocythere postilirata* 和 *L.subculpta* 为主，与较深的湖水环境一致。基于 2.25m 和 11.6m 处样品放射性 ^{14}C 测年数据间沉积速率（0.2434cm/a）外推，得到该层沉积年代约为 39600a B.P.（43620cal.a B.P.）。

2.0～2.25m 为分解不完全的泥炭沉积，并含大量植物残体，其中绝大多数为水生植物，“草炭”（黄赐璇等，1989）层沉积的出现说明当时为水深较浅的沼泽环境。这一层不含水生植物花粉，介形类组合以主要生活在淡水及微咸水环境（<34g/L）的 *Limnocythere dubiosa* 为主。介形类组合的变化同所推测的湖水较浅相一致。2.25m 处样品的放射性 ^{14}C 测年年代为 39450±3263a B.P.（43535cal.a B.P.），说明这一浅水环境对应年代为 39600～39450a B.P.（43620～43535cal.a B.P.）。

2.25～6.60m 处沉积物为灰色粉质黏土，岩性变化表明水深较上覆层增加，一些生活于开阔水面的水生植物花粉像黑三菱（*Sparganium*）、眼子菜（*Potamogeton*）、狐尾藻（*Myriophyllum*）及绿藻（*Spirogyra*）（黄赐璇等，1989）在该层出现，表明湖水变深。介形类组合以 *Leucocythere postilirata* 为主，对应于淡水-半淡水环境，同水深增加一致。经该层底部及 11.6m 处样品测年数据间沉积速率（0.2434cm/a）内插，得到该层沉积年代为 39450～37670a B.P.（43535～42090cal.a B.P.）。

在 6.60～7.0m 出现第二个“草炭”层，对应于较浅的沼泽环境，水生花粉的消失也与此对应。介形类组合以 *Limnocythere dubiosa* 为主，与湖水变浅及盐度增大一致。该层沉积年代为 37670～37500a B.P.（42090～41955cal.a B.P.）。

7.0～10.0m 为灰色及暗绿色粉质黏土，且该层含有 2%的水生花粉，介形类以 *Leucocythere postilirata* 占优势，说明水深加深。该层沉积年代为 37500～36270a B.P.（41955～40955cal.a B.P.）。

10.0～11.6m 处第三个“草炭”层的出现表明湖水又开始变浅，同时水生花粉消失，

但介形类组合仍以 *Leucocythere postilirata* 为主，这和水深变浅稍有出入。11.6m 处样品放射性 ^{14}C 测年年代为 35612a B.P.（40425cal.a B.P.），说明该“草炭”层的对应年代为 36270～35610a B.P.（40955～40425cal.a B.P.）。

11.6～12.4m 为灰色及灰绿色粉质黏土，同时含有 2%的水生花粉，表明水深较下覆层增加，介形类组合以生活在淡水中的 *Leucocythere subculpta* 为主，并含 *Ilyocypris* spp. 及 *Candona* spp，对应于淡水环境。12.4m 处样品的放射性 ^{14}C 测年年代为 29441a B.P.（33550cal.a B.P.），说明该层对应年代为 35610～29440a B.P.（40425～33550cal.a B.P.）。

12.4～14.0m 为第四个“草炭”层，说明自约 29440a B.P.（33550cal.a B.P.）后水深变浅，水生花粉的消失也可说明这一点，介形类组合以 *Leucocythere dubiosa* 为主，对应于较浅的湖水环境。

14.0～19.2m 为灰色含细砂的粉砂，说明水深加大，砂沉积的出现表明水深增加幅度要比下覆层中湖相沉积物所反映的水深增加幅度小。该层水生植物含量为 5%～6%，介形类组合以 *Leucocythere postilirata*、*L.tropis* 为主，均对应于湖水深度的增加，但 *Candona* spp.及 *Ilyocypris* spp.在该层消失，说明盐度比下覆层大。12.4m 处样品放射性 ^{14}C 测年为 29441±884a B.P.（33550cal.a B.P.）。该层形成于 27860～25030a B.P.（32670～29820cal.a B.P.）。

19.2～19.5m 为第五个“草炭”层，说明水深较浅，且为沼泽环境，水生花粉的消失也证实了这一点，介形虫数量较少，以 *Luecocythere dubiosa* 为主，与浅水环境相符。19.5m 处“草炭”样品的放射性 ^{14}C 测年年代为 24837±655a B.P.（29648cal.a B.P.）。经 12.4m 处测年数据和该测年数据间沉积速率（0.154cm/a）内插，得到该层年代为 25030～24840a B.P.（29820～29650cal.a B.P.）。

塔古图穷剖面Ⅱ沉积物为湖相灰色和白色粉砂与粉砂质黏土及“草炭”的互层（李炳元等，1991）。但遗憾的是，对于该沉积物并无详细描述，且“草炭”层的深度也不清楚，因此很难将该层与剖面Ⅰ进行比对。剖面Ⅱ中含有四个较薄的“草炭”层，最底部层对应放射性 ^{14}C 测年为 40602±3320a B.P.（44668cal.a B.P.）。粗略估计该层对应于剖面Ⅰ底部的“草炭”层（年代为 39450～39600a B.P.，校正年代为 43620～43535cal.a B.P.）。剖面Ⅱ中的第二个“草炭”层中部有两个测年数据，分别为 36454±847a B.P.（41123cal.a B.P.）和 30302±685a B.P.（34891cal.a B.P.），较老数据可能对应于剖面Ⅰ中的第三个“草炭”层（年代为 35610～36270a B.P.，校正年代为 40955～40425cal.a B.P.）。较年轻的数据则对应于剖面Ⅰ中的第四个“草炭”层（年代为 27860～29440a B.P.，校正年代为 33550～32670cal.a B.P.）。两种情况下都表明剖面Ⅰ与剖面Ⅱ相比，部分沉积层缺失或描述不详尽。剖面Ⅱ中第三个“草炭”层顶部放射性 ^{14}C 测年年代为 25560±674a B.P.（30150cal.a B.P.），很难将该层和剖面Ⅰ进行对比。剖面Ⅱ最上部“草碳”层的顶部年代为 18187±167a B.P.（校正年代 21787cal.a B.P.），剖面Ⅱ最上部两层代表了湖泊深水环境的时期，与剖面Ⅰ最上部“草炭”层对应，其年代也对应剖面Ⅰ顶部，约为 24840a B.P.（29650cal.a B.P.）以后，且这种现象一直持续到 18100a B.P.（21700cal.a B.P.）湖水才再次变浅。然而，由于不清楚剖面Ⅱ中样品的放射性 ^{14}C 测年数据，因此无从得知每层持续时间的长短。

在湖泊东部高于现代水位 3m、15m、20m、38m、40m 和 55m 的地方可以清楚地发现一些构造湖岸线（李炳元等，1991）。这些湖岸线并无年代记录，但麻嘎藏布三角洲的三角洲沉积物和 15m 处的湖岸线对应，说明该三角洲应形成于湖水位至少高出现代湖水位 15m

的时期。麻嘎藏布三角洲（高出现代湖水位 15m）顶部一样品的放射性 ^{14}C 测年年代为 6750±235a B.P.（7605cal.a B.P.），三角洲坡脚一样品（高度未给出，可能相当于现代湖泊水位）放射性 ^{14}C 测年年代为 3330±200a B.P.（3579cal.a B.P.），说明 6750～3330a B.P.（7605～3579cal.a B.P.）班公错湖水至少高出现代湖水位 15m（李炳元等，1991）。

在班公错东南水深 5m 处钻得一 12.39m 长的岩心（班公错孔）（李元芳等，1994；黄赐璇等，1996）。该钻心可提供 16200a B.P.（19275cal.a B.P.）前的沉积记录（李元芳等，1994；黄赐璇等，1996）。基于班公错孔岩性、水生花粉组合及介形类组合可重建班公错湖水深及盐度的相对变化（李元芳等，1994；黄赐璇等 1996），年代学根据两个放射性 ^{14}C 测年。

班公错孔底部沉积物（12.39～11.9m）为粉质黏土、黏土、砂及泥炭薄层，说明水深初始较浅，且有短暂波动。该层介形类较少，以 *Lymnocythere dubiosa* 为主，对应于较浅的湖水环境。12.3m 处样品的放射性 ^{14}C 测年年代为 16100±220a B.P.（19184cal.a B.P.），通过该测年数据及 3.35m 处的测年数据间沉积速率（0.129cm/a）内插，可知该层沉积年代为 16200～15790a B.P.（19275～18785cal.a B.P.）。

11.9～9.9m 为湖相灰色、暗绿色泥质粉砂，沉积物水生花粉中 *Myriophyllum* 含量占 5%，表明当时为较深的湖水环境，介形类组合以 *Candona gyirongensis*（生活在温度＜10℃，水深较深的淡水环境中）为主。同时还含有一些 *Leucocythere postilirata* 和 *L. cf subculpta*（生活在相对较淡的湖水环境，且在浅水和底泥中也能生存），说明当时为一淡水环境。该层对应年代为 15790～14240a B.P.（18785～16805cal.a B.P.）。

9.9～9.8m 为湖相灰色黏土，说明水深加深。该层不含水生植物花粉，狐尾藻（*Myriophyllum*）的消失说明水深增加幅度较大，以至于浮游植物无法生存，这和岩性变化得出的湖水变深一致。介形类组合无变化，仍以 *Candona gyirongensis* 为主，同时含有一些 *Leucocythere postilirata* 和 *L. cf subculpta*，说明当时为一淡水环境。该层沉积年代为 14240～13620a B.P.（16805～16705cal.a B.P.）。

9.8～5.9m 为含软体动物壳的灰色粉砂和贝壳碎片，岩性变化及贝壳的出现表明水深开始变浅，同时，*Myriophyllum* 的再现（5%）也说明这一点，但是介形类组合仍为 *Candona gyirongensis*、*Ilyocypris biplicata*、*Leucocythere postilirata*、*L. cf subculpta*。该层对应沉积年代为 13620～10830a B.P.（16705～12840cal.a B.P.）。

5.9～5.12m 为含至少两层细砂的黏土沉积，砂层的出现表明水深进一步变浅，狐尾藻（*Myriophyllum*）的丰度减少至低于 2%，考虑到狐尾藻（*Myriophyllum*）为浮叶植物，因此随着水深减小其含量也必然减少。介形类组合以 *Limnocytherellina bispinosa*（广盐种，可在盐度为 172.95g/L 的环境中生存，李元芳等，1991）及 *Candona-gyirongensis* 为主。*Limnocytherellina bispinosa* 大量出现说明湖水盐度变大，且水深比上一阶段浅。该层对应年代为 10830～10220a B.P.（12840～12065cal.a B.P.）。

5.12～3.79m 为灰黑色黏土沉积，岩性变化表明湖水加深，狐尾藻（*Myriophyllum*）的丰度仍较低，说明水深增加幅度并不大，介形虫种减少，但 *Ilyocypris gibba*，*Ilyocypris cylindrituberosa*（生活在温度为 10～20℃的温水中且盐度应＜1.78g/L）和 *Candona gyirongensis* 的出现说明为淡水环境。该层对应年代为 10220～9490a B.P.（12065～10750cal.a B.P.）。

3.79～2.4m 为软体动物壳及贝壳碎片，表明水深降低。介形类组合以 *Limnocytherellina*

bispinosa 为主，在上部沉积物中偶见 *L. trispinosa*，对应于湖水盐度增加、水深变浅。3.35m 处一样品的放射性 ^{14}C 测年数据为 9150±150a B.P.（校正年代 10312cal.a B.P.）。该层形成年代为 9490～6560a B.P.（10750～7390cal.a B.P.）。

2.4～2.3m 为细砂沉积，说明自 6560a B.P.（7390cal.a B.P.）后水深变浅。介形类组合以 *Limnocytherellina bispinosa* 为主，并含 *L. trispinosa*，对应盐度较大的湖水环境。

2.3～2.0m 为黏质粉砂沉积，表明水深开始增加。狐尾藻（*Myriophyllum*）含量为 3%，也对应较深水环境。尽管介形类组合仍以 *Limnocytherellina bispinosa* 和 *L. trispinosa* 为主，但 *Candona gyirongensis* 丰度增加以及 *Candona candida* 的出现都说明湖水盐度降低。经 3.35m 和钻孔顶部沉积速率（0.03661cm/a）内插，可知该层形成年代为 6280～5460a B.P.（7080～6155cal.a B.P.）。

2.0～1.9m 为泥炭沉积，说明自约 5460a B.P.（6155cal.a B.P.）后水深开始变浅，狐尾藻（*Myriophyllum*）的消失也说明了这一点。介形类组合以 *Limnocytherellina bispinosa* 和 *Limnocythere dubiosa*（生活的湖水盐度范围为＜34g/L）为主，*Candona candida* 及 *Candona gyirongensis* 的丰度大量减少，说明湖水盐度加大及湖水变浅。该层对应年代为 5460～5200a B.P.（6155～5850cal.a B.P.）。

1.9～1.1m 为黏质粉砂沉积，水生花粉中狐尾藻（*Myriophyllum*）占 2%～3%，说明在 5200～3000a B.P.（5850-3385cal.a B.P.）水深增加。介形类组合以 *Limnocytherellina bispinosa* 和 *Limnocythere dubiosa* 为主。但 *Limnocytherellina trispinosa* 含量的减少说明湖水盐度下降，和水深增加相吻合。

1.1～1.0m 为泥炭层，说明水深自约 3000a B.P.（3385cal.a B.P.）后开始降低。当该层仍含有 2%～3%的狐尾藻（*Myriophyllum*）。介形类组合以 *Limnocytherellina bispinosa* 及 *Candona gyirongensis*.为主。

1.0～0.5m 为粉砂及一些不连续的细砂层。岩性变化说明水深加大，但砂层的存在说明湖水仍相对较浅。介形类组合中 *Limnocytherellina bispinosa* 含量增加且 *Limnocythere dubiosa*、*Candona gyirongensis* 开始出现。*Limnocythere dubiosa* 的出现说明湖水盐度仍较大，同时也表明湖水深度的增加幅度并不太大。该层对应年代为 2730～1370a B.P.（3080～1540cal.a B.P.）。

0.5～0.3m 为水生植物残体，其中绝大部分是眼子菜属（*Potamogeton* sp.），说明在 1370～540a B.P.（1540～920cal.a B.P.）为一浅水环境，介形类组合中 *Limnocytherellina bispinosa* 占优势。但 *Limnocythere dubiosa* 消失且 *Candona gyirongensis* 丰度降低。至于出现这种情况的原因目前尚不清楚。

0.3～0m 为细砂沉积，说明约 540a B.P.（920cal.a B.P.）后水深进一步变浅，介形类组合仍以 *Limnocytherellina bispinosa* 占优势，*Candona gyirongensis* 的丰度显著下降，对应于湖水的变浅。

班公错孔顶部沉积物的形成与麻嘎藏布三角洲的形成同步，均为 6750～3330a B.P.（7605～3579cal.a B.P.）。2.3～2.0m（对应年代为 6280～5460a B.P.，校正年代 7080～6155cal.a B.P.）和 1.9～1.1m（对应年代为 5200～3000a B.P.，校正年代为 5850～3385cal.a B.P.）的黏土沉积很可能分别对应于 15m 湖岸线的深水环境和三角洲的形成。钻心记录表明湖水在 6750～3330a B.P.（7605～3579cal.a B.P.）并非一直处于高水位状态，因而三角洲应该形成于连续的高水位阶段。但如果钻心沉积和三角洲沉积年代对应可靠的话，就有可能将关于班公错的众多指标进行统一，由此对班公错古湖泊水位变化进行分级。

以下是对该湖泊进行古湖泊重建、量化水量变化的 10 个标准：（1）极低，班公错孔中的砂沉积；（2）很低，班公错孔中的泥炭沉积或水生植物残体；（3）低，班公错孔中含非均质砂的黏土沉积且介形类组合以 *Limnocythere* spp.为主；（4）较低，班公错孔中含大量软体动物壳的粉砂沉积；（5）中等，班公错孔中黏质粉砂沉积且介形类组合以 *Limnocytherellina* spp.为主，同时伴有麻嘎藏布三角洲的形成；（6）中等，班公错孔中的黏土沉积且介形类组合以 *Candona* spp.为主；（7）较高，班公错孔中的湖相黏土沉积且介形类组合以 *Candona* spp.或 *Ilyocypris* spp.为主；（8）高，80m 阶地处的“草炭”沉积；（9）很高，80m 阶地处的粉质砂沉积；（10）极高，80m 阶地处的粉质黏土沉积。

班公错各岩心年代数据、水位水量变化见表 6.7 和表 6.8，岩心岩性变化图如图 6.4 所示。

表 6.7　班公错各岩心年代数据

放射性 ^{14}C 年代/a B.P.	校正年代/cal.a B.P.	深度/m	测年材料	剖面
40602±3320	44668		植物残体	“草炭”层 1 的底部，塔古图穷剖面 II
39453±3263	43535	2.25	植物残体	塔古图穷剖面 I
36454±847	41123		植物残体	“草炭”层 2 的中部，塔古图穷剖面 II
35612+865/-781	40425	11.6	植物残体	塔古图穷剖面 I
30302±685	34891		植物残体	“草炭”层 2 的中部，塔古图穷剖面 II
29441+884/-796	33550	12.4	植物残体	塔古图穷剖面 I
25560±674	30150		植物残体	“草炭”层 3 的顶部，塔古图穷剖面 II
24837±655	29648	19.5		“草炭”层，塔古图穷剖面 I
18187±167	21787		植物残体	“草炭”层 4 的顶部，塔古图穷剖面 II
16100±220	19184	12.3	黏土	班公错孔
9150±150	10312	3.35	粉砂	班公错孔
6750±235	7605			高出湖面 15m 处，15m 高的湖泊三角洲阶地顶部，麻嘎藏布
3330±200	3579			15m 高的湖泊三角洲前缘，麻嘎藏布

注：样品测年在中国科学院地质与地球物理所的 ^{14}C 测年实验室完成，年代数据的校正采用校正软件 Calib6.0 获得

表 6.8　班公错古湖泊水位水量变化

年代	水位水量
43620cal.a B.P.	极高（10）
43620～43535cal.a B.P.	高（8）
43535～42090cal.a B.P.	极高（10）
42090～41955cal.a B.P.	高（8）
41955～40955cal.a B.P.	极高（10）
40955～40425cal.a B.P.	高（8）
40425～33550cal.a B.P.	极高（10）
33550～32670cal.a B.P.	高（8）
32670～29820cal.a B.P.	很高（9）
29820～29650cal.a B.P.	高（8）

续表

年代	水位水量
29650～？ cal. a B.P.	极高（10）
？～21780cal.a B.P.	高（8）
21780～19275cal.a B.P.	未量化
19275～18785cal.a B.P.	低（3）
18785～16805cal.a B.P.	中等（6）
16805～16705cal.a B.P.	较高（7）
16705～12840cal.a B.P.	较低（4）
12840～12065cal.a B.P.	低（3）
12065～10750cal.a B.P.	较高（7）
10750～7390cal.a B.P.	较低（4）
7390～7080cal.a B.P.	极低（1）
7080～6155cal.a B.P.	中等（5）
6155～5850cal.a B.P.	很低（2）
5850～3385cal.a B.P.	低中等（5）
3385～3080cal.a B.P.	很低（2）
3080～1540cal.a B.P.	低（3）
1540～920cal.a B.P.	很低（2）
920～0cal.a B.P.	极低（1）

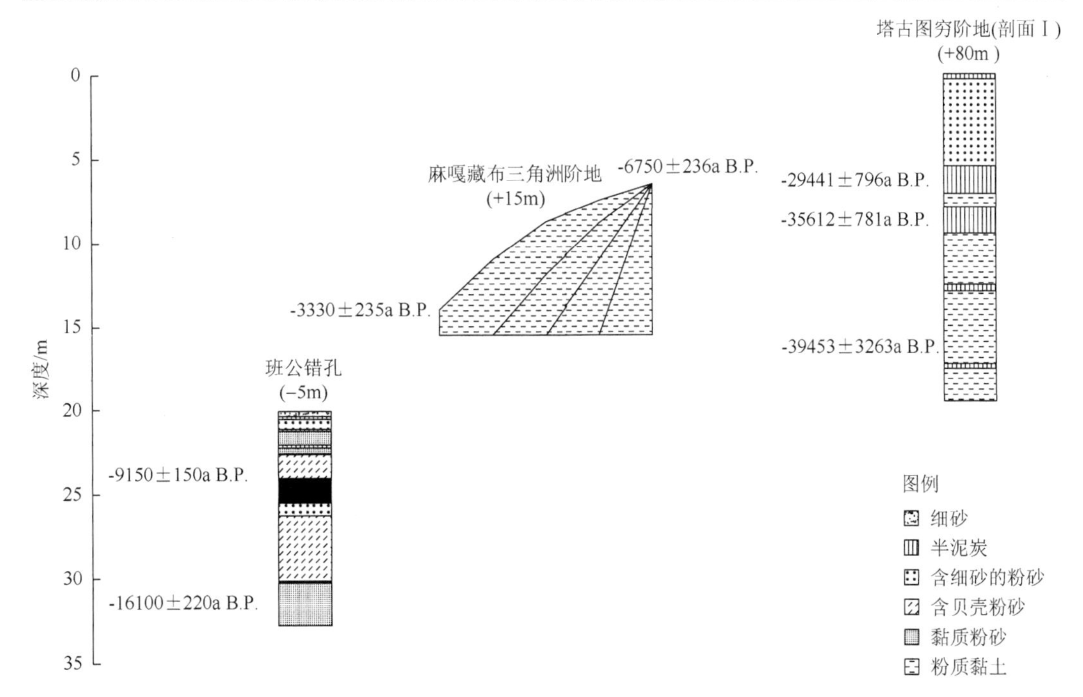

图 6.4　班公错岩心岩性变化图

参 考 文 献

黄赐璇，冯·康波·艾利斯，李栓科. 1996. 根据孢粉分析论青藏高原西部和北部全新世环境变化.微体古生物学报，13（4）：423-432.
黄赐璇，张青松，刘福涛. 1989. 西藏日土县班公错地区晚更新世晚期植物群与古气候探讨. 自然资源学报，4（3）：247-253.
李炳元，张青松，王富葆. 1991. 喀喇昆仑山-西昆仑山地区湖泊演化. 第四纪科学，1991（1）：64-71.
李元芳，张青松，李炳元，等. 1991. 西藏班公错地区晚更新世晚期介形类及其古地理意义. 微体古生物学报，8（1）：57-64.
李元芳，张青松，李炳元，等. 1994. 青藏高原西北部 17000 年以来的介形类及环境演变. 微体古生物学报，49（1）：46-54.
王洪道，顾丁锡，刘雪芬等主编. 1987. 中国湖泊水资源. 北京：中国农业出版社：149.

6.1.5 北甜水海

北甜水海（35.70°N，79.37°E，4797～4800m a.s.l.）为青藏高原西部西昆仑山区的一个咸水湖。该湖泊位于一大型构造盆地内，盆地范围约 18800km^2，分水岭处高程为 4935m a.s.l.（王富葆等，1990）。该构造盆地内部发育了众多的现代湖盆，如郭扎错、阿克赛钦湖、甜水海、北甜水海及苦水海等。这些内陆湖盆均为断裂成因，尽管该区构造活动仍然活跃，但构造隆升对湖泊系统的影响要比与气候变化的影响小得多（王富葆等，1990）。

在早第四纪，北甜水海盆地属一极大古湖的一部分，该古湖把现代阿克赛钦湖、甜水海、北甜水海和苦水海联为一体（王富葆等，1990；李世杰等，1991）。这个巨大古湖的范围可根据残留在海拔 4880～4890m a.s.l.处的不连续岸线估计，湖泊面积约 2650km^2，而流域面积相当于整个构造盆地的范围（即约 18800km^2）。然而，郭扎错似乎曾经没有和该古湖连在一起。根据一个放射性 ^{14}C 测年数据（＞45000a B.P.），王富葆等（1990）认为该大型古湖在 45000a B.P.（45000cal.a B.P.）前就已存在，湖泊为淡水，有一出口到喀拉喀什河。

在 45000a B.P.（45000cal.a B.P.）后随气候变干，湖水位下降，大湖解体为不同大小的盆地。阿克赛钦湖原来通过一河道与甜水海相连，但到早全新世两湖连接中断。甜水海（4830m a.s.l.）和北甜水海（4800m a.s.l.）仍然属同一体系，因为它们均有出流到苦水海（4754m a.s.l.）。然而，在甜水海与北甜水海之间没有直接的地表或近地表河流相联系，如果从甜水海到苦水海距离大于 30km，从北甜水海到苦水海约 20km 的话，甜水海与北甜水海在过去 45000 年的历史可以认为是相互独立的。阿克赛钦湖（4840m a.s.l.）位于北甜水海东南约 65km，甜水海东南约 40km，该湖与盆地内其他湖泊之间没有地表与近地表河流联系。因此，各个湖泊的历史也可以认为是相对独立的。

现代北甜水海由 5 个次级盆地组成，盆地间由窄的河道相连，湖泊总面积 8km^2，次级盆地中最大的一个为 3.7km^2（王富葆等，1990）。湖泊最大水深 12.6m（李世杰等，1991）。湖水的补给靠昆仑山麓的泉水，有向西—北西方向的季节性出流，流向封闭的苦水海。据王富葆等（1990）的描述，该季节性出流由于干旱程度的增加而日益减少，北甜水海、甜水海和苦水海很可能在近期最终分离。现代北甜水海的湖泊沉积具有环状分布的特征，在湖泊最深处为具水平层理的黏土、粉砂质黏土，在近岸带逐渐过渡为无水平层理发育的粉砂或砂，到滨岸带为砂砾石堆积（李世杰等，1991）。水生植物眼子菜（*Potamogeton* spp.）

生长在湖水深度1～8m部位，而青藏苔草（*Carex moorcroftii*）在沿湖岸及流域内均有生长。现代区域气候非常干冷，年均温-5℃，年降水为20～40mm，年蒸发约为2500mm（王富葆等，1990）。

地貌调查表明，在北甜水海周围有数级湖相阶地发育，代表过去18000a B.P.（约21300cal.a B.P.）湖泊高水位的证据（王富葆等，1990；李世杰等，1991）。尽管其中一些阶地见湖滩相物质，可能属堆积阶地，但大部分阶地主体由湖相物质组成，反映了这些阶地是湖泊退缩时侵蚀了湖相沉积物的产物。在湖泊的南岸，可以区分出6级阶地分别位于海拔4850～4852m a.s.l.、4840～4843m a.s.l.、4831m a.s.l.、4817m a.s.l.、4809～4812m a.s.l.和4805～4806m a.s.l.的位置上。采用高程对比，其中4级阶地可以与湖泊的西北岸海拔4850～4855m a.s.l.、4832～4835m a.s.l.、4808～4810m a.s.l.和4802～4806m a.s.l.处的阶地相对应。而在湖泊西北部，在4840～4843m a.s.l.和4817m a.s.l.处的两级阶地缺失。其原因作者未给出，我们估计可能与阶地后期被侵蚀有关。在湖西北岸6个阶地的剖面（T50、S10、T8、S9、T10、T5），保存了湖泊岩性及水生花粉的详细记录，可以用来分析湖水位随时间变化的历史。我们对湖水位变化的解释基本上参照原作者的研究。年代学是根据这些剖面中的8个放射性^{14}C测年数据。

S10剖面厚7m，位于湖泊西北岸4832～4835m的阶地上，剖面顶部海拔4835m a.s.l.。底部（6～7m）沉积为具水平层理湖相黏土，直接覆盖在板岩基岩上。6～5m为具水平层理的粉砂质黏土，见大量水生植物残体，粉砂含量的增加对应湖水深度的减少。最上部（0～5m）为湖相粉砂，未见水平层理，反映湖水深度地进一步减少。在6.5m和3m处^{14}C测年分别为17700±174a B.P.（20996cal.a B.P.）和17480±155a B.P.（20839cal.a B.P.）。该阶地形成在17750～17450a B.P.（21020～20750cal.a B.P.），水位大于4830m a.s.l.。根据所沉积的具水平层理的湖相沉积判断，由于这种沉积的现代水深不小于10m，因此湖水位至少大于4840m a.s.l.（即至少高出现代湖水位43m）。而上部地层沉积时湖水位至少大于4835m a.s.l.（即高出现湖水位38m）。

S9剖面位于湖泊西北岸4802～4806m的阶地上，厚2.5m，该阶地剖面顶部海拔为4802m a.s.l.。底部（2.5～1.7m）为湖相成因沉积物；1.7～1.6m处沉积物为砂，属湖滩相沉积（王富葆等，1990）。该层沉积时，湖泊水位达4800～4801m a.s.l.。在上覆沉积层中样品（1.55～1.50m）^{14}C测年为17360±180a B.P.（20750cal.a B.P.），反映该湖滩沉积形成在17400a B.P.（20700cal.a B.P.）前。因此，剖面S9的记录表明湖水位在17450～17400a B.P.（20750～20700cal.a B.P.）从至少大于4835m a.s.l.降至4801m a.s.l.。

S9剖面上覆1.6～1.2m为粉砂质黏土，含大量水生植物残体，为典型的湖滨或近岸相沉积，岩性的变化指示湖水深度的增加。用该层近底部年代17360±180a B.P.（20750cal.a B.P.）和该剖面1.0m处年代15670±110a B.P.（18812cal.a B.P.）之间的沉积速率（0.0296cm/a）内插，得到该期湖水深度加大时期一直延续到16345a B.P.（19590cal.a B.P.）。

S9剖面1.2～1.1m为湖滩相砂，反映湖泊水位在16345a B.P.（19590cal.a.P.）后有所下降。然而，在1.1～0.9m为湖相粉砂质黏土沉积，反映该处再次恢复到较深的湖泊环境。在该层近顶部（1.0m）样品的^{14}C测年为15670±110a B.P.（18812cal.a B.P.）。该期再次变成深水环境的时期发生在16000～15595a B.P.（19200～18745cal.a B.P.）。

S9 剖面的第三层湖滩相砂（0.9～0.8m）表明湖水再次有所变浅。用剖面中 ^{14}C 年代数据之间的沉积速率（0.1339cm/a）内插，得到该时期年代为 15595～15520a B.P.（18745～18680cal.a B.P.）。该湖滩相砂被湖相粉砂质黏土覆盖（0.6～0.8m），反映在 15520～15370a B.P.（18680～18540cal.a B.P.）湖水深度再次稍有增加。

S9 剖面的最上部（0.6～0m）沉积物为黑色黏土，含大量水生植物残体，大部分为眼子菜（*Potamogeton* spp.），岩性的变化反映在 15370a B.P.（18540cal.a B.P.）后水深有所增加。在深度为 0.25m 处 ^{14}C 测年为 15110±30a B.P.（18311cal.a B.P.），用下伏沉积层沉积速率外推，得到该期沉积时代可以持续到 15300a B.P.（18140cal.a B.P.）。

T5 剖面位于湖泊西北部 4802～4806m a.s.l.阶地上，顶部高程为 4805m a.s.l.，剖面厚度为 4m。剖面底部（2～4m）沉积物为湖相粉砂质黏土。该期沉积表明水深较 S9 剖面含眼子菜的沉积层浅。在 3m 深处 ^{14}C 测年为 14500±340a B.P.（17728cal.a B.P.），用与 S9 剖面相似的粉砂质黏土层的沉积速率（0.134cm/a）计算，该期沉积时代为 15250～13750a B.P.（18395～17060cal.a B.P.）。该层底界的年代与 S9 剖面富眼子菜层顶界年代一致，因此，湖水位在 15300a B.P.（18140cal.a B.P.）后下降。在 T10 剖面海拔 4809～4810m a.s.l. 处可见相似的沉积层，然而，由于 T10 剖面没有测年数据，因此不能用来指示湖泊在 15250a B.P.（18395cal.a B.P.）～13750a B.P.（17060cal.a B.P.）的最大水深状况。

T5 剖面上覆 2～0m 为具水平层理粉砂质黏土、粉砂，见大量绿藻。沉积物保存有水平层理，可以反映湖水在 13750a B.P.（17060cal.a B.P.）变深。

位于湖泊西北岸 4850～4855m 阶地的 T50 剖面，顶部海拔 4850m a.s.l.，剖面厚 6m。6～1m 为含湖相灰白色粉砂质黏土，1～0m 是湖滩相沉积物。湖相层含大量植物残余，如眼子菜（*Potamogeton* spp.），可能代表近岸沉积。因此，该剖面反映湖泊相对较深时的退缩过程。在 1.5m 处 ^{14}C 测年为 13070±200a B.P.（15871cal.a B.P.），推算在 13000a B.P.（15800cal.a B.P.）前湖水位至少大于 4850m a.s.l.（即高出现湖水位 53m），随后湖泊水位下降到 4850m a.s.l.以下。

诸阶地在 13000～11300a B.P.（15800～13110cal.a B.P.）均没有岩性记录，我们估计主要由于该期处在较低湖泊水位时期。

T8 剖面厚 4m，位于湖泊西北 4808～4810m a.s.l.的阶地上。该处阶地顶部高程 4808m a.s.l.。4～0m 处沉积物直接覆盖在基岩上，由灰白色砂质粉砂组成，见薄层理、波痕构造，为典型的近岸湖相沉积。如果假设具这种沉积构造的环境在水深约 2m 处，则该期沉积指示水位约为 4810m（即高出现水位 13m）。在该剖面近底部（4.0～3.8m）^{14}C 测年为 11235±650a B.P.（13105cal.a B.P.），反映这一相对高水位时期发生在 11300a B.P.（13110cal.a B.P.）后。

以下是对该湖泊进行古湖泊重建、量化水量变化的 8 个标准：（1）很低，湖泊水位低于 4800m a.s.l.；（2）低，湖泊水位在 4800～4802m a.s.l.；（3）相对低，湖泊水位在 4802～4805m a.s.l.；（4）中等，湖泊水位 4805～4810m a.s.l.；（5）相对高，湖泊水位 4810～4815m a.s.l.；（6）高，湖泊水位 4815～4840m a.s.l.；（7）很高，湖泊水位 4840～4850m a.s.l.；（8）极高，湖泊水位高于 4850m a.s.l.。

北甜水海各岩心年代数据、水位水量变化见表 6.9 和表 6.10，岩心岩性变化图如

图 6.5 所示。

表 6.9　北甜水海各岩心年代数据

放射性 ^{14}C 年代/a B.P.	校正年代/cal.a B.P.	深度/m	测年材料	剖面
17700±174	20996	6.5	黏土	剖面 S10*
17480±155	20839	3.0	粉砂	剖面 S10*
17360±180	20750	1.50～1.55	黏土	剖 S9*
15670±110	18812	1.0	粉砂质黏土	剖面 S9*
15110±30	18311	0.25	水生植物	剖面 S9*
14500±340	17728	3	粉砂质黏土	剖面 T5
13070±200	15871	1.5	砂质黏土	剖面 T5
11235±650	13105	3.8～4.0	粉砂	剖面 T8

注：有*的 5 个样品在原兰州大学地理系 ^{14}C 实验室测试，其他在南京大学地理与海洋科学学院 ^{14}C 实验室测试，年代校正软件为 Calib6.0

表 6.10　北甜水海古湖泊水位水量变化

年代	水位水量
21020～20490cal.a B.P.	很高（7）
20490～20750cal.a B.P.	高（6）
20750～20800cal.a B.P.	低（2）
20800～19590cal.a.B.P.	相对低（3）
19590～19200cal.a.B.P.	低（2）
19200～18745cal.a B.P.	相对低（3）
18745～18680cal.a B.P.	低（2）
18680～18540cal.a B.P.	相对低（3）
18540～18140cal.a B.P.	中等（4）
18140～17060cal.a B.P.	相对低（3）
17060～16800cal.a B.P.	高（6）
16800～15800cal.a B.P.	极高（8）
15800～15600cal.a B.P.	很高（7）
15600～13110cal.a B.P.	很低（1）
13110～12800cal.a B.P.	中等（4）
0cal.a B.P.	很低（1）

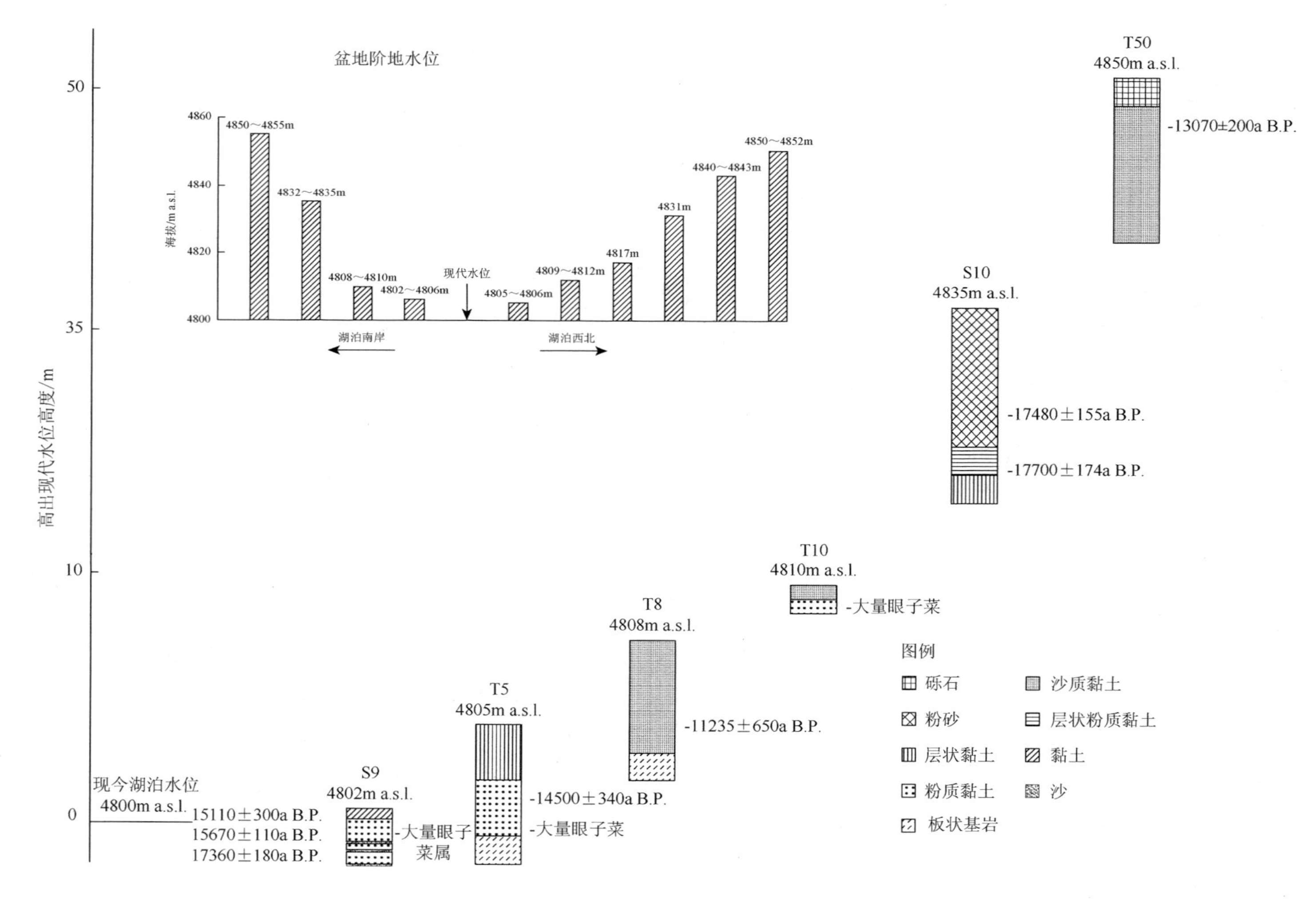

图 6.5　北甜水海岩心岩性变化图

参考文献

李世杰，郑本兴，焦克勤. 1991. 西昆仑山南坡湖相沉积和湖泊演化的初步研究.地理科学，11（4）：306-314.
王富葆，曹琼英，刘福涛. 1990. 西昆仑山南麓湖泊和水系的近期变化. 第四纪研究，（4）：316-325.

6.1.6 布南湖

布南湖（35.98°N，90.11°E，海拔4874m a.s.l.）是位于青藏高原北部可可西里地区的盐湖，湖盆封闭，盆地由断陷形成（胡东生，1995）。湖泊面积50km^2，湖水较浅（李炳元，1996）。盆地低洼处气候冷干，年平均气温–6.2℃，年均降雨量295mm，而蒸发量高达2000mm（李炳元，1996）。中国西部的内陆湖泊大多水量收支为负值（因此大部分湖泊是盐湖），而湖区周围的高山处则水量收支为正（因此湖泊维持至今）（中国科学院，1985）。布南湖水主要由径流及源于昆仑山分支海拔高于5500～6000m a.s.l.的高山冰雪融水补给（李炳元等，1996）。可可西里地区被高山草甸、草原及荒漠植被覆盖，植被主要为藜科、麻黄及艾属（山寿发等，1996）。

高于现代湖水位的湖相阶地表明当时湖泊高水位的存在。在湖边存在一高1.75m的湖相阶地残遗，其顶部海拔为4875.5m a.s.l.（高出现代湖水位1.75m）（胡东生，1995）。该阶地剖面显示在冰川沉积时（0～40cm，60～90cm，100～130cm及＞145cm）存在三层湖相粉砂和黏土（40～60cm，90～100cm及130～145cm），对应于三次湖相沉积阶段。但遗憾的是，对这些沉积物并无测年数据。根据现代冰川及新冰川残遗间的地貌关系，最顶部冰川层（0～40cm）及60～90cm处的冰川层对应年代分别为2000a B.P.（2000cal.a B.P.）和3000a B.P.（约3200cal.a B.P.）（胡东生，1995），这和中国西部地区标准冰川年代相一致（李炳元，1991；胡东生，1995）。因此，胡东生（1995）估计最顶层的湖相沉积（40～60cm）年代为3000～2200a B.P.（3200～2000cal.a B.P.）。当时湖泊水位约高出现代水位1.5m（胡东生，1995）。

在湖中部一小岛上的湖相阶地残遗面取得一1.5m深的剖面（山寿发等，1996）。剖面表面（即阶地顶部）海拔为4876m a.s.l.，表明当时湖水位高出现代约2m（山寿发等，1996）。基于岩性及介形类变化可重建古湖泊水深的相对变化。该剖面中仅含2个放射性^{14}C测年数据（分别对40cm及50cm处植物碎屑进行放射性^{14}C测年，其年代分别为7996±183a B.P.（8869cal.a B.P.）和8111±192a B.P.（9026cal.a B.P.））。山寿发等（1996）基于区域花粉年代学认为该剖面的沉积年代可至约20000a B.P.（约23600cal.a B.P.）。但我们有不同观点：①附近苟弄错放射性^{14}C测年所记录的年代为19210±455a B.P.（22839cal.a B.P.）（李炳元等，1996），相比而言，布南湖的花粉图谱意义不大；②如果底部沉积年代为20000a B.P.（约23600cal.a B.P.），那么由此推算的沉积速率仅为0.0075cm/a，而根据放射性^{14}C测年数据所得出的沉积速率则为0.0870cm/a，这显然不合理；③剖面顶部并非现代沉积物，且从湖泊经历了三次新冰川作用来看，很可能存在沉积间断。最近一次冰川沉积在2000a B.P.（2000cal.a B.P.）之后，而第二次沉积在3000a B.P.（约3200cal.a B.P.）之前（胡东生，1995）。事实上，李炳元认为该剖面的沉积年代大致应为早、中全新世（私下联系，1998）。我们根据沉积速率外推得到的该剖面形成年代为9260~7635a B.P.（10600~8240cal.a B.P.）。

150cm以下的基底沉积物为湖相细砂。粗粒物质代表的是近岸沉积环境，说明湖水较浅。

该层不含介形类。经对沉积速率（0.087cm/a）外推，得到该近岸沉积层年代约在 9260a B.P.（10600cal.a B.P.）之前。

上覆 150~110cm 为湖相带状粉砂，含水生植物碎屑，说明湖水变深。介形类以广盐种且在盐度极高环境（257g/L）下生存的 *Leucocythere mirabilis* 为主（李元芳，1996）。经对沉积速率（0.087cm/a）外推，得到该层对应年代为 9260~8800a B.P.（10600~9970cal.a B.P.）。

110~85cm 为中粒及细粒砂，代表近岸沉积或滨湖相沉积环境。该层含极少量介形类（含 *Leucocythere mirabilis*），和湖水变浅相吻合。经外推，得到该层沉积年代为 8800~8515a B.P.（9970~9575cal.a B.P.）。

85~40cm 为细带状粉砂夹水生植物碎屑，说明湖水开始变深。介形类以 *Leucocythere mirabilis* 为主，同时也有少量淡水-微咸水种 *Limnocythere dubiosa*（李元芳，1996），和水深增加相一致。在剖面 82~85cm 处发现了环纹孢子，对应于较深的淡水环境（山寿发等，1996）。对该层 40cm 和 50cm 处样品进行放射性 ^{14}C 测年，其年代分别为 7996±183a B.P.（8869cal.a B.P.）和 8111±192a B.P.（9026cal.a B.P.）。该层沉积年代为 8515~7995a B.P.（9575~8870cal.a B.P.）。

剖面 25～40cm 为细砂及粉砂沉积，说明自 7995a B.P.（8869cal.a B.P.）后湖水变浅。介形类以 *Leucocythere mirabilis* 为主，同时 *Limnocythere dubiosa* 消失，对应于湖水变浅。同时，该层深水水生植物消失，变为代表浅水环境的莎草科，也对应于湖水变浅。经外推，得到该层沉积年代应为 7995～7925a B.P.（8870～8630cal.a B.P.）。

顶部 25cm 以上沉积物为粉质黏土夹水生植物碎屑，说明湖水较上一阶段加深。介形类仍以 *Leucocythere mirabilis* 为主，同时出现了 *Limnocythere dubiosa*，和水深增加对应。经外推，得到该层对应年代为 7925～7635a B.P.（8630～8240cal.a B.P.）。该层顶部沉积时的海拔约为 4876m a.s.l.，说明当时湖泊水位必大于 4876m a.s.l.，而现代湖水位仅为 4874m a.s.l.。

尽管湖边阶地和湖岛阶地顶部海拔高度相似，但其剖面所记录的沉积年代却不同。我们认为发生在 2000a B.P.（2000cal.a B.P.）后及 3000a B.P.（约 3200cal.a B.P.）前的新冰川作用可能侵蚀了所有湖相沉积物（包括两剖面沉积物），致使其沉积年代推至 7600 年，但湖岸侵蚀作用（可能早于 7600 年）较湖中部（保存了 7600a B.P.之前的沉积物）较强，且冰川沉积仅限于湖岸。

以下是对该湖泊进行古湖泊重建、量化水量变化的 3 个标准：（1）低，近岸或滨湖相中粒砂沉积及现代湖水位 4874m a.s.l.；（2）中等，近岸细砂和粉砂沉积，湖水位高出现代 1.75m；（3）高，带状粉砂或粉质黏土沉积，介形类为 *Leucocythere mirabilis* 和 *Limnocythere dubiosa*。

布南湖各岩心年代数据、水位水量变化见表 6.11 和表 6.12，岩心岩性变化图如图 6.6 所示。

表 6.11　布南湖各岩心年代数据

放射性 ^{14}C 测年/a B.P.	校正年代/cal.a B.P.	测年材料	深度/cm
8111±192	9026	植物碎屑	湖岛剖面 50cm 处
7996±183	8869	植物碎屑	湖岛剖面 40cm 处

注：样品测年在中国科学院青海盐湖研究所进行，年代校正软件为 Calib6.0

表 6.12　布南湖古湖泊水位水量变化

年代	水位水量
10596cal.a B.P.前	中等（2）
10596～9968cal.a B.P.	高（3）
9968～9575cal.a B.P.	低（1）
9575～8869cal.a B.P.	高（3）
8869～8633cal.a B.P.	中等（2）
8633～8240cal.a B.P.	高（3）
3200～2200cal.a B.P.	中等（2）
0cal.a B.P.	低（1）

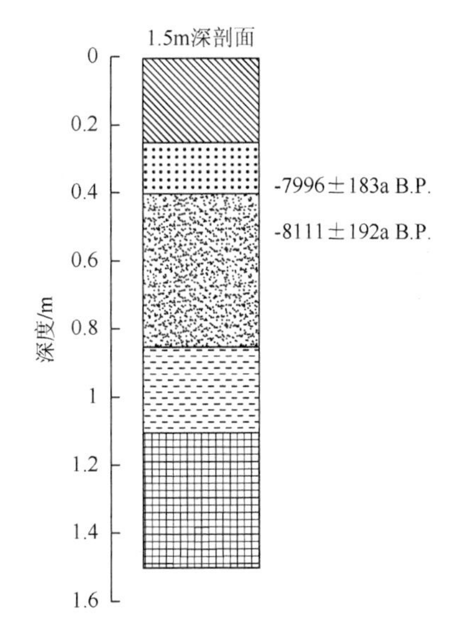

图例　粉质黏土夹水生植物碎屑　细砂及粉砂　细带状粉砂夹水生植物碎屑　中粒及细粒砂　湖相带状粉砂

图 6.6　布南湖岩心岩性变化图

参 考 文 献

胡东生. 1995. 可可西里地区湖泊演化. 干旱区地理，18（1）：60-67.

李炳元. 1991. 青藏高原第四纪冰川遗迹分布图. 北京：地质出版社.

李炳元. 1996. 可可西里地区现代气候和地貌//李炳元. 青海可可西里地区自然环境. 北京：科学出版社：4-13.

李元芳. 1996. 过去两万年来气候和环境变化的湖泊记录：介形类化石和古环境//李炳元. 青海可可西里地区自然环境. 北京：科学出版社：206-212.

山寿发，孔昭宸，杜乃秋. 1996. 过去两万年来气候和环境变化的湖泊记录：古植被与环境变化//李炳元. 青海可可西里地区自然环境. 北京：科学出版社：197-206.
中国科学院. 1985. 中国自然地质学：气候. 北京：科学出版社.

6.1.7 沉错

沉错（28.88°～28.98°N，90.46°～90.58°E，海拔 4420m a.s.l.）位于青藏高原南部，是一封闭湖泊。盆地由构造作用形成（李炳元等，1983）。湖泊面积约 39.1km^2，流域面积约为 148km^2，最大水深 31m（Zhu et al.，2009）。湖水主要由高山冰川融水补给（李炳元等，1983；王君波和朱立平，2002；李元芳等，2002）。以枪勇冰川为主要补给来源的卡鲁雄曲是该湖的唯一入湖河流。沉错原本和邻近的空姆错及羊卓雍错连为一体，后因湖水位下降而分离。湖区年均温度 2.4℃，年均降水量 372.8mm，且主要集中在夏季，蒸发量为 1250mm（Zhu et al.，2009）。1976 年湖水 pH 为 7.6，矿化度为 1.02g/L；1983～1984 年湖水 pH 为 8.75，矿化度为 1.05g/L；1999 年 pH 则为 9.1，矿化度为 1.20g/L（冯金良等，2004）。盆地植被主要是高山草甸草原，主要植物为禾本科、百合科、唇形科、蝶形花科及毛茛科（黄赐璇等，1983）。土壤多为棕钙土，富含石灰质及盐分（李元芳等，2002）。

不同学者从不同方面对沉错湖区钻孔及沉积环境进行了研究。较早的如李炳元等（1983）对 31m 高阶地处的一 6m 深剖面岩性、水生花粉变化等进行了研究；黄赐璇等（1983）对该剖面花粉组合进行了研究。近年来，朱立平等（2004），以及 Zhu 等（2009）对 TC1 孔粒度、磁化率及化学指标等方面进行了研究；冯金良等（2004）通过 TC1 孔岩性及粒度分析对沉错沉积相及沉积环境进行了分析；李元芳等（2002）对沉错湖深 2.16m 处的 CC1 孔介形类进行了研究；羊向东等（2003）对 CC1 孔顶部 45cm 处硅藻组合进行了研究；王君波和朱立平（2002）对 CC1 孔粒度变化进行了研究；朱立平等（2001）对 CC1 孔磁化率等进行了研究；Zhu（2005）对与 CC1 孔平行的 CC2 孔顶部 1.17m 处的蚤类进行了研究。

在湖周围发现了三级湖岸线，代表了全新世湖退时的湖水位（李炳元等，1983）。在距湖边缘 1500m 处的湖岸发现了一湖相阶地，其顶部海拔为 4451m a.s.l.（高出现代湖水位 22m），它的存在表明全新世时湖泊曾出现高水位（李炳元等，1983）。31m 高阶地处的一 6m 深剖面所记录的沉积年代可至全新世（李炳元等，1983）。基于剖面岩性、水生花粉变化可重建古湖泊水深的相对变化情况。在该湖泊阶地的剖面附近仅有一个放射性 ^{14}C 测年数据（3050±150a B.P.（3214cal.a B.P.））（李炳元等，1983），而 TC1 剖面含 22 个 AMS^{14}C 测年及一个 ESR 测年，CC1 孔年代主要由 ^{210}Pb 方法测定的沉积速率和 ^{137}Cs 方法测定的绝对年龄时标进行对比获得（王君波和朱立平，2002）。年代学基于 TC1 剖面及 CC1 剖面年代数据和已知放射性测年数据的地层关系（李炳元等，1983）及花粉组合状况估计给出（黄赐璇等，1983）。

6m 深剖面底层沉积物（5.7～6.1m）为湖相暗黑色及黄色粗砂，代表较浅的湖水环境。根据花粉组合状况估计该层形成于早全新世时期（黄赐璇等，1983）。

剖面 5.7~4.8m 为灰色黏土夹细砂，说明湖水变深。水生花粉以狐尾藻属为主，和水深增加相一致。

剖面 4.8~4.5m 为黑色粗砂，表明湖水变浅。水生花粉的消失也和此对应。

剖面 4.5~2.8m 为灰色及灰白色硅藻土，说明湖水较上一阶段加深。水生花粉以狐尾藻属为主，和水深增加对应。根据花粉组合特征推测该层沉积年代为中全新世（黄赐璇等，1983）。

剖面 2.8~1.15m 为灰色层状黏土，表明湖水继续加深。该层不含水生花粉，很可能与水深增加有关。

剖面 1.15～1.0m 为细砂质黏土，说明湖水较下覆层变浅。水生花粉以泽泻属为主，对应于湖水的变浅。根据花粉组合状况推知该层沉积年代为晚全新世（黄赐璇等，1983）。对剖面附近同层的木头样品进行放射性 ^{14}C 测年，其年代为 3050±150a B.P.（3214cal.a B.P.）。

剖面 1.0~0.2m 为灰色黏土，对应于湖水加深。该层水生花粉以泽泻属和狐尾藻属为主，和水深增加吻合。

剖面顶部沉积物（0.2m 以上）为细砂质黏土，说明湖水又开始变浅。现代湖水位比剖面顶部低 31m，说明在晚全新世时湖水仍继续变浅。

TC1 孔底部 36.7～34.3m 为含较多碎屑棱角状砾石的冲积扇相沉积，反映该时期湖面较低。该层 33.52～34.25m 处样品的 ESR 测年结果为 51900±10% a B.P.，因此该层沉积在 50000cal.a B.P.之前。

TC1 孔 34.30～28.61m 处沉积物为灰色淤泥、粉砂质黏土、细砂、粗砂和砾石的三角洲平原或入湖冲积扇沉积，表明该时期湖面缓慢上升。该层沉积年代为 50000～19880a B.P.（50000～23100cal.a B.P.）。

TC1 孔 28.61～14.7m 为淤泥质黏土沉积，对应于湖水深度的继续增加。该层 21.65m 及 13.72m 处样品的 AMS^{14}C 测年年代分别为 16920±80a B.P.（19550cal.a B.P.）和 13280±100a B.P.（15500a B.P.），经内插得到该层沉积年代大致为 19880～13730a B.P.（23100～16000cal.a B.P.）。

TC1 孔 14.7～8.68m 处的粉砂至粗砂的粗碎屑物质说明湖水较下覆层下降。该层 9.9m 处样品 AMS^{14}C 测年结果为 7920±80a B.P.（8920cal.a B.P.）。该层沉积年代为 13730～6760a B.P.（16000～7605cal.a B.P.）。

TC1 孔 8.68～7.34m 为灰色淤泥及粉砂淤泥沉积，对应于湖水深度增加的前三角洲沉积环境。该层用上下层沉积速率内插得到的沉积年代为 6760～5490a B.P.（7605～6160cal.a B.P.）。

TC1 孔 7.34～4.7m 为泥质粉砂及粉砂沉积，岩性变化表明该时期湖泊为三角洲前缘沉积，相应的湖水变浅，表明当时为低湖面时期。该层 5.38m 处样品的 AMS^{14}C 测年为 3630±70a B.P.（4050cal.a B.P.），经外推得到该层对应年代为 5490～3170a B.P.（6160～3320cal.a B.P.）。

TC1 孔 4.7～3.96m 为淤泥及黏土沉积，岩性变化说明湖水又恢复至较深的水环境，经沉积速率外推得到该层年代为 3170～2670a B.P.（3320～2520cal.a B.P.）。

剖面 3.96～1.53m 为细粉砂及中粗砂沉积，岩性变化表明当时应为三角洲前缘沉积，相应的湖水变浅。假定剖面顶部为现代沉积物，则内插得出的该层沉积年代为 2670～1030a B.P.（2520～975cal.a B.P.）。

TC1 孔 1.53～1.2m 为粉砂黏土沉积，岩性变化表明湖水较上覆层加深，经沉积速率内插，得到该层形成年代为 1030～800a B.P.（975～765cal.a B.P.）。

TC1 孔顶部 1.2m 以上为粉砂沉积，表明湖泊深度降低。该层形成年代为 765～0cal.a B.P.。

CC1 孔底部 2.16～1.84m 为黏土质粉砂夹粉砂质黏土沉积，沉积速率较低，说明当时可能湖水较深。介形类中含深水种 *Cytherissa lacustris* 及 *Leucocythere mirabilis*，也表明湖水深度较大。该层对应年代为 1357～1130a B.P.。

CC1 孔 1.84～1.14m 为粉砂质黏土沉积，岩性变化表明湖水深度较上覆层增加，沉积物平均粒径为剖面最低值（10μm），分选性好，沉积速率较低，和湖水深度增加相吻合。介形类中深水种 *Cytherissa lacustris* 及 *Leucocythere mirabilis* 丰度增加，说明湖水加深。该层对应年代为 1130～607a B.P.。

CC1 孔 1.14～0.8m 为黏土质粉砂沉积，含少量粗砂及砾石，底部 1.14～1.06m 为黏土质粉砂沉积。岩性变化说明湖水较先前变浅。该层沉积速率为整个剖面最大，和湖水较浅吻合。介形类中开始出现浅水种 *Candona neglecta*，和水深减小相符。该层含浅水或沿岸种蚤类 *Graptolebris testudinaria* 及 *Eurycercus lamellatus*，和较浅的水环境相吻合。该层对应年代为 607～438a B.P.。

CC1 孔 0.8～0.56m 为分选较好的粉砂质黏土，岩性变化说明湖水开始加深。该层介形类含量较低，无深水种出现，说明当时湖水位仍较低。该层年代为 438～280a B.P.。

CC1 孔 0.56～0.1m 为粉砂质黏土与黏质粉砂互层。层理的出现表明湖水深度有所加深。该层介形类组合中壳体颜色混杂，出现锈黄色及黑色壳体，和较深水情形下的还原环境一致。该层介形类中深水种 *Cytherissa lacustris* 及 *Leucocythere mirabilis* 的出现和水深增加吻合。该层对应年代为 280～11a B.P.。

CC1 孔 0.1～0m 处岩性和上覆层无明显变化，但蚤类组合中深水种消失，浅水种/沿岸种蚤类 *Graptolebris testudinaria* 含量升高，同时开始出现浅水/沿岸种蚤类 *Alonella nana*，对应于湖水的变浅。该层为 1940 年以来的沉积。

羊向东（2003）给出的年代数据是根据 0.45m 上部沉积速率（1.64mm/a）推知，其沉积时代约为近 300 年。0.45～0.255m 处硅藻组合以附生种 *Amphora ovalis*、*Gyrosigma acuminatum*、*Campylodiscus noricus* 为主，对应于较浅的水环境，同时由电导率（760～900μS/cm）知湖水盐度较高，和湖水较浅对应。该层对应年代为 225～105cal.a B.P.。剖面 0.255～0.195m 处硅藻组合中附生种大量减少，而浮游种 *Cyclotella ocellata*、*C.bodinica* 丰度增大，说明湖水加深，电导率的大幅下降（500～740μS/cm）表明湖水淡化，和深度增加一致。经沉积速率（1.64mm/a）内插，得知该层对应年代为 105～65cal.a B.P.。0.195～0.085m 处硅藻组合中 *Cyclotella ocellata* 含量增加，同时附生种 *Amphora ovalis*、*Gyrosigma acuminatum* 含量也增多，湖水电导率（760μS/cm）略有增加，表明湖水盐度略微增大，但湖水深度仍较高。该层对应年代为 1885 年到 20 世纪 50 年代。顶部 0.085m 处硅藻组合中浮游种 *Cyclotella* 和附生种 *Amphora ovalis* 及 *Fragilaria* 含量下降，而咸水种 *Roicosphenia curvata* 丰度增加，表明湖水盐度增大，水深降低，表明自 20 世纪 50 年代以来湖水位大幅下降。

以下是对该湖泊进行古湖泊重建、量化水量变化的 7 个标准：（1）很低，TC1 孔处含较多碎屑棱角状砾石的冲积扇相沉积及粗砂沉积，现代湖水位；（2）低，TC1 孔处细砂、粗砂和砾石的三角洲平原或入湖冲积扇沉积，CC1 孔中为浅水种介形类或蚤类，含大量附生硅藻；（3）较低，TC1 孔中的粉砂沉积，CC1 孔中的粉砂质黏土沉积，无深水种介形类，硅藻组合中附生种与浮游种并存；（4）中等，CC1 孔中的粉砂质黏土沉积，含少量深水种介形类；（5）较高，CC1 孔中的粉砂质黏土沉积，含大量深水种介形类，22m 阶地处的黏土或细砂黏土沉积，水生花粉为狐尾藻属；（6）高，22m 阶地处的湖相硅藻土，水生花粉以狐尾藻属为主，TC1 孔中的淤泥沉积；（7）很高，22m 阶地处的层状黏土沉积，TC1 孔中的黏土沉积。

沉错各岩心年代数据、水位水量变化见表 6.13 和表 6.14，岩心岩性变化图如图 6.7 所示。

表 6.13　沉错各岩心年代数据

样品编号	放射性 ^{14}C 测年/a B.P.	校正年代/cal.a B.P.	深度/m	测年材料	剖面
	3050±150	3214cal.a B.P.		湖泊 22m 阶地处细砂质黏土层中的木头	6m 深剖面
	AMS^{14}C 测年/a B.P.	校正年代/cal.a B.P.（Zhu et al.，2009）			
TC495	29954±130	35290	25.19	全样	TC1 孔（B 孔）
TC760	29709±164	35010	32.775	全样	TC1 孔
TC454	25689±97	30590	23.41	全样	TC1 孔（B 孔）
TC715	24712±100	29810	28.552	全样	TC1 孔
TC680	20021±68	23960	27.58	全样	TC1 孔
TC409	16920±80	20170	21.57	贝壳	TC1 孔（B 孔）
TC412	16920±80	19550	21.65	螺壳	TC1 剖面（平行孔）
TC376	15045±53	18360	20.53	全样	TC1 孔（B 孔）
TC314	13280±100	15500	13.72	全样	TC1 剖面（平行孔）
TC361	12804±41	15290	18	全样	TC1 孔
TC329	10175±44	11870	14.09	全样	TC1 孔（B 孔）
TC12	10163±33	11860	0.57	全样	TC1 孔
TC293	9649±35	11020	12.31	全样	TC1 孔
TC22	8029±44	8900	1.2	全样	TC1 孔
TC247	7920±80	8920	9.9	残枝	TC1 剖面
TC175	7390±45	8180	6.99	全样	TC1 剖面

续表

样品编号	放射性 ^{14}C 测年/a B.P.	校正年代/cal.a B.P.	深度/m	测年材料	剖面
TC165	7131±30	7970	6.6	全样	TC1 孔
TC135	6152±70	7056	5.38	全样	TC1 孔
TC344	4930±45		14.47	木片	TC1 剖面（平行孔）
TC64	4586±24	5360	2.94	全样	TC1 孔
TC469	4305±40		23.96	草根	TC1 剖面（平行孔）
TC135	3630±70	4050	5.38	草炭	TC1 剖面
	ESR 测年/a B.P.				
TC769-778	51900±10%		33.52～34.25	全样	TC 剖面

注：TC135、TC175、TC247 测年在瑞典乌普萨拉大学材料科学系完成，TC409、TC314、TC344、TC412、TC469 测年在荷兰格罗宁根大学年代实验室完成，其余样品测年在中国科学院广州地球化学研究所进行。ESR 样品测定在原地质矿产部海洋地质实验测试中心完成

表 6.14　沉错古湖泊水位水量变化

年代	水位水量
50000cal.a B.P.前	很低（1）
50000～23100cal.a B.P.	低（2）
23100～16000cal.a B.P.	很高（7）
16000～7605cal.a B.P.	很低（1）
7605～6160cal.a B.P.	高（6）
6160～3320cal.a B.P.	较低（3）
3320～2520cal.a B.P.	很高（7）
2520～1357cal.a B.P.	低（2）
1357～1129cal.a B.P.	中等（4）
1129～607cal.a B.P.	较高（5）
607～438cal.a B.P.	低（2）
438～280cal.a B.P.	较低（3）
280～105cal.a B.P.	中等（4）
105～65cal.a B.P.	较低（3）
65～11cal.a B.P.	中等（4）
20 世纪 40 年代至今	很低（1）

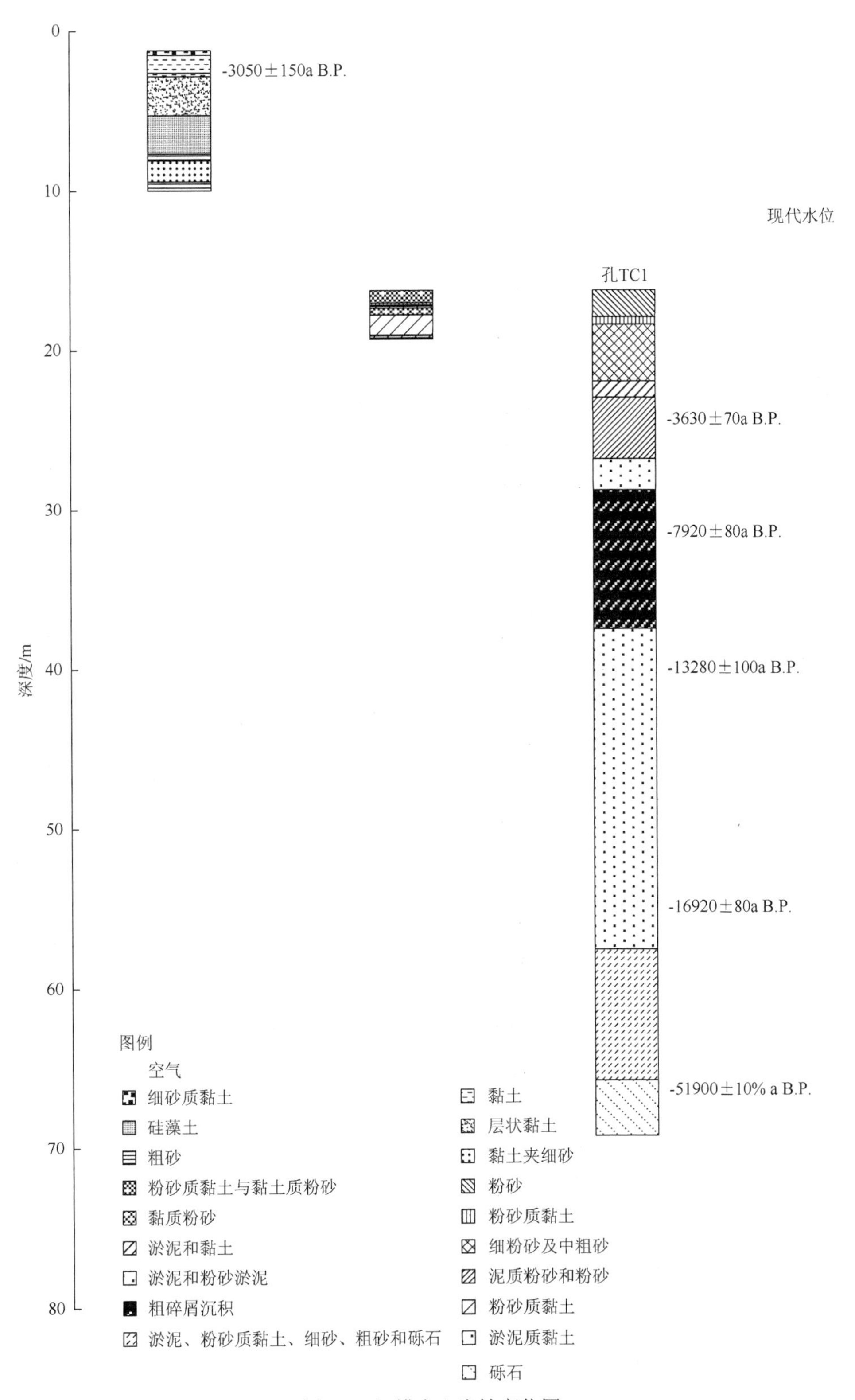

图 6.7　沉错岩心岩性变化图

参 考 文 献

冯金良，朱立平，李玉香. 2004. 藏南沉错湖泊三角洲的沉积相及沉积环境. 地理研究，23（5）：649-656.

黄赐璇，王燕如，梁玉莲. 1983. 试从孢粉分析论西藏中南部全新世自然环境的演变//李炳元，王富葆，张青松. 西藏第四纪地质. 北京：科学出版社：179-192.

李炳元，王富葆，尹泽生. 1983. 错那—拿日雍错//李炳元，王富葆，张青松. 西藏第四纪地质. 北京：科学出版社：56-57.

李元芳，朱立平，李炳元. 2002. 藏南沉错地区近 1400 年来的介形类与环境变化. 地理学报，57（4）：413-421.

王洪道，顾丁锡，刘雪芬，等. 1987. 中国湖泊水资源. 北京：农业出版社：149.

王君波，朱立平. 2002. 藏南沉错沉积物的粒度特征及其古环境意义. 地理科学进展，21（5）：459-467.

羊向东，王苏民，kamenik C，等. 2003. 藏南沉错钻孔硅藻组合与湖水古盐度定量恢复. 中国科学 D 辑：地球科学，33（2）：163-169.

朱立平，陈玲，张平中，等. 2001. 环境磁学反映的藏南沉错地区 1300 年来冷暖变化. 第四纪研究，21（6）：520-527.

朱立平，王君波，陈玲，等. 2004. 藏南沉错湖泊沉积多指标揭示的 2 万年以来环境变化. 地理学报，59（4）：514-524.

Zhu L P，Zhen X L，Wang J B，et al. 2009. A～30，000-year record of environmental changes inferred from Lake Chen Co，Southern Tibet. Paleolimnology Journal，42：343-358.

Zhu L，Wang J，Brancelj A. 2005. A study on environmental changes based upon cladoceran assemblages from the core sediments in Chen Co，southern Tibet. Chinese Science Bulletin，50（13）：1386-1394.

6.1.8 错鄂湖

错鄂湖（31.40°～31.53°N，91.47°～91.55°E，海拔 4515m a.s.l.）是属于藏北高原的内陆湖泊。湖长 14.8km,，面积约为 61.3km^2，流域面积为 1019.7km^2，最大水深 5m（吴艳宏等，2006）。湖泊主要依靠降雨补给，年平均温度–2℃，年降雨量 400～500mm，蒸发量 1414.5～2136.2mm，湖水 pH 为 9.8，盐度为 12.06g/L。湖区植被类型为那曲高山草甸亚区，以小蒿草为主，灌丛较少分布（陈诗越等，2004）。湖区主要出露第四纪湖积、洪积物和河流冲积物，下伏古近纪和新近纪紫红色砂岩和泥质砂岩，南部的低缓丘陵区出露白垩纪灰色、紫红色粉砂质页岩以及钙质粉砂岩，湖区周围零星出露的岩浆岩为燕山期花岗岩和辉绿岩（尹集祥等，1990）。

错鄂湖盆东面是较为宽阔的谷地，通过低矮的分水岭与那曲盆地相邻。在分水岭处的彭错北面湖滨，有一深 84cm 的剖面，剖面黄色砂砾层顶部的热释光样品年代为 24.9±1.8a B.P.，代表湖水位较高时期。此处接近谷地分水岭的最高处，超过这一高度，错鄂湖水便外泄入怒江水系的那曲盆地，成为外流湖（贾玉连等，2003）。湖周存在多道古湖岸沙砾堤，表明古湖泊高水位的存在（贾玉莲等，2003）。湖滨南部山坡有高出现代湖面 80～100m 的灰白色粉砂质湖相沉积。湖泊东面谷地中有高出现代湖泊 12m 左右的沙砾堤，顶面发育现代风成沙丘。该处有一深 65cm 的剖面，距地面 50cm 处的中细砂样品的热释光测年年代为 6.3±0.6ka B.P.。在湖东面，距离现代湖岸 100～500m 处也存在一条规模较大的沙砾堤，顶部高出现代湖面接近 4m，距沙砾堤顶部 180cm 左右处的一细砂层样品的热释光年代为 2.2±0.2ka B.P.，由此可以看出，错鄂湖至少经历了三期高湖面：24ka B.P.时湖面最高，据贾玉连等（2003）估计当时湖泊水位为 4515m a.s.l.，相应的湖泊面积为 220km^2；9～6ka B.P.为第二个大湖面时期，当时湖泊水位为 4527m a.s.l.，对应的湖泊面积为 138km^2；6～2.2ka B.P.为第三个高湖面时期，估计当时湖泊水位高出现今 2～4m。

错鄂湖区一系列钻孔记录了古湖泊水位的波动变化。如沈吉等（2004）、陈诗越等

（2003a，2003b，2004）对湖泊海拔4520m a.s.l.处采得的长206.5m的岩心，通过岩心粒度、磁化率、有机碳同位素（δ^{13}C）、孢粉和地球化学分析，重建了高原中部2.8Ma B.P.以来的古气候古环境演化序列。但考虑到期间构造作用的影响，我们并未用该钻心进行古湖泊水位量化。在湖心采得另一深5.3m的钻心（CE-2）及一0.7m长岩心（CE-1），吴艳宏等（2006）及Wu等（2006）对该CE-2岩心岩性、粒度及地球化学指标进行了分析，据此我们可重建古湖泊的水深变化。尽管CE-2岩心中有13个^{14}C测年数据（9个AMS^{14}C年代数据及4个LSC年代数据），但考虑到错鄂湖有机质测年结果碳库影响较大（碳库效应为3470a），我们在此仅采用植物残体的3个AMS^{14}C年代数据作为最终湖泊水位量化的年代依据，所有测年结果均列于节后。

CE-2岩心底部5.2～4.83m为砂及砾石沉积，岩性分析表明为河流相沉积；4.74～4.84m处有机质样品的AMS^{14}C年代为11570±90a B.P.（13513cal.a B.P.），表明约11600a B.P.（13600cal.a B.P.）前湖泊尚未形成。经上覆层植物残体年代外推的该层沉积年代为8610～8280a B.P.（9475～9125cal.a B.P.）。

4.83～4.61m为粉质黏土和黏质粉砂层，湖相沉积的出现表明湖水位上升。该层沉积年代为11600～11130a B.P.（13600～12940cal.a B.P.）。经上覆层植物残体年代外推的该层沉积年代为8280～8085a B.P.（9125～8920cal.a B.P.）。

4.61～4.58m为砂和砾石沉积，对应于湖泊水深降低，经有机质年代数据内插的该层沉积年代为11130～11060a B.P.（12940～12850cal.a B.P.），经上覆层植物残体年代外推的该层沉积年代为8085～8060a B.P.（8920～8890cal.a B.P.）。

4.58～3.71m处沉积物为粉质黏土和黏质粉砂，对应于湖水深度的增加。4.12m处植物残体的AMS^{14}C年代为7650±50a B.P.（8454cal.a B.P.）；3.76～3.82m处有机质样品的LSC年代为9126±330a B.P.（10344cal.a B.P.）。经有机质年代数据内插的该层沉积年代为11130～9075a B.P.（12940～10280cal.a B.P.），经植物残体年代外推的该层沉积年代为8060～7285a B.P.（8890～8060cal.a B.P.）。

3.71～0.4m为黏质粉砂、含砾石及植物残体的粉质黏土与数层泥炭互层，沉积粒径的增大及泥炭层的出现表明湖水位较下覆层下降。该层3.09～3.14m、2.37～2.40m、1.93～1.98m处有机质样品的LSC年代分别为8690±90a B.P.(9824cal.a B.P.)、8030±95a B.P.（8926cal.a B.P）和6426±45a B.P.（7340cal.a B.P.）；0.5～0.47m及0.39m处有机质样品的AMS^{14}C年代分别为4510±130a B.P.（5207cal.a B.P.）和4480±35a B.P.（5135cal.a B.P.）；0.39m处植物残体的AMS^{14}C年代为4340±40a B.P.（4932cal.a B.P.），经有机质年代数据外推的该层形成年代为9075～4500a B.P.（10280～5140cal.a B.P.），经植物残体年代外推的该层沉积年代为7285～4350a B.P.（8060～5000cal.a B.P.）。

0.4～0.35m为含腐殖质及大量草屑的沼泽相褐色粉砂质泥，含砾石，且存在蒸发盐矿物石膏，而上覆层（0.35～0m）岩性为黑色淤泥及粉质黏土，0.35m处沉积物岩性的突变可能和该层存在沉积间断有关。0.35m处植物残体的AMS^{14}C年代为4410±35a B.P.（5061cal.a B.P.），而下覆层中0.39m处植物残体的AMS^{14}C年代为4340±40aB.P.（4932cal.a B.P.），也说明该层可能存在沉积间断。因此，该层水位我们在此不再进行量化。

以下是对该湖泊进行古湖泊重建、量化水量变化的 4 个标准：（1）低，CE-2 岩心的砂及砾石沉积；（2）较低，CE-2 岩心的黏质粉砂、含砾石及植物残体的粉质黏土与数层泥炭互层；（3）中等，CE-2 岩心的粉质黏土和黏质粉砂沉积；（4）高，沙砾堤显示的湖泊水位为 4515m a.s.l.。

错鄂湖各岩心年代数据、水位水量变化见表 6.15 和表 6.16，岩心岩性变化图如图 6.8 所示。

表 6.15 错鄂湖各岩心年代数据

样品编号	^{14}C 年代/a B.P.	校正年代/cal.a B.P.	深度/m	测年材料	备注
Ce-1-8	11570±90	13513	4.74～4.84	有机质	AMS**
CE-286D	7650±50	8454	4.12	植物残体	AMS*
Ce-1-6	9126±330	10344	3.76～3.82	有机质	LSC
Ce-1-4	8690±90	9824	3.09～3.14	有机质	LSC
Ce-1-3	8030±95	8926	2.37～2.40	有机质	LSC
Ce-1-2	6426±45	7340	1.93～1.98	有机质	LSC
Ce-1-10	6660±80	7548	1.70	有机质	AMS**未用
Ce-1-9	4510±130	5207	0.47～0.50	有机质	AMS**
CE-39D	4340±40	4932	0.39	植物残体	AMS*
CE-39B	4480±35	5135	0.39	有机质	AMS*未用
CE-35D	4410±35	5061	0.35	植物残体	AMS*
CE-35B	4660±40	5439	0.35	有机质	AMS*
CE-1B	3260±30	3482	0.01	有机质	AMS*

注：带*的测年在波兰测定，带**的测年在日本测定，其余在中国科学院南京地理与湖泊研究所湖泊与环境国家重点实验室测定，校正年代参照原作者给出

表 6.16 错鄂湖古湖泊水位水量变化

年代	水位水量
24ka B.P.	高（4）
9475～9125cal.a B.P.	低（1）
9125～8920cal.a B.P.	中等（3）
8920～8890cal.a B.P.	低（1）
8890～8060cal.a B.P.	中等（3）
8060～5000cal.a B.P.	较低（2）

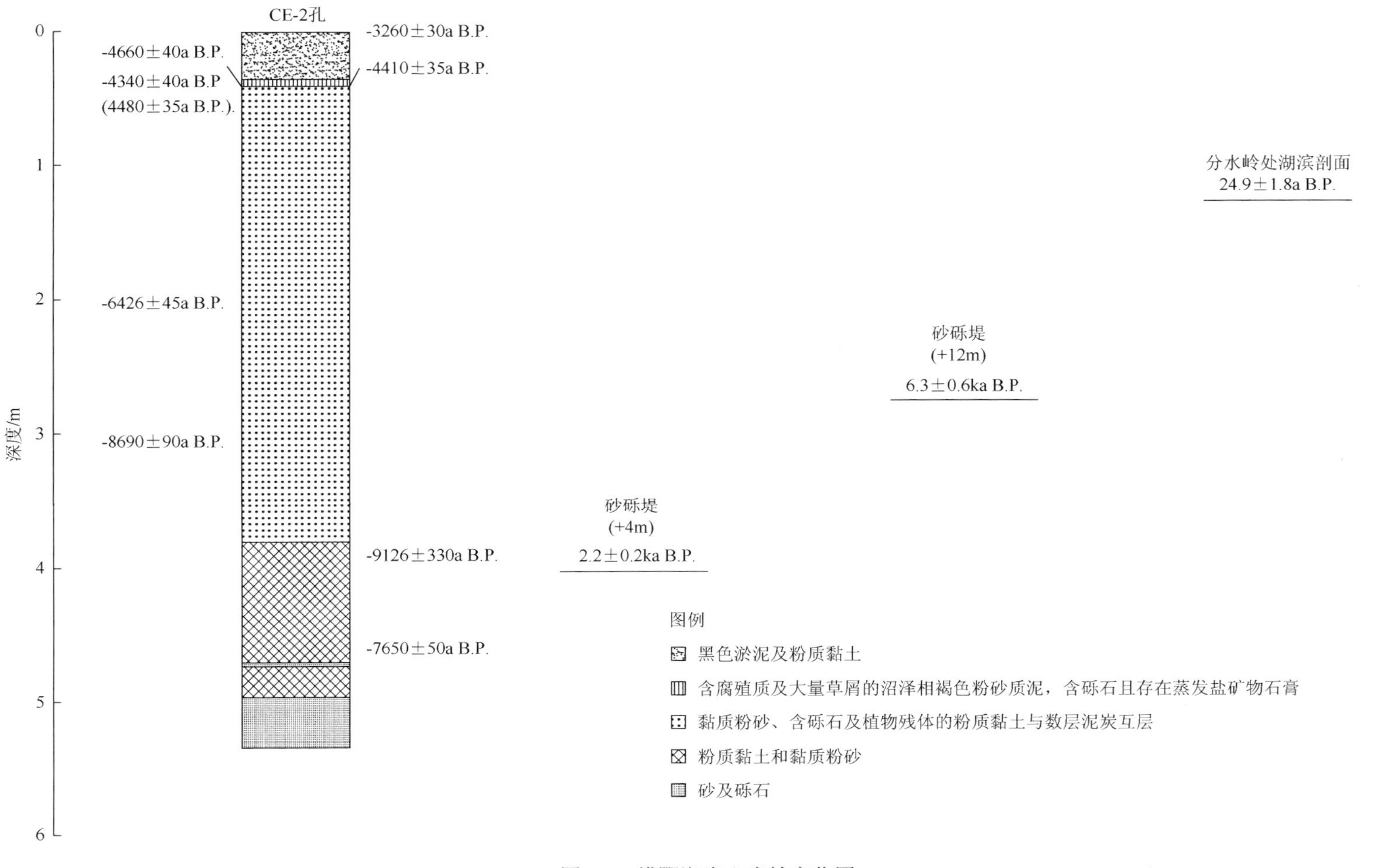

图 6.8　错鄂湖岩心岩性变化图

参 考 文 献

陈诗越，王苏民，金章东，等. 2003a. 青藏高原中部 2.8Ma 以来的化学风化与环境演化的湖泊沉积记录. 高校地质学报，9（1）：19-29.

陈诗越，王苏民，金章东，等. 2004. 湖泊沉积物记录的藏中地区 2.8Ma 以来的环境演变历史. 地学，33（2）：159-164.

陈诗越，王苏民，沈吉. 2003b. 青藏高原中部错鄂湖晚新生代以来的沉积环境演变及其构造隆盛意义. 湖泊科学，15（1）：21-27.

陈诗越，王苏民，吴艳宏. 2006. 西藏错鄂湖沉积旋回与古环境变迁. 地球学报，27（4）：315-322.

贾玉连，王苏民，吴艳宏，等. 2003. 24kaB.P. 以来青藏高原中部湖泊演化及古降水量研究——以兹格塘错与错鄂为例. 海洋与湖沼，34（3）：283-294.

吕厚远，王苏民，吴乃琴，等. 2001. 青藏高原错鄂湖 2.8Ma 来的孢粉记录. 中国科学，31（增刊）234-240.

沈吉，吕厚远，王苏民，等. 2004. 错鄂孔深钻揭示的青藏高原中部 2.8MaB.P.以来环境演化及其对构造事件响应. 地球科学，34（4）：359-366.

吴艳宏，王苏民，侯新花. 2006. 青藏高原中部错鄂全新世湖泊沉积物年代学研究. 中国科学 D 辑：地球科学，36（8）：713-722.

尹集祥，徐均涛，刘成杰，等. 1990. 拉萨至格尔木的区域地层. 中- 英青藏高原地质考察队，青藏高原地质演化，北京，科学出版社：1-48.

Wu Y H，Andreas L，Jin Z D，et al. 2006. Holocene climate development on the central Tibetan Plateau：A sedimentary record from Cuoe Lake.Palaeogeography，Palaeoclimatology，Palaeoecology，234，328-340.

6.1.9 错那湖

错那湖（名称由沈永平和徐道明（1994）给出）（31.91°～32.13°N，91.41°～91.55°E，海拔 4583m a.s.l.）是位于青藏高原内部安多地区的一淡水湖（0.14g/L）（沈永平和徐道明，1994）。现代湖泊面积为 174km^2，水深大于 10m，流域面积为湖泊面积的 10～15 倍。盆地被海拔 4900～5300m a.s.l.的高山环抱，湖水由降水及河流径流补给。盆地附近有三条发源于高山的河流，这些河流由降水、高山冰雪融水补给（沈永平和徐道明，1994）。尽管湖泊周围有冰川发育，但他们对湖泊水量补给很小。湖泊有一出水口，经怒江—萨尔温江最终注入印度洋。由于近几十年来的持续干旱，湖泊水位日趋下降，因此有人认为湖泊在不久的将来可能干涸。错那盆地是在古近纪和新近纪由断陷形成的，尽管在第四纪时仍存在构造上升运动，但在过去 35000 年来，其对错那盆地的影响微乎其微。盆地基岩为侏罗纪红色泥质砂岩，沉积于湖泊 12～15m 处的湖底（沈永平和徐道明，1994）。侏罗纪沉积物经风化形成红色陆上沉积物，现代湖泊浅水区域的湖相沉积物也为红色（沈永平和徐道明，1994）。区域年平均气温-3℃，年平均降雨量 411.6mm，蒸发量 1770mm，偏冷干（沈永平和徐道明，1994）。安多地区植被类型为高山草原和苔原植物，优势种为针茅属。

早期沈永平和徐道明（1994）对现代湖泊西部两最高阶地（T2 及 T3）剖面进行了研究；随后吴中海等（2005）对错那湖泊周围湖相沉积物进行了研究；Tang 等（2009）对湖泊水深 4.8m 处的长 1.1m 岩心水生花粉进行了研究。基于以上分析研究，我们可重构古湖泊水位的相对变化，年代学基于 T2 阶地剖面及深 1.1m 岩心的放射性测年数据。

错那湖周边分布有一系列湖滨相砂、砾石和湖相砂、黏土等湖相沉积物，表明古湖泊高水位时期的存在。据吴中海等（2005）的研究，在湖泊南缘海拔 4585～4588m a.s.l.处为含螺壳化石的灰白色粉砂层和黏土层的灰黄色中细砂层，构成湖泊第一级阶地。该阶地后缘为拔湖 6m 左右的湖蚀陡坎，延至湖泊南岸逐渐过渡为错那湖与嘎弄湖之间的湖间沙坝或沙堤。

对错那湖东南端与嘎弄间砂坝采集的样品进行 U 系年龄测定，其年代为 9～7kaB.P.，表明该湖相沉积年代约在全新世及其之前。较老沉积物（二级阶地）在海拔 4720～4740m a.s.l.处错那湖与兹格塘错的分水岭可见，厚约 3m，为含腹足类螺壳化石的中薄层灰黑色“草炭”层和灰白色或灰黄色的粉砂层互层堆积。该层样品 U 系年龄为 44.2±4.7ka B.P.。吴中海等（2005）认为分别高出现代错那湖和兹格塘错约 140m 和 160m 以上的高位湖相地层的存在表明错那湖和兹格塘错曾经相互连通，同属“羌塘大湖期”。沈永平和徐道明（1994）基于两湖泊相似的海拔高度及湖相阶地的存在也认为在 35000a B.P.之前这两个湖泊是连在一起的统一古湖。

在现代湖泊西部存在 4 个湖相阶地，其中只有最高的两个（T3 和 T2）有详细的描述。最高阶地 T3（顶部海拔 4720m a.s.l.）高出现代湖泊水位约 137m，其顶部含不连续碎片。次高阶地 T2 顶部海拔 4610m a.s.l.，高出现代水位约 27m。关于 T3 阶地是由侵蚀还是沉积形成的尚不清楚，但 T2 阶地一钻孔沉积表明其含有湖底沉积物，因此 T2 阶地应为侵蚀成因。T3 阶地没有相关的测年数据。T2 阶地的放射性 ^{14}C 测年表明其开始沉积于约 35000a B.P.（39725cal.a B.P.）。根据两阶地的相对位置可推测，T3 阶地最高处至少应形成于约 35000a B.P.（39725cal.a B.P.）或更早。考虑到“羌塘古湖”的存在及发育特点和错那湖南侧与嘎弄及那曲河间拔湖仅 3～5m 的砂坝高度，吴中海等（2005）认为该处的 T3 阶地可能和较老沉积物（第二级阶地）属同一范畴。

在错那湖西岸 T2 阶地上距湖岸约 30m 处钻取了一长 8m 多的岩心（孔 SG-89-2），该岩心提供一些湖泊沉积变化记录（沈永平和徐道明，1993，1994）。沈永平和徐道明（1994）基于岩心岩性及水生植物化石变化重建了湖泊水深的相对变化。其沉积年代可至约 35000a B.P.（约 39725cal.a B.P.）。在整个钻心中有 4 个放射性 ^{14}C 测年数据，最小的为 20916±1205a B.P.（25144cal.a B.P.），因此可以判定这些沉积物均为冰期形成的。

孔 SG-89-2 底部沉积物（8.0～8.2m）为白色石英砂岩和砾石，在砂粒表面见贝状断口、平行阶等冰川作用特征，表明该物质由冰川侵蚀形成。因此该层被看作是约 35000a B.P.前的冰川沉积物（沈永平和徐道明，1994）。该沉积物形成时错那湖尚未形成。

上覆 8.0～7.5m 为黑色黏土，内含微化石薄层。沉积物颗粒较细，且有层理出现，说明当时湖水较深。湖泊较浅时对应的沉积物通常为红色，而该湖相沉积物则为黑色，也对应于深水环境。8.2m 及 7.6m 处样品的放射性 ^{14}C 测年分别为 35000a B.P.（假定误差范围为 1000a B.P.，则校正年代为 39725cal.a B.P.）和 25397±964a B.P.（29826cal.a B.P.），由此表明在 35000～25000a B.P.（39725～29450cal.a B.P.）时错那湖处于深水时期（沈永平和徐道明，1994）。该时期湖水主要由冰川融水补给，但该湖相沉积层的颜色却与此相悖，因此在该湖相沉积层和下伏冰川沉积层间必存在沉积间断。这同时也表明在湖相沉积前冰川就已经撤出错那盆地。

孔 SG-89-2 上覆沉积物为粗糙（7.5～7.3m）和细质（7.3～7.1m）灰色砂层。该砂层很可能为湖滨相沉积。岩性变化表明湖水较上覆层变浅，经对下伏湖相黏土层顶部及上覆层年代（21347±1130a B.P.，校正年代 25629cal.a B.P.）间沉积速率（0.0272cm/a）内插，得知该浅水环境对应年代为 25000～23600a B.P.（29450～27900cal.a B.P.）。

孔 SG-89-2 上覆 7.1～6.9m 为灰黑色粉质黏土沉积，沉积物粒度较细，说明湖水自约 23600a B.P.（27900cal.a B.P.）后开始加深。但从沉积物颜色及岩性（粉砂的出现）来看，该阶段的水深仍不及第一阶段的湖相沉积阶段。

SG-89-2 孔 6.6～6.9m 处沉积物为颗粒较细的红色滨湖相砂层，岩性变化表明湖水变浅，红色沉积物的存在表明其是由流域基岩经风化（再造）形成的近岸沉积物经再造作用形成的。经内插，得到该层对应年代为 22800～21715a B.P.（27155～26010cal.a B.P.）。

SG-89-2 孔 4.4～6.6m 为红色砂质黏土，岩性的变化表明水深较上阶段有所增加，红色沉积物表明该层可能为近岸（沿岸）沉积。该层在 6.5～6.6m、6.1～6.2m、5.7～5.8m、4.8～5.9m 和 4.4～4.6m 处含不连续的淡水螺壳层，也对应于较浅的近岸沉积环境。分别对 6.5m 和 4.4m 处样品进行放射性 ^{14}C 测年，得出其对应年代分别为 21347±1130a B.P.（25629cal.a B.P.）和 20916±1205a B.P.（25144cal.a B.P.），说明该层年代为 21715～20900a B.P.（26010～25140cal.a B.P.）。这两个测年数据是 SG-89-2 孔中最小的两个，所有上覆层年代数据都是经这两个数据间沉积速率（0.487cm/a）内插得出的。

SG-89-2 孔 4.4～4.25m 为灰黑色黏土，沉积物颜色及岩性变化均表明水深增加。该层年代为 20900～20885a B.P.（25140～25100cal.a B.P.）。

SG-89-2 孔 4.25～3.8m 处沉积物为红色粉质黏土，沉积物粒度变粗，对应于湖水的变浅，经外推知该层年代为 20885～20790a B.P.（25100～25000cal.a B.P.）。

SG-89-2 孔 3.8～3.5m 为灰黑色黏土沉积，沉积物颜色及岩性变化表明水深在 19400a B.P.后增加。该层形成于 20790～20730a B.P.（25000～24930cal.a B.P.）。

SG-89-2 孔 3.5～3.4m 为红色粉质黏土，沉积物粒度变粗，对应于水深变浅。据估计，该层沉积年代为 20730～20710a B.P.（24930～24910cal.a B.P.）。

SG-89-2 孔 3.4～3.25m 为灰黑色黏土，岩性变化说明湖水较上覆层开始加深，经外推知该层沉积于 20710～20680a B.P.（24910～24880cal.a B.P.）。

SG-89-2 孔 3.25～3.2m 为湖滨相红色细砂层，说明自约 20680a B.P.（24880cal.a B.P.）后湖水显著变浅。

SG-89-2 孔 3.2～2.8m 处沉积物为灰黑色黏土，岩性变化说明在 20670～20585a B.P.（24865～24775cal.a B.P.）时湖水开始加深。

SG-89-2 孔 2.8～2.7m 为红色细砂，据推测应为滨湖相沉积，表明自 20585a B.P.（24775cal.a B.P.）后湖泊为浅水环境。

SG-89-2 孔 2.7～2.5m 处沉积物为灰-黑色黏土，说明在 20565-20525a B.P.（24750～24705cal.a B.P.）时湖水深度增加。

SG-89-2 孔顶部（2.5～0m）为湖滨相红色粗砂沉积，说明 20525a B.P.（24705cal.a B.P.）后湖泊变浅。沈永平和徐道明（1993，1994）经外推得该层年代为 16000～12000a B.P.。但由于湖滨相砂沉积速率较大，因此外推出的年代数据可靠性不大，我们在此也不便给出该层沉积年代的下限。

在错那湖水深 4.8m 处钻得的深 1.1m 岩心其沉积年代可至约中全新世。钻心底部（1.1～0.93m）为砂质黏土沉积，湖相黏土的出现表明当时湖水较深，水生花粉莎草科含量在该层的逐渐下降和加深的湖水环境相一致。1.06～1.07m 处有机湖泥 AMS^{14}C 测年年代为 6090±70a B.P.（6975cal.a B.P.），经沉积速率外推，得到该层形成年代为 6275～5380a B.P.（7180～6180cal.a B.P.）。

上覆 0.93～0.91m 处的泥炭层的出现表明湖水变浅，莎草科含量的增加与此对应；

0.91～0.92m 处有机质湖泥的 AMS^{14}C 测年为 5290±50a B.P.（6067cal.a B.P.），而同深度处眼子菜（*Potamogeton*）测年年代为 4910±50a B.P.（5665cal.a B.P.）。该层形成年代为 5380～5260a B.P.（6180～6030cal.a B.P.）。

上覆层（0.91～0.61m）为砂质黏土沉积，岩性变化表明湖水深度增加，莎草科含量的降低与此对应。对该层 0.71～0.72m 及 0.82～0.83m 处有机质湖泥的 AMS^{14}C 测年年代分别为 4730±80a B.P.（5455cal.a B.P.）及 5030±60a B.P.（5779cal.a B.P.），经沉积速率外推，得到该层沉积年代为 5260～4440a B.P.（6030～5145cal.a B.P.）。

上覆 0.61～0.59m 处为第二个泥炭层，表明湖水变浅，莎草科含量的增加与此对应。该层 0.6～0.61m 处有机湖泥 AMS^{14}C 测年年代为 5450±50a B.P.（6250cal.a B.P.）（同深度处眼子菜（*Potamogeton*）AMS^{14}C 测年年代为 4310±50a B.P.（4930cal.a B.P.））。该层沉积年代为 4440～4300a B.P.（5145～4900cal.a B.P.）。

上覆层 0.59～0m 为砂质黏土沉积，岩性变化表明湖水深度增加，但莎草科含量达剖面最高值，表明此时湖泊水位不如下覆两层砂质黏土沉积时高。该层 0.58～0.59m、0.45～0.46m、0.31～0.32m、0.15～0.16m 及 0～0.015m 处有机湖泥 AMS^{14}C 测年年代分别为 4580±50a B.P.（5123cal.a B.P.）、4400±60a B.P.（4965cal.a B.P.）、4530±50a B.P.（5178cal.a B.P.）、3750±70a B.P.（4101cal.a B.P.）及 2140±50a B.P.（2102cal.a B.P.）。该层为 4300a B.P.（4900cal.a B.P.）以来的沉积。

由侵蚀作用形成的 T2 阶地说明最上部粗砂沉积层形成后湖水有一个大幅度或突然性的下降过程。根据已知的两个较低阶地的存在，湖水位下降可能发生在多个时期，且每一时期都以湖底物质从湖中心经侵蚀或搬运为标志。但由于缺乏较低阶地沉积物及现代湖泊下伏沉积物的描述，我们无法完全重建晚冰期至全新世湖泊水深的相对变化。但毋庸置疑的是，现代湖泊水位（4583m a.s.l.）应是错那湖有史以来的最低值（沈永平和徐道明，1994）。

以下是对该湖泊进行古湖泊重建、量化水量变化的 9 个标准：（1）极低，1.1m 深岩心的泥炭沉积；（2）很低，1.1m 深岩心的砂质黏土沉积，莎草科含量较高；（3）低，1.1m 深岩心的砂质黏土沉积，莎草科含量较少；（4）较低，T2 阶地粗/细湖滨砂沉积；（5）中等，红色砂质黏土的近岸沉积，含淡水软体动物壳；（6）较高，红色粉质黏土的近岸沉积层；（7）高，灰-黑色湖相粉质黏土；（8）很高，灰-黑色湖相黏土；（9）极高，颗粒较细的黑色湖相黏土。

错那湖各岩心年代数据、水位水量变化见表 6.17 和表 6.18，岩心岩性变化图如图 6.9 所示。

表 6.17　错那湖各岩心年代数据

样品编号	放射性 ^{14}C 年代/a B.P.	校正年代/cal.a B.P.	深度/m	测年材料	剖面/钻孔	备注
	35000±?		8.2	黑色黏土	孔 SG-89-2	基尔大学测定
	25397±964	29826	7.6	黑色黏土	孔 SG-89-2	兰州大学 ^{14}C 测年实验室
	21347±1130	25629	6.5	砂质黏土	孔 SG-89-2	兰州大学 ^{14}C 测年实验室
	20916±1205	25144	4.4	砂质黏土	孔 SG-89-2	兰州大学 ^{14}C 测年实验室

续表

样品编号	放射性 ^{14}C 年代/a B.P.	校正年代/cal.a B.P.	深度/m	测年材料	剖面/钻孔	备注
AA38067	6090±70	6975	1.06-1.07	有机湖泥	1.1m 岩心	
AA38068	5290±50	6067	0.91-0.92	有机湖泥	1.1m 岩心	
AA38068	4910±50	5665	0.91-0.92	眼子菜	1.1m 岩心	
AA51126	5030±60	5779	0.82-0.83	有机湖泥	1.1m 岩心	
AA51125	4730±80	5455	0.71-0.72	有机湖泥	1.1m 岩心	
AA38069	5450±50	6250	0.60-0.61	有机湖泥	1.1m 岩心	
AA38069	4310±50	4930	0.60-0.6	眼子菜	1.1m 岩心	
AA38070	4580±50	5123	0.58-0.59	有机湖泥	1.1m 岩心	
AA51124	4400±60	4965	0.45-0.46	有机湖泥	1.1m 岩心	
AA51123	4530±50	5178	0.31-0.32	有机湖泥	1.1m 岩心	
AA51122	3750±70	4101	0.15-0.16	有机湖泥	1.1m 岩心	
AA51121	2140±50	2102	0-0.015	有机湖泥	1.1m 岩心	

注：校正软件为 Calib6.0

表 6.18　错那湖古湖泊水位水量变化

年代	水位水量
39725～29450cal.a B.P.	极高（9）
29450～27900cal.a B.P.	较低（4）
27900～27155cal.a B.P.	高（7）
27155～26010cal.a B.P.	较低（4）
26010～25140cal.a B.P.	中等（5）
25140～25100cal.a B.P.	很高（8）
25100～25000cal.a B.P.	较高（6）
25000～24930cal.a B.P.	很高（8）
24930～24910cal.a B.P.	较高（6）
24910～24880cal.a B.P.	很高（8）
24880～24865cal.a B.P.	较低（4）
24865～24775cal.a B.P.	很高（8）
24775～24750cal.a B.P.	较低（4）
24750～24705cal.a B.P.	很高（8）
24705～24130cal.a B.P.	较低（4）
24130～7180cal.a B.P.	未量化
7180～6180cal.a B.P.	低（3）
6180～6030cal.a B.P.	极低（1）
6030～5145cal.a B.P.	低（3）
5145～4900cal.a B.P.	极低（1）
4900～0cal.a B.P.	很低（2）

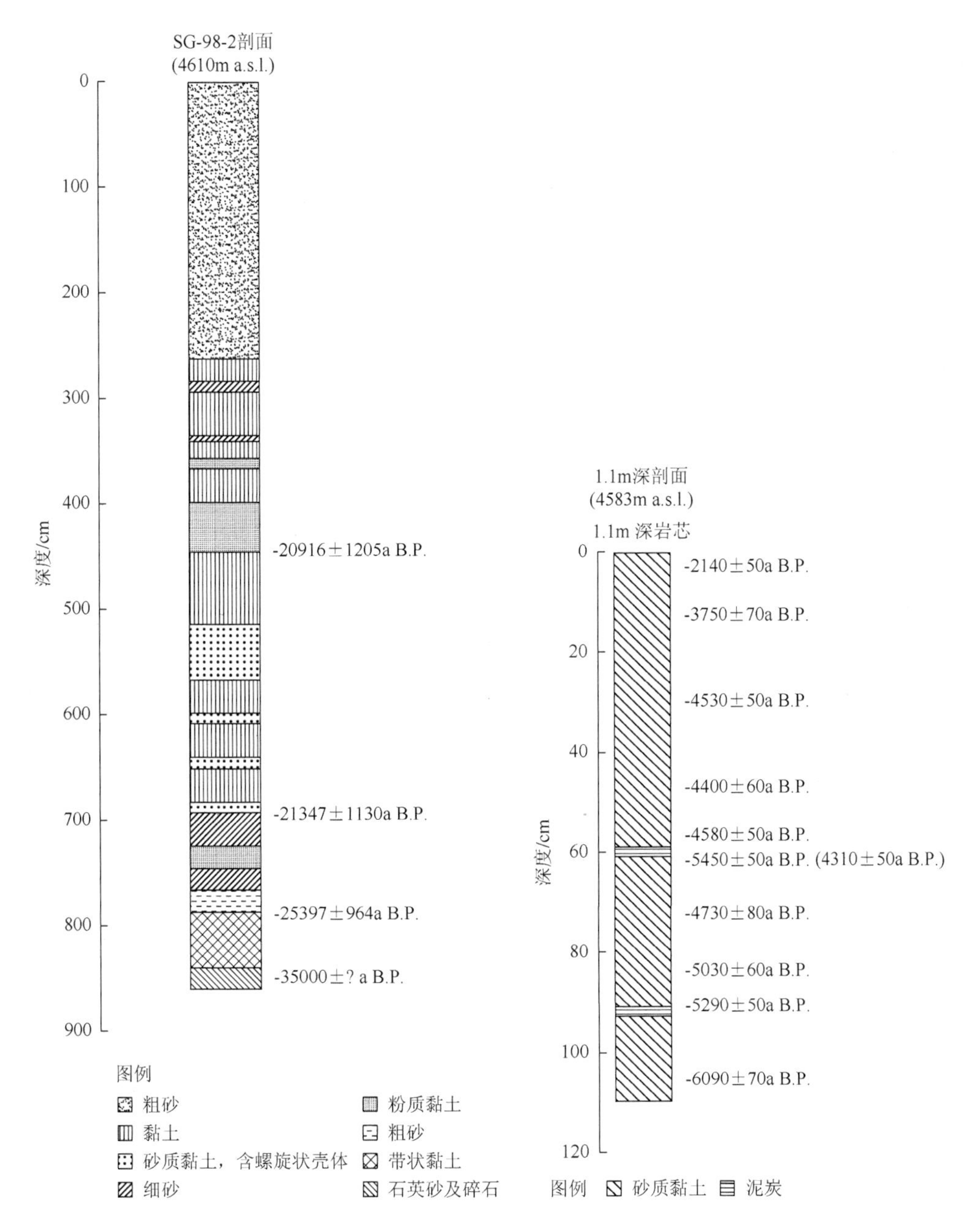

图 6.9 错那湖岩心岩性变化图

参考文献

沈永平，徐道明. 1993. 安多地区湖泊及环境变化//中国第四纪研究委员会、中国科学院广州地质新技术研究所. 中国第四纪南北对比与全球变化. 广州：广东高等教育出版社：79.

沈永平，徐道明. 1994. 西藏安多的湖泊变化与环境. 冰川冻土，16（2）：173-180.

吴中海，赵希涛，吴珍汉，等. 2005. 西藏安多-错那湖地堑的第四纪地质、断裂活动及其运动学特征分析. 第四纪研究，25（4）：491-502.

Tang L Y，Shen C M，Li C H，et al. 2009. Pollen-inferred vegetation and environmental changes in the central Tibetan Plateau since 8200 yr B.P.. Science in China Series D：Earth Sciences，52（8）：1104-1114.

6.1.10 苟弄错

苟弄错（34.63°N，92.15°E，海拔 4670m a.s.l.）（李炳元等，1994，1996）是位于青藏高原北部可可西里的封闭盐湖。湖水仅在夏季流出，湖泊面积为 2.9km^2（王洪道等，1987），湖水主要由径流补给（李炳元等，1996）。区域气候偏冷干，年均温度 0℃，年均降雨量 200mm，而蒸发量 2000mm（李炳元等，1996）。可可西里地区被高寒草甸草原和荒漠植被覆盖，其中以藜科、麻黄和艾属占优势（山寿发等，1996）。

在高出现代湖水位 20cm 处钻得一长 7.25m 的岩心（孔 KX-1），其沉积年代可至 20000 年前（李炳元等，1994，1995）。基于岩心岩性、介形类组合、水生化石及花粉变化可重建湖泊水深及盐度变化（李炳元等，1994；山寿发等，1996；李炳元，1996）。年代学基于钻孔沉积物中的 3 个末次冰盛期—晚冰期间有机质的放射性 ^{14}C 测年数据（李炳元等，1995）。全新世年代学根据沉积速率（山寿发等，1996）及与中国西部地区花粉年代学的对应关系（孔昭宸和杜乃秋，1991；施雅风等，1992）推算得出。

钻心底部沉积物（535cm 以下）为含泥质小卵石的棕色和红色砂质黏土。沉积物粒度较粗，无介形类及花粉存在，表明该层可能为冲积形成，同时也说明湖泊自约 20000a B.P. 后才开始形成（李炳元等，1994）。

513～535cm 为湖相灰色粉质黏土及黏质粉砂，表明当时湖泊较深。介形类中含适于生活在淡水到微咸水环境的 *Limnocythere dubiosa*，对应于较深的淡水环境（李炳元等，1995）。该层水生花粉较少（山寿发等（1996）未给出具体花粉类别），也和较深的湖水环境一致。对该层近底部一样品（530cm）进行放射性 ^{14}C 测年，其年代为 19210±480a B.P.（22839cal.a B.P.），经内插，得到该层顶部年代约为 18750a B.P.（23000cal.a B.P.）。

413～513cm 为湖相层状灰黑色黏土及粉质黏土，岩性变化表明湖水较上覆层加深。介形类组合以 *Limnocythere dubiosa* 和淡水种 *Ilyocypris biplicata*（李炳元，1996）占优势，和深水环境一致，水生植物花粉的缺乏也表明湖水较深。经内插知该层年代为 18750～16070a B.P.（22330～19340cal.a B.P.）。

293～413cm 为 6 层厚度在 0.5～5cm 的泥炭沉积，其间夹有 5 层绿色黏土层，泥炭层的出现表明自 16070a B.P.（19340cal.a B.P.）后湖水变浅。泥炭层和黏土层中均含大量植物碎屑，如 *Potamogeton pectinatus* 和 *P. perfoliatus* 的果实、*Vallisneria* 的叶子等（山寿发等，1996）。水生植物花粉以香蒲（*Typha*）为主，同时含盘星藻（*Pediastrum boryanum*）及绿藻（*Spirogyra*），对应于较浅的湖水环境。对 382cm 和 315cm 处泥炭层中的两样品进行放射性 ^{14}C 测年，其对应年代分别为 15237±461a B.P.（18412cal.a B.P.）和 13035±155a B.P.（15815cal.a B.P.）。经沉积速率外推，得到该层沉积年代为 16070～12310a B.P.（19340～14960cal.a B.P.）。

226～293cm 为灰色粉质黏土沉积，说明自 12310a B.P.（14960cal.a B.P.）后湖水又恢

复至较深水环境。该层上部(226～263cm)含能在盐度高达110‰的湖水中生存的*Eucypris inflata*(李炳元等，1995)，说明约11325a B.P.(13800cal.a B.P.)后湖水变浅，盐度增大。水生花粉(220～260cm)的消失也对应于当时高盐度的浅水环境。

165～226cm为灰绿色黏土，说明10110a B.P.(12365cal.a B.P.)后水深开始增加，大量水生花粉(眼子菜)的出现(220～198cm)与此对应。该层上部(165～210cm)*Eucypris inflata*的消失也说明湖水在9580～8105a B.P.(11745～10000cal.a B.P.)盐度进一步变小，水深增加。眼子菜属含量的降低(198～137cm)也可说明这一点。

上覆沉积物含有3个泥炭层(165～164cm、157～159cm及139～142cm)，中间夹两层灰绿色黏土层，说明湖水水位略有波动但整体较浅。该层年代为8105～7250a B.P.(10000～8990cal.a B.P.)。

139～80cm为灰黑色湖相黏土，说明水深较上覆层变深。该层沉积年代为7250～5300a B.P.(8990～6700cal.a B.P.)。介形类组合以*Limnocythere dubiosa*和*Leucocythere mirabilis*为主(*Leucocythere mirabilis*能够生活在盐度为0.48～256.73g/L的水环境中，但李炳元(1996)通过对西藏现代湖泊的调查认为，*Leucocythere mirabilis*和*Limnocythere dubiosa*的同时出现可能说明当时湖泊为盐水环境)。介形类丰度的增加也说明自7265a B.P.(8990cal.a B.P.)后湖水变深(李炳元，1996)。

80～48cm为灰色粉质黏土，岩性变化表明湖水较上覆层变浅。*Eucypris inflata*数量的增多也反映5300～4260a B.P.(6700～5460cal.a B.P.)湖水盐度增大，深度变浅。同时，5300a B.P.(6700cal.a B.P.)后介形类丰度的下降也与此对应(李炳元，1996)。

顶部48cm以上为姜黄色黏土，含小卵石的细砂和粗砂。该层很可能为近岸沉积，说明自约4260a B.P.(5460cal.a B.P.)后湖泊面积减小且深度降低。

以下是对该湖泊进行古湖泊重建、量化水量变化的6个标准：(1)干涸，岩心底部冲积物；(2)低，湖相近岸粉砂、细砂和粗砂沉积；(3)较低，湖相粉质黏土沉积，介形类中含耐盐度极高的*Eucypris inflata*，且水生花粉中含香蒲；(4)中等，湖相沉积层与泥炭层的互层；(5)较高，粉质黏土层，介形类中含*Limnocythere dubiosa*，但不含*Eucypris inflata*，水生花粉含眼子菜属；(6)高，湖相层状黏土，含*Ilyocypris biplicata*。

苟弄错各岩心年代数据、水位水量变化见表6.19和表6.20，岩心岩性变化图如图6.10所示。

表6.19 苟弄错各岩心年代数据

放射性 ^{14}C 年代/a B.P.	校正年代/cal.a B.P.	测年材料	深度/cm	钻孔
19210±480	22839	粉质黏土	530	孔KX-1
15237±461	18412	泥炭	382	孔KX-1
13035±155	15815	泥炭	315	孔KX-1

注：试验编号未给出；样品测年在中国社会科学院考古研究所进行，校正年代由校正软件Calib6.0获得

表 6.20　苟弄错古湖泊水位水量变化

年代	水位水量
Pre23000cal. a B.P.	干（1）
23000～22330cal. a B.P.	较高（5）
22330～19340cal.a B.P.	高（6）
19340～14960cal.a B.P.	中等（4）
14960～13800cal.a B.P.	较高（5）
13800～12365cal.a B.P.	较低（3）
12365～11745cal.a B.P.	较高（5）
11745～10000cal.a B.P.	较低（3）
10000～8990cal.a B.P.	中等（4）
8990～6700cal.a B.P.	较高（5）
6700～5460cal.a B.P.	较低（3）
5460～0cal.a B.P.	低（2）

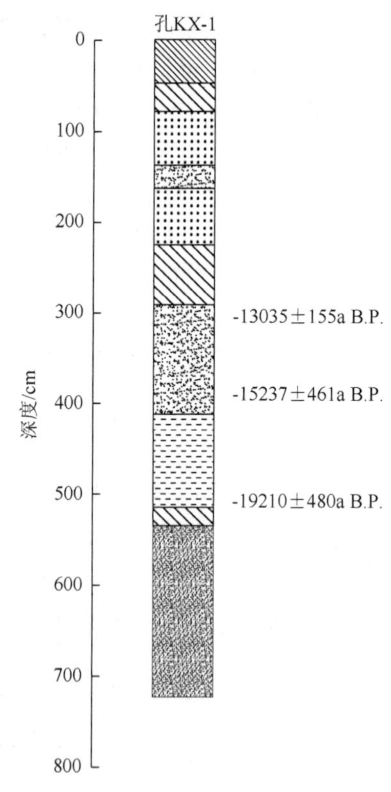

图 6.10　苟弄错岩心岩性变化图

参 考 文 献

孔昭宸，杜乃秋. 1991. 中国西部晚更新世以来的植被和气候变化//梁名胜，张吉林. 中国海陆第四纪对比研究. 北京：科学出版社：173-186.

李炳元. 1996. 可可西里地区现代气候和地貌//李炳元. 青海可可西里地区自然环境. 北京：科学出版社：4-13.

李炳元，李元芳，孔昭宸，等. 1994. 青海可可西里苟弄错地区近两万年来的环境变化. 科学通报，39（18）：1727-1728.

李元芳. 1996. 过去 2 万年来湖泊记录的气候和环境变化：介形虫化石与古环境//李炳元. 青海可可西里地区自然环境. 北京：科学出版社：206-211.

李元芳，张青松，李炳元. 1995. 青藏高原西部地区晚更新世晚期以来的介形类与环境演变//中国青藏高原研究会. 青藏高原与全球变化研讨会论文集. 北京：气象出版社：52-69.

山寿发，孔昭宸，杜乃秋. 1996. 过去两万年来气候和环境变化的湖泊记录：古植被与环境变化//李炳元. 青海可可西里地区自然环境. 北京：科学出版社：197-206.

施雅风，孔昭宸，王苏民，等. 1992. 中国全新世大暖气鼎盛阶段的气候与环境的基本特征//施雅风，孔昭宸. 中国全新世大暖气鼎盛阶段的气候与环境. 北京：海洋出版社：1-18.

王洪道，顾丁锡，刘雪芬，等. 1987. 中国湖泊水资源. 北京：农业出版社：149.

6.1.11　红山湖

红山湖（37.45°N，78.99°E，海拔 4870m a.s.l.）位于青藏高原西部的昆仑山西侧，为一封闭的浅水盐湖。盆地由断陷形成。基岩为侏罗纪—白垩纪砂岩（王洪道等，1987）。湖泊面积为 4.3km^2，发源于高山的几条小河注入该湖（李元芳等，1995）。区域气候极度干冷，年平均温度 0℃，年均降雨量 50mm，蒸发量 2500mm（李元芳等，1994）。

湖泊东南部存在一湖相阶地，可作为过去湖泊较高水位的证据，但对阶地沉积物并无详细研究。阶地最底部有一 6m 高的自然剖面，其顶部海拔为 4876m a.s.l.（高出现代湖水位 6m），出露沉积物对应年代为 17000～13000a B.P.（李元芳等，1994）（20000～16000cal.a B.P.）。我们基于岩性、介形类组合及水生化石变化，结合李元芳等（1995）的研究重建了红山湖古湖泊水深及盐度变化。年代学基于剖面沉积物中的 4 个放射性 ^{14}C 测年数据。

岩心底部沉积物（5.6m 以下）为浅黑色湖相粉质黏土，含水生植物残体（具体种类并未给出）（李元芳等，1994）。介形类组合以 *Candona candida*、*C. neglecta*（生活在较深的淡水环境中，黄宝仁等，1995）、*Leucocythere mirabilis*（广盐种，既可生活在淡水环境中也可生活在盐度高达 150g/L 的盐水环境，李元芳等，1994）和 *Ilyocypris gibba*（淡水种，李元芳等，1994）为主，说明当时可能为淡水环境（李元芳等，1994）。岩性和介形类组合表明当时湖泊较深。对该层上边界（5.7m）一样品进行放射性 ^{14}C 测年，其年代为 17015±151a B.P.（20164cal.a B.P.）。

5.6～4.8m 为灰色层状粉质黏土，含水生植物残体。层理的出现说明湖水较下覆层变深。介形类组合以 *Candona candida* 和 *C. neglecta* 为主，同时含少量 *Ilyocypris gibba*，*Leucocythere mirabilis* 丰度也降低。介形类组合的这种变化说明湖水盐度可能降低，和湖水加深一致。经内插，得到该层沉积于 16800a B.P.（19900cal.a B.P.）之前。

4.8～4.4m 为灰白色粉砂。岩性变化及层理的消失说明湖水较下覆层变浅，同时水生植物的出现也与此对应。介形类组合仍以 *Candona candida*、*C. neglecta* 为主，但

Leucocythere mirabilis 含量增加及 *Ilyocypris gibba* 的消失说明湖水盐度略微变大，对应于变浅的湖水环境。

4.4～2.2m 为灰色、淡黄色和白色层状粉质黏土，岩性变化说明湖水又恢复到较深的水环境。水生植物残体的消失也说明这一点。介形类组合为 *Candona candida* 和 *C. neglecta*、*Leucocythere mirabilis* 的消失，说明湖水盐度减小，和水深增加一致。对 4.1m 和 2.2m 处的两样品进行放射性 ^{14}C 测年，得出其对应年代分别为 16428±132a B.P.（19707cal.a B.P.）和 15310±178a B.P.（18635cal.a B.P.），相应的该层形成于 16500～15300a B.P.（19800～18635cal.a B.P.）。

2.2～0.7m 为灰色粉质黏土夹黄色粉砂薄层，粉砂的出现说明湖水较下覆层变浅。该层含大量水生植物，和湖水变浅一致。介形类组合为 *Limnocythere dubiosa*、*Candona candida* 和 *C. neglecta*，但 *Cyprideis torosa*（可生活在盐度为 120g/L 的环境）也占一定比例。*Limnocythere dubiosa* 的增多及 *Cyprideis torosa* 的出现说明湖水盐度增大。经沉积速率（0.096cm/a）内插，得到该层沉积年代为 15310～13750a B.P.（18635～16880cal.a B.P.）。

顶部 0.7m 为灰黄色粉质黏土。介形类以 *Limnocythere dubiosa* 和 *Candona* spp.为主，*Cyprideis torosa* 丰度降低对应于湖水盐度降低。0.7m 处样品的放射性 ^{14}C 测年为 13750±120a B.P.（16880cal.a B.P.），经沉积速率（0.096cm/a）外推，得到该层上边界年代约为 13000a B.P.（16000cal.a B.P.）。

因未有湖相阶地上部沉积物的相关研究，我们无从得知 13000a B.P.（16000cal.a B.P.）后湖泊水深的变化情况，但已知现代湖水位为历史最低（李元芳等，1995）。

以下是对该湖泊进行古湖泊重建、量化水量变化的 6 个标准：（1）很低，现代湖水位；（2）低，粉质黏土沉积，介形类中 *Cyprideis torosa* 较多；（3）较低，粉质黏土沉积，*Cyprideis torosa* 较少；（4）中等，粉质黏土或粉砂沉积，无层理，介形类组合为 *Candona candida*、*C. neglecta*、*Leucocythere mirabilis* 及 *Ilyocypris gibba*；（5）高，层状粉质黏土沉积，含 *Candona candida*、*C. neglecta* 及 *Ilyocypris gibba*；（6）很高，层状粉质黏土沉积，介形类中只含 *Candona* spp.。

红山湖各岩心年代数据、水位水量变化见表 6.21 和表 6.22，岩心岩性变化图如图 6.11 所示。

表 6.21 红山湖各岩心年代数据

放射性 ^{14}C 测年/a B.P.	校正年代/cal.a B.P.	深度/m	测年材料
17015±151	20164	5.7	粉质黏土
16428±132	19707	4.1	粉质黏土
15310±178	18635	2.2	粉质黏土
13750±120	16880	0.7	粉质黏土

注：样品测年在中国科学院地理科学与资源研究所进行，校正年代数据由校正软件 Calib6.0 获得

表 6.22 红山湖古湖泊水位水量变化

年代	水位水量
20250～20100cal.a B.P.	中等（4）
20100～19900cal.a B.P.	高（5）

续表

年代	水位水量
19900～19800cal.a B.P.	中等（4）
19800～18635cal.a B.P.	很高（6）
18635～16880cal.a B.P.	低（2）
16880～16000cal.a B.P.	较低（3）
16000～100cal.a B.P.	未量化（无记录）
0cal.a B.P.	很低（1）

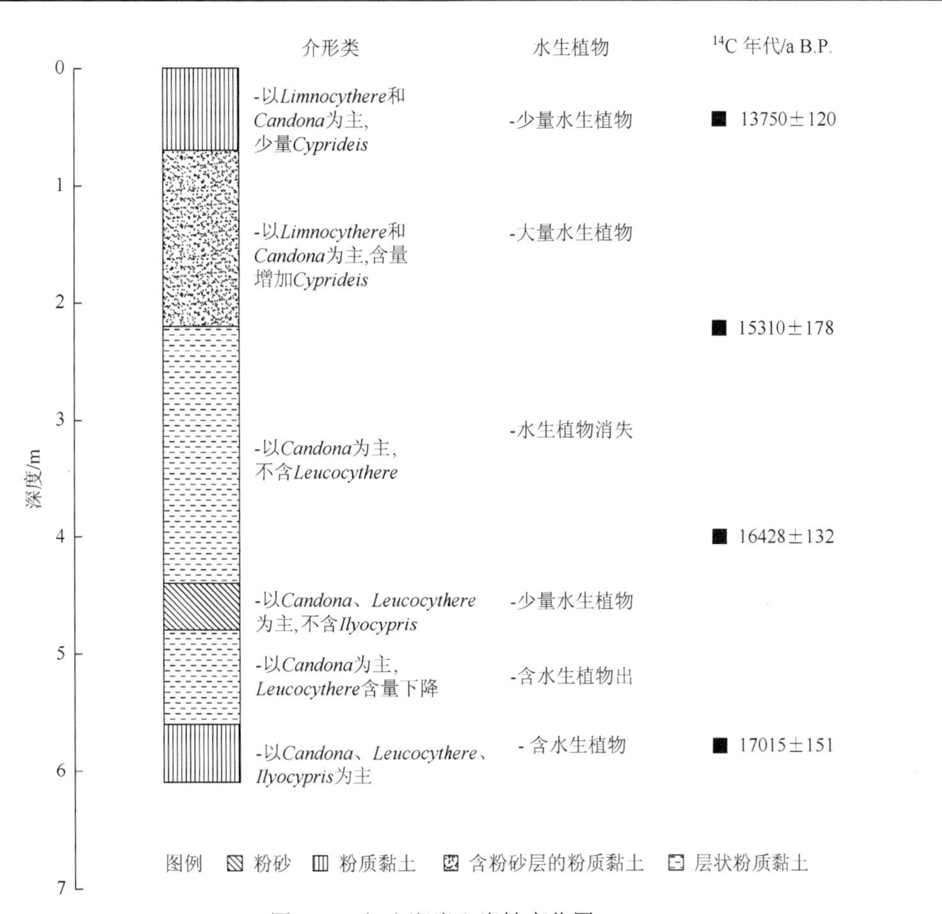

图 6.11　红山湖岩心岩性变化图

参考文献

黄宝仁，杨留法，范云琦. 1985. 西藏现代湖泊表层沉积物中的介形类. 微体古生物学报，2（4）：369-376.

李元芳，张青松，李炳元，等. 1994. 青藏高原西北部 17000 年以来的介形类及环境演变. 地理学报，49（1）：46-54.

李元芳，张青松，李炳元. 1995. 青藏高原西部地区晚更新世晚期以来的介形类与环境演变. //中国青藏高原研究会. 青藏高原与全球变化研讨会论文集. 北京：气象出版社：52-69.

王富葆，曹琼英，刘福涛. 1990. 西昆仑山南麓湖泊和水系的近期变化. 第四纪研究，（4）：316-325.

王洪道，顾丁锡，刘雪芬，等. 1987. 中国湖泊水资源. 北京：农业出版社：149.

6.1.12 曼冬错

曼冬错（33.50°～33.56°N，78.80°～79.00°E，海拔 4310m a.s.l.）位于青藏高原西部，是一个封闭的盐湖。盆地由构造作用形成，湖泊面积 61.6km^2（王洪道等，1987），pH 为 9.0（李炳元等，1983）。湖水主要由海拔 6000m a.s.l.以上的高山冰雪融水补给（李文漪等，1983）。流域内气候极度冷干，年均降雨量为 50～75mm，而蒸发量则为降雨量的 3.6～6 倍。盆地内主要为高山荒漠植被（李文漪等，1983）。

环绕曼冬错有一系列湖相阶地，其中高出现代湖水位 5m、10m、15m 及 30m 处的阶地保存完好（李炳元等，1983）。横穿这四个湖相阶地取得一 N—S 走向的连续剖面，可作为古湖泊高水位的证据。多次高水位时对应阶地的形成，表明在全新世中期存在四次湖退过程（李炳元等，1983）。通过对这些阶地的 4 个剖面进行研究，发现其沉积年代约在全新世（李炳元等，1983；李文漪等，1983）。

基于剖面岩性变化及硅藻组合状况，并参考李文漪等（1983）等的描述，可重建古湖泊水深的相对变化。在 10m 高阶地处仅存一个放射性 ^{14}C 测年数据（4525±120a B.P.）（5165cal.a B.P.）（李炳元等，1983）。年代学基于该放射性 ^{14}C 测年数据及阶地与放射性测年关系的估计（李炳元等，1983），同时参考花粉组合的特征（李文漪等，1983）。

海拔 4340m a.s.l.处的 30m 高阶地底部为砾石及卵石，上覆层为 15m 厚的湖相灰白色硅藻土。硅藻土中的硅藻类别单一，主要是浮游-沿岸种的小型 *Cyclotella* sp.和 *Fragilaria* sp.，表明当时湖水较深，且为淡水环境（李文漪等，1983）。硅藻土顶部（0～1m）含大量散乱贝壳，表明湖水开始变浅。0～1m 处的硅藻仍为浮游种小型的 *Cyclotella* sp.和 *Fragilaria* sp.，但一些附生种（*Cymbella*，*Gomphonema*，*Epithemia*）及底栖种（*Navicula tuscula*）也开始出现，对应于湖水的变浅。该剖面没有测年数据，据估计该阶地形成于早全新世（李炳元等，1983；李文漪等，1983）。

15m 高的阶地含厚约 10m 的湖相灰白色硅藻土沉积，代表了较深的湖水环境。硅藻以附生种及底栖种为主，如 *Synedra capitata*、*S.* spp.，同时小型 *Fragilaria* sp.含量下降，说明和 30m 阶地沉积相比，该阶段湖水较浅。喜盐硅藻（*Cyclotella kützingiana*、*Stephanodiscuc astraea*、*Rhoicosphenia curvata*、*Navicula cincta*、*N. cryptocephala*、*Gomphonema olivaceum*）的出现，表明湖水盐度增大（李文漪等，1983）。据估计该阶地形成于全新世中期（李炳元等，1983；李文漪等，1983）。

10m 高阶地处有一 5m 厚的可视剖面。沉积物主要是暗黄色砂和暗白色硅藻土，说明湖水深度降低。硅藻以底栖种和附生种为主，包括 *Anomoeoneis*、*Cymbella*、*Epithemi* 及 *Gomphonema*，反映当时为浅水环境（李文漪等，1983）。喜盐硅藻丰度的增多表明湖泊封闭且盐度进一步增大（李文漪等，1983）。沉积物顶层（0.4～0m）是半泥炭层，代表浅水环境。对该半泥炭层一样品进行放射性 ^{14}C 测年，其年代为 4525±120a B.P.（5165cal.a B.P.），相应的该阶地形成在 4525a B.P.（5165cal.a B.P.）以后。

5m 高阶地最接近湖泊边缘，其约 5m 厚的沉积物为暗黄色及淡灰色湖相砂、砾石及硅藻土碎片，为近岸沉积。据估计该阶地大约形成于晚全新世（李炳元等，1983；李文漪等，1983）。

以下是对该湖泊进行古湖泊重建、量化水量变化的 4 个标准：（1）低，近岸砂、砾石及硅藻土碎片沉积；（2）中等，沼泽地半泥炭沉积；（3）高，湖相硅藻土沉积，含附生及底栖硅藻，或含大量散乱贝壳；（4）很高，湖相硅藻土沉积，含浮游及沿岸硅藻。

曼冬错各岩心年代数据、水位水量变化见表 6.23 和表 6.24，岩心岩性变化图如图 6.12 所示。

表 6.23　曼冬错各岩心年代数据

放射性 ^{14}C 测年/a B.P.	校正年代/cal.a B.P.	深度/m	测年材料	剖面
4525±120	5165	4.44～4.48	半泥炭	北部 10m 高的湖泊阶地剖面

注：样品测年在中国社会科学院考古研究所进行，校正年代由校正软件 Calib6.0 获得

表 6.24　曼冬错古湖泊水位水量变化

年代	水位水量
？（早全新世）	很高（4）
？（中全新世）	高（3）
约 5165cal.a B.P.	中等（2）
5164～0cal.a B.P.	低（1）

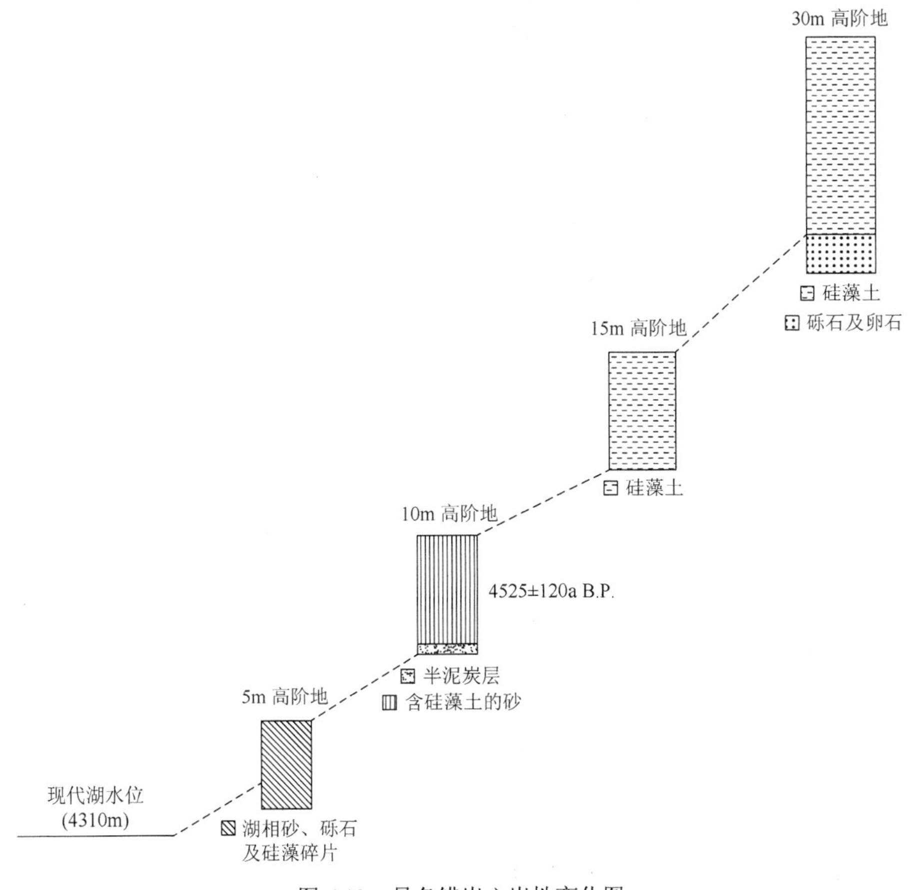

图 6.12　曼冬错岩心岩性变化图

参 考 文 献

李炳元，王富葆，尹泽生. 1983. 错那-拿日雍错//李炳元，王富葆，张青松，等. 西藏第四纪地质. 北京：科学出版社：67-68.

李文漪，李家英，梁玉莲. 1983. 西藏曼冬错硅藻土中的孢粉和硅藻分析//李炳元，王富葆，张青松，等. 西藏第四纪地质. 北京：科学出版社：172-177.

王洪道，顾丁锡，刘雪芬，等. 1987. 中国湖泊水资源. 北京：农业出版社：149.

6.1.13 拿日雍措

拿日雍措（28.30°N，91.57°E，海拔 4750m a.s.l.）是一个位于青藏高原南部的外流湖。盆地由构造断陷形成，湖泊为盆地内的冰堰湖（李炳元等，1983）。湖泊基岩为板岩和花岗岩。湖泊为淡水湖，面积为 26.7km^2（王洪道等，1987）。湖水主要由盆地高山的冰雪融水补给（李炳元等，1983）。湖泊出口经孟加拉湾注入雅鲁藏布江。流域气候偏冷干，四周被高山草甸及草原植被所覆盖，如禾本科、莎草科及毛茛科（黄赐璇等，1983）。

在湖边海拔 4760m a.s.l.处存在一湖相阶地，高出现代湖水位 10m，表明在中晚全新世湖泊水位较高（李炳元等，1983）。李炳元等（1983）对在湖边北部同一高程的阶地 5.63m 深的剖面进行了研究，发现其沉积记录可追溯至中全新世。本书基于该剖面岩性及水生花粉变化重建了古湖泊水深的相对变化，年代学根据该剖面两个放射性 ^{14}C 测年数据得到。

剖面 4.63m 以下沉积物为红棕色半凝结石英、花岗岩及板岩砾石沉积，表明为河流相沉积物。

上覆沉积物（4.63～4.48m）为灰黑色湖相粉质黏土，岩性变化表明一个较深的湖水环境。以狐尾藻为主的水生花粉，指示较深的湖水环境。根据 4.44～4.48m 处样品放射性 ^{14}C 测年（6380±100a B.P.（校正年代为 7316cal.a B.P.））推算，相应的该层沉积年代约在 6400a B.P.（7335cal.a B.P.）前。

上覆沉积物（4.04～4.48m）为灰棕色半泥炭，代表了一种沼泽相沉积环境，说明当时湖水较浅。水生花粉以莎草科为主，也指示较浅的湖沼环境。该层沉积年代为 6400～6100a B.P.（7335～6945cal.a B.P.）。

上覆沉积物（4.04～3.75m）为蓝色层状黏土，代表较深水体的湖相沉积。水生花粉也变为以狐尾藻为主，对应于较深的水环境。经沉积速率（0.1396cm/a）内插，得出该层沉积年代为 6100～5870a B.P.（6945～6690cal.a B.P.）。

上覆层（3.75～2.52m）为灰棕色含细砂的半泥炭沉积，岩性变化说明湖水变浅，水生花粉以泽泻属及莎草科为主，也反映湖水变浅。经内插，得到该层沉积年代为 5870～4990a B.P.（6690～5615cal.a B.P.）。

上覆层（2.52～1.52m）为红棕色半凝结石英、花岗岩及板岩砾石，反映当时为河流相沉积环境，同时也表明湖水较下覆层继续变浅。经内插，得到该层沉积年代为 4990～4270a B.P.（5615～4735cal.a B.P.）。

上覆沉积物（1.52～0.62m）为灰色粉砂及粉质黏土，岩性变化说明湖水变深。经内插，得到该层沉积年代为 4270～3630a B.P.（4735～3945cal.a B.P.）。

上覆沉积物（0.62～0.52m）为灰棕色半泥炭沉积，表明湖水较上一阶段变浅。0.61～0.62m 处的放射性 ^{14}C 测年年代为 3625±100a B.P.（3940cal.a B.P.），相应的该层沉积年代为 3630～3560a B.P.（3945～3855cal.a B.P.）。

顶部 0.52m 以上为粉砂及粉质黏土沉积，岩性变化说明湖水加深。水生花粉以狐尾藻为主，也对应于水深增加。经外推，得到该层形成于 3560～3180a B.P.（3855～3400cal.a B.P.）。

该套沉积物组成了 10m 高的阶地，表明在约 3180a B.P.（3400cal.a B.P.）后因湖水位下降，沉积物被侵蚀形成了阶地。

以下是对该湖泊进行古湖泊重建、量化水量变化的 4 个标准：（1）低，河流相砾石沉积；（2）中等，沼泽半泥炭沉积；（3）高，湖相粉砂及粉质黏土沉积；（4）很高，湖相层状黏土沉积。

拿日雍措各岩心年代数据、水位水量变化见表 6.25 和表 6.26，岩心岩性变化图如图 6.13 所示。

表 6.25　拿日雍措各岩心年代数据

放射性 ^{14}C 测年/a B.P.	校正年代/cal.a B.P.	深度/m	测年材料	剖面
6380±100	7316	4.44～4.48	半泥炭	北部 10m 高湖泊阶地剖面
3625±100	3940	0.61～0.62	半泥炭	北部 10m 高湖泊阶地剖面

注：样品测年在中国社会科学院考古研究所进行，校正年代由校正软件 Calib6.0 获得

表 6.26　拿日雍措古湖泊水位水量变化

年代	水位水量
7335cal.a B.P.前	高（3）
7335～6945cal.a B.P.	中等（2）
6945～6690cal.a B.P.	很高（4）
6690～5615cal.a B.P.	中等（2）
5615～4735cal.a B.P.	低（1）
4735～3945cal.a B.P.	高（3）
3945～3855cal.a B.P.	中等（2）
3855～3400cal.a B.P.	高（3）
3400～0cal.a B.P.	低（1）

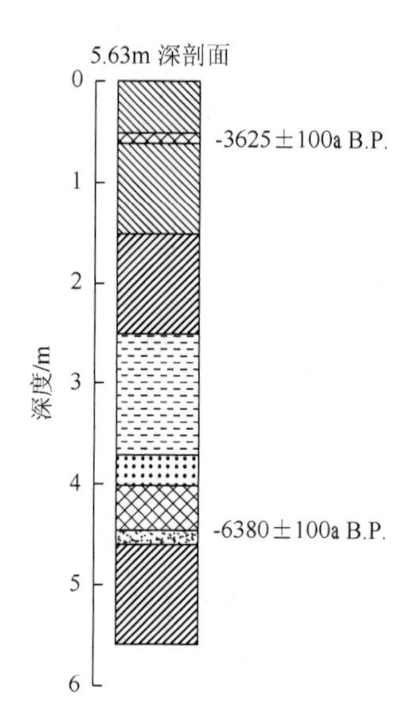

图 6.13　拿日雍措岩心岩性变化图

参考文献

黄赐璇，王燕如，梁玉莲. 1983. 试从孢粉分析论西藏中南部全新世自然环境的演变//李炳元，王富葆，张青松. 西藏第四纪地质. 北京：科学出版社：179-192.

李炳元，王富葆，尹泽生. 1983. 错那—拿日雍错//李炳元，王富葆，张青松. 西藏第四纪地质.北京：科学出版社：57-59.

王洪道，顾丁锡，刘雪芬，等. 1987. 中国湖泊水资源. 北京：农业出版社：149.

6.1.14　佩枯错

佩枯错（28.76°～29.01°N，85.50°～85.70°E，海拔 4580m a.s.l.[①]）是一大型封闭半盐湖，位于青藏高原南部海拔 8012m a.s.l.的希夏邦马峰北坡。盆地由断陷形成，基岩主要是侏罗纪石英砂岩及石灰岩，同时在盆地北部还有一些花岗岩（黄翡，1995）。湖泊面积为 250km^2（余佳，2008）。湖水主要由约 10 条河流的地表径流、冰雪融水及温泉水补给。湖水盐度 2.36g/L，pH 为 9.5。区域气候偏冷干，年平均温度为 0.7～2.7℃，年平均降雨量 200～300m（黄翡，1995）。盆地植被主要是高山草原，以蒿属（*Artemisia* spp.）以及紫花针茅（*Stipa purpurea*）为主（黄翡，1995）。

环湖分布的湖积阶地调查结果表明，佩枯错沿岸共发育 16 级湖积阶地，其中最低海

① 佩枯错的坐标和海拔各类文献中存在差异：黄翡（1995，2000）给出的数据为 28.83°N，85.33°E，海拔 4590m；王洪道等（1987）给出的经纬度为 28.83°N，85.58°E；彭金兰（1995）给出的为 29.72°N，84.93°E，海拔 4580M；余佳（2008）给出的经纬度为 28.78°N，85.58°E，海拔 4580m。本书采用 2008 年的数据。

拔为 4578m a.s.l.，最高海拔为 4692m a.s.l.（朱大岗等，2008；余佳，2008），代表了过去湖泊曾出现高水位时期。其中由 T3 和 T4 阶地组成的帮荣组剖面（海拔 4597m a.s.l.）厚约 27.61m。对 T3 阶地的形成年代不同学者的认识差异较大。李炳元等（1983）根据底部湖相沉积中灌木残枝的 ^{14}C 年龄为 6335±200a B.P.（7180cal.a B.P.）和 6150±700a B.P.（6995cal.a B.P.），认为 T3 阶地形成时代为 6000a B.P.前；彭金兰（1997）、黄翡（2000）根据介形类和孢粉分析以及气候地层对比，认为其形成时代在 13000～4500a B.P.（15000～5610cal.a B.P.）；朱大岗等（2008）、韩建恩等（2009）、余佳（2008）等对 27.61m 帮荣组剖面（对应阶地 T3 和 T4）所采用 ESR 测年和 U 系测年研究，认为帮荣组剖面对应年代为 127000～15000a B.P.。在 T3 阶地（顶部海拔 4645m a.s.l.）上发现了一个 24m 深的沉积剖面，它高出现代湖泊 65m，沉积记录年代可追溯到约 13000a B.P.（黄翡，1995；彭金兰，1995）。

本书根据 24m 剖面（彭金兰，1995，13000a B.P.（15000cal.a B.P.））和帮荣组 27.61m 剖面（韩建恩等，2009，边彦明等，2013，127ka B.P.以来）的岩性、介形类及水生植物组合变化等，重建古湖泊水深的相对变化。年代学基于剖面 5 个放射性 ^{14}C 测年数据及帮荣组 12 个 ESR 测年数据，其他两个测年数据因过老而未采用（黄翡，1995；彭金兰，1995）。我们认为这两个样品为次生沉积形成，或者已被石灰岩污染。

帮荣组 27.61m 深剖面底部 27.61～22.56m 为灰黄色细砂层，底部见砂砾层，平行层理发育，磨圆度及分选性均较差，说明湖水较浅。该层沉积年代为 127～70ka B.P.。

上覆 22.56～14.39m 为灰色含砾粗砂层，发育水平层理及交错层理，对应于滨岸相-浅湖相沉积，说明湖水较上覆层加深。该层沉积年代为 70～56ka B.P.。

14.39～12.94m 为粉砂质黏土层，岩性变化表明湖水深度增加，淡水介形类 *Candona*、*Leucocytherella* 的出现表明湖水盐度较低，和较深的水环境相吻合。该层沉积年代为 56～49ka B.P.。

剖面 12.94～9.44m 为湖相灰色黏土层，水平层理发育，含数层 1～2cm 的膏盐层，对应于湖水的变浅。淡水种 *Candona* 丰度的降低和湖水盐度增加、深度变浅一致。该层沉积年代为 49～46ka B.P.。

9.44～8.92m 为泥质粉砂层，含水平层理，淡水种 *Candona xizangensis* 丰度的增加对应于湖水深度的增大。该层形成年代为 46～31ka B.P.。

顶层 8.92m 为砂砾石和含砾粗砂沉积，岩性变化表明湖水深度降低。莎草科含量的大幅增加表明湖泊趋于沼泽化，对应于湖水变浅。该层为 31～15ka B.P.的沉积。

55m 高阶地剖面底层沉积物（24.05～23.30m）为湖相蓝灰色细砂，该层可能代表了近岸或滨湖相沉积环境，且当时湖泊水位至少高出现代 30m。该层不含测年数据，经对上覆层沉积速率外推，得到该层形成年代约在 13000a B.P.（15000cal.a B.P.）之前（黄翡，1995；彭金兰，1995）。

剖面 23.3～23.2m 处为泥炭沉积，含艾属、莎草科及浮萍残遗。莎草科及浮萍的出现说明该层为湖相成因且其形成时湖水较浅，当时湖泊水位应高于 4624m a.s.l.（比现代湖泊高约 34m）。对 23.2m 处样品的 AMS^{14}C 测年年代为 12650±140a B.P.（14854cal.a B.P.）。

23.2～21.15m 为单一湖相黏土沉积，表明湖水较上一阶段变深。介形类以 *Leucocytherella sinensis*、*Leucocyther* 为主，*Ilyocypris biplicate* 及 *Candona* spp.丰度较高。尽管大多介形类为深度和盐度的广适种，但 *Candona* spp.为适于深水环境的淡水种，因此它的出现也对应于湖水的变深。21.5m 处样品的放射性 ^{14}C 测年年代为 10760±660a B.P.（12313cal.a B.P.），相应的该层沉积年代为 12650～10600a B.P.（14854～12120cal.a B.P.）。

21.15～20.5m 仍为单一湖相黏土，但介形类 *Leucocytherella sinensis* 和 *Candona* spp.丰度降低，经沉积速率内插得出该层沉积年代为 10600～10300a B.P.（12120～11760cal.a B.P.）。

20.5～19.95m 为湖相粉质黏土，岩性变化说明湖水深度降低，介形类丰度降低，以 *Leucocytherella sinensis* 和 *Candona* spp.为主。该层形成年代为 10300～9740a B.P.（11760～11458cal.a B.P.）。

19.95～17.9m 仍为湖相粉质黏土，但介形类数量极少。*Candona* spp.的消失说明湖水变咸，对应于湖水变浅。该层沉积年代为 9740～9190a B.P.（11458～10325cal.a B.P.）。

17.9～16.1m 为湖相中等粒度的细砂，岩性变化说明湖水继续变浅，该层介形类的缺乏也与此对应。

16.1～14.2m 为湖相砂质淤泥，说明湖水有所加深。介形类中出现喜急流水环境的淡水种 *Eucypris gyirongensis*，和湖水加深相吻合。16.0m 处样品的放射性 ^{14}C 测年年代为 8370±285a B.P.（9278cal.a B.P.）。经内插，得到该层沉积年代为 8370～7250a B.P.（9335～8335cal.a B.P.）。

14.2～13.0m 为湖相细砂沉积，岩性变化说明湖水变浅。该层含 *Eucypris gyirongensis*，且在该沉积层中发现了形状极好的 *Leucocytherella* 壳体，说明介形类不是在诸如近岸或湖泊三角洲等的快速沉积条件下磨削或搬运而来的（彭金兰，1995）。该层沉积年代应在 7250a B.P.（8335cal.a B.P.）之后。

13.0～11.55m 为湖相粉质黏土，岩性变化说明湖水深度增加。介形类在 12.35～12.85m 含量最高。其中 *Candona* spp.增幅明显，表明当时为较深的淡水环境。对 12.0m 处的木头进行放射性 ^{14}C 测年，其年代为 6335±200a B.P.（7180cal.a B.P.），相应的该层沉积年代为 6840～6310a B.P.（7795～7095cal.a B.P.）。

11.55～8.0m 为湖相砂质淤泥，岩性变化说明湖水变浅。该层有机质含量、水生植物及螺旋状壳体碎片较多，也对应于湖水的变浅。介形类 *Leucocytherella*、*Leucocythere mirabilis* 的减少也与此对应。11m 处水生植物样品的放射性 ^{14}C 测年年代为 6150±200a B.P.（6995cal.a B.P.），相应的该层沉积年代为 6310～5590a B.P.（7095～6440cal.a B.P.）。

8.0～7.0m 为湖相砂质淤泥沉积，有机质含量、水生植物及螺旋状壳体碎片较多，说明湖水进一步变浅。该层介形类含量极少，水生花粉中浮萍的出现也和此对应。经外推，得到该层沉积年代为 5590～5410a B.P.（6440～6255cal.a B.P.）。

7.0～4.9m 仍为湖相砂质淤泥，但不含介形类、水生植物及螺旋状壳体碎片，这些变化均表明湖水盐度增大及深度降低（彭金兰，1995）。该层外推得到沉积年代为 5410～5020a B.P.（6255～5865cal.a B.P.）。

4.9～3.5m 为浅水波纹状湖相细砂沉积，反映当时水位约 4642m a.s.l.。彭金兰（1995）及黄翡（1995）估计该层形成年代在 4500a B.P.（5610cal.a B.P.）之前。

顶部 3.5～0.85m 为河流相沉积，含微层理及交错层理，而 0.85～0.4m 为腐殖质土壤，0.4～0m 为风成沙沉积，说明湖泊水位在 4500a B.P.（5610cal.a B.P.）后降至 4644m a.s.l.以下。

海拔 4597～4619m a.s.l.（高出现代湖水位 7～29m）处的较低阶地代表了过去 4500a B.P.（5610cal.a B.P.）湖水位比现今湖水位高几个时期。

以下是对该湖泊进行古湖泊重建、量化水量变化的 9 个标准：（1）很低，河流砂沉积；（2）低，湖泊三角洲或近岸砂沉积；（3）较低，泥炭沉积，或不含介形类及水生植物的砂质淤泥沉积；（4）中等，砂质淤泥沉积，介形类为 *Eucypris gyirongensis*、*Leucocytherella* 及 *Leucocythere mirabili*，含螺旋壳体碎片；（5）较高，粉质黏土沉积，介形类为 *Leucocytherella sinensis* 和 *Candona* spp.；（6）高，湖相黏土沉积，介形类为 *Leucocytherella sinensis*、*Leucocythere mirabilis*、*Ilyocypris biplicate* 及 *Candona* spp.；（6/5）高和较高间的湖泊水位，黏土沉积，*Candona* spp.丰度降低；（5/4）中等和较高间的湖泊水位，粉质黏土沉积，不含或含少量 *Candona* spp.，有盐膏沉积；（3/4）较低和中等间的湖泊水位，砂质淤泥沉积，介形类含量下降，含浮萍花粉。

佩枯错各岩心年代数据、ESR 测年结果、水位水量变化见表 6.27～表 6.29，岩心岩性变化图如图 6.14 所示。

表 6.27　佩枯错各岩心年代数据

放射性 ^{14}C 测年/a B.P.	天文校正年代/cal a B.P.	深度/m	测年材料	备注	剖面
16000±？		21.0	黏土	存在倒转而未采用（黄翡，1995；彭金兰，1995）	T3 阶地剖面
13170±150	15936	11.09	水生植物	AMS^{14}C 测年，存在倒转而未采用（黄翡，1995；彭金兰，1995）	T3 阶地剖面
12650±140	14854	23.20	水生植物	AMS^{14}C 测年	T3 阶地剖面
10760±660	12313	21.5	黏土		T3 阶地剖面
8370±285	9278	16.0	淤泥		T3 阶地剖面
6335±200	7180	12.0	木头		T3 阶地剖面
6150±200	6995	11.0	水生植物		T3 阶地剖面

注：样品的 AMS 测年在美国科罗拉多大学 ^{14}C 实验室进行，其余测年在南京大学地理与海洋科学学院 ^{14}C 实验室进行；年代校正数据由校正软件 Calib6.0 获得

表 6.28　佩枯错 ESR 测年结果

样品编号	年代/ka B.P.	剖面
P1-E8	15±2	帮荣组剖面
P1-E7	19±3	帮荣组剖面
P1-E6	22±2	帮荣组剖面
P1-E5	33±3	帮荣组剖面

续表

样品编号	年代/ka B.P.	剖面
P1-E4	42±4	帮荣组剖面
P1-E3	56±6	帮荣组剖面
P1-E2	62±6	帮荣组剖面
P1-E1	66±6	帮荣组剖面
P2-E4	72±7	帮荣组剖面
P2-E3	76±8	帮荣组剖面
P2-E2	76±8	帮荣组剖面
P2-E1	127±13	帮荣组剖面

注：样品测年在成都理工大学应用核技术研究所 ESR 实验室进行

表 6.29　佩枯错古湖泊水位水量变化

年代	水位水量
127～70ka B.P.	很低（1）
70～56k a B.P.	低（2）
56～49ka B.P.	较高（5）
49～46ka B.P.	中等/较高（5/4）
46～31ka B.P.	较高（5）
31～15ka B.P.	低（2）
15000～14854cal.a B.P.	较低（3）
14854～12120cal.a B.P.	高（6）
12120～11760cal.a B.P.	高/较高（5/6）
11760～11458cal.a B.P.	较高（5）
11458～10325cal.a B.P.	较高/中等（5/4）
10325～9335cal.a B.P.	低（2）
9335～8335cal.a B.P.	中等（4）
8335～7795cal.a B.P.	低（2）
7795～7095cal.a B.P.	较高（5）
7095～6440cal.a B.P.	中等（4）
6440～6255cal.a B.P.	较低/中等（3/4）
6255～5865cal.a B.P.	较低（3）
5865～5610cal.a B.P.	低（2）
5610～0cal.a B.P.	很低（1）

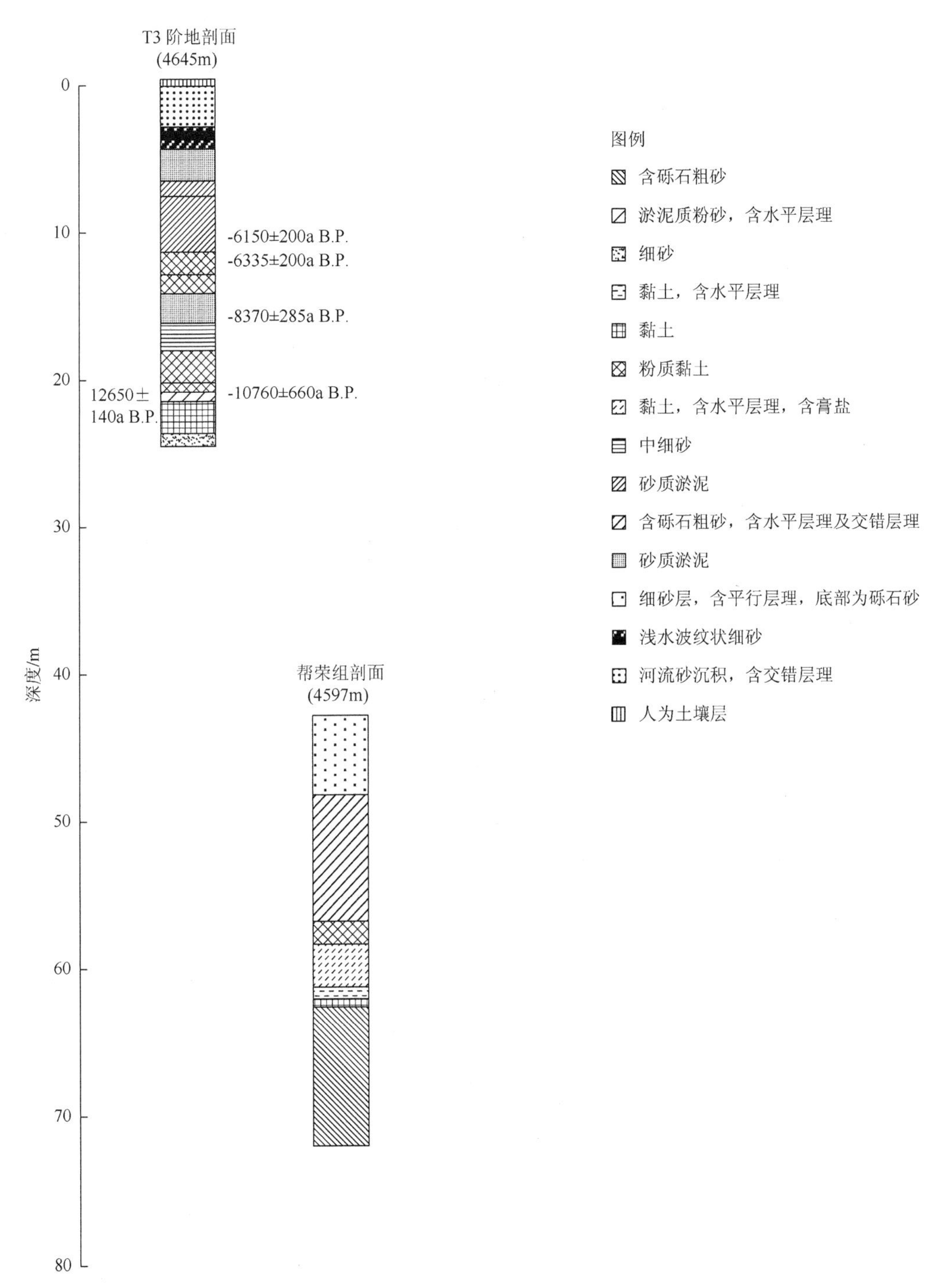

图6.14　佩枯错岩心岩性变化图

参 考 文 献

边彦明，余佳，邵兆刚，等. 2013. 西藏佩枯错盆地晚更新世以来的孢粉组合特征及其古气候意义. 地球学报，34（1）：87-94.

韩建恩，吕荣平，余佳，等. 2009. 西藏佩枯错盆地帮荣组沉积环境演化特征. 中国地质，36（4）：800-808.

黄翡. 1995. 西藏南部佩枯错晚更新世以来的植被及环境演变（基于花粉分析数据）. 中国科学院南京地质古生物研究所博士学位论文：184.

黄翡. 2000. 西藏佩枯错 13000—5000aB. P. 植物被与环境. 古生物学报，39（3）：441-448.

李炳元，王富葆，张青松. 1983. 西藏第四纪地质. 北京：科学出版社：15-40.

彭金兰. 1995. 西藏佩枯错距今 13000—4500 a B.P.年间的介形类及环境变迁. 中国科学院南京地质古生物研究所硕士学位论文：64.

彭金兰. 1997. 西藏佩枯错距今 13000~ 4500 年间的介形类及环境变迁. 微体古生物学报，14（3）：239-254.

王洪道，顾丁锡，刘雪芬，等. 1987. 中国湖泊水资源. 北京：农业出版社：149.

余佳. 2008. 西藏腹地第四纪典型湖泊环境演变研究. 中国地质科学院硕士学位论文：1-92.

朱大岗，邵兆刚，孟宪刚，等. 2008. 西藏佩枯错盆地第四纪湖相地层的厘定、划分和佩枯错群的建立. 地质通报，27（7）：1035-1043.

6.1.15 仁错

仁错（30.70°N，96.70°E，海拔 4450m a.s.l.）处于西藏自治区八宿县东部宽阔的高山草甸地带，湖泊面积为 6km^2，水深为 3～8m。仁错地区年均气温在 9℃左右，年降雨量约 550mm。

在仁错湖区钻得一深 4.3m 长岩心，记录了末次冰盛期以来的湖泊水位变化。根据岩心 4.05m 以上沉积物水生花粉及藻类变化可重建古湖泊的水深变化，年代学基于岩心中有机质湖泥的 7 个 AMS 测年数据。

岩心底部 4.05～3m 为灰色-黑色黏土沉积，花粉浓度较低，湿生花粉中莎草科含量总体也较低，表明当时湖水较浅。该层不含淡水藻类盘星藻（*Pediastrum*），和较浅的湖水环境一致。据唐领余等（2004）估计，当时降雨量仅为现今的 40%左右。3.9～3.92m、3.5～3.56m 及 3.31～3.33m 处有机质湖泥 AMS 年代分别为 18250±1030a B.P.（21820cal.a B.P.）、17860±340a B.P.（21278cal.a B.P.）和 17320±620a B.P.（20810cal.a B.P.），经内插，得到该层沉积年代为 18400～13380a B.P.（22030～15770cal.a B.P.）。

3～1.1m 为黄色砂质黏土及灰色细质淤泥沉积，莎草科含量的上升表明湖水较下覆层有所加深。淡水藻类盘星藻（*Pediastrum*）在该层的大量出现表明湖水盐度较低，水深较大。2.84～2.87m、2～2.05m 处有机质湖泥的 AMS 测年年代分别为 11600±120a B.P.（13493cal.a B.P.）和 9570±90a B.P.（10922cal.a B.P.）。该层沉积年代为 13380～6800a B.P.（15770～7750cal.a B.P.）。

顶层 1.1m 为黄色黏质腐泥沉积，莎草科含量较下覆层无明显变化，盘星藻含量的下降表明湖水盐度增大，水深降低。该层为 6800a B.P.（7750cal.a B.P.）以来的沉积。

以下是对该湖泊进行古湖泊重建、量化水量变化的 3 个标准：（1）低，灰-黑色黏土沉积，不含盘星藻（*Pediastrum*）；（2）中等，黄色黏质腐泥沉积，含少量盘星藻（*Pediastrum*）；（3）高，黄色砂质黏土及灰色细质淤泥沉积，含大量盘星藻（*Pediastrum*）。

仁错各岩心年代数据、水位水量变化见表 6.30 和表 6.31，岩心岩性变化图如图 6.15 所示。

表 6.30 仁错各岩心年代数据

AMS 测年年代/a B.P.	校正年代/cal.a B.P.	深度/m	测年材料
18250±1030	21820	3.9-3.92	有机质湖泥
17860±340	21278	3.5-3.56	有机质湖泥

续表

AMS 测年年代/a B.P.	校正年代/cal.a B.P.	深度/m	测年材料
17320±620	20810	3.31-3.33	有机质湖泥
11600±120	13493	2.84-2.87	有机质湖泥
9570±90	10922	2-2.05	有机质湖泥
6540±70	7445	1-1.02	有机质湖泥
2090±60	2050	0-0.1	有机质湖泥

注：年代校正软件为 Calib6.0

表 6.31　仁错古湖泊水位水量变化

年代	水位水量
22030～15770cal.a B.P.	低（1）
15770～7750cal.a B.P.	高（3）
7750～0cal.a B.P.	中等（2）

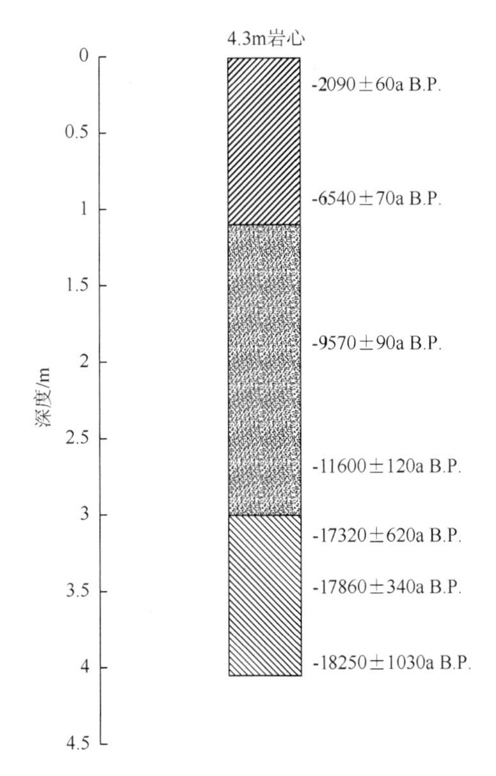

图 6.15　仁错岩心岩性变化图

参 考 文 献

唐领余，沈才明，廖淦标，等. 1999. 西藏两个小湖高分辨率的花粉记录. 植物学报，41（8）：896-902.

唐领余，沈才明，廖淦标，等. 2004. 末次盛冰期以来西藏东南部的气候变化——西藏东南部的花粉记录. 中国科学 D 辑：地球科学，34（5）：436-442.

6.1.16 色林错

色林错（31.57°～31.90°N，88.51°～89.35°E，海拔 4552m a.s.l.（王海雷和郑绵平，2014），Kashiway 等（1991）将其海拔估计为 4500m a.s.l.，《中国湖泊志》给出的值为 4530m a.s.l.）位于青藏高原中部。1975 年湖泊面积为 1861km^2，后随冰雪融水量的增加及降水量的增加和蒸发量的减少、冻土退化等使湖泊面积渐增；1998 年湖泊面积为 1776.23km^2；2008 年时湖泊面积增加至 2196.2km^2；现在其面积已超过纳木错成为西藏第一大咸湖（边多等，2010；拉巴等，2011）。湖水平均深度为 30.2m，盐度 18‰，湖水类型为 Na^+-SO_4^{2-}，四条大河（最长的是扎加藏布）注入该湖泊，湖泊无出流，流域面积为 45530km^2，湖水主要源于降水，此外还有少量冰川融水（顾兆炎等，1993）。流域年降水量 290～321mm，年平均气温 0.8～1.0℃（王海雷和郑绵平，2014），湖泊周围山脉海拔 4600～4800m a.s.l.。据湖泊周围申扎等 6 个气象站记载，湖区年降水量在 1994 年后迅速增加，1973～2008 年平均每 10 年上升了 23.65mm，而蒸发量则呈下降趋势，1971～2006 年每 10 年减少 61.7mm（边多等，2010）。古湖泊周围存在古近纪和新近纪形成的古湖相沉积物，上覆于石灰岩基岩之上。一般认为古色林错面积曾达 10000km^2，后因气候变干，湖泊退缩，从中分离出错鄂、班戈错等湖泊（边多等，2010）。

Li 等（2009）对湖泊西南及东南一系列滩脊进行了研究，发现古湖泊较高水位的存在，其中最高滩脊海拔 4641m a.s.l.（高出现代湖水位 111m），经 OSL 测年其对应年代为 67.9±2.4ka B.P.；在海拔 4583～4598m a.s.l.（高处现代湖水位 53～68m）处样品 OSL 测年为 30.4～18.6ka B.P.；在海拔 4571～4580m a.s.l.（高出现代湖水位 41～50m）处滩脊对应的 OSL 年代为 12.5～9.2ka B.P.；最低滩脊海拔 4550m a.s.l.（约高出现代湖水位 20m）处样品的 OSL 测年年代为 6.9±0.2ka B.P.，表明自晚冰期以来湖泊水位持续下降。薛蕾等（2010）对色林错东北保存完好的 5 级古湖岸线样品进行了研究，其中拔湖高度分别为 17m、12m 和 7m 处样品 OSL 测年分别为约 12.2±0.8ka B.P.、6.3±0.4ka B.P.和 2.3±0.2ka B.P.，表明在 12.2ka B.P.、6.3ka B.P.和 2.3ka B.P.时湖泊至少存在三次退缩过程。王海雷和郑绵平（2014）对取自色林错深水区的 SL-1 孔开展了年代学和粒度参数研究，以此重建了该湖 5.33ka B.P.以来的水位变化。

在现代湖泊东南钻得三个岩心，由于相距较近，难以代表整个湖泊情况，只有最长的 CH8803 孔的研究结果见发表（Kashiwaya et al.，1991；顾兆炎等，1993；孙湘君等，1993）。CH8803 孔长 3.08m，钻自水深 27m 处，其岩性记录年代可至约 12400a B.P.（16000cal.a B.P.）。此外，在湖泊中部还有一岩心（SL-1），其岩性记录年代可至约 7230a B.P.（8050cal.a B.P.）。基于两个岩心岩性、自生矿物、水生花粉、粒度及地球化学分析重建了古湖泊水深的相对变化。CH8803 孔有 5 个碳酸盐样品的放射性 ^{14}C 测年（顾兆炎等，1993；孙湘君等，1993），同时还对该钻心中的两个有机物进行了 AMS^{14}C 测年（Kashiwaya et al.，1991）；SL-1 孔中有 12 个 AMS^{14}C 年代数据，但由于顶部几个年代数据倒转，因此只有其中的 5 个年代数据被用于定年。假定 CH8803 岩心顶部为现代沉积，同时采用平均沉积速率（0.025cm/a）对碳酸盐样品中由于硬水效应造成的测年误差进行了校正。校正过的年龄和 AMS^{14}C 测年所得出的年代有很好的一致性（顾兆炎等，1993；Kashiwaya et al.，1991）。本书的年代学基于 CH8803 孔 5 个碳库的硬水校正过的放射性 ^{14}C 测年数据及 2 个 AMS^{14}C 测年数据以及 SL-1 孔中的 5 个 AMS^{14}C 年代数据。CH8803 孔的年代是在假定顶部为现代沉积的基础上根据同一沉积速率推知的，未做天文年代的校正。

CH8803 孔底层（3.08～2.50m）为含白云岩小砾石的灰白色砂质粉砂沉积，说明当时湖水较浅。沉积物粒径较大（约 40%左右的粒径大于 44μm），同时含水量较低（约 10%，说明压实作用较强或者气候干燥）也反映出当时湖水深度较浅。该层不含孢粉及水生花粉，MgO/CaO 值较高（接近 1），和湖水较浅相吻合。对该层 3.00～3.08m 处样品进行放射性 ^{14}C 测年，其年代为 13220±400a B.P.（15780cal.a B.P.）（碳库的硬水校正年龄为 12200a B.P.），经内插，得到该层沉积年代为 12400～10000a B.P.（16000～12500cal.a B.P.）。

CH8803 孔 2.50～1.05m 以方解石和文石沉积为主，MgO/CaO 值较低，说明湖水较上一阶段有所加深，同时湖水盐度减小。沉积物粒径变小（粒径大于 44μm 的物质所占比例小于 5%），和湖水加深相一致。根据莎草科含量及 MgO/CaO 值的变化可将该层分为 4 个亚层：

CH8803 孔 2.50～2.40m 为黑灰色粉质软泥沉积，该层 MgO/CaO 值突然降低（约 0.2，处于整个剖面的最低值），说明湖水快速加深。尽管地球化学证据也表明水深增加，但该层不含莎草科，造成这种结果的原因尚不清楚。2.35～2.45m 处样品的放射性 ^{14}C 测年为 10350±500a B.P.（11918cal.a B.P.）（碳库校正年龄为 9600a B.P.），相应的该层形成年代为 10000～9600a B.P.（12500～12000cal.a B.P.）。

CH8803 孔 2.40～2.10m 处沉积物岩性和下覆层相比无明显变化，但 MgO/CaO 值增加（约 0.5），说明湖水变浅，湿生的莎草科的出现（＜10%）也表明水体变浅。经内插，得到该层沉积年代为 9600～8400a B.P.（12000～10300cal.a B.P.）（孙湘君等，1993）。

CH8803 孔 2.10～1.50m 为灰棕色粉质软泥沉积。该层 $CaCO_3$ 含量较高，MgO/CaO 值较低（＜0.5），说明湖水变深变淡。莎草科含量的减少也说明这一点。约 1.90m 处样品的 AMS^{14}C 测年年代为 8200a B.P.，同时，1.70～1.80m 处样品的放射性 ^{14}C 测年年代为 7640±220a B.P.（8508cal.a B.P.）（碳库校正年龄为 7000a B.P.）。该层形成年代为 8400～6000a B.P.（10300～7250cal.a B.P.）。

CH8803 孔 1.5～1.05m 为灰棕色粉质软泥，沉积物粒径略有变大（粒径大于 44μm 的约占 5%），说明湖水较上阶段变浅。碳酸盐含量的降低及 MgO/CaO 值的增大（约 0.5）和水深减小吻合。该层莎草科含量增加（5%～20%），也说明湖水变浅。对深约 1.10m 处样品的 AMS 测年为 4100a B.P.，同时，1.05～1.10m 处样品的放射性 ^{14}C 测年年代为 4445±160a B.P.（5134cal.a B.P.）（碳库校正年龄为 4000a B.P.），相应的该层沉积年代为 6000～4000a B.P.（7250～5100cal.a B.P.）。

CH8803 孔 1.05～0.85m 为黑色及灰色粉质软泥，矿物以水菱镁矿、文石及方解石为主，在干旱环境下形成的水菱镁矿的出现说明湖泊迅速干枯，水位降低。MgO/CaO 值较高（接近 1.5），说明湖水盐度增大，和蒸发盐指示的水深变浅一致。该层粒径大于 44μm 的沉积物所占比重约为 10%，同时莎草科含量较高（40%）说明湖水进一步变浅，且开始有沼泽发育。经内插，得到该层沉积年代大致为 4000～3400a B.P.（5100～4900cal.a B.P.）。

CH8803 孔 0.85～0.60m 为黑灰色粉质软泥，矿物组合为文石和方解石，水生菱镁矿含量下降，说明湖水较上一阶段有所加深。MgO/CaO 值相对较低（约 0.5），说明湖水盐度降低，和水深增加一致。沉积物粒径变小（粒径大于 44μm 的所占比例小于 5%），同时莎草科丰度降低（约 10%），也反映出湖水的变深。0.69～0.75m 处样品的放射性 ^{14}C 测年年代为 4260±120a B.P.（4794cal.a B.P.）（碳库校正年龄为 2800a B.P.），相应的沉积层形成在 3400～2400a B.P.（4900～4000cal.a B.P.）。

CH8803 孔 0.60～0.35m 为黑色及灰色粉质软泥沉积，粒度较细。矿物组合以水菱镁矿、文石及方解石为主，说明湖水变浅。该层 MgO/CaO 值较高（约 1.5），莎草科含量也增多（约 20%），和水深变浅的结论一致。经内插，得到该层沉积年代为 2400～1400a B.P.（4000～2330cal.a B.P.）。

CH8803 孔 0.35～0.2m 粒度仍较细，矿物组合也仍为水菱镁矿、文石及方解石。但 MgO/CaO 值降低（约 1.0）说明湖水较上阶段加深。该层莎草科含量下降（约 10%），也和水深的增加相一致。经内插，得到该层沉积年代为 1400～800a B.P.（2330～1330cal.a B.P.）。

CH8803 孔顶部 0.2m 以上的岩性及矿物组合和下覆层相同，但 MgO/CaO 值增加（在 1.0～1.5），且莎草科丰度较高（约 40%），说明湖水在 800a B.P.（1330cal.a B.P.）后变浅。

SL-1 岩心位于色林错西部湖盆水深 30m 处，湖心全长 2.78m。底部 2.78～1.51m 为含粉砂黏土层，该层沉积物粒度组成偏细，中值粒径基本维持在较低值，而＜10μm 组分的含量则维持在较高值附近，表明该期湖面较高，水体较深，风力携带的粗颗粒组分较难到达钻孔位置。该层碳酸盐以文石、方解石和白云石为主。该层 2.775m、2.28m、2.025m、1.725m 处有机碳样品的 AMS^{14}C 年代分别为 7220±60a B.P.（8041cal.a B.P.）、5960±40a B.P.（6790cal.a B.P.）、5525±65a B.P.（6330cal.a B.P.）、5205±5a B.P.（5955cal.a B.P.），其沉积年代为 7230～4790a B.P.（8050～5430cal.a B.P.）。根据碳酸盐含量变化又可将该阶段进一步细化为 4 个阶段：2.78～2.56m 及 2.37～1.82m 碳酸盐以文石、白云石和方解石为主，同时出现石膏沉积，表明 7230～6670a B.P.（8050～7500cal.a B.P.）及 6190～5305a B.P.（7020～6075cal.a B.P.）这两个时期湖水盐度较高，水深相对较低。而 2.56～2.37m 及 1.82～1.51m 石膏沉积消失，表明 6670～6190a B.P.（7500～7020cal.a B.P.）及 5305～4790a B.P.（6075～5430cal.a B.P.）这两个时期湖水盐度下降，水深增加。

SL-1 孔 1.51～0.59m 为青灰色中细砂层与灰黑色黏土层互层。该层中值粒径显著增大，＜10μm 组分含量明显降低，表明此期湖面较前一阶段逐渐降低，水体变浅。该段碳酸盐以文石、方解石、白云石和水菱镁矿为主，表明湖水盐度较上阶段增加，水深下降。该段 1.45m、1.25m、0.99m 及 0.91m 处有机碳样品的 AMS^{14}C 年代分别为 5660±60a B.P.（6445cal.a B.P.）、3320±60a B.P.（3551cal.a B.P.）、2740±20a B.P.（2824cal.a B.P.）、4280±130a B.P.（4852cal.a B.P.）。该层沉积年代为 4790～3025a B.P.（5430～3195cal.a B.P.）。根据碳酸盐含量变化又可将该阶段进一步细化为 4 个阶段：1.51～1.26m、1.1～0.99m、0.78～0.68m 处碳酸盐除了文石、方解石和白云石外，还含有水菱镁矿，表明 4790～4310a B.P.（5430～4825cal.a B.P.）、4005～3795a B.P.（4435～4170cal.a B.P.）及 3390～3200a B.P.（3660～3415cal.a B.P.）三个时期湖水盐度较高，水深相对较低；1.26～1.1m、0.99～0.78m 及 0.68～0.59m 处碳酸盐中水菱镁矿消失，表明在 4310～4005a B.P.（4825～4435cal.a B.P.）、3795～3390a B.P.（4170～

3660cal.a B.P.）及 3200～3025a B.P.（3415～3195cal.a B.P.）湖水位相对较高。

SL-1 孔顶部 0.59m 为黏土夹粉砂沉积层。该层中值粒径值较低，说明这一时期水成沉积颗粒较细，水体变深，湖面较前阶段有所抬升。本阶段碳酸盐以文石和水菱镁矿为主。水菱镁矿的出现表明湖水位较上阶段增加幅度较小。该层 0.54m、0.525m、0.29m、0.13m 及 0.025m 处有机 C 样品的 AMS^{14}C 年代分别为 6255±15a B.P.（7211cal.a B.P.）、2900±60a B.P.（3039cal.a B.P.）、5430±10a B.P.（6236cal.a B.P.）、5545±35a B.P.（6343cal.a B.P.）及 2915±5a B.P.（2824cal.a B.P.）。该层为 3025a B.P.（3195cal.a B.P.）以来的沉积。

以下是对该湖泊进行古湖泊重建、量化水量变化的 7 个标准：（1）很低，CH8803 孔含砾石的砂质粉砂沉积，含白云石矿物，沉积物含水量较低，不含水生花粉；（2）低，CH8803 孔沉积物粒径较大，矿物组合为水菱镁矿、文石及方解石，MgO/CaO 值大于 1.0，且莎草科含量超过 20%，SL-1 孔沉积物粒径较大，矿物以文石、方解石、白云石和水菱镁矿为主；（3）较低，CH8803 孔水菱镁矿、文石及方解石沉积，MgO/CaO 值约为 1.0，莎草科含量约为 10%，SL-1 孔沉积物粒径较小，矿物以文石和水菱镁矿为主；（4）中等，CH8803 孔文石及方解石沉积，水菱镁矿含量较少，MgO/CaO 值约为 0.5，莎草科含量约为 10%；（5）较高，CH8803 孔沉积物粒径较小，矿物以文石和方解石为主，MgO/CaO 值约为 0.5，莎草科含量小于 10%，SL-1 孔沉积物粒径较小，矿物以文石、方解石和白云石为主；（6）高，CH8803 孔沉积物粒径较小，矿物以文石和方解石为主，MgO/CaO 值小于 0.5，莎草科含量约为 5%；（7）很高，CH8803 孔沉积物粒径较小，矿物以文石和方解石为主，MgO/CaO 值约为 0.2，不含莎草科。

色林错各岩心年代数据、OSC 测年结果、水位水量变化见表 6.32～表 6.34，岩心岩性变化图如图 6.16 所示。

表 6.32 色林错各岩心年代数据

样品编号	放射性^{14}C 测年数据及碳库校正年龄/a B.P.	减去硬水效应后年龄/a B.P.	校正年龄/cal.a B.P.	深度/m	测年材料	剖面/钻孔
Gc-89024（25）	4260±120	2800	4794	0.69～0.75	硬质粉砂软泥	CH8803 孔
		4100		约 1.10	有机物（AMS）	
Gc-89026（27）	4445±160	4000	5134	1.05～1.10	硬质粉砂软泥	CH8803 孔
SL1-5	2915±5		2824	0.025	有机 C	SL-1 孔
SL6-20	5545±35		6343	0.13	有机 C	SL-1 孔
SL2-52	5430±10		6236	0.29	有机 C	SL-1 孔
SL2-99	2900±60		3039	0.525	有机 C	SL-1 孔
SL6-102	6255±15		7211	0.54	有机 C	SL-1 孔
SL6-176	4280±130		4852	0.91	有机 C	SL-1 孔
SL6-198，199	2740±20		2824	0.99	有机 C	SL-1 孔
SL6-244，245	3320±60		3551	1.25	有机 C	SL-1 孔
SL4-93，94	5660±60		6445	1.45	有机 C	SL-1 孔
SL4-148	5205±5		5955	1.725	有机 C	SL-1 孔

续表

样品编号	放射性^{14}C测年数据及碳库校正年龄/a B.P.	减去硬水效应后年龄/a B.P.	校正年龄/cal.a B.P.	深度/m	测年材料	剖面/钻孔
SL4-208，209	5525±65		6330	2.025	有机 C	SL-1 孔
SL4-259，260	5960±40		6790	2.28	有机 C	SL-1 孔
SL4-358	7220±60		8041	2.775	有机 C	SL-1 孔
Gc-89028（29）	7640±220	7000	8508	1.70～1.80	硬质粉砂软泥	CH8803 孔
		8200		约 1.90	有机物（AMS）	
Gc-89030（31）	10350±500	9600	11918	2.35～2.45	硬质粉砂软泥	CH8803 孔
Gc-89032	13220±400	122	15780	3.00～3.08	硬质粉砂软泥	CH8803 孔

注：SL-1 孔年代在美国 Beta 实验室完成，校正年代由校正软件 Calib 6.0 及 Calib 7.0 得出

表 6.33 OSL 测年结果

样品编号	深度	年代/ka B.P.
SW-L1/07	高出现代湖面 10m	6.9±0.2
SW-L1/05	高出现代湖面 24m	1.9±0.3
SW-L1/04	高出现代湖面 31m	9.2±0.5
SW-L1/03	高出现代湖面 40m	9.6±0.7
SW-L1/02	高出现代湖面 46m	27.4±1.5
SW-L1/01	高出现代湖面 57m	18.6±1.7
SE-L2/09	高出现代湖面 31m	12.5±1.6
SE-L2/10	高出现代湖面 43m	30.4±2.9
SE-L2/11	高出现代湖面 48m	9.6±0.2
SE-L2/12	高出现代湖面 77m	1.5±0.1
SE-L2/13	高出现代湖面 101m	67.9±2.4

表 6.34 色林错古湖泊水位水量变化

年代/cal.a B.P.	水位水量
16000～12500	很低（1）
12500～12000	很高（7）
12000～10300	较高（5）
10300～7250	高（6）
7250～5100	较高（5）
5100～4900	低（2）
4900～4000	中等（4）
4000～2330	低（2）
2330～1330	较低（3）
1330～0	低（2）

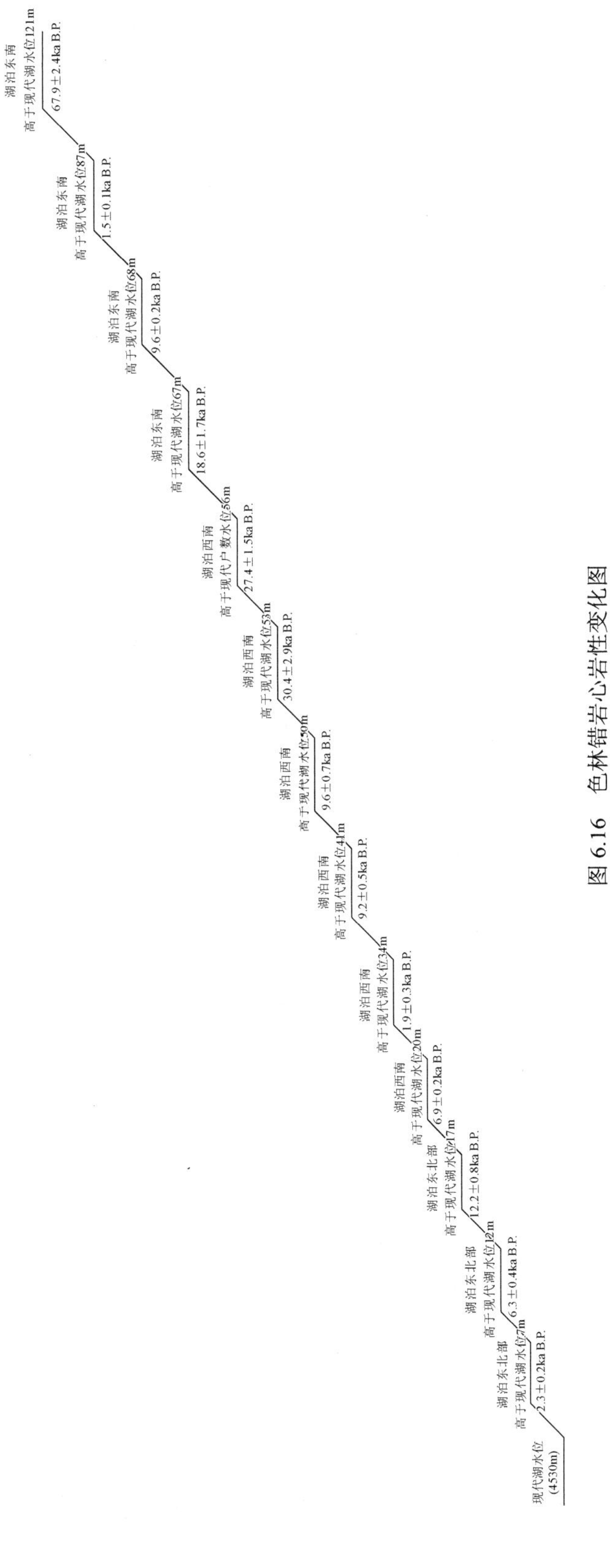

图6.16　色林错岩心岩性变化图

参 考 文 献

边多，边巴次仁，拉巴，等. 2010. 1975—2008 年西藏色林错湖面变化对气候变化的响应. 地理学报，65（3）：313-319.
顾兆炎，刘嘉麒，袁宝印，等. 1993. 12000 年来青藏高原季风变化——色林错沉积物地球化学的证据.科学通报，38（1）：61-64.
拉巴，陈涛，拉巴卓玛，等. 2011. 基于 MODIS 影像的色林错湖面积变化及成因. 气象与环境学报，27（2）：69-72.
林勇杰，郑绵平，王海雷. 2014. 青藏高原中部色林错矿物组合特征对晚全新世气候的响应. 科技导报，32（35）：35-40.
孙湘君，杜乃秋，陈因硕，等. 1993. 西藏色林错湖相沉积物的花粉分析. 植物学报，35（12）：943-950.
王海雷，郑绵平. 2014. 青藏高原中部色林错 SL-1 孔粒度参数指示的 5.33ka B.P. 以来的水位变化. 科技导报，32(35)：29-34.
薛蕾，张振卿，刘维明，等. 2010. 西藏色林错 12ka 以来的湖泊退缩过程-基于古湖岸线的 OSL 测年.地质科学，45(2)：428-439.
Kashiwaya K，Yaskawa K，Yuan B Y，et al. 1991. Paleohydrological processes in Siling-co（lakes）in the Qing-Zang（Tibetan）Plateau based on the physical properties of its bottom sediments. Geophysical Research Letters，18（9）：1779-1781.
Li D W，Li Y K，Ma B Q，et al. 2009. Lake-level fluctuations since the Last Glaciation in Selin Co（lake），Central Tibet，investigated using optically stimulated luminescence dating of beach Ridges. Environmental Research Letters，4：1-10.

6.1.17 松西错和龙木错

松西错（34.60°N，80.25°E，海拔 5058m a. s. l.）和龙木错（34.62°N，80.47°E，海拔 5004m a.s.l.）位于青藏高原西部，现在是相距约 10km 的两个相对独立湖泊。根据地貌和沉积的研究（李炳元等，1991；Gasse et al.，1991），这两个湖泊在约 7000a B.P.（7800cal.a B.P.）前为统一湖泊，因此我们把它们合在一起进行研究。松西错湖泊面积 24.5km^2，流域面积 2760km^2。湖水水深尚不清楚，但从水深 8m 处钻得的岩心来看，湖水深度至少应大于 8m（Gasse et al.，1991）。湖水含盐量 0.46g/L，pH 为 8.7，且主要由海拔 6943m a.s.l.处高山上的冰川融水补给（李炳元等，1991；Gasse et al.，1991）。龙木错湖泊面积 98.7km^2，流域面积 1104km^2，该湖泊盐度极高，为 172g/L，湖水 pH 为 7.6。龙木湖水主要由构造成因的泉水补给，且它是古松西—龙木水系的终闾湖（van Campo and Gasse，1993）。松西—龙木盆地由断陷形成，盆地基岩为二叠纪片岩和白垩纪花岗岩，在盆地北部边缘还存在侏罗纪石灰岩（Gasse et al.，1991）。目前两湖在海拔 5100m a.s.l.处开始分离，在海拔 5100m a.s.l.以上又连为一体，形成一个大湖泊（李炳元等，1991；Gasse et al.，1991；van Campo and Gasse，1993）。盆地内气候偏冷干，年平均温度为−6.5℃，年均降雨量小于 50mm，而蒸发量则为 1600mm。盆地被高山荒漠及草原植被所覆盖，以垫状驼绒藜（*Ceratoides compacta*）和青藏苔草（*Carex moorcroftii*）为主（van Campo and Gasse，1993）。

地貌调查显示，在松西错周围有多达 70 余次的古湖滨岸线进退的遗迹，而在龙木错则高达 100 次（李炳元等，1991）。最高滨线在海拔 5160m a.s.l.处可见，高出龙木错现代水位 150～160m，高出松西错约 100m（李炳元等，1991）。李炳元等（1991）估计最高滨线时的湖泊面积约为 635km^2，大致是现代两湖泊面积的 6 倍。Gasse 等（1991）认为次高级滨线出现在海拔 5140m a.s.l.处。这两次的湖滨线无年代数据，但通常认为他们出现在两湖泊仍连为一体时。

在松西—龙木盆地有两次大规模的地貌调查，第一次在海拔 5080～5105m a.s.l.处发现有一系列湖滨线存在（李炳元等，1991；Gasse 等，1991；van Campo and Gasse，

1993），这些湖滨线有 10 个湖相沉积样品有测年数据。最新一次地貌调查在龙木错取了 9 个剖面，在松西错取了一个剖面（Liu et al.，2016），最新的地貌调查中这 10 个剖面共含 10 个 OSL/IRSL 年代数据及 9 个放射性年代数据。我们分别将两次调查的湖滨线依海拔高低总结如下。

较老一次的地貌调查结果为：

在海拔 5105m a.s.l.处的龙木错西南岸古湖滨线处取得数个剖面（Gasse et al.，1991）。其中两剖面有 4 个 ^{14}C 测年数据。剖面 1（海拔 5105m a.s.l.，van Campo and Gasse，1993）中藻类样品的 AMS 测年为 7290±200a B.P.（8138cal.a B.P.）；剖面 2（海拔 5098m a.s.l.，van Campo and Gasse，1993）中介形类样品测年为 7520±400a B.P.（8356cal.a B.P.）。另外，剖面 2 中海拔 5080m a.s.l.和 5070m a.s.l.处两样品的 ASM^{14}C 测年分别为 7030±220a B.P.（7846cal.a B.P.）和 7670±140a B.P.（8473cal.a B.P.）（Gasse et al.，1991）。由于龙木错和松西错的分水岭在 5100m a.s.l.，水位低于 5100m a.s.l.使两湖分离，因此推测他们分离成两个湖泊的时间大体在 7000a B.P.，且自此后各自成为独立水系。

在海拔 5094m a.s.l.的松西错东北坡湖滨线处取得一剖面（称剖面 4），可见 4m 厚的湖相沉积物。对该剖面顶部、中部及底部的眼子菜属（*Potamogeton* spp.）样品进行 AMS 测年，其年代分别为 6890±150（7732cal.a B.P.）、7260±140（8072cal.a B.P.）和 8200±150a B.P.（9167cal.a B.P.）（Gasse et al.，1991）。

在松西错东北坡海拔 5088m a.s.l.处取得另一剖面（称剖面 5），该剖面含湖相粉砂及水生植物残体（李炳元等，1991）。对其中一水生植物样品进行普通放射性 ^{14}C 测年，其年代为 8850±170a B.P.（9952cal.a B.P.）。

在龙木错南坡海拔 5080m a.s.l.的湖滨线处有一深 5.6m 的剖面（剖面 3，van Campo and Gasse，1993），该剖面中测有两个 AMS 数据，其中 3.7m 处样品测年为 7330±330 a B.P.（8138cal.a B.P.），4.6m 处样品测年为 7800±330a B.P.（8671cal.a B.P.）。在龙木错西南同一海拔处的湖滨线也有一湖相沉积剖面（称剖面 6）。该剖面底部岩性为层状粉质黏土，顶部为 1.4m 厚的粉砂，含水生植物残遗（李炳元等，1991）。顶部一水生植物残体样品的普通 ^{14}C 测年为 11410±290a B.P.（13321cal.a B.P.）（李炳元等，1991）。

海拔 5080～5094m a.s.l.处湖滨线表明龙木错和松西错当时湖水位比现今分别高 72～86m 和 22～36m。对湖相沉积物测年数据表明当时高水位时期大致在晚冰期（李炳元等，1991）和早—中全新世（Gasse et al.，1991；van Campo and Gasse，1993）。

地貌调查主要包括对龙木错 9 个剖面（LM1—LM9）及松西错 1 个剖面（SMX1）的研究。海拔 5110m a.s.l.以上的湖岸线主要由波蚀崖组成，5090～5110m a.s.l.波蚀崖、沙坝已形成粗颗粒、松散的冲积扇沉积，5090m a.s.l.以下老的湖相沉积物则经过重组形成沙坝、沙嘴以及波蚀崖。海拔 5110m a.s.l.以上沉积物含一个 OSL 测年数据，海拔 5110m a.s.l.以下的湖岸线沉积物中含有 8 个 OSL/IRSL 年代数据及 9 个放射性年代数据。年代结果表明全新世以来松西错—龙木错高湖面的存在。

SMX1 剖面海拔为 5105m a.s.l.，剖面主要由分选性好、磨圆度高且含斜前积层纹层的湖滨砾石组成。该剖面含 1 个 OSL 年代数据（11.2±0.9ka）。由于龙木错和松西错的分水岭在 5100m a.l.s.，因此，这表明在早全新世时，松西错和龙木错仍旧为连在一起的大湖。

LM8 剖面海拔为 5089m a.s.l.，剖面主要由分选性好、磨圆度高且含斜前积层纹层的湖滨砾石组成。该剖面含 1 个放射性 ^{14}C 年代数据（2575±30a B.P.，校正年代为 2729cal. a B.P.）

LM9 剖面海拔为 5087m a.s.l.，主要由黏土及粉砂组成，顶部含少量蒸发岩胶结物。该剖面含 1 个 OSL 年代数据（7.4±0.7ka），表明在 7ka 时两个湖泊已经分离，成为独立湖泊。

LM6 剖面海拔为 5051m a.s.l.，主要由黏土及粉砂组成，顶部含少量蒸发岩胶结物。该剖面含 2 个 OSL 年代数据，分别为 5.5±0.4ka 及 4.9±0.8ka。

LM7 剖面海拔为 5048m a.s.l.，主要由黏土及粉砂组成，顶部含少量蒸发岩胶结物。该剖面含 1 个 OSL 年代数据（4.7±0.4ka）。

LM3 剖面海拔为 5044m a.s.l.，剖面底部为冲积砂砾石，上部为近岸湖相沉积物。该剖面含 2 个 OSL 年代数据，分别为 6.3±0.4ka 及 7.2±0.6ka。

LM4 剖面海拔为 5037m a.s.l.，主要由黏土及粉砂组成，顶部含少量蒸发岩胶结物。

该剖面含 1 个 OSL 年代数据(1.3±0.1ka)以及 1 个放射性 ^{14}C 年代数据(8590±50a B.P.，校正年代为 9580cal. a B.P.)。

LM5 剖面海拔为 5025m a.s.l.，主要由黏土及粉砂组成，顶部含少量蒸发岩胶结物。该剖面含 1 个 OSL 年代数据（1.5±0.1ka）以及 1 个放射性 ^{14}C 年代数据（8430±60a B.P.，校正年代为 9452cal. a B.P.）。

LM2 为手工开挖的剖面，其海拔为 5023m a.s.l.，剖面底部为湖相沉积，顶部 30cm 为含蒸发岩壳的砂及砾石沉积。该剖面含一个 OSL 年代数据（1.4±0.1ka）及 6 个放射性年代数据，这 6 个年代数据从剖面顶部向下依次分别为 9510±60a B.P.（10780cal. a B.P.）、8675±30a B.P.（9618cal. a B.P.）、8155±30a B.P.（9075cal. a B.P.）、9065±30a B.P.（10222cal. a B.P.）、9800±35a B.P.（11217cal. a B.P.）及 11535±40a B.P.（13372cal. a B.P.），但 Liu 等（2016）并未给出各年代对应的深度，加之各年代存在倒转，且跟 OSL/IRSL 年代结果并不一致，因此我们无法确定该剖面所对应的具体年代。

在松西错东北部水深 8m 处钻得一 10.53m 长的岩心，其沉积年代为 12700a B.P.（15000cal.a B.P.）（Gasse et al.，1991；van Campo and Gasse，1993）。我们基于该孔岩性、地球化学、硅藻及介形类组合、水生花粉和水生植物变化状况，同时参考 Gasse 等（1991）的描述重建了古湖泊水深的相对变化。年代学基于该孔的 6 个 AMS 测年年代。

松西错孔底部（10.53～10.49m）为硬质沼泽黏土沉积，上覆 10.49～10.37m 为植物残体，说明当时湖水较浅。该层有机质含量较高（达 6.22%），含有大量的湿生莎草科残体和花粉，均反映出当时较浅的湖水环境。沿岸介形类 *Leucocythere mirabilis* 和 *Limnocythere dubiosa* 的出现也反映了较浅的湖水环境。该层 ^{18}O（$<-7‰$）为整个剖面的最低值，同时 ^{13}C 也为最低值（$<3‰$），说明当时为一还原环境（Gasse et al.，1991），对应于较浅的沼泽环境。10.4～10.39m 及 10.39～10.37m 处植物残体样品的 AMS 测年年代分别为 12510±190a B.P.（14605cal.a B.P.）和 12720±220a B.P.（15040cal.a B.P.），相应的该浅水环境形成年代为 12700～12500a B.P.（15000～14600cal.a B.P.）。

10.37～9.50m 为黏土沉积，层理较差，说明湖水较上一阶段加深，有机质含量的下降

（0.2%）也说明这一点。^{18}O（约–5‰）及 ^{13}C（约 4‰）含量的增加和湖水深度的增加相对应。经沉积速率内插，得到该层沉积年代为 12500～11630a B.P.（14600～13455cal.a B.P.）。

9.50～9.10m 为规则层状富碎屑沉积，说明湖水深度增加，有机质含量的进一步降低（约 0.1%）与此相吻合。^{18}O（约–3.5‰）和 ^{13}C（约 5‰）含量的增加指示了湖水深度增加。该层约 9.28m 以下层理较薄（8mm）而 9.28m 以上逐渐变厚（20mm），说明水深有所变浅。莎草科在水生植物中所占比例在 9.28～9.10m 处达到峰值，说明在该层沉积的晚期湖水更浅。经沉积速率内插，得到该层沉积年代为 11630～11180a B.P.（13455～12945cal.a B.P.）。其中湖水变浅的晚期对应的时间为 11380～11180a B.P.（13175～12945cal.a B.P.）。

9.10～8.8m 为一砂层沉积，说明在约 11180a B.P.（12945cal.a B.P.）后为一个湖滨砂滩，湖水很浅。

8.8～7.98m 为规则层状富碎屑沉积，说明湖水较上阶段加深。^{18}O（约–6‰）及 ^{13}C（约 4‰）含量的下降说明湖泊温度较低，反映当时气候较冷干（Gasse et al.，1991）。层理厚 15～16mm，说明当时湖水相对较深。经沉积速率内插，得到该层沉积年代为 10500～9900a B.P.（12560-11400cal.a B.P.）。

7.98～7.91m 为硬化沼泽黏土，说明湖水深度变浅。该层 ^{18}O 和 ^{13}C 值仍较低，但出现大量莎草科和底栖介形虫（van Campo and Gasse，1993），对应于湖水的变浅。7.98～7.91m 处介形类壳体的 AMS 测年年代为 9900±420a B.P.（11403cal.a B.P.）。

7.91～7.09m 又恢复到规则层状富碎屑沉积，说明约在 9900a B.P.（11403cal.a B.P.）后湖水开始加深。^{18}O（约–3‰）和 ^{13}C（约 5‰）含量的增加也与此相吻合。该层开始出现硅藻，且浮游种 *Cyclotella* sp.1 含量达到 91%（van Campo and Gasse，1993），指示了深水环境。

7.09～7.0m 为硬化沼泽黏土薄层，说明在该短期内湖水变浅，硅藻以附生种 *Diploneis pseudovallis*、*Scoliopleura peisonis* 为主，和较浅的湖水环境相符。经两个样品点年代的沉积速率内插，得到该层形成年代为 8080～7860a B.P.（9270～9035cal.a B.P.）。

7.0～5.68m 为富镁方解石（3～5mm 厚）的细碎层状沉积，对应于湖水加深。^{18}O 达到岩心最高值（–1.5‰），说明夏季降水较多且持续时间较长（Gasse et al.，1991），和湖水较深的论证一致。6.31～6.33m 处样品的 AMS 测年年代为 6400±420a B.P.（7245cal.a B.P.）。该层的相应沉积年代为 7860～5500a B.P.（9035～6815cal.a B.P.）。

该层硅藻含量有几次波动。在约 6.73m 和 6.23m 处浮游硅藻含量较高（>90%），说明在约 7300a B.P.（8325cal.a B.P.）和 6200a B.P.（7010cal.a B.P.）时湖水较深。而在 6.40～6.30m 处硅藻主要是微咸种 *Diploneis smithii* 和 *D. pseudovallis*（22%～68%），说明在约 6400a B.P.（7245cal.a B.P.）时为盐水环境。6.0～5.9m 处为附生耐盐种，说明在约 6000a B.P.（7030cal.a B.P.）时湖水较浅，且为盐水环境。在岩心 5.9m 以上硅藻又恢复到以浮游种为主。

5.68～4.2m 为黏土沉积，层理发育较差，说明湖水深度降低。5.55～4.95m 处浮游硅藻含量降至 47%，而到 4.51m 时硅藻则以附生种为主（包括 *Amphora pediculus*、*Achnanthes minutissima*、*A.clevei*、*Cymbella minutissima*、*Gomphonema* spp.），浮游种仅占 8%，也反映出湖水的变浅。^{18}O（–2‰～–3‰）和 ^{13}C 值（约 5‰）仍较高。经沉积速率内插，得到该层形成年代为 5500～5060a B.P.（6815～5825cal.a B.P.）。

4.2～3.75m 为规则层状富碎屑沉积，说明 5060a B.P.（5825cal.a B.P.）后湖水加深，^{18}O 和 ^{13}C 值仍较高，该层出现浮游硅藻 *Cyclotella* sp.1（25%～35%），和水深增加一致。

岩心 3.75～3.5m 为一双壳贝类（*Pisdium* sp.）沉积层，说明当时湖水较浅。该层 3.74～1.09m 处硅藻含量极少，由于该段时期内 TOC 含量较高而氢指数较低，因此 3.74～1.09m 处沉积物可能为早—中全新世沉积物经再改造形成的产物（Gasse et al.，1991）。在 3.73～3.74m 处双壳贝类样品的 AMS 测年年代为 4770±200a B.P.（5514cal.a B.P.）。该层沉积年代为 4800～4650a B.P.（5525～5355cal.a B.P.）。

3.5～2.94m 为层理发育较差的黏土，说明较上一阶段湖水有所加深。经沉积速率内插，得到该层形成于 4650～4360a B.P.（5355～4955cal.a B.P.）。

2.94～2.6m 为不规则层状泥灰土，沉积物粒度较大，说明湖水在约 4360a B.P.（4955cal.a B.P.）后开始变浅。^{18}O（约–4.5‰）和 ^{13}C（约 4.5‰）含量的显著降低也说明了这一点。

2.6～2.4m 为硬化沼泽黏土层，说明湖水继续变浅。经内插，得到该层沉积在 4080～4190a B.P.（4715～4575cal.a B.P.）。

2.4～1.5m 为层理较差的黏土沉积，说明约在 4080a B.P.（4575cal.a B.P.）后湖水深度较下覆层增加。

上覆沉积物（深度在约 1.5m 处）为形成于约 3580a B.P.（3945cal.a B.P）的植物残体薄层。

1.5～1.08m 为规则层状碎屑沉积，说明湖水较上一阶段加深。该层形成在 3580～3400a B.P.（3945～3650cal.a B.P.）。

1.08～1.06m 为植物残遗层，硅藻以附生种为主，包括 *Denticula kuetzingii*、*Campylodiscus hibernicus* 和 *Martyana* sp.，和湖水变浅一致。1.08～1.06m 处 *Potamogeton fluitans* 样品的 AMS 测年年代为 3400±80a B.P.（3642cal.a B.P.）。

顶部 1.06～0m 以上为不规则层状泥灰土沉积，粒度较粗，说明 3400a B.P.（3635cal.a B.P.）后湖水深度增加。硅藻仍以附生种为主但同时也出现了浮游-底栖种脆杆藻（*Fragilaria* sp.），说明湖水相对较深。钻孔处现代湖水深度为 8m。

以下是对该湖泊进行古湖泊重建、量化水量变化的 7 个标准：（1）很低，湖相砂沉积或 8m 深钻孔处的双壳贝类沉积；（2）低，沼泽黏土或植物残遗沉积；（3）较低，粗糙的不规则层状泥灰土沉积，含附生硅藻；（4）中等，层理较差的黏土沉积，含附生硅藻；（5）较高，规则层状（层理厚 15～20mm）碎屑沉积莎草科含量较高，浮游硅藻含量>35%，或含镁方解石的细碎层状沉积物，含附生耐盐硅藻；（6）高，规则层状（层理厚 8～10mm）的碎屑沉积物，浮游硅藻含量>90%；（7）很高，富含镁方解石的细碎沉积（层理厚 3～5mm），浮游硅藻含量>90%。

松西错和龙木错各岩心年代数据、OSL/IRSL 年代结果、水位水量变化见表 6.35～表 6.37，岩心岩性变化图如图 6.17 所示。

表 6.35　松西错和龙木错各岩心年代数据

放射性 ^{14}C 测年/a B.P.	校正年代/cal.a B.P.	深度/m	测年材料	钻孔
12720±220	15040	10.39～10.37	植物残体	松西错孔
12510±190	14605	10.40～10.39	植物残体	松西错孔
11535±40	13372		有机质	LM2-7 5023
*11410±290	13321	1.4	水生植物残体	松西错剖面 5（海拔 5088m a.s.l.）
9900±420	11403	7.91～7.89	介形壳	松西错孔
9800±35	11217		有机质	LM2-6
9510±60	10780		蒸发岩结核	LM2-1
9065±30	10222		有机质	LM2-5
*8850±170	9952	顶部	水生植物残遗	龙木错剖面 6（海拔 5080m a.s.l.）
8675±30	9618		有机质	LM2-3
8590±50	9580		蒸发岩结核	LM4
8430±60	9452		蒸发岩结核	LM5
8200±150	9167	剖面底部	水生植物残体	松西错剖面 4（海拔 5094m a.s.l.）
8155±30	9075		有机质	LM2-4
7800±330	8671	4.6		龙木错剖面 3（海拔 5080m a.s.l.）
7730±470	8622	3.7	介形壳	龙木错剖面 3（海拔 5080m a.s.l.）
7670±140	8473	海拔 5070m a.s.l.	藻类	龙木错剖面 2（海拔 5070m a.s.l.）
7520±400	8356	海拔 5098m a.s.l.	介形壳	龙木错剖 2（海拔 5098m a.s.l.）
7290±200	8138	海拔 5105m a.s.l.	藻类	龙木错剖面 1（海拔 5105m a.s.l.）
7260±140	8072	剖面中部	水生植物残体	松西错剖 4（海拔 5094m a.s.l.）
7030±220	7846	海拔 5080m a.s.l.	藻类	龙木错剖面 2（海拔 5080m a.s.l.）
6890±150	7732	剖面顶部	水生植物残体	松西错剖面 4（海拔 5094m a.s.l.）
6400±420	7245	6.31～6.33		松西错孔
4770±200	5514	3.73～3.74	双壳贝类	松西错孔
3400±80	3642	1.06～1.08	水生植物残体	松西错孔
2575±30	2729		碳酸盐壳	LM8

注：带*的为普通放射性 ^{14}C 测年，样品测年在中国科学院地理科学与资源研究所 ^{14}C 实验室进行；其余的为 AMS 测年，样品定年在法国原子能委员会科学研究机构弱放射性中心及北京大学加速质谱实验室进行；年代校正数据通过校正软件 Calib6.0 及 Calib7.0 获得

表 6.36　OSL/IRSL 年代结果

样品编号	年代/ka	测年材料
LM2	1.4±0.1	长石
LM3	6.3±0.4	长石
LM3	7.2±0.6	石英
LM4	1.3±0.1	长石
LM5	1.5±0.1	长石
LM6	5.5±0.4	长石
LM6	4.9±0.8	石英
LM7	4.7±0.4	石英
LM9	7.4±0.7	石英
SMX1	11.2±0.9	石英

注：释光年代在中国地质大学释光实验室进行

表 6.37　松西错和龙木错古湖泊水位水量变化

年代/cal.a B.P.	水位水量
?	海拔 5150～5140m a.s.l.处的滨线，湖泊面积约 635km^2
15000～14600	低（2）
14600～13455	中等（4）
13455～13175	高（6）
13175～12945	较高（5）
12945～12560	很低（1）
12560～11400	较高（5）
约 11400	低（2）
11400～9270	高（6）
9270～9035	低（2）
9035～8325	很高（7）
8325～7245	较高（5）
7245～7010	很高（7）
7010～7030	较高（5）
7030～6815	很高（7）
6815～5825	中等（4）
5825～5525	较高（5）
5525～5355	很低（1）
5355～4955	中等（4）
4955～4715	较低（3）
4715～4575	低（2）

续表

年代/cal.a B.P.	水位水量
4575～3945	中等（4）
约3945	低（2）
3945～3650	较高（5）
约3650	低（2）
3650～0	较低（3）

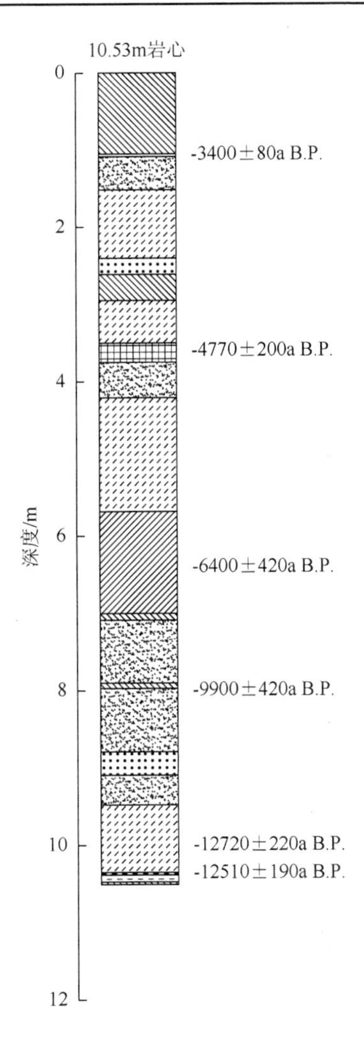

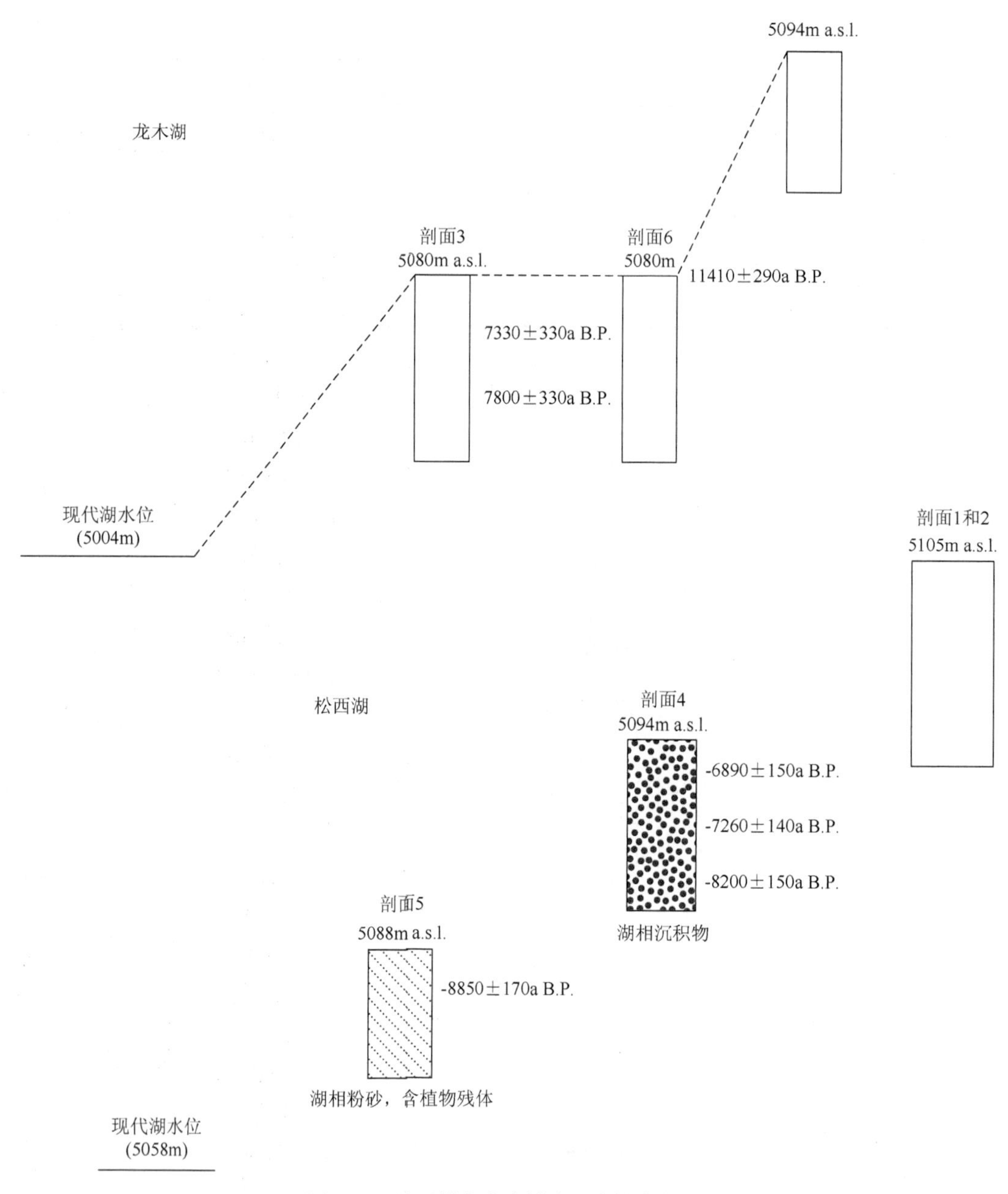

图 6.17　松西错和龙木错岩心岩性变化图

参 考 文 献

李炳元，张青松，王富葆. 1991. 喀喇昆仑山-西昆仑山地区湖泊演化. 第四纪研究，(1)：64-71.

Gasse F，Arnold M，Fontes J C，et al. 1991. A13000-year climate record from western Tibet. Nature，353（24）：742-745.

Liu X J，Madsen D B，Liu R，et al. 2016. Holocene lake level variations of Longmu Co，western Qinghai-Tibetan Plateau. Environmental Earth Sciences，75（4）：1-14.

van Campo E，Gasse F. 1993. Pollen-and diatom-inferred climatic and hydrological changes in Sumxi Co Basin（Western Tibet）since 13，000 yr B.P.. Quaternary Research，39（3）：300-313.

6.1.18　希门错

希门错（33.38°N，101.67°E，海拔4020m a.s.l.）是位于青藏高原东部的高山湖泊。盆地由构造断裂形成且被冰碛物所覆盖（李世杰等，1995）。希门错是冰期后形成的冰蚀湖（王苏民等，1997）。盆地基岩为石灰岩、花岗岩及片麻岩。湖泊面积3.8km^2，最大水深40m（王苏民等，1997），流域面积50km^2。湖水主要由降水及盆地北部高山（最高海拔达5369m a.s.l.）处的冰雪融水补给。受印度夏季风影响，区域气候偏冷湿，年平均温度为–4℃，年降水量306mm（沈德福等，2015）。盆地植被类型主要为高山苔原植被，以莎草科和禾本科为主（羊向东，1996）。

对希门错湖泊及环境演化的研究中，包括李世杰等（1995）对湖泊南部湖漫滩（比现代湖水位略高）人工挖掘深1.7m剖面，进行了岩性及水生植物分析，其湖相沉积年代可至约7500a B.P.（约8300cal.a B.P.）。王苏民等（1997）在水深1.5m钻取长1.47m岩心（孔XM9201）进行了岩性及地球化学分析，其湖相沉积年代可至约2600a B.P.（2600cal.a B.P.）；类延斌等（2006，2008）对钻自希门错中部水深50m处的长12.8m岩心进行了粒度、有机质含量及磁化率分析；Yuan等（2014）对钻自希门错南部的长44cm的岩心金属元素进行了分析；沈德福等（2015）对采自希门错东部一长47cm的岩心有机质和地球化学元素进行了分析，重建了该地近1720年以来的环境变化记录。基于这些钻孔和剖面岩心的岩性、粒度、地球化学及水生植物变化，可重建古湖泊水深的相对变化。由于44cm及47cm长岩心年代尺度较短，因此，我们在此并未对这两个岩心进行详细描述，也未采用这两个岩心进行古湖泊水位量化。年代学基于深1.7m的剖面及孔XM9201中的三个放射性^{14}C测年（李世杰等，1995；王苏民等，1997）及长12.8m岩心中的7个AMS^{14}C年代数据及由^{210}Pb测年计算的沉积速率所推得的年代（项亮等，1995）。

1.7m处深剖面底层（1.5m以下）为冰碛物，是早全新世前湖泊尚未形成时的沉积物（李世杰等，1995）。上覆层（1.5~0.5m）为湖相黏土，说明当时湖水较深。1.5m和0.5m处样品的放射性^{14}C测年分别为7415±150（8215cal.a B.P.）和4185±100a B.P.（4663cal.a B.P.），相应的该层沉积年代为7500~4100a B.P.（8300~4600cal.a B.P.）。顶部0.5m以上为泥炭层，含大量水生植物残体，说明自4100a B.P.（4600cal.a B.P.）后湖水开始变浅。

XM920孔底层（1.47～1.42m）为湖相灰色黏质粉砂，说明当时为较深的湖水环境。δ^{13}C值较高（–20‰～–22‰），和湖水较深相一致。用1.4m处样品测年数据和^{210}Pb年代间沉积速率（0.058cm/a）外推，得到该层沉积年代为2720～2630a B.P.（2775～2680cal.a B.P.）。

上覆1.42～1.41m为一薄泥炭沉积层，说明约在2630a B.P.（2680cal.a B.P.）后湖水变浅。

1.41～0.92m为湖相灰色黏质粉砂沉积，岩性变化说明湖水深度较上阶段增加，相对较高的δ^{13}C值（–22‰～–24‰）也和较深的湖水环境一致。1.40m处样品的AMS^{14}C测年年代为2600±120a B.P.（2641cal.a B.P.），相应的该层沉积年代为2615～1770a B.P.（2660～1720cal.a B.P.）。

0.92～0.91m为一薄泥炭沉积，说明在约1770a B.P.（1720cal.a B.P.）后湖水又开始变浅。

0.91～0.50m为湖相灰色黏质粉砂，岩性变化说明湖水深度增加。δ^{13}C值相对较高

（–22‰～–24‰），与较深的湖水环境对应。经 1.4m 处样品测年数据及 ^{210}Pb 年代沉积速率（0.058cm/a）内插，得到该层沉积年代为 1755～1055a B.P.（1700～915cal.a B.P.）。

0.50～0.49m 为一薄泥炭沉积层，说明约在 1055a B.P.（915cal.a B.P.）后湖水变浅。

0.49～0.10m 为湖相灰色黏质粉砂沉积，岩性变化说明湖水加深。δ^{13}C 值较高(–22‰～–25‰)，对应于相对较深的湖水环境。经内插，得到该层形成年代为 1030～150a B.P.(900～150cal.a B.P.)。

顶部 0.1m 以上为棕黄灰色黏质粉砂沉积，含大量水生植物碎片，水生植物碎片的出现说明湖水较下覆层变浅。δ^{13}C 值的减小（–27‰），和湖水变浅吻合。对最顶部 5cm 按 1cm 间隔进行 ^{210}Pb 测年，得出其沉积速率为 0.068cm/a，说明该层是近 150 年来的沉积物。

取自湖心的 12.8m 岩心的底部（12.8～12.73m）为黑色砂层及砾石层，类延斌等(2008)认为该层可能代表了湖泊形成早期时的沉积。对 9.77m 及 6.6m 处样品的 AMS^{14}C 测年年代分别为 30790+630/–580a B.P.（35010cal.a B.P.）和 25400+270/–260a B.P.（30360cal.a B.P.），因此该层为 30000a B.P.（35000cal. a B.P.）之前的沉积。

上覆 12.73～7.3m 为浅色层状沉积，层状沉积物的出现表明湖水较下覆层加深。该层黏土含量较高，粗砂含量接近于零，中值粒径为 7μm 左右，代表水动力条件较弱的深水时期。经 9.77m 及 6.6m 处样品的 AMS^{14}C 测年年代沉积速率外推，得到该层沉积年代为 35820～26590a B.P.（39350～33355cal.a B.P.）。

7.3～6.25m 为深灰色黏土沉积，中值粒径为 4μm 左右，岩性变化表明水深有所增加。经 6.6m 及 5m 处样品测年年代沉积速率内插，得到该层沉积年代为 26590～24150a B.P.（33355～28860cal.a B.P.）。

6.25～5m 为深灰色黏土夹砂或细砂沉积，岩性变化表明湖水深度较下覆层变浅。该层砂含量处于剖面最高值，中值粒径较大，和湖水变浅相一致。对 5m 处样品的 AMS^{14}C 测年年代为 19690±220a B.P.（校正年代为 23510cal.a B.P.）。该层沉积年代为 24150～19690a B.P.（28860～23510cal.a B.P.）。

5～3.5m 为深色黏土沉积，含层状沉积物，岩性变化表明湖水较上阶段加深，但该层砂含量仍较高，中值粒径为 11μm 左右，说明湖水仍相对较浅。经沉积速率内插，得到该层沉积年代为 19690～10480a B.P.（23510～12085cal.a B.P.）。

3.5～0m 为灰色黏土沉积，中值粒径为 9μm 左右，砂含量较下覆层降低，对应于湖水深度的增加。对该层 2.65m、1.79m 及 0.76m 处样品的 AMS^{14}C 测年年代分别为 5260±40a B.P.（6050cal.a B.P.）、4100±35a B.P.（4670cal.a B.P.）和 2530±35a B.P.（2630cal.a B.P.）。经外推，得到该层为 10480a B.P.（12085cal.a B.P.）以来的沉积。

以下是对该古湖泊进行重建、量化水量变化的 7 个标准：（1）极低，12.8m 深岩心的黑色砂层及砾石沉积；（2）低，湖沼剖面 1.5m 水深处的泥炭沉积；（3）较低，12.8m 深岩心的深灰色黏土夹砂或细砂沉积；（4）中等，水深 1.5m 处岩心中的棕黄色黏质粉砂沉积，含大量水生植物碎片，δ^{13}C 值较低，12.8m 深岩心的层状沉积，含砂量较高；（5）较高，水深 1.5m 处岩心中的灰色黏质粉砂沉积，δ^{13}C 值相对较高，12.8m 深岩心的黏土沉积，含砂量较低；（6）高，12.8m 深岩心的层状沉积物；（7）极高，湖沼剖面及 12.8m 深岩心中的黏土沉积。

希门错各岩心年代数据、水位水量变化见表 6.38 和表 6.39，岩心岩性变化图如图 6.18 所示。

表 6.38　希门错各岩心年代数据

放射性 ^{14}C 测年/a B.P.	校正年代/cal.a B.P.	深度/m	岩心	备注
30790+630/−580	35010	9.77	12.8m 深岩心	AMS^{14}C 测年
25400+270/−260	30360	6.6	12.8m 深岩心	AMS^{14}C 测年
19690±220	23510	5	12.8m 深岩心	AMS^{14}C 测年
9830±40	11170	3.38	12.8m 深岩心	AMS^{14}C 测年
7415±150	8215	1.5	黏土，希门错湖沼剖面	
5260±40	6050	2.65	12.8m 深岩心	AMS^{14}C 测年
4185±100	4663	0.5	黏土，希门错湖沼剖面	
4100±35	4670	1.79	12.8m 深岩心	AMS^{14}C 测年
2600±120	2641	1.40	有机物，XM920 孔	AMS^{14}C 测年
2530±35	2630	0.76	12.8m 深岩心	AMS^{14}C 测年

注：AMS 测年的样品在北京大学考古文博学院进行；另外两个样品测年在原中国科学院兰州冰川冻土研究所进行，湖沼剖面及 XM9201 孔校正年代由校正软件 Calib6.0 校正获得，12.8m 深岩心校正年代参照类延斌等（2008）给出

表 6.39　希门错古湖泊水位水量变化

年代	水位水量
39350cal.a B.P.之前	极低（1）
39350～33355cal.a B.P.	高（6）
33355～28860cal.a B.P.	极高（7）
28860～23510cal.a B.P.	较低（3）
23510～12085cal.a B.P.	中等（4）
12085～8215cal.a B.P.	较高（5）
8215～4663cal.a B.P.	高（6）
4663cal.a B.P.后	低（2）
?	未量化
2775～2680cal.a B.P.	中等（4）
2680～2660cal.a B.P.	低（2）
2660～1720cal.a B.P.	中等（4）
1720～1700cal.a B.P.	低（2）
1700～915cal.a B.P.	中等（4）
915～900cal.a B.P.	低（2）
900～0cal.a B.P.	中等（4）

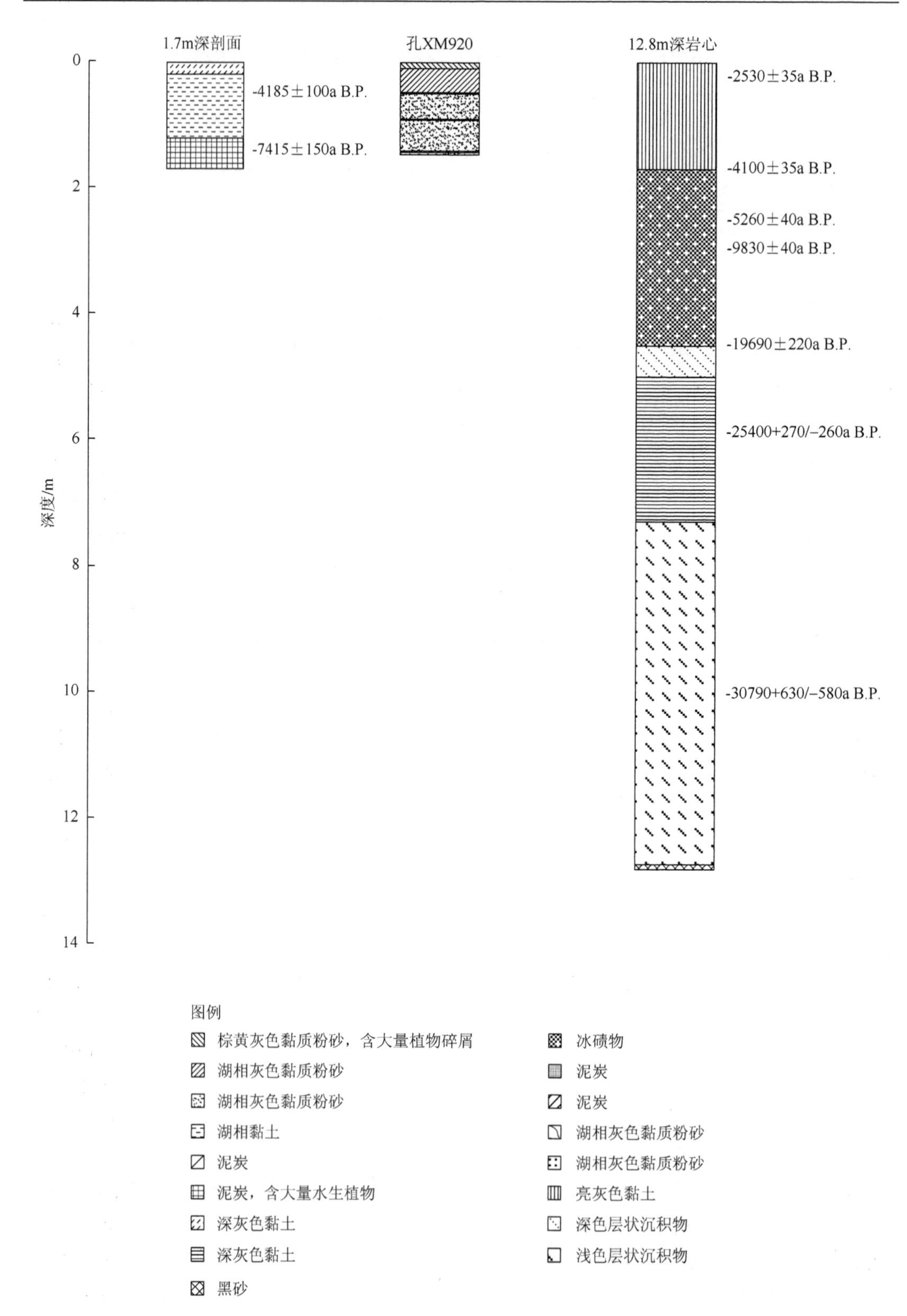

图 6.18　希门错岩心岩性变化图

参考文献

类延斌，张成君，尚华明，等. 2006. 青藏高原东北部希门错湖岩心粒度特征及其环境意义. 海洋地质与第四纪地质，26（3）：31-38.

类延斌，张虎才，尚华明，等. 2008. 青藏高原年保玉则山末次冰期中期以来的湖泊演化与古冰川发育. 第四纪研究，28（1）：132-139.

类延斌. 2006. 江河源区希门错岩芯记录的末次冰期以来的环境变化. 兰州大学硕士学文论文：1-79.

李世杰，施雅风，王苏民. 1995. 若尔盖盆地3万年来气候与环境变化的地质记录//青藏项目专家委员会. 青藏高原形成演化、环境变迁与生态系统研究. 北京：科学出版社：227-234.

沈德福，李世杰，姜永见. 2015. 黄河源区典型湖泊希门错沉积物的地球化学特征及其环境意义. 云南师范大学学报（自然科学版），（03）：62-69.

王苏民，薛滨，夏威岚. 1997. 希门错2000多年来气候变化的湖泊记录. 第四纪研究，1：62-69.

项亮，夏威岚，王苏民. 1995. 黄河源区希门错湖泊沉积孔柱放射性核素分布及时标信息//青藏项目专家委员会. 青藏高原形成演化、环境变迁与生态系统研究. 北京：科学出版社：168-174.

羊向东. 1996. 西门错地区2000年来的花粉组合与古气候. 微体古生学报，13（4）：473-440.

Yuan H，Liu E，Shen J，et al. 2014. Characteristics and origins of heavy metals in sediments from Ximen Co Lake during summer monsoon season，a deep lake on the eastern Tibetan Plateau. Journal of Geochemical Exploration，136：76-83.

6.1.19　小沙子湖

小沙子湖（36.97°N，90.73°E，海拔4106m a.s.l.）是位于昆仑山中部库木库里盆地的淡水湖泊。库木库里盆地位于青藏高原北部僻远处（李栓科，1992），是由断裂形成的构造盆地。长期侵蚀下盆地分割为包括小沙子湖和贝里克库勒湖在内的小湖盆。目前尚不清楚小沙子湖流域面积，但已知库木库里盆地面积为45000km^2（黄赐璇等，1996）。一河流自西南注入小沙子湖，且湖水在西北外泄口注入封闭的大沙子湖。1978年小沙子湖泊面积为33km^2，由于长期干旱致使湖泊面积在1986年缩减至25km^2（李栓科，1992）。湖水主要由径流及盆地冰雪融水补给（李栓科和张青松，1991）。湖水盐度为0.323g/L，pH为8.1（李栓科，1992）。库木库勒盆地植被为高山荒漠，其中以藜科（Chenopodiaceae）中的驼绒藜属（*Ceratoides*）为主（黄赐璇等，1996）。盆地气候冷干，年均温度为–5～–6℃，年均降雨量100～300mm（黄赐璇等，1996）。

分别高出现代湖面20m和8m的两湖泊阶地可作为过去湖泊高水位的证据。在据湖泊边缘2km，高出现代湖水位20m的阶地处取得一沉积剖面（36.79°N，90.93°E；李栓科和张青松（1991）称为剖面A；李栓科（1992）称为剖面G）。在距湖泊边缘0.5km处，高出现代湖水位8m处取得第二个剖面。两剖面的沉积年代可至约11000a B.P.（13000cal.a B.P.）（李栓科和张青松，1991；李栓科，1992）。现存湖岸线可用来估计一定时期内的古湖泊面积（李栓科，1992）。基于剖面岩性、地球化学、硅藻组合及水生植物可重建古湖泊水深变化（李栓科和张青松，1991；李栓科，1992）。年代学基于剖面A的两个放射性^{14}C测年数据，这两个年代均在8000a B.P.（8800cal.a B.P.）前（李栓科和张青松，1991）。

剖面A底部（2.4～1.6m）为层状湖相黏土，表明当时湖水较深，该层沉积物pH为

8.4～8.1，有机质含量为 1.4%～1.7%。李栓科和张青松（1991）认为这是高海拔低温度条件下湖泊的典型特征。硅藻组合以浮游种 *Cyclotella* spp.及附生或沿岸种且适于淡水-微咸水环境的 *Cocconeis placentula*、*Nitzschia denticula* 及 *Amphora mexicana* 为主，和深水环境一致。经 1.5m 和 0.9m 年代间沉积速率（0.0257cm/a）外推，得到该层形成年代为 14200～11080a B.P.（17360～13070cal.a B.P.）。

A 剖面 1.4～1.6m 处水生植物的出现表明湖水较下覆层变浅。1.5m 处样品的放射性年代为 10693±238a B.P.（12538cal.a B.P.）。经沉积速率外推，得到该层沉积年代为 11080～10300a B.P.（13070～12000cal.a B.P.）。

A 剖面 1.4～1.0m 为层状湖相黏土，硅藻组合以浮游种 *Cyclotella* spp 为主，表明湖水较上阶段加深。该层沉积年代为 10300～8745a B.P.（12000～9860cal.a B.P.）。

A 剖面 1.0～0.8m 为黑色水生植物薄层，表明湖水较下覆层变浅。0.9m 处样品的放射性测年年代为 8356±172a B.P.（9324cal.a B.P.）。该层形成年代为 8745～7965a B.P.（9860～8790cal.a B.P.）。

A 剖面 0.8～0.4m 处沉积物为层状湖相黏土，表明湖水深度增加，硅藻组合以浮游种 *Cyclotella* spp.为主，和深水环境一致。经外推该层年代为 7965～6410a B.P.（8790～6645cal.a B.P.）。

黄赐璇等（1996）将 0.8～0.4m 处花粉组合（高含量艾属植物及低含量藜科）和附近花粉组合相似的阿其克库勒湖相互比对。基于阿其克库勒湖相沉积物中两放射性测年数据，黄赐璇等（1996）认为 0.8～0.4m 的深水环境年代为 6000～7000a B.P.（7900～7000cal.a B.P.）。然而由于阿其克库勒湖泊中的两放射性测年数据来自于不同湖相沉积层，且其中间还夹有一风成沉积物，因此将该年代用于小沙子湖泊剖面显得欠妥。

顶层（0～0.4m）为层状湖相砂质黏土。砂的出现表明湖水变浅。该层 pH 为 8.7～8.9，有机质含量<1.17%。硅藻组合以 *Anomoeoneis sphaerophora* 和 *Navicula oblonga*（底栖/附生种）为主，*Cyclotella* spp.含量的下降及底栖/附生硅藻含量的增加与湖水变浅对应。经外推，得到该层年代为 6410～4850a B.P.（6645～4500cal.a B.P.）。李栓科（1992）认为该湖相层（顶部海拔 4126m a.s.l.，高出现代湖面 20m）代表了湖泊高水位时期。同时基于 4125m a.s.l.处不连续湖岸线，他认为当时湖泊面积为 35km^2。阶地剖面顶部层状沉积的出现表明湖泊水位至少在 4126m a.s.l.，因此李栓科关于当时湖泊水深及面积的估计应为最小值。

高出现代湖泊水位 8m 的阶地保存完好，海拔为 4114m a.s.l.，阶地宽 700～1000m。该阶地剖面含 3m 厚的湖相黏土。但遗憾的是未对这些沉积物进行测年，因此我们无法确定这次湖泊高水位对应的年代，但可以确定现代湖泊水位应是历史最低值。

以下是对该湖泊进行古湖泊重建、量化水量变化的 4 个标准：（1）低，现代湖水位 4106m a.s.l.；（2）中等，高出现代湖面 20m 阶地剖面两湖相沉积层间的水生植物沉积；（3）较高，湖相层状砂质黏土沉积，硅藻组合为浮游/底栖/附生种；（4）高，湖相层状黏土层，硅藻组合以浮游类为主。

小沙子湖各岩心年代数据、水位水量变化见表 6.40 和表 6.41，岩心岩性变化图如图 6.19 所示。

表 6.40　小沙子湖各岩心年代数据

放射性 ^{14}C 测年/a B.P.	校正年代/cal.a B.P.	深度/m	测年材料	剖面
10693±238	12538	1.5	水生植物	剖面 A
8356±172	9324	0.9	水生植物	剖面 A

注：样品测年在中国科学院地理科学与资源研究所进行，校正年代数据由校正软件 Calib6.0 获得

表 6.41　小沙子湖古湖泊水位水量变化

年代/cal.a B.P.	水位水量
17360～13070	高（4）
13070～12000	中等（2）
12000～9860	高（4）
9860～8790	中等（2）
8790～6645	高（4）
6645～4500	较高（3）
0	低（1）

参考文献

黄赐璇，冯·康波·艾利斯，李栓科. 1996. 根据孢粉分析论青藏高原西部和北部全新世环境变化. 微体古生物学报，13（4）：423-432.

李栓科. 1992. 中昆仑山区封闭湖泊湖面波动及其气候意义. 湖泊科学，4（1）：19-30.

李栓科，张青松. 1991. 中昆仑山区距今一万七千年以来湖面波动研究. 地理研究，10（2）：27-37.

6.1.20　扎布耶湖

扎布耶湖（31.25°～31.50°N，83.95°～84.01°E，海拔 4421m a.s.l.）位于青藏高原内部冈底斯山系，湖泊以古湖滨线——暂时性和常年性盐湖组合为主要特征。该盆地由两个次一级的湖盆组成，分别为南、北两湖，并通过狭窄的通道相连。湖泊面积 243km²，其中卤水面积 165.8km²，流域面积 6553.18km²，平均水深约 1.5m（齐文和郑绵平，2005）。湖泊没有出口，有两个入口，分别位于西部和东部。流域面积为 6680km²，湖盆海拔为 4600～5200m a.s.l.的山地所包围。湖泊的补给主要靠地表径流、地下水以及冰融水，其中冰融水约占输入水量的 2.87%（郑绵平等，1989）。湖水含盐量 200～430g/L。盆地为构造断裂成因，基底岩石为白垩纪—新近纪中酸性火山岩和紫红色砂泥岩系。流域内气候极为干旱，年均温度 1℃，年降水 715.5mm，年蒸发约为 2424.8mm（郑绵平等，2007），全年流域水量收支呈负平衡状态（郑绵平等，1989）。在湖周围广泛出露大面积干盐滩，现代湖泊中以芒硝沉积为主。湖泊中没有水生植物生长，仅在盆地中稀疏发育了以紫花针茅

（*Stipa purpurea*）为主的草原植被（吴玉书和萧家仪，1996）。

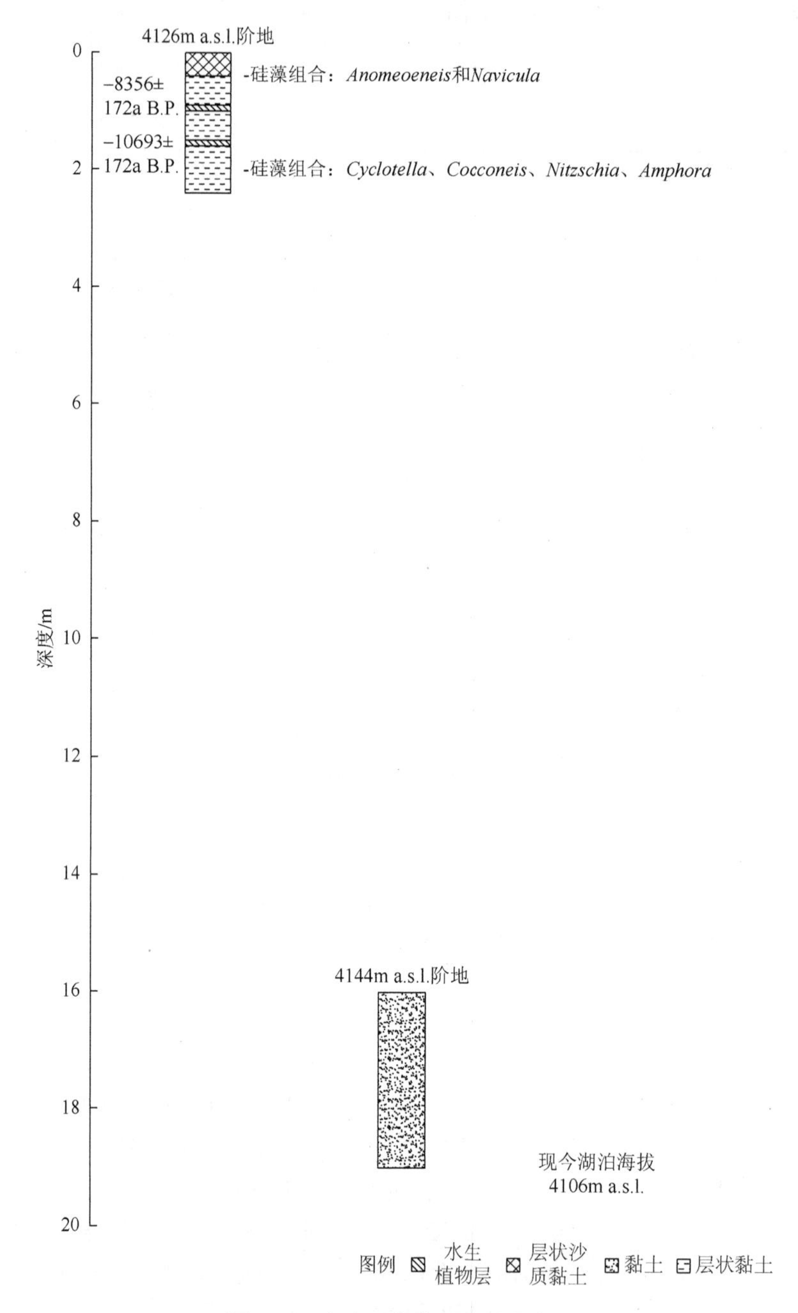

图 6.19　小沙子湖岩心岩性变化图

大量湖相沉积物在现代湖面以上的海拔高度发现，指示了过去高湖泊水位的存在（郑绵平等，1989；齐文和郑绵平，1995）。郑绵平等对查堆雄、加冬龙巴、旧儿和那就泥河等地点的湖相沉积物进行了研究，认为有一系列湖泊阶地及沙嘴，可以代表以前的岸线。根据海拔高程，共归纳了 14 个独立的湖泊岸线水位（L1～L14；见表 6.42）。

表 6.42　扎布耶湖古阶地及其对应湖泊的基本特征

水位	阶地高程/m a.s.l.	砂嘴高程/m a.s.l.	湖面积/km^2	湖泊水量/$\times 10^8 m^3$	湖水平均深度/m	^{14}C 测年/a B.P.
L1	4430	4432～4443	350	24.5	7	
L2	4440	4443～4455	480	68.6	14.3	5315±135（南剖面）9510±165（北剖面）
L3	4446	4449～4461	550	101	18.3	
L4	（无高程记录）	4463～4467	720	199	27.6	
L5	4470	4471～4477	810	267	33	8725±135（查堆雄）
L6	4492	4494～4496	1150	451	39.2	12，535±180（加冬龙巴）22，670±380（旧儿）
L7	4500+	4508～4520	1350	575	42.7	23，770±600（查堆雄）
L8	（无高程记录）	4532～4555	1381	665	48.2	
L9	4590～4600	4600	9780	11700	120	
L10	4621	（无高程记录）				
L11	4640～4642	（无高程记录）				
L12	4665	（无高程记录）				
L13	4686	（无高程记录）				
L14	4690～4706	（无高程记录）				

由于湖泊水位的下降侵蚀了这些阶地，这些湖底沉积物的出露特征较为清晰。一些所谓的沙嘴也具有湖泊深水沉积的特征，反映了这种阶地的沉积特征是由于湖水位下降后暴露的湖泊水下沉积，而并非是在湖泊沿岸湖面以上的沙嘴沉积。因此我们认为，这些阶地上的堆积物称为“沙嘴”是不合适的，如作为“水下沙坝”则较为可信，由此也影响到这些地貌体指示水位高程的差异。此外，作者给出相同年龄的阶地或沙嘴高程彼此不一。因此，这些把阶地沙嘴的特征作为指示湖水位的证据似乎不很充分。这些湖泊残留堆积对指示湖水位存在一些疑问，因此我们仅用它们高出现代湖水位的高程来指示特定的有测年的最小湖泊水深。

湖周围有 4 级阶地（L10～L14），海拔均大于 4600m a.s.l.。大多由湖底沉积物组成，可能为侵蚀阶地成因。这些出现在高于 4600m a.s.l.的湖相沉积物是该湖泊在溢流时期的产物（郑绵平等，1989，1996）。遗憾的是，对这些阶地没有进行详细的研究，也没有年代测试。

扎布耶盆地在海拔约 4600m a.s.l.以下开始封闭，因此，低于这一高程的湖相沉积物可能是封闭湖泊的产物。在查堆雄 L9 沙嘴海拔约 4600m a.s.l.处，见钙质砂砾，似乎为湖滩相沉积，但没有年代数据。如果假定在这些湖滩相沉积时湖水位在 4600m a.s.l.，那么湖泊高出现在 280m，面积达 9780km^2。在查堆雄海拔约 4532m a.s.l.的 L8 沙嘴上，也可见到相似的钙质角砾石，同样没有测年。假定该层也可对应为湖滩相沉积，那么湖水位高出现代 111～121m，面积为 1831km^2。在查堆雄海拔 4510m a.s.l.的 L7“沙嘴”上，沉积物为锈黄色含砾砂质黏土，沉积物黏土含量的增加指示为滨岸相沉积，而非湖滩相沉积。这些沉积物同样没有年代，但是可以指示湖水位大于 4510m a.s.l.。

在湖盆西部海拔 4510m a.s.l.的一处位置，见与查堆雄的沉积物相似的黄色含砾砂质黏土，沉积物介形类组合中主要见 *Leucocythere postilirata*，为盐度小于 10g/L 的半咸水属种（郑绵平等，1989）。因此，介形类组合也与湖泊相当深时（高出现在 90m）的近岸沉积相吻合。在该剖面顶部样品 ^{14}C 测年为 23770±600a B.P.（28373cal.a B.P.），说明该期深水约形成在 23800a B.P.（28400cal.a B.P.）前。

在旧儿 L6 沙嘴见浅黄色碳酸盐黏土。沉积物富碳酸盐，黏土含量较多，反映为湖泊近岸带的沉积。该处剖面顶部海拔 4492m a.s.l.。在 4480m a.s.l.处样品 ^{14}C 测年为 22670±380a B.P.（27211cal.a B.P.）。在加冬龙巴 L6 沙嘴也可见到这种近岸相浅黄色碳酸盐黏土，该处顶部海拔 4494m a.s.l.，在海拔约 4485m a.s.l.处样品 ^{14}C 测年为 12535±180a B.P.（14625cal.a B.P.）。

郑绵平等（1989）认为旧儿和加冬龙巴的这些沉积特征，由于海拔高程基本相似（4490～4492m a.s.l.），岩性也接近，可以指示为同一湖泊的岸线位置。根据剖面中的两个测年数据，他们认为该期的湖泊年代为 22600～12400a B.P.（27200～14500cal.a B.P.），因为这些沙嘴显然不是岸线的标志。我们认为该推论不尽合理，即该证据确实证明了湖水位在 22600a B.P.（27200cal.a B.P.）前后大于 4490m，在 12400a B.P.（14500cal.a B.P.）前后大于 4492m a.s.l.。由于每个剖面仅一个 ^{14}C 测年数据，因此也不可能推测该期湖泊的持续时间究竟有多长。我们倾向于采用多指标综合判断（见钻孔岩心分析）。

在查堆雄 L5 沙嘴海拔 4471m a.s.l.处见典型近岸相灰白色碳酸盐黏土。该层含狐尾藻（*Myriophyllum*）花粉，可以指示相对淡水的环境。介形类组合中见 *Cundimella mirabilis*，为盐度 20～30g/L 的半咸水属种（郑绵平等，1989），与其他证据也相吻合。在该剖面 4470m 处 ^{14}C 测年为 8725±135a B.P.（9848cal.a B.P.），表明湖水位在 8700a B.P.（9850cal.a B.P.）前较现今高 50m。

查堆雄 L4 沙嘴海拔 4463m a.s.l.处也是碳酸盐黏土沉积，见盘星藻（*Pediastrum*）及大量的狐尾藻（*Myriophyllum*）花粉，反映湖水较淡；介形类组合见 *Leucocythere mirabilis*，为盐度的广适种（郑绵平等，1989），也可从一方面反映湖水相对较淡。该层沉积物没有进行测年。在查堆雄 L3 沙嘴海拔 4449m a.s.l.处也见碳酸盐粉砂质黏土、黏土，沉积物中无机成分增多，反映该期沉积水深较 L4 略偏大。该期沉积是否与 L4 沉积同期形成，由于沉积物没有测年也不甚清楚。

在现代湖泊北湖的南岸剖面见浅灰色含砂碳酸盐黏土，岩性的特征反映为近岸至滨岸沉积。在海拔4440m a.s.l.处的样品^{14}C测年为9510±165a B.P.（10803cal.a B.P.），表明湖水位在9500a B.P.（10800cal.a B.P.）前高出现代至少19m。

在现代湖泊南湖的西岸一剖面，见浅灰色含砂碳酸盐黏土，岩性的特征反映为近岸至滨岸沉积。在海拔4440m a.s.l.处的样品^{14}C测年为5315±135a B.P.（6090cal.a B.P.），表明湖水位在5300a B.P.（6100cal.a B.P.）前后至少高出现今19m。

在查堆雄海拔4432m a.s.l.处的L1沙嘴上见浅灰色碳酸盐黏土。介形类组合特征为*Limnocythere dubiosa*及*Limnocytherellina binoda*，是生活在盐度约80g/L水体中的属种（郑绵平等，1989）。郑绵平等（1989）把L1沙嘴解释为湖水位在5300a B.P.（6100cal.a B.P.）后高出现代。即使查堆雄L1的沉积对应于L2沙嘴的深水相，但由于海拔及岩性差异以及L1缺乏^{14}C测年，因此5300a B.P.（6100cal.a B.P.）后高水位分析的可靠性值得推敲。

扎布耶湖底的钻孔岩心保存了盆地连续的湖泊沉积历史。研究较早钻孔包括11个工程钻，其中7个（CK1、CK2、CK3、CK4、CK5孔及SZK02、SZK01）位于南湖的南北向断面，其他3个（CK6、CK7、CK8）在北湖的南部（齐文和郑绵平，1995；郑绵平等，1996，2007；刘俊英等，2007），还有一个钻孔的位置不清楚（F32）（郑绵平等，1989）。ZK91-2孔长20.12m，位于现代湖岸以西的干盐滩（齐文和郑绵平，1995）。文献中CK1孔和ZK91-2孔、SZK01孔及SZK02孔有较详细的信息，CK1孔和ZK91-2孔的沉积记录可达40000a B.P.（约45000cal.a B.P.），SZK01孔的沉积记录则可至120ka B.P.，SZK02孔的沉积记录则可至128ka B.P.。湖水深度的变化可以根据这些钻孔的岩性、地球化学、水生花粉或藻类、介形类组合来进行恢复，CK1孔和ZK91-2孔年代学主要依据ZK91-2孔的4个AMS^{14}C年代（郑绵平等，1995；吴玉书和萧家仪，1996），与CK1孔、CK2孔、CK4孔、CK5孔、CK8孔及F32孔的13个常规^{14}C年代（郑绵平等，1989）；SZK01孔年代学则主要参照原作者给出的年代数据；SZK02孔年代学则主要参照原作者给出的校正年代数据，同时我们也将原测年数据附于节后。古湖泊水位变化主要依据SZK02孔的年代学变化，同时参照其他两孔年代数据给出。

ZK91-2孔底部沉积（20.12～19.79m）为土黄色含砾细砂，岩性特征表明为陆相洪积环境或高能动荡的滨岸环境。该层没有测年，但用该孔上部的两个年代之间的沉积速率（0.087cm/a）外推，得到该期沉积时代在37600a B.P.（41940cal.a B.P.）前。同样的沉积见于CK1孔10.5m以下，覆盖在风化基岩上的沉积。该沉积也没有测年。用该孔的两个年代之间的沉积速率（0.0171cm/a）外推，得到该层形成在59500a B.P.（72670cal.a B.P.）前。考虑到年代差距较大，这种估算可能并不合理，而ZK91-2孔的年代更为合理些，因此采用12.54～12.84m处的年代29330±42a B.P.（33851cal.a B.P.）作为该期沉积上限较为合理。

两钻孔中（ZK91-2孔19.79～17.55m；CK1孔10.50～9.14m）的碳酸盐黏土沉积，反映为湖相沉积环境。在靠湖岸的孔ZK91-2中还含有粉砂，反映了由于钻孔位置不同而造成的沉积变化。根据ZK91-2孔上覆沉积层^{14}C年代之间的沉积速率外推，得到该层形成在35000～37600a B.P.（41940～39420cal.a B.P.）；同样方法用于在CK1孔，该层年代为 59500～51500a B.P.（72670～62850cal.a B.P.）。但如上所述，根据 CK1 孔建立的年代不尽合理。

ZK91-2 孔（17.55～11.79m）沉积物中粉砂消失及深水孔 CK1 中（9.14～7.01m）碳酸盐含量减少（<5%），反映了湖水深度的增加。CK1 孔的介形类组合以 *Limnocytherellina kunlunensis*、*L. trispinosa* 和 *Leucocythere mirabilis* 为主，与相对淡水、深水的环境相一致。在 ZK91-2 孔该层近顶部（12.54～12.64m）的 AMS^{14}C 测年为 29330±420a B.P.（33851cal.a B.P.），反映该期相对深水的环境发生在 35000～28415a B.P.（39420～32950cal.a B.P.）（如果根据 CK1 孔的年代数据外推，该层沉积时间为 51500～39000a B.P.（62850～47500cal.a B.P.））。

28415a B.P.（32950cal.a B.P.）以后湖水深度下降。深水孔 CK1（7.01～4.21m）碳酸盐含量增加（10%～20%），相对浅水处钻孔 ZK91-2（11.79～7.5m）为含砾碳酸盐黏土，含有波纹层理、冲刷面等沉积构造，指示了近岸沉积环境。大量盘星藻（*Pediastrum simplex*）和莎草科（Cyperaceae）花粉也对应这种浅水的环境。不过，CK1 孔的介形类组合出现了 *Candona* spp.和 *Limnocytherellina kunlunensis*、*Candona*（典型的淡水种），与湖水的变浅并不一致。我们采用了沉积特征作为该时期湖泊变化的主要证据。用 ZK91-2 孔最底部的年代进行内插，得到这一湖水深度减小时期为 28415～23500a B.P.（32950～28130cal.a B.P.）。在 CK1 孔该层顶部（4.2m）样品年代测得为 22610±500a B.P.（27194cal.a B.P.），根据这一年代，该期水深减小的时期发生在 22700a B.P.（27200cal.a B.P.）前。

两钻孔上覆沉积物中薄层构造发育（ZK91-2 孔 7.5～5.95m；CK1 孔 3.26～4.21m），指示湖水深度加大。相对靠岸钻孔 ZK91-2 碳酸盐含量减小（<5%），对应湖水深度增加。盘星藻浅水种属（*Pediastrum simplex*）含量减小，但浮游种属（*Pediastrum boryanu*）增加，与湖水变深相吻合。在 ZK91-2 孔 6.25～6.35m 处的 AMS^{14}C 测年为 22130±235a B.P.（26783cal.a B.P.），用这一年代与下面的年代之间沉积速率（0.087cm/a）内插，得到该期深水环境发生在 23500～20900a B.P.（28130～25215cal.a B.P.）。CK1 孔 4.2m 处 ^{14}C 测年为 22610±500a B.P.（27194cal.a B.P.）。根据这一年代，该期时代为 22700～17050a B.P.（27200～20400cal.a B.P.）。

两孔中上覆沉积（孔 ZK91-2 中 5.95～3.70m；CK1 孔中 3.26～2.23m）中的薄层构造消失，指示了湖水的变浅。ZK91-2 孔中沉积物为含细粉砂碳酸盐黏土。粉砂的出现、碳酸钙含量的增加（40%～50%）以及白云石的沉积均与湖水变浅相一致。CK1 孔中该层含细砾石，有机含量也较高。ZK91-2 孔根据上下地层 AMS 年代之间沉积速率（0.0275cm/a）内插，得到该浅水期发生在 20900～12700a B.P.（25215～15140cal.a B.P.）。根据 CK1 孔的年代，这一浅水时期在 17050～11000a B.P.（20400～12900cal.a B.P.）。

沉积物化学成分的变化指示了湖水的进一步变浅。在较深位置钻孔（CK1，2.23～1.63m）的沉积物中硝酸盐组分增加显著（20%～30%），盘星藻（*Pediastrum*）的出现也对应湖水较浅。然而，CK1 孔的介形类以 *Candoniella mirabilis* 和 *Candona* spp.为组合特征，与其他记录也不一致。这里我们以岩性为主要证据。在相对浅水的钻孔（ZK91-2，3.70～1.87m）为芒硝-硼砂沉积。该层年代为 11000～7580a B.P.（12900～8640cal.a B.P.）（据 CK1 孔）或 12700～6200a B.P.（15140～6940cal.a B.P.）（据 ZK91-2 孔）。

两钻孔上覆层（ZK91-2 1.87～1.36m，CK1 孔 1.63～0.5m）为碳酸盐淤泥沉积，含盐量降低。这种矿物成分的变化反映湖水变淡变深。在 ZK91-2 孔底界处（1.81～1.97m）AMS^{14}C 测年为 5990±100a B.P.（6895cal.a B.P.），反映该期沉积年代为 6200～4200a B.P.（6940～4685cal.a B.P.）。根据 CK1 孔的年代估算该期年代为 7580～2280a B.P.（8640～2570cal.a B.P.）。CK1 孔和其他钻孔的证据表明在该时段存在次级波动（在 ZK91-2 孔中并未见这种现象）。由于 CK1 孔年代的不确定，缺乏具体的年代与深度，难以与 ZK91-2 孔的记录对比，因此，我们没进一步划分这些湖泊水量的次级波动。

ZK91-2 孔顶层（1.36～0m）为黏土沉积，含芒硝及氯化钠盐类，沉积矿物的变化指示干盐湖的形成。在 1.36m 处样品的 AMS^{14}C 测年为 4190±160a B.P.（4685cal.a B.P.），表明该期沉积发生在 4200a B.P.（4685cal.a B.P.）以后。在 CK1 孔沉积物又可分出三个亚层，表现为湖水逐渐浓缩、含盐量逐渐增加的化学沉积层序：从富碳酸盐黏土（0.5～0.4m）到富硝酸盐黏土（0.4～0.3m）再到芒硝和硼砂的沉积（0.3～0.0m）。

扎布耶 SZK01 孔位于 SZK02 孔南部，相距约 300m，孔深 73.30m，主要由碳酸盐黏土含石盐、天然碱、芒硝以及互层的粉细砂组成。SZK01 孔和 SZK02 孔作为两个平行钻孔，先前研究更多集中于 SZK02 孔。SZK01 孔仅有 9 个年代数据及黏土矿物资料见发表（马志邦等，2010；张雪飞和郑绵平，2014）。考虑到 SZK01 孔和 SZK02 孔位置接近，且同一深度的年龄变化趋势基本一致，我们在此以 SZK02 孔为主，将这两个钻孔合并在一块阐述。

扎布耶 SZK02 孔深 83.63m，底部（83.63～57m，对应 SZK01 孔深度为 73.3～50.8m）为含砾黏土及砂质碳酸盐粉砂黏土，介形类以淡水种 *Ilyocypris* 为主（平均 64.8%），而广盐种 *Limnocytherellina* 和微咸-咸水种 *Leucocythere* 含量较低，和相对较深的湖水环境对应。该层 82.90m、78.85m、74.65m、71.65m、67.35m、64.95m 及 63.35m 处样品的 TL 测年年代分别为 126000a B.P.、120000a B.P.、95000a B.P.、91000a B.P.、85000a B.P.、83000a B.P. 及 81000±6000a B.P.，73.90m 及 63.75m 处样品的 U 系年代为 96000±11700a B.P.和 82800±5500a B.P.，经内插，得到该层年代为 128～76.6ka B.P.。

SZK02 孔 57～38.13m（SZK01 孔为 50.8～35.22m）为深灰黑色、灰色碳酸盐黏土及粉质黏土，介形类组合中 *Ilyocypris* 含量的降低（平均 40.5%）及 *Leucocythere* 和 *Limnocytherellina* 含量的增加与湖水变浅一致。同时，矿物中芒硝含量的增加与此对应。42.70m 处样品的 TL 测年年代为 72000±5500a B.P.，42.52m 处样品的 U 系年代为 64900±6000a B.P.，经沉积速率内插，得到该层对应年代为 76.6～58.6ka B.P.。

SZK02 孔 38.13～33.07m（SZK01 孔为 35.22～29.5m）为深灰色夹灰黄、灰绿色略含碳酸盐与硝的黏土沉积，粉砂从碳酸盐黏土中的消失表明湖水深度较下覆层增加，同时介形类组合中 *Ilyocypris* 含量升高（54%）及 *Limnocytherellina* 含量的降低和水深增加一致。该阶段对应年代为 58.6～51.6ka B.P.。

SZK02 孔 33.07～26.13m（SZK01 孔为 29.5～21.2m）为浅色含碳酸盐黏土沉积，介形类中淡水种 *Ilyocypris* 含量大幅降低（1.1%）及 *Limnocytherellina* 含量的升高和水深的突然降低一致，31.00m 及 28.25m 处样品的 L 测年年代分别为 63000a B.P.和 58000a B.P.，27.75m 处 U 系年代为 44200±4800a B.P.。该层沉积年代为 51.6～42.5ka B.P.。

SZK02 孔 26.13～20.16m（SZK01 孔为 21.2～16.2m）为浅色略含碳酸盐黏土，介形类中淡水种 *Ilyocypris* 含量的升高（85%）及 *Limnocytherellina* 含量的降低与湖水加深一致。盐类矿物石盐及芒硝含量的降低与水深增加一致。该层对应年代为 42.5～36.2ka B.P.。

SZK02 孔 20.16～13.75m（SZK01 孔为 16.2～12.7m）为灰黑色、灰绿色交互的碳酸盐黏土，介形类中淡水种 *Ilyocypris* 含量的降低（15%）及 *Limnocytherellina* 含量的增加与湖水位下降对应。石盐及芒硝含量的升高与此一致。该层 14.80m 处样品的放射性 ^{14}C 年代为 25890±660a B.P.（30751±660cal.a B.P.）。该层对应年代为 36.2～29.1ka B.P.。

SZK02 孔 13.75～6.98m（SZK01 孔为 12.7～6.94m）为灰色条带状黏土碳酸盐，介形类组合中 *Ilyocypris* 含量的升高（46%）及 *Limnocytherellina Leucocythere* 含量的下降对应于湖水深度的增加，盐类含量的下降表明湖水盐度降低，水深增加。该层年代为 29.1～16.6cal.a B.P.。

SZK02 孔 6.98～5.76m（SZK01 孔为 6.94～5.65m）为深灰色、灰黑色含碳酸盐黏土与黏土碳酸盐层，介形类组合中 *Ilyocypris* 含量的下降（11.6%）及 *Limnocytherellina* 含量的升高和湖水变浅对应。石盐含量的增加与此一致。该层对应年代为 16.6～13.1cal.a B.P.。

SZK02 孔 5.76～4.83m（SZK01 孔为 5.65～5.2m）为深灰色、灰黑色黏土碳酸盐，*Ilyocypris* 含量的下降（3.5%）及 *Limnocytherellina* 含量的升高和湖水继续变浅对应。该层仍含大量石盐，对应于较浅的湖水环境。该层沉积年代为 13.1～11.8cal.a B.P.。

SZK02 孔 4.83～4.42m（SZK01 孔为 5.2～4.7m）为含硝硼黏土碳酸盐，介形类 *Ilyocypris* 含量的增加（13.5%）及 *Limnocytherellina*、*Leucocythere* 和 *Limnocythere* 的总含量的降低表明湖水较下覆层加深。该层对应年代为 11.8～10.7cal.a B.P.。

SZK02 孔 4.42～3.7m（SZK01 孔为 4.7～4.2m）为含硝硼黏土碳酸盐，介形类 *Ilyocypris* 含量降低至消失，而 *Limnocytherellina* 含量增加，表明湖水较下覆层下降。该层对应年代为 10.7～9.1cal.a B.P.。

SZK02 孔 3.7～2.86m（SZK01 孔为 4.2～3.2m）为含硝硼黏土碳酸盐，介形类以广盐种 *Limnocytherellina kunlunensis* 为主，含量高达 96%，同时还含有一定量淡水-微咸水的 *Candona xizangensis*，同时出现淡水种 *Candoniella mirabilis*，淡水种的出现表明湖水较下覆层有所加深，石盐含量的减少也对应于湖水深度的增加。该层沉积年代为 9.1～6.3cal.a B.P.。

SZK02 孔 2.86～1.77m（SZK01 孔为 3.2～2.3m）为含硝硼黏土碳酸盐，介形类组合以 *Limnocytherellina kunlunensis* 和 *Limnocythere dubiosa* 为主，不含淡水种介形类，表明湖水位较下覆层降低，同时石盐含量的增加也与此对应。该层形成年代为 6.3～3.6cal.a B.P.。

SZK02 孔顶部 1.77m（SZK01 孔顶部 2.3m）为浅色硼硝石盐段，夹 2 层含盐硝碳酸盐黏土，盐类的大幅增加表明湖水位较下覆层降低，但介形类组合中出现淡水种 *Candoniella mirabilis*，似乎与湖水变浅矛盾。在此我们以沉积特征作为湖水位变化的主要依据，该层为 3.6cal.a B.P.以来的沉积。

以下是对该湖泊进行古湖泊重建、量化水量变化的 8 个标准：（1）极低，ZK91-2 洪积沉积；（2）很低，与现代湖水位相应的干盐湖沉积；（3）低，SZK02 孔的含盐碳酸盐黏土沉积，不含淡水种介形类；（4）相对低，SZK02 孔为含盐黏土碳酸盐沉积，淡水种介形类含量极低；（5）中等，碳酸盐黏土及粉质黏土，淡水类介形类相对较低；（6）相对高，SZK02 孔含砾黏土及粉砂黏土、碳酸盐黏土沉积，淡水种介形类较高；（7）高，SZK02 孔碳酸盐黏土沉积，介形类组合中淡水种含量很高；（8）很高，ZK91-2 和 CK1 两孔中均为薄层状黏土沉积。

扎布耶湖各岩心年代数据、ESR 测年结果、U 系不平衡法测年结果、$^{230}Th/^{238}U$ 年代、水位水量变化见表 6.43～表 6.47，岩心岩性变化图如图 6.20 所示。

表 6.43　扎布耶湖各岩心年代数据

样品编号	放射性 ^{14}C 年代/a B.P.	校正年代/cal.a B.P.	深度/m	测年材料	钻孔/剖面
	29330±420	33851	12.54～12.64	钙质黏土	孔 ZK91-2AMS
CG4374	25890±660	30751±660	14.80	深灰色碳酸盐黏土	SZK02
	23770±600	28373	4510m a.s.l.	钙质黏土	查堆雄
	22670±380	27211	4480m a.s.l.	碳酸盐	旧儿
	22610±500	27194	ca 4.2	碳酸盐	孔 CK1
	22130±235	26783	6.25～6.35	黏土	孔 ZK91-2，AMS
	2170±150	2177	ca 0.2	含硼碳酸盐	F32
	20080±450	23944	ca 5.5	碳酸盐	孔 CK2
CG4372	19480±270	23096±270	9.60	深灰色碳酸盐黏土	SZK02
CG4373	19110±330	22670±520	12.50	灰色碳酸盐黏土	SZK02
CG4364	18710±660	17296±660	8.40	深灰色碳酸盐黏土	SZK02
	18620±300	22218	ca 3.1	碳酸盐	孔 CK2
CG4377	18080±310		21.20	灰黑色、浅灰绿色及灰色碳酸盐黏土	SZK02
CG4365	17660±530	21000±690	11.25	深灰色碳酸盐黏土	SZK02
CG4362	15470±340	18480±480	6.15	青黑色碳酸盐黏土	SZK02
CG4366	15160±320	18120±410	13.70	黄灰色碳酸盐黏土	SZK02
CG4371	14400±660	17300±800	7.20	深灰色碳酸盐黏土	SZK02
CG4376	13470±175	16180±300	17.15	深灰色碳酸盐黏土	SZK02
	1350±70	1255	ca 0.25	氯化物-芒硝	孔 CK4
	*12535±180	14625	4485m a.s.l.	钙质黏土	加冬龙巴
CG4370	10180±320	11813±320	4.80	黑色碳酸盐黏土	SZK02
	*9510±165	10803	4440m a.s.l.	碳酸盐	北剖面
	*8725±135	9848	4470m a.s.l.	碳酸盐	查堆雄
CG4362	7520±100	8350±100	3.65	棕黑灰色碳酸盐黏土	SZK02
	6840±170	7705	ca 1.5	碳酸盐	孔 CK1
	5990±100	6895	1.81～1.91	黏土	孔 ZK91-2，AMS
	5980±80	6827	ca 4.5	淤泥	孔 CK4

续表

样品编号	放射性 ^{14}C 年代/a B.P.	校正年代/cal.a B.P.	深度/m	测年材料	钻孔/剖面
	5770±80	6574	ca 2.1	淤泥	孔 CK4
CG4369	5520±80	6298±80	2.75	黑灰色碳酸盐黏土	SZK02
	*5315±135	6090	4440m a.s.l.	碳酸盐	南剖面
	470±80	5091	ca 1.6	钙质黏土	CK8
	4190±160	4685	ca 1.36	芒硝黏土	孔 ZK91-2，AMS
	3950±80	4385	ca 2.0	淤泥	CK5
CG4361	3790±55	4150±80	2.45	青灰色含硼砂碳酸盐黏土	SZK02
	3530±70	3810	ca 0.4	钙质黏土	CK8，可能年代偏老
CG4360	3330±55	3624±55	1.70	灰黑色黏土碳酸盐	SZK02
CG4368	3310±55	4151±55	2.15	灰色碳酸盐黏土	SZK02
	3150±70	3360	ca 1.20	钙质黏土	CK8
	3150±70	3360	ca 0.8	碳酸盐	CK4
CG4359	2070±120	2030±1203	0.95	青灰色含硼砂黏土碳酸盐	SZK02
CG4358	1240±60	1174±60	0.75	浅灰绿色含硼砂黏土碳酸盐	SZK02

注：4 个 AMS 年代为亚利桑那大学 NSF-AMS 实验室测试；*样品在中国地震局地质研究所测定；其他在中国科学院古脊椎动物与古人类研究所测定，校正年代数据由校正软件 Calib6.0 获得

表 6.44　ESR 测年结果

样品编号	年代/a B.P.	测年材料	深度/m	钻孔/岩心
SK1	58000	灰黄绿色含碳酸盐细砂	28.25	SZK02
SK2	63000	灰黄色含砾砂质黏土	31.00	SZK02
SK3	72000±5500	灰黑色碳酸盐黏土	42.70	SZK02
SK7	81000±6000	灰黑色含砂碳酸盐黏土	63.35	SZK02
SK8	83000	深褐色砂砾	64.95	SZK02
SK9	85000	棕褐色中细砂	67.35	SZK02
SK10	91000	棕褐色含砾中粗砂	71.65	SZK02
SK11	95000	棕褐色含黏土细砂	74.65	SZK02
SK12	120000	灰绿、深灰色含黏土中细砂	78.85	SZK02
SK13	126000	深灰色含粉砂碳酸盐黏土	82.90	SZK02

表 6.45　U 系不平衡法测年结果

样品编号	年代/a B.P.	测年材料	深度/m	钻孔/岩心
654	44200±4800	黄绿色碳酸盐黏土	27.75	SZK02
864	64900±6000	灰黑色碳酸盐黏土	42.52	SZK02
1157	82800±5500	灰白色碳酸盐黏土	63.75	SZK02
1241	96000±11700	浅灰-深灰色碳酸盐黏土	73.90	SZK02

表 6.46　$^{230}Th/^{238}U$ 年代

样品编号	年代/a B.P.	深度/m	钻孔/岩心
SZK-1A	12.6±2.7	5.47	SZK01
SZK-1-1	26.1±3.0	10.30	SZK01
SZK-1-3	39.0±2.3	18.07	SZK01
SZK-1-6	49.9±1.9	29.46	SZK01
SZK-1-8	64.1±3.5	37.57	SZK01
SZK-1-10	72.1±4.5	47.87	SZK01
SZK-1-12	82.9±5.2	57.01	SZK01
SZK-1-14	94.4±5.5	69.52	SZK01
SZK-1-15	112.6±5.6	73.30	SZK01

表 6.47　扎布耶湖古湖泊水位水量变化

年代	水位水量
128000～76600a B.P.	相对高（6）
76600～58600a B.P.	中等（5）
58600～51600a B.P.	相对高（6）
51600～42500a B.P.	极低（1）
42500～36200a B.P.	高（7）
36200～27200a B.P.	中等（5）
28130～20400cal.a B.P.	很高（8）
20400～16600cal.a B.P.	相对高（6）
16600～13100cal.a B.P.	中等（5）
13100～11800cal.a B.P.	相对低（4）
11800～10700cal.a B.P.	中等（5）
10700～9100cal.a B.P.	低（3）
9100～6300cal.a B.P.	相对低（4）
6300～3600cal.a B.P.	低（3）
3600～0cal.a B.P.	很低（2）

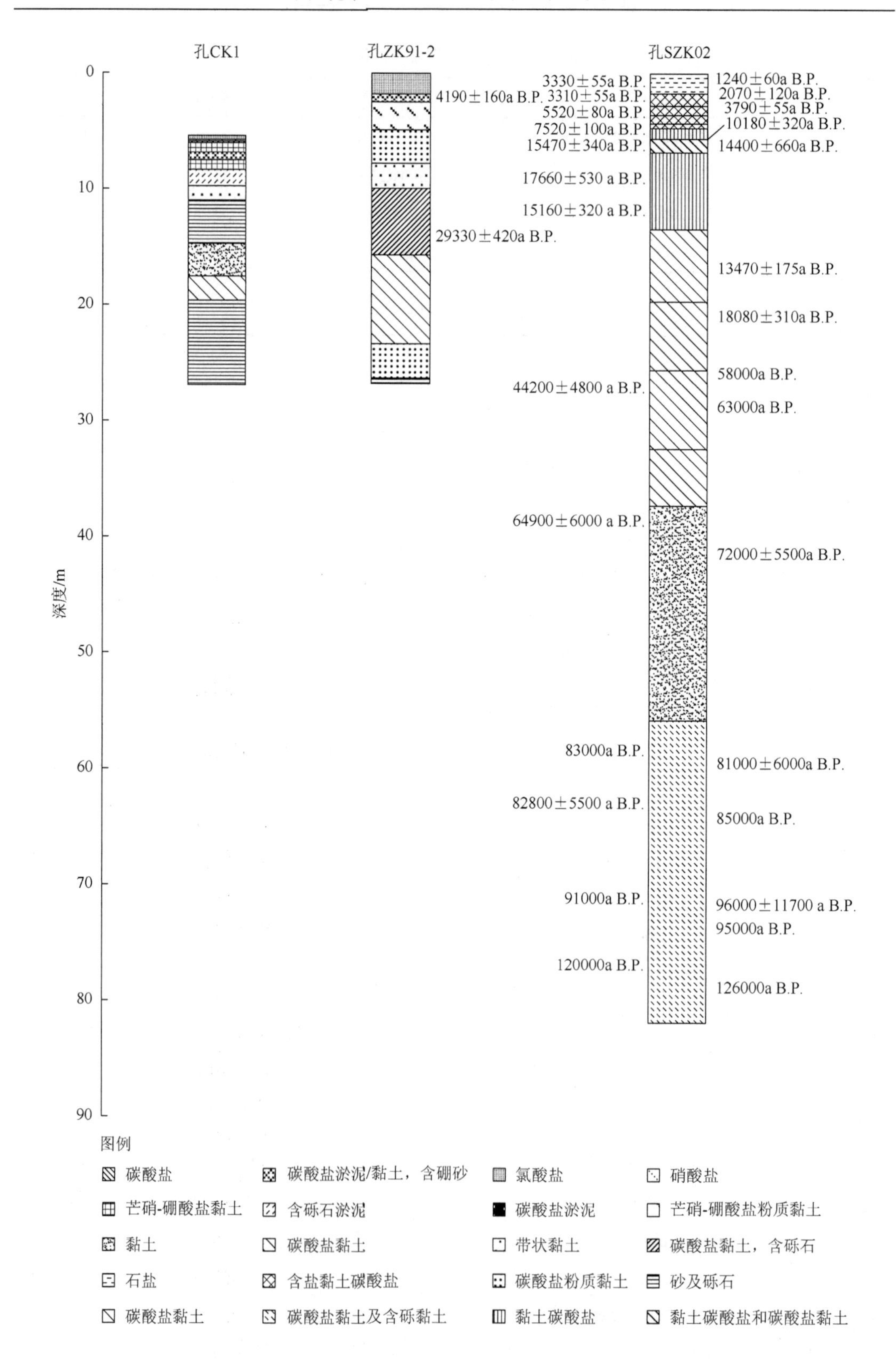
孔CK1
孔ZK91-2
孔SZK02
深度/m
0
10
20
30
40
50
60
70
80
90
4190±160a B.P.
29330±420a B.P.
3330±55a B.P.
3310±55a B.P.
5520±80a B.P.
7520±100a B.P.
15470±340a B.P.
17660±530 a B.P.
15160±320 a B.P.
44200±4800 a B.P.
64900±6000 a B.P.
83000a B.P.
82800±5500 a B.P.
91000a B.P.
120000a B.P.
1240±60a B.P.
2070±120a B.P.
3790±55a B.P.
10180±320a B.P.
14400±660a B.P.
13470±175a B.P.
18080±310a B.P.
58000a B.P.
63000a B.P.
72000±5500a B.P.
81000±6000a B.P.
85000a B.P.
96000±11700 a B.P.
95000a B.P.
126000a B.P.
图例
碳酸盐
碳酸盐淤泥/黏土，含硼砂
氯酸盐
硝酸盐
芒硝-硼酸盐黏土
含砾石淤泥
碳酸盐淤泥
芒硝-硼酸盐粉质黏土
黏土
碳酸盐黏土
带状黏土
碳酸盐黏土，含砾石
石盐
含盐黏土碳酸盐
碳酸盐粉质黏土
砂及砾石
碳酸盐黏土
碳酸盐黏土及含砾黏土
黏土碳酸盐
黏土碳酸盐和碳酸盐黏土

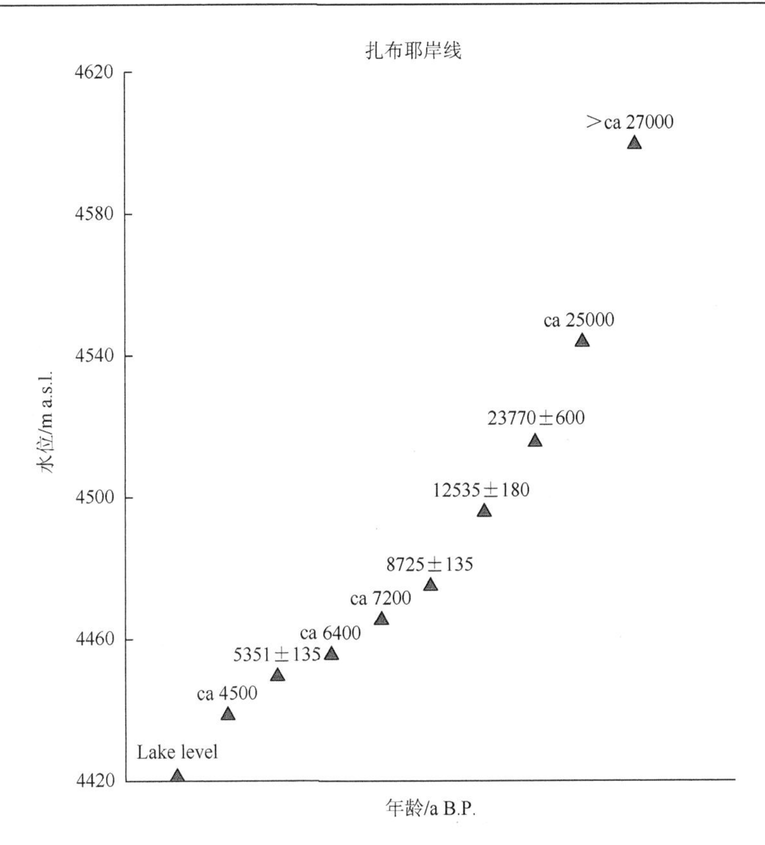

图 6.20　扎布耶湖岩心岩性变化图

参 考 文 献

刘俊英，郑绵平，袁鹤然，等. 2007. 西藏扎布耶湖区 128～1.4ka B.P.的微体古生物与环境气候变化. 地质学报，1（12）：1618-1635+1782-1784.

马志邦，马妮娜，张雪飞，等. 2010. 西藏扎布耶湖晚更新世沉积物 $^{230}Th/^{238}U$ 年代学研究. 地质学报，84（11）：1641-1651.

齐文，郑绵平. 1995. 西藏扎布耶湖 ZK91-2 钻孔沉积特征与气候环境演化. 湖泊科学，7（2）：133-140.

齐文，郑绵平. 2005. 西藏扎布耶盐湖 30.0ka B.P.以来水位与古降水变化. 地球学报，26（1）：53-60.

吴玉书，萧家仪. 1996. 西藏扎布耶湖地区三万年以来的花粉记录. 海洋地质与第四纪地质，16（3）：115-121.

张雪飞，郑绵平. 2014. 青藏高原扎布耶盐湖 SZK01 孔黏土矿物 X 射线粉晶衍射分析. 光谱学与光谱分析，（11）：3119-3122.

郑绵平，鹤然，刘俊英，等. 2007. 西藏高原扎布耶盐湖 128ka 以来沉积特征与古环境记录. 地质学报，81（12）：1608-1617.

郑绵平，刘俊英，齐文. 1996. 4 万年以来青藏高原古气候变化—盐湖沉积证据//郑绵平. 盐湖资源与全球变化. 北京：地质出版社：6-19.

郑绵平，向军，魏新俊，等. 1989. 青藏高原的盐湖. 北京：北京科学技术出版社：1-431.

6.1.21　扎仓茶卡

扎仓茶卡（32.60°N，82.38°E，海拔 4328m a.s.l.）位于青藏高原内部的干盐湖盆地（郑绵平等，1989）。扎仓茶卡盆地内有三个盐湖：Ⅰ湖、Ⅱ湖和Ⅲ湖，其面积分别为 23.25km^2、57.5km^2 和 29.0km^2，水深在 0.3～2m。湖Ⅰ和湖Ⅱ以高 4～5m、宽 200～300m 的阶地为界。湖Ⅱ和湖Ⅲ以高 20～30m、宽 300～500m 的阶地为界。阶地起源目前尚不清楚，但从其湖相碳酸盐沉积来看，应为先前湖水位较高时的残遗，在现代湖泊形成时侵蚀而成。一系列近代滩脊随着现代湖泊湖退上覆于较老沉积物之上。盆地内的三个湖泊均为高盐度湖泊：湖 II 盐度为 296.91g/L（郑绵平等，1989）。水深 1～2m 处的现代湖泊沉积物为芒硝淤质灰泥，0.5～1m 为淤泥或黏质岩盐，0.5m 以下为岩盐（郑绵平等，1989）。两条河流（普瓦仓布和兴乾弄布）自南部高山（海拔 5000～6000m a.s.l.）流入该湖。湖Ⅰ和湖Ⅱ还存有泉水注入（郑绵平等，1989）。扎仓茶卡由断陷形成，但近来构造运动并不明显。下伏基岩为中生代砂岩和花岗岩。流域内气候偏冷干，年平均温度为–0.2℃，年均降水量为 151mm，蒸发量为 2303mm（郑绵平等，1989）。

为调查盐矿资源，在这三个湖中先后共钻得 23 个钻心，其中最深的达 15m（郑绵平等，1989）。钻心地层相似（郑绵平等，1998），基底沉积物为湖相黄棕色碳酸盐黏土，含一两层砂质粉砂或砾砂，该层厚度大于 3.6m。郑绵平等（1989）认为碳酸盐黏土沉积对应于较淡的深水环境。砂质粉砂或砾砂层的出现说明湖水略有变浅，但仍为淡水环境。郑绵平等（1989）估计该淡水环境年代约在 15000a B.P.（约 18000cal.a B.P.）之前。上覆沉积层为黑蓝色灰泥或黑色泥质黏土，盐度为 5%～10%。含盐矿物为石膏、芒硝及岩盐。该层厚度为 4.8～8.6m。有机质含量的增加（颜色变深）及岩盐的出现均表明湖水变浅。郑绵平等（1989）认为该层形成年代为晚冰期及早—中全新世。顶层沉积物为暗白色或灰色盐沉积。该层碳酸盐含量为 4%～35%，芒硝含量为 50%～90%，岩盐含量为 4%～35%，厚度在 1～5m，沉积年代大约在晚全新世（郑绵平等，1989）。

尽管在其中 10 个钻心（76CK1、76CK2、76CK3、76CK4、76CK5、76CK7、76CK9、76CK11、78CK2 及 78CK3）中含有 20 个放射性测年数据，但仅有两个钻心（78CK3（黄麒等，1980）及 78CK2（郑绵平等，1989））有详细的沉积记录。孔 78CK3 长 15.8m，采自湖Ⅲ（黄麒等，1980），其沉积年代可至约 20000a B.P.（23900cal.a B.P.）。孔 78CK2 采自湖Ⅱ（郑绵平等，1989），长 15m，沉积年代可追溯至约 26000a B.P.（32200cal.a B.P.）。这两个钻心沉积层序相近。78CK3 孔有 5 个放射性 ^{14}C 测年数据，而 78CK2 孔仅有两个（郑绵平等，1980），因此 78CK2 孔年代不如 78CK3 孔精确。将两孔综合分析，基于其岩性变化及地球化学指标可重建古湖泊水深的相对变化。尽管由于两孔年代存有一定差异，致使在建立水深变化年代时存有诸多不确定性，但仍能较精确重建晚第四纪古湖泊水深的相对变化。

孔 78CK2 底部 15.0～13.6m 为暗黄色湖相黏土，表明当时湖水较深。Ca/Mg 值为 5（岩心中的最大值），表明当时湖泊为一淡水环境。该层无放射性测年数据，经外推，其形成于 23000a B.P.（28600cal.a B.P.）前。由于 78CK3 孔为近 20000a B.P.（23895cal.a B.P.）来的沉积，因此 78CK3 孔中不存在该层沉积物。

上覆层（78CK3 孔为 15.8～14.27m，孔 78CK2 为 13.6～12.2m）为湖相黏土，含砂及

砾石。大量粗粒沉积物的出现表明该层为近岸沉积，对应于湖水变浅。Ca/Mg 值为 3.0～4.0（孔 78CK2），说明湖泊仍为淡水环境，但同时比值的降低也说明湖水较下覆层变浅。孔 78CK3 底部（15.6～15.8m）样品的放射性 ^{14}C 测年年代为 20000±350a B.P.（23895cal.a B.P.）。但孔 78CK3 可能未钻至基底，上覆层底部样品的放射性测年年代为 15400±160a B.P.（18687cal.a B.P.），基于孔 78CK3 两测年年代推知的该层沉积年代为 20000～15400a B.P.（23895～18685cal.a B.P.）。孔 78CK2 所显示的沉积年代要老一些，经外推得该层沉积年代为 23000～20000a B.P.（28600～25000cal.a B.P.）。

上覆层为碳酸盐黏土沉积，且仅出现在 78CK2 孔 12.2～12.0m 处。沉积物粒度较细，表明当时湖水较下覆层加深。Ca/Mg 值为 3.0，和下覆层相似。孔 78CK3 中该层的缺失可能是由侵蚀造成，其年代可能在下覆夹砂及砾石的黏土沉积后的 15400a B.P.（18685cal.a B.P.）。

上覆沉积物（78CK3 孔 14.27～7.87m，78CK2 孔为 12.0～4.8m）中 78CK3 孔为黑色泥质黏土，78CK2 孔为黑色灰泥，该层不含岩盐。沉积物颜色的变化可能是有机质含量增加所致，和湖水略微变浅一致。Ca/Mg 值为 3.0～4.0，说明湖泊为淡水环境。对 78CK2 孔 9.6～9.9m 和 6.3～6.5m 处样品进行放射性测年，其年代分别为 15600±600a B.P.（18799cal.a B.P.）及 9060±120a B.P.（10203cal.a B.P.），相应的该层沉积年代为 19990～6790a B.P.（24500～7650cal.a B.P.）。78CK3 孔 14.2～14.4m 及 13.2～13.4m 处样品的放射性测年分别为 15400±160a B.P.（18687cal.a B.P.）及 13400±160a B.P.（16209cal.a B.P.），表明该层年代为 15400～8020a B.P.（18690～9510cal.a B.P.）。在 78CK3 孔该层和下覆层间可能存在沉积间断，因此我们认为该层至少形成于 15400a B.P.（18685cal.a B.P.）。受测年数据限制，由两孔推出的该层上边界年代（8020a B.P.（9510cal.a B.P.）和 6790a B.P.（7650cal.a B.P.））可认为仍较一致。

上覆三层仅见于孔 78CK3。底层（7.87～7.61m）为黏质芒硝沉积，占总沉积物的 90%。盐度的大幅升高表明湖水变咸，深度减小。经下覆层测年数据（13400±160a B.P.，16209cal.a B.P.）及另一年代数据 4780±180a B.P.（5473cal.a B.P.）沉积速率（0.1009cm/a）内插知该层年代为 8020～7760a B.P.（9510～9190cal.a B.P.）。

7.61～5.09m 为含盐的淤泥质黏土，岩盐含量占 10%。碎屑沉积物含量的增加（90%）表明湖水盐度减小，水深增加。经内插，得到该层沉积年代为 7760～5270a B.P.（9190～6080cal.a B.P.）。

5.09～4.19m 为富石膏及岩盐的黏土。盐岩含量增加至 40%（10%的石膏及 30%岩盐），表明湖泊盐度增大，湖水变浅。对 4.5～4.7m 处样品的放射性 ^{14}C 测年为 4780±180a B.P.（5473cal.a B.P.）。该层的沉积年代为 5270～4340a B.P.（6080～4960cal.a B.P.）。

上覆沉积物（78CK3 孔为 4.19～0.6m，78CK2 孔为 4.8～0.4m）为黏质芒硝。孔 78CK3 中芒硝含量从该层底部的 100%变至顶部的 85%，和孔 78CK2 中石膏和岩盐沉积较少一致。盐岩含量的增加说明湖泊盐度增大，湖水变浅。Ca/Mg 值（孔 78CK2））<1.0，和高盐度的湖水环境对应。孔 78CK3 中 1.35～1.55m 样品的放射性测年年代为 1400±690a B.P.

（1515cal.a B.P.）。经沉积速率（0.093cm/a）内插得出的该层沉积年代为 4340～580a B.P.（4960～630cal.a B.P.）。

顶部沉积物（78CK3 为 0.6～0m，78CK2 为 0.4～0m）中 78CK3 孔为黏质岩盐，78CK2 孔为含芒硝岩盐。岩盐的出现说明自约 580a B.P.（630cal.a B.P.）后湖水盐度很高水位很浅，同时 Ca/Mg＜1.0，也和该推论一致。

以下是对该湖泊进行古湖泊重建、量化水量变化的 8 个标准：（1）极低，现代石盐盐壳；（2）很低，黏质芒硝；（3）低，石膏或岩盐黏土；（4）中等，含盐泥质黏土，岩盐含量为 10%；（5）较高，湖相黏土沉积，含砂及砾石，但不含盐岩；（6）高，黑色黏土或灰泥，不含盐岩；（7）很高，碳酸盐黏土，无岩盐；（8）极高，湖相黏土沉积，不含岩盐。

扎仓茶卡盐湖各岩心年代数据、水位水量变化见表 6.48 和表 6.49，岩心岩性变化图如图 6.21 所示。

表 6.48 扎仓茶卡盐湖各岩心年代数据

放射性 ^{14}C 测年/a B.P.	校正年代/cal.a B.P.	深度/m	测年材料	钻孔
20000±350	23895	15.6～15.8	含砂及砾石的黏土	孔 78CK3
15600±600	18799	9.6～9.9	泥质黏土	孔 78CK2
15400±160	18687	14.2～14.4	泥质黏土	孔 78CK3
13400±160	16209	13.2～13.4	泥质黏土	孔 78CK3
10900±200	12871	4.65～4.85	黑色淤泥	76CK-1
10400±250	12010	5.15～5.35	黑色淤泥	76CK9
9060±120	10203	6.3～6.5	泥质黏土	孔 78CK2
8090±130	8973	5.45～5.70	黑色淤泥	76CK11
8000±130	8902	2.40～2.70	黑色淤泥	76CK-1
7800±210	8661	3.80～4.10	含芒硝黑色淤泥	76CK-3
7000±110	7830	4.80～5.00	黑色淤泥	76CK4
6500±160	7411	3.65～3.88	黑色淤泥	76CK-2
6200±160	7078	3.90～4.10	黑色淤泥	76CK5
6070±210	6910	2.30～2.55	黑色淤泥	76CK-3
5710±130	6537	2.78～2.99	含芒硝淤泥	76CK7
5600±150	6452	1.74～1.94	黑色淤泥	76CK-1
4780±180	5473	4.5～4.7	含石膏及岩盐黏土	孔 78CK3
3840±130	4224	2.47～2.70	灰泥	76CK11
3000±810	3221	1.50～1.65	黑色淤泥	76CK-2
1400±690	1515	1.35～1.55	富盐黏土	孔 78CK3

注：样品测年在中国地震局地质研究所进行，校正年代由校正软件 Calib6.0 获得

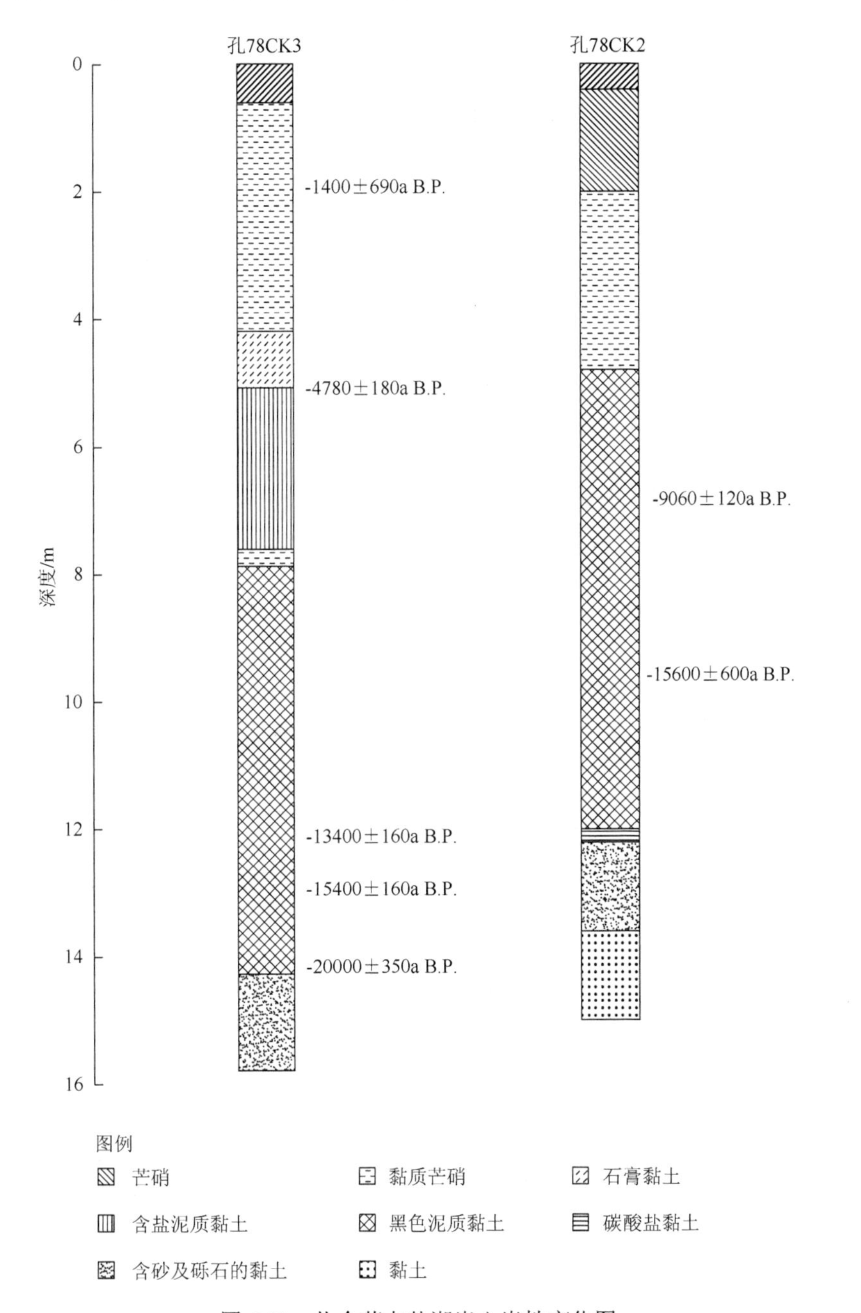

图 6.21　扎仓茶卡盐湖岩心岩性变化图

表 6.49　扎仓茶卡盐湖古湖泊水位水量变化

年代	水位水量
32200～28600cal.a B.P.	极高（8）
28600～25000cal.a B.P.	较高（5）
25000～24500cal.a B.P.	很高（7）
24500～7650cal.a B.P.	高（6）

续表

年代	水位水量
9510～9190cal.a B.P.	很低（2）
9190～6080cal.a B.P.	中等（4）
6080～4960cal.a B.P.	低（3）
4960～630cal.a B.P.	很低（2）
630～0cal.a B.P.	极低（1）

参考文献

黄麒，蔡碧琴，余俊青. 1980. 盐湖年龄的测定——青藏高原几个盐湖的 C^{14} 年龄及其沉积旋迴.科学通报，（21）：990-994.
郑绵平，向军，魏新俊，等. 1989. 青藏高原盐湖. 北京：科技出版社：271-305.

6.1.22 扎日南木错

扎日南木错（30.73°～31.08°N，85.33°～85.90°E，海拔 4613m a.s.l.）是位于青藏高原内的大型封闭盐湖。湖盆由构造作用形成（李炳元等，1983）。湖泊总面积约为 1147km^2，湖泊补给系数为 14.9，湖泊流域面积为 16430km^2（德吉央宗等，2014）。湖区属羌塘高寒草原半干旱气候，年均气温为 0℃左右，年降水量约 250mm，湖水主要依赖湖面降水和地表径流补给，入湖河流以措勤藏布最大，沿程有多条以冰雪融水径流为主的支流，源于冈底斯山（张鑫和吴艳红，2015）。盆地被高山荒漠植被所覆盖，以固沙草和三刺草为主（黄赐璇等，1983）。

盆地内至今仍保存有一系列先前形成的滨线，其中有 11 条在湖泊附近可见（李炳元等，1983）。最高湖滨线高出现代湖泊水位近 100m。距湖泊边缘约 3km 处的措勤有一顶部海拔为 4675m a.s.l.（高出现代水位 22m）的湖相阶地，它代表了全新世中期时的湖泊高水位（李炳元等，1983）。该阶地约 9m 深的剖面沉积物沉积年代大致追溯至中全新世（李炳元等，1983）。基于该剖面岩性、水生花粉及软体动物壳变化可重建该湖泊水深的相对变化情况。措勤剖面中仅含有一个 ^{14}C 测年数据 7010±150a B.P.（7822cal.a B.P.）（李炳元等，1983）。年代学基于这一个 ^{14}C 测年及对花粉组合特征的分析估计（黄赐璇等，1983）。

剖面底层（8.8～8.6m）处沉积物为暗黑色沼泽粉砂淤泥，说明当时湖水相对较浅。该层含具较强 H_2S 气味的黑色植物残体，对应于还原环境，和水深相对较浅的沼泽环境一致。上覆层 8.5m 处样品的放射性 ^{14}C 测年年代为 7010±150a B.P.（7822cal.a B.P.），说明该层约沉积在 7010a B.P.（7820cal.a B.P.）之前。

剖面 8.6～7.3m 为灰黄色湖相细砂和粉砂沉积，岩性变化说明湖水加深，水生花粉以眼子菜属（*Potamogeton*）为主，与湖水变深相一致。该层含淡水软体动物耳萝卜螺贝壳（*Radix auricularia*），表明湖泊当时为一淡水湖（黄赐璇等，1983）。该层约沉积于 7010a B.P.（7820cal.a B.P.）。

剖面 7.3～5.7m 为灰黄色细砂和灰蓝色粉质黏土，岩性变化说明湖水进一步加深。软体动物在该层的消失可能有两种原因：（1）湖水深度增加，超出了软体动物生长所要求的深度；（2）湖水盐度增大。水生花粉以狐尾藻属（*Myriophyllum*）为主，也对应于水深的增加。该层形成于约 7010a B.P.（7820cal.a B.P.）后。

剖面 5.7～4.0m 为锈黄色粗砂和细砾石，岩性变化说明湖水变浅，该层不含水生花粉。

剖面 4.0～1.3m 为灰色层状粉质黏土，说明湖水较上一阶段加深。水生花粉以眼子菜属（*Potamogeton*）为主，和湖水加深相对应。根据花粉组合特征，该层可能沉积于中全新世（黄赐璇等，1983）。

剖面 1.3～1.0m 为含植物残体的灰色黏土，层理的消失及植物残体的出现说明湖水变浅。根据花粉组合来看，该层可能形成于晚全新世（黄赐璇等，1983）。

剖面顶层沉积物（1.0m 以上）为灰黄色粉砂和细砂，说明湖水继续变浅。

以下是对该湖泊进行古湖泊重建、量化水量变化的 5 个标准：（1）很低，22m 高湖相阶地处的粗砂和细砾石沉积，比中全新世阶地低 22m 的现代湖水位（4653m a.s.l.）；（2）低，22m 高湖相阶地处的沼泽粉质淤泥沉积；（3）中等，22m 高湖相阶地处的湖相细砂和粉砂沉积；（4）高，湖相粉质黏土或黏土沉积；（5）很高，22m 高湖相阶地处的湖相层状粉质黏土沉积。

扎日南木错各岩心年代数据、水位水量变化见表 6.50 和表 6.51，岩心岩性变化图如图 6.22 所示。

表 6.50　扎日南木错各岩心年代数据

放射性碳测年/a B.P.	校正年代/cal.a B.P.	深度/m	测年材料	剖面
7010±150	7822	8.5	软体动物壳	措勤剖面

注：样品测年在中国社会科学院考古研究所进行，校正年代由校正软件 Calib6.0 校正获得

表 6.51　扎日南木错古湖泊水位水量变化

年代	水位水量
约 7822cal.a B.P.前	低（2）
约 7822cal.a B.P.	中等（3）
7822cal.a B.P.后	高（4）
?	很低（1）
？（中全新世）	很高（5）
？（晚全新世）	高（4）
？（晚全新世）	中等（3）
0a B.P.	很低（1）

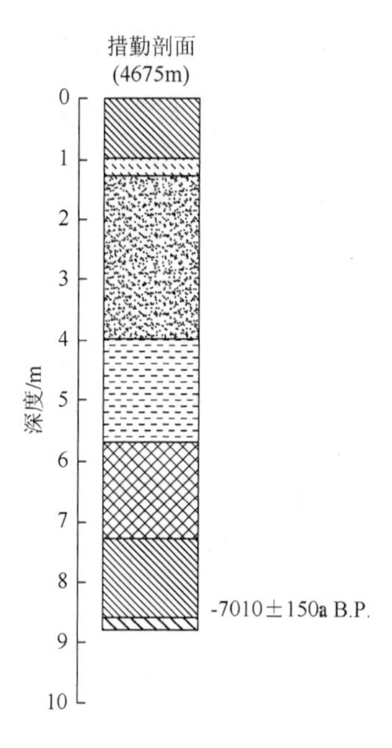

图 6.22　扎日南木错岩心岩性变化图

参 考 文 献

德吉央宗，拉巴，拉巴卓玛，等. 2014. 基于多源卫星数据扎日南木错湖面变化和气象成因分析[J]. 湖泊科学，26（6）：963-970.

黄赐璇，王燕如，梁玉莲. 1983. 试从孢粉分析论西藏中南部全新世自然环境的演变//李炳元，王富葆，张青松，等. 西藏第四纪地质. 北京：科学出版社：179-192.

拉巴，陈涛，杨秀海. 2014. 基于多源卫星数据扎日南木错湖面变化和气象成因分析. 湖泊科学，26（6）：963-970.

李炳元，王富葆，尹泽生. 1883. 错那-拿日雍错//李炳元，王富葆，张青松，等. 西藏第四纪地质. 北京：科学出版社：68-69.

王洪道，顾丁锡，刘雪芬，等. 1987. 中国湖泊水资源. 北京：农业出版社：149.

张鑫，吴艳红. 2015. 基于多源卫星测高数据的扎日南木错水位动态变化（1992—2012 年）. 自然资源学报，30（7）：1153-1162.

6.1.23　兹格塘错

兹格塘错（32.00°～32.15°N，90.73°～90.95°E，海拔 4560m a.s.l.）是青藏高原内部安多地区一大型封闭湖泊（沈永平和徐道明，1994）。现代湖泊面积 187km^2，南北岸为开阔湖成平原，3～4km 宽。流域面积约为 3430km^2，盆地由一些海拔 4900～5300m a.s.l.的高山包围，湖泊由盆地内降水及径流补给，三条发源于高山地区的河流（东部的司麦纠曲、北岸的紫荣藏布及南侧的本吐尔曲）补给该湖，这些河流靠降水、温泉及融雪补给。湖泊无出流，湖水 pH 约为 10，盐度 41.36g/L，以碳酸盐为主。兹格塘盆地为早古近纪断陷成因，虽然整个第四纪构造运动及隆升没有间断，但兹格塘盆地在过去约 35000 年间的构造的影响是可以忽略的。盆地内基岩为始新世红色砂岩和泥岩，源于侏罗纪基岩风化的陆相沉积呈现红色，是现代浅水湖泊沉积的典型特征（沈永平和徐道明，1994）。安多地区的气候较冷（年均温–3.4℃）干（年降水量 240～500mm，年蒸发量 792～1112mm）（吴艳宏等，2007）。植被是以针茅（*Stipa* spp.）为主的高山草原和苔原。

湖岸的南部有两级湖成阶地（沈永平和徐道明，1994）。较高一级的阶地高出现今湖面 160m（即 4720m a.s.l.），呈不连续的孤立分布。次一级阶地顶部高出现湖面 15m，顶部海拔 4615m a.s.l.。现有文献中未提及组成这些阶地的沉积物，对阶地也没有直接的 ^{14}C 测年。高阶地的顶部与兹格塘错东部约 100km 处的错那盆地最高级阶地的高程相同。据此，沈永平和徐道明（1994）认为这两个湖盆在 35000a B.P.（39725cal.a B.P.）以前可能为统一大湖。然而，鉴于这两个盆地相距甚远，在分水岭处无明显的溢水沉积证据，缺乏两阶地相连的证据，因而难以证明兹格塘错和错那湖在晚第四纪是同一湖盆。

据沈永平和徐道明（1994）的分析，湖南岸发育有 10 道湖滨沙砾堤。从现代湖水位高程一直到 4580m a.s.l.，各级沙砾堤高程分别为约 4561m a.s.l.、4562m a.s.l.、4563m a.s.l.、4564m a.s.l.、4565m a.s.l.、4568m a.s.l.、4570m a.s.l.、4573m a.s.l.、4576m a.s.l.和 4580m a.s.l.，其中最高级沙砾堤距现代湖泊约 1km。在一级湖滨沙砾堤（T5，海拔 4565m a.s.l.，距湖岸约 450m）上进行了钻孔研究。SG-89-1 孔长 2.6m，2.1～2.6m 为泥质黏土，具扰动层理；2.0～2.1m 为大块砾石；0～2.0m 为湖岸砂砾沉积。这套层序很可能代表从近岸沉积到湖滩沉积的变化。尽管这 10 道湖滨沙砾堤可作为先前湖泊高水位的证据，但都无测年数据。沈永平和徐道明（1994）认为这些沙砾堤是在过去的 12000 年间随湖水位的下降而形成的。他们的推论是根据这些沙砾堤比 4615m a.s.l.的阶地年轻，而且假设 4615m a.s.l.的阶地和错那盆地的 T2 阶地同时代。沈永平和徐道明（1994）根据两个大于 20000a B.P.（约 23800cal.a B.P.）的测年数据外推，得到错那盆地的 T2 阶地顶部年代为 12000a B.P.（约 14200cal.a B.P.）。由于 T2 阶地的顶部沉积物为砂质滩地堆积，其岩性外推到 SG-89-1 孔似乎并不可靠。另外，兹格塘错的低级阶地也不大可能直接与错那盆地的 T2 阶地直接相关。因此，本书未采用这 10 道湖滨沙砾堤用来恢复兹格塘盆地的湖水变化的证据。

据贾玉连等（2003）的研究，湖泊西南湖滨至少存在 13 道沙砾堤，而东南湖滨存在 8 道沙砾堤，且在湖泊东南山坡还存在高出现代湖面 60～80m 的灰白色粉砂质湖相沉积，表明古湖泊高水位的存在。贾玉连等（2003）对东南湖滨的 8 道沙砾堤进行了详细描述，其中第 5、6、7、8 道沙砾堤（T5、T6、T7、T8）分别高出现代湖水位约 9m、11m、15m 及 17m，第 6 道沙砾堤（T6）中含 3 个热释光测年，分别为 23.6±2.3ka B.P.、15.5±1.2ka B.P.及 5.2±0.5ka B.P.。第 5 道沙砾堤含一个热释光测年数据（8.3±0.8ka B.P.）及一个 ^{14}C 测年（5.8±0.2ka B.P.），表明在 24ka B.P.、15.5ka B.P.、9～6ka B.P.时湖面较高，但遗憾的是其他沙砾堤无测年数据，因此无法判定其相应年代。

兹格塘错湖东岸的司麦纠曲有一河流切割的阶地剖面，可能为湖泊水位下降导致河流的侵蚀基准下降所致。该阶地的顶部海拔约 4590m a.s.l.（即高出现湖面 30m，高出该处河水面 18m）。18m 深的剖面在 14.5m 以下由河流相砂组成，往上（12.0～14.5m，ca 4575～4578m a.s.l.）为薄层湖相粉砂质黏土，顶部（0～12.0m）由河流相粗砂和砾石构成（沈永平和徐道明，1993，1994）。这套以河流沉积为主的剖面里夹湖相沉积层，表明兹格塘错至少曾经高出现代 15~18m。湖相层的底界（14.5m 处）和顶界（12.0m 处）分别测得 ^{14}C 年代为 19220±387a B.P.（22993cal.a B.P.）和 17707±405a B.P.（21169cal.a B.P.），表明这一高水位发生在 19200~17700a B.P.（23000~21170cal.a B.P.）。

根据地貌判断，现代位于 4560m a.s.l 的湖水位是湖泊历史上最低水位（沈永平和徐道明，1994）。

以下是对该湖泊进行古湖泊重建、量化水量变化的 4 个标准：（1）低水位，现代湖泊水位高程 4560m；（2）较高水位，高出现代湖水位 9m（即 4569m a.s.l.）的沙砾堤；（3）高，高出现代湖水位 11m（即 4571m a.s.l.）沙砾堤；（4）很高，薄层湖相粉砂质黏土，高出现湖面 15～18m。其他湖滨沙砾堤沉积由于没有可靠的年代，没有用来进行湖泊水位的数字化。

兹格塘错各岩心年数据、水位水量变化见表 6.52 和表 6.53，岩心岩性变化图如图 6.23 所示。

表 6.52　兹格塘错各岩心年代数据

放射性 ^{14}C 年代/a B.P.	校正年代/cal.a B.P.	深度/m	测年材料	剖面
19220±387	22993	14.5	粉砂质黏土	司麦纠曲剖面
17707±405	21169	12.0	粉砂质黏土	司麦纠曲剖面
TL 测年/ka B.P.				
5.8±0.2		贾玉连等（2003）描述的第 5 道沙砾堤		
23.6±2.3		贾玉连等（2003）描述的第 6 道沙砾堤		
15.5±1.2		贾玉连等（2003）描述的第 6 道沙砾堤		
5.2±0.5		贾玉连等（2003）描述的第 6 道沙砾堤		
8.3±0.8		贾玉连等（2003）描述的第 5 道沙砾堤		

注：样品在原中国科学院兰州冰川与冻土研究所测试，校正年代数据由校正软件 Calib6.0 获得

表 6.53　兹格塘错古湖泊水位水量变化

年代	水位水量
24ka B.P.	高（3）
23000～21170cal.a B.P.	很高（4）
15.5ka B.P.	高（3）
9～6ka B.P.	较高（2）
0a B.P.	低水位（1）

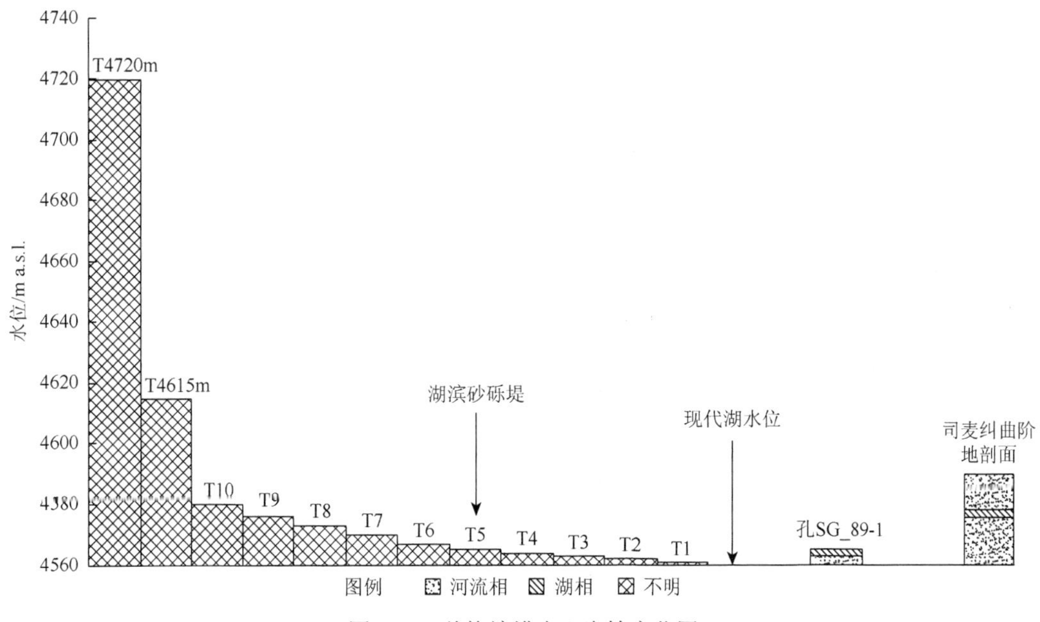

图 6.23　兹格塘错岩心岩性变化图

参 考 文 献

贾玉连，王苏民，吴艳宏，等. 2003. 24ka B.P.以来青藏高原中部湖泊演化及古降水量研究——以兹格塘错与错鄂为例. 海洋地质与第四纪地质，4（3）：283-294.

沈永平，徐道明. 1993. 安多地区的湖泊变化与环境//中国第四纪研究会和广州地质新技术研究所编. 中国第四纪与全球变化的南北对比. 广州：广东高教出版社：79.

沈永平，徐道明. 1994. 西藏安多的湖泊变化与环境. 冰川冻土，16（2）：173-180.

吴艳宏，Lücke A，Wünnemann B，等. 2007. 青藏高原中部全新世气候变化的湖泊沉积地球化学记录. 中国科学D辑：地球科学，37（9）：1185-1191.

6.2　青海省湖泊

6.2.1　察尔汗盐湖

察尔汗盐湖（36.63°～37.22°N，93.72°～96.25°E，海拔 2675m a.s.l.）是位于内陆青海柴达木地区察尔汗盆地的一个大型干盐湖。察尔汗盐湖干盐滩面积达 5856km^2，是世界上规模最大的干盐湖之一。在这个广阔的盐滩盆地内共有 9 个盐湖（大别勒湖、小别勒湖、涩聂湖、达西湖、达布逊湖、团结湖、南霍布逊湖、北霍布逊湖、协作湖），总面积 460km^2（郑绵平等，1989）。现代湖泊海拔为 2675m a.s.l.（达布逊湖、北霍布逊湖）～2680m a.s.l.（协作湖）。其中达布逊盐湖面积 184km^2，位于察尔汗盆地的西部，是 9 个湖泊中最大的一个。这些湖泊水深在 1～0.2m，其中达布逊湖最大水深 0.39m。湖水盐度范围为 164.81～359.50g/L，pH 为 5.4～7.85，其中达布逊湖湖水盐度为 318.56g/L，pH 为 7.35。察尔汗盆地没有出流，补给来源主要为 7 条间歇性河流及 6 条常年河流。地下水补给占 1%，表面径流占 99%，河流的水源主要靠降水及周围高山的冰雪融水。察尔汗盆地为中生代断陷形成，下伏基岩为元古界变质岩、古生界砂岩、灰岩、中生界花岗岩。自从晚新生代以来，察尔汗盆地沉积了一套连续的湖相沉积。第四纪以来，盆地始终处于缓慢的沉降过程中，因此第四纪湖相沉积物的厚度可达 2500m。还没有证据表明构造运动导致盆地集水水系的改变，相应地影响湖水深度的变化（郑绵平等，1989）。区域气候寒冷干旱，根据察尔汗气象站记录，察尔汗盐湖年均温 5.33℃，年均降水量仅为 24mm，潜在蒸发量为 3564mm（魏海成等，2016）。植被以耐干旱种属为主，形成典型的高原荒漠景观（张虎才等，2008）。

由于进行盐类资源调查，察尔汗盆地内已钻取了很多深孔，年代学研究揭示了盆地的湖相地层时代（郑绵平等，1989）。在 2470000a B.P.（古地磁年代）～25000a B.P.（约 29730cal.a B.P.）（^{14}C 测年），该盆地为一大型淡水湖泊；在 25000a B.P.（约 29730cal.a B.P.）（^{14}C 测年）湖水变咸，约 8000a B.P.（约 8880cal.a B.P.）后成为干盐湖。盆地的中心部位（包括达布逊盐湖）存在三层盐层（S1、S2、S3）。一些钻孔还可以再区分出两个亚层（S2-2、S3-2）。在盐层之间有 3～5 层非干旱气候下的碎屑沉积，代表了过去 25000 年相对淡化的湖相环境。最老的盐层（S1）覆盖面积达 3086km^2，第二层（S2）为 2300km^2，最近的一层（S3）为 5856km^2（郑绵平等，1989）。

近来张虎才等（2007，2008）、万和文等（2008）、雷国良等（2007）及常凤琴等（2008）又对位于察尔汗古湖东南的贝壳堤剖面岩性、粒度、孢粉、介形类及地球化学特征进行了研究，其沉积年代可至约 40000a B.P.（47000cal.a B.P.）。该剖面顶部海拔为 2698～2702m a.s.l.，剖面裸露地表且高出地面 2～3m，地层主要由湖相灰绿色富含 $CaCO_3$ 粉砂及粉砂质黏土组成。对该剖面测年数据较多，包括对石盐晶体的 U/Th 方法测年，有机质、无机碳酸盐和瓣鳃类化石的常规 ^{14}C 及 AMS^{14}C 测年。Fan 等（2014）对察尔汗盐湖沉积中心 102m 长钻孔（ISL1A）岩心年代学及自生碳酸盐 $\delta^{18}O$ 进行了研究；安福元等（2013）对 ISL1A 岩心粒度进行了研究；魏海成等（2016）对 ISL1A 岩心元素地球化学进行了分析。本书年代学主要基于贝壳堤剖面 53cm、124.5cm、139cm 及 152cm 处的 4 个 AMS^{14}C 年代（对应深度测年数据分别为 22110±190a B.P.、28980+510/−480a B.P.、29420+630/−590a B.P.及 30510+650/−600a B.P.）以及 ISL1A 孔中的 8 个 230Th 年代及 4 个 AMS^{14}C 年代（ISL1A 孔含 12 个 AMS^{14}C 年代，底部 8 个因年代倒转而未采用）。所有测年数据我们均列于文后。文中古湖泊水位变化记录在约 16000a B.P.（约 19105cal.a B.P.）前，我们主要参照贝壳堤剖面年代，以后年代学主要基于 CK2022 孔给出。

察尔汗盆地中心一支长 910m 的钻孔岩心（CK-6 孔）包含了约 730000a B.P.以来盆地的沉积历史（黄麒和陈克造，1990）。岩心年代学主要依据上部 55m 的 3 个放射性 ^{14}C 年代，392～57m 的 15 个铀钍年龄以及古地磁测试（B/M 事件在 850m）。该文献中只有关于地层的粗略描述：钻孔最上部 55m（32000a B.P.（约 36900cal.a B.P.以来）主要由盐类沉积构成，代表湖泊地质历史上相对水位偏低的时期；下伏地层为湖相或淡水沼泽相沉积，表明相对较长的一段时间内（32000～790000a B.P.）（790000～36900cal.a B.P.），气候较现代湿润。盆地内的地貌证据及大量的浅钻也记录了晚更新世盆地的历史。

在察尔汗干盐湖东侧（96.35°E，36.50°N，2704m a.s.l.）约20km处，沉积有贝壳层，出露长度400m，宽150m，高出地面约3m。贝壳层含丰富的软体动物化石，包括瓣鳃类湖蓝蚬（*Corbicula largillierti*）和河蓝蚬（*C. Fluminea*），腹足类白小旋螺（*Cyraulus albus*）和椎实螺（*Lymnaca* sp.）以及丰富的介形类疏忽玻璃介（*Candona neglecta*）、玻璃介（*Candona* sp.）、纯净玻璃介（*Candoniella albicans*）、小玻璃介（*C.* sp.），斗星介（*Cypridopsis* sp.）、球星介（*Cyclocypris* sp.）、疑湖花介（*Limnocythere dubiosa*）、单瘤湖花介（*L. Sanctipartricii*）、双瘤花介（*L. Binoda*）、白花介（*Leucocythere* sp.）和青星介（*Qinghaicypris* sp.）。陈克造等（1990）把这些化石组合解释为淡水-微咸水环境。在埋深0.05～0.25m、1.1～1.2m和1.7～1.8m处分别测得年代为28650±670a B.P.（33077cal.a B.P.）、35100±900a B.P.（40113cal.a B.P.）和38600±680a B.P.（43041cal.a B.P.），因此这些淡水贝壳化石的出现指示了38000～28000a B.P.（43000～33000cal.a B.P.）湖泊范围扩大，湖岸可达到现干盐湖以东20km的位置，湖水较淡。该贝壳层底部海拔2701m a.s.l.，表示当时扩大的淡水古湖水位，较盆地内最低位置的达布逊湖高出约29m。

贝壳堤剖面底部（2.6～2.42m）为棕色或黄色粉砂及粉砂黏土，可能属于早期湖泊沉积的近源搬运沉积物或侵蚀残余（张虎才等，2008；万和文等，2008；雷国良等，2007）。该层几乎不含介形类，对应于湖泊尚未形成的浅水时期。经上覆层测年外推，得到该层形成年代为39560～38050a B.P.（46975～44995cal.a B.P.）。

2.42～2.1m为湖相青灰色粉砂质黏土或黏土夹棕褐色粉砂质黏土条带。该层介形类单一，仅见双折土星介*Ilyocypris biplicata*（中-咸水种），表明湖水较下覆层加深。该层沉积年代为38050～35370a B.P.（44995～41475cal.a B.P.）。

2.1～1.49m为青灰色细粉砂及粉砂质黏土。该层底部介形类种类丰富，向上逐渐减少，可能是随湖水深度增加，不大适宜介形类生长所致。在约2.07m处开始出现盘星藻，表明湖水深度较大。该层1.52m处有机质样品AMS^{14}C测年年代为30510+650/−600a B.P.（35095cal.a B.P.），经与上覆层测年外推，得到该层沉积年代为35370～30260a B.P.（41475～34765cal.a B.P.），经上覆层两测年数据得出的该层上边界年代为29720a B.P.（33870cal.a B.P.）。

1.49～1.12m为青灰色粉砂质黏土及黏土，盘星藻消失而沉水植物轮藻的出现和水深略微变浅一致。双壳类的增多也与湖水变浅一致。该层介形类含量仍较低，表明湖水深度仍较大。该层1.245m及1.39m处有机质样品AMS^{14}C测年年代分别为28980+510/−480a B.P.（33372cal.a B.P.）和29420+630/−590a B.P.（33665cal.a B.P.），经该测年速率（0.033cm/a）外推，得到该层形成年代为29720～28600a B.P.（33870～33120cal.a B.P.），经与上覆层测年数据内插得出的该层上边界年代为27770a B.P.（32170cal.a B.P.）。

1.12～0.55m为灰黄色粉砂，含贝壳及腹足类化石，偶见磨圆度较好的砾石，岩性变化表明湖水深度较下覆层降低。该层介形类以浅水种布氏土星介*Ilyocypris bradyi*（*Sars*）为主，沉积物中值粒径增大（113.08μm），和湖水变浅一致。经沉积速率内插，得到该层结束于22250a B.P.（26670cal.a B.P.）。

0.55～0.1m为青灰色/灰绿色/棕色细粉砂，前期介形类仍以浅水种布氏土星介*Ilyocypris bradyi*（*Sars*）为主，后期急剧减少，代表极浅水乃至湖沼相的白小旋螺*Gyraulus* *a lbus* 的出现表明湖水位较下覆层继续降低，同时瓣鳃类的大量出现也与水深降低一致。该层中值粒径为剖面最大值(123.27μm)，和湖水变浅一致。该层 0.535m 处有机质 AMS^{14}C 测年年代为 22110±190a B.P.（26529cal.a B.P.），经与下覆层测年结果内插，得到该层沉积年代为 22250～16930a B.P.（26670～21370cal.a B.P.）。

剖面上覆 0.1m 厚的盐壳，表明自 16930a B.P.（21370cal.a B.P.）后剖面湖泊阶段的结束，且自此后湖水位再也未达到该剖面高度处。

在涩聂湖以东和大别勒湖之间的干盐湖上，一长 101m 的钻孔（CK2022）提供了更为详细的岩性、地球化学及花粉记录（黄麒等，1980；杜乃秋和孔昭宸，1983）。该钻孔中含有 5 层盐层，年代学建立在 12 个放射性 ^{14}C 年代数据的基础上。另外也有 3 个有 ^{14}C 年代数据的钻孔（孔 1308、孔 CK826、孔 CK659），但是这些钻孔的地层并没有详细的描述，因此也不可能与孔 CK2022 进行比较研究。这些年代数据也列于节后，但没有用来建立年代学序列。

CK2022 孔的底部（101.0～84.0m）沉积物为暗色湖相淤泥质黏土层，碎屑沉积的岩性特征表示相对较深的湖水环境。水生花粉组合中含丰富的香蒲（*Typha*）（14.8%）和盘星藻（*Pediastrum*）。在 84.50～85.00m 和 96.36～96.76m 处测得 ^{14}C 年代为 26400±700a B.P.（30805cal.a B.P.）和 31800±2000a B.P.（36513cal.a B.P.）。根据这两个年代间沉积速率（0.218cm/a）外推，得到这一期相对深水的湖泊沉积开始时间为 33860a B.P.（38660cal.a B.P.），并且一直持续到 26060a B.P.（30440cal.a B.P.）。这一期沉积似可对应 38000～28000a B.P.（43000～33000cal.a B.P.）的湖相贝壳层堆积。

CK2022 孔 84.00～77.92m 为黄色湖相黏土。盘星藻消失，代之以双星藻（*Zygnema*），香蒲含量减少到 1.1%。有机含量的减少但沉积物仍为细颗粒的沉积，表明湖泊一定程度地变深。香蒲含量的减少也与这种解释相一致。杜乃秋和孔昭宸（1983）把暗色淤泥质黏土过渡为黄色黏土解释为湖泊变浅。他们这样解释的部分依据是根据陆相花粉的记录，因为花粉记录表明该黄色黏土沉积时期更为干旱，另外，盘星藻（他们解释为淡水略偏咸环境，水深＜15m）过渡为双星藻（他们解释为浅水、静水、淡水环境）。实际上目前对绿藻的生态学了解并不彻底，无论盘星藻还是双星藻的水深生态幅度均较宽，甚至在水深大于 15m 的环境也有生长。这种藻类组合对水深变化的指示意义并非绝对化。根据沉积学变化以及水生花粉的指示，我们认为黄色黏土代表水深的加大。该段沉积时间为 26060～25730a B.P.（30440～30270cal.a B.P.）。这一年代的上限是根据两个 ^{14}C 年代之间的沉积速率（1.025cm/a）内插，这种沉积速率从 0.218cm/a 增加到 1.025cm/a 和水深变浅的解释也相一致。

CK2022 孔 77.92～70.44m 的沉积物不同作者的描述并不一致。黄麒等（1980）描述为含石膏粉砂；杜乃秋和孔昭宸（1983）描述为砂质黏土。但是，根据黄麒等（1980）的剖面图，该层并没有蒸发岩矿物。沉积物变粗表明湖水变浅。香蒲略有增加（ca 2%），也对应湖水深度的降低。该层没有藻类的记录。该段沉积形成于 25730～25005a B.P.（30270～29690cal.a B.P.）。

CK2022 孔 70.44～61.63m 为含石膏黏土。沉积物的变细说明湖水深度的增加。该段沉积含碎屑矿物 75%～95%，含蒸发盐矿物 5%～25%（包括石膏）。蒸发盐矿物组分的增加表明水体盐度的加大，这和上述湖水深度的加大并不一致。香蒲的含量没有变化。盘星藻出现而双星藻消失，但它们的环境指示意义并不清楚，虽然杜乃秋和孔昭宸（1983）把这种藻类的变化解释为指示了水深的加大。考虑到蒸发盐含量增加并不显著，我们认为湖水的深度仍有所增加，但增加的幅度并不大。65.89～66.42m 和 68.14～68.54m 两处样品的 ^{14}C 年代分别为 24400±510a B.P.（29232cal.a B.P.）和 24800±470a B.P.（29525cal.a B.P.）。这一期相对变深的时期发生在 25005～23570a B.P.（29690～28625cal.a B.P.）。

CK2022 孔 61.63～39.70m 为含粉砂石膏石盐，对应于郑绵平等（1989）文中的 S1 盐层。该段沉积碎屑含量<10%，蒸发盐矿物含量>90%，沉积物中石盐的出现表明湖泊显著变浅。香蒲仅有少量出现在下部，均含盘星藻和双星藻，但盘星藻较前期含量减少。杜乃秋和孔昭宸（1983）把这种变化解释为湖水的变浅。用下伏沉积层 24400a B.P.（29232cal.a B.P.）和上覆沉积层 20600a B.P.（24645cal.a B.P.）两个年代之间的沉积速率（0.8855cm/a）进行内插，得到该期的沉积上界为 21150a B.P.（25310cal.a B.P.）。

CK2022 孔 39.70～34.72m 为含石膏黏土。该段沉积含碎屑矿物 90%，蒸发盐矿物 10%，碎屑含量的显著增加，沉积物的蒸发盐矿物从石盐变成石膏为主，表明湖泊水深再次加大。该段沉积没有水生花粉，也不含任何绿藻。35.52～34.87m 处样品的 ^{14}C 年代为 20600±410a B.P.（24645cal.a B.P.）。这一期沉积时间为 21150～20540a B.P.（25310～24575cal.a B.P.）。

CK2022 孔 34.72～22.16m 为含石膏黏土盐层，对应于郑绵平等（1989）文中的 S2-1 盐层。该段沉积碎屑含量 25%～30%，蒸发盐含量 70%～75%。该段沉积物较 S1 盐层相对高碎屑、低蒸发盐组分，说明湖泊在该时期湖水较 S1 盐层沉积时要相对淡一些，这与 S2 盐层范围（$2300km^2$）较 S1 盐层（$3086km^2$）小相一致。该层香蒲含量较少（约 1%），但没有绿藻的记录。在 22.16m 处样品的 ^{14}C 年代测得为 16000a B.P.（设定误差范围为 300a B.P.，得出的校正年代为 19105cal.a B.P.）。该期沉积时间为 20540～16000a B.P.（24575～19100cal.a B.P.）。

CK2022 孔 22.16～19.15m 为含石膏石盐黏土。该段沉积碎屑矿物含量 70%，蒸发盐矿物含量 30%。沉积物的变细、蒸发盐含量的减少、石膏相对石盐含量增加，表明湖泊盐度变小，水深加大。该层香蒲含量仍为约 1%，但没有绿藻的记录。在 21.19～21.39m 处样品的 ^{14}C 年代测得为 15700±340a B.P.（18964cal.a B.P.），用这个年代和该层底部年代 16000a B.P.（19105cal.a B.P.）之间沉积速率计算，可得该层上界年代为 14960a B.P.（18620cal.a B.P.）。

CK2022 孔 19.15～13.87m 为含膏黏土石盐，对应于郑绵平等（1989）文中的 S2-2 盐层。该段沉积碎屑含量<10%，蒸发盐含量>90%，高蒸发盐低碎屑含量表明湖泊较 S2-1 盐层沉积时盐度大。该段含香蒲约 1%，仍没有绿藻的记录。在 13.87m 处样品的 ^{14}C 年代为 9300±a B.P.（设定误差范围为 200a B.P.，则校正年代为 10655cal.a B.P.）。该盐层沉积时间为 14960～9300a B.P.（18620～10655cal.a B.P.）。

CK2022 孔 13.87～12.03m 为含石膏石盐黏土。沉积物中碎屑矿物约 80%，蒸发盐矿物 20%，碎屑含量的增加以及石膏相对石盐比例的增加表明湖泊较前盐度减小，湖水深度有所增加。香蒲和绿藻的记录没有变化。13.38～13.78m 和 12.03m 处样品的 ^{14}C 分别测得年代为 9170±100a B.P.（10382cal.a B.P.）和 8120a B.P.（设定误差范围为 200a B.P.，则校正年代为 9020cal.a B.P.）。该期沉积时间为 9300～8120a B.P.（10655～9020cal.a B.P.）。

CK2022 孔 12.03～7.31m 为含黏土石膏石盐，对应于郑绵平等（1989）文中的 S3-1 盐层。该段沉积碎屑矿物含量＜10%，蒸发盐矿物含量＞90%，蒸发盐含量增加，并且石盐较石膏多，表明湖水盐度增加，湖水变浅。该层沉积没有水生生物及绿藻记录。7.31m 处样品的 ^{14}C 年代为 4940a B.P.（设定误差范围为 100a B.P.，则校正年代为 5742cal.a B.P.）。该盐层沉积时间为 8120～4940a B.P.（9020～5740cal.a B.P.）。

CK2022 孔 7.31～5.67m 为含膏盐黏土层。碎屑含量 30%，而蒸发盐矿物含量 70%，蒸发盐含量的减少以及石膏相对石盐比例的增加，表明湖泊盐度较前期减小，湖水变深。该层沉积没有水生生物及绿藻记录。5.67m 处样品的 ^{14}C 年代为 3800a B.P.（设定误差范围为 100a B.P.，则校正年代为 4170cal.a B.P.）。该期沉积时间为 4940～3800a B.P.（5740～4170cal.a B.P.）。

CK2022 孔顶部 5.67m 为含膏黏土石盐，对应于郑绵平等（1989）文中的 S3-2 盐层。该段沉积蒸发盐矿物＞95%，表明 3800～0a B.P.（4170～0cal.a B.P.）湖水极咸、湖水极浅。该期盐层的范围（5856km^2）大于盆地中其他任何盐层，这与把现代作为最干旱的环境解释是相一致的。该层沉积没有绿藻记录，但是出现相对较多的香蒲（4%～5%），与浅水环境的解释是一致的。

ISL1A 孔底部 102～53m 为深湖相碎屑沉积层，夹多层黑色泥炭层，沉积物粒径中细粒组分含量较高，且盘星藻间断出现，表明此时期察尔汗为半咸水-淡水湖泊，湖水相对较深。上覆层 46m 及 37.21m 处样品的 ^{230}Th 年代分别为 50.7±2.2ka 和 45.0±2.9ka，根据这两个年代间沉积速率外推，得到该层沉积年代为 76.7～52.7ka，经上覆层两 AMS^{14}C 年代（30.29m 及 22.18m 处样品年代分别为 32370a B.P.和 31490a B.P.）间沉积速率外推，得到该层形成年代为 40150～34835a B.P.（44215～38780cal.a B.P.）。

ISL1A 孔 53～31m 为蒸发盐沉积，石盐的析出表明此阶段湖泊盐度增大，深度下降，沉积物粒度中细粒组分显著减少，且本阶段盘星藻消失，也和湖水变咸变浅一致。该层沉积年代为 52.7～32ka，经上覆层两 AMS^{14}C 年代（30.29m 及 22.18m 处样品年代分别为 32370a B.P.和 31490a B.P.）间沉积速率外推，得到该层形成年代为 34835～32445a B.P.（38780～36340cal.a B.P.）。

ISL1A 孔 31～19m 为蒸发盐沉积。本阶段沉积物中石盐含量显著减少，湖面有所上升。本段未发现盘星藻类，说明湖水盐度仍然较高，此时察尔汗盐湖湖面扩张幅度较小。该层沉积年代为 32～23.1ka。经上覆层两 AMS^{14}C 年代（22.18m 及 13.01m 处样品年代分别为 31490a B.P.和 18230a B.P.）间沉积速率外推，得到该层形成年代为 32445～26890a B.P.（36340～30760cal.a B.P.）。

ISL1A 孔 19m 以上为蒸发盐沉积，有大量石盐析出，表明湖水不断变浅浓缩，并最终形成干盐湖。该层为 23.1ka 以来的沉积（由 AMS^{14}C 推算的年代为 32445a B.P.（36340cal.a B.P.）以来）。

以下是对该湖泊进行古湖泊重建、量化水量变化的9个标准：（1）极低，CK2022孔含膏黏土石盐，蒸发盐含量＞95%，ISL1A孔的蒸发盐沉积，不含盘星藻；（2）很低，CK2022孔含石膏黏土粉砂石盐，蒸发盐含量＞90%；（3）低，CK2022孔含黏土石膏石盐或含石膏石盐黏土，蒸发盐含量70%～80%；（4）相对低，CK2022孔含膏石盐黏土，蒸发盐含量20%～30%；（5）中等，CK2022孔含膏黏土，蒸发盐含量＜25%，不含石盐；（6）相对高，贝壳堤剖面棕色或黄色粉砂及粉砂黏土，不含介形类；（7）高，贝壳堤剖面湖相青灰色粉砂质黏土或黏土夹棕褐色粉砂质黏土条带，含介形类双折土星介 *Ilyocypris biplicata*；（8）很高，贝壳堤剖面青灰色细粉砂及粉砂质黏土，不含盘星藻，介形类含量较低；（9）极高，贝壳堤剖面青灰色细粉砂及粉砂质黏土，介形类含量较少，盘星藻含量较高，ISL1A孔的深湖相碎屑沉积，含大量盘星藻。

察尔汗盐湖各岩心年代数据、ISL1A孔*数据、铀系年龄、^{230}Th测年结果、水位水量变化见表6.54～表6.58，岩心岩性变化图如图6.24所示。

表6.54　察尔汗盐湖各岩心年代数据

样品编号	放射性 ^{14}C 年代/a B.P.	校正年代/cal.a B.P.	深度/m	测年材料	备注
Hv25080	＞50000		1.52		常规 ^{14}C 测年
Kia29097	49390+4890/–3020		1.875	贝壳化石	AMS 测年
Hv25078	＞49000		1.84		常规 ^{14}C 测年
Hv25082	47540±3740		1.47		常规 ^{14}C 测年
Hv25085	＞45900		1.245		常规 ^{14}C 测年
Kia29100	＞45280		2.31	有机质碱性残留组分	AMS 测年
Kia23777	45280+2620/–1970		1.245	贝壳化石	AMS 测年
Lug05-16	＞45000		0.035		常规 ^{14}C 测年
Lug05-13	＞45000		1.47		常规 ^{14}C 测年
Lug05-11	＞45000		0.875		常规 ^{14}C 测年
Kia29097	＞43490		1.875	有机质碱性残留组	AMS 测年
Lug05-15	42610±510		0.355		常规 ^{14}C 测年
Kia29402	41350+2110/–1670		0.535	贝壳化石	AMS 测年
Kia29410	39780+1690/–1400		0.925	贝壳化石	AMS 测年
Hv25090	39730±1120		0.035		常规 ^{14}C 测年
Kia29403	39620+1650/–1400		0.355	壳化石	AMS 测年
Lug05-14	39500±460		1.245		常规 ^{14}C 测年
Hv25088	38970±850		0.535		常规 ^{14}C 测年
	38600±680	43041	1.70～1.80	贝壳层	
Hv25089	38475±600		0.355		常规 ^{14}C 测年

续表

样品编号	放射性 ^{14}C 年代/a B.P.	校正年代/cal.a B.P.	深度/m	测年材料	备注
Hv25084	37980±570		1.47		常规 ^{14}C 测年
Hv25083	＞35700		1.47		常规 ^{14}C 测年
Hv25087	35140±800		1.245		常规 ^{14}C 测年
	35100±900	40113	1.10～1.20	贝壳层	
Hv25086	＞34500		1.245		常规 ^{14}C 测年
	33800±3000	37895	14.15～14.65	含盐黄色黏土	孔 CK826
Hv25079	＞32400		1.84		常规 ^{14}C 测年
Lug05-10	32240±430		2.11		常规 ^{14}C 测年
	32200±1800	37094	54.9	石盐	孔 CK-6
Kia23777	32180+1000/–890		1.245	有机质酸可溶组分	AMS 测年
	31800±2000	36513	96.36～96.76	黑色黏土	孔 CK2022
Kia29098	31030+460/–430		1.39	有机质酸可溶组分	AMS 测年
Kia23776	30510+650/–600	35095	1.52	有机质碱性残留组分	AMS 测年
Lug05-12	30470±400		1.52		常规 ^{14}C 测年
Lug05-11	30160±300		1.875		常规 ^{14}C 测年
	29700±500	34110	44.17～44.52	暗灰色黏土	孔 1308
Kia29098	29420+630/–590	33665	1.39	有机质碱性残留组分	AMS 测年
Kia23777	28980+510/–480	33372	1.245	有机质碱性残留组分	AMS 测年
	28650±670	33077	0.05～0.25	贝壳层	
	28200±900	32874	52.3	石盐	孔 CK-6
Kia23776	27890+380/–360		1.52	有机质酸可溶组分	AMS 测年
	27600±1100	32362	16.30～16.70	含盐黏土	孔 CK659
	26400±700	30805	84.50～85.00	黏土	孔 CK2022
Kia29403	26050+230/–220		0.355	有机质碱性残留组分	AMS 测年
	24800±470	29525	68.14～68.54	含膏黏土	孔 CK2022
	24800±900	29515	40.8	石盐	孔 CK-6
Kia23775	24730+470/–450		2.11	有机质碱性残留组分	AMS 测年
	24400±510	29232	65.89～66.42	含膏黏土	孔 CK2022
Kia29402	22110±190	6529	0.535	有机质碱性残留组分	AMS 测年
	21200±1050	25469	7.72～8.22	含盐黑色淤泥质黏土	孔 CK826

续表

样品编号	放射性 ¹⁴C 年代/a B.P.	校正年代/cal.a B.P.	深度/m	测年材料	备注
	21200±210	25360	27.02～27.42	含盐黑色淤泥质黏土	孔 1308
Kia29097	20920+320/−310		1.875	有机质酸可溶组分	AMS 测年
	20600±410	24645	35.52～34.87	含盐黏土	孔 CK2022
Kia29402	20220+360/−350		0.535	有机质酸可溶组分	AMS 测年
Kia29410	18450+190/−180		0.925	有机质碱性残留组分	AMS 测年
Kia29403	18250±160		0.355	有机质酸可溶组分	AMS 测年
	18100±500	21457	25.88～26.28	含盐石膏黏土	孔 1308
Kia23775	17400+320/−310		2.11	有机质酸可溶组分	AMS 测年
	16000±	19105	22.16	含盐黏土	孔 CK2022
	15700±340	18964	21.19～21.39	含盐黏土	孔 CK2022
Kia29100	15270+570/−530		2.31	有机质酸可溶组分	AMS 测年
	14900±100	18186	14.89～15.19	含盐黏土	孔 1308
	13000±400	15508	5.66～6.04	含盐黏土	孔 CK826
	9310±310	10456	2.5～2.9	含盐淤泥质黏土	孔 1308
	9300±	10655	13.87	含盐黏土	孔 CK2022
	9170±100	10382	13.38～13.78	含盐黏土	孔 CK2022
	8850±210	25360	1.30～1.70	含盐黑色淤泥质黏土	孔 CK826
	8120±	9020	12.03	含盐黏土	孔 CK2022
	4940±	5742	7.31	含盐黏土	孔 CK2022
Kia31400	327+19/−19			现代样品有机质碱性残留组分	AMS 测年
Kia31400	300+30/−30			现代样品有机质酸可溶组分	AMS 测年
Kia31401	1327+27/−27			现代样品有机质碱性残留组分	AMS 测年

表 6.55　ISL1A 孔*数据

样品编号	年代/a B.P.	校正年代/cal.a B.P.	深度/m	测年材料
ISL1A-01	10225±45	11943	4.65	TOC
ISL1A-02	18230±65	22096	13.01	TOC
ISL1A-03	31490±140	35359	22.18	TOC
ISL1A-04	32370±180	36259	30.29	TOC

续表

样品编号	年代/a B.P.	校正年代/cal.a B.P.	深度/m	测年材料
ISL1A-05	21245±75	25600	34.43	TOC
ISL1A-06	30615±140	34564	38.35	TOC
ISL1A-07	32605±175	36502	40.27	TOC
ISL1A-08	5930±35	6752	45.80	TOC
ISL1A-09	28840±110	33036	47.07	TOC
ISL1A-10	27405±100	31253	49.45	TOC
ISL1A-11	27485±100	31295	52.04	TOC
ISL1A-12	27140±100	31121	54.44	TOC

注：*该岩心中 34.43m 以下 AMS^{14}C 年代因倒转而未采用，无编号样品于中国科学院青海盐湖研究所测试，校正年代数据由校正软件 Calib6.0 获得

表 6.56　铀系年龄

年代/a B.P.	深度/m	钻孔
57500±8300	57	孔 CK-6
74800±9800	92.0	孔 CK-6
82300±10900	99.2	孔 CK-6
104000±9400	151.9	孔 CK-6
119500±11900	169.6	孔 CK-6
191900±24500	206.7	孔 CK-6
192900±34000	249.7	孔 CK-6
204000±38800	260.9	孔 CK-6
265000±43000	271.2	孔 CK-6
254200±45000	283.4	孔 CK-6
277700±73000	297.7	孔 CK-6
257600±60000	323.0	孔 CK-6
299000±92000	354.0	孔 CK-6
341000+213/−83	378.2	孔 CK-6
336000+500−77	392.2	孔 CK-6
3800±	5.67	含盐黏土，孔 CK2022

表 6.57　^{230}Th 测年结果

	年代/ka B.P.	深度/m	测年材料	钻孔
Salt-1	158.4±18		石盐	
Salt-2	119.3±16		石盐	
Salt-3	158.0±15		石盐	
ISL1A-0007	8.2±0.3	0.35	岩盐	ISL1A 孔
ISL1A-0088	15.4±0.8	6.58	岩盐	ISL1A 孔
ISL1A-7-1	19.4±0.8	12.01	岩盐	ISL1A 孔
ISL1A-12-1	23.8±1.2	20.22	岩盐	ISL1A 孔
ISL1A-17-1	28.9±1.7	27.61	岩盐	ISL1A 孔
ISL1A-19-1	33.6±2.0	32.80	岩盐	ISL1A 孔
ISL1A-20-2	45.0±2.9	37.21	岩盐	ISL1A 孔
ISL1A-23-1	47.9±2.3	46.00	岩盐	ISL1A 孔
ISL1A-23-1	50.7±2.2	46.00	岩盐	ISL1A 孔

表 6.58　察尔汗盐湖古湖泊水位水量变化

年代	水位水量
46975～44995cal.a B.P.	相对高（6）
44995～41475cal.a B.P.	高（7）
41475～33870cal.a B.P.	极高（9）
33870～33120cal.a B.P.	很高（8）
33120～26670cal.a B.P.	高（7）
26670～21370cal.a B.P.	相对高（6）
19105～18620cal.a B.P.	相对低（4）
18620～10655cal.a B.P.	很低（2）
10655～9020cal.a B.P.	相对低（4）
9020～5740cal.a B.P.	很低（2）
5740～4170cal.a B.P.	低（3）
4170～0cal.a B.P.	极低（1）

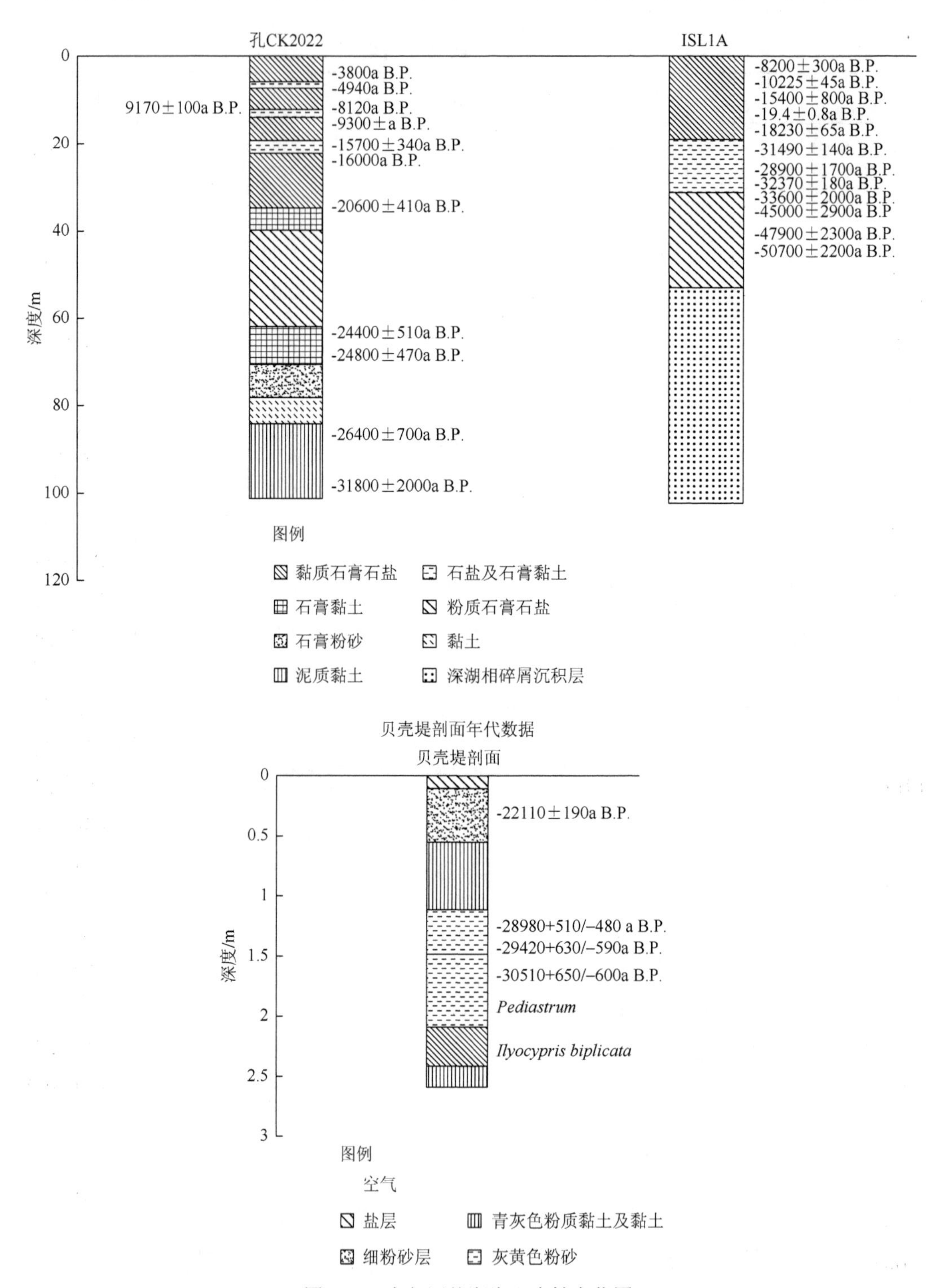

图 6.24　察尔汗盐湖岩心岩性变化图

参 考 文 献

安福元，马海州，魏海成，等. 2013. 柴达木盆地察尔汗湖相沉积物的粒度分布模式及其环境意义. 干旱区地理（汉文版），

36（2）：212-220.
常凤琴，张虎才，陈玥，等. 2008. 柴达木盆地察尔汗古湖贝壳堤剖面沉积地球化学与环境变化. 地球科学：中国地质大学学报，33（2）：197-204.
陈克造，Bowler J M，Kelts K. 1990. 四万年来青藏高原的气候变迁. 第四纪研究，（1）：21-30.
杜乃秋，孔昭宸. 1983. 青海柴达木盆地察尔汗盐湖的孢粉组合及其在地理和植物学的意义. 植物学报，25（3）：275-281.
黄麒，蔡碧琴，余俊青. 1980. 盐湖年龄的测定—青藏高原几个盐湖的 C^{14} 年龄及其沉积旋徊. 科学通报，25（21）：990-994.
黄麒，陈克造. 1990. 七十三万年来柴达木盆地察尔汗盐湖古气候波动的形式. 第四纪研究，3：205-211.
雷国良，张虎才，张文翔，等. 2007. 柴达木盆地察尔汗古湖贝壳堤剖面粒度特征及其沉积环境.沉积学报，25（2）：274-282.
万和文，唐领余，张虎才，等. 2008. 柴达木盆地东部 36～18kaB.P.期间的孢粉记录及其气候环境. 第四纪研究，28（1）：112-121.
魏海成，樊启顺，安福元，等. 2016. 94—9ka 察尔汗盐湖的气候环境演化过程. 地球学报，37（2）：193-203.
张虎才，雷国良，常凤琴，等. 2007. 柴达木盆地察尔汗贝壳堤剖面年代学研究.第四纪研究，27（4）：511-521.
张虎才，王强，彭金兰，等. 2008. 柴达木察尔汗盐湖贝壳堤剖面介形类组合及其环境意义. 第四纪究，28（1）：103-111.
郑绵平，向军，魏新俊，等. 1989. 青藏高原的盐湖. 北京：北京科学技术出版社：330-353.
Fan Q S，Ma H Z，Ma Z B，et al. 2014. An assessment and comparison of 230Th and AMS ^{14}C ages for lacustrine sediments from Qarhan Salt Lake area in arid western China. Environmental Earth Sciences，71（3）：1227-1237.
Fan Q S，Ma H Z，Wei H C，et al. 2014. Late Pleistocene paleoclimatic history documented by an oxygen isotope record from carbonate sediments in Qarhan Salt Lake，NE Qinghai-Tibetan Plateau. Journal of Asian Earth Sciences，85：202-209.

6.2.2　茶卡盐湖

茶卡盐湖（36.63°～36.75°N，99.01°～99.20°E，海拔 3200m a.s.l.）位于柴达木盆地东缘，距青海湖西约 150km，湖泊面积约 $106m^2$，流域面积 $11600km^2$。茶卡盆地为新生代封闭内流断陷盆地（葛晨东等，2007）。湖泊水深度波动较大，丰水期时为 0.5～0.6m，枯水期时仅为 0.01m，目前湖水盐度为 317～347g/L（Liu et al.，2008）。湖水由西北部的漠河、东南部的黑河及东北和西南岸的泉水补给，无出流，在茶卡盐湖北部及西北有冰川分布。湖区年均温度为 3.51℃，年均降水量 197.6mm，而蒸发量则高达 2074.1mm（Liu et al.，2008）。茶卡盐湖是晚更新世晚期逐渐演变形成的以石盐为主、固液相并存的综合性盐矿床，主要盐类矿物为石盐、石膏、芒硝等（葛晨东等，2007）。

在湖泊东南部水深约 0.02m 处钻得一深 9m 岩心（CKL-2004），经沉积速率外推得知其记录的沉积年代可至约 16945a B.P.（22865cal.a B.P.）。根据该岩心岩性及矿物变化可重建古湖泊水深及盐度变化。该钻心及其平行钻心中共 10 个 AMS^{14}C 测年数据，其中有 2 个年代数据因倒转而未采用，年代学基于其余 8 个年代数据（Liu et al.，2008）。

岩心底部（9～6.93m）为黑色层状黏质粉砂沉积，表明湖水较深，矿物组合中以陆源碎屑及碳酸盐为主，不含岩盐，表明当时湖水较淡，和较深的湖水环境一致。该层 7.49～7.5m、7.05～7.06m 及 6.95～6.96m 处有机质样品 AMS^{14}C 测年年代分别为 12995±85a B.P.（15739cal.a B.P.）、11840±50a B.P.（13655cal.a B.P.）及 11740±65a B.P.（13588cal.a B.P.），经沉积速率外推，得到该层形成年代为 16945～11715a B.P.（22865～13570cal.a B.P.）。

上覆 6.93～5.82m 为硫酸盐矿物沉积，含少量层状黑色黏质粉砂，碎屑矿物含量的减少及石膏在该层的出现表明湖水盐度增大，水深变浅。该层 6.42～6.43m 处有机质样品 AMS 测年年代为 9035±50a B.P.（10207cal.a B.P.）。根据矿物组合又可将该层分为三个亚层：

6.93～6.7m 处沉积物中开始出现大量蒸发盐，且以石膏为主，石盐含量较低（<5%），表明湖水较上阶段大幅下跌，该层沉积年代为 11715～10440a B.P.（13570～11960cal.a B.P.）；6.7～6.16m 处沉积物中石膏含量的降低及碎屑矿物含量的增加表明在 10440～8150a B.P.（11960～9150cal.a B.P.）湖泊淡化，湖水深度略有增加；6.16～5.82m 处沉积物石膏含量再度增加（约 50%），同时出现钙芒硝沉积（约 21%），表明湖水深度自 8150a B.P.（9150cal.a B.P.）后开始下降，沉积速率的快速增大（由上阶段的 0.023cm/a 增加至该段的 0.029cm/a）与此对应。模拟出的该时期湖水盐度为 232～324g/L（Liu et al.，2008）。

上覆 5.82～5.67m 为层状黏质粉砂层，含少量石膏（10%），岩性变化表明湖水深度较下覆层增加，据推算出的该时期内湖水盐度>66g/L。该层 5.78m 处有机质样品 AMS^{14}C 测年数据为 6815±35a B.P.（7640cal.a B.P.），经上下层沉积速率内插，得到该层形成年代为 7000～6040a B.P.（7800～6840cal.a B.P.）。

上覆 5.67～2.7m 以蒸发盐沉积为主，其中绝大多数为石盐，含少量硫酸盐，表明湖泊盐度较下覆层急剧增大，可达 324～325g/L。对应于湖水深度的大幅降低，该层 5.47m、5.095m 及 4.5m 处有机质样品 AMS^{14}C 测年年代分别为 5705±45a B.P.（6489cal.a B.P.）、5070±35a B.P.（5823cal.a B.P.）及 4395±30a B.P.（4955cal.a B.P.），经沉积速率内插，得到该层沉积年代为 6040～2350a B.P.（6840～2330cal.a B.P.）。

顶层 2.7m 为石盐沉积（98%），几乎不含其他蒸发盐矿物，表明自 2350a B.P.（2330cal.a B.P.）以来湖水盐度极大（>326g/L），湖水位极低。

以下是对该湖泊进行古湖泊重建、量化水量变化的 6 个标准：（1）极低，石盐沉积，几乎不含其他蒸发岩；（2）低，石盐及少量硫酸盐沉积；（3）较低，硫酸盐矿物夹少量层状黑色黏质粉砂沉积，含大量石膏；（4）中等，硫酸盐矿物夹少量层状黑色黏质粉砂，含少量石膏；（5）较高，层状黏质粉砂层，含少量蒸发盐；（6）高，黑色层状黏质粉砂沉积，不含蒸发盐。

茶卡盐湖各岩心年代数据、水位水量变化见表 6.59 和表 6.60，岩心岩性变化图如图 6.25 所示。

表 6.59　茶卡盐湖各岩心年代数据

样品编号	AMS 测年/a B.P.	校正年代/cal.a B.P.	深度/m	测年材料	钻孔
CK-568	10900±120	12837	8.67～8.68	有机质	CKL-2004 倒转未采用
CK-519	12054±65	13910	7.98～7.99	有机质	CKL-2004 倒转未采用
CK-480	12995±85	15739	7.49～7.50	有机质	CKL-2004
CKL-577	11840±50	13655	7.05～7.06	有机质	CKL-2004 平行钻孔
CK-435	11740±65	13588	6.95～6.96	有机质	CKL-2004
CK-395	9035±50	10207	6.42～6.43	有机质	CKL-2004
CKL-378	6815±35	7640	5.77～5.79	有机质	CKL-2004 平行钻孔
CK-308	5705±45	6489	5.46～5.48	有机质	CKL-2004
CKL340	5070±35	5823	5.08～5.11	有机质	CKL-2004 平行钻孔
CKL326	4395±30	4955	4.47～4.53	有机质	CKL-2004 平行钻孔

注：校正年代由校正软件 Calib 6.0 得出

表 6.60　茶卡盐湖古湖泊水位水量变化

年代	水位水量
22865～13570cal.a B.P.	高（6）
13570～11960cal.a B.P.	较低（3）
11960～9150cal.a B.P.	中等（4）
9150～7800cal.a B.P.	较低（3）
7800～6840cal.a B.P.	较高（5）
6840～2330cal.a B.P.	低（2）
2330～0cal.a B.P.	极低（1）

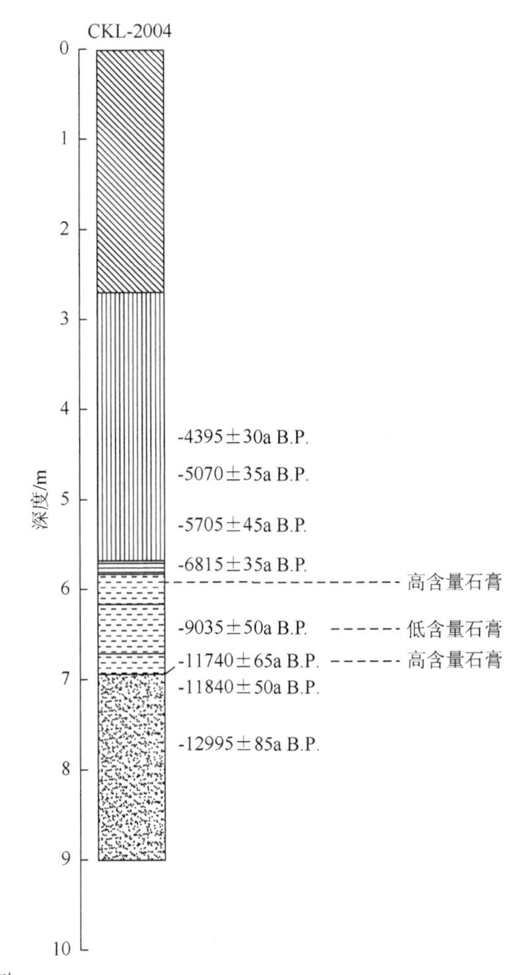

图 6.25　茶卡盐湖岩心岩性变化图

参 考 文 献

葛晨东，王天刚，刘兴起，等. 2007. 青海茶卡盐湖中石盐流体包裹体记录的古气候信息. 岩石学报，23（9）：2063-2068.

Liu X Q，Dong H L，Jason A，et al. 2008. Evolution of Chaka Salt Lake in NW China in response to climatic change during the Latest Pleistocene-Holocene. Quaternary Science Reviews，27：867-879.

6.2.3　大柴旦-小柴旦盐湖

大柴旦-小柴旦盐湖（郑绵平等（1989）音译）是位于青海柴达木盆地的两个独立的封闭盐湖，两湖泊相距约 30km。30000a B.P.前两湖泊为连通的统一淡水湖（郑绵平等，1989）。为便于古湖泊水量量化，我们把这两个湖泊看作一个湖泊来研究。大柴旦盐湖（37.78°～37.90°N，95.16°～95.28°E，海拔 3148m a.s.l.）的面积随季节而变化，在雨水较多的夏季湖泊面积约为 45km^2，而在干冷的冬季则降为 35km^2（高春亮等，2011）。干盐湖面积（邻近湖泊且经盐化的盆底低洼处）为 240km^2（郑绵平等，1989）。湖泊最大水深通常不足 1m（高春亮等，2011）。盐度在 103.6～387g/L 变化（冬季盐度最大夏季最小）（郑绵平等，1989）。大柴旦盐湖无外泄口，但有四条季节性河流（鱼卡河、温泉沟河、八里沟河及大头羊沟河）汇入该湖泊。小柴旦盐湖（37.45°～37.53°N，95.43°～95.58°E，海拔 3118m a.s.l.）湖泊面积为 69km^2，干盐湖面积为 150km^2。只有一条河流（塔塔棱河）注入该湖，湖水盐度在 325～339.1g/L。大柴旦盐湖和小柴旦盐湖总流域面积为 3100km^2。湖泊由降水、高山冰融水及中生带断层作用所形成的温泉水补给（郑绵平等，1989）。大柴旦-小柴旦盐湖由中生带断陷形成。下伏基岩为元古代变质岩、中生代砂岩和花岗岩。区域年平均温度为 0℃（郑绵平等，1989），年均降水量 60～80mm，蒸发量 1800mm 左右（高春亮等，2011），气候偏冷干。

为对盐矿物质展开研究，已在大柴旦-小柴旦盆地钻取很多深钻孔（最深的可达 100.88m）（郑绵平等，1989）。钻孔地层显示在中晚更新世为冲积扇-河流相沉积物，而在上更新世则为湖相沉积物（郑绵平等，1989）。湖相沉积物在大柴旦-小柴旦地区大面积连续分布，说明现代的大柴旦盐湖和小柴旦盐湖为先前古湖残遗（郑绵平等，1989）。约 30000a B.P.前，大、小柴旦湖盆均被该古湖占据，但由于长期的干旱致使流域水量供给减小，湖泊收缩。大、小柴旦湖泊由此分离。在两湖间有河流沉积物上覆于湖相沉积物之上，说明两湖分离时期大致在晚更新世。

自大柴旦湖泊和小柴旦湖泊分开后，其面积和水深均经历了显著变化。高水位且为淡水环境的湿润期（不含岩盐的原始碎屑沉积）与水位较低且有盐类物质沉积的干旱期交替演进。郑绵平等（1989）认为在大柴旦盐湖底层沉积中含 4 个石盐层，最底部石盐下覆层为碎屑黏土沉积，表明湖泊初始阶段为淡水环境。第 1 个富盐层厚 3～8m，对应面积约为 30km^2；第 2 个富盐层厚 3～4m，对应面积约为 94km^2；第 3 个富盐层厚 3～4m，对应面积约为 56km^2；第 4 个富盐层厚 6～8m，对应面积约为 109km^2。

在湖岸干盐湖钻得一 11m 长的岩心（孔 CK3），该岩心沉积物详细记录了晚第四纪时期大柴旦盐湖水深变化的情况（黄麒等，1980），且在该孔中也发现了郑绵平等（1989）所述的 4 个盐层。在别勒塘盆地采得第二个钻孔（CK2022），该孔地层和 CK3 基本一致，但由于该钻孔位置靠近盆地边缘且所处海拔较高，更易枯竭，因此较 CK3 孔多一些石盐沉积层。在大柴旦盐湖中心还钻得一长 2.5m 岩心（DCD-2）（高春亮等，2011）以及一长 6.23m 的岩心（DCD-3）（何先虎等，2013）。尽管在小柴旦盐湖采得很多钻孔（黄麒等，1980；郑绵平等，1989），但关于这些钻孔的地层记录却鲜有发表，因此我们就大柴旦-小柴旦盐湖水深和盐度变化的重建主要是基于大柴旦盐湖 CK3 孔及 DCD-2 孔岩性及地球化学记录的变化。年代学基于 CK3 孔及 DCD-2 孔的 6 个放射性 ^{14}C 测年数据。尽管 DCD-3 孔有矿物学、有机质烧失量（LOI）等环境指标的研究，但由于该钻孔缺少测年数据，因此，并未纳入到最终的湖泊水位量化中。CK2022 孔相似地层的放射性 ^{14}C 测年数据也可为湖泊水深/面积变化的年代提供佐证。重建的年代变化与郑绵平（1989）等人所描述的基本一致。

CK3 孔底部 11.0～9.84m 为黄色湖相黏土沉积，说明当时湖水较深。该层不含蒸发盐矿物，对应于较深的淡水环境。对 9.84～9.40m 及 6.77～7.06m 间样品进行放射性 ^{14}C 测年，其对应年代分别为 21000±1060a B.P.（25207cal.a B.P.）和 14300±460a B.P.（17518cal.a B.P.）。经沉积速率（0.0403cm/a）外推，得到该层对应年代为 24800～21950a B.P.（29195～25890cal.a B.P.）。

CK3 孔 9.84～9.02m 为黑色湖相泥质黏土。沉积物有机质的增加表明湖水较上覆层变浅，石膏和硼酸盐的少量出现对应于湖水盐度略微增加，和湖水变浅一致。该层沉积年代为 21950～19510a B.P.（25890～23555cal.a B.P.）。

CK2022 孔基底层为黑色淤泥，可能是大柴旦盐湖和小柴旦盐湖为统一古湖时的沉积物。对该层两样品进行放射性 ^{14}C 测年，其年代分别为 31800±2000a B.P.（36513cal.a B.P.）和 26800±700a B.P.（31554cal.a B.P.）。河流相沉积（黏土和砂质淤泥）的出现表明大柴旦湖盆和小柴旦湖盆分离。上覆层沉积物分别为不含蒸发岩的黏土、富盐黏土和不含蒸发盐的黏土。该孔中不含蒸发盐的黏土沉积可能和 CK3 孔基底湖相黏土沉积对应，对不含蒸发盐的两黏土层样品的放射性 ^{14}C 测年分别为 24800±470/24440±510a B.P.（29525cal.a B.P.）和 20600±410a B.P.（24645cal.a B.P.）。因此孔 CK2022 证实了在冰期时大柴旦-小柴旦地区气候湿润，湖水较深。

CK3 孔 9.02～7.91m 为黏质硼酸-石膏沉积。该层含 75%～90%的蒸发盐矿物，其中绝大部分是石膏。该层不含石盐，蒸发盐矿物质含量的增加说明湖水盐度变大，和水深变浅相一致。尽管蒸发盐矿物含量增大，但该层不含石盐，表明湖水盐度并不如后期高。该层年代为 19510～16800a B.P.（23555～20395cal.a B.P.）。

CK3 孔 7.91～6.8m 为黏质石膏-石盐沉积。该层含有 60%的蒸发盐矿物，40%（占蒸发盐含量的 2/3）的石盐。石盐含量的增加说明湖水盐度加大，水深变浅。对该层顶部（6.77～7.06m）一样品进行放射性 ^{14}C 测年，其年代为 14300±460a B.P.（17518cal.a B.P.），说明该层沉积年代为 16800～14300a B.P.（20395～17230cal.a B.P.）。郑绵平等（1989）估计当时石盐面积为 30km^2。在 CK2022 孔也发现了一个类似的富石盐层，但别勒塘盆地石盐层的沉积结束年代似乎比 CK3 孔要略早。

CK3 孔 6.8～5.77m 为石盐-石膏黏土层。该层含 40%的蒸发盐矿物，但石盐含量则＜5%，石盐含量的减少对应于湖水盐度降低。通过对下伏层及 2.94～3.39m 处样品放射性 ^{14}C 年代（7630±140a B.P.，校正年代 8468cal.a B.P.）沉积速率（0.0563cm/a）的内插得知该层形成于 14300～12300a B.P.（17230～14785cal.a B.P.）。该淡水环境沉积年代可能对应于年代在 15700±340a B.P.（18964cal.a B.P.）的 CK2022 孔的黏土沉积（略早于大柴旦湖泊沉积）。

CK3 孔 5.77～4.27m 为黏质/砂质石盐沉积。该层含 90%的蒸发盐矿物，75%为石盐，石盐含量的显著增加表明湖水盐度大幅增加，湖水深度大幅下降。同时碎屑沉积物粒径较大，对应于较浅的水环境。该层沉积年代为 12300～9600a B.P.（14785～11155cal.a B.P.）。该层对应于郑绵平等（1989）所述的第二个盐层。郑绵平等（1989）估计当时石盐面积为 94km^2。此时石盐面积比第一次石盐沉积时面积（30km^2）大，说明该阶段较第一次石盐沉积时湖水盐度大。同样在 CK2022 孔也发现了一相似的富盐层。

CK3 孔 4.27～2.94m 为石盐-石膏黏土。该层含有 90%的碎屑矿物和 10%的蒸发盐矿物。岩性变化表明水深较上覆层增加，同时碎屑矿物质含量的增加及蒸发岩矿物含量的大幅减少也对应于湖水的加深。该层顶部一样品（2.94～3.39m）放射性 ^{14}C 测年为 7630±140a B.P.（8468cal.a B.P.），说明该层形成于 9600～7080a B.P.（11155～7935cal.a B.P.）。孔 CK2022 中与此沉积相似层的放射性 ^{14}C 测年为 9170±100a B.P.（10382cal.a B.P.），也证实了大柴旦-小柴旦地区该时期气候较湿润的特点。

CK3 孔 2.94～1.49m 为黏质/砂质硼酸-石膏-石盐沉积。该层含 80%～95%的蒸发盐矿物，其中 70%～75%为石盐。沉积物粒径的增加对应于湖水变浅，同时蒸发盐含量的增加也表明湖水盐度的增加及深度的降低。通过对下覆层及钻孔顶部（假定为现代沉积物）沉积速率（0.0415cm/a）内插得知该层年代为 7080～3590a B.P.（7935～3990cal.a B.P.）。这一层相当于郑绵平等（1989）所述的第三个盐层。郑绵平等（1989）认为当时石盐面积大约为 56km^2。较早全新世石盐面积（94km^2）小，说明该时期湖水盐度较早全新世低。

CK3 孔 1.49～0.8m 为黏质/砂质石膏-石盐沉积。该层含 25%的碎屑岩矿物和 75%的蒸发盐矿物，其中 50%为石盐。碎屑矿物含量的增加说明湖泊深度稍有增加，湖水盐度降低。然而岩盐矿物的存在表明此时湖水仍含一定量盐度。该层沉积年代为 3590～1930a B.P.（3990～2145cal.a B.P.）。

CK3 孔顶层 0.8～0m 为石膏-石盐沉积。该层蒸发盐含量超过 95%，几乎全部为石盐。蒸发岩含量的增加及岩盐的大量存在表明自 1930a B.P.（2145cal.a B.P.）后湖水盐度极大，水深极浅。该层相当于郑绵平等（1989）所述的第四个盐层。郑绵平等（1989）认为这时石盐面积最大可达 109km^2。石盐沉积物的扩大和盐度极大的湖水环境一致。

DCD-2 孔 1.91m 以下为灰色泥质石膏-石盐-硼镁矿沉积。该层蒸发盐含量约 90%，其中大部分为石膏（62%），表明该时期湖水较浅。经沉积速率（0.0614cm/a）外推，得到该层沉积年代为 6170～5210a B.P.（7385～6090cal.a B.P.）。

DCD-2 孔 1.91～1.73m 为灰色结核与灰白色石膏层互层。该层蒸发盐含量为 80%～90%，石膏约为 45%，黏土含量为 10%～20%。碎屑沉积含量的增加表明湖水较下覆层加深。经沉积速率（0.0614cm/a）外推，得到该层形成年代为 5210～4915a B.P.（6090～5700cal.a B.P.）。

DCD-2 孔 1.73～1.63m 为灰色含盐淤泥与松散结核沉积。该层蒸发盐含量约为 70%，石盐含量略有增加，但石膏含量大幅降低（约 10%）及黏土含量的大幅增加（30%）说明湖水自 4915a B.P.（5700cal.a B.P.）后加深。该层 1.68～1.69m 处有机淤泥 AMS^{14}C 测年为 4842±28a B.P.（5600cal.a B.P.）。该层沉积年代为 4915～4750a B.P.（5700～5480cal.a B.P.）。

DCD-2 孔 1.63～1.38m 为灰色结核，含灰白色盐纹层。该层含约 90%的蒸发盐，石盐含量变化不明显，石膏含量的大幅升高（49%）及黏土含量的大幅下降（9%）对应于湖水深度的降低。经沉积速率（0.0443cm/a）内插，得到该层沉积年代为 4750～4345a B.P.（5480～4930cal.a B.P.）。

DCD-2 孔 1.38～0.65m 为灰黑色含盐淤泥层。该层约含 75%的蒸发盐和 25%的黏土矿物，蒸发盐矿物含量的降低及碎屑矿物含量的增加表明湖水深度增加。该层可能对应于 CK3 孔的黏质/砂质石膏-石盐沉积。该层 0.83～0.86m 处有机淤泥的 AMS 测年为 3474±27a B.P.（3760cal.a B.P.），经沉积速率内插，得到该层形成于 4345～3040a B.P.（4930～3245cal.a B.P.）。

DCD-2 孔 0.65～0.385m 为黏质石膏-石盐层。该层蒸发盐含量较高（约 90%），其中 65%为石膏。蒸发盐含量的增加表明湖水深度降低。经内插，得到该层沉积年代为 3040～2455a B.P.（3245～2545cal.a B.P.）。

DCD-2 孔 0.385～0.14m 为黏质石膏-石盐沉积。该层蒸发盐含量为 70%，碎屑矿物约 30%，蒸发盐含量的降低及黏土矿物含量的增加与水深增加一致。该层 0.25～0.28m 处有机淤泥的 AMS^{14}C 测年为 2177±28a B.P.（2213cal.a B.P.），经外推，得到该层沉积年代为 2455～1910a B.P.（2545～1895cal.a B.P.）。

DCD-2 孔 0.14～0.04m 为黑色淤泥层，蒸发盐含量较低（约 45%）而碎屑矿物含量较高（约 55%），表明湖水深度进一步增加。经外推，得到该层对应年代为 1910～1670a B.P.（1895～1630cal.a B.P.）。

DCD-2 孔顶层 0.04～0m 为黏质石盐-石膏层，蒸发盐含量约 80%，其中约 65%为石膏及黏土含量的降低（18%）说明湖水自 1670a B.P.（1630cal.a B.P.）降低。

DCD-3 孔 6.23～4.23m 为湖相灰黄色粉砂质黏土沉积，矿物组合中以碎屑沉积为主，碳酸盐含量较低，因此，推断该阶段湖泊可能为一淡水环境。上覆层（4.23～4.07m）下部为灰黑色淤泥夹带砂砾层，上部为灰黑色淤泥夹结核层，含水菱镁石和柱硼镁石，表明此时期大柴旦湖进入盐湖沉积阶段。上覆层（4.07～3.95m）为柱硼镁石矿层，含大量水菱镁石、柱硼镁石以及少量石盐，表明湖泊进一步缩小，湖泊咸化明显。遗憾的是，该岩心没有年代数据，因此我们很难判断这几次湖泊面积变化的具体时间。

以下是对该湖泊进行古湖泊重建、量化水量变化的 10 个标准：（1）极低，大范围

（109km²）的石盐-盐沉积，CK3 孔石膏-石盐沉积物中蒸发盐含量超过 95%，DCD-2 孔黏质石膏-石盐层蒸发盐含量 80%～90%，石膏含量为 65%；（2）很低，面积稍小（94km²）的石盐-盐沉积，CK3 孔黏质/砂质石膏-石盐沉积物中蒸发盐含量大于 90%，DCD-2 孔蒸发盐含量为 80%～90%，石膏含量约 45%；（3）低，较小范围（56km²）的石盐-盐沉积，CK3 孔中黏质/砂质石膏-石盐沉积物中蒸发盐含量为 80%～95%，DCD-2 孔蒸发盐含量约 75%，石膏含量约为 35%；（4）较低，CK3 孔中黏质石膏-石盐沉积物中蒸发盐含量为 75%，DCD-2 孔蒸发盐含量约 70%，石膏含量约为 10%；（5）中等，小面积（30km²）石盐-盐沉积，CK3 孔中黏质石膏-石盐沉积物中蒸发盐矿物含量为 60%，其中 40%为石盐，DCD-2 孔黑色淤泥层中蒸发盐含量约为 45%，石膏为 25%；（6）较高，CK3 孔中黏质石盐-石膏沉积物中蒸发盐矿物含量为 60%，其中石盐占 5%；（7）高，CK3 孔黏质石盐-石膏沉积物中蒸发盐矿物含量为 10%且石盐含量小于 5%；（8）很高，CK3 孔黏质硼酸-石膏沉积物中蒸发盐为 75%～90%且不含石盐；（9）极高，CK3 孔有机黏土沉积且蒸发盐矿物含量小于 10%；（10）最高，CK3 孔中不含蒸发盐的黏土沉积。

大柴旦-小柴旦盐湖各岩心年代数据、水位水量变化见表 6.61 和表 6.62，岩心岩性变化图如图 6.26 所示。

表 6.61　大柴旦-小柴旦盐湖各岩心年代数据

样品编号	放射性 ^{14}C 测年数据/a B.P.	校正年代/cal.a B.P	深度/m	测年材料	钻孔
	31800±2000	36513	96.36～96.76	黑色淤泥	孔 CK2022
	26800±700	31554	84.50～85.00	淤泥	孔 CK2022
	24800±470	29525	68.14～68.54	盐质黏土	孔 CK2022
	24440±510	29265	65.89～66.42	盐质黏土	孔 CK2022
	21000±1060	25207	9.40～9.84	黏土	孔 CK3
	20600±410	24645	34.52～34.87	盐质黏土	孔 CK2022
	15700±340	18964	21.19～21.39	盐质黏土	孔 CK2022
	14300±460	17518	6.77～7.06	盐质黏土	孔 CK3
	9170±100	10382	13.38～13.78	盐质黏土	孔 CK2022
	7630±140	8468	2.94～3.39	盐质黏土	CK3
GZ3570	4842±28	5600	1.68～1.69	淤泥，AMS	DCD-2 孔
GZ3571	3474±27	3760	0.83～0.86	淤泥，AMS	DCD-2 孔
GZ3569	2177±28	2213	0.25～0.27	淤泥，AMS	DCD-2 孔

注：CK3 及 CK2022 样品测年在中国科学院青海盐湖研究所 ^{14}C 测年室进行，校正年代由校正软件 Calib6.0 获得

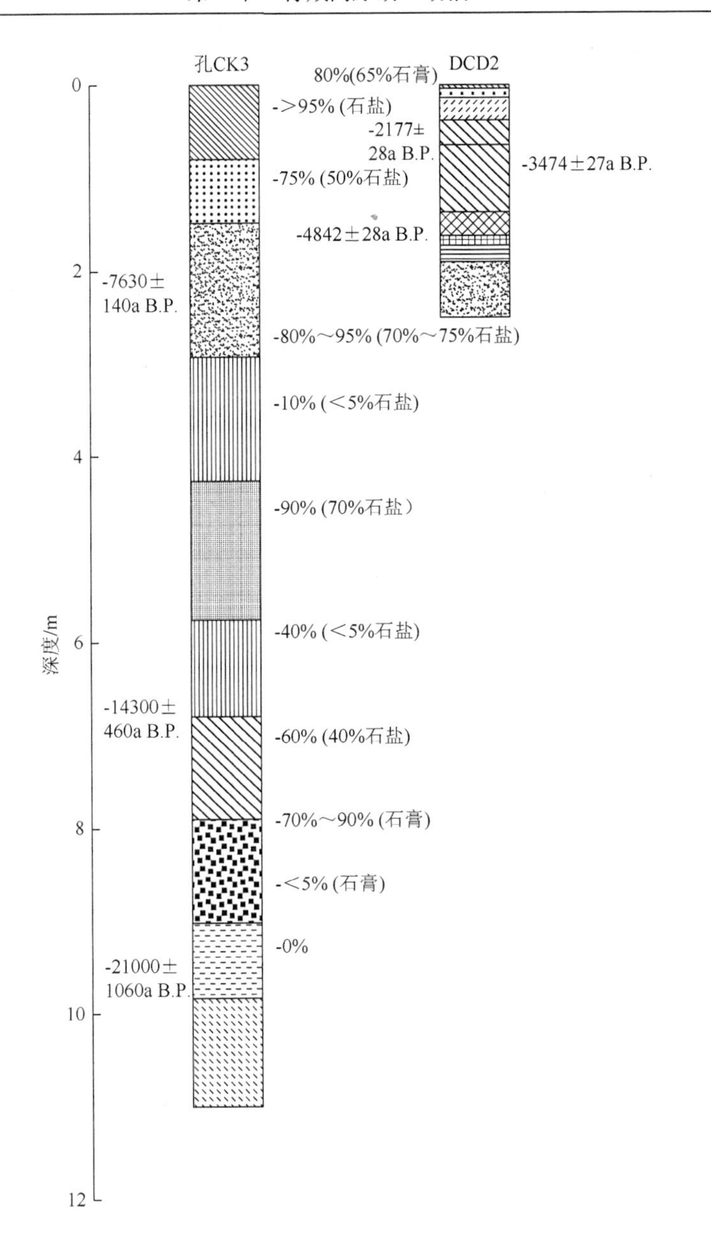

图 6.26　大柴旦-小柴旦盐湖岩心岩性变化图

表 6.62　大柴旦-小柴旦盐湖古湖泊水位水量变化

年代	水位水量
29195～25890cal.a B.P.	最高（10）

续表

年代	水位水量
25890～23555cal.a B.P.	极高（9）
23555～20395cal.a B.P.	很高（8）
20395～17230cal.a B.P.	中等（5）
17230～14785cal.a B.P.	较高（6）
14785～11155cal.a B.P.	很低（2）
11155～7935cal.a B.P.	高（7）
7935～7385cal.a B.P.	低（3）
7385～6090cal.a B.P.	极低（1）
6090～5700cal.a B.P.	很低（2）
5700～5480cal.a B.P.	较低（4）
5480～4930cal.a B.P.	很低（2）
4930～3245cal.a B.P.	低（3）
3245～2545cal.a B.P.	极低（1）
2545～1895cal.a B.P.	低（3）
1895～1630cal.a B.P.	中等（4）
1630～0cal.a B.P.	极低（1）

参考文献

高春亮，张丽莎，余俊清，等. 2011. 大柴旦盐湖卤水演变及环境变化的矿物学记录. 地球化学，40（2）：156-162.
何先虎，余俊清，张丽莎，等. 2013. 大柴旦盐湖 DCD03 剖面的矿物学记录及其环境指示意义. 盐湖研究，21（4）：10-15.
黄麒，蔡碧琴，余俊青. 1980. 盐湖年龄的测定——青藏高原几个盐湖的 C^{14} 年龄及其沉积旋迴.科学通报，（21）：990-994.
郑绵平，向军，魏新俊，等. 1989. 青藏高原盐湖研究. 北京：科技出版社：306-329.

6.2.4 达连海

达连海（36.20°N，100.40°E，海拔 2850m a.s.l.）位于青藏高原东北缘的共和盆地之中，为一淡水湖。达连海是共和盆地中最大的内流河——沙珠玉河的终闾湖泊，分为南北两个湖泊，南北达连海之间被共和组上部河湖相地层组成的狭长的梁状地形隔开，其最低点海拔高度为 2861m a.s.l.，即当水位超过 2860m a.s.l.时，两湖即可连成一片（孙庆峰，2009）。自 20 世纪 50 年代以来，沙珠玉河中上游相继有 14 座水库建成蓄水，几乎断绝了下游水源补给，北达连海于 1937 年完全干涸，湖底已为流沙掩埋；1994 年南达连海也完全干涸（程波等，2010）。湖泊受东南季风、西南季风和西风环流三大气候系统的共同影响，气候干燥寒冷，温度较低，年均温在 4.8ºC，年降水量较少，为 246.3mm，蒸发量却达1716.7mm（严平等，2000）。湖泊主要由沙珠玉河及地下水补给（魏海成等，2009）。植被类型较简单，周围山地现代基本没有森林生长，主要是蒿草草甸和落叶灌丛，在青海南山最西段有小片森林，分布零散，主要是祁连圆柏疏林和是青海云杉疏林；盆地中为强烈切割的冲积平原，由于水源短缺，发育着草原、荒漠草原和荒漠植被（程波等，2010）。

在达连海以西向南及达连海东南岸至二塔拉顶面，保存了四级较清晰的阶梯状地形面T1、T2、T3、T4（陈发虎等，2012），其高度分别为2880m a.s.l.、2900m a.s.l.、2910m a.s.l.、2940m a.s.l.（孙庆峰（2009）中给出的海拔高度分别为2870m a.s.l.、2880m a.s.l.、2910m a.s.l.和2940m a.s.l.）。在T1下，局部地区还残存两级湖岸堤（T01和T02，海拔为2860～2875m a.s.l.）。T01湖岸堤中植物残体和贝壳的AMS^{14}C测年和水生植物的常规^{14}C测年结果分别为1525±30a B.P.（1397cal.a B.P.）、1447±20a B.P.（1334cal.a B.P.）和2200±30a B.P.（2230cal.a B.P.），表明T01形成于距今1500～2000年之前，属于自然条件下（1950年以前）达连海晚全新世退缩过程中留下的湖岸堤。此时南北达连海可能开始分离（两湖的分水岭海拔约为2860m a.s.l.），湖区的环境接近湖泊干涸前的（现代）状态。T02湖岸台地地表为风沙覆盖，其下为粉砂质黏土，约1m厚，底部全有机常规^{14}C年龄为9900±200a B.P.（11405cal.a B.P.）；再往下为厚2～3m具有以黑色黏土和浅色细粉砂形成的交互微层，接近底部全有机质^{14}C年龄为28900±2700a B.P.（33715cal.a B.P.），纹层下是湖滨砂，未见底。T02上部测年结果说明，全新世古湖泊范围没有超过海拔2870m a.s.l.的高度。

T1～T4湖岸台地现代地表多为风沙覆盖，且越高的湖岸台地面上古沙丘残存越高，表明古湖岸台地的形成时间可能越老。由于风蚀较强烈，有些地表直接暴露湖滨相砂和湖相沉积，内多见扁卷螺类壳体。T1湖岸台地湖相黏土之下有5m厚砂层，具交错层理，有些地点属于典型风成沙沉积。贝壳的AMS^{14}C测年及全有机的常规^{14}C测年结果分别为43120±1480a B.P.（46900cal.a B.P.）和21300±730a B.P.（25375cal.a B.P.）。T2和T3高湖面残存的沉积层序非常相近，探坑和自然剖面均显示，地表为湖相黏土和砂互层，其下为厚层湖相砂。T2湖岸台地中贝壳及骨头的AMS^{14}C测年及全有机的常规^{14}C测年结果分别为41890±1440a B.P.（45700cal.a B.P.）、＞25400a B.P.（＞30200cal.a B.P.）及25300±610a B.P.（29990cal.a B.P.）。T3湖岸台地中植物残体的AMS^{14}C测年结果为43020±1410a B.P.（46815cal.a B.P.）。T4湖岸台地中贝壳的AMS^{14}C测年结果为40440±1020a B.P.（44235cal.a B.P.）。这4个湖岸台地年代均在40000～50000a B.P.（40000-50000cal.a B.P.），尽管几个^{14}C年代均接近加速器^{14}C测年的上限，我们难以准确测定^{14}C的年龄范围，不过这些年代结果至少可以说明，T1～T4湖相沉积不是全新世形成的。

在达连海湖心钻得孔DLH（陈发虎等（2012）将其称为DLH99孔），岩心长40.92m，其所记录的年代可至12470a B.P.（15640cal.a B.P.）。根据其岩性、水生植物变化可重建湖泊水深的相对变化。年代学基于岩心中12个放射性测年数据。

DLH孔底部沉积物（40.92～40.24m）为灰黑色沙层与泥炭夹层，沉积物粒径较粗（＞100μm），表明当时湖水较浅。水生花粉中适于浅水环境的狐尾藻（*Myriophyllum*）含量较高（占20%左右），同时出现适于沼泽环境的莎草科（Cyperaceae），和湖水较浅一致。碳酸盐含量的低值（平均约为 8%）也表明湖区有效湿度降低，湖水浓缩。经下覆层沉积速率（0.27cm/a）外推，得到该层年代为 12470～12310a B.P.（15640～15100cal.a B.P.）。

上覆 40.24～26.24m 为深灰色粉砂质泥与泥炭夹层，水生花粉中狐尾藻几乎消失，莎草科含量下降，和水深加深相对应。碳酸盐含量的升高（平均约为 12%），和水深增加一致。该层 40.04m、40m、39m、35.43m、30m 及 29.76m 处植物残体 AMS^{14}C 测年年代为 12690±72aB.P.（14930cal.a B.P.）、12464±140aB.P.（14585cal.a B.P.）、11668±83a B.P.（13533cal.a B.P.）、10620±40aB.P.（12598cal.a B.P.）、10268±53a B.P.（12016cal.a B.P.）及 9860±70a B.P.（11292cal.a B.P.）。该层年代为 12310～8920a B.P.（15100～10050cal.a B.P.）。

DLH 孔 26.24～12.35m 为棕黄色粉砂质泥。岩性变化说明湖水稍微加深。该层基本不含莎草科，同时水生的香蒲和狐尾藻有少量增加，表明湖水较上阶段有所加深。该层 25.85m、15.86m 及 12.35m 处植物残体 AMS^{14}C 测年年代为 8817±65aB.P.（9912cal.a B.P.）、1035±22a B.P.（949cal.a B.P.）和 3587±30a B.P.（3904cal.a B.P.）。该层年代为 8920～3590a B.P.（10050～3900cal.a B.P.）。

DLH 孔 12.35～4.15m 为深灰至灰色粉砂质泥。莎草科含量大幅增加和湖泊缩小相吻合。4.98m 处植物残体 AMS^{14}C 测年年代为 1955±80a B.P.（1892cal.a B.P.）。该层沉积年代为 3590～1490a B.P.（3900～1410cal.a B.P.）。

顶部 4.15～0m 为灰黑色有机质泥，内夹多层泥炭，说明湖水继续变浅。水生花粉中莎草科含量仍较高，狐尾藻在接近顶部的样品中迅速增多，达 60%以上，表明湖水在后期略有回升。3.53m 处植物残体 AMS^{14}C 测年年代为 1140±80a B.P.（1058cal.a B.P.），顶部植物种子的常规 ^{14}C 测年年代为 385±65a B.P.（413cal.a B.P.）。该层沉积年代为 1490～0a B.P.（1410～0cal.a B.P.）。

陈英玉（2009）及李国荣等（2014）对位于湖心的 2 个浅井剖面（剖面Ⅰ和剖面Ⅱ）进行了研究。剖面Ⅰ（长 252cm）和剖面Ⅱ（长 265cm）为并列剖面，其地层大体一致。对其中Ⅰ剖面 AMS^{14}C 年测年表明底部年代为 5600cal.a B.P.。根据剖面Ⅰ湖泊沉积物的粒度、磁化率、碳酸盐含量以及色度等可重建近 5000 多年来古湖泊水量的变化。对于封闭湖盆，碳酸盐的高含量对应于湖区有效湿度降低，湖水浓缩。因此碳酸盐含量高低在一定程度上可反映湖泊水位的升降。年代学基于剖面Ⅰ3 个 AMS^{14}C 测年数据。

剖面Ⅰ底部沉积物（2.52～2.36m）为灰黑色淤泥，沉积物颗粒较细，说明当时湖水较深，同时碳酸盐含量较低（13.38%～15.28%），和高湖面相对应。对该层 250cm 和 220cm 处两样品进行放射性碳测年，其年代分别为 5110±36a B.P.（校正年代为 5790cal.a B.P.）及 4392±23a B.P.（4926cal.a B.P.）。经对沉积速率（0.36mm/a）外推知该层年代为 5160～4775aB.P.（5845～5385cal.a B.P.）。

剖面Ⅰ上覆 2.36～0.34m 为粉砂质泥，沉积物粒径变粗，表明湖水较下覆层变浅，同时碳酸盐含量增加（12.26%～15.55%），和湖水变浅相吻合。对该层 1.85m 处样品进行放射性碳测年，其年代为 3615±23a B.P.（3917cal.a B.P.），经内插知该层年代为 4775～665a B.P.（5385～720cal.a B.P.）。

剖面Ⅰ顶层0.34～0m为土黄色黏土，沉积物颜色变化表明湖泊当时处于氧化环境，同时黏土含量的减少及粗砂和粗粉砂含量的增加，表明湖水变浅。该层碳酸盐含量较高（14.15%），和湖水较浅相一致。该层沉积年代为665～0a B.P.（720～0cal.a B.P.）。

在达连海湖心底部还钻有一深4m长的岩心（魏豆豆和陈英玉，2015），该岩心海拔为2851m a.s.l.。根据其岩性及粒度变化可重建3760a B.P.（4130cal.a B.P.）以来湖泊水位的变化。岩心底部（4.0～3.08m）为含碳屑的黑色、灰色黏土互层，沉积物颜色显示当时湖泊为还原环境，对应于较深的湖水环境，沉积物颗粒以黏土和细粉砂为主（中值粒径为4.2μm），反映当时水动力弱，湖泊水位较高。该层4m处样品的^{14}C年代为3758.5±74.5a B.P.（校正年代为4129cal.a B.P.），经该年代与上覆层年代间沉积速率内插，得到该层沉积年代为3760～3555a B.P.（4130～3860cal.a B.P.）。上覆层（3.08～1.62m）为黏土砂及黑褐色黏土沉积，沉积物岩性变化表明湖水较上阶段变浅，沉积物粒径增大（中值粒径为4.9μm），表明湖泊水动力比之前明显变强，湖水面变低。该层2.4m及2.0m处样品的^{14}C年代分别为3407±50a B.P.（校正年代为3660cal.a B.P.）和3288.5±80.5a B.P.（校正年代为3522cal.a B.P.）。该层沉积年代为3555～2595a B.P.（3860～2660cal.a B.P.）。上覆层（1.62～0.42m）为块状灰黑色黏土，该阶段中值粒径变小（3.8μm），表明湖水较上阶段加深。该层1.6m及1.2m处样品的^{14}C年代分别为2556.5±77.5a B.P.（校正年代为2613cal.a B.P.）和2445.5±96.5a B.P.（校正年代为2531cal.a B.P.）。该层沉积年代为2595～855a B.P.（2660～885cal.a B.P.）。顶层0.42m为含暗红色氧化膜的松散褐色黏土，沉积物岩性变化表明该时期湖泊处于氧化环境，湖水较浅，沉积物粒径增大（中值粒径为4.6μm），表明湖泊水动力比之前明显变强，水位变浅。该层为855a B.P.（885cal.a B.P.）以来的过渡带沉积。

以下是对古湖泊进行重建、量化水量变化的9个标准：（1）极低，DLH孔的砂层与泥炭沉积；（2）低，DLH孔的有机质泥夹泥炭沉积，剖面Ⅰ的土黄色黏土层，碳酸盐含量较高，4m长岩心中的褐色黏土层，沉积物粒径较大；（3）较低，DLH孔的砂质泥与泥炭夹层；（4）中等，DLH孔的粉砂质泥，莎草科含量较高，剖面Ⅰ的粉砂质泥，碳酸盐含量较低，4m长岩心中的黑色、灰色黏土互层；（5）较高，DLH孔的粉砂质泥，莎草科含量较低，剖面Ⅰ的灰黑色淤泥沉积，4m长岩心中灰黑色黏土层，沉积物粒径较小；（6）高，T1阶地形成；（7）很高，T2阶地形成；（8）极高，T3阶地形成；（9）最高，T4阶地形成。

达连海各岩心年代数据、水位水量变化见表6.63和表6.64，岩心岩性变化图如图6.27所示。

表6.63 达连海各岩心年代数据

样品编号	放射性测年数据/a B.P.	校正年代/cal.a B.P.	深度/m	测年材料	测年方法	剖面/钻孔
KIA25462	12690±72	14930	40.04	植物残体	AMS	DLH
KIA25461	12464±140	14585	40	植物残体	AMS	DLH
KIA19437	11668±83	13533	39	植物残体	AMS	DLH

续表

样品编号	放射性测年数据/a B.P.	校正年代/cal.a B.P.	深度/m	测年材料	测年方法	剖面/钻孔
LAMS05-041	10620±40	12598	35.43	植物残体	AMS	DLH
KLA19434	10268±53	12016	30	植物残体	AMS	DLH
LAMS05-042	9860±70	11292	29.76	植物残体	AMS	DLH
KLA25460	8817±65	9912	25.85	植物残体	AMS	DLH
KLA25459	1035±22	949	15.86	植物残体	AMS	DLH
XA3372	5110±36	5790	2.5	有机质	AMS	达连海 I 剖面
XA3584	4392±23	4926	2.2	有机质	AMS	达连海 I 剖面
	3758.5±74.5	4129	4	全样	常规	4m 长岩心
XA3585	3615±23	3917	1.85	有机质	AMS	达连海 I 剖面
KLA25458	3587±30	3904	12.35	植物残体	AMS	DLH
	3407±50	3660	2.4	全样	常规	4m 长岩心
	3288.5±80.5	3522	2.0	全样	常规	4m 长岩心
	2556.5±77.5	2613	1.6	全样	常规	4m 长岩心
	2445.5±96.5	2531	1.2	全样	常规	4m 长岩心
KLA25457	1955±80	1892	4.98	植物残体	AMS	DLH
Michel	1140±80	1058	3.53	植物残体	AMS	DLH
	385±65	413	0	植物种子	常规	DLH

注：达连海剖面 I 校正年代参照原文作者给出，4m 长岩心校正年代由校正软件 Calib 7.1 给出

表 6.64 达连海古湖泊水位水量变化

年代	水位水量
46815cal.a B.P.?	极高（8）
44235cal.a B.P.?	最高（9）
30000～46000cal.a B.P.?	很高（7）
25375～46900cal.a B.P.	高（6）
15640～15100cal.a B.P.	极低（1）
15100～10050cal.a B.P.	较低（3）
10050～5385cal.a B.P.	较高（5）
5385～3860cal.a B.P.	中等（4）
3860～2660cal.a B.P.	低（2）
2660～885cal.a B.P.	较高（5）
885～0cal.a B.P.	低（2）

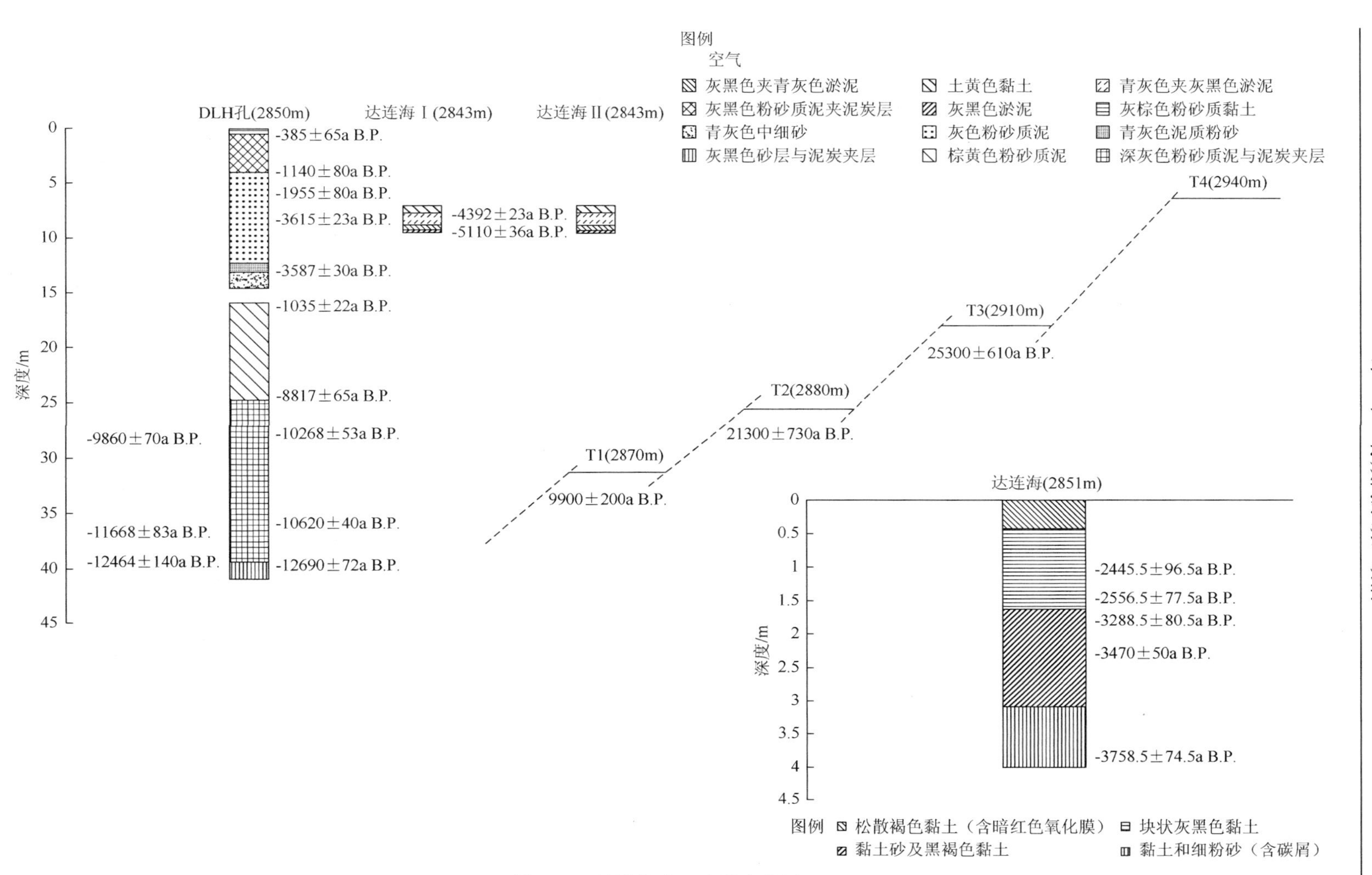

图 6.27　达连海岩心岩性变化图

参 考 文 献

陈发虎，张家武，程波，等. 2012. 青海共和盆地达连海晚第四纪高湖面与末次冰消期以来的环境变化. 第四纪研究，32（1）：122-131.
陈英玉. 2009. 共和盆地达连海中全新世以来的环境变化研究. 中国地质科学院博士学位论文.
程波，陈发虎，张家武. 2010. 共和盆地末次冰消期以来的植被和环境演变. 地理学报，65（11）：1336-1344.
李国荣，陈英玉，牛青芬，等. 2014. 达连海沉积物粒度特征及其古环境意义. 青海大学学报：自然科学版，32（4）：60-65.
孙庆峰，程波，赵黎. 2014. 共和盆地黏土矿物与孢粉记录的末次冰消期以来的气候环境相位差. 中国沙漠，（5）：1237-1247.
孙庆峰. 2009. 青海共和盆地达连海岩芯黏土矿物与末次冰消期以来环境变化探讨. 兰州大学博士学位论文.
魏豆豆，陈英玉. 2015. 达连海湖泊沉积物粒度特征及其古气候意义. 青海大学学报：自然科学版，（2）：53-60.
魏海成，马海州，潘安定，等. 2009. 甘青地区末次冰消期以来植被与气候演化的孢粉记录对比分析. 盐湖研究，17（1）：13-18.
严平，董光荣，董治宝，等 . 2000. 青海共和盆地达连海湖积物 ^{137}Cs 示踪的初步结果. 地球化学，29（5）：469-474.
赵黎，孙庆峰. 2014. 青藏高原共和盆地 14.5cal ka B.P. 以来黏土矿物响应的气候变化模式. 岩石矿物学杂志，33（4）：681-692.

6.2.5 冬给措纳湖

冬给措纳湖（又名托素湖）（35.21°～35.39°N，98.33°～98.71°E，海拔 4090m a.s.l.）位于青藏高原东北的贫营养淡水湖，湖泊面积约为 230km^2，流域面积约 3200km^2，最大水深 92m，东部湖盆及西部湖盆的北半部平均水深约 35m，而西部湖盆的南部水深可达 90m（Mischke et al.，2010a）。湖泊透明度较高（12m），盐度较低（约 0.5‰）。距湖泊西南 50km 的玛多气象站（4272m a.s.l.）记载的年均温度为−3℃，年均蒸发量 1375mm，年均降水量约 300mm，且主要集中在夏季（Mischke et al.，2010a）。湖泊出流经西北隅的托索河流入柴达木河，尔后注入南霍鲁逊湖。流域遍布二叠纪石灰岩、二叠纪—新近纪碎屑岩及第四纪松散沉积物。湖区植被主要为蒿属、禾本科及艾属（Opitz et al.，2012）。

湖泊周围一系列阶地的存在代表了古湖泊高水位时期。Dietze 等（2012，2013）研究发现，在湖泊周围存在 4 个湖岸阶地，其分别高出现代湖水位 17m、10.1m、6.1m 和 3.5m，这几个阶地形成时间分别为 11.8～7.4ka B.P.、6～5ka B.P.、晚全新世以及 20 世纪 70 年代。对这 4 个阶地中的 9 个剖面进行研究，结果表明，最高级阶地（T4）剖面 P15 海拔为 4106.4m a.s.l.，剖面深 1.32m，该层 0.69m 处有机质样品的 AMS^{14}C 年代为 8190±100a B.P.（9164cal.a B.P.）。T3 阶地中有 6 个剖面（P13、P14、P02、P16、P21 及 P04），其海拔分别为 4101.2m a.s.l.、4101.1m a.s.l.、4100.8m a.s.l.、4100.5m a.s.l.、4099.7m a.s.l. 及 4099.5m a.s.l.，对应剖面深度分别为 0.7m、3.3m、2.9m、2.6m、2.78m 及 2.42m。P14 剖面 2.96m、2.76m 及 0.55m 处蜗牛壳及木炭样品的 AMS^{14}C 年代分别为 9190±120a B.P.（10382cal.a B.P.）、11690±120a B.P.（13523cal.a B.P.）以及 8740±100a B.P.（9770cal.a B.P.）；P02 剖面 2.7m、2.42m、2.15m、0.925m 及 0.21m 处有机质样品的 AMS^{14}C 年代分别为 11710±160a B.P.（13545cal.a B.P.）、10920±180a B.P.（12836cal.a B.P.）、11100±160a B.P.（12958cal.a B.P.）、10490±140a B.P.（12373cal.a B.P.）及 6620±80a B.P.（7510cal.a B.P.）；P16 剖面 2.29m 及 0.49m 处有机质样品的 AMS^{14}C 年代分别为 5890±80a B.P.（6712cal.a B.P.）和 6590±80a B.P.（7491cal.a B.P.）；P21 剖面 3.75m 及 0.225m 处有机质样品的 AMS^{14}C 年代分别为 10890±120a B.P.（12800cal.a B.P.）和 10460±120a B.P.（12340cal.a B.P.）；P04 剖面 1.51m 处碳屑样品的 AMS^{14}C 年代为 9000±100a B.P.（10111cal.a B.P.）。T2

阶地中的剖面（P06）海拔为 4094.8m a.s.l.，剖面深 3.4m。该剖面 2.9m 及 1.37m 处有机质样品的 AMS^{14}C 年代分别为 9140±120a B.P.（10664cal.a B.P.）和 6660±80a B.P.（7535cal.a B.P.），1.07m 处有机质样品及蜗牛壳样品的 AMS^{14}C 年代分别为 7640±120a B.P.（8448cal.a B.P.）和 7330±100a B.P.（8146cal.a B.P.）。最低级阶地 T1 中的剖面 P17 海拔为 4092.9m a.s.l.，剖面深 1.3m，该剖面 2.505m 处有机质样品的 AMS^{14}C 年代为 5685±70a B.P.（6477cal.a B.P.）。Dietze 等（2012）的研究还表明，末次冰盛期时冬给措纳湖泊面积不到现代的 50%，而早全新世时湖泊面积是现代的 1.77 倍还多。

樊荣（2014）通过分析 P14 剖面顶部 2.7m 处样品介形虫类属组合、碳酸盐含量和总有机质含量的分析，建立了全新世以来冬给措纳湖泊水位变化。P14 剖面含有 3 个 AMS^{14}C 年代数据及 7 个 OSL 年代数据。由于樊荣（2014）在文献中给出的 AMS^{14}C 年代数据为去掉碳库效应的校正年代，为便于最终湖泊水位量化的统一，我们在此未采用文献中的 3 个 AMS^{14}C 年代数据，而是采用了文献中的 4 个 OSL 年代（有 3 个 OSL 年代因倒转未采用）。在湖泊水深 2m、35m（Mischke et al.，2010a）给出的深度为 37.5m）、37.6m、40m 和 39.5m 钻得 5 个岩心 PG1784、PG1790、PG1900、PG1901 和 PG1904，其对应深度分别为 1.86m（文献中给出的是 1.79m，图中给出的为 1.86m，经与 Stephan Opitz 交流，确定为 1.86m）、4.70m（4.84m）、4.23m、5.72m（文献中给出的是 5.75m，经与 Stephan Opitz 交流，确定为 5.72m）和 4.46m。根据 Opitz 等（2012）对各岩心的沉积学分析，结合 Mischke 等（2010b）对 PG1790 孔介形类组合变化及 Mischke 等（2010b）对介形类-水深关系分析，可大致重建古湖泊 18480a B.P.（21970cal.a B.P.）以来的水位变化。这 5 个岩心共 37 个 AMS^{14}C 年代数据，其中 PG1784 孔和 PG1901 孔各有一个年代数据因倒转而未采用，年代学基于其余 35 个测年数据。

剖面 2.7～2.44m 主要为湖相黏土沉积，同时含有灰绿色或白蓝色的沉积后氧化斑点草根及 Gyraulus 螺壳，介形类组合以浅水种 *E. dulcifons-H.selina* 和 *T. cf edlundi-I. sebeinsis* 为主，表明当时湖泊面积较小，水深较浅。经上覆层年代间沉积速率外推，得到该层沉积年代为 9.0～8.8ka B.P.。

剖面 2.44～1.6m 主要为砂沉积，沉积物比一般湖泊沉积物较粗，代表一种河流沉积或淤泥和黏土被湖水冲刷而成的沿岸沉积物，表明此时湖泊面积收缩，湖水变浅。介形类组合中 *E. dulcifons-H. selina* 和 *T. cf edlundi-I. sebeinsis* 丰度增加，也表明当时湖泊面积较小，水深较浅。该层 2.4m 处样品的 OSL 年代为 8.8±0.8ka B.P.，经与上覆层年代间沉积速率内插，得到该层形成年代为 8.8～8.4ka B.P.。

剖面 1.6～0.57m 主要为砂沉积，介形类组合中 *E. dulcifons-H. salina 和 T. cf edlundi-I. sebeinsis* 丰度下降，表明湖水深度较之前阶段增加。*S. aculeata* 和 *F. rawsoni* 的零星出现表示湖水较之前略呈现盐性，总体湖面仍相对较低。该层 0.6m 处样品的 OSL 年代为 7.8±0.7ka B.P.，经内插，得到该层沉积年代为 8.4～7.5ka B.P.。

剖面 0.57～0.33m 主要为湖相黏土沉积，同时含有灰绿色或白蓝色的沉积后氧化斑点草根及 *Gyraulus* 螺壳。*E. dulcifons-H. salina* 和 *L.inopinata* 的减少说明湖泊的扩张。湖体在此时深度达到最大，湖泊可能成为开放型湖泊（樊荣，2014）。该层沉积年代为 7.5～5.1ka B.P.。

剖面 0.33～0.18m 主要为粗粒沉积物。*E. dulcifons-H. salina* 的增加说明湖泊收缩，湖面下降。该层 0.3m 处样品的 OSL 年代为 4.8±0.4ka B.P.，经内插，得到该层沉积年代为 5.1～3.6ka B.P.。

剖面顶层 0.18m 为土壤层，说明剖面所在位置已露出湖面，但由于湖体对剖面位置的冲刷、入湖水流的扰动以及阶地坡面的水流对其他物质的搬运，使原本最先露出湖面的沉积地层混合或遗失，或者湖泊沉积露出湖水的顶部受到成土改造作用等原因，剖面位置露出湖面的具体时间并不可知。

PG1790 孔底部 4.7～4.45m（PG1901 孔底部 5.72～5.17m）为带状硅质碎屑粉质砂沉积，表明当时湖水较浅，PG1790 孔介形类组合主要为广盐种 *Leucocythere* sp.和咸水种 *Eucypris mareotica*，同时还含少量广盐种 *Limnocythere inopinata*，由介形类转换函数得出的该阶段电导率＞7ms/cm，表明当时湖水盐度相对较高，和较低的湖水环境一致。PG1790 孔 4.7m 处 TOC 样品的 AMS^{14}C 年代为 17250±100a B.P.（20622cal.a B.P.），PG1901 孔 5.72m 处 TOC 样品的 AMS^{14}C 年代为 18480±200a B.P.（21970cal.a B.P.）。经 PG1790 孔年代与上覆层年代沉积速率（0.0357cm/a）内插，得到该层形成年代为 17250～16550a B.P.（20620～19860cal.a B.P.）；经 PG1901 孔年代与上覆层年代沉积速率（0.05cm/a）内插，得到该层形成年代为 18480～17380a B.P.（21970～20700cal.a B.P.），因此该浅水时期对应年代为 18480～16550a B.P.（21970～19860cal.a B.P.）。

PG1790 孔 4.45～3.6m（PG1901 孔 5.17～4.32m）为层状钙质砂质粉砂沉积，沉积物岩性变化表明湖水深度较下覆层有所增加。PG1790 孔介形类组合中 *Limnocythere inopinata* 丰度增加，同时零星出现淡水种 *Fabaeformiscandona rawsoni*、*Cytherissa lacustris* 及 *Leucocythere dorsotuberosa*，由介形类转换函数得出的该阶段电导率约为 7ms/cm，表明湖水盐度较下覆层下降，湖水深度增加。PG1790 孔 3.585m 处 TOC 样品的 AMS^{14}C 年代为 14130±90a B.P.（17222cal.a B.P.），PG1901 孔 4.75m 处 TOC 样品的 AMS^{14}C 年代为 16540±110a B.P.（19737cal.a B.P.）。经 PG1790 孔年代与上覆层年代沉积速率（0.0224cm/a）内插，得到该层形成年代为 16550～14145a B.P.（19860～17235cal.a B.P.）；经 PG1901 孔年代与上覆层年代沉积速率（0.0217cm/a）内插，得到该层形成年代为 17380～14560a B.P.（20700～17500cal.a B.P.），因此该相对深水期对应年代为 16550～14145a B.P.（19860～17235cal.a B.P.）。

PG1790 孔 3.6～2.05m（PG1901 孔 4.32～2.97m、PG1900 孔 4.23～3.63m 和 PG1904 孔 4.46～3.63m）沉积物为浅色/灰色富有机质砂质粉砂，PG1790 孔介形类组合中以 *Eucypris mareotica* 为主，同时含少量 *Leucocythere* sp.和 *Limnocythere inopinata*，表明湖水盐度较下覆层增加，水深下降。由介形类转换函数得出的该阶段电导率波动较大，为 80～30ms/cm，为整个岩心最高值，代表湖水盐度最大时期。PG1790 孔 3.045m 及 2.285m 处 TOC 样品的 AMS^{14}C 年代分别为 13630±90a B.P.（16752cal.a B.P.）和 13480±80a B.P.（16565cal.a B.P.），PG1900 孔 3.8m 处 TOC 样品的 AMS^{14}C 年代为 13660±80a B.P.（16796cal.a B.P.），PG1901 孔 4.00m 处 TOC 样品的 AMS^{14}C 年代为 13090±70a B.P.（15829cal.a B.P.）。经 PG1790 孔年代与上覆层年代沉积速率（0.08cm/a）内插，得到该层形成年代为 14145～12385a B.P.（17235～14490cal.a B.P.）；经 PG1901 孔年代与上覆层年代沉积速率（0.3245cm/a）内插，得到该层形成年代为 14560～12770a B.P.（17500～15185cal.a B.P.）；经 PG1900 孔上覆层两年代沉积速率（0.0471cm/a）内插，得出的该层

形成年代为 14570～13300a B.P.（18660～16060cal.a B.P.）。该最浅水时期沉积年代为14145～12385a B.P.（17235～14490cal.a B.P.）。

PG1790 孔 2.05～0.75m（PG1901 孔 2.97～1.22m、PG1900 孔 3.63～1.4m、PG1904 孔 3.63～1.55m 及 PG1784 孔 1.86～1.11m）为带状黏质粉砂，含不连续纹层，岩性变化表明湖水深度较下覆层增加。PG1790 孔介形类组合中以 *Leucocythere sp.*和 *Limnocythere inopinata* 为主，同时含少量 *Fabaeformiscandona rawsoni* 和 *Leucocythere dorsotuberosa*，*Eucypris mareotica* 在该层含量极少，由介形类转换函数得出的该阶段电导率为 6～3ms /cm，表明湖水盐度较下覆层下降，水深增加。PG1790 孔 1.925m、1.645m、1.255m、1.195m、1.065m、0.775m 处 TOC 样品的 AMS^{14}C 年代分别为 12230±90a B.P.（14208cal.a B.P.）、10770±80a B.P.（12710cal.a B.P.）、9340±50a B.P.（10553cal.a B.P.）、8740±50a B.P.（9728cal.a B.P.）、8830±50a B.P.（9834cal.a B.P.）、6080±40a B.P.（6912cal.a B.P.）；1.995m 及 1.255m 处腐殖质样品的 AMS^{14}C 年代分别为 13750±90a B.P.（16878cal.a B.P.）和 9160±50a B.P.（10332cal.a B.P.）；PG1901 孔 2.41m 及 2.1m 处 TOC 样品的 AMS^{14}C 年代分别为 12600±60a B.P.（14836cal.a B.P.）和 10560±70a B.P.（12516cal.a B.P.）；PG1900 孔 3.3m 及 2.2m 处 TOC 样品的 AMS^{14}C 年代分别为 12500±70a B.P.（14630cal.a B.P.）和 7530±50a B.P.（8359cal.a B.P.）；PG1784 孔 1.83m 处 TOC 样品的 AMS^{14}C 年代为 5719±69a B.P.（6532a B.P.）。经 PG1790 孔年代与上覆层年代沉积速率（0.0156cm/a）内插，得到该层形成年代为 12385～5920a B.P.（14490～6740cal.a B.P.）；经 PG1901 孔年代与上覆层年代沉积速率（0.0198cm/a）内插，得到该层形成年代为 12770～6135a B.P.（15185～7270cal.a B.P.）；经 PG1900 孔上覆层两年代沉积速率（0.098cm/a）内插，得到该层形成年代为 13300～6715a B.P.（16060～7595cal.a B.P.）。该浅水时期沉积年代为 12385～5920a B.P.（14490～6740cal.a B.P.）。

PG1790 孔顶层 0.75m（PG1901 孔顶层 1.22m、PG1900 孔顶层 1.4m、PG1904 孔顶层 1.25m 及 PG1784 孔顶层 1.11m）为带状钙质粉质黏土沉积，黏质沉积物的出现表明湖水深度进一步增加；PG1790 孔介形类组合中以 *Fabaeformiscandona rawsoni*、*Leucocythere dorsotuberosa* 和 *Leucocythere* sp.为主，*Eucypris mareotica* 在该层消失，由介形类转换函数得出的该阶段电导率为 1.5～0.9ms/cm，此时湖泊可能成为外流湖（Mischke 等，2010a），表明湖水盐度较下覆层下降，水深增加。PG1790 孔 0.575m、0.345m 及 0.005m 处 TOC 样品的 AMS^{14}C 年代分别为 4800±60a B.P.（5548cal.a B.P.）、4135±35a B.P.（4695cal.a B.P.）、1983±30a B.P.（1935cal.a B.P.）；0.345m、0.165m 及 0.005m 处腐殖质样品的 AMS^{14}C 年代分别为 4085±35a B.P.（4583cal.a B.P.）、3405±35a B.P.（3645cal.a B.P.）（2860±35a B.P.，2973cal.a B.P.）和 1655±26a B.P.（1569cal.a B.P.）（1947±28a B.P.（1887cal.a B.P.））；PG1900 孔 0m 处 TOC 样品的 AMS^{14}C 年代为 2000±40a B.P.（1964cal.a B.P.）；PG1901 孔 1.16m、0.76m 及 0m 处 TOC 样品的 AMS^{14}C 年代分别为 6470±50a B.P.（7368cal.a B.P.）、5145±35a B.P.（5913cal.a B.P.）及 2290±35a B.P.（2327cal.a B.P.）；PG1784 孔 0.28m、0.14m 处 TOC 样品的 AMS^{14}C 年代分别为 4803±42a B.P.（5536a B.P.）和 4309±42a B.P.（4900a B.P.）。该层为 5920a B.P.（6740cal.a B.P.）以来的沉积。

以下是对该湖泊进行古湖泊重建、量化水量变化的 5 个标准：（1）低，除 PG1784 孔外所有孔中的砂质粉砂沉积，PG1790 孔介形类组合以咸水种 *Eucypris mareotica* 为主，不含淡水种；（2）较低，PG1790 孔和 PG1901 孔粉质砂沉积，PG1790 孔介形类组合以广盐种 *Leucocythere* sp.和咸水种 *Eucypris mareotica* 为主，不含淡水种；（3）中等，PG1790 孔和 PG1901 孔的砂质粉砂沉积，PG1790 孔介形类组合以广盐种 *Limnocythere inopinata* 为主，偶见淡水种介形类；（4）较高，所有孔中的黏质粉砂沉积，PG1790 孔介形类组合以广盐种 *Leucocythere sp.*和 *Limnocythere inopinata* 为主，含少量淡水种，P14 剖面为砂沉积，介形类组合中含大量 *E. dulcifons-H. salina* 和 *L.inopinata*；（5）高，所有孔中的粉质黏土沉积，PG1790 孔介形类组合以淡水种为主，不含咸水种，P14 剖面为黏土沉积，介形类组合中含少量 *E. dulcifons-H. salina* 和 *L.inopinata*。

冬给措纳湖各岩心年代数据、水位水量变化见表 6.65 和表 6.66，岩心岩性变化图如图 6.28 所示。

表 6.65　冬给措纳湖各岩心年代数据

样品编号	AMS^{14}C 测年年代/a B.P.	校正年代/cal.a B.P.	深度/m	测年材料	剖面/钻孔
Poz-23019	1655±26	1569	0.005	腐殖质	PG1790
Poz-23020	1947±28	1887	0.005	腐殖质	PG1790
Poz-23018	1983±30	1935	0.005	TOC	PG1790
Poz-31614	2000±40	1964	0	TOC	PG1900
Poz-30393	2290±35	2327	0	TOC	PG1901
Poz-24545	2860±35	2973	0.165	腐殖质	PG1790
Poz-24582	3405±35	3645	0.165	腐殖质	PG1790
Poz-21685	4085±35	4583	0.345	腐殖质	PG1790
Erl-12497	4309±42	4900	0.14	TOC	PG1784
Poz-21276	4135±35	4695	0.345	TOC	PG1790
Erl-12494*	4504±42	5172	0.97	TOC	G1784
Poz-30506	4800±60	5548	0.575	TOC	PG1790
Erl-12498	4803±42	5536	0.28	TOC	PG1784
Poz-30394	5145±35	5913	0.76	TOC	PG1901
Poz-44735	5685±70	6477	2.505	有机质	P17 剖面
Erl-12495	5719±69	6532	1.83	TOC	PG1784
Poz-35942	5890±80	6712	2.29	有机质	P16 剖面
Poz-30507	6080±40	6912	0.775	TOC	PG1790
Poz-30395	6470±50	7368	1.16	TOC	PG1901
Poz-35943	6590±80	7491	0.49	有机质	P16 剖面
Poz-44731	6620±80	7510	0.21	有机质	P02 剖面
PI4 274-276		7.5±0.3	0.55	螺壳	P14 剖面
Poz-32092	6660±80	7535	1.37	有机质	P06 剖面
Poz-32194	7330±100	8146	1.07	蜗牛壳	P06 剖面
Poz-30401	7530±50	8359	2.2	TOC	PG1900
Poz-32093	7640±120	8448	1.07	有机质	P06 剖面
Poz-44734	8190±100	9164	0.69	有机质	P15 剖面
Poz-21303	8740±50	9728	1.195	TOC	PG1790
Poz-35904	8740±100	9770	0.55	木炭	P14 剖面
Poz-21301	8830±50	9834	1.065	TOC	PG1790

续表

样品编号	AMS^{14}C 测年年代 /a B.P.	校正年代 /cal.a B.P.	深度/m	测年材料	剖面/钻孔
Poz-44732	9000±100	10111	1.51	碳屑	P04 剖面
Poz-44733	9140±120	10664	2.9	有机质	P06 剖面
Poz-21686	9160±50	10332	1.255	腐殖质	PG1790
Poz-45579	9190±120	10382	2.96	蜗牛壳	P14 剖面
P14-131		10.4±0.1	2.96	泥炭	P14 剖面
Poz-21302	9340±50	10553	1.255	TOC	PG1790
P14 53-55		10.8±0.5	2.76	螺壳	P14 剖面
Poz-35944	10460±120	12340	0.225	有机质	P21 剖面
Poz-44729	10490±140	12373	0.925	有机质	P02 剖面
Poz-30396	10560±70	12516	2.1	TOC	PG1901
Poz-25061	10770±80	12710	1.645	TOC	PG1790
Poz-36025	10890±120	12800	3.75	有机质	P21 剖面
Poz-32087	10920±180	12836	2.42	有机质	P02 剖面
Poz-32088	11100±160	12958	2.15	有机质	P02 剖面
Poz-35903	11690±120	13523	2.76	蜗牛壳	P14 剖面
Poz-32086	11710±160	13545	2.7	有机质	P02 剖面
Poz-30508	12230±90	14208	1.925	TOC	PG1790
Poz-30403	12500±70	14630	3.3	TOC	PG1900
Poz-35242	12600±60	14836	2.41	TOC	PG1901
Poz-35896	13090±70	15829	4.00	TOC	PG1901
Poz-21304	13480±80	16565	2.285	TOC	PG1790
Poz-30397*	13600±80	16724	2.71	TOC	PG1901
Poz-21378	13630±90	16752	3.045	TOC	PG1790
Poz-30404	13660±80	16796	3.8	TOC	PG1900
Poz-24677	13750±90	16878	1.995	腐殖质	PG1790
Poz-21341	14130±90	17222	3.585	TOC	PG1790
Poz-30399	16540±110	19737	4.75	TOC	PG1901
Poz-21256	17250±100	20622	4.7	TOC	PG1790
Poz-30400	18480±200	21970	5.72	TOC	PG1901

注：*表示年代因年代倒转未采用，校正年代由校正软件 Calib6.0 和 Calib7.1 获得

表 6.66　冬给措纳湖古湖泊水位水量变化

年代	水位水量
21970～19860cal.a B.P.	较低（2）
19860～17235cal.a B.P.	中等（3）
17235～14490cal.a B.P.	低（1）
14490～9000cal.a B.P.	较高（4）
9～8.8ka B.P.	高（5）
8.8～7.5ka B.P.	较高（4）
7.5～5.1ka B.P.	高（5）
5.1～3.6ka B.P.	较高（4）
3.6～0ka B.P.	?

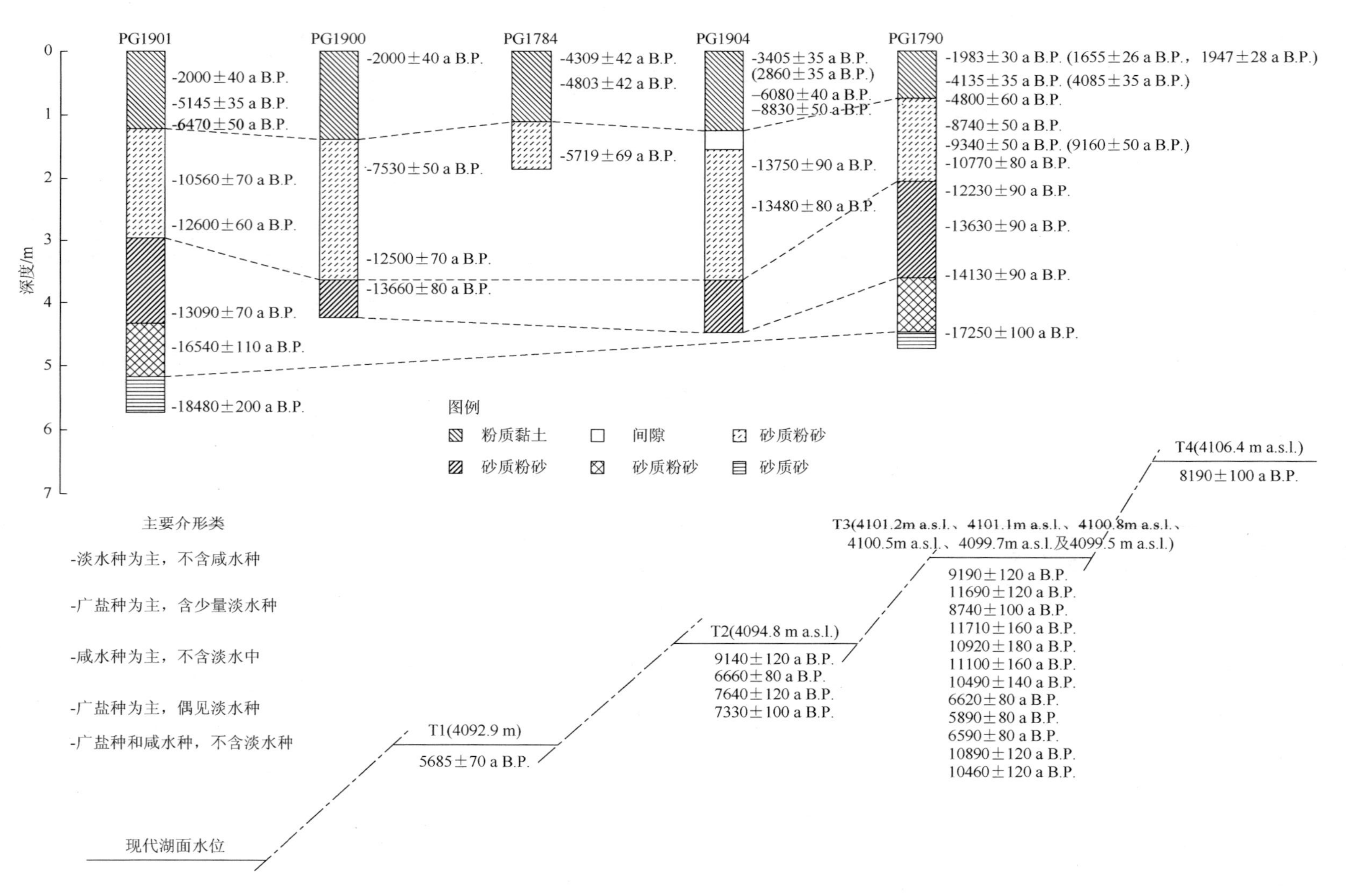

图 6.28 冬给措纳湖岩心岩性变化图

参 考 文 献

樊荣. 2014. 青藏高原冬给措纳全新世以来介形类组合特征及其古环境演变. 兰州大学硕士学位论文.

Aichner B，Herzschuh U，Wilkes H，et al. 2012. Ecological development of Lake Donggi Cona，north-eastern Tibetan Plateau，since the late glacial on basis of organic geochemical proxies and non-pollen palynomorphs. Palaeogeography，Palaeoclimatology，Palaeoecology，313：140-149.

Dietze E，Wünnemann B，Hartmann K，et al. 2012. Windows into the past：On-shore high-stand sediments from lake Donggi Cona，NE Tibetan Plateau//EGU General Assembly Conference Abstracts. 14：2507.

Dietze E，Wünnemann B，Hartmann K，et al. 2013. Early to mid-Holocene lake high-stand sediments at Lake Donggi Cona，northeastern Tibetan Plateau，China. Quaternary Research，79（3）：325-336.

Mischke S，Aichner B，Diekmann B，et al. 2010a. Ostracods and stable isotopes of a late glacial and Holocene lake record from the NE Tibetan Plateau. Chemical Geology，276（1）：95-103.

Mischke S，Bößneck U，Diekmann B，et al. 2010b. Quantitative relationship between water-depth and sub-fossil ostracod assemblages in Lake Donggi Cona，Qinghai Province，China. Journal of Paleolimnology，43（3）：589-608.

Opitz S，Wünnemann B，Aichner B，et al. 2012. Late Glacial and Holocene development of Lake Donggi Cona，north-eastern Tibetan Plateau，inferred from sedimentological analysis. Palaeogeography，Palaeoclimatology，Palaeoecology，337-338：159-176.

6.2.6　尕海湖

尕海湖（37.10°N，97.50°E，海拔 2848m a.s.l.）是位于青海德令哈市东部的内陆封闭性咸水湖，呈椭圆形，南北长 7km，东西宽 5.5km，总面积 32.05km^2，平均水深 8m，最大水深 15m。湖盆为新生代的沉降盆地，盆地内充填冲-湖积粉砂黏土和含盐淤泥，湖表有薄层石盐沉积，边缘有冲-洪积砂砾石及平坦戈壁沉积，接近湖滨还有盐碱沼泽沉积（郑喜玉等，2002）。无常年性地表河流，湖水依靠大气降水和地下潜水补给。湖区年平均气温为 3.8℃，多年平均年降水量为 172mm，而年蒸发量高达 2218mm。湖水矿化度 90.6g/L，pH 为 8.28，为硫酸盐型湖泊（郑喜玉等，2002）。尕海湖区土壤为腐殖质沼泽土、盐化草甸沼泽土和盐化草甸土，植被类型属于荒漠草原。

通过对尕海湖周围湖岸地貌的调查，在尕海湖东部发现有高出目前湖面 25m 的湖岸沙堤和湖相沉积物剖面（GH 剖面）（Fan et al.，2010），代表了古湖泊高水位的存在。该剖面出露完整，厚约 13m，含 7 个光释光年代数据。剖面底部（11～13m）为灰绿色黏土、粉砂和细砂沉积，沉积物粒径较小，对应于较深的湖水环境。该层 12.7m 及 12.3m 处两样品的光释光年代分别为 82±8ka B.P.和 81±8ka B.P.，说明约在 80ka B.P.时尕海湖水位较高，且高出目前湖面至少 12m。上覆层（3～11m）发育有斜层理的细砂和粗砂层，粒径从下到上逐渐变粗。该层 10.8m、8.3m 及 3.6m 处样品的 OSL 测年年代分别为 77±8ka B.P.、74±7ka B.P.及 73±3ka B.P.，表明在 77～73ka B.P.湖水位逐渐下降。上覆沉积物为厚 0.4m 的砾石，说明此时湖面低于或接近湖滨砾石堆积物。砾石层之上为发育交错层理的湖滨含砾粗砂层（0.8～2.6m）。该层 2.6m 处样品光释光年代为 63±6ka B.P.。剖面顶部（0～0.8m）为棱角状的冲洪积物。该层 0.5m 处样品的光释光年代为 55±5ka B.P.，说明在 63～55ka B.P.湖面再次上涨，且 55ka B.P.之后湖泊水位逐渐下降，且此后湖水位再也未达到此剖面高度（Fan et al.，2010）。

岱海湖区钻取的一系列岩心也记录了古湖泊的水深及盐度变化。DGL 孔钻自湖心，长 3m，DG01 孔采自湖泊西北角，DG02 孔和 DG03 孔为两平行钻孔，均钻自湖泊西部，其中 DG02 孔深 31.4m，DG03 孔深 37.05m。通过对 DG02 孔岩性、水生植物及生标（正构烷烃、烯酮等）变化及 DG03 孔岩性及矿物组成、有机质含量、碳酸盐含量、元素地球化学指标、碳酸盐碳氧同位素、沉积物氧化物、粒度等代用指标变化研究结果的分析，可重建古湖泊水深及盐度变化。DG02 孔含 11 个 AMS^{14}C 测年年代及一个 OSL 年代数据，其中有 6 个 AMS^{14}C 年代数据因倒转而未采用。DG03 孔含 9 个测年数据，但考虑到测年中受硬水效应影响，测年年代倒转较严重，因此该孔年代只采用了陈忠等（2007a，2007b）所述的 2 个陆生植物年代。由于 DG02 孔和 DG03 孔为平行钻孔，且 DG03 孔研究的更为详细，因此，我们在此以 DG03 孔为主重建古湖泊水位变化，年代学基于 DG03 孔的这两个年代数据内插得出。

DG03 孔底部 34.83～33.84m 处沉积物为灰褐色粉砂质黏土（DG2 孔为土黄色含粉砂黏土），粒径相对较细，说明当时湖水相对较深。碳酸盐以方解石为主，Sr/Ba 值较低，对应于当时湖水较淡，湖水较深。经对沉积速率（3.02mm/a）外推知该层年代为 11400～11120a B.P.（12710～12380cal.a B.P.）。

DG03 孔上覆 33.84～30.73m 为灰黄色/黄色中砂和粉砂（DG2 孔为土黄色粉/细砂，含少量粉砂淤泥），岩性表明沉积物为风成沉积，说明当时湖水位极低，甚至干涸。由上覆层两测年间沉积速率（3.02mm/a）外推，得到该层年代为 11120～10200a B.P.（12380～11360cal.a B.P.），但考虑到风沙沉积较快，因此该年代数据应为保守估计。

DG03 孔上覆沉积（30.73～26.13m）为湖相粉砂质泥，具微层理（DG02 孔为灰色淤泥或灰黑色淤泥），对应于湖水加深，DG2 孔少量盘星藻的出现也和水深增加一致，同时，DG02 中还出现了大量烯酮化合物，说明当时湖泊范围至少到达采样点位置，也和相对较深的湖水环境一致。根据矿物组合状况，又可将该层分为三个亚层：30.73～30.1m 处矿物中以石膏为主，硫酸盐沉积的出现表明当时湖泊盐度较大，湖水较浅，该层沉积年代为 10200～10000a B.P.（11360～11150cal.a B.P.）。30.1～28.8m 处矿物中石膏消失，而以碳酸盐沉积为主，对应于 10000～9620a B.P.（11150～10720cal.a B.P.）湖水盐度降低，水深略有增加；28.8～26.13m 处矿物中石膏的再度出现表明湖水盐度较上阶段增加，湖泊水位下降。经沉积速率（3.02mm/a）外推，得到该层年代为 9620～8820a B.P.（10720～9830cal.a B.P.）。

DG03 孔上覆沉积物（26.13～22.8m）为浅灰色、灰绿色黏土为主，微层理发育（DG02 孔为灰色淤泥或灰黑色淤泥），表明湖水较下覆层深。矿物组合中石膏消失，而出现文石沉积，表明湖水较下覆层盐度下降，但湖水盐度仍相对较高，水位仍相对较浅。该层腹足类壳体的出现较多也与此对应。此外，DG02 孔中烯酮化合物含量的下降，也表明湖泊水位较上阶段下降。23.67m 处有机质样品 AMS^{14}C 测年年代为 8090+/–50a B.P.（9020cal.a B.P.），经与上覆层测年沉积速率（3.02mm/a）内插，得到该层年代为 8820～7830a B.P.（9830～8730cal.a B.P.）。

DG03 孔 22.8～12.7m 为深灰/灰绿色黏土夹少量粉细砂层，微层理发育较好（DG02 孔对应该层为粉砂及黏质粉砂沉积），DG03 孔矿物组合中文石消失，而以方解石沉淀为主，对应于湖泊盐度进一步降低，湖水位升高，同时 DG02 孔中盘星藻的消失也说明此时水深增加，不适于盘星藻生存。但 DG02 孔此阶段不含烯酮化合物，He 等（2014）认为这和此阶段湖泊水位较浅，湖泊未到达该采样点有关。经内插，得到该层年代为 7830～4820a B.P.（8730～5390cal.a B.P.）。

DG03 孔 12.7～7.07m 为灰绿色粉砂质黏土夹细砂及粉细砂层（DG02 孔为灰色粉砂、淤泥或粉砂淤泥、泥质粉砂沉积）。DG03 孔沉积物粒径的增大及黏土含量的减少表明湖泊水位较上覆层略有下降。DG02 孔中盘星藻的出现也对应于湖水深度的下降，但由 Sr/Ca 值得出的该层盐度较下覆层变化不大，表明湖水深度下降幅度不大。9.77m 处有机质样品 AMS^{14}C 测年年代为 3950+/−40a B.P.（4420cal.a B.P.），经内插，得到该层年代为 4820～2860a B.P.（5390～3200cal.a B.P.）。

DG03 孔 7.07～4.5m 为深灰绿色/灰橄榄色及绿色细砂，无层理，为滨湖相沉积（DG02 孔为灰色/黑色粉砂、细砂沉积），说明水深较下覆层进一步变浅。假定顶层为现代沉积，经内插，得到该层年代为 2860～1820a B.P.（3200～2000cal. a B.P.）。

DG03 孔 4.5～0m 为灰色/灰褐色细砂和粉砂沉积（DG2 孔为灰色粉砂质砂和细砂），在 DG03 孔 0.45～0.95m、3.18～3.43m 及 DG2 孔 0.83～1.33m 为粉砂黏土及黏土层，对应于湖泊水位的短暂升高。该层矿物中出现文石沉积，表明湖水盐度较大，水位较低，Sr/Ca 值较高（>1），与此对应。DG02 孔此阶段重新出现烯酮化合物，也和湖水深度增加有关。该层年代为 1820～0a B.P.（2000～0cal.a B.P.）。

在尕海西部水深 10m 处还有 1 根 50cm 长的沉积岩心（GHC1），陈豆等（2015）对该岩心进行放射性核素 ^{210}Pb 和 ^{137}Cs 年代测定以及粒度、碳酸盐含量等的分析，重建了湖泊 400 年以来的环境变化。但由于该岩心反映的湖泊变化尺度较短，因此，我们在此不把该岩心作为古湖泊水位量化的依据。

以下是对该湖泊进行古湖泊重建、量化水量变化的 8 个指标：（1）干涸，DG02 孔及 DG03 孔的风成沉积物；（2）极低，DG03 孔中的湖相粉砂质泥，含层理，矿物组合为以石膏为主的硫酸盐沉积；（3）低，DG03 孔中的细砂和粉砂沉积，矿物组合以文石为主；（4）较低，DG03 孔中的黏土沉积，微层理发育，矿物组合以文石为主；（5）中等，DG03 孔中的细砂沉积，矿物组合中以方解石为主；（6）较高，DG03 孔中的湖相粉砂质泥，矿物组合以方解石为主；（7）高，DG03 孔中的黏土夹少量粉细砂层，微层理发育，矿物组合以方解石为主；（8）很高，GH 阶地剖面的黏土、粉砂和细砂沉积。

尕海湖各岩心年代数据、OSL 测年结果、水位水量变化见表 6.67～表 6.69，岩心岩性变化图如图 6.29 所示。

表 6.67　尕海湖各岩心年代数据

样品编号	AMS 测年数据/a B.P.	校正年代/cal.a B.P.	深度/m	测年材料	钻孔/剖面	备注
Beta-194546	190+/−30	220	30.45	有机质	DG03 孔	未采用
Beta-200364	8220+/−40	9180	25.6	贝壳	DG03 孔	未采用
Beta-194563	8090+/−50	9020	23.67	有机质	DG3 孔	
Beta-200367	12010+/−50	14070	22.26	贝壳	DG03 孔	未采用
Beta-200366	3950+/−40	4420	13.51	有机质	DG03 孔	未采用

续表

样品编号	AMS 测年数据/a B.P.	校正年代 /cal.a B.P.	深度/m	测年材料	钻孔/剖面	备注
Beta-194564	3950+/–40	4420	9.77	有机质	DG03 孔	
Beta-194549	6570+/–50	7450	7.45	有机质	DG03 孔	未采用
Beta-194550	6630+/–40	7500	3.4	有机质	DG03 孔	未采用
Beta-200365	6390+/–40	7300	3.27	有机质	DG03 孔	未采用
GZ-2247	5920±25	6734	2.395	根系	DG02 孔	未采用
Beta-200365	6390±40	7341	3.27	全有机	DG02 孔	未采用
Beta-194550	6630±40	7517	3.36	全有机	DG02 孔	未采用
GZ-2248	5700±35	6490	4.525	全有机	DG02 孔	未采用
GZ-2249	4170±30	4690	6.165	全有机	DG02 孔	未采用
Beta-194549	6570±50	7496	7.12	全有机	DG02 孔	未采用
Beta-194564	3950±40	4416	9.77	全有机	DG02 孔	
Beta-200366	3950±40	4416 2	13.51	木头	DG02 孔	
GZ-2250	5260±25	6025	20.20	全有机	DG02 孔	
Beta-194563	8090±50	9040	23.67	全有机	DG02 孔	
Beta-200364	8220±40	9198	25.60	贝壳	DG02 孔	

注：DG03 孔校正年代参考陈忠（2007a，2007b），DG00 孔校正年代参考 He 等（2014）

表 6.68　OSL 测年结果

样品编号	年代/ka B.P.	深度/m	剖面/钻孔
08-2	5.780±830	16.7	DG02
ISL-Lum-047	82±8	12.7m	GH 剖面（海拔 2862.3m a.s.l.）
ISL-Lum-046	81±8	12.3	GH 剖面（海拔 2862.7m a.s.l.）
ISL-Lum-045	77±8	10.8	GH 剖面（海拔 2864.2m a.s.l.）
ISL-Lum-044	74±7	8.4	GH 剖面（海拔 2866.6m a.s.l.）
ISL-Lum-042	73±6	3.6	GH 剖面（海拔 2871.4m a.s.l.）
ISL-Lum-041	63±6	2.6	GH 剖面（海拔 2872.4m a.s.l.）
ISL-Lum-040	55±5	0.5	GH 剖面（海拔 2874.5m a.s.l.）

表 6.69　尕海湖古湖泊水位水量变化

年代	水位水量
82.75～77.75ka B.P.	很高（8）
12710～12380cal.a B.P.	较高（6）
12380～11360cal.a B.P.	干涸（1）
11360～11150cal.a B.P.	极低（2）
11150～10720cal.a B.P.	较高（6）
10720～9830cal.a B.P.	极低（2）

续表

年代	水位水量
9830～8730cal.a B.P.	较低（4）
8730～5390cal.a B.P.	高（7）
5390～3200cal.a B.P.	较高（6）
3200～2000cal. a B.P.	中等（5）
2000～0cal. a B.P.	低（3）

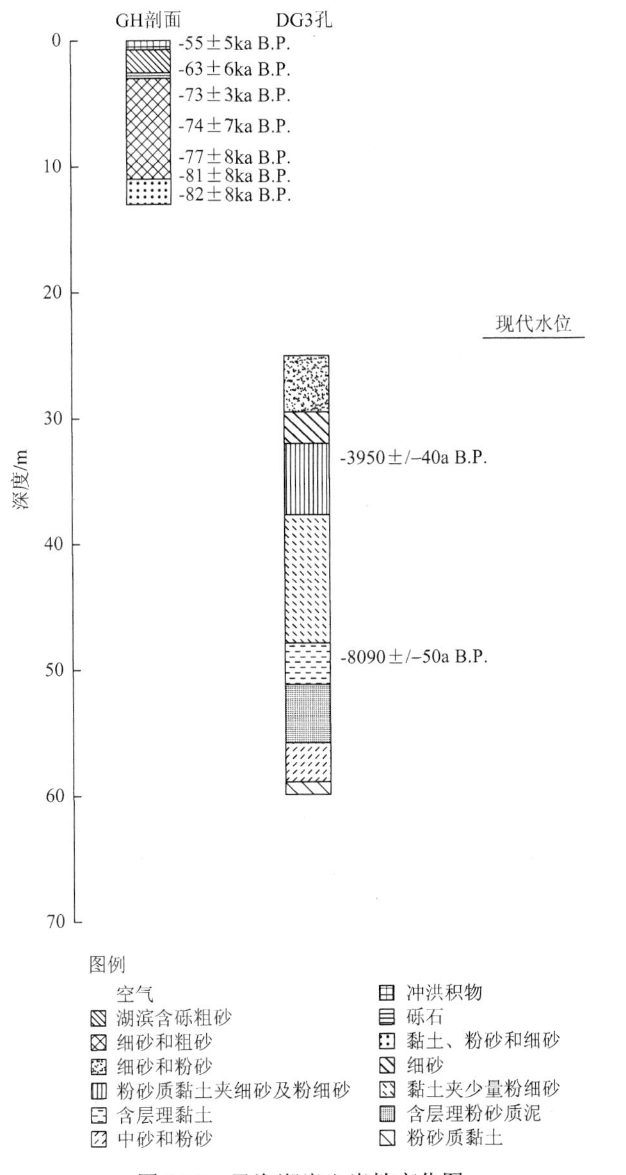

图6.29　尕海湖岩心岩性变化图

参 考 文 献

曹广超，马海州，陈忠，等. 2008. 尕海 DG03 孔元素地球化学特征及其环境意义. 盐湖研究，16（2）13-18.

曹广超，马海州，隆浩，等. 2008. 柴达木盆地东部尕海湖 DG03 孔岩芯粒度特征及环境意义.中国沙漠，28（6）：1073-1077.

陈碧珊，潘安定，张元芳. 2010. 柴达木盆地尕海湖沉积物粒度特征及其古气候意义.海洋地质与第四纪地质，30（2）：111-119.

陈碧珊. 2010. 尕海湖全新世沉积记录高分辨率古气候研究. 广州大学博士论文.

陈豆，马雪洋，张玉枝，等. 2015. 柴达木盆地东部尕海短钻岩芯记录的过去近 400a 区域环境变化. 湖泊科学，27（4）：735-744.

陈忠，马海州，曹广超，等. 2007a. 柴达木盆地尕海湖区冰消期晚期以来的气候环境演变.地球化学，36（6）：578-584.

陈忠，马海州，曹广超，等. 2007b. 尕海地区晚冰期以来沉积记录的气候环境演变.海洋地质与第四纪地质，27（1）：131-138.

陈忠. 2007. 冰消期晚期以来德令哈尕海湖气候环境演变的碳、氧同位素记录. 中国科学院博士学位论文.

张西营，马海州，韩风清，等. 2007. 德令哈盆地尕海湖 DG03 孔岩芯矿物组合与古环境变化.沉积学报，25（5）：767-773.

郑喜玉，张明刚，徐昶，等. 2002. 中国盐湖志. 北京：科学出版社：173-174.

Fan Q S，Lai Z P，Long H，et al. 2010. OSL chronology for lacustrine sediments recording high stands of Gahai Lake in Qaidam Basin，northeastern Qinghai-Tibetan Plateau. Quaternary Geochronology，5：223-227.

He Y，Zheng Y，Pan A，et al. 2014. Biomarker-based reconstructions of Holocene lake-level changes at Lake Gahai on the northeastern Tibetan Plateau. The Holocene，24（4）：405-412.

6.2.7　更尕海

更尕海（36.19°N，100.10°E，海拔 2860m a.s.l.）位于青藏高原东北边缘的共和盆地中部，由上更尕海和下更尕海组成，两湖通过河道相连。上更尕海（100.1°E，36.19°N，2860m a.s.l.）为一微咸水湖，湖泊面积约为 2km^2，最大水深约 1.8m，矿化度 1.2g/L，pH 为 9.1。湖泊周围无直接的径流汇入，主要补给水源为泉水及季节性降水（Qiang et al.，2013）。下更尕海基本已完全干涸，仅残余部分水洼。湖区年均温度约为 3.67℃，年均降水量 314mm，年蒸发量 1528～1937mm。更尕海中龙须眼子菜、穗状狐尾藻及轮藻等沉水植物生长茂盛，且伴生有腹足类软体动物。由于气候干旱，风沙盛行，湖区周边地区有零星沙丘分布（宋磊，2012）。

在上更尕海中部钻得两支平行湖泊岩心 GGHA 和 GGHB，GGHA 钻自水深 1.6m 处，岩心 6.87m，GGHB 钻自水深 1.7m 处，岩心 6.46m，经两孔对接得到一完整岩心。近来不同学者分别从不同方面对该岩心进行了研究。Song 等（2012）对沉积物岩心碳酸盐含量、有机质碳同位素（$\delta^{13}C_{org}$）以及遗存植物大化石等进行分析，结合定量估算，重建了 16ka 以来湖泊生产力的变化历史；宋磊等（2013）通过建立沉积物岩心软体动物化石属种组合，对比分析了软体动物壳体碳氧同位素的种内、种间变化；Qiang 等（2014）通过对该岩心粒度分析，讨论了全新世以来湖泊流域的风沙活动历史；李渊等（2015）采用高分辨率 X 射线荧光光谱（XRF）扫描分析法，对沉积物岩心进行了元素测试，从而指示湖泊碎屑物质的输入过程及其变化；刘思丝等（2016）对岩心进行了孢粉分析，重建了过去 6.3ka 以来区域植被和气候的演化历史；Rao 等（2016）对沉积物烷烃分析，重建了 15ka 以来的气候变化。通过综合先前关于更尕海岩心岩性、水生植物化石及软体动物组合等的研究，可大致重建古湖泊 13943a B.P.（16753cal.a B.P.）以来的水位变化。

岩心中有 20 个 AMS^{14}C 测年数据，其中有 8 个存在倒转而未采用，年代学基于其余 12 个测年数据。

岩心 7.82～7.5m 为分选较好的风成沙沉积，表明湖泊在此时尚未形成。该层 7.8087～7.82m 处植物残体 AMS^{14}C 测年年代为 14995±50a B.P.（18268cal.a B.P.），经该年代数据与上覆层年代数据沉积速率（0.03cm/a）内插，得到该风沙沉积年代为 15000～13943a B.P.（18300～16753cal.a B.P.）。

7.5～6.74m 为灰色或青灰色细粉砂沉积，表明湖泊在此阶段开始形成。该层含大量适于生长在湖泊岸边浅水中的轮藻（*Chara* spp.），沉水维管束植物龙须眼子菜（*P. pectinatus*）和狐尾藻（*M. spicatum*）含量很低，表明此时湖泊水位仍很低。软体动物中以适于生长在浅水中的小旋螺属为主，和低水位一致。该层 7.0186～7.0298m 处植物残体 AMS^{14}C 测年年代为 12365±40a B.P.（14482cal.a B.P.），经与上覆年代数据沉积速率（0.02cm/a）内插，得到该层沉积年代为 13943～11050a B.P.（16753～12965cal.a B.P.）。

6.74～6.34m 为青灰色粉砂质黏土沉积，黏质沉积物的出现表明湖水位较下覆层有所加深。该层植物残体含量较少，轮藻（*Chara* spp.）的消失也和较深的湖水环境一致。同时，该层不含沉水维管束植物龙须眼子菜（*P. pectinatus*）和狐尾藻（*M. spicatum*），可能是由于该时期水深太深，超出了沉水维管束植物的生长水深范围。软体动物中可在深水中生长的 *Pisidium* 在该层大量出现，也对应于深水环境。该层 6.5783～6.5896m 处植物残体的 AMS^{14}C 测年年代为 10300±40a B.P.（12097cal.a B.P.），经该年代数据与上覆层年代数据沉积速率（0.02cm/a）内插，得到该层沉积年代为 11050～8475a B.P.（12965～9870cal.a B.P.）。

6.34～6.02m 为青灰色黏质粉砂沉积，含细的黏土层。该层植物残体稀少，同时出现大量轮藻（*Chara* spp.）化石，表明水深较下覆层大幅下降。软体动物属种组合以小旋螺属为主，同时深水种 *Pisidium* 的消失也和湖水深度下降一致。经下覆层与上覆层年代数据沉积速率（0.02cm/a）内插，得到该层沉积年代为 8475～7371a B.P.（9870～8520cal.a B.P.）。

6.02～4.82m 为灰色黏质粉砂层，植物残体含量丰富，植物群落以沉水维管束植物龙须眼子菜（*P. pectinatus*）为主，轮藻（*Chara* spp.）含量较低，表明湖水位较下覆层高，软体动物壳体中小旋螺含量相对较低而 *Pisidium* 相对较高，和水深增加一致。该层 5.6901～5.7013m 处植物种子的 AMS^{14}C 测年年代为 5975±35a B.P.（6814cal.a B.P.），4.9715～4.9828m 处植物残体的 AMS^{14}C 测年年代为 5820±35a B.P.（6630cal.a B.P.），经该两年代数据沉积速率（0.46cm/a）外推，得到该层沉积年代为 7371～5785a B.P.（8520～6590cal.a B.P.）。

4.82～4.33m 为暗棕色细粉砂夹粗粉砂层。岩性变化表明湖水深度较前期下降。大量小旋螺类软体动物壳体化石及水生植物轮藻（*Chara* spp.）的出现也与湖水位下降对应。经下覆层与上覆层年代数据沉积速率（0.88cm/a）内插，得到该层沉积年代为 5785～5746a B.P.（6590～6540cal.a B.P.）。

4.33～3.92m 为青灰色黏质粉砂沉积，岩性变化表明湖水位较下覆层增加。水生植物以沉水维管束植物龙须眼子菜（*P. pectinatus*）和狐尾藻（*M. spicatum*）为主，轮藻（*Chara* spp.）含量较低，和湖水位增加一致。软体动物壳体中小旋螺含量的几近缺失也和水深增加一致。该层沉积年代为 5746～5700a B.P.（6540～6486cal.a B.P.）。

3.92～3.55m 为暗棕色黏质粉砂沉积，该阶段水生植物以轮藻（*Chara* spp.）为主，表明湖水位较低，大量小旋螺类软体动物壳体化石的出现也和较浅的湖水环境一致。3.9197～3.9293 m 处植物残体的 AMS^{14}C 测年年代为 5700±35a B.P.（6486cal.a B.P.），经该层年代与上覆层年代沉积速率（0.09cm/a）内插，得到该层沉积年代为 5746～5293a B.P.（6486～6034cal.a B.P.）。

3.55～2.91m 为灰色或暗棕色黏土质粉砂沉积。水生植物中沉水维管束植物龙须眼子菜（*P. pectinatus*）和狐尾藻（*M. spicatum*）含量较高而轮藻（*Chara* spp.）含量较低，表明湖水位较下覆层高，软体动物壳体化石中小旋螺含量相对较低，且基本不含 *Pisidium*，表明此时湖水位不如 6.02～4.82m 对应时期高。该层 3.2523～3.262m 处植物残体的 AMS^{14}C 测年年代为 4975±35a B.P.（5680cal.a B.P.），经与上覆层年代沉积速率（0.12cm/a）内插，得到该层沉积年代为 5293～4692a B.P.（6034～5350cal.a B.P.）。

2.91～1.58m 为暗棕色黏质粉砂和粉砂质黏土层，水生植物主要以轮藻（*Chara* spp.）为主，维管束植物龙须眼子菜（*P. pectinatus*）和狐尾藻（*M. spicatum*）偶尔出现，表明此时期湖水位相对较低。软体动物壳体化石中小旋螺属在该阶段含量的逐步升高也和湖水位下降一致。该层 2.3598～2.3714m 和 2.0012～2.0128m 处植物残体的 AMS^{14}C 测年年代分别为 4255±35a B.P.（4840cal.a B.P.）和 3545±35a B.P.（3820cal.a B.P.），经该两年代数据沉积速率（0.05cm/a）外推，得到该层沉积年代为 4692～3082a B.P.（5350～3308cal.a B.P.）。

1.58～1.18m 为暗棕色黏质粉砂夹粉质黏土沉积。该层早期不含水生植物，晚期沉水维管束植物龙须眼子菜（*P. pectinatus*）和狐尾藻（*M. spicatum*）富集，且不含轮藻（*Chara* spp.），表明湖水位早期很高，随后有所下降，但仍相对较高。软体动物壳体化石中小旋螺含量相对较低而 *Pisidium* 相对较高，和较深的湖水环境一致。经下覆层与上覆层年代数据沉积速率（0.09cm/a）内插，得到该层沉积年代为 3082～2652a B.P.（3308～2832cal.a B.P.）。

1.18～0.63m 处岩性和上阶段相同。水生植物中以轮藻（*Chara* spp.）为主，表明湖水位较上阶段下降。同时软体动物壳体化石中小旋螺的大量富集也与此对应。该层 1.0758～1.0874m 处植物种子的 AMS^{14}C 测年年代为 2545±35a B.P.（2714cal.a B.P.），经该年代数据与上覆层年代沉积速率（0.05cm/a）内插，得到该层沉积年代为 2652～1201a B.P.（2832～1090cal.a B.P.）。

顶层 0.63m 为青灰色粉砂质黏土沉积。该层植物残体含量较高，水生植物中以沉水维管束植物龙须眼子菜（*P. pectinatus*）和狐尾藻（*M. spicatum*）为主，表明湖水深度较下覆层升高。软体动物壳体的基本消失也和水深增加一致。该层 0.3586～0.3702m 和 0～0.0116m 处植物残体的 AMS^{14}C 测年年代分别为 1125±35a B.P.（1027cal.a B.P.）和 1010±35a B.P.（939cal.a B.P.）。该层为约 1201a B.P.（1090cal.a B.P.）以来的沉积。

以下是对该湖泊进行古湖泊重建、量化水量变化的 6 个标准：（1）无湖泊，风成沙沉积；（2）低，细粉砂沉积，水生植物以轮藻（*Chara* spp.）为主，软体动物属种含大量小旋螺类；（3）较低，黏质粉砂沉积，水生植物以轮藻（*Chara* spp.）为主，软体动物属种含大量小旋螺类；（4）中等，黏质粉砂沉积，水生植物以沉水维管束植物龙须眼子菜（*P. pectinatus*）和狐尾藻（*M. spicatum*）为主，软体动物属种不含深水种 *Pisidium*；（5）较高，黏质粉砂夹粉质黏土沉积，水生植物以沉水维管束植物龙须眼子菜（*P. pectinatus*）和狐尾藻（*M. spicatum*）为主，软体动物属种为深水种 *Pisidium*；（6）高，灰色或青灰色细粉砂，不含水生植物，软体动物属种为深水种 *Pisidium*。

更尕海各岩心年代数据、水位水量变化见表6.70和表6.71，岩心岩性变化图如图6.30所示。

表6.70 更尕海各岩心年代数据

样品编号	放射性 ^{14}C 年代数据/a B.P.	校正年代/cal.a B.P.	深度/m	测年材料
LAMS08-64	1010±35	939	0～0.0116	植物残体
LAMS08-65	1125±35	1026	0.3586～0.3702	植物残体
LAMS08-66	2915±35	3060	1.0642～1.0758	植物残体*
OZL037	2545±35	2714	1.0758～1.0874	植物种子
LAMS08-67	3545±35	3820	2.0012～2.0128	植物残体
BA091366	4255±35	4840	2.3598～2.3714	植物残体
BA091367	3740±35	4071	2.73～2.7397	植物残体*
BA091368	4975±35	5680	3.2523～3.262	植物残体
LAMS08-70	5700±35	6486	3.9197～3.9293	植物残体
BA091369	5655±35	6445	4.868～4.848	植物种子*
LAMS08-71	5820±35	6630	4.9715～4.9828	植物残体
BA091370	5975±35	6814	5.6901～5.7013	植物种子
LAMS08-72	5100±35	5790	5.7237～5.735	植物残体*
LAMS08-73	5540±35	6344	5.7237～5.735	植物种子*
OZL038	5520±60	6339	5.7462～5.7574	植物种子*
BA091371	8890±35	10037	5.9707～5.98.2	植物残体*
LAMS08-74	4735±35	5515	6.33～6.3413	植物残体*
BA091372	10300±40	12096	6.5783～6.5896	植物残体
LAMS08-75	12365±40	14481	7.0186～7.0298	植物残体
BA091373	14995±50	18268	7.8087～7.82	植物残体

注：*年代倒转未采用，校正年代由校正软件Calib6.0校正获得

表 6.71　更尕海古湖泊水位水量变化

年代	水位水量
16753～12965cal.a B.P.	无湖泊（1）
16753～12965cal.a B.P.	低（2）
12965～9870cal.a B.P.	高（6）
9870～8520cal.a B.P.	较低（3）
8520～6590cal.a B.P.	较高（5）
6590～6540cal.a B.P.	低（2）
6540～6486cal.a B.P.	较高（5）
6486～6034cal.a B.P.	较低（3）
6034～5350cal.a B.P.	中等（4）
5350～3308cal.a B.P.	较低（3）
3308～2832cal.a B.P.	较高（5）
2832～1090cal.a B.P.	较低（3）
1090～0cal.a B.P.	较高（5）

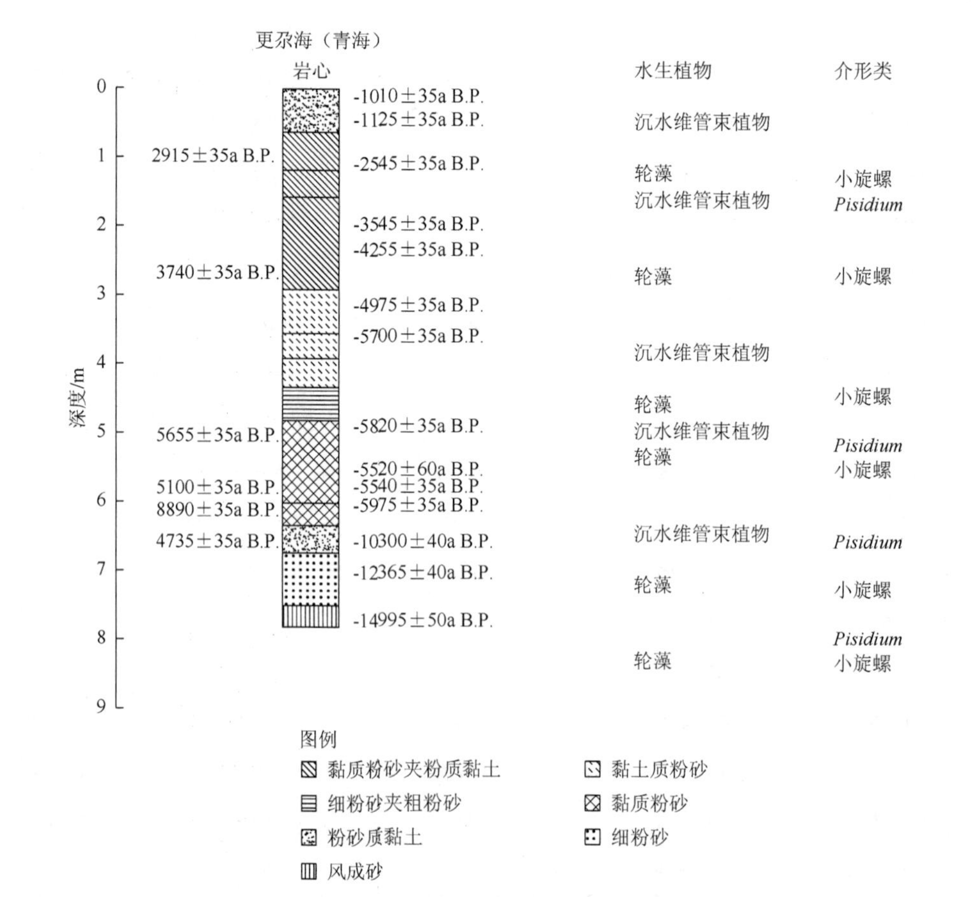

图 6.30　更尕海岩心岩性变化图

参考文献

李渊，强明瑞，王刚刚，等. 2015. 晚冰期以来共和盆地更尕海碎屑物质输入过程与气候变化. 第四纪研究，35（1）：160-171.

刘思丝，黄小忠，强明瑞，等. 2016. 孢粉记录的青藏高原东北部更尕海地区中晚全新世植被和气候变化. 第四纪研究，36(2)：247-256.

宋磊，强明瑞，金彦香，等. 2013. 青藏高原东北部更尕海沉积软体动物壳体同位素初步研究. 地球环境学报，4(1)：1183-1190.

宋磊. 2012. 晚冰期以来青藏高原东北部更尕海沉积记录的气候变化. 兰州大学博士学位论文.

Qiang M R，Song L，Chen F H，et al. 2013. A 16-ka lake-level record inferred from macrofossils in a sediment core from Genggahai Lake，northeastern Qinghai-Tibetan Plateau（China）. Journal of Paleolimnology，49：575-590.

Qiang M，Liu Y，Jin Y，et al. 2014. Holocene record of eolian activity from Genggahai Lake，northeastern Qinghai-Tibetan Plateau，China. Geophysical Research Letters，41（2）：589-595.

Rao Z，Qiang M，Jia G，et al. 2016. A 15ka lake water δD record from Genggahai Lake，northeastern Tibetan Plateau，and its paleoclimatic significance. Organic Geochemistry，97：5-16.

Song L，Qiang M R，Lang L L，et al. 2012. Changes in palaeoproductivity of Genggahai Lake over the past 16 ka in the Gonghe Basin，northeastern Qinghai-Tibetan Plateau. Chinese Science Bulletin，57（20）：2595-2605.

6.2.8 乱海子

乱海子（37.59°N，101.35°E，海拔3200m a.s.l.）是位于祁连山东部的一小型高山淡水湖，水位和现代林线大致相当。现代湖泊面积为1.5km^2，湖泊流域面积约33km^2，湖区年均温度为0℃，年均降水量约500mm，而潜在蒸发量为1300mm。湖泊最大水深约为0.3m，pH为8.4，电导率约为26μS/cm，湖水主要由一些溪流补给，有一出水口，汇入大通河。由于河流改道及灌溉用水，致使现代乱海子水位极浅（Mischke et al.，2005）。湖心钻得的两钻孔（LH1和LH2）表明其湖相沉积年代可至MIS3阶（Mischke et al.，2005），由此可知，乱海子形成年代较早。

钻心LH1孔深12.93m，LH2孔深13.94m。岩心岩性主要为湖相灰泥或砂和砾石。基于LH2岩心介形类及藻类分析可重建古湖泊水深及盐度变化。岩心中含8个^{14}C测年及3个U/Th测年，但测年数据存在明显倒转，考虑到不同测年材料碳库效应影响，我们很难给出具体各层段所对应的碳库效应及其真正年代，因此最后水位量化时我们参照Mischke等（2005），给出大致的水位变化时期。

岩心底部13.94～13.15m为分选较差的河流相粗粒沉积，表明当时湖泊尚未形成。

13.15～11m为湖相淤泥沉积，岩心底部介形类以适于浅水环境的*Heterocypris salina*为主，后期*Heterocypris salina*含量下降并消失，介形类以淡水、微咸水种*Candona candida*、*Fabaeformis candona danielopoli*、*Cyclocypris ovum*为主，对应于较深的湖水环境，水生植物*Potamogeton*及水生藻类*Zannichellia palustris*及*Chara aspera*的出现和湖水深度逐渐增加一致。11.45～11.55m处样品AMS^{14}C测年年代为43700+1480/−1250a B.P.，该年代与上覆层年代进行对比，表明该年代结果可能偏老，经上覆层年代外推，得该层沉积年代为57125～53405a B.P.。

11～10.17m为灰色湖相淤泥沉积，含大量软体动物壳，但介形类很少出现，表明湖水位下降，水生植物的消失与此对应。该层对应年代为53405～51970a B.P.。

10.17～8.8m 为灰色湖相淤泥沉积，沉积物介形类中淡水种 *Fabaeformis candona danielopoli* 丰度下降，而出现大量浅水种 *Ilyocypris cf. bradyi*，*Heterocypris salina* 及 *Eucypris dulcifons*，表明湖水较下覆层变浅。9.88m 及 9.54m 处眼子菜属碎屑样品的 AMS 年代分别为大于 51050a B.P.和 49970+2240/–1750a B.P.，而 9.16～9.29m 外小旋螺壳样品的 U/Th 测年年代为 147.6±6.3ka B.P.，该年代数据可能明显偏老。经沉积速率（0.0595cm/a）外推，得到该层沉积年代为 51970～49600a B.P.。

8.8～6.4m 为灰色湖相淤泥沉积，沉积物介形类中淡水-微咸水种 *Candona rawsoni*、*Fabaeformiscandona danielopoli* 的增加及 *Ilyocypris cf. bradyi* 的减少，对应于湖水深度较下覆层有所增加。6.77～7.12m 处狐尾藻及苔草碎屑的 AMS^{14}C 年代为 42950+1810/–1470a B.P.，经上覆层沉积速率（0.027cm/a）内插，得到该层对应年代为 49600～40950a B.P.。

6.4～4.8m 为含砾石的砂和粉砂沉积，介形类及软体动物壳体的缺失表明此时为干盐湖环境，湖水位较低，水生植物的消失也与此对应。该层形成年代为 40950～22800a B.P.。该层沉积速率极低（0.0088cm/a），因此该层可能存在沉积间断或曾被侵蚀（与 Mischke 私下通信），因此最后我们未对该段进行水量量化。

4.8～4.2m 为灰色湖相淤泥沉积，介形类 *Cypridopsis vidua*、*H. vulgaris*、*P. pectinatus* 的出现表明湖水较下覆层加深，水生藻类 *Charophytes* 的出现也与此对应，但介形类中大量浅水种 *Ilyocypris cf. bradyi* 的出现表明湖水深度不是很高，4.3m 处豌豆蚬壳的 AMS 测年年代为 21010±140a B.P.，若用上覆层沉积速率（0.0278cm/a）内插，得到该层沉积于 22800～20650a B.P.。

4.2～3.66m 为灰色湖相淤泥沉积，水生藻类 *Charophytes* 消失，而出现 *M. spicatum* 及 *P. pectinatus*，表明湖水位较上阶段有所下降，介形类中淡水-微咸水种 *Cyclocypris ovum*、*Candona candida* 及 *Candona rawsoni* 丰度的下降也与湖水深度降低一致。经上覆层沉积速率（0.0595cm/a）内插，得到该层形成年代为 20650～19650a B.P.。

3.66～3.12m 为细砂层，表明湖水位较低，介形类中适于生活在溪流环境中的 *Ilyocypris cf. bradyi* 的零星出现表明湖水动力较强，湖水较浅，甚至干涸。水生藻类的缺失与此一致。该层形成年代为 19650～16150a B.P.，我们认为较低的沉积速率（0.015cm/a）表明该层可能存在沉积间断，因此最后我们也未对该段进行水量量化。

3.12～2.3m 为灰色湖相淤泥沉积，介形类中淡水-微咸水种 *Candona candida*、*Cyclocypris ovum*、*Limnocythere inopinata* 及 *Candona rawsoni* 的大量出现说明湖水位较下覆层深。3.05m 处小旋螺壳的 U/Th 测年年代为 16.06±0.58ka B.P.，2.61m 处萝卜螺及小旋螺壳样品的 AMS 测年年代为 15520±70a B.P.，经沉积速率（0.0278cm/a）外推，得到该层形成年代为 16150～13200a B.P.。

2.3～0m 为灰色湖相淤泥沉积，介形类以淡水种 *Ilyocypris echinata*、*Fabaeformiscandona danielopoli* 为主，同时伴有 *Cyclocypris ovum*、*Limnocythere inopinata* 及 *Candona rawsoni*，表明湖水为淡水或微咸水状态，与深水环境相对应。底部大量浮游藻类的出现表明湖水位较高。0.78～0.87m 处小旋螺壳 U/Th 测年年代为 2.7±0.20ka B.P.，0.84m 处介形类、豌豆蚬根及小旋螺壳样品的 AMS 测年年代为 2325±30a B.P.，而顶部豌豆蚬壳样品 AMS 测年年代为 815±25a B.P.。该层为 13200a B.P.以来的沉积。

以下是对该湖泊进行古湖泊重建、量化水量变化的 5 个标准：（1）极低，河流相沉积；（2）较低，砂或粉砂沉积，不含水生植物和介形类；（3）低，湖泥沉积，介形类以浅水种为主，水生藻类不含 *Charophytes*；（4）中等，湖泥沉积，介形类以较深水-淡水、微咸水种为主，含水生藻类 *Charophytes*；（5）高，湖泥沉积，介形类以较深水-淡水、微咸水种为主，含大量水生藻类 *Charophytes*。

乱海子各岩心 ^{14}C 年代数据、V1Th 年代数据、水位水量变化见表 6.72～表 6.74，岩心岩性变化图如图 6.31 所示。

表 6.72　乱海子各岩心 ^{14}C 年代数据

样品编号	年代/a B.P.	深度/m	材料
KIA 19633	43700+1480/−1250	11.45～11.55	狐尾藻及苔草碎屑
KIA 17836	＞51050	9.88	眼子菜属碎屑
KIA 19260	49970+2240/−1750	9.54	眼子菜属碎屑
KIA 21611	42950+1810/−1470	6.77～7.12	狐尾藻及苔草碎屑
KIA 21610	21010±140	4.3	豌豆蚬壳
KIA 21609	15520±70	2.61	萝卜螺及小旋螺壳
KIA 21608	2325±30	0.84	介形类、豌豆蚬根及小旋螺壳
KIA 19632	815±25	0	豌豆蚬壳

表 6.73　乱海子各岩心 U/Th 年代数据

样品编号	年代/ka B.P.	深度/m	材料
LH2-720-731a	147.6±6.3	9.16～9.29	小旋螺壳
LH2-150a	16.06±0.58	3.05	小旋螺壳
LH2-44-47a	2.7±0.20	0.78～0.87	小旋螺壳

表 6.74　乱海子古湖泊水位水量变化

年代/a B.P.	水位量化
51970～49600	较低（3）
49600～40950	中等（4）
40950～22800	未量化
22800～20650	较低（3）
20650～19650	低（2）
19650～16150	未量化
16150～13200	中等（4）
13200～0	高（5）

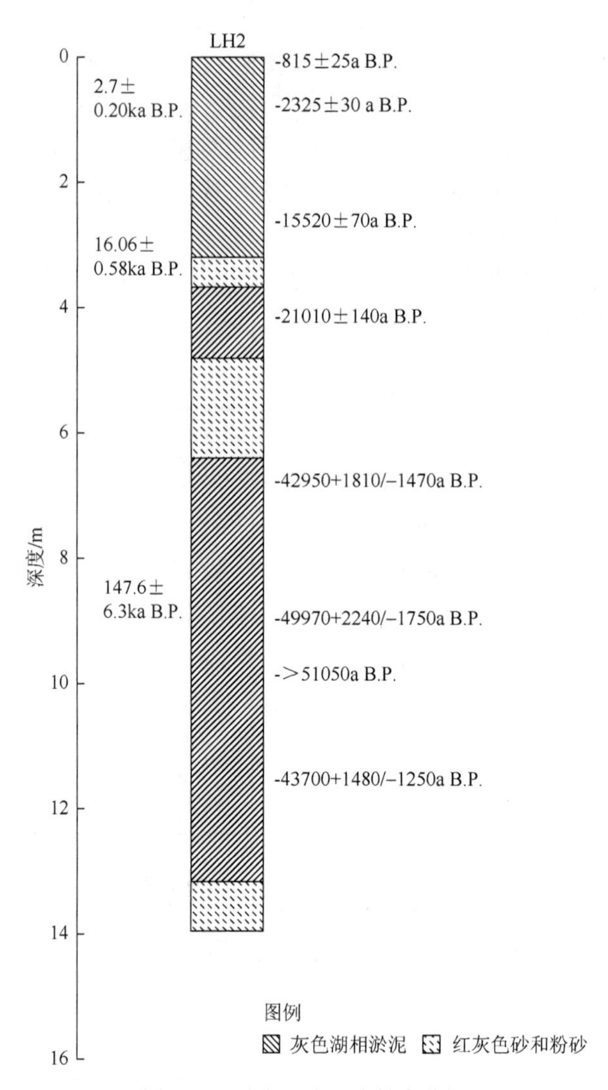

图 6.31　乱海子岩心岩性变化图

参 考 文 献

Herzschuh V，Zhang C J，Mischke S，et al. 2005. A late Quaternary lake record from the Qilian Mountains（NW China）：evolution of the primary production and the water depth reconstructed from macrofossil，pollen，biomarker，and isotope data. Global and Planetary Change，46：361-379.

Mischke S，Herzschuh U，Zhang C，et al. 2005. A Late Quaternary lake record from the Qilian Mountains（NW China）：Lake level and salinity changes inferred from sediment properties and ostracod assemblages.Global and Planetary Change，46：337-359.

6.2.9　青海湖

青海湖（36.53°～37.23°N，99.60°～100.78°E，海拔 3193.4m a.s.l.）是中国最大的内陆湖。湖泊平均水深约 21.7m，盐度为 8.9～16.5g/L，青海湖湖水化学类型为 Cl^-—Na^+型。现代湖泊面积 4473km^2，流域面积 29660km^2（马玉伟等，2011）。流域内有近 40 条河流

入湖，其径流量约占湖水总补给量的46%，其他由大气直接降水（42%）和地下水（12%）补给。区域年降水量为 300～400mm，蒸发量 800～1100mm，植被类型以山地灌木及高山草甸为主，湖盆为构造形成的山间盆地，受控于 NWW 走向的断层。盆地基岩主要是上新近系砂岩及泥岩。盆地内高山耸立，西北部高山海拔超过 4000m a.s.l.，南部海拔为3500m a.s.l.。在海拔 5174m a.s.l.处的最高山上还存在小规模现代冰川沉积，但在冰后期气候条件改善时入湖冰川融水量也极少（Lister et al.，1991）。

自 20 世纪以来青海湖水位出现显著下降，公元 1908 年时，湖水水位较今高约 11m，且面积比现代要大出约 676km^2（王苏民和施雅风，1992）。

关于青海湖的研究近来较多，如张恩楼等（2004）根据介形类体长与盐度经验公式恢复了近 900 年来湖泊的盐度变化；刘兴起等（2002，2003a，2003b，2006）研究了青海湖湖 QH-2000 孔沉积物岩性、孢粉、湖泊自生碳酸盐含量变化及介形类壳体氧同位素（δ^{18}O）等指标 16ka 以来气候变化及其与季风强度变化；沈吉等（2004）通过对青海湖 795cm 处岩心孢粉、碳酸盐含量等的变化揭示晚冰期以来区域古环境的变化；贾玉连等（2000）通过孢粉学、地貌学与沉积学的证据分析了青海湖自 40ka B.P.以来的三期高湖面；沈吉等（2001）、张恩楼等（2002）根据青海湖 QH00A 孔碳酸盐含量、Rb/Sr 值及磁化率等综合指标分析了该地区千年气候变化；郭雪莲等（2002）对青海湖 QH1 孔粒度及有机碳同位素进行了研究，得出湖区 8000 多年来古气候的演化序列；卢凤艳和安芷生（2010）通过湖泊 QHL07-3-6 孔介形类壳体氧同位素变化揭示了近 500 年来湖泊盐度及干湿变化；余俊清和 K. Kelts（2002）通过对 Q14B（5.6m）及平行钻孔 Q16C（5.55m）岩心 3.3m 以下沉积物研究，重建了古湖泊 14000～8000a B.P.的水位变化。马玉伟等（2011）根据前人对青海湖湖面升降变化的研究结果和青海湖 QH2000 孔介形类壳体 δ^{18}O 的记录综合集成，构建了 14ka 以来的青海湖湖面变化：即在 14～12ka 时，湖面海拔约 3206m a.s.l.，比现代湖面高 12.3m；在 12～10ka 时，湖面下降到海拔约 3165m a.s.l.，比现代湖面低28.4m；在 10～9ka 时，湖面上升到海拔约 3173m a.s.l.；在 9～6ka 时，湖面相对稳定在海拔 3213m a.s.l.，比现代湖面高 20m；在 6～4ka 时，湖面下降到低于现代湖面；在 4～1ka 时；湖面又有所上升，海拔约为 3193.7m a.s.l.；近千年来湖面呈持续下降趋势。尚媛等（2013）通过对青海湖湖东沙地风成沉积剖面（KTS 剖面）化学元素特征进行分析，结合光释光测年结果，探讨了青海湖区 12.5ka B.P.以来的气候环境变化过程；Wang 等（2016）通过对青海湖沉积岩心支链 GDGTs 的研究分析了基于二甘油四醚组成分布的陆源判识指标（BIT）在青海湖的应用性；Liu 等（2016b）通过对青海湖岩心粒度变化的研究，探讨了青海湖沉积过程与气候变化的关系；Liu 等（2016a）对青海湖现代水生植物长链正构烷烃的氢同位素进行了研究，并讨论了它对沉积物长链正构烷烃的影响。

大规模地质地貌调查及钻孔研究表明，湖泊周围存在 4 级阶地（T4、T3、T2、T1），其中在 T1 阶地处有两个剖面（二郎沙嘴剖面和 QH86），此外还有 4 个钻心，1 个（QD1，+3m）钻自湖岸边，另外 3 个（QH14、QH16A 和 QH87）取自湖泊中部。

贾玉连等（2000）经孢粉学、地貌学与沉积学资料分析综合研究认为自 40ka B.P.以来青海湖经历了至少三期高湖面，分别高出现代湖面 104m、104m 和 45m 左右，对应湖泊面积分别约为 8100km^2、8100km^2 和 6406km^2，其相应年代分别为 30～40kaB.P.、11～

13ka B.P.及 7.5～5ka B.P.。同时，贾玉连等（2000）还模拟了青海湖在第一期与第三期高湖面时的平均降水量分别为 645±5mm 和 595±15mm 左右，分别高出现代湖区降水量 280mm 和 235±15mm。其中 11～13ka B.P.的高湖面同降水增加与冰川消融均有关系，因此在湖泊水位量化时我们不予考虑。

青海湖附近没有连续的湖相阶地，但在海拔 3205～3334m a.s.l.处的一些地方发现了孤立的湖相沉积物。如在海拔 3294～3330m a.s.l.处的江西沟（高出现代湖水位 100～130m）发现了分选性及磨圆度均较好的湖滨相砂/砾石沉积，但没有该沉积物测年数据，据估计其可能为中更新世（袁宝印等，1990）或末次间冰期的沉积物（陈克造等，1990）。通常认为他们构成了盆地内最高阶地，即 T4 阶地。在高出现代湖水位 114m 处的大阪谷也发现了 T4 阶地（王苏民和施雅风，1992），由波浪作用下再沉积的卵石组成，并含流水作用下形成的水平及交错层理。T4 剖面一泥炭样品的 AMS^{14}C 测年年代为 12100±265a B.P.（14215cal.a B.P.），说明该高水位时期对应年代约为 12000a B.P.（王苏民和施雅风，1992）（14000cal.a B.P.）。但国内一些学者对此提出了质疑，他们认为该处沉积物只是青海湖周围一个牛轭的湖沉积物（王苏民等，私下通讯），通过湖泊中部钻孔沉积物分析，我们也认为该高水位时期的年代不应是 12000a B.P.（14000cal.a B.P.）。

在江西谷和大阪谷海拔 3267～3294m a.s.l.（高出现代湖泊水位 70～90m）处也发现了湖相沉积物。基岩之上为黄沙及卵石沉积，上覆 2m 厚的湖相淤泥和砂、细砾石及富含有机质的淤泥。这些沉积物构成了 T3 阶地，但仍没有样品的测年数据（王苏民和施雅风，1992）。

形成 T2 阶地的湖泊沉积物位于海拔 3214～3259m a.s.l.处（高出现代湖水位 15～60m），其分布范围最广（王苏民和施雅风，1992）。江西谷、大阪谷及二郎沙嘴均为诸如砂及淤泥的细粒沉积物，同时还含有一些贝壳及沼泽沉积。T2 阶地后端和前端下部贝壳碎片的放射性 ^{14}C 测年年代分别为 6860±130a B.P.（7714cal.a B.P.）和 5310±125a B.P.（6096cal.a B.P.），同时，T2 阶地前端沼泽淤泥上部的另一有机物样品的放射性 ^{14}C 测年年代为 4830±130a B.P.（5600cal.a B.P.）。布哈河谷（约 3234m a.s.l.）T2 阶地顶部湖相沉积物样品年代为 3210±75a B.P.（3468cal.a B.P.），说明这一高水位时期形成年代为 7000～3000a B.P.（王苏民和施雅风，1992）（8000～3500cal.a B.P.）。

在海拔 3201～3211m a.s.l.（高出现代湖水位 7～17m）的地方也分布有湖相沉积物，他们构成了 T1 阶地（王苏民和施雅风，1992）。江西谷 T1 阶地后端的湖相淤泥沉积中一样品的放射性 ^{14}C 测年年代为 1880±90a B.P.（1797cal.a B.P.）。布哈河谷 T1 阶地前端顶部样品放射性 ^{14}C 测年年代为 1000±85a B.P.（905cal.a B.P.），说明该高水位时期形成年代为 2000～1000a B.P.（王苏民和施雅风，1992）（2000～1000cal.a B.P.）。另外，位于江西谷河口的二郎沙嘴剖面（海拔为 3208m a.s.l.）存在 4.2m 厚的湖相灰绿色黏土与灰黄色黏质粉砂的夹层，下覆 2.8m 厚的湖滨砂和砾石，该剖面约 4.2m、3.4m 及剖面顶部的放射性 ^{14}C 测年年代分别为 43200±4500a B.P.（袁宝印等，1990）（44758cal.a B.P.）、33800±770a B.P.（38622cal.a B.P.）和 23640±250a B.P.（28521cal.a B.P.）（陈克造等，1990）。该剖面上覆有黄土沉积，对 35～40cm、黄土层中部及 100cm 深处的样品进行放射性^{14}C测年，其年代分别为1298±61a B.P.（1188cal.a B.P.）、10950±a B.P.（12869cal.a B.P.）和14739±130a B.P.（17863al.a B.P.）（袁宝印等，1990）。位于二郎沙嘴附近的QH86岩心（高出现代湖水位11）有一1.2m厚的湖相沉积物，直接上覆于砂质砾石之上。对0.6～0.7m及1.1m处样品的放射性^{14}C测年年代分别为6000±180B.P.（6853al.a B.P.）和7360±230B.P.（8145al.a B.P.）。除此之外，对该岩心并未有更深入地研究（陈克造等，1992）。从二郎沙嘴剖面及QH86孔的沉积来看，在43～23ka B.P.（45～28cal.ka B.P.）时湖泊为一高水位时期，而自23000a B.P.（28000cal.a B.P.）后湖水位较低，到7400～6000a B.P.（8100～6800cal.a B.P.）时湖水位上升至较高值，但高出现代湖水位不足14m（陈克造等，1990；袁宝印等，1990）。

在青海湖钻得一系列岩心：QH14B孔钻自湖泊中部水深26m处，长5.59m（Lister et al.，1991；Kelts，1989），其沉积记录年代约为13000a B.P.（约15000cal.a B.P.？）；QH16A孔采自湖泊东部中心25m深处，岩心长5.22m（张彭熹等，1989；1994），其沉积年代可至12000a B.P.（约14000a B.P.）；QH87孔采自水深23m处，大体为现代湖泊沉积7m以下的沉积物；QH85-14孔深4.5m，采自湖泊东南水深25m处；QD1孔长60m，钻自高出现代湖水位约3m的湖岸东侧（王苏民等，1992），其沉积年代大致在25000a B.P.（约30000cal.a B.P.）之前；QH-2000孔采自湖泊东南水深22.3m处，其沉积年代可至16175a B.P.（19290cal.a B.P.）；1.14m深岩心采自湖泊水深22.3m，其沉积记录为900a前；QH1孔长3.5m，钻自湖泊东南部水深23m处，其沉积记录可至8500a B.P.（约10000cal.a B.P.）；QH00A孔长1.2m，钻自湖泊东南部水深22.3m处，其沉积年代约在一千年前；QH07-3-6孔长0.19m，采自青海湖东南湖盆水深23m左右处，为近500a来的沉积。

湖泊水深的相对变化主要是根据二郎沙嘴剖面，QH87孔和QD1孔岩性变化、QH-2000孔岩性及碳酸盐含量的变化、QH14孔和QH16孔地貌调查及沉积学和地球化学研究、QH1孔沉积物粒度及有机碳同位素变化、KTS剖面岩性变化，并结合贾玉连等（2000）、余俊清和Kelts（2002）及相关近千年来湖泊水深变化（沈吉等，2001；卢凤艳和安芷生，2010；张恩楼等，2004）的研究给出。年代学基于4m以上剖面的19个放射性^{14}C测年数据和QH14孔的5个AMS^{14}C测年、QH-16A孔的7个放射性^{14}C测年数据、QD1孔的5个测年数据及QH-2000孔的6个AMS^{14}C测年数据，并参照原文献中作者给出的年代数据。

QD1孔约38m处有一个放射性测年数据，为25000a B.P.（约30000cal.a B.P.）之前。该孔38～23m为粉质黏土及粉砂沉积，上覆层（23.0～17.0m）为灰色及绿黑色粗砂。约22m处样品的放射性^{14}C测年数据为18870±300a B.P.（22538cal.a B.P.），说明在25000～19000a B.P.（30000～22500cal.a B.P.）时湖水较深，19000a B.P.（22500cal.a B.P.）后湖水开始变浅。经地质调查，QH87孔7m以下广泛分布有2m厚的黄色硬粉砂，无层理（Lister等，1991）。该层被认为是风成沉积物（陈克造等，1990），说明当时湖水较浅。经QH85孔下部年代数据（陈克造等，1990）外推得出的该浅水阶段形成在19000～17000a B.P.（22500～20500cal.a B.P.）。综上所述，在19000～17000a B.P.（22500～20500cal.a B.P.）湖水较浅，而17000a B.P.（20500cal.a B.P.）后则略微加深。

QH14孔底层（5.59～4.60m）为硬灰色单一粉砂沉积，无层理发育，而QH16A孔基底（5.22～3.96m）为灰绿色泥质黏土（对 QH16A 孔岩性的描述较粗略，该孔的一层对应于 QH14 孔的好几层）。QH14 孔含少量白云岩，介形类仅含少量 *Limnocythere inopinata*，说明当时湖水较浅。QH16A 孔整个岩心的介形类壳体的 Sr/Ca 值都较高，说明当时湖水盐度较高，和较浅的水环境一致（张彭熹等，1989）。经 QH14 孔测年数据外推，该层沉积年代为 13500～11350a B.P.（16650～13500cal.a B.P.）。

QH14 孔 4.60～4.50m 为较薄的粗质灰色沙洞穴沉积，说明该层为一风成沉积物。

QH14 孔 4.50～4.20m 为不规则层状碎屑粉砂沉积，说明水深有所增加，但川蔓藻属种子的出现说明湖水仍较浅。4.38～4.40m 处样品的放射性 ^{14}C 测年年代为 10900±250a B.P.（12834cal.a B.P.），相应的该层沉积年代为 11350～10500a B.P.（13500～12230cal.a B.P.）。

QH14 孔 4.20～3.96m 为灰色至白色、块状到无定形的粉砂沉积，白云岩的出现说明湖水较浅，甚至为干盐湖，稀疏的 *Limnocythere inopinata* 也对应于较浅的湖水环境。该层形成于 10500～10000a B.P.（12230～11500cal.a B.P.）。

QH14 孔 3.96～3.25m 及 QH16A 孔 3.96～3.26m 处均为淡红灰色方解石-文石的黏质粉砂，含介形类壳体薄层，说明湖水较上一阶段变深。但川蔓藻属种子的出现说明湖水仍较浅。QH16A 孔 Sr/Ca 值仍较高，和湖水变浅相吻合。3.87～3.95m、3.82～3.835m 及 3.395～3.41m 处样品的放射性 ^{14}C 测年年代分别为 9870±170（11306cal.a B.P.）、9730±130（11046cal.a B.P.）和 8400±130a B.P.（9293cal.a B.P.），说明该层形成年代为 10000～8000a B.P.（11000～9000cal.a B.P.）。QH16A 孔 3.96～4.06m 及 3.21～3.26m 处样品的放射性 ^{14}C 测年分别为 9710±200a B.P.（11133cal.a B.P.）和 7540±240a B.P.（8461cal.a B.P.）。该层沉积年代为 9500～7500a B.P.（10950～8550cal.a B.P.）。

QH14 孔 3.25～2.46m 处沉积物为暗红灰色到绿灰色黏质粉砂及黏土，且层理明显。QH16A 孔上覆层（3.26～1.97m）岩性和其下覆层相比未发生变化，说明湖水继续加深。介形类丰度的降低也说明这一点。QH14 孔中 Sr/Ca 值下降，说明湖水盐度降低，深度增加。据 QH14 孔推知的该层沉积年代为 8000～6000a B.P.（Kelts 等，1989）（8900～6800cal.a B.P.）。QH16A 孔中深 2.36～2.46m 处样品的放射性 ^{14}C 测年为 6370±160a B.P.（7240cal.a B.P.），据此推知的该层沉积年代为 7500～5000a B.P.（8550～5530cal.a B.P.）。

QH14 孔 2.46m 以上为层状绿灰色黏质粉砂，QH16 孔 1.97m 以上为黑灰色或绿灰色层状黏土及黏质粉砂，岩性特征表明自 5000a B.P.（5530cal.a B.P.）后湖水加深。但 QD1 孔 8.5～0m 为粉砂或粉质砂沉积，而 17～8.5m 处则为细粒沉积物，对应于湖水的变浅。QD1 孔约 9m 处样品的放射性 ^{14}C 测年数据为 6140±290a B.P.（6985cal.a B.P.），说明其所对应的湖水变浅时期约为 6000a B.P.（6800cal.a B.P.）之后。

根据 QH16A 孔 Sr/Ca 值的不同可将其顶部 1.97m 以上分为两个亚层：1.97～1.14m 处 Sr/Ca 值变化不明显，说明湖水深度较稳定；1.515～1.615m 处样品的放射性 ^{14}C 测年数据为 2280±100a B.P.（2277cal.a B.P.），说明该层年代为 5000～3000a B.P.（5530～3175cal.a B.P.）；1.14～0m 处 Sr/Ca 值升高，对应于湖水的变浅。该层沉积年代约为 3000a B.P.（3175cal.a B.P.）后。

QH-2000 孔底部（7.95～7.07m）为棕黄色细砂及灰棕色粉砂沉积，表明当时湖水位较低，碳酸盐中文石含量为整个剖面最低值，对应于盐度较高的湖水环境，但介形类中浅水生境的土星介(*Llyocypris*)的出现表明当时湖泊并未干涸。该层 7.45m 处样品的 AMS^{14}C 测年年代为 15610±90a B.P.(18642cal.a B.P.)，经该测年数据及上覆层年代沉积速率内插，得到该层沉积年代为 16175～15180a B.P.（19290～18150cal.a B.P.）。

上覆 7.07～5.05m 为青灰色粉砂质泥及青灰色/浅灰色泥质粉砂沉积，岩性变化表明湖泊水位较前期升高，文石含量的增加也与此对应。刘兴起等（2003b）、沈吉等（2004）认为冰川融水的补给导致大量淡水入湖，湖水水位升高。该层 6.75m 处样品 AMS 测年年代为 14820±180a B.P.（17733cal.a B.P.），经该测年数据及上覆层年代数据间沉积速率内插，得到该层对应年代为 15180～10435a B.P.（18150～12140cal.a B.P.），考虑到冰川融水对湖泊补给的影响，我们在最后湖泊水位量化时未将此阶段考虑在内。

5.05～3.8m 为细粒深灰色淤泥和粉质淤泥沉积，沉积物粒径的减少对应于湖泊水位的继续升高。该层文石含量近乎消失，而代之以白云石的大量出现，刘兴起等（2003b）将其归因于大量降水快速补给前期盐度较大的湖水，造成了文石的不饱和和白云石的过饱和，从而使白云石含量增高。该层 4.75m 处样品的 AMS^{14}C 测年年代为 9660±140a B.P.(11151cal.a B.P.)，经内插，得到该层沉积年代为 10435～7360a B.P.（12140～8340cal.a B.P.）。

3.8～2.28m 为淡灰色层状粉砂沉积，含大量碳酸盐结节，层状沉积物的出现表明湖水深度进一步增加，文石含量的增加与此对应。3.55m 及 2.3m 处样品的 AMS^{14}C 测年分别为 6760±180a B.P.（7598cal.a B.P.）和 5060±90a B.P.（5863cal.a B.P.）。该层形成年代为 7360～5010a B.P.（8340～5800cal.a B.P.）。

2.28～1.9m 为深灰色粉砂质泥及泥质粉砂沉积，沉积物粒径的增大表明湖水深度较下覆层降低，文石含量的减少也与此对应。该层沉积年代为 5010～4090a B.P.（5800～4590cal.a B.P.）。

1.9～1.05m 为灰色/深灰色泥质粉砂，文石含量较下覆层降低，对应于湖水盐度进一步提高，水位下降。该层 1.2m 处样品的 AMS^{14}C 测年年代为 2400±100a B.P.(2357cal.a B.P.)，经与上覆层沉积速率内插，得到该层形成于 4090～2040a B.P.(4590～1880cal.a B.P.)。

顶层 1.05～0m 为黑色粉砂质泥层，岩性变化对应于湖水较下覆层略加深，同时文石含量的略微提高也与此对应。该层为 2040a B.P.（1880cal.a B.P.）以来的沉积。

余俊清和 K. Kelts（2002）通过对 Q14B 孔（5.6m）及平行钻孔 Q16C 孔（5.55m）处岩心 3.3m 以下沉积物研究，认为在 14000～11600a B.P.（17270～14000cal.a B.P.）湖泊水深仅为几米；在 11600～10700a B.P.（14000～12600cal.a B.P.）湖泊水深在 2～6m 波动；在 10700～10000a B.P.（12600～11550cal.a B.P.）湖水深度再次下降，接近干涸；而在 10000～8000a B.P.(11550～9030cal.a B.P.)湖水深度为 2～8m。因此，在 14000～8000a B.P.(17270～9030cal.a B.P.)湖泊水位较今低 20m 左右，这和沈吉等(2004)、刘兴起等(2002，2003b，2006）及贾玉连等（2000）研究所得出的该时期存在高湖面的结论相悖。

郭雪莲等（2002）通过对青海湖东南部水深 23m 处的 QH1 孔（3.5m）有机碳同位素并结合沉积物粒度研究发现，湖泊在 8.5～5.3ka B.P.沉积物粒径较小，且有机碳同位素较低（–25.1‰），对应于相对较深的湖水环境；5.3～3.1ka B.P.沉积物粒径的增大及有机碳同位素的降低（–25.65‰）表明此时期内湖水位较下覆层下降；3.1～2ka B.P.沉积物粒度变化不明显，但有机碳同位素含量的增加（–23.8‰）表明湖水位较上阶段略有升高；近2000年来沉积物粒度的变粗及有机碳同位素的降低（–26‰）表明湖泊水位进一步下降。

沈吉等（2001）对长1.2m的湖泊岩心QH00A进行了研究。该岩心岩性变化不明显，根据碳酸盐含量变化可推知近千年来古气候变化：900～800a B.P.较低的碳酸盐含量（28%）对应于较高的湖泊水位；800～650a B.P.碳酸盐含量的增加（37.1%）表明湖水较下覆层降低；650～550a B.P.碳酸盐含量的降低（27.2%）表明湖水深度较前期有所升高；随后碳酸盐含量的增加表明湖水深度在550～500a B.P.有所降低。近500年来，青海湖水位在480～380a B.P.、330～270a B.P.及180～80aB.P.碳酸盐的低含量对应于湖水位的较高时期，而在380～330a B.P.、270～180a B.P.及80～0a B.P.较高的碳酸盐含量对应于湖水位的下跌时期，这和卢凤艳和安芷生（2010）用碳酸盐、介形类壳体氧同位素含量所重建的近500年来湖泊干湿变化及张恩楼等（2004）用介形类体长及盐度关系所建立的青海湖盐度变化进而反映的近900年来湖水深度的变化在时间上总体较一致，但也略有差异，究其原因，我们认为在高分辨率湖泊研究中，测年数据所造成的误差可能是造成上述差异的主要原因。

KTS剖面基本为古风成沙与古土壤层的互层沉积，其中5.1～4.52m、4.16～4.11m、3.74～3.68m、1.65～0m为风成沙沉积，代表气候干旱、湖水较浅的时期，而4.52～4.16m、4.11～3.74m、3.68～1.65m为砂质古土壤沉积，代表气候湿润、湖水位较高的时期。该剖面含有9个OSL年代数据，4.68～4.91m、4.47～4.52m、4.16～4.21m、4.07～4.11m、3.74～3.79m、3.63～3.68m、2.88～2.93m、1.60～1.65m及0.75～0.80m处样品的OSL年代分别为12.5±0.6ka B.P.、12.3±0.6ka B.P.、12.2±0.6ka B.P.、11.9±0.6ka B.P.、10.7±0.5ka B.P.、10.1±0.6ka B.P.、8.6±0.6ka B.P.、2.6±0.2ka B.P.及0.9±0.1ka B.P.。因此，代表湖泊低水位的时期分别为12.70～12.32ka B.P.、12.09～11.93ka B.P.、10.56～10.24ka B.P.及2.72～0ka B.P.，代表湖泊高水位的时期分别为12.32～12.09ka B.P.、11.93～10.56ka B.P.及10.24～2.72ka B.P.。

以下是对该湖泊进行古湖泊重建、量化水量变化的6个标准：（1）很低，QH87孔大量黄色及硬粉砂沉积，QD1孔的粗砂沉积；（2）低，QH14孔方解石-文石至白云石沉积，层理消失，QH86A孔中Sr/Ca值升高，QH-2000孔棕黄色细砂及灰棕色粉砂沉积，含介形类土星介（*Llyocypris*）；（3）较低，QH14孔碎屑状粉砂沉积，含不规则层理，QH-2000孔青灰色粉砂质泥及青灰色/浅灰色泥质粉砂沉积；（4）中等，QH14孔的层状粉砂或粉质黏土沉积，QH86A孔Sr/Ca值处于中等水平，QH-2000孔细粒深灰色淤泥和粉质淤泥沉积或黑色粉质淤泥沉积，文石含量较高，T1阶地（约10m）的形成；（5）较高，QH14孔层状粉砂沉积，QH86A孔Sr/Ca值下降，T2阶地的形成；（6）高，QH-2000孔淡灰色层状粉砂沉积，二郎沙嘴剖面的湖相沉积，QH14孔的层状粉砂沉积，QD1孔的细粒沉积及T2阶地（20m或更高）的形成。

青海湖各岩心年代数据、OSL年代数据、水位水量变化见表6.75～表6.77，岩心岩性变化图如图6.32所示。

表 6.75　青海湖各岩心年代数据

样品编号	放射性碳测年数据/a B.P.	校正年代/cal.a B.P.	深度/m	测年材料	剖面/钻孔
	43200±4500	44758	4.2	有机质	二郎沙嘴剖面
	33800±770	38622	3.4	有机质	二郎沙嘴剖面
			约 38	泥质粉砂	QD1 孔
	23640±250	28521	0	有机质	二郎沙嘴剖面
	18870±300	22538	约 22	泥质粉砂	QD1 孔
TKa-12236	15610±90	18642	7.45		QH-2000 孔
TKa-12186	14820±180	17733	6.75		QH-2000 孔
	14739±130	17863	1.0	黄土	二郎沙嘴剖面
	12100±265	14215		木炭	江西谷 T4 剖面
	11900±	13913	约 16	淤泥	QD1 孔
Z-54	11590±260	13451	4.91～5.03	有机质	QH16A 孔
	10950±	12869		（中部）人类遗物	二郎沙嘴剖面
	10900±250	12834	4.38～4.40	种子	QH14 孔
	9870±170	11306	3.87～3.95	种子	QH14 孔
	9730±130	11046	3.82～3.835	种子	QH14 孔
Z-44	9710±200	11133	3.96～4.06	有机质	QH16A 孔
TKa-12193	9660±140	11151	4.75		QH-2000 孔
	8400±130	9293	3.395～3.41	种子	QH14 孔
Z-34	7540±240	8461	3.21～3.26	有机质	QH16A 孔
	7360±230	8145	1.1	有机淤泥	QH86 孔
	6860±130	7714		蜗牛壳	江西谷 T2 剖面后端低处
TKa-12184	6760±180	7598	3.55		QH-2000 孔
Z-27	6370±160	7240	2.36～2.46	有机质	QH16A 孔
	6140±290	6985	约 9.0	泥质粉砂	QD1 孔
	6000±180	6853	0.6～0.7	有机淤泥	QH86 孔
	5310±125	6096		蜗牛壳	江西谷 T2 剖面后端低处
TKa-12183	5060±90	5863	2.3		QH-2000 孔
	4830±130	5600		沼泽淤泥	江西谷 T2 剖面近前段顶部
	4475±100	5087		泥质粉砂	洱海东 27～28m 的沙坝
Z-15	3630±100	3963	1.515～1.615	有机质	QH16A 孔
	3210±75	3468		粉质淤泥	布哈河 T2 剖面
	3020±80	3178		淤泥	青海湖西哈达尔湖滨的 27m 的沙坝

续表

样品编号	放射性碳测年数据/a B.P.	校正年代/cal.a B.P.	深度/m	测年材料	剖面/钻孔
TKa-12179	2400±100	2357	1.2		QH-2000 孔
Z-6	2280±100	2277	0.61～0.70	有机质	QH16A 孔
	2010±150	2012		淤泥	青海湖西哈达尔湖滨的第一个沙坝
	1880±90	1797		淤泥	江西谷 T1 剖面后端
	1780±23.2	1715	0.475～0.49	海藻	QH14 孔
	1630±150	1580	约 3.0	粉质淤泥	QD1 孔
	1298±61	1188	0.35-0.40	黄土	二郎沙嘴剖面
	1230±60	1169		泥质粉砂	洱海东 10～11m 的沙坝
	1000±85	905		水生杂草	布哈河 T1 剖面前段顶部
2	660±140	687	0.14～0.21	有机质	QH16A

注：QH-2000 孔校正年代参照原作者，其余年代校正软件为 Calib6.0

表 6.76　OSL 年代数据

年代/ka B.P.	深度/m	剖面
12.5±0.6	4.68～4.91	KTS 剖面
12.3±0.6	4.47～4.52	KTS 剖面
12.2±0.6	4.16～4.21	KTS 剖面
11.9±0.6	4.07～4.11	KTS 剖面
10.7±0.5	3.74～3.79	KTS 剖面
10.1±0.6	3.63～3.68	KTS 剖面
8.6±0.6	2.88～2.93	KTS 剖面
2.6±0.2	1.60～1.65	KTS 剖面
0.9±0.1	0.75～0.80	KTS 剖面

表 6.77　青海湖古湖泊水位水量变化

年代	水位水量
45000～28000cal.ka B.P.	高（6）
28000～22500cal.a B.P.	较高（5）
22500～20500cal.a B.P.	很低（1）
20500～18150cal.a B.P.	低（2）
18150～12140cal.a B.P.	未量化
12140～8340cal.a B.P.	中等（4）
12140～5800cal.a B.P.	高（6）
5800～4590cal.a B.P.	中等（4）
4590～3175cal.a B.P.	较高（5）
3175～1880cal.a B.P.	较低（3）
1880～0cal.a B.P.	中等（4）

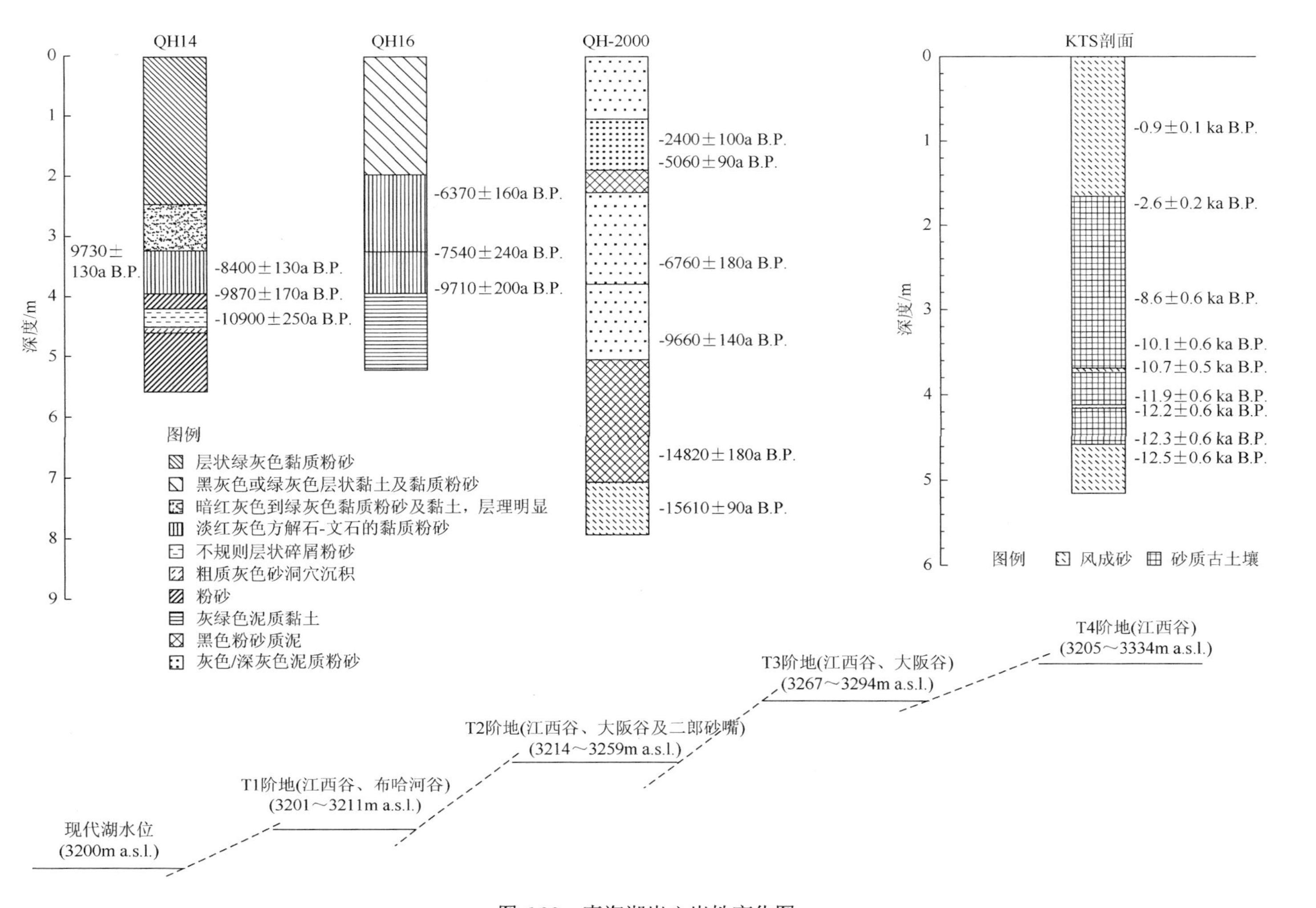

图 6.32　青海湖岩心岩性变化图

参 考 文 献

陈克造，Bowler J M，Kelts K. 1990. 四万年来青藏高原的气候变迁. 第四纪研究，1：21-31.

杜乃秋，孔昭宸，山发寿. 1989. 青海湖 QH85-14C 钻孔孢粉分析及其古气候古环境的初步探讨. 植物学报，31（10）：879-890.

郭雪莲，王琪，史基安，等. 2002. 青海湖沉积物有机碳含量与同位素和粒度特征及其古气候意义. 海洋地质与第四纪地质，22（3）：99-103.

贾玉连，施雅风，范云崎. 2000. 四万年以来青海湖的三期高湖面及其降水量研究. 湖泊科学，12（3）：211-218.

刘兴起，沈吉，王苏民，等. 2002. 青海湖 16ka 以来的花粉记录及其古气候古环境演化. 科学通报，47（17）：1351-1355.

刘兴起，沈吉，王苏民，等. 2003b. 16ka 以来青海湖湖相自生碳酸盐沉积记录的古气候. 高校地质学报，9（1）：38-46.

刘兴起，沈吉，王苏民，等. 2006. 晚冰期以来青海湖地区气候变迁受西南季风控制的介形类壳体氧同位素证据. 科学通报，51（22）：2690-2694.

刘兴起，王苏民，沈吉. 2003a. 青海湖 QH-2000 钻孔沉积物粒度组成的古气候古环境意义. 湖泊科学，15（2）：112-117.

卢凤艳，安芷生. 2010. 青海湖表层沉积物介形虫丰度及其壳体氧同位素的气候环境意义. 海洋地质与第四纪地质，30（5）：119-128.

马玉伟，张静然，刘向军，等. 2011. 青海湖末次冰消期以来的湖面变化. 盐湖研究，19（3）：19-25.

尚媛，鲁瑞洁，贾飞飞，等. 2013. 青海湖湖东风成剖面化学元素特征及其环境指示意义. 中国沙漠，33（2）：463-469.

沈吉，刘兴起，Matsumoto R，等. 2004. 晚冰期以来青海湖沉积物多指标高分辨率的古气候演化. 中国科学 D 辑：地球科学，34（6）：582-589.

沈吉，张恩楼，夏威岚. 2001. 青海湖近千年来气候环境变化的湖泊沉积记录. 第四纪研究，21（6）：508-513.

王苏民，施雅风. 1992. 晚第四纪青海湖演化研究析视研究. 湖泊科学，4（2）：1-9.

余俊清，Kelts K. 2002. 末次冰消期晚期青藏高原东北部气候变化. 第四纪研究，22（5）：413-423.

袁宝印，陈克造，Bowler J M，等. 1990. 青海湖的形成与演化趋势. 第四纪研究，3：233-243.

张恩楼，沈吉，王苏民，等. 2002. 青海湖近 900 年来气候环境演化的湖泊沉积记录. 湖泊科学，14（1）：32-38.

张恩楼，沈吉，王苏民，等. 2004. 近 0.9ka 来青海湖湖水盐度的定量恢复. 科学通报，49（7）：697-701.

张彭熹，张保珍，钱桂敏，等. 1994. 青海湖全新世以来古环境参数的研究. 第四纪研究，3：225-237.

张彭熹，张保珍，杨文博. 1989. 青海湖冰后期以来古气候波动模式的研究. 第四纪研究，1：66-77.

张彭熹. 1994. 青海湖近代环境的演化和预测. 北京：科学出版社，231-239.

Kelts K，Chen K Z，Lister G，et al. 1989. Geological fingerprints of climate history：a cooperative study of Qinghai Lake，China. Eclogae Geologicae Helvetiae，82（1）：167-182.

Lister G，Kelts K，Chen K Z，et al. 1991. Lake Qinghai，China：Closed-basin lake levels and the oxygen isotope record for ostracode since the latest Pleistocene. Palaeogeography，Palaeoclimatology，Palaeoecology，84：141-162.

Liu W G，Yang H，Wang H Y，et al. 2016a. Influence of aquatic plants on the hydrogen isotope composition of sedimentary long-chain n-alkanes in the Lake Qinghai region，Qinghai-Tibet Plateau. Science China Earth Sciences：1-10.

Liu X Q，Shen J，Wang S M，et al. 2002. A 1600-year of pollen record of Qinghai Lake and it's paleoclimate and paleoenvironment. Chinese Science Bulletin，47（22）：1931-1936.

Liu X，Vandenberghe J，An Z，et al. 2016b. Grain size of Lake Qinghai sediments：Implications for riverine input and Holocene monsoon variability. Palaeogeography，Palaeoclimatology，Palaeoecology，449：41-51.

Qin B Q，Shi Y F，Wang S M. 1991. The relationship between inland lakes evolution and climatic fluctuation in arid zone，Chinese Geographical Sciences，1（4）：316-323.

Wang H Y，Dong H L，Zhang C L，et al. 2016. A 12-kyr record of microbial branched and isoprenoid tetraether index in Lake Qinghai，northeastern Qinghai-Tibet Plateau：Implications for paleoclimate reconstruction. Science China Earth Sciences，59（5）：951-960.

Wang S M，Wang Y F，Wu R J，et al. 1991. Qinghai lake fluctuation and climatic change singce the last glaciation. Chinese journal of Oceanology and Limnology，9（2）：170-183.

第7章 晚第四纪以来中国湖泊水量变化及其古环境意义

7.1 引 言

为了能较清楚地辨析3万年以来中国古湖泊水量的时空变化过程，本章根据各湖泊点所处的地理位置，同时结合现代湖泊的空间分区状况（马荣华等，2011），将前述数据库中的湖泊点分为4组，即青藏高原地区、蒙新地区、云贵高原地区及东部地区（包括东部平原和东北山地与平原地区湖泊，同属东亚季风气候区范畴，在此归为一类），然后对每组内的所有湖泊分别进行统计，给出了30cal. ka B.P.以来每1000年间隔的不同地区湖泊水量变化3级分类统计（图7.1）。其中，青藏高原地区有30个湖泊记录，蒙新地区有29个，云贵高原地区有10个，东部地区有15个（表1.2中的乌鲁克库勒湖、大鬼湖、头渚古湖、曼冬错、扎日南木错这几个湖泊点因具体水位量化时间不明确或记录时间尺度过短而未纳入该分类统计中）。同时，我们还根据本书中湖泊水量高、中、低3级重新分类的最终结果，与现代相减得出的差值（5级），按1000年的间距做出空间上的湖泊水量相对现代的变化图（图7.2），这种湖泊水量相对现代差值反映的区域有效降水状况（即地表湿度）的变化，可以用来讨论3万年以来湖泊水量时空演化特征以及不同区域水量平衡的空间分布状况，进而为深入研究大气环流变化及相应的水汽循环的动力机制提供基础数据。

中国现代湖泊水位主要受区域有效降水（P-E）控制，基于湖泊水位的湖泊流域古降水量的定量恢复可为认识不同地区湖泊演化和古环境、古季风演化提供定量依据（齐文和郑绵平，2005）。国外较早就开始了湖泊古水位与古降水量定量关系的计算研究（Kutzbach，1980），国内近年也有人应用Kutbzach水能方程探讨湖泊不同水位时期的古降水量（贾玉连等，2000，2001a，2001b；李荣全和贾铁飞，1992；赵强等，2007；胡刚等，2003；申洪源等，2005；齐文和郑绵平，2005；郭晓寅等，2000；孙千里等，2006；吴敬禄等，1996；于革等，2001）。为直观认识不同水位时期相应的古降水量变化，本章根据搜集整理到的部分晚第四纪古降水定量恢复记录，与现代降水量相减得到差值，做出了这些湖泊记录点3个不同特征时段（末次间冰阶、末次盛冰期、全新世中期）空间上的降水绝对增幅演化图（图7.3），从而为进一步厘清不同地区湖泊变化和古环境演化提供数据支撑。

7.2 晚第四纪以来不同区域古水量及古降水变化

1. 末次冰期间冰阶晚期（30～21cal. ka B.P.）

该阶段湖泊记录主要集中在我国西部青藏高原地区以及我国西北蒙新地区，普遍表现为湖面较高、水体偏淡，分布范围向东可以延伸至内蒙古的中部，但自28cal. ka B.P.

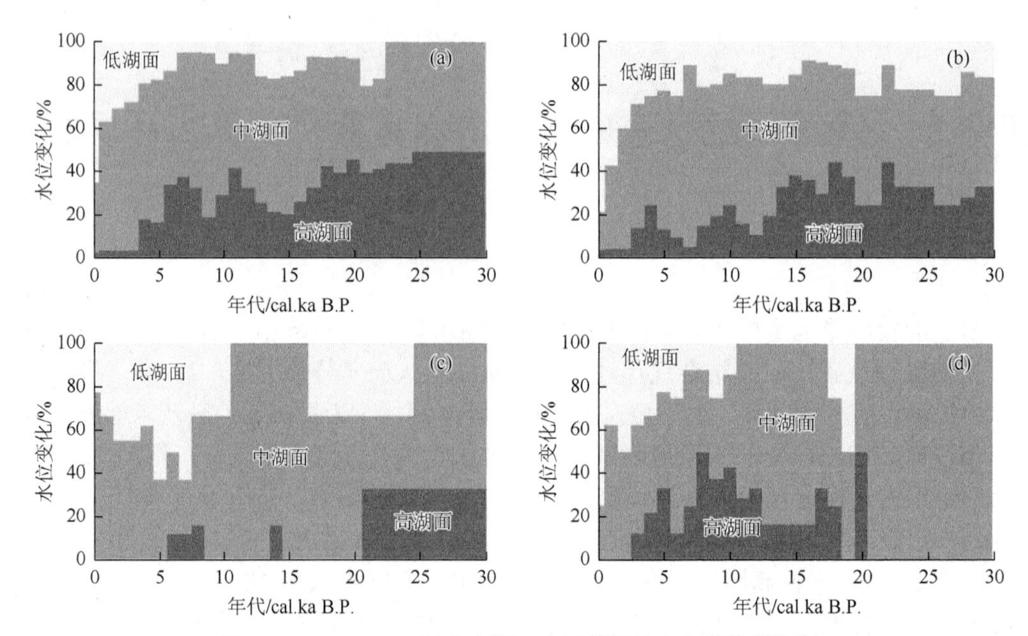

图 7.1　30cal.ka B.P.以来中国 4 个区域湖泊水位变化统计图

（a）青藏高原地区（Tibet Plateau area）；（b）蒙新地区（Inner Mongolian-Xinjiang area）；（c）云贵高原地区（Yunnan-Guizhou Plateau area）；（d）中国东部地区（Eastern China）

以来，中等湖面的比例有所增加，至 21cal. ka B.P.时部分湖泊出现低水量特征。与西部湖泊相比，我国东部及东北部只有零星湿度增大的记录，但由于东部位于大江大河下游，河湖关系复杂，难以获得理想的湖泊记录，加之缺乏对该地区此阶段的古降水资料，因此很难根据零星记录对中国东部的降水状况有一个准确的分析。西南云贵高原地区湖泊在该时期表现为高水位或中等特征，这可能和西南季风在间冰阶的强盛有关。

不同湖泊末次间冰阶与现代降水差值研究（图 7.3）表明，该时期西部地区降水量较高，年降水量比现代普遍偏高 200mm 以上，增幅最大的察尔汗盐湖地区年降水量更是达现代的 25 倍，这可能是导致此时期西部地区湖泊水位较高的一个原因。东部及西南地区末次间冰阶降水量记录点较少，仅见内蒙古中东部的黄旗海和云南地区的抚仙湖。重建结果显示，末次间冰阶黄旗海年降水量比现今约高 100mm，而抚仙湖年降水量却仅为现代的 50%左右，导致此时期黄旗海和抚仙湖分别表现为高湖面和低湖面。

2. 末次盛冰期（21～16cal. ka B.P.）

末次盛冰期我国西部地区仍以高湖面为主，与当时中国中部地区的中等或低湖面有着巨大反差，也和我国现今的气候格局形成鲜明的对照。云南西北部的湖泊此阶段表现为高湖面，但到南部却为低湖面。东北地区在此时呈现较高的湖面，华北地区的宁晋泊在该时期湖水位也相对较高，而长江中下游地区则仍没有湖泊点记录。

末次盛冰期古降水重建的湖泊记录点较少，且除了西南地区的抚仙湖外均位于中国西部（图 7.3）。重建结果显示，末次盛冰期西部地区年降水量较末次间冰阶有所下降，但总

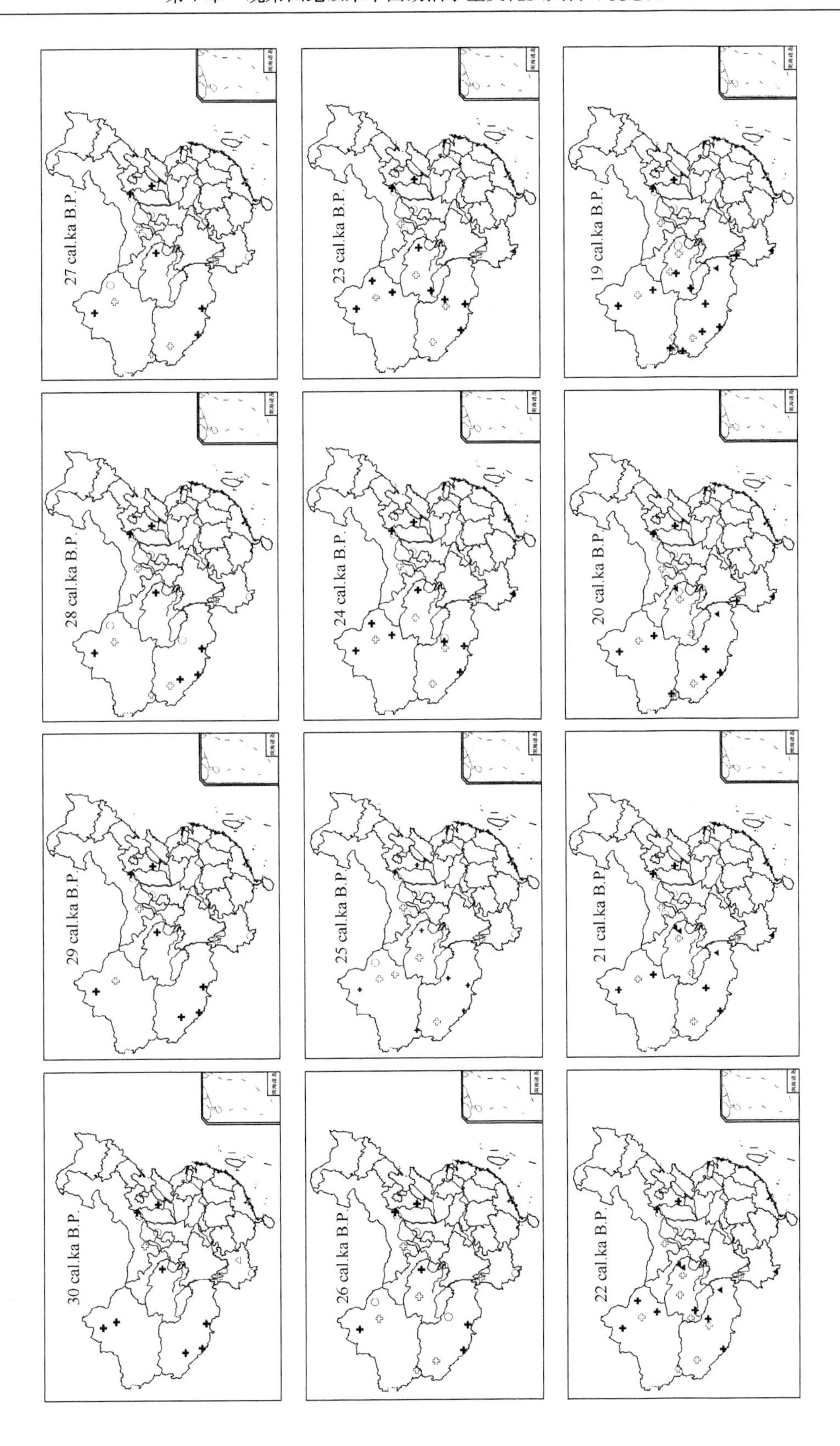
27 cal.ka B.P.
23 cal.ka B.P.
19 cal.ka B.P.
28 cal.ka B.P.
24 cal.ka B.P.
20 cal.ka B.P.
29 cal.ka B.P.
25 cal.ka B.P.
21 cal.ka B.P.
30 cal.ka B.P.
26 cal.ka B.P.
22 cal.ka B.P.

15 cal.ka B.P.
11 cal.ka B.P.
7 cal.ka B.P.
16 cal.ka B.P.
12 cal.ka B.P.
8 cal.ka B.P.
17 cal.ka B.P.
13 cal.ka B.P.
9 cal.ka B.P.
18 cal.ka B.P.
14 cal.ka B.P.
10 cal.ka B.P.

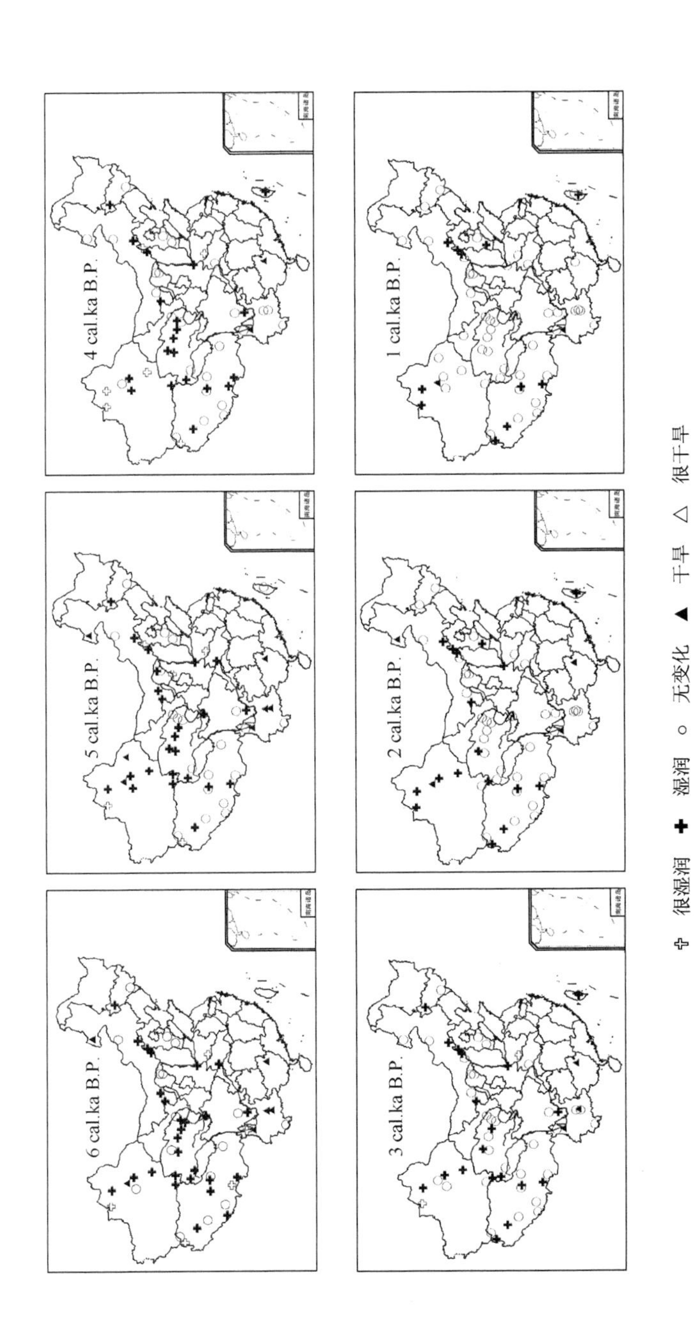

图 7.2　我国 3 万年以来湖泊水量相对现代差值反映的地表有效湿度状况时空变化图

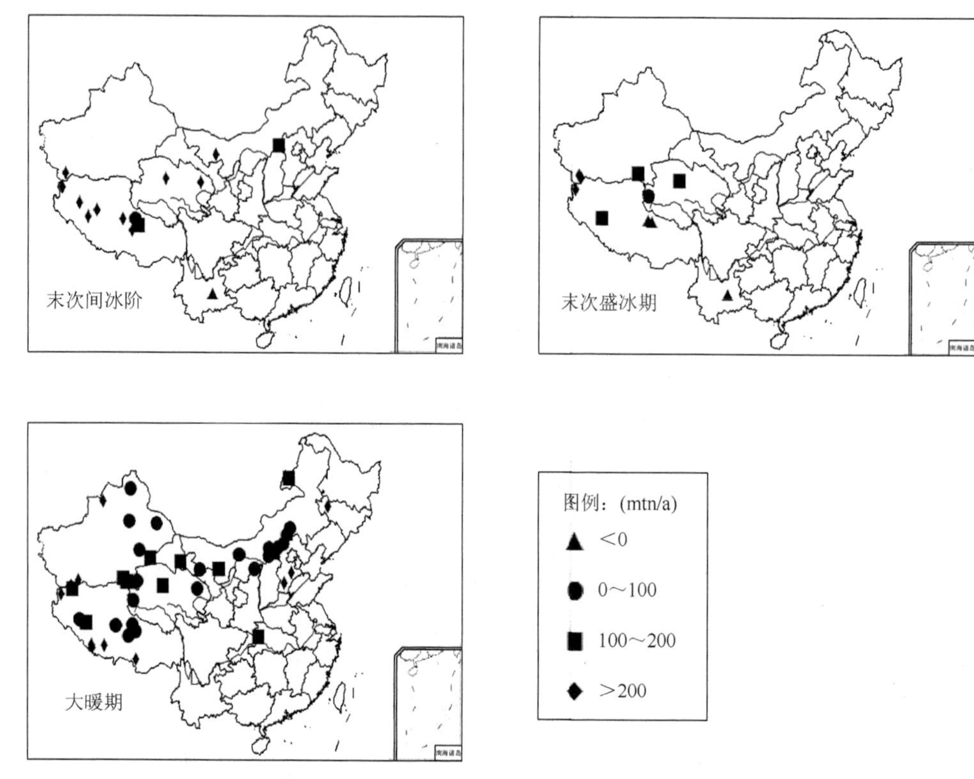

图 7.3　部分湖泊点末次间冰阶、末次盛冰期及中全新世湿润期降水量与现代差值

体上仍比现代约高 100mm 以上，和湖泊水位变化趋势一致，表明该时期较高的降水量可能是导致西部地区湖泊呈现高湖面的一个重要因素。抚仙湖此时期降水量较末次间冰阶无明显变化，表明湖泊在此时期仍为低湖面。

3. 晚冰期（16～12cal. ka B.P.）

晚冰期开始，我国不同地区的湖泊水量记录更加丰富，不仅在中国西部，东部的大部分区域也开始有较多的记录。我国西部湖泊仍然以中等至高水量状况为主，并且一直维持了整个晚冰期，只是在晚冰期的后期，西部的部分湖泊水量状况才和现今接近，这可能是因为晚冰期气候转暖，降水量增多，加之部分冰川融水的补给增加，形成了一个高湖面时期。该时期内蒙古东部及东北的湖泊记录逐渐增加，且湖泊在该时期主要以高湖面为主，反映有效湿度状况较好。我国西南地区的湖泊，随着西南季风的增强，区内湖泊水位上升也比较普遍，对应于较湿润的气候环境。

4. 全新世早期（12～9cal. ka B.P.）

全新世早期我国西部湖泊总体仍然反映了比现代水量大的特点。东部平原及东北地区的湖泊水量距平同前期相比，变化不明显，总体仍然反映的是较现在湿润的状况。西南地区湖泊水位仍相对较高，总体反映较为湿润的气候，但是也夹杂零星的“低水位”及“干旱”记录。西南地区的高水位可能和较强的西南季风有关，但受地理位置和海拔的影响，该时期不同湖泊间水位上升的时间和幅度存在一定差异。

5. 全新世中期（9～4cal. ka B.P.）

全新世中期我国湖泊水位记录进一步增加，华南地区在此阶段开始有湖泊记录，但反映为较干旱的气候特征。长江中下游的湖泊水量记录反映为较湿润的气候。东北湖泊水量距平基本同前期，呈略减少趋势。华北地区逐渐趋向干旱，可能与温度升高导致的蒸发加强对气候干旱化的影响更加明显有关。西部青藏高原及新疆在这一时期湖泊水量距平反映的仍是总体湿润的状况，但湖泊高水位的范围与幅度已明显减少，且在该时段后期出现较多和现代湖泊环境接近甚至比现代干旱的气候条件。西南地区在该时期高湖面和低湖面同时出现：一方面，中全新世温度和降水增加可能导致西南部分湖泊高水位的存在；另一方面，受冬季干热西风以及区内不同海拔降水量的差异影响，部分位于盆地和山谷内的湖泊会因温度增高导致蒸发作用加强，有效湿度反而下降，从而导致全新世中期湖面的下降（沈吉，2012）。

全新世中期降水量重建记录点也较为丰富（图 7.3），除东南和华南地区外，基本覆盖了全国。重建结果表明中全新世中国降水量普遍较现代偏多，长江中下游地区的大九湖年降水量较现今高 120～150mm（刘会平和王开发，2001）；华北地区的白洋淀和宁晋泊此时期的年降水量均在 800mm 以上（于革等，2001）；东北地区的大布苏湖年降水量约是现代的 2 倍（于革等，2001）；内蒙古中东部地区年降水量较现代高出 100～150mm（方修琦等，2011；于革等，2001）；青藏高原绝大部分地区年降水量高出现代 100～200mm，部分湖泊如佩枯错和拿日雍措年降水量更是达 1000mm 以上；西北地区虽然年降水量增加数值表现不明显，但相对增加幅度较大，基本均达 50%以上。但值得注意的是，从现有资料来看，尽管恢复的此时期的古降水量较末次盛冰期时高，但可能并未达到末次间冰阶时期的水平。

6. 全新世晚期（4～0cal. ka B.P.）

全新世晚期以来我国西部湖泊水量逐渐向现代过渡，显示为低水量和干旱的特征，反映晚全新世以来我国西部干旱化趋势明显，只有极少数湖泊仍维持高水量或中等水量。长江中下游的湖泊记录点比较少，现有少数几个点表明在 4～3cal. ka B.P.湖泊为高水量记录，反映为湿润的气候状况。之后气候逐渐过渡为与现代相似的情况。东北地区的湿度情况较前期有明显的下降，基本和现代的情况一致。西南地区湖泊较前期变化不大，大多湖泊表现为与现代相似的气候状况，应该和该时期西南季风减弱有关（Fuchs and Buerkert，2008；Gupta et al.，2003；Herzschuh et al.，2006；Hong et al.，2003）。

从图 7.1 所示的现代湖泊水量距平变化状况可以看出，我国大部分地区现代湖泊的水量状况在其整个演化历史内总体表现为低水量特征，处于明显的水量型缺水的状态，显然与现今暖干化的气候状况密切相关。

7.3　讨论与结语

《中国晚第四纪古湖泊数据库（第二版）》提供了更加系统、规范的空间水量变化资料，能为认识未来湖泊环境变化提供科学依据，如揭示中国大陆尺度上水文和气候历史的形成过程、频率以及趋势等。同时，该数据库提供了空间尺度上的地面有效湿度变化信息，可作为对比、验证和评价国际古气候模型在东亚区域进行古气候环境模拟的参照标准。晚第四纪以来中国古降水量的恢复则为认识不同地区湖泊演化和古环境、古季风演化提供了定量依据。

我国西部湖泊从 3 万年以来直至中全新世总体上表现为高湖面，可能对应于较湿润的气候状况（于革等，2001）。末次间冰阶晚期的高湖面可能与当时西风环流和夏季风增强，从而为西部地区提供的水汽大幅度增多以及相对较高温度下的冰融水补给增多有关（Wünnemann et al.，2007；李炳元，2000）。

末次盛冰期的高湖面可能与西风带强度和位置变化有关，西风带强盛和位置南迁提供了频繁的冷空气南侵，有利于冷暖气流交汇，导致我国西部降水的增多。同时，冰期低温，地表蒸发极弱，有效降水增大。低温状态下，湖泊结冰时间延长、蒸发强度减弱和蒸发时间缩短，使湖水相对损失减少，致使高湖面能够持续。
全新世的湿润期可能主要为夏季风降水增加所致（Zheng et al.，2004）。全新世晚期以来，在暖干化影响下，西部地区气候环境趋干明显（于革等，2001）。一个值得注意的特点是，对于西部的青藏地区而言，全新世以来该地区最高湖面出现在全新世初期而不是全新世中期的气候最适宜期，这可能与 30°N 夏季太阳辐射增强（Berger and Loutre，1991）紧密相关。在强烈的太阳辐射下，青藏地区温度快速上升，一方面，气候变暖导致海陆热力差异加大，可能使季风增强，为该地区带来较多的降水；另一方面，温度升高可能会加剧高原内陆冰雪的消融，也使得湿度增加。而全新世中期虽然温度较高，但由于辐射强烈，蒸发作用强，因此湖泊增水效应不如早全新世。

近年来关于西部地区晚第四纪以来的环境变化研究较多（An et al.，2006；Feng et al.，2006；Jiang et al.，2011；Yang et al.，2010，2011；安成邦和陈发虎，2009；安成邦等，2013；陈发虎等，2006，2012；隆浩等，2007；罗超等，2007；任雅琴等，2014；孙博亚等，2014；孙千里等，2010；唐领余等，1998，2004；万和文等，2008；温锐林等，2010；朱立平等，2007），但不同重建资料得到的古气候之间仍有一定的差别。比如，对于末次盛冰期，近来一些孢粉研究表明该时期气候较干旱（唐领余等，1998，2004；万和文等，2008），新疆部分湖泊记录表明在末次盛冰期期间气候干旱（安成邦等，2013），部分模拟研究也支持青藏高原西部及新疆北部大部分地区在末次盛冰期时气候偏干旱（Jiang et al.，2011），这显然和我们研究中的末次盛冰期湖泊处于高水位的结论相悖。对于全新世时期，陈发虎等（2006）提出了亚洲中部受西风显著影响的区域呈现早全新世气候干旱、中晚全新世气候湿润的“西风模式”，并认为这种变化可能和北大西洋海洋表面的温度变化有关（安成邦和陈发虎，2009），也和我们的一些湖泊水位变化记录不符。诚然，造成研究结果差异的原因可能与不同研究的定年精度及指标定量化方法等有关，但更多关于不同湖泊演变的驱动机制仍值得进一步探讨。或许今后在关注湖泊水量变化的同时，更应加强水汽来源的研究（沈吉，2012），可能对于解开末次间冰阶晚期大湖期、末次盛冰期低蒸发下与全新世高温期高蒸发下不同相对高湖面的差异、全新世不同时期高湖面的争议有所帮助。

我国东部湖泊水量记录总体上相对偏少，特别是在末次冰期间冰阶晚期至晚冰期时，因此很难对东部该时段的降水状况进行分析。先前有研究认为冰盛期和晚冰期时中国东部较为干旱（Ju et al.，2007；Yu et al.，2000，2003；Zheng et al.，2004；薛滨和于革，2005），与本书中东部地区的宁晋泊所显示的末次冰盛期和晚冰期时的高湖面并不一致，这可能和湖泊点偏少有关，也可能和测年精度等有关，因此仍有待更多高精度资料的研究来对该时期东部气候状况进行证实或证伪。全新世以后，中国东部地区湖泊水量记录开始增加，湖泊水位变化反映出全新世初期湖区有效降水可能增加，并于全新世中期进入气候适宜期，降水量比现今明显偏高。此时，华北平原上湖泊扩张，形成了相对统一的中全新世大湖群，长江中游的云梦泽、彭蠡泽及江汉平原其他古湖群也是在此时形成的（中国科学院《中国自然地理》编辑委员会，1982）。晚全新世时，在自然环境变化与人文因素共同作用下，湖泊处于收缩状态（于革等，2001）。

我国西南季风区末次冰期间冰阶晚期也出现过部分高湖面，但湿润状况的总体改善发生在晚冰期，尤其是全新世初期，随着西南季风的增强，区内湖泊水位普遍上升。早全新世西南地区变湿的现象得到众多其他指标研究的证实（Swain et al.，1983；Zheng et al.，2007；Zhou et al.，2004，2005），表明其具有普遍性。但不同地区湖泊水位上升的时间和幅度存在一定差异。中全新世之后，湖泊水位逐渐过渡至现代的状况。

我国东北地区开始有湖泊水位记录的时间为末次盛冰期，当时湖泊表现为高水位，且高水位一直持续到全新世中期，至全新世晚期开始下降，表明该地区季风气候机制可能与东部地区有所不同。

尽管《中国晚第四纪古湖泊数据库（第二版）》中收录了比第一版数据库更多的湖泊点，能够更详实地反映我国不同区域晚第四纪以来湖泊环境与古气候的变化状况，但在区域对比与解释湖泊环境的时空差异方面依然存在不少分歧（Ding et al.，2002；Sun et al.，1998；施雅风等，1997），同时和一些模拟的古气候相比也有一定的差别，甚至有时无法对比（Jiang et al.，2011），这可能和我们数据库工作中的一些不足有关。一方面，数据库中已有的湖泊记录点位分布较不均匀，如中国东部地区湖泊水量变化记录仍然欠缺；另一方面，尽管我们对数据库中的年代进行了日历年代校正，但我们并未考虑湖泊碳库效应和硬水效应的可能影响（主要是因为不同区域、不同湖泊，甚至同一湖泊的不同位置间碳库效应差距较大，校正起来难度较大），这给湖泊不同水位对应的具体年代造成一定偏差，从而造成古气候重建时有失偏颇。鉴于此，我们新版数据库中得出的区域地表有效降水分布状况，只是依据现有的结果得出的一个概念性框架。这个模式在其他湖泊是否适用，需要更多高精度、高分辨率的记录来证实，也需要更多的相关模拟研究结果进行相互验证。

参 考 文 献

安成邦，陈发虎. 2009. 中东亚干旱区全新世气候变化的西风模式——以湖泊研究为例. 湖泊科学，21（3）：329-334.

安成邦，赵永涛，施超. 2013. 末次盛冰期新疆的湖泊记录及其气候环境意义. 海洋地质与第四纪地质，33（4）：87-91.

陈发虎，黄小忠，杨美林. 2006. 亚洲中部干旱区全新世气候变化的西风模式——以新疆博斯腾湖记录为例. 第四纪研究，26（6）：881-887.

陈发虎，张家武，程波，等. 2012. 青海共和盆地达连海晚第四纪高湖面与末次冰消期以来的环境变化. 第四纪研究，32（1）：122-131.

方修琦，刘翠华，侯光良. 2011. 中国全新世暖期降水格局的集成重建. 地理科学，31（11）：1287-1295.

郭晓寅，陈发虎，施祺. 2000. GIS 技术和水热平衡模型在古湖泊水文重建研究中的应用. 地理科学，20（5）：422-426.

胡刚，王乃昂，赵强，等. 2003. 花海湖泊特征时期的水量平衡. 冰川冻土，25（5）：485-490.

贾玉连，施雅风，曹建廷，等. 2001a. 40～30kaB.P. 期间高湖面稳定存在时青藏高原西南部封闭流域的古降水量研究. 地球科学进展，16（3）：346-351.

贾玉连，施雅风，范云崎. 2000. 四万年以来青海湖的三期高湖面及其降水量研究. 湖泊科学，12（3）：211-218.

贾玉连，施雅风，范云崎. 2001b. 水能联合方程恢复流域古降水量时参数的确定方法及其应用——以青海湖全新世大暖期古降水量推算为例. 水科学进展，12（3）：324-330.

李炳元. 2000. 青藏高原大湖期. 地理学报，55（2）：174-182.

李容全，贾铁飞. 1992. 根据内陆湖水面变化恢复古降水量的方法——以内蒙古岱海为例. 科学通报，37（14）：1306-1309.

刘会平，王开发. 2001. 神农架大九湖 12.5kaB.P. 以来的孢粉与植被序列. 微体古生物学报，18（1）：101-109.

隆浩，王乃昂，李育，等. 2007. 猪野泽记录的季风边缘区全新世中期气候环境演化历史. 第四纪研究，27（3）：371-381.

罗超，杨东，彭子成，等. 2007. 新疆罗布泊地区近 3.2 万年沉积物的气候环境记录. 第四纪研究，27（1）：114-121.

马荣华，杨桂山，段洪涛，等. 2011. 中国湖泊的数量，面积与空间分布. 中国科学 D 辑：地球科学，41（3）：394-401.

齐文，郑绵平. 2005. 西藏扎布耶盐湖 30.0ka B.P. 以来水位与古降水量变化. 地球学报，26（1）：53-60.

任雅琴，王彩红，李瑞博，等. 2014. 有机质饱和烃和 $\delta^{13}C_{org}$ 记录的博斯腾湖早全新世晚期以来生态环境演变. 第四纪研究，34（2）：425-433.

申洪源，贾玉连，魏灵. 2005. 末次冰期间冰阶（40～22kaB.P.）内蒙古黄旗海古降水量研究. 沉积学报，23（3）：523-530.

沈吉. 2012. 末次盛冰期以来中国湖泊时空演变及驱动机制研究综述：来自湖泊沉积的证据. 科学通报，57（34）：3228-3242.

施雅风，郑本兴，姚檀栋. 1997. 青藏高原末次冰期最盛时的冰川与环境. 冰川冻土，19（2）：97-113.

孙博亚，岳乐平，赖忠平，等. 2014. 14kaB.P. 以来巴里坤湖区有机碳同位素记录及古气候变化研究. 第四纪研究，34（2）：418-424.

孙千里，肖举乐，刘韬. 2010. 岱海沉积物元素地球化学特征反映的末次冰期以来季风/干旱过渡区的水热条件变迁. 第四纪研究，30（6）：1121-1130.

孙千里，周杰，沈吉，等. 2006. 北方环境敏感带岱海湖泊沉积所记录的全新世中期环境特征. 中国科学 D 辑：地球科学，36（9）：838-849.

唐领余，沈才明，孔昭宸，等. 1998. 青藏高原东部末次冰期最盛期气候的花粉证据. 冰川冻土，20（2）：133-140.

唐领余，沈才明，廖淦标，等. 2004. 末次盛冰期以来西藏东南部的气候变化. 中国科学 D 辑：地球科学，34（5）：436-442.

万和文，唐领余，张虎才，等. 2008. 柴达木盆地东部 36～18ka B.P.期间的孢粉记录及其气候环境. 第四纪研究，28(1)：112-121.

温锐林，肖举乐，常志刚，等. 2010. 全新世呼伦湖植被和气候变化的孢粉记录. 第四纪研究，30（6）：1105-1115.

吴敬禄，王苏民，王洪道. 1996. 新疆艾比湖全新世以来的环境变迁与古气候. 海洋与湖沼，27（5）：524-530.

薛滨，于革. 2005. 中国末次冰盛期以来湖泊水量变化及古气候变化机制解释. 湖泊科学，17（1）：35-40.

于革，薛滨，刘健，等. 2001. 中国湖泊演变与古气候动力学研究. 北京：气象出版社：84-94.

赵强，李秀梅，王乃昂. 2007. 6700～5800a B.P.期间石羊河流域的水量平衡. 干旱区资源，21（6）：84-91.

中国科学院《中国自然地理》编辑委员会. 1982. 中国自然地理·历史自然地理. 北京：科学出版社：123-130.

朱立平，王君波，林晓，等. 2007. 西藏纳木错深水湖芯反映的 8.4ka 以来气候环境变化. 第四纪研究，27（4）：588-597.

An C B，Feng Z D，Barton L. 2006. Dry or humid? Mid-Holocene humidity changes in arid and semi-arid China. Quaternary Science Reviews，25（3）：351-361.

Berger A，Loutre M F. 1991. Insolation values for the climate of the last 10 million years. Quaternary Science Reviews，10（4）：297-317.

Ding Z L，Ranov V，Yang S L，et al. 2002. The loess record in southern Tajikistan and correlation with Chinese loess. Earth and Planetary Science Letters，200（3）：387-400.

Feng Z D，Tang L Y，Wang H B，et al. 2006. Holocene vegetation variations and the associated environmental changes in the western part of the Chinese Loess Plateau. Palaeogeography，Palaeoclimatology，Palaeoecology，241（3）：440-456.

Fuchs M，Buerkert A. 2008. A 20 ka sediment record from the Hajar Mountain range in N-Oman，and its implication for detecting arid-humid periods on the southeastern Arabian Peninsula. Earth and Planetary Science Letters，265（3）：546-558.

Gupta A K，Anderson D M，Overpeck J T. 2003. Abrupt changes in the Asian southwest monsoon during the Holocene and their links to the North Atlantic Ocean. Nature，421（6921）：354-357.

Herzschuh U，Winter K，Wünnemann B，et al. 2006. A general cooling trend on the central Tibetan Plateau throughout the Holocene recorded by the Lake Zigetang pollen spectra. Quaternary International，154～155：113-121.

Hong Y T，Hong B，Lin Q H，et al. 2003. Correlation between Indian Ocean summer monsoon and North Atlantic climate during the Holocene. Earth and Planetary Science Letters，211（3）：371-380.

Jiang D B，Lang X M，Tian Z P，et al. 2011. Last glacial maximum climate over China from PMIP simulations. Palaeogeography，Palaeoclimatology，Palaeoecology，309（3）：347-357.

Ju L X，Wang H J，Jiang D B. 2007. Simulation of the Last Glacial Maximum climate over East Asia with a regional climate model nested in a general circulation model. Palaeogeography，Palaeoclimatology，Palaeoecology，248（3）：376-390.

Kutzbach J E. 1980. Estimates of past climate at Paleolake Chad，North Africa，based on a hydrological and energy-balance model. Quaternary Research，14（2）：210-223.

Sun J M，Ding Z L，Liu T S. 1998. Desert distributions during the glacial maximum and climatic optimum：Example of China. Episodes-News Magazine of the International Union of Geological Sciences，21（1）：28-31.

Swain A M，Kutzbach J E，Hastenrath S. 1983. Estimates of Holocene precipitation for Rajasthan，India，based on pollen and lake-level data. Quaternary Research，19（1）：1-17.

Wünnemann B，Hartmann K，Janssen M，et al. 2007. Responses of Chinese desert lakes to climate instability during the past 45，000 years. Developments in Quaternary Sciences，9：11-24.

Yang X P，Ma N N，Dong J F，et al. 2010. Recharge to the inter-dune lakes and Holocene climatic changes in the Badain Jaran Desert，Western China. Quaternary Research，73（1）：10-19.

Yang X P，Scuderi L，Paillou P，et al. 2011. Quaternary environmental changes in the drylands of China——A critical review. Quaternary Science Reviews，30（23）：3219-3233.

Yu G，Xue B，Liu J，et al. 2003. LGM lake records from China and an analysis of climate dynamics using a modelling approach. Global and Planetary Change，38（3）：223-256.

Yu G，Xue B，Wang S M，et al. 2000. Lake records and LGM climate in China. Chinese Science Bulletin，45（13）：1158-1164.

Zheng Y Q，Yu G，Wang S M，et al. 2004. Simulation of paleoclimate over East Asia at 6 ka B.P. and 21 ka B.P. by a regional climate model. Climate Dynamics，23（5）：513-529.

Zheng Y，Zhou W，Meyers P A，et al. 2007. Lipid biomarkers in the Zoigê-Hongyuan peat deposit：Indicators of Holocene climate changes in West China. Organic Geochemistry，38（11）：1927-1940.

Zhou W，Xie S，Meyers P A，et al. 2005. Reconstruction of late glacial and Holocene climate evolution in Southern China from geolipids and pollen in the Dingnan peat sequence. Organic Geochemistry，36（9）：1272-1284.

Zhou W，Yu X，Jull A J T，et al. 2004. High-resolution evidence from Southern China of an Early Holocene optimum and a Mid-Holocene dry event during the past 18，000 years. Quaternary Research，62（1）：39-48.

附　　录

附录 A　30000 年以来湖泊水位量化

湖泊	经度/°E	纬度/°N	年/ka B.P.																													
			0	1	2	3	4	5	6	7	8	9	10	11	12	13	14	15	16	17	18	19	20	21	22	23	24	25	26	27	28	29	30
兴凯湖	132.2	45.2	n/c	n/c	n/c	n/c	n/c	1	1	1	6	6	6	6	6	5	5	6	6	7	7	7	7	8	8	8	8	8	4	4	4	4	2
大布苏湖	123.65	45	1	1	1	2	3	3	2	2	4	4	4	2	4	4	3	3	3	n/c	5	n/c	n/c	n/c	n/c	n/c	n/c	n/c	n/c	n/c	n/c	n/c	n/c
二龙湾玛珥湖	126.36	42.3	3	3	n/c	3	3	3	3	3	3	3	3	3	1	1	1	1	1	2	2	2	2	2	2	2	2	2	2	2	2	2	2
哈尼湖	126.5	42.2	2	1	1	1	1	3	2	2	2	3	3	3	3	4	n/c	n/c	n/c	n/c	n/c	n/c	n/c	n/c	n/c	n/c	n/c	n/c	n/c	n/c	n/c	n/c	n/c
西大甸子湖	126.37	42.33	1	1	1	1	1	1	1	2	2	2	2	2	n/c	n/c	n/c	n/c	n/c	n/c	n/c	n/c	n/c	n/c	n/c	n/c	n/c	n/c	n/c	n/c	n/c	n/c	n/c
巴汗淖	109.27	39.3	1	1	1	1	1	1	1	3	3	4	5	2	n/c	n/c	n/c	n/c	n/c	n/c	n/c	n/c	n/c	n/c	n/c	n/c	n/c	n/c	n/c	n/c	n/c	n/c	n/c
巴彦查干湖	115.21	41.65	1	1	1	2	2	2	n/c	5	4	4	4	4	1	n/c	n/c	n/c	n/c	n/c	n/c	n/c	n/c	n/c	n/c	n/c	n/c	n/c	n/c	n/c	n/c	n/c	n/c
白碱湖	104.17	39.15	1	n/c	2	2	3	3	4	1	1	5	5	1	1	1	1	1	7	7	7	7	1	1	8	1	1	1	1	1	8	8	8
白素海	115.9	42.58	1	4	4	4	3	3	3	2	2	3	3	3	3	3	3	3	3	n/c	n/c	n/c	n/c	n/c	n/c	n/c	n/c	n/c	n/c	n/c	n/c	n/c	n/c
泊江海子	109.3	39.8	1	1	1	1	1	2	1	n/c	n/c	n/c	n/c	n/c	n/c	n/c	n/c	n/c	n/c	n/c	n/c	n/c	n/c	n/c	n/c	n/c	n/c	n/c	n/c	n/c	n/c	n/c	n/c
查干错	112.9	43.27	7	7	7	8	3	5	2	3	3	4	3	3	3	2	2	2	3	6	1	1	6	7	n/c	n/c	n/c	n/c	n/c	n/c	n/c	n/c	n/c
岱海	112.45	40.45	3	3	3	3	9	8	8	8	8	6	8	8	5	6	6	6	6	4	2	2	2	2	2	2	2	2	4	4	4	4	4
额吉诺尔	116.58	45.23	1	1	1	1	1	1	1	2	2	2	2	2	2	2	5	5	5	4	n/c	n/c	n/c	n/c	n/c	n/c	n/c	n/c	n/c	n/c	n/c	n/c	n/c
呼伦湖	117.4	48.9	5	5	4	5	5	3	4	4	5	1	1	1	6	7	9	8	n/c	n/c	n/c	n/c	n/c	n/c	n/c	n/c	n/c	n/c	n/c	n/c	n/c	n/c	n/c
黄旗海	113.45	40.8	1	2	2	2	2	3	2	4	3	4	3	3	3	3	3	3	3	3	3	3	3	3	2	2	2	2	2	2	2	2	2
吉兰泰盐湖	105.7	39.75	1	1	1	1	1	3	3	2	2	2	2	4	3	4	5	5	3	3	5	5	5	5	6	6	6	6	6	6	6	6	6
调角海子湖	112.35	41.3	n/c	n/c	5	5	3	3	5	2	2	3	3	5	4	7	n/c	n/c	n/c	n/c	n/c	n/c	n/c	n/c	n/c	n/c	n/c	n/c	n/c	n/c	n/c	n/c	n/c

续表

湖泊	经度/°E	纬度/°N	年/ka B.P.																													
			0	1	2	3	4	5	6	7	8	9	10	11	12	13	14	15	16	17	18	19	20	21	22	23	24	25	26	27	28	29	30
萨拉乌苏古湖	108.6	37.7	1	n/c	n/c	n/c	n/c	6	7	7	7	7	7	7	1	1	1	1	1	1	1	1	1	1	1	1	1	1	1	1	1	1	1
硝池	110.5	34.5	1	1	3	3	3	3	2	2	4	4	4	2	2	2	n/c	n/c	n/c	n/c	n/c	n/c	n/c	n/c	n/c	n/c	n/c	n/c	n/c	n/c	n/c	n/c	n/c
花海	98.4	40.5	1	1	n/c	n/c	n/c	n/c	n/c	n/c	n/c	3	3	3	4	5	6	6	n/c	n/c	n/c	n/c	n/c	n/c	n/c	n/c	n/c	n/c	n/c	n/c	n/c	n/c	n/c
青土湖	103.6	39.1	n/c	n/c	n/c	1	1	2	2	2	2	2	2	2	0	0	0	0	0	0	0	0	0	0	0	0	0	0	0	0	0	0	0
三角城古湖	102.95	38.2	0	0	0	2	2	2	2	2	3	3	3	3	3	1	1	1	1	1	1	0	0	0	0	0	0	0	0	0	0	0	0
阿其克库勒湖	88.37	37.07	1	1	1	2	2	2	4	4	4	1	1	1	1	1	3	1	1	1	1	1	1	1	1	1	1	1	1	1	1	1	1
阿什库勒湖	81.57	35.73	1	n/c	n/c	n/c	n/c	n/c	n/c	n/c	n/c	n/c	n/c	n/c	n/c	n/c	4	4	5	5	5	5	n/c	n/c	n/c	n/c	n/c	n/c	n/c	n/c	n/c	n/c	n/c
艾比湖	82.8	45	1	3	3	6	5	5	5	7	7	8	8	8	8	7	9	9	n/c	n/c	n/c	n/c	n/c	n/c	n/c	n/c	n/c	n/c	n/c	n/c	n/c	n/c	n/c
艾丁湖	89.25	42.67	1	1	2	4	4	4	3	3	4	4	4	3	3	5	5	6	6	5	5	6	6	5	5	5	5	5	5	5	5	5	7
巴里坤湖	92.8	43.7	4	4	9	9	9	1	9	9	1	9	2	3	3	3	1	7	7	7	9	9	9	9	6	6	6	4	4	4	4	9	9
贝里克库勒湖	89.05	36.72	1	1	1	1	2	2	4	4	1	1	1	1	1	1	3	n/c	n/c	n/c	n/c	n/c	n/c	n/c	n/c	n/c	n/c	n/c	n/c	n/c	n/c	n/c	n/c
博斯腾湖	87.05	42.08	3	3	7	2	6	5	4	4	1	1	3	7	2	7	3	3	3	n/c	n/c	n/c	n/c	n/c	n/c	n/c	n/c	n/c	n/c	n/c	n/c	n/c	n/c
柴窝堡湖	87.9	43.5	2	1	1	3	3	1	1	1	4	4	5	6	7	7	7	7	7	6	6	7	7	n/c	n/c	n/c	n/c	n/c	n/c	n/c	n/c	n/c	5
罗布泊	90.8	40.29	1	1	3	3	5	4	4	4	5	5	5	5	2	4	4	4	4	4	4	4	4	4	4	4	3	5	n/c	n/c	n/c	n/c	n/c
玛纳斯湖	86	45.45	1	4	4	4	6	2	2	5	5	6	6	4	2	4	3	3	3	3	3	3	3	3	3	3	3	3	3	3	3	3	3
乌伦古湖	87.5	47	n/c	2	3	4	3	3	4	4	2	1	1	n/c	n/c	n/c	n/c	n/c	n/c	n/c	n/c	n/c	n/c	n/c	n/c	n/c	n/c	n/c	n/c	n/c	n/c	n/c	n/c
乌兰乌拉湖	90.5	34.8	1	1	1	2	2	4	4	4	4	4	3	3	3	3	n/c	n/c	n/c	n/c	n/c	n/c	n/c	n/c	5	n/c	n/c	n/c	n/c	n/c	n/c	n/c	n/c
安固里淖	114.3	41.3	1	3	3	3	5	5	4	4	6	2	n/c	n/c	n/c	n/c	n/c	n/c	n/c	n/c	n/c	n/c	n/c	n/c	n/c	n/c	n/c	n/c	n/c	n/c	n/c	n/c	n/c
白洋淀	116.1	38.31	2	2	2	2	3	3	3	3	3	1	1	2	n/c	n/c	n/c	n/c	n/c	n/c	n/c	n/c	n/c	n/c	n/c	n/c	n/c	n/c	n/c	n/c	n/c	n/c	n/c
宁晋泊	114.75	37.25	1	4	3	1	1	1	1	5	5	5	5	5	4	4	4	4	4	4	4	4	4	4	4	4	4	4	4	4	4	4	4
固城湖	118.8	31.2	n/c	n/c	n/c	n/c	n/c	n/c	n/c	n/c	5	n/c	n/c	n/c	6	4	4	4	3	3	3	n/c	n/c	n/c	n/c	n/c	n/c	n/c	n/c	n/c	n/c	n/c	n/c
大九湖	110.5	31.5	1	1	1	1	1	2	2	2	1	1	3	3	2	2	2	2	n/c	n/c	n/c	n/c	n/c	n/c	n/c	n/c	n/c	n/c	n/c	n/c	n/c	n/c	n/c

续表

湖泊	经度/°E	纬度/°N	年/ka B.P.																												
			0	1	2	3	4	5	6	7	8	9	10	11	12	13	14	15	16	17	18	19	20	21	22	23	24	25	26	27	28	29	30
龙泉湖	112.33	32.87	1	1	1	5	5	5	6	6	6	5	5	3	n/c	n/c	n/c	n/c	n/c	n/c	n/c	n/c	n/c	n/c	n/c	n/c	n/c	n/c	n/c	n/c	n/c	n/c	n/c
南村湖	110.4	24.75	3	3	1	1	1	1	1	1	n/c	n/c	n/c	n/c	n/c	n/c	n/c	n/c	n/c	n/c	n/c	n/c	n/c	n/c	n/c	n/c	n/c	n/c	n/c	n/c	n/c	n/c	n/c
湖光岩	110.28	21.15	1	1	1	1	1	2	2	2	3	3	3	3	3	3	3	1	1	1	1	1	1	1	1	1	1	1	1	1	1	1	1
嘉明湖	121	23.3	1	2	3	4	3	n/c	n/c	n/c	n/c	n/c	n/c	n/c	n/c	n/c	n/c	n/c	n/c	n/c	n/c	n/c	n/c	n/c	n/c	n/c	n/c	n/c	n/c	n/c	n/c	n/c	n/c
七彩湖	121.23	23.75	2	2	1	1	1	3	n/c	n/c	n/c	n/c	n/c	n/c	n/c	n/c	n/c	n/c	n/c	n/c	n/c	n/c	n/c	n/c	n/c	n/c	n/c	n/c	n/c	n/c	n/c	n/c	n/c
大海子	102.4	27.5	1	1	1	2	2	2	2	2	2	2	2	2	4	4	4	n/c	n/c	n/c	n/c	n/c	n/c	n/c	n/c	n/c	n/c	n/c	n/c	n/c	n/c	n/c	n/c
杀野马湖	102.2	28.83	4	4	3	2	2	2	2	1	n/c	n/c	n/c	n/c	n/c	n/c	n/c	n/c	n/c	n/c	n/c	n/c	n/c	n/c	n/c	n/c	n/c	n/c	n/c	n/c	n/c	n/c	n/c
滇池	102.7	24.85	2	2	2	2	2	1	1	1	1	2	3	4	n/c	n/c	n/c	n/c	n/c	n/c	n/c	n/c	n/c	n/c	n/c	n/c	n/c	n/c	n/c	n/c	n/c	n/c	n/c
洱海	99.98	25.84	n/c	n/c	4	4	4	4	4	1	1	3	3	2	1	5	7	7	7	7	7	7	7	7	7	6	6	6	6	6	n/c	n/c	n/c
抚仙湖	102.88	24.5	3	3	3	1	n/c	n/c	n/c	n/c	n/c	n/c	n/c	n/c	n/c	4	5	n/c	n/c	n/c	n/c	n/c	n/c	n/c	n/c	7	7	7	7	7	7	7	7
曼兴湖	100.6	22	2	2	3	3	3	3	3	3	2	2	3	3	3	3	3	3	3	1	1	1	1	1	1	1	1	2	2	3	3	3	3
曼阳湖	100.5	22.1	n/c	n/c	n/c	n/c	n/c	n/c	n/c	n/c	n/c	n/c	n/c	n/c	n/c	2	2	2	2	2	2	2	2	2	2	2	2	2	2	2	2	2	2
纳帕海	99.5	27.5	1	1	1	1	1	1	5	5	5	4	4	4	4	2	2	2	2	2	2	3	3	5	5	5	5	5	5	5	5	5	5
杞麓湖	102.75	24.17	2	2	2	2	2	1	1	1	1	1	1	4	4	4	4	3	3	n/c	n/c	n/c	n/c	n/c	n/c	n/c	n/c	n/c	n/c	n/c	n/c	n/c	n/c
天才湖	99.7	26.6	2	1	1	1	1	1	1	1	2	1	1	2	n/c	n/c	n/c	n/c	n/c	n/c	n/c	n/c	n/c	n/c	n/c	n/c	n/c	n/c	n/c	n/c	n/c	n/c	n/c
阿克赛钦湖	79.83	35.2	1	n/c	n/c	n/c	n/c	n/c	n/c	n/c	n/c	n/c	n/c	n/c	n/c	n/c	n/c	n/c	n/c	4	5	5	5	5	6	7	7	3	6	6	6	n/c	n/c
昂仁湖	87.18	29.3	1	1	1	1	1	1	1	2	2	3	2	5	4	4	n/c	n/c	n/c	n/c	n/c	n/c	n/c	n/c	n/c	n/c	n/c	n/c	n/c	n/c	n/c	n/c	n/c
班戈错	89.57	31.75	1	2	2	2	2	2	n/c	3	2	4	4	4	5	5	3	3	3	3	4	4	4	4	5	5	5	n/c	n/c	n/c	n/c	n/c	n/c
班公错	79.42	33.7	1	2	3	2	5	5	5	1	4	4	4	7	3	4	4	4	4	6	6	3	n/c	n/c	n/c	n/c	n/c	n/c	n/c	n/c	n/c	10	9
北甜水海	79.37	35.7	1	n/c	n/c	n/c	n/c	n/c	n/c	n/c	n/c	n/c	n/c	n/c	n/c	1	1	1	8	3	4	2	3	7	n/c	n/c	n/c	n/c	n/c	n/c	n/c	n/c	n/c
布南湖	90.11	35.98	1	n/c	2	2	n/c	n/c	n/c	n/c	3	3	3	n/c	n/c	n/c	n/c	n/c	n/c	n/c	n/c	n/c	n/c	n/c	n/c	n/c	n/c	n/c	n/c	n/c	n/c	n/c	n/c
沉错	90.52	28.85	1	4	2	3	3	3	6	6	1	1	1	1	1	1	1	1	7	7	7	7	7	7	7	2	2	2	2	2	2	2	2

续表

湖泊	经度/°E	纬度/°N	年/ka B.P.																												
			0	1	2	3	4	5	6	7	8	9	10	11	12	13	14	15	16	17	18	19	20	21	22	23	24	25	26	27	28	29	30
错鄂	91.5	31.5	n/c	n/c	n/c	n/c	n/c	2	3	3	3	3	n/c	n/c	n/c	n/c	n/c	n/c	n/c	n/c	n/c	n/c	n/c	n/c	n/c	n/c	4	n/c	n/c	n/c	n/c	n/c	n/c
错那	91.47	32.03	2	2	2	2	2	3	3	n/c	n/c	n/c	n/c	n/c	n/c	n/c	n/c	n/c	n/c	n/c	n/c	n/c	n/c	n/c	n/c	n/c	4	5	4	7	4	9	9
荷弄错	92.15	34.63	1	1	1	1	1	1	2	4	4	3	2	2	4	2	4	3	3	3	3	3	5	5	4	4	n/c	n/c	n/c	n/c	n/c	n/c	n/c
红山湖	78.99	35.45	1	n/c	n/c	n/c	n/c	n/c	n/c	n/c	n/c	n/c	n/c	n/c	n/c	n/c	n/c	n/c	3	2	2	6	5	n/c	n/c	n/c	n/c	n/c	n/c	n/c	n/c	n/c	n/c
拿日雍措	91.95	28.3	1	1	1	1	3	1	2	2	n/c	n/c	n/c	n/c	n/c	n/c	n/c	n/c	n/c	n/c	n/c	n/c	n/c	n/c	n/c	n/c	n/c	n/c	n/c	n/c	n/c	n/c	n/c
佩枯错	85.58	28.78	1	1	1	1	1	1	3	4	2	4	2	4	5	6	6	2	2	2	2	2	2	2	2	2	2	2	2	2	2	2	2
仁措	96.7	30.7	2	2	2	2	2	2	2	2	3	3	3	3	3	3	3	3	1	1	1	1	1	1	1	n/c	n/c	n/c	n/c	n/c	n/c	n/c	n/c
色林错	89	31.8	2	2	3	2	4	2	5	5	6	6	6	5	7	1	1	1	1	n/c	n/c	n/c	n/c	n/c	n/c	n/c	n/c	n/c	n/c	n/c	n/c	n/c	n/c
松西错	80.25	34.6	3	3	3	3	4	4	4	7	5	7	6	6	5	5	4	2	n/c	n/c	n/c	n/c	n/c	n/c	n/c	n/c	n/c	n/c	n/c	n/c	n/c	n/c	n/c
希门错	101.67	33.38	4	4	4	n/c	n/c	6	6	6	6	5	5	5	5	4	4	4	4	4	4	4	4	4	4	4	3	3	3	3	3	7	7
小沙子湖	90.73	36.97	1	n/c	n/c	n/c	n/c	3	3	4	4	2	4	4	2	2	4	4	4	4	n/c	n/c	n/c	n/c	n/c	n/c	n/c	n/c	n/c	n/c	n/c	n/c	n/c
扎布耶湖	84.07	31.35	2	2	2	2	3	3	3	4	4	4	3	5	4	4	5	5	5	6	6	6	6	8	8	8	8	8	8	8	5	5	5
扎仓茶卡	82.38	32.6	1	2	2	2	2	3	3	4	4	4	6	6	6	6	6	6	6	6	6	6	6	6	6	6	6	5	5	5	5	8	8
兹格塘错	90.83	32.08	1	n/c	n/c	n/c	n/c	n/c	2	2	2	2	n/c	n/c	n/c	n/c	n/c	3	n/c	n/c	n/c	n/c	n/c	n/c	4	4	3	n/c	n/c	n/c	n/c	n/c	n/c
察尔汗盐湖	94.99	36.93	1	1	1	1	3	3	2	2	2	4	4	2	2	2	2	2	2	2	2	4	n/c	n/c	6	6	6	6	6	7	7	7	7
茶卡盐湖	99.1	36.8	1	1	1	2	2	2	2	5	3	3	4	4	3	3	6	6	6	6	6	6	6	6	6	n/c	n/c	n/c	n/c	n/c	n/c	n/c	n/c
大柴旦	95.23	37.83	1	1	3	3	3	2	1	3	7	7	7	2	2	2	2	6	6	5	5	5	8	8	8	8	9	9	10	10	10	10	n/c
达连海	100.4	36.2	2	2	4	4	4	4	5	5	5	5	5	3	3	3	3	3	n/c	n/c	n/c	n/c	n/c	n/c	n/c	n/c	n/c	n/c	n/c	n/c	n/c	n/c	7
冬给措纳湖	98.53	35.3	n/c	n/c	n/c	4	4	5	5	4	5	4	4	4	4	4	4	1	1	1	3	3	2	2	n/c	n/c	n/c	n/c	n/c	n/c	n/c	n/c	n/c
尕海湖	97.5	37.1	2	2	4	4	5	5	6	6	6	3	1	5	0	n/c	n/c	n/c	n/c	n/c	n/c	n/c	n/c	n/c	n/c	n/c	n/c	n/c	n/c	n/c	n/c	n/c	n/c
更尕海	100.1	36.19	4	4	2	4	2	2	3	4	4	5	5	5	5	5	1	1	1	n/c	n/c	n/c	n/c	n/c	n/c	n/c	n/c	n/c	n/c	n/c	n/c	n/c	n/c
乱海子	101.35	37.58	5	5	5	5	5	5	5	5	5	5	5	5	5	5	4	4	4	n/c	n/c	n/c	2	3	3	n/c	n/c	n/c	n/c	n/c	n/c	n/c	n/c
青海湖	100.7	36.9	4	4	3	3	5	4	6	6	6	4	4	4	4	n/c	n/c	n/c	n/c	n/c	n/c	2	2	1	1	5	5	5	5	5	6	6	6

附录 B　30000 年以来湖泊水位三级量化

湖泊	经度/°E	纬度/°N	年/ka B.P.																													
			0	1	2	3	4	5	6	7	8	9	10	11	12	13	14	15	16	17	18	19	20	21	22	23	24	25	26	27	28	29	30
兴凯湖	132.2	45.2	n/c	n/c	n/c	n/c	n/c	1	1	1	3	3	3	3	3	3	3	3	3	n/c	n/c	n/c	n/c	n/c	n/c	n/c	n/c	n/c	2	2	2	2	2
大布苏湖	123.65	45	1	1	1	2	2	2	2	2	2	2	2	2	2	2	2	2	2	n/c	3	n/c	n/c	n/c	n/c	n/c	n/c	n/c	n/c	n/c	n/c	n/c	n/c
二龙湾玛珥湖	126.36	42.3	2	2	n/c	2	2	2	2	2	2	2	2	2	1	1	1	1	1	2	2	2	2	2	2	2	2	2	2	2	2	2	2
哈尼湖	126.5	42.2	2	1	1	1	1	2	2	2	2	2	2	2	2	2	n/c	n/c	n/c	n/c	n/c	n/c	n/c	n/c	n/c	n/c	n/c	n/c	n/c	n/c	n/c	n/c	n/c
西大甸子湖	126.37	42.33	1	1	1	1	1	1	1	2	2	2	2	2	n/c	n/c	n/c	n/c	n/c	n/c	n/c	n/c	n/c	n/c	n/c	n/c	n/c	n/c	n/c	n/c	n/c	n/c	n/c
巴汗淖	109.27	39.3	1	1	1	1	1	1	1	2	2	2	3	2	n/c	n/c	n/c	n/c	n/c	n/c	n/c	n/c	n/c	n/c	n/c	n/c	n/c	n/c	n/c	n/c	n/c	n/c	n/c
巴彦查干湖	115.21	41.65	1	1	1	2	2	2	n/c	3	2	2	2	2	1	n/c	n/c	n/c	n/c	n/c	n/c	n/c	n/c	n/c	n/c	n/c	n/c	n/c	n/c	n/c	n/c	n/c	n/c
白碱湖	104.17	39.15	1	n/c	2	2	2	2	2	1	1	3	3	1	1	1	1	1	n/c	n/c	n/c	n/c	1	1	n/c	1	1	1	1	1	n/c	n/c	n/c
白素海	115.9	42.58	1	2	2	2	2	2	2	2	2	2	2	2	2	2	2	2	2	n/c	n/c	n/c	n/c	n/c	n/c	n/c	n/c	n/c	n/c	n/c	n/c	n/c	n/c
泊江海子	109.3	39.8	1	1	1	1	1	2	1	n/c	n/c	n/c	n/c	n/c	n/c	n/c	n/c	n/c	n/c	n/c	n/c	n/c	n/c	n/c	n/c	n/c	n/c	n/c	n/c	n/c	n/c	n/c	n/c
查干错	112.9	43.27	n/c	n/c	n/c	n/c	2	3	2	2	2	2	2	2	2	2	2	2	2	3	1	1	3	n/c	n/c	n/c	n/c	n/c	n/c	n/c	n/c	n/c	n/c
岱海	112.45	40.45	2	2	2	2	n/c	n/c	n/c	n/c	n/c	3	n/c	n/c	3	3	3	3	3	2	2	2	2	2	2	2	2	2	2	2	2	2	2
额吉诺尔	116.58	45.23	1	1	1	1	1	1	1	2	2	2	2	2	2	2	3	3	3	2	n/c	n/c	n/c	n/c	n/c	n/c	n/c	n/c	n/c	n/c	n/c	n/c	n/c
呼伦湖	117.4	48.9	3	3	2	3	3	2	2	2	3	1	1	1	3	n/c	n/c	n/c	n/c	n/c	n/c	n/c	n/c	n/c	n/c	n/c	n/c	n/c	n/c	n/c	n/c	n/c	n/c
黄旗海	113.45	40.8	1	2	2	2	2	2	2	2	2	2	2	2	2	2	2	2	2	2	2	2	2	2	2	2	2	2	2	2	2	2	2
吉兰泰盐湖	105.7	39.75	1	1	1	1	1	2	2	2	2	2	2	2	2	2	3	3	2	2	3	3	3	3	3	3	3	3	3	3	3	3	3
调角海子湖	112.35	41.3	n/c	n/c	3	3	2	2	3	2	2	2	2	3	2	n/c	n/c	n/c	n/c	n/c	n/c	n/c	n/c	n/c	n/c	n/c	n/c	n/c	n/c	n/c	n/c	n/c	n/c
萨拉乌苏古湖	108.6	37.7	1	n/c	n/c	n/c	n/c	3	n/c	n/c	n/c	n/c	n/c	n/c	1	1	1	1	1	1	1	1	1	1	1	1	1	1	1	1	1	1	1
硝池	110.5	34.5	1	1	2	2	2	2	2	2	2	2	2	2	2	2	n/c	n/c	n/c	n/c	n/c	n/c	n/c	n/c	n/c	n/c	n/c	n/c	n/c	n/c	n/c	n/c	n/c
花海	98.4	40.5	1	1	n/c	n/c	n/c	n/c	n/c	n/c	n/c	2	2	2	2	3	3	3	n/c	n/c	n/c	n/c	n/c	n/c	n/c	n/c	n/c	n/c	n/c	n/c	n/c	n/c	n/c

续表

湖泊	经度/°E	纬度/°N	年/ka B.P.																														
			0	1	2	3	4	5	6	7	8	9	10	11	12	13	14	15	16	17	18	19	20	21	22	23	24	25	26	27	28	29	30
青土湖	103.6	39.1	n/c	n/c	n/c	1	1	2	2	2	2	2	2	2	n/c	n/c	n/c	n/c	n/c	n/c	n/c	n/c	n/c	n/c	n/c	n/c	n/c	n/c	n/c	n/c	n/c	n/c	n/c
三角城古湖	102.95	38.2	n/c	n/c	n/c	2	2	2	2	2	2	2	2	2	2	1	1	1	1	1	1	n/c	n/c	n/c	n/c	n/c	n/c	n/c	n/c	n/c	n/c	n/c	n/c
阿其克库勒湖	88.37	37.07	1	1	1	2	2	2	2	2	2	1	1	1	1	1	2	1	1	1	1	1	1	1	1	1	1	1	1	1	1	1	1
阿什库勒湖	81.57	35.73	1	n/c	n/c	n/c	n/c	n/c	n/c	n/c	n/c	n/c	n/c	n/c	n/c	n/c	2	2	3	3	3	3	n/c	n/c	n/c	n/c	n/c	n/c	n/c	n/c	n/c	n/c	n/c
艾比湖	82.8	45	1	2	2	3	3	3	3	n/c	n/c	n/c	n/c	n/c	n/c	n/c	n/c	n/c	n/c	n/c	n/c	n/c	n/c	n/c	n/c	n/c	n/c	n/c	n/c	n/c	n/c	n/c	n/c
艾丁湖	89.25	42.67	1	1	2	2	2	2	2	2	2	2	2	2	2	3	3	3	3	3	3	3	3	3	3	3	3	3	3	3	3	3	n/c
巴里坤湖	92.8	43.7	2	2	n/c	n/c	n/c	1	n/c	n/c	1	n/c	2	2	2	2	1	n/c	n/c	n/c	n/c	n/c	n/c	n/c	3	3	3	2	2	2	2	n/c	n/c
贝里克库勒湖	89.05	36.72	1	1	1	2	2	2	2	2	2	1	1	1	1	1	2	1	1	1	1	1	1	1	1	1	1	1	1	1	1	1	1
博斯腾湖	87.05	42.08	2	2	n/c	2	3	3	2	2	1	1	2	n/c	2	n/c	2	2	2	n/c	n/c	n/c	n/c	n/c	n/c	n/c	n/c	n/c	n/c	n/c	n/c	n/c	n/c
柴窝堡湖	87.9	43.5	2	1	1	2	2	1	1	1	2	2	3	3	n/c	n/c	n/c	n/c	n/c	3	3	n/c	n/c	n/c	n/c	n/c	n/c	n/c	n/c	n/c	n/c	n/c	3
罗布泊	90.8	40.29	1	1	2	2	3	2	2	2	3	3	3	3	2	2	2	2	2	2	2	2	2	2	2	2	2	3	n/c	n/c	n/c	n/c	n/c
玛纳斯湖	86	45.45	1	2	2	2	3	2	2	3	3	3	3	2	2	2	2	2	2	2	2	2	2	2	2	2	2	2	2	2	2	2	2
乌伦古湖	87.5	47	n/c	2	2	2	2	2	2	2	2	1	1	n/c	n/c	n/c	n/c	n/c	n/c	n/c	n/c	n/c	n/c	n/c	n/c	n/c	n/c	n/c	n/c	n/c	n/c	n/c	n/c
乌兰乌拉湖	90.5	34.8	1	1	1	2	2	2	2	2	2	2	2	2	2	2	n/c	n/c	n/c	n/c	n/c	n/c	n/c	n/c	3	n/c	n/c	n/c	n/c	n/c	n/c	n/c	n/c
安固里淖	114.3	41.3	1	2	2	2	3	3	2	2	3	2	n/c	n/c	n/c	n/c	n/c	n/c	n/c	n/c	n/c	n/c	n/c	n/c	n/c	n/c	n/c	n/c	n/c	n/c	n/c	n/c	n/c
白洋淀	116.1	38.31	2	2	2	2	2	2	2	2	2	1	1	2	n/c	n/c	n/c	n/c	n/c	n/c	n/c	n/c	n/c	n/c	n/c	n/c	n/c	n/c	n/c	n/c	n/c	n/c	n/c
宁晋泊	114.75	37.25	1	2	2	1	1	1	1	3	3	3	3	3	2	2	2	2	2	2	2	2	2	2	2	2	2	2	2	2	2	2	2
固城湖	118.8	31.2	n/c	n/c	n/c	n/c	n/c	n/c	n/c	n/c	3	n/c	n/c	n/c	3	2	2	2	2	2	2	n/c	n/c	n/c	n/c	n/c	n/c	n/c	n/c	n/c	n/c	n/c	n/c
大九湖	110.5	31.5	1	1	1	1	1	2	2	2	1	1	2	2	2	2	2	2	n/c	n/c	n/c	n/c	n/c	n/c	n/c	n/c	n/c	n/c	n/c	n/c	n/c	n/c	n/c
龙泉湖	112.33	32.87	1	1	1	3	3	3	3	3	3	3	3	2	n/c	n/c	n/c	n/c	n/c	n/c	n/c	n/c	n/c	n/c	n/c	n/c	n/c	n/c	n/c	n/c	n/c	n/c	n/c
南村湖	110.4	24.75	2	2	1	1	1	1	1	1	n/c	n/c	n/c	n/c	n/c	n/c	n/c	n/c	n/c	n/c	n/c	n/c	n/c	n/c	n/c	n/c	n/c	n/c	n/c	n/c	n/c	n/c	n/c
湖光岩	110.28	21.15	1	1	1	1	1	2	2	2	2	2	2	2	2	2	2	1	1	1	1	1	1	1	1	1	1	1	1	1	1	1	1

续表

湖泊	经度/°E	纬度/°N	年/ka B.P.																													
			0	1	2	3	4	5	6	7	8	9	10	11	12	13	14	15	16	17	18	19	20	21	22	23	24	25	26	27	28	29	30
嘉明湖	121	23.3	1	2	2	2	2	n/c	n/c	n/c	n/c	n/c	n/c	n/c	n/c	n/c	n/c	n/c	n/c	n/c	n/c	n/c	n/c	n/c	n/c	n/c	n/c	n/c	n/c	n/c	n/c	n/c	n/c
七彩湖	121.23	23.75	2	2	1	1	1	2	n/c	n/c	n/c	n/c	n/c	n/c	n/c	n/c	n/c	n/c	n/c	n/c	n/c	n/c	n/c	n/c	n/c	n/c	n/c	n/c	n/c	n/c	n/c	n/c	n/c
大海子	102.4	27.5	1	1	1	2	2	2	2	2	2	2	2	2	2	2	2	n/c	n/c	n/c	n/c	n/c	n/c	n/c	n/c	n/c	n/c	n/c	n/c	n/c	n/c	n/c	n/c
杀野马湖	102.2	28.83	2	2	2	2	2	2	2	1	n/c	n/c	n/c	n/c	n/c	n/c	n/c	n/c	n/c	n/c	n/c	n/c	n/c	n/c	n/c	n/c	n/c	n/c	n/c	n/c	n/c	n/c	n/c
滇池	102.7	24.85	n/c	n/c	2	2	2	2	2	1	1	2	2	2	1	3	n/c	n/c	n/c	n/c	n/c	n/c	n/c	n/c	n/c	3	3	3	3	3	n/c	n/c	n/c
洱海	99.98	25.84	n/c	n/c	2	2	2	2	2	1	1	2	2	2	1	3	n/c	n/c	n/c	n/c	n/c	n/c	n/c	n/c	n/c	3	3	3	3	3	n/c	n/c	n/c
抚仙湖	102.88	24.5	2	2	2	1	n/c	n/c	n/c	n/c	n/c	n/c	n/c	n/c	n/c	2	3	n/c	n/c	n/c	n/c	n/c	n/c	n/c	n/c	n/c	n/c	n/c	n/c	n/c	n/c	n/c	n/c
曼兴湖	100.6	22	2	2	2	2	2	2	2	2	2	2	2	2	2	2	2	2	2	1	1	1	1	1	1	1	1	2	2	2	2	2	2
曼阳湖	100.5	22.1	n/c	n/c	n/c	n/c	n/c	n/c	n/c	n/c	n/c	n/c	n/c	n/c	n/c	2	2	2	2	2	2	2	2	2	2	2	2	2	2	2	2	2	2
纳帕海	99.5	27.5	1	1	1	1	1	1	3	3	3	2	2	2	2	2	2	2	2	2	2	2	2	3	3	3	3	3	3	3	3	3	3
杞麓湖	102.75	24.17	2	2	2	2	2	1	1	1	1	1	1	2	2	2	2	2	2	n/c	n/c	n/c	n/c	n/c	n/c	n/c	n/c	n/c	n/c	n/c	n/c	n/c	n/c
天才湖	99.7	26.6	2	1	1	1	1	1	1	1	2	1	1	2	n/c	n/c	n/c	n/c	n/c	n/c	n/c	n/c	n/c	n/c	n/c	n/c	n/c	n/c	n/c	n/c	n/c	n/c	n/c
阿克赛钦湖	79.83	35.2	1	n/c	n/c	n/c	n/c	n/c	n/c	n/c	n/c	n/c	n/c	n/c	n/c	n/c	n/c	n/c	n/c	2	3	3	3	3	3	n/c	n/c	2	3	3	3	n/c	n/c
昂仁湖	87.18	29.3	1	1	1	1	1	1	1	n/c	2	2	3	2	2	1	1	1	1	1	1	1	1	1	1	1	1	1	1	1	1	1	1
班戈错	89.57	31.75	1	2	2	2	2	2	n/c	2	2	2	2	2	3	3	2	2	2	2	2	2	2	2	3	3	3	n/c	n/c	n/c	n/c	n/c	n/c
班公错	79.42	33.7	1	2	2	2	3	3	3	1	2	2	2	n/c	2	2	2	2	2	3	3	2	n/c	n/c	n/c	n/c	n/c	n/c	n/c	n/c	n/c	n/c	n/c
北甜水海	79.37	35.7	1	n/c	n/c	n/c	n/c	n/c	n/c	n/c	n/c	n/c	n/c	n/c	n/c	1	1	1	n/c	2	2	2	2	n/c	n/c	n/c	n/c	n/c	n/c	n/c	n/c	n/c	n/c
布南湖	90.11	35.98	1	n/c	2	2	n/c	n/c	n/c	n/c	2	2	2	n/c	n/c	n/c	n/c	n/c	n/c	n/c	n/c	n/c	n/c	n/c	n/c	n/c	n/c	n/c	n/c	n/c	n/c	n/c	n/c
沉错	90.52	28.85	1	2	2	2	2	2	3	3	1	1	1	1	1	1	1	1	n/c	n/c	n/c	n/c	n/c	n/c	n/c	2	2	2	2	2	2	2	2
错鄂	91.5	31.5	n/c	n/c	n/c	n/c	n/c	2	2	2	2	2	n/c	n/c	n/c	n/c	n/c	n/c	n/c	n/c	n/c	n/c	n/c	n/c	n/c	n/c	2	n/c	n/c	n/c	n/c	n/c	n/c
错那	91.47	32.03	2	2	2	2	2	2	2	n/c	n/c	n/c	n/c	n/c	n/c	n/c	n/c	n/c	n/c	n/c	n/c	n/c	n/c	n/c	n/c	n/c	2	3	2	n/c	2	n/c	n/c
苟弄错	92.15	34.63	1	1	1	1	1	1	2	2	2	2	2	2	2	2	2	2	2	2	2	2	3	3	2	2	n/c	n/c	n/c	n/c	n/c	n/c	n/c

续表

湖泊	经度/°E	纬度/°N	年/ka B.P.																													
			0	1	2	3	4	5	6	7	8	9	10	11	12	13	14	15	16	17	18	19	20	21	22	23	24	25	26	27	28	29	30
红山湖	78.99	35.45	1	n/c	n/c	n/c	n/c	n/c	n/c	n/c	n/c	n/c	n/c	n/c	n/c	n/c	n/c	n/c	2	2	2	3	3	n/c	n/c	n/c	n/c	n/c	n/c	n/c	n/c	n/c	n/c
拿日雍措	91.95	28.3	1	1	1	1	2	1	2	2	n/c	n/c	n/c	n/c	n/c	n/c	n/c	n/c	n/c	n/c	n/c	n/c	n/c	n/c	n/c	n/c	n/c	n/c	n/c	n/c	n/c	n/c	n/c
佩枯措	85.58	28.78	1	1	1	1	1	1	2	2	2	2	2	2	3	3	3	2	2	2	2	2	2	2	2	2	2	2	2	2	2	2	2
仁措	96.7	30.7	2	2	2	2	2	2	2	2	2	2	2	2	2	2	2	2	1	1	1	1	1	1	1	n/c	n/c	n/c	n/c	n/c	n/c	n/c	n/c
色林错	89	31.8	2	2	2	2	2	2	3	3	3	3	3	3	n/c	1	1	1	1	n/c	n/c	n/c	n/c	n/c	n/c	n/c	n/c	n/c	n/c	n/c	n/c	n/c	n/c
松西错	80.25	34.6	2	2	2	2	2	2	2	n/c	3	n/c	3	3	3	3	2	2	n/c	n/c	n/c	n/c	n/c	n/c	n/c	n/c	n/c	n/c	n/c	n/c	n/c	n/c	n/c
希门错	101.67	33.38	2	2	2	n/c	n/c	3	3	3	3	3	3	3	3	2	2	2	2	2	2	2	2	2	2	2	2	2	2	2	2	n/c	n/c
小沙子湖	90.73	36.97	1	n/c	n/c	n/c	n/c	2	2	2	2	2	2	2	2	2	2	2	2	2	n/c	n/c	n/c	n/c	n/c	n/c	n/c	n/c	n/c	n/c	n/c	n/c	n/c
扎布耶湖	84.07	31.35	2	2	2	2	2	2	2	2	2	2	2	3	2	2	3	3	3	3	3	3	3	n/c	n/c	n/c	n/c	n/c	n/c	n/c	3	3	3
扎仓茶卡	82.38	32.6	1	2	2	2	2	2	2	2	2	2	3	3	3	3	3	3	3	3	3	3	3	3	3	3	3	3	3	3	3	n/c	n/c
兹格塘错	90.83	32.08	1	n/c	n/c	n/c	n/c	n/c	2	2	2	2	n/c	n/c	n/c	n/c	n/c	2	n/c	n/c	n/c	n/c	n/c	n/c	2	2	2	n/c	n/c	n/c	n/c	n/c	n/c
察尔汗盐湖	94.99	36.93	1	1	1	1	2	2	2	2	2	2	2	2	2	2	2	2	2	2	2	2	n/c	n/c	3	3	3	3	3	n/c	n/c	n/c	n/c
茶卡盐湖	99.1	36.8	1	1	1	2	2	2	2	3	2	2	2	2	2	2	3	3	3	3	3	3	3	3	3	n/c	n/c	n/c	n/c	n/c	n/c	n/c	n/c
大柴旦	95.23	37.83	1	1	2	2	2	2	1	2	n/c	n/c	n/c	2	2	2	2	3	3	3	3	3	n/c	n/c	n/c	n/c	n/c	n/c	n/c	n/c	n/c	n/c	n/c
达连海	100.4	36.2	2	2	2	2	2	2	3	3	3	3	3	2	2	2	2	2	n/c	n/c	n/c	n/c	n/c	n/c	n/c	n/c	n/c	n/c	n/c	n/c	n/c	n/c	n/c
冬给措纳湖	98.53	35.3	n/c	n/c	n/c	2	2	3	3	2	3	2	2	2	2	2	2	1	1	1	2	2	2	2	n/c	n/c	n/c	n/c	n/c	n/c	n/c	n/c	n/c
尕海湖	97.5	37.1	2	2	2	2	3	3	3	3	3	2	1	3	n/c	n/c	n/c	n/c	n/c	n/c	n/c	n/c	n/c	n/c	n/c	n/c	n/c	n/c	n/c	n/c	n/c	n/c	n/c
更尕海	100.1	36.19	2	2	2	2	2	2	2	2	2	3	3	3	3	3	1	1	1	n/c	n/c	n/c	n/c	n/c	n/c	n/c	n/c	n/c	n/c	n/c	n/c	n/c	n/c
乱海子	101.35	37.58	3	3	3	3	3	3	3	3	3	3	3	3	3	3	2	2	2	n/c	n/c	n/c	2	2	2	n/c	n/c	n/c	n/c	n/c	n/c	n/c	n/c
青海湖	100.7	36.9	2	2	2	2	3	2	3	3	3	2	2	2	2	n/c	n/c	n/c	n/c	n/c	n/c	2	2	1	1	3	3	3	3	3	3	3	3